电子与嵌入式系统
设计译丛

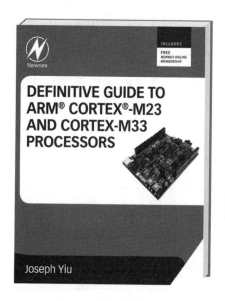

Definitive Guide to Arm Cortex-M23
and Cortex-M33 Processors

Arm Cortex-M23
和Cortex-M33微处理器
权威指南

［英］ 姚文祥（Joseph Yiu）著

彭 琪 谈 笑 史江义 译

机械工业出版社

CHINA MACHINE PRESS

Definitive Guide to Arm Cortex-M23 and Cortex-M33 Processors

Joseph Yiu

ISBN: 9780128207352

Copyright © 2021 Elsevier Inc. All rights reserved.

Authorized Chinese translation published by China Machine Press.

《Arm Cortex-M23 和 Cortex-M33 微处理器权威指南》（彭琪　谈笑　史江义　译）

ISBN: 978-7-111-73402-4

Copyright © Elsevier Ltd. and China Machine Press. All rights reserved.

注意

　　本书涉及领域的知识和实践标准在不断变化。新的研究和经验拓展我们的理解，因此须对研究方法、专业实践或医疗方法作出调整。从业者和研究人员必须始终依靠自身经验和知识来评估和使用本书中提到的所有信息、方法、化合物或本书中描述的实验。在使用这些信息或方法时，他们应注意自身和他人的安全，包括注意他人负有专业责任的当事人的安全。在法律允许的最大范围内，爱思唯尔、译文的原文作者、原文编辑及原文内容提供者均不对因产品责任、疏忽或其他人身或财产伤害及 / 或损失承担责任，亦不对由于使用或操作文中提到的方法、产品、说明或思想而导致的人身或财产伤害及 / 或损失承担责任。

北京市版权局著作权合同登记　图字：01-2021-3925 号。

图书在版编目（CIP）数据

Arm Cortex-M23 和 Cortex-M33 微处理器权威指南 /（英）姚文祥（Joseph Yiu）著；彭琪，谈笑，史江义译 . —北京：机械工业出版社，2023.6

（电子与嵌入式系统设计译丛）

书名原文：Definitive Guide to Arm Cortex-M23 and Cortex-M33 Processors

ISBN 978-7-111-73402-4

I. ① A… 　II. ①姚… ②彭… ③谈… ④史… 　III. ①微处理器 – 系统设计 – 指南　IV. ① TP332-62

中国国家版本馆 CIP 数据核字（2023）第 115134 号

机械工业出版社（北京市百万庄大街 22 号　邮政编码 100037）

策划编辑：赵亮宇　　　　　　责任编辑：赵亮宇

责任校对：樊钟英　李 杉　　责任印制：常天培

北京铭成印刷有限公司印刷

2023 年 9 月第 1 版第 1 次印刷

186mm × 240mm · 47.5 印张 · 1092 千字

标准书号：ISBN 978-7-111-73402-4

定价：259.00 元

电话服务　　　　　　　　　网络服务

客服电话：010-88361066　机　工　官　网：www.cmpbook.com

　　　　　010-88379833　机　工　官　博：weibo.com/cmp1952

　　　　　010-68326294　金　书　网：www.golden-book.com

封底无防伪标均为盗版　机工教育服务网：www.cmpedu.com

译 者 序

2016 年 11 月 Arm 公司发布了两款基于 Armv8-M 架构的新处理器（Cortex-M23 和 Cortex-M33），它们提供了一整套软硬件安全保护方案。随着物联网、通信、车载系统等领域对应用安全运行环境愈加重视，在几年的时间里，基于这两款处理器开发的微控制器产品逐渐在市场上崭露头角，因此这两款处理器取代 Cortex-M0/M0+、Cortex-M3/M4 处理器成为微控制器领域的主角。

Cortex-M23 处理器作为 Cortex-M0+ 的继任者，除具有 Cortex-M0+ 的超低功耗优势以及绝大多数特性外，还具有更强的处理器性能、更多的特性选择（可选配硬件除法器）、更强的错误检测 / 调试 / 跟踪机制（专用的栈溢出检测硬件逻辑、ETM 等）、更安全的运行机制（支持 Armv8-M TrustZone）、更友好的编程者模型（MPU 方面的改进更有利于开发者操作）以及对更多新指令（安全网关指令 SG，非安全跳转指令 BXNS、BLXNS 等）的支持。Cortex-M23 完整支持 Armv8-M 基础版指令集，是目前实现面积最小、能效最高的处理器。

作为 Cortex-M3/M4 处理器的替代者，Cortex-M33 是首款采用 TrustZone 安全技术和数字信号处理技术，完整支持 Armv8-M 主线版本指令集的处理器，除拥有 Cortex-M23 的所有特性外，它还提供了更多灵活的配置选项供芯片设计人员和软件开发者进行选择（提供了专用协处理器接口，方便设计者实现专用加速计算的自定义数据通路扩展）。此外，Cortex-M33 处理器支持与 IEEE 754—2008 标准兼容的浮点处理指令以及全新的 85 条 DSP 扩展指令，可以在音频、视频、测量和工业控制等数字信号处理领域发挥更加重要的作用，是一款在性能、功耗、安全与生产力之间达到最佳平衡的处理器。

两款处理器继承了 Arm 处理器优良的向下兼容特性，原有的基于 Cortex-M0/M0+、Cortex-M3/M4 开发的应用可以经过少量修改移植到新平台。Arm 公司也与众多生态伙伴一起，为新特性提供了完善的软件开发库与硬件调试设备支持，以帮助开发者快速了解和熟悉新平台。

本书作者是 Arm 公司的杰出工程师，参与了多款 Arm Cortex-M 处理器与系统 IP 项目的设计开发，并于近几年承担所有 Cortex-M 系列处理器的技术规划和支持工作，是领域内非常权威的专家。本书作为当前介绍 Armv8-M 指令集架构处理器的权威著作，以设计开发需求为原点，从微架构、指令集、安全方案、系统支持、调试设计等多角度全面介绍了新处理器的设计与应用细节。本书附带大量程序案例和优化建议，并对常见开发问题进行了详细的说明，是学习和研究 Armv8-M 指令集架构不可多得的参考资料。

本书译者主要从事微处理器相关领域的芯片研发、应用开发以及教学科研工作。在实践工作中，参与了一系列"软件定义硬件"、系统运行安全等方案的设计开发工作，对 Cortex-M23/M33 处理器提供的 TrustZone、自定义数据通路等满足了工业界长久以来的呼吁的新特性有着非常深刻的感受。随着专用领域架构（Domain Specific Architecture，DSA）等技术的发展，计算机体系结构正逐步迈入黄金时代。本书的出版恰逢其时，它全面介绍了处理器、安全技术、体系结构在工业界与学术界的前沿进展和学术成果。

本书的翻译工作由西安电子科技大学的彭琪、史江义两位老师及地平线机器人的谈笑高级主任工程师完成。其中彭琪翻译了本书的第 2 章，第 5 章 5.16 节（含）之后的部分，第 6、10、12、16、18、22 章。史江义翻译了本书第 1 章，第 5 章 5.16 节之前的部分，第 9、14、17、20、21 章。谈笑翻译了本书第 3、4、7、8、11、13、15、19 章，并完成文前部分的翻译工作。本书的组织协调工作由彭琪完成，谈笑撰写了译者序。

本书的翻译工作历时一年有余。由于各位译者平时需要承担各自的教学科研和项目开发工作，翻译过程中的译文斟酌、揣词度句基本占用了译者所有的业余时间。几位译者经常因为推敲某些术语表述而持续讨论数日。随着翻译的章节越来越多，统一全书的术语和措辞越来越难，译者也越来越担心有负期待。当全书终于翻译完成时，如释重负和满满的成就感同时涌上心头，希望我们没有辜负大家的期望。

本书的翻译工作离不开家人和朋友的理解与协助，在此特别感谢郭柳青女士的支持与陪伴。

感谢王勇强、余希瑞、刘家瑜、田劲等在措辞、语法与术语等方面提出宝贵意见。本书翻译工作也得到了传智驿芯芯片开发部资深总监胡旭的大力支持。最后，感谢在本书翻译过程中向译者提供过帮助的所有同事和朋友。

本书内容丰富翔实，无论你是初学者还是有相关开发经验的工程师，或是从事教学研究的科研人员，都能从本书中获益。受水平所限，翻译中存在的疏漏之处敬请各位读者批评指正。读者可将在阅读本书的过程中发现的翻译问题或见解发送到译者的邮箱（zidanemarks@outlook.com），非常期待与各位读者深入讨论。

谈笑

2023 年 7 月

前　言

当前，随着基于 Cortex-M23 和 Cortex-M33 处理器的产品逐步进入市场，许多新产品中提供了复杂的安全功能，由此关于"现代微控制器"的定义似乎向前迈出了一大步。尽管这些安全功能在机制上是为面向低功耗领域的小规模芯片量身定制的，但其中所采用的许多安全技术在设计原则上与高端的计算系统非常相似。

尽管安全话题非常广泛，但数十亿连接设备安全的一个关键话题是"信任的根源"，例如密钥和安全引导机制（所有这些都需要保护）。借助 Cortex-M23 和 Cortex-M33 处理器中所支持的 Arm TrustZone 技术，上述关键的安全资产可在安全的处理环境（安全区域）中得到保护。同时，开发者也可以较为容易地开发出运行在正常处理环境（非安全区域）中的应用程序，并能够使用安全固件中提供的安全功能。软件开发人员可以结合 Arm 所提供的其他技术（如平台安全架构（Platform Security Architecture，PSA）和可信固件 –M（Trusted Firmware-M，TF-M））非常容易地为安全物联网产品开发应用软件。

安全和非安全软件组件之间的交互给系统架构设计带来了新的复杂性。虽然在非安全软件开发方面与以往 Cortex-M 处理器上所采用的开发模式仍然相似，但开发者在开发安全固件等安全软件时需要熟悉在 Armv8-M 架构中新引入的一系列架构功能。

本书侧重介绍 Arm Cortex-M23 和 Cortex-M33 处理器架构方面的内容。为了使软件开发者能够基于 Armv8-M 指令集架构开发安全解决方案，本书将针对架构功能进行深入讲解（其他出版物没有涉及这部分内容）。因此，本书在内容方面减少了应用代码示例和各种开发工具的使用说明，这些内容可从第三方获得。

祝各位读者开卷有益。

姚文祥（Joseph Yiu）

致　　谢

在此向所有在本书创作过程中为我提供过极大支持的朋友致以由衷的谢意。特别感谢 Ivan 花费了 5 个月的时间协助我对本书进行校对。在同意帮助我进行校对工作时，他并不知道本书的初稿存在很多问题，对此我深表歉意。

同时，对 Arm 公司市场团队在本书创作过程中提供的支持致以由衷的谢意。Arm 研究院的 Thomas Grocutt 为本书提供了安全软件方面的技术信息，荷兰先进解决方案公司的 Sanjeev Sarpal 为本书数字滤波器设计专题的撰写提供了支持。

特别要提到的是，DSP Concepts 公司的 Paul Beckmann 为本书撰写了数字信号处理部分的相关章节。

本书的第 19 和 20 章基于 Paul Beckmann 为《Arm Cortex-M3 和 Cortex-M4 权威指南（第 3 版）》一书所撰写的第 21 和 22 章的相关内容，并增加了新内容，其中包括一个基于 CMSIS-DSP 程序库实现的实时滤波器案例。

Paul Beckmann 是 DSP Concepts 公司（一家专门从事 DSP 算法开发和提供支持工具的工程服务公司）的创始人。他在音频、通信和视频等数值密集型算法领域具有多年的开发和应用经验。Paul 在数字信号处理领域讲授行业课程，并拥有一系列数字信号处理技术领域的专利。在创立 DSP Concepts 公司以前，Paul 在 Bose 公司供职九年，从事研发及产品开发等领域的工作。

在此也向所有为我之前所撰写的图书提供过反馈意见的读者致以由衷的谢意，这些意见为我创作新的作品提供了极大的帮助。

最后，向爱思唯尔的工作人员致以由衷的谢意，感谢他们为本书最终出版所付出的努力。

姚文祥（Joseph Yiu）

目　　录

第 1 章
概　　述

1.1　微控制器与处理器

处理器应用在很多电子产品中，比如电话、电视、遥控器、家用电器、电子玩具、计算机及其附件、运输工具、建筑安全系统、银行卡等。在很多情况下，处理器内嵌在应用非常广泛的微控制器芯片中。由于微控制器是可编程的，因此它需要软件开发人员去编写运行在这些芯片上的软件程序。通常，产品内部的芯片处于隐藏状态，于是人们常把这些产品称为嵌入式系统。

为了实现与外部环境之间的交互，微控制器会包含一系列功能模块，它们被称为外设。比如：模数转换器（Analog to Digital Converter，ADC）可以用来测量外部电压信号；串行外设接口（Serial Peripheral Interface，SPI）可以控制外部的液晶显示器（Liquid Crystal Display，LCD）模块。不同的微控制器具有不同的外设，来自不同供应商的微控制器，其外设可能很相似，只是具有不同的编程者模型和特征。

为了采集、处理来自外设的数据并控制各种接口，在微控制器中需要嵌入处理器，并在处理器中运行软件。除了处理器以外，微控制器内部还有很多其他组件。图1.1给出了微控制器中的常见组件，其中典型组件的说明见表1.1。

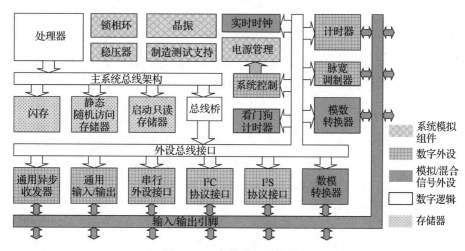

图 1.1　一个简单的微控制器

表 1.1　微控制器中的典型组件

术语	描述
ROM	只读存储器，用于存储程序代码的非易失性存储器
闪存	一种特殊类型的只读寄存器。它可以多次重新编程，通常用于存储程序代码
SRAM	静态随机访问存储器，用于数据存储（易失的）
锁相环	基于参考时钟通过编程产生某些频率时钟的部件
实时时钟	用于秒计数的低功耗计时器（通常在低功耗振荡器上运行）。在某些情况下，它还具有分钟、小时和日历功能
GPIO	通用输入输出，具有并行数据接口的外围设备，用于控制外部设备或者读取外部信号的状态
通用异步收发器	用于实现简单串行数据传输协议
I^2C	用于实现串行数据传输协议。与 UART 不同，它需要一个时钟信号，可以提供更高的数据率
SPI	串行外设接口，另一种用于片外器件串行通信的接口
I^2S	集成电路内置的音频总线，音频专用串行数据通信接口
脉宽调制器	用于产生具有可编程占空比的输出波形
模数转换器	将模拟信号信息转换为数字形式
数模转换器	将数字数值转换为模拟信号
看门狗计时器	可编程计时器外设，用于保障处理器正常运行。当启用时，正在运行的程序需要在特定的时间间隔内对看门狗计时器进行更新。如果程序发生故障，看门狗计时器超时并触发复位信号或者产生一个严重故障中断事件

一些复杂的微控制器产品，可能会包含更多的组件。比如在很多情况下，可能会包含直接内存访问（Direct Memory Access，DMA）控制器、数据加密加速器和类似 USB、以太网等复杂接口，甚至有些微控制器有可能包含多个处理器。

不同的微控制器产品可以有不同的内嵌处理器、内存大小、外设、封装等。甚至两个内嵌了相同处理器的微控制器，也可以有不同的内存映射和外设寄存器。因此，对于不同的微控制器产品，即使它们实现了完全相同的应用功能，所需要的程序代码也可能完全不同。

1.2　处理器分类

处理器种类繁多，分类方法也非常多。一种简单的分类方法是基于数据路径（例如，ALU 或寄存器组中的数据通路）的宽度分类。使用这种方法可把处理器分为 8 位、16 位、32 位和 64 位处理器。另一种分类方法是基于它们的应用，例如，Arm 将其处理器产品分类为：

❑ 应用处理器：包括计算机、服务器、平板电脑、手机和智能电视中的主处理器。这些处理器支持 Linux、Android、Windows 等全功能操作系统，并且具有支持用户操作设备的用户界面。通常，这些处理器运行的时钟频率较高，能够提供非常高的性能。

❑ 实时处理器：用于需要高性能但不需要完整操作系统的场景，处理器常隐藏在产品中不被用户感知。在很多情况下，该类处理器使用实时操作系统（Real-Time Operating System，RTOS）进行任务调度和任务间消息传递。实时处理器的典型应用有手机的基带调制解调器、汽车系统的专用微控制器以及硬盘驱动器或固态硬盘

（Solid-State Disk，SSD）的控制器等。

❑ 微控制器处理器：在大多数微控制器产品中都可以找到微控制器处理器（尽管某些微控制器可能使用的是应用处理器或实时处理器）。这些处理器的设计焦点是低功耗和快速响应而不是处理能力或数据吞吐量。在某些场景中，处理器设计需要实现极低的功耗或者成本，甚至既要低功耗又要低成本。

为了满足不同的需求，Arm 公司开发了多个处理器产品系列：

❑ 面向应用处理器市场的 Cortex-A 处理器系列。

❑ 面向实时处理器市场的 Cortex-R 处理器系列。

❑ 面向微控制器处理器市场的 Cortex-M 处理器系列。

2018 年，Arm 公司发布了一条独立产品线，名为 Neoverse，主要用于服务器和主干服务器产品。

在一些芯片设计中，人们有可能会看到不同处理器的组合。例如用于网络附加存储（Network Attached Storage，NAS）设备的芯片可能包含：

❑ 一个 Cortex-R 处理器，用于数据存储管理。

❑ 一个或者多个 Cortex-A 处理器，用于网络协议处理，同时运行嵌入式软件，用来支持基于 Web 的管理界面。

❑ 一个 Cortex-M 处理器，用于电源管理。

1.3　Cortex-M23 和 Cortex-M33 处理器与 Armv8-M 架构

Cortex-M23 和 Cortex-M33 处理器由 Arm 公司（https://www.arm.com）设计，并于 2016 年 10 月在 Arm TechCon 技术大会上发布。基于这两款处理器的硅产品于 2018 年上市。

Cortex-M23 和 Cortex-M33 处理器是基于 2015 年发布的 Armv8-M 处理器架构版本设计的。该架构版本是 Armv6-M 和 Armv7-M 架构的后续版本，而前面的架构曾多次用于极为成功的 Cortex-M 处理器产品中（见图 1.2）。

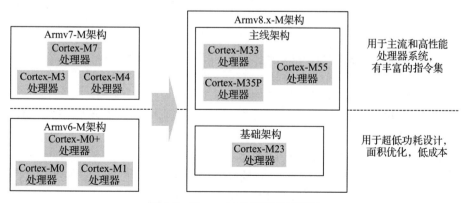

图 1.2　Cortex-M 处理器架构演变

以前，Cortex-M 处理器有两种架构版本：

❑ Armv6-M 架构：面向超低功耗应用设计。该架构支持小型、紧凑的指令集，适用于一般的数据处理和 I/O 控制任务。

❑ Armv7-M 架构：面向中端和高性能系统设计。该架构支持更丰富的指令集（在 Armv6-M 指令集之上扩展的超集，以及可配置的浮点和 DSP 扩展指令集）。

Armv8-M 保持了类似的分类方式，它将架构分成两个子架构：

❑ Armv8-M 基础版指令集架构：该架构面向超低功耗应用设计，其特征和指令集是 Armv6-M 的超集。

❑ Armv8-M 主线版指令集架构：该架构面向主流和高性能应用设计，其特征和指令集是 Armv7-M 的超集。

从架构规范的角度来看，Armv8-M 主线版指令集架构是 Armv8-M 基础版指令集架构的扩展。在架构中还包含了其他扩展，包括：

❑ DSP 指令（包含一系列单指令多数据（Single Instruction Multiple Data，SIMD）操作），只在主线架构中可用。

❑ 浮点指令（包括浮点硬件计算单元和指令集），只在主线架构中可用。

❑ 命名为 TrustZone 的安全功能扩展，基础架构和主线架构均可用。

❑ Helium 向量扩展，也称为 M 型向量扩展（M-profile Vector Extension，MVE）。

这些内容在 Armv8.1-M 中都有介绍，并且被用在了 Cortex-M55 处理器中。

Cortex-M55 处理器于 2020 年 2 月发布（注意，Cortex-M33 处理器中没有采用 Helium 技术）。

上述这些扩展功能是可选的。另外，在这些处理器中，许多系统级特性也是可选择的。关于每个系统级特性的更详细解释将在后面的章节中介绍。

架构规范文档叫作《Armv8-M 架构参考手册》[1]，它是一份公开文档，详细描述了编程者模型、指令集架构（Instruction Set Architecture，ISA）、异常处理模型和调试架构等内容。然而，该文档并没有详细描述处理器是如何构建的。比如，文档中 Armv8-M 架构并没有明确规定诸如采用多少级流水线、采用什么样的总线接口规范，以及指令周期时序是怎样的等内容。

1.4 Cortex-M23 和 Cortex-M33 处理器的特性

Cortex-M23 和 Cortex-M33 处理器都具有以下特征：

❑ 都属于 32 位处理器，具有 32 位总线接口，包含 32 位算术逻辑单元（Arithmetic Logic Unit，ALU）。

❑ 具有 32 位线性地址空间，支持高达 4GB 的存储或外设。

❑ 包含嵌套向量中断控制器（Nested Vectored Interrupt Controller，NVIC）硬件单元，该单元用于中断管理（包括外设中断和内部系统异常处理）。

❑ 支持操作系统（Operation System，OS）的多种功能，如系统计时器、跟随栈指针。

❑ 支持睡眠模式和多种低功耗优化。

❑ 支持特权和非特权执行级的分离。该特性能够使操作系统（或其他特权软件）限制非特权应用任务对关键系统资源的访问。

❑ 支持可配置的内存保护单元（Memory Protection Unit，MPU），允许操作系统（或其他特权软件）定义每一个非特权应用任务可访问的存储空间。

❑ 支持单处理器或多处理器设计。

❑ 支持多种调试和跟踪功能，以便软件开发人员能够快速分析应用程序代码中的问题和错误。

❑ 支持可选的 TrustZone 安全功能扩展，可以将软件进一步划分到不同的安全域。

这两种处理器之间也有许多不同。对 Cortex-M23 处理器来说：

❑ 采用两级总线冯·诺依曼处理器设计。主系统总线采用 AMBA（Advanced Micro-controller Bus Architecture）v5 版本的 AHB（Advanced High Performance Bus）片上总线协议。

❑ 支持单周期输入/输出接口（也用在了 Cortex-M0+ 处理器中）。该接口访问外设仅需花费一个时钟周期（通常，系统总线基于流水线结构的片上总线协议，每次外设访问至少需要两个时钟周期）。

❑ 仅支持 Armv8-M 架构中定义的指令集子集（即基础指令集架构）。

对 Cortex-M33 处理器来说：

❑ 采用哈佛总线架构的三级流水线设计。它有两个主总线接口（基于 AMBA v5 AHB），允许同时对指令和数据进行访问。还有一个独立的 AMBA 协议高级外围总线（Advanced Peripheral Bus，APB）接口，用于扩展调试子系统。

❑ 支持可选的协处理器接口。该接口允许芯片设计人员添加与处理器紧耦合的硬件加速器，以加速专用处理操作。

❑ 支持 Armv8-M 主线指令集架构中定义的指令，包括可选的 DSP 指令和可选的单精度浮点指令。

2019 年 10 月，Arm 公司宣布将要发布的 Cortex-M33 处理器会支持 Arm 自定义指令。这一新的可选特征将使芯片设计人员能够针对一系列专用数据处理操作进行优化。

传统上，Arm 处理器被定义为精简指令集计算（Reduced Instruction Set Computing，RISC）架构。然而，随着 Arm 处理器指令集多年的发展，Cortex-M33 处理器支持的指令数量远比传统的 RISC 处理器多，同时，一些复杂指令集计算（Complex Instruction Set Computing，CISC）处理器采用了类似于 RISC 处理器的流水线结构，这就导致了 RISC 和 CISC 之间的界限变得模糊，一些概念也不再适用。

1.5　为什么有两种不同的处理器

Cortex-M23 和 Cortex-M33 处理器都基于 Armv8-M 架构并且支持 TrustZone 安全功能扩展，它们既有许多共同特点，也有所不同，其不同如下所述。

Cortex-M23 处理器：

❑ Cortex-M23 处理器比 Cortex-M33 小得多（在典型配置时，可以小 75% 以上）。

❑ 对于简单的数据处理任务，Cortex-M23 处理器的能效比 Cortex-M33 高 50%（运行 Dhrystone 测得）。

❑ Cortex-M23 处理器可以支持单周期输入 / 输出，支持低延迟的外设访问。

Cortex-M33 处理器：

❑ 在相同的时钟频率下，Cortex-M33 处理器比 Cortex-M23 处理器快 50% 左右（运行 Dhrystone 测得）。

❑ Cortex-M33 处理器可支持 DSP 扩展单元和单精度浮点单元（这些功能 Cortex-M23 处理器无法使用）。

❑ Cortex-M33 支持协处理器接口，芯片设计人员可以增加硬件加速器和 Arm 自定义指令支持。

在系统层面，它们也有区别，比如异常处理。

之所以把 Cortex-M23（Armv8-M 基础版指令集架构）和 Cortex-M33（Armv8-M 主线版指令集架构）区分开，是因为有很多种嵌入式系统，它们的需求五花八门，在多数情形下，这些系统中的处理器只需要执行简单的数据处理和控制任务，有可能系统中的某些部分需要极低的功耗，比如，采用能量收集方式为处理器系统提供能源的系统，在这种情况下，一个简单的处理器就足够了，Cortex-M23 处理器就能够满足这样的应用场景需求。在其他情况下，比如处理器需要更高的性能，尤其是需要频繁进行浮点格式的数据计算，Cortex-M33 处理器则是合适的选择。也有一些应用需求，使用 Cortex-M23、Cortex-M33 或者其他 Cortex-M 处理器都能够满足要求，对于这样的场景，可以通过芯片上能够选用的外设、其他系统级功能以及产品定价等来确定选择哪一款处理器。

1.6 Cortex-M23 和 Cortex-M33 应用

Cortex-M23 和 Cortex-M33 处理器有多种用途，可以用在很广泛的场合。

❑ **微控制器**：Cortex-M 处理器广泛应用于微控制器产品中，尤其是大量用于物联网（Internet-of-Things，IoT）应用中。在一些产品中，会使用 TrustZone 安全功能扩展来增强系统的安全性。这些处理器也用于其他微控制器应用场景，包括消费类产品（如触摸屏、音频控制）、信息技术（如计算机组件）、工业系统（如电动机控制、数据采集）、医疗健身设备（如健康监测）等。Cortex-M23 处理器的小电路规模特性使其特别适用于诸如家用电器和智能照明等各种低成本消费类产品。

❑ **汽车**：专门针对有极高功能安全性要求的应用而设计的微控制器产品，例如汽车行业所需的产品。Cortex-M23 和 Cortex-M33 处理器可以设计成实时响应系统，这对汽车系统的某些部分是极为关键的。另外，Cortex-M 处理器中的 MPU 能为系统级操作提供高级别的鲁棒性。同时，通过对 Cortex-M23 和 Cortex-M33 处理器进行广泛测试来进一步保障它们在各种条件下的功能正确性。近年来，由于汽车连通性增加以及打击犯罪（即汽车盗窃和黑客攻击）需求，汽车行业提高了安全性要求。

Cortex-M23 和 Cortex-M33 处理器中的 TrustZone 安全功能扩展是其能够满足汽车系统设计人员创建更专用的安全措施来防御此类攻击的重要特性。

❑ **数据通信**：如今的数据通信系统相当复杂，同时多数还是电池供电的，这就需要满足极高的能效要求。这样的系统中有多个内嵌处理器用来实现通信信道管理、通信数据包的编码 / 解码以及电源管理等功能。良好的能效和性能特征使 Cortex-M 处理器成为这些应用的理想选择。Cortex-M33 处理器中的一些指令（如位操作）对通信数据包处理任务特别有用。如今，许多蓝牙（Bluetooth）和 ZigBee 控制器都采用了 Cortex-M 处理器。随着 IoT 应用的安全需求增加，TrustZone 安全功能扩展在不显著增加软件开销的情况下对安全敏感信息的保护能力，使得 Cortex-M23 和 Cortex-M33 处理器极具吸引力。

❑ **片上系统（System-on-Chip，SoC）**：虽然手机和平板电脑中有很多应用 SoC 使用了 Cortex-A 处理器（在不同领域具有更高性能的 Arm 应用处理器），它们通常也内置 Cortex-M 处理器用于各种子系统，比如实现电源管理、外设的管理与卸载（例如音频）、有限状态机（Finite State Machine，FSM）转换和传感集线器等功能。Cortex-M 处理器支持多种多核场景，随着 Armv8-M 架构 TrustZone 安全技术的引入，Cortex-M 处理器甚至可以更好地与 Cortex-A 处理器上的 TrustZone 安全功能集成。

❑ **混合信号应用**：智能传感器、电源管理电路（Power Management IC，PMIC）和微机电系统（Micro Electro Mechanical System，MEMS）等一系列新兴产品如今也集成了处理器来提供附加的智能，比如校准、信号调理、事件检测和错误检测等。Cortex-M23 处理器的小电路规模和低功耗特性是大多数应用的理想选择，尤其在智能麦克风等需要数字信号处理能力的应用场合，Cortex-M33 处理器更加合适。

现如今，已有超过 3000 种基于 Arm Cortex-M 处理器的微控制器部件。由于 Cortex-M23 和 Cortex-M33 处理器推出的时间不长（2016 年 11 月发布），目前基于这两种处理器的设备数量相对较少。然而，随着时间的推移，Cortex-M23 和 Cortex-M33 这两款处理器有望得到更普遍的应用。

1.7 技术特征

表 1.2 总结了 Cortex-M23 和 Cortex-M33 处理器的关键技术特征。

表 1.2 Cortex-M23 和 Cortex-M33 处理器的关键技术特征

特征	Cortex-M23	Cortex-M33
架构	Armv8-M 基础架构	Armv8-M 主线架构
基础指令	有	有
主线指令（扩展）	—	有
DSP 扩展	—	可选的
浮点数扩展	—	可选的（单精度）
硬件		

（续）

特征	Cortex-M23	Cortex-M33
总线架构	冯·诺伊曼	哈佛
流水线	两级	三级
主总线接口	1×32 位 AHB5	2×32 位 AHB5
其他总线接口	单周期输入 / 输出接口	用于调试组件的私有外设总线（Private Peripheral Bus，PPB）
协处理器和 Arm 自定义指令支持	—	支持多达 8 个协处理器 / 加速器
NVIC	有	有
中断支持	最多 240 次中断	最多 480 次中断
可编程的优先级级别	2 位（4 级）	3～8 位（8～256 级）
不可屏蔽中断（Non-Maskable Interrupt，NMI）	有	有
低功耗支持（睡眠模式）	有	有
操作系统支持	有	有
系统计时器	可选的（最多 2 个）	有（最多 2 个）
影子栈指针	有	有
内存保护单元	可选的（4/8/12/16 个区域）	可选的（4/8/12/16 个区域）
TrustZone 安全功能扩展	可选的	可选的
安全属性单元（Security Attribution Unit，SAU）	0/4/8 个区域	0/4/8 个区域
自定义属性单元支持	有	有

1.8 与前几代 Cortex-M 处理器的对比

Cortex-M 处理器已经问世很长时间了（超过 10 年），最早的 Cortex-M 处理器是 2004 年发布的 Cortex-M3。Cortex-M 处理器迄今取得了巨大的成功，大多数微控制器供应商在其微控制器、多核片上系统、专用集成电路（Application Specific Integrated Circuit，ASIC）、专用标准产品（Application Specific Standard Product，ASSP）、传感器等中都使用了 Cortex-M 处理器。

虽然以前的 Cortex-M 处理器系列能够满足许多应用的需求，但是近年来，人们仍然需要增强 Cortex-M 处理器的特性以应对新的挑战：

  □ 安全性。
  □ 灵活性。
  □ 处理能力。
  □ 能效。

Cortex-M23 和 Cortex-M33 处理器应运而生。Cortex-M23 处理器在 Cortex-M0 和 Cortex-M0+ 处理器的基础上做了许多改进（见图 1.3）。

从 Armv6-M 到 Armv8-M 基础版版架构增加了如下指令：

  □ 有符号和无符号整数除法指令。
  □ 两条比较跳转指令（均为 16 位）和一条 32 位跳转指令（支持更大的跳转范围）。

❑ 用于立即数生成的附加 MOV（move）指令。

❑ 用于信号量操作的独占访问指令。

❑ 支持 C11 原子数据的加载获取、存储释放指令。

❑ TrustZone 安全功能扩展所需的指令。

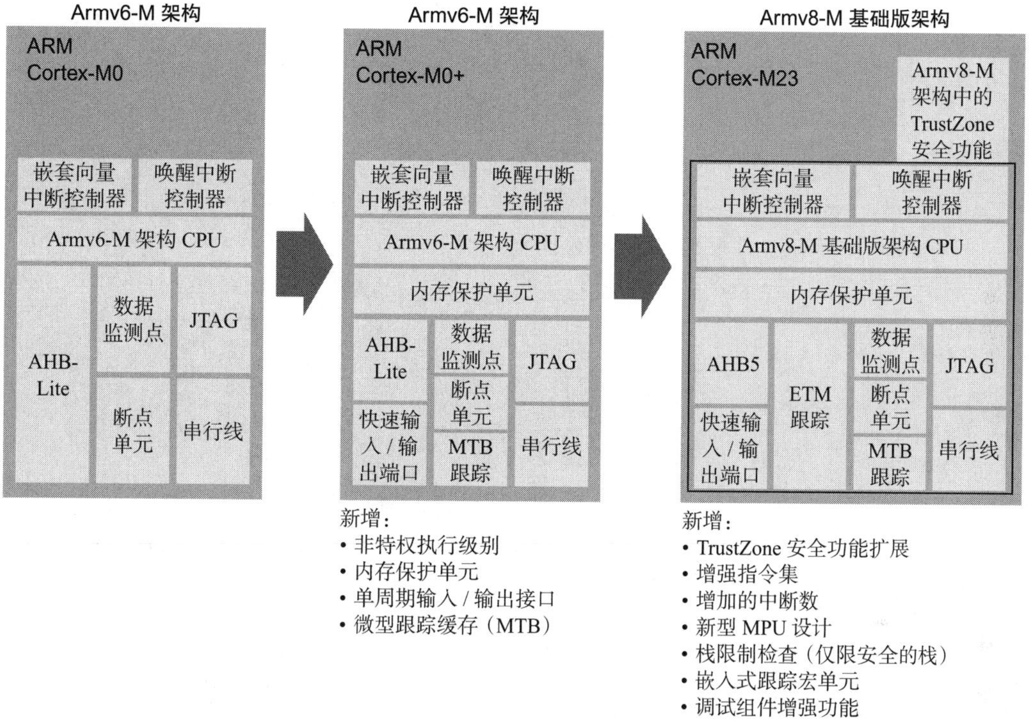

图 1.3　与 Cortex-M0 和 Cortex-M0+ 相比，Cortex-M23 增强的关键功能

同样，与 Cortex-M3 和 Cortex-M4 处理器相比，Cortex-M33 也做了许多改进（见图 1.4）。从 Cortex-M4（Armv7-M）发展到 Armv8-M 主线版，架构指令集的增强如下：

❑ 浮点指令从 FPv4 架构升级到 FPv5。

❑ 用于 C11 原子数据支持的加载获取、存储释放指令。

❑ TrustZone 安全功能扩展所需的指令。

此外，从芯片级设计的角度来看，Cortex-M23 和 Cortex-M33 处理器均有一些其他性能增强。例如：

❑ 更灵活的设计配置选项。

❑ 新增多电源域控制接口，以提供更好的低功耗支持。

虽然对很多不同的性能进行了增强，但是对于大多数应用来说，从以前版本的 Cortex-M 处理器迁移到新处理器却很简单，原因如下：

❑ 它们都采用了 32 位架构，具有相同的 4GB 内存空间分区架构。诸如 NVIC 和 SysTick 等处理器内部组件也都支持相同的编程模型。

❑ 新处理器支持以前处理器中的所有指令。

虽然 Armv8-M 架构与 Armv6-M 和 Armv7-M 架构高度兼容，但软件开发人员在把设计迁移到新的微控制器设备时仍需要调整自身的应用软件。比如，由于外围编程模型、内存映射等差异，需要对软件进行更改。此外，开发工具和 RTOS 也需要更新以支持新的处理器。

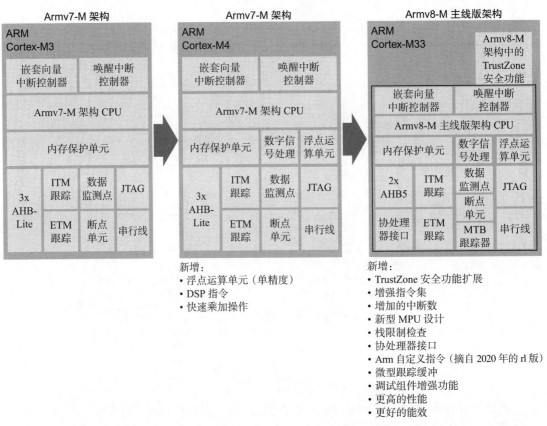

图 1.4　与 Cortex-M3 和 Cortex-M4 处理器相比，Cortex-M33 增强的关键功能

1.9　Cortex-M23 和 Cortex-M33 处理器的优势

与以前的 Cortex-M 处理器类似，Cortex-M23 和 Cortex-M33 处理器相比于其他大多数用于微控制器的处理器具有很多优势，特别是与传统的 8 位和 16 位的设计相比，其优势如下：

❑ **面积小**：与其他大多数 32 位处理器进行比较，Cortex-M23 和 Cortex-M33 处理器相对较小，平均而言功耗更低。虽然它们的面积比 8 位和一些 16 位处理器要大一些，尤其是与 8051 等 8 位设计相比，Cortex-M33 处理器面积的增加被更高的代码密度抵消了——这能够使得相同的应用可以用更小的程序内存空间来执行。由于处理器的面积和功耗通常按比例减小（尤其是与闪存和模拟组件的面积、功耗相比），因此，对比微控制器系统整体的面积和功耗，在微控制器系统中使用 32 位 Cortex-M 处理器并不会对成本有太大影响，或者增加其功耗。

❑ **低功耗**：除了硅器件尺寸小之外，Cortex-M23 和 Cortex-M33 处理器还支持一系列低功耗特性。例如从架构上讲，处理器支持进入睡眠模式的专用指令，为降低处理器的功耗还做了一些设计优化，例如，关闭时钟或者切断设计中不使用的部分电源。

❑ **性能**：虽然 Cortex-M23 处理器是市场上最小的 32 位处理器之一，但它仍然可以提供 0.98 DMIPS/MHz（Dhrystone 2.1）和 2.5 CoreMark/MHz 的性能。在提供远远高于大多数 8 位和 16 位处理器的性能的同时，它并不会显著增加系统级功耗和面积。对于需要更高性能的应用，选择 Cortex-M33 处理器，能够提供 1.5 DMIPS/MHz 和 4.02 CoreMark/MHz 的出色性能。凭借这两款处理器的高吞吐量，系统可以更快地完成处理任务，并在睡眠模式下节省功耗以保持更长时间，或者以较慢的时钟速率运行处理器，以降低峰值功耗。

❑ **能效**：Cortex-M23 和 Cortex-M33 结合了低功耗和高性能特性，是广泛适用于嵌入式应用的最节能的处理器，使得电池寿命更长、电池尺寸更小，并且在芯片和电路板级可以进行更简单的电源设计。以前，其他 Cortex-M 处理器的低功耗能力已通过使用 EEMBC(http://www.eembc.org/ulpmark/) 的 ULPMark-CP 得到了验证。基于此，预计基于 Cortex-M23 和 Cortex-M33 处理器的很多新的微控制器会获得相似甚至更好的结果。

❑ **中断处理能力**：所有 Cortex-M 处理器都有一个集成的嵌套向量中断控制器用于中断处理。该单元和处理器内核能够支持低延迟中断处理。例如，Cortex-M23 和 Cortex-M33 处理器的中断延迟分别只需要 15 个和 12 个时钟周期。为了减少软件运行开销，异常向量的读取（中断服务程序的起始地址）、基本寄存器栈和中断服务的嵌套都是由硬件自动完成的。中断管理功能也非常灵活，所有外设中断都有可编程的优先级。这些特性使 Cortex-M 处理器能够适用于许多实时应用。

❑ **安全性**：借助 TrustZone 安全功能扩展，微控制器供应商和芯片设计师可以为其 IoT 芯片设计出一系列高级别安全特性。默认情况下，TrustZone 技术支持两种安全域（安全区域和非安全区域），通过受信任的如 Fireware-M 之类的附加软件可以在软件中创建更多的安全分区。

❑ **易用性**：Cortex-M 处理器设计简单易用，大多数应用程序可以用 C 语言编程。由于 Cortex-M 处理器使用 32 位线性寻址，可以处理高达 4GB 的地址范围，从而避免了 8 位和 16 位处理器通常存在的架构限制（例如，内存大小和栈大小限制以及对可重入代码的限制）。通常，应用软件开发环境（除了在开发软件时，在 TrustZone 环境中运行安全方面的软件）不需要特殊的 C 语言扩展。

❑ **代码密度**：与很多其他架构相比，Cortex-M 处理器使用的指令集（称为 Thumb 指令集）提供了非常高的代码密度。Thumb 指令集包含 16 位和 32 位指令（Cortex-M23 处理器支持的大多数指令都是 16 位的），当它们起作用时，C/C++ 编译器会选择 16 位版本的指令来减小程序大小，同时生成非常高效的代码序列。高代码密度使应用程序能够运行在程序内存较小的芯片上，这样可以降低成本，并可能会降低功耗和减小芯片封装尺寸。

❑ **操作系统支持**：与许多传统处理器不同，Cortex-M 处理器支持高效的操作系统。该架构包含跟随栈指针、系统计时器和操作系统专用异常等功能。至今，有超过 40 种不同类型的 RTOS 运行在 Cortex-M 处理器上。

❑ **可扩展性**：Cortex-M 处理器在两个方面具有高度可扩展性。首先，从最低性能的 Cortex-M0 到最高性能的 Cortex-M7 处理器，在不同的设计中这些处理器的大多数编程者模型都是一致的，这使得软件代码能够轻松地在不同的 Cortex-M 处理器上移植。其次，Cortex-M 处理器非常灵活，既可以用于单处理器系统（例如低功耗和低成本微控制器），也可以是集成了许多处理器的复杂 SoC 设计的一部分。

❑ **软件可移植性和可重用性**：架构的一致性也给 Cortex-M 处理器带来了一个重要优势——高水平的软件可移植性和可重用性。Arm 发起的 Cortex 微控制器软件接口标准（Cortex Microcontroller Software Interface Standard，CMSIS）倡议，通过为各种 Cortex-M 产品提供一致的软件接口，进一步增强了该优势，让软件供应商和开发人员能够长期保护其投资，并更快地开发产品。

❑ **调试功能**：Cortex-M 处理器包括许多调试功能，供软件开发人员测试代码并轻松分析软件问题。除了软件运行、断点、监测点和单步执行等现代微控制器的标准功能之外，Cortex-M 处理器中的调试功能还包括指令跟踪、数据跟踪、原型支持，这些功能可以在多核系统中链接在一起，使得多核系统的调试更容易。Cortex-M23 和 Cortex-M33 处理器对调试与跟踪功能的提升使它们比以前的版本更加灵活。

❑ **灵活性**：Cortex-M 处理器是可配置的。在芯片设计阶段，芯片设计人员可以决定向设计中增加哪些可选的特性，这就让产品能够在功能、成本和能效之间实现最佳平衡。

❑ **软件生态系统**：Cortex-M 处理器受到很多不同的软件开发工具、RTOS 产品以及其他中间件（如音频编解码器）的支持。除了大量可用的 Cortex-M 设备和开发板，这些软件解决方案能够让软件开发人员在短时间内创造出高质量的产品。

❑ **品质**：Arm 处理器经过全面测试以达到很高的质量等级，大多数 Cortex-M 处理器（如 Cortex-M23 和 Cortex-M33）都符合安全要求。这使得 Cortex-M 微控制器广泛应用于汽车、工业和医疗应用。同时，基于 Cortex-M 的产品也被用在了包括航天工业在内的许多安全性至关重要的系统中。

1.10 了解微控制器编程

如果你一直在桌面系统中编程，在学习如何对微控制器系统进行编程时，你可能会惊讶地发现微控制器的编程与你曾经习惯的、以前所学到的编程不同。例如：

❑ 大多数微控制器系统没有图形用户界面（Graphic User Interface，GUI）。

❑ 微控制器系统可能不包含任何操作系统（通常称为裸机），或者在某些情况下使用小型 RTOS 只是用来管理任务调度和任务间通信。与桌面环境不同，这些操作系统多数并不提供用于数据通信和外设控制的其他系统的应用程序接口（Application

Programming Interface，API）。

- 在桌面环境中，应用程序通过应用程序接口或操作系统中提供的设备驱动来访问外设功能。在微控制器应用中，直接访问外设寄存器并不罕见。不过为了方便软件开发人员创建应用程序，大多数 Cortex-M 微控制器供应商都会提供设备驱动程序库。
- 内存大小和功耗是许多微控制器系统的制约因素。相比之下，桌面环境中的内存和运算功耗要大得多。
- 在桌面环境中，使用汇编语言相当少见，大多数应用程序开发人员使用的是 Java、JavaScript、C# 和 Python 等各种高级编程语言。而大多数微控制器工程开发仍然基于 C 和 C++。在某些情况下，程序的一小部分甚至需要用汇编语言编写。

想要在 Cortex-M 处理器系列上学习微控制器编程，你需要具备以下技能：

- C 语言编程经验。有微控制器编程工具的使用经验当然更好，但这并不是必需的。和使用传统的 8 位和 16 位微控制器相比，许多人发现使用基于 Cortex-M 处理器的微控制器要容易得多。
- 对电子学的基本了解。电子学知识对理解本书中的一些例子很有帮助。比如了解 UART 是什么会很有用，因为使用 UART 连接到计算机来显示程序的运行结果是一种常用的技术。
- 虽然不是必需的，但 RTOS 的使用经验对于理解本书的一些观点是有帮助的。

本书中的大多数例子都是基于 Keil 微控制器开发套件（Keil MDK）设计的。然而，在相关的地方会涉及关于 IAR（EWARM Electronic Workbench for Arm）和 gcc 工具链的信息。

1.11　延伸阅读

Arm 网站分成很多部分，包含 Arm Cortex-M 处理器产品不同方面的信息。

1.11.1　关于 developer.arm.com 产品网页

表 1.3 所示是产品信息网页，你可以在其中找到产品的概述和 Arm 网站各个部分的相关链接。

表 1.3　developer.arm.com 产品网页

网页	链接
Cortex-M 处理器网页	https://developer.arm.com/products/processors/cortex-m
Cortex-M23 处理器网页	https://developer.arm.com/products/processors/cortex-m/cortex-m23
Cortex-M33 处理器网页	https://developer.arm.com/products/processors/cortex-m/cortex-m33
M-Profile 架构	https://developer.arm.com/products/architecture/m-profile
TrustZone	https://developer.arm.com/ip-products/security-ip/trustzone

1.11.2　关于 developer.arm.com 文档

Arm 网站上有各种软件开发文档，这些文档对了解 Cortex-M23 和 Cortex-M33 处理器很有帮助。主文档页面为 developer.arm.com。

你在网站上可以找到的有关 Cortex-M23/Cortex-M33 的重要文档如表 1.4 所示。

表 1.4 Cortex-M23/Cortex-M33 相关的重要文档

参考文献	文档
[1]	《Armv8-M 架构参考手册》 该文档是 Cortex-M23 和 Cortex-M33 处理器的架构规范，包含了关于指令集和架构定义等的详细信息
[2]	《Cortex-M23 器件通用用户指南》 这是一个为使用 Cortex-M23 处理器的软件开发人员编写的用户指南。它提供了关于编者模型的信息、使用 NVIC 等核心外设的细节，以及关于指令集的通用信息
[3]	《Cortex-M23 技术参考手册》 这是 Cortex-M23 处理器的规范。它提供了关于 Cortex-M23 处理器所实现的特性信息，并详细说明了一些特定实现的行为
[4]	《Cortex-M33 器件通用用户指南》 这是一个为使用 Cortex-M33 处理器的软件开发人员编写的用户指南。它提供了关于编者模型的信息、使用 NVIC 等核心外设的细节，以及关于指令集的通用信息
[5]	《Cortex-M33 技术参考手册》 这是 Cortex-M33 处理器的规范。它提供了关于 Cortex-M33 处理器所实现的特性信息，并详细说明了一些特定实现的行为
[6-9]	《Arm CoreSight MTB-M23/ETM-M23/MTB-M33/ETM-M33 技术参考手册》 这是指令跟踪支持组件的规范，仅适用于调试工具供应商，软件开发人员不需要阅读这些文档
[10]	《Arm 架构的过程调用标准》 本文档详述了软件代码在函数间调用中的工作方式。采用汇编和 C 语言混合编程的软件项目通常需要这些信息

开发人员网站还包含各种应用程序说明和其他有用的文档。这里想要重点强调的一个文件是《Arm 架构的过程调用标准》（Procedure Call Standard for the Arm Architecture，AAPCS），这在第 17 章中会进一步说明。

1.11.3 关于 community.arm.com

网站的这部分允许网站用户（包括 Arm 专家）进行互动，并允许个人（包括企业）发布与 Arm 技术相关的文件或其他材料。为了使 Arm 网站的用户更容易找到关于 Cortex-M 处理器的信息，我在 Arm 的社区网站上创建并持续维护了几个博客页面，如表 1.5 所示。

表 1.5 Arm 技术相关文件

参考文献	文档
[11]	《Armv8-M 架构技术概述》 这个白皮书总结了 Armv8-M 架构的增强部分，概述了 TrustZone 技术的工作原理，并给出了与 Armv8-M 架构有关的各种有用文档的链接
[12]	《Cortex-M 资源》 该板块维护关于不同的 Cortex-M 主题的论文、视频和演示的有用链接列表
[13]	《Arm 微控制器入门资源》 该部分内容是为那些想要开始使用 Arm 微控制器的用户做的介绍性页面，涵盖了 Cortex-A、Cortex-R 和 Cortex-M 处理器的入门信息

参考文献

[1] Armv8-M Architecture Reference Manual. https://developer.arm.com/documentation/ddi0553/am (Armv8.0-M only version). https://developer.arm.com/documentation/ddi0553/latest/ (latest version including Armv8.1-M). Note: M-profile architecture reference manuals for Armv6-M, Armv7-M, Armv8-M and Armv8.1-M can be found here: https://developer.arm.com/architectures/cpu-architecture/m-profile/docs.

[2] Arm Cortex-M23 Devices Generic User Guide. https://developer.arm.com/documentation/dui1095/latest/.

[3] Arm Cortex-M23 Processor Technical Reference Manual. https://developer.arm.com/documentation/ddi0550/latest/.

[4] Arm Cortex-M33 Devices Generic User Guide. https://developer.arm.com/documentation/100235/latest/.

[5] Arm Cortex-M33 Processor Technical Reference Manual. https://developer.arm.com/documentation/100230/latest/.

[6] Arm CoreSight MTB-M23 Technical Reference Manual. https://developer.arm.com/documentation/ddi0564/latest/.

[7] Arm CoreSight ETM-M23 Technical Reference Manual. https://developer.arm.com/documentation/ddi0563/latest/.

[8] Arm CoreSight MTB-M33 Technical Reference Manual. https://developer.arm.com/documentation/100231/latest/.

[9] Arm CoreSight ETM-M33 Technical Reference Manual. https://developer.arm.com/documentation/100232/latest/.

[10] Procedure Call Standard for the Arm Architecture (AAPCS). https://developer.arm.com/documentation/ihi0042/latest/.

[11] Armv8-M Architecture Technical Overview. https://community.arm.com/developer/ip-products/processors/b/processors-ip-blog/posts/whitepaper-armv8-m-architecture-technical-overview.

[12] Cortex-M resources. I maintain a list of useful links to papers, videos and presentations on various Cortex-M topics. https://community.arm.com/developer/ip-products/processors/b/processors-ip-blog/posts/cortex-m-resources.

[13] Getting started with Arm Microcontroller Resources. This is an introductory page for people who want to start using arm microcontrollers. The blog covers entry level information for Cortex-A, Cortex-R and Cortex-M processors. https://community.arm.com/developer/ip-products/processors/b/processors-ip-blog/posts/getting-started-with-arm-microcontroller-resources.

第 2 章
Cortex-M 编程入门

2.1 概述

如果你以前未开发过面向微控制器的程序，欢迎来到令人兴奋的微控制器软件开发的世界。不用担心，这并不是那么困难。Arm Cortex-M 处理器非常易于使用。本书涵盖了处理器架构的许多方面，但你无须理解所有方面就可以开发大多数应用程序。

如果你使用过其他微控制器，会发现使用基于 Cortex-M 的微控制器进行编程非常直接。在基于 Cortex-M 的微控制器中，大多数寄存器（例如外设）都可以映射到内存，因此几乎所有内容都可以用 C / C++ 语言进行编程，甚至中断处理程序也完全可以用 C / C++ 进行编程。另外，对于大多数的一般应用程序，基于 Cortex-M 的微控制器不需要使用特定编译器下的语言扩展，而这在某些其他控制器的架构中是必需的。只要对 C 编程语言有基本的了解，很快就能在 Cortex-M23 和 Cortex-M33 处理器上开发、运行简单的应用程序。

使用微控制器开发应用程序通常需要以下工具和资源：

❑ 开发套件（包括编译工具和软件调试环境）。

❑ 带微控制器的开发板。

❑ 调试适配器。MCU 供应商提供的某些开发板具有内置的 USB 调试适配器，可以直接连接到计算机的 USB 端口。

❑ 在某些应用程序中，可能还需要使用嵌入式操作系统（OS）和固件软件包，例如通信软件库，也称为中间件。开源社区提供了一系列可以免费使用的中间件解决方案，例如实时操作系统（RTOS）。

❑ 根据实际使用需求，可能还需要其他一些电子硬件（例如用于电动机控制的驱动电路）和电子设备（例如万用表、示波器）。

2.1.1 开发套件

大部分开发套件可以从以下网址获得：

❑ 商业开发套件，例如 Keil 微控制器开发套件（Keil Microcontroller Development Kit，Keil MDK，https://www.keil.com）、IAR Arm 嵌入式工作台（Embedded Workbench for ARM，EWARM，https://www.iar.com）、Segger 嵌入式平台（https://www.segger.com/embedded-studio.html）等。

❑ 开源工具链，如带有 Eclipse 嵌入式 CDT（https://projects.eclipse.org/projects/ iot.embed-cdt）的 gcc（https://developer.arm.com/open-source/gnu- toolchain/gnu-rm）。

❑ 来自微控制器供应商的工具链。

❑ 基于 Web 的开发环境，如 mbedOS（https://mbed.com）。

一些商业工具链有免费的试用版，但是对代码的规模有限制。

本书中的大多数软件开发示例均基于 Keil MDK，你也可以使用其他供应商提供的工具链。虽然大多数情况下 C 代码无须修改便可以重用，但是如果使用不同的工具链，许多说明汇编或内联汇编的工程都需要对 C 代码进行修改。

2.1.2　开发板

对于初学者来说，使用微控制器供应商提供的开发板或评估板比较容易上手。虽然用户也可以创建自己的开发板，但这要求具有大量的技术知识以及一系列技能和设备（例如用于焊接微型表面电子元件所需的专用工具）。

Cortex-M 处理器配套了一系列的低成本开发工具包，通常也附带包含示例和支持文件（例如，C 语言头文件和用于外设定义的驱动程序库）的软件包。值得注意的是，某些开发板必须使用对应的特定开发工具。

一些工具链还提供了指令集模拟器功能，这样用户不需要真实的硬件便可学习编程。但是在模拟器中可能无法对某些外设功能进行仿真，而真实的硬件开发板则允许用户将应用程序连接到外部设备（例如电动机、音频、显示模块）。

2.1.3　调试适配器

Cortex-M 处理器的调试接口提供了调试功能访问和闪存编程支持（下载程序镜像到芯片）。大多数 Cortex-M 微控制器的调试接口基于串行线调试（需要芯片上的 2 个引脚）或 JTAG（4 个或 5 个引脚）协议。因此需要调试适配器将 USB 或以太网接口转换为上述两种调试协议之一。许多低成本开发板通常都带有一个额外的微控制器作为调试适配器，并支持虚拟 COM 端口功能（见图 2.1）。

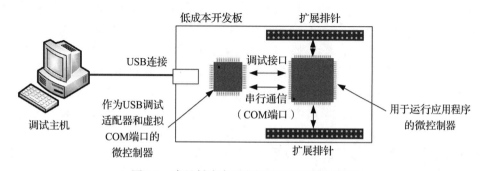

图 2.1　常见低成本开发板的调试系统结构图

如果使用的电路板没有调试适配器，则需要使用外部调试适配器硬件。Keil、IAR、

Segger 和其他公司提供了许多适配器产品，它们的价格各不相同，功能也不尽相同（见图 2.2）。许多开发套件都支持多种类型的调试适配器。

如果要创建自己的微控制器板，需要确保微控制器可以轻松地连接到调试适配器，请注意连接线的排布有一系列标准。

2.1.4　资源

在获得开发工具和开发板之后，可以查看供应商网站并下载可能需要的一些参考资料：

□ 提供外设寄存器和外设驱动程序功能定义的软件包（包括头文件）。

□ 示例代码、使用教程。

□ 关于微控制器设备及开发板的说明文档。

大多数 MCU 供应商都有在线论坛，可供用户发布问题。如果对 Arm 的相关产品（例如处理器和开发工具）有疑问，可以将问题发布到 Arm 社区（https://community.arm.com）。

图 2.2　调试适配器示例（Keil ULINK 2、Keil ULINKPro、IAR I-Jet、Segger J-Link）

2.2　基本概念

如果这是你第一次使用微控制器，请继续阅读该部分内容。对于已经熟悉微控制器应用程序的读者，可以跳过该部分内容而转到 2.3 节。

在 1.1 节中介绍了微控制器的内部结构，现在解释让微控制器工作需要满足什么条件。

2.2.1　复位

在程序开始执行之前，需要将微控制器复位到已知状态。复位通常是由外部源产生的硬件信号。比如，可以在某些开发板上看到一个复位按钮，该按钮通过一个简单的电路产生复位脉冲信号（见图 2.3），或者在有些情况下，复位信号也可以通过专门的功率监控集成电路（Integrated Circuit，IC）控制。大多数微控制器都有用于复位的输入引脚。

在 Arm 微控制器上，复位还可以通过连接到微控制器开发板的调试器来触发。这使得软件开发人员可以通过集成开发环境（Integrated Development Environment，IDE）复位微控制器。一些调试适配器通过调试连接器上的专用引脚来产生复位信号。该复位信号可以连接到微控制器的复位电路，从而使调试器通过调试连接控制复位信号。

在复位信号释放后，微控制器的内部电路通常需要一定的反应时间（比如需要等待内部时钟振荡器稳定之后），然后处理器才能开始执行程序。该延迟时间非常短，用户通常不会注意到。

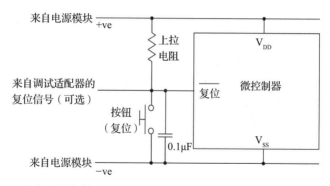

图 2.3　低成本微控制器板上的复位连接示例（假定复位引脚低电平有效）

2.2.2　时钟

几乎所有处理器和数字电路（包括外设）都需要时钟信号才能运行。微控制器通常采用外部晶体来产生参考时钟。有些微控制器还具有内部振荡器（但是某些时钟产生电路的输出频率可能相当不准确，如 R-C 振荡器）。

许多现代的微控制器都允许通过软件控制要使用的时钟源，并带有可编程的锁相环（Phase Lock Loop，PLL）和时钟分频器产生所需的各种工作频率。因此，用户使用的微控制器电路可能只有 12 MHz 的外部晶体振荡器，但它的处理器可以用更高的时钟频率运行（例如远超过 100 MHz），而某些外设则可以用分频后的时钟频率运行。

为了节省功率消耗，许多微控制器还允许用户通过软件打开或关闭各个振荡器和 PLL，并关闭每个外设的时钟信号。同时，许多微控制器还配套了一个额外的 32 kHz 晶体振荡器（该晶体振荡器可以是开发板上的外部组件）作为低功耗实时时钟。

2.2.3　工作电压

所有微控制器都需要电源才能工作，因此要在微控制器上找到电源引脚。大多数现代微控制器都需要非常低的工作电压，通常为 3 V，其中一些甚至可以在低于 2 V 的电源电压下工作。

如果用户要创建自己的微控制器开发板或原型电路，需要检查所用微控制器的使用说明以确保开发板提供的电压满足微控制器的工作电压要求。比如，某些外部接口（如继电器开关）可能需要 5V 的信号，这些信号不能与微控制器的 3V 输出信号直接相连。在这种情况下，通常还需要额外的驱动电路。

在设计微控制器电路板时，还应该保证其供电电压稳定。许多直流电源适配器不对其输出电压进行校准，这意味着其输出电压会不断波动，除非增加稳压器，否则这类适配器不适合直接为微控制器供电。

2.2.4　输入 / 输出

与个人计算机不同，许多嵌入式系统没有显示器、键盘或者鼠标。其可用的输入和输出系统仅限于简单的接口，如按钮 / 微型键盘、LED、蜂鸣器以及 LCD 模块。这些硬件通过电子接口连接到微控制器，比如数字和模拟的输入 / 输出（Input and Output，I/O）、

UART、I²C、SPI 等。许多微控制器还提供 USB、以太网、CAN、图形 LCD 和 SD 卡接口，这些接口通常用来连接专门的外设。

在 Arm 微控制器上，外设由内存映射寄存器控制（2.3.2 节将介绍外设访问的示例）。Arm 微控制器的某些外设比现有的 8 位和 16 位微控制器的外设更为复杂，且在外设设置过程中可能需要对更多的寄存器进行编程。

通常，外设的初始化过程包括：

1）时钟配置。对时钟控制电路进行编程使时钟信号连接到外设，如果有需要，连接到对应的 I/Q 引脚。在许多低功耗微控制器中，芯片不同部分的时钟信号可以分别打开或关闭以节省功耗。通常，在默认情况下，大多数时钟都是关闭的，需要用户在对外设进行编程之前将其使能。在某些情况下，用户可能还需要使能某些总线系统的时钟信号从而访问某些外设。

2）I/O 配置。大多数微控制器复用其 I/O 引脚以支持多种功能。为了使外设接口正常工作，I/O 引脚排布需要被编程配置（如多路复用器的配置寄存器）。此外，某些微控制器 I/O 引脚的电气特性也需要被配置。这时需要更多的 I/O 配置步骤。

3）外设配置。由于大多数接口外设都包含许多可编程寄存器来控制其操作，因此通常需要按一定的顺序对外设进行编程使其初始化并正常工作。

4）中断配置。如果外设操作需要中断处理，则需要通过额外的配置步骤配置中断控制器（例如 Cortex-M 处理器中的 NVIC）。

大多数微控制器供应商都提供了外设 / 设备驱动库以简化软件开发流程。虽然有设备驱动库可用，但是根据具体的应用需求，可能仍然需要进行大量的底层编程工作。比如，对于用户友好的独立嵌入式系统，如果需要用户界面，用户要开发自定义的接口函数（注意，通常有便于创建图形用户界面的商用中间件可用）。尽管如此，微控制器供应商提供的设备驱动程序库会更加便于嵌入式应用的开发。

对于大多数底层嵌入式系统的开发，一般不需要丰富的用户界面。但是，LED、DIP 开关和按钮之类的基本接口可传递的信息有限。为了辅助开发过程中的软件调试，一个简单的文本输入 / 输出控制台会非常有用。这可以通过简单的 RS-232 将微控制器的 UART 接口连接到个人计算机的 UART 接口来实现（或者通过 USB 适配器实现）。这样的连接方式允许用户从微控制器应用中获取并显示其文本信息，同时也允许用户在终端中输入信息到微控制器中（见图 2.4）。17.2.7 节将介绍如何创建文本通信信息。

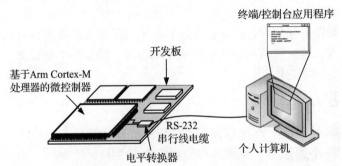

图 2.4　采用 UART 接口作为用户输入 / 输出的软件开发连接示意图

除了利用 UART 接口进行信息显示外，一些开发工具也支持通过调试连接传递信息（这一特性将在 17.2.8 节介绍）。

2.2.5　嵌入式软件程序流程简介

构造应用程序的处理流程有很多不同的方法。这里我们将介绍一些基本概念。请注意，与在个人计算机上编程不同，大多数嵌入式应用程序的程序流程没有结尾。

2.2.5.1　轮询方式

对于简单的应用程序，轮询（有时也称为超循环，如图 2.5 所示）容易构建且对基本任务非常有效。

当应用程序比较复杂且需要更高的处理性能时，则不适合使用轮询。例如，如果进程 A（见图 2.5）需要很长时间来完成，则其他外设 B 和 C 将不会快速被处理器服务（需要等到执行完进程 A）。使用轮询的另一个缺点是，即使没有进程需要处理，处理器也一直运行轮询程序，这降低了能效。

2.2.5.2　中断驱动方式

对于需要较低功耗的应用程序，处理器可以采用中断服务的处理方式，以便在不需要处理程序时进入休眠模式（见图 2.6）。中断通常由外部源或片上外设产生，以唤醒处理器。

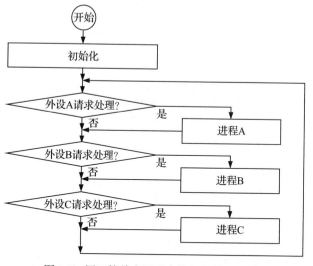

图 2.5　用于简单应用程序处理的轮询方式

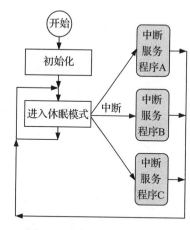

图 2.6　中断驱动的应用程序

对于中断驱动的应用程序，不同外设产生的中断会被分配不同的中断优先级。在这种情况下，即使处理器正在处理低优先级的服务，也可以响应高优先级的中断请求，此时优先级较低的服务会被暂时挂起。这样可以缩短高优先级中断服务的等待时间（即从中断请求的产生到中断请求被处理的延迟）。

2.2.5.3　轮询和中断驱动方式相结合

在许多情况下，应用程序可以采用轮询和中断相结合的处理方式。通过使用软件变量，信息可以在中断服务程序和应用进程之间传递。

通过将外设处理任务划分为中断服务程序和进程在主程序中运行，可以减少每个中断服务的持续时间。通过缩短不同中断服务的持续时间，优先级较低的中断服务也可以更快地得到服务。同时系统也可以在无处理任务时进入休眠模式。如图 2.7 所示，应用程序被划分为进程 A、B 和 C，但是在某些情况下，可能无法将应用程序划分为各个子部分，从而需要较大的进程。然而即使这样，外设中断请求的处理也不会被延迟。

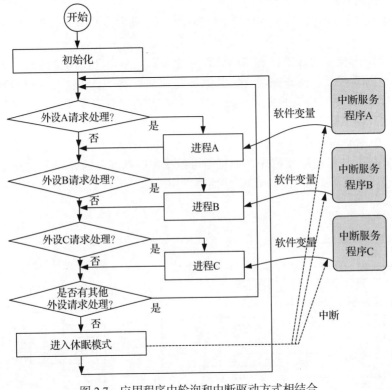

图 2.7 应用程序中轮询和中断驱动方式相结合

2.2.5.4 并发进程的处理

如果某个应用程序需要较长的处理时间，我们不希望在大型应用程序循环中处理它。如图 2.7 所示，如果进程 A 花费时间过长，进程 B 和 C 将无法足够快地响应外设的请求，这可能会导致系统失效。常见的解决方案如下：

1）将长时间的处理任务分解为一系列状态。每次处理过程时，仅执行一种状态。

2）使用 RTOS 管理多个任务。

对于方法 1（见图 2.8），进程 A 被分为多个部分，并用一个软件状态变量来跟踪进程 A 的状态。每次执行该进程时，状态信息都会更新，以便下次执行时可以正确恢复其处理顺序。

采用这种方法，由于进程 A 的执行路径缩短，整个应用程序循环内的其他进程可以更快地被访问。虽然整个程序的处理时间没有变化（由于状态的保存和恢复的时间开销，处理时间可能略有增加），但系统响应却更加迅速。但是，当应用程序任务变得更为复杂时，手动划分任务可能会变得不实际。

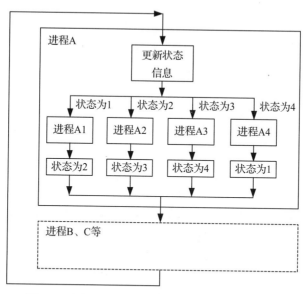

图 2.8　在应用程序循环中将进程划分为多个部分

对于更为复杂的应用，可采用实时操作系统（见图 2.9）。通过将处理器的执行时间划分为多个时隙，然后为每个任务分配时隙，实时操作系统允许同时执行多个应用进程。使用实时操作系统需要一个计时器生成中断请求（通常中断请求定期生成）。在每个时隙结束时，计时器中断服务会触发实时操作系统任务调度程序，该调度程序将决定是否执行上下文切换。如果要执行上下文切换，任务调度程序将当前执行的任务挂起，然后切换至等待执行的任务。

通过使用实时操作系统，可以确保在一定时间内为所有任务提供服务，从而提高了系统的响应速度。17.2.9 节和 20.6.4 节给出了使用实时操作系统的示例。

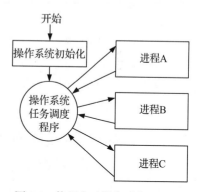

图 2.9　使用实时操作系统处理多个并发应用进程

2.3　Arm Cortex-M 编程简介

2.3.1　C 语言编程——数据类型

C 语言支持多种标准的数据类型。但是，数据类型的实现方式依赖于处理器架构以及 C 编译器的特性。对于 Arm Cortex-M 处理器，表 2.1 中的数据类型得到所有 C 编译器的支持。

表 2.1 Cortex-M 处理器中数据类型的大小

C 和 C99 (stdint.h) 数据类型	位宽	范围（有符号数）	范围（无符号数）
char, int8_t, uint8_t	8	−128 ～ 127	0 ～ 255
short int16_t, uint16_t	16	−32 768 ～ 32 767	0 ～ 65 535
int, int32_t, uint32_t	32	−2 147 483 648 ～ 2 147 483 647	0 ～ 4 294 967 295
long	32	−2 147 483 648 ～ 2 147 483 647	0 ～ 4 294 967 295
long long, int64_t, uint64_t	64	$-2^{63} \sim 2^{63}-1$	$0 \sim 2^{64}-1$
float	32	$-3.402\ 823\ 4 \times 10^{38} \sim 3.402\ 823\ 4 \times 10^{38}$	
double	64	$-1.797\ 693\ 134\ 862\ 315\ 7 \times 10^{308} \sim 1.797\ 693\ 134\ 862\ 315\ 7 \times 10^{308}$	
long double	64	$-1.797\ 693\ 134\ 862\ 315\ 7 \times 10^{308} \sim 1.797\ 693\ 134\ 862\ 315\ 7 \times 10^{308}$	
指针	32	0x0 ～ 0xFFFFFFFF	
enum	8/16/32	默认用最小的数据类型表示，除非被编译器的选项设置覆盖	
bool (C++ only), _Bool (C99)	8	真或假	
wchar_t	16	0 ～ 65 535	

将应用程序从其他处理器架构移植到 Arm 处理器时，如果数据类型大小不同，则可能需要修改 C 代码以保证程序正确运行。

默认情况下，Cortex-M 编程中的数据变量是对齐的，这意味着变量的存储地址应该是数据大小的整数倍。不过，Armv8-M 主线版指令集架构子配置文件允许非对齐数据的访问。关于此主题的更多信息请参见 6.6 节。

在 Arm 编程中，数据大小的单位有字节、半字、字和双字（见表 2.2）。

这些术语通常可以在 Arm 文档中找到，例如，在指令集的详细说明中。

表 2.2 Arm 处理器中数据大小的定义

术语	大小
字节	8 位
半字	16 位
字	32 位
双字	64 位

2.3.2 使用 C 语言访问外设

在基于 Arm Cortex-M 的微控制器中，外设寄存器是内存映射的，并可以用数据指针访问。在大多数情况下，可使用微控制器供应商提供的设备驱动程序来简化软件开发任务，这使得软件在不同微控制器之间移植更加容易。如果需要直接访问外设寄存器，则可以采用以下方法。

在仅访问几个寄存器的简单情况下，可以使用 C 语言宏将每个外设寄存器定义为指针：

```
// 采用指针定义 UART 接口寄存器及访问这些寄存器示例
#define UART_BASE   0x40003000 // Arm Primecell PL011 的基地址
#define UART_DATA   (*((volatile unsigned long *)(UART_BASE + 0x00)))
#define UART_RSR    (*((volatile unsigned long *)(UART_BASE + 0x04)))
#define UART_FLAG   (*((volatile unsigned long *)(UART_BASE + 0x18)))
#define UART_LPR    (*((volatile unsigned long *)(UART_BASE + 0x20)))
#define UART_IBRD   (*((volatile unsigned long *)(UART_BASE + 0x24)))
```

```
#define UART_FBRD   (*((volatile unsigned long *)(UART_BASE + 0x28)))
#define UART_LCR_H  (*((volatile unsigned long *)(UART_BASE + 0x2C)))
#define UART_CR     (*((volatile unsigned long *)(UART_BASE + 0x30)))
#define UART_IFLS   (*((volatile unsigned long *)(UART_BASE + 0x34)))
#define UART_MSC    (*((volatile unsigned long *)(UART_BASE + 0x38)))
#define UART_RIS    (*((volatile unsigned long *)(UART_BASE + 0x3C)))
#define UART_MIS    (*((volatile unsigned long *)(UART_BASE + 0x40)))
#define UART_ICR    (*((volatile unsigned long *)(UART_BASE + 0x44)))
#define UART_DMACR  (*((volatile unsigned long *)(UART_BASE + 0x48)))
/* ----- UART 初始化 ----- */
void uartinit(void) // Arm Primecell PL011 的简单初始化
{
 UART_IBRD  =40;    // ibrd : 25MHz/38400/16 = 40
 UART_FBRD  =11;    // fbrd : 25MHz/38400 - 16*ibrd = 11.04
 UART_LCR_H =0x60;   // Line control : 8N1
 UART_CR    =0x301;  // cr : 使能 TX 和 RX, UART 使能
 UART_RSR   =0xA; // 清理缓存
}
/* ----- 发送字符 ----- */
int sendchar(int ch)
{
 while (UART_FLAG & 0x20); // 忙，等待
 UART_DATA = ch; // 写字符
 return ch;
}
/* ----- 接收字符 ----- */
int getkey(void)
{
 while ((UART_FLAG & 0x40)==0); // 无数据，等待
 return UART_DATA; // 读字符
}
```

如前所述，采用宏将外设寄存器定义为指针适用于简单的应用。但是，当系统中有多个可用的相同外设单元时，需要对每个外设定义相应的寄存器，这使代码的维护变得困难。另外，由于每个寄存器的地址以 32 位常量存储在程序闪存中，因此为每个寄存器定义单独的指针会导致程序规模变大。

为了简化代码并更加有效地利用程序空间，可以将外设寄存器集合定义为一种数据结构，然后将外设定义为指向该数据结构的内存指针（如以下 C 代码所示）。

```
// 使用一种数据结构对 UART 进行寄存器定义，以及基于这种结构的内存指针示例
typedef struct { // 基于 Arm Primecell PL011
 volatile unsigned long DATA;      // 0x00
 volatile unsigned long RSR;       // 0x04
         unsigned long RESERVED0[4];// 0x08 - 0x14
 volatile unsigned long FLAG;      // 0x18
```

```c
            unsigned long RESERVED1;    // 0x1C
    volatile unsigned long LPR;         // 0x20
    volatile unsigned long IBRD;        // 0x24
    volatile unsigned long FBRD;        // 0x28
    volatile unsigned long LCR_H;       // 0x2C
    volatile unsigned long CR;          // 0x30
    volatile unsigned long IFLS;        // 0x34
    volatile unsigned long MSC;         // 0x38
    volatile unsigned long RIS;         // 0x3C
    volatile unsigned long MIS;         // 0x40
    volatile unsigned long ICR;         // 0x44
    volatile unsigned long DMACR;       // 0x48
} UART_TypeDef;
#define Uart0   ((UART_TypeDef *)     0x40003000)
#define Uart1   ((UART_TypeDef *)     0x40004000)
#define Uart2   ((UART_TypeDef *)     0x40005000)
/* ----- UART 初始化 ----- */
void uartinit(void) // 对 Primecell PL011 进行简单初始化
{
  Uart0->IBRD  =40;   // ibrd : 25MHz/38400/16 = 40
  Uart0->FBRD  =11;   // fbrd : 25MHz/38400 - 16*ibrd = 11.04
  Uart0->LCR_H =0x60;   // Line control : 8N1
  Uart0->CR    =0x301;  // cr : 使能 TX 和 RX, UART 使能
  Uart0->RSR   =0xA; // 清理缓存
}
/* ----- 发送字符 ----- */
int sendchar(int ch)
{
  while (Uart0->FLAG & 0x20); // 忙, 等待
  Uart0->DATA = ch; // 写字符
  return ch;
}
/* ----- 接收字符 ----- */
int getkey(void)
{
  while ((Uart0->FLAG & 0x40)==0); // 无数据, 等待
  return Uart0->DATA; // 读字符
}
```

在以上示例中，UART #0 的整数波特率除法器（Integer Baud Rate Divider，IBRD）寄存器可通过符号 Uart0-> IBRD 访问，而 UART #1 的同一寄存器可通过 Uart1-> IBRD 访问。

通过这种设计，UART 外设寄存器的数据结构可以被芯片内部的多个 UART 共享，从而使得代码更加容易维护。此外，由于减少了即时数据存储的需求，编译后的代码文件会更小。

如果进行进一步的修改，可以将基址寄存器传给函数，使外设定义的函数在多个单元

之间共享:

```c
// UART 的寄存器定义及将基址寄存器作为参数传递来实现多个 UART 支持的驱动代码示例
typedef struct { // 基于 Arm Primecell PL011
  volatile unsigned long DATA;        // 0x00
  volatile unsigned long RSR;         // 0x04
          unsigned long RESERVED0[4];// 0x08 - 0x14
  volatile unsigned long FLAG;        // 0x18
          unsigned long RESERVED1;    // 0x1C
  volatile unsigned long LPR;         // 0x20
  volatile unsigned long IBRD;        // 0x24
  volatile unsigned long FBRD;        // 0x28
  volatile unsigned long LCR_H;       // 0x2C
  volatile unsigned long CR;          // 0x30
  volatile unsigned long IFLS;        // 0x34
  volatile unsigned long MSC;         // 0x38
  volatile unsigned long RIS;         // 0x3C
  volatile unsigned long MIS;         // 0x40
  volatile unsigned long ICR;         // 0x44
  volatile unsigned long DMACR;       // 0x48
} UART_TypeDef;
#define Uart0   (( UART_TypeDef *)      0x40003000)
#define Uart1   (( UART_TypeDef *)      0x40004000)
#define Uart2   (( UART_TypeDef *)      0x40005000)
/* ----- UART 初始化 ----- */
void uartinit(UART_Typedef *uartptr) //
{
 uartptr->IBRD  =40;   // ibrd : 25MHz/38400/16 = 40
 uartptr->FBRD  =11;   // fbrd : 25MHz/38400 - 16*ibrd = 11.04
 uartptr->LCR_H =0x60;   // Line control : 8N1
 uartptr->CR    =0x301;    // cr : 使能 TX 和 RX, UART 使能
 uartptr->RSR   =0xA;   // 清理缓存
}
/* ----- 发送字符 ----- */
int sendchar(UART_Typedef *uartptr, int ch)
{
 while (uartptr->FLAG & 0x20); // 忙, 等待
 uartptr->DATA = ch; // 写字符
 return ch;
}
/* ----- 接收字符 ----- */
int getkey(UART_Typedef *uartptr)
{
 while ((uartptr ->FLAG & 0x40)==0); // 无数据, 等待
 return uartptr ->DATA; // 读字符
}
```

在大多数情况下,外设寄存器的字长为 32 位。这是由于大多数外设都连接到 32 位的外设数据总线(使用 AMBA APB 协议,详见 6.11.2 节)。某些外设可能连接到处理器的系统总线(通过支持各种传输字长的 AMBA AHB 协议,参见 6.11.2 节)。在这种情况下,外设寄存器可能以其他字长访问。请参考微控制器的用户手册确定每个外设支持的传输字长。

当为访问外设定义内存指针时,应在寄存器的定义中使用关键字 volatile,这样可以确保编译器正确生成访问。

2.3.3 程序镜像的组成

程序被编译后,工具链将生成程序镜像。程序镜像除了包含用户编写的应用程序代码外,还包括一系列其他的软件组件,包括:

❑ 中断向量表。
❑ 复位处理程序 / 启动代码。
❑ C 启动代码。
❑ 应用程序代码。
❑ C 运行库函数。
❑ 其他数据。

在本节中,我们将简要介绍这些组件。

2.3.3.1 中断向量表

在 Arm Cortex-M 处理器中,中断向量表包含每种异常和中断的起始地址。复位是中断向量表中的一个特例,复位后处理器将从中断向量表中读取复位向量(复位程序的起始地址),并从复位程序开始执行。中断向量表的首字定义了主栈指针的起始值,这将在第 4 章中介绍。如果程序镜像中的中断向量表未被正确设置,那么程序将无法启动。

对于 Cortex-M23 和 Cortex-M33 处理器,芯片设计人员定义引导处理器启动的中断向量表的初始地址。这一点与之前大多数的 Cortex-M 处理器不同(注意,在 Cortex-M0 / M0 + / M3 / M4 处理器中,中断向量表的初始地址定义为内存地址的开头 0x00000000)。

中断向量表的内容与具体设备相关(取决于设备所支持的异常),通常被合并到启动代码中。关于中断向量表的更多详细内容将在 8.6 节和 9.5 节中介绍。

2.3.3.2 复位处理程序 / 启动代码

复位处理程序 / 启动代码是系统复位后要执行的第一部分程序。通常,复位处理程序用于设置 C 启动代码所需的配置数据(例如内存中栈和堆的地址范围),设置完成后跳转到 C 启动代码(详见 2.3.3.3 节)。在某些情况下,复位处理程序还包括硬件的初始化序列。在使用 CMSIS-CORE(用于 Cortex 微控制器的软件架构,在 2.5 节中介绍)的工程中,复位处理程序在跳转到启动程序之前通过执行 SystemInit() 函数设置时钟和频率综合器。

根据所使用的开发工具,复位处理程序是可选的。如果复位程序被省略,则直接执行 C 启动代码。

启动代码通常由微控制器供应商提供,并经常捆绑在工具链中。启动代码可以是汇编代码或者 C 代码。

2.3.3.3　C 启动代码

如果使用 C / C ++，或者使用其他高级语言进行编程，则处理器需要执行一段程序代码来设置程序执行环境，包括（但不限于）：

❑ 设置 SRAM 中的初始数据值，例如全局变量。

❑ 对于启动时未初始化的变量数据存储单元进行零初始化。

❑ 初始化控制堆内存的数据变量（对于使用诸如 malloc() 等 C 函数的应用程序）。

初始化之后，C 启动代码跳转到 main() 函数的开始。

C 启动代码由工具链自动插入，且依赖于工具链。如果程序采用汇编语言编写，则不由工具链插入启动代码。对于 Arm 编译器，C 启动代码标记为 __main，而 GNU C 编译器生成的启动代码通常标记为 _start。

2.3.3.4　应用程序代码

通常应用程序代码从 main() 函数开始执行。它包含从可完成特定任务的应用程序生成的指令。除了指令序列之外，程序代码中还包含各种数据类型，包括：

❑ 变量的初始值。函数或子例程中的局部变量在程序执行时被初始化。

❑ 程序中的常量。常量在应用程序代码中有多种使用方式：数据的值、外设寄存器的地址，以及常量字符串等。常量通常被称为立即数，有时在程序镜像中被放置在一起，用多个称为"数据池"的数据块表示。

❑ 额外值（如查找表中的常量）以及图形图像数据（如位图），不是所有代码中都有这些额外值。

在编译过程中，这些数据将被合并到程序镜像中。

2.3.3.5　C 运行库函数

当使用某些 C/C++ 函数时，链接器会将 C 库代码插入程序镜像中。此外，C 库代码还可通过数据处理任务加载，如浮点数运算。

一些开发工具对于不同的任务提供了不同版本的 C 库。例如，在 Keil MDK 或 Arm 开发平台（Arm Development Studio，ARM DS）中，可以选择使用称为 Microlib 的特殊 C 库版本。Microlib 是针对微控制器的，其占用内存空间非常小，但并不支持标准 C 库的全部功能或达到性能指标。在不需要高数据处理能力且对程序内存有严格要求的嵌入式应用程序中，使用 Microlib 可有效减少代码。

根据应用程序的不同，简单的 C 应用程序（如果没有 C 库函数调用）或者纯汇编语言的工程中可能不包含 C 库代码。

2.3.3.6　其他数据

程序镜像可能还包含一些其他硬件所需的附加数据，这些数据并不被处理器使用。

2.3.4　SRAM 中的数据

静态随机访问存储器（Static Random Access Memory，SRAM）在处理器中有多种用途：

❑ 数据：数据通常包括全局变量和静态变量（注意，局部变量可以存放在栈内存中，所以定义该局部变量的函数没被调用时，此局部变量不占用内存空间）。

❑ 栈：栈内存的作用包括调用函数时对临时数据的存储、局部变量的存储、函数之间
参数的传递回调，以及发生异常序列时保存对应寄存器的值。Thumb 指令集在处理
与栈指针（Stack Pointer，SP）相关寻址模式的数据访问时非常有效，它可以用非常
低的指令开销访问栈内存中的数据。

❑ 堆：堆内存的使用是可选的，取决于应用程序的需求。需要动态保留内存空间的 C
函数会使用堆，例如 alloc()、malloc() 和其他需要调用这类函数的函数。为了对这些
函数正确分配内存，C 启动代码需要初始化堆内存及其控制变量。

根据所使用的工具链，可以在复位处理程序或项目配置文件中定义栈和堆的空间大小。

Arm 处理器允许将程序代码复制到易失性存储器（如
SRAM）中并执行。但是对于大多数微控制器的应用，程
序代码通常从非易失性存储器中执行，如闪存。

数据在 SRAM 中的存放方式有很多种，与所使用的工
具链有关。在没有任何操作系统的简单应用中，SRAM 的典
型布局如图 2.10 所示。在 Arm 架构中，栈指针被初始化到
栈内存空间的顶部。栈指针随着入栈 PUSH 操作将数据写入
栈中递减，随着出栈 POP 操作将数据从栈中取出递增。

对于具有嵌入式操作系统或实时操作系统（如 Keil
RTX）的微控制器系统来说，每个任务的栈是分开的。许
多操作系统允许软件开发人员对每个任务 / 线程定义其栈
的大小。某些操作系统将 RAM 分为多段，每段分配给一
个任务，包含单独的数据、栈和堆区域（见图 2.11）。

在大多数带有实时操作系统的系统中，使用图 2.11
左侧的数据布局，在这种情况下，全局变量、静态变量以
及堆内存可在任务间共享。

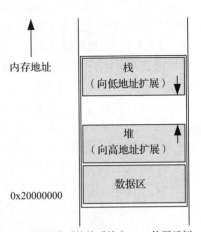

图 2.10　单任务系统（无操作系统）
中的 RAM 使用示例

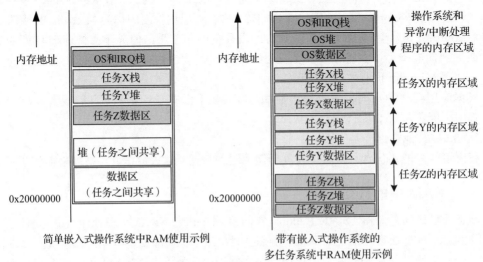

图 2.11　多任务系统（带有操作系统）中的 RAM 使用示例

2.3.5　微控制器启动过程

大多数现代的微控制器都有片上非易失性存储器（如闪存）来保存已编译的程序。闪存以二进制机器码的格式保存程序。因此，用 C 语言编写的应用程序必须经过编译之后才能被编写到闪存中。一些微控制器还带有一个单独的引导加载程序存储器件，用于存储一级引导加载程序。在微控制器启动时，一级引导加载程序即被执行，这发生在闪存中的用户程序被执行之前。在大多数情况下，只有闪存中的用户程序可以被修改，而引导加载程序通常由微控制器制造商确定。

在不使用 TrustZone 安全功能扩展的简单 Cortex-M 微控制器中，复位和引导序列如图 2.12 所示。首先是复位序列，由硬件对栈指针和程序计数器进行最小初始化。如果存在引导加载程序，则初始中断向量表地址会指向引导加载程序中的中断向量表。引导程序执行结束时，软件可将中断向量表地址指向应用程序镜像中的中断向量表。

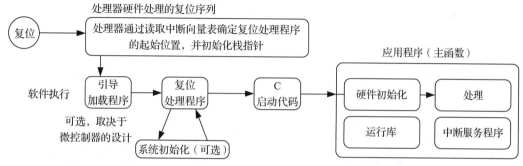

图 2.12　不使用 TrustZone 安全功能扩展的 Cortex-M 微控制器的启动序列示例

对于使用 TrustZone 安全功能扩展的 Cortex-M23 或 Cortex-M33 微控制器，其内部处理器从安全模式进入并用安全固件启动。安全应用程序一旦启动并运行，即可对非安全的应用程序进行初始化，具体如图 2.13 所示。

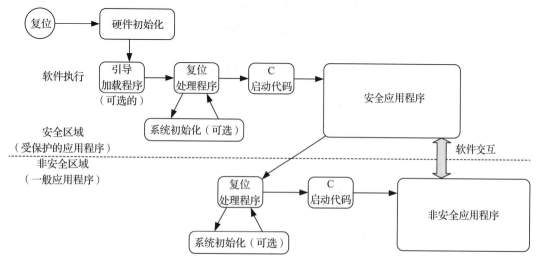

图 2.13　使用 TrustZone 安全功能扩展的 Cortex-M 微控制器启动序列示例

在这样的系统中，安全和非安全应用具有各自的中断向量表、栈内存、堆内存、数据和程序内存空间。如图 2.13 所示，两种应用程序镜像（处于安全区域和非安全区域）分别在不同的工程中开发，但是通过函数调用可以实现两者的交互。这部分内容将在第 18 章中详细介绍。

2.3.6　理解硬件平台

Cortex-M 处理器的设计非常灵活，具有许多可选功能。例如，芯片设计人员可以自定义：

❏ TrustZone 安全功能扩展是否实现。

❏ 支持的中断数量以及实现的优先级数（优先级数在 Cortex-M33 处理器设计中是可配置的，这一点与 Armv7-M 处理器相似）。

❏ 对于基于 Cortex-M33 的微控制器，是否有浮点运算单元（Floating-Point Unit，FPU）。

❏ 是否包括 MPU，如果包括，则可定义 MPU 的数量。如果 TrustZone 安全功能扩展被实现，则处理器中有两个可选的 MPU——一个用于安全状态操作，一个用于非安全状态操作。这两个 MPU 中的 MPU 区域数可分别配置。

❏ 调试和跟踪功能的范围。例如，是否支持指令跟踪功能，如果支持，是基于嵌入式跟踪宏单元（Embedded Trace Macrocell，ETM）还是基于微型跟踪缓冲（Micro Trace Buffer，MTB）。

3.17 节对处理器的可配置选项有进一步的介绍。

由于某些配置选项会直接影响应用程序软件的设计，熟悉目前所用设备实现中的配置选项非常重要，且有利于确定软件开发时可使用的开发工具功能。显然，微控制器的内存映射会影响开发工具中的软件项目设置。此外，处理器的以下配置选项也会影响软件的开发：

❏ 如果微控制器中使用 TrustZone 安全扩展，则软件开发人员需要知道是在为安全区域（即受保护的环境）还是在为非安全区域（即正常的应用程序环境）开发软件。这是因为：

● 编译安全软件需要使用额外的编译器选项（如项目设置选项或命令行选项），否则，由 Arm C 语言扩展（ARM C Language Extension，ACLE）定义的某些软件功能将无法使用。

● Armv8-M 中的某些硬件功能仅适用于安全区域。

● 对于 TrustZone，有不同的实时操作系统设计配置。因此，对于同一个实时操作系统，可以有多个变体，需要为项目使用正确的版本。

❏ 某些实时操作系统功能可能需要使用 MPU。如果应用程序对可靠性有较高的要求，MPU 可以通过隔离应用程序任务之间的内存空间来提高可靠性。

❏ 系统计时器（System Tick Timer，SysTick）在 Cortex-M23 处理器中是可选的，在 Cortex-M33 处理器中是始终可用的。但是大多数微控制器设备通常希望系统计时器是可用的。

❏ 如果存在浮点运算单元（FPU），可能需要特定的项目选项启用 FPU 以实现更快的浮点数据处理。

❑ 如果存在嵌入式跟踪宏单元（ETM），则可以实时获得指令跟踪。为此，软件开发人员需要使用支持并行跟踪端口接口的调试探针 / 适配器。但是，请注意大多数低成本适配器（包括某些基于开源 CMSIS-DAP 开发板上的适配器）都不支持并行跟踪端口接口。

通常，设备的数据手册会涵盖需要的所有信息。

2.4　软件开发流程

有许多可用于 Arm 微控制器的开发工具链，其中大多数都支持 C/C++ 和汇编语言。大多数情况下的程序生成流程如图 2.14 所示。

在大多数基本应用程序中，程序可以完全用 C 语言编写。C 程序代码首先经过 C 编译器编译为目标文件，然后通过链接器生成可执行的程序镜像文件。对于 GNU C 编译器，编译和链接通常合并为一个步骤。

需要汇编编程的项目使用汇编器将汇编源代码转换成目标代码，然后将目标文件与项目中的其他目标文件链接在一起生成可执行镜像。

除了程序代码之外，目标文件和可执行镜像可能还包含其他数据，例如使调试器软件提供额外调试功能的调试信息。

根据所使用的开发工具，可以使用命令行选项为链接器指定内存布局。但是，使用 GNU C 编译器的项目通常需要使用一个链接器脚本文件来指定内存布局。当内存布局复杂时，其他开发工具也需要链接器脚本。使用 Arm 开发工具，链接器脚本通常称为分散加载文件。如果你使用的是 Keil 微控制器开发套件（Microcontroller Development Kit，MDK），则分散加载文件可以从内存布局窗口自动生成。当然，你也可以使用自己的分散加载文件。

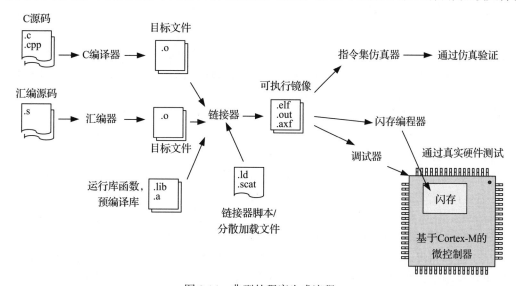

图 2.14　典型的程序生成流程

除了中断向量表必须放置在内存映射表中的特定位置之外，程序镜像中其余内容的放置没有限制。在某些情况下，如果程序内存中各项的布局特别重要，则可以通过链接器脚本来控制程序镜像的布局。例如，当使用 MPU 进行安全管理时，通常将同一安全分区的程序代码和数据分组放置在一起，以最小化定义应用程序访问权限所需 MPU 区域的数量。

生成可执行镜像之后，可将其下载到闪存或微控制器的内部 RAM 进行测试。整个过程非常容易，大多数开发套件都配备了用户友好的集成开发环境（Integrated Development Environment，IDE）。配合调试探针（有时称为在线仿真器（In-Circuit Emulator，ICE）、在线调试器或 USB-JTAG 适配器）的使用，通过几个步骤就可以完成工程创建、应用程序构建并将嵌入式应用下载至微控制器（见图 2.15）。

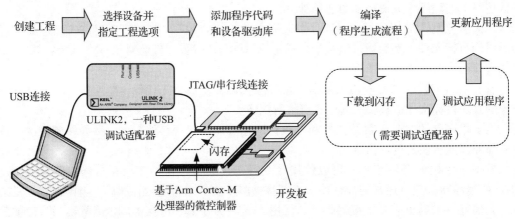

图 2.15　开发流程示例

许多微控制器开发板都有内置的 USB 调试适配器。在某些情况下，若开发板未提供 USB 调试适配器，则需要调试探针连接调试主机（个人计算机）和目标开发板。Keil ULINK2/ULINKPro（见图 2.2）是可用的产品之一，它可以与 Keil 微控制器开发套件（MDK）一起使用。

如果使用带有 TrustZone 安全功能扩展的 Cortex-M23/Cortex-M33 微控制器，并且要创建用于安全固件的软件项目，则需要同时创建一个非安全项目来测试软件在安全区域和非安全区域之间的交互运行。为了简化该过程，一些开发套件支持多项目工作区——可同时开发和测试多个软件项目。

闪存的编程可以通过开发套件中的调试器软件实现，在某些情况下，也可以利用微控制器供应商网站上的闪存编程工具来实现。将程序镜像存入微控制器设备的闪存中后，可对程序进行测试。通过将调试器软件连接到微控制器（通过适配器），可以控制程序的执行（停止、单步执行、恢复、重新启动），并观察其操作。所有这些操作都可以通过 Cortex-M 处理器的调试接口来完成（见图 2.16）。

对于简单的程序代码，可以使用模拟器来测试程序的操作过程。这样无须使用任何硬件即可进行测试，并完全了解程序的执行顺序。但是，大多数模拟器仅模拟指令执行，并不能模拟外设的行为。此外，模拟程序执行的时序信息可能是不准确的。

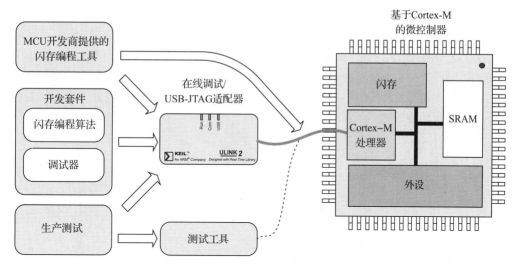

图 2.16　Cortex-M 处理器调试接口的各种功能

除了各种 C 编译器的执行不同外，各种开发套件也提供了不同的 C 语言扩展功能，以及汇编编程中的不同语法和指令。5.3 节中提供了有关 Arm 开发工具（包括 Arm DS 5 和 Keil MDK）和 GNU 编译器的汇编语法信息。此外，各种开发套件也提供了不同的调试功能并支持一系列调试探针。为了实现更好的软件可移植性，Cortex 微控制器软件接口标准（Cortex Microcontroller Software Interface Standard，CMSIS，参见 2.5 节）提供了一系列一致的软件接口，使工具链的底层区别不会影响应用程序软件。

2.5　Cortex 微控制器软件接口标准

2.5.1　CMSIS 简介

随着嵌入式系统复杂性的增加，软件代码的兼容性和可重用性变得越来越重要。软件的可重用性通常有助于缩短后续项目的开发时间，加快产品上市。软件的兼容性则允许使用第三方的软件组件。例如，一个嵌入式系统项目一般包含以下软件组件：

❏ 由内部软件开发人员开发的软件。

❏ 从其他项目重用的软件。

❏ 微控制器供应商提供的设备驱动程序库。

❏ 嵌入式操作系统 / 实时操作系统。

❏ 第三方软件产品，例如通信协议栈和编解码器（压缩器 / 解压缩器）。

一个项目中需要使用多种不同的软件组件，因此这些组件的兼容性正在迅速成为许多大型软件项目中的关键因素。而且，即使将来的项目最终可能使用不同的处理器，系统开发人员也经常希望能够重用已经开发好的软件。

为了使软件产品之间具有高度的兼容性，提高软件的可移植性和重用性，Arm 与许多微控制器和开发工具供应商以及软件解决方案提供商合作，开发了一种通用的软件框架 CMSIS-CORE，它能够支持大多数 Cortex-M 处理器和 Cortex-M 微控制器产品。

CMSIS-CORE 是设备驱动程序库的一部分，可从微控制器供应商处获得（见图 2.17）。它为处理器的特性（如中断控制和系统控制函数）提供了标准化的软件接口。许多处理器特性的访问函数在整个 Cortex-M 系列处理器中通用，从而允许在基于这些处理器的微控制器之间轻松地进行软件移植。

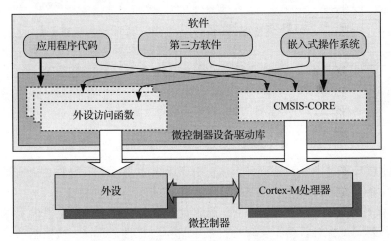

图 2.17　CMSIS-CORE 为处理器特性提供了标准的访问函数

CMSIS-CORE 已在多个微控制器供应商之间实现了标准化，也得到了多个 C 编译器供应商的支持。例如，它可以与 Keil 微控制器开发套件（Keil MDK）、Arm 开发平台（Arm DS）、IAR 嵌入式工作台以及各种基于 GNU 的 C 编译器套件一起使用。

CMSIS-CORE 是 CMSIS 项目的第一阶段内容，已经持续扩展以涵盖一些其他的处理器。近年来，该标准进行了各种集成扩展，并增加了额外的工具链支持。

至今，CMSIS 已扩展到多个项目（见表 2.3）。

表 2.3　现有 CMSIS 项目列表

CMSIS 项目	描述
CMSIS-CORE	一种软件框架，包括一组用于访问处理器特性的应用程序接口和一系列寄存器定义，并为设备驱动库提供了一致的软件接口
CMSIS-DSP	免费的适用于所有 Cortex-M 处理器的数字信号处理（Digital Signal Processing，DSP）软件库
CMSIS-NN	免费的面向机器学习应用的神经网络处理库
CMSIS-RTOS	应用程序代码和实时操作系统产品之间的标准化 API。这便于开发与多个实时操作系统一起工作的中间件
CMSIS-PACK	一种软件包机制，允许软件供应商（包括提供设备驱动库的微控制器供应商）交付软件包，以方便将其集成到开发套件中
CMSIS-Driver	使中间件能够访问常用设备驱动程序功能的设备驱动程序 API

（续）

CMSIS 项目	描述
CMSIS-SVD	系统视图描述（System View Description，SVD）是基于 XML 文件的标准，它描述了微控制器中的外设寄存器。CMSIS-SVD 文件由微控制器供应商创建。支持 CMSIS-SVD 的调试器可以导入这些文件并可视化显示外设寄存器
CMSIS-DAP	具有 USB 接口的低成本调试探针的参考设计，为开发套件中的调试器与 USB 调试适配器之间的通信提供了标准接口。借助于 CMSIS-DAP，微控制器供应商可以创建与多个工具链一起使用的低成本调试适配器
CMSIS-ZONE	一个旨在将 XML 文件中的复杂系统描述标准化，以简化开发工具中项目设置的初始项目

各 CMSIS 项目之间的交互关系如图 2.18 所示。

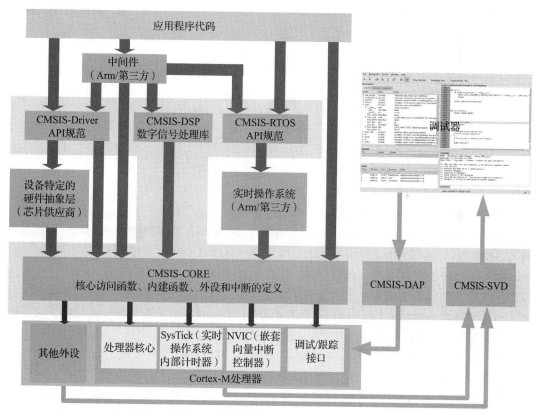

图 2.18　不同 CMSIS 项目之间的交互

2.5.2　CMSIS-CORE 中的标准化工作

在嵌入式软件的很多方面 CMSIS-CORE 进行了一系列标准化工作，包括：

❑ 用于访问处理器内部外设（例如中断控制和系统计时器初始化）的访问函数 /API。

这些函数将在本书的后续章节中介绍。

❑ 处理器内部外设的寄存器定义。为了获得最佳的软件可移植性，应该使用标准化的访问函数。但是在某些情况下，使用标准化的寄存器定义有助于直接访问这些寄存器，便于软件移植。

❑ 访问 Cortex-M 处理器中特殊指令的函数。Cortex-M 处理器中的某些指令无法通过常规 C 代码生成。如果需要用到这些指令，则可以利用提供的函数生成它们。否则，用户将必须使用 C 编译器或者嵌入 / 内联汇编语言提供的内建函数，不仅需要依赖于特定的工具链，且移植性较差。

❑ 系统异常处理程序的名称。嵌入式操作系统通常需要处理系统异常。通过标准化系统异常处理程序的名称，可使嵌入式操作系统更容易支持不同的设备驱动库。

❑ 系统初始化函数的名称。通用的系统初始化函数 void SystemInit(void) 可以使软件开发人员更轻松地设置系统。

❑ 用于确定处理器时钟频率的软件变量 SystemCoreClock。

❑ 设备驱动库的通用规定，例如对文件名和目录名称的命名习惯与风格。这使初学者更容易熟悉设备驱动库，也使软件更容易移植。

CMSIS-CORE 项目的开发旨在确保大多数处理器操作的软件兼容性。微控制器供应商可以在其设备驱动库中添加其他功能以增强其软件解决方案。这样，CMSIS-CORE 不会限制供应商嵌入式产品的功能和范围。

2.5.3　CMSIS-CORE 的使用

CMSIS-CORE 是微控制器供应商提供的设备驱动包的一部分。如果用户使用设备驱动库进行软件开发，则已经在使用 CMSIS-CORE。CMSIS 项目是开源的，可以从以下 GitHub 网站免费访问：https://github.com/ARM-software/CMSIS_5（CMSIS 版本 5）。

对于大多数 C 程序项目，通常只需要向 C 文件中添加一个头文件即可。该头文件由微控制器供应商的设备驱动库提供。通常在头文件中，有设备寄存器的定义（对于其他固件库，可能需要额外的头文件）。同时也存在为 CMSIS-CORE 中所需功能引入其他头文件的代码。项目中也可能包含引入其他外设函数的头文件代码。

项目中还需要包括与 CMSIS 兼容的启动代码，该代码可以是 C 或汇编代码。CMSIS-CORE 为不同的工具链提供了多种启动代码模板。

图 2.19 给出了使用 CMSIS-CORE 软件包的一种简单项目设置。一些文件名取决于实际微控制器设备的名称（在图 2.19 中表示为 <device>）。使用设备驱动库中提供的头文件时，它会自动包含其他必需的头文件（见表 2.4）。

图 2.20 给出了在一个小型项目中使用 CMSIS 兼容驱动程序的示例。

通常可以在微控制器供应商提供的函数库中找到有关使用 CMSIS 兼容设备驱动库的信息和示例。CMSIS 项目的线上参考资料网址为 http://www.keil.com/cmsis。

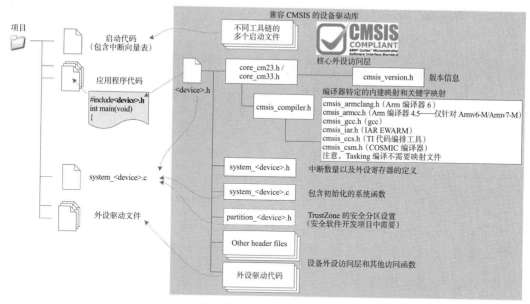

图 2.19　在软件项目中使用带有 CMSIS-CORE 的设备驱动包

表 2.4　典型软件项目中的 CMSIS-CORE 文件列表

文件	描述
<device>.h	微控制器供应商提供的包括其他头文件的文件，提供了 CMSIS-CORE 所需的多个常量的定义、设备相关的异常类型定义、外设寄存器定义和外设地址定义
core_cm23.h/core_cm33.h	该文件包含对处理器外设寄存器的定义，如 NVIC、系统计时器和系统控制块（System Control Block，SCB），还提供了内核访问函数，即中断控制和系统控制
cmsis_compiler.h	启用编译器相关的头文件选择
cmsis_armclang.h cmsis_armcc.h cmsis_gcc.h cmsis_iar.h cmsis_ccs.h cmsis_csm.h	提供内建函数和内核寄存器访问函数 注意： • 每个编译器 / 工具链有自己的文件 • cmsis_armcc.h（Arm 编译器 4/5）不支持 Cortex-M23 和 Cortex-M33，使用 Arm 工具链的用户应使用 cmsis_armclang.h
cmsis_version.h	CMSIS 版本信息
Startup code	在 CMSIS-CORE 中可以找到多个版本的启动代码，因为它依赖于开发工具。启动代码包含一个中断向量表、一些系统异常处理程序的虚拟定义。在 CMSIS-CORE 版本 1.30 及更高版本中，启动代码序列中的复位处理程序包括对系统初始化函数的调用（void SystemInit(void)）。在跳转到 C 启动代码之前，该函数进行一系列硬件初始化步骤
system_<device>.h	system_<device>.c 中实现的函数的头文件
system_<device>.c	该文件包含： • 系统初始化函数 void SystemInit(void)（用于时钟和 PLL 设置）的实现 • 变量 SystemCoreClock（处理器时钟频率）的定义 • 一个名为 void SystemCoreClockUpdate(void) 的函数，该函数在每次更改时钟频率后用于更新 SystemCoreClock 变量 CMSIS1.3 版本及更高版本中提供了 SystemCoreClock 变量和 SystemCoreClock Update 函数
其他文件	包含外设控制代码和其他辅助函数的文件，这些文件用于对外设的访问

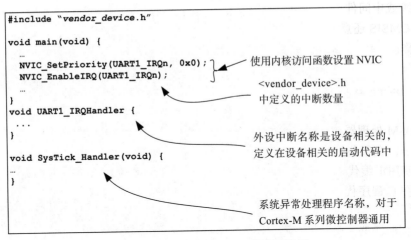

```
#include "vendor_device.h"

void main(void) {
  …
  NVIC_SetPriority(UART1_IRQn, 0x0);
  NVIC_EnableIRQ(UART1_IRQn);
  …
}
void UART1_IRQHandler {
  ...
}

void SysTick_Handler(void) {
  …
}
```

使用内核访问函数设置 NVIC

<vendor_device>.h
中定义的中断数量

外设中断名称是设备相关的，
定义在设备相关的启动代码中

系统异常处理程序名称，对于
Cortex-M 系列微控制器通用

图 2.20　基于 CMSIS-CORE 的应用示例

2.5.4　CMSIS 的优势

对于大多数用户而言，CMSIS-CORE 和其他 CMSIS 项目具有以下主要优势：

- **软件的可移植性和可重用性**：使用 CMSIS-CORE，将应用程序从基于 Cortex-M 的一个微控制器移植到另一个微控制器将容易很多。例如，大多数中断控制函数在整个 Cortex-M 处理器范围内通用，这使开发一个新的、不同的项目时，重用某些软件组件变得更加直接。

- **易于软件开发**：许多开发工具支持 CMSIS（CMSIS-CORE 以及其他 CMSIS 组件），这样可以简化设置新软件工程的过程，从而为用户提供更好的即用体验。

- **易于学习新设备编程**：学习使用新的基于 Cortex-M 的微控制器变得更加容易。一旦使用过一个基于 Cortex-M 的微控制器，就可以快速学习如何使用另一个微控制器，因为符合 CMSIS 的设备驱动库具有相同的核心函数和相似的软件接口。

- **软件组件的兼容性**：使用 CMSIS 可以降低集成第三方软件组件时不兼容的风险。由于不同来源的软件组件（包括实时操作系统）都基于 CMSIS 中相同内核级访问函数，代码冲突的风险降低了。这也减少了代码，因为软件组件不必包括自己的内核级访问函数和寄存器定义。

- **面向未来**：CMSIS 有助于确保软件代码面向未来。未来的 Cortex-M 处理器和基于 Cortex-M 的微控制器将支持 CMSIS，这意味着在未来的产品中可以重用已有的应用程序代码。

- **质量**：CMSIS 内核访问函数具有较小的内存占用空间。CMSIS 内部的程序代码已经过多方测试，这有助于缩短软件测试时间。CMSIS 符合汽车工业软件可靠性协会（Motor Industry Software Reliability Association，MISRA）标准要求。

对于开发嵌入式操作系统或中间件产品的公司而言，CMSIS 的优势非常明显。由于 CMSIS 支持多个编译器套件，且被多个微控制器供应商支持，因此采用 CMSIS 开发的嵌入式操作系统或中间件可以在多个微控制器系列上运行，并且可以使用不同的工具链进行编译。使用 CMSIS 还意味着公司不必开发自己的便携式设备驱动程序，从而节省了开发时间和验证工作。

2.6　软件开发的附加说明

Cortex-M 处理器被设计得易于使用，大多数操作都可以使用标准的 C / C ++ 代码进行编写。但是，在某些情况下可能需要汇编语言。大多数 C 编译器提供了变通方法，以便在 C 程序中使用汇编代码。例如，许多 C 编译器提供了一个内联汇编器，可以方便地将汇编函数包含在 C 程序代码中。但是使用内联汇编器的汇编语法依赖于特定的工具链，且不可移植。

一些 C 编译器，包括 Arm 开发平台（Arm Development Studio，Arm DS）和 Keil MDK 中的 Arm C 编译器，还提供了内建函数以允许插入特殊指令。这是因为无法使用普通的 C 代码生成这些指令。内建函数通常是特定工具链相关的。但是，CMSIS-CORE 中也提供了独立于工具链的内建函数，用于访问 Cortex-M 处理器中的特殊指令。这将在第 5 章中介绍。

用户可以在项目中混合使用 C、C ++ 和汇编代码。这允许大多数程序用 C / C++ 编写，而不能用 C / C++ 处理的部分可以用汇编语言编写。为了处理以上情况，必须以一致的方式处理函数之间的接口，以保证正确传输输入参数和返回结果。在 Arm 软件架构中，函数之间的接口由 AAPCS[1] 的规范文档指定。AAPCS 是嵌入式应用程序二进制接口（Embedded Application Binary Interface，EABI）的一部分。用汇编语言编写代码时，应遵循 AAPCS 设置的准则。可以从 Arm 网站下载 AAPCS 文件和 EABI 文件。

更多内容请参见 17.3 节。

参考文献

[1] Procedure Call Standard for the Arm Architecture (AAPCS). https://developer.arm.com/documentation/ihi0042/latest.

第 3 章
Cortex-M23 与 Cortex-M33 处理器技术概述

3.1 Cortex-M23 与 Cortex-M33 处理器的设计原则

Arm Cortex-M 系列处理器被广泛应用于微控制器以及面向低功耗的专用集成电路（ASIC）产品领域。针对上述两大产品应用，Cortex-M 系列处理器在设计上进行了多方面优化以满足应用场景下的特殊需求，并通过数代产品的成功赢得了客户及市场的信任。随着物联网（IoT）领域的蓬勃发展，应用场景对处理器的设计提出了许多重要需求，其中对处理器安全功能方面的需求变得尤为重要。

针对新需求，Cortex-M23 与 Cortex-M33 处理器的设计原则如下：

❑ 低功耗：许多 IoT 设备依靠电池供电，甚至部分 IoT 设备依靠能量自采集的方式提供能源，因此处理器需要支持一系列低功耗特性，例如休眠模式。

❑ 较小的流片面积 / 较低的逻辑门开销：减小处理器实现面积有利于降低芯片成本。在一些应用，例如混合信号设计中，受限于晶体管的几何尺寸，需要降低逻辑门数量的开销。

❑ 高性能：近些年来，对微控制器数据处理能力的需求持续增长。例如在 IoT 音频处理应用中，处理器需要处理一些复杂的通信协议。

❑ 实时能力：实时能力要求处理器具有较低的中断响应延迟以及程序执行的高度确定性。例如在高速电动机控制应用中，处理器具备较低中断响应延迟特性至关重要。中断响应延迟会影响系统控制电动机速度 / 载具位置的精确性，降低系统的能量利用效率，增加噪声和振动。在最坏的情况下，中断响应延迟会降低系统的安全性。

❑ 易用性：微控制器产品需要面向不同层次的软件开发者。提高易用性可帮助诸如学生及业余开发爱好者等没有专业嵌入式开发经验的人员降低开发难度。对于专业的开发者，提高易用性同样重要，有助于减少开发者学习微控制器 / 处理器架构的时间成本，从而降低来自市场的项目交付时间压力。

❑ 安全功能：微控制器的安全功能在物联网产品应用领域中十分重要。Armv8-M 架构中特别加入对 TrustZone 安全功能扩展的支持。

❑ 调试功能：随着嵌入式软件日趋复杂，在应用中对复杂软件问题的调试和跟踪变得十分困难，因此针对复杂软件问题的高级处理器调试功能成为显性需求。

❑ 灵活性：不同芯片产品的规格对于系统设计的需求各不相同，处理器需要针对不同的需求场景灵活配置功能组件，例如，针对低功耗开发的产品需要移除处理器中某些针对其他应用领域的重要功能组件，以获得更低的功耗及更小的芯片实现面积。

Cortex-M23 与 Cortex-M33 处理器提供了高度可配置化的功能组件，允许设计人员根据需求灵活选择配置。

❑ 易于系统芯片集成：Cortex-M23 与 Cortex-M33 处理器设计了多种形式的接口和功能配置选项，方便芯片设计人员进行系统集成。

❑ 可扩展性：Cortex-M 系列处理器可应用于单核或多核系统。为了满足多核扩展需求，处理器提供了一系列功能以支持多核系统的需求。

❑ 软件可重用性：为了降低软件开发成本，尽可能复用以往基于 Cortex-M 系列历史产品开发的软件代码，Cortex-M23 与 Cortex-M33 处理器提供对大多数历史代码的向下支持。

❑ 可靠性：Cortex-M23 与 Cortex-M33 处理器产品通过多种测试方法对产品可靠性进行了广泛测试。

在不同的工程项目中，需要根据产品应用需求在上述设计原则之间进行折中取舍，例如在性能与低功耗之间，在易用性与安全功能之间进行取舍，等等。Cortex-M23 与 Cortex-M33 处理器产品关注领域内的甜点 sweet spot 应用，设计已针对绝大多数微控制器应用场景进行优化。

3.2　结构图

3.2.1　Cortex-M23

图 3.1 为 Arm Cortex-M23 处理器结构图，表 3.1 所列为 Cortex-M23 处理器所包含的模块单元。

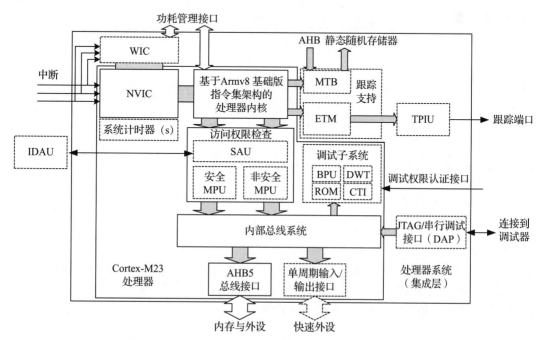

图 3.1　Arm Cortex-M23 处理器结构图

请注意，上文提到的部分模块为可选配置（结构图中的虚线部分）。

表 3.1　处理器内部模块简介

术语	简介
AHB5	先进高性能总线（Advanced High-performance Bus）是一种低延迟、硬件实现面积较小的片上系统总线协议。该协议的第五版支持 TrustZone 安全功能扩展
SAU	安全属性单元（Security Attribution Unit）用于在内存空间上定义划分安全与非安全区域
IDAU	实现自定义属性单元（Implementation Defined Attribution Unit）是可选模块，与 SAU 一起负责对内存空间进行划分
MPU	内存保护单元（Memory Protection Unit）用于区分处理器在特权或非特权状态下对内存不同空间的访问权限，如果处理器支持 TrustZone 功能扩展，则需要包含两个 MPU
NVIC	嵌套向量中断控制器（Nested Vectored Interrupt Controller）用于对外部中断或内部系统异常的响应优先级进行排序，并处理其请求
WIC	唤醒中断控制器（Wakeup Interrupt Controller）用于将处理器从休眠状态下唤醒，即使处理器当前工作时钟已全部停止或处理器已处于状态保持下的低功耗模式
SysTick	系统计时器（SysTick Timer）是一种用于对操作系统发送周期性中断或用于其他计时目的的简单 24 位计时器。如果处理器支持 TrustZone 功能扩展，则需要包含两个系统计时器单元
DAP	调试访问端口（Debug Access Port）用于接入调试工具访问处理器的系统内存，使用 JTAG 或串行线调试（Serial Wire Debug，SWG）协议对处理器功能进行调试
BPU	断点管理单元（Breaking Point Unit）用于管理和执行调试过程中的程序断点
DWT	数据监测点与跟踪（Data Watchingpoint and Trace）单元用于管理程序中的数据监测点并跟踪所监测数据的变化（Armv8-M 基础版指令集架构不支持数据跟踪功能）
ROM Table	一个记录当前系统所加载调试功能信息的小型查找表，便于调试人员查看当前的调试信息
CTI	交叉触发接口（Cross Trigger Interface）是一种用于调试多核系统中核间通信事件的接口
ETM	嵌入式跟踪宏单元（Embeded Trace Macrocell）是一种支持对处理器内核执行实时指令跟踪的硬件单元
TPIU	跟踪端口接口单元（Trace Port Interface Unit）是一种将内部跟踪总线协议转换成跟踪端口协议的硬件模块
MTB	微型跟踪缓冲（Micro Trace Buffer）是一种用于记录指令跟踪信息的小型查找表。使用该查找表可以替代传统调试手段，以较低成本实现指令跟踪调试

3.2.2　Cortex-M33

图 3.2 所示为 Arm Cortex-M33 处理器结构图。

与 Cortex-M23 相比，Arm Cortex-M33 额外拥有一组 AHB5 总线接口用于内存访问。另外，Cortex-M33 处理器相比 Cortex-M23 处理器新增了部分模块单元，如表 3.2 所示。

与 Cortex-M23 处理器（Armv8-M 基础版指令集架构）不同，基于 Armv8-M 主线版指令集架构的处理器必须包含 SysTick Timers 模块。

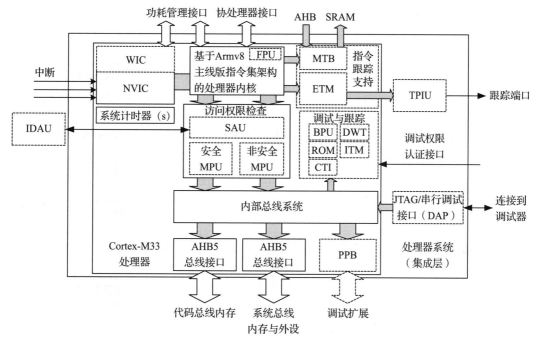

图 3.2　Arm Cortex-M33 处理器结构图

表 3.2　Cortex-M33 附加组件

术语	简介
FPU	浮点运算单元（Floating-Point Unit）是一种用于处理浮点数计算的硬件单元
ITM	指令跟踪宏（Instrumentation Trace Macrocell）单元是一种允许软件产生跟踪激励，用于指令跟踪的模块单元
PPB	私有外设总线（Private Peripheral Bus）是一组便于挂载附加调试模块的总线接口

3.3　处理器

Cortex-M23 与 Cortex-M33 处理器均为基于 Armv8-M 指令集架构的 32 位处理器。

❑ Cortex-M23 基于 Armv8-M 架构的基础版。

❑ Cortex-M33 基于 Armv8-M 架构的主线版。

Cortex-M23 处理器为 2 级流水线结构。

❑ 第一级：指令获取与预解码。

❑ 第二级：指令主要信息解码与指令执行。

由于采用二级单流水线设计，Cortex-M23 处理器特别适合需要较小芯片实现面积与极低功耗的应用场景。为了降低设计复杂性，Cortex-M23 处理器支持的指令数量相对较少。尽管如此，处理器仍然能很好地满足通用数据处理与输入 / 输出控制任务的需求。

Cortex-M33 处理器为三级流水线结构。
- 第一级：指令获取与预解码。
- 第二级：指令解码与简单指令执行。
- 第三级：复杂指令执行。

部分指令操作仅需要通过流水线的前两级即可完成。这种设计能实现低功耗和更好的执行效率。同时，处理器流水线也支持对 16 位指令有限度的双发射操作。

表 3.3 所示为 Cortex-M23 与 Cortex-M33 处理器的性能表现。

相比于 Cortex-M23，Cortex-M33 处理器的性能更高，原因在于：
- 更丰富的指令集支持。
- 采用哈佛总线结构可同时访问数据与指令。
- 支持有限度的双发射。

表 3.3　Cortex-M23 与 Cortex-M33 整数运算性能对比

性能	Cortex-M23	Cortex-M33
Dhrystone 2.1	0.98 DMIPS/MHz	1.5 DMIPS/MHz
CoreMark 1.0	2.5 CoreMark/MHz	4.02 CoreMark/MHz

3.4　指令集

Arm Cortex-M 系列处理器所支持的指令集标准名为 Thumb 指令集。该指令集标准包含一系列扩展（见表 3.4）。

Cortex-M33 处理器所支持的指令集范围为 Cortex-M23 处理器所支持部分的超集。为了便于软件项目移植，Armv8-M 指令集架构向上兼容 Cortex-M 系列处理器所有历史版本的指令集（见图 3.3）。

通常，Cortex-M 系列处理器支持的指令集具有向上兼容的特点。例如：
- Cortex-M23 处理器所支持的指令集范围为 Cortex-M0/M0+ 处理器所支持部分的超集。例如 Cortex-M23 处理器（Armv8-M 基础版指令集架构）支持硬件除法指令（Cortex-M0/M0+ 处理器不支持）。关于指令集支持范围的更多信息将在 3.15.1 节介绍。
- Cortex-M33 处理器所支持的指令集范围为 Cortex-M3 与 Cortex-M4 处理器所支持部分的超集。
- Cortex-M33 处理器支持除双精度浮点指令与 Cache 预加载指令以外 Cortex-M7 处理器的所有指令（注意，Cortex-M33 处理器不能选配双精度 FPU 或者 Cache 控制器）。

指令集向上兼容是 Cortex-M 系列处理器家族非常重要的特性，使得基于 Cortex-M 系列处理器开发的软件具有良好的可复用性和移植能力。

Armv8-M 基础版指令集架构支持的指令集中，许多指令为 16 位宽度。基于指令集所编译的程序具有很高的二进制代码密度。对于一般的数据处理或控制任务，可以使用 16 位指令代替 32 位指令生成二进制程序代码以减少对程序内存空间的需求。

表 3.4　指令集与功能扩展

处理器型号	指令集与功能扩展支持
Cortex-M23	Armv8-M 基础版指令集＋可选 TrustZone 安全功能扩展
Cortex-M33	Armv8-M 基础版指令集＋主线版指令集扩展＋可选 DSP 功能扩展＋可选单精度 FPU 扩展＋可选 TrustZone 安全功能扩展

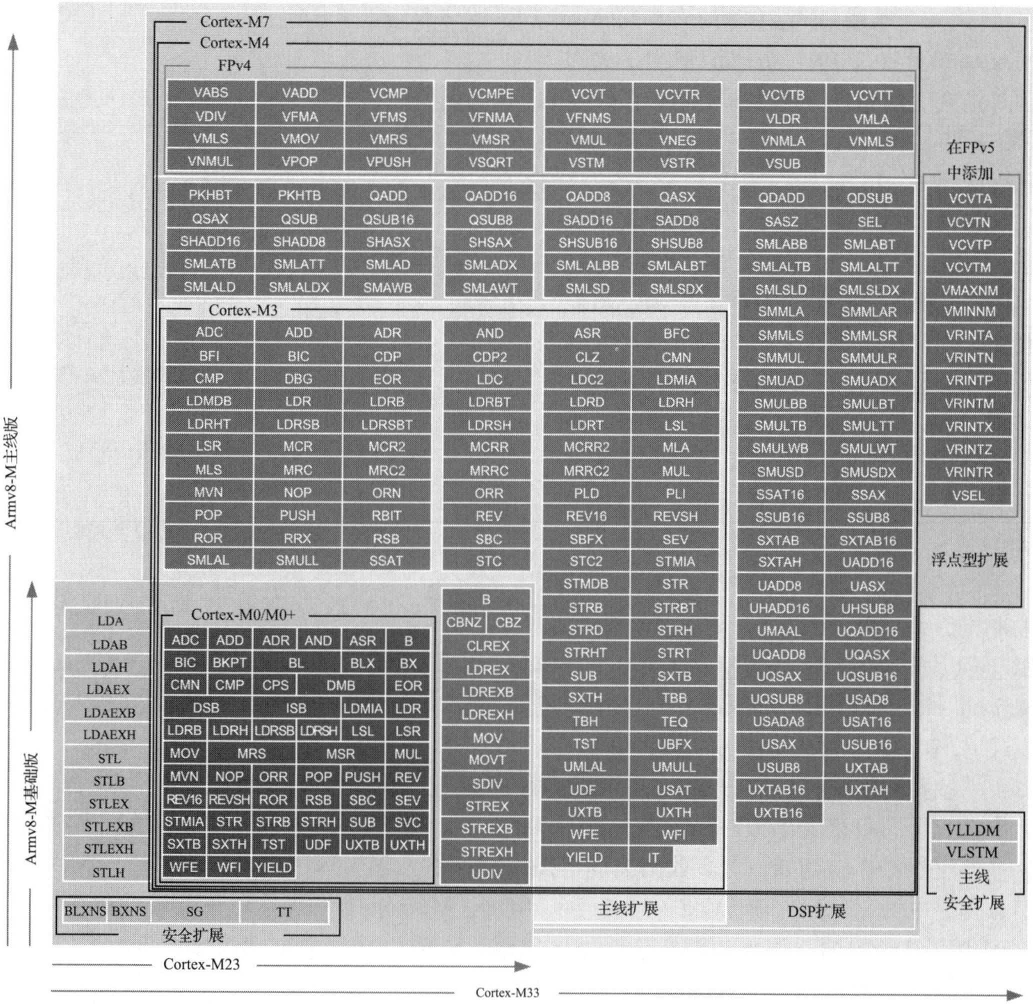

图 3.3　指令集兼容性

3.5　内存映射

　　Cortex-M23 与 Cortex-M33 处理器都拥有 4GB 大小的统一寻址空间（32 位地址宽度）。统一寻址意味着尽管处理器可以拥有多个总线接口，但是访问指令和数据使用同一套地址空间进行寻址。例如，Cortex-M33 处理器基于哈佛总线结构，允许处理器内核同时访问指令和数据，但处理器访问指令或数据操作各自所寻址的地址空间并不相互独立，为同一段 4GB 大小的地址空间。

如图 3.4 所示，按照架构定义，可将处理器拥有的全部 4GB 地址空间划分成若干个地址区间。

可以分配某些归属私有外设总线（Private Peripheral Bus，PPB）访问范围内的地址区间供嵌套向量中断控制器（NVIC）、内存保护单元（MPU）和部分调试模块等内部模块使用。

可以对部分内存地址区间的功能属性进行预先定义，指定该地址区间的用途。例如在代码段保存程序内容，在 SRAM 的地址区间保存数据，通过访问外设地址区间访问外设。对内存区间的定义使用可以非常灵活，例如，用户也可以在 SRAM 与 RAM 的地址区间执行程序。在必要情况下，内存区间的某些属性用途可以通过 MPU 重新定义。

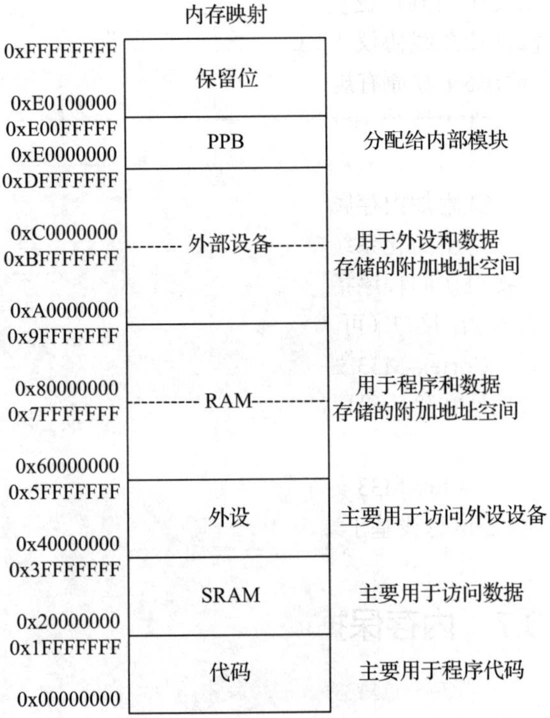

如果基于 Cortex-M23 与 Cortex-M33 处理器的系统支持 TrustZone 安全功能扩展，

内存映射

地址	区间	说明
0xFFFFFFFF	保留位	
0xE0100000		分配给内部模块
0xE00FFFFF	PPB	
0xE0000000		
0xDFFFFFFF		
0xC0000000	外部设备	用于外设和数据存储的附加地址空间
0xBFFFFFFF		
0xA0000000		
0x9FFFFFFF		
0x80000000	RAM	用于程序和数据存储的附加地址空间
0x7FFFFFFF		
0x60000000		
0x5FFFFFFF	外设	主要用于访问外设设备
0x40000000		
0x3FFFFFFF	SRAM	主要用于访问数据
0x20000000		
0x1FFFFFFF	代码	主要用于程序代码
0x00000000		

图 3.4 Armv8-M 指令集架构内存地址空间的默认分配

用户可以通过安全属性单元（Security Attribution Unit，SAU）和实现自定义属性单元（Implementation Defined Attribution Unit，IDAU）将内存地址空间划分成安全与非安全地址区间。在安全与非安全模式下，提供给软件运行使用的程序代码、数据以及外设访问地址空间各自独立。

系统实际的内存映射方式由芯片设计者决定。芯片设计公司可以基于同一款处理器设计出具有不同内存大小和内存映射方式的产品。Cortex-M 系列处理器可以搭配不同类型的存储器进行工作。例如，大多数微控制器使用闪存单元存储程序代码，使用片上 SRAM 存储数据，也可以使用掩模 ROM（Mask Read-Only Memory，一种将信息在芯片制造环节固化到内存单元中的只读型内存）存储程序代码，或使用双倍数据速率动态 RAM（Double Data Rate Dynamic RAM，DDR-DRAM 或 DDR）存储数据。理论上，处理器可以搭配某些先进非易失性存储器（Nonvolatile Memory，NVM）进行工作。例如使用磁阻 RAM（Magnetoresistive Random-Access Memory，MRAM）或铁电 RAM（Ferroelectric RAM，FRAM）存储程序代码或数据。

3.6 总线接口

Cortex-M23 与 Cortex-M33 处理器都使用 Arm AMBA 5 AHB（也被称为 AHB5）作为

主要的系统总线标准。先进微控制器总线架构（AMBA）是由 Arm 公司定义，在芯片工业设计中得到广泛应用的开放总线协议集标准。AHB 是 AMBA 协议集规范中所包含的一种高性能总线协议（针对低功耗系统优化的轻量级流水线型总线协议）。该协议规范的第五版（AHB5）在原有规范（AHB-LITE）的基础上进行了若干功能加强。重点加强的部分如下：

❑ 支持 TrustZone 安全功能扩展。

❑ 增加官方定义的独占访问的边带信号。

❑ 附加内存属性定义。

为了简化系统集成难度，Cortex-M23 处理器采用冯·诺依曼总线架构（使用一组主总线接口访问程序指令、数据以及外设）。同时也包含以往型号处理器中同样拥有的单周期输入 / 输出接口（可选配），用于访问低延迟设备和外设寄存器。

Cortex-M33 处理器基于哈佛总线结构，拥有两组 AHB5 总线接口，分别用于访问代码段地址和除代码段以外的其余内存空间（不包含 PPB 总线所对应的地址空间段）。这种结构允许处理器同时进行指令预取和访问 RAM 或外设中数据的操作。

Cortex-M33 处理器额外拥有一组 PPB 总线接口用于连接调试模块（调试模块为可选配置）。该总线基于隶属于 AMBA 4 协议集规范的先进外设总线（APB）协议。

3.7　内存保护

在 Cortex-M23 与 Cortex-M33 处理器系统中存在两种内存访问权限控制方式（见图 3.5）：

❑ 基于安全模式与非安全模式分区的访问权限控制机制：

如果系统支持 TrustZone 安全功能扩展，系统的内存空间将被划分成安全与非安全的两个地址区间。具有安全权限的软件可以访问所有地址区间，而具有非安全状态的软件仅可访问非安全的地址区间。

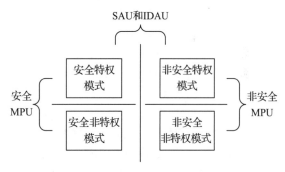

图 3.5　内存访问权限控制机制

如果一个处于非安全状态的程序尝试访问安全区域的内存地址，将会触发处理器内部的故障异常处理服务程序，并阻止当前的地址访问。

在系统层面，可以进一步设置传输过滤机制，基于对访问的地址位置和总线事务安全属性的检查以阻止非法的地址访问。

安全区域与非安全区域的地址划分由 SAU 和 IDAU 负责。

❑ 基于软件特权与非特权模式的访问权限控制机制：

处理器程序执行级别中的特权和非特权概念存在了很多年。在运行有操作系统（OS）的系统中，OS 的内核层与异常处理部分运行在特权模式下，而应用线程（通常）运行在非特权模式。使用 MPU 可以限制运行在非特权模式下的线程 / 任务的访问权限。

如果系统支持 TrustZone 安全功能扩展，处理器中将可能存在两个 MPU（均为可选配置），分别用于管理安全软件与非安全软件访问地址空间的权限。

在具有 TrustZone 安全功能的系统中，两种内存保护机制可以同时工作。如果正在执行中的软件尝试访问某个内存地址，上述任意一种内存保护机制将返回访问权限申请失败信息，并禁止该笔总线传输访问内存 / 外设。同时，处理器内核将会启动一次故障异常服务处理这次非法访问事件。

3.8   中断与异常处理

在 Arm 处理器中，中断请求（Interrupt ReQuest，IRQ，比如由外设产生的中断请求）是广义上处理器异常事件的一个子集。广义上的异常事件也包含处理器内部故障事件处理与操作系统支持的异常处理。在 Cortex-M 系列处理器中，广义上的异常事件（包含中断）由处理器内部的嵌套向量中断控制器负责处理。设计中断控制器的目的在于便于管理和处理中断事件。NVIC 中的关键字"嵌套"与"向量"的含义为：

- 嵌套中断处理：嵌套中断处理服务是不需要软件任何干预的处理器硬件自主行为。例如，在执行低优先级中断的服务时，高优先级中断的服务可以插入当前正在执行的中断服务前并正常执行。
- 向量中断处理：中断服务程序（Interrupt Service Routine，ISR）的程序起始地址由处理器硬件自动查询中断向量表得到。中断服务的响应不需要由软件参与决策，因此可以降低中断响应服务的延迟。

芯片设计者可以对 NVIC 加以配置的功能如下：

- 可以配置处理器支持中断响应服务的最大数量。
- 在 Cortex-M33 处理器中，可以配置中断响应服务优先级的数量，而对于 Cortex-M23 处理器，中断响应优先级的数量固定为 4 级。

Cortex-M23 与 Cortex-M33 处理器中 NVIC 模块的功能说明如表 3.5 所示。如果处理器系统支持 TrustZone 安全功能扩展，则可以为每一个中断触发源设置对应的安全属性。由于存在两张中断向量表，分属安全或非安全模式的中断向量表使用的地址空间相互独立，并分别管理和映射各自所属的安全区域内存地址空间。

表 3.5   NVIC 功能说明

功能	Cortex-M23	Cortex-M33
可接受中断源数量	1 ～ 240	1 ～ 480
支持不可屏蔽中断源（Non-Masked Interrupt，NMI）	是	是
中断优先级寄存器宽度	2 位（4 个可编程级别）	3 ～ 8 位（8 ～ 256 个可编程级别）
中断屏蔽寄存器种类	PRIMASK	PRIMASK、FAULTMASK 与 BASEPRI
中断响应延迟的时钟周期数（假设访问内存系统的延迟为 0）	15	12

3.9　低功耗特性

Cortex-M23 与 Cortex-M33 处理器支持以下低功耗特性：

❏ 休眠模式。

❏ 内部低功耗优化。

❏ 唤醒中断控制器（Wakeup Interrupt Controller，WIC）。

❏ 状态保持门控（State Retention Power Gating，SRPG）单元。

❏ 休眠模式：Cortex-M 系列处理器从架构上支持休眠模式与深度休眠模式。休眠模式下功耗的降低程度取决于芯片的具体设计。芯片设计者可以在系统层面加入硬件控制逻辑进一步扩展休眠模式的种类。

❏ 内部低功耗优化：在 Cortex-M23 与 Cortex-M33 处理器的设计中使用了一系列功耗优化技术，从而降低了功耗。例如，门控时钟与划分多个功耗域。在处理器设计中减少门电路的数量也能通过降低漏电流（没有时钟翻转下电路的静态电流消耗）实现降低全局的功耗。

❏ WIC：WIC 是一个独立于 NVIC 的小型硬件模块。该模块可以在处理器处于时钟关断或低功耗模式（例如，状态保持的低功耗状态）的情况下，接受外部中断请求"唤醒"系统。

❏ 状态保持门控：Cortex-M23 与 Cortex-M33 处理器可以采用一些先进的低功耗设计技术，其中就包含 SRPG 技术。该技术可以在处理器进入休眠模式后，关掉大部分数字逻辑单元的电源，仅对少部分晶体管供电以保持处理器寄存器中的状态值（0/1）。采用这种技术，处理器能在收到中断请求后，从低功耗状态中快速恢复，进入工作状态。

3.10　操作系统支持

Cortex-M23 与 Cortex-M33 处理器在设计上，对广泛的嵌入式操作系统提供支持（其中包括 RTOS）。有关处理器操作系统支持方面的特性如下：

❏ 分组栈指针以便于上下文切换。

❏ 使用栈大小限制寄存器用于检查栈大小。

❏ 区分特权模式与非特权模式。

❏ 拥有 MPU：操作系统可以通过 MPU 来限制非特权模式线程的访问权限。

❏ 专门用于操作系统支持方面的异常类型：包括系统服务调用（Super Visor Call，SVCall）和可挂起的系统服务调用（Pendable Super Visor Call，PendSV）。

❏ 拥有名为 SysTick 的小型 24 位系统计时器，用于产生周期性的操作系统中断。在支持 TrustZone 安全功能扩展的系统中，处理器中存在两个 SysTick 计时器。

当前，有超过 40 款 RTOS 支持 Cortex-M 系列处理器。Arm 官方针对 Cortex-M23 与 Cortex-M33 处理器提供了一款名为 RTX 的开源 RTOS 参考设计（下载地址为 https://github.com/ARM-software/CMSIS/tree/master/CMSIS/RTOS/RTX）。

3.11　浮点运算单元

Cortex-M33 处理器可以选配浮点运算单元（FPU）。该 FPU 支持单精度浮点运算（即在 C/C++ 语言定义的"浮点"），符合 IEEE 754 标准。在调用某些软件库时，Cortex-M 系列处理器（包括 Cortex-M23 处理器）可以在不具备 FPU 的情况下使用定点模拟浮点运算，这将导致系统处理浮点运算的速度变慢并且需要额外的程序内存空间。

3.12　协处理器接口与 Arm 自定义指令

Cortex-M33 处理器可以选配协处理器接口，允许芯片设计人员添加与处理器内核直接耦合的硬件加速器模块。该接口的关键特性如下：

❑ 支持在处理器与协处理器寄存器之间进行每拍 32 ～ 64 位数据的传输。
❑ 支持等待状态与错误消息返回信号。
❑ 支持使用单指令，在传输数据的同时传输用户自定义的操作命令。
❑ 最高支持 8 个协处理器，每个协处理器可以各自拥有若干个协处理器寄存器。
❑ 支持 TrustZone 技术，可以为每个协处理器指定安全属性。在接口层面也存在一些安全属性定义，对每个协处理器寄存器或协处理器操作进行更精细的安全控制。

协处理器的接口具有多种用途。例如，可以用于连接进行数学运算和密码运算的加速器。

Arm 自定义指令（架构上称为自定义数据通路扩展）是全新的功能（以往 Arm 系列处理器不支持）。与协处理器支持功能类似，可使用 Arm 自定义指令技术执行处理器硬件加速任务。该技术由 Arm 科技公司于 2019 年 10 月首次发布，于 2020 年年中发布该技术的升级版本，目前已经应用在 Cortex-M33 处理器中。而 Cortex-M33 处理器也成为首款支持 Arm 自定义指令技术的 Arm 处理器。

与协处理器指令不同（协处理器要求硬件加速器需要管理属于自身的协处理器寄存器），Arm 自定义指令允许芯片设计人员创建定制化加速器并整合到处理器内核的数据通路中。这种设计允许加速器直接使用处理器内部寄存器来提高专用数据处理速度，降低数据处理延迟。

按照架构定义，Arm 自定义指令技术可以支持 32/64 位单个数据，以及向量数据处理（包括整型、浮点型以及向量运算操作）。在 Cortex-M33 处理器的设计中，还没有对所有自定义指令操作提供完整支持。

3.13　调试与跟踪支持

调试功能帮助软件开发者分析软件问题，协助开发者了解程序运行的效率（通过应用程序性能分析），所以现代微控制器与嵌入式处理器都必须支持调试功能。Cortex-M23 与 Cortex-M33 处理器均支持一系列标准调试功能，例如：

❏ 程序执行流控制：暂停、单步调试、恢复、复位（重启）。

❏ 访问处理器内核寄存器与内存空间。

❏ 支持程序断点与数据监测点。

另外，也支持一些高级的调试功能，例如：

❏ 指令跟踪（Cortex-M23 与 Cortex-M33 处理器均支持）。

❏ 其他跟踪功能：数据、事件、分析以及由软件产生的跟踪（仅 Cortex-M33 处理器支持）。

指令跟踪功能允许软件开发者通过观察程序在硬件中的执行流程了解软件问题产生的原因。为了进一步辅助调试，处理器也进一步支持某些额外的调试功能（例如 Cortex-M33 处理器支持的异常事件跟踪功能可以通过添加额外的信息（异常事件的标识和时间戳）提供更加完善的指令跟踪功能）。

大多数跟踪功能是非侵入性的，即只允许软件开发者通过这些功能收集软件执行过程中的信息，而不能对程序的执行行为产生严重影响（例如，执行时间）。

3.14　多核系统设计支持

Cortex-M23 与 Cortex-M33 处理器既可以作为单核微控制器设备中的独立处理器，也可以作为多核 SoC 产品中的一个子系统。在适当的总线互连硬件支持下，多核处理器的总线接口可以连接到共享内存和外设单元。Cortex-M23 处理器中所包含的独占访问指令（例如在多核系统中支持信号量操作）将增强对多核软件的支持能力（与不包含这些指令的 Cortex-M0+ 处理器相比）。

调试系统在架构上支持通过建立单个调试和跟踪连接端口将多核处理器与调试器相连。目前低端的 Arm 微控制器开发工具已于 2011 年起开始支持多核调试功能。

3.15　Cortex-M23 与 Cortex-M33 处理器的关键功能增强

3.15.1　Cortex-M23 处理器相对 Cortex-M0+ 的改进

Cortex-M23 处理器除继续支持 Cortex-M0+ 处理器的所有特性外，在功能方面有了很大的增强。图 3.6 所示为增强部分的详细信息。

关于增强部分的简单描述如下：

❏ TrustZone 安全功能扩展（可选配）。

❏ 栈限制检查：检测安全栈指针中存在的栈溢出错误，并触发故障异常服务执行出错误处理。

❏ 嵌入式跟踪宏单元（ETM）用于实时指令跟踪（可选配）。

❏ MPU：当前的 MPU 编程者模型已经升级到受保护内存架构第 8 版（Protected Memory System Architecture version 8，PMSAv8）。在该版本中，MPU 在应用上具有更多的弹性和便利，最大分区数量从 8 个增长到 16 个。

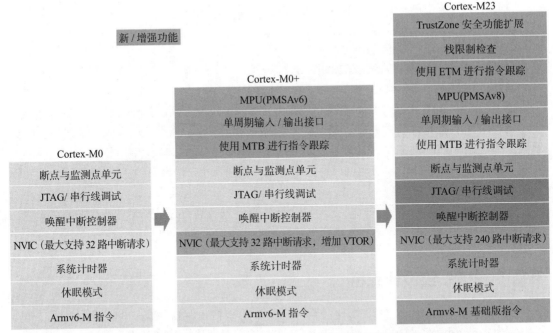

图 3.6　Cortex-M23 处理器相对 Cortex-M0/M0+ 处理器的关键功能增强

- 单周期输入 / 输出接口：一个支持在单个时钟周期内访问常用外设的接口（可选）。该接口已经升级到支持 TrustZone 安全扩展功能的版本。
- 微型跟踪缓冲（MTB）：一种低成本的指令跟踪解决方案（可选配）。由 Cortex-M0+ 处理器首次引入。
- 断点与监测点单元：在 Armv8-M 指令集架构中加入的一种新型编程者模型，提供了更好的使用灵活性。该单元支持的最大数据监测比较器数量从 2 个增加到 4 个。
- NVIC：Cortex-M0+ 处理器的 NVIC 单元增加了一个中断向量表偏移寄存器（Vector Table Offset Register，VTOR），用于进行中断向量表的重定位。在 Cortex-M23 处理器中，支持的最大中断请求数量从 32 路增加到 240 路。
- 系统计时器：一种用于产生周期性操作系统中断或其他计时任务的小型 24 位系统计时器。在 Armv8-M 指令集架构中，可以拥有两个系统计时器分别用于安全与非安全区域下的操作。
- 指令集增强（如下）。相比 Armv6-M 指令集架构，Armv8-M 基础版指令集架构增加了某些指令（包括某些 Armv7-M 指令集架构（即 Cortex-M3）中支持的指令）。表 3.6 是关于指令集增强部分的简单描述。

表 3.6　Cortex-M23 相对 Cortex-M0/M0+ 的指令集部分增强

功能	描述
硬件除法指令	快速的有符号和无符号整数除法操作
比较与分支跳转指令	先判断操作数的正负，再根据比较结果判断是否执行条件跳转。该指令结合比较与判断两大操作可以获得更快的控制代码执行速度

（续）

功能	描述
长分支指令	分支跳转指令的 32 位版本，从而支持更长的分支目标地址偏移。该指令也支持一些链接阶段的优化手段
宽立即数传送指令（MOVW，MOVT）	具备仅执行内存（eXecute-Only-Memory，XOM，详见 3.20 节）固件保护技术的系统中，可以通过该指令避免使用读数据操作访问代码段内存，获得程序段代码中的 16 位或 32 位立即数（成对使用）
独占访问指令	在使用信号量时支持链接加载 / 有条件存储，从而在多核系统中支持通用信号量处理
加载获取、存储释放指令	C 语言第 11 版变量原子操作指令（Armv8-M 指令集架构新增）
安全网关、测试目标地址和非安全分支指令	TrustZone 安全功能指令（Armv8-M 指令集架构新增）

其他方面的改进如下：

❑ 由于所支持指令集有所增强，因此在性能上 Cortex-M23 处理器比 Cortex-M0+ 处理器稍强。

❑ Cortex-M23 处理器允许开发者重新定义初始中断向量表的地址。而在 Cortex-M0/Cortex-M0+ 处理器中中断向量表的地址是固定值。

3.15.2　Cortex-M33 处理器相对 Cortex-M3/M4 的改进

相比 Cortex-M3/M4 系列处理器，Cortex-M33 处理器在多方面进行了改进（见图 3.7）。部分改进与 Cortex-M23 处理器中的增强部分类似：

❑ TrustZone 安全功能扩展（可选）。

❑ MPU：当前的 MPU 编程者模型已经升级到 PMSAv8。

❑ MTB：一种低成本的指令跟踪解决方案（Cortex-M3/M4 处理器不支持）。

❑ 断点与监测点单元：在 Armv8-M 指令集架构中加入的一种新型编程者模型，提供了更好的使用灵活性。最大支持的数据监测比较器数量从 2 个增加到 4 个。

❑ NVIC：Cortex-M33 支持的最大中断请求数量相比 Cortex-M3/M4 处理器所支持的最大数量从 240 路增加到 480 路。

❑ 系统计时器：在 Armv8-M 指令集架构中，可以拥有两个系统计时器分别用于安全与非安全区域的操作。

Cortex-M33 处理器相比 Cortex-M23 处理器的新增功能为：

❑ 栈限制检查：检测安全栈和非安全栈指针中存在的栈溢出错误，并触发故障异常服务处理这种错误。

❑ FPU：架构层面上支持的浮点指令版本从 FPv4 升级到 FPv5。

❑ DSP/SIMD 指令集（可选），处理器相比以往有更多的可配置性。

❑ 协处理器接口：该新接口允许芯片设计人员添加硬件加速器，并与处理器内核紧密耦合。

❑ Arm 自定义接口：该功能允许芯片设计者在 Cortex-M33 处理器中添加自定义的数据

处理指令。这项改进将于 2020 年中旬添加到 Cortex-M33 处理器的修订版 1 中。

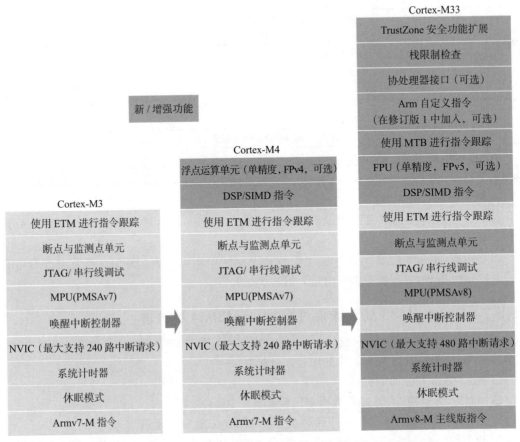

图 3.7　Cortex-M33 处理器相对 Cortex-M3/M4 处理器的关键功能增强

表 3.7 为指令集部分的增强。

表 3.7　Cortex-M33 相对 Cortex-M4 的指令集部分增强

功能	描述
FPv5 版浮点运算指令	与 Cortex-M4 中使用的 FPv4 版浮点运算指令相比，FPv5 版浮点运算指令增加了数据类型转换以及求最大、最小值等功能
加载获取、存储释放指令	C 语言第 11 版变量原子操作指令（Armv8-M 指令集架构新增）
安全网关、测试目标地址和非安全分支指令	TrustZone 安全功能指令（Armv8-M 指令集架构新增）

其他方面的增强如下：

❑ Cortex-M33 处理器的性能相比 Cortex-M3/M4 处理器有所增强，但性能增强的幅度取决于应用程序所使用的具体指令类型。

❑ Cortex-M33 处理器允许开发者配置中断向量表的初始地址，而 Cortex-M3/M4 处理器中断向量表的初始地址为固定值。

3.16　与其他 Cortex-M 系列处理器的兼容性

Cortex-M23 与 Cortex-M33 处理器在多方面高度兼容前代 Cortex-M 系列处理器。
- 指令集：
  - Cortex-M23 处理器支持 Cortex-M0/M0+ 处理器所支持的所有指令。
  - Cortex-M33 处理器支持 Cortex-M3/M4 处理器所支持的所有指令（从 Cortex-M3 迁移软件到 Cortex-M33 的兼容性取决于是否实现了 DSP 和浮点运算指令）。
- 中断处理、系统计时器以及休眠模式：
  - Cortex-M23 与 Cortex-M33 处理器编程者模型没有太大变化，现有的中断处理程序代码都可以继续复用，如果需要支持 TrustZone 安全功能扩展，则需要添加一些额外的代码用于指定中断的具体安全属性。
  - 系统计时器的编程者模型也没有改变。如果需要支持 TrustZone 安全功能扩展，系统中将存在两个系统计时器。
  - 休眠模式以及进入休眠模式的指令（WFI 与 WFE）与以往相同，如果系统需要支持 TrustZone 安全功能扩展，则需要在系统控制寄存器中添加额外寄存器域段，用于在非安全模式下配置系统是否可以进入深度休眠状态。

有些新特性需要软件对应修改：
- 嵌入式操作系统：Armv8-M 指令集架构的 MPU 编程者模型以及 EXC_RETURN（异常返回）在代码实现上有所变化，需要在 OS/RTOS 中进行相应修改。
- 如果系统支持 TrustZone 安全功能扩展，内存空间需要被划分成安全与非安全地址空间。通常情况下，这意味着将基于老版本处理器开发的代码迁移到新版处理器上时，需要对微控制器的内存映射方式做一定修改。如果不需要支持 TrustZone 安全功能扩展，那么老版本代码可以不用修改任何内存映射方式，直接运行在新版本的处理器上。

当软件开发者使用 TrustZone 技术开发安全固件时，可以使用一些针对 C 语言的扩展特性，让 C 编译器产生支持 TrustZone 特性的新指令。这些 C 语言新扩展特性被称为 Cortex-M 安全扩展（Cortex-M Security Extension，CMSE），属于 Arm C 语言扩展（ACLE，是一个开源标准，被很多 C 语言编译器支持）特性的一部分。

在很多其他软件项目迁移场景中，程序分别运行在 Cortex-M33 处理器与 Cortex-M3/M4 处理器上的执行时间可能存在差异，导致部分代码可能需要修改。由于 Cortex-M33 处理器的每兆赫兹性能比 Cortex-M3/M4 处理器更高，因此如果内存系统的延迟特性（即等待状态）相似，那么可以不用针对运行时间的差异修改代码。

3.17　处理器配置选项

在 2.3.6 节已经强调了 Cortex-M23 与 Cortex-M33 处理器可以在具体选配部分设计处理器功能，因此，不同厂商基于 Cortex-M23 与 Cortex-M33 处理器 IP 设计的微控制器在功能上会存在差异。

如表 3.8 所列为比较重要的处理器可配置特性选项。

本文档未列出所有可配置选项，某些选配功能与芯片设计人员更加相关，对软件开发者是透明的（例如删除未使用的中断行选项）。

表 3.8　Cortex-M23 与 Cortex-M33 处理器的关键可配置选项

功能	描述	Cortex-M23	Cortex-M33
指令集	DSP（SIMD）指令	不支持	可选
	单精度浮点指令	不支持	可选
	TrustZone 特性指令（基于 TrustZone 配置）	可选	可选
	乘法实现	快速乘法或小乘法（一种使用加减移位实现乘法操作的算法）	定点乘法
	除法实现	快速除法和小除法（一种使用加减移位实现除法操作的算法）	定点除法
	协处理器指令与 Arm 自定义指令	不支持	可选
初始化中断向量表	启动序列的初始向量表地址	可配置	可配置
中断控制器	中断数量	1～240	1～480
	中断优先级可编程数量	4	8～256
	异常向量表重定向（如果该功能没有实现，那么向量表的地址仍然由芯片设计人员配置）	可选	支持
	用于唤醒处于低功耗状态保持模式下的系统的唤醒中断控制器	可选	可选
TrustZone	支持安全与非安全模式的安全扩展	可选	可选
	SAU 的可编程区域数量——仅在系统支持 TrustZone 时可用	0/4/8	0/4/8
MPU	非安全模式的 MPU（普通模式），MPU 可编程区域数量	可选，4/8/12/16 区	可选，4/8/12/16 区
	安全模式的 MPU（保护模式），MPU 可编程区域数量（该设置独立于非安全模式下 MPU 的设置）	可选，4/8/12/16 区	可选，4/8/12/16 区
系统计时器	可发送周期性系统中断的计时器数量（支持 TrustZone 模式时需要增加一个系统计时器）	0/1/2	0/1/2
附加接口	单周期输入/输出接口	可选	不支持
	协处理器接口	不支持	可选
调试	调试功能	可选	可选
	调试接口协议（JTAG，SWv1= 串行线调试协议第 1 版，SWv2= 串行线调试协议第 2 版）	JTAG 或 SWv1 或 SWv2	JTAG 或 SWv2
	断点比较器数量	0～4	0/4/8
	数据监测点比较器数量	0～4	0/2/4
	使用 MTB 进行指令跟踪（如果支持该功能，连接到 MTB 的 SRAM 大小是可配的）	可选	可选

（续）

功能	描述	Cortex-M23	Cortex-M33
调试	使用 ETM 进行指令跟踪	可选	可选
	其他跟踪手段（测量跟踪、数据跟踪等）	不支持	可选
	用于多核调试的交叉触发接口（CTI）	可选	可选

3.18　TrustZone 功能介绍

3.18.1　安全功能需求概述

当需要考虑系统安全功能时，不同应用场景对安全功能的需求各不相同。在嵌入式系统应用中，通常情况下有 5 个典型的安全功能应用需求。

- ❑ **通信保护**：需要保证通信传输内容不被第三方窃听或篡改。比较典型的保护手段包括对传输内容进行加解密，使用其他技术建立安全通信链接（例如，密钥交换）。
- ❑ **数据保护**：许多设备中拥有一些敏感数据（例如，存储在智能手机中的支付账号细节），需要确保当这些设备失窃或第三方应用运行在这些设备上时，第三方无法访问到这些敏感数据。
- ❑ **固件保护**：对于许多软件开发者而言，固件软件是有价值的资产，需要确保逆向工程不能对这些软件资产进行复制。
- ❑ **操作保护**：在一些嵌入式系统中，某些操作需要特别的保护措施，以确保这些特定功能具有较强的鲁棒性（某种可量化的鲁棒性）。例如，具备蓝牙支持认证的微控制器需要某些特殊的设计以确保即使用户应用程序崩溃时，设备的蓝牙功能依然正常（符合蓝牙规范）。在医疗设备系统中也非常关注类似的需求（拥有类似需求的领域也包含汽车电子与工业控制系统）。
- ❑ **防篡改保护**：该防护功能的目的在于使设备不容易遭受篡改攻击的影响，确保设备在遭受篡改攻击的同时能启动相应的防护措施（例如立即擦除敏感数据）。典型的应用场合为智能卡与支付相关的系统设备。

TrustZone 技术可以直接应用于数据保护、固件保护以及操作保护领域，也可以间接在通信保护领域中提供增强性解决方案（例如，可以提供更强有力的加密密钥存储功能）。在本章的后续部分将进一步详细介绍 TrustZone 安全技术的应用细节。

TrustZone 技术重点在于软件和系统架构防护领域，其本身不提供任何防篡改的保护功能。防篡改保护功能需要在产品环节、电路板级设计环节、芯片封装环节进行综合部署。在芯片设计环节，某些基于 Armv8-M 指令集架构设计的产品（例如，Cortex-M35P 处理器）明确支持防篡改保护功能。

3.18.2　嵌入式安全功能的演进

传统上许多微控制器系统没有网络连接功能，或者网络连接功能非常有限，与应用处理器（例如移动电话与其他计算设备）相比，微控制器系统对先进安全功能的需求相对较低。

❑ 简单微控制器系统

对于简单系统，大多数微控制器往往带有读出保护功能（用于固件保护）。当保护措施开启时，调试工具将无法访问片内的软件代码，而改变片内程序代码的唯一方式是做全芯片擦除。不过，某些设备可以禁用全芯片擦除功能。

❑ 具有网络连接功能的传统微控制器系统

具有网络连接功能的系统，安全防护功能将用于保护通信信道以及所存储的加密密钥。最近几年，许多为网络应用所设计的微控制器具有多种类型的硬件功能，例如，加密引擎、真随机数发生器（True Random Number Generator，TRNG）以及数据加密存储。这些功能提供了更好的通信与数据保护能力。其中一些产品甚至具有芯片级的防篡改功能。许多采用 Cortex-M 系列处理器的设备已经具备了全面的安全防护功能，满足了前面所列出的安全功能需求。

在我们深入探讨 TrustZone 技术之前，有必要先介绍前面几代 Cortex-M 系列处理器产品（Armv6-M 与 Armv7-M）所面临的安全功能需求以及所采用的安全防护技术。

❑ 微控制器中的安全需求

低成本微控制器越来越多地应用于物联网解决方案领域，达到了每年数以百万计或更多的产品量级，如此海量的设备也引起了黑客的注意。虽然破解物联网单个设备并获得其访问权限对黑客来讲意义不大，但当被破解设备的数量达到百万量级则不可同日而语（这些被破解的设备可用于组建僵尸网络来进行 DDoS 攻击）。在此背景下，物联网设备面临着越来越复杂且频繁的黑客攻击。

由于软件中存在安全漏洞相当常见，对于许多产品而言，需要一个安全可靠的途径进行远程固件更新。这意味着产品设计人员在部署产品时不能简单地将软件更新机制屏蔽（例如，闪存的编程功能），因此支持固件升级功能必须具备相当的安全防护措施：

❑ 远程下载的固件程序在正式升级使用前必须经过有效性验证。

❑ 固件程序在写入闪存前必须经过有效性验证。

❑ Armv6-M 与 Armv7-M 指令集架构中的安全功能

在 Armv6-M 与 Armv7-M 指令集架构中，为了创建安全的执行环境，大多数 Cortex-M 系列处理器支持区分特权执行模式与非特权执行模式。因此，可以通过 MPU 对每个应用线程的访问权限进行定义，并对线程强制执行权限检查。这样，就可以单独对每个应用线程中的故障或异常进行处理，如图 3.8 所示。

在这种设计下，每当程序执行上下文需要切换时，需要操作系统对 MPU 进行重新配置。运行在非特权模式下的应用程序只能访问分配给这个应用程序的内存和外设，而该应用程序一旦访问了分配给操作系统或其他应用程序的内存或外设资源，将会触发异常，并由操作系统进行错误处理（例如终止或重启该应用线程）。

基于这种功能设计，应用开发者可以对软件结构进行规划，将大多数应用（包括通信协议栈）运行在非特权模式下。如果其中一个应用线程崩溃（例如一个通信接口遭受了数据包洪水攻击并导致栈溢出），该应用所属的内存数据发生崩溃将不会破坏操作系统与其他线程所对应内存空间中的数据。以上特性可保证系统更加安全和可靠。

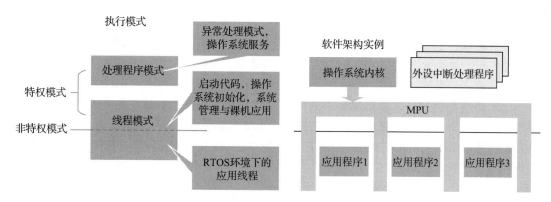

图 3.8　Armv6-M 与 Armv7-M 指令集架构中的软件安全功能

由于应用线程访问内存空间受限，因此被入侵的应用线程将无法绕过安全检查修改闪存中的内容。该线程也不能停止其他线程的工作。这种机制可以对系统中各线程的操作提供有效的保护。

虽然以上安全机制适用于对大多数应用场景提供安全保护，但针对个别场景，以上安全机制无法满足其安全需要。因此，需要引入 TrustZone 技术满足进一步的安全需求。

- ❑ 首先，由于应用线程运行在非特权模式下，导致这些线程应用受到限制，无法直接访问中断管理服务，因此，非常有必要有一种运行在特权模式下的程序向上述线程任务提供中断管理服务。比较典型的实现方案为，通过 SVCall 这种异常处理方式提供系统服务调用服务（这种处理方式将会增加软件的复杂性以及额外的执行时间）。
- ❑ 不幸的是，在某些情况下，外设中断处理程序存在缺陷并导致安全漏洞。由于外设中断处理运行在特权模式，如果黑客针对该漏洞进行攻击并成功入侵中断处理函数，将导致入侵者可以关闭 MPU，使其能访问仅特权模式服务才能访问的地址空间，从而导致整个系统被入侵。
- ❑ 近来，某些微控制器产品提供了与其配套的片上软件库，包括通信软件协议栈以及大量有关物联网安全连接的功能。以上软件库在方便软件开发者创建物联网解决方案的同时（见图 3.9），也带来了新的挑战。
  - 微控制器厂商需要使用固件保护功能保护预加载在产品内的固件代码（特别是来自第三方厂商授权预加载固件代码）不被非法复制或遭受逆向工程破解。
  - 为了构建安全的物联网链接，需要安全存储功能对数据提供保护。例如，密钥以及授权证书需要存储在片内。需要可靠的安全防护措施防止对设备进行非法复制，以及通过逆向工程破解获得设备的操作权限。

基于微控制器提供物联网解决方案日趋流行。由于物联网项目通常为成本敏感的，且项目交付周期较紧张，以物联网为重点应用方向的微控制器提供了有吸引力的解决方案以规避以下可能的问题：

- ❑ 直接通过软件供应商获得中间件的使用授权可能会增加成本。
- ❑ 整合中间件需要额外的工作量以及面临额外的技术挑战，并有可能因此造成项目进度滞后。

❑ 许多软件工程师不具备在物联网设备之间构建安全连接的技术知识背景。使用预先
打包的解决方案可以有效降低应用部署的难度，并减少实施方案错误带来的风险（会
造成安全漏洞）。

由于系统和软件开发者很容易买到物联网微控制器并在此基础上快速创建产品应用。
对于黑客而言，也同样可以非常容易地买到这些微控制器进行逆向破解。由于软件开发者
进行调试开发必须使用特权访问模式，因此 MPU 将无法对上述提到的固件代码资产以及密
钥提供有效保护。所以我们需要一种全新的安全管理机制（TrustZone 技术）提供更为可靠
的安全保障。

在 Cortex-A 系列处理器中使用 TrustZone 技术已经有相当长时间的应用经验。部分
TrustZone 技术对于提高物联网微控制器应用安全保护能力同样非常有效。因此 Arm 公司在新
一代 Cortex-M 系列处理器中引入 TrustZone 技术的部分功能，并特别针对 Cortex-M 系列处理器
的系统应用场景进行了优化。这部分安全功能构成了 Armv8-M 指令集架构中的 TrustZone 安全
规范，目前已经成功应用在 Cortex-M23 与 Cortex-M33 等一系列处理器的设计中。

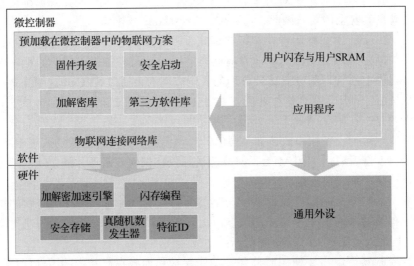

图 3.9 带有预加载物联网固件的微控制器可以加快产品投放市场的速度

3.18.3 Armv8-M 指令集架构中的 TrustZone 功能

Armv8-M 指令集架构中的 TrustZone 安全规范已经被整合到处理器架构的各方面定义
中，包括编程者模型、中断处理机制、调试功能、总线接口以及内存系统设计。在前文中
提到，以往的 Cortex-M 系列处理器在程序执行层面区分了特权模式与非特权模式，而在
Armv8-M 指令集架构中，TrustZone 安全功能扩展（可选）将软件执行环境额外划分出两组
模式：普通执行环境（非安全模式）与新增的受保护执行环境（安全模式），如图 3.10 所示。

与 Cortex-A 系列处理器中所使用的 TrustZone 技术类似，运行在安全模式的软件可以

访问安全模式和非安全模式所属的内存与资源，而运行正在非安全模式的软件只能访问非安全模式所属的内存和资源。

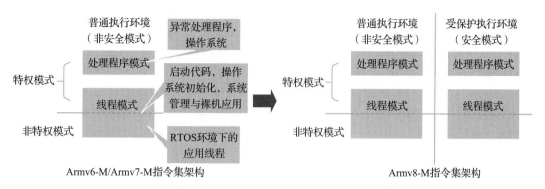

图 3.10　Armv8-M 处理器执行环境相对 Armv6-M/Armv7-M 架构处理器执行环境的变化

在 Cortex-M23 与 Cortex-M33 处理器中，TrustZone 安全功能扩展是可选的。如果不选配 TrustZone 安全功能（选择权在芯片设计者），那么全芯片中将只有非安全模式存在。

普通的软件执行环境（非安全模式）相对于以往的 Cortex-M 处理器基本上没有做修改，因此，基于前代 Cortex-M 系列处理器开发的应用程序可以不做任何修改直接运行在当前处理器的非安全模式上。即使软件不能直接兼容运行，移植改动量也非常小（例如，RTOS 的移植仅需要做稍许改动）。

新增的保护模式运行环境（安全模式）情况与普通模式类似。实际上，对于大多数裸机应用程序，同样的代码也可以运行在新处理器的安全模式上。不过安全模式增加了一些控制寄存器用于进行安全功能管理。因此，运行在安全模式的软件可以额外看到一些硬件资源（例如，系统计时器、MPU）。

系统为区分安全模式与非安全模式各自的运行环境，提供了一种对敏感操作和资源实施安全保护的方法。但与此同时，系统架构上允许安全模式和非安全模式的函数在非常小的软件运行开销前提下，跨安全区域边界相互直接调用（见图 3.11）。在该过程中，普通应用程序通过一系列受保护的应用程序接口完成调用工作，并可以确保安全保护功能在调用过程中依然能有效执行保护工作。

为了确保 API 调用机制安全可靠，从非安全模式调用安全模式下的函数仅允许被调用函数的首条执行指令为安全网关（Secure Gateway，SG）指令，并且需要标识该函数所使用的内存区域地址具有允许非安全调用（Non-secure Callable，NSC）属性。以上限制可以防止非安全代码通过跳转分支方式访问到安全 API 中的敏感代码或其他安全内存区域。与此类似，在安全区域调用非安全函数返回时，从非安全状态切换到安全状态

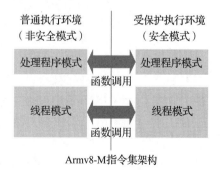

图 3.11　Armv8-M 处理器架构允许函数在安全模式与非安全模式之间跨安全边界直接调用

的过程也需要受到保护。上述两种不同的调用机制被称为 FNC_RETURN（function-return），这将在 18.2.5 节介绍。

与 Armv6-M/Armv7-M 指令集架构一致，Armv8-M 指令集架构同样也具有 4GB 大小的内存映射。而安全扩展功能将该地址映射空间进一步划分成安全模式与非安全模式，使得每个空间模式都拥有各自独立的程序内存、数据段内存以及外设单元。由被称为安全属性单元（Security Attribution Unit，SAU，见图 3.12）的新模块以及实现定义属性单元（Implementation Defined Attribution Unit，IDAU，可选配）负责对上述内存与资源进行划分。对内存属性的详细划分则由芯片设计人员以及安全固件的创建者（通过配置 SAU 对内存进行划分）决定。

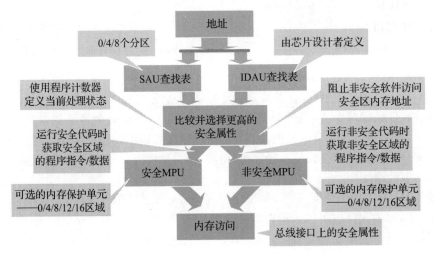

图 3.12　使用 SAU 与 IDAU 对内存空间进行划分

处理器的安全状态由程序地址所对应的安全属性决定：

1）在安全内存上执行安全固件时，处理器处于安全状态。

2）在非安全内存上执行代码时，处理器处于非安全状态。

处理器安全状态的切换过程由硬件进行监测，以确保切换过程中不会存在非法操作。

为了确保每个空间的独立性，安全模式与非安全模式的栈地址空间与中断向量表空间相互独立，所以需要安全模式与非安全模式各自保存其栈指针。为了获得更强的安全保护能力，在 Cortex-M23 与 Cortex-M33 处理器中支持在安全模式下对栈指针操作进行栈限制检查。而 Cortex-M33 处理器将进一步支持对非安全模式栈指针操作进行栈限制检查。

由于外设被划分为安全与非安全两类，因此需要在安全软件中指定外设中断的安全属性。而系统安全状态的转换通常由异常事件序列触发，例如异常事务抢占与异常处理返回（见图 3.13）。

安全软件与非安全软件使用同一套物理寄存器（除栈指针），在安全区域使用的寄存器中所存放的内容将由处理器异常处理流程提供自动保护，以防止安全区域信息被泄露。

要启动根信任安全，处理器需要在安全状态下启动。当配置完安全管理模块（即划分内存与指定中断）后，安全区域软件才能开始执行非安全区域的启动代码（见图 3.14）。

运行在非安全模式的应用程序行为与运行在前代 Cortex-M 系列处理器系统中的基本一致。应用具有以下部分的访问权限：

❑ 非安全（NS）模式内存。

❑ 非安全模式外设。

❑ 非安全区域中断管理寄存器。

❑ 非安全区域内存保护单元。

另外，还可以使用安全固件中提供的其他 API 应用函数（例如，加解密函数）。安全固件也可以选择访问存放于非安全内存中的 API 函数代码（例如，I/O 驱动程序库）。

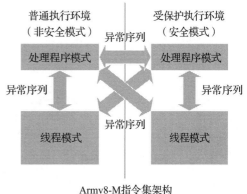

图 3.13　安全状态转换可能会引起异常 / 中断事件

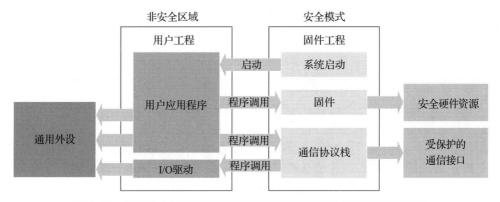

图 3.14　安全模式与非安全模式相互隔离（处理器从安全状态下启动）

3.19　为什么 TrustZone 能带来更好的安全性

与许多其他安全保护技术类似，Armv8-M 指令集架构中的 TrustZone 安全防护技术提供了一种分区机制以确保软件组件仅能访问其有权访问的资源。这种设计可以确保攻击者（例如黑客）入侵某个软件组件后，不能获得系统的完全控制权限或访问到敏感数据。虽然之前的 Cortex-M 系列处理器已经提供了特权模式与非特权模式的分层执行模式，但这种模式不足以对 3.18.2 节所提到的应用场景提供有效的安全防护。例如：

❑ 如果运行在特权模式下的代码，比如外设驱动（包括中断处理服务）存在安全漏洞，可能会导致黑客获得特权模式下的执行权限，并进一步获得全系统的访问控制权限。

❑ 带有预加载片上固件的微控制器需要对应防护措施以防止不可信的软件开发者，比如黑客，冒充正常的软件开发者从商业渠道获得微控制器产品，并通过逆向工程窃取其中的固件代码。

在最近的某些物联网微控制器设计中，芯片往往会预加载一些固件程序用于物联网网络连接。这些固件可能包含预加载的安全认证证书或密钥，以允许软件开发者使用预加载固件的 API，创建终端与云端服务之间的安全连接。TrustZone 技术非常适合图 3.15 所展示的应用案例。

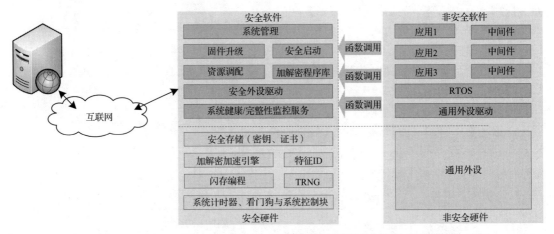

图 3.15　通过安全 API 建立与云服务安全连接的物联网微控制器应用程序概念示例

在基于 TrustZone 技术构建的系统中，要求：

☐ 非安全区域中的应用不能访问安全密钥（包括加解密密钥），所有的加解密操作必须在预加载固件中进行处理。

☐ 需要安全防护的资源，包括安全存储、特征 ID、真随机数发生器（TRNG）需要受到保护。由于 TRNG 与生成会话密钥的熵相关（会话密钥用于保护安全区域网络连接），所以必须对其进行有效保护。

☐ 固件的升级过程需要受到保护。当开启固件升级保护功能时，只有通过有效性验证（例如通过加解密签名认证）的程序镜像可以用于正式的固件升级。这种保护功能可以配合产品的生命周期状态（Life Cycle State，LCS）管理以及调试权限认证功能一起使用。表 3.9 所示为一个在芯片级定义的 LCS 管理实例。

表 3.9　产品中生命周期状态管理实例

生命周期状态（LCS）	闪存编程保护状态	调试权限认证状态
芯片制造信息	以更新升级处于安全模式与非安全模式的闪存页	允许在安全模式与非安全模式下进行调试访问
预加载安全固件到片内，用于软件开发	仅可以更新升级非安全区域的闪存页，而安全内存将受到保护（读保护，内容将被禁止读出）	仅允许调试位于非安全区域的预加载固件
产品开发和部署信息	在通过必要的签名认证后仅可以更新升级非安全区域闪存页。对安全区域与非安全区域的内存都将采用读保护措施	在通过额外的调试权限认证后，仅允许对位于非安全区域的信息启动调试

❑ 使用芯片上的 NVM 进行 LCS 管理。NVM 通常具有防止针对 LCS 的逆向工程破解的保护机制。

❑ 安全软件可以在系统部署时在后台运行系统健康检查服务（可选配），而这种服务通常由系统计时器中断触发，并周期性运行。可以设置这种来自系统计时器的中断服务比其他运行在非安全区域的中断处理服务具有更高的响应优先级，从而避免来自非安全区域的软件中断服务阻挡系统健康服务的检查过程。

当物联网系统接入网络中后，黑客可以通过通信接口对其进行攻击（例如 WiFi）。随着应用程序变得越来越复杂，这些应用程序中不可避免地会出现由程序缺陷导致的漏洞，而这些漏洞可能会被黑客利用。在以往基于 Cortex-M 系列处理器设计的系统中，如果黑客获得特权模式的执行权限，将获得对系统的完全控制权限并篡改存储在闪存中的固件程序。恢复被入侵的物联网系统，需要更换相关设备或工程师对设备固件在现场重新编程。

在具有 TrustZone 功能的物联网微控制器中，上述安全问题将会得到缓解。由于 TrustZone 保护了关键安全资源，黑客将：

❑ 不能对闪存器件进行擦除 / 重编程。

❑ 不能窃取密钥。

❑ 不能非法复制设备。

❑ 不能禁止安全软件服务（例如健康检查服务）。

系统健康检查服务一旦被部署，将可能监测到对系统的攻击（或系统异常行为）并触发系统恢复服务。由于存放在闪存中的内容并没有被修改，因此系统可以通过重启进行简单恢复。

通常情况下，TrustZone 技术对微控制器的各个相关方均带来积极作用，这是因为：

❑ 微控制器厂商可以通过不同的预加载物联网安全连接固件提供差异化产品方案。由于普通开发者无法读出安全固件，因此该固件资产受到了严格的安全保护。

❑ 软件开发者可以使用厂商提供的安全物联网连接固件功能接口开发产品，缩短产品推向市场的时间周期，降低开发出错的风险（例如，在集成第三方中间件时或在开发内部安全软件解决方案时可能会出现的开发错误）。

❑ 物联网产品将变得更加安全可靠，使产品的最终消费者获益。

当然，系统的安全级别高度依赖于安全固件的开发质量。因此，预加载的安全固件应使用经过彻底测试和全面检查的成熟安全技术。

另外，对于物联网微控制器，TrustZone 技术被用于：

❑ 固件保护：在一些案例中，微控制器厂商需要将第三方软件模块整合到设备中，并确保固件资产不能通过逆向工程被窃取。TrustZone 技术在确保固件资产得到有效保护的前提下，允许软件开发者使用受保护的软件模块。

❑ 保护认证软件的运行：由于运行在安全模式下的敏感软件受到保护，某些需要满足协议认证的软件，比如蓝牙功能软件，可以使用 TrustZone 技术对软件运行状态进行保护。即使某个非安全模式下的应用出现程序错误或崩溃，受到保护的蓝牙功能软件操作仍然能保持其行为与协议规范一致。

❑ 将原方案归属多个处理器的功能整合到单个处理器中：以往在一些复杂的 SoC 设计中，使用多个 Cortex-M 系列处理器子系统，以实现对安全模式和非安全模式下各自数据的隔离处理。现在由于 Cortex-M23 与 Cortex-M33 处理器具有 TrustZone 功能，因此可以减少系统中处理器的数量，将多个处理器的功能整合到单个处理器中。

❑ 提供软件的沙盒执行环境：在某些操作系统设计中，对不同安全模式进行分区可以使操作系统在沙盒环境中运行某些软件模块。

当然，有些产品设计不需要物联网防护级别的安全功能，处理器只需要运行在简单的工作环境中。例如一个具有多种接口（例如 I²C、SPI）并集成了处理器的智能传感器，用于连接受信任的上位机处理器。在这种应用场景下则不需要 TrustZone 安全功能。

3.20　使用仅执行内存保护固件

在某些场景中，芯片设计者并不一定必须使用 TrustZone 安全技术保护固件资产，可以选用相对简单的，被称为仅执行内存（eXecute-Only-Memory，XOM）的固件资产保护技术。采用这种技术后，片内总线系统被设计为只能通过指令预期操作访问程序代码段，禁止通过数据总线或通过上位机调试器访问程序内存。

XOM 技术通常用于保护预加载固件的函数和 API 代码，使得这些函数和 API 在被调用时，其内部实现细节无法被软件开发者读出（见图 3.16）。

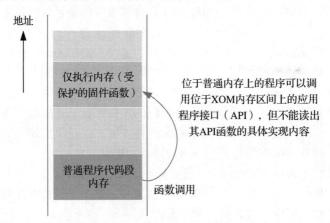

图 3.16　XOM 技术允许普通程序代码访问固件 API 但无法读出 API 的具体实现

XOM 技术可以使被写入 XOM 模块中的软件代码难以通过逆向工程破解，但其保护作用弱于 TrustZone 技术。例如，如果位于 XOM 上的 API 程序被中断频繁打断，那么中断处理程序可以观察到 API 每个指令执行的效果，而这足以让黑客猜出正在执行的指令内容。

当使用 XOM 技术后，程序代码将无法通过文本数据读取操作获得（参见 5.7.6 节）所生成的立即数。这是由于立即数数据位于程序内存，无法通过读数据操作获得。因此当代码创建在 XOM 上时，需要使用 MOVW 与 MOVT 指令（参见 5.6.3 节）获得立即数内容。

Armv8-M 指令集架构全系列处理器都支持上述指令，而在 Armv7-M 指令集架构中也同样支持该指令，但在更老的 Armv6-M 指令集架构（例如，Cortex-M0 与 Cortex-M0+ 处理器）中不支持上述指令。

　　MOVW 与 MOVT 指令也可用于其他需要获取立即数的场景。

　　有关 XOM 技术的进一步介绍，可以访问 Arm 公司主页了解。[1]

参考文献

[1] An introduction to eXecute-only-Memory. https://community.arm.com/developer/ip-products/processors/b/processors-ip-blog/posts/what-is-execute-only-memory-xom.

第 4 章
架　　构

4.1　Armv8-M 指令集架构简介

4.1.1　概述

Arm Cortex-M23 与 Cortex-M33 处理器基于 Armv8-M 指令集架构。该架构文档——《 Armv8-M 架构参考手册》[1]——的篇幅非常庞大（超过 1000 页）。文档内容覆盖了 Cortex-M23 与 Cortex-M33 处理器多个方面的内容，包括：

- ❑ 编程者模型。
- ❑ 指令集。
- ❑ 异常模型。
- ❑ 内存模型（例如，地址空间、内存排序）。
- ❑ 调试。

Armv8-M 指令集架构包含一个基础版功能配置集合以及若干个可选配的扩展功能。可选配置包括：

- ❑ 主线版功能扩展——Armv8-M 主线版指令集架构功能配置集合由 Armv8-M 基础指令集架构加上主线版功能扩展包构成。
- ❑ DSP 扩展——该扩展包含一系列数字信号处理操作指令，其中包括若干单指令多数据（Single Instruction Multiple Data，SIMD）指令。该扩展功能隶属于主线版架构功能扩展包，Cortex-M33 处理器中支持该扩展包。
- ❑ 浮点支持——该扩展包括一系列单精度与双精度处理指令，也隶属于主线版架构扩展功能包。Cortex-M33 处理器可选配单精度浮点单元。
- ❑ MPU 扩展——Cortex-M23 与 Cortex-M33 处理器均可选配内存保护单元。
- ❑ 调试扩展——调试功能为可选配置。
- ❑ 安全扩展——即 TrustZone 功能。Cortex-M23 与 Cortex-M33 处理器均可选配该扩展。TrustZone 安全扩展涉及处理器的多个方面，包括编程者模型、异常处理、调试等。

除了有关架构方面的各种扩展功能外，处理器中还包括一系列其他可选配的功能。例如在第 3 章提到的配置功能选项。在 3.17 节提到可针对实际应用需求配置产生多种不同规格的 Cortex-M23/Cortex-M33 处理器。请注意，架构参考手册中并不指定处理器底层架构的具体实现原理。针对处理器设计的描述将只局限在"架构"层面。

□ 架构——如《 Armv8-M 架构参考手册》所述，其定义了程序执行的行为以及调试工具与处理器的交互方式。

□ 微架构——处理器硬件的具体实现方式。例如，处理器将包含的流水线级数、指令执行的实际时间开销、使用的总线接口类型等。在处理器的技术参考手册 [2-3]（Technical Reference Manua，TRM）中对微架构进行了更详细的描述。该文档同时也描述了在系统设计中可选择的功能配置选项。

虽然《 Armv8-M 架构参考手册》非常详细地介绍了处理器架构中的各项内容，包括指令集，但该手册对于开发者来说并不容易阅读。幸运的是，开发使用 Cortex-M 系列处理器并不需要完全了解该架构的所有细节。只需要具体了解以下内容，便可在基于 Cortex-M 处理器的微控制器上开发大多数应用：

□ 编程者模型。

□ 异常处理机制（包括中断处理）。

□ 内存映射。

□ 外设使用方式。

□ 如何使用微控制器厂商提供的驱动程序库。

4.1.2　Armv8-M 指令集架构的背景

如图 4.1 所示，Armv8-M 指令集架构由 Armv7-M 与 Armv6-M 指令集架构发展而来。

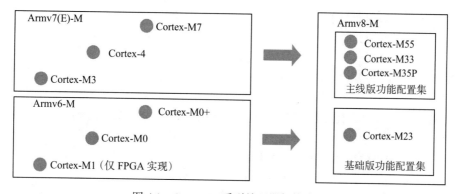

图 4.1　Cortex-M 系列处理器架构演进

注意，Armv7（E）-M 中字母"E"表示在 Armv7-M 指令集架构基础上支持 DSP 功能扩展。这是沿袭自 Arm9 处理器（v5TE）的历史命名约定。自 Armv8-M 指令集架构开始，由于可扩展项太多，该命名方式不再采用。与 Armv7-M 和 Armv6-M 指令集架构相比，Armv8-M 指令集架构有许多相似之处，实际上大多数裸机（即不加载操作系统的硬件系统）应用程序仅做少量修改便可移植到基于 Cortex-M23 与 Cortex-M33 处理器的设备中运行（例如，修改内存映射）。Armv8-M 指令集架构与前代指令集架构的相似之处有：

□ Armv8-M 指令集架构仍然是 32 位指令集架构，从架构定义上可映射 4GB 大小的地址空间。

- 该架构仍然使用嵌套向量中断控制器（NVIC）进行中断管理（Armv8-M 指令集架构支持 Armv7-M/Armv6-M 指令集架构所包含的所有中断控制寄存器，减少了软件移植所需要的更改）。
- 在架构层面定义了休眠模式（休眠与深度休眠）。
- 指令集层面的向前兼容。Armv8-M 指令集架构支持 Armv7-M/Armv6-M 指令集架构所包含的所有指令。

但是，Armv8-M 指令集架构在以下方面与以往的处理器架构不同（对针对这些处理器的 RTOS 设计有所影响）：

- MPU 编程者模型。
- EXC_RETURN（异常返回代码）定义。
- TrustZone 安全功能扩展。

如 3.15 节所介绍的，Cortex-M23 与 Cortex-M33 处理器相比以往版本的处理器具有很多增强功能。需要升级历史软件代码才能使用这些新加入的增强功能（例如，TrustZone 安全功能扩展、栈限制检查以及协处理器接口等）。

4.2　编程者模型

4.2.1　处理器模型与状态

第 3 章介绍了处理器的工作状态可以被划分为以下模式：

- 特权模式与非特权模式——处理器默认必须支持上述两种状态。
- 安全与非安全模式——仅当处理器支持 TrustZone 安全功能扩展时支持这两种状态。

当处理器处于非特权模式时，对部分内存空间（例如大多数的内部外设模块）的访问将会受到限制。运行在非特权模式下的软件程序将被阻止访问 NVIC、MPU 以及相关的系统控制寄存器。开发者可以使用内存保护单元设置其他内存访问权限规则。例如，在 RTOS 中可以使用 MPU 进一步限制运行在非特权模式下应用程序可访问的内存空间。在典型的系统应用中，运行 RTOS 使用的特权等级规则如下：

- 操作系统软件与外设中断处理——运行在特权模式。
- 应用程序线程 / 任务——运行在非特权模式。

上述设置能使软件程序更加可靠——即使当某个应用程序线程 / 任务崩溃时，也不会破坏操作系统或其他应用程序线程 / 进程所使用的内存和资源。非特权模式在某些文献中有时也被称为"用户态模式"。该术语源自 Arm7TDMI 等传统 Arm 系统处理器。传统处理器通常将非特权应用运行在用户态模式下。

当处理器处于非安全特权模式时，需要根据安全软件所定义的安全权限规则访问限制范围内的资源。当处理器处于安全特权模式时，则有权访问所有资源。

安全及非安全模式的概念已在 3.18 节的相关内容中阐述过。Cortex-M 系列处理器除了区分特权与非特权模式、安全与非安全模式之外，还具有以下处理器状态或操作模式：

- Thumb 状态与调试状态——Thumb 状态代表处理器正在执行 Thumb 指令。调试状态则代表处理器处于停机状态，并允许用户调试和检查处理器内部的寄存器状态。

❑ 处理程序模式与线程模式——当处理器正在进行异常处理服务（比如中断处理服务过程）时，所处的工作模式状态被称为处理程序模式。而在其他情况下，处理器工作在线程模式下。处理器模式与特权级别的关联如下：

● 处理程序模式具有特权模式访问权限。

● 线程模式既可以位于特权模式，也可以位于非特权模式。

综合以上所有模式与状态，处理器的状态关系图如图 4.2 所示。

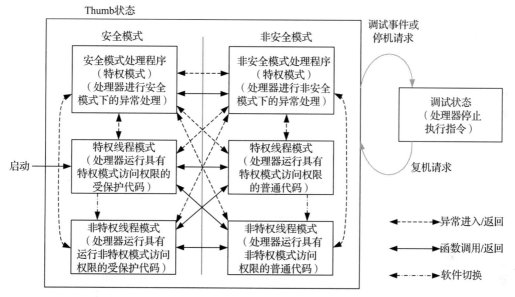

图 4.2　支持 TrustZone 安全功能扩展后的操作状态与模式

请注意，在特权线程模式下运行的软件可以通过修改名为 CONTROL 的特殊寄存器将处理器切换到非特权线程模式（参见 4.2.2.3 节 CONTROL 寄存器中的 nPRIV 位）。但是处理器一旦被换到非特权模式，由于 CONTROL 只允许在特权模式下进行修改，非特权线程模式下运行的软件将无法通过修改 CONTROL 寄存器将处理器模式切换回特权线程模式。

非特权模式下运行的代码可以通过触发某种系统异常（例如系统服务调用（System Service Call，SVC），参见 4.4.1 节与 11.5 节内容）访问特权模式下的系统服务。这种机制通常用于允许 RTOS 提供操作系统服务应用程序接口（API）。异常处理程序还可以修改 CONTROL 寄存器，当异常处理完成后允许系统返回特权线程模式。

请注意，可以在函数调用过程中在特权模式与非特权模式之间相互切换，或在不同的安全区域之间进行切换。这种机制是因为 CONTORL 寄存器的 nPRIV 位在不同的安全模式之间具有各自的独立备份（安全模式与非安全模式拥有各自的 nPRIV 控制位）。这种设计方式机制可能会让初次使用者感到迷惑（传统的安全系统并不允许非特权模式下的代码不通过操作系统所提供的 API 访问特权模式的资源）。但在 Armv8-M 指令集架构中，这种机制不会存在安全隐患问题，这是因为：

□ 当运行在非安全非特权线程模式的软件调用安全特权模式下的 API 时（见图 4.3），安全 API 可以由可信方创建。这些可信 API 中的代码在设计时会采取完善的安全措施以防止代码被不法利用，所以调用这些可信 API 从非特权模式切换到特权模式并不会存在安全隐患问题。

□ 运行在安全非特权线程模式的软件调用非安全特权模式下的 API 时（见图 4.4），由于安全代码由可信方开发，软件将处理器从安全非特权模式切换到非安全特权模式并不会存在安全风险。即使运行在安全非特权模式下的软件并不完全可信，但由于系统并不允许安全非特权模式下运行的软件绕过或关闭安全特权模式代码中的安全管理机制，因此该软件访问非安全特权模式下的资源并不会存在安全隐患。

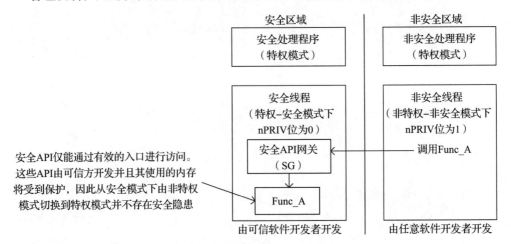

图 4.3　安全 API 调用下的特权级别转换

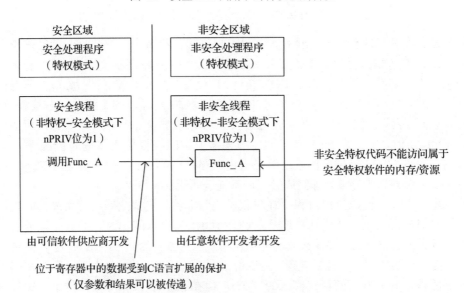

图 4.4　非安全 API 调用下的特权级别转换

如果系统不支持 TrustZone 安全功能扩展，那么上述状态转移图可以简化成图 4.5 所示过程。

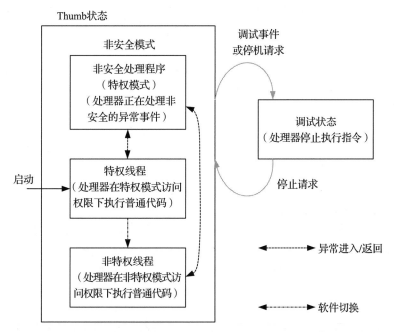

图 4.5　系统不支持 TrustZone 安全功能扩展下的执行状态与模式

这种状态转移过程与 Armv6-M 和 Armv7-M 指令集架构中的过程相同。

对于简单的应用程序，可以不使用非特权线程状态。这种应用场景只使用特权线程（对于大多数应用程序代码）和处理程序模式（例如，对于外设的中断服务过程）。

对于支持 TrustZone 安全功能扩展的系统。可以不使用非安全模式，并将整个应用程序执行在安全模式下。

调试状态主要在软件开发期间使用。如果启用了暂停模式调试功能（需要连接调试器），那么处理器可以在软件开发者设置处理器停机或者类似断点的调试事件后进入调试模式。调试模式允许软件开发者检查或更改处理器的寄存器值。开发者可以在 Thumb 状态或调试状态下通过调试器检查或修改存储器或外设寄存器中的内容。如果处理器没有连接到调试器，那么系统不会进入调试状态。

4.2.2　寄存器

4.2.2.1　各种类型的寄存器

在 Cortex-M 系列处理器中具有多种类型的处理器。

❑ **位于寄存器文件上的寄存器**：大部分这类寄存器属于通用寄存器，通常在指令执行时使用。部分通用寄存器具有特殊的用途（例如，R15 是程序计数器，详细描述参见 4.2.2.2 节）。

❑ **特殊寄存器**：处理器中存在一些具有特殊用途的寄存器（例如中断屏蔽），需要通过特殊的指令（例如 MSR，MRS）才能进行访问（参见 4.2.2.3 节）。

❑ **内存映射寄存器**：内建的中断控制器（NVIC）和许多内部单元使用内存映射寄存器进行管理。这些内建的寄存器可以在 C 程序中通过指针进行访问。有关这些寄存器的内容将涵盖在本书的各个章节。

在系统层面（处理器外部），芯片中还存在其他类型的寄存器：

❑ **外设寄存器**：处理器使用外设寄存器管理多种外设，这些寄存器都已映射到内存空间，可以很容易地在 C 程序中通过指针的方式进行访问。

❑ **协处理器寄存器**：Cortex-M33 处理器有一个协处理器接口，允许芯片设计者添加协处理器（用于加速某些处理任务的硬件）。协处理器硬件包含协处理器寄存器，可以使用协处理器指令访问这些寄存器（参见 5.21 节）。

在本节中，将介绍寄存器库中的寄存器和特殊寄存器。

4.2.2.2　寄存器库中的寄存器

与其他 Arm 处理器类似，新一代 Cortex-M 处理器的内核中有许多寄存器用于数据处理和控制。如果需要对内存中的数据进行操作，Arm 处理器必须首先将数据加载到寄存器文件的通用寄存器中，并在指令执行时操作这些数据，并可选择随后将数据操作结果写回内存。这种操作模式通常被称为"加载 – 存储架构"。寄存器文件也可用于保存地址值以处理数据传输。

由于寄存器文件中拥有足够数量的寄存器，C 编译器可以利用这些寄存器资源产生高效代码完成各种操作。Cortex-M 系列处理器中的寄存器文件通常有 16 个寄存器：R0 ～ R15（见图 4.6）。其中一些寄存器具有特殊用途，详情如下：

❑ **R13——栈指针（SP）**。该指针用于访问栈内存（例如，压栈和出栈操作）。物理实现上可以有两个或四个栈指针，其中只有支持 TrustZone 安全功能扩展的系统具有安全栈指针。有关栈指针选择的更多信息请参阅 4.3.4 节。

❑ **R14——连接寄存器（LR）**。当调用函数或子过程时，该寄存器会自动更新以保存返回地址。当函数 / 子过程结束时，来自 LR 的值将被赋值给程序计数器（PC）以恢复调用函数或子过程之前的操作。在函数嵌套调用的情况下（即在函数中调用函数并跳转执行其他代码），在进行第二级函数调用之前，必须首先保存 LR 中原有的值（例如，将该值通过压栈操作保存到栈内存的栈帧中）。否则，原有 LR 中的值将丢失，这将会导致第一级调用结束后无法返回到函数调用前的执行状态。LR 还用于在异常 / 中断处理期间保存一个名为 EXC_RETURN（异常返回）的特殊值。在中断服务程序结束时，EXC_RETURN 的值被赋值给 PC 指针以触发异常返回。更多相关信息请参考 8.4.5 节和 8.10 节。

❑ **R15——程序计数器（PC）**。将 PC 放置在寄存器库中的主要优点是可以使访问程序代码中的常量数据更加容易（例如，使用具有 PC 相关寻址模式的常量数据读取指令来获取跳转表中的分支偏移量）。也可以对 PC 直接进行读 / 写操作。读取该寄存器操作的返回值为当前执行指令地址值（偶数）加上 4 的偏移量（这是基于处理器的流水线特性以及与传统处理器（如 Arm7TDMI）的兼容性要求）。对该寄存器执行写操作会触发分支跳转，但是建议一般分支操作仍采用普通分支指令执行。

其余寄存器（R0 ～ R12）为通用寄存器。其中 R0 ～ R7 也被称为**低位寄存器**。这是由于 16 位指令的可用空间有限，许多 16 位 Thumb 指令只能访问低位寄存器。**高位寄存器**（R8 ～ R12）可以与 32 位指令以及一些 16 位指令（如传送指令 MOV）一起使用。

R0 ～ R12 的初始值在系统上电启动时为随机值。如果系统支持 TrustZone 安全功能扩展，则硬件启动序列会自动初始化安全主栈指针（MSP_S）的值；如果系统不支持 TrustZone，则会自动初始化非安全主栈指针（MSP_NS）。硬件启动序列同样也会初始化程序计数器（R15/PC）。

有关于这些寄存器的更多信息可参见表 4.1。

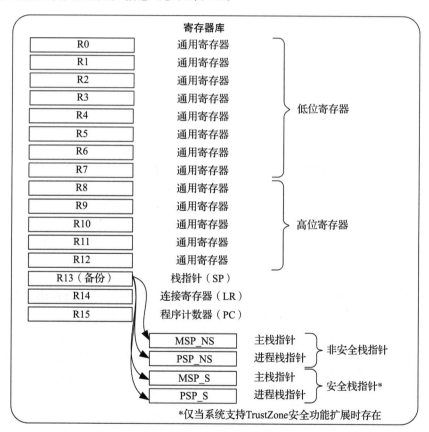

图 4.6　寄存器文件中的寄存器

表 4.1　对 R0 ～ R15 寄存器进行读写操作的规则

寄存器	初始值	读 / 写行为
R0 ～ R12	未知	操作宽度 32 位，允许读 / 写操作
R13	MSP_S/MSP_NS 在启动序列中由硬件进行初始化	操作宽度为 32 位，但低 2 位总是 0（栈指针地址永远是按 4 字节对齐），允许读 / 写操作，但写入值的低 2 位信息将被忽略

（续）

寄存器	初始值	读 / 写行为
R14	在 Cortex-M33 处理器（以及其他基于主线版本指令集扩展的处理器）中，该寄存器的初始值为 0xFFFFFFFF。在 Cortex-M23 处理器中，该寄存器的值未知	操作宽度为 32 位，允许读 / 写操作。当处理器调用函数或进入中断 / 异常服务时，R14 中的值也会自动更新该寄存器的值用于将程序流返回到调用前或中断前的程序位置
R15	PC 值由硬件启动流程提供初始化	寄存器的第 0 位始终为 0，但当使用间接分支指令写入 PC 时，写入值的第 0 位具有特殊含义。尽管可以通过写入 PC 值（例如，使用传送指令）触发分支操作，但还是建议使用正常的分支指令进行分支操作

在编程中，寄存器 R0 ~ R15 可以使用各种大写或小写名称来访问，比如 R0 ~ R15 或 r0 ~ r15。对于 R13 ~ R15，也可以通过以下名称进行访问：

❑ R13：SP 或者 sp（当前选择的栈指针）。

❑ R14：LR 或者 lr（连接寄存器）。

❑ R15：PC 或者 pc（程序计数器）。

如图 4.6 所示，SP 寄存器在安全和非安全状态下各有一组备份。使用 MSR/MRS 指令访问栈指针时，可以指定处理器当前使用哪个状态下的栈指针：

❑ MSP：安全状态下的当前主栈指针（可以是 MSP_S 或 MSP_NS）。

❑ PSP：安全状态下的当前进程栈指针（可以是 PSP_S 或 PSP_NS）。

❑ MSP_NS：允许安全软件能够访问非安全模式的主栈指针。

❑ PSP_NS：允许安全软件能够访问非安全状态的进程栈指针。

在 Arm 文档（例如《Armv8-M 架构参考手册》）中，栈指针也被标记为 SP_main（主栈指针）和 SP_process（进程栈指针）。

更多有关栈指针操作的信息，请参阅 4.3.4 节。

当处理器处于调试状态（即停机）时，还可以使用调试软件（在调试主机（如 PC）上运行）访问 R0 ~ R15（读 / 写）。

4.2.2.3 特殊寄存器

除寄存器文件中的寄存器外，还有一些具有特殊用途的特殊寄存器。例如用于中断屏蔽的控制寄存器以及用于算术 / 逻辑运算结果的进位标识。可以使用特殊寄存器访问指令（例如 MRS 和 MSR）访问这些寄存器（参见 5.6.4 节），例如：

```
MRS <reg>, <special_reg>;将特殊寄存器的值读入通用寄存器
MSR <special_reg>, <reg>;将通用寄存器的值写入特殊寄存器
```

在编程应用中，CMSIS-CORE 提供了许多用于访问特殊寄存器的 C 函数。

注意，不要将特殊寄存器与外设寄存器混淆。在某些传统的处理器架构中，例如 MCS-51/8051（一种简单的 8 位指令集架构微控制器），具有特殊功能的寄存器主要是外设寄存器。而在 Arm Cortex-M 系列处理器中，外设寄存器都已经映射到内存地址区间，可以使用 C/C++ 中的指针进行访问。

1. 程序状态寄存器（Program Status Register，PSR）

程序状态寄存器为一组 32 位宽度的寄存器，可细分为：

❑ 应用程序 PSR（APSR）——包含多个 "算术单元标志"，用于条件分支跳转与指令操作所需要的特殊标识（例如，加法所需要的进位标识）。

❑ 执行 PSR（EPSR）——包含处理器执行状态的信息。

❑ 中断 PSR（IPSR）——包含当前中断 / 异常状态的信息。

这三个寄存器可以作为一个组合寄存器进行访问，在某些文档中（例如《Armv8-M 架构参考手册》）中，这个组合寄存器有时被称为 xPSR，如图 4.7 所示，在程序代码中可以使用 PSR 符号访问整个 PSR。例如：

```
MRS r0, PSR；读取程序状态寄存器组的值
MSR PSR, r0；对程序状态寄存器组写入值
```

也可以独立访问每个 PSR。例如：

```
MRS r0, APSR；将标识状态读入寄存器 r0
MRS r0, IPSR；将异常 / 中断状态读入寄存器 r0
MSR APSR, r0；将标识状态写到寄存器 r0
```

	31	30	29	28	27	26:25	24	23:20	19:16	15:10	9	8	7	6	5	4:0
APSR	N	Z	C	V	Q**				GE*							
IPSR												异常支持数量				
EPSR						ICI/IT**	T			ICI/IT**						

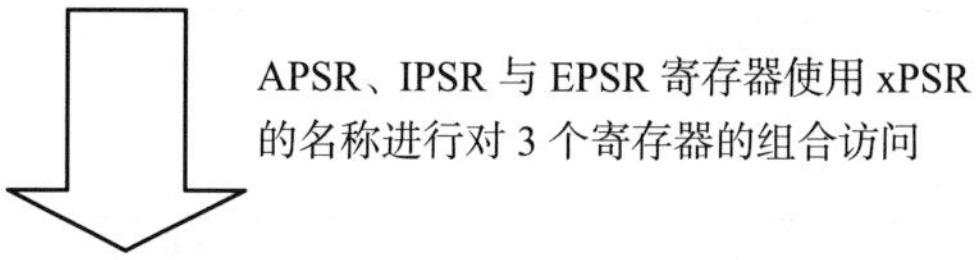

APSR、IPSR 与 EPSR 寄存器使用 xPSR
的名称进行对 3 个寄存器的组合访问

	31	30	29	28	27	26:25	24	23:20	19:16	15:10	9	8	7	6	5	4:0
xPSR	N	Z	C	V	Q**	ICI/IT**	T		GE*	ICI/IT**		异常支持数量				

支持 DSP 扩展功能的 Cortex-M33 处理器中支持 *GE（大于或等于标志）标志位。该标志位同样也被 Cortex-M4 与 Cortex-M7 处理器支持，但在 Cortex-M23、Cortex-M0、Cortex-M0+ 以及 Cortex-M3 处理器中则不支持

Cortex-M33 处理器（主线扩展版本）中支持 **Q（黏性饱和）位和 ICI/IT（If-Then 和中断延续）位。Armv7-M 处理器（Cortex-M3、Cortex-M4 和 Cortex-M7 处理器）中也支持这些功能位，但 Cortex-M23、Cortex-M0、Cortex-M0+ 处理器中则不支持

图 4.7 程序状态寄存器域段定义——APSR、IPSR、EPSR、xPSR

表 4.2 所示为用于访问 xPSR 的寄存器符号。

请注意，其中有一些限制：

❑ 不能在软件代码中直接使用 MRS 或 MSR 指令访问 EPSR 寄存器（寄存器读取值总

是为 0）。但在异常处理期间该寄存器对于程序是可见的（当 xPSR 寄存器值被保存并恢复到栈中时），在调试状态下也可以使用调试工具访问该寄存器。

❑ IPSR 寄存器是只读的，不能使用 MSR 指令进行修改。

表 4.3 中列出了 PSR 寄存器各位域字段的具体定义。

与 Armv6-M 指令集架构相比，Armv8-M 将程序状态寄存器中定义异常数量的域段宽度扩展到 9 位。这使得 Armv8-M 指令集架构的处理器能够支持更多数量的中断：Cortex-M23 处理器支持多达 240 个中断，而 Cortex-M0 和 Cortex-M0+ 处理器仅支持 32 个中断（这些处理器中定义异常数量的域段宽度仅为 5 位）。

表 4.2   程序中 xPSR 的有效符号

寄存器	初始值
APSR	仅表示应用程序状态寄存器
EPSR	仅表示异常程序状态寄存器
IPSR	仅表示中断程序状态寄存器
IAPSR	APSR 与 IPSR 的组合访问
EAPSR	APSR 与 EPSR 的组合访问
IEPSR	EPSR 与 IPSR 的组合访问
PSR	APSR、IPSR 与 EPSR 的组合访问

表 4.3   编程状态寄存器中的位域

寄存器	初始值
N	负数标志
Z	零标志
C	进位（或无须借位）标志
V	溢出标志
Q	黏性饱和位（仅 Armv8-M 主线版与 Armv7-M 指令集架构支持，Armv8-M 基础版与 Armv6-M 指令集架构不支持）
GE[3:0]	每个字节通道的大于或等于标志（在支持 DSP 功能扩展的 Armv8-M 主线版和 Armv7-M 指令集架构的处理器中可用）。该标志位由 DSP 扩展中的一系列指令负责更新，并由 SEL（选择）指令使用
ICI/IT	用于条件执行的中断连续指令（Interrupt-Continuable Instruction，ICI）位与 IF-THEN 指令状态位（在 Armv8-M 主线版和 Armv7-M 中支持。在 Armv8-M 基础版和 Armv6-M 中则不支持）
T	Thumb 状态，对于正常操作始终为 1。尝试清除此位将导致故障
异常支持数量	表示处理器正在处理的异常 / 中断服务状态

注：在支持 TrustZone 安全功能扩展的系统中，如果安全异常处理程序调用了非安全函数，则函数调用期间 IPSR 的值将被设置为 1，以屏蔽安全异常服务的标识。

除 Armv8-M 新增的域段，xPSR 寄存器中的其他域段与 Armv6-M 或 Armv7-M 指令集架构中相同。Armv8-M 基础版指令集架构（即 Cortex-M23 处理器）与前代指令集架构相似，并不支持这些新增的 xPSR 寄存器域段。

图 4.8 展示了不同 Arm 架构中 PSR 寄存器域段的支持情况。值得注意的是，Cortex-M

处理器中的 PSR 寄存器定义与 Arm7TDMI 等经典处理器不同 例如，经典的 Arm 处理器有模式（M）位，T 位在第 5 位而不是第 24 位。此外，经典 Arm 处理器中的中断屏蔽位（I 和 F）被分离成新的中断屏蔽寄存器（如 PRIMASK、FAULTMASK）。

	31	30	29	28	27	26:25	24	23:20	19:16	15:10	9	8	7	6	5	4:0
Arm 通用指令集架构	N	Z	C	V	Q	IT	J	保留域段	GE[3:0]	IT	E	A	I	F	T	M[4:0]
Arm7TDMI (Armv4)	N	Z	C	V	保留域段								I	F	T	M[4:0]
Armv7-M (Cortex-M3)	N	Z	C	V	Q	ICI/IT	T			ICI/IT	异常支持数量					
Armv7E-M (Cortex-M4/M7)	N	Z	C	V	Q	ICI/IT	T		GE[3:0]	ICI/IT	异常支持数量					
Armv6-M (Cortex-M0/M0+)	N	Z	C	V			T									异常支持数量
Armv8-M 基础版指令集架构	N	Z	C	V			T				异常支持数量					
Armv8-M 主线版指令集架构	N	Z	C	V	Q	ICI/IT	T			ICI/IT	异常支持数量					
Armv8-M 主线版指令集架构	N	Z	C	V	Q	ICI/IT	T		GE[3:0]	ICI/IT	异常支持数量					

图 4.8 不同 Arm 指令集架构中程序状态寄存器的域段支持情况比较

4.2.3 节将详细介绍有关 APSR 寄存器的操作行为。

Armv7-M 和 Armv8-M 主线版指令集架构的 PSR 寄存器包含 ICI/IT 位，主要用于两种目的：

❑ 在执行假言指令（IF-THEN, IT）块期间，上述寄存器域段（IT）将保存条件执行的信息。

❑ 在执行多重加载 / 存储指令操作期间，这些寄存器域段（ICI）保持指令的当前执行过程状态。

由于大多数分支条件程序代码不同时使用 ICI 与 IT 两种寄存器功能，因此 PSR 中 ICI/IT 状态功能会复用同一个寄存器物理域段。当发生异常时，保存 ICI/IT 状态的操作是栈自动保存操作的其中一个步骤（参见 8.4.3 节）。当结束中断响应服务后，处理器将使用被保存的 ICI/IT 位信息恢复被异常中断前代码的执行。

9.6.2 节将介绍更多有关 ICI/IT 域段功能的信息。

2. 中断屏蔽寄存器（Interrupt Masking Register）

每种中断都可以在 NVIC 上单独进行使能。此外，还有几个全局中断 / 异常屏蔽寄存器，允许基于优先级阻止中断和异常。具体如下：

❑ PRIMASK——Cortex-M 系列所有的处理器中都具有该寄存器。当寄存器值被设置为 1 时，所有具有可编程优先级（0 到 0xFF）的异常都将被屏蔽，只有不可屏蔽型中断（NMI，优先级 2 级）和硬故障（优先级 1 级或 3 级）能被处理器接受。当该寄存器的值为 0（默认值）时关闭中断屏蔽功能。

❑ FAULTMASK——Armv8-M 主线版指令集架构（Cortex-M33）和 Armv7-M 指令集架构（Cortex-M3、Cortex-M4 和 Cortex-M7）具有该寄存器。当寄存器的值被设置为 1 时，所有具有可编程优先级（0 到 0xFF）和硬故障的异常都被屏蔽（参见 9.4.3 节表 9.23 中所列出的部分异常）。当寄存器值为 0（默认值）时关闭中断屏蔽。

❑ BASEPRI——在 Armv8-M 主线版指令集架构（Cortex-M33）和 Armv7-M 指令集架构（Cortex-M3、Cortex-M4 和 Cortex-M7）中支持该寄存器。该寄存器允许根据可编程优先级屏蔽中断 / 异常。当寄存器的值为 0（默认值）时关闭屏蔽作用。

PRIMASK、FAULTMASK 与 BASEPRI 寄存器具有以下特性：

❑ 只能在特权模式下进行访问。

❑ 如果系统支持 TrustZone 安全功能扩展，则上述寄存器在安全和非安全状态之间各存在一组备份。安全软件可以访问分别位于安全和非安全区域的屏蔽功能寄存器组，但非安全软件只能访问非安全区域屏蔽功能寄存器组。

PRIMASK 和 FAULTMASK 寄存器的有效信息宽度为 1 位，BASEPRI 寄存器的有效信息宽度范围为 3 ～ 8 位（具体宽度取决于优先级寄存器的有效信息宽度）。BASEPRI 寄存器有效信息字段的最高有效位需要上对齐到寄存器的第 7 位，而寄存器中的其他位则不具有实际意义，如图 4.9 所示。

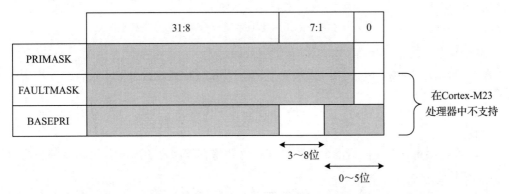

图 4.9　PRIMASK、FAULTMASK 与 BASEPRI 寄存器域段功能

中断屏蔽寄存器的用途如下：

❑ PRIMASK——通常用于关闭中断和异常。例如，使程序代码中对实时性敏感的部分能在不被中断的情况下执行。

❑ FAULTMASK——用于故障异常处理服务程序在进行故障处理期间避免故障异常被继续触发（只能针对某些类型的故障）。例如，当该寄存器被设置后，可以屏蔽 MPU，并可以有选择地屏蔽总线错误故障异常响应。这将可能使故障处理服务代码更容易采取故障补救措施。与 PRIMASK 不同的是，FAULTMASK 寄存器的值在异常处理程序退出后自动清除（在 NMI 中除外）。

❑ BASEPRI——通常用于屏蔽基于优先级的中断和异常。在某些操作系统的操作中，可能需要在短时间内屏蔽对某些低优先级异常事件的响应，但同时仍然需要响应高优先级中断事件。该寄存器的有效信息宽度为 8 位，但最低位可能没有实际意义（参见图 4.9）。当该寄存器值被设置为非零值时，所有优先级小于或等于该寄存器设定值的异常和中断将会被屏蔽。

使用 MRS 和 MSR 指令可以在特权级别下访问这些中断屏蔽寄存器。在 CMSIS-CORE 头文件中声明了许多访问这些中断屏蔽寄存器的 C 程序函数。例如：

```
x = __get_BASEPRI(); //读 BASEPRI 寄存器
x = __get_PRIMASK(); //读 PRIMASK 寄存器
x = __get_FAULTMASK(); //读 FAULTMASK 寄存器
__set_BASEPRI(x); //设置 BASEPRI 寄存器的新值
__set_PRIMASK(x); //设置 PRIMASK 寄存器的新值
__set_FAULTMASK(x); //设置 FAULTMASK 寄存器的新值
__disable_irq(); //设置 PRIMASK, 关闭 IRQ
__enable_irq(); //清除 PRIMASK 设置, 开启 IRQ
```

还可以使用 CPS（更改处理器状态）指令设置或清除 PRIMASK 和 FAULTMASK 寄存器中的值。例如：

```
CPSIE i ; 使能中断 (清除 PRIMASK)
CPSID i ; 关闭中断 (设置 PRIMASK)
CPSIE f ; 使能中断 (清除 FAULTMASK)
CPSID f ; 关闭中断 (设置 FAULTMASK)
```

在程序中，使用 MRS 和 MSR 指令访问 PRIMASK、FAULTMASK 和 BASEPRI 寄存器可以对当前安全域下中断屏蔽寄存器组进行访问。如果系统支持 TrustZone 安全功能扩展，并且处理器当前处于安全状态下，则安全特权软件能够使用 PRIMASK_NS、FAULTMASK_NS 和 BASEPRI_NS 寄存器的命名符号访问位于非安全模式的中断屏蔽寄存器组。

有关中断和异常屏蔽的更多信息，请参阅 9.4 节。

3. 控制寄存器（CONTROL Register）

控制寄存器中包含了多个与处理器各类系统配置相关的位域字段。Cortex-M 系列所有处理器中均具有控制寄存器，如图 4.10 所示。该寄存器仅可在特权状态下执行修改操作，但可以被特权和非特权软件读取。

如果系统支持 TrustZone 安全功能扩展，控制寄存器的某些位域段会在不同的安全状态之间存在多个备份。控制寄存器中的两个位域字段仅在系统支持浮点运算单元时具有实际意义。

表 4.4 所示为控制寄存器的位域字段定义。

当处理器复位时，控制寄存器的值被设置为 0，这意味着：

❑ MSP 的值为当前选定的栈指针值（SPSEL 位为 0）。

❑ 程序将从特权线程模式下开始执行（nPRIV 位为 0）。

❑ 如果系统支持 FPU，那么 FPU 不包含活跃代码中的上下文数据（控制寄存器的 FPCA 位被设置为 0），也不包含任何安全区域的数据（SFPA 位被设置为 0）。

特权线程软件可以通过修改控制寄存器实现以下操作：

❏ 切换选择不同的栈指针（软件需要非常小心地处理这种操作，否则会由于所选择的当前栈指针改变使当前软件所使用的栈数据无法被继续访问）。

❏ 切换到非特权级别——如果特权代码将 nPRIV 位值更改为 1，将导致处理器切换到非特权级别。但是，非特权线程软件不能通过将 nPRIV 的值写成 0 来将自身状态切换回特权状态（因为非特权代码无法对控制寄存器进行写操作）。但是异常 / 中断处理程序有可能将 nPRIV 位的值（CONTROL 寄存器的第 0 位）重新修改为 0。

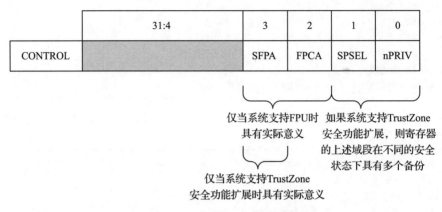

图 4.10　CONTROL 寄存器的定义

表 4.4　控制寄存器中的位域

比特位置	位域名称	功能定义
3	SFPA	安全浮点有效（Secure Floating-Points Active）：表示 FPU 寄存器包含属于安全状态软件的数据，并在发生异常时由上下文保存机制使用。当安全软件已执行浮点指令时，该位被设置为 1；当处理器启动新上下文时（例如，启动 ISR 时），此位被清除为 0。该信息位无法在非安全状态下访问
2	FPCA	浮点上下文有效：如果系统支持 FPU，则此位具有实际意义。当执行浮点指令或当处理器启动新上下文时（例如，在 ISR 开始时），此位被自动设置为 1；当复位时，此位被清除为 0。异常处理机制使用此位来决定发生异常时，FPU 中的寄存器值是否需要保留在栈内存中
1	SPSEL	栈指针选择：在主栈指针（MSP）或进程栈指针（PSP）之间进行选择。 线程模式： • 如果该位为 0（默认），则选择 MSP • 如果该位为 1（默认），则选择 PSP 在处理程序模式下，MSP 始终处于被选中状态，该位的值为 0，所有对该位的写入操作将被忽略
0	nPRIV	非特权：定义线程模式中的权限级别。 当该位设置为 0（默认值）并且处理器处于线程模式时，处理器处于特权级别，否则线程模式处于非特权级别。 在处理程序模式下，处理器始终处于特权访问级别。此位可在处理程序模式下进行访问操作，从而允许异常处理服务程序更改线程模式下的特权访问级别

禁止非特权代码对 CONTROL 寄存器执行写操作对于确保系统具备非常高级别的安全性至关重要——防止黑客通过入侵未经授权的软件模块来接管整个系统，同时也可以防止不可靠的应用程序线程造成系统崩溃。通常操作系统提供了多种系统服务，譬如通过系统异常，允许应用访问特权资源（例如，启用或禁用中断）。这种设计确保了在具有操作系统的设备中，应用程序线程在非特权状态下能正常使用系统资源。

如果线程模式代码需要重新获得特权访问权限，则需要通过系统异常（例如系统服务调用（Super Visor Call，SVC），该内容将在第 11 章中介绍）和相应的异常处理程序获得特权模式下的访问操作权限。异常处理程序可以将 CONTROL 寄存器的第 0 位改写为 0，当异常处理程序返回到调用前的程序线程时，处理器将处于特权线程模式，如图 4.11 所示。

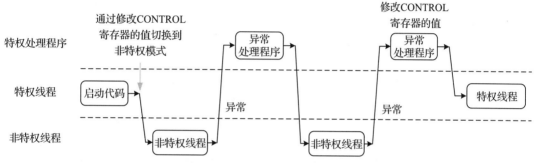

图 4.11　在特权线程模式与非特权线程模式之间进行切换

当系统中部署嵌入式操作系统时，操作系统可能会在每次上下文切换时对 CONTROL 寄存器进行修改，以允许部分应用程序线程运行在特权模式，而其余线程运行在非特权模式。

对不需要操作系统的简单裸机应用程序，CONTROL 寄存器的默认值为最佳设置（无须对 CONTROL 寄存器默认值进行修改）。在某些情况下，即使没有操作系统，也可能需要区分主函数（main()）程序和异常 / 中断处理程序的栈。在此情况下，特权代码需要修改 CONTROL 寄存器，将主函数程序的栈指针（main()）设置为 PSP，将异常和中断处理程序的栈指针设置为 MSP（参见图 4.12）。

如果部署了操作系统，对 CONTROL 寄存器的访问操作通常由操作系统代码负责。

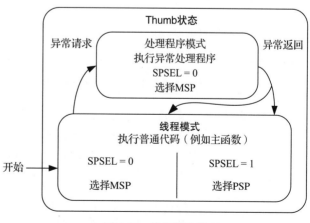

图 4.12　栈指针选择

除了可以使用 MSR 和 MRS 指令访问 CONTROL 寄存器外，还可以使用 CMSIS-CORE 中提供的访问函数访问控制寄存器。详情如下：

```
x = __get_CONTROL(); // 读取 CONTROL 寄存器的当前值
__set_CONTROL(x);    // 将 CONTROL 寄存器的值设置为 x
```

安全特权软件还可以使用 CONTROL_NS 符号访问非安全区域的 CONTROL 寄存器。
更改 CONTROL 寄存器的值时，需要注意以下几点：

☐ 如果系统支持 FPU，则 CONTROL 寄存器的 FPCA 和 SFPA 位在执行浮点指令时将由处理器硬件进行设置。当更新 CONTROL 寄存器中的 SPSEL 与 nPRIV 位时，需要注意保存寄存器 FPCA 位和 SFPA 位的值。若不保存控制寄存器这些功能位的值，则在发生异常/中断时，在 FPU 寄存器中所存储的数据将不会由异常处理服务序列保存到栈，从而造成数据丢失。因此，通常来讲，软件应该使用读-修改-写的方式更新 CONTROL 寄存器以保证寄存器的 FPCA 和 SFPA 位不会因为误写入而被清除。

☐ 根据《Armv8-M 架构参考手册》中的规定，在修改控制寄存器后，应使用指令同步屏障（Instruction Synchronization Barrier，ISB）指令以确保寄存器更新的效果能立即作用于任何后续代码。可以通过 CMSIS-CORE 中的 __ISB() 函数执行 ISB 指令的操作。

☐ 由于对 CONTROL 寄存器 SPSEL 位和 nPRIV 位的设置是正交的（即这些位可以被各自独立设置），因此有 4 种可能的设置组合。但是其中只有 3 种设置在实际应用中常用（参见表 4.5）。

与其他特殊寄存器不同，CONTROL 寄存器可以在非特权状态下被读取，因此软件可以通过读取 CONTROL 和 IPSR 的值来确定当前软件的执行权限是否是特权状态，如下所示：

```
int in_privileged(void)
{
  if (__get_IPSR() != 0) return 1; // 处理程序模式下为真
  else // 处于线程模式
    if ((__get_CONTROL() & 0x1)==0) return 1; // nPRIV==0 时为真
      else return 0; // nPRIV==1 时为假
}
```

表 4.5 CONTROL 寄存器中 nPRIV 与 SPSEL 位的不同组合

nPRIV	SPSEL	使用场景
0	0	简单应用程序，整个应用程序在特权访问级别上运行。仅使用主栈，并且始终选择 MSP
0	1	运行在嵌入式操作系统之上并在**特权线程模式**下运行的应用程序，该应用程序选择进程栈指针（PSP）管理栈操作。除此之外，异常/中断处理程序（包括大多数操作系统代码）使用主栈
1	1	运行在嵌入式操作系统之上并在**非特权线程模式**下运行的应用程序，该应用程序选择 PSP 管理栈操作。除此之外，异常/中断处理程序（包括大多数操作系统代码）则使用主栈
1	0	运行在非特权线程模式下，并使用 MSP 管理当前栈指针的线程/任务。尽管异常处理程序能够在 CONTROL 寄存器中看到 nPRIV=1 和 SPSEL=0 的组合（因为程序在处理程序模式下运行期间，CONTROL 寄存器的 SPSEL 位将被切换到 0），但是特权软件不太可能将此配置组合用于线程模式下的操作。这是由于在这种设置下，应用程序线程中如果发生栈溢出，将造成整个系统崩溃。通常在部署有操作系统的系统中，应用程序线程的栈内存空间应该与特权代码（包括操作系统和异常/中断处理程序）使用的栈内存空间分离，以确保系统运作的可靠性

4. 栈限制寄存器（Stack Limit Register）

Cortex-M 系列处理器使用一种递减栈操作模型。在这种模式下，栈区起始地址将从高位地址开始，当向栈中添加数据时，栈指针将从高地址向低地址减小。当栈被压入过多数据并且数据消耗空间大于初始所分配的栈空间容量限制时，即发生栈溢出。溢出的栈数据可能会破坏操作系统内核或其他应用程序任务所使用的内存数据，导致各种类型的系统或应用错误，严重时可能会导致系统安全漏洞。

栈限制寄存器用于系统检测栈溢出错误。该寄存器在 Armv8-M 指令集架构中首次被引入。而在前代 Cortex-M 系列处理器中则使用 4 个描述栈容量限制的寄存器用于实现栈容量管理的功能（参见表 4.6）。

表 4.6　栈限制寄存器列表

符号	寄存器	说明
MSPLIM_S	安全主栈指针限制寄存器	用于检测安全 MSP 所管理的栈是否发生栈溢出。Cortex-M33 和 Cortex-M23 处理器均支持该寄存器
PSPLIM_S	安全进程栈指针限制寄存器	用于检测安全 PSP 所管理的栈是否发生栈溢出。Cortex-M33 和 Cortex-M23 处理器均支持该寄存器
MSPLIM_NS	非安全主栈指针限制寄存器	用于检测非安全 MSP 所管理的栈是否发生栈溢出。仅 Cortex-M33 处理器支持该寄存器
PSPLIM_NS	非安全进程栈指针限制寄存器	用于检测非安全 PSP 所管理的栈是否发生栈溢出。仅 Cortex-M33 处理器支持该寄存器

栈限制寄存器的宽度为 32 位，可为所分配的每个栈设置栈区内存空间的最低地址（参见图 4.13）。由于这些栈限制寄存器的最低 3 位（第 2 位到第 0 位）始终为 0（对上述位的写入操作将被忽略），在栈限制寄存器中所设置的地址始终对齐到双字边界。

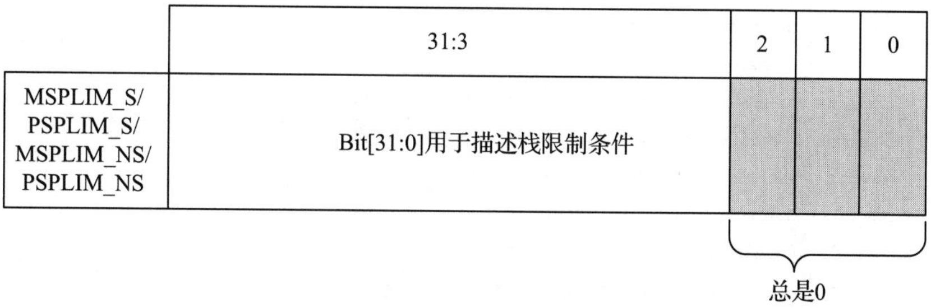

图 4.13　栈限制寄存器域段设置

默认情况下，栈限制寄存器将被初始化成 0（内存映射中的最低地址），由此程序在正常执行的情况下，栈使用都不会超越栈地址区间容量的限制；在实际应用中，系统启动时会禁用对栈容量大小限制的检查。栈限制寄存器可以在处理器运行在特权模式时进行修改。请注意：

安全特权软件可以访问所有空间的栈限制寄存器，并且非安全特权软件只能访问非安全模式的栈限制寄存器。

如果栈指针所指向的地址低于对应的栈限制寄存器设置的最低地址，那么触发栈溢出违例。为避免栈溢出造成其他应用程序所使用的内存内容损坏，发生栈溢出后对栈内存的访问操作将被禁止（即禁止对低于栈限制地址以下内存区间的访问）。对栈容量限制的检查操作仅在执行与栈相关的操作期间被执行，例如：

❑ 压栈操作，包括在异常处理服务期间的序列过程。

❑ 栈指针完成更新（例如在本地内存上分配了一段空间给函数，用于建立栈）。

当栈限制寄存器更新时，不会立即对栈执行栈限制检查。这种设置简化了设计操作系统时对上下文切换操作过程的处理（在更新进程栈指针之前，无须将栈限制寄存器设置为 0）。

如果发生栈限制违例（栈溢出），则会触发故障异常（使用故障 / 硬故障）。在 Cortex-M23 处理器中，尽管没有用于管理非安全区域栈指针的栈限制寄存器，但可以使用内存保护单元对非安全区域的栈操作执行栈限制检查。但总体而言，使用栈限制寄存器更方便进行栈检查。

4.2.2.4　Cortex-M33 处理器中的浮点寄存器

在 Cortex-M33、Cortex-M4、Cortex-M7 及其他 Armv8-M 主线版指令集架构的处理器中，可以选配硬件 FPU。如果系统支持 FPU，则 FPU 包含另外一组总共包含 32 个寄存器（S0 ～ S31、寄存器宽度均为 32 位）的额外寄存器组，以及浮点状态和控制寄存器（FPSCR），如图 4.14 所示。

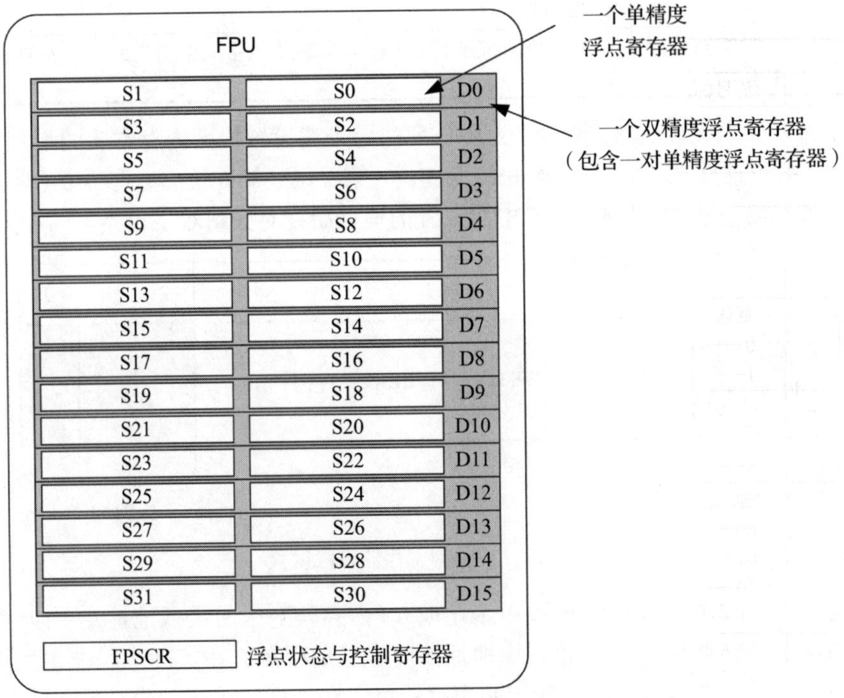

图 4.14　FPU 中的寄存器

每个 32 位寄存器 S0 ～ S31（S 表示单精度）可以使用浮点指令单独进行访问，也可以使用寄存器名 D0 ～ D15（D 表示双字 / 双精度）成对进行访问。例如，S1 和 S0 配对在一起组成 D0，S3 和 S2 配对在一起组成 D1。尽管 Cortex-M33 处理器中的浮点运算单元不支持双精度浮点计算，但仍可以使用浮点指令传输双精度数据。

	31	30	29	28	27	26	25	24	23:22	21:8	7	6:5	4	3	2	1	0
FPSCR	N	Z	C	V		AHP	DN	FZ	RMode	Reserved	IDC	Reserved	IXC	UFC	OFC	DZC	IOC

保留字段 ⟶

图 4.15　FPSCR 寄存器中的位域段

FPSCR 只能在特权状态下进行访问，如图 4.15 所示为该寄存器包含的各种位域字段信息。位域功能包括：

❑ 定义某些浮点运算操作的行为。

❑ 提供与浮点运算结果相关的状态信息。

默认设置下，FPU 的单精度运算操作行为被配置为符合 IEEE 754 标准，因此在正常应用中，无须修改 FPU 的控制设置。表 4.7 描述了 FPSCR 中的位域功能。

注意，FPSCR 中有关异常的位域可用于软件检测系统中的异常浮点运算操作。有关 FPSCR 中位域功能的详细信息将在第 14 章介绍。

表 4.7　FPSCR 中的位域字段说明

位域	说明
N	负号标志（由浮点比较操作后进行更新）
Z	零标志（由浮点比较操作后进行更新）
C	进位 / 借位标志（由浮点比较操作后进行更新）
V	溢出标志（由浮点比较操作后进行更新）
AHP	实数替代浮点操作控制位： 0——IEEE 半精度格式（默认） 1——实数替代浮点半精度格式
DN	默认 NaN 控制位： 0——NaN 操作数传播到浮点运算的输出（默认） 1——任何涉及一个或多个 NaN 的操作都会返回默认的 NaN
FZ	非正规数归零模式控制位： 0——关闭非正规数归零模式（默认）(IEEE 754 标准兼容) 1——开启非正规数归零模式
RMode	舍入模式控制位，对几乎所有浮点指令都有效地指定舍入模式： 00——四舍五入模式（RN，默认） 01——向正无穷舍入模式（RP） 10——向负无穷舍入模式（RM） 11——向零无穷舍入模式（RZ）
IDC	输入非规范累积异常位。发生浮点异常时该位设置为 1，写 0 清除（当该位为 1 时，表示浮点运算的结果不在标准值范围内，参见 14.1.2 节）
IXC	不精确累积异常位。发生浮点异常时设置为 1，写 0 清除
UFC	下溢出累积异常位。发生浮点异常时设置为 1，写 0 清除
OFC	溢出累积异常位。发生浮点异常时设置为 1，写 0 清除
DZC	除零累积异常位。发生浮点异常时设置为 1，写 0 清除
IOC	无效操作累积异常位。发生浮点异常时设置为 1，写 0 清除

除了浮点寄存器组和 FPSCR 中的寄存器外，还有许多与浮点单元操作相关的附加内存映射寄存器。其中比较重要的一个是协处理器访问控制寄存器（CPACR，见图 4.16）。默认情况下，对处理器进行复位以降低功耗时，FPU 将被禁用。所以在使用 FPU 之前，需要先通过改写 CPACR 使能 FPU。

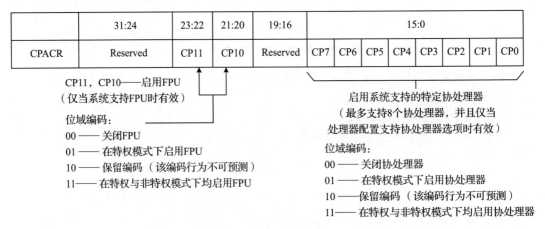

图 4.16　CPACR 中的位域段

请注意，仅 Armv8-M 主线版指令集架构支持 CPACR：

在 C/C++ 中调用 CMIS-CULL 兼容的驱动程序库进行编程时，如果名为 _FPU_USED 的 C 语言宏被设置为 1，则在系统初始化函数 SystemInit() 中启用 FPU。在函数中将设置 CPACR 的值，而无须在应用程序代码中对 CPACR 再次进行设置。

CPACR 的地址为 0xE000ED88，仅可在特权模式下进行访问，该寄存器的值在处理器进行复位时被清除为 0。如果系统支持 TrustZone 安全功能扩展，则此寄存器在安全与非安全模式下各存在一个备份。安全软件还可以使用 NS 别名加上地址 0xE002ED88 的符号访问非安全模式的 CPACR（CPACR_NS）。安全软件还可以使用非安全访问控制寄存器（Non-Secure Access Control Register，NSACR，参见 14.2.4 节）决定非安全软件是否可以访问每个协处理器。CPACR 和 NSACR 被用于使能协处理器接口以及 Arm 自定义指令特性。本书将在第 15 章详细介绍这方面的内容。

4.2.3　APSR（ALU 状态标志）的行为

算术和逻辑运算的结果会影响应用程序状态寄存器（Application Program Status Register，APSR）中许多状态标志的值。这些标志包括：

❑ N-Z-C-V 标志位：整数运算的标志状态。

❑ Q 标志位：饱和算术运算标志状态（仅 Armv8-M 主线版指令集架构 /Cortex-M33 处理器支持）。

❑ GE 标志位：SIMD 运算标志状态（仅在支持 DSP 功能扩展的 Armv8-M 主线版指令集架构 /Cortex-M33 处理器中支持）。

4.2.3.1 整数状态标志

与其他多数处理器架构一样，Arm Cortex-M 指令集架构处理器有若干个状态标志用于标识整数运算结果的状态。这些状态标志位由数据处理指令负责更新，其用途为：

❑ 用于条件分支跳转。

❑ 用于某些类型的数据处理指令（例如，可用作加法和减法操作输入的进位和借位标志，也可用于旋转指令的进位标志）。

在 Cortex-M 系列处理器中有 4 个用于整数运算使用的标志位（参见表 4.8）。

表 4.9 中给出了一些 ALU 运算结果的标志位状态示例。

表 4.8　Cortex-M 系列处理器中的算术运算标识

标志	说明
N（第 31 位）	当该位为"1"时，运算结果为负值（仅当结果被解释为有符号整数时），当该位为"0"时，运算结果为正值或为零（事实上该位与有符号数运算结果的第 31 位取值相同）
Z（第 30 位）	如果指令执行结果为零，则该位设置为"1"。当执行比较指令所比较的两个值相等时，该位在执行后也被设置为"1"
C（第 29 位）	运算结果进位标志。在无符号加法中，如果发生无符号运算溢出，则该位被设置为"1"。在无符号减法运算中，该位与借位输出状态的取值相反。也可以通过移位和旋转操作对该位进行更新
V（第 28 位）	运算结果溢出标志位。在执行有符号加减法时，如果运算结果发生有符号溢出，则该位被设置为"1"

表 4.9　算术运算标志取值示例

运算操作	说明
0x70000000 + 0x70000000	Result =0xE0000000, N=1, Z=0, C=0, V=1
0x90000000 + 0x90000000	Result =0x20000000, N=0, Z=0, C=1, V=1
0x80000000 + 0x80000000	Result =0x00000000, N=0, Z=1, C=1, V=1
0x00001234 − 0x00001000	Result =0x00000234, N=0, Z=0, C=1, V=0
0x00000004 − 0x00000005	Result =0xFFFFFFFF, N=1, Z=0, C=0, V=0
0xFFFFFFFF − 0xFFFFFFFC	Result =0x00000003, N=0, Z=0, C=1, V=0
0x80000005 − 0x80000004	Result =0x00000001, N=0, Z=0, C=1, V=0
0x70000000 − 0xF0000000	Result =0x80000000, N=1, Z=0, C=0, V=1
0xA0000000 − 0xA0000000	Result =0x00000000, N=0, Z=1, C=1, V=0

在 Cortex-M 系列处理器的架构（主要为 Armv6-M、Armv7-M 和 Armv8-M 指令集架构）中，大多数 16 位指令会影响上述 4 个整数 ALU 运算标志位中的部分或全部标志位。在大多数 32 位指令中，ALU 标志被有条件地进行更新（指令编码中的某一位用于定义是否需要更新 APSR 标志）。请注意，一些数据处理指令不会更新 V 或 C 状态标志。例如，乘法指令（multiply，MULS）仅更改 N 和 Z 状态标志。

除了用于条件分支或条件执行代码外，APSR 的进位标志位还可扩展到 32 位以上的加法和减法运算。例如，当两个 64 位整数相加时，可以使用低 32 位加法运算的进位标志符号作为高 32 位加法运算的额外输入，代码示例如下：

```
// 计算 Z = X + Y, X, Y Z 均为 64 位宽
Z[31:0] = X[31:0] + Y[31:0]; // 使用 ADD 指令进行低 32 位运算,
                             // 并更新进位符号
Z[63:32] = X[63:32] + Y[63:32] + Carry; // 使用 ADDC 指令进行高
                                        // 32 位运算
```

在所有 Arm 系列处理器中都具有 N-Z-C-V 运算标志位。

请注意,浮点运算操作的状态由 FPU 中一个独立的特殊寄存器——浮点状态和控制寄存器(Floating Point Status and Control Register,FPSCR)进行管理。FPCSR 中的进位标志可以传输到 APSR,有必要的话,也可以用于条件分支或数据处理操作。

4.2.3.2　Q 状态标志

Armv8-M 主线版和 Armv7-M 指令集架构中支持 APSR 中的 Q 状态标志位功能,但在 Armv8-M 基础版指令集架构(Cortex-M23 处理器)与 Armv6-M 指令集架构的所有处理器中则不支持饱和运算状态标识功能。处理器在进行饱和运算或饱和调整操作期间使用该标志位所代表的饱和状态。与整数状态标志为不同,该状态位一旦被设置,将一直保持设置后的状态,直到软件对 APSR 的 Q 状态位执行清除操作。饱和算术 / 调整运算指令的硬件行为不会清除 Q 状态位。因此,可以在饱和算术 / 调整指令一系列操作结束后通过检查该位来判断此过程中是否出现了饱和现象,从而不需要在饱和运算指令操作的每个步骤中检查运算是否触发饱和状态。

饱和计算是数字信号处理中非常有用的一种计算模式。在数字信号处理的某些情况下,由于保存计算结果的目标寄存器可能没有足够位宽,计算结果可能会发生上溢出或下溢出。发生溢出时,如果计算使用普通的数据算术指令,则计算结果的最高有效位(MSB)将由于溢出而丢失,从而导致输出失真。而计算采用饱和计算方法,则不会简单地对 MSB 进行截位操作,对发生溢出的结果将强制设置其为指令允许的最大值(发生上溢出的情况)或最小值(发生下溢出的情况),以减少结果溢出造成的信号失真影响(参见图 4.17)。

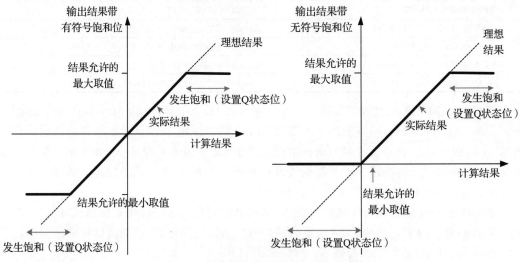

图 4.17　有符号数与无符号数的饱和计算

触发饱和状态后的计算结果所得到的实际最大值和最小值取决于饱和计算所使用的指令。在大多数情况下，饱和计算指令以字母 Q 开头，例如 QADD16。如果计算过程中出现饱和状态，则以下指令将设置 Q 状态位：QADD、QDADD、QSUB、QDSUB、SSAT、SSAT16、USAT、USAT16；如果计算过程中没有触发饱和状态，则寄存器 Q 状态位的值保持不变。

即使系统不支持 DSP 功能扩展，在 Cortex-M33 处理器中也将包含两条饱和调整指令（USAT 和 SSAT）。如果系统支持 DSP 功能扩展，则在 Cortex-M33 处理器中将会完整支持全套的饱和计算与饱和调整操作指令。

4.2.3.3　GE 标志位

大于等于标志位（Greater Equal，GE）是 APSR 中一个 4 位宽的功能域段，在支持 DSP 功能扩展的 Armv8-M 主线版指令集架构处理器中，具有该寄存器功能域段（即可在支持 DSP 扩展功能的 Cortex-M33 处理器中使用该寄存器域段）。而在 Armv8-M 基础版指令集架构（即 Cortex-M23 处理器）或者不支持 DSP 功能扩展的处理器中则不支持该寄存器域段。

4 位 GE 标志位由一组 SIMD 指令完成操作后进行更新，通常情况下 GE 标志的每个位用于表示 8 位 SIMD 指令对每个字节操作后的结果是否为正数或发生溢出（参见表 4.10）。对于 16 位的 SIMD 指令，GE 标志位的第 0 和第 1 位由 32 位结果的下半字部分负责更新，而第 2 位和第 3 位由结果的上半字部分负责更新。

表 4.10　运算结果 GE 标志位的设置情况

SIMD 运算操作	运算标志位结果
SADD16, SSUB16, USUB16, SASX,SSAX	如果低 16 位的结果大于 0，则 GE[1:0]=2′b11，否则 GE[1:0]=2′b00 如果高 16 位的结果大于 0，则 GE[3:2]=2′b11，否则 GE[3:2]=2′b00
UADD16	如果低 16 位的结果大于 0x10000，则 GE[1:0]=2′b11，否则 GE[1:0]=2′b00 如果高 16 位的结果大于 0x10000，则 GE[3:2]=2′b11，否则 GE[3:2]=2′b00
SADD8, SSUB8, USUB8	如果第 0 字节的运算结果大于 0，则 GE[0]=1′b1，否则 GE[0]=1′b0 如果第 1 字节的运算结果大于 0，则 GE[1]=1′b1，否则 GE[0]=1′b0 如果第 2 字节的运算结果大于 0，则 GE[6]=1′b1，否则 GE[0]=1′b0 如果第 3 字节的运算结果大于 0，则 GE[8]=1′b1，否则 GE[0]=1′b0
UADD8	如果第 0 字节的运算结果大于 0x100，则 GE[0]=1′b1，否则 GE[0]=1′b0 如果第 1 字节的运算结果大于 0x100，则 GE[1]=1′b1，否则 GE[0]=1′b0 如果第 2 字节的运算结果大于 0x100，则 GE[6]=1′b1，否则 GE[0]=1′b0 如果第 3 字节的运算结果大于 0x100，则 GE[8]=1′b1，否则 GE[0]=1′b0
UASX	如果低 16 位的结果大于 0，则 GE[1:0]=2′b11，否则 GE[1:0]=2′b00 如果高 16 位的结果大于 0x10000，则 GE[3:2]=2′b11，否则 GE[3:2]=2′b00
USAX	如果低 16 位的结果大于 0x10000，则 GE[1:0]=2′b11，否则 GE[1:0]=2′b00 如果高 16 位的结果大于 0，则 GE[3:2]=2′b11，否则 GE[3:2]=2′b00

SEL 指令将使用 GE 标志位（见图 4.18），该指令基于每个 GE 位作为选择条件对来自两个源寄存器的字节值进行多路选择。将 SIMD 指令与 SEL 指令结合使用时，可以使用 SEL 指令创建简单的条件数据选择通路，以提高性能。

实际操作中可以通过将 APSR 寄存器的值读入通用寄存器获得 GE 状态位的值，以便程序进行其他运算处理。有关 SIMD 和 SEL 指令的更多内容，请参阅第 5 章。

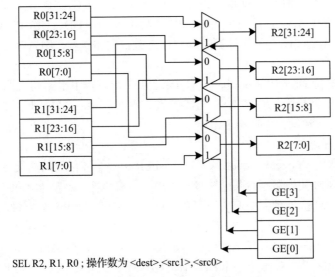

SEL R2, R1, R0 ; 操作数为 <dest>,<src1>,<src0>

图 4.18　SEL 指令操作

4.2.4　TrustZone 对编程者模型的影响

通常除了对某些特殊寄存器的操作方法有所区别外，安全软件和非安全软件的编程者模型几乎没有区别。这意味着项目从 Armv6-M/Armv7-M 指令集架构迁移到 Armv8-M 指令集架构时，可在安全或非安全模式下复用大多数以往项目中的运行库和汇编代码。

当系统支持 TrustZone 安全功能扩展时，编程者模型中的寄存器（不含内存映射寄存器）包括：

❑ 安全模式的栈指针（MPS_S，PSP_S）。

❑ 安全模式的栈限制寄存器（MSPLIM_S，PSPLIM_S）。

❑ 具有 FPU 的处理器中 CONTROL 寄存器的第 3 位（仅在 Cortex-M33 处理器中支持）。

❑ 安全模式的中断屏蔽寄存器（PRIMASK_S、FAULTMASK_S 和 BASEPRI_S）。

除了上面提到的寄存器外，处理器在安全模式和非安全模式之间共享其他所有寄存器。如果系统不支持 TrustZone 安全功能扩展，则 Armv8-M 指令集架构的编程者模型与上一代 Cortex-M 处理器非常相似；新架构下的 Cortex-M33 处理器仅额外增加一组 Armv7-M 指令集架构所不支持的非安全模式栈限制寄存器。

4.3　内存系统

Cortex-M23 和 Cortex-M33 处理器中的内存系统具有以下功能：

❑ 基于 32 位寻址模式的 4GB 线性地址空间，Arm Cortex-M 系列处理器可以访问最大 4GB 大小的内存空间。虽然嵌入式系统所需内存大多不需要超过 1MB，但处理器具备 32 位寻址能力可以确保架构生态在未来具备更大的升级和扩展可能性。Cortex-M23 和 Cortex-M33 处理采用基于 AMBA5 AHB 通用总线协议的 32 位总线接口。该总线接口允许 Cortex-M 处理器通过使用与之适配的内存接口控制器连接到 32/16/8 位的内存设备。

❑ 在架构层面上定义内存映射——针对各种预定义的内存和外设应用场景，将总大小为 4GB 的内存地址空间划分成多个区域。由此，处理器的设计可以针对性能进行优化，并简化初始化过程。例如，在 Cortex-M33 处理器中拥有两路总线接口，允许处理器同时访问代码段（预取程序代码）和 SRAM 或外设空间（访问数据操作）。

❑ 内存系统支持小端对齐和大端对齐——Cortex-M23 和 Cortex-M33 处理器的内存系统可以配置成大端对齐模式或小端对齐模式。在实际应用中，微控制器产品通常只设计一种端序对齐模式。

❑ MPU（可选配）——MPU 是一种用于定义各内存区间访问权限的可编程单元。Cortex-M23 和 Cortex-M33 处理器中的 MPU 支持 16 个可编程区域，配合嵌入式操作系统使用，可增强系统的鲁棒性。

❑ 支持非对齐传输——基于 Armv8-M 主线版指令集架构的所有处理器（包括 Cortex-M33 处理器）都支持非对齐数据传输。

❑ 支持选配 TrustZone 安全扩展功能——当系统支持 TrustZone 安全扩展功能时，内存系统被划分为安全内存空间（受保护）和非安全内存空间（用于普通应用程序）。

Cortex-M 系列处理器中的总线接口是一种通用接口，可与不同规格的内存控制器搭配连接不同类型和容量的内存。微控制器中的内存系统通常包含两种或两种以上的内存。例如，用于程序代码的闪存、用于数据的静态 RAM（Static RAM，SRAM），以及在某些应用中，也搭配用于配置数据的电可擦除只读存储器（Electrically Erasable Programmable Read Only Memory，EEPROM）。在大多数情况下，微控制器所包含的内存均为片上模块，具体的内存接口协议细节对软件开发者完全透明。因此软件开发者只需要知道：

❑ 程序内存的地址范围与容量。

❑ SRAM 的地址范围与容量。

❑ 如何在安全和非安全内存区间中划分程序内存和 SRAM（仅当系统支持 TrustZone 安全功能扩展时）。

Cortex-M33 处理器的内存系统特性与 Cortex-M3 和 Cortex-M4 处理器基本一致，但存在两个区别：

❑ 位带访问操作——在 Cortex-M3 和 Cortex-M4 处理器中可选配位带访问功能，该功能在内存空间中定义了两块 1MB 大小的空间，允许通过两个位带别名在该空间内进行位寻址。位带访问的地址重映射过程可能会与 TrustZone 安全功能的设置（如果两片地址的安全属性设置不同）相冲突，因此在 Cortex-M33 处理器中将不再支持位带访问。

❑ 写缓冲区——Cortex-M3 和 Cortex-M4 处理器具有一个可存放单个条目的写缓冲区，在 Cortex-M33 处理器中则不支持该缓冲区。但是在基于 Cortex-M23/M33 处理器的片上系统中，其总线互连模块（如总线桥）中可能存在一个写缓冲区。

另外，Cortex-M33 处理器的总线接口消除了 Cortex-M3 和 Cortex-M4 处理器中系统 AHB 在访问 0x20000000 及以上地址并获取执行代码时，由于限制因素所带来的性能惩罚。该限制源于 Cortex-M3/M4 处理器总线在访问 0x20000000 及以上地址时会存在一个寄存器缓存阶段，导致在每次指令预取时产生延迟。

Cortex-M23 处理器继承了 Cortex-M0/M0+ 处理器内存系统所有的关键功能。

4.3.1 内存映射

默认情况下，Cortex-M 系列处理器所能访问的 4GB 地址空间将被划分为多个内存区间，如图 4.21 所示。分区原则基于该内存空间的典型用途，不同的内存区域主要用于：

❑ 程序代码访问（例如，代码段）。

❑ 数据访问（例如，SRAM 空间）。

❑ 外设（例如，外设空间）。

❑ 处理器内部的控制和调试组件（如中断控制器），其设备地址位于私有外设总线所能访问的地址范围内，如图 4.19 所示。

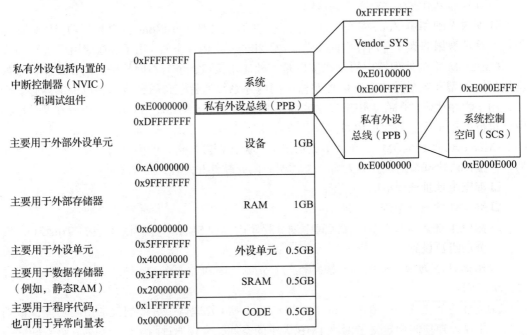

图 4.19 Cortex-M 系列处理器的默认内存映射规则

在架构层面，允许大多数硬件内存区间分别具备多种逻辑用途，可以带来高度的使用灵活性。例如，可以在代码段、SRAM 和 RAM 区域执行程序。微控制器还可以在大多数内存逻辑分区上使用 SRAM，包括代码段。

大多数默认内存映射设置可以通过配置 MPU 重新定义。关于内存映射重定义的更多内容将在第 12 章中介绍。

Cortex-M33 处理器为哈佛总线架构，具备两路独立的总线接口，可同时进行取指和数据访问操作。如 3.5 节所述，处理器两路总线接口具备统一的内存地址管理方式（即指令和数据访问共享同一套 4GB 地址空间）。代码总线接口可以访问代码地址空间（地址 0x00000000 到 0x1FFFFFFF），系统总线接口访问除私有外设总线地址范围（0xE0000000 到 0xE00FFFFF）以外的其余地址空间（0x20000000 到 0xFFFFFFFF）。

在架构层面，从内存系统中分配了 512MB 的地址空间用于存储程序代码，同时也为 SRAM 和外设单元各分配了 512MB 的地址空间。在实际应用中，多数微控制器设备仅使用这些地址分区中的一小部分空间，而其余地址空间作为保留区域。如果 Cortex-M 系列处理器在具有更大主存寻址空间的复杂 SoC 中被用作子系统，则还可以利用处理器保留的其他地址空间来访问主存系统。不同规格的微控制器具有不同的内存容量和外设地址位置。以上内存映射的信息通常在微控制器供应商的用户手册或数据表中提供详细说明。

在更高层面上，Cortex-M 系列所有处理器的内存映射安排（例如，空间定义和 PPB 地址范围上的内部区块地址（PPB 地址空间包含嵌套向量中断控制器（NVIC）的寄存器、处理器配置寄存器以及调试模块寄存器等寄存器的索引地址））都是相同的。Cortex-M 系列所有处理器设备对于上述定义均一致，由此带来更好的软件可重用性，使得在使用不同规格 Cortex-M 系列处理器的系统之间做应用软件移植会更加容易。由于 Cortex-M 系列所有处理器访问调试模块的基址均相同，因此调试工具供应商也更容易设计通用调试工具套件。

4.3.2　TrustZone 安全系统中的地址空间划分

当 Cortex-M23 或 Cortex-M33 处理器支持 TrustZone 安全技术时，处理器的 4GB 寻址空间可分为：

❑ 安全地址——只能由安全软件访问。部分安全地址空间也可被定义为非安全可调用空间（NSC），从而允许非安全软件调用安全 API。

❑ 非安全地址——安全和非安全软件均可访问。

❑ 豁免地址——安全功能不会检查该地址区域的安全性。安全和非安全软件均可访问豁免地址区域。但与非安全地址不同，豁免地址区域的设置在处理器复位之前就已强制进行设置，该地址区域通常由调试模块访问使用。

表 4.11 所示为上述 3 种地址类型的比较结果。

表 4.11　基于 TrustZone 安全技术扩展的地址类型

地址类型	访问权限	用途	总线层面的安全属性
安全	仅可被安全软件访问	安全程序、安全数据、安全外设	安全
非安全可调用（NSC）	仅可被安全软件访问，也用作非安全软件调用安全 API 的 NSC 区间入口地址	安全 API 的入口地址	安全
非安全	可被安全与非安全软件访问	普通程序、数据以及外设	非安全（在安全软件访问时也为非安全属性）
豁免	可被安全与非安全软件访问	处理器内部外设以及调试模块	取决于处理器当前的安全状态

在基于 TrustZone 安全技术的微控制器设计中，系统通常包含安全与非安全区域下各自的程序空间、数据空间以及外设空间。因此在如图 4.19 所示的默认内存映射规则中，内存区间将被进一步划分为安全部分和非安全部分。

图 4.20 所示为《基于可信系统架构的 Armv8-M 指令集架构》所描述的一种内存映射实例；芯片设计人员可基于该指导手册在系统中创建可信系统设备，采用多种方式划分安全与非安全分区。通常，可以使用地址的第 28 位进行分区。因为这种方式可以在内存系统默认的内存映射方式中，为安全与非安全模式下的每个功能区所属内存空间分配最大的连续性地址区间。这种划分方式的另外一个优点是可以简化实现自定义属性单元（Implementation Defined Attribution Unit，IDAU，通常用于地址分区）的硬件设计。

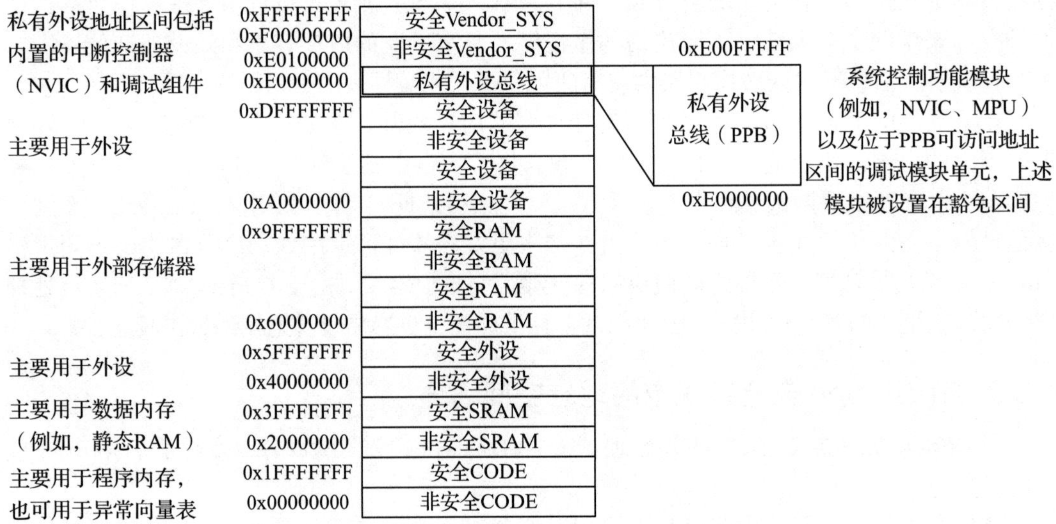

图 4.20　默认内存映射规则下的安全与非安全地址分区

如 3.5 节所述，地址空间的分区由安全属性单元（SAU）和实现自定义属性单元（IDAU，一种典型的硬件地址查找表模块）共同管理。SAU 最多可以包含 8 个可编程地址分区，而 IDAU 最多可以支持 256 个地址分区。IDAU 在某些设备中可能具备有限度的可编程性。通常，IDAU 用于定义默认的安全分区，而安全特权软件可以使用 SAU（可选配）对 IDAU 的某些安全区域定义设置进行覆盖。

有关地址分区、SAU 和 IDAU 的更多内容，请参阅第 7 章和第 18 章。

4.3.3　系统控制空间与系统控制块

如图 4.19 所示，处理器的内存空间包含一个系统控制空间（System Control Space，SCS）。该地址范围包含下列模块的内存映射寄存器：

❑ NVIC。

❑ MPU。

❑ SysTick。

❑ 一组被称为系统控制块（System Control Block，SCB）的系统控制寄存器。

有多个寄存器位于 SCB 中，一般用于：

❑ 控制处理的配置（例如，低功耗模式）。

❑ 提供故障状态信息（故障状态寄存器）。

❑ 向量表重定向（VTOR）。

SCS 的地址范围起始于 0xE000E000，到 0xE000EFFF 为止。如果系统支持 TrustZone 安全功能扩展，则在安全模式与非安全模式之间存在某些特定寄存器的多个备份（例如，MPU 和 SysTick）。在各个安全状态下，不同安全属性的软件可访问属于自身安全属性访问范围内，位于 SCS 地址空间中的 SCS 寄存器组。安全软件还可以使用 SCS 空间的非安全地址别名（地址范围为 0xE002E000 到 0xE002EFFF）对非安全模式的 SCS 寄存器进行访问。

有关 SCB 寄存器的更多内容，请参阅第 10 章。

4.3.4　栈内存

与多数处理器架构相同，Cortex-M 系列处理器需要部分可读 / 写的内存空间作为栈内存来执行过程调用。Arm Cortex-M 系列处理器具有专门的栈指针（R13）硬件寄存器用于管理栈操作。栈是一种内存使用机制，允许一部分内存作为后进先出的数据存储缓冲区。Arm 处理器使用主存地址空间进行栈内存操作，使用 PUSH 指令向栈中存储数据，使用 POP 指令取回数据。当前所选定的栈指针值在每次 PUSH 和 POP 操作后会自动更新。

栈可用于：

❑ 当正在执行的函数需要使用寄存器（位于寄存器文件中）进行数据处理时，可临时存储函数调用前的上文原始数据。这些数据可在函数返回时恢复到寄存器文件中，从而保证调用函数的上文过程不会丢失数据。

❑ 用于向函数或子过程传递信息。

❑ 存储本地变量。

❑ 在进行异常处理，比如中断响应服务时，保存处理器状态和寄存器信息。

Cortex-M 系列处理器使用一种被称为"满递减栈"的栈内存模型。当处理器启动时，SP（栈指针）的值被设置为完成分配栈空间后的最高地址。每次进行 PUSH 操作时，处理器首先将 SP 减小一格栈数据地址，然后再将数据存储到 SP 当前指向的内存地址空间。在栈操作完成后，SP 总是指向上一次栈数据压栈后所存放的内存地址（参见图 4.21）。

在 POP 操作中：

❑ 存储在 SP 所指向内存地址上的数据由处理器读取。

❑ 出栈操作完成后，处理器会自动增加 SP 的值。

PUSH 和 POP 指令常用于在执行函数 / 子例程调用时保存寄存器文件中的内容。在函数调用开始时，可以使用 PUSH 指令将某些寄存器的内容保存到栈中，并在函数结束时使用 POP 指令将保存值恢复到寄存器文件中。例如，在图 4.22 中，在主程序中调用名为 function1 的简单函数 / 子程序。由于 function1 需要使用并修改 R4、R5 和 R6 寄存器的当前值以进行数据处理，而当前这些寄存器所保存的主程序中的数据需要在函数调用返回后继续使用，因此需要使用 PUSH 指令将这些寄存器中的数据保存到栈中，然后在 function1 的调用返回时使用 POP 指令将其还原到寄存器文件中。由此，可以保证调用函数的程序代码不会造成任何数据的丢失，保证主程序可以继续正常执行。注意，对于每次 PUSH（存储到内存）操作，必须有一次相对应的 POP 操作（从内存读取）；POP 操作的地址应该与 PUSH 操作的地址相匹配。

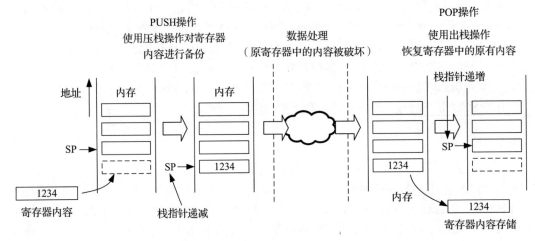

图 4.21　栈的 PUSH 和 POP 操作

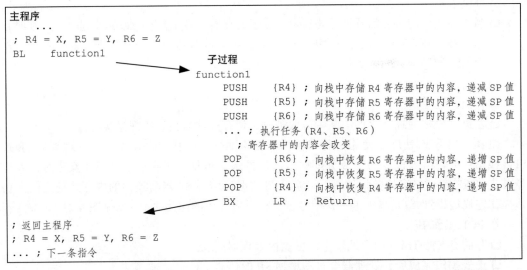

图 4.22　在简单函数调动过程中 POP PUSH 应用案例（每次栈操作只涉及一个寄存器）

　　如图 4.23 所示，PUSH 和 POP 指令的每次操作都可以向栈内存传输（写入 / 读出）多个数据。由于寄存器文件中的寄存器宽度为 32 位，因此每次入栈和出栈操作至少需要传输 1 个字（4 字节）的数据。栈地址始终与 4 字节边界对齐，即 SP 的最低两位始终为零。

　　还可以将函数 / 子过程返回与 POP 操作结合使用。如图 4.24 所示，首先将 LR（R14）

的值压入栈内存，然后在子程序 / 函数结束时将其弹出并赋值给 PC（R15）寄存器。

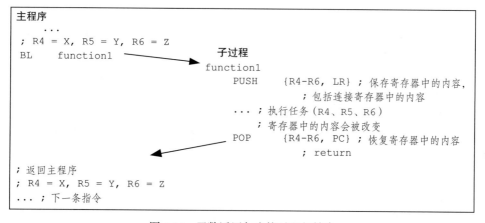

图 4.23 在简单函数调动过程中 POP PUSH 应用案例（每次栈操作涉及多个寄存器）

图 4.24 函数返回与出栈过程相结合

如果系统不支持 TrustZone 安全功能扩展，那么 Cortex-M 系列处理器中实际上有两个栈指针。它们是：

- 主栈指针（MSP）——处理器复位后默认使用的栈指针，可用于所有异常处理程序。
- 进程栈指针（PSP）——只在线程模式下使用的替代栈指针。通常用于在嵌入式系统中所运行的嵌入式操作系统之上的应用程序任务。

如果系统支持 TrustZone 安全功能扩展，则处理器中有四个堆栈指针。分别为：

- 安全 MSP（MSP_S）
- 安全 PSP（PSP_S）
- 非安全 MSP（MSP_NS）
- 非安全 PSP（PSP_NS）

安全软件使用安全栈指针（MSP 和 PSP），而非安全软件使用非安全栈指针（MSP 和 PSP）。在使用前栈指针前，必须初始化栈指针，以便处理器可以根据安全分区下的内存映射使用正确的地址空间。

在 4.2.2.3 节的表 4.4 中，CONTROL 寄存器的 SPSEL 位（第 1 位）用于在线程模式下在 MSP 和 PSP 之间进行选择，并设为当前栈指针：

❏ 如果 SPSEL 位为 0，那么线程模式将使用 MSP 指针管理当前栈。

❏ 如果 SPSEL 位为 1，那么线程模式将使用 PSP 指针管理当前栈。

请注意，寄存器的 SPSEL 位在不同的安全模式下具有多个备份，因此在线程模式下，安全和非安全软件在选择栈指针时可能存在不同的配置。另外，SPSEL 位的值在异常处理返回时可以自动进行更新。

除了在函数调用期间保存寄存器外，堆栈内存还可用于在异常事件期间保存特定寄存器的值。发生异常（如外设中断）时，处理器的某些寄存器会自动保存在当前的栈中（使用异常事件发生前所选定的 SP）。被保存的寄存器值将在异常返回操作中自动恢复到对应的寄存器中。

对于不支持 TrustZone 安全扩展功能的简单系统，通过将 SPSEL 位始终保持为 0，一个最小的应用程序可以仅使用 MSP 管理所有操作。如图 4.25 所示。触发中断事件后，处理器首先将多个寄存器的值压入栈，然后再进入中断服务过程（ISR）。这种将寄存器状态保存到栈的操作被称为"压栈"。在 ISR 结束时，被保存的寄存器的值被恢复到寄存器文件中，这种操作被称为"出栈"。

如果系统中部署了操作系统，通常每个应用程序的线程栈会彼此分离。因此，使用进程栈指针（PSP）用于管理应用程序线程的栈，以便在不影响特权代码所使用栈的情况下，更容易地对线程栈进行上下文切换。基于这种设计，与之前的示例类似（见图 4.25），特权代码（如异常处理程序）使用 MSP。由于线程和处理程序模式使用不同的栈指针，因此需要在异常处理进入和异常处理返回处切换所选择的 SP。切换过程如图 4.26 所示。注意自动压栈和出栈操作。

线程模式使用 PSP 管理栈，因为异常事件发生前，选择 PSP 作为当前的 SP。将线程模式与处理程序模式的栈进行区分，可以防止应用程序任务执行过程中发生栈损坏或错误，导致操作系统使用的栈数据被破坏。同时栈分离的设计还简化了操作系统的设计，允许系统更快地进行上下文切换。

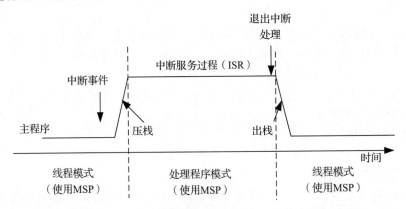

图 4.25　SPSEL 设置为 0，线程模式与处理程序模式均使用 MSP

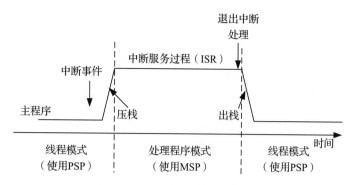

图 4.26 线程模式使用 PSP，处理程序模式使用 MSP

对于支持 TrustZone 安全扩展功能的系统，安全和非安全软件在 CONTROL 寄存器中分别管理其对应的 SPSEL 位，因此在线程模式下，当不同安全状态之间存在函数调用时，处理器可以在不同的 SPSEL 设置之间进行切换。在处理程序模式下，具体使用 MSP_S 还是 MSP_ NS 取决于发生异常 / 中断时所在的安全模式状态。

4.3.5 栈指针的建立与寻址操作以及栈限制寄存器

当处理器上电启动后：

❑ 如果系统不支持 TrustZone 安全功能扩展，处理器读取中断向量表后将自动对 MSP 进行初始化。

❑ 如果系统支持 TrustZone 安全功能扩展，处理器读取中断向量表后将自动对 MSP_S 进行初始化。

有关中断向量表的更多内容，请参阅 8.6 节。其他未在复位流程进行初始化的栈指针必须由软件进行初始化。以上情况包括安全软件在完成安全初始化后，并启动非安全应用程序的情况（非安全 MSP（MSP_NS）必须在启动非安全应用程序之前由安全软件完成初始化）。

尽管处理器同一时间只能选择一个 SP（读取 SP 或 R13 寄存器获得所选择的栈指针），但当处理器处于特权状态时，可以直接对 MSP 和 PSP 进行读 / 写操作。如果处理器处于安全特权状态，软件还可以访问非安全栈指针。在 CMSIS-CORE 软件框架中，提供了许多访问栈指针的函数（见表 4.12）。

表 4.12 用于访问栈指针的 CMSIS-CORE 函数

CMSIS-CORE 函数	用途	应用安全状态
__get_MSP(void)	获得当前安全状态下的 MSP 值	S/NS
__get_PSP(void)	获得当前安全状态下的 PSP 值	S/NS
__set_MSP(uint32_t topofstack)	设置当前安全状态下的 MSP 值	S/NS
__set_PSP(uint32_t topofstack)	设置当前安全状态下的 PSP 值	S/NS
__TZ_get_MSP_NS(void)	获得 MSP_NS 指针值	S
__TZ_get_PSP_NS(void)	获得 PSP_NS 指针值	S

（续）

CMSIS-CORE 函数	用途	应用安全状态
__TZ_get_SP_NS(void)	获得 MSP_NS/PSP_NS 指针值（返回哪个指针的值具体取决于非安全模式状态下所选择的当前指针类型）	S
__TZ_set_MSP_NS(uint32_t topofstack)	设置 MSP_NS 指针值	S
__TZ_set_PSP_NS(uint32_t topofstack)	设置 PSP_NS 指针值	S
__TZ_set_SP_NS(uint32_t topofstack)	设置 MSP_NS/PSP_NS 指针值（返回哪个指针的值取决与非安全模式状态下所选择的当前指针类型）	S

与访问栈指针类似，在 CMSIS-CORE 中也定义了许多用于访问栈限制寄存器的函数（见表 4.13）。

在使用汇编语言编程时，这些函数可以基于 MRS 指令（从特殊寄存器赋值到通用寄存器）和 MSR（从通用寄存器赋值到特殊寄存器）指令来实现。

通常不建议在 C 函数中直接修改当前 SP 寄存器的值，因为当前栈内存的某一部分可能用于存储局部变量或其他数据，改变 SP 的值可能会导致程序出现错误。大多数应用程序代码并不需要显式地访问 MSP 和 PSP。在函数调用中传递参数的情况下，编译器会自动进行栈管理操作，该过程的具体操作细节对应用程序代码完全透明。

对于从事嵌入式操作系统设计的软件开发者而言，在以下情况下有必要访问 MSP 和 PSP：

1）上下文切换过程需要直接操作 PSP。

2）在执行操作系统的 API（使用 MSP）期间，API 可能需要在调用 API 之前读取压入栈的数据（使用 PSP）（例如，压入栈的数据将包含执行 SVC 指令前寄存器的状态（其中一些寄存器状态可能是 SVC 函数的输入参数））。

表 4.13　用于访问栈限制寄存器的 CMSIS-CORE 函数

CMSIS-CORE 函数	用途	应用安全状态
__get_MSPLIM(void)	获得当前安全状态下的 MSP 限制寄存器的值	S/NS
__get_PSPLIM(void)	获得当前安全状态下的 PSP 限制寄存器的值	S/NS
__set_MSPLIM(uint32_t topofstack)	设置当前安全状态下的 MSP 限制寄存器的值	S/NS
__set_PSPLIM(uint32_t topofstack)	设置当前安全状态下的 PSP 限制寄存器的值	S/NS
__TZ_get_MSPLIM_NS(void)	获得 MSP_NS 限制寄存器的值	S
__TZ_get_PSPLIM_NS(void)	获得 PSP_NS 限制寄存器的值	S
__TZ_set_MSPLIM_NS(uint32_t topofstack)	获得 MSP_NS 限制寄存器的值	S
__TZ_set_PSPLIM_NS(uint32_t topofstack)	获得 PSP_NS 限制寄存器的值	S

4.3.6　内存保护单元

由于 Cortex-M23 和 Cortex-M33 处理器中内存保护单元（MPU）为可选配置，因此并非所有基于 Cortex-M23 或 Cortex-M33 处理器的微控制器都具有 MPU 模块。

Cortex-M23 和 Cortex-M33 处理器中的 MPU 在许多方面与 Cortex-M0+、Cortex-M3、Cortex-M4 和 Cortex-M7 处理器中的 MPU 不同。

- ❑ Cortex-M23 和 Cortex-M33 处理器中的 MPU 支持 0（无 MPU）/4/8/12/16 个 MPU 分区，在 Cortex-M0+/M3/M4 处理器中，其 MPU 仅支持 0/8 个分区，在 Cortex-M7 处理器中，其 MPU 支持 0/8/16 个分区。
- ❑ 与 Armv6-M 和 Armv7-M 指令集架构相比，Armv8-M 指令集架构中 MPU 的编程者模型有所不同。Armv8-M 指令集架构对 MPU 分区的定义更加灵活。
- ❑ 如果系统支持 TrustZone 安全功能扩展，在 Cortex-M23 和 Cortex-M33 处理器中最多可以拥有两个 MPU——负责安全模式的 MPU 与负责非安全模式的 MPU。这两个 MPU 所支持的 MPU 分区数目可能不同。

MPU 可以通过编程设置其具体行为，通过由多个内存映射的 MPU 寄存器对 MPU 分区进行配置。在默认情况下，处理器复位后 MPU 将被禁用。在简单的应用程序中并不需要使用 MPU，因此可以忽略。在需要高可靠性的嵌入式系统中，需要使用 MPU 定义在特权和非特权访问状态下的内存访问权限以保护相关的内存区间。例如在嵌入式操作系统中可以为每个应用程序线程定义访问权限。在其他情况下，MPU 还可以对特定的内存区间进行保护，例如，配置某段内存空间为只读。

MPU 还可以定义系统的内存属性，例如可缓存性。如果系统中包含一个系统级缓存，那么有必要通过对 MPU 编程定义某些地址空间具有可缓存性属性。

有关 MPU 部分的更多内容，请参阅第 12 章。

4.4 异常与中断

4.4.1 什么是异常

异常是一种会导致程序执行流程发生变化的事件。当异常发生时，处理器将挂起当前正在执行的任务，并执行程序中称为异常处理程序的那一部分代码。当异常处理程序执行完成后，处理器将恢复到进入异常处理前正常执行的程序现场。在 Arm 架构中，中断也是一种异常事件，通常由外设或外部输入产生，在某些情况下可由软件触发。中断的异常处理程序也称为中断服务程序（ISR）。

在 Cortex-M 处理器中，有许多异常源（见图 4.27）。

处理器中的异常由 NVIC 模块负责处理。NVIC 可以管理一条不可屏蔽型中断（NMI）请求和多条中断请求（IRQ）。通常情况下，IRQ 产生自片上外设或通过 I/O 端口输入的外部中断。NMI 可能来自看门狗计时器或欠压检测器（一种电压监控单元，当电源电压降到某个电平以下时向处理器发出警告）。在处理器内部还有一种名为 SysTick 的计时器（如果系统支持 TrustZone 安全功能扩展，则可能具有两个 SysTick 计时器），可以通过软件编程来生成周期性计时器中断请求。在嵌入式操作系统中该计时器一般用于计时，而在裸机程序中则通常用于简单的定时控制。

处理器本身也可以产生异常事件。该异常事件通常是用于表明系统发生某种错误故障，也可以是嵌入式操作系统软件所产生的系统操作请求。表 4.14 中列出了处理器所支持的所有异常类型。

每种异常源都带有一个异常索引号。索引号为 1 ～ 15 的异常为系统异常，索引号为 16 及以上的异常属于中断。Cortex-M23 处

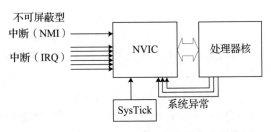

图 4.27　Cortex-M 系列处理器中的多种异常源

理器中的 NVIC 模块支持高达 240 路中断信号，而在 Cortex-M33 处理器中的 NVIC 则支持高达 480 路中断信号。但是 NVIC 具体支持的中断数量由芯片设计人员负责定义，实际上，在芯片具体实现中所支持的中断信号数量通常要少很多，通常在 16 ～ 100 之间。可灵活配置中断支持数量的特性有助于减小芯片实现面积，降低功耗。

表 4.14　异常类型

异常索引号	CMSIS-CORE 中断号	异常类型	优先级	功能
1	N/A	复位	−4（最高）	复位
2	−14	NMI	−2	不可屏蔽型中断
3	−13	硬故障	−3 或 −1	所有类别的故障：当对应的故障处理程序由于被禁用或被异常屏蔽阻止而无法使能时，将统一替换成硬故障异常事件被触发
4	−12	内存管理（在 Armv8-M 基础版指令集架构 / Cortex-M23 处理器中不支持）	可设置	内存管理故障：出现 MPU 冲突或无效访问（例如从代码非执行区域获取指令）
5	−11	总线故障（在 Armv8-M 基础版指令集架构 / Cortex-M23 处理器中不支持）	可设置	从总线系统接收到错误响应：指令预取中止或数据访问错误导致的错误
6	−10	使用故障（在 Armv8-M 基础版指令集架构 / Cortex-M23 处理器中不支持）	可设置	应用错误：典型的出错原因为使用无效指令或尝试转换到无效的处理器状态（例如尝试在 Cortex-M23/Cortex-M33 处理器中切换到 Arm 状态）
7	−9	安全故障（在 Armv8-M 基础版指令集架构 / Cortex-M23 处理器中不支持）	可设置	安全故障：由安全违例引起的故障事件。Armv8-M 基础版指令集架构或不具备 TrustZone 安全功能扩展的 Armv8-M 主线版指令集架构处理器不支持这种异常类型

（续）

异常索引号	CMSIS-CORE 中断号	异常类型	优先级	功能
8～10	—		—	保留
11	−5	SVC	可设置	通过 SVC 指令进行系统调用
12	−4	调试监控	可设置	调试监控：用于基于软件的调试（通常不使用），在 Armv8-M 基础版指令集架构中不支持
13	—		—	保留
14	−2	PenSV	可设置	用于可挂起的系统服务
15	−1	SYSTICK	可设置	系统计时器
16～255	0～479 或 0～239	IRQ	可设置	在 Cortex-M33 处理器中用于索引号为 0～479 的 IRQ 输入或在 Cortex-M23 处理器中用于索引号为 0～239 的 IRQ 输入

异常索引号通常反映在各种寄存器中，包括 IPSR，该索引号一般用于获得异常处理函数的入口地址。该入口地址存储在异常向量表中，处理器读取该表获得进入对应异常处理服务程序的入口地址。请注意，在 CMSIS-CORE 设备驱动程序库中，异常索引号的定义不同于中断编号。中断编号从 0 开始，而系统异常索引号通常为负值。

与经典的 Arm 处理器（如 Arm7 TDMI）不同，Cortex-M 处理器没有快速中断机制（Fast Interrupt，FIQ）。但 Cortex-M23 和 Cortex-M33 处理器的中断延迟非常低，分别仅为 15 个和 12 个时钟周期，因此处理器缺少 FIQ 功能并不会带来明显的性能问题。

复位是一种特殊的异常事件。当处理器退出复位状态时，处理器将在线程模式下运行复位处理程序（与其他异常事件处理程序运行在处理程序模式下不同）。此外，处理器在 IPSR 寄存器中所读取到的复位异常事件的索引号为 0。

4.4.2　TrustZone 与异常

如果系统支持 TrustZone 安全功能扩展，则：

❑ 每种中断事件（异常索引号为 16 及以上的类型）都可以设置成安全（默认）或非安全属性。对中断事件安全属性的设置操作可在程序运行时执行。

❑ 部分系统异常事件在不同的安全状态之间（例如 SysTick、SVC、PendSV、硬件故障（需要满足一定条件）、内存管理故障、应用故障）存在多个相互隔离的管理备份，可在各自的安全状态下对异常事件独立进行管理。

❑ 某些系统异常事件默认仅允许在系统处于安全模式时被触发，但也可以通过软件配置，设置允许其在非安全模式下被触发（NMI、总线故障）。

❑ 调试监控异常事件所针对的安全状态由调试权限设置决定（参见第 16 章）。

❑ 仅 Armv8-M 主线版指令集架构的处理器支持针对安全模式下的应用场景处理安全故障异常事件（例如 Cortex-M33 处理器）。

4.4.3　嵌套中断向量控制器

NVIC 是 Cortex-M 系列处理器中的异常事件管理模块。可通过编程定义其管理行为，该模块寄存器位于内存映射的 SCS 空间中（见图 4.19）。NVIC 模块负责管理处理器中异常和中断事件的管理配置、响应优先级以及中断屏蔽等设置。该模块具有以下功能：

- ❑ 可灵活管理中断和异常事件。
- ❑ 支持嵌套式异常 / 中断。
- ❑ 向量化的异常 / 中断处理过程入口地址。
- ❑ 支持中断屏蔽。

4.4.3.1　灵活进行中断 / 异常管理

每种中断（除 NMI 外）都可以通过 NVIC 使能或禁用，并可由软件设置或清除其挂起状态。在处理器中，NVIC 模块负责处理各种类型的中断请求信号：

- ❑ 脉冲型中断请求——中断请求信号至少保持一个时钟周期。当 NVIC 的中断输入端接收到脉冲中断请求信号时，该中断在 NVIC 中将被设置成挂起状态。挂起状态将一直保持到该中断得到响应为止。
- ❑ 电平触发的中断请求——中断产生源（如外设）将保持中断请求信号为高电平（有效），直到该中断请求得到响应。

NVIC 输入的信号事件为高电平有效（1= 有效）。但实际上，微控制器收到的外部中断输入信号可能采用不同的有效电平规则（低电平有效，即 0= 有效）。在此情况下，需要使用额外的片上逻辑将低电平信号转换为高电平信号，以便 NVIC 能正确识别中断信号事件。

NVIC 中的中断管理寄存器还可以定义异常事件的响应优先级（针对响应级别可修改的异常事件），如果系统支持 TrustZone 安全功能扩展，那么系统允许为每种中断类型定义所对应的安全模式。

4.4.3.2　支持嵌套式异常 / 中断

每种异常事件都具有一个响应优先级。部分异常事件（如中断）的响应优先级可以被修改，而其余异常事件（如 NMI）则具有固定的响应优先级。当发生异常时，NVIC 会将此异常的响应优先级与处理器当前正在处理的事件的响应优先级进行比较。如果新的异常事件具有更高的响应优先级，那么：

- ❑ 暂停当前正在执行的任务。
- ❑ 保存部分通用寄存器值到栈内存。
- ❑ 对最近发生的异常事件启动和执行异常处理程序。

以上过程被称为中断"抢占"。当更高优先级的异常处理程序完成时，处理程序执行异常返回操作，自动从栈内容中恢复所保存的上文寄存器文件内容，并恢复调用异常服务前的任务现场。这种硬件机制允许在不增加任何软件开销的情况下实现嵌套式异常响应服务。

在支持 TrustZone 安全功能扩展的系统中，同一异常事件在安全和非安全模式下的异常响应优先级相同。因此：

- ❑ 如果某种中断事件在某种安全模式下正在执行响应服务，假如在其他安全模式下触发具有更高响应优先级的中断事件，则将发生中断抢占行为。
- ❑ 如果某种中断事件在某个安全状态下被响应，则无论该中断事件被设置为针对哪种安全模式，将阻止任何安全模式下响应优先级更低或与之相同的其他类型中断事件被处理器响应。

4.4.3.3　支持异常 / 中断向量

当异常事件发生时，处理器需要定位相应异常处理程序的入口地址。通常情况下，在 Arm 处理器（如 ARM7TDMI）中由软件负责定位异常处理程序的入口地址。而在 Cortex-M 系列处理器中，处理器可以从内存中的中断向量表按照异常编号自动定位对应的异常处理程序的起始地址。这种机制可以减少异常处理过程从启动处理到执行异常服务的延迟。

有关中断向量表的更多内容，请参阅 4.4.5 节。

4.4.3.4　中断屏蔽

Cortex-M23 和 Cortex-M33 处理器中的 NVIC 模块提供了设置中断屏蔽功能的寄存器，比如 PRIMASK 这种特殊寄存器。设置 PRIMASK 寄存器以后，将禁止处理器响应除硬故障和 NMI 之外所有类型的异常事件。这种屏蔽功能对例如时间敏感型控制任务或实时多媒体编解码器应用这类必须忽略中断事件的处理器任务场景非常重要。在基于 Cortex-M33 处理器的系统中，也可以使用 BASEPRI 寄存器选择性地屏蔽低于特定优先级的异常或中断。

如果系统支持 TrustZone 安全功能扩展，则中断屏蔽寄存器在多个安全模式之间存在不同备份，系统对中断事件的屏蔽会综合安全和非安全模式下各自屏蔽寄存器的设置综合决定。有关这方面的更多内容，请参阅第 9 章。

4.4.4　使用 CMSIS-CORE 进行中断管理

在 CMSIS-CORE 中提供了一组函数可以方便地调用各种中断控制功能。NVIC 模块在操作上非常灵活，具有多项可配置功能，使得开发者可以非常容易在 Cortex-M 系列处理器上进行开发。NVIC 模块可以帮助减少中断处理的软件开销，从而获得更好的系统响应延迟特性，同时也简化了中断控制函数，减少了程序所需的内存开销。

有关中断管理方面的更多信息，请参阅第 9 章。

4.4.5　中断向量表

当发生异常事件，并触发处理器异常响应时，处理器将执行相应的异常处理程序。为了确定异常处理程序的起始地址，系统使用了中断向量表机制。中断向量表是位于系统内存中的一组 32 位数组元素的数组，每个数组元素为一种特定异常类型的处理函数入口地址（见图 4.28）。中断向量表的地址也可以被重定位。向量表的基地址可通过 NVIC 模块的中断向量表偏移寄存器（VTOR）修改。

处理器被复位后，VTOR 中的值被复位到由芯片设计者所设置的默认值；与以往的 Cortex M0/M0+/M3/M4 等处理器不同，后者的中断向量表偏移地址在复位后被设置为 0x0。

中断向量表地址的起始地址可以由以下计算方式得到：

异常类型索引号 ×4 + VTOR

根据上述公式计算得到向量表起始地址后，处理器从向量表对应条目中所读取数据的第 0 位将被屏蔽，其余结果被用作 ISR 的入口地址。

例如，如果 VTOR 寄存器的值被复位为 0，则用于复位和 NMI 异常处理的向量地址计算方式如下：

1）在执行复位异常事件响应处理时，由于复位异常的异常类型索引号是 1，因此重置向量的地址为 1 × 4（每个向量为 4 字节）+VTOR，等于 0x00000004。

2）在执行 NMI 异常响应处理时，NMI 向量（异常类型索引号为 2）的地址为 2 × 4+VTOR =0x00000008。

中断向量表中偏移量为 0x00000000 的地址用于存储 MSP 的起始值。

每种异常向量条目值的 LSB 位用于表示处理器是否可在 Thumb 状态下执行异常响应处理。因为 Cortex-M 系列处理器只能支持 Thumb 指令，因此所有异常向量条目的 LSB 位都应该设置为 1。

异常类型	CMSIS 中断索引号	偏移地址	中断向量	
18～255 or 495	2～239 or 479	0x48～0x3FC/ 0x7BC	IRQ #2 -#239 or #479	1
17	1	0x44	IRQ #1	1
16	0	0x40	IRQ #0	1
15	−1	0x3C	SysTick	1
14	−2	0x38	PendSV	1
NA	NA	0x34	保留	
12	−4	0x30	调试监控	1
11	−5	0x2C	SVC	1
NA	NA	0x28	保留	
NA	NA	0x24	保留	
NA	NA	0x20	保留	
7	−9	0x1C	安全故障	1
6	−10	0x18	使用故障	1
5	−11	0x14	总线故障	1
4	−12	0x10	内存管理故障	1
3	−13	0x0C	硬故障	1
2	−14	0x08	NMI	1
1	NA	0x04	复位	1
NA	NA	0x00	MSP初始值	

在Cortex-M23处理器中中断编号最高为239，而在Cortex-M23处理器中最高为479

在Cortex-M23处理器中不支持

图 4.28　异常向量表分布（注意，异常条目的最低有效位（LSB）应该设置为 1）

在 Cortex-M23 处理器中，VTOR 为可选配置，允许芯片设计者通过省略 VTOR 来减小芯片面积。如果系统不支持 VTOR，则 VTOR 代表的中断向量表偏移地址将被固定到一个由芯片设计者定义的固定值，无法进行修改。因此，即使系统不具备 VTOR，中断向量表的起始地址仍然可能非零。这种设计与 Cortex-M0+ 处理器中的行为不同，在 Cortex-M0+ 处理器中，如果系统不支持 VTOR，则 VTOR 所代表的中断向量表起始地址将被固定为 0。

如果系统支持 TrustZone 安全功能扩展，则在系统中存在两张中断向量表。用于管理安全模式下异常事件的中断向量表位于安全地址范围内，而用于管理非安全模式下异常事件的中断向量表则位于非安全地址范围内。VTOR 在不同的安全模式下存在两个备份，即 VTOR_S（安全模式 VTOR）与 VTOR_NS（非安全）。

4.4.6 故障处理

表 4.14 所列的几种异常属于故障处理异常。当处理器检测到错误（如检测到执行了未定义的指令或总线系统收到访存错误的响应反馈）时将触发故障异常。系统的故障异常机制（见图 4.29）允许系统能进行快速的错误检测，并允许系统无须等待看门狗计时器返回超时信号，提前对错误启动响应处理。

Armv8-M 基础版和主线版指令集架构功能配置集在故障处理功能上存在部分差异。具体如下：

❑ 仅 Armv8-M 主线版指令集架构支持对总线故障、应用故障、内存管理故障和安全故障异常的处理机制，而在 Armv8-M 基础版（即 Cortex-M23 处理器）中则不支持。

❑ 在 Armv8-M 基础版指令集架构中不具备故障状态寄存器，软件无法通过访问寄存器获得故障类型。

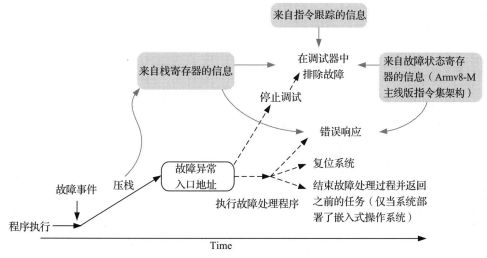

图 4.29 发生故障后系统的可能操作

在 Armv8-M 基础版指令集架构（Cortex-M23 处理器）中，所有故障事件均会直接触发硬故障异常。如果系统支持 TrustZone 安全功能扩展，则默认情况下将会执行安全模式下的硬故障处理程序（从安全模式下的中断向量表中获取异常向量地址）。如果系统不支持 TrustZone 安全功能扩展，那么安全模式下的引导代码执行可选择默认执行非安全模式下的硬故障和 NMI 中断处理服务（请参阅 9.3.4 节，阅读有关 AIRCR.BFHFNMINS 相关寄存器域段功能的内容）。但在此情况下，如果异常处理服务中有违反系统安全规则的行为，将直接触发安全模式下的硬故障处理响应。

在 Armv8-M 主线版指令集架构（例如 Cortex-M33 处理器）中，默认情况下所有故障事件均会直接触发硬故障异常响应。这是由于处理器默认关闭了对总线故障、使用故障、内存管理故障和安全故障等故障响应使能，所有故障事件的响应会直接升级为硬故障响应。如果系统在配置中使能了以上故障异常事件的响应功能（处理器对这些异常事件的响应使能可以由软件单独配置），则处理器可以通过触发具体类别的故障服务处理相应的故障事件。

如果具体类别的故障事件响应使能被开启，故障处理流程可以首先通过读取故障状态寄存器中的状态来确定具体的故障类型，并启动对应的故障响应服务对系统进行错误恢复。与 Armv8-M 基础版指令集架构类似，主线版指令集架构可将硬故障（以及总线故障）配置为针对非安全模式（除非出现安全状态冲突）。

在 Armv8-M 主线版和基础版指令集架构中，默认总是对所有故障时间直接启用硬故障异常事件级别的响应。

错误异常事件常用于开发者调试软件问题。在开发软件过程中，可以通过调试工具来配置处理器，使处理器在发生故障时自动停止执行（该功能称为中断向量捕捉，具体内容参阅 16.2.5 节）。当处理器被暂停后，软件开发者可以通过调试工具来分析程序问题（例如使用异常栈跟踪来定位出错的代码序列）。

在故障处理程序中可以设置系统向其他用户或系统报告错误信息。在 Cortex-M33 处理器（Armv8-M 主线版指令集架构）的错误报告机制中包含来自故障状态寄存器中的故障源信息。开发者可以通过调试工具读取该信息以查找错误原因。

4.5　调试

随着软件构造变得越来越复杂，调试功能在现代处理器架构中变得愈发重要。尽管 Cortex-M23 和 Cortex-M33 处理器的设计目标聚焦在更小的芯片实现面积，但它们仍然包含了一系列调试功能，例如程序执行控制，包括暂停和单步调试、指令断点、数据监测点、寄存器和内存访问、评估和跟踪等。

在 Cortex-M 系列处理器中提供了两种类型的调试接口（调试和跟踪接口），用于帮助开发者调试和分析软件的行为。

调试接口允许将调试适配器连接到基于 Cortex-M 系列处理器的微控制器中，通过控制内部的调试模块访问片上的内存空间。Cortex-M 系列处理器支持以下两种调试接口协议：

- ❑ 传统 JTAG 协议，使用 4 线或 5 线连接线。
- ❑ 串行线调试（Serial Wire Debug, SWD）协议，使用 2 线连接线。该协议由 Arm 开发，只需要两个引脚就可以调试，不会有任何调试性能损失，该协议所支持的调试功能与 JTAG 协议一致。

某些设备仅支持其中一种调试协议，其他设备中则支持上述两种。如果系统支持以上两种协议，则可以通过一种特殊的信号序列动态切换当前使用的调试协议版本。目前有多种调试适配器（包括商业适配器）支持以上两种协议，比如 Keil 的 ULINK Plus 或 ULINK Pro 系列产品。同一个调试连接器在物理连接端口可同时支持上述两种调试协议。在协议上，JTAG TCK 与串行线时钟线共享信号线，JTAG TMS 与串行线数据共享信号线。使用 SWD 协议模式时，串行线数据引脚信号是双向的（见图 4.30）。不同公司多种型号的调试适配器均广泛支持以上两种协议。

开发者使用跟踪接口收集处理器运行时的各种信息（运算数据值、异常事件和处理器行为分析数据）。如果使用嵌入式跟踪宏单元（ETM），那么开发者甚至可以得到程序执行的完整细节。在系统中支持两种类型的跟踪接口：单引脚的串行线输出（Serial Wire Output，SWO）协议和多引脚的跟踪端口协议（见图 4.31）。

串行线输出协议是一种低成本的跟踪解决方案，其跟踪数据带宽虽然低于并行模式的跟踪端口，但其带宽仍然满足对数据跟踪、事件跟踪和基本分析功能的需求——这些基本的跟踪功能也被统称为串行线查看器（SWV）。SWO 协议的输出信号通常与 JTAG TDO 引脚共享信号线，因此通常只需要一个标准 JTAG/SWD 连接器即可满足调试和跟踪功能的需求。（当然，只有在使用双针 SWD 协议进行调试时，才能使用跟踪功能捕获实时运行数据。）

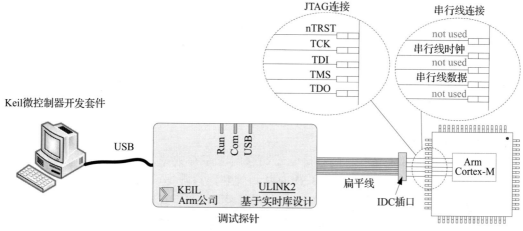

图 4.30　调试连接（SWO 或跟踪端口模式）

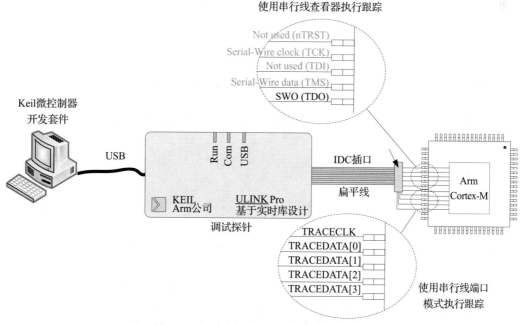

图 4.31　跟踪连接（SWO 或跟踪端口模式）

使用跟踪端口协议的信号线端口包含一个时钟引脚和多个数据引脚。该协议所使用的数据引脚数量是可配置的。在多数情况下，Cortex-M23 和 Cortex-M33 微控制器最多支持 4 个数据引脚（如果包括跟踪时钟引脚，则总共支持 5 个引脚）。跟踪端口协议相比 SWO 协议具有更高的跟踪带宽。必要情况下跟踪端口协议支持使用较少的端口实现跟踪功能。例如某些跟踪数据引脚可以与 I/O 功能引脚多路复用，从而在应用（PINMUX 模块）中选择这些引脚执行跟踪功能。

系统支持具有更高数据跟踪带宽的跟踪端口：

❑ 实时记录程序执行信息（程序跟踪）。

❑ 使用 SWV 收集的其他跟踪信息。

实现实时程序跟踪功能需要芯片内部包含一个称为嵌入式跟踪宏单元（ETM）的配套组件。该模块为 Cortex-M23 和 Cortex-M33 处理器的可选组件。因此部分基于 Cortex-M23 和 Cortex-M33 处理器的微控制器不具备 ETM，也因此不支持实时程序/指令跟踪功能。Cortex-M23 和 Cortex-M33 处理器还提供了另外一种被称为 MTB 的指令跟踪解决方案。该缓存区可以记录有限数目的指令跟踪历史记录，只需通过一个调试连接便可以检索缓存中的指令跟踪数据。

开发者可以使用低成本的调试适配器捕获实时跟踪数据，例如 Keil-ULINK Plus 或 Segger J-Link，这些调试器可以通过 SWO 接口捕获跟踪数据。也可以使用高级的调试工具，例如 Keil ULINK Pro 或 Segger J-Trace，通过跟踪端口模式捕获跟踪数据。

与以往的 Cortex-M 系列处理器相比，Cortex-M23 和 Cortex-M33 处理器在调试和跟踪功能上具有多方面的增强。例如，这两种处理器都支持 ETM 和 MTB 指令跟踪功能（以往处理器往往只支持其中一种）。此外，新一代处理器在调试架构上进行了扩展，以支持 TrustZone 安全调试认证，这意味着在芯片设计中可以分别控制安全软件和非安全软件的调试访问权限。

在 Cortex-M23 和 Cortex-M33 处理器中还具有许多其他调试组件。例如，在 Cortex-M33 处理器中还存在指令跟踪宏单元（Instrumentation Trace Macrocell, ITM），允许微控制器上运行的程序代码通过跟踪接口输出指令操作的数据结果。开发者可以在调试器窗口上观察指令执行后数据的变化情况。有关调试功能的更多内容，请参阅第 16 章。

4.6 复位与复位顺序

在多数基于 Cortex-M 系列处理器的微控制器中存在多种类型的复位操作。从处理器架构角度至少有两种类型：

❑ 上电复位——复位微控制器中的所有内容，包括处理器及其调试功能所支持的组件与外设。

❑ 系统复位——仅复位处理器内核与外设，不包含调试功能支持的组件和外设。

在正常操作中，当系统首次上电时，处理器系统将收到上电复位信号并执行相应复位操作。这也意味着当设备关闭后重启时，同样也会执行上电复位操作（当然也可无须掉电，只需系统发出一个全局系统复位信号便可触发这种重启操作）。触发上电复位操作的具体重启方式取决于芯片设计及产品电路板设计（例如，当设备"关闭"时芯片是否掉电，或仅处于待机状态）。

在系统调试或处理器复位操作期间，Cortex-M23 或 Cortex-M33 处理器中的调试组件可以不用一起复位，以便保持调试主机（即上位机上运行的调试器软件）与微控制器之间的连接。为了在调试会话期间复位处理器，在大多数情况下调试上位机可使用系统控制块（SCB）中的应用程序中断和复位控制寄存器（Application Interrupt and Reset Control Register，AIRCR）完成处理器的复位操作（可在调试工具中配置）。在 10.5.3 节将详细说明这部分操作的细节。

上电复位和系统复位的持续时间取决于微控制器的设计。在某些情况下，由于复位控制器需要等待时钟源（如晶体振荡器）输出时钟稳定，复位持续时间可能长达数个毫秒。

上电 / 系统复位后，在处理器正式执行程序之前，Cortex-M 系列处理器将从内存（见图 4.32）中的中断向量表（见 4.4.5 节）读取前两个双字的内容。该表的第一个双字内容为主栈指针（MSP）的初始值，而第二个双字内容为复位处理程序的起始地址。完成这两个双字的读取操作后，处理器才能开始执行复位程序。

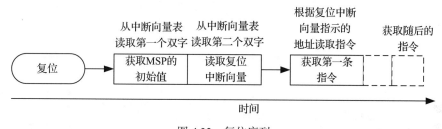

图 4.32 复位序列

在不支持 TrustZone 安全功能扩展的 Cortex-M23/Cortex-M33 处理器系统中，处理器将以非安全模式启动复位序列，并使用非安全模式下的中断向量表管理异常事件（此时系统没有针对安全模式的中断向量表）。

在支持 TrustZone 安全功能扩展的 Cortex-M23/Cortex-M33 处理器系统中，处理器则以安全状态启动复位序列，并使用安全模式的中断向量表用于异常管理，由安全软件对非安全模式的主栈指针（MSP_NS）执行初始化。

在复位序列中必须重新设置 MSP 的值，这是由于部分异常事件（例如 NMI 或硬故障复位程序）可能会在复位后不久发生，因此必须指定并初始化栈内存与 MSP，建立函数调用所需的栈，才能调用异常处理函数进行错误处理。

请注意，在大多数 C 开发环境中，C 启动代码也会在进入主程序 main() 之前更新 MSP 的值。两步栈初始化方法允许微控制器设备在启动时将栈放置在内部的 RAM 中，更新 MSP 以便于随后将栈放置到外部存储器中。例如，如果需要对内存控制器进行初始化，则微控制器在启动时不能将栈放置到外部存储器中，必须首先将栈建立在片内 SRAM 中并完成启动，在启动过程的复位处理程序中初始化外部存储器控制器，并执行 C 启动代码，最后将正式的栈内存放置到外部存储器。

新一代处理器的栈指针初始化操作行为与经典 Arm 处理器（如 Arm7TDMI）的行为不同。在经典处理器中，处理器在复位时所执行的指令地址从内存地址区间开始（地址为零），随后软件将执行栈指针初始化。另外，经典处理器中的中断向量表中所存放的内容为指令代码而不是地址值。

由于 Cortex-M23 和 Cortex-M33 处理器中的栈操作基于满递减栈模型（在栈执行压栈操作存储数据之前，SP 的值从高位地址向下递减），因此初始化 SP 所设置的值应为栈内存所分配内存空间最高有效地址后的相邻地址。例如，如果栈内存范围为 0x20007C00 到 0x20007FFF（1KB），则栈指针的初始值应设置为 0x20008000，如图 4.33 所示。

如 4.4.5 节所述，当异常向量的 LSB 设置为 1 时，表示系统可在 Thumb 状态下进行异常响应处理。因此，如图 4.33 所示，虽然复位向量所表示的复位异常处理函数入口地址为 0x101，但，Cortex-M 系列处理器中的引导代码实际从地址 0x100 开始执行复位程序，完成复位过程后，随后启动正式的工作程序操作。

通常情况下，开发工具链会自动将异常向量中所存放地址的 LSB 位设置为 1（链接器可以识别该地址是否指向 Thumb 代码，并将指向 Thumb 代码地址的 LSB 位设置为 1）。在各种软件开发工具中，会使用不同的方法来完成栈初始指针初始化与栈内存空间分配。有关栈初始化方面的详细内容，最好请查看开发工具所提供的工程案例。

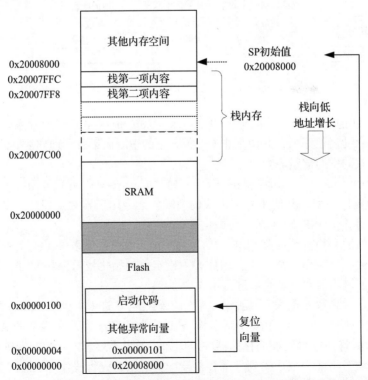

图 4.33　栈指针初始值与程序计数器指针初始值案例（假设中断向量表从地址 0 开始）

4.7　其他架构相关内容

除 Armv8-M 架构参考手册以外，还有部分其他架构手册对 Cortex-M23 和 Cortex-M33 处理器各方面的规格进行辅助定义。例如在图 4.34 中所列出的几种架构协议规范主要用于定义 Cortex-M23 处理器的各个子系统规格。

类似地，也有相应的架构协议规范对 Cortex-M33 处理器中的子系统进行定义。Cortex-M23 和 Cortex-M33 处理器的主要区别为：

- ❑ 使用的 ETM 架构版本不同（Cortex-M33 处理器中的 ETM 基于 ETMv4.2，而 Cortex-M23 中的 ETM 基于 ETMv3.5）。
- ❑ 在 Cortex-M33 处理器中增加了一组基于 AMBA 4 APB 规范的私有外设总线。

在图 4.34 和图 4.35 中列出的文档主要面向芯片设计人员和开发工具生产商。因此，大多数文档对于软件开发者开发基于 Cortex-M23/M33 处理器的相关项目意义不大。比如，总线协议规范仅对芯片设计人员有较大意义，而其余架构规范文档（例如 ETM、ADI、CoreSight 等）也主要面向调试工具生产商，因此，本书接下来的部分将主要介绍与软件开发者相关的话题。

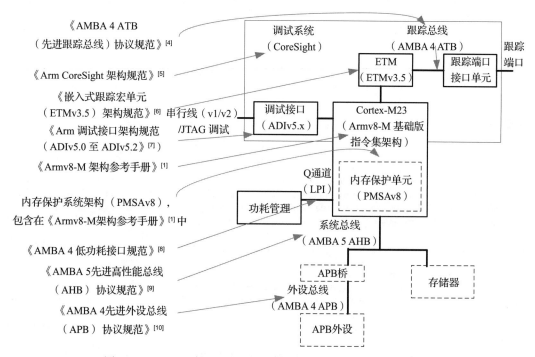

图 4.34　Cortex-M23 处理器中子系统所基于的多种架构协议规范

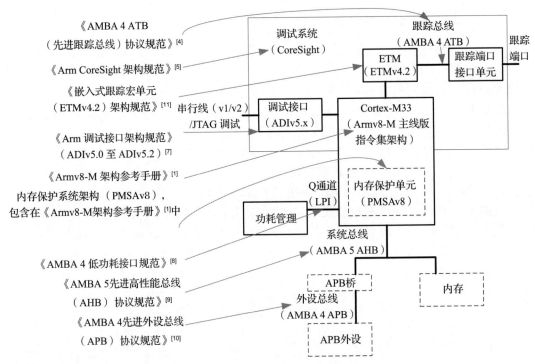

图 4.35 Cortex-M33 处理器中子系统相关的架构协议规范

参考文献

[1] Armv8-M Architecture Reference Manual. https://developer.arm.com/documentation/ddi0553/am/ (Armv8.0-M only version). https://developer.arm.com/documentation/ddi0553/latest/ (latest version including Armv8.1-M). Note: M-profile architecture reference manuals for Armv6-M, Armv7-M, Armv8-M and Armv8.1-M can be found here: https://developer.arm.com/architectures/cpu-architecture/m-profile/docs.

[2] Arm Cortex-M23 Processor Technical Reference Manual. https://developer.arm.com/documentation/ddi0550/latest/.

[3] Arm Cortex-M33 Processor Technical Reference Manual. https://developer.arm.com/documentation/100230/latest/.

[4] AMBA 4 ATB Protocol Specification. https://developer.arm.com/documentation/ihi0032/latest/.

[5] Arm CoreSight Architecture Specification version 2. https://developer.arm.com/documentation/ihi0029/d/.

[6] Embedded Trace Macrocell (ETMv3.5) architecture specification. https://developer.arm.com/documentation/ihi0014/q.

[7] Arm Debug Interface Architecture Specification (ADIv5.0 to ADIv5.2). https://developer.arm.com/documentation/ihi0031/e/.

[8] AMBA 4 Low Power Interface Specification. https://developer.arm.com/documentation/ihi0068/c/.

[9] AMBA 5 Advanced High-performance Bus (AHB) Protocol Specification. https://developer.arm.com/documentation/ihi0033/b-b/.

[10] AMBA 4 Advanced Peripheral Bus (APB) Protocol Specification. https://developer.arm.com/documentation/ihi0024/c/.

[11] Embedded Trace Macrocell (ETMv4.2) architecture specification. https://developer.arm.com/documentation/ihi0064/g/.

第 5 章

指 令 集

5.1 背景

5.1.1 本章介绍

本章介绍 Arm Cortex-M23 和 Cortex-M33 处理器使用的指令集。关于指令集的详细信息可以在《Armv8-M 架构参考手册》[1] 中查找。此外，还可以参考以下指令集描述：

❑《Cortex-M23 器件通用用户指南》[2]

❑《Cortex-M33 器件通用用户指南》[3]

对于多数软件开发人员来说，大部分软件代码都是用 C/C++ 编写的，因此在使用 Cortex-M 处理器时，无须全面深入了解其指令集。不过，对指令集有一个大致的了解，对以下工作是有帮助的：

❑ 调试（例如，为了解决某个问题而进行汇编代码单步调试）。

❑ 优化（例如，创建更优的 C/C++ 代码序列）。

下面是一些需要使用汇编代码的例子。例如：

❑ 在一些工具链中，启动代码（例如，复位处理程序）是用汇编语言编写的。想要修改启动代码就得先了解汇编语言。

❑ 创建更有效的人工代码（例如，Cortex-M33 微控制器中的 DSP 程序。请注意，CMSIS-DSP 库是优化过的，可以直接使用而不必再创建人工代码）。

❑ 在实时操作系统（RTOS）设计中，涉及栈内存的直接操作的数据交换，通常需要采用汇编编码。（通常，进行数据交换的汇编源代码包含在 RTOS 软件中，因此使用 RTOS 不需要进行代码汇编。）

❑ 在创建故障异常处理程序时，其选择的栈指针可能没有指向有效的地址范围（见 13.4.1 节）。

在 C/C++ 工程中，是允许添加汇编代码的。这里给出了几种可用方法：

❑ 向工程中添加汇编源文件。

❑ 使用内联汇编器在 C/C++ 代码中嵌入汇编代码。

关于这个主题的更多信息将在第 17 章中介绍。

5.1.2　Arm Cortex-M 处理器指令集背景

指令集的设计是处理器架构中最重要的部分之一。在 Arm 的术语中，指令集设计通常称为指令集架构（Instruction Set Architecture，ISA）。所有的 Arm Cortex-M 处理器都支持 Thumb-2 技术，该技术允许在一种操作状态下混合使用 16 位和 32 位指令，这一点和 Arm7TDMI 等传统 Arm 处理器是不同的。

指令集被称为 Thumb 有其历史原因。Thumb 指令集和 Cortex-M 处理器的简要历史如下：

❑ 在 Arm7TDMI 处理器之前，Arm 处理器支持的 32 位指令集被称为 Arm 指令。该架构经过了多个版本的演变，从 Arm 架构版本 1 延续到版本 4。

❑ Arm7TDMI 处理器发布于 1994 年前后，支持两种工作状态：使用 32 位 Arm 指令集的 Arm 状态和使用 16 位命名为 Thumb 指令集的 Thumb 状态。因为 16 位版本的指令集较小，所以使用了名称 Thumb（与 arm 相比，Thumb 命名就是个文字游戏）。Thumb 指令提供了更高的代码密度，并且针对 16 位内存系统进行了更多优化。在某些情况下，与同等的 Arm 代码相比，Thumb 代码减少了 30% 的代码量。因此，Arm7TDMI 对当时的手机设计者极具吸引力，尤其当内存是功耗和成本的主要影响因素时。在运行期间，处理器在高性能任务和异常处理的 Arm 状态与其他处理过程的 Thumb 状态之间切换。该架构版本一直更新到 4T（后缀 T 表示支持 Thumb 指令集）。

❑ Thumb-2 技术是从 Arm1156T-2（架构版本 6 的处理器）开始发布的。使用 Thumb-2 技术，处理器能够执行 32 位指令而无须在 Thumb 状态和 Arm 状态之间切换，减少了切换开销，使软件开发变得更轻松。软件开发人员不再需要手动选择代码的哪一部分应该在 Arm 状态下运行，哪一部分应该在 Thumb 状态下运行。请注意，尽管有些指令的名称相同，但 32 位的 Thumb 指令与 32 位的 Arm 指令编码并不相同。大多数 Arm 指令都可以移植到等效的 Thumb 指令，这让应用程序移植非常容易。

❑ Thumb-2 用在了后续的 Arm 处理器中。在 2006 年，Arm 发布了 Cortex-M3 处理器，它只支持 Thumb 指令子集——不支持 Arm 指令。Cortex-M3 处理器是 Armv7-M 架构的第一个版本。从这个版本开始，处理器及架构被分为 Cortex-A、R 和 M 三个系列。Cortex-M 系列处理器主要面向低功耗、低延迟响应和易用的微控制器产品以及嵌入式系统中。

Arm 架构持续发展：在 2011 年，Arm 发布了支持 64 位操作的 Armv8-A 架构，用于 Cortex-A 处理器。2015 年，发布了 Armv8-M 架构，增加了 TrustZone 安全功能和一系列架构增强。与 Armv8-A 不同，Armv8-M 仍保留了 32 位架构，因为：

a. 小型微控制器系统对 64 位支持的需求不大。

b. 软件移植更容易。

5.2　Cortex-M 系列处理器的指令集特征

所有 Cortex-M 处理器都可以支持一个不同的 Thumb 指令子集。这就使得一些 Cortex-M 处理器面积可以非常小，而另一些处理器能够以很高的能效去提供复杂的处理能力。在图 3.3

中给出了对指令集支持情况的说明。

由于较大的 Cortex-M 处理器能够支持较小的 Cortex-M 处理器的全部指令，而且在架构的其他方面也具有一致性，因此，从较小的 Cortex-M 处理器到较大的 Cortex-M 处理器的软件迁移能够直接在处理器级别上进行，称为向上兼容。当然，在外设级别，尤其是来自不同供应商的芯片，可能会完全不同。

表 5.1 总结了不同 Cortex-M 处理器的指令集特性。

表 5.1 Cortex-M 处理器的指令集特性

指令集特性	Armv6-M（Cortex-M0, Cortex-M0+, Cortex-M1）	Armv8-M 基础版架构（Cortex-M23）	Armv7-M（Cortex-M3）	Armv7E-M（Cortex-M4）	Armv7E-M（Cortex-M7）	Armv8-M 主线版架构（Cortex-M33/Cortex-M35P/Cortex-M55）
16 位 Thumb（通用数据处理和内存访问）	Y	Y	Y	Y	Y	Y
32 位 Thumb（附加的数据处理和内存访问）			Y	Y	Y	Y
64 位读取 / 存储			Y	Y	Y	Y
32 位乘法	Y	Y	Y	Y	Y	Y
64 位乘法和 MAC			Y	Y	Y	Y
硬件除法		Y	Y	Y	Y	Y
位域处理			Y	Y	Y	Y
计数前导零			Y	Y	Y	Y
饱和			Y	Y	Y	Y
16 位立即数		Y	Y	Y	Y	Y
比较和跳转		Y	Y	Y	Y	Y
条件执行（If-Then）			Y	Y	Y	Y
表格跳转			Y	Y	Y	Y
独占访问（对信号量有效）		Y	Y	Y	Y	Y
DSP 扩展指令				Y	Y	Y（可选）
单精度浮点数				Y（FPv4，可选）	Y（FPv5，可选）	Y（FPv5，可选）
双精度浮点数					Y（FPv5，可选）	
系统指令（休眠、管理员调用、内存屏障）	Y	Y	Y	Y	Y	Y
TrustZone		Y				Y
C11 原子操作		Y				Y

由于小型 Cortex-M 处理器可能不支持某些指令（例如，浮点处理指令），当系统设计者考虑针对应用系统选择哪些微控制器合适的时候，需要考虑指令集的特征。例如：

❑ 音频处理。对于这类应用，DSP 扩展指令通常是必不可少的。根据处理算法的不同，可能还需要支持浮点指令。

□ 通信协议处理。有可能涉及大量位域操作，因此，Armv7-M 架构或 Armv8-M 主线版指令集架构处理器会更合适。

□ 复杂的数据处理。与 16 位 Thumb 指令相比，32 位 Thumb 指令集能够提供：

● 更多的数据处理指令选择。

● 内存访问指令支持更多的寻址模式。

● 数据处理指令支持更大范围的立即数。

● 分支指令支持更大的跳转范围。

● 所有数据处理指令能够访问高位寄存器（R8 ~ R12）。

因此，对于处理复杂运算的应用程序，选用 Armv7-M 架构和 Armv8-M 主线版处理器更为合适。

□ 通用 I/O 处理。所有 Cortex-M 处理器都能很好地处理 I/O。但对于低功耗应用，使用 Cortex-M0+ 或 Cortex-M23 处理器有额外的优势，那就是体积更小（更低的功耗和更低的硅芯片面积成本）。同时，这两个处理器支持单周期 I/O 接口，可以实现快速、高效的 I/O 访问。

在处理器 / 微控制器设备选型方面，部分系统级特性也发挥着重要作用。例如，MPU 对于汽车 / 工业应用是必不可少的，在这些应用中，RTOS 可以通过 MPU 进行处理隔离以增强软件的鲁棒性。除 Cortex-M0 和 Cortex-M1 处理器外，其余所有的 Cortex-M 处理器都可以支持 MPU。

尽管 Cortex-M 处理器支持许多指令，但幸运的是人们并不需要详细地理解它们，因为 C 编译器足以生成高效的代码。此外，随着免费的 CMSIS-DSP 库和各种中间件（例如，软件库）的出现，软件开发者不需要了解每条指令的细节就可以实现高性能的 DSP 应用程序。

请注意，一些指令有多种编码形式。例如，大多数 16 位 Thumb 指令也可以用 32 位等效指令进行编码。然而，这些指令的 32 位版本需要额外的位域来进行附加控制，例如：

□ 选择是否要更新标志。

□ 更宽的立即数 / 偏移量范围。

□ 允许访问高位寄存器（R8 ~ R12）。

由于指令编码空间的限制，上述控制特性对于 16 位指令是不可能实现的。如果一个操作在同一条指令的 16 位和 32 位版本中均可执行，则 C 编译器可以选择：

□ 用较小代码的 16 位版本指令。

□ 在某些情况下，使用 32 位版本的指令，使其与随后的 32 位跳转目标指令的地址与 32 位边界对齐（由于 32 位指令可以通过单次总线传输来获取，因此这样做能够提升性能）。

32 位 Thumb-2 指令可以是半字对齐的。例如，可以将一条 32 位指令放置在半字位置（未对齐，见图 5.1）：

```
0x1000 : LDR r0,[r1] ; 一个 16 位指令（占用 0x1000 ~ 0x1001）
0x1002 : RBIT.W r0   ; 一个 32 位 Thumb-2 指令（占用 0x1002 ~ 0x1005）
```

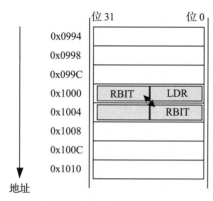

图 5.1 未对齐的 32 位指令

5.3 了解汇编语言语法

在大多数工程中，应用程序代码是用 C 语言或其他高级语言编写的，因此大多数软件开发人员不需要完全了解汇编语言的语法。但是对支持的指令有一个大致的理解并了解汇编代码语法对开发者来说仍是很有用的。例如，这方面的知识对调试非常有用。本书中的大多数汇编示例都是针对 Keil 微控制器开发工具包（Keil MDK）的 Arm 汇编器（armasm）编写的。汇编工具（例如 GNU 工具链）的供应商不同，其语法也不同。在大多数情况下，汇编指令的助记符可能是相同的，但是汇编指令、定义、标记和注释等语法并不相同。

当编程人员在 C 程序中添加汇编代码时，需要具备汇编语言的语法知识。这种编码方式通常称为内联汇编，主流工具链都支持内联汇编（处理内联汇编代码的功能模块称为内联汇编器）。内联汇编的确切语法由工具链确定。

对于 Arm 汇编器（armasm——适用于 Arm DS，Arm 编译器工具链和 Keil 微控制器开发工具包），指令格式如下：

```
label
    mnemonic  operand1, operand2, ...      ;注释
```

标号 label 表示地址位置，是可选的。有些指令前面可能会有标号，这样可以通过这个标号指定指令的地址。标号也可以用来指定数据地址。例如，在程序中的查找表位置就可以放一个标号。"label"后面是"mnemonic"（助记符），也就是指令的名字，助记符后面是多个操作数。汇编指令中代表的信息取决于指令的类型。例如：

❏ 对于 Arm 汇编器中的数据处理指令，第一个操作数是目的操作数。
❏ 对于内存读指令（多重加载指令除外），第一个操作数是保存加载数据的寄存器。
❏ 对于内存写指令（多重存储指令、独占存储指令除外），第一个操作数是要写入内存的数据的寄存器。

与单次加载 / 存储指令相比，处理多重加载和存储的指令具有不同的语法。

每条指令的操作数数量取决于指令类型，有些指令不需要任何操作数，有些可能只需

要一个操作数。

注意，助记符后可能存在不同类型的操作数，这样可能会得到不同的指令编码。例如 MOV（move）指令既可以在两个寄存器之间传递数据，也可以将立即数加载到寄存器中。

指令中操作数的数量取决于它是什么类型的指令；操作数的语法在不同情况下也可以不同。例如，立即数通常具有前缀"#"：

```
MOVS  R0, #0x12  ; 设置 R0 = 0x12（十六进制）
MOVS  R1, #'A'   ; 设置 R1 = ASCII 文字 A
```

每个分号"；"后面的文本是一条注释。注释不会影响程序的操作，但会使程序更容易理解。

对于 GNU 工具链，汇编语法一般为：

```
label:
      mnemonic   operand1, operand2,...   /* 注释 */
```

操作码和操作数与在 Arm 汇编器语法中是相同的，但标号和注释的语法不同。对于上面的指令，按照 GNU 语法可以写成：

```
MOVS  R0, #0x12  /* 设置 R0 = 0x12（十六进制）*/
MOVS  R1, #'A'   /* 设置 R1 = ASCII 文字 A */
```

在 GNU 工具链中插入注释的另一种方法是使用内联注释文字"@"。如下：

```
MOVS R0, #0x12  @ 设置 R0 = 0x12（十六进制）
MOVS R1, #'A'   @ 设置 R1 = ASCII 文字 A
```

汇编代码的一个常用功能是定义常量。通过常量定义，可以提升程序代码的可读性和可维护性。对于 Arm 汇编，定义常量的示例为：

```
NVIC_IRQ_SETEN    EQU   0xE000E100
NVIC_IRQ0_ENABLE  EQU   0x1
  ...
    LDR  R0,=NVIC_IRQ_SETEN ; Put 0xE000E100 into R0
       ;将 0xE000E100 放入 R0，这里的 LDR 是伪指令，被汇编器转换为 PC 相关的数据加载

    MOVS R1, #NVIC_IRQ0_ENABLE ;将立即数 0x1 放入寄存器 R1
    STR R1, [R0] ;将 0x1 存入 0xE000E100，使能中断 IRQ#0
```

在上面的代码中，伪指令 LDR 将 NVIC 寄存器的地址加载到寄存器 R0。汇编器会将一个常数存放到程序代码的某个位置，并插入一个将数据值读入 R0 的内存读指令。之所以使用伪指令，是因为常数值太大，无法用一条立即数传送指令完成编码。在使用 LDR 伪指令将数据加载到寄存器中时，需要对数值前加"="前缀。如果使用 MOV（move）指令将立即数加载到寄存器中，数值前应使用"#"前缀。

类似地，按照 GNU 工具链的汇编语法可以编写相同的代码：

```
.equ   NVIC_IRQ_SETEN, 0xE000E100
.equ   NVIC_IRQ0_ENABLE, 0x1
...
LDR    R0,=NVIC_IRQ_SETEN   /* 将 0xE000E100 放入 R0，这里的 LDR 为伪指令，被汇编器转换为 PC 相
                                关的数据加载 */
MOVS R1, #NVIC_IRQ0_ENABLE  /* 将立即数 0x1 放入寄存器 R1 */
STR R1, [R0]                /* 将 0x1 存入 0xE000E100，使能外部中断 IRQ#0 */
```

汇编工具的另一个常用特性是支持在程序中插入数据。例如，可以在程序内存的某些位置定义数据，并使用内存读指令进行访问。Arm 汇编器的例子如下：

```
LDR    R3,=MY_NUMBER   ; 获取 MY_NUMBER 的内存位置
LDR    R4, [R3]        ; 将 0x12345678 读入 R4 中
...
LDR R0,=HELLO_TEXT     ; 获取 HELLO_TEXT 的起始地址
BL  PrintText          ; 调用 PrintText 函数显示文本字符串
...
ALIGN    4
MY_NUMBER DCD 0x12345678
HELLO_TEXT DCB "Hello\n", 0 ; 以 Null 结尾的文本字符串
```

上面的示例中，在程序代码的尾部：
❑ DCD 用于插入字大小的数据。
❑ DCB 用于插入字节大小的数据。

在插入字大小的数据时，前面需要增加 ALGIN 伪指令，ALGIN 后的数字决定了对齐的宽度，本例中（上面的示例），数字 4 将下面的数据强制对齐到字边界上。通过确保 MY_NUMBER 中的数据是字对齐的，程序就可以通过单次总线传输访问该数据，同时也提高了代码的可移植性（在 Cortex-M0/M0+/M1/M23 处理器中不支持未对齐的访问）。

前面的示例代码按照 GNU 工具链的汇编语法，可以重写如下：

```
LDR    R3,=MY_NUMBER   /* 获取 MY_NUMBER 的内存位置 */
LDR    R4, [R3]        /* 将 0x12345678 读入 R4 中 */
...
LDR    R0,=HELLO_TEXT  /* 获取 HELLO_TEXT 的起始地址 */
BL PrintText           /* 调用 PrintText 函数显示文本字符串 */
...
.align 4
MY_NUMBER:
.word 0x12345678
HELLO_TEXT:
.asciz "Hello\n"       /* 空结尾文本字符串 */
```

Arm 汇编器和 GNU 汇编器中提供了多条将数据插入程序中的伪指令，表 5.2 中列出了一些常用的例子。

表 5.2 在程序中插入数据的常用伪指令

插入的数据类型	Arm 汇编器（如 Keil MDK）	GNU 汇编器
字节	DCB 如 DCB 0xl2	.byte 如 .byte 0x012
半字	DCW 如 DCW 0x1234	. hword/.2byte 如 .byte 0xl234
字	DCD 如 DCD 0x01234567	. word /.4 byte 如 .byte 0x01234567
双字	DCQ 如 DCQ 0xl2345678FF0055AA	. quad /.octa 如 .quad 0xl2345678FF0055AA
浮点（单精度）	DCFS 如 DCFS 1E3	. float 如 .float 1E3
浮点（半精度）	DCFD 如 DCFD 3.14159	. double 如 .double 3.14159
字符串	DCB 如 DCB "Hello\n",0	.ascii /.asciz（以 NULL 终止）如 .asc1i " Hello\ n". .byte 0/ * 增加 NULL 文字 */ 如 .asciz " Hello\ n"
指令	DCI 如 DCI 0xBE00; 断点（BKPT 0）	.inst/.inst.n/inst.w 如 .inst.n 0xBE00 / * Breakpoint（BKPT 0）*/

在大多数情况下，在指令前可以添加一个标号，这样可以确定数据的地址位置并在程序代码的其他部分中使用。

在汇编语言编程中，还经常使用其他一些指令，比如，下面的一些 Arm 汇编伪指令（见表 5.3）就常被用到，其中一些在本书的举例中已经使用过。

表 5.3 常用指令

伪指令（GNU 等价汇编）	Arm 汇编器
THUMB (.thumb)	指定汇编代码为符合统一汇编语言（UAL）格式的 Thumb 指令
CODE16 (.code 16)	指定汇编代码为符合旧版本的 UAL 之前的语法的 Thumb 指令
AREA <section_name>{,<attr>} {,attr}... (.section <section_ name>)	命令汇编器汇编为新的代码或数据段且由链接器操作。每一段都要： • 命名 • 独立于其他部分 • 由链接器使其联系
SPACE<num of bytes> (.zero <num of bytes>)	预留一块内存且用 0 填充
FILL<num of bytes> {,<value> {,<value_sizes>}} (.fill<num of bytes>{,<value> {,<value_sizes>}})	预留一块内存且填充为指定值，数据大小可以为字节（1）、半字（2）或字（4），实际大小由 value_sizes(1/2/4) 指定
ALIGN{<expr>{,<offset>{,<pad> {,<padsize>}}}} (.align<alignment>{,<fill>{,<max}}})	将当前位置对齐到指定的边界，且将空位填充为 0 或使用 NOP 指令，例如： ALIGN 8（确保下一条指令或数据对齐到 8 字节地址）

（续）

伪指令（GNU 等价汇编）	Arm 汇编器
EXPORT<symbol>(.global<symbol>)	声明一个链接器可以使用的符号，以便目标或库文件引用
IMPORT <symbol>	声明一个位于分离的目标或库文件中的符号
LTORG(.pool)	命令汇编器立即汇编当前的文字池。文字池包含的数据，比如常数，可用于 LDR 伪指令

关于 Arm 汇编器指令的其他信息可以在 Arm Compiler armasm user guide—version 6.9[4]（第 21 章）中找到。

5.4 指令后缀的使用

当使用汇编语言编写 Arm 处理器程序时，有些指令可以在后面加上后缀。Cortex-M 处理器支持的后缀如表 5.4 所示。

表 5.4　用汇编语言对 Cortex-M 处理器编程的指令后缀

后缀	描述
S	更新 APSR（应用程序状态寄存器，如进位、溢出、零和负标志）。下面例子中的 ADD 操作会更新 APSR： ADDS R0, R1;
EQ, NE, CS, CC, MI, PL, VS, VC, HI, LS, GE, LT, GT, LE	条件执行。EQ 为等于，NE 为不等于，LT 为小于，GT 为大于。对于 Cortex-M 处理器，这些条件可用于条件跳转。例如： BEQ label 　；若前一次操作得到的状态为相等，则跳转至标号 label 有条件执行指令中可应用的条件后缀见 5.14.6 节的 IF-THEN 指令。例如： ADDEQ R0, R1, R2 　；若上次操作得到相等状态，则执行加法运算
.N,.W	指定使用的是 16 位指令（N=narrow）或 32 位指令（W=wide）
.32,.F32	指定 32 位单精度运算。对于多数工具链，.32 后缀是可选的
.64,.F64	指定 64 位双精度运算。对于多数工具链，.64 后缀是可选的

对于 Cortex-M33/M3/M4/M7 处理器，数据处理指令是否更新 APSR（标志）是可以选择的。然而在 Cortex-M23/M0/M0+ 处理器中，大多数数据处理指令是必须更新 APSR 的（对于多数指令来说是不可选择的）。

如果使用统一汇编语言（Unified Assembly Language，UAL）语法，则可以指定是否更新 APSR。这在有些指令中不可用——对于 Cortex-M23 处理器中的大多数数据处理指令，该标志位是必须更新的。比如，当将数据从一个寄存器送到另外一个寄存器中时，可以使用如下代码：

```
MOVS    R0, R1；将 R1 送到 R0，并更新 APSR
```

或

```
MOV    R0, R1 ; 将 R1 送到 R0, 不更新 APSR
```

第二种类型的后缀是：

□ 条件跳转指令。所有的 Cortex-M 处理器都支持这些指令。

□ 有条件执行指令。通过将条件指令放入 IF-THEN（IT）指令块中来实现，Cortex-M33/
M3/M4/M7 处理器支持这样的操作。

这些后缀（例如 EQ、NE、CS）如表 5.4 所示。通过以下方式更新 APSR：

□ 数据操作。

□ 测试指令（TST）。

□ 比较指令（例如 CMP）等。

程序执行可以通过指令操作的结果来控制。

5.5　统一汇编语言

用于 Cortex-M 汇编编程的汇编语言语法称为统一汇编语言（UAL）。注意，UAL 语法
比为 Arm7TDMI 开发的传统 Thumb 汇编语法稍微严格一些，同时提供了更多的特性（例
如 .N 和 .W 后缀）。

在开发传统 Thumb 指令语法时，定义的 Thumb 指令集非常小。几乎所有的数据处理指
令都会更新 APSR。因此，并不严格要求" S"后缀（参见表 5.4），在指令中省略" S"后
缀仍会对 APSR 更新。使用较新的 Thumb-2 指令集，具有更大的灵活性，且数据处理指令
可以选择是否更新 APSR，所以需要在源代码中使用" S"后缀，并且需要明确是否应该更
新 APSR。

UAL 和传统 Thumb 语法之间的另一个区别是某些指令所需的操作数数量不同。使用传
统 Thumb 语法时，由于 16 位 Thumb 指令第二个操作数（寄存器）和结果寄存器使用相同
的位域，因此指令只需要两个操作数。而在与 Thumb 指令等效的 32 位版本中，结果寄存
器可以不是第一个或第二个操作数，因此汇编工具需要多指定一个操作数以避免歧义。

例如，16 位 Thumb 代码 ADD 指令在先前的 UAL 代码为：

```
ADD  R0, R1 ; R0 = R0 + R1, 更新 APSR
```

使用 UAL 语法需要更具体地指明结果使用的寄存器和 APSR 更新操作，代码应写成如
下所示：

```
ADDS R0, R0, R1  ; R0 = R0 + R1, 更新 APSR
```

但是在大多数情况下，根据所使用的工具链，指令仍然可以按照旧版 UAL 的风格书写
（只有两个操作数），不过" S"后缀必须明确说明：

```
ADDS R0, R1 ; R0 = R0 + R1, 更新 APSR（使用 S 后缀）
```

软件开发人员在将传统代码移植到 Cortex-M 开发环境时需要注意，当使用 Arm 工具链时，传统 Thumb 代码支持 CODE16 指令，而在使用 UAL 语法时，需要使用 THUMB。在大多数情况下，基于上述原因，把代码从传统 Thumb 语法移植到 UAL 语法时，需要进行额外的代码更改，或者在 UAL 语法中通过添加指令后缀来明确所需的指令。例如，下面的代码显示了 16 位和 32 位指令的选择：

```
ADDS    R0, #1 ; 默认使用 16 位 Thumb 指令来减小代码体积
ADDS.N R0, #1 ; 使用 16 位的 Thumb 指令，N = Narrow
ADDS.W R0, #1 ; 使用 32 位的 Thumb-2 指令，W = wide
```

.W 后缀表示使用 32 位指令。如果没有给出后缀，汇编工具可以选择 32 位或者 16 位指令，默认选择是选择较小位宽选项以获得更优的代码密度。依赖工具支持，也可以使用 .N（narrow）后缀来指定 16 位 Thumb 指令。

大多数 16 位指令只能访问寄存器 R0 ~ R7，32 位版本的 Thumb 指令则没有这个限制。但是有些指令不允许使用一些特定的寄存器，如 PC（R15）、LR（R14）和 SP（R13）。关于这些限制的更多信息，请参考《Armv8-M 架构参考手册》[1] 或 Cortex-M23/M33 设备通用用户指南 [2-3]。

5.6 指令集——处理器内部数据传送指令

5.6.1 概述

处理器中最基本的操作是在处理器内部来回传送数据，包括许多操作类型，如表 5.5 所示。

请注意，内存读取操作（加载）可用于在寄存器中创建常量数据。这通常称为文本（数据）加载。该内容将在 5.7.6 节中介绍。

表 5.5　处理器内部数据传送指令

操作类型	Cortex-M23 支持	Cortex-M33 支持
将数据从一个寄存器传送到另一个寄存器	Y	Y
在寄存器和特定寄存器之间传送数据	Y	Y
将立即数（常量）加载到寄存器中	Y	Y
在通用寄存器组的寄存器和浮点寄存器组的寄存器之间传送数据	—	Y（当存在 FPU）
在浮点寄存器组的寄存器之间传送数据	—	Y（当存在 FPU）
在通用寄存器组的寄存器和浮点系统寄存器之间传送数据（例如，浮点状态和控制寄存器）	—	Y（当存在 FPU）
将立即数（常量）加载到浮点寄存器组中的寄存器中	—	Y（当存在 FPU）
在寄存器和协处理器寄存器之间传送数据（请参阅 5.21 节了解协处理器支持指令）	—	Y（当存在协处理器寄存器）

5.6.2 寄存器之间的数据传送

表 5.6 给出了在寄存器之间进行数据传送的指令。

表 5.6 Armv8-M 处理器数据传送指令

指令	描述	在 Armv8-M 基础版架构 （Cortex-M23）中的限制
MOV Rd, Rm	在寄存器之间传送	
MOVS Rd, Rm	在寄存器之间传送，更新标志（APSR.Z，APSR.N）	Rm 和 Rd 都是低位寄存器
MVN Rd, Rm	将操作数的反码送到寄存器	不支持 Armv8-M 基础版架构
MVNS Rd, Rm	将操作数的反码送到寄存器，更新标志（N，Z）	Rm 和 Rd 都是低位寄存器

表 5.7 详细说明了几个传送指令的示例。

表 5.7 处理器数据传送指令示例

指令	目的	源	操作（文本解释）
MOV	R4,	R0	; 从 R0 复制数据到 R4
MOVS	R4,	R0	; 从 R0 复制数据到 R4，且更新 APSR（标志）
MVN	R3,	R7	; 将 R7 中的数据按位取反后送入 R3

除了会更新 APSR 标志，MOVS 指令与 MOV 指令基本相似，因此需要使用"S"后缀来区分。

还可以使用 ADD 指令来传送数据（如下面指令所示），但这种情况比较少见：

```
ADDS Rd, Rm, #0 ；将 Rm 传送到 Rd，并更新 APSR（Z，N，C 标志）
```

对于 Armv8-M 主线版架构，在寄存器（R0 ～ R13）的 32 位编码数传送指令（MOV）中还可以对数据进行移位 / 循环（即移位 / 循环同时发生）。当使用 MOV 的移动 / 循环特性时，传送指令需要使用不同的助记符编写（见表 5.8）。

Armv8-M 基础版架构（例如，Cortex-M23 处理器）不支持这些指令。

表 5.8 带移位 / 循环数据传送

指令	描述	可替代的指令语法
ASR{S} Rd, Rm, #n	算术右移	MOV{S} Rd, Rm, ASR #n
LSL{S} Rd, Rm, #n	逻辑左移	MOV{S} Rd, Rm, LSL #n
LSR{S} Rd, Rm, #n	逻辑右移	MOV{S} Rd, Rm, LSR #n
ROR{S} Rd, Rm, #n	循环右移	MOV{S} Rd, Rm, ROR #n
RRX{S} Rd, Rm	扩展循环右移	MOV{S} Rd, Rm, RRX

5.6.3 立即数生成

有许多指令可以用来产生立即数。表 5.9 给出了用于立即数生成的传送指令。

表 5.9 用于立即数生成的传送指令

指令	描述	在 Armv8-M 基础版架构 （Cortex-M23）中的限制
MOVS Rd, #immed8	将立即数（0 ～ 255）传送到寄存器	
MOVW Rd, #immed16	将 16 位立即数（0 ～ 65 535）传送到寄存器	

（续）

指令	描述	在 Armv8-M 基础版架构（Cortex-M23）中的限制
MOV Rd, #immed	当 #immed 数据格式为 0x000000ab/0x00ab00ab/0-xab00ab00/0xababab ab/0x000000ab<<n（其中 ab 为 8 位数据，n 从 1 到 24）时，将立即数传送到寄存器	Armv8-M 基础版不支持
MOVT Rd, #immed16	将 16 位立即数（0 ～ 65 535）传送到寄存器的高 16 位，低 16 位保持不变	
MVN Rd, #immed MVNS Rd, #immed	当 #immed 格式为 0x000000ab/0x00ab00ab/0xab-00ab00/0xababab ab/0x000000ab<<n（其中 ab 为 8 位数据，n 从 1 到 24）时，将立即数取反传送到寄存器 MVNS 指令需更新标志 N，Z，C	Armv8-M 基础版指令集架构不支持

下列情况可以使用 16 位版本的 MOV 指令：

❑ 立即数的范围是从 0 到 255。

❑ 目的寄存器是低位寄存器。

❑ 允许更新 APSR。

对于更大的立即数，则需要使用 32 位版本的 MOV 指令。这里有许多选项：

❑ 如果该值小于或等于 16 位，则可以使用 MOVW 指令。

❑ 如果该值是 32 位，并且符合特定模式（参见表 5.9 最后一行中的示例），则可以对立即数进行编码并将其装入一条 MOV 指令中。

❑ 如果上述两种情况都不适用，则可以使用一对 MOVW 和 MOVT 指令来生成 32 位立即数。

表 5.10 详细说明了生成立即数的几个示例。

将立即数加载到寄存器的另一种方法是使用文本加载操作（参阅 5.7.6 节）。

表 5.10 立即数生成指令示例

指令	目的	源	操作（文本解释）
MOV	R3,	#0x34	; 设置 R3 为 0x34
MOVS	R3,	#0x34	; 设置 R3 为 0x34，且更新 APSR
MOVW	R6,	#0x1234	; 设置 R6 为 16 位常量 0x1234
MOVT	R6,	#0x8765	; 设置 R6 的高 16 位为 0x8765

5.6.4 特殊寄存器访问指令

第 4 章中涉及到的很多寄存器都是特殊寄存器（例如 CONTROL、PRIMASK）。访问这些寄存器需要使用 MRS 和 MSR 指令（见表 5.11）。

表 5.11 特殊寄存器访问指令

指令	描述	限制
MRS Rd, spec_reg	从特殊寄存器传送到通用寄存器（参阅表 5.12）	Rd 不能是 SP 或者 PC
MSR spec_reg, Rn	从通用寄存器传送到特殊寄存器（参阅表 5.12）	Rn 不能是 SP 或者 PC

表 5.12 列出了通过 MRS 和 MSR 指令访问的特殊寄存器。除了 APSR 和 CONTROL 外，其余的特殊寄存器只能在特权模式下更新。

表 5.12　使用 MRS 和 MSR 指令访问的特殊寄存器

标志	描述	限制
APSR	应用程序状态寄存器（允许在非特权模式下写入）	
EPSR	执行程序状态寄存器	读为 0，忽略写
IPSR	中断程序状态寄存器	忽略写
IAPSR	APSR+IPSR	参见 IPSR 的限制
EAPSR	EPSR+APSR	参见 EPSR 的限制
IEPSR	IPSR+EPSR	参见 IPSR 和 EPSR 的限制
XPSR	APSR+EPSR+IPSR	参见 IPSR 和 EPSR 的限制
MSP	主栈指针（当前的安全区域）	
PSP	进程栈指针（当前的安全区域）	
MSPLIM	MSP 栈限制（当前的安全区域）	
PSPLIM	PSP 栈限制（当前的安全区域）	
PRIMASK	中断屏蔽寄存器（在可配置级别屏蔽所有中断）	
BASEPRI	中断屏蔽寄存器（按优先级屏蔽）	Armv8-M 基础版架构不支持
BASEPRI_MAX	中断屏蔽寄存器（该寄存器与 BASEPRI 相同，只是在新的屏蔽级别高于先前的级别时更新）	Armv8-M 基础版架构基础版指令集架构不支持
FAULTMASK	中断屏蔽寄存器	Armv8-M 基础版架构不支持
CONTROL	CONTROL 寄存器	
MSP_NS	非安全的 MSP	如果实现了 TrustZone 安全功能，则在安全特权模式下支持
PSP_NS	非安全的 PSP	如果实现了 TrustZone 安全功能，则在安全特权模式下支持
MSPLIM_NS	非安全的 MSP 栈限制	如果实现了 TrustZone 安全功能，则在安全特权模式下支持
PSPLIM_NS	非安全的 PSP 栈限制	如果实现了 TrustZone 安全功能，则在安全特权模式下支持
PRIMASK_NS	非安全的 PRIMASK	如果实现了 TrustZone 安全功能，则在安全特权模式下支持
BASEPRI_NS	非安全的 BASEPRI	如果实现了 TrustZone 安全功能，则在安全特权模式下支持
FAULTMASK_NS	非安全的 FAULTMASK	如果实现了 TrustZone 安全功能，则在安全特权模式下支持
CONTROL_NS	非安全的 CONTROL	如果实现了 TrustZone 安全功能，则在安全特权模式下支持
SP_NS	当前选定的非安全栈指针（可以在安全的非特权模式下使用）	如果实现了 TrustZone 安全功能，则在安全特权模式下支持

表 5.13 给出了一些例子。

表 5.13　MRS 和 MSR 指令举例

指令	目的	源	操作
MRS	R7,	PRIMASK	；复制 PRIMASK（特殊寄存器）的值到 R7
MSR	CONTROL,	R2	；复制 R2 的值到 CONTROL（特殊寄存器）

在使用 C/C++ 语言编程时，更多的是使用 CMSIS-CORE API 来访问特殊寄存器，而不是使用 C 编译器中内联汇编功能的 MRS/MSR 指令。更多的详细信息，请参阅 5.23 节。

5.6.5　浮点寄存器访问

Cortex-M33 处理器在实现浮点运算单元（Floating-Point Unit，FPU）时，设计了多条指令用于访问浮点运算单元寄存器组中的寄存器（见表 5.14）。但是除非另有说明，否则这些指令不允许访问 PC（R15）和 SP（R13）。

注意，虽然 Cortex-M33 处理器不支持双精度算术运算，但支持某些双精度数据传送指令。

表 5.14　向 / 从浮点寄存器传送数据的指令

指令	描述	限制
VMOV Sn, Rt	将一个单精度值从 Rt 传送到 Sn	
VMOV Rt, Sn	将一个单精度值从 Sn 传送到 Rt	
VMOV Rt, Rt2, Dm	将一个双精度值从 Dm 传送到 {Rt2, Rt}	
VMOV Dm, Rt, Rt2	将一个双精度值从 {Rt2, Rt} 传送到 Dm	
VMOV Rt, Rt2, Sm, Sm1	将两个单精度值从 {Sm1, Sm} 传送到 {Rt2, Rt}	m1 必须是 m+1
VMOV Sm, Sm1, Rt, Rt2	将两个单精度值从 {Rt2, Rt} 传送到 {Sm1, Sm}	m1 必须是 m+1
VMOV Rt, Dn[0]	将 Dn 的下半部分传送到 Rt	
VMOV Rt, Dn[1]	将 Dn 的上半部分传送到 Rt	
VMOV.F32 Sd, Sm	将一个单精度值从 Sm 传送到 Sd	
VMOV.F64 Dd, Dm	将一个双精度值从 Dm 传送到 Dd	
VMRS Rt, FPSCR	将 FPSCR 的值读到 Rt 中	Rt 可以是 R0 ～ R14 或者 APSR_nzcv（复制 FPU 的标志到 APSR）
VMSR FPSCR, Rt	将 Rt 的值写入 FPSCR	

例如，带有浮点运算单元的 Cortex-M33 处理器支持以下指令（见表 5.15）。

表 5.15　在浮点运算单元和通用寄存器组的寄存器之间传送数据的指令示例

指令	目的	源	操作
VMOV	R0,	S0	；复制浮点寄存器 S0 到通用目的寄存器 R0
VMOV	S0,	R0	；复制通用目的寄存器 R0 到浮点寄存器 S0
VMOV	S0,	S1	；复制浮点寄存器 S1 到 S0（单精度）
VMRS.F32	R0,	FPSCR	；复制浮点单元系统寄存器 FPSCR 中的值到 R0
VMRS	APSR_nzcv,	FPSCR	；将 FPSCR 的标志复制到 APSR 的标志中
VMSR	FPSCR,	R3	；将 R3 复制到 FPSCR 中
VMOV.F32	S0,	#1.0	；将一个精度值传送到浮点寄存器 S0 中

5.6.6 浮点立即数生成

指令 VMOV 可以用来生成立即数，但数据范围是有限的，其语法参见表 5.16。

表 5.16 在 FPU 寄存器中产生立即数的指令

指令	描述	限制
VMOV.F32 Sn, #immed	把一个单精度值传送到 Sn	这个数需要在指令中以 8 位域编码
VMOV.F64 Dn, #immed	把一个双精度值传送到 Dn	这个数需要在指令中以 8 位域编码

表 5.17 中给出了将数值 1.0 传送到单精度浮点寄存器 S0 的指令示例。

表 5.17 在 FPU 寄存器中产生立即数的指令示例

指令	目的	源	操作
VMOV.F32	S0,	#1.0	; 将单精度值移入浮点寄存器 S0 中

浮点立即数也可以通过文本数据加载生成，如表 5.18 所示。

表 5.18 在 FPU 寄存器中产生立即数的指令

指令	描述	限制
VLDR.F32 Sn, [PC,#imm]	从内存向 Sn 中加载一个单精度数值	#imm 的范围为 0 到 +/−1020，并且必须是 4 的倍数
VLDR.F64 Dn, [PC,#imm]	从内存向 Dn 中加载一个双精度数值	#imm 的范围为 0 到 +/−1020，并且必须是 4 的倍数

有关文本数据加载的更多信息，请参阅 5.7.6 节。

5.6.7 寄存器和协处理器寄存器之间的数据传送

参见 5.21 节。

5.7 指令集——内存访问

5.7.1 概述

在 Arm 处理器中，内存访问操作称为"加载"和"存储"。Armv8-M 架构提供了一套全面的内存访问指令，覆盖以下内容：

- 不同的数据大小。
- 不同的寻址模式。
- 单次和多次传输。

加载和存储指令的基本助记符列于表 5.19 中。

LDRSB 和 LDRSH 指令会自动完成符号位扩展操作（即同时执行该操作），通过扩展把读取的数据转换为有符号的 32 位数值。例如，如果用 LDRSB 指令读取 0x83，该数值会先转换为 0xFFFFFF83，然后再写入目的寄存器中。

如果 Cortex-M33 处理器支持浮点运算单元并且已启用，那么它支持对 FPU 的内存访问指令，详见 5.7.10 节。

5.7.2 单次内存访问

Armv8-M 基础版指令集架构和 Armv8-M 主线版指令集架构均提供表 5.20 中描述的单次加载内存访问指令（注意，imm5 是地址偏移生成的 5 位立即数。它在汇编程序中是可选的）。

与加载指令类似，Armv8-M 基础版指令集架构和 Armv8-M 主线版指令集架构也都提供单次内存存储指令，如表 5.21 所示。与加载一致，imm5 地址偏移是可选的。

当使用字节和半字存储指令时，不使用源寄存器的高 24 位（字节）或 16 位（半字），该数值在写入操作时会按照正确的位宽进行截取。加载指令不需要区分有符号版本和无符号版本。

在使用 Armv8-M 基础版指令集架构处理器（如 Cortex-M23）时，内存访问数据必须是对齐的。例如，字的传送，其地址的第 1 位和第 0 位必须为 0；类似地，半字的传送，其地址的第 0 位必须为 0；字节传送总是对齐的。如果软件尝试执行不对齐的传送，则会触发硬故障异常。这种行为与 Armv6-M 指令集架构（如 Cortex-M0 和 Cortex-M0+ 处理器）中的行为相同。而对于单次内存访问指令，Armv8-M 主线版指令集架构处理器没有地址对齐的限制。

表 5.19 针对不同数据大小的内存访问指令

数据类型	加载（从内存中读）	存储（写入内存中）
8 位无符号	LDRB	STRB
8 位有符号	LDRSB	STRB
16 位无符号	LDRH	STRH
16 位有符号	LDRSH	STRH
32 位	LDR	STR
多个 32 位数	LDM	STM
双字（64 位，Armv8-M 基础版指令集架构，如 Cortex-M23 中不适用）	LDRD	STRD
栈操作（32 位）	POP	PUSH

表 5.20 单次内存读指令（Armv8-M 基础版和主线版）

指令	描述	限制
LDR Rt, [Rn, Rm]	读取字 Rt=memory[Rn+Rm]	对于 Amv8-M 基础版架构，Rt、Rn、Rm 都是低位寄存器，地址必须对齐 Armv8-M 主线版架构没有这些限制
LDRH Rt, [Rn, Rm]	读取半字 Rt=memory[Rn+Rm]	同上
LDRSH Rt, [Rn, Rm]	读取半字，并对其符号扩展 Rt=memory[Rn+Rm]	同上
LDRB Rt, [Rn, Rm]	读取字节 Rt=memory[Rn+Rm]	同上
LDRSB Rt, [Rn, Rm]	读取字节并对其符号扩展 Rt=memory[Rn+Rm]	同上

（续）

指令	描述	限制
LDR Rt, [Rn, #imm5]	读取字（带立即数偏移量） Rt=memory[Rn+(#imm5<<2)]	同上 0 ≤偏移量≤ 124
LDRH Rt, [Rn, #imm5]	读取半字（带立即数偏移量）。 Rt=memory[Rn+(#imm5<<1)]	同上 0 ≤偏移量≤ 62
LDRSH Rt, [Rn, #imm5]	读取半字（带立即数偏移量），并对 其符号扩展。 Rt=memory[Rn+(#imm5<<1)]	同上 0 ≤偏移量≤ 62
LDRB Rt, [Rn, #imm5]	读取字节（带立即数偏移量）。 Rt=memory[Rn+#imm5]	同上 0 ≤偏移量≤ 31
LDRSB Rt, [Rn, #imm5]	读取字节（带立即数偏移量），并对 其符号位扩展。 Rt=memory[Rn+#imm5]	同上 0 ≤偏移量≤ 31

表 5.21　单次内存存储（写）指令（Armv8-M 基础版和主线版）

指令	描述	限制
STR Rt, [Rn, Rm]	写入字 memory[Rn +Rm]=Rt	对于 Armv8-M 基础版架构，Rt、Rn、 Rm 都是低位寄存器，地址必须对齐。 Armv8-M 主线版架构没有这些限制
STRH Rt, [Rn, Rm]	写入半字 memory[Rn +Rm]=Rt	同上
STRB Rt, [Rn, Rm]	写入字节 memory[Rn +Rm]=Rt	同上
STR Rt, [Rn, #imm5]	写入字（带立即数偏移量） memory[Rn+(#imm5<<2)]=Rt	同上 0 ≤偏移量≤ 124
STRH Rt, [Rn, #imm5]	写入半字（带立即数偏移量） memory[Rn+(#imm5<<1)]=Rt	同上 0 ≤偏移量≤ 62
STRB Rt, [Rn, #imm5]	写入字节（带立即数偏移量） memory[Rn+#imm5]=Rt	同上 0 ≤偏移量≤ 31

Armv8-M 主线版指令集架构处理器（如 Cortex-M33 处理器）支持表 5.22 中的附加指令。与 Armv8-M 基础版指令集架构中的加载 / 存储指令相比，这些内存访问指令提供了更宽的地址偏移范围。

表 5.22　Armv8-M 主线版指令集架构中增加的单次内存访问指令

指令	描述	限制
LDR Rt, [Rn, #imm12]	读取字——带立即数偏移量 Rt=memory[Rn+#imm12]	支持高位寄存器 地址无须对齐 −255 ≤偏移量≤ 4095
LDRH Rt, [Rn, #imm12]	读取半字——带立即数偏移量 Rt=memory[Rn+#imm12]	同上 −255 ≤偏移量≤ 4095
LDRSH Rt, [Rn, #imm12]	读取半字并对其符号扩展 Rt=memory[Rn+(imm12)]	同上 −255 ≤偏移量≤ 4095

（续）

指令	描述	限制
LDRB Rt, [Rn, #imm12]	读取字节——带立即数偏移量 Rt=memory[Rn+#imm12]	同上 −255≤偏移量≤4095
LDRSB Rt, [Rn, #i mm12]	读取字节并对其符号扩展 Rt=memory[Rn+(imm12)]	同上 −255≤偏移量≤4095
LDRD Rt, Rt2, [Rn, #imm8]	读取双字 {Rt2, Rt}=内存 [Rn+imm8<<2]	地址必须按字对齐 −1020≤偏移量≤1020
STR Rt, [Rn, #imm12]	写入字——带立即数偏移量 memory[Rn+#imm12]=Rt	支持高位寄存器 地址无须对齐 −255≤偏移量≤4095
STRH Rt, [Rn, #imm12]	写入半字——带立即数偏移量 memory[Rn+#imm12]=Rt	同上 −255≤偏移量≤4095
STRB Rt, [Rn, #imm12]	写入字节——带立即数偏移量 memory[Rn+#imm12]=Rt	同上 −255≤偏移量≤4095
STRD Rt, Rt2, [Rn, #imm8]	读取双字 memory[Rn+imm8<<2]={Rt2, Rt}	地址按字对齐 −1020≤偏移量≤1020

5.7.3 SP 相对寻址加载 / 存储指令

另一组加载和存储指令使用栈指针（Stack Pointer，SP）作为基址，结合立即数偏移量来计算目的地址。这些指令非常适合在 C 函数中访问局部变量。因为寄存器组中的寄存器数量不够多，无法存储 C 函数所使用的所有变量，所以通常会把这些数据变量存储在栈内存空间中。这样一来，如果某个函数没被激活，那么该函数的局部变量不会占用任何空间。

下面给出一个使用 SP 相对寻址模式的例子：在函数开始执行时，估算局部变量需要的存储空间，然后给 SP 的值减去估算的空间大小预留出存储空间，最后使用 SP 相对寻址指令来访问该局部变量。在函数结束时，SP 的值会递增回原始值，从而释放先前分配的栈空间，退出函数并返回到调用程序（见图 5.2）。

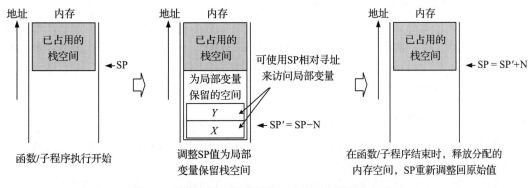

图 5.2 局部变量空间分配和这些变量在堆栈中的访问

支持 SP 相对寻址模式的指令如表 5.23 所示。

表 5.23 栈指针相对寻址内存存取指令

指令	描述	限制
LDR Rt, [SP, #offset]	读取字 Rt=memory[SP+(#imm8<<2)]	对于 Armv8-M 基础版指令集架构，Rt 是低位寄存器。地址按字对齐 0≤偏移量≤1020
STR Rt, [SP, #offset]	写入字 memory[SP+(#imm8<<2)]=Rt	对于 Armv8-M 基础版指令集架构 基础版指令集架构，Rt 是低位寄存器。地址按字对齐 0≤偏移量≤1020
LDR Rt, [SP, #offset]	读取字 Rt=memory[SP+#imm12]	在 Armv8-M 基础版指令集架构中不支持 −255≤偏移量≤4095
LDRH Rt, [SP #offset]	读取半字 Rt=memory[SP+#imm12]	在 Armv8-M 基础版指令集架构中不支持 −255≤偏移量≤4095
LDRSH Rt, [SP, #offset]	读取半字并对其符号进行扩展 Rt=memory[SP+#imm12]	在 Armv8-M 基础版指令集架构中不支持 −255≤偏移量≤4095
LDRB Rt, [SP, #offset]	读取字节 Rt=memory[SP+(#imm8<<2)]	在 Armv8-M 基础版指令集架构中不支持。−255≤偏移量≤4095
LDRSB Rt, [SP, #offset]	读取字节并对其符号进行扩展 Rt=memory[SP+(#imm8<<2)]	在 Armv8-M 基础版指令集架构中不支持。−255≤偏移量≤4095
STR Rt, [SP, #offset]	存储字 memory[SP+#imm12]=Rt	在 Armv8-M 基础版指令集架构中不支持。−255≤偏移量≤4095
STRH Rt, [SP, #offset]	存储半字 memory[SP+#imm12]=Rt	在 Armv8-M 基础版指令集架构中不支持。−255≤偏移量≤4095
STRB Rt, [SP, #offset]	存储字节 memory[SP+(#imm8<<2)]=Rt	在 Armv8-M 基础版指令集架构中不支持。−255≤偏移量≤4095

请注意，虽然从架构上来说 SP 相对寻址可以是一个负的偏移量，但在实际使用中所用的偏移量大多是正数。这样才能够确保所使用的数据在分配的栈空间内，否则，正在处理的数据有可能会被中断服务程序意外修改。

SP 相对寻址指令为 16 位。如表 5.23 所示，32 位版本的 SP 相对寻址实际上与带立即数偏移量的加载和存储指令的编码格式是相同的。然而，在 Armv8-M 基础版指令集架构中，大多数 16 位 Thumb 指令只使用低寄存器。因此，SP 相对寻址指令中有一对 16 位版本专用的 LDR 和 STR 指令。

5.7.4 前变址和后变址寻址模式

除了带地址偏移的寻址模式外，Armv8-M 主线版指令集架构处理器还支持后变址和前变址寻址模式。这些寻址模式描述如下：

❑ 前变址：传送的地址由偏移量和基址寄存器计算得到，并更新到基址寄存器。

❑ 后变址：传送的地址为基址寄存器地址，不包含偏移量，但基址寄存器随后会根据偏移量更新。

前变址寻址模式规定在地址之后增加感叹号 (!),例如:

LDR R0, [R1, #0x08]! ; 在访问内存位置为 R1+0x8 之后, R1 也增加了 0x8

无论是否有感叹号 (!) 标志,内存访问地址都使用 R1+0x8 的和。表 5.24 中列出了支持前变址寻址模式的指令。

表 5.24　前变址内存访问指令 (仅适用于 Armv8-M 主线版指令集架构)

指令	描述	限制
LDR Rt, [Rn, #{+/-}imm8]!	读取字 (前变址) Rt=memory[Rn+#imm8]	$-255 \leqslant$ 偏移量 $\leqslant 255$
LDRH Rt, [Rn, #{+/-}imm8]!	读取半字 (前变址) Rt=memory[Rn+(#imm8)]	$-255 \leqslant$ 偏移量 $\leqslant 255$
LDRSH Rt, [Rn, #{+/-}imm8]!	读取半字 (前变址) 并对其符号扩展 Rt=memory[Rn+(#imm8)]	$-255 \leqslant$ 偏移量 $\leqslant 255$
LDRB Rt, [Rn, #{+/-}imm8]!	读取字节 (前变址) Rt=memory[Rn+(#imm8)]	$-255 \leqslant$ 偏移量 $\leqslant 255$
LDRSB Rt, [Rn, #{+/-}imm8]!	读取字节 (前变址) 并对其符号扩展 Rt=memory[Rn+(#imm8)]	$-255 \leqslant$ 偏移量 $\leqslant 255$
LDRD Rt, Rt2, [Rn, #{+/-}limm8]!	读取双字 (前变址) {Rt2, Rt}=memory[Rn+(#imm8<<2)]	$-1020 \leqslant$ 偏移量 $\leqslant 1020$
STR Rt, [Rn, #{+/-}imm8]!	写入字 (前变址) memory[Rn+(#imm8)]=Rt	$-255 \leqslant$ 偏移量 $\leqslant 255$
STRH Rt, [Rn, #{+/-}jimm8]!	写入半字 (前变址) memory[Rn+(#imm8)]=Rt	$-255 \leqslant$ 偏移量 $\leqslant 255$
STRB Rt, [Rn, #{+/-}imm8]!	写入字节 (前变址) memory[Rn+(#imm8)]=Rt	$-255 \leqslant$ 偏移量 $\leqslant 255$
STRD Rt, Rt2, [Rn, #{+/-}imm8]!	写入双字 (前变址) memory[Rn+(#imm8<<2)]={Rt2, Rt}	$-1020 \leqslant$ 偏移量 $\leqslant 1020$

后变址寻址模式在地址操作数后又增加一个额外的偏移值标志,不需要添加感叹号标记,在这种情形下当数据传送成功完成,基址寄存器会被更新,例如:

LDR R0, [R1], #0x08 ; 在访问 R1 位置的寄存器之后, R1 增加 0x8

后变址寻址模式对于处理数组中的数据非常有用。一旦访问了数组中的某个元素,地址寄存器就会自动跳转到下一个元素,以节省代码量和执行时间。具有后变址寻址模式的指令如表 5.25 所示。

表 5.25　后变址内存访问指令 (仅适用于 Armv8-M 主线版指令集架构)

指令	描述	限制条件
LDRB Rd, [Rn], # 偏移量	从内存位置 Rn 处读取字节加载到 Rd, 然后更新 Rn 的值为 Rn+ 偏移量	$-255 \leqslant$ 偏移量 $\leqslant 255$
LDRSB Rd, [Rn], # 偏移量	从内存位置 Rn 处读取字节再对其符号扩展 加载到 Rd, 然后更新 Rn 的值为 Rn+ 偏移量	$-255 \leqslant$ 偏移量 $\leqslant 255$

（续）

指令	描述	限制条件
LDRH Rd, [Rn], # 偏移量	从内存位置 Rn 处读取半字加载到 Rd，然后更新 Rn 的值为 Rn+ 偏移量	−255 ≤偏移量≤ 255
LDRSH Rd, [Rn], # 偏移量	从内存位置 Rn 处读取半字再对其符号扩展加载到 Rd，然后更新 Rn 的值为 Rn+ 偏移量	−255 ≤偏移量≤ 255
LDR Rd, [Rn], # 偏移量	从内存位置 Rn 处读取字加载到 Rd，然后更新 Rn 的值为 Rn+ 偏移量	−255 ≤偏移量≤ 255
LDRD Rd1, Rd2, [Rn], # 偏移量	从内存位置 Rn 处读取双字加载到 Rd1、Rd2，然后更新 Rn 的值为 Rn+ 偏移量	−1020 ≤偏移量≤ 1020
STRB Rd, [Rn], # 偏移量	将字节存储到内存位置 Rn 处，然后将 Rn 的值更新到 Rn+ 偏移值	−255 ≤偏移量≤ 255
STRH Rd, [Rn], # 偏移量	将半字存储到内存位置 Rn 处，然后将 Rn 的值更新到 Rn+ 偏移值	−255 ≤偏移量≤ 255
STR Rd, [Rn], # 偏移量	将字存储到内存位置 Rn 处，然后将 Rn 的值更新到 Rn+ 偏移值	−255 ≤偏移量≤ 255
STRD Rd, [Rn], # 偏移量	将双字存储到内存位置 Rn 处，然后将 Rn 的值更新到 Rn+ 偏移值	−1020 ≤偏移量≤ 1020

后变址内存访问指令是 32 位的，偏移量的值可以为正数或负数。请注意，Armv8-M 基础版指令集架构不支持这些前变址和后变址内存访问指令。

5.7.5 偏移量可配置移位（桶形移位器）

对于 Armv8-M 主线版指令集架构，寄存器偏移量的内存数据加载和存储指令支持对第二个地址寄存器操作数移位。例如，在下面的例子中，指令对第二个地址寄存器执行逻辑左移（Logic Shift Left，LSL）。

```
LDR R0, [R1, R2, LSL #2] ; 读取的内存位置在 R1+（R2<<2）处
```

这种移位操作通常称为桶形移位器。表 5.26 中列了支持桶形移位语法的内存访问指令的常见形式。

内存访问指令中的桶形移位特性在处理数组时非常有用，其中：

❑ 数组的基址由 Rn（第一个地址寄存器）表示。

❑ 数组标号由 Rm（第二个地址寄存器）表示。

❑ 数组中元素的大小由桶形移位量 #n（0= 字节，1= 半字，2= 字）表示。

桶形移位器硬件也可用于 5.8 节的数据处理指令。

表 5.26 偏移量可编程寄存器相对寻址内存访问指令（仅限 Armv8-M 主线版指令集架构）

指令	描述	限制
LDR Rt, [Rn, Rm, LSL #n]	读取字 Rt-memory[Rn+Rm<<n]	n 在 0 ~ 3 的范围内 Rn 一定不能是 PC Rm 一定不能是 PC/SP Rt 可以是加载 / 存储字的 SP Rt 可以是加载字的 PC

（续）

指令	描述	限制
LDRH Rt, [Rn, Rm, LSL#n]	读取半字 Rt=memory[Rn+Rm<<n]	同上
LDRSH Rt, [Rn, Rm, LSL #n]	读取半字且对其符号位扩展 Rt=memory[Rn+Rm<<n]	同上
LDRB Rt, [Rn, Rm, LSL#n]	读取字节 Rt=memory[Rn+Rm<<n]	同上
LDRSB Rt, [Rn, Rm, LSL#n]	读取字节且对其符号位扩展 Rt=memory[Rn+Rm<<n]	同上
STR Rt, [Rn, Rm, LSL#n]	写入字 memory[Rn+Rm <<n]=Rt	同上
STRH Rt, [Rn, Rm, LSL #n]	写入半字 memory[Rn+Rm <<n]=Rt	同上
STRB Rt, [Rn, Rm, LSL #n]	写入字节 memory[Rn+Rm <<n]=Rt	同上

5.7.6 文本数据读取

程序镜像包含许多常量和只读数据。文本数据读取指令将数据加载到寄存器时采用程序计数器（Program Counter，PC）相对寻址模式，即数据的地址根据当前 PC 值加上偏移量计算获得。

基于 Cortex-M 处理器的流水线结构，当前有效的 PC 可用值与文本加载指令的地址并不相同，因此通常使用偏移的 PC 值（WordAligned（PC+4））进行地址计算。文本加载指令如表 5.27 所示。

表 5.27 读取文本数据（PC 相对寻址内存读取）

指令	描述	限制
LDR Rt, [PC, #imm8]	读取字（加载文本） Rt=memory[WordAligned (PC+4)+(#imm8<<2)]	支持 Armv8-M 基础版指令集架构，地址按字对齐 4< 偏移量 <1020
LDR Rt, [PC, #{+/-}imm12]	读取字（加载文本） Rt=memory[WordAligned (PC+4)+#imm12]	不支持 Armv8-M 基础版指令集架构 −4095< 偏移量 <+4095
LDRH Rt, [PC, #{+/-}imm12]	读取半字（加载文本） Rt=memory[WordAligned (PC+4)+#imm12]	不支持 Armv8-M 基础版指令集架构 −4095< 偏移量 <+4095
LDRB Rt, [PC, #{+/-}imm12]	读取字节（加载文本） Rt=memory[WordAligned (PC+4)+#imm12]	不支持 Armv8-M 基础版指令集架构 −4095< 偏移量 <+4095
LDRD Rt, Rt2, [PC, #{+/-}imm8]	读取双字（加载文本） {Rt2, Rt}=memory[Rn+(#imm8<<2)]	不支持 Armv8-M 基础版指令集架构 −1020< 偏移量 <+1020

若要将寄存器设置为 32 位立即数数据，可以采用下面几种方法。

最常见的方法是使用一个叫作 LDR 的伪指令。例如：

```
LDR R0, =0x12345678 ; 把 R0 设置成 0x12345678
```

这并不是一条真正的指令。汇编器会将该指令转换为内存传输指令并在程序镜像中以文本数据项存储：

```
LDR R0, [PC, #offset]
...
DCD 0x12345678
```

在上面的例子中，LDR 指令读取内存位置 [PC+ 偏移量] 处的数值，并将该值存储到 R0 寄存器中。注意，由于 Cortex-M 处理器的流水线特性，计算地址所用的 PC 值并不一定恰好和 LDR 指令的地址一致，不过 PC 值的偏移量无须手动计算，汇编器将会自动计算该偏移量。

文本池

通常汇编器（将汇编代码转换为二进制文件的工具）将文本数据（例如，上例中的 DCD 0x12345678）分组成数据块，该数据块称为文本池。由于 LDR 指令中的偏移量是有限的，一个程序通常需要很多文本池以便 LDR 指令访问文本数据。为此，需要插入汇编指令，如 LTORG（或 pool），以指定汇编器在哪里插入这些文本池。如果不进行指定，汇编器会把所有文本数据放置在程序代码末端，这可能会导致文本数据的地址偏移量太大而无法在 LDR 指令中编码。

5.7.7 多重加载 / 存储

Arm 处理器中有趣且非常有用的特性之一是具有多重加载 / 存储指令。可以使用一条指令将连续的多个数据读取或写入内存中。该指令有助于提高代码密度，并在某些情况下也可以提高性能。比如通过减少指令来获取内存带宽。多寄存器加载（Load Multiple Register，LDM）和多寄存器存储（Store Multiple Register，STM）指令仅支持 32 位数据。

在使用 STM/LDM 指令时，需要以寄存器列表（表示为 {reg_list}）的形式给出保存读 / 写数据的寄存器。该列表至少包含一个寄存器，并且：

- ❑ 以 "{" 开始，以 "}" 结束。
- ❑ 用 "-" 表示范围。例如，R0 ~ R4 表示 R0、R1、R2、R3 和 R4。
- ❑ 使用 ","（逗号）来分隔每个寄存器。
- ❑ 不得包含 SP（栈指针）寄存器，如果采用回写形式，基址寄存器 Rn 不得出现在寄存器列表 "{reg_list}" 中。

例如，以下指令将地址 0x20000000 至 0x2000000F（4 个字）的数值读取到寄存器 R0 ~ R3 中：

```
LDR    R4,=0x20000000 ; 设置 R4 为 0x20000000（地址）
LDMIA R4!, {R0-R3}   ; 读取 4 个字并把它们分别存储到 R0 ~ R3 中
```

寄存器列表可以是不连续的。例如，寄存器列表" {R1, R3, R5-R7, R9, R11-R12}"包含寄存器 R1、R3、R5、R6、R7、R9、R11 和 R12，但是，在 Armv8-M 基础版指令集架构中，在多重加载 / 存储指令中只能使用低位寄存器（R0 ~ R7）。

与其他加载 / 存储指令相似，STM 和 LDM 也可以通过"!"标志来支持回写。例如：

```
LDR   R8,=0x8000  ; 把 R8 设置为 0x8000（地址）
STMIA R8!, {R0-R3} ; 存储后 R8 改变到 0x8010
```

在 Armv8-M 基础版指令集架构中，基址寄存器通常在执行 LDM/STM 指令（见表 5.28）后自动更新，除非 LDM 指令的 Rn（地址寄存器）是需要通过读取操作更新的寄存器之一（即 Rn 包含在 {reg_list} 中）。

在 Armv8-M 主线版指令集架构中，LDM 和 STM 指令支持两种类型的变址：

❏ IA：每次读 / 写后地址增加。

❏ DB：每次读 / 写前地址减小。

表 5.28　多重加载 / 存储指令

指令	描述	限制
LDMIA Rn!, {reg_list}	从 Rn 指定的内存位置中读取多个数值加载到列表寄存器中（Rn 不在寄存器表中）。Rn 在最后一次加载操作后更新到后续地址	对于 Armv8-M 基础版指令集架构，寄存器列表的寄存器和 Rn 必须都是低位寄存器之一（R0 ~ R7）
STMIA Rn!, {reg_list}	把列表寄存器中的多个数值写入 Rn 指定的内存位置。Rn 在最后一次存储操作后更新到后续地址	同上
LDM Rn, {reg_list}	从 Rn 指定的内存位置中读取多个数值加载到列表寄存器中（Rn 在寄存器表中）。Rn 通过前面的加载数据操作之一更新其数据	同上。对于 Armv8-M 基础版指令集架构，这种形式的 LDM 指令只有当 Rn 在寄存器列表中时才允许使用。Armv8-M 主线版指令集架构没有这种限制

LDM 和 STM 指令可以不做基址写回。例如，Armv8-M 主线版指令集架构支持的表 5.29 中列出的指令。

对于 LDM 和 STM 指令也有一些限制：

❏ 基址寄存器 Rn 不能是 PC。

❏ 在任何 STM 指令中，reg_list 都不能包含 PC。

❏ 在任何 LDM 指令中，reg_list 都不能同时包含 PC 和 LR。

❏ 如果 Rn 在指令的 reg_list 中，则写回形式（带有 Rn!）不能使用。

❏ 传输地址必须按字对齐。

通常，要避免使用 LDM 和 STM 指令访问外设寄存器，否则会发生意外，比如 FIFO 寄存器，读 / 写都有可能改变 FIFO 的状态，状态改变有可能触发中断。如果指令启动后发生中断，Armv8-M 和 Armv6-M 处理器允许放弃并重新启动指令。而 LDM/STM 指令在进入中断服务程序之后重新启动，LDM/STM 可能会错误地重新对某些寄存器读写。

在 Armv8-M 主线版指令集架构和 Armv7-M 架构中，程序状态寄存器中的中断连续位域允许 LDM 和 STM 存储和恢复状态，无须重复已经执行的传送动作。因此，上面强调的问题不会影响这些处理器。

表 5.29　Armv8-M 主线版指令集架构增加的多重加载 / 存储指令

指令	描述	限制
`LDMIA Rn, {reg_list}`	读取多字，地址在读取每个寄存器后增加 (IA)	请参见此表后面的列表
`LDMDB Rn, {reg_list}`	读取多字，地址在读取每个寄存器之前减小 (DB)	请参见此表后面的列表
`STMIA Rn, {reg_list}`	写入多字，地址在写入每个寄存器后增加 (IA)	请参见此表后面的列表
`STMDB Rn, {reg_list}`	写入多字，地址在写入每个寄存器后减小 (DB)	请参见此表后面的列表
`LDMIA Rn!, {reg_list}`	读取多个字，地址在读取每个寄存器后增加 (IA)。然后把 Rn 更新到后续地址（回写）	请参见此表后面的列表
`LDMDB Rn!, {reg_list}`	读取多字，地址在写入每个寄存器 (DB) 后减小。然后把 Rn 更新到后续地址（回写）	请参见此表后面的列表
`STMIA Rn!, {reg_list}`	写入多个字，地址在写入每个寄存器 (IA) 后增加。然后把 Rn 更新到后续地址（回写）	请参见此表后面的列表
`STMDB Rn!, {reg list}`	写入多个字，地址在写入每个寄存器 (IA) 后减小。然后将 Rn 更新到后续地址（回写）	请参见此表后面的列表

5.7.8　PUSH/POP 操作

LDM 和 STM 指令存在一种特殊的形式，它是用于栈操作的 POP 和 PUSH 指令。为了清晰起见，栈操作建议使用 PUSH 和 POP 助记符。

PUSH 和 POP 指令使用当前选定的栈指针（SP）寻址，其中 SP 总是随着 PUSH 和 POP 的操作而更新。栈指针的选择取决于以下几个因素：

❑ 当支持 TrustZone 安全技术时，需要考虑处理器的安全状态。

❑ 处理器的当前工作模式（线程模式或处理程序模式）。

❑ CONTROL 寄存器中位 1 的值（CONTROL 寄存器部分参见 4.2.2.3 节，栈内存参见 4.3.4 节）。

表 5.30 给出了栈的 PUSH 和 POP 指令描述。

PUSH 和 POP 指令寄存器列表（reg_list）的语法与 LDM、STM 指令相同。例如：

```
PUSH {R0, R4-R7, R9} ; 把 R0、R4、R5、R6、R7、R9 压入栈中
POP  {R2, R3}        ; 把 R2 和 R3 弹出栈
```

通常，PUSH 指令有一个与 POP 指令相对应的相同的寄存器列表，但有时候也会有例外。例如，当 POP 指令用作函数返回时：

```
PUSH {R4-R6, LR} ; 在子程序开始时，保存 R4、R5、R6 和链接寄存器 (Link Register, LR) 的内容
...              ; LR 中包含了处理子程序的返回地址
POP  {R4-R6, PC} ; 弹出 R4 ～ R6，并从栈中返回地址；返回地址直接存储
                 ; 在 PC 中，这将触发一个跳转（子程序返回）
```

采用 POP 指令将返回地址直接写入 PC，而不是把返回地址弹出到 LR 中，再将其作为一个单独的步骤写入 PC。这样做可以减少指令及时钟周期计数。

表 5.30　寄存器的栈 PUSH 和 POP 指令

指令	描述	限制
PUSH {reg_list}	在栈中存储列表中的寄存器内容	对于 Armv8-M 基础版指令集架构，只能使用低位寄存器和 LR
POP {reg_list}	从栈中恢复列表中的寄存器内容	对于 Armv8-M 基础版指令集架构，只能使用低位寄存器和 PC

16 位版本的 PUSH 和 POP 指令只能使用低位寄存器（R0 ～ R7）、LR（对于 PUSH）和 PC（对于 POP）。如果一个函数中高位寄存器被修改且需要保存寄存器的内容，那么需要使用一对 32 位的 PUSH 和 POP 指令。

如果支持 FPU，则使用 VPUSH 和 VPOP 存储和恢复 FPU 寄存器的内容，详见 5.7.10 节。

5.7.9　非特权访问指令

通常操作系统提供的 API 在特权模式执行，比如通过管理程序调用（Super Visor Call，SVC）访问 API。由于 API 可能代表调用该 API 的非特权任务执行内存访问，因此必须注意该 API 不能对该非特权任务不应该访问的地址空间执行操作。否则一个恶意任务可能会通过调用操作系统 API 来修改操作系统或系统中其他任务的地址，从而导致安全漏洞。

为了解决这个问题，许多传统的 Arm 处理器提供了允许特权软件以非特权模式访问内存的内存访问指令。Armv8-M 主线版指令集架构（Cortex-M33 处理器）也支持这些指令。通过上述指令，访问权限会受到 MPU 限制。这意味着代表非特权软件任务访问数据的操作系统 API 与非特权软件任务具有相同的权限。

表 5.31 中列出了允许特权软件以非特权模式访问内存的指令，Armv8-M 基础版指令集架构不支持这些指令。

表 5.31　用于特权软件以非特权模式访问方式访问数据的内存访问指令

指令	描述	限制
LDRT Rt, [Rn, #offset]	以非特权等级读取 32 位字 Rt=memory[Rn+#imm8]	Rn 不能是 PC Rt 不能是 SP 或 PC 0< 偏移量 <255
LDRHT Rt, [Rn, #offset]	以非特权等级读取 16 位半字 Rt=memory[Rn+#imm8]	同上
LDRSHT Rt, [Rn #offset]	以非特权等级读取 16 位半字，并对其数值符号扩展 Rt=memory[Rn+#imm8]	同上
LDRBT Rt, [Rn, #offset]	以非特权等级读取 8 位字节 Rt=memory[Rn+#imm8]	同上
LDRSBT Rt, [Rn, #offset]	以非特权等级读取 8 位字节，并对其数值符号扩展 Rt=memory[Rn+#imm8]	同上

（续）

指令	描述	限制
STRT Rt, [Rn, #offset]	以非特权等级写入 32 位字 memory[Rn+#imm8]=Rt	同上
STRHT Rt, [Rn, #offset]	以非特权等级写入 16 位半字 memory[Rn+#imm8]=Rt	同上
STRBT Rf, [Rn, #offset]	以非特权等级写入 8 位字节 memory[Rn+#imm8]=Rt	同上

请注意，Armv8-M 架构为特权 API 提供了另一种方法来检查当前 MPU 配置下是否允许来自非特权任务的指针访问。由于测试目标（Test Target，TT）指令和在 Arm C 语言扩展（ACLE）中新定义的 C 语言内建函数都提供了更简便的指针检查方法，因此不需要使用手动编写的汇编 API 来使用非特权的内存访问指令。

5.7.10　FPU 内存访问指令

对于使用 Armv8-M 主线版指令集架构的处理器，FPU 模块支持很多用于在 FPU 寄存器和内存之间传送数据的 FPU 内存访问指令。这些指令详见表 5.32。

表 5.32　用于 FPU 的内存访问指令（需要 FPU 扩展，Cortex-M23 处理器不支持）

数据类型	从内存中读（加载）	写入内存（存储）
单精度数（32 位）	VLDR.32	VSTR.32
双精度数（64 位）	VLDR.64	VSTR.64
多数据	VLDM	VSTM
栈操作数	VPOP	VPUSH

表 5.33 给出了支持单次内存访问的浮点内存访问指令。

表 5.33　用于 FPU 的单次内存访问指令（需要 FPU 扩展，Cortex-M23 处理器不支持）

举例 注意：#{+/-} 这些字段是可选的	描述
VLDR.32 Sd, [Rn, #{+/-}imm8]	从内存中读取单精度数并把它存储到单精度寄存器 Sd 中 偏移量 =+/-（imm8<<2），即 -1020< 偏移量 <+1020
VLDR.64 Dd, [Rn, #{+/-}imm8]	从内存中读取双精度数并把它存储到双精度寄存器 Dd 中 偏移量 =+/-（imm8<<2），即 -1020< 偏移量 <+1020
VSTR.32 Sd, [Rn, #{+/-}imm8]	（从单精度寄存器 Sd）写单精度数据到内存中 偏移量 =+/-（imm8<<2），即 -1020< 偏移量 <+1020
VSTR.64 Dd, [Rn, #{+/-}imm8]	（从双精度寄存器 Dd）写双精度数据到内存中 偏移量 =+/-（imm8<<2），即 -1020< 偏移量 <+1020

表 5.34 给出了 FPU 的文本数据读取指令。

也支持 FPU 寄存器多次加载或存储操作指令，包括基址寄存器回写的方式，如果在 Rn 之后加感叹号"!"，它会更新 Rn 寄存器，详见表 5.35。

FPU 寄存器也支持栈内存操作（见表 5.36）。

表 5.34 FPU 的文本数据访问指令（需要 FPU 扩展，Cortex-M23 处理器不支持）

举例 注意：#{+/−} 这些字段是可选的	描述
VLDR.32 Sd, [PC, #{+/-}imm8]	从内存中读取单精度数据，并将其存储在单精度寄存器 Sd 中 偏移量 =+/−（imm8<<2），即 −1020< 偏移量 <+1020
VLDR.64 Dd, [PC, #{+/-}imm8]	从内存中读取双精度数据，并将其存储在双精度寄存器 Dd 中 偏移量 =+/−（imm8<<2），即 −1020< 偏移量 <+1020

表 5.35 FPU 的多重加载 / 存储指令（需要 FPU 扩展，Cortex-M23 处理器不支持）

举例	描述
VLDMIA.32 Rn, <s_reg list>	读取多个单精度数据，每次读取寄存器后（IA）地址增加
VLDMDB.32 Rn, <s_reg list>	读取多个单精度数据，每次读取寄存器前（DB）地址减小
VLDMIA.64 Rn, <d_reg list>	读取多个双精度数据，每次读取寄存器后（IA）地址增加
LDMDB.64 Rn, <d_reg list>	读取多个双精度数据，每次读取寄存器前（DB）地址减小
VSTMIA.32 Rn, <s_reg list>	写入多个单精度数据，每次写入寄存器后地址增加
VSTMDB.32 Rn, <s_reg list>	写入多个单精度数据，每次写入寄存器前地址减小
VSTMIA.64 Rn, <d_reg list>	写入多个双精度数据，每次写入寄存器后地址增加
VSTMDB.64 Rn, <d_reg list>	写入多个双精度数据，每次写入寄存器前地址减小
VLDMIA.32 Rn!, <s_reg list>	读取多个单精度数据，每次读取寄存器后（IA）地址增加，Rn 在 传送完成后写回
VLDMDB.32 Rn!, <s_reg list>	读取多个单精度数据，每次读取寄存器前（DB）地址减小，Rn 在 传送完成后写回
VLDMIA.64 Rn!, <d_reg list>	读取多个双精度数据，每次读取寄存器后（IA）地址增加，Rn 在 执行完成后写回
VLDMDB.64 Rn!, <d_reg list>	读取多个双精度数据，每次读取寄存器前（DB）地址减小，Rn 在 执行完成后写回
VSTMIA.32 Rn!, <s_reg list>	写入多个单精度数据，每次写入寄存器后地址增加，Rn 在执行完 成后写回
VSTMDB.32 Rn!, <s_reg list>	写入多个单精度数据，每次写入寄存器前地址减小，Rn 在执行完 成后写回
VSTMIA.64 Rn!, <d_reg list>	写入多个双精度数据，每次写入寄存器前地址增加，Rn 在执行完 成后写回
VSTMDB.64 Rn!, <d_reg list>	写入多个双精度数据，每次写入寄存器前地址减小，Rn 在执行完 成后写回

表 5.36 FPU 寄存器的栈压入 / 弹出指令（需要 FPU 扩展，Cortex-M23 处理器不支持）

举例	描述
VPUSH.32 <s_reg list>	存储单精度寄存器的内容到栈中（即 S0 ～ S31）
VPUSH.64 <d_reg list>	存储双精度寄存器的内容到栈中（即 D0 ～ D15）
VPOP.32 <s_reg list>	从栈中恢复单精度寄存器的内容
VPOP.64<d_reg list>	从栈中恢复双精度寄存器的内容

与 PUSH 和 POP 不同，VPUSH 和 VPOP 指令要求：

❑ 寄存器列表中的寄存器是连续的。

❑ 每个 VPUSH 或 VPOP 压栈 / 出栈的最大寄存器数是 16。

当需要保存超过 16 个单精度浮点寄存器时，要么使用双精度指令，要么使用两对 VPUSH 和 VPOP。

5.7.11 独占访问

独占访问指令是用于产生信号量（semaphore）和互斥（Mutual Exclusion，MUTEX）操作的一组特殊的内存访问指令。在这些操作中，需要原子级"读 – 改 – 写"（atomic read-modify-write）操作。独占访问指令能够使用短指令序列实现原子操作。请注意，术语 atomic read-modify-write 的"原子"概念仅从高级软件的角度来看才有效。在操作层面，读、写操作由单独的指令完成，因此读操作和写操作之间存在时间间隔。

从硬件角度看，虽然无法防止中断服务或者另一个总线主机执行的访问更新信号量数据，但是独占访问会检测出这类访问冲突，当检测出访问冲突时，软件将重新启动整个访问程序，尝试执行之前不成功的 Semaphore/MUTEX 操作。

在嵌入式操作系统中，常常需要在多个应用程序任务甚至是多个处理器之间共享同一资源（通常是硬件，也可以是软件），这就会用到 Semaphore 和 MUTEX 操作。

独占访问指令包括独占加载和独占存储。在 Armv8-M 架构中引入了独占访问指令的其他变形（参见 5.7.12 节）。在处理器内部和总线互连中有专用硬件电路监控独占访问。在处理器内部，有一个一位的寄存器来记录正在进行的独占访问程序，它被称为**本地独占访问监视器**。在系统总线级别还存在**全局独占访问监视器**，用于检查独占访问程序使用的存储位置（或存储设备）是否已有另一个处理器或其他总线主机访问。处理器在总线接口中有一个额外的信号用来指示传送是否是独占访问，另一个信号用来接收来自系统总线级独占访问监视器的响应。

在 Semaphore 或 MUTEX 操作中，RAM 中的数据变量被用作标记（token）。该变量用于指示是否将硬件资源分配给应用程序任务。例如：

❑ 如果上述变量为 0，则表示硬件资源可用。

❑ 如果上述变量为 1，则表示硬件资源已经被分配任务。

通过这种安排，用于请求资源的独占访问序列如图 5.3 所示。在图 5.3 中给出了许多步骤，其描述如下：

1）使用独占加载（读取）访问变量：本地独占访问监视器更新指示活动的独占访问传送，如果存在总线级独占访问监视器，它也将更新有关独占加载的信息。

2）通过应用程序代码检查变量确定硬件资源是否已被分配（即 locked）：如果值为 1（已被分配），则可以稍后重试，或者向请求资源的应用程序任务返回失败状态。如果值为 0（资源是空闲的），则可以尝试进一步分配资源。

3）使用独占存储的任务把值 1 写入变量：如果设置了本地独占访问监视器并且在总线级独占访问监视器中没有报告独占访问冲突，则变量将更新，并且返回独占存储成功状态。如果在执行独占加载或者执行独占存储时发生了可能对变量的独占性访问有影响的事件，独占存储会获得失败的返回状态，变量也不会更新（更新要么被处理器取消，要么被总线级独占访问监视器阻止）。

4）利用独占存储的返回状态，应用程序任务会知道硬件资源分配是否成功，如果不成功，可以稍后重试请求或向请求资源的应用程序任务返回失败状态。

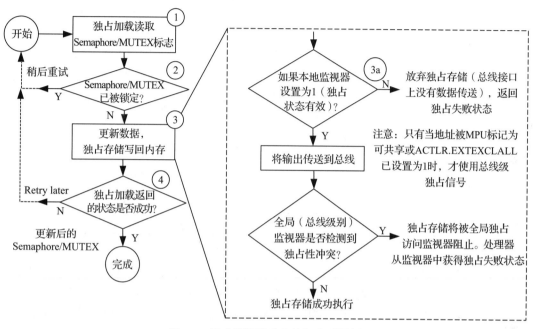

图 5.3　请求资源的独占访问序列举例

独占存储操作的返回状态由寄存器传递：返回值为 0 表示成功，返回值为 1 表示失败。如果出现以下情况，则独占存储将失败：

❑ 总线级独占访问监视器返回独占故障响应（比如存储位置或存储范围被另一个处理器占用）。

❑ 未设置本地独占访问监视器。其原因可能是：

● 一个错误的独占访问程序。

● 发生独占加载或独占存储中断进入 / 退出事件（存储位置或存储范围被中断处理程序或其他应用程序任务占用）。

● 执行一种叫作 CLREX 的特殊指令，它会清除本地独占访问监视器。

由于独占访问冲突监测规则偏向悲观，因此独占访问失败并不意味着一定发生了独占访问冲突。例如，总线级独占访问监视器并不记录也不比较地址值的低几位，即独占监视器硬件的地址颗粒度，也称作独占保留颗粒（Exclusives Reservation Granule，ERG）。另外，假如发生了异常事件，异常处理程序可能并不访问该信号量变量。然而该机制确实能够确保检测到访问冲突，这种处理方法的唯一缺点就是在信号量操作期间有可能浪费了少量的时钟周期。

表 5.37 列出了独占访问指令。

表 5.37　独占访问指令

指令	描述	限制
LDREXB Rt, [Rn]	从存储位置 Rn 处以独占读取的方式读取一个字节 Rt= memory [Rn]	Rt 不能是 SP/PC Rn 不能是 PC
LDREXH Rt, [Rn]	从存储位置 Rn 处独占读取一个半字 Rt= memory [Rn]	同上
LDREX Rt, [Rn, #offset]	独占读取,立即数相对寻址 Rt= memory [Rn+(imm8<<2)]	同上 0< 偏移量 <1020
STREXB Rd, Rt, [Rn]	以独占存储的方式将 Rt 中的字节写到内存 Rn 中; 返回状态到 Rd	同上
STREXH Rd, Rt, [Rn]	以独占存储的方式将 Rt 中的半字写到内存 Rn 中; 返回状态到 Rd	同上
STREX Rd, Rt, [Rn, #offset]	独占存储,立即数相对寻址。 memory [Rn+(imm8<<2)] =Rt,返回状态到 Rd	同上 0< 偏移量 <1020
CLREX	将本地独占访问监视器强制清零。注意,这不是一条内存访问指令,在这里列出是因为它与排他访问序列有关	无

在创建简洁的 Semaphore/MUTEX 代码时,需要注意附加内存屏障指令。因为高端处理器出于性能考虑会采用存储重排序技术,这可能导致与 Semaphore 操作相关而变得复杂(这部分内容见 5.7.12 节)。传统上这个问题可以通过 DSB 或 DMB 指令来避免(参见 5.19 节)。在 Armv8-M 架构中引入了具有内存屏障语义的独占访问指令的变体(即加载获取和存储释放指令,见表 5.38)。

表 5.38　带内存屏障语义的独占访问指令

指令	描述	限制
DAEXB Rt, [Rn]	从内存位置 Rn 处以独占访问的方式读取字节 Rt = memory [Rn]	Rt 不能是 PC/SP Rn 不能是 PC
LDAEXH Rt, [Rn]	从内存位置 Rn 处以独占访问的方式读取半字 Rt = memory [Rn]	同上
LDAEX Rt, [Rn]	从内存位置 Rn 处以独占访问的方式读取字 Rt = memory [Rn]	同上
STLEXB Rd, Rt, [Rn]	以独占访问的方式将 Rt 中的字节写入 Rn 中 memory [Rn]=Rt; 返回 Rd 状态	同上
STLEXH Rd, Rt, [Rn]	以独占访问的方式将 Rt 中的半字写入 Rn 中 memory [Rn]=Rt; 返回 Rd 状态	同上
STLEX Rd, Rt, [Rn]	以独占访问的方式将 Rt 中的字写入 Rn 中 memory [Rn]=Rt; 返回 Rd 状态	同上

有关内存屏障和加载获取 / 存储释放指令的进一步信息详见 5.7.12 节。

Cortex-M23 和 Cortex-M33 处理器中的独占访问行为与 Cortex-M3 和 Cortex-M4 处理器中的不同,在 Cortex-M23 和 Cortex-M33 处理器中,只有在以下情况下才使用总线级独占信号：

- MPU 将地址标记为可共享状态。
- 辅助控制寄存器（Auxiliary Control Register，ACR）中的所有外部独占（External Exclusive All，EXTEXCLALL）位被设置为 1。

在 Cortex-M3 和 Cortex-M4 处理器中，独占边带信号可用于所有的独占访问，而不用考虑地址的共享属性。因此，当使用 Cortex-M23 和 Cortex-M33 处理器时，如果信号量数据要由多个处理器访问，要么通过对 MPU 编程标记要共享的信号量变量的地址，要么把 ACTLR.EXTEXCLALL 设置为 1。

Armv6-M 处理器（例如 Cortex-M0、Cortex-M0+ 处理器）不支持独占访问。

5.7.12 加载 – 获取和存储 – 释放

加载 – 获取和存储 – 释放指令是带内存排序的内存访问指令。这些指令是 Cortex-M 处理器系列中的新增指令，其设计目的在于处理多处理器系统间的数据访问，包括 C11 标准中引入的原子变量处理。

在高性能处理器中，处理器硬件通过重排内存访问来提高性能。这种性能提升并不会对软件造成问题，只要满足处理器能够跟踪访问顺序，并且能够确保操作结果不受影响。

存储访问重排序技术包括以下内容：

- 在读取数据时，处理器可以有选择性地提早执行读取操作，以防止使用数据的后续数据处理操作停滞。在具有长流水线的高性能处理器中，只要存储位置不是外围设备，读操作就可以尝试在流水线中提前开始。这种推测性读取不能违反安全管理，例如 TrustZone 安全功能扩展的内存分区。
- 在写入数据时，处理器采用一个包含多个缓冲区条目的写缓冲区。在这种情况下，写操作可能延迟或在写缓冲区中停留一段时间，导致后续写操作有可能会在它之前写入内存。

在单处理器系统中，这种内存访问重新排序非常完美，但是当系统包含两个或更多处理器，同时这些处理器上运行的软件之间存在交互时，重新排序就有可能会出现问题。

图 5.4 给出了可能发生此类问题的操作顺序示例。

当内存访问重新排序发生时，处理器 B 可能会从尚未更新的内存位置 X 处获取数据，如图 5.5 所示。这种问题在单核系统中是不会发生的，原因在于处理器的总线接口通过将写缓冲区中的写数据转发到位置 X 的推测性读访问来检测并解决潜在的

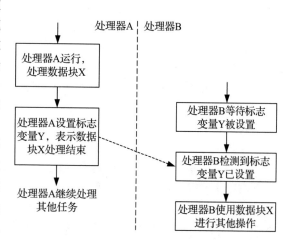

图 5.4 运行在两个处理器上的软件的交互

访问冲突。

在以前的 Arm 处理器中，对设备有内存访问顺序要求（即外设地址范围），而对普通内存（例如，静态随机存取存储器）的存储访问排序行为并不是严格要求的，这可能导致发生图 5.5 中所示的问题。为了解决这个问题，需要添加内存屏障指令（参见 5.19 节）以确保系统中其他总线主机看到的内存访问顺序与程序的预期行为一致（见图 5.6）。然而在高性能处理器中，这些内存屏障指令的使用会占用大量时钟周期，进而影响性能。例如，写缓冲区中的所有数据都必须清空，如果随后有任何提前开始的读取操作，则需要放弃这些操作并重新发布。

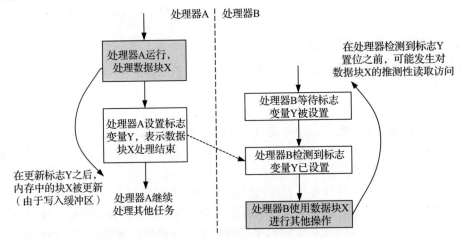

图 5.5　内存访问重新排序会导致多核软件出现问题

为了减少对性能的影响，更新一些的 Arm 处理器架构（从 Armv8-M 开始）中引入了存储释放和加载获取指令（见图 5.7）。

❑ 存储 – 释放（store-release——存储写入操作，需要等到先前发出的写操作完成后才被发送到总线。在这种情况下，当其他总线主机观察到标志变量 Y 被更新（由存储释放指令更新）时，表明数据块 X 的更新完成。

❑ 加载 – 获取（load-acquire）——存储加载操作，在加载获取操作完成之前，防止后续读取访问。之前的缓冲写入不必清空，从而避免造成长时间延迟。

在 Arvm8-M 架构中，加载获取和存储释放指令适用于字、半字、字节的数据大小（见表 5.39）。

表 5.38 给出了加载 – 获取和存储 – 释放指令的独占访问变量。

在 Cortex-M23 和 Cortex-M33 处理器中，由于流水线相对简单且没有内存访问重新排序，加载 – 获取和存储 – 释放指令的执行就像正常的内存访问指令一样。架构中包含这些指令有助于实现不同类别的处理器（小型、低功耗的 Cortex-M 或者高性能的 Cortex-A 处理器）之间更好的对齐。我们可以设计一个 Cortex-M 处理器产品，使其具有超标量流水线，类似于 Cortex-M7 处理器中的流水线，在架构中包含这些指令能够使设计更加高效。由于 Cortex-M 产品系列的生命周期非常长，所以这对该产品系列来说非常重要。

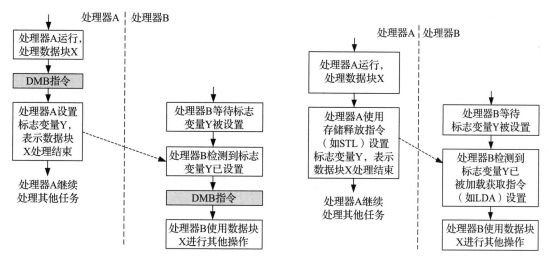

图 5.6 使用数据内存屏障（DMB）指令来
避免出现访问顺序问题

图 5.7 使用加载 – 获取和存储 – 释放指令
来避免顺序问题

表 5.39 加载 – 获取和存储 – 释放指令

指令	描述	限制
LDAB Rt, [Rn]	从内存位置 Rn 处读取字节 Rt=memory[Rn]	Rt 不能是 SP/PC Rn 不能是 PC
LDAH Rt, [Rn]	从内存位置 Rn 处读取半字 Rt=memory[Rn]	同上
LDA Rt, [Rn]	从内存位置 Rn 处读取字 Rt=memory[Rn]	同上
STLB Rt, [Rn]	将 Rt 中的字节写入内存位置 Rn 处	同上
STLH R, [Rn]	将 Rt 中的半字写入内存位置 Rn 处	同上
STL Rt, [Rn]	将 Rt 中的字写入内存位置 Rn 处	同上

5.8 指令集——算术运算

算术运算是软件运算的关键部分，所有的 Armv8-M 处理器都支持一套算术指令。例如：

❑ 加法（包括带进位加法）。

❑ 减法（包括带借位减法）。

❑ 乘法和乘加（multiply-accumulate，MAC）。注意，MAC 仅适用于主线版指令集架构。

❑ 除法。

上述的算术指令有不同的形式（不同的语法和二进制编码）。例如：

❑ 两个寄存器之间的操作。

❑ 寄存器和立即数之间的操作。

因为 Cortex-M23 处理器被设计得较小，所以它只支持上述算术指令的一个子集，并且

大部分是 16 位指令。Cortex-M23 处理器支持的多数算术指令具有如下特征:

❑ 仅限于低位寄存器(R0 ～ R7)。

❑ 总是会更新 APSR。

❑ 支持的立即数值范围较小。

通常 16 位的数据处理指令总会更新 APSR,且带"S"后缀。但是,如果在 Armv8-M 主线版指令集架构处理器(如 Cortex-M33)中使用了其中某条指令,那么若未更新 APSR 则会出现异常。当指令在条件执行结构 IF-THEN 中使用时,指令不会更新 APSR,代码编写不带"S"后缀。

Cortex-M23 和 Cortex-M33 处理器支持以下指令(见表 5.40),除了除法指令外,它们大多为 16 位。

表 5.40 Armv8-M 基础版指令集架构和主线版指令集架构支持的算术指令

指令	描述	限制
ADD Rd, Rm	Rd=Rd+Rm	Rd 和 Rm 可以是高 / 低位寄存器
ADD Rd, SP, Rd	Rd=SP+Rd	Rd 可以是高 / 低位寄存器
ADDS Rd, Rn, Rm	Rd=Rn+Rm,APSR 更新	Rd、Rn 和 Rm 都是低位寄存器
ADDS Rd, Rn, #imm3	Rn+Zero_Extend(#imm3),APSR 更新	同上
ADDS Rd, Rd, #imm8	Rd+Zero_Extend(imm8),APSR 更新	同上
ADD SP, Rm	SP=SP+ Rm	Rm 可以是高 / 低位寄存器
ADD Rd, SP, #imm8	Rd= SP+Zero_Extend (#imm8<<2)	Rd 必须是低位寄存器
ADD SP, SP, #imm7	SP= SP+Zero_Extend (#imm7<<2)(用于 C 函数为本地变量保留内存空间)	
ADR Rd, label ADD Rd, PC, #imm8	Rd=(PC[32:2]<<2)+Zero_Extend(imm8<<2)用于在程序内存中查找数据地址(可以是文本数据、查找表、跳转表)。数据地址需要接近当前的程序计数器	Rd 必须是一个低位寄存器。得到的地址必须按字对齐
ADCS Rd, Rm	带进位的加法 Rd=Rd+Rm+Carry,APSR 更新	Rd 和 Rm 必须是低位寄存器
SUBS Rd, Rn, Rm	Rd=Rn−Rm,APSR 更新	Rd、Rn 和 Rm 都是低位寄存器
SUBS Rd, Rn, #imm3	Rd=Rn−Zero_Extend(#imm3),APSR 更新	Rd 和 Rn 必须是低位寄存器
SUBS Rd, #imm8	Rd=Rd−Zero_Extend(#imm8),APSR 更新	Rd 是低位寄存器
SBCS Rd, Rd, Rm	带借位的减法 Rd=Rd−Rm−Borrow,APSR 更新	Rd 和 Rm 都是低位寄存器
RSBS Rd, Rn, #0	反减 Rd=0−Rn,APSR 更新	Rd 和 Rm 都是低位寄存器
CMP Rn, Rm	比较:计算 Rn−Rm,然后更新 APSR	Rd 和 Rm 都是低位寄存器或都是高位寄存器
CMP Rn, #imm8	比较:计算 Rn−Zero_Extend(#imm8),更新 APSR	Rn 是低位寄存器

（续）

指令	描述	限制
CMN Rd, Rm	负比较：计算出 Rn+Rm 并更新 APSR	Rd 和 Rn 都是低位寄存器
MULS Rd, Rm, Rd	Rd=Rd* Rm（结果为 32 位），APSR.N 和 APSR.Z 更新	Rd 和 Rm 都是低位寄存器
UDIV Rd, Rn, Rm	Rd=Rn/Rm（无符号除）	Rd、Rn 和 Rm 可以是低位或高位寄存器
SDIV Rd, Rn, Rm	Rd=Rn/Rm（有符号除）	Rd、Rn 和 Rm 可以是低位或高位寄存器

Armv8-M 主线版指令集架构追加了算术指令范围：

❑ 更大的立即数取值范围。

❑ 使用高位寄存器的能力。

❑ 灵活的第二个操作数选项（"灵活的 op2"）。

5.6.3 节介绍了灵活的第二操作数功能，其中 op2 可以是一个常量，形式为（注意，以下的 X 和 Y 是十六进制数字）：

❑ 在一个 32 位字中，将一个 8 位数值左移任意数量所产生的常数。

❑ 形如 0x00XY00XY 的任何常数。

❑ 形如 0xXY00XY00 的任何常数。

❑ 形如 0xXYXYXYXY 的任何常数。

灵活的第二个操作数，其第二种形式是一个支持可配置位移/循环的寄存器。通常在 Rm 之后附加一个移位操作符来表示。例如：

```
opcode Rd, Rn, Rm, LSL#2 ;Rm 的移位操作为 LSL#2，即逻辑左移 2 位
```

其中，Rm 说明符是用来保存第二个操作数数据的寄存器，而 shift 说明符是可选的，用来说明 Rm 的移位操作。shift 可配置的内容如表 5.41 所示。

移位操作是动态的，不会影响 Rm 寄存器中保存的数据，但是移位操作会更新进位标志。如果省略了移位说明符或者移位表达式指定 LSL #0，则该指令将使用 Rm 中的值而不再更改。

表 5.41 第二操作数可配置移位操作（桶形移位器）

移位表示	描述
ASR #n	算术右移 n 位，$1 \leqslant n \leqslant 32$
LSL #n	逻辑左移 n 位，$1 \leqslant n \leqslant 31$
LSR #n	逻辑右移 n 位，$1 \leqslant n \leqslant 32$
ROR #n	循环右移 n 位，$1 \leqslant n \leqslant 31$
RRX	循环右移 1 位，并且扩展（见 5.10 节中的 RRX 描述）

第二个操作数不仅可用于算术运算，也适用于许多指令。

Armv8-M 主线版指令集架构扩展提供的附加算术指令见表 5.42。在该表中使用"{S}"（S 后缀——APSR 更新）和"{,shift}"（shift 操作说明符）来表明这些参数是可选的。高位寄存器和低位寄存器都可以与这些指令配合使用。

表 5.42　Armv8-M 主线版指令集架构支持的算术指令

指令	描述
ADD{S} Rd, Rn, Rm {, shift}	Rd=Rn+shift(Rm)，APSR 更新或不更新
ADD{S} Rd, Rn, #imm12	Rd=Rn+#imm12，APSR 更新或不更新
ADD{S} Rd, Rn, #imm	Rd=Rn+#imm（灵活的 op2 形式），APSR 更新或不更新
ADD{S} Rd, SP, Rm {, shift}	Rd=SP +shift(Rm)
ADDW Rd, SP, #imm12	Rd=SP+#imm12
ADD{S} Rd, SP, #imm	Rd=SP+#imm（灵活的 op2 形式），APSR 更新或不更新
ADC{S} Rd, Rn, #imm	Rd=Rn+#imm（灵活的 op2 形式），APSR 更新或不更新
ADC{S} Rd, Rn, Rm {, shift}	Rd=Rn+shift(Rm)+ 进位，APSR 更新或不更新
ADR Rd, label	Rd=(WordAlign(PC)+4)+/-#immed12
SUB{S} Rd, Rn, Rm {, shift}	Rd=Rn−shift(Rm)，APSR 更新或不更新
SUB{S} Rd, Rn, #imm12	Rd=Rn−#imm12，APSR 更新或不更新
SUB{S} Rd, Rn, #imm	Rd=Rn−#imm（灵活的 op2 形式），APSR 更新或不更新
SUB{S} Rd, SP, Rm {, shift}	Rd=SP−shift(Rm)
SUBW Rd, SP, #imm12	Rd=SP−#imm12
SUB{S} Rd, SP, #imm	Rd=SP−#imm（灵活的 op2 形式），APSR 更新或不更新
SBC{S} Rd, Rn, #imm	Rd=Rn−#imm（灵活的 op2 形式）− 借位，APSR 更新或不更新
SBC{S} Rd, Rn, Rm {, shift}	Rd=Rn−shift(Rm)+ 借位，APSR 更新或不更新
RSB{S} Rd, Rn, #imm	Rd=#imm（灵活的 op2 形式）−Rn，APSR 更新或不更新
RSB{S} Rd, Rn, Rm	Rd=shift(Rm)−Rn，APSR 更新或不更新
CMP Rn, Rm{, shift}	比较：计算 Rn−shift(Rm) 并且更新 APSR
CMP Rn, #imm	比较：计算 Rn−#imm（灵活的 op2 形式）并且更新 APSR
CMN Rn, Rm{, shift}	负比较：计算 Rn+shift(Rm) 并且更新 APSR
CMN Rn, #imm	负比较：计算 Rn+#imm（灵活的 op2 形式）并且更新 APSR
MUL Rd, Rn, Rm	Rd=Rn * Rm，结果为 32 位
MLA Rd, Rn, Rm, Ra	Rd=Ra+Rn*Rm（32 位 MAC 指令，结果为 32 位）
MLS Rd, Rn, Rm, Ra	Rd=Ra-Rn*Rm（32 位带有减法的乘指令，结果为 32 位）
SMULL RdLo, RdHi, Rn, Rm	32 位有符号数相乘，结果为 64 位 {RdHi, RdLo}= Rn * Rm
SMLAL RdLo, RdHi, Rn, Rm	32 位有符号数乘加，结果为 64 位 {RdHi, RdLol} += Rn * Rm
UMULL RdLo, RdHi, Rn, Rm	32 位无符号数相乘，结果为 64 位 {RdHi, RdLo}=Rn * Rm
UMLAL RdLo, RdHi, Rn, Rm	32 位无符号数乘加，结果为 64 位 {RdHi, RdLo} += Rn * Rm

与 Armv8-M 基础版指令集架构的算术指令相比，Armv6-M 架构不支持硬件除法指令（UDIV 和 SDIV），而所有的 Armv8-M 处理器都支持上述指令。

在 Cortex-M33 处理器中，硬件除法指令是可配置的。默认情况下，如果发生除零操作，则 UDIV 和 SDIV 指令的结果将为零。可以通过设置 NVIC 配置控制寄存器中的 DIVBYZERO 位，以便在发生除零情况时能够触发故障异常（硬故障 / 使用故障）。

5.9 指令集——逻辑运算

另一种类型的数据处理指令是按位逻辑运算。Cortex-M23 和 Cortex-M33 处理器中支持的逻辑运算指令如表 5.43 所示。由于对于 16 位指令，Rd 和 Rn 必须相同，因此 Rd 操作数是可选的。

表 5.43　Armv8-M 基础版指令集架构和主线版指令集架构支持的逻辑指令

指令	描述	限 制
ANDS {Rd, } Rn, Rm	与 Rd=Rn AND Rm，更新 APSR(N, Z)	Rd 和 Rn 必须指定相同的寄存器 所有的寄存器都是低位寄存器
ORRS {Rd, } Rn, Rm	或 Rd=Rn OR Rm，更新 APSR(N, Z)	同上
EORS {Rd, }Rn, Rm	异或 Rd=Rn XOR Rm，更新 APSR(N, Z)	同上
BICS {Rd, } Rn, Rm	位清除 Rd=Rn AND (!Rm)，更新 APSR(N, Z)	同上
MVNS Rd, Rm	按位取反（详见 5.6.2 节） Rd=!Rm，更新 APSR(N, Z)	Rd 和 Rm 都是低位寄存器
TST Rn, Rm	测试（按位与，但不更新目的寄存器） 计算 Rn AND Rm，仅更新 APSR(N, Z)	Rd 和 Rm 都是低位寄存器

Armv8-M 主线版指令集架构处理器支持很多种逻辑运算，如表 5.44 所示。低位寄存器和高位寄存器都支持这些指令。

表 5.44　Armv8-M 主线版指令集架构支持的附加逻辑指令

指令	描述
AND{S} Rd, Rn, Rm {, shift}	与 Rd=Rn AND(shift(Rm))，更新 / 不更新 APSR(N, Z, C)
AND{S} Rd, Rn, #imm	与 Rd=Rd AND imm（灵活的 op2 形式），更新 / 不更新 APSR(N, Z, C)
ORR{S} Rd, Rn, Rm {, shift}	或 Rd=Rn OR Rm，更新 / 不更新 APSR(N, Z, C)
ORR{S} Rd, Rn, #imm	或 Rd=Rd ORimm（灵活的 op2 形式），更新 / 不更新 APSR(N, Z, C)
ORN{S} Rd, Rn, Rm {, shift}	或非 Rd=Rn OR !Rm，更新 / 不更新 APSR(N, Z, C)
ORN{S} Rd, Rn, #imm	或非 Rd=Rd OR !imm（灵活的 op2 形式），更新 / 不更新 APSR(N, Z, C)
EOR{S} Rd, Rn, Rm {, shift}	异或 Rd=Rn XOR Rm，更新 / 不更新 APSR(N, Z, C)
EOR{S} Rd, Rn, #imm	异或 Rd=Rd XOR imm（灵活的 op2 形式），更新 / 不更新 APSR(N, Z, C)
BIC{S} Rd, Rn, Rm {, shift}	位清除 Rd=Rn AND(!Rm)，更新 / 不更新 APSR(N, Z, C)

（续）

指令	描述
BIC{S} Rd, Rn, #imm	位清除 Rd=Rd AND(!imm)（灵活的 op2 形式），更新 / 不更新 APSR(N, Z, C)
MVN{S} Rd, Rm {, shift}	按位取反（也见于 5.6.2 节） Rd=!Rm，更新 / 不更新 APSR(N, Z, C)
TST Rn, Rm {, shift}	测试 （位与，不更新目的寄存器） 计算 Rn 与 Rm，仅更新 APSR(N, Z, C)
TST Rn, #imm	测试 （按位与，不更新目的寄存器） 计算 Rn 与 imm(灵活的 op2 形式)，仅更新 APSR(N, Z, C)
TEQ Rn, Rm {, shift}	测试（按位异或，不更新目的寄存器） 计算 Rn 异或 Rm，仅更新 APSR(N, Z, C)
TEQ Rn, #imm	测试（按位异或，不更新目的寄存器） 计算 Rn 异或 imm(灵活的 op2 形式)，仅更新 APSR(N, Z, C)

注意，C 标志可以作为移位 / 循环操作的一部分进行更新，该操作由灵活的第二操作数确定。

5.10　指令集——移位和循环操作

Cortex-M23 和 Cortex-M33 处理器支持表 5.45 的 16 位指令。

请注意，当使用寄存器来指定移位或循环的长度时，将使用它最低的 8 位（该值可以大于 32 ）。对于逻辑移位操作，如果移位量大于或等于 32，那么写入目的寄存器的值为 0。

表 5.45　Armv8-M 基础版指令集架构和主线版指令集架构支持的移位和循环指令

指令	描述	限制
ASRS {Rd, } Rm, Rs	算术右移 Rd=Rn>> Rm（移位长度为 0 ~ 255）	Rd 和 Rm 必须指定相同的寄存器。所有的寄存器都是低位寄存器
ASRS {Rd, }Rm, #imm	算术右移 Rd=Rm>>imm（移位长度为 1 ~ 32）	同上
LSLS {Rd, }Rm, Rs	逻辑左移 Rd=Rn<<Rm（移位长度为 0 ~ 255）	同上
LSLS{Rd, }Rm, #imm	逻辑左移 Rd=Rm<<imm（移位长度为 0 ~ 31）	同上
LSRS {Rd, }Rm, Rs	逻辑右移 Rd=Rn>> Rm（移位长度为 0 ~ 255）	同上
LSRS {Rd, }Rm, #imm	逻辑右移 Rd=Rm>>imm（移位长度为 1 ~ 32）	同上
RORS {Rd, }Rm, Rs	循环右移 Rd=Rm 右移 Rs 位	同上

执行 ASR 指令时，结果的最高有效位（Most Significant Bit，MSB）保持不变，同时进

位标志（"C"）用最后一个移出位更新，如图 5.8 所示。

对于逻辑移位操作，寄存器中的所有位都会更新（见图 5.9 和图 5.10）。

循环右移指令如图 5.11 所示。

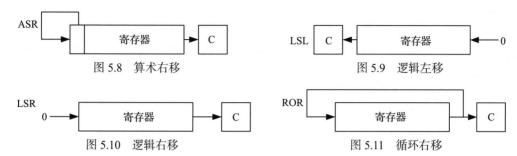

图 5.8 算术右移　　　　　　　　图 5.9 逻辑左移

图 5.10 逻辑右移　　　　　　　　图 5.11 循环右移

该架构只提供了一个循环右移指令。如果需要循环左移操作，则可以使用具有不同偏移量（offset）的 ROR 指令来实现（除了进位标志不同于左循环）：

Rotate_Left(Data, offset))== Rotate_Right(Data, (32-offset))

32 位版本的移位和循环指令（见表 5.46）提供了附加的操作选项和更新 APSR 选项。RRX 操作如图 5.12 所示。

表 5.46　Armv8-M 主线版指令集架构支持的附加移位和循环指令

指令	描述
ASR{S} Rd, Rm, Rs	算术右移 Rd=Rn>>Rm（移位长度为 0 ～ 255）
ASR{S}Rd, Rm, #imm	算术右移 Rd=Rm>>imm（移位长度为 1 ～ 32）
LSL{S} Rd, Rm, Rs	逻辑左移 Rd=Rn<<Rm（移位长度为 0 ～ 255）
LSL{S} Rd, Rm, #imm	逻辑左移 Rd=Rm<<imm（移位长度为 0 ～ 31）
LSR{S} Rd, Rm, Rs	逻辑右移 Rd=Rn>>Rm（移位长度为 0 ～ 255）
LSR{S} Rd, Rm, #imm	逻辑右移 Rd=Rm>>imm（移位长度为 1 ～ 32）
ROR{S} Rd, Rm, Rs	循环右移 Rd=Rm 循环了 Rs（循环范围为 0 ～ 255）
ROR{S}Rd, Rm, #imm	循环右移 Rd=Rm 循环了 imm（循环范围为 1 ～ 31）
RRX{S} Rd, Rm	带扩展循环右移 1 位 Rd=Rm 循环右移了 1 位

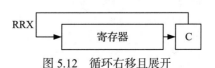

图 5.12　循环右移且展开

5.11　指令集——数据转换（扩展和反向排序）

Cortex-M 处理器支持一套数据转换指令，用于不同数据类型之间的数据转换。例如，将数据从 8 位转换为 32 位，或从 16 位转换为 32 位。这些指令适用于有符号和无符号数据。其 16 位版本支持所有 Cortex-M 处理器，但只能访问低位寄存器（R0 ～ R7）（见表 5.47）。

表 5.47　Armv8-M 基础版指令集架构和主线版指令集架构支持的有符号和无符号扩展指令

指令	描述	限制
SXTB Rd, Rm	有符号扩展字节数据到字 Rd=signed_extend(Rm[7：0])	Rd 和 Rm 只能是低位寄存器
SXTH Rd, Rm	有符号扩展半字数据到字 Rd=signed_extend(Rm[15：0])	同上
UXTB Rd, Rm	无符号扩展字节数据到字 Rd=unsigned_extend(Rm[7：0])	同上
UXTH Rd, Rm	无符号扩展半字数据到字 Rd=unsigned_extend(Rm[15：0])	同上

SXTB 指令用 bit[7] 对输入值（Rm）做符号位扩展，SXTH 指令用 bit[15] 对输入值（Rm）做符号位扩展。而 UXTB 和 UXTH，输入值用 0 扩展至一个 32 位。

例如，如果 R0 为 0x55AA8765：

```
SXTB R1, R0 ; R1 = 0x00000065
SXTH R1, R0 ; R1 = 0xFFFF8765
UXTB R1, R0 ; R1 = 0x00000065
UXTH R1, R0 ; R1 = 0x00008765
```

这些指令的 32 位版本允许使用高位寄存器，并为输入数据提供一个可选的循环参数（见表 5.48）。

表 5.48　关于 Armv8-M 主线版指令集架构附加的有符号和无符号扩展指令

指令	描述
SXTB Rd, Rm, {ROR #n} (n = 0/ 8 / 16/ 24)	有符号扩展字节数据到字 Rd=sign_extend(Rm[7：0])；没有循环 Rd=sign_extend(Rm[15：8]); n=8 Rd=sign_extend(Rm[23：16]);n=16 Rd=sign_extend(Rm[31：24]);n=24
SXTH Rd, Rm, {ROR #n} (n = 0 / 8 / 16/ 24)	有符号扩展半字数据到字 Rd=sign_extend(Rm[15：0])；没有循环 Rd=sign_extend(Rm[23：8]); n=8 Rd=sign_extend(Rm[31：16]);n=16 Rd=sign_extend(Rm[70], Rm[31：24]);n=24
UXTB Rd, Rm, {ROR #n} (n = 0 / 8 / 16/ 24)	无符号扩展字节数据到字 Rd=unsign_extend(Rm[7：0])；没有循环 Rd=unsign_extend(Rm[15：8]); n=8 Rd=unsign_extend(Rm[23：16]);n=16 Rd=unsign_extend(Rm[31：24]);n=24

（续）

指令	描述
UXTH Rd, Rm, {ROR #n} (n = 0 / 8 / 16/ 24)	无符号扩展半字数据到字 Rd=unsign_extend(Rm[7：0])；没有循环 Rd=unsign_extend(Rm[15：8])；n=8 Rd=unsign_extend(Rm[23：16]);n=16 Rd=unsign_extend(Rm[31：24]);n=24

这类指令对于不同的数据类型之间的数据转换很有用。请注意，有时从存储中加载数据时，符号扩展或无符号扩展也会发生（比如对无符号数据执行 LDRSB 操作和对有符号数据执行 LDRSB 操作）。

Armv8-M 主线版指令集架构中的 DSP 扩展还包括其他扩展指令。这部分内容详见 5.15 节。

还有一种类型的数据转换指令是用来完成小端和大端数据之间的转换。这些指令会反转寄存器中的字节顺序，如表 5.49 所示。

表 5.49　Armv8-M 基础版指令集架构和主线版指令集架构支持的反转指令

指令	描述	限制
REV Rd, Rm	反转字中的字节	Armv8-M 基础版指令集架构只支持 16 位版本，仅可使用低位寄存器
REV16 Rd, Rm	反转半字中的字节	同上
REVSH Rd, Rm	反转低半字中的字节，并且把结果符号扩展到 32 位	同上

这种指令的操作在图 5.13 中说明。

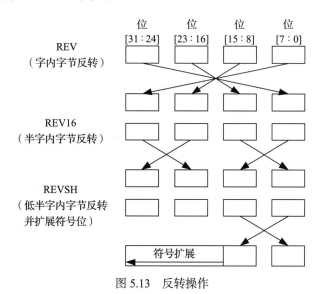

图 5.13　反转操作

REV 反转数据字的字节顺序，REV16 反转半字内的字节顺序。例如，如果 R0 是 0x12345678，则在执行以下操作时：

```
REV   R1, R0
REV16 R2, R0
```

R1 将变成 0x78563412，而 R2 将变成 0x34127856。

REVSH 与 REV16 相似，不同之处在于它只处理字的下半部分，然后对结果进行符号扩展。例如，如果 R0 为 0x33448899，然后运行：

```
REVSH R1, R0
```

R1 将变成 0xFFFF9988。

这些指令的 16 位形式（在 Armv8-M 基础版指令集架构和主线版指令集架构中都有）只能访问低位寄存器（R0 ～ R7）。其 32 位版本（Armv8-M 主线版指令集架构支持）可以操作低位寄存器和高位寄存器。

5.12　指令集——位域处理

位域处理在控制类应用程序和通信协议处理中很常见。Armv8-M 主线版指令集架构处理器支持表 5.50 所列的一套位域处理指令。这些指令在 Armv8-M 基础版指令集架构中不支持。

位域清除（Bit Field Clear，BFC）清除寄存器中任意位置的相邻 1 ～ 31 位。该指令的语法是：

```
BFC Rd, #lsb, #width
```

例如：

```
LDR R0,=0x1234FFFF
BFC R0, #4, #8
```

这样得到的结果为 R0=0x1234F00F。

位域插入（Bit Field Insert，BFI）则会从一个寄存器复制 1 ～ 31 位（#width）到另一个寄存器的任意位置（#lsb），语法如下：

```
BFI Rd, Rn, #lsb, #width
```

例如：

```
LDR R0,=0x12345678
LDR R1,=0x3355AACC
BFI R1, R0, #8, #16 ; 将 R0[15: 0] 插入 R1[23: 8]
```

这样得到的结果为 R1=0x335678CC。

表 5.50　Armv8-M 主线版指令集架构支持的位域处理指令

指令	描述	限制
BFC Rd, #lsb, #width	寄存器指定位域清零	位域最低位 lsb：0 ～ 31 位域宽度 width：1 ～ 32 最低位 + 宽度 ≤ 32

（续）

指令	描述	限制
BFI Rd, Rn, #lsb, #width	将位域从 Rn 插入 Rd 的位置 #lsb 处	同上
SBFX Rd, Rn, #lsb, #width	从寄存器中复制位域并符号扩展	同上
UBFX Rd, Rn, #lsb, #width	从寄存器中复制位域且无符号扩展	同上
CLZ Rd, Rm	前导零计数	
RBIT Rd, Rn	反转位次序	

CLZ 指令计算前导零的数量。若没有位被设置为 1，则结果为 32；若所有位都设置为 1，则结果为 0。该指令常用于确定规范化一个值所需的位移位数，以便将前导位移到位 31，经常用在浮点计算中。

RBIT 指令会反转数据字中的比特顺序。语法是：

```
RBIT Rd, Rn
```

这个指令对于处理数据通信中的串行比特流非常有用。例如，如果 R0 是 0xB4E10C23（二进制值为 1011_0100_1110_0001_0000_1100_0010_0011），则执行以下指令：

```
RBIT R0, R0
```

R0 将变成 0xC430872D（二进制值为 1100_0100_0011_0000_1000_0111_0010_1101）。

UBFX 和 SBFX 是无符号和有符号位域提取指令，其语法为：

```
UBFX Rd, Rn, #lsb, #width
SBFX Rd, Rn, #lsb, #width
```

UBFX 从寄存器的任意位置（由 #lsb 操作数指定）提取一个宽度不超过 31 位域，要提取位域的宽度由 #width 操作数指定。在提取位域之后进行零扩展，并放到目的寄存器中。例如：

```
LDR   R0,=0x5678ABCD
UBFX  R1, R0, #4, #8
```

这样得到的结果为 R1=0x000000BC（0xBC 零扩展）。

类似地，SBFX 提取一个位域，但在将位域放入目的寄存器之前对其进行符号扩展。例如：

```
LDR   R0,=0x5678ABCD
SBFX  R1, R0, #4, #8
```

这样得到的结果为 R1=0xFFFFFFBC（0xBC 符号扩展）。

5.13 指令集——饱和操作

Armv8-M 主线版指令集架构处理器支持两条饱和调整指令，称为符号饱和（Signed Saturation，SSAT）和无符号饱和（Unsigned Saturation，USAT）。即使不包括 DSP 扩展，它们也会存在。当包含 DSP 扩展时，将提供一组额外的饱和算术指令。SSAT 和 USAT 指令如表 5.51 所示，饱和算术指令将在 5.15 节介绍。

表 5.51　Armv8-M 主线版指令集架构支持的饱和调整指令

指令	描述	限制
SSAT Rd, #imm, Rn{, shift}	有符号数的饱和。饱和位的位置由立即数定义（#imm）。如果发生饱和，APSR（应用程序状态寄存器）中的 Q 位将设置为 1	#imm：1-32 支持 ASR #amount(1-31) 或者 LSL #amount(0-31) 移位
USAT Rd, #imm, Rn{, shift}	无符号数的饱和。饱和位的位置由立即数定义（#imm）。如果发生饱和，APSR（应用程序状态寄存器）中的 Q 位将设置为 1	#imm：0-32 支持 ASR #amount(1-31) 或者 LSL #amount(0-31) 移位

饱和通常用在信号处理中。例如，在一些诸如放大等操作之后，信号的幅值可能超出允许的最大输出范围，此时如果仅通过 MSB 位截取调整该值，得到的信号波形可能会完全失真（见图 5.14）。

饱和操作通过强制将该值设为到允许的最大值来减少失真。失真仍然是存在的，不过如果该值不超过最大范围太多，就没那么明显了。

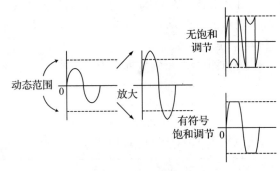

图 5.14　有符号饱和操作

SSAT 和 USAT 指令将饱和的结果存储在目的寄存器（Rd）中。同时，如果在 SSAT/USAT 操作期间发生饱和，则 SSAT 或 USAT 指令会将 APSR 中的 Q 标志设置为 1。通过软件向 APSR 的 Q 标志写入 0 可以清除 Q 标志（参见 5.6.4 节）。例如，如果要将 32 位有符号数饱和转换为 16 位有符号数，可以使用以下指令：

```
SSAT R1, #16, R0
```

表 5.52 给出了 SSAT 操作结果的一些示例。

表 5.52　SSAT 结果示例

输入（R0）	输出（R1）	Q 位
0x00020000	0x00007FFF	置位
0x00008000	0x00007FFF	置位
0x00007FFF	0x00007FFF	不变
0x00000000	0x00000000	不变
0xFFFF8000	0xFFFF8000	不变
0xFFFF7FFF	0xFFFF8000	置位
0xFFFE0000	0xFFFF8000	置位

USAT 与 SSAT 略有不同，其结果是一个无符号值。该指令提供了一个饱和操作，如图 5.15 所示。

为了产生如图 5.15 所示饱和调节操作，可以使用 USAT 指令将 32 位有符号数转换为 16 位无符号数，代码如下：

```
USAT R1, #16, R0
```

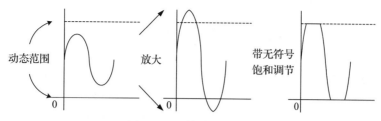

图 5.15 无符号饱和操作

表 5.53 给出了 USAT 操作结果的一些示例。

表 5.53 USAT 结果示例

输入（R0）	输出（R1）	Q 位
0x00020000	0x0000FFFF	置位
0x00008000	0x00008000	不变
0x00007FFF	0x00007FFF	不变
0x00000000	0x00000000	不变
0xFFFF8000	0x00000000	置位
0xFFFF8001	0x00000000	置位
0xFFFFFFFF	0x00000000	置位

在实际饱和操作之前，SSAT 和 USAT 指令还可以先对输入值移位，移位通过给指令添加 #LSL N（逻辑移左）或 #ASR N（算术移右）参数实现。

5.14 指令集——程序流程控制

5.14.1 概述

程序流程控制包含许多指令类型，它们是：

❑ 分支跳转。

❑ 函数调用。

❑ 条件分支跳转。

❑ 合并比较和条件分支跳转。

❑ 有条件执行（IF-THEN 指令）——仅 Armv8-M 主线版指令集架构支持。

❑ 表式分支跳转——仅 Armv8-M 主线版指令集架构支持。

TrustZone 安全功能扩展增加了一些附加的分支跳转指令（例如，BXNS、BLXNS）。这些内容详见 5.20 节。Armv8.1-M 架构（如 Cortex-M55）增加了一系列分支跳转指令，但 Cortex-M23 和 Cortex-M33 处理器不支持，因此不在本书中涉及。

5.14.2 分支跳转

可以导致分支跳转操作的指令有很多，它们是：

❑ 分支跳转指令（例如 B lable、BX Rn）。

❑ 会更新 R15 的数据处理指令（如 MOV，ADD）——大多数情况下不使用这种方法，因为跳转指令通常更优化。

❑ 写入数据处理指令的内存读取指令（例如 LDR，LDM，POP）——通常用于函数返回、会更新数据处理指令的 POP 指令。

通常，尽管可以使用上述操作来产生跳转，但更常见的是使用 B（分支跳转）、BX（带状态切换的分支跳转）和 POP 指令（常用于函数返回）。有时在 Armv8-M 基础版指令集架构和 Armv6-M 架构的表分支跳转中也会使用其他方法。这在 Armv8-M 主线版指令集架构和 Armv7-M 架构中是不需要的，因为这些处理器对表分支跳转有特定的指令。

表 5.54 中列出的跳转指令在 Armv8-M 基础版指令集架构和主线版指令集架构中都是支持的。

表 5.54   无条件分支跳转指令（Armv8-M 基础版指令集架构和主线版指令集架构）

指令	描述	限制
B label	16 位版本的跳转指令	±2KB 的跳转范围
B.W label	32 位版本的跳转指令 注意：当偏移大于 2KB 时，如果汇编器支持自动选择 32 位版本，则可以写为 B label	±16MB 的跳转范围
BX Rm	跳转和切换。跳转到存储在 Rm 中的地址位置，并根据 Rm 第 0 位的值设置处理器的执行状态（T 位）（由于 Cortex-M 处理器仅支持 Thumb 状态，Rm 的第 0 位必须为 1）	

请注意，在极少数情况下，使用汇编语言编程时，如果跳转的目的地址接近 ±2KB 的范围，则可能需要使用一个 32 位版本的分支跳转指令。

对 Armv8-M 基础版指令集架构与 Armv6-M 进行比较，Armv6-M 架构不支持 32 位版本的跳转指令（B.W label）。而在 Armv8-M 基础版指令集架构中使用这些指令可以使工具链提供更好的优化机制，比如链接时间函数的尾链（包括从一个模块中的一个函数的结束到另一个模块中的另一个函数的开始的跳转）。

由 TrustZone 安全功能扩展引入的分支跳转指令 BXNS 的信息，请参阅 5.20 节。

5.14.3   函数调用

要调用函数，可以使用分支跳转和链接（BL）指令或带状态切换的跳转和链接（BLX）指令（见表 5.55）。当执行这些指令时，程序计数器会被更新到目的地址，同时将返回地址保存到链接寄存器（LR）。将返回地址保存在 LR 中是为了处理器在函数调用完成后跳转回原来的程序。

表 5.55   函数调用指令（Armv8-M 基础版指令集架构和主线版指令集架构）

指令	描述	限制
BL label	分支跳转和链接指令（32 位） 跳转到 label 指定的地址位置，然后把返回地址保存到 LR 中	跳转范围为 ±16MB

（续）

指令	描述	限制
BLX Rm	带状态切换的分支跳转和链接。 跳转到 Rm 指定的地址位置，在 LR 中保存返回地址，并用 Rm 的最低位（Least Significant Bit，LSB）来更新 EPSR 的 T 位	Rm 的 LSB 必须为 1

因为 Cortex-M 处理器只支持 Thumb 指令，所以在执行 BLX 指令时，Rm 的 LSB 必须设置为 1。如果不设置为 1，则执行 BLX 指令会尝试切换到 Arm 状态，这将导致故障。

关于 TrustZone 安全功能扩展引入的跳转和链接指令 BLXNS 的信息，请参见 5.20 节。

注意：如果需要调用子例程，请保存 LR。

由于 BL 指令会破坏 LR 寄存器的当前内容，因此如果程序代码在后期需要使用 LR 寄存器中保存的当前数据，则需要在使用 BL 指令前保存 LR。通常的方法是在开始子程序时将 LR 压入栈中。例如：

```
main
    ...
    BL functionA
    ...
functionA
    PUSH {R0, LR} ; 在栈中保存 LR 的值（保存偶数个寄存器，以保持栈指针对齐；
                        对于双字地址，需要使用 Arm C 接口）
    ...
    BL functionB   ; 注意：LR 中的返回地址将会改变
    ...
    POP {R0, PC} ; 将栈中 LR 的内容返回到主函数 B
functionB
    PUSH {R0, LR}
    ...
    POP {R0, PC} ; 将栈中 LR 的内容返回到主函数 A
```

除了保存 LR 寄存器的内容外，如果调用的子程序是 C 函数，后期需要 R0 ~ R3 和 R12 中的值，则需要保存这些寄存器的内容。根据 AAPCS[5]，这些寄存器中的内容可能会被 C 函数改变。AAPCS 在 C 函数边界处也需要栈双字对齐，因此对于上面的示例代码，需要压入偶数个寄存器。

5.14.4 条件分支跳转

条件分支跳转根据 APSR（N、Z、C、V 标志，见表 5.56）寄存器的当前值有条件地执行。

APSR 标志可能会受到以下因素的影响：

❑ 多数 16 位数据处理指令。

❑ 带 S 后缀的 32 位（Thumb-2）数据处理指令，例如 ADDS.W。

❑ 比较（如 CMP）和测试（如 TST、TEQ）指令。

表 5.56 用于控制条件分支跳转的 APSR 标志（状态位）

标志	PSR 位	描述
N	31	负数标志（上次操作运算的结果为负）
Z	30	零（上次操作结果返回一个零值。例如，对具有相同值的两个寄存器的比较）
C	29	进位标志： • 如果上一个操作是加法，且进位标记被设置，则表示产生进位 • 如果上一个操作是减法，如果进位标志被清除，则表示产生借位 • 如果上一个操作为移位或循环，则进位标志是移位或循环移位操作中移出的最低位
V	28	溢出（上次操作导致溢出情况）

❑ 直接写入 APSR/xPSR 的指令。

❑ 在异常 / 中断服务结束时的出栈操作。

对于 Armv8-M 主线版指令集架构处理器，在第 27 位有另一个 APSR 标志位，称为 Q 标志。它用于饱和算术操作，不用于条件分支跳转。

条件分支跳转指令的条件类型由后缀表示，详见表 5.58。这些后缀也用于条件执行操作（参见 5.14.6 节）。条件分支跳转指令（见表 5.57，其中 <cond> 是条件后缀之一）有 16 位和 32 位版本。16 位和 32 位版本有不同的跳转范围，Armv8-M 基础版指令集架构只支持 16 位版本的推荐分支跳转指令。

表 5.57 条件分支跳转指令

指令	描述	限制
B<cond> label	16 位版本的条件分支跳转。 <cond> 是表 5.58 中的条件后缀之一	跳转范围为 −256 ～ +254 字节
B<cond>.W label	32 位版本的条件跳转。 注意：当偏移量大于 2KB 时，如果编译器自动选择 32 位版本，就可以写为 B<cond> label，<cond> 是表 5.58 中的条件后缀之一	跳转范围为 ±1MB。 在 Armv8-M 基础版指令集架构中不支持

<cond> 是表 5.58 中列出的 14 个可能的条件后缀之一。

表 5.58 条件分支跳转和条件执行后缀

后缀	跳转状态	标志（APSR）
EQ	相等	Z 标志置位
NE	不相等	Z 标志清零
CS/HS	进位置位 / 无符号大于或等于	C 标志置位
CC/LO	进位清零 / 无符号小于	C 标志清零
MI	减 / 负数	N 标志置位（减）
PL	加 / 正数或零	N 标志清零
VS	溢出	V 标志置位
VC	无溢出	V 标志清零
HI	无符号大于	C 标志置位，Z 标志清零
LS	无符号小于或等于	C 标志清零，Z 标志置位

（续）

后缀	跳转状态	标志（APSR）
GE	有符号大于或等于	N 标志、Z 标志都置位 或 N 标志、Z 标志都清零（N==V）
LT	有符号小于	N 标志置位，V 标志清零 或 N 标志清零 V 标志置位（N!=V）
GT	有符号大于	Z 标志清零，且要么 N 标志、V 标志都置位，要么 N 标志、V 标志都清零（Z=0 且 N==V）
LE	有符号小于或等于	Z 标志置位或者满足下面之一： 要么 N 标志置位，V 标志清零，要么 N 标志清零、V 标志置位（Z=1，N!=V）

图 5.16 给出了使用条件分支跳转指令的示例。图中的操作根据 R0 中的值为 R3 选择了一个新值。

图 5.16 中的程序流程可使用条件分支跳转和常规的跳转指令实现：

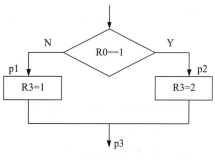

```
        CMP  R0, #1   ; 比较 R0 和 1
        BEQ  p2       ; 若相等，则跳转至 P2
        MOVS R3, #1   ; R3=1
        B    p3       ; 跳转至 p3
p2                    ; label p2
        MOVS R3, #2
p3                    ; label p3
        ...           ; 其他子程序操作
```

图 5.16 简单的条件跳转示例

5.14.5 比较并跳转（CBZ 和 CBNZ）

Armv8-M 架构包括比较并跳转指令 CBZ 和 CBNZ（见表 5.59）。以前，Armv6-M 处理器中并没有这两条指令，只在 Armv7-M 处理器中支持。对于 Armv8-M，基础版指令集架构和主线版指令集架构都支持 CBZ 和 CBNZ。

表 5.59 比较并跳转指令（Armv8-M 基础版指令集架构和主线版指令集架构）

指令	描述	限制
CBZ Rn, label	比较结果为 0 则跳转——如果 Rn 为 0，则跳转到 label	跳转范围是 4 ～ 130 字节
CBNZ Rn, label	比较结果非零则跳转——如果 Rn 不为 0，则跳转到 label	同上

在循环结构中，CBZ 和 CBNZ 非常有用，比如 while 循环。例如：

```
i = 5;
while (i != 0 ){
  func1();          // 调用一个函数
  i-;
}
```

这可以编译为：

```
        MOV  R0, #5              ; 设置循环次数
loop1 CBZ  R0,loop1exit         ; 如果循环次数为 0，则跳出循环
        BL   func1               ; 调用函数
        SUBS R0, #1              ; 循环次数递减
        B    loop1               ; 下一个循环
loop1exit
```

CBNZ 的使用与 CBZ 非常相似，只是跳转执行条件为 Z 标志没有置位（结果不是 0）。例如：

```
status = strchr(email_address, '@'); // 在字符串中寻找 '@'
if (status == 0){// 如果 @ 不在 email_address 中，则 status 为 0
     show_error_message(); // 一个显示错误信息的函数
     exit(1);
     }
```

这可以被编译为：

```
   ...
   BL    strchr
   CBNZ R0, email_looks_okay ; 若结果不为 0，则跳转
   BL    show_error_message
   BL    exit
email_looks_okay
   ...
```

CBZ 和 CBNZ 指令不改变 APSR 的值。

5.14.6　条件执行（IF-THEN 指令块）

IT（IF-THEN）指令用于支持最多四条后续指令的条件执行。该指令在 Armv8-M 主线版指令集架构和 Armv7-M 处理器中都是支持的，但在 Armv8-M 基础版指令集架构和 Armv6-M 处理器中不支持。一个 IT 指令块包括：

❑ 一条带执行条件细节的 IT 指令。

❑ 1 ～ 4 条条件执行指令。条件执行指令可以是数据处理指令或者内存访问指令。IT 块中的最后一条条件执行指令也可以是条件分支跳转指令。

IT 指令语句包含 IT 指令操作码，最多包含三个附加的可选后缀 "T（then）" 或 "E（else）"，以及表 5.58 所列的条件后缀（使用与条件跳转的条件符号相同的符号）。该指令将 "IT" 中的第一个 "T" 与最多三个附加的 "T" 或 "E" 相结合，为接下来的 1 ～ 4 条指令定义了 1 ～ 4 个条件。"T" 表明条件为真时执行指令，"E" 表明条件为假时执行指令。IT 指令块中的第一个条件执行必须使用 "T" 条件。

使用 IT 指令块的示例如下。如图 5.16 所示，用相同的程序流程，我们可以编写带 IT 指令块的操作：

```
CMP  R0, #1 ; 将 R0 的值和 1 比较
ITE  EQ     ; 若 Z 置位（EQ）则下一条指令执行
```

　　　　　　　　　　　；且若 Z 清零（NE），跳过下一条，执行再下条指令执行
MOVEQ R3, #2 ；若相等则把 R3 设为 2
MOVNE R3, #1 ；若不等（是 NE），则把 R3 设为 1

注意，当使用后缀"E"时，IT 块中相应指令的执行条件必须与 IT 指令指定的条件相反。

"T"和"E"序列可以有不同组合，包括：

❑ 只有 1 个条件执行指令的序列：IT。

❑ 具有 2 个条件执行指令的序列：ITT、ITE。

❑ 具有 3 个条件执行指令的序列：ITTT、ITTE、ITET、ITEE。

❑ 具有 4 个条件执行指令的序列：ITTTT、ITTTE、ITTET、ITTEE、ITETT、ITETE、
ITEET、ITEEE。

表 5.60 列出了各种形式的 IT 指令块序列和示例。

表 5.60　各种形式的 IT 指令块（Armv8-M 主线版 /Armv7-M）

条件指令数量	IT(<x>,<y>,<z> 可以是 T(真) 或 E(else))	示例
1 个条件指令	IT <cond> instr1<cond>	IT EQ ADDEQ R0, R0, R1

2 个条件指令	IT<x><cond>
	instr1<cond>
	instr2<cond or ~(cond)>
		ITE GE
		ADDGE R0, R0, R1
		ADDLT R0, R0, R3

3 个条件指令	IT<x><y><cond>
	instr1<cond>
	instr2<cond or ~(cond)>
	instr3<cond or ~(cond)>
		ITET GT
		ADDGT R0, R0, R1
		ADDLE R0, R0, R3
		ADDGT R2, R4, #1

4 个条件指令	IT<x><y><z><cond>
	instr1<cond>
	instr2<cond or ~(cond)>
	instr3<cond or ~(cond)>
	instr4<cond or ~(cond)>
		ITETT NE
		ADDNE R0, R0, R1
		ADDEQ R0, R0, R3
		ADDNE R2, R4, #1
		MOVNE R5, R3

关于表 5.60，其中：

❑ <x> 指定第 2 条指令的执行条件。

❑ <y> 指定第 3 条指令的执行条件。

❑ <z> 指定第 4 条指令的执行条件。

❑ <cond> 指定指令块的基本条件，若 <cond> 为真，则执行 IT 后的第一条指令。

如果"AL"被用作 <cond>，则不能在条件控制中使用"E"，不然，该分支不会被执行。

在某些汇编开发环境中，汇编器可以自动插入 IT 指令。例如，在 Arm 工具链中使用以下汇编代码时，汇编器可以像表 5.61 那样自动插入所需的 IT 指令。

表 5.61　在 Arm 汇编程序中自动插入一条 IT 指令（Armv8-M 主线版 /Armv7-M）

原始汇编代码	目标文件中分解的汇编代码

...
CMP R1, #2
ADDEQ R0, R1, #1
...
	...
	CMP R1, #2
	IT EQ ；汇编器增加的 IT 指令
	ADDEQ R0, R1, #1
	...

　　编译工具的这个功能有助于软件移植。因为不需要手动插入 IT 指令，经典 Arm 处理器的汇编应用代码（例如 Arm7TDMI）就可以轻松地移植到 Cortex-M 处理器（Armv7-M 或 Armv8-M 主线版指令集架构）。

　　IT 指令块中的数据处理指令应该避免更改 APSR 中的标志值，如果产生更改，则程序可能难以调试。注意，当在 IT 指令块中使用一些 16 位数据处理指令时，APSR 将不会更新。这与 16 位指令的通常行为并不一致（执行不在 IT 指令块中的 16 位数据指令时会更新 APSR）。这种行为差异使得在 IT 指令块中使用 16 位数据处理指令可以减小代码大小。

　　在许多例子中，由于避免了一些分支跳转的不利并且减少了跳转指令的数目，IT 指令可以显著提高程序代码的性能。例如，通常情况下需要一个条件跳转和一个无条件跳转的短 IF-THEN-ELSE 程序，可以用一条 IT 指令代替。

　　在有些情况下，传统分支跳转方法可能比 IT 指令更有效，这是因为 IT 指令序列中的条件失败指令虽然没有被执行，但是仍然会浪费一个时钟周期。例如，如果指定 ITTTT<cond>，并且其条件由于运行时的 APSR 值而失败，则此代码序列会消耗 4 个时钟。因此，使用条件分支跳转比使用 IT 指令块（包括 IT 指令本身，是 5 条指令）更快。

5.14.7　表式分支跳转（TBB 和 TBH）

　　Armv8-M 主线版指令集架构支持两种表式分支跳转指令：字节表跳转（Table Branch Byte，TBB）和半字表跳转（Table Branch Haifword，TBH）。这些指令与跳转表一起使用，经常用于实现 C 代码中的交换语句。由于程序计数器的第 0 位总是零，使用表分支跳转指令的跳转表不必存储该位，因此，在计算目的地址时，跳转偏移量要乘以 2。

　　当跳转表中的所有条目都被组织为字节数组（与基址的偏移小于 $2 \times 2^8 = 512B$）时，将使用 TBB。当所有输入条目建为半字数组（与基址的偏移小于 $2 \times 2^{16} = 128KB$）时，使用 TBH。基址可以是当前程序计数器（PC）的值，也可以是另一个寄存器的值。由于 Cortex-M 处理器的流水线特性，当前的 PC 值是 TBB 或 TBH 指令的地址加 4，这一点在生成跳转表的过程中必须考虑。TBB 和 TBH 都只支持前向跳转。

　　TBB 指令的语法为：

```
TBB    [Rn, Rm]
```

　　其中，Rn 存储跳转表的基址，Rm 是跳转表的索引。TBB 偏移量计算的立即数保存在内存的 [Rn+Rm] 位置中。若把 R15/PC 用作 Rn，则操作如下（见图 5.17）。

　　TBH 指令的操作与此是非常相似的，只是跳转表中的条目大小是两个字节，数组索引也不同，而且跳转偏移范围更大。TBH 的语法与 TBB 的语法略有不同，这体现了索引的差异。TBH 指令的语法如下：

```
TBH    [Rn, Rm, LSL #1]
```

　　若使用 R15/PC 作为 Rn，则操作如图 5.18 所示。

　　TBB 和 TBH 指令通常被 C 编译器用在 switch(case) 语句中。由于跳转表中的值是相对于程序计数器的当前值，因此在汇编程序中直接使用这些指令并不容易。如果跳转目标地址不在同一汇编程序文件中，则无法在汇编程序阶段确定地址偏移值。

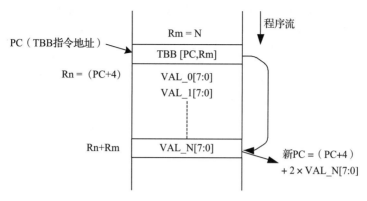

图 5.17　TBB 操作

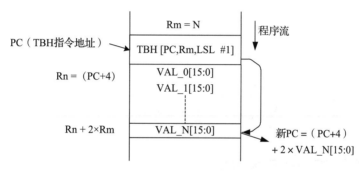

图 5.18　TBH 操作

在 Arm 汇编器（Arm 工具链中的 armasm）中，包括在 Keil MDK 中，TBB 跳转表可以在汇编过程中按如下方式创建：

```
        TBB [pc, r0]    ; 开始执行这条指令时，因为 TBB 指令
                        ; 是 32 位的，PC 与跳转表的地址相等的
branchtable             ; 标号——跳转表的开始
        DCB ((dest0 - branchtable)/2) ; 注意 DCB 被使用
                                      ; 因为值是 8 位的
        DCB ((dest1 - branchtable)/2)
        DCB ((dest2 - branchtable)/2)
        DCB ((dest3 - branchtable)/2)
dest0
        ... ; 若 r0=0, 则执行
dest1
        ... ; 若 r0=1, 则执行
dest2
        ... ; 若 r0=2, 则执行
dest3
        ... ; 若 r0=3, 则执行
```

在上述示例中，当执行 TBB 指令时，当前 PC 值是 TBB 指令的地址加上 4（基于处理器的流水线结构）。因为 TBB 指令的大小也是 4 个字节，所以此地址与跳转表的起始地址相同（TBB 和 TBH 都是 32 位指令）。

与 TBB 示例类似，TBH 指令的示例如下：

```
        TBH [pc, r0, LSL #1]
branchtable ; 标号—— 跳转表的初始地址
        ; 注意使用 DCI，因为这个值是 16 位的
        DCI ((dest0 - branchtable)/2)
        DCI ((dest1 - branchtable)/2)
        DCI ((dest2 - branchtable)/2)
        DCI ((dest3 - branchtable)/2)
dest0
        ... ; 若 r0 = 0，则执行
dest1
        ... ; 若 r0 = 1，则执行
dest2
        ... ; 若 r0 = 2，则执行
dest3
        ... ; 若 r0= 3，则执行
```

请注意，创建跳转表所需的编码语法取决于所使用的开发工具。

5.15　指令集——DSP 扩展

5.15.1　概述

Armv8-M 主线版指令集架构支持可选的 DSP（数字信号处理）扩展指令集。这是 Cortex-M33 处理器的一个可选特性，也可在其他 Armv8-M 主线版指令集架构处理器上使用。芯片设计人员可以根据应用需求来决定芯片设计是否支持此功能。DSP 扩展也可以用于 Cortex-M4 和 Cortex-M7 处理器。

DSP 扩展指令集包含整数和定点处理的一系列指令。

这些例子如下：

❑ 单指令多数据（SIMD）指令。

❑ 饱和算术指令。

❑ 乘和"乘累加"（Multiply-And-Accumulate，MAC）指令。

❑ 打包和解包指令。

许多 DSP 指令不会更新 APSR 标志（N、C、V 和 Z），而是更新 APSR 中的 Q 位和 GE（4 位）。Q 位表示在操作期间发生饱和，GE（大于或等于）标志表示结果大于或等于零（在 SIMD 操作中，GE 标志为每通道 1 位）。请注意，只有在支持 DSP 扩展时，才会有 GE 标志。

DSP 扩展指令集使 Cortex-M 处理器能够更有效地处理实时 DSP 任务。请注意，一些

软件开发工具（如 C 编译器）能够利用 DSP 扩展指令集中的一些指令进行一般的数据处理。因此，在编译 C/C++ 代码时。确保使用正确的编译选项以匹配芯片实现的指令集特征是非常重要的。

提高性能的常用方法之一是使用 SIMD 技术。

5.15.2 SIMD 的概念

在 DSP 应用中，需要处理的数据通常是 8 位或 16 位。例如，大多数音频使用 16 位或更低分辨率的模数转换器进行采样，图像像素通常用多个 8 位数据通道（例如，RGB 彩色空间）来描述。由于 Cortex-M33 处理器的内部数据路径是 32 位，因此我们可以使用该数据路径来处理两个 16 位数据或 4 个 8 位数据。因为这些数据可以是有符号的或无符号的格式，所以处理器的设计需要考虑这些因素。

Cortex-M33 处理器（以及其他带 DSP 扩展指令集的 Armv8-M 主线版指令集架构处理器）中的 32 位寄存器支持 4 种类型的 SIMD 数据（见图 5.19）。

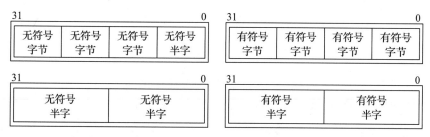

图 5.19 在 32 位寄存器中，SIMD 数据 4 种可能的表现形式

在大多数例子中，SIMD 数据集内的数据是相同类型的数据（既没有混合有符号和无符号数据，也没有混合 8 位和 16 位数据）。这样的处理方式简化了 SIMD 指令集的设计。

为了处理 SIMD 数据，需要增加指令，这些指令都包含在了 Armv8-M 架构的 DSP 扩展指令集中。以前的架构扩展称为增强 DSP 扩展。在以前的 Cortex-M 处理器中，它被称为 Armv7E-M 指令集架构，其中"E"表示包含增强 DSP 扩展指令集。

Armv8-M 的 DSP 扩展指令集与 Armv7-M 中的增强 DSP 扩展指令集二进制兼容，并与 Armv5E 架构中的增强 DSP 扩展指令集源代码级兼容。这使得为以前的 Cortex-M 处理器和 Arm9E 处理器（例如，Arm926 和 Arm946）开发的编解码器可以轻松地移植到 Cortex-M33 和其他 Armv8-M 主线版指令集架构处理器上。注意，与 Armv5E 的兼容性是源代码级，而不是二进制级，这意味着在 Armv7-M/Armv8-M 主线版指令集架构处理器上重用时，代码需要重新编译。

由于 C 语言不支持 SIMD 数据类型，因此 C 编译器通常不能通过普通的 C 代码生成所需的 DSP 指令。为了使软件开发人员更容易使用，在 CMSIS-CORE 兼容驱动库中的头文件中添加了内建函数。这样，软件开发人员就可以轻松地访问这些 SIMD 指令。为了更容易地使用 DSP 处理功能，Arm 提供了一个名为 CMSIS-DSP 的 DSP 库，软件开发人员可以免费使用。

本书的附录 B 包含了一些说明 DSP 指令操作的图表。在附录 B 中的图表中，使用 C99
数据类型（见表 5.62）来表示数据。

表 5.62　在 CMSIS-CORE 中使用的 C99 数据类型

类型	大小（位）	等价的 C 数据类型
uint8_t	8	unsigned char
uint16_t	16	unsigned short int
uint32_t	32	unsigned int
int8_t	8	signed char
int16_t	16	signed short int
int32_t	32	signed int

5.15.3　SIMD 与饱和算术指令

SIMD 的饱和算术指令有很多，其中有些饱和算术指令也支持 SIMD 操作。许多 SIMD
指令包含类似的操作，但使用不同的前缀来区分该指令是用于有符号还是无符号数据（见
表 5.63）。

表 5.63　SIMD 指令

操作（详见表 5.64）	前缀					
	S[1] 有符号的	Q[2] 有符号的饱和的	SH[3] 有符号的对分的	U[1] 无符号的	UQ[2] 无符号的饱和的	UH[3] 无符号的对分的
ADD8	SADD8	QADD8	SHADD8	UADD8	UQADD8	UHADD8
SUB8	SSUB8	QSUB8	SHSUB8	UASUB8	UQSUB8	UHSUB8
ADD16	SADD16	QADD16	SHADD16	UAADD16	UQADD16	UHADD16
SUB16	SSUB16	QSUB16	SHSUB16	USUB16	UQUB16	UHSUB16
ASX	SASX	QASX	SHASX	USASX	UQASX	UHASX
SAX	SSAX	QSAX	SHSAX	USSAX	UQSAX	UHSAX

① "S" 和 "U" ——GE 位（APSR 寄存器中的）更新。
② "Q" 和 "UQ" ——饱和发生时，这些指令不置 Q 位。
③ "SH" 和 "UH" ——SIMD 操作结果的每个值在有符号对分（Signed Halving, SH）和无符号对分（Unsigned Halving, UH）操作中除以 2。

基本操作描述如表 5.64 所示。

表 5.64　SIMD 指令基本操作

指令	描述
ADD8	加上 4 对 8 位数据
SUB8	减去 4 对 8 位数据
ADD16	加上 2 对 16 位数据
SUB16	减去 2 对 16 位数据
ASX	交换第 2 个操作数寄存器的半字，然后加上上半字并减去下半字
SAX	交换第 2 个操作数寄存器的半字，然后减去上半字并加上下半字

SIMD 指令还包括表 5.65 中所列出的指令。

表 5.65 附加的 SIMD 指令

指令	描述
USAD8	4 对 8 位数据之间绝对差的无符号和
USADA8	4 对 8 位数据之间绝对差的无符号和再累加
USAT16	无符号饱和 2 个有符号的 16 位值到指定的无符号范围
SSAT16	有符号饱和 2 个有符号的 16 位值到指定的无符号范围
SEL	根据 GE 标志从第一个或第二个操作数中选择字节

一些饱和指令（见表 5.66）不是 SIMD。

表 5.66 附加的非 SIMD 指令

指令	描述
SSAT	有符号饱和（不需要 DSP 扩展支持）
USAT	无符号饱和（不需要 DSP 扩展支持）
QADD	2 个有符号的 32 位整数饱和加
QDADD	加倍一个 32 位的有符号整数，并加上另一个 32 位有符号整数，这两种操作都可能饱和
QSUB	2 个有符号的 32 位整数饱和减
QDSUB	将一个 32 位有符号整数加倍，并从用另一个 32 位有符号整数中减去它。这两种操作都可能饱和

这些指令的语法详见表 5.67。最后一列的数字指的是附录 B 中的数字。这些数字显示了操作的图形表示方式。

表 5.67 SIMD 和饱和指令的语法

助记符	运算符	简单描述	标志	图
SADD8	{Rd, } Rn, Rm	有符号加 8	GE[3:0]	B.13
SADD16	{Rd, }Rn, Rm	有符号加 16	GE[3:0]	B.14
SSUB8	{Rd, }Rn, Rm	有符号减 8	GE[3:0]	B.17
SSUB16	{Rd, }Rn, Rm	有符号减 16	GE[3:0]	B.18
SASX	{Rd, }Rn, Rm	带切换的有符号加和减	GE[3:0]	B.21
SSAX	{Rd, }Rn, Rm	带切换的有符号减和加	GE[3:0]	B.22
QADD8	{Rd, }Rn, Rm	饱和加 8		B.5
QADD16	{Rd, }Rn, Rm	饱和加 16		B.4
QSUB8	{Rd, }Rn, Rm	饱和减 8		B.9
QSUB16	{Rd, }Rn, Rm	饱和减 16		B.8
QASX	{Rd, }Rn, Rm	带切换的饱和加和减		B.10
QSAX	{Rd, }Rn, Rm	带切换的饱和减和加		B.11
SHADD8	{Rd, } Rn, Rm	有符号对分加 8		B.15
SHADD16	{Rd, } Rn, Rm	有符号对分加 16		B.16
SHSUB8	{Rd, } Rn, Rm	有符号对分减 8		B.19
SHSUB16	{Rd, } Rn, Rm	有符号对分减 16		B.20
SHASX	{Rd, } Rn, Rm	带切换的有符号对分加和减		B.23

（续）

助记符	运算符	简单描述	标志	图
SHSAX	{Rd, } Rn, Rm	带切换的有符号对分减和加		B.24
UADD8	{Rd, } Rn, Rm	无符号加 8	GE[3:0]	B.69
UADD16	{Rd, } Rn, Rm	无符号加 16	GE[3:0]	B.70
USUB8	{Rd, } Rn, Rm	无符号减 8	GE[3:0]	B.73
USUB16	{Rd, } Rn, Rm	无符号减 16	GE[3:0]	B.74
UASX	{Rd, } Rn, Rm	带切换的无符号加和减	GE[3:0]	B.77
USAX	{Rd, } Rn, Rm	带切换的无符号减和加	GE[3:0]	B.78
UQADD8	{Rd, } Rn, Rm	无符号饱和加 8		B.85
UQADD16	{Rd, } Rn, Rm	无符号饱和加 16		B.84
UQSUB8	{Rd, } Rn, Rm	无符号饱和减 8		B.87
UQSUB16	{Rd, } Rn, Rm	无符号饱和减 16		B.86
UQASX	{Rd, } Rn, Rm	带切换的无符号饱和加和减		B.88
UQSAX	{Rd, } Rn, Rm	带切换的无符号饱和减和加		B.89
UHADD8	{Rd, } Rn, Rm	无符号对分加 8		B.71
UHADD16	{Rd, } Rn, Rm	无符号对分加 16		B.72
UHSUB8	{Rd, } Rn, Rm	无符号对分减 8		B.75
UHSUB16	{Rd, } Rn, Rm	无符号对分减 16		B.76
UHASX	{Rd, } Rn, Rm	带切换的无符号对分加和减		B.79
UHSAX	{Rd, } Rn, Rm	带切换的无符号对分减和加		B.80
USAD8	{Rd, } Rn, Rm	绝对差的无符号和		B.81
USADA8	{Rd, } Rn, Rm, Ra	绝对差的无符号和累加		B.82
USAT16	Rd, #imm, Rn	两个有符号的 16 位数无符号饱和	Q	B.83
SSAT16	Rd, #imm, Rn	两个有符号的 16 位数有符号饱和	Q	B.62
SEL	{Rd, } Rn, Rm	基于 GE 位字节选择		B.25
USAT	#imm, Rn{, LSL #n) {Rd, } #imm, Rn {, ASR #n}	无符号饱和（移位可选）	Q	5.12
SSAT	{Rd, }#imm, Rn{, LSL #n) {Rd, } #imm, Rn {, ASR #n}	有符号饱和（移位可选）	Q	5.11
QADD	{Rd, } Rn, Rm	饱和加	Q	B.3
QDADD	{Rd, } Rn, Rm	饱和加倍和加	Q	B.6
QSUB	{Rd, } Rn, Rm	饱和减	Q	B.7
QDSUB	{Rd, } Rn, Rm	饱和加倍和减	Q	B.12

请注意，当饱和发生时有些指令会设置 APSR 中的 Q 位，但是这些指令并不会清零 Q 位，因此 Q 位必须通过写 APSR 来手动清零。通常，程序代码必须检查 APSR 中的 Q 位的值，以检测在计算过程中是否有任何步骤中发生了饱和。因此，只有必须明确写入 Q 位，否则它不会被清零。

5.15.4　乘和乘累加指令

DSP 扩展指令集包括多种乘法和乘累加（MAC）指令。在本章的前面部分，介绍了在

Armv8-M 主线版指令集架构中使用的乘法和 MAC 指令。即使没有 DSP 扩展，这些指令也可以使用。表 5.68 列出了这些指令（注意：Armv8-M 基础版指令集架构仅支持 MULS）。

表 5.68 不支持 DSP 扩展的 Armv8-M 处理器中可以使用的乘法和 MAC 扩展指令

指令	描述（大小）	标志	子配置
MULS	无符号乘法（32b×32b=32b）	N 和 Z	所有
MUL	无符号乘法（32b×32b=32b）	无	主线版指令集架构
UMULL	无符号乘法（32b×32b=64b）	无	主线版指令集架构
UMLAL	无符号 MAC（(32b×32b)+64b=64b）	无	主线版指令集架构
SMULL	有符号乘法（32×32=64b）	无	主线版指令集架构
SMLAL	有符号 MAC（(32b×32b)+64b=64b）	无	主线版指令集架构

当处理器中包含 DSP 扩展时，处理器支持附加的乘法和 MAC 指令（见表 5.69）。其中一些以不同形式从输入操作数中选择下半字或上半字。

表 5.69 DSP 扩展的乘法和 MAC 指令总结

指令	描述	标志
UMAAL	无符号 MAC（(32b×32b)+32b+32b=64b）	无
SMULxy	有符号乘（16b×16b=32b） SMULBB：低半字 × 低半字 SMULBT：低半字 × 高半字 SMULTB：高半字 × 低半字 SMULTT：高半字 × 高半字	
SMLAxy	有符号 MAC（(16b×16b)+32b=32b） SMLABB：低半字 × 低半字 + 字 SMLABT：低半字 × 高半字 + 字 SMUATB：高半字 × 低半字 + 字 SMUATT：高半字 × 高半字 + 字	Q
SMULWx	有符号乘（32b×16b=32b，返回结果的高 32 位，忽略低 16 位） SMULWB：字 × 低半字 SMULWT：字 × 高半字	
SMLAWx	有符号 MAC（(32b×16b)+32b<<16=32b，返回结果的高 32 位，忽略低 16 位）	Q
SMMUL	有符号乘（32b×32b=32b，返回结果的高 32 位，忽略低 32 位）	
SMMULR	循环乘（32b×32b=32b，循环并返回结果的高 32 位，忽略低 32 位）	
SMMLA	有符号 MAC（(32b×32b)+32b<<32=32b，返回结果的高 32 位，忽略低 32 位）	
SMMLAR	有符号循环 MAC（(32b×32b)+32b<<32=32b，循环并返回结果的高 32 位，忽略低 32 位）	
SMMLS	有符号乘和减（32b<<32-(32b×32b)=32b，返回结果的高 32 位，忽略低 32 位）	
SMMLS	有符号循环乘和减（32b<<32-(32b×32b)=32b，循环并返回结果的高 32 位，忽略低 32 位）	
SMLALxy	有符号 MAC（(16b×16b)+64b=64b） SMLALBB：低半字 × 低半字 + 双字 SMLALBT：低半字 × 高半字 + 双字 SMUALTB：高半字 × 低半字 + 双字 SMUALTT：高半字 × 高半字 + 双字	

（续）

指令	描述	标志
SMUAD	有符号的双乘再相加（$(16b \times 16b)+(16b \times 16b)=32b$）	Q
SMUADX	交换有符号的双乘（有交换的）再相加（$(16b \times 16b)+(16b \times 16b)=32b$）	Q
SMUSD	有符号的双乘再相减（$(16b \times 16b)-(16b \times 16b)=32b$）	
SMUSDX	有符号的双乘（有交换的）再相减（$(16b \times 16b)-(16b \times 16b)=32b$）	
SMLAD	有符号双乘再相加，然后累加（$(16b \times 16b)+(16b \times 16b)+32b=32b$）	Q
SMLADX	有符号双乘（有交换的）再相加，然后累加（$(16b \times 16b)+(16b \times 16b)+32b=32b$）	Q
SMLSD	有符号双乘再相减，然后累加（$(16b \times 16b)-(16b \times 16b)+32b=32b$）	Q
SMLSDX	有符号双乘（有交换的）再相减，然后累加（$(16b \times 16b)-(16b \times 16b)+32b=32b$）	Q
SMLALD	有符号双乘再相加，然后累加（$(16b \times 16b)+(16b \times 16b)+64b=64b$）	
SMLALDX	有符号双乘（有交换的）再相加，然后累加（$(16b \times 16b)+(16b \times 16b)+64b=64b$）	
SMLSLD	有符号双乘再相减，然后累加（$(16b \times 16b)-(16b \times 16b)+64b=64b$）	
SMLSLDX	有符号双乘（有交换的）再相减，然后累加（$(16b \times 16b)-(16b \times 16b)+64b=64b$）	

请注意，当饱和发生时这些指令会设置 APSR 中的 Q 位。但是这些指令并不会清零 Q 位，并且 Q 位清零必须通过手动写入 APSR 来实现。通常程序代码必须通过检查 APSR 中的 Q 位的值来检测是否在计算过程的哪一步骤发生了饱和。因此，在 Q 位被明确指定为 0 之前是不会被清零的。

这些指令的语法列于表 5.70 中。最后一列中的图片数字是指附录 B 中的图。这些图以图形的方式描述了操作。

表 5.70 DSP 乘法和 MAC 扩展指令语法

助记符	操作符	简单描述	标志	图片
MUL{S}	{Rd, }Rn, Rm	无符号乘，32 位结果	N, Z	
SMULL	RdLo, RdHi, Rn, Rm	有符号乘，64 位结果		B.26
SMLAL	RdLo, RdHi, Rn, Rm	有符号乘累加，64 位结果		B.27
UMULL	RdLo, RdHi, Rn, Rm	无符号乘，64 位结果		B.90
UMLAL	RdLo, RdHi, Rn, Rm	无符号乘累加，64 位结果		B.91
UMAAL	RdLo, RdHi, Rn, Rm	无符号乘累加		B.92
SMULBB	{Rd, }Rn, Rm	有符号乘（半字）		B.28
SMULBT	{Rd, }Rn, Rm	有符号乘（半字）		B.29
SMULTB	{Rd, }Rn, Rm	有符号乘（半字）		B.30
SMULTT	{Rd, }Rn, Rm	有符号乘（半字）		B.31
SMLABB	Rd, Rn, Rm, Ra	有符号 MAC（半字）	Q	B.36
SMLABT	Rd, Rn, Rm, Ra	有符号 MAC（半字）	Q	B.37
SMLATB	Rd, Rn, Rm, Ra	有符号 MAC（半字）	Q	B.38
SMLATT	Rd, Rn, Rm, Ra	有符号 MAC（半字）	Q	B.39
SMULWB	Rd, Rn, Rm, Ra	有符号乘（字和半字）		B.40
SMULWT	Rd, Rn, Rm, Ra	有符号乘（字和半字）		B.41
SMLAWB	Rd, Rn, Rm, Ra	有符号乘（字和半字）	Q	B.42

（续）

助记符	操作符	简单描述	标志	图片
SMLAWT	Rd, Rn, Rm, Ra	有符号乘（字和半字）	Q	B.43
SMMUL	{Rd, }Rn, Rm	有符号乘取最高的字位		B.32
SMMULR	{Rd, }Rn, Rm	有符号乘取最高字位且循环后的结果		B.33
SMMLA	Rd, Rn, Rm, Ra	有符号乘累加取最高字位		B.34
SMMLAR	Rd, Rn, Rm, Ra	有符号乘累加取最高位，且循环后的结果		B.35
SMMLS	Rd, Rn, Rm, Ra	有符号乘减取最高位		B.44
SMMLSR	Rd, Rn, Rm, Ra	有符号乘减取最高位，且循环后的结果		B.45
SMLALBB	RdLo, RdHi, Rn, Rm	有符号的长（半字）		B.46
SMLALBT	RdLo, RdHi, Rn, Rm	有符号的长（半字）		B.47
SMLALTB	RdLo, RdHi, Rn, Rm	有符号的长（半字）		B.48
SMLALTT	RdLo, RdHi, Rn, Rm	有符号的长（半字）		B.49
SMUAD	{Rd, }Rn, Rm	有符号的双乘加	Q	B.50
SMUADX	{Rd, }Rn, Rm	有符号的双乘加（有交换的）	Q	B.51
SMUSD	{Rd, }Rn, Rm	有符号的双乘减		B.56
SMUSDX	{Rd, }Rn, Rm	有符号的双乘减（有交换的）		B.57
SMLAD	Rd, Rn, Rm, Ra	有符号的双乘累加	Q	B.52
SMLADX	Rd, Rn, Rm, Ra	有符号的双乘累加（有交换的）	Q	B.53
SMLSD	Rd, Rn, Rm, Ra	有符号的双（乘减）	Q	B.58
SMLSDX	Rd, Rn, Rm, Ra	有符号的双（乘减）（有交换的）	Q	B.59
SMLALD	RdLo, RdHi, Rn, Rm	有符号的双长 MAC		B.54
SMLALDX	RdLo, RdHi, Rn, Rm	有符号的双长 MAC（有交换的）		B.55
SMLSLD	RdLo, RdHi, Rn, Rm	有符号的双长乘减		B.60
SMLSLDX	RdLo, RdHi, Rn, Rm	有符号的双长乘减（有交换的）		B.61

5.15.5 打包和解包指令

支持一套方便 SIMD 数据打包和解包的指令（表 5.71），其中某些指令支持对第二个操作数进行附加操作（桶移位或循环）。对第二个操作数的附加操作是可选的，如表 5.71 所示，对于 rotate (ROR)，"n"的值可以是 8、16 或 24。PKHBT 和 PKHTB 指令中的移位操作可以支持任意位的移位。

表 5.71　DSP 打包和解包扩展指令语法

指令	操作数	描述	图
PKHBT	{Rd} Rn, Rm {LSL #imm}	从第一个操作数的低半字和第二个操作数的高半字移位后打包	B.1
PKHTB	Rn, Rm {ASR #imm}	从第一个操作数的高半字和从第二个操作数的低半字移位后打包	B.2
SXTB	Rd, Rm {, ROR #n}	有符号扩展字节	B.63
SXTH	Rd, Rm {, ROR #n}	有符号扩展半字	B.67

（续）

指令	操作数	描述	图
UXTB	Rd, Rm {, ROR #n}	无符号扩展字节	B.93
UXTH	Rd, Rm {, ROR #n}	无符号扩展半字	B.97
SXTB16	Rd, Rm {, ROR #n}	有符号扩展两个字节到两个半字	B.64
UXTB16	Rd, Rm {, ROR #n}	无符号扩展两个字节到两个半字	B.94
SXTAB	{Rd, }Rn, Rm {, ROR #n}	有符号扩展和加字节	B.65
SXTAH	{Rd, }Rn, Rm {, ROR #n}	有符号扩展和加半字	B.68
SXTAB16	{Rd, }Rn, Rm {, ROR #n}	有符号扩展两个字节到半字和双加	B.66
UXTAB	{Rd, }Rn, Rm {, ROR #n}	无符号扩展和加字节	B.95
UXTAH	{Rd, }Rn, Rm {, ROR #n}	无符号扩展和加半字	B.98
UXTAB16	{Rd, }Rn, Rm {, ROR #n}	无符号扩展两个字节到半字和双加	B.96

5.16 指令集——浮点支持指令

5.16.1 Armv8-M 处理器中的浮点支持概述

Armv8-M 主线版指令集架构支持可选的浮点扩展。当包含浮点硬件时，处理器的实现可以是：

1）包含一个单精度（32 位）浮点运算单元（Floating Point Unit，FPU）以支持单精度浮点计算。

2）包含一个支持单精度和双精度（64 位）浮点计算的 FPU。

对于 Cortex-M33 和其他 Armv8-M 主线版处理器，浮点运算单元是可选的，并且在实现时，Cortex-M33 处理器支持单精度 FPU。如果 FPU 不可用，仍然可以通过使用软件仿真来处理单精度浮点计算。但是这样做的性能水平低于基于硬件方法的性能水平。然而即使包括浮点运算单元，当应用程序代码中包含双精度浮点数据处理时，Cortex-M33 处理器仍需要软件仿真方法。

Cortex-M23 处理器不支持浮点扩展，虽然可以在 Cortex-M23 处理器中使用软件仿真来处理浮点计算，但是性能甚至比不使用 FPU 的 Cortex-M33 更低。

5.16.2 FPU 使能

在使用任何浮点指令之前，必须首先通过设置协处理器访问控制寄存器（Coprocessor Access Control Register，CPACR，地址为 0xE000ED88 的 SCB-> CPACR）中的 CP11 和 CP10 位区域来启用浮点运算单元。对于使用兼容 CMSIS-CORE 的设备驱动程序的软件开发人员，此操作通常在微控制器供应商提供的设备初始化代码中的 SystemInit(void) 函数内进行。在带有 FPU 的 Cortex-M 微控制器的 CMSIS-CORE 头文件中，__ FPU_PRESENT 指令被设置为 1。CPACR 寄存器只能在特权状态下访问。因此，如果非特权软件尝试访问该寄存器，则会产生故障异常。

在已实现 TrustZone 安全功能扩展的系统中，安全软件需要考虑是否允许非安全软件访问浮点运算单元功能。这由非安全访问控制寄存器（Non-secure Access Control Register，NSACR，地址为 0xE000ED8C 的 SCB-> NSCAR）控制，该寄存器只能从安全特权状态访问。要使非安全软件能够访问 FPU，必须将该寄存器的 CP11（位 11）和 CP10（位 10）字段设置为 1。此外，如果已实现 TrustZone 安全功能扩展，那么协处理器的访问控制寄存器（CPACR）在安全状态之间会被分区访问，且访问权限如下：

- CPACR 的安全版本只能通过使用 SCB-> CPACR（地址为 0xE000ED88）的安全软件来访问。
- CPACR 的非安全版本可以被安全和非安全软件访问。安全软件可以使用非安全别名地址（地址为 0xE002ED880 的 SCB_NS-> CPACR）访问该寄存器，非安全软件可以使用地址为 0xE000ED88 的 SCB-> CPACR 访问同一寄存器。

安全软件还需要对协处理器电源控制寄存器（Coprocessor Power Control Register，CPPWR）进行编程，以决定非安全软件是否可以访问 FPU 的电源控制位域。

5.16.3　浮点指令

浮点指令包括用于浮点数据处理以及浮点数据传输的指令（见表 5.72）。所有浮点指令均以字母 V 开头。Cortex-M33 处理器中设置的浮点指令基于 FPv5（Arm 浮点架构版本 5）。这是基于 FPv4 的 Cortex-M4 中浮点指令集的超集。附加的浮点指令提供了一些浮点处理性能的增强。FPv5 在 Cortex-M33、Cortex-M55 和 Cortex-M7 处理器中受支持。

表 5.72　浮点指令

指令	操作数	操作
VABS.F32	Sd,Sm	浮点数绝对值
VADD.F32	{Sd,} Sn,Sm	浮点数加
VCMP{E}.F32	Sd, Sm	比较两个浮点寄存器 VCMP：如果任一操作数是信号 NaN，则引发无效操作异常 VCMPE：如果任意一个操作数为任意类型的 NaN，则引发无效操作异常
VCMP{E}.F32	Sd, #0.0	比较浮点寄存器是否为零（# 0.0）
VCVT.S32.F32	Sd, Sm	将浮点数转换为有符号的 32 位整数（按照向零舍入模式舍入）
VCVTR.S32.F32	Sd, Sm	从浮点数转换为有符号的 32 位整数（使用 FPCSR 指定的舍入模式）
VCVT.U32.F32	Sd, Sm	从浮点数转换为无符号的 32 位整数（按照向零舍入模式舍入）
VCVTR.U32.F32	Sd, Sm	从浮点数转换为 32 位无符号整数（使用 FPCSR 指定的舍入模式）
VCVT.F32.S32	Sd, Sm	从 32 位有符号整数转换为浮点数
VCVT.F32.U32	Sd, Sm	从 32 位无符号整数转换为浮点数
VCVT.S16.F32	Sd, Sd, #fbit	从浮点数转换为有符号的 16 位定点值。#fbit 的范围是 1 ～ 16（小数位）
VCVT.U16.F32	Sd, Sd, #fbit	从浮点数转换为无符号的 16 位定点值。#fbit 的范围是 1 ～ 16（小数位）

（续）

指令	操作数	操作
VCVT.S32.F32	Sd, Sd, #fbit	从浮点数转换为有符号的 32 位定点值。#fbit 的范围是 1～32（小数位）
VCVT.U32.F32	Sd, Sd, #fbit	从浮点数转换为无符号的 32 位定点值。#fbit 的范围是 1～32（小数位）
VCVT.F32.S16	Sd, Sd, #fbit	从带符号的 16 位定点值转换为浮点数。#fbit 的范围是 1～16（小数位）
VCVT.F32.U16	Sd, Sd, #fbit	从无符号的 16 位定点值转换为浮点数。#fbit 的范围是 1～16（小数位）
VCVT.F32.S32	Sd, Sd, #fbit	从带符号的 32 位定点值转换为浮点数。#fbit 的范围是 1～32（小数位）
VCVT.F32.U32	Sd, Sd, #fbit	从无符号的 32 位定点值转换为浮点数。#fbit 的范围是 1～32（小数位）
VCVTB.F32.F16	Sd, Sm	从半精度（使用低 16 位，高 16 位不受影响）转换为单精度
VCVTT.F32.F16	Sd, Sm	从半精度（使用高 16 位，低 16 位不影响）转换为单精度
VCVTB.F16.F32	Sd, Sm	从单精度转换为半精度（使用低 16 位）
VCVTT.F16.F32	Sd, Sm	从单精度转换为半精度（使用高 16 位）
VCVTA.S32.F32	Sd, Sm	从浮点数转换为带符号的整数（四舍五入到最接近的整数，如果一个数在中间，则舍入到远离 0 的数）。在 FPv5 中引入，在 Cortex-M4 上不可用
VCVTA.U32.F32	Sd, Sm	从浮点数转换为无符号的整数（四舍五入到最接近的整数，如果一个数在中间，则舍入到远离 0 的数）。在 FPv5 中引入，在 Cortex-M4 上不可用
VCVTN.S32.F32	Sd, Sm	从浮点数转换为有符号整数（四舍五入到最接近的整数）。在 FPv5 中引入，在 Cortex-M4 上不可用
VCVTN.U32.F32	Sd, Sm	从浮点数转换为无符号整数（四舍五入到最接近的整数）。在 FPv5 中引入，在 Cortex-M4 上不可用
VCVTP.S32.F32	Sd, Sm	从浮点数转换为有符号整数（向上舍入，上是正无穷的方向）。在 FPv5 中引入，在 Cortex-M4 上不可用
VCVTP.U32.F32	Sd, Sm	从浮点数转换为无符号整数（向上舍入，上是正无穷的方向）。在 FPv5 中引入，在 Cortex-M4 上不可用
VCVTM.S32.F32	Sd, Sm	从浮点数转换为有符号整数（向下舍入，下是负无穷的方向）。在 FPv5 中引入，在 Cortex-M4 上不可用
VCVTM.U32.F32	Sd, Sm	从浮点数转换为无符号整数（向下舍入，下是负无穷的方向）。在 FPv5 中引入，在 Cortex-M4 上不可用
VDIV.F32	{Sd,} Sn, Sm	浮点数除法
VFMA.F32	Sd, Sn, Sm	浮点数融合乘加 Sd=Sd+(Sn*Sm)
VFMS.F32	Sd, Sn, Sm	浮点数融合乘减 Sd=Sd−(Sn*Sm)
VFNMA.F32	Sd, Sn, Sm	浮点数负融合乘加 Sd=(Sd)+(Sn*Sm)
VFNMS.F32	Sd, Sn, Sm	浮点数负融合乘减 Sd=(−Sd)−(Sn*Sm)
VLDMIA.32	Rn{!}, {S_regs}	浮点多寄存器载入，每次地址后移（1～16 个连续的 32 位 FPU 寄存器）

（续）

指令	操作数	操作
VLDMDB.32	Rn{!}, {S_regs}	浮点多寄存器载入，每次地址前移（1～16 个连续的 32 位 FPU 寄存器）
VLDMIA.64	Rn{!}, {D_regs}	浮点多寄存器载入，每次地址后移（1～16 个连续的 64 位 FPU 寄存器）
VLDMDB.64	Rn{!}, {D_regs}	浮点多寄存器载入，每次地址前移（1～16 个连续的 64 位 FPU 寄存器）
VLDR.32	Sd,[Rn{, #imm}]	从内存中加载单精度数据（寄存器 + 偏移量）。#imm 的范围是 −1020～+1020，并且必须是 4 的倍数
VLDR.32	Sd, label	从内存中加载单精度数据（立即数）
VLDR.32	Sd, [PC, #imm]	从内存中加载单精度数据（立即数）。#imm 的范围是 −1020～+1020，并且必须是 4 的倍数
VLDR.64	Sd,[Rn{, #imm}]	从内存中加载双精度数据（寄存器 + 偏移量）。#imm 的范围是 −1020～+1020，并且必须是 4 的倍数
VLDR.64	Sd, label	从内存中加载双精度数据（立即数）
VLDR.64	Sd, [PC, #imm]	从内存中加载双精度数据（立即数）。#imm 的范围是 −1020～+1020，并且必须是 4 的倍数
VMAXNM.F32	Sd, Sn, Sm	取最大值。比较 Sn 和 Sm，并以较大的值加载到 Sd。在 FPv5 中引入，在 Cortex-M4 上不可用
VMINNM.F32	Sd, Sn, Sm	取最小值。比较 Sn 和 Sm，并以较小的值加载到 Sd。在 FPv5 中引入，在 Cortex-M4 上不可用
VMLA.F32	Sd, Sn, Sm	浮点数乘加 Sd=Sd+(Sn*Sm)
VMLS.F32	Sd, Sn, Sm	浮点数乘减 Sd=Sd−(Sn*Sm)
VMOV	Rt, Sm	将浮点数（标量）复制到 Arm 内核寄存器
VMOV{.32}	Rt,Dm[0/1]	将双精度寄存器的上半部分 [1] / 下半部分 [0] 的值复制到 Arm 内核寄存器
VMOV{.32}	Dm[0/1], Rt	将 Arm 内核寄存器的值复制到双精度寄存器的上半部分 [1] / 下半部分 [0]
VMOV	Sn, Rt	将 Arm 内核寄存器的值复制到浮点数（标量）
VMOV{.F32}	Sd, Sm	将浮点寄存器 Sm 的值复制到 Sd（单精度）
VMOV	Dm, Rt, Rt2	将两个 Arm 内核寄存器的值复制到一个双精度寄存器
VMOV	Rt, Rt2, Dm	将一个双精度寄存器的值复制到两个 Arm 内核寄存器
VMOV	Sm, Sm1, Rt, Rt2	将两个 Arm 内核寄存器的值复制到两个连续的单精度寄存器（替代语法：VMOV Dm, Rt, Rt2）
VMOV	Rt, Rt2, Sm, Sm1	将两个连续的单精度寄存器的值复制到两个 Arm 内核寄存器（替代语法：VMOV Rt, Rt2, Dm）
VMRS	Rt, FPCSR	将 FPSCR（FPU 系统寄存器）中的值传送到 Rt
VMRS	APSR_nzcv, FPCSR	将 FPSCR 中的标志位复制到 APSR 中的标志位
VMSR	FPSCR, Rt	将 Rt 复制到 FPSCR（FPU 系统寄存器）
VMOV.F32	Sd, #imm	将单精度值传送到浮点寄存器中
VMUL.F32	{Sd,} Sn, Sm	浮点数乘

（续）

指令	操作数	操作
VNEG.F32	Sd, Sm	浮点数取反
VNMUL	{Sd,} Sn, Sm	浮点数负相乘 Sd=-(Sn * Sm)
VNMLA	Sd, Sn, Sm	浮点数负乘加，Sd =-(Sd +(Sn * Sm))
VNMLS	Sd, Sn, Sm	浮点数负乘减，Sd =-(Sd-(Sn * Sm))
VPUSH.32	{S_regs}	浮点单精度寄存器值入栈
VPUSH.64	{D_regs}	浮点双精度寄存器值入栈
VPOP.32	{S_regs}	浮点单精度寄存器值出栈
VPOP.64	{D_regs}	浮点双精度寄存器值出栈
VRINTA.F32.F32	Sd, Sm	浮点数四舍五入到最接近的整数，如果一个数在中间，则舍入到远离 0 的数。在 FPv5 中引入，在 Cortex-M4 上不可用
VRINTM.F32.F32	Sd, Sm	浮点数舍入到最接近的整数，向负无穷方向舍入。在 FPv5 中引入，在 Cortex-M4 上不可用
VRINTN.F32.F32	Sd, Sm	浮点数四舍五入到最接近的整数。在 FPv5 中引入，在 Cortex-M4 上不可用
VRINTP.F32.F32	Sd, Sm	浮点数舍入到最接近的整数，向正无穷方向舍入。在 FPv5 中引入，在 Cortex-M4 上不可用
VRINTR.F32.F32	Sd, Sm	浮点数舍入到最接近的整数，使用在 FPSCR 中定义的舍入规则。在 FPv5 中引入，在 Cortex-M4 上不可用
VRINTX.F32.F32	Sd, Sm	使用 FPSCR 中指定的舍入模式将浮点舍入到最接近整数，并且当结果值在数值上不等于输入值时，将引发不精确异常。在 FPv5 中引入，在 Cortex-M4 上不可用
VRINTZ.F32.F32	Sd, Sm	浮点数舍入到最接近的整数，向零方向舍入。在 FPv5 中引入，在 Cortex-M4 上不可用
VSEL<cond>.F32	Sd, Sn, Sm	浮点数条件选择。如果条件成立，则 Sd = Sn，否则 Sd = Sm。在 FPv5 中引入，在 Cortex-M4 上不可用。<cond> 可以是 EQ（等于）、GE（大于或等于）、GT（大于）或 VS（溢出）。交换源操作数可以满足其他条件
VSQRT.F32	Sd, Sm	浮点数平方根
VSTMIA.32	Rn{!}, <S_regs>	浮点多寄存器存储，每次传送后地址增大
VSTMDB.32	Rn{!}, <S_regs>	浮点多寄存器存储，每次传送前地址减小
VSTMIA.64	Rn{!}, <D_regs>	浮点多寄存器存储，每次传送后地址增大
VSTMDB.64	Rn{!}, <D_regs>	浮点多寄存器存储，每次传送前地址减小
VSTR.32	Sd, [Rn{, #imm}]	将单精度数据存储到内存（寄存器 + 偏移量）
VSTR.64	Dd, [Rn{, #imm}]	将双精度数据存储到内存（寄存器 + 偏移量）
VSUB.F32	{Sd,} Sn, Sm	浮点数减

　　还有另外两个与 FPU 相关的专门用于 TrustZone 安全管理的指令：VLLDM 和 VLSTM，详见 5.20 节。

　　请注意，浮点数处理会产生"异常"。例如一个 32 位的数据并不总能转换为有效的浮点数，因此 FPU 不会将其作为普通数据进行处理——这种情况称为 NaN（即不是数字，有关此主题的更多信息可以参阅第 14 章）。尽管 FPU 异常信号能导出到处理器的输出，但这种机制可能不会在 NVIC 中触发任何异常。是否能够触发异常取决于芯片的系统级设计。不同于依靠 NVIC 异常处理机制检测 FPU 异常发生，软件可以通过在停止浮点运算后检查 FPU 异常状态来检测异常（例如 NaN）。有关此主题的更多信息请参见 14.6 节。

5.17　指令集——异常相关指令

一些指令用于与异常相关的操作，在表 5.73 中列出。

表 5.73　异常操作相关指令

指令	描述	限制
SVC #imm8	SuperVisor 调用——生成 SVC 异常	立即数范围是 0 ～ 255。SVC 优先级必须设置为高于当前级别
CPSIE I	清除 PRIMASK（启用中断）	必须处于特权状态
CPSID I	设置 PRIMASK（使用可配置的优先级对中断和异常进行设置）	同上
CPSIE F	清除 FAULT（启用中断）	在 Armv8-M 基础版和 Armv6-M 中不可用。处理器必须处于特权状态
CPSID F	设置 FAULTMASK（对 NMI 之外的中断和异常进行设置）	同上

SuperVisor 调用（SuperVisor Call，SVC）指令用于生成 SVC 异常（异常类型 11）。通常 SVC 允许嵌入式的操作系统 / 实时操作系统向非特权应用程序任务提供服务（以特权状态执行）。SVC 异常提供了从非特权到特权的过渡机制。

为了成为操作系统服务网关，SVC 机制进行了一些优化。这是因为访问操作系统服务的应用程序任务只需要知道 SVC 服务编号和输入参数：应用程序任务不需要知道服务的实际程序内存地址。

SVC 指令要求 SVC 异常的优先级必须高于当前优先级，并且该异常没有被掩码寄存器（例如 PRIMASK 寄存器）设置。如果不满足以上优先级要求，那么执行 SVC 指令将触发故障异常。因此，不能在 NMI 或硬故障处理程序中使用 SVC 指令，因为这些处理程序的优先级始终高于 SVC 异常。

SVC 指令具有以下语法：

```
SVC #<immed>
```

立即数（#<immed>）为 8 位。该数本身不会影响 SVC 异常行为，但是 SVC 处理程序可以通过软件提取该数值并将其用作输入参数。例如，可用这个参数确定执行 SVC 指令的应用程序任务请求哪种服务内容。

在传统的 Arm 汇编语法中，SVC 指令中的立即数不需要 "#" 符号，因此可以将指令编写为：

```
SVC <immed>
```

用户仍然可以在大多数汇编器工具中使用此语法，但是对于新软件，建议使用 "#" 符号。

在 C 编程环境中，最常见的插入 SVC 指令的方法是使用内联汇编器，并以内联汇编形式编写代码。例如：

```
__asm volatile ("SVC #3"); // 执行 SVC 指令，立即数的值为 3
```

此处需要关键字 volatile 以确保 C 编译器不会将此指令与其他代码调换顺序。如果需要通过寄存器 R0 ～ R3 将其他参数传递给 SVC，则 SVC 函数可以写为：

```
__attribute__((always_inline)) void svc_3_service(parameter1,
parameter2, parameter3, parameter4)
{
    register unsigned r0 asm("r0") = parameter1;
    register unsigned r1 asm("r1") = parameter2;
    register unsigned r2 asm("r2") = parameter3;
    register unsigned r3 asm("r3") = parameter4;
    __asm volatile(
        "SVC #3"
        :
        : "r" (r0), "r" (r1), "r" (r2), "r" (r3)
    );
}
void foo(void)
{
    svc_3_service (0x1, 0x2, 0x3, 0x4);
}
```

对于使用 Arm 工具链（包括 Keil 微控制器开发套件）的软件开发人员，值得注意的是，Arm Compiler 6（ARMCLANG）中不提供用于 Arm Compiler 5 的 "__svc" 函数限定符（参考 http://www.keil.com/support/doc/4022.htm）。

与异常相关的另一条指令是更改处理器状态（Change Processor State，CPS）指令。对于 Cortex-M 处理器，可以使用此指令来设置或清除中断掩码寄存器，例如 PRIMASK 和 FAULTMASK（只在 Armv8-M 主线版中可用）。这些寄存器也可以使用 MSR 和 MRS 指令访问。

CPS 指令只能与以下后缀之一共同使用：IE（中断允许）或 ID（中断禁止）。由于 Armv8-M 主线版处理器（Cortex-M33 和所有其他 Armv8-M 主线版处理器）具有多个中断掩码寄存器，因此必须指定要设置 / 清除的掩码寄存器。表 5.74 中列出了可用于 Cortex-M23、Cortex-M33 和其他 Armv8-M 主线版处理器的 CPS 指令的各种形式。

通常通过切换 PRIMASK 或 FAULTMASK 的状态以禁用和启用中断，可以确保时序关键的代码可以快速完成而不会被中断。Armv8-M 主线版和 Armv7-M 中提供另一个中断掩码寄存器 BASEPRI，其只能由 MSR 和 MRS 指令访问。

在具有 TrustZone 安全功能扩展的 Armv8-M 处理器中，中断掩码寄存器被分块存储。CPS 指令（见表 5.74）只能用于访问当前安全域中的中断掩码寄存器。如果安全特权软件需要访问非安全中断掩码寄存器，则应该使用 MSR 和 MRS 指令。

表 5.74 在 C 编程环境中设置和清除中断掩码寄存器

指令	C 程序
CPSIE I	__enable_irq(); // 中断启用（清除 PRIMASK）

CPSID I	__disable_irq(); // 中断禁止（设置 PRIMASK）
	// 注意：NMI 和硬故障不受影响

CPSIE F	__enable_fault_irq(); // 中断启用（清除 FAULTMASK）
	// 注意：Cortex-M23/M0/M0+/M1 中不支持

CPSID F	__disable_fault_irq(); // 故障中断禁止（设置 FAULTMASK）
	// 注意：NMI 不受影响，Cortex-M23/M0/M0+/M1 中不支持

5.18 指令集——睡眠模式相关指令

有两种进入睡眠模式的指令。也就是说，还有一种进入睡眠模式的方式称为"退出时睡眠"，它允许处理器在异常退出时进入睡眠状态（参见 10.2.5 节）。

前述的两条指令之一是 WFI（Wait For Interrupt，等待中断）。在汇编语言编程中，可以按以下方式访问此指令：

```
WFI ; 等待中断（进入睡眠模式）
```

在使用兼容 CMSIS-CORE 的设备驱动程序进行 C 编程时，可以使用：

```
__WFI(); // 等待中断（进入睡眠模式）
```

WFI 指令导致处理器立即进入睡眠模式。然后可以通过中断，包括复位或调试操作，将处理器从睡眠模式唤醒。

注意，有一种特殊情况，执行 WFI 指令不会触发睡眠模式，即 PRIMASK 被设置且有一个中断待处理时（参见 10.3.4 节）。

另一条 WFE（Wait For Event，事件等待）指令使处理器有条件地进入睡眠模式。在汇编语言编程中，可以按以下方式访问此指令：

```
WFE ; 等待事件（有条件地进入睡眠模式）
```

或者在使用兼容 CMSIS-CORE 的设备驱动程序进行 C 编程时，可以使用：

```
__WFE(); // 等待事件（有条件地进入睡眠模式）
```

在 Cortex-M 处理器内部，有一个单数据位内部寄存器用来记录事件。如果设置了该寄存器，则 WFE 指令将不会进入睡眠状态，而是清除事件寄存器，然后继续执行下一条指令。如果清除了该寄存器，则处理器进入睡眠状态，并在事件发生时被唤醒。该事件可以是以下之一：

❑ 中断。

❑ 调试操作（遵循调试器的暂停请求）。

❑ 复位。

❑ 脉冲信号到达外部事件接口（通过处理器的输入引脚，参见 10.2.9 节）。

处理器的事件输入可以从多处理器系统中其他处理器的事件输出中生成。通过这种设置，处于 WFE 睡眠（例如，等待自旋锁）的处理器可以被其他处理器唤醒，这对多处理器系统中的信号量操作是有用的。在其他情况下，可以通过使用 Cortex-M 微控制器的 I/O 端口引脚来触发事件信号。在其他设计中，事件输入被拉低且未被使用。

除事件输入外，Cortex-M 处理器的事件接口信号还包括事件输出。可以使用 SEV（Send Event，发送事件）指令触发事件输出。在汇编语言编程中，可以按以下方式访问此指令：

```
SEV  ; 发送事件
```

在使用兼容 CMSIS-CORE 的设备驱动程序进行 C 编程时，可以使用：

```
__SEV(); // 发送事件
```

当执行 SEV 时，事件输出接口会生成一个单周期脉冲。SEV 指令还设置了正在执行 SEV 指令的处理器的事件寄存器。在某些 Cortex-M 微控制器中，事件的输出未连接任何内容，因此未被使用。

有关 WFI、WFE 和 SEV 指令以及事件寄存器的更多信息，将在第 10 章中介绍。

5.19　指令集——内存屏障指令

Cortex-M23、Cortex-M33 和其他 Armv8-M 处理器均使用相对较短的流水线，针对小型嵌入式系统进行了优化，因此不会对内存访问进行重新排序。但是 Arm 架构（包括 Armv6-M、Armv7-M 和 Armv8-M）允许处理器设计中对内存传输进行重新排序，也就是说，内存访问可以用与程序代码中不同的顺序发生或者完成，只要它不影响数据处理操作的结果。

内存访问的重新排序通常发生在高端处理器中，例如具有高速缓存、超标量流水线或乱序执行功能的设计。但是，通过对内存访问进行重新排序，而多个处理器之间存在数据共享，那么其他处理器观察到的数据序列可能与程序中的序列不同。这可能会在很多应用中导致错误或故障。这些故障原因的示例（请参见图 5.4）在 5.7.12 节中进行了介绍。

内存屏障指令可用于：

❏ 对内存访问进行强制排序。
❏ 对内存访问和另一个处理器的操作进行强制排序。
❏ 确保在后续操作之前系统配置更改已生效。

Cortex-M 处理器支持以下内存屏障指令（见表 5.75）。

在使用 CMSIS 进行 C 编程（即使用兼容 CMSIS-CORE 的设备驱动程序）时，可以使用以下功能访问这些指令：

```
void __DMB(void); // 数据内存屏障
void __DSB(void); // 数据同步屏障
void __ISB(void); // 指令同步屏障
```

表 5.75　内存屏障指令

指令	描述
DMB	数据内存屏障；确保在提交新的内存访问之前完成所有内存访问
DSB	数据同步屏障；确保在执行下一条指令之前完成所有内存访问
ISB	指令同步屏障；刷新流水线并确保在执行新指令之前完成所有先前的指令

由于 Cortex-M23 和 Cortex-M33 处理器具有相对简单的流水线，这些处理器中使用的 AMBA5 AHB 总线协议不允许在内存系统中对传输进行重新排序，因此大多数应用程序都可以在没有任何内存屏障指令的情况下工作。但是，在某些情况下（见表 5.76）应使用上述屏障指令。

从架构的角度来看，可能还有一些额外情况在两次操作之间应使用内存屏障（在表 5.77 中列出）。不过尽管如此，省略当前 Cortex-M23 和 Cortex-M33 处理器中的内存屏障不会造成任何问题。

对于高端处理器（例如 Cortex-M7）而言，某些内存屏障是非常重要的，因为其总线接口包含写缓冲区，需要 DSB 指令以确保缓冲区写已清空。

Arm 提供了关于 Cortex-M 处理器内存屏障指令使用的应用笔记，该应用笔记称为"Arm Cortex-M 内存屏障指令编程指南"[6]（ArmDAI0321A）。

表 5.76　需要使用内存屏障指令的情况示例

场景（在大多数 Cortex-M 处理器实现中都是必需的）	所需屏障指令
用 MSR 指令更新 CONTROL 寄存器后，应使用 ISB 指令以确保将更新后的配置用于后续操作	ISB
如果在异常处理程序中更改了系统控制寄存器中的 SLEEPONEXIT 位，则应在异常返回之前使用 DSB	DSB
当启用一个被挂起的异常时，以及当需要保证已挂起的异常发生在一个操作之前时	DSB，后接 ISB
当使用 NVIC 清除使能寄存器来禁用一种中断时，以及当需要确保在开始下一个操作之前中断禁用即时生效时	DSB，后接 ISB
当自修改代码修改一部分程序内存的内容时（后续指令已经被提取且需要刷新）	DSB，后接 ISB
当外设中的控制寄存器更改了程序内存映射时，以及必须立即使用新的程序内存映射时（假定在完成写操作后立即更新内存映射）	DSB，后接 ISB
当外设中的控制寄存器更改了数据内存映射时，以及必须立即使用新的数据内存映射时（假定在完成写操作后立即更新内存映射）	DSB
当 MPU 中的配置已更新时，以及随后的程序代码受 MPU 配置更改的影响立即提取并执行了内存区域中的指令时	DSB，后接 ISB

表 5.77　从架构定义上建议使用的内存屏障指令示例

场景（基于架构的推荐）	所需屏障指令
软件更新了 MPU 的配置，然后访问受 MPU 配置更改影响的内存区域中的数据（受更改影响的 MPU 区域仅用于数据访问，即没有指令获取）	DSB
进入睡眠模式之前（WFI 或者 WFE）	DSB
信号量操作	DMB 或者 DSB

（续）

场景（基于架构的推荐）	所需屏障指令
更改异常（例如 SVC）的优先级，然后触发它	DSB
使用中断向量表偏移寄存器（Vector Table Offset Register，VTOR）将中断向量表重新放置到新位置，然后使用新中断向量触发异常	DSB
更改中断向量表中的中断向量条目（如果已将其重新定位到 SRAM），然后立即触发相同的异常	DSB
自我复位之前（仍可以继续正在进行的数据传输）	DSB

5.20　指令集——TrustZone 支持指令

Armv8-M 引入了许多指令以便 TrustZone 安全功能扩展能够正常工作。Armv8-M 基础版和主线版处理器均提供以下指令（见表 5.78）。

表 5.78　TrustZone 支持指令

指令	描述	限制
SG	安全区域网关 SG 提供了一种安全方法，允许非安全软件以非常低的延迟调用安全函数 如果非安全代码调用安全函数，则被调用函数的第一条指令必须是 SG，并且必须位于"非安全模式调用（Non-secure Callable，NSC）"属性定义的地址位置	仅在安全区域可用，并且必须放置在"非安全可调用"区域中才能成为有效的入口点
BXNS Rm	交换分支（非安全） 分支到寄存器中存储的地址。如果地址 0 位的值为 0，且 32 位的值不是 EXC_RETURN 或 FNC_RETURN，则它将处理器切换到非安全状态	仅在安全区域可用
BLXNS Rm	链接和交换分支（非安全） 分支到寄存器中存储的地址。如果地址 0 位的值为 0，且 32 位的值不是 EXC_RETURN 或 FNC_RETURN，则它将处理器切换到非安全状态。链接寄存器保存在安全栈中，并且将 LR 更新为 FNC_RETURN	仅在安全区域可用
TT Rd, Rn TTT Rd, Rn TTA Rd, Rn TTAT Rd, Rn	测试目标——查询内存位置的安全状态和访问权限 Rn = 要测试的内存地址位置 Rd = 安全性和许可结果 TT 和 TTT 在当前安全区域进行测试（TTT 以非特权访问级别进行测试） TTA 和 TTAT 从安全状态执行，并使用非安全形式的安全和权限设置进行测试。TTAT 指令与 TTA 指令不同，因为 TTAT 指定了非安全非特权级别	TTA 和 TTAT 仅在安全区域可用

有关处理安全和非安全软件转换的信息以及 TT {A} {T} 指令的使用，将在 7.4.2 节和第 18 章中介绍。

VLLDM 和 VLSTM 是 Armv8-M 主线版处理器中添加的两个指令，用于上下文保存和恢复 FPU 中的寄存器内容。如果安全软件需要频繁调用某些非安全的功能 / 子例程，则在这两条指令不可用的情况下效率会非常低。

如果没有 VLLDM 和 VLSTM 指令，则对于每个非安全函数调用：

❑ FPU 中的数据需要保存到安全栈中。

❑ FPU 寄存器需要擦除（以防止泄露）。

❑ 非安全函数需要被调用。

在完成非安全函数调用之后，需要恢复寄存器。由于许多被调用的非安全函数 / 子例程可能未使用 FPU，这样做导致效率低下，因此引入了 VLSTM 和 VLLDM 指令以使过程更有效。

仅当非安全函数使用 FPU 时，VLSTM 和 VLLDM 指令（见表 5.79）通过保存和恢复 FPU 寄存器来改善这一过程。安全软件不是在调用非安全子例程之前将所有 FPU 寄存器组数据存储在安全栈中，而是在安全栈中分配空间（由 Rn 指向），并使用 VLSTM 启用延迟入栈。这意味着安全 FPU 寄存器的实际入栈和清除操作仅当非安全子例程使用 FPU 时发生。当非安全函数 / 子例程完成并返回安全区域后，安全软件将使用 VLLDM 从安全栈中恢复已保存的数据，但其前提是安全 FPU 数据已被压入安全栈中。如果被调用的非安全函数 / 子例程未使用 FPU，则 FPU 寄存器的保存和恢复不会发生，从而减少了所需的时钟周期数。

表 5.79　Armv8-M 主线版用于支持 TrustZone 的 VLSTM 和 VLLDM 指令

指令	描述	限制
VLSTM Rn	多浮点数延迟存储 启用 FPU 的安全数据的延迟入栈。Rn 是安全软件保留的栈空间的地址，如果有需要，则保存安全的 FPU 数据	仅在 Armv8-M 主线版可用，并且仅在安全状态下可用
VLLDM Rn	多浮点数延迟载入 如果在非安全子例程 / 函数期间将 FPU 数据压入安全栈，则从安全栈内存（由 Rn 指向）中恢复 FPU 数据	仅在 Armv8-M 主线版可用，并且仅在安全状态下可用

如果未实现或禁用 FPU，则 VLSTM 和 VLLDM 指令将作为 NOP（无操作）执行。

5.21　指令集——协处理器和 Arm 自定义指令支持

协处理器指令和 Arm 自定义指令使芯片设计人员能够扩展处理器系统的处理能力。

协处理器指令是在首次发布 Cortex-M33 处理器时引入的，而 Arm 自定义指令是在 2020 年中期发布 Cortex-M33 修订版 1 时引入的。上述指令在 Cortex-M23 处理器上不可用。

协处理器接口支持将紧耦合的硬件加速器添加到 Cortex-M33 处理器。加速器的功能由芯片设计人员或微控制器供应商定义。这些硬件加速器通常用于数学计算（例如三角函数）和加密加速等。

Cortex-M33 处理器最多支持八个自定义的协处理器（#0 ～ #7），每个协处理器可实现为：

❑ 位于处理器外部，并通过协处理器接口连接的协处理器硬件单元。

❑ 位于处理器内部的自定义数据路径单元（此功能从 2020 年年中开始，在 Cortex-M33

修订版 1 中提供）。

在处理器外部的协处理器硬件单元，最多可有 16 个协处理器寄存器。尽管处理器与协处理器之间的接口（见图 5.20）支持寄存器组与协处理器寄存器之间的 32 位和 64 位数据传输，但协处理器寄存器的确切大小由芯片设计人员定义。

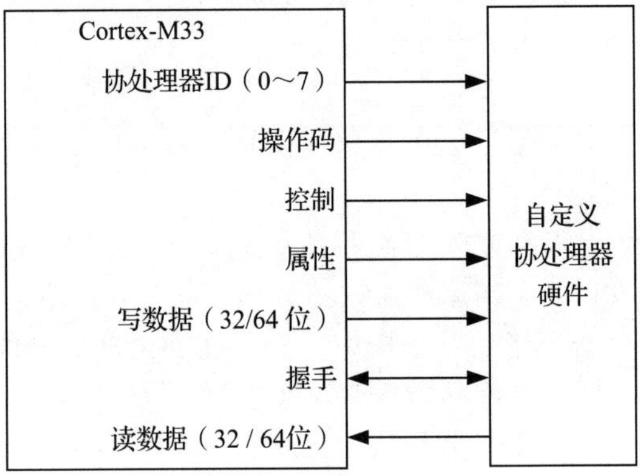

协处理器指令分为三种类型：

□ 使用定义操作的操作码，将数据从处理器的寄存器组传输到一个或两个协处理器寄存器。

□ 使用定义操作的操作码，将数据从一个或两个协处理器寄存器传输到处理器的寄存器组。

□ 协处理器操作（操作码 + 协处理器寄存器标识符）。

与内存映射外设方法相比，协处理器接口提供了一种更快访问硬件加速器的方法。这是因为：

图 5.20 协处理器接口

□ 协处理器接口一次最多可以传输 64 位数据，而 Cortex-M33 处理器上的总线接口每个周期最多只能传输 32 位数据。

□ 协处理器传输不受系统级总线流量的影响（例如，它不会因为可能需要多个时钟周期等待状态的另一条总线的传输延迟而延迟）。

□ 在开始传输之前，软件不必先在寄存器中设置地址。这是因为协处理器 ID 和协处理器寄存器标识符是协处理器指令编码的一部分。

□ 软件不必使用单独的传输来定义协处理器的操作。这是因为协处理器操作码是协处理器指令编码的一部分。

在某些情况下，由于协处理器接口的单周期访问能力，芯片设计人员可以利用其来更快地访问某些外设寄存器。

表 5.80 总结了 Cortex-M33 处理器支持的协处理器指令。

表 5.80　协处理器指令

指令	操作
MCR coproc, opc1, Rt, CRn, CRm{, opc2} MCR2 coproc, opc1, Rt, CRn, CRm{, opc2} (e.g. MCR p0, 1, R1, c1, c2, 0)	将 32 位数据传输到协处理器寄存器 （操作码 1 是 4 位，操作码 2 是 3 位且是可选的）
MRC coproc, opc1, Rt, CRn, CRm{, opc2} MRC2 coproc, opc1, Rt, CRn, CRm{, opc2} (e.g. MRC p0, 1, R1, c1, c2, 0)	从协处理器寄存器传输 32 位数据 （操作码 1 是 4 位，操作码 2 是 3 位且是可选的）
MCRR coproc, opc1, Rt, Rt2, CRm MCRR2 coproc, opc1, Rt, Rt2, CRm	从协处理器寄存器传输 64 位数据 （操作码 1 是 4 位）

（续）

指令	操作
MRRC coproc, opc1, Rt, Rt2, CRm MRRC2 coproc, opc1, Rt, Rt2, CRm	从协处理器寄存器传输 64 位数据 （操作码 1 是 4 位）
CPD coproc, opc1, CRd, CRn, CRm {, opc2} CPD2 coproc, opc1, CRd, CRn, CRm {, opc2}	协处理器数据处理 （操作码 1 是 4 位，操作码 2 是 3 位且是可选的）

当处理器寄存器字段（Rt）设置为 PC（0xF）时，MRC 和 MRC2 指令支持 APSR.NZVC 标志的传输。

出于历史原因，可以使用多种指令的编码方法（例如，MCR、MCR2）。协处理器指令可在早期的 Arm 处理器中使用，并且从 Arm 架构 v5 开始，更多的协处理器指令（MCR2、MRC2、MCRR2、MRRC2 和 CDP2）被引入 Arm 指令集（而非 Thumb 指令集）中。新增加的内容为操作码位提供了更多空间，但没有条件执行功能。

请注意，Armv8-M 架构已经定义了用于内存访问的其他协处理器指令，但是 Cortex-M33 处理器不支持这些指令（见表 5.81）。任何执行这些指令的尝试都将导致错误异常（带有未定义指令错误的使用故障）。

表 5.81 不支持的协处理器指令

不支持的协处理器指令	操作
LDC coproc, CRd, [Rn {,#imm}] LDC2 coproc, CRd, [Rn {,#imm}]	使用协处理器寄存器进行数据目标寄存器的 32 位内存读取操作
LDC coproc, CRd, [Rn ,#imm]! LDC2 coproc, CRd, [Rn ,#imm]!	使用协处理器寄存器进行前变址数据目标寄存器的 32 位内存读取操作
LDC coproc, CRd, [Rn],#imm LDC2 coproc, CRd, [Rn],#imm	使用协处理器寄存器进行后变址数据目标寄存器的 32 位内存读取操作
LDC coproc, CRd, [PC {,#imm}] LDC2 coproc, CRd, [PC {,#imm}]	使用协处理器寄存器进行目标寄存器的 32 位立即数内存读取操作
LDCL coproc, CRd, [Rn {,#imm}] LDC2L coproc, CRd, [Rn {,#imm}]	使用协处理器寄存器进行数据目标寄存器的 64 位内存读取操作
LDCL coproc, CRd, [Rn ,#imm]! LDC2L coproc, CRd, [Rn ,#imm]!	使用协处理器寄存器进行前变址数据目标寄存器的 64 位内存读取操作
LDCL coproc, CRd, [Rn],#imm LDC2L coproc, CRd, [Rn],#imm	使用协处理器寄存器进行后变址数据目标寄存器的 64 位内存读取操作
LDCL coproc, CRd, [PC {,#imm}] LDC2L coproc, CRd, [PC {,#imm}]	使用协处理器寄存器进行目标寄存器的 64 位立即数内存读取操作
STC oproc, CRd, [Rn {,#imm}] STC2 coproc, CRd, [Rn {,#imm}]	使用协处理器寄存器进行源寄存器的 32 位内存存储操作
STC coproc, CRd, [Rn ,#imm]! STC2 coproc, CRd, [Rn ,#imm]!	使用协处理器寄存器进行前变址源寄存器的 32 位内存存储操作
STC coproc, CRd, [Rn],#imm STC2 coproc, CRd, [Rn],#imm	使用协处理器寄存器进行后变址源寄存器的 32 位内存存储操作
STCL coproc, CRd, [Rn {,#imm}] STC2L coproc, CRd, [Rn {,#imm}]	使用协处理器寄存器进行源寄存器的 64 位内存存储操作

（续）

不支持的协处理器指令	操作
STCL coproc, CRd, [Rn ,#imm]! STC2L coproc, CRd, [Rn ,#imm]!	使用协处理器寄存器进行前变址源寄存器的 64 位内存存储操作
STCL coproc, CRd, [Rn],#imm STC2L coproc, CRd, [Rn],#imm	使用协处理器寄存器进行后变址源寄存器的 64 位内存存储操作

Arm 自定义指令允许芯片设计人员在 Cortex-M33 处理器中定义自定义数据处理指令。Arm 自定义指令的架构支持五种数据类型：

❑ 32 位整数。

❑ 64 位整数（D- 双变量）。

❑ 单精度浮点数（32 位，fp32）——若包含 FPU，则被 Cortex-M33 R1 处理器支持。

❑ 双精度浮点数（64 位，fp64，不被 Cortex-M33 R1 处理器支持）。

❑ Armv8.1-M 中的 MVE 中断向量（128 位，不被 Cortex-M33 R1 支持）。

每种 Arm 自定义指令中的数据类型都有三个子类型，因此总共有 15 个类型（见表 5.82）。这些子类型支持 0 ～ 3 个输入操作数以及 1 个附加的立即数，这样能够定义多个指令。

对于每个类别，都有一个普通变量和累积变量。这些指令的累积变量（由后缀 {A} 表示）允许将目标寄存器既用作源数据也用作目标数据。IT 指令块中只能使用整数型 Arm 自定义指令的累积变量进行条件执行。请注意，用于浮点和向量数据类型的 Arm 自定义指令以及非累积变量不能在 IT 指令块中使用。

与协处理器接口指令相似，当处理器寄存器字段（Rd / Rn）设置为 APSR_nzcv 时，CX1 {A}、CX2 {A} 和 CX3 {A} 指令支持 N、Z、C、V 标志的传输，编码为 0xF。对于 CX1D {A}、CX2D {A} 和 CX3D {A} 指令，APSR_nzcv 可用作输入，并编码为 0xE。

使用双字 Arm 自定义指令（CX1D {A}、CX2D {A}、CX3D {A}）时，目标位置位于 Rd 和 R(d + 1) 中，其中 d 必须为偶数且小于 12。

有关使用内建函数在 C 中使用这些协处理器指令的信息，请参阅 15.4 节。

在使用协处理器指令或 Arm 自定义指令之前，必须通过软件启用相应的协处理器，因为默认情况下协处理器被禁用。此外，安全软件还应在安全初始化期间设置协处理器的访问权限。有关访问权限设置要求的更多信息请参见 15.5 节。

表 5.82 Arm 自定义指令（共 15 类）

类别	指令	输入数据类型	结果数据类型	\<imm\> 位宽
CX1{A}	CX1 \<coproc\>, \<Rd\>, #\<imm\> CX1A \<coproc\>, \<Rd\>, #\<imm\>	32 位整数或 APSR_nzcv	32 位整数或 APSR_nzcv	13
CX2{A}	CX2 \<coproc\>, \<Rd\>, \<Rn\>, #\<imm\> CX2A \<coproc\>, \<Rd\>, \<Rn\>, #\<imm\>	32 位整数或 APSR_nzcv	32 位整数或 APSR_nzcv	9
CX3{A}	CX3 \<coproc\>, \<Rd\>, \<Rn\>, \<Rm\>, #\<imm\> CX3A \<coproc\>, \<Rd\>, \<Rn\>, \<Rm\>, #\<imm\>	32 位整数或 APSR_nzcv	32 位整数或 APSR_nzcv	6

（续）

类别	指令	输入数据类型	结果数据类型	`<imm>`位宽
CX1D{A}	CX1D `<coproc>`, `<Rd>`,`<Rd+1>`, #`<imm>` CX1DA `<coproc>`, `<Rd>`, `<Rd+1>`, #`<imm>`	Rd：64 位整数 或 APSR_nzcv	64 位整数	13
CX2D{A}	CX2D `<coproc>`, `<Rd>`, `<Rn>`, #`<imm>` CX2DA `<coproc>`, `<Rd>`, `<Rd+1>`, `<Rn>`, #`<imm>`	Rd：64 位整数 或 APSR_nzcv Rn：32 位整数 或 APSR_nzcv	64 位整数	9
CX3D{A}	CX3D `<coproc>`, `<Rd>`, `<Rn>`, `<Rm>`, #`<imm>` CX3DA `<coproc>`, `<Rd>`, `<Rd+1>`, `<Rn>`, `<Rm>`,#`<imm>`	Rd：64 位整数 或 APSR_nzcv Rn, Rm：32 位 整数或 APSR_nzcv	64 位整数	6
VCX1{A}.S	VCX1 `<coproc>`, `<Sd>`, #`<imm>` VCX1A `<coproc>`, `<Sd>`, #`<imm>`	浮点 (fp32)	浮点 (fp32)	11
VCX2{A}.S	VCX2 `<coproc>`, `<Sd>`, `<Sm>`, #`<imm>` VCX2A `<coproc>`, `<Sd>`, `<Sm>`, #`<imm>`	浮点 (fp32)	浮点 (fp32)	6
VCX3{A}.S	VCX3 `<coproc>`, `<Sd>`, `<Sn>`, `<Sm>`, #`<imm>` VCX3A `<coproc>`, `<Sd>`, `<Sn>`, `<Sm>`, #`<imm>`	浮点 (fp32)	浮点 (fp32)	3
VCX1{A}.D	VCX1 `<coproc>`, `<Dd>`, #`<imm>` VCX1A `<coproc>`, `<Dd>`, #`<imm>`	双精度 (fp64)	双精度 (fp64)	11
VCX2{A}.D	VCX2 `<coproc>`, `<Dd>`, `<Dm>`, #`<imm>` VCX2A `<coproc>`, `<Dd>`, `<Dm>`, #`<imm>`	双精度 (fp64)	双精度 (fp64)	6
VCX3{A}.D	VCX3 `<coproc>`, `<Dd>`, `<Dn>`, `<Dm>`, #`<imm>` VCX3A `<coproc>`, `<Dd>`, `<Dn>`, `<Dm>`, #`<imm>`	双精度 (fp64)	双精度 (fp64)	3
VCX1{A}.Q	VCX1 `<coproc>`, `<Qd>`, #`<imm>` VCX1A `<coproc>`, `<Qd>`, #`<imm>`	向量	向量	12
VCX2{A}.Q	VCX2 `<coproc>`, `<Qd>`, `<Qm>`, #`<imm>` VCX2A `<coproc>`, `<Qd>`, `<Qm>`, #`<imm>`	向量	向量	7
VCX3{A}.Q	VCX3 `<coproc>`, `<Qd>`, `<Qn>`, `<Qm>`, #`<imm>` VCX3A `<coproc>`, `<Qd>`, `<Qn>`, `<Qm>`, #`<imm>`	向量	向量	4

5.22 指令集——其他函数

还有一些其他各方面的指令。

Cortex-M 处理器支持 NOP 指令。该指令可用于产生指令对齐或引入延迟。用汇编语言编程时，NOP 指令写为：

```
NOP ；无操作
```

当使用与 CMSIS-CORE 兼容的设备驱动程序进行 C 语言编程时，可编写为：

```
__NOP(); 无操作
```

请注意，通常无法保证由 NOP 指令创建的延迟，并且延迟可能会因不同系统而异（例如，内存等待状态、处理器类型）。如果需要在不同的系统中使用该软件，则它不适合产生精确的时序延迟。如果时序延迟需要准确，则应使用硬件计时器。

在软件开发过程中，另一条有用的特殊指令是 Breakpoint（BKPT）。它用于在软件开发 / 调试期间在应用程序中创建软件断点。如果要从 SRAM 执行正在调试的程序，则通常调试器会通过用 BKPT 替换原始指令（在该处有断点）来向该程序插入断点。当达到断点时，处理器将暂停，调试器将载入原始指令。然后用户可以通过调试器执行调试任务。BKPT 指令还可用于生成调试监控器的异常。BKPT 指令包含一个 8 位立即数。调试器或调试监控器异常处理程序可以提取此数据，并根据提取的信息决定要执行的操作。举例来说，立即数的用途之一是它可以使用某些特殊值（这取决于工具链）来指示类主机请求。

汇编编程语言中的 BKPT 指令的语法为：

```
BKPT #<immed> ；断点
```

与 SVC 相似，在使用大多数汇编器工具时，也可以省略"＃"号：

```
BKPT <immed> ；断点
```

在使用与 CMSIS-CORE 兼容的设备驱动程序进行 C 语言编程时，BKPT 指令可写为：

```
__BKPT(immed);
```

除了支持 BKPT 指令外，Cortex-M23 和 Cortex-M33 处理器还支持一个断点单元，该断点单元最多提供 4 个（对于 Cortex-M23）或 8 个（对于 Cortex-M33）硬件断点比较器。当使用硬件断点单元时，不需要像软件断点操作那样替换程序内存中的原始指令。

Thumb 指令集中定义了许多提示指令（见表 5.83）。这些指令在 Cortex-M23 和 Cortex-M33 处理器上作为 NOP 执行。

表 5.83　其他不支持的提示指令

不支持的指令	功能
DBG	对处理器硬件进行调试和跟踪的提示指令。确切的效果取决于处理器的设计。在现有的 Cortex-M 处理器中不使用此指令
PLD	预载入数据。这是一条提示指令，通常由高速缓存控制器用来加速数据访问。但是，由于 Cortex-M23 和 Cortex-M33 处理器内部没有数据高速缓存，因此该指令的行为相当于 NOP（即无操作）
PLI	预载入指令。这是一条提示指令，通常用于高速缓存控制器通过指示程序代码中某个内存区域的使用位置来加速指令访问。但是，由于 Cortex-M23 和 Cortex-M33 处理器内部没有指令高速缓存，因此该指令的行为类似于 NOP
YIELD	该提示指令允许多线程系统中的应用程序任务指示其正在执行且可以换出的任务（例如停顿或等待事件发生）。支持硬件多线程的处理器可以使用此提示信息以提高系统的整体性能。由于 Cortex-M23 和 Cortex-M33 处理器不支持任何硬件多线程，因此此提示指令将作为 NOP 执行

所有其他未定义的指令在执行时将导致发生错误异常，即硬故障或使用故障。

自 Armv8-M 架构发布以来，已进行了更新，包含了许多新指令。例如，自从发现 Spectre 和 Meltdown（安全漏洞）以来，Arm 引入了其他指令来解决潜在的由某些处理器实现中的推测执行优化引起的安全问题。推测执行是具有长流水线和内存系统的高端处理器中一种常用的优化技术。

因为 Cortex-M23 和 Cortex-M33 处理器没有推测执行和高级处理器缓存系统，所以它们不受 Spectre 和 Meltdown 等漏洞的影响。但是为了创建一致的软件架构，在主线（Mainline）扩展内的 Armv8-M 架构（即主线子配置文件处理器，例如 Cortex-M33 处理器）中支持以下指令（见表 5.84）。

这些指令（SSBB、PSSBB 和 CSDB）不得在 IT 指令块内使用。

有关这些指令的详细信息请参见白皮书"缓存推测旁路通道"，该白皮书可从 https://developer.arm.com/support/arm-security-updates/speculative-processor-vulnerability 下载。

由于 Cortex-M 处理器不受 Spectre 和 Meltdown 漏洞的影响，因此在本书中不介绍这些指令。

表 5.84　Armv8-M 主线版架构中添加的指令以解决 Spectre 和 Meltdown 漏洞

指令	功能
SSBB	推测存储绕行屏障 该指令可防止来自以下方面的推测载入： • 载入前，将早于最新存储的数据返回到程序顺序中出现的相同**虚拟**地址 • 载入后，使用程序顺序中出现的相同**虚拟**地址从存储中返回数据 该指令在 Cortex-M33 处理器中按照 DSB 执行
PSSBB	物理推测存储绕行屏障 该指令可防止来自以下方面的推测载入： • 载入前，将早于最新存储的数据，返回到程序顺序中出现的相同**物理**地址 • 载入后，使用程序顺序中出现的相同**物理**地址，从存储中返回数据 该指令在 Cortex-M33 处理器中按照 DSB 执行
CSDB	推测数据消耗屏障 这是一个内存屏障，它在执行后会阻止某些类型后续指令的推测执行。该屏障将一直持续到未解决的条件状态已解决（不再是推测性的） CSDB 之后，阻止推测执行的指令包括： • 非分支指令 • 数据结果预测的指令 • 除条件分支指令以外并且预测结果包含 ALU 标志的指令 非推测性指令和推测性分支指令仍然可以继续执行 该指令在 Cortex-M33 处理器中作为 NOP 执行

5.23　基于 CMSIS-CORE 访问特殊寄存器

5.6.4 节中介绍了用于访问特殊寄存器的 MRS 和 MSR 指令。为了简化编程，CMSIS-CORE 引入了许多用于访问特殊寄存器的函数（见表 5.85）。

在表 5.85 中：

❑ 函数名称中带有"__TZ"前缀的函数只能由在安全状态下运行的软件中使用。

❑ 除非另有说明，否则这些函数将使用 MRS 或 MSR 指令。

❑ 除了访问 APSR 和 CONTROL 函数外，所有其他函数都需要在特权级别执行。

表 5.85　用于特殊寄存器访问的 CMSIS-CORE 函数

寄存器	函数	Cortex-M23 是否支持
当前安全区域的 CONTROL	`uint32_t __get_CONTROL(void)`	是
当前安全区域的 CONTROL	`void __set_CONTROL(uint32_t control)`	是
CONTROL 的非安全版本	`uint32_t __TZ_get_CONTROL_NS (void)`	是
CONTROL 的非安全版本	`void __TZ_set_CONTROL_NS (uint32_t control)`	是
当前安全区域的 PRIMASK	`uint32_t __get_PRIMASK(void)`	是
当前安全区域的 PRIMASK	`void __set_PRIMASK(uint32_t priMask)`	是
通过 CPS 指令清除当前安全区域的 PRIMASK	`__enable_irq(void)`	是
通过 CPS 指令设置当前安全区域的 PRIMASK	`__disable_irq(void)`	是
PRIMASK 的非安全版本	`uint32_t __TZ_get_PRIMASK_NS (void)`	是
PRIMASK 的非安全版本	`void __TZ_set_PRIMASK_NS (uint32_t priMask)`	是
当前安全区域的 BASEPRI	`uint32_t __get_BASEPRI(void)`	否
当前安全区域的 BASEPRI	`void __set_BASEPRI(uint32_t basePRI)`	否
BASEPRI 的非安全版本	`uint32_t __TZ_get_BASEPRI_NS (void)`	否
BASEPRI 的非安全版本	`void __TZ_set_BASEPRI_NS(uint32_t basePRI)`	否
当前安全区域的 FAULTMASK	`uint32_t __get_FAULTMASK(void)`	否
当前安全区域的 FAULTMASK	`void __set_FAULTMASK(uint32_t faultMask)`	否
通过 CPS 指令清除当前安全区域的 FAULTMASK	`__enable_fault_irq(void)`	否
通过 CPS 指令设置当前安全区域的 FAULTMASK	`__disable_fault_irq(void)`	否
FAULTMASK 的非安全版本	`uint32_t __TZ_get_FAULTMASK_NS (void)`	否
FAULTMASK 的非安全版本	`void __TZ_set_FAULTMASK_NS (uint32_t faultMask)`	否
IPSR	`uint32_t __get_IPSR(void)`	是
APSR	`uint32_t __get_APSR(void)`	是
xPSR	`uint32_t __get_xPSR(void)`	是
当前安全区域的 MSP	`uint32_t __get_MSP(void)`	是
当前安全区域的 MSP	`void __set_MSP(uint32_t topOfMainStack)`	是

（续）

寄存器	函数	Cortex-M23 是否支持
MSP 的非安全版本	`uint32_t __TZ_get_MSP_NS(void)`	是
MSP 的非安全版本	`void __TZ_set_MSP_NS(uint32_t topOfMainStack)`	是
当前安全区域的 PSP	`uint32_t __get_PSP(void)`	是
当前安全区域的 PSP	`void __set_PSP(uint32_t topOfProcStack)`	是
PSP 的非安全版本	`uint32_t __TZ_get_PSP_NS(void)`	是
PSP 的非安全版本	`void __TZ_set_PSP_NS(uint32_t topOfProcStack)`	是
当前安全区域的 MSPLIM	`uint32_t __get_MSPLIM(void)`	是
当前安全区域的 MSPLIM	`void __set_MSPLIM(uint32_t MainStackPtrLimit)`	是
MSPLIM 的非安全版本	`uint32_t __TZ_get_MSPLIM_NS(void)`	否
MSPLIM 的非安全版本	`void __TZ_set_MSPLIM_NS(uint32_t MainStackPtrLimit)`	否
当前安全区域的 PSPLIM	`uint32_t __get_PSPLIM(void)`	是
当前安全区域的 PSPLIM	`void __set_PSPLIM(uint32_t ProcStackPtrLimit)`	是
PSPLIM 的非安全版本	`uint32_t __TZ_get_PSPLIM_NS(void)`	否
PSPLIM 的非安全版本	`void __TZ_set_PSPLIM_NS(uint32_t ProcStackPtrLimit)`	否
SP 的非安全版本	`uint32_t __TZ_get_SP_NS(void)`	是
SP 的非安全版本	`void __TZ_set_SP_NS(uint32_t topOfStack)`	是
FPSCR（在带有 FPU 的 Cortex-M33 中使用）	`uint32_t __get_FPSCR(void)`	否
FPSCR（在带有 FPU 的 Cortex-M33 中使用）	`void __set_FPSCR(uint32_t fpscr)`	否

参考文献

[1] Armv8-M Architecture Reference Manual. https://developer.arm.com/documentation/ddi0553/am/ (Armv8.0-M only version). https://developer.arm.com/documentation/ddi0553/latest/ (latest version including Armv8.1-M). Note: M-profile architecture reference manuals for Armv6-M, Armv7-M, Armv8-M and Armv8.1-M can be found here: https://developer.arm.com/architectures/cpu-architecture/m-profile/docs.

[2] Arm Cortex-M23 Devices Generic User Guide. https://developer.arm.com/documentation/dui1095/latest.

[3] Arm Cortex-M33 Devices Generic User Guide. https://developer.arm.com/documentation/100235/latest.

[4] Arm Compiler armasm user guide—version 6.9. https://developer.arm.com/documentation/100069/0609. Latest version of Arm Compiler armasm user guide is available at https://developer.arm.com/documentation/100069/latest/.

[5] Procedure Call Standard for the Arm Architecture (AAPCS). https://developer.arm.com/documentation/ihi0042/latest.

[6] A Programmer Guide to the Memory Barrier instruction for Arm Cortex-M Family Processor. https://developer.arm.com/documentation/dai0321/latest/.

第 6 章
内 存 系 统

6.1 内存系统概述

6.1.1 什么是内存系统

Arm Cortex-M 处理器提供了通用总线接口将内存块（例如 SRAM、ROM、嵌入式闪存）和外设连接到处理器。这些组件对于微控制器的运行至关重要，且存在于所有基于 Cortex-M 的系统中。除了处理器之外，在许多微控制器中还存在其他用于访问内存和外围设备的总线主机（启动总线传输的单元）。直接内存访问（DMA）控制器就是一个例子，该控制器无须处理器的干预即可将数据从一个地址传输到另一个地址（这有助于提高吞吐率或降低系统功耗）。本章将重点介绍处理器支持的内存系统。其他模块，例如 DMA 控制器，来自不同供应商的产品可能有所不同，所以不在本书的讨论范围之内。

尽管 Armv8-M 架构[1] 是 32 位的（与 Armv7-M 和 Armv6-M 架构相同），但对总线系统的宽度没有限制。关键要求是内存必须可按字节寻址（每次传输可访问的最小内存单元是一个字节大小）。在 Cortex-M23 和 Cortex-M33 处理器中，总线接口是 32 位的。可以将另一个数据宽度的内存块连接到这些处理器，前提是要有适当的总线基础结构来处理数据传输宽度的转换。

Cortex-M 处理器支持 4GB 地址空间（32 位寻址）。芯片设计中内存的确切大小和类型是灵活的，因此可以找到具有不同内存规格的微控制器产品。外设是映射到内存的，也就是说外设寄存器有分配的地址，可以通过内存载入 / 存储指令进行访问。为了简化总线系统的设计，Arm 处理器上的外设寄存器通常是 32 位对齐的（即地址值是 4 的倍数）。地址空间的一部分分配给处理器内部的寄存器。例如 NVIC、MPU、系统计时器和调试组件，均有映射到内存的寄存器。

Cortex-M33 处理器基于哈佛总线架构，即通过使用多个总线接口同时进行对指令的获取和对数据的访问。值得注意的是 Cortex-M 处理器中的内存空间是统一的，因此指令和数据共享相同的地址空间。

6.1.2 内存系统特性

为了支持广泛的应用，Cortex-M23 和 Cortex-M33 处理器的内存系统提供以下特性：
- 基于 AMBA（Advanced Microcontroller Bus Architecture，先进微控制器总线架构）5 AHB（Advanced High-performance Bus，先进高性能总线）协议的总线接口设计[2]。

该总线协议允许系统总线以流水线操作形式访问内存和外设。处理器还可以使用先进外设总线（Advanced Peripheral Bus，APB）协议 [3] 访问调试组件。AMBA 是总线接口协议标准的集合，也是嵌入式 SoC 设计中实际使用的片上总线协议。

❑ 仅 Cortex-M23 处理器存在可选的用于低延迟外设寄存器访问的单周期 I/O 接口。

❑ 仅 Cortex-M33 处理器基于哈佛总线架构。

❑ 仅 Cortex-M33 处理器具有处理未对齐数据的能力。

❑ 独占访问（通常针对嵌入式操作系统或实时操作系统中的信号量操作）。

❑ 在系统级可选是否支持 TrustZone 安全操作。

❑ 对于小端和大端内存系统的配置选项。

❑ 不同内存区域对应的内存属性和访问权限。

❑ 支持可选的 MPU。如果 MPU 可用，则可以在运行时对内存属性和访问权限进行编程配置。

与 Armv7-M 和 Armv6-M 架构中类似，Armv8-M 架构中的 4GB 地址空间按照预定义的区域划分，如第 3 章中的图 3.4 所示。如果实现了 TrustZone 安全功能扩展，则地址空间将进一步划分为安全和非安全区域。

6.1.3 Cortex-M23/M33 与前期 Cortex-M 处理器的主要区别

软件开发人员会发现基于 Cortex-M23 和 Cortex-M33 处理器的产品与以前基于 Cortex-M 处理器的产品相比，在内存系统上存在一些差异。以下列表详细说明了对于软件可见的更改，但不包括芯片级的设计更改。

Cortex-M0/M0+ 和 Cortex-M23 之间内存系统的差异包括：

❑ 初始引导中断向量表不再限于地址 0x0，并且如果采用了 TrustZone 安全功能扩展，系统会有单独的安全和非安全初始中断向量表地址。

❑ MPU 新的编程者模型。

❑ 增加了 TrustZone 安全功能扩展（这是可选的。某些基于 Cortex-M23 处理器的微控制器没有 TrustZone）。

❑ 增加了独占访问支持。

同样，Cortex-M3/M4 和 Cortex-M33 之间内存系统的差异包括：

❑ 初始引导向量表不再限于地址 0x0，并且如果采用了 TrustZone 安全功能扩展，则系统将具有单独的安全和非安全初始中断向量表地址。

❑ MPU 新的编程者模型。

❑ 增加了 TrustZone 安全功能扩展（这是可选的。某些基于 Cortex-M33 处理器的微控制器没有 TrustZone）。

❑ 删除了 Cortex-M3/M4 处理器中的位带功能：Armv8-M 中已将其删除，因为位带功能的地址重映射特性有时会与 TrustZone 安全性冲突。

Armv6-M/Armv7-M 和 Armv8-M 之间存在一些架构定义上的更改，但是这些更改很少影响程序代码。更改包括：

- 存储类型——"强排序"（Strongly Ordered，SO）存储类型成为"设备"类型的一个子集，为设备类型定义了新的属性。
- 可共享属性——"设备"，这种存储类型在 Armv-8 架构中始终是可共享的。在以前的架构中，它可以共享也可以不共享。

将微控制器设备的内存映射从基于前几代 Cortex-M 的设备迁移到基于 Armv8-M 的设备时，它们可能会发生变化，尤其当系统使用 TrustZone 安全性来划分安全和非安全资源（如内存和外设）的内存地址范围时。通过更新设备头文件和项目设置，可以轻松处理这种类型的变化。通常应用程序代码所需的改动也很简单，除非外设不兼容。

6.2 内存映射

在 4GB 可寻址内存空间内，地址范围内的某些部分分配给处理器的内部外设，如 NVIC 和调试组件。这些内部组件的存储位置是固定的。此外，内存空间在结构上分为几个内存区域，如图 6.1 所示。这种分配允许：

- 处理器支持不同类型的内存和设备。由于无须在运行应用程序代码之前为不同的地址范围配置内存属性，因此简化了软件的启动过程。
- 可实现更高性能的布局优化。

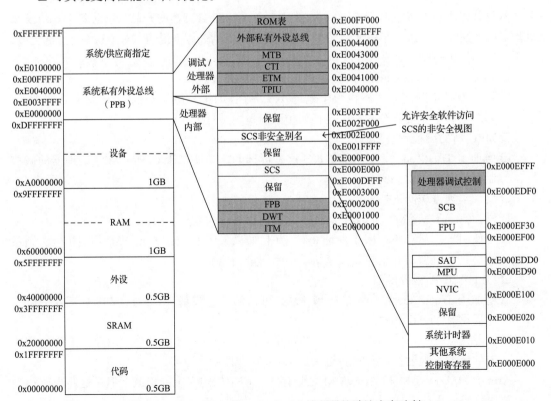

图 6.1　Cortex-M23 和 Cortex-M33 处理器的默认内存映射

在架构上定义的内存映射称为默认内存映射，如图 6.1 所示。除了为处理器内部组件分配的空间，以及系统 / 供应商指定的地址范围。其余地址范围的内存属性可以通过 MPU 软件进行重新配置。在图 6.1 中，阴影区域用于调试组件。

尽管默认的内存映射是固定的，但该架构仍具有很高的灵活性，芯片设计师可以设计具有不同内存和外设的产品，从而实现产品的差异化。

首先看一下图 6.1 左侧所示的内存区域定义。表 6.1 给出了内存区域定义的说明。

表 6.1　内存区域

区域	地址范围
代码	0x00000000 ～ 0x1FFFFFFF

一段 512MB 的内存空间，主要用于程序代码，其中包括默认中断向量表，该中断向量表是程序内存的一部分。该区域也允许数据访问

SRAM	0x20000000 ～ 0x3FFFFFFF

SRAM 区域位于下一个 512MB 的内存空间，主要用于连接 SRAM，主要是片上 SRAM，但是对确切的内存类型没有限制。也可以从该区域执行程序代码

外设	0x40000000 ～ 0x5FFFFFFF

外设存储区的大小也为 512MB，主要用于片上外设

RAM	0x60000000 ～ 0x9FFFFFFF

RAM 区域包含两个 512MB 的内存空间段（总共 1GB），用于其他 RAM（如片外存储器）。RAM 区域可用于程序代码和数据。两个内存空间段具有不同的默认缓存属性（参见表 6.3）

设备	0xA0000000 ～ 0xDFFFFFFF

设备区域包含两个 512MB 的内存空间段（总共 1GB），用于其他外设（如片外外设）

系统	0xE0000000 ～ 0xFFFFFFFF

系统区域包含几个部分：

内部系统私有外设总线（Private Peripheral Bus，PPB），0xE0000000 ～ 0xE003FFFF

内部 PPB 用于访问系统组件（如 NVIC、系统计时器和 MPU）以及 Cortex-M 处理器内部的调试组件。在大多数情况下，只有在特权状态下运行的程序代码才能访问此内存空间。某些寄存器（如 SAU）只能从安全状态访问。

外部 PPB，0xE0040000 ～ 0xE00FFFFF

一个附加的 PPB 区域，可用于添加可选的调试组件。如果处理器（如 Cortex-M33）中有 PPB，则它允许芯片供应商添加自己的调试或供应商特定的组件。只有在特权状态下运行的程序代码才能访问此内存空间。注意，该总线上调试组件的基地址可由芯片设计人员更改。

供应商特定区域，0xE0100000 ～ 0xFFFFFFFF

剩余的内存空间是为供应商特定的组件保留的，在大多数情况下不会使用。

从外设、设备和系统内存区域执行程序是不被允许的。在架构上，这些区域具有防止执行（eXecute-Never，XN）属性，该属性禁止在这些空间中执行程序。但是，像其他内存属性一样，可以通过 MPU 软件来覆盖内存区域（如代码、SRAM、外设、RAM 和设备）的 XN 属性。

NVIC、MPU、SCB 和各种系统外设的内存空间称为系统控制空间（System Control Space，SCS）。关于这些组件的更多信息请参见本书的各个章节（编号和说明已在表 6.2 中列出）。这些内置组件的地址位置如图 6.1 所示。

表 6.2　Cortex-M23 和 Cortex-M33 处理器中的各种内置组件

组件	描述
NVIC	嵌套向量中断控制器（Nested Vectored Interrupt Controller）(见第 9 章) 内置的中断控制器，用于异常（包括中断）处理
MPU	内存保护单元（Memory Protection Unit）(见第 12 章) 可选的可编程单元，用于设置各个内存区域的内存访问权限和内存访问属性（特征或行为）。一些 Cortex-M 微控制器没有 MPU
SAU	安全属性单元（Security Attribution Unit）(见第 18 章) 可选的可编程单元，用于在使用 TrustZone 安全功能扩展时定义安全区域和非安全区域的地址划分
SysTick	系统计时器（System Tick timer（s））(见第 11 章) 一个 24 位计时器，主要用于产生常规 OS 中断。即使不使用 OS，计时器也可以被应用程序代码使用。如果采用 TrustZone，则最多可以有两个系统计时器：一个用于安全软件，一个用于非安全软件
SCB	系统控制块（System Control Block）(见第 10 章) 一组寄存器，可用于控制处理器的行为并提供状态信息
FPU	浮点运算单元（Floating-Point Unit）(见第 14 章) 此处放置了几个控制浮点运算单元行为并提供状态信息的寄存器。如果不存在 FPU，则忽略这些寄存器
FPB	闪存补丁和断点（Flash Patch and BreakPoint）单元（见第 16 章） 用于调试操作。包含多达 8 个比较器，每个比较器都可以配置生成硬件断点事件，例如断点地址的指令执行
DWT	数据监测点与跟踪（Data Watchpoint and Trace）单元（见第 16 章） 用于调试和跟踪操作。包含多达 4 个比较器，每个比较器都可以配置为生成数据监测点事件，例如当软件访问某个内存地址范围时。还可以用于生成数据跟踪数据包，以允许调试器观察对被监测内存位置的访问
ITM	指令跟踪宏单元（Instrumentation Trace Macrocel），Cortex-M23 中不可用（见 16 章） 用于调试和跟踪的组件。它允许软件生成可以通过跟踪接口或跟踪缓冲捕获的数据跟踪激励，也提供了跟踪系统中的时间戳包生成
ETM	嵌入式跟踪宏单元（Embedded Trace Macrocell）(见第 16 章) 用于生成指令跟踪以进行软件调试的组件
TPIU	跟踪端口接口单元（Trace Port Interface Unit）(见第 16 章) 用于将跟踪数据包从跟踪源转换为跟踪接口协议的组件。通过使用跟踪接口协议，可以轻松地用最少的引脚捕获跟踪数据
ROM table	ROM 表（见第 16 章） 一个简单的查找表，使调试工具能够提取调试和跟踪组件的地址。使用 ROM 表，调试工具可以识别系统中的可调试组件。它还提供用于系统识别的 ID 寄存器

6.3　内存类型和内存属性

6.3.1　内存类型分类

默认内存映射中不同内存区域之间的主要区别在于它们的内存属性。上一节简要提到了 XN（防止执行）属性，但还存在其他属性。不同内存属性的组合会导致不同的内存类型（见图 6.2）。

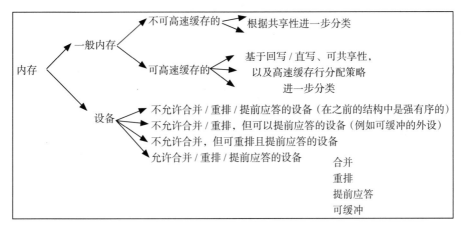

图 6.2　内存类型分类

6.3.2　内存属性概述

内存映射定义了内存访问的内存属性。Cortex-M 处理器中可用的内存属性包括：

可缓冲性：在处理器继续执行下一条指令的同时，可以通过写缓冲区（Write Buffer）对内存进行写操作。

可高速缓存性：从内存中读取的数据可以复制到高速缓存（Cache）中，以便下次访问该值时从高速缓存中获取，以加快程序的执行速度。

可执行性：允许处理器从该内存区域中读取并执行程序代码。如果内存区域（例如外设区域）不允许执行程序代码，则将其标记为 XN（防止执行）属性。

可共享性：该内存区域中的数据可以由多个总线主控器共享。如果内存区域配置有可共享属性，则内存系统需要确保不同总线主控器之间的数据一致性。

即时性：当用该属性标记内存区域时，表明该内存区域中的数据可能不需要立即访问。

可缓冲属性可以应用于"一般内存"和"设备"。例如，高速缓存内存控制器可以使用此属性在回写（Write-Back）式和直写（Write-Through）式缓存策略之间进行选择。如果写操作是可缓冲的，且高速缓存控制器支持回写式缓存策略，那么这些写操作数据将作为脏数据保存在缓存单元中。

当内存系统包含等待状态时，可缓冲属性可以提高性能。例如，如果存在写缓冲区，则可以在单个时钟周期内将数据写入可缓冲存储区，这样即使需要多个时钟周期在总线接口上完成实际数据的传输（见图 6.3），系统仍然可以立即执行下一条指令。

与以前的 Cortex-M3 / M4 处理器不同，

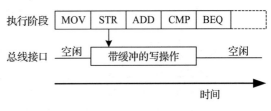

图 6.3　带缓冲的写操作

Cortex-M33 处理器中没有内部写缓冲区。但是，写缓冲区可能仍存在于系统级组件中，例如总线桥和外部存储器接口。

一般内存的可缓存性属性可以进一步分为：

❑ 内部缓存属性
❑ 外部缓存属性

如果实现了 MPU，则可高速缓存性属性是可配置的。内部和外部属性的分离允许处理器将内部属性用于内置高速缓存，将外部属性用于系统 /L2 高速缓存。但是由于 Cortex-M23 和 Cortex-M33 处理器不支持高速缓存，这些属性仅输出到总线接口，因此芯片设计人员如果决定在设计中包括高速缓存组件，则可以利用输出的可高速缓存性信息。

Armv8-M 架构中另一个新内存属性功能是，一般内存具有即时性属性。如果地址区域标记为"即时"，则意味着其中的数据不太可能被频繁使用。因此高速缓存设计可以利用此信息为即时数据分配优先级，来进行高速缓存的行替换。当处理器需要将新的数据存储到高速缓存中，但是较早的有效数据已经使用了相应高速缓存索引的所有路径时，就需要进行高速缓存行替换操作。在 Cortex-M23 和 Cortex-M33 处理器中不使用此属性，因为不支持数据缓存，并且 AHB 接口没有任何用于标识即时性的信号。请注意，即使 Armv8-M 处理器具有数据缓存即时性支持，它也是一项可选功能。这是因为此功能增加了高速缓存标签所需的 SRAM 区域，可能对于某些设计来说是不值得的。

其余的属性信息将输出到处理器的顶层边界，总线基础架构组件可以利用这些信息决定如何处理数据传输。在大多数现有的 Cortex-M 微控制器中，只有可执行性和可缓冲性属性会影响应用程序的工作。可高速缓存性和可共享性属性通常由高速缓存控制器使用，尽管许多 Cortex-M 微控制器设计中不包括高速缓存控制器，但是在系统级（例如在外部 DDR 存储控制器或 QSPI 闪存接口等外部内存接口中）仍有小型高速缓存单元。

在具有多个处理器和多个支持缓存一致性控制的高速缓存单元的系统中，需要有内存的可共享属性（见图 6.4）。当数据访问指示为"可共享"时，高速缓存控制器需要确保该值与其他缓存单元保持一致。这是必需的，因为该值可能已经被另一个处理器缓存并修改。

外围设备应定义为"设备"存储类型。与以前的架构相比，Armv8-M 的"设备"属性有所更改。其设备类型根据以下三个特征分为多个子类别：

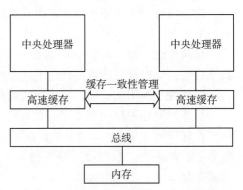

图 6.4　可共享属性被用于多处理器系统中的缓存一致性管理

❑ 合并——允许总线基础结构合并多个传输。
❑ 重排——允许总线基础结构在不同传输之间重新排序。
❑ 提前应答——允许总线基础结构对写传输进行缓冲，并将推测的总线响应反馈给处理器（也就是可缓冲）。

尽管有三个特征，但有效的组合只有四个（见表 6.3）。

表 6.3　设备类型子类别

设备类型	描述
Device-nGnRnE	对于以 Device-nGnRnE 区域为目标的总线传输，处理总线传输的总线互连硬件必须保留数据的大小和访问顺序。此外，处理器必须等待来自设备的响应后才能继续操作（注意：Armv6-M 和 Armv7-M 处理器中的强排序（SO）内存类型实际成了 Armv8-M 中的 Device-nGnRnE 子类别）
Device-nGnRE	对于以 Device-nGnRE 区域为目标的总线传输，通过对写入操作提前应答，允许总线互连硬件或处理器在写入操作完成之前继续操作
Device-nGRE	对于以 Device-nGRE 区域为目标的总线传输，允许总线互连硬件或处理器执行以下操作： • 重排传输顺序 • 通过对写操作提前应答，在写操作完成之前继续操作
Device-GRE	对于以 Device-GRE 区域为目标的总线传输，允许总线互连硬件或处理器执行以下操作： • 重排传输顺序 • 通过对写操作提前应答，在写操作完成之前继续操作 另外，通过合并传输改变数据传输的大小，例如，可以将四个连续字节的写入合并为单个字的写入，以实现更高的性能

对于一般的外围设备，应使用 Device-nGnRE 或 Device-nGnRnE 类型。Device-nGRE 和 Device-GRE 类型可用于类似于内存这种访问顺序无关紧要的设备，例如显示缓冲区。但是，如果必须保留传输数据的大小，则不应使用 Device-GRE。

6.3.3　默认内存映射的内存属性

表 6.4 显示了每个内存区域的默认内存访问属性。

默认情况下，所有普通内存区域都定义为"不可共享"，但是可以使用 MPU 对其进行更改。在单处理器系统中，无须将内存属性更改为可共享，但是在具有高速缓存的多核处理器系统中（见图 6.4），则需要可共享属性。

表 6.4　默认内存访问属性

区域	内存/设备类型	XN	缓存，共享	注解
代码内存区域（0x00000000～0x1FFFFFFF）	普通	—	WT-RA	直写（WT），读分配（Read Allocated，RA）
SRAM 内存区域（0x20000000～0x3FFFFFFF）	普通	—	WB-WA, RA	回写（WB），写分配（Write Allocate，WA），读分配
外设区域（0x40000000～0x5FFFFFFF）	Device-nGnRE	是	可共享	可缓冲，不可高速缓存
RAM 区域（0x60000000～0x7FFFFFFF）	普通	—	WB-WA, RA	回写，写分配，读分配
RAM 区域（0x80000000～0x9FFFFFFF）	普通	—	WT, RA	直写，读分配
设备（0xA0000000～0xBFFFFFFF）	Device-nGnRE	是	可共享	可缓冲，不可高速缓存

（续）

区域	内存 / 设备类型	XN	缓存，共享	注解
设备 （0xC0000000 ～ 0xDFFFFFFF）	设备	是	可共享	可缓冲，不可高速缓存
系统–PPB （0xE0000000 ～ 0xE00FFFFF）	Device-nGnRnE （强排序）	是	可共享	不可缓冲，不可高速缓存
系统–供应商指定区 （0xE0100000 ～ 0xFFFFFFFF）	Device-nGnRE	是	可共享	可缓冲，不可高速缓存

6.4　访问权限管理

6.4.1　访问权限管理概述

多年来，大多数 Cortex-M 处理器都以内存保护和特权级别的形式提供了安全管理。在 Armv8-M 中，关键的增强功能是 TrustZone 安全功能扩展。由于安全性在嵌入式系统中变得越来越重要，因此许多微控制器供应商也在系统级添加了其他安全管理功能。

安全管理的一个主要部分是访问权限控制。其目标是通过处理器内部的、系统级的，或这两者共同的访问权限功能来实现的。当软件尝试访问内存位置时，传输需要经过几个安全检查过程，如图 6.5 所示。

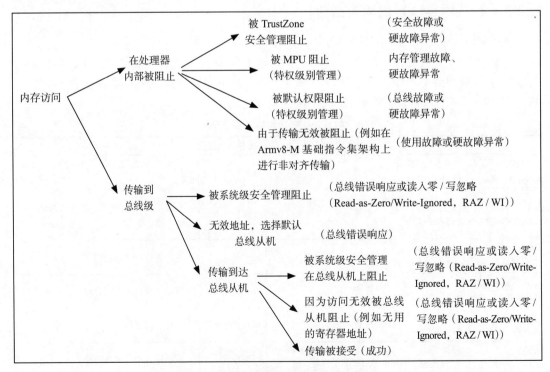

图 6.5　内存访问操作中的安全检查概述

6.4.2　访问控制机制

如图 6.5 所示，检查每次内存访问时可能涉及多种安全检查机制。在 Armv8-M 处理器内部存在以下安全机制：

- 可选的 TrustZone 安全功能扩展，可防止非安全软件访问安全内存地址范围。地址分区由以下内容定义：
  - 安全属性单元（Security Attribution Unit，SAU），这是可编程的，由安全固件控制。
  - 实现定义属性单元（Implementation Defined Attribution Unit，IDAU），由芯片设计人员定义，可能是可编程的，也可能不是。
- 可选的 MPU。该硬件：
  - 可以防止非特权软件访问仅允许进行特权访问的内存。
  - 防止软件访问任何有效 MPU 区域未定义的地址范围。
  - 防止写入 MPU 定义为只读的地址区域。
- 特权级别管理。用于防止非特权软件访问关键处理器资源（例如中断控制）。即使没有 MPU 或未实现 TrustZone，该功能始终存在。
- 检测非法软件操作的机制。这不完全算是安全功能，但可用于异常行为（可能是安全事件的结果）检测。

传输的特权级别和 TrustZone 属性被输出到处理器的总线接口，以便在传输达到总线级时，系统级安全管理可以允许 / 拒绝系统级的访问权限。在系统级，安全管理块可以包括以下功能（所有功能都是设备相关的）：

- TrustZone 总线过滤器，用于定义是否可以通过非安全传输访问某些地址范围。这些可包括：
  - TrustZone 内存保护控制器——该单元使用内存页面或水印级别机制，将内存设备划分为安全和非安全地址范围。
  - TrustZone 外设保护控制器——该单元将一组外设定义为安全和非安全外设。
- 系统级内存保护单元。提供了对外设的特权访问管理，并且可以与 TrustZone 外设保护控制器结合使用。

尽管可以实现，但是不太可能将系统级 MPU 用于普通内存（例如 RAM、ROM）的访问权限控制。这是因为现代微控制器中的处理器可能有从架构层定义的 MPU。但是，由于处理器内部的 MPU 具有数量有限的 MPU 区域，并且芯片可能具有大量外设，因此处理器的 MPU 不足以进行外设访问管理。为了解决此问题，一些微控制器供应商在其产品中添加了系统级 MPU。

6.4.3　SAU/IDAU 与 MPU 的差异

尽管 SAU 和 MPU 都用于访问权限控制，并且都具有类似的使用开始和结束地址来定义区域的编程者模型，但它们具有不同的用途，如图 6.6 所示。

SAU / IDAU 和 MPU 的分离是 TrustZone 的重要特征。它允许实时操作系统与安全管理固件分离，具有以下优点：

❑ 微控制器用户可以使用自己选择的实时操作系统，也可以将设备用作裸机（无实时操作系统）。在这两种情况下，设备上运行的应用程序仍然能够利用安全固件中提供的安全功能。

❑ 如果实时操作系统或其他非安全特权代码中存在错误，则不会影响安全软件的安全完整性。

❑ 为了定期更新非安全程序镜像，可以使用标准固件更新机制来更新 OS。这使得维护产品更加容易。

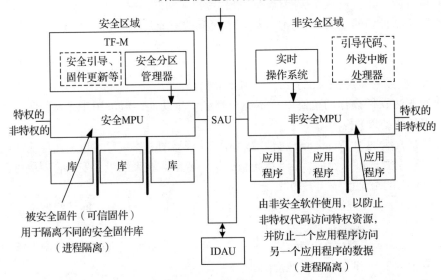

图 6.6　SAU/IDAU 与 MPU 的比较

图 6.6 参考了 TF-M。这是一个开源项目，可以从 https://www.trustedfirmware.org/ 访问该软件。TF-M 是 Arm 于 2017 年宣布的名为平台安全架构（PSA）计划的一部分。该计划旨在提高 IoT 产品和嵌入式系统的安全性。

更多信息可以参考以下章节：

❑ PSA 和 TF-M：第 22 章。

❑ TrustZone 安全管理：第 7 章和第 18 章。

❑ MPU：第 12 章。

6.4.4　默认访问权限

Cortex-M 内存映射对内存访问权限有默认配置。这样可以防止非特权（用户）应用程序访问系统控制内存空间，如 NVIC。当不存在 MPU 或已禁用 MPU 时，将使用默认的内存访问权限。

表 6.5 中给出了默认的内存访问权限。

表 6.5　默认的内存访问权限

内存区域	地址	以非特权（用户）程序访问
供应商指定区	0xE0100000 ～ 0xFFFFFFFF	完全访问
ROM 表	0xE00FF000 ～ 0xE00FFFFF	非特权访问被阻止并导致总线故障
PPB，包含 ETM、TPIU、CTI、MTB	0xE0040000 ～ 0xE00FEFFF	非特权访问被阻止并导致总线故障
内部 PPB	0xE000F000 ～ 0xE003FFFF	非特权访问被阻止并导致总线故障
NVIC、SCS、内核调试寄存器等	0xE000E000 ～ 0xE000EFFF	非特权访问被阻止并导致总线故障；除非访问是对软件触发中断寄存器的访问（仅在 Armv8-M 主线版中可用）并且设置被配置为允许非特权访问 在 Armv8-M 基础版（即 Cortex-M23）中，处理器上运行的软件无法访问内核的调试寄存器
FPB/BPU	0xE0002000 ～ 0xE0003FFF	非特权访问被阻止，并导致总线故障。在 Armv8-M 基础版（即 Cortex-M23）中，处理器上运行的软件无法访问断点单元（Breakpoint Unit，BPU）
DWT	0xE0001000 ～ 0xE0001FFF	非特权访问被阻止，并导致总线故障。在 Armv8-M 基础版（即 Cortex-M23）中，处理器上运行的软件无法访问 DWT
ITM（Cortex ～ M23 中不存在）	0xE0000000 ～ 0xE0000FFF	允许非特权读取，而忽略非特权写入，但可以将激励端口寄存器设置为允许非特权访问（运行时可配置）
设备	0xA0000000 ～ 0xDFFFFFFF	完全访问
外部 RAM	0x60000000 ～ 0x9FFFFFFF	完全访问
外设	0x40000000 ～ 0x5FFFFFFF	完全访问
SRAM	0x20000000 ～ 0x3FFFFFFF	完全访问
代码	0x00000000 ～ 0x1FFFFFFF	完全访问

如果存在并启用了 MPU，则由 MPU 设置定义的其他访问权限规则还将确定是否允许对其他内存区域进行非特权访问。

当非特权访问被阻止时，故障异常立即发生。故障异常可以是硬故障或总线故障异常（在 Armv8-M 基础版中不可用）。故障异常类型取决于是否启用了总线故障异常以及其优先级是否足以触发异常。

6.5　内存中的字节顺序

具有小端模式内存或大端模式内存的系统中都可使用 Cortex-M 处理器。对于小端模式内存系统，字长数据的第一个字节存储在 32 位内存单元的最低有效字节中（见表 6.6）。

在大端模式内存系统中，字长数据的第一个字节存储在 32 位地址内存位置的最高有效字节中（见表 6.7）。

表 6.6 小端模式内存表示

地址	31 ～ 24 位	23 ～ 16 位	15 ～ 8 位	7 ～ 0 位
0x0003 ～ 0x0000	字节 0x3	字节 0x2	字节 0x1	字节 0x0
...				
0x1003 ～ 0x1000	字节 0x1003	字节 0x1002	字节 0x1001	字节 0x1000
0x1007 ～ 0x1004	字节 0x1007	字节 0x1006	字节 0x1005	字节 0x1004
...				
...	字节 4xN+3	字节 4xN+2	字节 4xN+1	字节 4xN

表 6.7 大端模式内存表示

地址	31 ～ 24 位	23 ～ 16 位	15 ～ 8 位	7 ～ 0 位
0x0003 ～ 0x0000	字节 0x0	字节 0x1	字节 0x2	字节 0x3
...				
0x1003 ～ 0x1000	字节 0x1000	字节 0x1001	字节 0x1002	字节 0x1003
0x1007 ～ 0x1004	字节 0x1004	字节 0x1005	字节 0x1006	字节 0x1007
...				
...	字节 4xN	字节 4xN+1	字节 4xN+2	字节 4xN+3

在大多数 Cortex-M 微控制器中，硬件设计仅基于小端模式安排。在 C 编译器中使用正确的字节序编译设置很重要，否则该软件将无法运行。请参考微控制器供应商的数据表和参考资料，以确认微控制器产品的字节顺序。Cortex-M 微控制器系统的字节序配置如下：

❑ Armv8-M 基础版指令集架构（Cortex-M23 处理器）和 Armv6-M 处理器——字节顺序配置由芯片设计人员设置，不能由软件配置。

❑ Armv8-M 主线版指令集架构（Cortex-M33 处理器）和 Armv7-M 处理器——处理器在系统复位时通过配置信号确定内存系统的字节顺序。一旦启动，将无法更改内存系统的字节顺序，直到下一次系统复位。但是，系统的硬件可能仅设计有一种配置，因此无法更改。

在某些情况下，某些外设寄存器可以包含不同字节顺序的数据。在这种情况下，访问这些外设寄存器的应用程序代码需要通过软件（例如使用 REV、REV16 和 REVSH 指令）将数据转换为正确的字节顺序。

请注意，对于 Cortex-M 处理器：

❑ 指令存取始终采用小端模式。

❑ 包括系统控制空间（SCS）、调试组件和私有外设总线（PPB）在内的 0xE0000000 ～ 0xE00FFFFF 的访问始终是小端的。

如果需要，软件可以通过读取地址为 0xE000ED0C 的应用程序中断和复位控制寄存器（AIRCR）的第 15 位（ENDIANNESS）来检测系统的字节顺序。当该位为 0 时，是小端模式，否则为大端模式。该位是只读的，只能在特权状态访问或由调试器访问。

在 Cortex-M 处理器中，大端模式排列称为字节不变大端模式，也可称为 BE-8。Arm

架构 Armv6、Armv6-M、Armv7 和 Armv7-M 上支持 BE-8。BE-8 系统的设计与传统 Arm 处理器（例如 Arm7 TDMI）上构建的大端模式系统设计不同。在经典的 Arm 处理器中，大端模式排列称为字不变大端模式或 BE-32。两种配置的内存视图相同，但是在数据传输期间总线接口上的字节通道使用情况不同。表 6.8 详细说明了 BE-8 的 AMBA AHB 字节通道使用情况，表 6.9 详细说明了 BE-32 的 AHB 字节通道使用情况。

表 6.8　BE-8 系统传输期间 32 位 AHB 总线上字节通道使用情况

地址，大小	31 ～ 24 位	23 ～ 16 位	15 ～ 8 位	7 ～ 0 位
0x1000，字	数据位 [7:0]	数据位 [15:8]	数据位 [23:16]	数据位 [31:24]
0x1000，半字	—	—	数据位 [7:0]	数据位 [15:8]
0x1002，半字	数据位 [7:0]	数据位 [15:8]	—	—
0x1000，字节	—	—	—	数据位 [7:0]
0x1001，字节	—	—	数据位 [7:0]	—
0x1002，字节	—	数据位 [7:0]	—	—
0x1003，字节	数据位 [7:0]	—	—	—

表 6.9　BE-32 系统传输期间 32 位 AHB 总线上字节通道的使用情况

地址，大小	31 ～ 24 位	23 ～ 16 位	15 ～ 8 位	7 ～ 0 位
0x1000，字	数据位 [31:24]	数据位 [23:16]	数据位 [15:8]	数据位 [7:0]
0x1000，半字	数据位 [15:8]	数据位 [7:0]	—	—
0x1002，半字	—	—	数据位 [15:8]	数据位 [7:0]
0x1000，字节	数据位 [7:0]	—	—	—
0x1001，字节	—	数据位 [7:0]	—	—
0x1002，字节	—	—	数据位 [7:0]	—
0x1003，字节	—	—	—	数据位 [7:0]

对于小端模式系统，Cortex-M 和经典 Arm 处理器的总线通道使用情况是相同的（见表 6.10）。

表 6.10　小端模式系统传输期间 32 位 AHB 总线上字节通道使用情况

地址，大小	31 ～ 24 位	23 ～ 16 位	15 ～ 8 位	7 ～ 0 位
0x1000，字	数据位 [31:24]	数据位 [23:16]	数据位 [15:8]	数据位 [7:0]
0x1000，半字	—	—	数据位 [15:8]	数据位 [7:0]
0x1002，半字	数据位 [15:8]	数据位 [7:0]	—	—
0x1000，字节	—	—	—	数据位 [7:0]
0x1001，字节	—	—	数据位 [7:0]	—
0x1002，字节	—	数据位 [7:0]	—	—
0x1003，字节	数据位 [7:0]	—	—	—

对于芯片设计人员来说，将外设从传统 Arm 处理器迁移到 Cortex-M 处理器时，如果外设是为 BE-32 设计的，则需要修改这些外设的总线接口。而之前 Arm 处理器的小端模式外设设计无须修改即可在 Armv8-M 系统中重用。

6.6　数据对齐和非对齐数据的访问支持

从编程者模型角度来看，Cortex-M 处理器的内存系统为 32 位。在 32 位内存系统中，32 位（4 个字节或 1 个字）的数据访问或 16 位（2 个字节或半字的数据）的数据访问可以对齐也可以不对齐。对齐的传输意味着地址值是传输大小（以字节数为单位）的倍数。例如，可以执行一个字长对齐的传输到地址 0x00000000、0x00000004…0x00001000，0x00001004，…，依次类推。同样，可以对 0x00000000、0x00000002…0x00001000、0x00001002 等执行半字长对齐的传输。

对齐和非对齐的数据传输示例如图 6.7 所示。

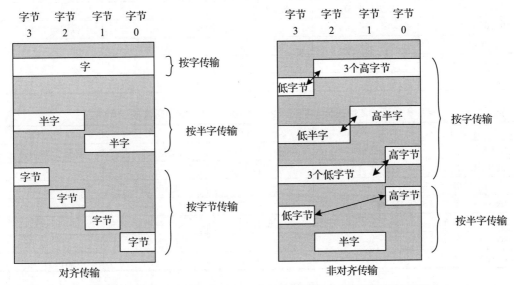

图 6.7　在 32 位小端模式内存系统中对齐和非对齐的数据传输示例

传统上，大多数经典 Arm 处理器（例如 Arm7/Arm9）仅允许对齐传输。这意味着要访问内存，字传输必须同时使地址的 bit[1] 和 bit[0] 等于 0。类似地，半字传输必须使地址 bit[0] 等于 0。例如字数据可以位于 0x1000 或 0x1004，但不能位于 0x1001、0x1002 或 0x1003。对于半字数据，地址可以为 0x1000 或 0x1002，但不能为 0x1001。所有字节大小的传输都是对齐的。

Armv8-M 主线版指令集架构处理器（如 Cortex-M33）和 Armv7-M 处理器（Cortex-M3、Cortex-M4 和 Cortex-M7 处理器）支持通过单个加载 – 存储指令（如 LDR、LDRH、STR、STRH）将未对齐的数据传输到内存类型为"普通内存"的内存位置。

非对齐传输有以下多方面的限制：

❑ 加载 / 存储多个指令不支持非对齐传输。

❑ 私有外设总线（PPB）地址范围内不支持非对齐传输。

❑ 栈操作（PUSH / POP）必须对齐传输。

❑ 独占访问（例如 LDREX 或 STREX）必须对齐，否则将触发故障异常（使用故障）。

❑ 大多数外设都不支持非对齐传输。因为大多数外设都不是为支持非对齐传输而设计的，所以通常应避免对外设进行非对齐访问。

Cortex-M33 处理器通过处理器的总线接口单元将非对齐传输转换为多个对齐传输。由于此转换是由硬件执行的，因此应用程序程序员不必手动将访问划分为多个软件步骤。但是非对齐传输到多个对齐传输的转换需要多个时钟周期，所以非对齐数据访问将比对齐访问花费更长的时间，而且可能不适用于高性能场合，因此为了保证最佳性能，需要确保数据正确对齐。

Armv8-M 基础版指令集架构处理器（例如 Cortex-M23）和 Armv6-M 处理器（Cortex-M0、Cortex-M0 + 和 Cortex-M1 处理器）不支持非对齐访问。

在大多数情况下，C 编译器不会生成非对齐数据访问。非对齐访问只能发生在：

❑ C/C++ 代码直接操纵指针值的情况。

❑ 访问具有 __packed 属性的数据结构，其中包含非对齐数据。

❑ 内联汇编代码。

可以对 Armv8-M 主线版或 Armv7-M 处理器进行设置，以便在发生非对齐传输时触发异常。该操作通过对系统控制块（SCB）中配置控制寄存器（CCR，地址 0xE000ED14）的 UNALIGN_TRP 位（未对齐陷阱）进行设置来实现。这样当发生非对齐传输时，Cortex-M 处理器会生成使用故障异常。这是开发软件时测试应用程序是否产生非对齐传输的一种非常有用的手段。由于 Armv8-M 基础版和 Armv6-M 处理器不支持非对齐传输，因此这种测试对于检查代码是否可以在 Armv8-M 基础版指令集架构或 Armv6-M 处理器上使用也非常有用。

6.7 独占访问支持

独占访问通常用于具有操作系统的系统中信号量的操作，这使资源可以由多个软件任务 / 应用程序共享。信号量操作是必需的，因为许多共享资源一次只能处理一个请求。例如：

❑ 消息输出处理（例如，通过 printf）。

❑ DMA 操作（一个 DMA 控制器具有很少的 DMA 通道）。

❑ 低级文件系统访问。

当共享资源只能服务一个任务或一个应用程序线程时，通常称为互斥（Mutual Exclusion，MUTEX）。在这种情况下，当一个进程正在使用资源时，该资源将被锁定到该进程，并且在释放锁定之前无法为另一进程提供服务。为了使资源能够共享，将一个内存位置分配给了一段信号量数据（有时称为锁定标志，如果设置了该标志，则表明资源已被锁定）。从概念上讲，共享资源时的信号量操作可能包括：

❑ 信号量数据的初始化以指示资源在程序开始时处于空闲 / 保留状态（在大多数情况下，系统启动时资源处于空闲状态）。

❑ 对信号量数据进行读 - 修改 - 写操作：如果应用程序需要访问资源，则它首先需要读取信号量数据。如果信号量数据指示该资源已被另一个应用程序保留 / 使用，则必须等待。如果资源可用，则可以设置信号量数据以将资源分配给自身。

从表面上看，这种简单的安排应该可以起作用。但是如果仔细查看，当使用常规内存

访问指令执行读 – 修改 – 写操作，则这种安排可能会失败。在应用程序 A 和 B 同时希望访问共享资源的情况下，可能会发生这种罕见情况（见图 6.8）。图 6.8 中的活动如下：

1）应用程序 A 首先读取信号量数据，并确定共享资源是空闲的。

2）在应用程序 A 回写信号量数据以分配资源之前，将触发上下文切换。

3）应用程序 B 读取信号量数据，并获得资源可用的结果。之后它将回写信号量数据以分配资源。

4）应用程序 B 开始使用资源。

5）稍后，将进行附加的上下文切换，再之后应用程序 A 将恢复并回写信号量数据以分配共享资源。

6）当应用程序 B 仍在使用共享资源时，应用程序 A 开始使用共享资源。

这一系列事件导致访问冲突，从而导致应用程序 A 破坏了应用程序 B 中的数据。

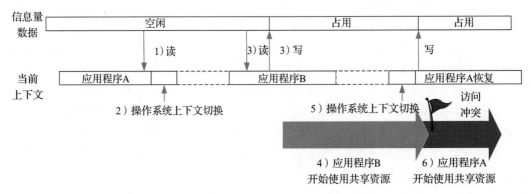

图 6.8　为什么"简单"的读 – 修改 – 写序列不能用于信号量

有几种解决方案可以避免此问题：

❑ 传统的 Arm 处理器，如 Arm7TDMI，提供交换（SWP 和 SWPB）指令，这些指令为信号量数据提供读取 – 修改 – 写入序列的更新。但是该解决方案仅适用于简单的总线系统设计和流水线较短的处理器。

❑ 信号量可以通过 SVCall 异常作为操作系统服务进行处理。由于任一时间只能发生一个 SVCall 异常，因此只有一个应用程序可以获得信号量。但是，SVCall 异常会导致额外的执行周期（例如，异常进入和返回的延迟），并且无法解决多核系统的问题，在多核系统中，来自多个处理器的任务可能会尝试同时获取信号量。

❑ 使用特定设备的基于硬件的信号量解决方案。有些芯片是使用信号量硬件设计的，但是每个供应商的设计都不相同，因此使软件的可移植性降低。

❑ 使用独占访问支持。该软件是可移植的，可以在多个处理器上运行。大多数现代的基于 Arm 的系统都支持独占访问。（注意：多核系统中的信号量操作需要总线级独占访问监视器。）

独占访问操作需要特定的独占访问指令，如 5.7.11 节所述。Armv6 架构首先支持独占访问，例如 Arm1136。

独占访问操作的概念非常简单，但是与交换指令的操作不同。它允许并检测访问冲突，而不使用锁定总线传输（交换指令使用该锁定）来阻止其他总线主机或其他任务在"读 – 修改 – 写"操作过程中访问信号量数据。当使用独占访问进行读 – 修改 – 写操作时，如果信号已被另一个总线主控器或运行在同一处理器上的另一个进程访问，则需要重复完整的"读 – 修改 – 写"序列（见图 6.9）。

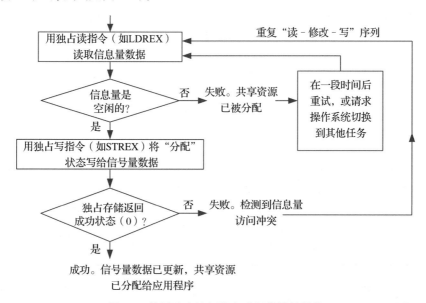

图 6.9 使用独占访问指令进行信号量操作

为了支持独占访问，需要有以下硬件功能：

❑ 本地独占访问监视器——位于处理器内部，包含单个独占状态位，该独占状态位通过独占负载转至独占状态。该状态位由独占存储转至打开状态，也可以通过中断／异常进入／退出或执行 CLREX 指令转至打开状态。

❑ 全局独占访问监视器——位于互连或内存控制器中，并监视来自不同总线主控器的访问，以检测是否有任何独占访问序列与其他访问冲突。如果检测到访问冲突，则独占存储将被全局独占访问监视器阻止。通过总线互连，独占访问监视器还可以将独占失败状态返回给处理器。这样的操作将导致独占写入的返回状态为 1（即它已失败）。

如果发生以下情况之一，则独占写（例如 STREX）将返回失败状态：

❑ 由于执行了 CLREX 指令，本地独占访问监视器处于打开状态。

❑ 由于发生上下文切换或中断／异常事件，本地独占访问监视器处于打开状态。

❑ 由于在独占存储指令之前未执行 LDREX 指令，本地独占访问监视器处于打开状态。

❑ 外部硬件（例如，全局独占访问监视器）检测到访问冲突，并通过总线接口将独占失败状态返回给处理器。

如果独占存储接收到失败状态，则实际写入将不会在内存中进行。它被处理器或全局独占访问监视器阻止。

有关独占访问的更多信息，请参见第 11 章，有关独占访问的示例代码，请参见 21.2 节。用户可以使用兼容 CMSIS 的设备驱动程序库中提供的内建函数（见表 6.11），以 C 语言访问独占访问指令：

请注意，Cortex-A 处理器和 Cortex-M 处理器体系结构之间，独占访问存在一些差异。这些差异是：

❑ 在 Armv7-A 中，由于本地监视器中的独占状态不会因中断事件而自动转至打开状态，因此上下文切换代码需要执行 CLREX 指令（或可以使用虚拟 STREX）以确保本地监视器切换到开放访问状态。在 Armv8-A 处理器系列中对此进行了更改，这些处理器系列中的中断事件会自动清除独占状态。

❑ 在 Cortex-A 处理器（Armv7-A 和 Armv8-A）中，当系统具备全局独占访问监视器时，由独占读取访问产生的独占失败响应将导致故障异常。但在 Cortex-M 处理器中不存在该情况。

表 6.11　在 C/C++ 编程中用于独占访问的内建函数

内建函数	指令	兼容性
uint8_t __LDREXB (volatile uint8_t *addr)	LDREXB	Armv6-M 中不存在
uint16_t __LDREXH(volatile uint16_t *addr)	LDREXH	同上
uint32_t __LDREXW(volatile uint32_t *addr)	LDREX	同上
uint32_t __STREXB(uint8_t, volatile uint8_t *addr)	STREXB	同上
uint32_t __STREXH(uint16_t, volatile uint16_t *addr)	STREXH	同上
uint32_t __STREXW(uint32_t, volatile uint32_t *addr)	STREX	同上
void __CLREX(void)	CLREX	同上
uint8_t __LDAEXB (volatile uint8_t *addr)	LDAEXB	Armv6-M 和 Armv7-M 中不存在
uint16_t __LDAEXH(volatile uint16_t *addr)	LDAEXH	同上
uint32_t __LDAEX(volatile uint32_t *addr)	LDAEX	同上
uint32_t __STLEXB(uint8_t, volatile uint8_t *addr)	STLEXB	同上
uint32_t __STLEXH(uint16_t, volatile uint16_t *addr)	STLEXH	同上
uint32_t __STLEX(uint32_t, volatile uint32_t *addr)	STLEX	同上

6.8　内存排序和内存屏障指令

在第 4 章的开头，着重介绍了架构和微架构之间的差异。尽管 Cortex-M23 和 Cortex-M33 是小型处理器，不支持乱序执行$^\ominus$，并且不会在总线接口上对内存访问进行重新排序，但是高端 Armv8-M 处理器可以实现这种功能。在开发可在各种处理器上运行的可移植软件时，软件开发人员会发现掌握一些知识是有用的，包括：

$\ominus$　支持乱序执行的处理器中的流水线可以开始执行某些后续指令，甚至可以在较早的指令仍在执行时完成它们。例如，在高端处理器中，内存载入操作可能需要 100 个时钟周期才能完成。这是因为它以超过 1GHz 的速度运行，且 DDR 内存具有高延迟。如果数据处理不依赖于加载结果，则乱序执行的处理器可以开始执行后续指令。与乱序执行对应的是顺序执行。

❑ 对内存排序概念有很好的了解。

❑ 知道如何使用内存屏障来解决高端处理器中的内存排序问题。

在架构上，基于内存类型的内存排序（在 6.3 节中进行了说明）具有以下要求（见表 6.12）。

表 6.12　内存排序要求

内存类型	内存排序要求
普通内存	通常，对普通内存访问可以围绕其他内存重新排序，但以下情况除外： • 数据访问由上下文同步事件分隔，例如 DSB、DMB、载入获取、存储释放指令等 • 取指令由上下文同步事件分隔，例如 ISB
没有重新排序属性的设备内存（Device-nGnRE / nGnRnE）	到达设备的总线事务必须与程序中的访问顺序匹配。 与程序相比，到达单独设备的总线事务可以有不同的访问顺序，除非访问被上下文同步事件分隔
具有重新排序属性的设备（Device-GRE / nGRE）	可以对访问进行重新排序，除非它被上下文同步事件分隔

第 5 章介绍了内存屏障指令（ISB、DSB、DMB）以及载入获取和存储释放指令的使用方法。这些指令有助于确保在访问芯片内的内存和外设时，软件过程的不同步骤能够以正确的顺序进行内存访问。这对于多处理器系统尤为重要，在多处理器系统中一个处理器的内存访问可由另一个处理器观测，而它们的顺序对于交互非常重要。

在 Cortex-M 处理器中，根据架构要求的定义，内存屏障指令可使用在以下情况中：

❑ DSB 用于保证执行内存访问和另一个处理器操作之间的顺序（不必是另一个内存访问）。

❑ DSB 和 ISB 用于确保系统配置的更改在后续操作之前生效。

5.19 节以及表 5.76 和表 5.77 中介绍了应该使用这些屏障指令的场景。

即使省略了内存屏障指令，在基于 Cortex -M23 和 Cortex-M33 的微控制器上运行的绝大多数应用程序也不会被内存排序问题影响。这是因为：

❑ 这些处理器不会对任何内存传输进行重新排序（在许多高性能处理器中可能会发生这种情况）。

❑ 这些处理器不会对指令的执行进行重新排序（在许多高性能处理器中可能会发生这种情况）。

❑ AHB 和 APB 协议的简单性质不允许在之前的传输完成之前开始新的传输。

❑ 这些处理器中没有写缓冲区（写缓冲区在图 6.3 中进行了说明）。

但是，为了得到更好的效果，出于软件可移植性的原因，应使用这些内存屏障指令。请注意，使用内存屏障指令可能不足以防止某些系统级争用情况。例如，在为外设启用时钟后，软件可能需要等待几个时钟周期才能访问外设。这是因为微控制器中的时钟控制电路可能需要几个时钟周期才能启用外设的时钟。

6.9　总线等待状态和错误支持

本章开始处提到，Cortex-M23 和 Cortex-M33 处理器的总线接口使用 AMBA 总线协议。这些协议包括：

❑ AMBA 5 AHB（也称为 AHB5）提供了内存系统接口。

❑ AMBA 4 APB（也称为 APBv2）通过"AHB 到 APB"桥为调试组件和外设接口提供总线连接。在某些系统中可以将 APB 协议的早期版本用于外设连接。

❑ 用于跟踪数据包传输的 AMBA 4 ATB（高级跟踪总线）（用于调试操作，不供应用程序使用）。

这些接口提供以下支持：

❑ AHB（所有版本）和 APB 的总线等待状态和 OKAY/ERROR 响应类型（在 AMBA 版本 3 之后可用）。

❑ AHB5 的独占 OKAY/FAIL 响应（请参见 6.7 节）。

当内存或外设的处理速度比处理器慢，并且将延迟周期添加到总线互连结构中时，需要等待状态。一些内存访问可能需要几个时钟周期才能完成。例如，即使微控制器可以以超过 40MHz 或 100MHz 的频率运行，低功耗微控制器中闪存的最大访问速度仍可能约为 20MHz。在这种情况下，闪存接口需要向总线系统插入等待状态，以便处理器等待传输完成。

等待状态会以多种方式影响系统：

❑ 它们会降低系统性能。

❑ 由于性能下降，它们可能会降低系统的能效。

❑ 它们增加了系统的中断等待时间。

❑ 它们可以使系统在程序的执行时间方面变得不确定。

许多现代微控制器包括各种类型的缓存，以减少平均内存访问延迟。尽管 Cortex-M23 和 Cortex-M33 处理器不支持内部缓存，但是许多带有嵌入式闪存的微控制器的确具有与闪存控制器紧密集成的缓存单元，以使处理器能够以较高的时钟速度运行较慢的嵌入式闪存，并通过减少嵌入式闪存中的内存访问来实现更高的能效（这是因为闪存通常能耗较高）。

某些微控制器不是基于缓存设计的，而是使用闪存预取单元，该单元允许以零等待状态进行顺序取指。预取单元比高速缓存单元小，但与高速缓存控制器没有相同级别的优势，因为：

1）如果访问是非顺序的，它们不会阻止等待状态。

2）它们不会减少对闪存的访问次数，因此没有节能的优势。

错误响应是必不可少的，它允许硬件通知软件出了问题，并确保在进程中可以通过故障异常处理的形式采取补救措施。错误响应可以通过以下方式生成：

❑ 总线基础结构组件。这可能是由于：

● 安全或特权级别违规（请参阅 6.4.1 节）。

● 访问无效地址。

❑ 总线从机。这可能是由于：

● 安全或特权级别违规。

● 进行了外设不支持的操作。

当处理器收到总线错误响应时，将触发总线故障异常或硬故障异常。如果满足以下所有条件，则触发的异常是总线故障异常：

❑ 该处理器是 Armv8-M 主线版指令集架构处理器。

❑ 总线故障异常被启用（通过设置 BUSFAULTENA，地址为 0xE000ED24 的系统处理
程序控制和状态寄存器（SHCSR）的第 17 位）。

❑ 总线故障异常的优先级高于处理器的当前级别。

否则，将触发硬故障异常。有关故障异常处理的更多信息将在第 13 章中介绍。

6.10 单周期 I/O 端口（仅限于 Cortex-M23）

Cortex-M23 处理器具有一个称为单周期 I/O 端口的可选功能。这是一个以单个时钟周期运行的 32 位总线接口（此接口不支持等待状态）。此功能首先在 Cortex-M0 + 处理器上得到支持，并允许芯片设计人员为该接口分配一个或多个地址范围，以实现更低的访问延迟。

基于 Cortex-M0+ 和 Cortex-M23 处理器的微控制器产品可以设计为以相对较低的时钟频率运行。如果通过系统总线将诸如通用输入 / 输出（GPIO）单元之类的外设连接到处理器，若使用系统 AHB 进行总线传输，则每次访问至少需要两个时钟周期。如果外设使用 APB 协议连接，则访问可能会有更长的延迟（超过两个时钟周期）。如果 AHB 到 APB 的桥接器引入了额外的延迟，则延迟也会进一步增加。加上较低的时钟速率，某些控制应用程序的 I/O 访问延迟可能会变得不理想，因为它会增加系统的响应时间。为了解决这个问题，通过引入单周期 I/O 端口功能，可实现不经过等待时间周期访问 I/O 端口寄存器（见图 6.10）。还可以通过背对背执行多路访问实现高性能 I/O 操作。

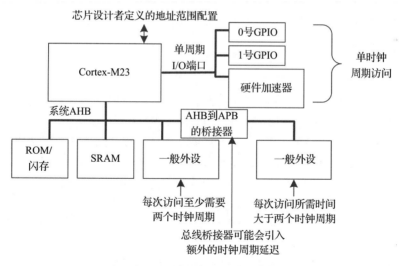

图 6.10 单周期 I/O 端口功能

单周期 I/O 端口是具有以下功能的通用总线接口：

❑ 8 位、16 位和 32 位传输。

❑ 特权和安全属性边带信号允许在此接口上进行安全性管理（请注意，此接口上没有错误响应，因此该接口将事务处理为"读为零"/"写忽略"以阻止传输）。

对于软件开发人员，由于连接到此接口的寄存器只是内存映射的一部分，因此可以像

标准外设一样使用 C 中的指针来访问该寄存器。此功能不会影响软件设计。

除了像 GPIO 这种对访问延迟非常敏感的外设之外，单周期 I/O 端口还可以用于连接硬件加速器中的寄存器。单周期 I/O 端口不太可能连接到 UART、I²C 和 SPI 等通用外设。这是因为这些外设的操作需要许多时钟周期，因此节省几个时钟周期不会带来任何明显的好处。由于在单个 I/O 端口接口上添加过多的寄存器可能会导致总线接口的时序出现问题，因此通常仅将一些外设连接到该接口。

6.11 微控制器中的内存系统

6.11.1 内存需求

Cortex-M 处理器上的总线接口基于通用总线协议，并且可以与不同类型的内存一起使用，但前提是要具有合适的内存接口电路。这些电路不是处理器设计的一部分，通常是由微控制器供应商或第三方设计公司设计的。来自不同芯片供应商的内存接口控制器可以具有不同的特性和编程者模型（如果是可编程的）。

对于大多数微控制器和许多独立的基于 Cortex-M 的 SoC 设计，程序存储都需要用到 NVM，例如嵌入式闪存或掩模型 ROM。另外，诸如 SRAM 之类的读写存储器也是必不可少的。SRAM 通常用于数据变量和栈存储，以及堆内存的分配（例如，C 运行函数中的 alloc()）。

如果程序空间足够大，可以容纳一个或两个程序镜像（在使用 TrustZone 安全性时为两个），则 Cortex-M 处理器对内存大小要求没有特殊限制。每个程序镜像都包含：

❑ 一个中断向量表。
❑ C 程序库。
❑ 应用程序代码。

为最简单的应用而设计的 Cortex-M 微控制器的内存占用可能具有仅 8KB 的 NVM（例如闪存）和 1KB 的 SRAM（例如 NXP 的 Kinetis KL02 系列设备之一，基于 Cortex-M0 处理器的微控制器 MKL02Z8VFG4）。但是现代嵌入式应用程序变得越来越复杂，许多为物联网应用程序设计的微控制器可能提供超过 256KB 的闪存和 128KB 的 SRAM。即使这样的内存容量有时也不够用，例如在应用程序需要处理大量音频或图像数据时。对于这些应用，则需要具有外部（片外）存储器的微控制器。

某些微控制器可能支持用于程序存储的外部串行闪存（例如使用基于 Quad SPI 的外部闪存芯片）和外部读 / 写存储器，例如 DRAM（动态 RAM）。但是 DRAM 需要大量连接，意味着更高的成本，因此没有多少 Cortex-M 微控制器支持 DRAM。当微控制器支持 DRAM 时，芯片封装会更昂贵，电路板设计也会更加复杂。此外，由于必须先初始化 DRAM 控制器才能使用 DRAM，因此仍然需要片上 SRAM 来执行初始化代码。但是，如果应用程序需要更多的存储空间，则片上 SRAM 可能不够用，为了解决这个问题，需要外部存储的支持。请注意：

（a）许多微控制器产品不支持片外存储系统。

（b）访问外部（片外）存储器的速度通常比访问片上 SRAM 的速度慢得多。

许多微控制器都有一个引导 ROM/ 内存，其包含一小段称为引导加载程序的代码，该代码由 MCU 供应商提供。引导加载程序存储在闪存中，在用户应用程序启动之前执行。引导加载程序提供了各种引导选项，且可能包括闪存编程工具。此外，引导加载程序还可以用于设置配置数据，包括：

- ❏ 用于内部时钟源的工厂校准数据。
- ❏ 内部参考电压的校准数据。

随着安全性成为嵌入式系统中的一项重要要求，引导加载程序还可以提供：

- ❏ 安全启动功能（能够在启动应用程序之前验证程序镜像）。
- ❏ 安全固件更新。
- ❏ 用于安全管理的 TF-M。

注意，某些微控制器设计不允许软件开发人员修改或删除引导加载程序。

传统上，微控制器需要分隔 NVM 和 SRAM。大多数微控制器中的 NVM 基于嵌入式闪存技术，要进行更新则需要复杂的编程序列，因此闪存不能用于存储需要频繁更新的数据（例如数据变量、栈区存储）。

最近一些微控制器产品已开始使用铁电 RAM（FRAM）或磁阻 RAM（MRAM）。这些技术使单个存储块既可用于程序代码，也可用于数据存储，其优点是该内存系统可以完全断电，然后恢复操作而不会丢失 RAM 数据。这一点优于 SRAM，因为当 SRAM 进入状态保留模式时，必须继续给 SRAM 供电，因此 SRAM 仍有少量能耗。从理论上讲，Cortex-M处理器可以使用上述类型的内存技术，但是要做到这一点，需要使用合适的内存接口电路将这些存储器连接到处理器系统。此类设备的原型（基于 MRAM / FRAM）已经存在，其技术的产品化可能很快就会实现。

6.11.2　总线系统设计

用于 Cortex-M 处理器的内存和总线系统的设计范围从非常简单到非常复杂，有许多因素需要考虑：

- ❏ 设计是具有单个总线主控器（仅处理器）还是多个总线主控器（例如 DMA 控制器或者像 USB 控制器之类的外设也充当总线主控器）。
- ❏ 设计中是否需要安全管理（例如，简单的固定功能的智能传感器可能不需要任何安全功能）。
- ❏ 一些外设所需的性能或数据带宽类型。
- ❏ 应用所需的低功耗功能。省电功能会影响总线系统的设计。例如某些微控制器可能具有多个外设总线，可以将其配置为以不同的时钟速度运行。这样当仅一个或多个外设需要最高时钟运行速度的时候，避免以最高速度运行所有外设总线接口。

不使用 TrustZone 的基于 Cortex-M23 的微控制器可能与图 6.11 所示的一样简单。

图 6.11 所示的设计包括：

- ❏ 用于内存和 AHB 外设的 AHB 系统总线。
- ❏ 用于 APB 外设的 APB 外设总线。
- ❏ 用于低延迟外设的单周期 I/O 端口总线。

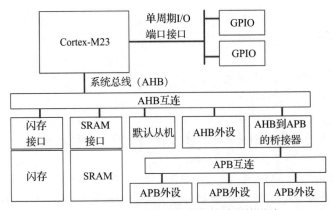

图 6.11　Cortex-M23 处理器的简单系统设计

当传输目标为无效地址时，AHB 上的默认从属组件用于向处理器提供总线错误响应。

微控制器通常将 APB 总线用于一系列通用外设。APB 接口设计比 AHB 接口设计简单。由于系统总线使用 AHB 协议，因此需要总线桥将事务从 AHB 转换为 APB。此外，总线桥可以提供时钟域分离，从而实现：

❑ APB 的时钟速度与处理器的系统时钟速度不同。

❑ 芯片设计人员可以避免系统总线上有太多的总线从机，从而影响系统可达到的最大时钟频率。

与图 6.11 所示的 Cortex-M23 的系统设计相似，可以为 Cortex-M33 处理器进行简单的系统设计，如图 6.12 所示。

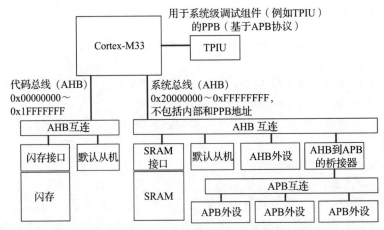

图 6.12　Cortex-M33 处理器的简单系统设计

与图 6.11 中的 Cortex-M23 系统设计不同，Cortex-M33 系统设计具有两个 AHB 总线段，以允许并行进行指令存取和数据访问（它使用哈佛总线架构）。每个总线段都有其默认从机，以检测并响应对无效地址的访问。

虽然典型的 Cortex-M33 系统设计将 NVM 放置在代码区域中，将 SRAM 放置在 SRAM

区域中，但它可以运行 SRAM 和 RAM 区域中的代码，并将数据 SRAM 放置在代码区域中。与 Cortex-M3 和 Cortex-M4 处理器不同，在系统总线上运行程序不会对性能造成任何影响。

在 Cortex-M33 处理器的接口上，有一个附加的基于 APB 的 PPB。这是用于将调试组件连接到处理器的，而不是用于一般外设。这是因为：

❑ PPB 仅具有特权访问权限。

❑ 仅支持 32 位访问。

请注意，PPB 采用小端模式，不能被系统中的其他总线主控器访问（只有处理器上运行的软件和连接到处理器的调试器才能访问该总线）。

在具有多个总线主控器的系统中，例如具有 DMA 和 USB 控制器，芯片设计人员必须确保总线设计可以满足应用程序对数据带宽的要求。为了实现更高的总线带宽，通常使用几种技术：

❑ 具有多层 AHB 设计（也称为总线矩阵）。

❑ 具有多个 SRAM 库以允许并发 SRAM 访问。

例如，一个 Cortex-M33 处理器系统包含同时运行的 DMA 和 USB 控制器，可以使用如图 6.13 所示的系统设计来提供足够的数据带宽。

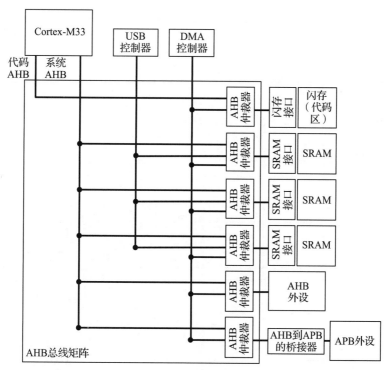

图 6.13　用于 Cortex-M33 处理器的高带宽系统设计

这种安排使用多个总线仲裁器，以允许多个总线主控器同时访问不同的总线从机。与多组 SRAM 结合使用，处理器、DMA 控制器和 USB 控制器可以同时访问不同的 SRAM，从而提供高数据吞吐率。

6.11.3　安全管理

实施 TrustZone 安全功能时，既需要用于程序的内存和数据的内存，也需要用于安全区域和非安全区域的内存。如果对安全区域和非安全区域使用分离的存储块，则成本和功耗都有可能会增加。对于许多低成本的微控制器设计，最好使用单个存储块并将其划分为安全区域和非安全区域。处理内存地址分区的硬件单元称为内存保护控制器（Memory Protection Controller，MPC）。

同样，外设也需要分区。许多 TrustZone 系统设计都实现了外设保护控制器（Peripheral Protection Controller，PPC），该控制器可帮助安全软件将某些外设分配为安全或非安全状态。从理论上讲，如果事先知道外设的安全域分配，则可以将访问权限管控固化在总线互连译码规则中。而不需要 PPC。但是，对于许多工程，为外设使用固定的安全域分配是不可接受的。例如许多工程的软件设计是在芯片生产后开始的。在设计芯片时，外设的安全域要求通常是未知的，因此需要使用 PPC 来提供灵活性。此外，许多芯片设计针对多种应用，而这些应用具有非常不同的安全域要求，也需要 PPC 提供灵活的分配。

许多微控制器都集成了为非 TrustZone 系统设计的传统总线主控组件，因此芯片设计人员可能需要在系统中放置称为主机安全控制器（Master Security Controller，MSC）的其他组件，以允许旧的总线主控组件将总线主控单元连接到基于 TrustZone 的系统。

当将 MPC、PPC 和 MSC 添加到图 6.13 所示的系统设计中时，将创建如图 6.14 所示的系统设计。

有关 MPC 和 PPC 操作的内容将在 7.5 节中介绍。

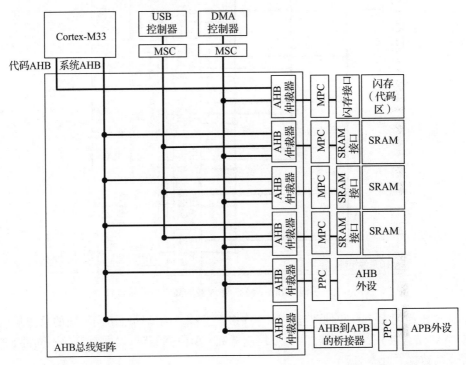

图 6.14　高性能 Cortex-M33 系统中包含 TrustZone 安全组件的总线系统

6.12　软件方面的考虑

6.12.1　总线级电源管理

当使用现代微控制器时，由于它具有多条总线及总线电源管理控制功能的性质，有些方面需要软件开发人员考虑。

由于主系统和外设总线是分离的，并且在某些情况下时钟频率控制也是分离的，应用程序可能需要在微控制器中初始化一些时钟控制硬件后才能访问某些外设。在某些情况下，可能有以不同的时钟频率运行的多个外设总线段，所有这些总线段都需要进行配置。除了允许系统的一部分以较低的时钟频率运行之外，总线段的分离还允许通过关断外设系统的时钟信号来进一步降低功耗。

6.12.2　TrustZone 安全

实施和使用 TrustZone 安全功能扩展后，安全固件开发人员需要在安全固件中包含几个初始化步骤（例如，设置各种单元来定义内存和外设的分区）。这些初始化步骤应包括 SAU（如果设计为可编程的，也可能是 IDAU）和如内存保护控制器和外设保护控制器之类的系统级安全管理硬件的编程。

除内存分区外，还有其他配置也需要安全固件进行设置，包括中断的目标状态和栈限制检查。有关此主题的更多内容请参见第 18 章。

6.12.3　多个载入和存储指令的使用

正确使用 Cortex-M 处理器中的多个载入和存储指令可以极大地提高系统的性能。例如，它们可以用于加快数据传输过程，也可以用作自动调整内存指针寄存器的方式。

但是在处理外设访问时，通常应避免使用 LDM 或 STM 指令。原因是受中断事件的影响，LDM / STM 指令中的部分数据访问会被重复执行。以以下情形为例：

在 Cortex-M23 处理器（也适用于 Armv6-M 处理器）上，如果在执行 LDM 或 STM 指令期间接收到中断请求，则 LDM 或 STM 指令将被放弃并开始中断服务。在中断服务结束时，程序执行返回到被中断的 LDM 或 STM 指令，并从被中断的 LDM 或 STM 的第一次传输重新开始。

由于这种重启行为，被中断的 LDM 或 STM 指令中的某些传输可能被执行两次。虽然这对于普通内存而言不是问题，但是对于外设来说这是个问题，如果是对外设寄存器进行访问，则重复传输可能会导致错误。例如，如果使用 LDM 指令读取先进先出（First-In-First-Out，FIFO）缓冲区中的数据，则由于重复读取操作，FIFO 中的某些数据可能会丢失。

作为预防措施，除非确定重启行为不会引起错误操作，否则在访问外设时应避免使用 LDM 和 STM 指令。

使用 LDM 和 STM 指令时的另一个考虑因素是需要确保地址对齐。如果未对齐，则会发生硬故障（见 13.2.5 节）或使用故障异常（见 13.2.3 节）。

参考文献

[1] Armv8-M Architecture Reference Manual. https://developer.arm.com/documentation/ddi0553/am (Armv8.0-M only version). https://developer.arm.com/documentation/ddi0553/latest/ (latest version including Armv8.1-M). Note: M-profile architecture reference manuals for Armv6-M, Armv7-M, Armv8-M and Armv8.1-M can be found here: https://developer.arm.com/architectures/cpu-architecture/m-profile/docs.

[2] AMBA 5 Advanced High-performance Bus (AHB) Protocol Specification. https://developer.arm.com/documentation/ihi0033/latest/

[3] AMBA 4 Advanced Peripheral Bus (APB) Protocol Specification. https://developer.arm.com/documentation/ihi0024/latest/.

第 7 章
在内存系统中支持 TrustZone

7.1 概览

7.1.1 关于本章

在第 6 章介绍了 Armv8-M 指令集架构处理器的内存系统，也简要介绍了有关 TrustZone 安全功能扩展技术各方面的内容。在本章中，将进一步介绍有关 TrustZone 技术的细节，并对 Cortex-M23 和 Cortex-M33 处理器的内存系统有关 TrustZone 安全技术的支持情况进行详细描述。由于某些微控制器设备中的 Armv8-M 指令集架构处理器没有选配 TrustZone 安全功能扩展，许多软件开发者可能也只需要开发创建在非安全环境中运行的软件。因此对于某些开发者而言，没有必要了解本章中所介绍的技术细节。但本书仍希望所有开发者都能在本章中内容中找到有用和有趣的信息。

7.1.2 内存的安全属性

TrustZone 安全功能扩展（可选配）引入了关于内存类型分类的其他方法。除在前文中已经提到的安全内存和非安全内存的概念，在本节中还将介绍另外两种内存类型。在表 7.1 中列出了处理器系统支持的所有内存类型。

安全 NSC 区间和 SG 指令提供了一种预防机制，防止非安全软件通过分支执行的方式绕过安全检查（直接跳转到安全 API 的中段代码或其他安全代码中执行）。如果系统确认非安全软件通过分支跳转方式进入安全可执行区间，若出现以下情况，则将触发安全违例故障异常事件。该事件将导致系统启动安全故障处理过程（仅限于 Armv8-M 主线版指令集架构）或硬故障处理流程。

❑ 跳转进入执行的首条指令非 SG 指令。

❑ 跳转所进入的地址区间不具有安全 NSC 属性。

表 7.1　基于安全属性的内存分类

内存类型	说明	限制
非安全	安全软件和非安全软件均可访问的内存区间，处理器在非安全区域内存执行程序时，此时处理器处于非安全状态 　向非安全区域发起的总线访问传输将被标记为非安全属性（即使该次传输由安全软件发起）	—

（续）

内存类型	说明	限制
安全	仅可由安全软件访问的内存区间，处理器在安全区间内存执行程序时，处理器处于安全状态 向安全区间发起的总线访问传输将被标记为非安全属性	非安全软件不能访问安全区域内存
安全 NSC 区间	具有非安全模式调用属性的安全内存是一种特殊类型的安全内存，该内存可以为安全 API 提供函数进入点，允许从非安全区域调用该安全 API 从技术上讲，可以将整个安全 API 实现代码放置在 NSC 区间。但最好的办法是仅将分支 veneer 代码（SG 与分支指令）放置在 NSC 内存区间中，而将 API 的代码实现放在安全内存区间中。通常，安全 NSC 内存区间的内存类型应该是 "普通内存" 向安全 NSC 区间发起的总线访问传输将被标记为安全属性	非安全软件不能对安全 NSC 区间内存进行读写，但可仅当分支跳转目标地址所对应指令为 SG 指令时，通过分支跳转的方式进入安全内存区间
豁免区间	也称为未检区间。安全软件和非安全软件均可访问该区间。当某个位于豁免区间的设备（例如外设）收到一笔总线传输，设备可以通过该笔传输的安全属性判断处理器访问设备时所处的安全状态。通过以上信息，设备可以针对传输所具备的不同属性执行各自的处理操作 豁免区间由系统模块或调试模块使用（例如 NVIC 和 MPU），也可以由外设模块使用。但是芯片设计人员不能将豁免区间等同于普通内存区间，混淆二者的使用方式将增加系统的安全风险 当处理器处于安全状态时，向豁免区间发起的总线访问传输将被标记为安全属性，而当处理器处于非安全状态时则标记为非安全属性	—

　　内存安全属性的定义与内存类型的定义（在本书第 6 章所述）相互独立，因此内存安全属性与内存类型可以产生多种可能的组合（如表 7.2 所列）。但这些组合中的某些结果由于系统使用限制而属于无效组合。

表 7.2　内存安全属性与内存类型之间的联系

内存类型	普通内存	设备内存
安全	合法组合	合法组合
安全 NSC 区间	合法组合	通常情况下该组合非法（进入点必须为位于可执行内存区间被调用方使用，因此，设备内存由于不能用于执行程序代码而不能作为进入点）
非安全	合法组合	合法组合
豁免区间	通常情况下该组合非法（豁免区间不能用于执行程序），除非采取其他安全措施防止在该区间上执行程序	合法组合

　　为避免出现安全问题，芯片设计人员需要基于表 7.2 中所列组合规则设计系统内存映射中各安全分区的实现细节。

7.2　SAU 与 IDAU

　　内存范围的安全属性由安全属性单元（Security Attribution Unit，SAU）负责定义。SAU 可以和额外的单个或多个实现自定义单元（Implementation Defined Attribution Unit，

IDAU, 一种自定义地址查找表硬件单元) 一起配合工作。对于每种内存访问操作 (包括数据读 / 写、指令预取以及调试访问), 操作访问地址需要同时经过 SAU 以及 IDAU 进行查询, 操作地址的最终安全属性需要综合来自两个单元的查询结果给出。

SAU 与 IDAU 共同作用, 对 4GB 大小的内存空间划分方式如下:

❏ SAU——SAU 是 Armv8-M 指令集架构处理器中的组成部分 (仅当处理器支持 TrustZone 安全功能扩展时具备), 并由安全特权软件对其进行配置编程。在 Cortex-M23 与 Cortex-M33 处理器中, SAU 支持 0、4、8 个 SAU 分区。每个分区范围由一对地址比较器进行定义。每笔总线传输的地址需要分别与该分区的起始地址与结束地址进行比较, 以判断该笔传输是否落入该 SAU 区间。当支持 TrustZone 安全功能扩展的处理器没有配置 SAU 分区时 (处理器中的 SAU 分区数量为 0), 系统中仍然存在 SAU, 但仅有一个控制寄存器配合 IDAU 接口支持地址查询操作。

❏ IDAU——IDAU 由芯片设计厂商负责定义, 不同设备之间的 IDAU 实现结构有所不同。与 SAU 类似, IDAU 提供地址查询功能, 并生成所访问地址的安全属性结果。如果所设计的 IDAU 不能被配置编程, 其设计复杂性将低于 SAU。Cortex-M23 与 Cortex-M33 处理器中的 IDAU 接口最多支持 256 个分区。典型的 IDAU 实现方式是设计一种固定的地址查找表。但在某些情况下, 也可以将 IDAU 设计成可配置编程的形式。如果处理器被设计为需要处理多笔同时进行的总线传输 (例如哈佛总线结构), 则系统中需要具备多个 IDAU, 并且这些 IDAU 需要具有统一的安全属性映射定义。

当 SAU 和 IDAU 对一笔传输访问的地址完成地址查找后, 二者的查询结果将被组合成图 7.1 所示的内存类型结果。

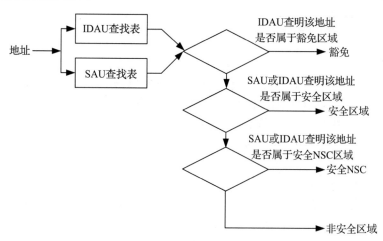

图 7.1　从 SAU 单元与 IDAU 单元二者的查询结果中综合出地址的安全等级结果

请注意:

❏ SAU 仅可定义非安全区间或安全 NSC 区间。如果某笔传输的地址不属于 SAU 所定义的区间, 则该笔传输一定属于安全区域。

❏ IDAU 可用于定义安全区域、非安全区域、安全 NSC 区间以及豁免区间。

❑ 除了豁免区间类型，对从来自 SAU 和 IDAU 所查询到的安全属性级别结果，系统将从二者中选择安全级别更高的查询结果作为最终的安全属性结果。这种设定将避免安全软件覆盖 IDAU 的安全设定，将敏感的安全信息暴露到非安全区域。

❑ 由于系统复位后，SAU 处于关闭状态，因此除豁免区间外，其余所有内存区间将被IDAU 默认定义为安全区域。

❑ 由于豁免区间的设定始终有效，因此在 SAU 启动前，允许非安全调试器访问内部调试模块，并与处理器内核建立调试连接。

如果支持 TrustZone 安全功能扩展的处理器没有配置 SAU 分区，处理器中的 SAU 将处于最小形态，仅具有一个 SAU 控制寄存器。对于高度受限的系统，架构设计上允许以如下方式实现最小的额外硬件开销，在系统中支持 TrustZone 安全功能扩展：

❑ 没有 SAU 分区的 SAU。

❑ 仅具有基本地址查找功能的 IDAU。

在本书第 6 章中列举了一系列与 TrustZone 安全功能扩展相关的系统管理模块。其中包括内存保护控制器（Memory Protection Controller，MPC）与外设保护控制器（Peripheral Protection Controller，PPC）。这些模块被用于系统灵活设置与软件运行相关地址的安全属性。如果芯片人员将不同安全分区地址固化，那么系统将不需要上述单元，可以从系统中移除。

一旦系统地址的安全属性被设定，当一次总线传输通过了当前的安全规则检查，该次总线传输将使用所访问地址对应的安全属性定义作为传输的安全属性在系统中运行（例如使用 AMBA AHB5 协议中的 HNONSEC 信号表示总线传输的安全属性）[1]。

7.3 备份与不备份的寄存器

7.3.1 概述

如果系统支持 TrustZone 安全功能扩展，一系列系统硬件单元（包括处理器内核中的某些系统模块，比如 NVIC）将包含安全区域与非安全区域两部分信息。为了区分这些信息，在某些情况下需要对系统中的相关寄存器进行备份。系统控制空间中的寄存器支持TrustZone 安全功能扩展的相关设计如下：

1）需要备份的寄存器，例如中断向量表偏移量寄存器（Vector Table Offset Register，VTOR），如图 7.2 所示。

在物理上，系统中具有两个相同形式的 VTOR，用于执行不同安全空间下的系统管理，分别为 VTOR_S 与 VTOR_NS，当处理器处于安全状态时，安全软件使用 SCB⊖->VTOR 指针方式所访问的 VTOR 为安全 VTOR，即 VTOR_S，而当处理器处于非安全状态时，使用上述方式所访问的 VTOR 为非安全 VTOR，即 VTOR_NS。

2）无须备份的寄存器，例如软件触发中断寄存器（Software Trigger Interrupt Register，STIR），如图 7.3 所示。

⊖ SCB 即系统控制块（System Control Block），为 CMSIS-CORE 头文件中所定义的一个数据结构体。

物理上，这些寄存器在系统中的存在形式唯一，不需要管理备份的信息。但是当处理器处于不同的安全状态下时，这些寄存器的行为可能相同也可能不同，例如仅允许安全软件使用 SCB → STIR 指针方式访问 STIR 触发安全中断（IRQ）。

3）寄存器的某些域段需要备份，例如，系统控制寄存器（SCR），如图 7.4 所示。

某些寄存器中的部分域段需要做备份处理，而其余部分则按正常模式处理。安全软件访问这些寄存器时，使用存在备份域段的安全部分，而非安全软件则使用非安全部分。

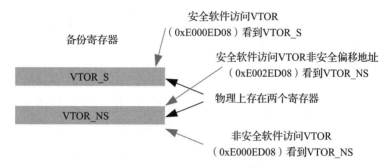

图 7.2　备份寄存器，例如 VTOR

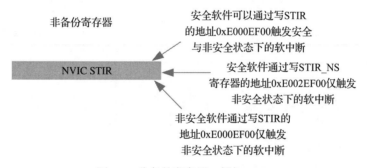

图 7.3　非备份寄存器，例如 STIR

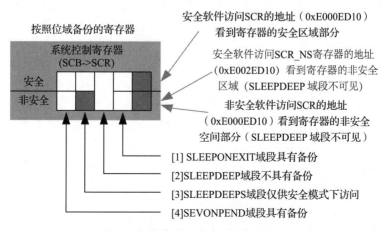

图 7.4　部分备份的寄存器，例如 SCR

7.3.2 系统控制空间在 NS 状态下的别名

在本书第 6 章中的内存映射关系图（见图 6.1）展示了起始地址从 0xE000E000 开始的系统控制空间（System Control Space，SCS）与起始地址从 0xE002E000 开始的 SCS 非安全别名空间。SCS 非安全别名空间允许安全软件以非安全软件的操作方式访问 SCS：

❑ 允许安全软件访问备份寄存器的非安全模式部分或寄存器内备份位域的非安全模式部分。

❑ 允许安全软件模仿非安全软件的行为。

基于以上设计，在 CMSIS-CORE 函数库的头文件中，为 Cortex-M23 与 Cortex-M33 处理器提供额外的数据结构体。允许安全软件使用该结构体访问位于 SCS 非安全别名空间地址范围的寄存器。该数据结构体的内容如表 7.3 所示。

表 7.3   CMSIS 头文件结构中所支持的以非安全空间别名访问的寄存器

SCS 地址空间中的结构体	SCS 非安全别名地址空间中的结构体	说明
NVIC	NVIC_NS	嵌套式中断向量控制器
SCB	SCB_NS	系统控制块
SysTick	SysTick_NS	系统计时器
MPU	MPU_NS	内存保护单元
CoreDebug	CoreDebug_NS	内核调试寄存器
SCnSCB	SCnSCB_NS	位于 SCB 之外的系统控制寄存器
FPU	FPU_NS	浮点运算单元

7.4   测试目标指令与分区 ID 编号

7.4.1   为什么需要测试目标指令

5.20 节详细介绍了支持 TrustZone 安全功能扩展的指令数量。其中便有测试目标（Test Target，TT）指令。该指令有四个变种。在本节将主要介绍 TT 指令的需求场景。

在 Armv8-M 指令集架构中，TrustZone 安全功能扩展的关键功能之一是允许安全软件向非安全软件提供可调用的 API 函数服务（图 7.5 所示为该功能的一种案例）。由于非安全软件可以使用安全 API 处理和传输数据，同时安全 API 自身也可以访问安全内存空间，因此安全 API 必须检验来自非安全应用所传递的指针，以确保这些指针所指向的地址位置实际位于非安全地址空间内。如果在检验过程中发现地址违例情况，系统阻止非安全软件使用安全 API 访问和修改安全区域数据的操作对于保证系统安全性方面将非常关键。

安全 API 的指针检查函数必须包含以下功能：

1）确保非安全软件所访问整个数据结构 / 数组软件位于非安全的空间中——仅检查数据结构的起始地址是不够的。

2）确保非安全软件具有访问数据的权限。例如，非安全软件可能在非特权模式下调用安全 API，并因此无法访问仅供特权模式访问的内存区间。

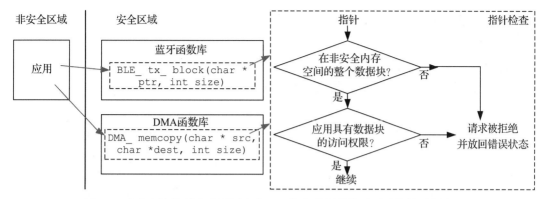

图 7.5 以非安全软件方式调用安全 API 执行数据操作需要对指针进行检查

因此,安全检查机制需要同步查询访问在 MPU 中的权限,以防止非安全非特权软件通过调用安全 API 对安全特权软件。

传统上,Arm 指令集架构提供了一些非特权模式下的内存访问指令(见表 7.4),允许特权软件(比如操作系统中内建的一些 API)使用这些指令以非特权模式访问内存。

表 7.4 允许特权软件以非特权的方式访问内存的 TT 指令

长度	加载(从内存中读取)	存储(写入内存)
8 位(字节)	LDRBT(未标记),LDRSBT(已标记)	STRBT
16 位(半字)	LDRHT(未标记),LDRSHT(已标记)	STRHT
32 位(双字)	LDRT(未标记的和已标记的)	STRT

但是以上方式存在某些限制,如下:

❑ 基于 Armv8-M 基础版和 Armv6-M 指令集架构的处理器不支持以上内存访问指令。

❑ 这些指令仅可用于进行非特权访问,并且不能用于访问 TrustZone 区域的变量(没有用于非安全模式访问的指令)。

❑ 不存在某种标准 C 语言的特性强制 C 编译器使用以上指令代替普通的加载 / 存储指令。

❑ 不能用在非处理器执行的数据访问场景中(例如在执行 DMA 内存数据复制的 API 中,数据的实际搬移过程由 DMA 控制器完成)。

❑ 当数据访问操作存在违例时,需要 API 函数进行异常处理,造成 API 实现的过程非常复杂。

在 Armv8-M 指令集架构中,TT 指令提供一种执行指针检查的新机制。该机制允许软件可以定义某个内存位置的安全属性和安全访问权限(例如,传递给安全 API 函数的指针所指向的地址)。这种方式可以在调用安全 API 服务的起始位置执行指针安全检查(取代以往在数据访问操作的过程中进行安全性检查的方式)。这种方式可以允许其他硬件资源也可以正常使用安全 API 访问内存(例如,DMA 控制器)。将指针检查操作放到 API 执行的起始位置也有利于进行错误恢复。

为了简化编程难度,ACLE [2] 定义了一些内建的函数提供安全检查。当指针检查过程结束后,将有标准的 C/C++ 代码执行接下来的数据处理操作。

7.4.2 测试目标指令

如图 7.6 所示, TT 指令具有一个输入与一个输出:

❏ 32 位输入——地址。

❏ 32 位输出——该 32 位输出值包含多个位域。

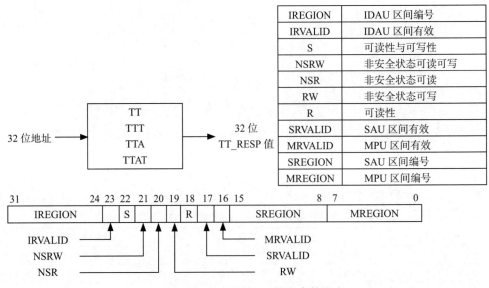

图 7.6　TT 指令的输入 / 输出参数格式

TT 与 TTT 指令在处理器处于安全状态与非安全状态下均可使用。如果在非安全状态下执行上述两条指令, 输出结果中仅有 MREGION、MRVALID、R 与 RW 这些域段有效 (见图 7.7)。

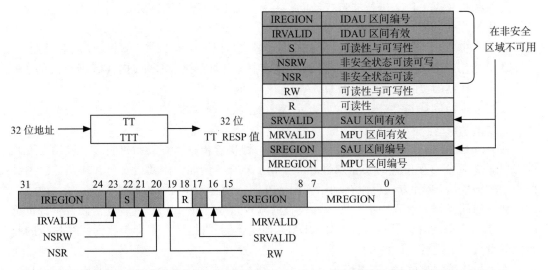

图 7.7　处理器处于非安全状态下, TT 指令 (TT 与 TTT) 返回结果仅有 MREGION, MRVALID, R 与 RW 域段有效

7.4.3　分区 ID 编号

TT 指令的返回结果可以包含 MPU、SAU 以及 IDAU 的分区编号。返回结果中的相关位域信息可以帮助开发者快速判断整个数据结构或数组是否完全位于非安全地址范围区间。由于以 32 字节作为地址划分的基本单元，理论上，一种判断数据结构 / 数组是否落在非安全地址区间的简单方法为使用 TT 指令在数据结构所占地址区间上每隔 32 字节的地址进行一次判断测试。这种方法虽然有效，但是如果结构体指针所指向的数据结构地址范围非常大，那么检查过程将非常漫长。

为了克服以上问题并找到一种快速的地址检测方法，在处理器架构中为 SAU、IDAU 以及 MPU 定义了区域 ID 编号功能。

❑ 对于 SAU 所定义的每项区间，其 SAU 区间比较器编号将使用 SAU 所定义的区间 ID。

❑ 对于 IDAU 区间定义中的非安全区间 / 安全 NSC 区间，IDAU 在设计上必须为这些区间各自分配唯一的区间编号，并通过 IDAU 接口将该编号告知处理器。

区间号使用 8 位编码长度，另外还有一位编码用于表示该区间号是否有效（例如在 SAU 中，SAU 区间可以被关闭，从而所有的 SAU 区间编码均无效）。

为了检查某个数据结构体 / 数组是否整个位于非安全空间中，仅需使用 TT 指令对数据结构的起始地址和结束地址在非安全区域地址范围内进行查找（两个地址都必须位于非安全地址空间才能判断为有效）。当存在以下条件时，数据结构体 / 数组位于非安全地址空间范围：

❑ 起始地址和结束地址均位于非安全地址空间。

❑ 起始地址和结束地址所在的 IDAU 区间号相同且该区间号为有效区间。

❑ 起始地址和结束地址所在的 SAU 区间号相同且该区间号为有效区间。

如图 7.8 所示为使用 SAU 与 IDAU 区间号执行安全检查的过程。

为了确保上述安全检查机制能被正确执行，芯片设计者需要确保为 IDAU 模块中所定义的每个非安全区间分配互不相同的有效区间编号。

与上述方法类似，在软件层面也可以基于 MPU 区间编号检查某个数据结构体 / 数组是否位于连续的 MPU 区间中。位于连续 MPU 空间中的数据结构体 / 数组，该数据的起始地址和结束地址具有相同的访问权限。以上机制可以用于防止非特权软件使用安全 API 访问特权模式下的信息。

为了简化编程难度，Arm C 语言扩展定义了一些内建的函数。这些函数已被多种 C 编译器所支持。关于这方面的更多信息将在第 18 章介绍。

请注意，如果数据结构体 / 数组位于两个相邻的非安全地址空间上，那么上述检查机制将失效（见图 7.9）。

为了避免图 7.9 所示情况，芯片设计者与安全固件开发者应该避免在连续的内存空间（例如 SRAM 与 ROM）上分配相邻的非安全地址空间。但另一方面，在多个非安全外设上分配相邻的非安全空间则不存在上述问题（数据结构体 / 数组在内存空间上的分布不太可能跨越外设地址的边界）。

请注意，指针安全性检查功能仅用于检查指针所指向数据结构体 / 数组是否完全位于非安全区间，而无法用于检查数据结构是否位于安全区间。这是因为 SAU 只能用于定义非安全分区以及安全 NSC 分区。在 SAU 中不能对安全空间地址段进行分区和编号。值得庆幸的是，在通常的应用场景中，安全 API 仅被用于非安全软件判断数据结构体 / 数组是否完全位于非安全区间，无须判断该数据结构是否位于安全区间，因此以上限制对于应用场景而言没有影响。

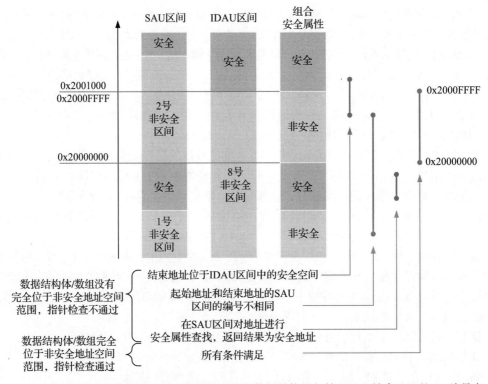

图 7.8　使用区间 ID 编号，通过查询指针所指向数据结构的起始地址和结束地址的 ID 编号完成指针安全性检查

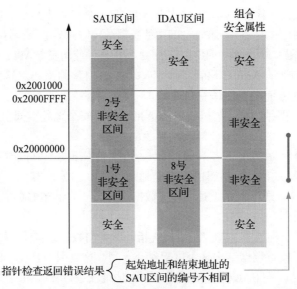

图 7.9　对跨相邻非安全区域边界数据结构体 / 数组指针进行指针安全性检查将得到错误结果

7.5　内存保护控制器与外设保护控制器

由于 SAU 模块分区数量上限为 8 个（在当前的 Armv8-M 指令集架构处理器中）以及 IDAU 模块分区数量上限为 256 个，并且 SAU 与 IDAU 配合工作时，分区设置存在重合，因此开发者可能会担心没有足够的分区 ID 空间用于管理复杂设计。系统中确实因为上述限制使得最大分区数量有限。尽管当前大多数微控制器中拥有的外设数量一般不超过 50 个，但是理论上，未来应用场景中微控制器可能有拥有数以百计的外设模块。

区域 ID 范围的限制是目前高级内存分区中的一个大问题。例如，对于某些容量为数兆字节大小的嵌入式闪存，其容量可以被划分成数千个闪存页（一个闪存页的容量范围可以是 256B 到 1KB）。如果其中的部分闪存用作文件系统，则极有可能以闪存页为基础进行分区。在整个案例中，IDAU 模块的分区数量很容易就出现不足。

幸运的是，存在另外一种无须使用大量分区 ID 数量进行地址分区处理的办法。这种方法基于内存别名技术并使用内存保护控制器划分内存设备——或者划分一组外设单元——到某些区段中，同时对各个安全以及非安全别名区段提供硬件层面的访问权限控制。

基于这种方法对一个拥有 256KB 容量的嵌入式闪存模块（MPC，见图 7.10，该模块通过内存保护单元与处理器相连，闪存模块的页面容量为 512B（256KB/512B=512 个页面））的微控制器系统采取区域分区设置。该嵌入式内存使用非安全别名访问的地址为（0x00000000），使用安全分区访问的别名地址为（0x10000000）。MPC 模块采用上述办法决定哪些闪存页在安全地址范围内可见，哪些在非安全地址范围内可见。

MPC 单元包含一个查找表用于定义该闪存单元每个页面的安全属性，该属性被系统用于判断传输访问申请是被允许还是被阻止。在图 7.11 中，MPC 单元将嵌入式闪存单元划分成 4 个部分。

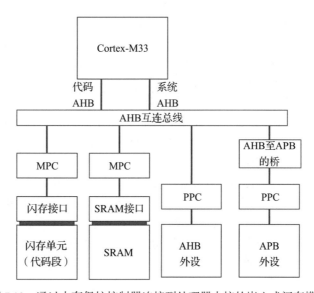

图 7.10　通过内存保护控制器连接到处理器内核的嵌入式闪存模块

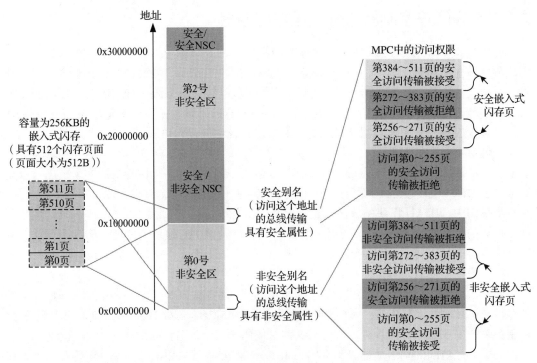

图 7.11 MPC 单元定义闪存页在安全或非安全别名地址空间下的可访问性

　　采用以上方法，可以仅使用一个分区 ID 编码用于管理嵌入式闪存中的非安全地址空间（尽管该地址空间存在很多地址空洞，这是由于某些闪存页被系统禁止访问）。该方法也可用于防止多核系统中出现的条件竞争问题，具体情况如下：

□ 某个处理器核将内存页的安全属性从非安全修改为安全。

□ 其他运行非安全 API 的处理器核将该内存页视为非安全部分（当该页位于非安全区间时将执行指针检查）。

MPC 的操作通常基于以下任意一条分区方法：

□ 以闪存页为基准进行分区，对于每个页面需要一个控制位。

□ 如果仅需要将内存设备分成一个安全地址空间与一个非安全地址空间（例如，只有一个地址边界），MPC 单元可以使用水印级别方案定义内存页地址边界的数量。以上设计只需要在硬件中使用更少的配置位。

　　与 MPC 工作使用的技术类似，外设保护控制器（Peripheral Protection Controller, PPC，见图 7.12）可以将大量外设分配到安全区域以及非安全区域。这种方式可以不需要使用大量的 SAU 与 IDAU 模块分区 ID 编号管理各个外设单元地址区域的访问权限。

　　另外，在基于传输安全属性的访问控制功能中，PPC 也可以基于特权级别判断传输的访问权限。这种方法允许特权软件控制非特权软件模块是否可以具有对某个外设的访问权限。

　　简而言之：

□ SAU 与 IDAU 决定了地址区间的安全属性。

❑ MPC 与 PPC 为每个内存页或外设定义有效地址。MPC 与 PPC 单元的工作主要通过基于安全地址别名地址或者非安全别名地址对内存页或外设进行屏蔽。

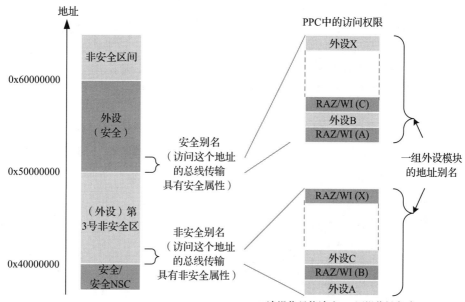

图 7.12 PPC 单元定义各个外设在安全或非安全别名地址空间下的可访问性

请注意,使用以上方法访问安全分区下或非安全分区下的外设模块的基地址各不相同。通常情况下,外设的安全状态在设备启动时设置,并且一般不太会在工作过程中对安全状态动态切换。因此,外设控制代码在访问外设单元时一般不会考虑外设安全状态带来的问题。但在某些外设安全状态可以被动态切换的场景下,外设控制代码需要在访问外设单元前对外设的安全状态进行检测。

当 PPC 单元阻止了某次软件访问外设的操作请求,将会出现以下两种可能的响应。

❑ 总线错误(触发故障异常)。

❑ 读操作只能读出 0/ 写操作被忽略(RAZ/WI)。

在 Armv8-M 指令集架构中,上述两种响应方式都是合法的行为。某些人可能会认为,返回总线错误的响应方式会更加安全,因为这种方式为安全软件提供了一种截获异常故障的机会,并可以检测非安全软件是否存在尝试攻击安全系统的行为。但是,在许多包含一系列产品的微控制器设备家族中,每款芯片所包含的外设单元组情况都不尽相同。因此,通常情况下需要允许软件在访问外设前检测系统是否存在该外设模块(例如,通过读某些外设地址范围内的外设 ID 寄存器,软件可以确定系统中是否存在某种外设)。

7.6 安全自适应外设

安全软件和非安全软件都可以访问安全自适应外设。基于这种外设单元,设备可以在处理安全与非安全传输中采取不同的行为。例如，自适应安全外设可以限制外设的某些功能仅供安全软件使用。

芯片设计者可以使用以下两种方法创建安全自适应外设：

❑ 使用内存别名设置，使外设在安全区域与非安全区域都可以见（见图 7.13）。使用这种方式，总线传输的安全属性取决于所访问地址别名空间的安全属性。该属性将被用于产生外设模块对该次总线访问的响应内容。

❑ 可以使用 IDAU 将外设单元的地址区间设置为豁免区间，从而将该外设模块设置为安全自适应外设。采用这种方法，安全软件与非安全软件都可以使用同一套地址区间访问这个外设设备。而访问这个设备的总线传输时的安全属性取决于当前处理器的安全状态。

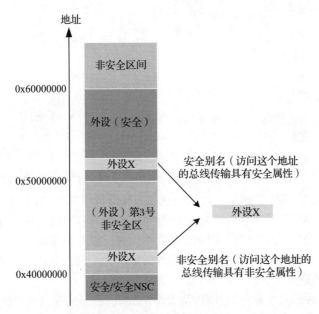

图 7.13 使用地址别名方法创建自适应安全外设

将外设单元放置在豁免地址区域的缺点在于不能使用 ACLE 中提供的内建函数在豁免地址区间上进行指针安全性检查（指针安全性检查总是会返回错误状态）；但优点在于可以使用同一套地址访在安全软件和非安全软件中访问同一个外设单元。

参考文献

[1] AMBA 5 Advanced High-performance Bus (AHB) Protocol Specification. https://developer.arm.com/documentation/ihi0033/b-b/.
[2] Arm C Language Extension (ACLE) home page. https://developer.arm.com/architectures/system-architectures/software-standards/acle.

第 8 章
异常与中断——架构概述

8.1 异常与中断概述

8.1.1 异常与中断的需求

异常与中断是所有现代处理器系统（从简单的微控制器到高端的计算机系统）中最常见的功能。在简单的微控制器系统中，中断功能是外设操作中重要的功能：处理器可以将处理时间片主要用于计算任务并在必要情况下才切换到处理外设服务中，这种方式取代了持续轮询外设状态的方法，提供处理器的工作性能。

在 Arm 生态的概念中，中断是一种异常事件。异常通常指处理器的某种机制，该机制允许某些事件（包括硬件产生的事件，比如中断请求）更改程序执行流程并执行相应的异常处理程序。异常处理是提供异常事件服务的程序片段。通常情况下，当异常处理服务完成后，处理器将恢复到进入异常服务前所执行的原始程序现场。

异常事件源包括：

❑ 外设中断请求（也被称为 IRQ）或者其他硬件事件信号（例如，从架构角度来讲，复位也是一种异常事件）。

❑ 错误条件（例如，内存系统中发生的总线错误）。

❑ 软件所产生的事件（例如，执行 SVC 指令）。

除了用于外设事件的处理，操作系统也需要利用异常功能处理故障以及进行安全方面的处理（例如，TrustZone 安全功能系统中的违例情况或内存保护系统中的违例情况可以由故障异常处理服务进行处理）。操作系统可以使用异常功能完成以下需求：

❑ 在不同的任务 / 线程之间进行上下文切换。

❑ 为应用程序代码提供系统服务。

因此，异常与中断处理功能是处理器架构中重要的组成部分[1]。

在本章中，将从架构层面介绍有关异常与中断的话题。与软件开发相关的话题，例如与中断和异常管理有关的寄存器描述也会在本章进行介绍。

8.1.2 外设中断操作的基本概念

在基本的应用场景中，当使用中断控制外设操作时，软件必须满足：

❑ 代码序列需要初始化外设并设置处理器系统中的中断控制器。

❑ 当外设事件发生时，需要执行一种被称为中断服务程序（Interrupt Service Routine，ISR）的代码片段。这种代码也称为中断或异常处理程序。

❑ 位于中断向量表中，包含 ISR 起始地址的正确入口向量。

以上所有部分均为由编译器产生的程序镜像的一部分。

在使用外设前，需要设置中断控制器，开启对中断事件处理的使能。在 Cortex-M 系列处理器中，软件可以选择定义 IRQ 的优先级。当多路中断请求同时发生时，硬件基于优先级仲裁中断请求的处理顺序（优先对高优先级的外设中断请求进行服务）。当然，高响应优先级的外设单元也同样需要启动序列。

当某个外设或硬件的某一部分需要执行中断服务时，将发生以下中断事件行为：

1）外设将与处理器进行通信的 IRQ 信号拉起。

2）处理器将当前正在执行的任务挂起。

3）处理器执行 ISR 服务程序处理外设的中断请求。在必要情况下，在中断服务程序中可以选择性地清除 IRQ 信号。

4）处理器恢复之前挂起的任务。

为了恢复中断前处理器正在执行的程序，异常序列需要采用某些方法保存被中断程序在中断前的执行状态。这些状态信息将在异常处理程序完成异常服务后用于恢复程序的上下文现场。通常情况下，保存程序执行现场的方法可以采用纯硬件操作机制或者硬件与软件的混合操作机制。在 Cortex-M 系列处理器中，当处理器接受异常事件请求时，部分寄存器信息将自动保存到程序栈中。在异常服务完成时，异常返回序列将所保存寄存器的信息自动恢复到原有的程序现场。这种机制允许开发者采用与开发普通 C 函数相似的方式编写异常处理函数（不用编写额外的寄存器保存与恢复程序）。

所有 Cortex-M 系列处理器均提供嵌套式中断向量控制器（Nested Vectored Interrupt Controller，NVIC）用于进行中断和异常处理。基于 Armv8-M 指令集架构的处理器所包含的 NVIC 模块与早期版本 Cortex-M 处理器中的 NVIC 模块相似。而 Armv8-M 指令集架构处理器中的 NVIC 模块在编程者模型与以往版本保持一致的前提下，部分功能上有了显著的增强，从而可以比较方便地在不同版本处理器之间进行代码移植。

8.1.3　NVIC 简介

NVIC 是集成在 Cortex-M 系列处理器中的一个模块。该模块可以降低中断处理延迟，并允许系统采用与处理外设异常事件类似的方式处理系统异常。

在一个典型的 Cortex-M 系列处理器中，NVIC 模块从多个源头接受中断请求与异常事件（见图 8.1）。

大多数中断请求由外设产生（例如计时器、I/O 端口，或者通信接口（例如 UART、I²C））。其中部分中断请求来自片外硬件设备，并通过 I/O 端口与片内通信（通常所用的外部接口为 GPIO）。例如，支持中断的 GPIO 设备可以使用按键方式产生中断事件。

不可屏蔽型中断（Non-Maskable Interrupt，NMI）通常由外设单元产生，比如看门狗计时器（watch dog timer）或欠压检测器（Brown-Out Detector，BOD）。其余的异常事件源来自处理器内核。中断也可以由软件来产生。

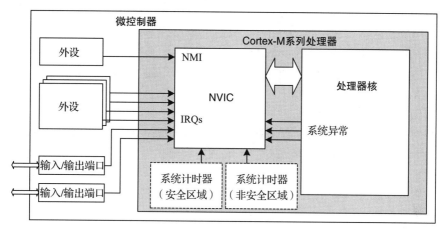

图 8.1 基于 Cortex-M 处理器的典型微控制器中 NVIC 支持的多种中断和异常事件源

处理器内部的系统计时器是另外一种系统异常事件源。从异常处理程序的角度来看，其工作方式与外设计时器类似。该模块在 Cortex-M23 处理器中属于可选配置。但在 Cortex-M33 处理器以及其他 Armv8-M 主线版指令集架构处理器中属于标准配置。如表 8.1 所示为系统计时器的一系列配置选项。

表 8.1 系统计时器选项

是否支持 TrustZone	Cortex-M23 处理器	Cortex-M33/ 其他 Armv8-M 主线版指令集架构处理器
不支持 TrustZone 的系统	可选项： • 没有系统计时器 • 有一个系统计时器	总包含一个系统计时器
支持 TrustZone 的系统	可选项： • 没有系统计时器 • 有一个系统计时器——可以设置为安全模式或非安全模式 • 两个系统计时器（安全模式和非安全模式）	总是包含两个系统计时器（安全模式和非安全模式）

系统计时器的相关内容将在第 11 章介绍。

Cortex-M23 与 Cortex-M33 处理器中 NVIC 模块所支持的中断请求数量与前代 Cortex-M 系列处理器中 NVIC 模块相比有了提高。具体如表 8.2 所示。

表 8.2 Cortex-M 系列不同处理器支持的最大 IRQ 数量比较

参数	Cortex-M0/M0+	Cortex-M3/M4	Cortex-M23	Cortex-M33
支持的最大 IRQ 数量	32	最大到 240	最大到 240	最大到 240
NMI	支持	支持	支持	支持
中断可被设定的优先级数量	4	8～256	4	8～256

另外，与 Cortex-M0/ Cortex-M0+ 处理器相比，Cortex-M23 处理器中的 NVIC 有如下增强：

❑ 提供 TrustZone 安全功能扩展支持（可选）。

❑ 具有中断活跃状态寄存器（Interrupt Active Status Register）。

❑ 支持间断型中断逻辑撤除（Cortex-M0+ 处理器支持，而在 Cortex-M0 处理器中不支持）。

与 Cortex-M3/M4 处理器相比，Cortex-M33 处理器中的 NVIC 有了以下增强：

❑ 提供 TrustZone 支持（可选）。

❑ 支持间断型中断逻辑撤除。

❑ 支持新型的安全故障异常（仅当系统支持 TrustZone 安全功能扩展时支持）。

NVIC 模块包含一系列由内存映射的可编程寄存器以及一些可以使用 MRS 与 MSR 指令访问的中断屏蔽寄存器。当基于 Cortex-M 系列处理器编写软件时，可以使用在 CMSIS-CORE 函数库头文件中所提供的一系列 API 函数访问 NVIC 模块所提供的功能。使用这些 API 函数可以实现：

❑ 开启 / 关闭中断使能。

❑ 设置中断与异常优先级。

❑ 访问中断屏蔽寄存器。

有关中断管理的更多相关信息请参阅 8.3 节与第 9 章的内容。

8.2 异常类型

Cortex-M 系列处理器提供了功能强大的异常处理架构，支持对多种异常事件的处理（包括系统异常以及外部中断请求）。异常事件类型已经被编号：编号 1 ～ 15 为系统异常事件，编号 16 及以上为 IRQ。大部分异常事件（包括所有的中断事件）的响应优先级可被配置，只有少数系统异常事件具有固定的响应优先级。

由于芯片设计者可以根据不同的芯片应用场景需求对 Cortex-M 系列处理器的规格进行配置，因此来自不同厂商的微控制器（基于 Cortex-M 系列处理器）可以包含不同的中断源与中断优先级。

编号为 1 ～ 15 的异常事件类型为系统异常事件（异常事件类型没有编号 0），详见表 8.3。

表 8.3 1 ～ 15 号系统异常列表

异常编号	异常类型	优先级	说明
1	复位	−4（最高）	复位
2	NMI	−2	不可屏蔽型中断（Non-Maskable Interrupt，NMI），由片内外设模块和片外中断源产生
3	硬故障	−1/−3	所有故障情况——当对应特定中断的故障服务未使能时起作用
4	内存管理故障	可编程	内存管理错误，由 MPU 操作违例或程序在标识为禁止执行（eXecute Never，XN）属性的地址区段上执行所触发 Armv8-M 基础版指令集架构（例如 Cortex-M23 处理器）不支持该异常事件

（续）

异常编号	异常类型	优先级	说明
5	总线故障	可编程	总线错误，通常由 AMBA AHB[2] 总线接口从总线从机收到错误返回信号时触发（在指令预取时称为预取中止，在数据访问时称为数据访问中止）。非法访问也有可能造成总线错误。Armv8-M 基础版指令集架构（例如 Cortex-M23 处理器）不支持该异常事件
6	使用故障	可编程	程序错误造成的异常事件，Armv8-M 基础版指令集架构（例如 Cortex-M23 处理器）不支持该异常事件
7	安全故障	可编程	由 TrustZone 安全违例造成的异常事件，Armv8-M 基础版指令集架构（例如 Cortex-M23 处理器）或不具备 TrustZone 扩展的系统不支持该异常事件
8 ～ 10	保留	N/A	—
11	SVC	可编程	系统服务调用，通常应用在操作系统环境中，应用程序访问系统服务的场景
12	调试监控	可编程	调试监控，用于调试异常事件（例如基于软件调试方法中的断点或数据检测点），Armv8-M 基础版指令集架构（例如 Cortex-M23 处理器）不支持该异常事件
13	保留	N/A	—
14	PendSV	可编程	可挂起服务调用，该异常事件通常用于系统进行上下文切换的场景
15	SYSTICK	可编程	系统计时器事件，该异常事件通常由集成在处理器内部的计时器外设触发。该计时器事件可被操作系统在时间片切换时使用，也可以作为普通的外设计时器事件

编号为 16 及以上的异常事件为外部中断输入（详见表 8.4）。

表 8.4 中断列表

异常编号	异常类型	优先级	说明
16	中断 0	可编程	这些中断由片上外设或外部中断源产生
17	中断 1	可编程	注意，Cortex-M23 处理器最多支持 240 路中断
…	…	…	（异常编号为 16 ～ 255）
495	中断 479	可编程	

上面提到的中断事件编号（比如中断编号 0）是指 Cortex-M 系列处理器中 NVIC 模块的中断输入编号。在实际的微控制器产品或 SoC（System-on-Chip）中，外部的中断输入引脚编号可能与 NVIC 模块的中断输入编号不匹配。例如，前几个中断输入编号可以分配给内部外设，而外部中断引脚可能被分配给后续几个中断输入编号。因此，在开发中断应用程序时，需要重点检查芯片制造商的数据表以确定中断的编号。

异常事件编号在多种指令集架构（Armv6-M/ Armv7-M/ Armv8-M）中被用作各种异常事件的身份标签，例如，当前正在处理的异常事件编号由内核中一个特殊的寄存器——中断程序状态寄存器（Interrupt Program Status Register，IPSR）以及 NVIC 模块中被称为中断控制状态寄存器（VECTACTIVE 字段，详见 9.3.2 节）所表示的部分。

当创建使用兼容 CMSIS-CORE 标准硬件驱动程序库的应用程序时，中断标识号由头文件中枚举变量决定（中断标识号从 0 开始编号）。系统异常使用枚举变量中的负值进行编号，如表 8.5 所示，CMSIS-CORE 函数库同时也定义了系统异常处理函数的命名。

表 8.5　CMSIS-CORE 异常定义

异常编号	异常类型	CMSIS-CORE 枚举变量名（IRQn）	CMSIS-CORE 枚举变量取值	异常处理函数名字
1	复位	—	—	Reset_Handler
2	NMI	NonMaskableInt_IRQn	−14	NMI_Handler
3	硬故障	HardFault_IRQn	−13	HardFault_Handler
4	内存管理故障	MemoryManagement_IRQn	−12	MemManage_Handler
5	总线故障	BusFault_IRQn	−11	BusFault_Handler
6	使用故障	UsageFault_IRQn	−10	UsageFault_Handler
7	安全故障	SecureFault_IRQn	−9	SecureFault_Handler
11	SVC	SVCall_IRQn	−5	SVC_Handler
12	调试监控	DebugMonitor_IRQn	−4	DebugMon_Handler
14	PendSV	PendSV_IRQn	−2	PendSV_Handler
15	SYSTICK	SysTick_IRQn	−1	SysTick_Handler
16	中断 0	硬件指定	0	硬件指定
17 ~ 495	中断 1 ~ 479	硬件指定	1 ~ 479	硬件指定

在 CMSIS-CORE 访问函数中使用不同编号系统的原因在于提高某些访问函数的执行效率（例如，在设置中断优先级时）。中断编号与中断枚举变量定义与具体的设备相关（在微控制器供应商提供的 C 函数头文件中定义（被称为 IRQn 的 typedef 定义段）。在 CMSIS-CORE 函数库中，各种 NVIC 访问函数将使用以上中断枚举变量的定义。

8.3　异常与中断管理概述

Cortex-M 系列处理器具有一系列可编程寄存器用于中断与异常管理（详见表 8.6）。

表 8.6　用于中断和异常管理的多种寄存器

管理功能	寄存器类型
使能和关闭中断	NVIC 中断设置 / 清除使能寄存器（由内存映射）
定义中断优先级	NVIC 中断优先级寄存器（由内存映射）
访问中断状态	NVIC 设置 / 清除挂起寄存器和 NVIC 活跃位寄存器（由内存映射）
定义中断目标的安全状态（仅用于支持 TrustZone 安全扩展的系统）	NVIC 中断目标非安全寄存器（由内存映射）
使能和关闭系统异常（除 NMI 和硬故障，这两者不能被关闭）	系统控制块（System Control Block，SCB）系统处理程序控制和状态寄存器（由内存映射）
定义系统异常的优先级（除 NMI 和硬故障，这两者具有固定的响应优先级）	SCB 系统处理程序优先级寄存器（由内存映射）

（续）

管理功能	寄存器类型
访问中断屏蔽寄存器（PRIMASK、FAULTMASK 以及 BASEPRI）	使用 MRS 和 MSR 指令可访问的特殊寄存器，见 5.6.4 节
访问当前异常状态	中断程序状态寄存器（Interrupt Program Status Register，IPSR，一种特殊寄存器，见 4.2.2.3 节）

NVIC 与 SCB 的数据结构位于系统控制空间（System Control Space，SCS）地址区间范围（从 0xE000E000 地址开始的 4KB 地址空间）。在支持 TrustZone 安全功能扩展的系统中，如果处理器处于安全状态，那么 SCS 的非安全状态模式下的内容可以使用非安全 SCS 空间的别名地址进行访问（起始于 0xE002Exxx 的地址）。SCS 空间也包含系统计时器寄存器、MPU 寄存器、调试寄存器等。在 CMSIS-CORE 函数库中为这些寄存器定义了额外的数据结构。几乎所有 SCS 地址范围内的寄存器只允许由运行在特权访问级别下的代码进行访问，被称为软件中断触发寄存器（Software Trigger Interrupt Register，STIR）的寄存器除外。该寄存器仅在 Armv8-M 主线版指令集架构下支持，并允许软件在非特权模式下访问。

为了便于管理中断和异常，在 CMSIS-CORE 函数库头文件中提供了一系列函数用于开发可移植软件接口。为了实现应用程序的通用性，推荐使用 CMSIS-CORE 函数库中提供的访问函数用于中断管理。例如，在表 8.7 中列出了最常用的中断管理函数。基于前代 Cortex-M 系列处理器所开发的程序同样也可以使用这些函数，从而降低软件移植的难度。

表 8.7 基本中断控制操作常用的 CMSIS-CORE 函数

函数	用途
void NVIC_EnableIRQ (IRQn_Type IRQn)	使能某个外部中断
void NVIC_DisableIRQ (IRQn_Type IRQn)	关闭某个外部中断
void NVIC_SetPriority (IRQn_Type IRQn, uint32_t priority)	设置某个中断的优先级
void __enable_irq(void)	清除 PRIMASK 使能中断
void __disable_irq(void)	清除 PRIMASK 屏蔽所有中断
void NVIC_SetPriorityGrouping(uint32_tPriorityGroup)	设置优先级分组配置。在 Cortex-M23 处理器（Armv8-M 指令集架构基础版）中不支持

某些操作需要直接访问 SCB/NVIC 寄存器。例如，当需要将中断向量表的起始地址重定向到其他内存地址时，程序代码需要直接更新位于 SCB 模块中的中断向量表偏移寄存器（VTOR）。

在复位后，所有的中断响应功能将被关闭，并且响应的优先级被设置为 0，在支持 TrustZone 安全功能扩展的系统中，所有中断响应功能在开始执行中断处理之前，默认情况下均被设置在安全状态。

❑ 在支持 TrustZone 安全功能扩展的系统中，安全固件需要为每路中断定义中断目标的安全状态（用于安全目标的中断主要针对安全外设，用于非安全目标的中断主要针对非安全外设）。当设备启动时，微控制器可能将系统的大部分中断分配在安全空间。

为了使非安全应用软件使用中断，在以上情况下，非安全软件需要调用安全软件中的安全 API 将部分中断分配给非安全空间。以上操作的具体步骤取决于系统设计。

当中断目标的安全状态被设置后，应用程序软件需要执行以下步骤启动中断功能：

❑ 设置所需中断的优先级（该步骤为可选步骤，默认情况下中断优先级为 0，当应用软件需要将中断设置为其他优先级时，需要对中断优先级重新进行设置）。

❑ 使能外设中的中断产生控制逻辑以触发中断。

❑ 使能 NVIC 模块中的中断部分。

应用程序代码也必须满足以下要求：

❑ 提供与中断行为相对应的中断服务程序（Interrupt Service Routine，ISR）执行中断响应服务。

❑ 确保 ISR 的名称与定义在中断向量表中的中断服务函数的名称一致（通常情况下，用户可以在微控制器厂商所提供的启动代码中找到这些信息），从而可以保证链接器将所对应的中断服务函数代码放置到中断向量表中所记录的 ISR 地址位置。

在大多数典型应用中，用户需要遵守以上规则。

当某种中断触发后，所对应的中断服务函数将执行中断服务过程（但是在中断服务流程完成后，用户需要在中断服务函数内部清除服务所对应外设模块的中断请求）。

8.4　异常序列

8.4.1　概述

当发生异常或中断事件时，系统需要启动一系列步骤处理异常或响应中断事件。图 8.2 为异常处理过程的简化图。

8.4.2 节～ 8.4.5 节将介绍图 8.2 中所展示的每一项异常处理操作步骤的详细内容。

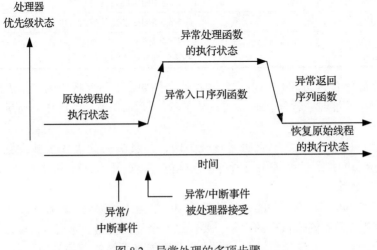

图 8.2　异常处理的多项步骤

8.4.2　异常请求的接受

当满足以下条件时，处理器将接受异常请求：

❏ 发生中断或异常事件，导致处理器的挂起状态寄存器被设置为 1。

❏ 处理器正在运行中（未处于停机或者复位状态）。

❏ 异常响应使能开启（注意，NMI 与硬故障异常使能默认保持开启状态）。

❏ 异常响应优先级高于当前执行状态的优先级。

❏ 未在异常屏蔽寄存器中将异常事件设置为屏蔽状态（例如，PRIMASK 寄存器）。

请注意，对于 SVC 异常，如果用于 SVC 异常处理的程序在意外情况下也使用了 SVC 指令，并且被嵌套的 SVC 异常处理程序的响应优先级与当前待处理 SVC 异常的优先级相同或更高，则将导致硬故障异常发生。

8.4.3　异常进入序列过程

异常进入序列过程包含如下操作：

❏ 序列函数需要将一系列寄存器的当前状态值存入当前所使用的栈中——被保存的寄存器值中应当包括返回地址。上述操作称为"压栈"，因此允许异常处理函数采用普通 C 函数的方式进行编写。如果处理器处于线程模式并且正在使用进程栈指针（Process Stack Pointer，PSP），由 PSP 所指向的栈区将被用于上述压栈操作，否则将使用主栈指针（Main Stack Pointer，MSP）所管理的栈区空间执行保存内容的压栈操作。

❏ 获取异常向量（异常处理函数 /ISR 的起始执行地址）。对如 Cortex-M33 这类基于哈佛总线架构的处理器，异常向量的获取过程可以与压栈过程同步执行以减少延迟。

❏ 预取异常处理函数需要执行指令。从异常向量中获取到异常处理函数的起始地址后，处理器将从该地址开始进行指令预取。

❏ 更新 NVIC 以及处理器内核所属的大批寄存器的值，包括异常挂起状态与活跃状态寄存器以及处理器内核寄存器（包括程序状态寄存器（Program Status Register，PSR）、链接寄存器（Link Register，LR）、程序计数器（Program Counter，PC）与栈指针（Stack Pointer，SP）寄存器）。

❏ 若处理器正在运行安全软件时发生了非安全异常事件，那么处理器需要在启动 ISR 服务前，查找出寄存器备份中的所有安全信息。该操作可以避免安全信息泄露到非安全空间。

在异常处理服务启动前选择使用 MSP 还是 PSP 管理栈，取决于在异常处理过程中使用哪个栈区执行压栈操作。异常处理器函数的起始地址值将被更新到 PC 指针值，并且将一个被称为 EXC_RETURN（见 8.10 节）的特殊值更新到 LR 寄存器。EXC_RETURN 的宽度为 32 位，高 25 位值被设置为 1，低 7 位的部分将用于保存异常序列的状态信息（例如指示用于压栈操作的栈区）。EXC_RETURN 将被用于异常返回过程操作。

8.4.4　异常处理程序的执行

在异常处理程序过程中，将由软件访问触发中断请求的外设单元。在执行异常处理程序时，处理器将处于服务程序模式。在该模式下：

- 将使用主栈指针执行栈操作。
- 处理器处于特权访问模式下。

在进行异常处理的过程中，如果有更高处理优先级的异常事件发生，新发生的中断事件将被处理器接受，并将当前正在处理的异常处理程序挂起。此时处理器的执行时间片将被更高优先级的中断服务程序所抢占。这种情况称为异常嵌套。

如果在进行异常处理的过程中，有相同或更低执行优先级的异常事件发生，新发生的中断异常事件将处于挂起状态，当正在执行的异常处理程序完成后才能被响应。

当异常处理程序结束后，程序代码将执行异常返回过程，将 EXC_RETURN 载入程序计数器寄存器（Program Counter，PC）中。该操作将触发异常返回机制。

8.4.5　异常返回序列过程

在某些处理器架构中，有一种特殊指令用于异常返回操作。这也意味着异常服务程序不能使用普通 C 代码进行开发和编译。在 Arm Cortex-M 系列处理器中，异常返回机制由将 PC 指针指向 EXC_RETURN 值所触发。该返回值由异常入口序列产生并存储在链接寄存器（Link Register，LR）中。当使用合法的返回指令将该值写入到 PC 指针中，则触发异常返回序列。

表 8.8 所列的指令可以产生异常返回过程。

在异常返回过程中，在之前异常处理进入阶段保存到栈中的上下文寄存器内容（原被中断程序）将由处理器自动恢复到对应寄存器中。上述过程称为出栈。在出栈操作中，NVIC 的部分寄存器（例如，中断活跃状态寄存器）以及处理器内核的部分寄存器（例如，PSR、SP、CONTROL 等寄存器）中的内容将被更新。

在执行出栈操作的同时，基于哈佛总线架构的处理器（例如 Cortex-M33 处理器）会预取被中断前程序的指令以便于允许之前的程序操作。

使用 EXC_RETURN 值触发中断返回过程允许开发者基于普通 C 函数 / 子过程开发异常处理程序（也包含中断服务程序）。在代码生成阶段，C 编译器将存放在 LR 寄存器的 EXC_RETURN 值处理为普通返回地址。由于 EXC_RETURN 值将用于异常返回机制，因此禁止将 0xF0000000 到 0xFFFFFFFF 的地址段用作普通程序的返回地址。但是由于在指令集架构标准中禁止将上述地址段用于放置程序代码（该地址段内存被设置为不可执行内存区域），因此从架构层面规避了上述返回地址限制导致的程序问题。

表 8.8　用于触发异常返回操作的指令列表

返回指令	用途
BX <reg> 或者 BXNS <reg>	当异常处理程序结束后，如果 EXC_RETURN 值仍然保存在链接寄存器中，开发者可以只用 BX LR 指令执行异常返回。BXNS 指令可以用于安全异常处理程序，当且仅当该异常处理程序被非安全软件作为安全 API 调用函数（注意：仅有支持 TrustZone 安全扩展的系统支持 BXNS 指令）

（续）

返回指令	用途
POP {PC} 或者 POP {…, PC}	通常，进入异常处理器程序后，LR 寄存器的值被压入栈中。开发者可以使用 POP{PC} 指令，或者执行一次 POP{…PC} 指令操作多个寄存器。使用这些指令，EXC_RETURN 值将被复制到程序计数器中，并导致处理器开始执行异常返回过程
Load (LDR) 或者 Load multiple (LDM)	在 Armv8-M 主线版指令集架构的处理器中，可以使用 LDR 或者 LDM 指令以 PC 作为目标寄存器来产生异常返回

8.5　异常优先级定义

8.5.1　异常与中断优先级概述

在 Arm Cortex-M 系列处理器中的每种中断与异常事件都具有异常处理优先级。当处理器正在执行低优先级的中断 / 异常事件处理任务时，发生了更高优先级的中断 / 异常事件。高优先级的异常事件会抢占低优先级异常事件处理服务的处理器执行时间片。这种机制称为嵌套式中断 / 异常处理。在 Cortex-M 处理器中：

❑ 优先级寄存器中标识的较高的值对应较低的处理优先级（见图 8.3）。

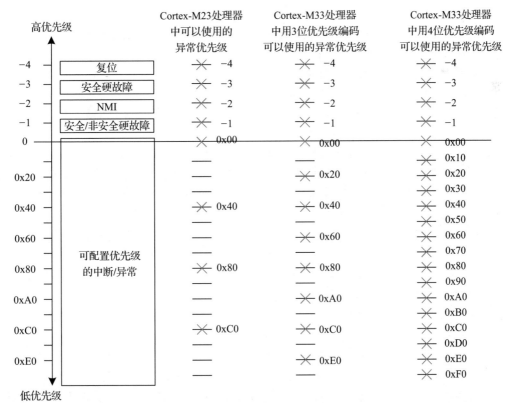

图 8.3　在 Cortex-M23 与 Cortex-M33 的异常优先级寄存器中使用 3 ～ 4 位优先级编码表示优先级数量

❑ 优先级 0 代表执行权限在中断 / 异常的可编程优先级权限等级中具有最高响应权限。

❑ 某些系统异常事件（如 NMI、硬故障以及复位）的执行优先级权限为固定值或不可修改（为负值）的，这些异常事件相比优先级可修改的中断 / 异常事件具有更高的响应优先级。

在架构层面，可编程的优先级使用一个 8 位值表示，可表示优先级范围 0 ～ 255，但为了降低硬件开销与时序延迟，仅有最高有限位的部分比特位在硬件中得到实现（见图 8.4）。

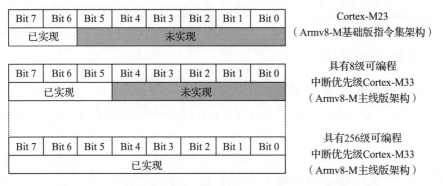

图 8.4　在 Cortex-M23 与 Cortex-M33 处理器中使用的中断优先级

在 Cortex-M23（基于 Armv8-M 基础版指令集架构的处理器）与基于 Armv6-M 指令集架构的处理器中，硬件上仅实现了优先级寄存器中的 bit7、bit6，因此可以表示 4 级可编程优先级，其余未被硬件实现的比特位读出值始终为 0，而对这些位的写入操作将被忽略。

在基于 Armv8-M 主线版扩展指令集的处理器（例如，Cortex-M33 处理器）以及 Armv7-M 指令集架构的处理器中，芯片设计人员可以自行配置硬件中所实现的优先级寄存器中表示优先级种类的比特位宽度，最小实现宽度为 3 位（表示 8 种优先级），最大实现宽度为 8 位（表示 256 种权限等级，以及最大 128 种优先权）。

当异常优先级寄存器中表示优先级的硬件编码宽度的硬件实现小于 8 位时，主要通过缩减优先级配置寄存器的最低有效位部分来减少优先级寄存器所表示的优先级数量。在这种方式下，当软件二进制镜像值宽度大于硬件寄存器的宽度时，不会导致异常优先级反转（这种情况一般由最高有效位 MSB 丢失导致）。

通常，基于 Cortex-M33 或其他 Armv7-M/Armv8-M 主线版指令集架构处理器的微控制器具有 8 ～ 32 种中断 / 异常优先级。但在大多数实际应用中，仅需要少量可编程的异常处理优先级数量。更多的异常优先级数量会增加 NVIC 模块的设计复杂度（不仅增加模块的后端实现面积以及功耗开销，同时也会限制模块可以工作的最大时钟频率）。因此，大多数基于 Cortex-M33 或其他 Armv7-M/Armv8-M 主线版指令集架构处理器的微控制器通常情况下只支持 8 ～ 16 种中断优先级。

中断 / 异常事件优先级决定了该异常事件被处理器所接受并执行异常处理的响应顺序。

❑ 如果新来的中断 / 异常事件的处理优先级比处理器当前正在进行异常处理流程的异常事件优先级更高，则新的异常事件将被处理器接受，并启动相应的异常入口序列流程。

- 如果新来的中断 / 异常事件的处理优先级与处理器当前正在进行异常处理流程的异常事件优先级相比相同或更低，则新的异常或中断事件将被阻塞并缓存在挂起状态寄存器中（随后保存）。上述机制将在以下任一情况发生时被触发：
  - 处理器正在执行与新来异常事件优先级相同或更高的异常事件处理任务。或
  - 设置了中断 / 异常屏蔽寄存器，将处理器当前的异常执行优先级设置为与新输入的异常 / 中断事件的异常处理优先级相同或更高。

某些异常事件情况，例如发生 SVC 或者同步故障异常事件，但该异常事件的优先级不足以触发处理器执行相应的异常处理函数。此时，这些异常事件将升级为硬故障事件。某些系统异常事件的处理优先级固定为负值（见表 8.9）。

表 8.9　系统异常的优先级情况

异常编号	异常	优先级
1	复位	−4（注意，在 Armv6-M 与 Armv7-M 指令集架构中该优先级为 −3，在 Armv8-M 指令集架构中则优先级变为 −4）
3	当 AIRCR.BFHFNMI 被设置为 1 时的安全硬故障	−3（注意，安全硬故障的执行优先级为 −3 是在 Armv8-M 指令集架构中新加入的功能）
2	NMI	−2
3	当 AIRCR.BFHFNMI 被设置为 0 时的安全硬故障	−1
3	非安全硬故障	−1
4 或更高	其他异常与中断事件	可配置（0 ～ 255）

如果系统不支持 TrustZone 安全功能扩展，则不具备安全硬故障异常事件的处理机制。

应用可以修改寄存器域 AIRCR.BFHFNMIS，但只有安全特权模式的软件才能访问该寄存器位置。在支持 TrustZone 安全功能扩展的系统中，寄存器域 AIRCR.BFHFNMIS 被设置为 0。有关该寄存器的更多信息将在 8.8 节与 9.3.4 节详细介绍。

异常与中断的优先级权限受优先级寄存器控制。这种寄存器由内存映射，仅可在特权状态模式下被软件访问。默认情况下，当处理器从复位状态中启动时，所有的优先级寄存器初始值均设置为 0。

8.5.2　Armv8-M 主线版指令集架构中的优先级分组

当芯片设计人员基于 Cortex-M33 或其他 Armv8-M 主线版指令集架构的处理器进行系统设计时，理论上，芯片设计人员也可以选择硬件实现系统中优先级寄存器中用于定义异常优先级数量的全部 8 比特。但是在 Armv8-M 指令集架构中并没有使用全部 8 比特（最大 256 级优先级定义（2 的 8 次方为 256））用于定义中断响应优先级，在 Armv8-M 指令集架构中，最大优先级定义数量被限制为 128 级，因为优先级寄存器中用于定义优先级的 8 比特被进一步分成了两部分：

- 上半部分（左半部分比特）用于抢占控制的优先级分组。
- 下半部分（右半部分比特）是次优先级。

优先级分组与次优先级的精确划分受 AIRCR 中被称为优先级分组（Priority Grouping，PRIGROUP，见表 8.10）的寄存器域控制。该寄存器仅在 Armv8-M 主线版指令集架构中支持（例如主线版子配置版本），并且在不同的安全状态下存在多个备份。使用 PRIGROUP 寄存器域段，可以控制中断 / 异常嵌套的最大数量。

表 8.10　受 AIRCR 域控制的优先级分组与次优先级定义的不同设置

优先级分组	优先级分组寄存器域段	次优先级寄存器域段	嵌套式 IRQ 的最大数量
0（默认）	Bit[7:1]	Bit[0]	128
1	Bit[7:2]	Bit[1:0]	64
2	Bit[7:3]	Bit[2:0]	32
3	Bit[7:4]	Bit[3:0]	16
4	Bit[7:5]	Bit[4:0]	8
5	Bit[7:6]	Bit[5:0]	4
6	Bit[7]	Bit[6:0]	2
7	空	Bit[7:0]	1

优先级分组定义用于判断处理器正在执行中断处理程序时，其他中断事件的处理流程是否可以被启动执行。当同时发生的两个异常事件具有相同的分组优先级，需要进一步选择两者的执行顺序时，则需要使用次优先级进行判断。处理器将首先响应次优先级定义较高（次优先级取值较低者）的中断事件。

8.5.3　安全模式下异常与中断的优先级

在某些应用场景中，有必要将部分安全中断或安全系统异常事件的响应优先级设置为高安全中断 / 异常事件。这种方式能确保后台运行的安全软件服务正常工作。例如在设备中，后台可能运行着经过认证的蓝牙软件服务，该服务的运行情况可能会受到非安全软件故障的影响。为解决上述问题，Armv8-M 指令集架构中的 TrustZone 模块在必要情况下优先处理安全异常与中断事件。

安全模式下异常 / 中断的响应优先级情况受 AIRCR 中安全异常优先级排序（Prioritize Secure Exception，PRIS，用户可定义）寄存器位域控制。该寄存器位域的默认值为 0，无须复位。这意味着安全空间与非安全的异常 / 中断事件可以共享同一套优先级空间（配置范围从 0 到 0xFF，见图 8.5）。

当 AIRCR.PRIS 寄存器位域被设置为 1 时，非安全软件仍然可以看到其优先级设置等级（0 到 0xFF），但需要将设置值右移一位得到优先级设置的有效值，因此最终取值位于安全异常 / 中断的优先级取值空间的低半部分（见图 8.6）。

虽然在某种程度上可以通过寄存器 AIRCR.PRIS 配置保护后台运行的安全异常 / 中断服务，但如果启用了暂停调试（取决于调试认证配置），上述服务仍然可以被终止，比如可以通过复位或设备断电来关闭系统，从而终止后台服务。

所有支持 TrustZone 安全扩展功能的 Armv8-M 指令集架构微处理器均包含安全中断 / 异常事件响应优先级排序功能。

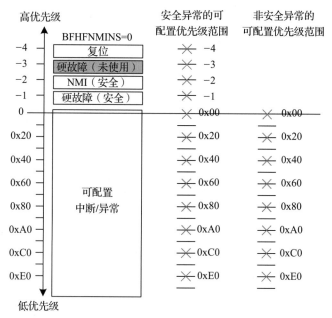

图 8.5　当 AIRCR.PRIS 设置为 0 时，具有 3 位优先级寄存器配置域的 Cortex-M33 处理器可用优先级

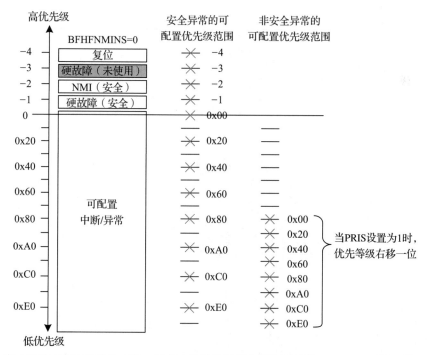

图 8.6　当 AIRCR.PRIS 设置为 1 时，具有 3 位优先级寄存器配置域的 Cortex-M33 处理器可用优先级

8.5.4　中断屏蔽寄存器分组

在支持 TrustZone 安全功能扩展的 Armv8-M 指令集架构处理器中，在不同的安全状态

空间中，各自存在一组中断屏蔽寄存器（包括 PRIMASK、FAULTMASK、BASEPRI 等寄存器）。但安全区域与非安全区域共享中断响应优先级配置空间，因此，在某种安全模式状态下设置中断屏蔽寄存器，将会影响其他安全模式状态下的部分或全部异常事件响应情况。

寄存器位域 AIRCR.PRIS 的设置也会影响中断屏蔽寄存器的工作情况。例如，当设置寄存器位域 AIRCR.PRIS 为 1，同时非安全软件也将非安全区域的 PRIMASK(PRIMASK_NS) 设置为 1 时，在安全状态下，尽管只禁止处理器响应优先级处于 0x80 ~ 0xFF 之间的异常事件，但在非安全状态下，禁止处理器响应处于所有可配置优先级范围的异常事件（0x0 ~ 0xFF）。

8.6 中断向量表与中断向量表偏移寄存器

异常事件进入序列的一个重要步骤是确定中断处理函数的起始地址，在 Cortex-M 系列处理器中，该过程由硬件自动完成（从中断向量表中读取地址，该表包含异常向量（每种异常事件处理函数的起始地址），异常向量的排列方式按照异常向量号顺序排列（见图 8.7））。当处理器响应某个异常事件时，该异常事件处理函数的起始地址将按照以下计算公式从异常向量表中计算读出：

```
Vector address = exception_number  4 + Vector_Table_Offset
```

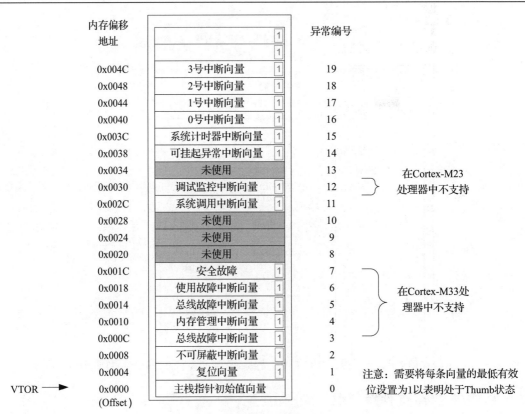

图 8.7　中断向量表的内容

在典型的软件工程中，通常可以通过阅读设备启动代码中的指定文件找到中断向量表的定义。请注意，将异常向量的最低有效位设置为 1，用于表明处于 Thumb 状态。异常向量的最低有效位设置通常由开发工具链自动进行处理。

中断向量表的第一个字的位置存放了主栈指针的初始值。在复位过程中必须复制该初始值到 MSP 寄存器中，因为某些异常事件（例如 MNI）可能会在复位或者初始化过程完成之前被触发。

VTOR 中定义了中断向量表偏移地址定义。在支持 TrustZone 安全功能扩展的 Armv8-M 指令集架构处理器中存在两块中断向量表：

- 安全模式中断向量表用于处理安全异常事件。该表位于安全区域内存空间，其起始偏移地址定义在 VTOR_S（安全 VTOR）寄存器中。
- 非安全模式中断向量表用于处理非安全异常事件。该表位于非安全区域内存空间，其起始偏移地址定义在 VTOR_NS（非安全 VTOR）寄存器中。

如果系统不支持 TrustZone 安全功能扩展，则系统中只有 Non-secure VTOR 寄存器及对应的中断向量表。

在 Cortex-M33 处理器中，VTOR 寄存器的低 7 位被固定为 0，这意味着中断向量表的起始地址必须按照 128 字节对齐。而在 Cortex-M23 处理器中，则情况有所简化，VTOR 寄存器的低 8 位被固定为 0，表示中断向量表的起始地址必须按照 256 字节对齐（见图 8.8）。Cortex-M23 处理器与 Cortex-M33 处理器中的 VTOR 寄存器存在以下差异：

- Cortex-M23 处理器可选配 VTOR 寄存器。该寄存器从第 31 位到第 8 位为有效寄存器位域。如果处理器未选配 VTOR，则该寄存器所代表的中断向量表偏移值由芯片设计人员自行决定。
- Cortex-M23 处理器中的 VTOR 寄存器有效寄存器位域宽度为 25 位（第 31 位到第 7 位）。

图 8.8　中断向量表偏移地址寄存器（VTOR）

VTOR 仅可在特权模式下被修改。当前安全状态的 VTOR 地址为 0xE000ED08。安全特权软件可以使用非安全 SCB 空间别名地址 0xE002ED08（调试器或非安全软件不支持该别名地址）访问非安全 VTOR（VTOR_NS）。

在某些应用程序中，需要将中断向量表重定位到其他地址。例如，应用程序可以将向量表从非易失性存储器重定位到 SRAM，以允许在运行时配置异常向量。重定位过程可以通过以下方式实现：

1）将原始向量表复制到 SRAM 中新分配的位置空间。

2）如果需要，则修改一些异常向量。

3）修改 VTOR 的值使其指向新的中断向量表。

4）执行数据同步屏障（Data Synchronization Barrier，DSB）指令以确保修改立即生效。上述操作的程序代码示例见 9.5.2 节。

与以往 Cortex-M 系列处理器（Cortex-M0/M0+/M1/M3/M4）不同，Cortex-M23 和 Cortex-M33 处理器的中断向量表初始地址由芯片设计人员自行定义，而在以往的 Cortex-M 系列处理器中，初始向量表地址则固定为 0。

Armv8-M 主线版本指令集架构相比于 Armv7-M 指令集架构的另一个区别是添加了一个安全故障向量异常事件（在 Armv7-M 指令集架构中不支持）。

8.7   中断输入与中断挂起行为

如 8.1.3 节所述，NVIC 模块支持一定数量的中断输入。在中断信号输入方式上，支持脉冲信号型的外设中断信号以及持续高电平型的外设中断信号（该类型中断信号将持续保持高电平，直到该中断事件被响应为止）。NVIC 模块无须经过配置便可支持上述两种中断信号类型。有关脉冲型中断信号与电平触发型中断信号的更多描述如下：

❏ 对于脉冲型中断请求，脉冲信号的持续时间需要至少一个时钟周期。

❏ 对于电平触发型中断请求，请求中断服务的外设需要将中断请求信号拉高，直到该信号被 ISR 服务中的操作拉低（例如，写某个寄存器清除该中断请求信号）。

尽管 NVIC 所接受的中断请求信号为高电平有效，但外设或 I/O 引脚上输入的外部中断请求也可以为低电平有效（在某些情况下，芯片设计人员需要插入部分组合逻辑将低电平有效信号转换为高电平有效）。

对于每路中断输入，存在一些适用的中断属性：

❏ 每路中断可以被关断（默认）或使能。

❏ 每路中断可以被挂起（该中断请求处于等待响应状态）或继续执行响应。

❏ 每路中断可以处于活跃（被响应）或非活跃状态。

为支持以上中断事件的属性，NVIC 模块包含一些可编程的中断寄存器用于中断使能控制，访问挂起状态，访问中断活跃状态（中断活跃状态寄存器为只读型寄存器）。当 NVIC 模块的中断输入信号被拉高，将导致该中断的挂起状态被拉高（见图 8.9）。挂起状态代表该中断请求被 NVIC 所记录并等待处理器对该中断请求进行响应。该状态将保持到 IRQ 信号被拉低为止。这种状态管理方式也适用于脉冲型中断请求。当处理器响应中断请求后，该中断挂起状态将被清除，同时设置该中断为活跃状态。以上所有操作均依靠 NVIC 硬件逻辑部分自动执行。

在大多数情况下，一旦某种中断信号处于挂起状态，处理器将立即执行对该中断请求的响应服务。但是如果此时处理器已经在执行具有更高或相同响应优先级的其他中断响应服务，或新输入的中断请求在中断屏蔽寄存器中被屏蔽，则该中断请求将保持中断挂起状态，直到处理器结束对其他中断服务的响应服务，或该中断请求的屏蔽设置被清除。

中断状态存在多种可能的组合形式，例如，当系统正在响应某个中断时，意味着当前这个中断处于活跃状态，系统可以选择通过软件的方式关闭该中断的使能。与此同时，在前次中断处理任务退出之前，系统仍然可能再次收到这种类型的中断请求。在此情况下，系统具有一种中断状态属性组合，当中断处于正在响应的激活状态时，该类型中断可以被关闭并同时处于中断挂起状态。

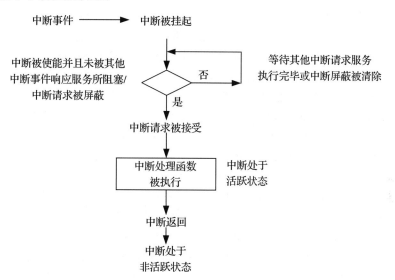

图 8.9　简化流程：中断请求输入—挂起—中断请求被响应

图 8.10 所示是处理中断请求的简单流程，其中：

❑ 中断 X 被使能。

❑ 处理器没有响应其他的中断请求。

❑ 这种中断未被中断屏蔽寄存器设置所屏蔽。

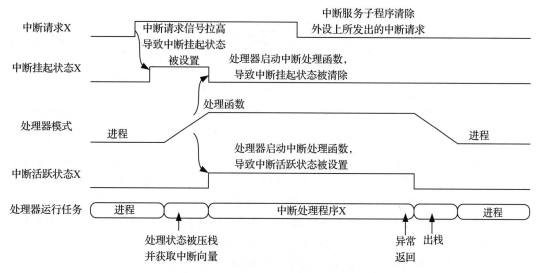

图 8.10　中断挂起与激活流程的简单案例

当某个中断被响应后，该中断即处于中断活跃状态。请注意，在中断服务序列入口部分，一系列寄存器的当前值将被自动保存到栈中，该过程称为入栈。与此同时，Cortex-M33 处理器（以及其他基于哈佛总线结构的 Armv8-M 指令集架构处理器）将从中断向量表中获取 ISR 函数的入口地址。对于 Cortex-M23 处理器（基于冯·诺依曼总线结构），处理器将在入栈操作执行完成后从中断向量表获取 ISR 的入口地址。

在许多微控制器设计中，很多外设采用电平触发的方式发起中断请求，因此在这类中断对应的 ISR 程序中需要手动清除外设的中断请求状态（例如通过写外设的某些寄存器）。当中断请求服务完成后，处理器将执行异常返回操作（详见 8.4.5 节）。中断前缓存在栈中的寄存器内容将被恢复到原寄存器位置中，以恢复被中断前程序执行的上下文现场，同时恢复执行被中断的程序。已响应中断的活跃状态将被自动清除。

当某种中断被响应时，处理器将不再响应相同类型的中断请求。除非前一次中断的处理过程结束并执行异常返回（也称为异常退出）。

因为软件可以通过访问一些内存映射的寄存器从而访问中断挂起状态寄存器，因此可以对中断挂起状态寄存器的值进行手动设置和清除。当某种类型的中断发出时，如果此时处理器正在执行更高优先级的其他中断响应服务，并且该中断的挂起状态在处理器执行响应前被清除，则该系统将取消应该中断请求，同时处理器不再响应该中断（见图 8.11）。

如果中断被取消后，外设继续申报中断请求并且软件尝试清除挂起状态，则该中断将被再次设置中断挂起状态（见图 8.12）。

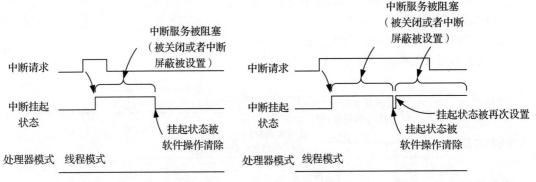

图 8.11　在中断请求被响应前清除中断　　　图 8.12　中断挂起状态清除后，由于收到新中断
　　　　　挂起状态　　　　　　　　　　　　　　　　而重新设置中断挂起状态

如果中断请求未被阻塞（即处理器接受该中断并提供响应服务），并且如果中断源在中断服务程序结束时仍然继续申报请求，该中断将再次进入挂起状态，除非该中断被阻塞（例如，被另一更高优先级中断服务所阻塞），否则将由处理器再次执行响应服务，如图 8.13 所示。

对于脉冲型中断请求，如果在处理器开始响应该中断事件前，该中断请求信号出现多次中断脉冲信号，则上述多次请求将被视为一个单独的中断请求，如图 8.14 所示。

当中断事件被响应时，系统可以再次设置中断的挂起状态。例如，在图 8.15 中，当前一个中断请求仍在执行响应服务时，该中断的新请求被触发。这将导致系统对该中断重新设置挂起状态，处理器在前次 ISR 完成后将再次提供中断服务。

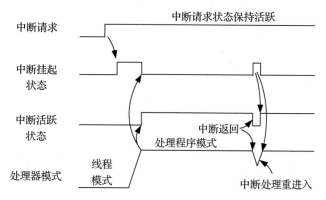

图 8.13　中断挂起状态清除后，由于收到新中断而重新设置中断挂起状态

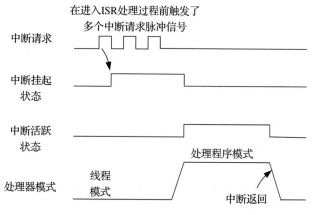

图 8.14　多个脉冲型中断请求聚合成单个中断挂起请求

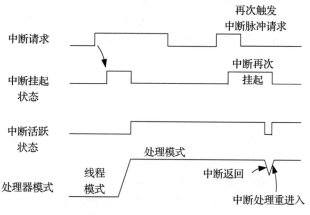

图 8.15　中断挂起在中断服务例程执行期间再次发生

请注意，即使在某种中断被关闭的情况下，也可以设置该中断的挂起状态。在此种情况下，如果稍后使能该中断，将触发处理器响应这次中断并提供中断响应服务。在某些情况下这种现象不在用户预期范围内，为避免这种情况，需要在 NVIC 模块启用中断之前手动清除挂起状态。

通常情况下，NMI 型中断的请求行为与普通中断相同。除非处理器已经在执行 NMI 或安全硬故障处理程序，或处理器处于停机状态或锁定状态，否则处理器将立即响应 NMI 请求，这是因为 NMI 在系统中具有第二位的响应优先级（安全硬故障具有最高优先级）且无法被禁用。

8.8　安全 TrustZone 系统中的异常与中断目标状态

由于可以将不同外设分别分配给安全区域和非安全区域，因此这些外设的中断必须正确指向各自所属安全域中的中断处理程序。此外，还有许多系统异常也需要由安全或非安全处理程序进行处理。如果系统支持 TrustZone 安全功能扩展：

❑ 所有中断均可设置为安全或非安全属性（例如，对于外设，中断的目标状态应基于该外设所属的安全域进行设置）。

❑ 某些系统异常在不同安全区域存在备份，这意味着这些异常可以有安全的和非安全的多种版本。同类型异常的不同版本都可以独立触发和执行响应服务，并具有不同的响应优先级设置。

❑ 某些系统异常（NMI、HardFault、BusFault）可设置为面向安全状态或非安全状态（使用 AIRCR.BFHFNMINS 寄存器位域）。

❑ 某些系统异常仅针对安全状态（例如，复位、安全故障）。

如果系统不支持 TrustZone 安全功能扩展，那么异常和中断则只面向非安全状态。在此种情况下，系统不支持处理器安全故障这种异常事件。

如果某个异常面向安全状态，那么：

❑ 处理器从位于安全内存中的安全中断向量表中获取异常处理程序的起始地址。

❑ 在异常处理程序执行期间，默认情况下使用安全主栈指针（MSP_S）。

软件开发者需要确保安全异常处理程序的程序代码放在安全内存中。以确保这些处理程序在安全状态下执行。

如果某个异常面向非安全状态：

❑ 处理器从非安全内存中的非安全中断向量表中获取异常处理程序的起始地址。

❑ 在异常处理程序执行期间，默认情况下使用非安全主栈指针（MSP_NS）。

非安全异常处理程序的程序代码放在非安全内存中，并在非安全状态下执行。

如果异常事件的设置不正确，例如，中断事件设置为针对非安全状态，但其中断向量指向安全地址，则会触发安全故障或硬故障型异常。但从架构角度允许将安全 API 用于非安全处理程序。在此情况下，非安全中断向量表中的中断向量指向有效的安全程序进入点（第一条执行的指令是安全网关指令（Secure Gateway，SG），被放置在安全 NSC 内存中），该程序的入口地址属于安全地址。这种情况不会触发安全故障或硬故障型异常。

不同异常和中断的类型及其默认针对的目标状态如表 8.11 所示。

表 8.11　中断和异常的可配置性和默认目标状态

异常编号	异常类型	类型	默认目标状态
1	复位	仅针对安全区域	安全
2	NMI	可配置	安全
3	硬故障	可配置	安全
4	内存管理故障	区分安全 / 非安全模式	区分安全 / 非安全模式
5	总线故障	可配置	安全
6	使用故障	区分安全 / 非安全模式	区分安全 / 非安全模式
7	安全故障	总是针对安全区域	安全
11	SVC	区分安全 / 非安全模式	区分安全 / 非安全模式
12	调试监控	可配置	安全
14	PendSV	区分安全 / 非安全模式	区分安全 / 非安全模式
15	SYSTICK	区分安全 / 非安全模式或可配置	如果系统存在两个系统计时器，则区分安全 / 非安全模式；如果只存在一个，则默认状态为安全
16 ～ 495	0 ～ 479 号中断	可配置	安全

在表 8.11 中，许多异常事件可以配置为针对安全或非安全状态。异常事件所针对的具体目标状态可依靠可编程寄存器中或其他机制（见表 8.12）定义，上述机制只能在处理器处于安全特权状态下进行操作（或通过具有安全调试访问权限的调试连接器进行访问）。

表 8.12　定义异常和中断的目标安全状态的配置寄存器

异常编号	异常类型	配置方法	说明
2	NMI	AIRCR 中的 BFHFNMINS 寄存器位域（第 13 位）	如果需要执行安全状态，则不应将 BFHFNMINS 设置为 1
3	硬故障	AIRCR 中的 BFHFNMINS 寄存器位域	
5	总线故障	AIRCR 中的 BFHFNMINS 寄存器位域	
12	调试监控	如果在调试认证接口中使能了安全调试，则该异常事件将以安全状态为目标，否则调试监控器以非安全区域为目标	
15	系统计时器	中断控制和状态寄存器（ICSR）中的 STTNS 寄存器位域（第 24 位）	仅当系统处理器为 Cortex-M23，且系统中仅具有一个系统计时器时可以配置
16 ～ 495	0 ～ 479 号中断	NVIC 中断目标状态寄存器（ITNS）	

寄存器位域 BFHFNMINS 是 AIRCR 中的一个可编程位域。此位域只能在处理器位于安全特权状态下时访问。

当寄存器域 BFHFNMINS 被设置为 1 时，总线故障、硬故障和 NMI 型异常事件将使用非安全系统异常处理程序进行响应（除针对安全状态的异常事件以及升级为硬故障的异常事件）。如果寄存器位域 BFHFNMINS 被设置为 1 时发生安全错误，则触发的异常仍将是安全硬故障，并将以安全状态为目标。

值得注意的是，只有系统中未运行安全软件以及用户希望封锁系统中对所有安全软件功能的访问时，才可以使能寄存器位域 BFHFNMINS 对应的功能。建议：

□ 一旦寄存器位域 BFHFNMINS 被设置为 1，则系统将阻止安全函数的调用。此外，也将在系统中禁止使能可能触发安全异常返回的异常事件。

□ 如果在某种设置中触发了安全故障事件（即寄存器位域 BFHFNMINS 被设置为 1），则系统中不应再次执行非安全程序代码，除非通过复位操作序列执行。

在支持 TrustZone 安全功能扩展的 Cortex-M23 处理器中，可能只存在一个系统计时器。在此情况下，安全特权软件可以对 "中断控制和状态寄存器"（Interrupt Control and State Register，ICSR）中的 STTN（第 24 位）寄存器位域进行编程，以决定将系统计时器分配给安全区域（当 STTNS=0）还是非安全区域（STTNS=1）。

8.9　栈帧

8.9.1　入栈与出栈概述

为了使被异常事件所中断的程序在异常 / 中断处理程序结束后能恢复执行，Cortex-M 系列处理器会在启动异常 / 中断处理程序前自动将多个寄存器压入栈内存保存。之后，当处理器返回执行被中断的程序代码时，处理器将从栈中将之前保存的寄存器内容恢复到原有寄存器中，以保证中断前的代码可以正确地恢复执行，而不存在上下文被改变的情况。

在 8.4 节简要介绍了入栈（在异常输入序列期间将寄存器内容保存到栈）和出栈（在异常返回时将之前所保存的寄存器内容恢复到寄存器中）的概念。处理器执行自动入栈和出栈操作时将使用当前状态所对应的栈指针用于管理中断任务操作。例如，如果处理器执行某个应用程序任务时处于非安全状态，则非安全进程栈指针（PSP_NS）为当前处理器所选择的 SP，将用于处理器执行入栈和出栈操作。该过程所使用的栈指针设置与异常处理程序中栈操作所使用的栈指针设置无关。在异常处理程序中将使用主栈指针用于程序操作（使用安全或非安全状态下的栈指针，取决于异常所针对的目标状态）。

为了在基于 Cortex-M 系列处理器的开发平台上更方便地开发程序，处理器执行入栈和出栈的工作模式允许大多数异常和中断处理程序基于普通 C 函数进行开发，而无须使用工具链特定的关键字来指定程序属于异常 / 中断处理程序。

为了理解上述过程的具体实现方式，需要了解 C 函数接口的具体工作方式，有关这部分内容请查阅 Arm 公司所提供的 AAPCS[3]。

8.9.2　C 函数接口

根据 AAPCS 规范，C 函数可以在函数内部直接修改寄存器 R0 ～ R3、R12、LR（R14）和 PSR 中的内容。如果处理器支持并启用了浮点运算单元，则寄存器 S0 ～ S15 以及浮点状态和控制寄存器（Floating Point Status and Control Register，FPSCR）也可以在 C 函数内部进行修改。其他寄存器上的内容也可以在 C 函数中修改，但这些寄存器在修改之前需要先将当前内容保存到栈中，并且在 C 函数返回前，必须将这些寄存器恢复为原有内容。

由于上述 C 函数的要求，寄存器组和浮点单元寄存器组中的寄存器可分为：

❑ 调用方保存的寄存器——R0 ～ R3、R12、LR（如果处理器支持 FPU，则还包括 S0 ～ S15 和 FPSCR 寄存器）。如果在 C 函数调用之后需要使用这些寄存器中的数据，则调用方需要在调用 C 函数之前将这些寄存器中的内容保存到栈当中。

❑ 被调用方保存的寄存器——R4 ～ R11（如果处理器支持 FPU，也包括 S16 ～ S31 寄存器）。如果 C 函数需要修改这些寄存器中的任何一个，则首先必须将被改写寄存器中的原有内容保存到栈中，并在返回到调用方代码之前恢复这些寄存器的原有值。

除了调用方和被调用方保存的寄存器排列之外，AAPCS 规范还指定了如何在调用方和被调用方之间传递参数和结果。在一个简单的场景中，寄存器 R0 ～ R3 可以用作 C 函数的输入参数。此外，寄存器 R0 和寄存器 R1（可选）可用于返回函数的结果（当返回值长度为 64 位时，需要使用寄存器 R1）。图 8.16 显示了被调用方保存的寄存器分组以及如何利用几个被调用方保存的寄存器用于参数和结果传递。

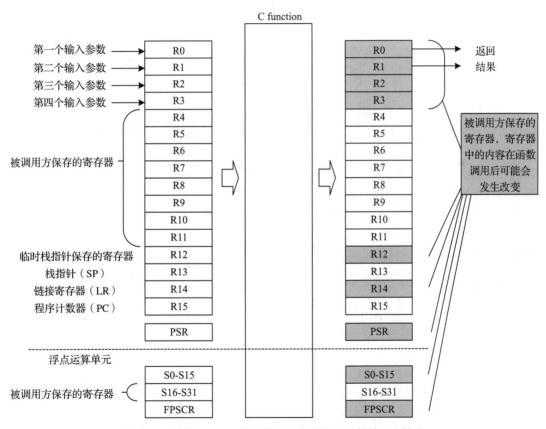

图 8.16　根据 AAPCS 规范使用寄存器用于函数输入和输出

在 AAPCS 规范中额外要求栈指针的值必须在函数接口处按照双字进行边界对齐。处理器的异常处理硬件模块会自动进行对齐处理。

8.9.3 使用 C 语言开发异常处理函数

使用基于 Cortex-M 系列处理器平台开发软件时，创建中断处理程序将变得非常容易。例如，可以将计时器处理程序按如下方式声明：

```
void Timer0_Handler(void)
{
  ... // 必要的异常处理过程
  ... // 清除计时器外设上的计时中断请求
  return;
}
```

函数名（上例中的 Timer0_Handler）需要与特定设备启动代码使用的中断向量表中所声明的处理程序函数名一致。此外，开发者还需要在初始化外围设备时启用中断产生功能，并且在 NVIC 模块中（如第 9 章所述主题）使能中断。

为了允许 C 函数用作异常处理程序，异常机制需要在异常入口序列自动保存由调用方保存的寄存器，并在异常返回时的出口序列处恢复这些寄存器的原有内容。上述操作由处理器的硬件控制。因此，当异常处理结束返回到被中断前的程序时，寄存器中的内容与中断发生前的内容相同（上述过程不包括特殊情况，如 SVC 服务，其中一些寄存器可用于存放 SVC 的返回值）。

当支持 TrustZone 安全功能扩展的系统在执行安全代码期间发生非安全中断时，由"被调用方保存的寄存器"也必须通过入栈过程进行保存。这项操作是强制性的，因为我们需要在执行非安全处理程序之前清除安全代码运行时存放在寄存器组中的内容，以防止安全区域的信息泄露。但上述操作（即保存被调用方保存的寄存器和擦除寄存器库中的数据）不需要修改使用标准 C 函数接口的异常处理程序。

异常事件处理过程中的入栈操作将调用方保存的寄存器原有内容保存在栈内存的数据块中。这些数据块称为异常处理程序的"栈帧"（见 8.9.4 节），栈帧内数据的布局取决于 Armv8-M 指令集架构的具体定义。

8.9.4 栈帧结构

在大多数情况下，应用软件开发人员不必知道栈帧中存储了哪些数据。对于中断处理，入栈和出栈过程由处理器自动进行处理，该过程对软件是完全透明的。但在以下情况下，开发者必须了解栈结构：

- ❑ 在操作系统上进行软件开发的工程师需要通过 SVC 异常事件创建上下文切换代码或调用操作系统服务时（调用操作系统服务的参数和结果可以通过栈结构进行传递）。
- ❑ 用于分析处理器进入故障异常时的软件故障（可以通过栈帧中的栈返回地址定位故障地址）。请注意，某些商业开发工具的调试功能可以提取上述栈帧信息。

然而，大多数软件开发者无须对栈帧结构的细节了解到如下的详细程度，因此可以忽略以下段落内容。

栈帧存在几种格式，每种格式各自独立地取决于以下几个因素：

❑ 是否正在运行安全代码并且可以为非安全中断提供服务。如果是，则需要将调用方保存的寄存器和被调用方保存的寄存器保存到栈中。如果不是，则在入栈过程中只需要将调用方保存的寄存器保存到栈中。

❑ 当前系统是否支持 FPU 模块，并且是否在当前上下文中使用了 FPU 模块（寄存器位域 CONTROL.FPCA 等于 1 时）。如果是，则需要将调用方保存的寄存器组中所包含的 FPU 寄存器保存到栈中。

❑ 安全软件是否使用 FPU 执行安全处理任务（由 FPCCR 中的 TS 寄存器域定义）。如果此寄存器位域被设置为 1，则当正在执行的安全代码被非安全异常事件所中断时，在被调用方保存的寄存器组中所包含的浮点寄存器组也必须保存在栈上。

异常子过程的栈帧中必须包含至少 8 个字长的数据，如图 8.17 所示。这 8 个字的数据包含常规寄存器组中由调用方保存的寄存器内容，以及确保被中断的程序能够在异常处理返回后恢复执行上下文所需的相关信息。由于异常处理程序可以采用普通 C 函数的方式完成实现，因此异常子过程的栈中必须保存 R0 ～ R3、R12、LR 和 xPSR 寄存器的有关内容。与函数调用不同，异常处理的返回地址不存储在 LR 寄存器中。在异常处理程序的入口序列，LR 寄存器的内容被名为 EXC_RETURN（异常返回）的特殊值所替换，该特殊值用于在异常处理程序结束部分触发出栈操作。有关 EXC_RETURN 的更多介绍，请阅读 8.10 节。

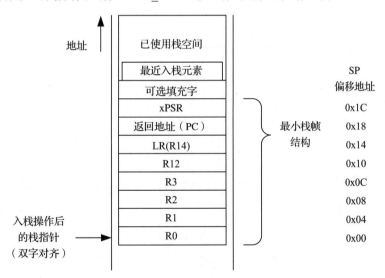

图 8.17　未使用 FPU 且不属于安全后台程序被非安全处理程序中断场景的异常子过程栈帧

在以下情况下使用 8 个字长的栈帧格式：

❑ 系统中不支持、已禁用或未在当前程序上下文使用 FPU。

❑ 上下文切换不是由安全后台任务切换到非安全异常处理程序。

以上描述的栈帧格式与 Armv6-M 和 Armv7-M 指令集架构微处理器中的栈帧格式相同，但不包含当前程序上下文未使用浮点单元的情况（即 CONTROL.FPCA=0）。

由于 AAPCS 规范中要求栈指针的值必须在函数边界处按照双字进行对齐，因此在入栈过程会自动插入一个填充字，以确保栈帧在需要时按照双字对齐。如果需要执行这样的填充操作，则栈寄存器 xPSR 的第 9 位需要被设置为 1 以表示栈帧中存在对齐填充字。基于以上设置，SP 的值可在异常返回期间重新调整为原始长度。

　　如果处理器正在执行安全代码时发生异常，且该异常事件针对的中断 / 异常目标处于非安全状态，则需要将其他寄存器（由被调用方保存的寄存器）保存到栈中，如图 8.18 所示。扩展栈帧结构中还必须包括栈帧完整性签名（0xFEFA125A 或 0xFEFA125B，其中 LSB 值为 0 表示栈帧包含 FPU 相关寄存器的内容），该签名用于防止入侵者伪造从非安全区域到安全区域的异常返回地址指针。上述这种栈帧结构是 Armv8-M 指令集架构中独有的全新结构，仅在系统支持 TrustZone 安全功能扩展时可用。

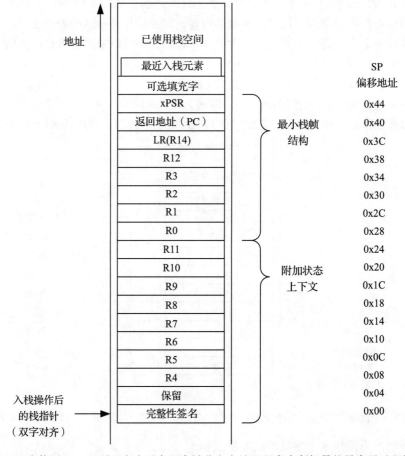

图 8.18　未使用 FPU 且属于安全后台程序被非安全处理程序中断场景的异常子过程栈帧

　　请注意，由于附加状态上下文位于前一个八字长栈帧结构的下方位置，因此在保存前一个八字状态帧后，只需执行额外的入栈步骤即可保存附加状态需要入栈的内容。事实上，在异常事件序列的某些组合中，附加状态上下文内容的入栈过程可以作为一个完全独立的操作执行。例如，如果处理器运行安全代码时接收到两个中断事件，第一个属于安全状态，第二个属于非安全状态，则可能发生如图 8.19 所示的异常入栈操作。

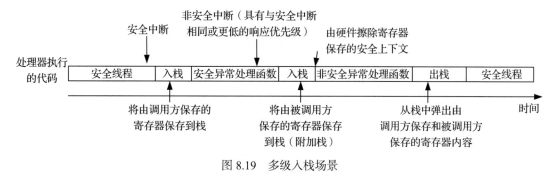

图 8.19 多级入栈场景

当系统支持 FPU 并在当前程序上下文中启用时，栈帧结构将会变得更加复杂。假设安全软件没有将 FPU 设置为安全（FPCCR.TS==0），并且异常事件没有将处理器从安全后台任务切换到非安全处理程序，则生成的栈帧结构如图 8.20 所示。这种情况与具有浮点上下文（使能并使用 FPU）的 Armv7-M 指令集架构处理器中的栈帧结构相同。如果处理器正在执行安全代码（但没有将 FPU 设置为安全，即 FPCCR.TS==0），此时发生了非安全异常，则附加状态上下文将被将添加到栈帧结构内容中，如图 8.21 所示。这种栈帧结构是 Armv8-M 指令集架构中独有的全新结构，仅可在系统支持 TrustZone 安全功能扩展时使用。

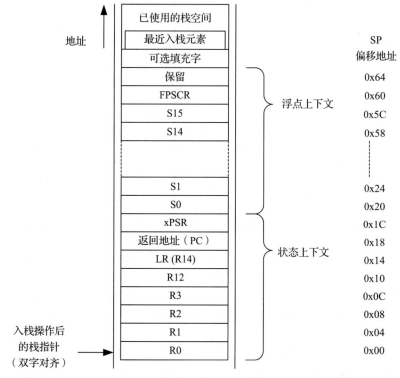

图 8.20 带浮点上下文（扩展栈帧）且不带附加状态上下文的栈帧结构

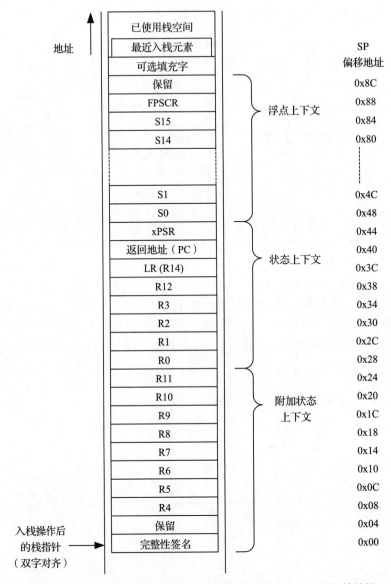

图 8.21 带浮点上下文（扩展栈帧）且不带附加状态上下文的栈帧结构

最后，如果安全软件确实需要使用 FPU 进行安全数据处理，则需要将 FPCCR.TS 设置为 1。基于处理器正在执行安全软件，此时所触发的异常针对非安全状态，并且系统已启用 FPU，并在当前上下文中使用（即寄存器域 CONTROL_S.FPCA 为 1），此时应当使用最大尺寸的栈帧结构。此情况下的栈帧将包括额外的浮点上下文相关信息，如图 8.22 所示。

当寄存器位域 FPCCR.TS 被设置为 1 时，如果处理器正在执行安全代码，并且当前接受的异常事件所针对的目标处于安全状态，则处理器仍将为附加浮点（FP）上下文设计的寄

存器分配栈空间（S16 ～ S31）。这是因为处理器在执行安全处理程序时可能会发生非安全
中断事件。

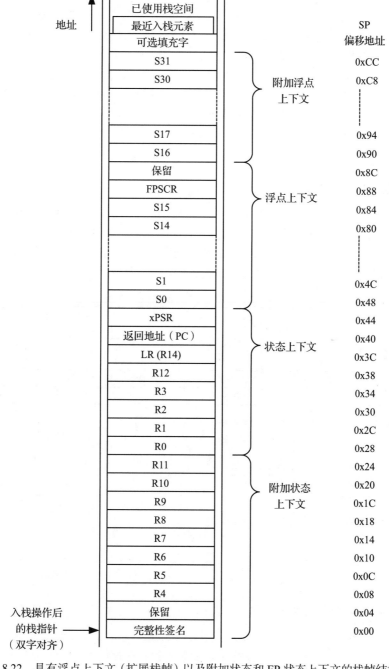

图 8.22　具有浮点上下文（扩展栈帧）以及附加状态和 FP 状态上下文的栈帧结构

如读者所见，根据处理器配置情况，处理器可能需要在执行响应异常 / 中断服务程序时将大量的寄存器内容保存到栈中。入栈过程需要保存到栈的寄存器内容越多，入栈序列执行所需的时间就越长。为了避免在中断处理中造成不必要的延迟，带有浮点单元的 Cortex-M 系列处理器支持一种被称为延迟入栈的特性。处理器在默认情况下支持这项功能。使用这项功能，尽管处理器仍将为浮点寄存器内容分配到栈空间，但并不需要实际执行时间将浮点数据内容保存到栈。如果异常 / 中断处理程序执行浮点指令，这将触发延迟入栈特性，随后启动延迟入栈流水线将浮点寄存器保存到分配的栈空间中。如果处理程序未使用 FPU，处理器将在出栈阶段跳过 FPU 寄存器的出栈过程。通过利用延迟入栈功能，大多数中断 / 异常（即不使用 FPU 运算指令的中断 / 异常处理函数）可以通过省略 FPU 寄存器的保存和恢复过程而更快地执行异常 / 中断处理服务。

有关延迟入栈过程的更多信息，请阅读本书 14.4 节相关内容。

8.9.5 使用何种栈指针管理入栈与出栈过程

中断处理程序的后台线程 / 进程具体使用哪种栈指针管理入栈和出栈过程，取决于处理器当前的安全状态以及处理器所处的模式状态（即处理器是否处于执行异常 / 中断处理程序的状态）和寄存器位域 CONTROL.SPSEL 中的设置（这部分内容将在"控制寄存器"部分进行介绍），如图 8.23 所示。处理器选择栈指针的规则如表 8.13 所示。

表 8.13 多种情况下的栈指针选择

模式	处理器处于安全状态		处理器处于非安全状态，或系统不支持 TrustZone 安全扩展功能	
	CONTROL_S.SPSEL50（默认）	CONTROL_S.SPSEL=1	CONTROL_NS.SPSEL50（默认）	CONTROL_NS.SPSEL=1
处理程序模式	MSP_S	MSP_S	MSP_NS	MSP_NS
线程模式	MSP_S	PSP_S	MSP_NS	PSP_NS

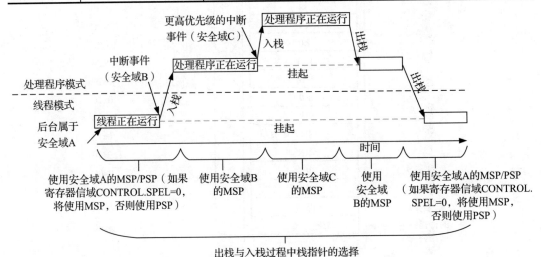

出栈与入栈过程中栈指针的选择

图 8.23 选择栈指针以进行入栈和出栈

8.10 EXC_RETURN

如上文所述，Cortex-M 系列处理器允许使用普通 C 函数开发中断处理程序。在 C 函数中，函数返回过程一般通过将返回地址（在函数调用时保存到 LR）加载到 PC（程序计数器）寄存器中，实现程序执行地址跳转到相应的地址完成函数返回（例如，处理器通过执行 BX LR 指令实现）。当中断处理程序执行异常返回时，处理器如何知道这种返回操作属于异常返回操作（触发出栈操作）而不是正常函数返回？答案是 Cortex-M 系列处理器使用称为 EXC_RETURN（见图 8.24）的特殊值，通过将其加载到 PC 寄存器中从而实现异常返回操作。该返回过程通过使用如表 8.8 所示的 PC 寄存器更新指令实现了返回操作。

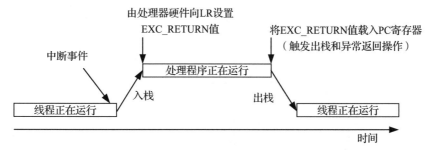

图 8.24　使用 EXC_RETURN 触发异常返回

当中断处理程序启动时，EXC_RETURN 的值由硬件产生，并自动加载到 LR 中。中断处理程序的最后一步将 EXC_RETURN 值如同正常返回地址一样载入 PC 寄存器中，从而触发异常返回序列操作。

图 8.25 所示为 EXC_RETURN 值内的位域字段。

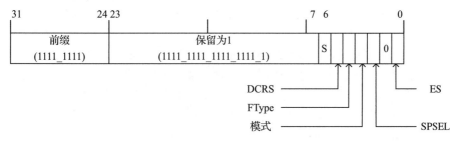

图 8.25　EXC_RETURN 中的位域情况

表 8.14 所示为 EXC_RETURN 中的位域字段。

表 8.14　EXC_RETURN 中的位域情况

位	位域	描述
6	S	安全或非安全栈（同时也表示中断程序对应的安全状态）： 0= 使用非安全栈帧 1= 使用安全栈帧 （如果系统不支持 TrustZone 安全功能扩展，则始终为 0）

（续）

位	位域	描述
5	DCRS	默认将被调用方寄存器入栈——指示是否使用默认入栈规则或将被调用方保存的寄存器保存到栈中 0= 跳过被调用方保存的寄存器的入栈过程 1= 遵循被调用方寄存器默认的入栈规则 （如果系统不支持 TrustZone 安全功能扩展，则始终为 1）
4	FType	栈帧类型——表明栈帧是标准的纯整数栈帧（即不包含浮点上下文信息）还是扩展栈帧（包含浮点上下文信息） 0= 扩展栈帧 1= 标准（仅限整数）栈帧 （在 Cortex-M23 处理器或不支持 FPU 的处理器中，这项值始终为 1）
3	Mode	模式——表示被中断抢占前的处理器所处的模式 0= 处理程序模式 1= 线程模式
2	SPSEL	栈指针选择——该值等于属于同一安全域的 CONTROL 寄存器 SPSEL 域之前所保存的信息副本（即如果异常处理程序处于安全状态，该值将对应 CONTROL_S.SPSEL 寄存器域的值） 0= 主栈指针 1= 进程栈指针
1	—	保留字段——总是为 0
0	ES	异常安全状态——异常事件处理程序将要前往的安全域 0= 不安全 1= 安全 （如果系统不支持 TrustZone 安全功能扩展，则该值始终为 0）

如图 8.26 所示，位域字段具有多种组合形式。

虽然图 8.26 看起来有点复杂，但实际上并不难理解。灰色框表示处理器状态，白色框根据一个或两个条件列出 EXC_RETURN 的可能值。例如，如果假设处理器处于非安全线程模式并运行"裸机"应用程序（即运行非 RTOS 的软件系统），则运行各种异常 / 中断事件时对应的 EXC_RETURN 的值如图 8.27 所示。

如果应用中部署了运行在非安全环境下的 RTOS，那么在非安全环境的线程中很有可能使用 PSP_NS 指针。图 8.28 所示为非安全线程被异常中断时使用 PSP_NS 管理栈。

图 8.26 的左侧部分详细说明了当 EXC_RETURN.DCRS=0 时几个异常事件服务的转换过程，这些过程通常是由以下场景中的某一种情况导致的。

❑ 场景 1：后台程序处于安全状态，当其被非安全中断事件所中断并且附加状态上下文信息（即由被调用方保存的寄存器）已被保存到栈中，在处理器开始执行非安全 ISR 前发生了更高优先级的安全中断事件，则在非安全中断事件得到响应服务前，处理器将首先切换到执行安全处理程序（见图 8.29）。

❑ 场景 2：后台程序属于安全状态，当其被非安全中断事件所中断并且附加状态上下文信息（即由被调用方保存的寄存器）已被保存到栈中时，在处理器执行非安全 ISR 期间发生了一个优先级与正在执行的非安全中断事件服务的优先级相同或更低安全中断事件，则处理器将在非安全中断处理程序执行完成后，切换到执行已经挂起的安全中断处理程序（见图 8.30）。

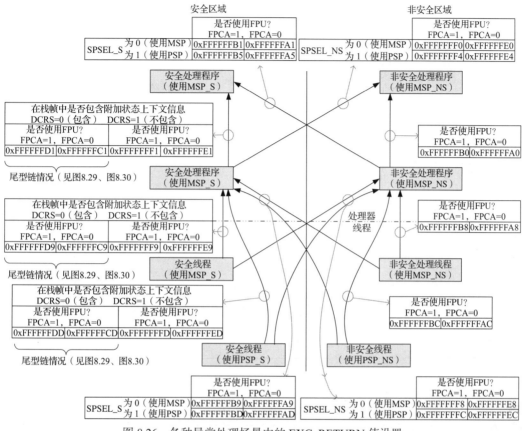

图 8.26　各种异常处理场景中的 EXC_RETURN 值设置

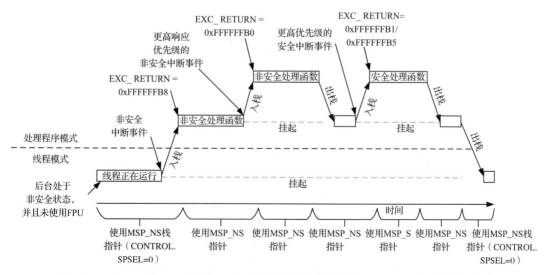

图 8.27　EXC_RETURN 示例——非安全区域在线程中使用 MSP_NS，但未使用 FPU

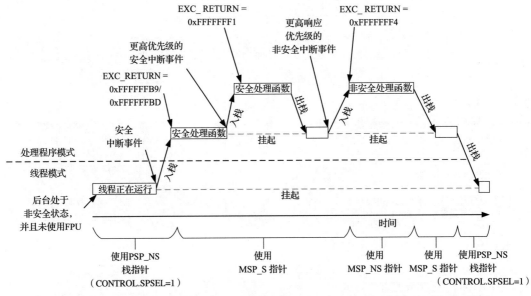

图 8.28 EXC_RETURN 示例——非安全区域在线程中使用 PSP_NS，但不使用 FPU

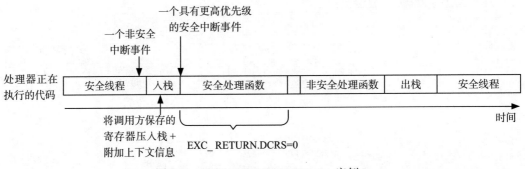

图 8.29 EXC_RETURN.DCRS=0，案例 1

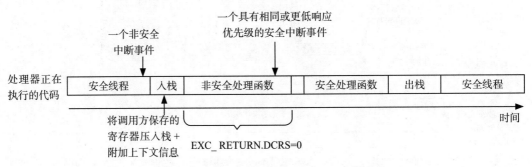

图 8.30 EXC_RETURN.DCRS=0，案例 2

在上述场景中，尽管后台程序和 ISR 都处于安全状态，但栈帧仍然包含了额外的上下文信息（这些信息通常在处理非安全异常服务时是必需的）。安全处理程序可以使用寄存器域 EXC_RETURN.DCRS 来确定附加上下文信息是否保存在栈帧中。

请注意，与 Armv7-M 指令集架构和 Armv6-M 指令集架构处理器中 EXC_RETURN 变量的可用字段相比，Armv8-M 指令集架构中 EXC_RETURN 变量的位域经过了部分扩展。因此在某些情况下，需要更新源代码以使原有代码能够在 Armv8-M 指令集架构的微处理器中运行。源代码中可能包含 EXC_RETURN 值的代码部分包括：

❑ RTOS，例如用于启动任务 / 线程的代码部分。

❑ 用于将异常处理程序切换到非特权状态的处理程序重定向代码。

在处理器运行 RTOS 时，对栈帧的直接操作通常用于启动新线程，如图 8.31 所示。

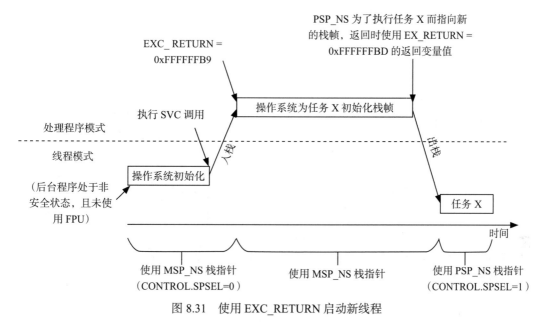

图 8.31　使用 EXC_RETURN 启动新线程

由于 EXC_RETURN 变量在 Armv8-M 指令集架构下相对于 Armv7-M/Armv6-M 指令集架构存在一些位域段扩展升级，因此在原有指令集架构下创建的 RTOS 软件程序需要对应更新以支持最新的 Armv8-M 系列处理器（即便原有的 RTOS 仅需要运行在不支持 TrustZone 安全功能扩展的 Armv8-M 微处理器上时，对应的软件系统也必须经过修改以后才能运行）。除了在 RTOS 中更新 EXC_RETRUN 位域字段设置外，软件系统可能还需要增加对栈限制检查的支持（参见第 11 章）以及对新的 MPU 编程者模型的支持（参见第 12 章）。

8.11　同步异常与异步异常分类

本文将介绍对异常类型分类的另一种方法，即可以基于异常事件响应和被中断代码执行之间的时序关系特性进行分类。

❑ 同步异常——这种异常事件要求处理器必须立即停止执行当前线程的代码，并响应已执行的代码流。这种类型包括：

- SVCall——处理器在执行 SVC 指令的后续指令之前，必须首先执行 SVC 异常处理程序。
- 安全故障、使用故障、内存管理故障以及同步总线故障——当前线程中发生错误后，在执行故障异常处理函数之前不应继续执行当前线程的程序。

❑ 异步异常——在开始执行异常处理程序之前，允许处理器在短时间内继续执行当前代码流（中断/异常响应延迟时间越短越有利于处理器提供更快的中断响应速度）。这类异常包括：

- 中断，包括不可屏蔽型中断（NMI）。
- 系统计时器中断事件。
- 可挂起调用服务。
- 异步总线故障——在某些处理器微架构中，其总线接口会含有写入缓冲区，导致写入操作可能会被缓冲，数据会延迟写入指定位置。此时处理器会继续执行后续指令。延迟写入操作有可能会导致总线错误响应，触发处理器对这种错误执行异步总线故障处理（注意，Cortex-M23 和 Cortex-M33 处理器没有内部写入缓冲区，因此这些处理器不存在异步总线故障）。

对于同步异常事件，通常紧跟在异常事件之后执行异常处理程序。但此时如果出现了另一个更高响应优先级的异常事件，新发生的异常事件可能会抢占当前异常事件入口序列的执行权限。此时处理器将首先为更高优先级的异常提供服务。在高优先级异常处理程序完成其任务之前，处理器会延迟执行同步异常事件的响应服务。

在以往的 Arm Cortex-M 处理器文档中，异步总线故障称为非精确总线故障，而同步总线故障称为精确总线故障。如今这些分类的命名方式被修改为同步和异步，以便与 Arm Cortex 系列其他处理器的架构定义保持一致。

参考文献

[1] Armv8-M Architecture Reference Manual. https://developer.arm.com/documentation/ddi0553/am/ (Armv8.0-M only version). https://developer.arm.com/documentation/ddi0553/latest/ (latest version including Armv8.1-M). Note: M-profile architecture reference manuals for Armv6-M, Armv7-M, Armv8-M and Armv8.1-M can be found here: https://developer.arm.com/architectures/cpu-architecture/m-profile/docs.

[2] AMBA 5 Advanced High-performance Bus (AHB) Protocol Specification. https://developer.arm.com/documentation/ihi0033/b-b/.

[3] Procedure Call Standard for the Arm Architecture (AAPCS). https://developer.arm.com/documentation/ihi0042/latest/.

第 9 章

异常和中断管理

9.1 异常和中断管理概述

9.1.1 异常管理功能访问

Arm Cortex-M 处理器使用内存映射寄存器和特殊寄存器的组合来管理中断与系统异常。这些寄存器分布在处理器的各个部分：

- ❑ 大多数中断管理寄存器都位于嵌套向量中断控制器（Nested Vectored Interrupt Controller，NVIC）中。
- ❑ 系统异常由系统控制块（SCB）中的寄存器进行管理。
- ❑ 中断屏蔽寄存器（PRIMASK、FAULTMASK 和 BASEPRI）是特殊寄存器，可以用 MSR 和 MRS 指令访问。（注意，Cortex-M23 处理器中没有 FAULTMASK 和 BASEPRI 这两个寄存器。）

NVIC 和 SCB 的寄存器都在系统控制区域（SCS）的地址范围（从 0xE000E000 到 0xE000EFFF）内。如果系统支持 TrustZone 安全功能扩展，那么安全软件还可以使用 SCS 非安全别名（地址范围为 0xE002E000 到 0x0E002EFFF）访问 SCS 的非安全区域。

为了使软件开发人员访问各种中断和异常管理功能更容易，CMSIS-CORE 通过 CMSIS-CORE 头文件为 Cortex-M 处理器提供了一系列访问函数。微控制器供应商把这些头文件集成到了设备驱动程序库中，从而在使用设备驱动时，我们可以很容易地使用上述访问函数。鉴于大多数主流微处理器供应商都支持 CMSIS-CORE，因此这些访问函数可以用于各种基于 Cortex-M 架构的设备中。

9.1.2 CMSIS-CORE 中的基础中断管理

对于普通应用程序编程来说，最佳做法是使用 CMSIS-CORE 访问函数来进行中断管理。这样做会使在使用不同 Arm Cortex-M 处理器的微控制器之间进行程序移植变得很容易。常用的中断控制函数如表 9.1 所示。除非特别说明，否则 CMSIS-CORE 中的所有中断管理函数只能在特权模式下使用。

对于表 9.1 中的函数：

- ❑ IRQn_Type 是在特定设备的 CMSIS 头文件中定义的用来识别单个中断 / 异常的枚举型数据。数值 0 代表中断 0（异常编号为 16）。系统异常可以为负值，详见表 9.3。

❑ uint32_t priority 是一个无符号整数，代表优先级。NVIC_SetPriority 函数自动将值移动到优先级寄存器的有效位（有效位对齐到 MSB）。Cortex-M23 有 4 个可编程优先级，有效范围为 0 ～ 3。而 Cortex-M33 至少有 8 个优先级，因此其最小有效范围为 0 ～ 7。

❑ uint32_t PriorityGroup 是一个无符号整数，范围为 0（默认值）到 7，用于将优先级寄存器中的位域分为分组优先级和次优先级。PriorityGroup 的定义见表 8.10。

❑ 请注意，函数 NVIC_EnableIRQ() 和 NVIC_DisableIRQ() 仅分别用来启用和禁用中断，不能用于启用和禁用系统异常。

表 9.1　常用的中断控制函数

函数	用法
void NVIC_EnableIRQ (IRQn_Type IRQn)	启用一个外部中断
void NVIC_DisableIRQ (IRQn_Type IRQn)	禁用一个外部中断
void NVIC_SetPriority (IRQn_Type IRQn, uint32_t priority)	设置中断或可配置系统异常的优先级
void __enable_irq (void)	清除 PRIMASK，启用中断
void __disable_irq (void)	设置 PRIMASK，禁用所有中断
void NVIC_SetPriorityGroupmg (umt32_t PriorityGroup)	设置优先级分组配置（不支持 Armv8-M 基础版架构）

如果使用优先级分组，则可以使用附加的 API（见表 9.2）来编码和解码优先级级别字段（注意，优先级分组功能不适用于 Cortex-M23 处理器或 Armv8-M 基础版架构）。

表 9.2　使用优先级分组时用于计算优先级的 CMSIS-CORE 函数

函数	用法
uint32_t NVIC_EncodePriority(unit32_t PriorityGroup, unit32_t PreemptPriority, unit32_t SubPriority)	返回变量 PriorityGroup 设置的优先级值，该值既可以是分组优先级的值，也可以是次优先级的值
void NVIC_DecodePriority(unit32_Priority, unit32_tPriorityGroup,unit32_t*const pPreemptPriority,umt32_t*const pSubPriority)	"分组优先级"和"次优先级"的优先级值，该值通过 PriorityGroup 设置

CMSIS-CORE 规范了系统异常和 IRQn_Type 枚举的处理程序名称。如表 9.3 所示，IRQn_Type 对系统异常使用负值，对中断使用正值。这样的编码方法方便区分中断和系统异常，从而使得处理更高效。

表 9.3　CMSIS-CORE 异常定义

异常编号	异常类型	CMSIS-CORE 枚举（IRQn）	CMSIS-CORE 枚举值	异常处理程序
1	复位	—	—	Reset_Handler
2	不可屏蔽中断（Non-Maskable Interrupt，NMI）	NonMaskbleInt_IRQn	−14	NMI_Handler
3	硬件故障（HardFault）	HardFault_IRQn	−13	HardFault_Handler
4[1]	内存管理故障（MemManage Fault）[①]	MemoryManagement_IRQn	−12	MemManage_Handler

（续）

异常编号	异常类型	CMSIS-CORE 枚举（IRQn）	CMSIS-CORE 枚举值	异常处理程序
5[1]	总线故障（BusFault）[①]	`BusFault_IRQn`	−11	BusFault_Handler
6[1]	使用故障（Usage Fault）[①]	`UsageFaultJRQn`	−10	UsageFault_Handler
7[1]	安全故障（SecureFault）[①]	`SecureFault_IRQn`	−9	SecureFault_Handler
11	SVC	`SVCall_IRQn`	−5	SVC_Handler
12[1]	调试监控器（Debug Monitor）[①]	`DebugMonitor_IRQn`	−4	DebugMon_Handler
14	PendSV	`PendSV_IRQn`	−2	PendSV_Handler
15	SYSTICK	`SysTick_IRQn`	−1	SysTick_Handler
16	中断 0	（设备特定）	0	（设备特定）
17	中断 1 ～ 239/479	（设备特定）	1 ～ 239/479	（设备特定）

① 在 Cortex-M23/Armv8-M 基础版中不可用。

在符合 CMSIS-CORE 标准的特定设备头文件中，还包含一个名为 _NVIC_PRIO_ BITSZ 的 C 预处理宏。该宏给出了优先级寄存器中有效位的位数。

要设置外设中断，需要采取以下步骤：

1）在程序代码中创建一个中断处理程序。中断处理程序的名称需要与向量表中定义的处理程序的名称一致（一般情况下，可以在特定设备的启动代码中找到该程序名称）。

2）确保中断处理程序清除外设的中断请求。如果外设以脉冲形式生成中断请求，则不需要执行此操作。

3）确保软件包含以下初始化步骤：

❑ 设置中断优先级（默认值为 0，外设中断的最高级别）。如果外设中断优先级需要为 0，则无须更改优先级。

❑ 在 NVIC 上启用中断（例如，调用 NVIC_EnableIRQ 函数）。

❑ 初始化外设功能。

❑ 启用该外设的中断生成许可（这是设备特定的）。

对于大多数微控制器应用，上述步骤是启用外设中断所需的全部步骤。作为中断配置的一部分，可能需要配置中断的优先级——由 NVIC_SetPriority 函数支持。例如，如果假设我们正使用的设备是具有 16 个优先级的 Cortex-M33 处理器（优先级寄存器位宽为 4），并且希望将优先级 0xC0 用于 Timer0 中断，设置这个中断的示例如下：

```
// 设置 Timer0_IRQn 的优先级为 0xC0（4 位优先级）

NVIC_SetPriority(Timer0_IRQn, 0xC); // 由 CMSIS 函数转到 0xC0

// 在 NVIC 中启用 Timer0 中断

NVIC_EnableIRQ(Timer0_IRQn);

Timer0_initialize(); // 初始化 Timer0 的设备特定代码

...
```

```
void Timer0_Handler(void)

{

... // Timer0 中断处理

... // 清除 Timer0 IRQ 请求 (需要电平触发的 IRQ)

 return;

}
```

应用程序要想可靠地工作，软件开发人员需要确保用于异常处理的栈内存是充足的，否则，一旦发生了栈溢出，系统很可能崩溃。对于异常处理来说，栈是必需的；如果应用程序允许中断和异常处理多级嵌套，那么所需要的栈内存大小会大幅增加。

因为异常处理程序总是使用主栈（即当处理器处于处理程序模式时，会使用主栈指针），所以主栈内存需要确保拥有足够的栈空间来应对最坏的情况，也就是说，每个活动的处理程序都有可能会占用主栈内存空间的一部分，而我们必须保障能够嵌套最多级数的中断/异常处理程序所需的栈空间需求。在计算栈空间时，需要包含处理程序使用的栈空间加上每级栈帧使用的空间。在大多数软件项目中，主栈的大小要么通过工程设置确定，要么通过启动代码中的参数定义。

9.1.3　CMSIS-CORE 中额外的中断管理函数

CMSIS-CORE 中有许多额外的中断管理函数，表 9.4 中列出了这些函数，如前所述，它们只能用在特权状态下。

表 9.4　用于中断管理的附加 CMSIS-CORE 函数（不包括 TrustZone 安全功能相关函数）

函数	用法
uint32_t NVIC_GetEnableIRQ(IRQn_Type IRQn)	读取中断启用/禁用状态
uint32_t NVIC_GetPriority(IRQn_Type IRQn)	读取中断/可配置系统异常优先级[1]
void NVIC_SetPendingIRQ(IRQn_Type IRQn)	设置中断挂起状态
void NVIC_ClearPendingIRQ(IRQn_Type IRQn)	清除中断挂起状态
uint32_t NVIC_GetPendingIRQ(IRQn_Type IRQn)	读回中断挂起状态（返回 0 或 1）
uint32_t NVIC_GetActive(IRQn_Type IRQn)	读回中断有效状态（返回 0 或 1）
uint32_t NVIC_GetPriorityGrouping(void)	读回 PriorityGrouping 的值

①注意 NVIC_GetPriority，该函数会将优先级寄存器中未实现的位自动移出，确保值与位 0 对齐。

如果支持 TrustZone 安全功能扩展，则安全特权软件能够使用表 9.5 中列出的函数配置或读回每个中断的目标安全域。

表 9.5　用于将中断设置为安全或非安全状态的 CMSIS-CORE 函数

函数	用法
uint32_t NVIC_SetTargetState (IRQn_Type IRQn)	将中断目标状态配置为非安全状态，并返回核查的中断目标的状态（0 代表安全，1 代表非安全）

（续）

函数	用法
uint32_t NVIC_ClearTargetState (IRQn_Type IRQn)	将中断目标状态配置为安全状态，并返回核查的中断目标的状态（0 代表安全，1 代表非安全）
uint32_t NVIC_GetTargetState (IRQn_Type IRQn)	读回中断目标的安全状态（0 代表安全，1 代表非安全）

除了访问中断的安全状态外，安全软件还能够通过中断管理函数访问 NVIC 的非安全空间，这在表 9.6 中有详细说明。

表 9.6　允许安全特权软件访问 NVIC 非安全空间的 CMSIS-CORE 函数

函数	用法
void TZ_NVIC_EnableIRQ_NS (IRQn_Type IRQn)	启用外部中断
void TZ_NVIC_DisableIRQ_NS (IRQn_Type IRQn)	禁用外部中断
uint32_t TZ_NVIC_GetEnableIRQ_NS (IRQn_Type IRQn)	读回中断的启用 / 禁用状态
void TZ_NVIC_SetPendingIRQ_NS(IRQn_Type IRQn)	设置中断的挂起状态
void TZ_NVIC_ClearPendingIRQ_NS (IRQn_Type IRQn)	清除中断的挂起状态
uint32_t TZ_NVIC_GetPendingIRQ_NS (IRQn_Type ERQn)	读回中断的挂起状态（返回 0 或 1）
uint32_t TZ_NVIC_GetActive_NS(IRQn_Type IRQn)	读回中断的有效状态（返回 0 或 1）
void TZ_NVIC_SetPriority_NS (IRQn_Type IRQn, uint32_t priority)	设置中断或可配置系统异常的优先级
uint32_t TZ_NVIC_GetPriority_NS(IRQn_Type IRQn)	读回中断或可配置系统异常的优先级[①]
void TZ_NVIC_SetPriorityGrouping_NS (uint32_t PriorityGroup)	设置非安全优先级分组配置（不支持 Armv8-M 基础版架构）
uint32_t TZ_NVIC_GetPriorityGrouping_NS (void)	读回非安全优先级分组的值

① 注意 TZ_NVIC_GetPriority_NS：对于 NVIC_GetPriority，该函数会自动移出优先级寄存器中未实现的位，使值与位 0 对齐。

9.1.4　系统异常管理

在大多数情况下，系统异常管理是通过直接访问系统控制块（System Control Block，SCB）中的寄存器来实现的。关于这些寄存器的信息在 9.3 节介绍。

9.2　用于中断管理的 NVIC 寄存器

9.2.1　概述

NVIC 中包含许多用于中断控制的寄存器（异常类型 16 ~ 495），这些寄存器保存在系统控制空间（System Control Space，SCS）的地址范围内，其说明如表 9.7 所示。

表 9.7　NVIC 中用于中断控制的寄存器

地址	寄存器	CMSIS-CORE 标志	功能
0xE000E100 到 0xE000E13C	中断设置启用寄存器	NVIC->ISER[0] 到 NVIC->ISER[15]	写 1 置启用

（续）

地址	寄存器	CMSIS-CORE 标志	功能
0xE000E180 到 0xE000E1BC	中断清除启用寄存器	NVIC->ICER[0] 到 NVIC->ICER[15]	写 1 清除启用
0xE000E200 到 0xE000E23C	中断设置挂起寄存器	NVIC->ISPR[0] 到 NVIC->ISPR[15]	写 1 置挂起状态
0xE000E280 到 0xE000E2BC	中断清除挂起寄存器	NVIC->ICPR[0] 到 NVIC->ICPR[15]	写 1 清除挂起状态
0xE000E300 到 0xE000E33C	中断活动状态寄存器	NVIC->IABR[0] 到 NVIC->IABR[15]	活动状态位，只读
0xE000E380 到 0xE000E3BC	中断目标非安全寄存器	NVTC->ITNS[0] 到 NYIC->ITNS[15]	写 1 设置中断到非安全状态，设置到安全状态时清除为 0
0xE000E400 到 0xE000E5EF	中断优先级寄存器	NVIC->IPR[0] 到 NVIC->IPR[495 或 123]	每个中断的中断优先级。在 Armv8-M 主线版架构中，每个 IRQ 寄存器都是 8 位。在 Armv8-M 基础版架构中，每个 IRQ 寄存器都是 32 位（包含 4 个中断的优先级别）
0xE000EF00	软件触发中断寄存器	NVIC->STIR	写入中断号来设置中断的挂起状态（仅限 Armv8-M 主线版架构）

除了软件触发中断寄存器（Software Trigger Interrupt Register，STIR）外，其他所有寄存器都只能在特权级别访问。默认情况下，STIR 只能在特权级别访问，也可以通过设置配置和控制寄存器中的 USERSETMPEND 位使其可以在非特权级别访问（参见 10.5.5 节）。

系统复位后，中断的初始状态如下：

❑ 所有中断都被禁用（启用位 =0）。

❑ 所有中断的优先级都为 0（最高可编程级别）。

❑ 清除所有中断挂起状态。

❑ 如果支持 TrustZone 安全功能扩展，则所有中断都以安全状态为目标。

如果中断处于安全状态，那么从非安全软件的角度来看，与该中断相关的所有 NVIC 寄存器的读出值都读为零，而对其写入被忽略。

在地址范围 0xE002Exxx，安全软件可以通过使用 NVIC 非安全别名来访问 NVIC 的非安全区域。对于非安全软件和调试器，不能使用 NVIC 非安全别名。

9.2.2 中断启用寄存器

中断启用寄存器是通过两个地址编程。要设置启用位，则需要写入 NVIC->ISER[n] 寄存器，同样，如果要清除启用位，则需要写入 NVIC->ICER[n] 寄存器。采用这种方式启用或禁用某一个中断时不会影响其他中断的启用状态。ISER/ICER 寄存器的位宽为 32 位，每一位代表一个中断输入。

由于 Cortex-M23 和 Cortex-M33 处理器中经常有超过 32 个外部中断，因此处理器中很有可能包含多个 ISER 和 ICER 寄存器。例如，NVIC->ISER[0]、NVIC->ISER[1] 等（见表 9.8）。如果只有 32 个或更少的中断输入，那么只需要有一个 ISER 和一个 ICER。如果超过 32 个，只有实际存在的中断启用位有用，例如当有 33 个中断时，NVIC->ISER[1] 中只有第 0 位有效。

表 9.8　中断设置启用寄存器（ISER）和中断清除启用寄存器（ICER）

地址	名称	类型	复位值	说明
0xE000E100	NVIC->ISER[0]	读 / 写	0	启用外部中断 0 ～ 31，即第 0 位用于中断 0（异常 16）。第 1 位用于中断 1（异常 17）等，直到第 31 位用于中断 31（异常 47）。写 1 置位为 1，写 0 无效，读出的值表明当前状态
0xE000E104	NVIC->ISER[1]	读 / 写	0	启用外部中断 32 ～ 63。写 1 置位为 1，写 0 无效，读出的值表明当前状态
0xE000E108	NVIC->ISER[2]	读 / 写	0	启用外部中断 64 ～ 95。写 1 置位为 1，写 0 无效，读出的值表明当前状态
…	…	…	…	…
0xE000E180	NVIC->ICER[0]	读 / 写	0	清除外部中断 0 ～ 31 的启用。第 0 位用于中断 0，第 1 位用于中断 1 等，直到第 31 位用于中断 31。写 1 置位为 1，写 0 无效，读出的值表明当前状态
0xE000E184	NVIC->ICER[1]	读 / 写	0	清除外部中断 32 ～ 63 的启用。写 1 置位为 1，写 0 无效，读出的值表明当前状态
0xE000E188	NVIC->ICER[2]	读 / 写	0	清除外部中断 64 ～ 95 的启用。写 1 置位为 1，写 0 无效，读出的值表明当前状态
…	…	…	…	…

CMSIS-CORE 提供了以下函数来访问中断启用寄存器：

```
void NVIC_EnableIRQ (IRQn_Type IRQn); // 启用中断
void NVIC_DisableIRQ (IRQn_Type IRQn); // 禁用中断
```

9.2.3　中断设置挂起和中断清除挂起寄存器

如果发生了中断，但是不能立即执行（比如另一个优先级更高的中断处理程序正在运行），那么该中断会被挂起。中断挂起的状态可通过中断挂起设置（NVIC->ISPR[n]）和中断挂起清除（NVIC->ICPR[n]）寄存器进行访问。与中断启用寄存器类似，如果有超过 32 个外部中断输入，挂起状态控制将包含多个寄存器。

由于挂起状态寄存器（见表 9.9）的值可以通过软件进行更改，因此必要时，可以使用以下软件：

❑ 通过写入 NVIC->ICPR[n] 寄存器取消当前已终止的异常。

❑ 通过写入 NVIC->ISPR[n] 寄存器来产生一个软件中断。

表 9.9　中断挂起设置寄存器（ISPR）和中断挂起清除寄存器（ICPR）

地址	名称	类型	复位值	说明
0xE000E200	NVIC->ISPR[0]	读 / 写	0	挂起外部中断 0 ～ 31。第 0 位用于中断 0（异常 16）。第 1 位用于中断 1（异常 17）等，直到第 31 位用于中断 31（异常 47）。写 1 置位为 1，写 0 无效，读出的值表示当前状态

(续)

地址	名称	类型	复位值	说明
0xE000E204	NVIC->ISPR[1]	读/写	0	挂起外部中断 32 ~ 63。写 1 置位为 1,写 0 无效,读出的值表明当前状态
0xE000E208	NVIC->ISPR[2]	读/写	0	挂起外部中断 64 ~ 95。写 1 置位为 1,写 0 无效,读出的值表明当前状态
...	...	...	...	...
0xE000E280	NVIC->ICPR[0]	读/写	0	清除外部中断 0 ~ 31。第 0 位用于中断 0,第 1 位用于中断 1 等,直到第 31 位用于中断 31。写 1 置位为 1,写 0 无效,读出的值表明当前状态
0xE000E284	NVIC->ICPR[1]	读/写	0	清除外部中断 32 ~ 63。写 1 置位为 1,写 0 无效,读出的值表明当前状态
0xE000E288	NVIC->ICPR[2]	读/写	0	清除外部中断 64 ~ 95。写 1 置位为 1,写 0 无效,读出的值表明当前状态
...	...	...	...	...

CMSIS-CORE 提供了以下函数来访问中断挂起寄存器:

```
void NVTC_SetPendingIRQ(IRQn_Type IRQn);  // 设置中断的挂起状态
void NVIC_ClearPendingIRQ(IRQn_Type IRQn);  // 清除中断的挂起状态
uint32_t NVIC_GetPendingIRQ(IRQn_Type IRQn);  // 读取中断的挂起状态
```

9.2.4　中断活动状态寄存器

每个外部中断都有一个活动状态位。当处理器执行中断处理程序时,相应的活动状态位被置为 1,并且在中断返回执行时清除。但是,在中断服务程序执行期间,可能会发生另一个优先级更高的中断并导致抢占,这时就会发生异常/中断嵌套,在这种情况下,先前的中断服务仍保持活动状态。

在嵌套的异常/中断处理期间,IPSR(中断程序状态寄存器,参见 4.2.2.3 节)显示当前正在执行的异常服务(即更高优先级中断的异常编号)。虽然 IPSR 不能用于确定中断是否处于活动状态,但是允许通过软件或者调试工具访问中断活动状态寄存器来确定中断/异常是不是活动的,哪怕发生了更高优先级的异常抢占,该信息也是有效的。

每个中断活动状态寄存器都包含 32 个中断活动状态。如果超过 32 个外部中断,则会有多个活动状态寄存器。所有外部中断活动状态寄存器都是只读的(见表 9.10)。

表 9.10　中断活动状态寄存器

地址	名称	类型	复位值	说明
0xE000E300	NVIC->IABR[0]	读	0	外部中断 0 ~ 31 的活动状态。第 0 位代表中断 0,第 1 位代表中断 1,以此类推,第 31 位代表中断 31
0xE000E304	NVIC->IABR[1]	读	0	外部中断 32 ~ 63 的活动状态
...	...	...	...	...

CMSIS-CORE 为访问中断活动状态寄存器提供了以下函数:

```
uint32_t NVIC_GetActive(IRQn_Type IRQn);  // 读取中断的活动状态
```

9.2.5 中断目标非安全寄存器

当支持 TrustZone 安全功能扩展时，也会支持中断目标非安全寄存器（NVIC->ITNS[n]，见表 9.11），这样可以允许安全特权软件将每个中断设置为安全或不安全。与其他中断管理寄存器类似，如果有超过 32 个外部中断输入，ITNS 寄存器将包含多个寄存器。对于每一位，0 表示指向的安全域是安全的（默认值），1 表示是不安全的。

表 9.11　中断目标非安全寄存器（ITNS）

地址	名称	类型	复位值	说明
0xE000E380	NVIC->ITNS[0]	读 / 写	0	为外部中断 0 ～ 31 指定安全域。第 0 位代表中断 0，第 1 位代表中断 1，以此类推，第 31 位代表中断 31
0xE000E384	NVIC->ITNS[1]	读 / 写	0	为外部中断 32 ～ 63 指定安全域
…	…	…	…	…

CMSIS-CORE 提供了以下函数来访问中断目标非安全寄存器：

```
uint32_t NVIC_SetTargetState(IRQn_Type IRQn); // 将中断设置为非安全状态
uint32_t NVIC_ClearTargetState(IRQn_Type IRQn); // 将中断设置为安全状态
uint32_t NVIC_GetTargetState(IRQn_Type IRQn); // 读取目标安全状态
```

ITNS 寄存器只能由安全特权状态访问，ITNS 寄存器没有 NVIC 非安全别名地址。如果不支持 TrustZone 安全功能扩展，则没有 ITNS 寄存器。

9.2.6 中断优先级寄存器

每个中断都有一个与之相关的优先级寄存器。优先级寄存器在 Cortex-M23 处理器中为 2 位宽，在 Cortex-M33 处理器中为 3 ～ 8 位宽。如 8.5.2 节所述，对于 Armv8-M 主线版架构（比如 Cortex-M33 处理器），每个优先级寄存器可以进一步划分为分组优先级和基于分组优先级设置的次优先级。在 Armv8-M 主线版架构中，可以以字节、半字或字大小访问优先级寄存器。在 Armv8-M 基础版架构中，只能以字大小来访问优先级寄存器。优先级寄存器的数量取决于芯片所包含的外部中断的数量（见表 9.12）。

CMSIS-CORE 提供了以下函数来访问中断优先级寄存器：

```
void NVIC_SetPriority(IRQn_Type IRQn, uint32_t priority); // 设置 IRQ/异常的优先级
uint32_t NVIC_GetPriority(IRQn_Type IRQn); // 获取中断或异常的优先级
```

当需要确定中断优先级寄存器的实现宽度或 NVIC 中可用的优先级数量时，可以使用 CMSIS-CORE 头文件中的 __NVIC_PRIO_BITS 的 C 预处理宏，该宏由微控制器供应商提供，也可以向某一中断优先级寄存器中写入 0xFF，然后再读回并检查多少位被设置。比如使用具有八级中断优先级（3 位）的设备，则读回的值为 0xE0。

表 9.12　中断优先级寄存器

地址	名称	类型	复位值	说明
0xE000E400	NVIC->IPR[0]	读 / 写	0（Cortex-M33 中为 8 位，Cortex-M23 中为 32 位）	Cortex-M33：外部中断优先级 0 Cortex-M23：外部中断优先级 3（第 24 ～ 31 位）、2、1 和 0（第 0 ～ 7 位）

（续）

地址	名称	类型	复位值	说明
0xE000E401 （Cortex-M33） 或 0xE000E404 （Cortex-M23）	NVIC-> IPR[1]	读 / 写	0（Cortex-M33 中为 8 位， Cortex-M23 中为 32 位）	Cortex-M33：外部中断优先级 1 Cortex-M23：外部中断优先级 7 （第 24 ～ 31 位）、6、5 和 4（第 0 ～ 7 位）
…	…	…	…	…
0xE000E41F （Cortex-M33） 或 0xE000E47C （Cortex-M23）	NVIC-> IPR[31]	读 / 写	0（Cortex-M33 中为 8 位， Cortex-M23 中为 32 位）	Cortex-M33：外部中断优先级 31 Cortex_M23：外部中断优先级 127（第 24 ～ 31 位）、126、125 和 124（第 0 ～ 7 位）
…	…	…	…	…

9.2.7　软件触发中断寄存器

除了使用 NVIC->ISPR[n] 寄存器以外，如果正在使用的是 Armv8-M 主线版架构的处理器，如 Cortex-M33，还可以通过对软件触发中断寄存器（NVIC->STIR，见表 9.13）编程来触发中断。Cortex-M23 处理器不支持该寄存器。

例如，可以通过在 C 程序中编写以下代码来生成中断 3：

```
NVIC->STIR = 3; //触发 IRQ3
```

使用 NVIC->STIR 触发中断与在 C 程序中使用以下 CMSIS-CORE 函数调用（使用 NVIC->ISPR[n]）具有相同的效果：

```
NVIC_SetPendingIRQ(Timer0_IRQn); //触发 IRQ3
// 假设 Tilmer0 IRQn 等于 3
// Timer0_IRQn 是在设备专用头文件中定义的枚举
```

与只能使用特权访问级别访问的 NVIC->ISPR[n] 不同，可以使用 NVIC->STIR 允许非特权程序代码来触发软件中断。要做到这一点，特权软件需要设置控制寄存器（地址为 0xE000ED14，参见 10.5.5 节）的 USERSETMPEND 位为 1。默认情况下，USERSETMPEND 位为 0，这意味着在系统启动时，只有特权代码才能使用 NVIC->STIR。

表 9.13　软件触发中断寄存器（0xE000EF00）

地址	名称	类型	复位值	说明
0xE000EF00	NVIC->STIR	写	—	写入中断号来设置中断挂起状态。仅位 8 到 0 有效

与 NVIC->ISPR[n] 类似，NVIC->STIR 不能用来触发如 NMI、SysTick 等系统异常。但系统控制块（SCB）中的中断控制和状态寄存器（ICSR）是可以用于系统异常管理功能的（参见 9.3.2 节）。

9.2.8　中断控制器类型寄存器

在地址 0xE000E004 中，NVIC 包含一个中断控制器类型寄存器。该只读寄存器给出了

NVIC 支持的中断输入数量，粒度为 32（见表 9.14）。

表 9.14　中断控制器类型寄存器（SCnSCB->ICTR，0xE000E004）

位	名称	类型	复位值	说明
4：0	INTLINESNUM	读（只读）	—	以 32 为增量的中断输入数。0 为 1～32，1 为 33～64……

在符合 CMSIS-CORE 的设备驱动程序库中，可以使用 SCnSCB->ICTR 访问中断控制器类型寄存器（SCnSCB 指"不在 SCB 中的系统控制寄存器"）。虽然中断控制器类型寄存器提供了可用的中断的大致范围，但它并没有给出支持的中断的准确数量。如果需要这类信息，可以使用以下步骤来确定实际支持多少个中断：

1）设置 PRIMASK 寄存器（以防止在进行此测试时触发中断）。

2）计算 $N=((INTLINESNUM+1) \times 32)-1)$。

3）从中断号 N 开始，设置该中断在中断启用寄存器中对应的位。

4）读取中断启用寄存器的值以确定是否已设置该启用位。

5）如果未设置启用位，则 N 递减（即 $N=N-1$），然后重复步骤 3 和 4。如果设置了启用位，则当前中断号 N 就是最高可用中断号。

对于其他中断管理寄存器（比如，挂起状态或优先级寄存器），也可以应用该方法来确定是否支持某个中断。

9.2.9　NVIC 功能增强

将 Cortex-M23 和 Cortex-M33 处理器中的 NVIC 和以前 Cortex-M 处理器中的 NVIC 进行比较，你会发现有明显区别：

❑ 中断支持的最大数目增加了。

❑ 增加了 TrustZone 安全功能支持，包括 ITNS（中断目标非安全寄存器）和 NVIC 非安全别名地址范围。

❑ 所有 Armv8-M 架构处理器，包括 Cortex-M23 处理器，都支持中断活动状态寄存器和中断控制器类型寄存器。这些寄存器不能在 Armv6-M 架构处理器中使用。由于中断活动状态寄存器在 Armv8-M 架构处理器中是可用的，因此在这些处理器上运行的特权软件能够动态更改中断的优先级（这在 Armv6-M 架构处理器中是不允许的，例如 Cortex-M0 和 Cortex-M0+ 处理器）。

9.3　用于系统异常管理的 SCB 寄存器

9.3.1　概述

系统控制块（SCB）包含一组寄存器，用于：

❑ 系统管理（包括系统异常）。

❑ 故障处理（详细信息见第 13 章）。

❏ 协处理器和 Arm 用户指令的访问管理（相关的详细信息请参见第 15 章）。

❏ 需要使用多个 ID 寄存器来确定处理器支持的功能的软件（这是由于在某些应用程序中处理程序必须具备可配置性）。

为了使软件开发更容易，CMSIS-CORE 使用 SCB 数据结构定义来为一系列处理器功能提供标准化的软件接口。表 9.15 中列出了与系统异常管理相关的 SCB 寄存器。

表 9.15　与系统异常管理相关的 SCB 寄存器

地址	寄存器	CMSIS-CORE 标识	功能
0xE000ED04	中断控制和状态寄存器	SCB->ICSR	系统异常控制和异常状态
0xE000ED08	中断向量表偏移寄存器	SCB->VTOR	允许将向量表重新定位到其他地址位置
0xE000ED0C	应用中断/复位控制寄存器	SCB->AIRCR	用于配置优先级分组和自复位控制
0xE000ED18 ～ 0xE000ED23	系统处理程序优先级寄存器	SCB->SHP[0] ～ SCB->SHP[1] 或 SCB->SHP[11]	设置系统异常的异常优先级。在 Armv8-M 主版架构中，每个 SHP 寄存器为 8 位，共有 12 个。在 Armv8-M 基础版架构中有两个 32 位 SHP 寄存器（每个都包含 4 个异常优先级）
0xE000ED24	系统处理程序控制和状态寄存器	SCB->SHCSR	用于控制故障异常（比如启用/禁用）和系统异常状态

软件可以使用 NVIC_SetPriority() 和 NVIC_GetPriority() 来配置/访问系统异常的优先级。此外，CMSIS-CORE 还提供了一个 SysTick 初始化函数，用于配置系统计时器，以便它产生周期性中断。

由于 CMSIS-CORE 没有为系统异常管理定义 API，因此为了管理这些系统异常，软件需要直接访问 SCB 寄存器。例如：

❏ 若要触发 PendSV/NMI/SysTick 异常，软件需要访问 ICSR。

❏ 若要管理（比如启用）Cortex-M33 处理器的可配置故障异常（例如总线故障、使用故障、内存管理故障和安全故障），软件需要访问 SHCSR（注意，在 Cortex-M23 处理器中不能使用这些故障异常）。

关于 SCB 数据结构和其他 SCB 寄存器的详细信息，参见 10.5 节。

9.3.2　中断控制和状态寄存器（SCB->ICSR）

在应用程序代码中，ICSR 寄存器的功能如下：

❏ 设置和清除系统异常的挂起状态，包括 SysTick、PendSV 和 NMI。

❏ 通过读取 VECTACTIVE 确定当前正在执行的异常/中断号。

❏ 在 Cortex-M23 设备中配置系统计时器的安全状态——仅在支持 TrustZone 安全功能，且设备只有一个系统计时器时。

ICSR 除了用于软件以外，还可以被调试器用来确定处理器的中断/异常状态。SCB->ICSR 中的 VECTACTIVE 字段相当于 IPSR，调试器可以轻松访问。ICSR 的位域在表 9.16 中列出。

表 9.16 中断控制和状态寄存器（SCB->ICSR，0xE000ED04）

位	名称	类型	复位值	说明
31	NMIPENDSET	读 / 写	0	写 1 挂起 NMI。读取的值代表了 NMI 的挂起状态。如果 AIRCR. BFHFNMINS==0，则该位读为 0，忽略非安全区域的写操作
30	NMIPENDCLR	写	0	写 1 清除 NMI 的挂起状态，读作 0。如果 AIRCR.BFHFNMINS==0，则该位读为 0，忽略非安全区域的写操作
29	保留	—	0	保留
28	PENDSVSET	读 / 写	0	写 1 以暂停系统调用（PendSV）。读取的值代表了挂起状态。该位在安全与非安全区域各保存一份
27	PENDSVCLR	写	0	写 1 清除 PendSV 的挂起状态。该位在安全与非安全区域各保存一份
26	PENDSTSET	读 / 写	0	写 1 挂起 SysTick 异常。读取的值代表了挂起状态。如果实现了两个 SysTick，那么该位在安全与非安全区域各保存一份
25	PENDSTCLR	写	0	写 1 清除 SysTick 挂起状态。如果实现了两个 SysTick，那么该位在安全与非安全区域各保存一份
24	STTNS	读 / 写	0	SysTick 目标是非安全的。如果 Cortex-M23 处理器中只有一个 SysTick，那么它只能由安全区域访问。如果设置为 1，那么 SysTick 被分配给非安全区域
23	ISRPREEMPT	读	0	表明下一步将要激活挂起的中断（用于调试期间的单步执行）。在 Armv8-M 基础版架构中不支持该位
22	ISRPENDING	读	0	外部中断挂起（不包括系统异常，比如 NMI 和故障异常）。在 Armv8-M 基础版架构中不支持该位
21	保留	—	0	保留
20:12	VECTPENDING	读	0	挂起的 ISR 编号
11	RETTOBASE	读	0	在满足下面条件时设为 1：处理器正在运行异常处理程序，并且没有其他挂起的异常。如果该位为 1，当有中断返回时，处理器将返回线程级。该位在 Armv8-M 基础版架构中不可用
10:9	保留	—	0	保留
8:0	VECTACTIVE	读	0	当前运行的中断服务程序的异常类型

在该寄存器中，很多位域供调试器确定系统的异常状态。在许多应用程序中，软件只使用系统异常的挂起位和 STTNS。

请注意，由于在 Armv8-M 架构中增加了 STTNS 位域，因此在将安全软件从 Armv6-M 和 Armv7-M 架构 Cortex-M 处理器迁移到 Cortex-M23 处理器时，需要防止意外改变 STTNS 位域。

9.3.3 系统处理程序优先级寄存器（SCB->SHP[*n*]）

系统异常的部分优先级是可编程的。系统异常的可编程寄存器与中断优先级寄存器宽度相同。由于系统处理程序优先级寄存器在 Armv8-M 主线版架构中可以按字节寻址，而在 Armv8-M 基础版架构中只能按照字大小访问，因此 Cortex-M23 和 Cortex-M33 处理器的 CMSIS-CORE 头文件以不同的方式定义这些寄存器，具体情况如下。

对于 Armv8-M 基础版架构（Cortex-M23 处理器）：

- 只有 SVC、PendSV 和 SysTick 异常的优先级是可编程的。
- SCB 数据结构中定义的 SHPR（见图 9.1）是一个包含两个 32 位无符号整数的数组。这些字中的某些字节未被使用，恒为 0。
- 优先级位域为 8 位宽，只使用了两个最高位，其余位始终为 0。

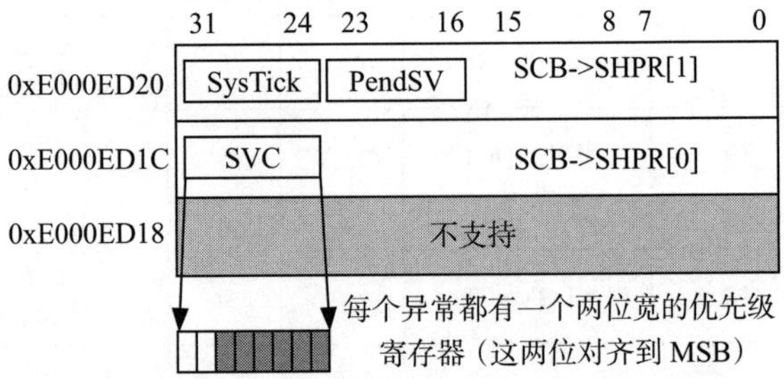

对于 Armv8-M 主线版架构（例如 Cortex-M33 处理器）：

- SVC、PendSV 和 SysTick、故障异常和调试监控器异常的优先级级别都是可编程的。
- 在 SCB 数据结构中定义的 SHPR（见图 9.2）是一个包含 12 个 8 位无符号整数的数组。其中，某些字节未被使用，恒为 0。
- 优先级位域为 8 位宽，支持的位数可配置（范围为 3 ~ 8）。未使用的位始终为 0。

在 Armv8-M 基础版架构和主线版架构中，在支持 TrustZone 安全功能扩展（见表 9.17）时，一些系统异常优先级在安全与非安全区域各保存一份。

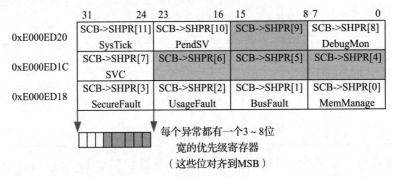

图 9.1　Cortex-M23 处理器中用于系统异常优先级控制的 CMSIS-CORE 中的 SHPR（系统处理程序优先级寄存器）

图 9.2　Cortex-M33 处理器中用于系统异常优先级控制的 CMSIS-CORE 中的 SHPR（系统处理程序优先级寄存器）

由于 Armv8-M 主线版架构和基础版架构在 CMSIS-CORE 中定义系统异常优先级寄存器的方式不同，因此在这些架构设备间迁移软件时必须小心。如果软件直接访问 SCB->SHPR[n]，则在迁移到另一个 Armv8-M 架构设备时必须对其进行修改，以确保其正常工作。为避免修改软件，建议使用 CMSIS-CORE 中的 NVIC_SetPriority 和 NVIC_GetPriority 函数来调整或访问系统异常的优先级。

表 9.17　系统异常优先级寄存器

异常编号	系统异常	优先级寄存器是否需要存储
15	SysTick	如果支持两个系统计时器，则 SysTick 的优先级将在安全与非安全区域各保存一份

（续）

异常编号	系统异常	优先级寄存器是否需要存储
14	PendSV	PendSV 的优先级在安全与非安全区域各保存一份
12	Debug Monitor	调试监控器优先级在安全与非安全区域各保存一份
11	SVC	SVC 优先级在安全与非安全区域各保存一份
7	SecureFault	SecureFault 优先级因为只能在安全模式使用而不被存储
6	UsageFault	UsageFault 优先级在安全与非安全区域各保存一份
5	BusFault	BusFault 优先级在安全与非安全区域各保存一份
4	MemManange Fault	MemManange Fault 优先级在安全与非安全区域各保存一份

9.3.4　应用中断 / 复位控制寄存器（SCB->AIRCR）

AIRCR（见表 9.18）的功能如下：

❏ 控制异常 / 中断优先级管理中的优先级分组。

❏ 提供有关系统字节顺序的信息（可由软件和调试器使用）。

❏ 提供自复位功能。

表 9.18　AIRCR（SCB->AIRCR，0xE000ED0C）

位	名称	类型	复位值	说明
31:16	VECTKEY	读 / 写	—	向量键：在写 AIRCR 时写入该位域的值必须是 0x05FA，否则写入会被忽略。该位域的回读值为 0xFA05
15	ENDIANNESS	读	—	表示数据的字符顺序：1 表示大端数据（BE8），0 表示小端数据。这只能在复位时更改
14	PRIS	读 / 写	0	优先考虑安全异常。将该位设为 1 可以降低非安全异常的优先级。详见 8.5.3 节 该位仅在支持 TrustZone 安全功能扩展时可用。非安全软件不能访问它
13	BFHFNMINS	读 / 写	0	总线故障、硬故障和 NMI 非安全启用。当该位设置为 1 时，这些异常设置为非安全状态。如果使用安全代码，请不要设置为 1。详见 8.8 节。 该位仅在支持 TrustZone 安全功能扩展时可用，非安全软件不能访问
12:11	保留	—	0	保留
10:8	PRIGROUP	读 / 写	0	优先级分组（更多信息请参考 8.5.2 节）。Cortex-M23（Armv8-M 基础版架构）不支持
7:4	保留	—	0	保留
3	SYSRESETREQS	读 / 写	0	仅系统复位请求安全。当该位置 1 时，非安全软件不能使用 SYSRESETREQ 触发系统复位。该位仅影响软件生成的复位，不影响调试器对 SYSRESETREQ 功能的访问
2	SYSRESETREQ	写	—	系统复位请求。请求芯片的控制逻辑产生复位
1	VECTCLRACTIVE	写	—	清除异常的所有活动状态信息，通常在调试时使用，它允许系统从系统错误中恢复（注意，复位是更安全的选项）
0	保留	—	0	保留

8.5.2 节介绍了优先级分组功能。在大多数情况下，可以使用 CMSIS-CORE 函数 NVIC_SetPriorityGrouping 和 NVIC_GetPriorityGrouping 来访问 PRIGROUP 字段。

SYSRESETREQ（和 SYSRESETREQS）用于软件生成的复位，调试器使用它来复位正在开发的硬件目标。10.5.3 节介绍了与该内容有关的更多信息。

注意，Armv8-M 架构的 AIRCR 与 Armv6-M 和 Armv7-M 架构的同一寄存器之间存在差异。例如：

❑ 如果支持 TrustZone 安全功能，则安全软件可以使用新的位域。这些新的位域包括 SYSRESETREQS（用于管理自复位功能的可访问性）、PRIS（用于区分安全异常的优先级）和 BFHFNMINS(用于定义总线故障、硬件故障和 NMI 异常的目标安全状态)。

❑ Armv7-M 架构的 AIRCR 中删除了仅产生处理器复位的 VECTRESET 位。该位在 Cortex-M3 和 Cortex-M4 处理器中可以使用。由于该位是保留给调试器使用的，因此删除该位无须更改软件(注意，软件应该使用 SYSRESETREQ 进行复位，而不是使用 VECTRESET。这是因为在某些应用程序中，仅仅复位处理器而不复位外设可能会导致错误)。

9.3.5 系统处理程序控制和状态寄存器（SCB->SHCSR）

对于 Armv8-M 主线版架构，可以通过写入系统处理程序控制和状态寄存器（SHCSR，0xE000ED24）中的启用位来启用可配置的故障异常（包括使用故障、内存管理故障、总线故障和安全故障异常）。该寄存器还提供了故障的挂起状态和大多数系统异常的有效状态（见表 9.19）。

表 9.19　系统处理程序控制和状态寄存器（SCB->SHCSR，0xE000ED24）

位	名称	类型	复位值	说明
21	HARDFAULTPENDED	读 / 写	0	硬件故障异常挂起：硬件故障异常被触发，但被更高优先级的异常（如 NMI）抢占。该位在安全与非安全区域各保存一份 如果 AIRCR.BFHFNMINS 为 0，那么该位在非安全区域中不可访问
20	SECUREFAULTPENDED	读 / 写	0	安全故障挂起：安全故障异常被触发，但被更高优先级的异常抢占。 该位在非安全区域中不可访问，在 Cortex-M23 中不支持该位
19	SECUREFAULTENA	读 / 写	0	安全故障异常启用。如果不支持 TrustZone 安全功能，该位不可用；在 Cortex-M23 中不支持该位
18	USGFAULTENA	读 / 写	0	使用故障异常启用。该位在安全与非安全区域各保存一份，在 Cortex-M23 中不支持该位
17	BUSFAULTENA	读 / 写	0	总线故障异常启用。如果 AIRCR.BFHFNMINS 位为 0，则非安全区域无法访问该位。在 Cortex-M23 中不支持该位
16	MEMFAULTENA	读 / 写	0	内存管理异常启用。该位在安全与非安全区域各保存一份。在 Cortex-M23 中不支持该位
15	SVCALLPENDED	读 / 写	0	SVC 挂起：SVCall 被触发，但被更高优先级的异常抢占。该位在安全与非安全区域各保存一份
14	BUSFAULTPENDED	读 / 写	0	总线故障挂起：总线故障异常被触发，但被更高优先级的异常抢占。在 Cortex-M23 中不支持该位

（续）

位	名称	类型	复位值	说明
13	MEMFAULTPENDED	读 / 写	0	内存管理故障挂起：内存管理故障被触发，但被更高优先级的异常抢占。该位在安全与非安全区域各保存一份。在 Cortex-M23 中不支持该位
12	USGFAULTPENDED	读 / 写	0	使用故障挂起：使用故障被触发，但被更高优先级的异常抢占。该位在安全与非安全区域各保存一份。在 Cortex-M23 中不支持该位
11	SYSTICKACT	读 / 写	0	如果 SysTick 异常有效，则读为 1。如果支持两个系统计时器，该位在安全与非安全区域各保存一份
10	PENDSVACT	读 / 写	0	如果 PendSV 挂起异常处于活动状态，则读为 1。该位在安全与非安全区域各保存一份
9	保留	—	0	保留
8	MONITORACT	读 / 写	0	如果调试监控器异常处于活动状态，则读为 1。在 Cortex-M23 中不支持该位
7	SVCALLACT	读 / 写	0	如果 SVCall 异常处于活动状态，则读为 1。该位在安全与非安全区域各保存一份
6	保留	—	0	保留
5	NMIACT	读 / 写	0	如果 NMI 异常处于活动状态，则读为 1。如果 AIRCR.BFHFNMINS 为 0，则非安全区域不能访问该位。请参考《Armv8-M 架构参考手册》[1]了解其他 "写入" 限制
4	SECUREFAULTACT	读 / 写	0	如果安全故障异常处于活动状态，则读为 1。在 Cortex-M23 中不支持该位，也不能从非安全区域访问该位
3	USGFAULTACT	读 / 写	0	如果使用故障异常处于活动状态，则读为 1。在 Cortex-M23 中不支持该位
2	HARDFAULTACT	读 / 写	0	如果硬故障异常处于活动状态，则读为 1。该位在安全与非安全区域各保存一份。请参考《Armv8-M 架构参考手册》[1]了解其他 "写入" 限制
1	BUSFAULTACT	读 / 写	0	如果总线故障异常处于活动状态，则读为 1。如果 AIRCR.BFHFNMINS 为 0，则该位不能从非安全区域访问。在 Cortex-M23 中不支持该位
0	MEMFAULTACT	读 / 写	0	如果内存管理故障为活动状态，则读为 1。该位在安全与非安全区域各保存一份。在 Cortex-M23 中不支持该位

　　由于 Armv8-M 基础版架构处理器中没有这些可配置的故障异常，因此，该寄存器中的许多位域在 Cortex-M23 处理器中不能使用。

　　在大多数情况下，应用程序代码通过使用该寄存器来启用可配置的故障处理程序（即内存管理故障、总线故障、使用故障和安全故障）。

　　重要提示：对此寄存器写入要非常小心，必须确保系统异常的活动状态位（位 0 ～ 11）不会被意外更改。例如，当启用总线故障异常时，可以使用以下读 – 修改 – 写操作：

```
SCB->SHCSR |= 1<<17; //启用总线故障异常
```

　　否则，如果使用单个写操作（即不是读 – 修改 – 写），则可能会意外清除系统异常的活动状态。这将导致在某些系统异常处理程序执行异常退出时发生故障异常。

9.4　用于异常或中断屏蔽的特殊寄存器

9.4.1　中断屏蔽寄存器概述

中断屏蔽寄存器的相关内容可以在 4.2.2.3 节找到。中断屏蔽寄存器的使用方式如下：

❑ PRIMASK——用于中断和异常的一般性禁用，例如，允许代码中的关键区域在不被中断的情况下执行。

❑ FAULTMASK——故障异常处理程序可以使用它在故障处理期间抑制后续故障的触发（注意，只能抑制某些类型的故障）。Cortex-M23 处理器 /Armv8-M 基础版架构不支持该寄存器。

❑ BASEPRI——用于基于优先级的中断和异常的一般性禁用。对于某些操作系统的操作，希望在短时间内阻止某些异常，却仍然允许某些高优先级的中断响应。Cortex-M23 处理器 /Armv8-M 基础版架构不支持该寄存器。

当支持 TrustZone 安全功能时，这些中断屏蔽寄存器在安全与非安全区域各保存一份。如你所料，安全中断屏蔽寄存器不能从非安全区域访问。在处理器中，每一个有效优先级的中断屏蔽寄存器都可以屏蔽安全和非安全的中断 / 异常。

请注意，应用处理程序控制和状态寄存器（AIRCR.PRIS）中的 PRIS（安全异常优先级）控制位会影响非安全 PRIMARK_NS、FAULTMASK_NS 和 BASEPRI_NS 的屏蔽优先级。例如，当 PRIMASK_NS 置位时，有效的屏蔽优先级为 0x80，这意味着优先级范围为 0 ~ 0x7F 的安全中断 / 异常仍然可以发生。

屏蔽寄存器只能在特权级别访问。要访问这些寄存器，需要使用 MRS、MSR 和 CPS（更改处理器状态）指令。当用 C/C++ 编写软件时，可以调用 CMSIS-CORE 头文件中提供的核心寄存器访问函数代替汇编指令。这些函数能够访问中断屏蔽寄存器（见表 9.20）。

表 9.20　CMSIS-CORE 中的中断屏蔽寄存器访问函数

函数	用法
void __set_PRIMASK(uint32_t priMask)	设置 PRIMASK 寄存器
uint32_t __get_PRIMASK(void)	读取 PRIMASK 寄存器
void __set_FAULTMASK(uint32_t priMask)	设置 FAULTMASK 寄存器
uint32_t __get_FAULTMASK(void)	读取 FAULTMASK 寄存器
void __set_BASEPRI(uint32_t priMask)	设置 BASEPRI 寄存器
uint32_t __get_BASEPRI(void)	读取 BASEPRI 寄存器
void __set_BASEPRI_MAX(uint32_t priMask)	使用 BASEPRI_MAX 标识来设置 BASEPRI 寄存器

如果系统支持 TrustZone 安全功能，则可以使用其他访问函数（见表 9.21）来启用安全特权软件访问非安全中断屏蔽寄存器。

表 9.21　CMSIS-CORE 中安全软件访问非安全中断屏蔽寄存器的访问函数

函数	用法
void __TZ_set_PRIMASK_NS(uint32_t priMask)	设置 PRIMASK_NS 寄存器
uint32_t __TZ_get_PRIMASK_NS(void)	读取 PRIMASK_NS 寄存器
void __TZ_set_FAULTMASK_NS(umt32_t priMask)	设置 FAULTMASK_NS 寄存器

（续）

函数	用法
uint32_t __TZ_get_FAULTMASK_NS(void)	读取 FAULTMASK_NS 寄存器
void __TZ_set_BASEPRI_NS(uint32_t priMask)	设置 BASEPRI_NS 寄存器
uint32_t __TZ_get_BASEPRI_NS(void)	读取 BASEPRI_NS 寄存器

当编写软件使用中断屏蔽寄存器时，通常需要使用读 – 修改 – 写序列，而不是在输入核心代码之前设置中断屏蔽寄存器，然后清除寄存器。在这种情况下，有必要在设置中断屏蔽寄存器之前读取其当前状态，然后执行核心代码，并且在执行完核心代码后，恢复中断屏蔽寄存器的原始值。例如：

```
void foo(void)

{

    ...

    uint32_t prev_PRIMASK;

    ...

    prev_PRIMASK = __get_PRIMASK(); // 改变 PRIMASK 之前先保存

    __set_PRIMASK(1); // 设置 PRIMASK 来禁用中断

    ... // 核心代码

    __set_PRIMASK(prev_PRIMASK);//恢复 PRIMASK 到它的初值

    ...

}
```

在上面的代码示例中，先对中断屏蔽寄存器的值进行保存，执行完核心代码后，再恢复它，这样的处理方式可以防止中断屏蔽寄存器被意外清除（即在调用上述代码中的函数 foo 时已经设置了中断屏蔽寄存器）。

9.4.2　PRIMASK

对于某些应用程序，可能需要临时禁用所有外设中断去执行时间关键的任务。为此可以使用 PRIMASK 寄存器（见表 9.22）。PRIMASK 寄存器只能在特权状态下访问。

表 9.22　PRIMASK 寄存器

中断屏蔽寄存器	宽度 / 位	说明
PRIMASK_S（安全的 PRIMASK）	1	当设置为 1 时，它将当前优先级设置为 0。也就是说，屏蔽了所有可配置的异常（从 0 到 0xFF）。只有 NMI 和硬故障仍可调用
PRIMASK_NS（非安全的 PRIMASK）	1	当设置为 1 且 AIRCR.PRIS 为 0 时，将当前优先级设置为 0，即屏蔽所有可配置的异常（从 0 到 0xFF）。只有 NMI 和硬故障可以调用 当设置为 1 且 AIRCR.PRIS 为 1 时，将当前优先级设置为 0x80，即屏蔽非安全区域中的所有可配置异常。优先级为 0x0 至 0x7F 的 NMI、硬故障和安全异常仍可调用

PRIMASK 寄存器用来禁用除 NMI 和硬故障之外的所有异常（它将有效优先级设置为 0x0）。如果 AIRCR.PRIS 设置为 1，非安全的 PRIMASK 可以阻止：

❑ 所有优先级为 0x00 至 0xFF 的非安全中断（从安全角度看，有效优先级为 0x80 至 0xFF）。
❑ 优先级为 0x80 到 0xFF 的安全中断。

在 C 程序中，CMSIS-CORE 提供了以下函数来设置和清除 PRIMASK：

```
void __enable_irq(); // 清除 PRIMASK
void __disable_irq(); // 设置 PRIMASK
void __set_PRIMASK(uint32_t priMask); // 设置 PRIMASK 为某值
uint32_t __get_PRIMASK(void); // 读取 PRIMASK 值
```

在汇编语言编程中，使用以下 CPS（更改处理器状态）指令可以修改 PRIMASK 寄存器的值：

```
CPSIE I ; 清除 PRIMASK（启用中断）
CPSID I ; 设置 PRIMASK（禁用中断）
```

也可以使用 MRS 和 MSR 指令访问 PRIMASK 寄存器。例如：

```
MOVS R0, #1
MSR PRIMASK, R0 ; 向 PRIMASK 写入 1 来禁用所有中断
```

和

```
MOVS R0, #0
MSR PRIMASK, R0 ; 向 PRIMASK 写入 0 来允许中断
```

当 PRIMASK 置位时，有可能会阻止可配置的故障异常（即内存管理、总线故障、使用故障）产生的故障事件，如果出现这种情况，将触发升级并导致硬故障异常。

9.4.3 FAULTMASK

在行为方面，除了可以阻止硬故障处理程序，FAULTMASK 与 PRIMASK 十分类似。FAULTMASK 的行为详见表 9.23。Cortex-M23（Armv8-M 基础版架构）不支持该寄存器。

表 9.23 FAULTMASK 寄存器（Cortex-M23 处理器不支持）

寄存器	宽度/位	说明
FAULTMASK_S（安全的 FAULTMASK）	1	当设置为 1 并且 AIRCR.BFHFNMINS 为 0 时，处理器当前的优先级设置为 −1 当设置为 1 且 AIRCR.BFHFNMINS 为 1 时，处理器当前的优先级设置为 −3
FAULTMASK_NS(非安全的 FAULTMASK)	1	当设置为 1 时： 如果 AIRCR.BFHFNMINS 为 0 且 AIRCR.PRIS 为 0，处理器当前的优先级设置为 0 如果 AIRCR.BFHFNMINS 为 0 且 AIRCR.PRIS 为 1，处理器当前的优先级设置为 0x80 如果 AIRCR.BFHFNMINS 为 1，处理器当前的优先级设置为 −1

可配置的故障处理程序（即内存管理、总线故障、使用故障）经常使用 FAULTMASK 来提升处理器的当前优先级。这样做，意味着上述处理程序可以：

□ 绕过 MPU（更多信息见表 12.3，MPU 控制寄存器中的 HFNMIENA 位说明有详细说明）。
□ 忽略设备 / 内存探测的数据总线故障（有关此方面的更多信息参见 13.4.5 节关于配置 控制寄存器中对 BFHFMIGN 位的说明）。

通过使用 FAULTMASK 提升当前优先级，可配置的故障处理程序能够在处理故障时防止其他异常或中断处理程序抢占。有关故障处理的更多信息，请参见第 13 章。

FAULTMASK 寄存器只能在特权状态下访问。在使用 CMSIS-CORE 兼容驱动程序库编程时，可以用以下 CMSIS-CORE 函数来设置和清除 FAULTMASK：

```
void __enable_fault_irq(void); // 清除 FAULTMASK

void __disable_fault_irq(void); // 设置 FAULTMASK 以禁用中断

void __set_FAULTMASK(uint32_t faultMask); // 设置 FAULTMASK

uint32_t __get_FAULTMASK(void); // 读取 FAULTMASK
```

对于汇编语言，使用以下 CPS 指令改变 FAULTMASK 的当前状态：

```
CPSIE F ; 清除 FAULTMASK
CPSID F ; 设置 FAULTMASK
```

另外，还可以通过使用 MRS 和 MSR 指令来访问 FAULTMASK 寄存器。以下示例详细说明了使用 MSR 指令时当前安全域中 FAULTMASK 的设置与清除：

```
MOVS R0, #1

MSR FAULTMASK, R0 ; 向 FAULTMASK 写入 1 来禁用所有中断
```

以及

```
MOVS R0, #0

MSR FAULTMASK, R0 ; 向 FAULTMASK 写入 0 来允许所有中断
```

异常返回时，只需满足以下条件 FAULTMASK 寄存器即可自动清除：

□ 如果不支持 TrustZone 安全功能，除非该异常为 NMI 异常，否则 FAULTMASK_NS 会在异常返回时自动清除。
□ 如果支持 TrustZone 安全功能，则除了 NMI 和硬故障异常外，当前异常状态（由 EXC_RETURN.ES 指示）的 FAULTMASK 清除为 0。

在异常返回时自动清除 FAULTMASK 的特性为它提供了一个有趣的应用：当我们想要异常处理程序触发更高优先级的处理程序（除 NMI），但希望此更高优先级的处理程序在当前处理程序完成后启动时，可以采取以下步骤：

1）设置 FAULTMASK 以禁用所有中断和异常（NMI 异常除外）。
2）设置更高优先级的中断或异常的挂起状态。

3）退出当前处理程序。

当设置了 FAULTMASK 时，由于挂起的更高优先级的异常处理程序无法启动，因此更高优先级的异常将保持挂起状态，一直到较低优先级的处理程序处理完成，清除 FAULTMASK 后才能解除挂起。这样，就可以强制较高优先级的处理程序在较低优先级的处理程序完成后才启动。

9.4.4　BASEPRI

在某些情况下，你可能不希望启用优先级低于特定级别的中断，这时可以使用 BASEPRI 寄存器。只需要把所需的屏蔽优先级写入 BASEPRI 寄存器，即可实现特定级别的中断的屏蔽，如表 9.24 所示。

表 9.24　BASEPRI 寄存器（在 Cortex-M23 处理器中不支持）

寄存器	宽度／位	说明
BASEPRI_S（安全的 BASEPRI）	3～8（和优先级寄存器的宽度相同）	当设为 0 时，禁用 BASEPRI_S 当设为非零值时： • 具有相同或较低优先级的可配置安全异常被阻止 • 有效优先级与 BASEPRI_S 相同或低于 BASEPRI_S 的非安全中断被阻止 如果 AIRCR.PRIS 为 0，则从安全区域看，非安全中断的有效优先级与配置的优先级相同 如果 AIRCR.PRIS 为 1，那么从安全区域看，非安全中断的有效优先级被映射到优先级空间的下半部分——详见 8.5.3 节中的图 8.6
BASEPRI_NS（非安全的 BASEPRI）	3～8（和优先级寄存器的宽度相同）	当设为 0 时，禁用 BASEPRI_NS 当设为非零值且 AIRCR.PRIS 为 0 时，BASEPRI_NS 用相同或较低的优先级屏蔽可配置的异常 当设为非零值且 AIRCR.PRIS 为 1 时： • 优先级等于或低于 BASEPRI_NS 的非安全中断（与 BASEPRI_NS 的优先级相同）被阻止 • 优先级为 0 至 0x80 的安全中断不会被阻止 • 如果 BASEPRI_NS 的有效优先级等于或高于中断的，则优先级为 0x81 至 0xFF 的安全中断将被阻止。优先级的映射如 8.5.3 节中的图 8.6 所示

Cortex-M23 处理器（Armv8-M 基础版架构）不支持 BASEPRI 寄存器。

例如，想要阻止优先级级别等于或低于 0x60 的所有异常，可以向 BASEPRI 中写入以下值：

```
__set_BASEPRI(0x60); // 使用 CMSIS-CORE 函数禁用优先级为 0x60～0xFF 的中断
```

对于汇编语言，同样操作的代码如下：

```
MOVS R0, #0x60
MSR BASEPRI, R0 ; 禁用优先级为 0x60～0xFF 的中断
```

可以通过以下 CMSIS-CORE 函数读取 BASEPRI 的值：

```
x = __get_BASEPRI(void); // 读取 BASEPRI 的值
```

或者用汇编语言：

```
MRS R0, BASEPRI
```

要取消屏蔽，只需将 0 写入 BASEPRI 寄存器，如下所示：

```
__set_BASEPRI(0x0); // 关闭 BASEPRI 屏蔽
```

或者用汇编语言：

```
MOVS R0, #0x0

MSR  BASEPRI, R0 ; 关闭 BASEPRI 屏蔽
```

可以使用 BASEPRI_MAX 寄存器名来访问 BASEPRI 寄存器。它实际上是同一个寄存器，但是当通过这个名字使用它时，它会给你一个有条件的写操作。就硬件而言，BASEPRI 和 BASEPRI_MAX 是同一个寄存器，但在汇编程序代码中，使用不同的寄存器名称编码。当以 BASEPRI_MAX 名称使用该寄存器时，处理器硬件会自动比较当前值和新值，只有当它被更改为更高优先级（即更低值）时才允许更新。不能将其更改为更低的优先级。例如，考虑以下指令序列：

```
MOVS R0, #0x60

MSR  BASEPRI_MAX, R0 ; 关闭 0x60、0x61 等优先级的中断

MOVS R0, #0xF0

MSR BASEPRI_MAX, R0 ; 因为它的优先级低于 0x60，所以写会被忽略

MOVS R0, #0x40

MSR BASEPRI_MAX, R0 ; 允许此写入并更改，屏蔽级别为 0x40
```

当使用 BASEPRI 保护核心代码时，这种方法（条件写入）非常有用。正如前面提到的，在开发软件时，我们需要考虑是否已经设置好了中断屏蔽寄存器。考虑到这个概念，这里重写了 9.4.1 节中的示例代码细节来演示使用 BASEPRI_MAX 特性的 BASEPRI。如下所示：

```
void foo(void)
{
  ...

  uint32_t prev_BASEPRI;

  ...

  prev_BASEPRI = __get_BASEPRI();

  __set_BASEPRI_MAX(0x40); // 有条件地设置 BASEPRI 到更高级别

  ... // 核心代码

  __set_BASEMASK(prev_BASEPRI); // 恢复 BASEPRI 至初始值
```

```
        ...
    }
```

在本例中使用了 BASEPRI_MAX 来提升中断屏蔽的优先级，并使用了 BASEPRI 来降低或删除中断屏蔽级别。非特权软件不能访问 BASEPRI 或 BASEPRI_MAX 寄存器。

与其他优先级寄存器一样，BASEPRI 寄存器的格式也受实际支持的优先级寄存器宽度的影响。例如，如果优先级寄存器为 3 位，则 BASEPRI 只能编程为 0x00，0x20，0x40…0xC0 和 0xE0。

9.5　编程中的向量表定义

9.5.1　启动代码中的向量表

8.6 节中介绍了向量表和中断向量表偏移地址寄存器。在微控制器软件项目中，向量表由设备特定的启动代码定义。注意，启动代码通常采用汇编格式，由工具链确定。因此，来自微控制器供应商的软件包通常包含针对不同工具链的多个启动文件。

在使用 Arm 工具（例如 Keil 微控制器开发工具包）的针对 Cortex-M33 系统的启动代码中，可以找到一部分向量表。在这个特殊示例中，代码基于 FPGA 原型的 Cortex-M33 处理器开发：

```
                PRESERVE8
                THUMB

; 复位时映射到地址 0 的向量表

                AREA    RESET, DATA, READONLY
                EXPORT  __Vectors
                EXPORT  __Vectors_End
                EXPORT  __Vectors_Size

__Vectors       DCD     __initial_sp        ; 栈顶
                DCD     Reset_Handler       ; 复位处理程序
                DCD     NMI_Handler         ; NMI 处理程序
                DCD     HardFault_Handler   ; 硬件故障处理程序
                DCD     MemManage_Handler   ; MPU 故障处理程序
                DCD     BusFault_Handler    ; 总线故障处理程序
                DCD     UsageFault_Handler  ; 使用故障处理程序
                DCD     SecureFault_Handler ; 安全故障处理程序
                DCD     0                   ; 保留
                DCD     0                   ; 保留
                DCD     0                   ; 保留
                DCD     SVC_Handler         ; SVCall 处理程序
                DCD     DebugMon_Handler    ; 调试监控器处理程序
                DCD     0                   ; 保留
                DCD     PendSV_Handler      ; PendSV 处理程序
```

```
        DCD   SysTick_Handler              ; SysTick 处理程序
     ; 内核中断
        DCD   NONSEC_WATCHDOG_RESET_Handler ; -0 ns 看门狗复位处理程序
        DCD   NONSEC_WATCHDOG_Handler       ; -1 ns 看门狗处理程序
        DCD   S32K_TIMER_Handler            ; -2 S32K 计时器处理程序
        DCD   TIMER0_Handler                ; -3 计时器 0 处理程序
        DCD   TIMER1_Handler                ; -4 计时器 1 处理程序
        DCD   DUALTIMER_Handler             ; -5 双计时器处理程序
        ...
```

在上述代码片段中，向量表由一个名为 RESET 的区域定义。使用该名称，链接器脚本就可以指定向量表的位置。下面给出了 Arm 工具链使用 RESET 命名区域的链接器脚本（分离加载文件）示例：

```
LR_IROM1 0x10000000 0x00200000 { ;加载：地址范围，范围长度
ER_IROM1 0x10000000 0x001F0000 { ;注意：加载地址 = 执行地址
*.o (RESET, +First)
*(InRoot$$Sections)
.ANY (+RO)
.ANY (+XO)
}
EXEC_NSCR 0x101F0000 0x10000 {
*(Veneer$$CMSE)                  ;检查 partition.h
}
RW_IRAM1 0x38000000 0x00200000 { ;读写数据
.ANY (+RW +ZI)
}
}
```

分离加载文件示例中的第三行（即粗体文本）指定从地址 0x10000000 开始，RESET 命名区域放在内部 ROM 中的第一项。此地址值应与所使用的硬件平台的初始 VTOR 相匹配。如果不匹配，会导致处理器无法读取向量表，即 MSP（主栈指针）的初始值和复位处理程序的起始地址，从而造成启动程序失败。

与前几代 Cortex-M 处理器（如 Cortex-M0/M0+/M3/M4 处理器）不同，Cortex-M23 和 Cortex-M33 处理器上的初始向量表地址并不固定到地址 0。由于所使用的确切地址是由芯片设计人员定义的，因此你需要查看所提供的文档或微控制器供应商提供的工程示例来确定放置初始向量表的正确地址。

9.5.2 向量表重定位

在某些应用程序中，向量表需要重新定位到不同的地址。例如：

❑ 为了获得更快的访问速度，需要将向量表从 Flash 重新定位到 SRAM（这有利于减少中断延迟）。

❑ 将向量表从 Flash 重新定位到 SRAM，以允许在程序执行期间动态更改一些异常向量。

❑ 程序镜像（具有自己的向量表）从外部加载到 RAM。

为了将向量表从 Flash 重新定位到 SRAM，可以使用以下示例代码：

```
//用于访问字的宏
#define HW32_REG(ADDRESS) (*((volatile unsigned long *)(ADDRESS)))
#define VTOR_OLD_ADDR     0x00000000
#define VTOR_NEW_ADDR     0x20000000
#define NUM_OF_VECTORS    64

  int i; // 循环计数器
  ...
  // 在编程 VTOR 之前将原始向量表复制到 SRAM
  for (i=0;i< NUM_OF_VECTORS;i++){
    // 将每个向量表条目从 Flash 复制到 SRAM
    HW32_REG((VTOR_NEW_ADDR + (i<<2))) = HW32_REG(VTOR_OLD_ADDR + (i<<2));
    }
  __DMB(); // 数据内存屏障以确保对内存写入完成
  SCB->VTOR = VTOR_NEW_ADDR; // 将 VTOR 设置为新的向量表位置

  __DSB(); // 数据同步屏障
  __ISB(); // 指令同步屏障

        // DSB+ISB 确保所有子序列指令使用新的向量表
```

在将向量表重新定位到 SRAM 后，很容易就可以修改每个异常向量。例如：

```
//用于访问字的宏
#define HW32_REG(ADDRESS) (*((volatile unsigned long *)(ADDRESS)))
void new_timer0_handler(void); // 新的计时器 0 中断处理程序
unsigned int vect_addr; // 向量的地址
// 计算异常向量的地址
// 假设要替换的异常向量异常号为 Timer0_IRQn
```

```
vect_addr = SCB->VTOR + ((((int) Timer0_IRQn) + 16) << 2);

// 更新向量到 new_timer0_handler() 的地址

HW32_REG(vect_addr) = (unsigned int) new_timer0_handler;

__DSB();   // 执行数据同步故障，以确保写入操作在后续操作之前就已完成了
```

当更新向量表中的异常向量时，向量的第 0 位必须设置为 1（参见 8.6 节）。考虑到这一点，并参考上面的例子，因为 new_timer0_handler 的标号被编译器识别为函数地址，所以其向量地址值的第 0 位将自动设置为 1。如果不通过函数生成的地址更改异常向量，则有可能需要对地址进行额外操作，以确保将该地址的第 0 位强制设为 1。

在重定位向量表时，需要考虑以下几点：

❑ 对于 Cortex-M33，向量表的起始地址必须是 128 的倍数，而对于 Cortex-M23 则必须是 256 的倍数。该倍数要求是因为向量表的起始地址由 VTOR 表示，在 VTOR 中，一些低位没有配置，从而导致上述 128 字节或 256 字节的对齐要求。VTOR 中配置位和未配置位如下：
  - 在 Cortex-M23 处理器中，配置位是从第 8 位到第 31 位，而未配置位（即固定为 0）是 0 ～ 7 位。
  - 在 Cortex-M33 处理器中，配置位是从第 7 位到第 31 位，而未配置位（即固定为 0）是 0 ～ 6 位。

因此，向量表的起始地址必须与 VTOR 中地址值的对齐特性相匹配。

❑ 在向量表更新之后，需要限制数据存储，以确保所有后续操作都使用新的向量表（即在向量表更新后立即执行 SVC 指令，并使用新的向量配置）。

❑ 向量表需要放在相应安全域的地址范围内，即安全向量表必须放在安全地址中，非安全向量表必须放在非安全地址中。

9.6　中断延迟和异常处理优化

9.6.1　什么是中断延迟

术语"中断延迟"是指从中断请求开始到中断处理程序开始执行的延迟。如果 Cortex-M23 或 Cortex-M33 处理器的内存系统具有零延迟，比如在 Cortex-M33 中，总线系统支持向量获取和压栈同时发生，则典型的中断延迟为：

❑ Cortex-M23 为 15 个周期（与 Cortex-M0+ 相同），如果处理器运行安全代码并且发生针对非安全状态的中断，那么该周期数将增加到 24 个。

❑ Cortex-M33 为 12 个周期（与 Cortex-M3 和 Cortex-M4 相同），如果处理器运行安全代码并且发生针对非安全状态的中断，则会增加到 21 个周期。

周期数包括寄存器压栈、向量获取和中断处理程序的指令获取。

然而，在许多情况下，由于内存系统中的等待状态，延迟可能会更高。如果处理器正在执行内存传输，由于 AMBA AHB 总线协议（AHB 一次只能处理一个事务）[2] 特性，在异

常处理程序开始之前需要先完成未完成的传输。同时，执行程序的时间还依赖于内存的访问速度。

除了内存 / 外设等待状态外，还有其他因素会增加中断延迟。例如：

❏ 处理器正在处理另一个相同或更高优先级的异常。

❏ 处理器正在运行安全程序，并且中断对象为非安全状态。在这种情况下，需要把附加的上下文压栈。

❏ 调试器访问内存系统。

❏ 处理器正在执行未对齐的传输（不适用于 Cortex-M23 或 Armv8-M 基础版架构）。从处理器的角度来看，这可能只是一次访问，但在总线级别上，它将被视为多个传输，原因是通过 AHB 接口处理传输，处理器总线接口需要将一个未对齐的传输转换为多个对齐的传输。

❏ 在故障异常的情况下，由于处理方式不同于外部中断，延迟可能会不同。

Cortex-M23 和 Cortex-M33 处理器通过多种方式减少服务中断的延迟。例如，像嵌套的中断处理等多数操作，都是通过处理器的硬件自动处理来减少延迟，这是因为硬件处理不需要使用软件来管理中断的嵌套。类似地，处理器硬件能够支持向量中断，因此也不需要使用软件程序来确定响应哪个中断，另外也不需要查找中断服务程序的起始地址，从而能够减少延迟。

9.6.2 多周期指令中断

有些指令需要多个时钟周期来执行。如果在处理器执行多周期指令（例如，整数除法）期间发生中断请求，则放弃执行该指令，并在中断处理程序结束后重新启动执行。在 Cortex-M33 和其他 Armv8-M 主线版架构处理器中，加载双字（LDRD）和存储双字（STRD）指令也是这么处理的。

此外，Cortex-M33 处理器支持在多个加载和存储指令（即 LDM、STM、PUSH 和 POP）期间处理异常。当中断请求到达时，如果其中一个指令正在执行，处理器将完成当前内存访问，然后在 xPSR 栈中（通过中断连续指令 [ICI] 位）保存指令状态（例如下一个寄存器号）。在异常处理程序完成后，通过栈 ICI 位的信息恢复传输停止时多个加载 / 存储 / 推送 / 弹出指令。该方法适用于支持浮点单元的 Cortex-M33 处理器的浮点内存访问指令（即 VLDM、VSTM、VPUSH 和 VPOP）。该操作有一个例外——如果被中断的多个加载 / 存储 / 推送 / 弹出指令是 IF-THEN（IT）指令块的一部分，那么该指令被撤销，在中断处理程序执行完成后重新启动，这是因为 ICI 位和 IT 执行状态位共享执行程序状态寄存器（EPSR）中的相同空间。

对于 Cortex-M23 处理器，如果在多个加载和存储指令（即 LDM、STM、PUSH 和 POP）期间发生中断，该指令将被取消，在中断处理程序完成后才能重新启动（注意，Armv8-M 基础版架构的 PSR 中没有 ICI/IT 位）。

如果 Cortex-M33 处理器支持浮点单元，并且在处理器执行 VSQRT（浮点平方根）或 VDIV（浮点除法）时发生中断请求，则浮点指令将继续执行栈操作。

Cortex-M33 处理器可以通过设置辅助控制寄存器的第 0 位，即 DISMCYCINT，在多周期指令中禁用中断。

9.6.3 尾链

当异常发生时，如果处理器正在处理另一个相同或更高优先级的异常，那么异常进入挂起状态。处理器在完成当前异常处理程序后，将继续处理挂起的异常 / 中断请求。处理器会跳过出栈和压栈步骤，不从栈恢复寄存器的数据（即出栈），也不将数据压回栈（即压栈），而是尽快进入挂起的异常处理程序（见图 9.3）。通过这种安排，这两个异常处理程序之间的时间间隔就大大缩短了。

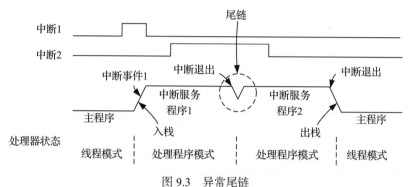

图 9.3 异常尾链

每次内存访问都会消耗能量，但尾链优化能够减少栈内存访问的数量，从而使处理器系统更节能。

与 Cortex-M3 或 Cortex-M4 处理器不同，由于 TrustZone 安全功能要求异常返回时进行附加的安全检查，尾链操作并不会完全消除异常处理程序之间的内存访问。例如，处理器可能需要检查安全栈中的完整性标志，用于确保在处理下一个异常之前，异常返回有效。如果安全检查失败，处理器首先会触发故障异常。如果中断软件和第一个 ISR 都是安全的，同时尾链中断是不安全的，那么处理器还需要执行附加的栈操作（见图 9.4）。

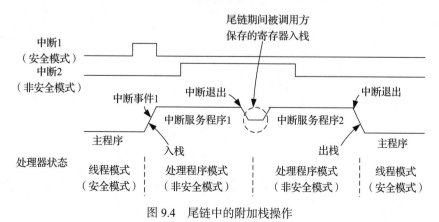

图 9.4 尾链中的附加栈操作

9.6.4 后到达的中断

当异常发生时，处理器接受异常请求并开始栈操作。如果栈操作期间发生另一个更高优先级的异常，则首先处理后发生的更高优先级的异常。

例如，如果异常 1（较低优先级）发生在异常 2（较高优先级）之前几个周期，处理器将在栈完成后立即启动中断 2 服务，如图 9.5 所示。

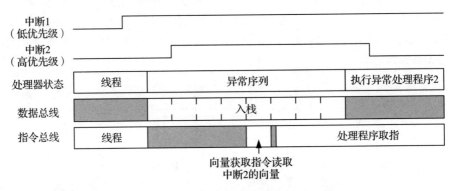

图 9.5　后到达的异常行为

较高优先级的中断后到达会导致必须压栈额外的被调用方保存的寄存器。当中断代码和第一个中断事件是安全的，而第二个中断（更高优先级）是非安全的时，就会发生这种情况。

9.6.5 出栈抢占

如果异常处理程序在刚完成正出栈时发生异常请求，处理器可以放弃出栈操作，开始下一个异常的向量获取和指令获取。这种优化被称为出栈抢占（见图 9.6）。

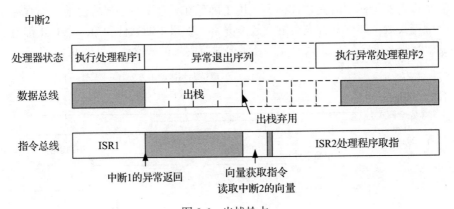

图 9.6　出栈抢占

与尾链的情况一样，新的中断事件可能会导致对额外的被调用方保存的寄存器进行压栈操作。

9.6.6 延迟入栈

延迟入栈与 FPU 中的寄存器栈关联，只与支持 FPU 的 Cortex-M 器件有关。Cortex-M33/M35P/M55/M4/M7 处理器支持延迟入栈功能。

关于延迟入栈的详细信息，请参见 14.4 节，以下只对延迟入栈进行简要概述。

在中断发生时，如果 FPU、已启用并被使用，则需要保存 FPU 寄存器组中的数据。如果没有延迟入栈功能，在异常处理入栈期间 FPU 寄存器将被压栈，在中断服务结束时，恢复到 FPU。

保存和恢复这些寄存器需要消耗很多时钟周期。如果中断处理程序不包含任何浮点指令，那么保存和恢复 FPU 寄存器就是浪费时间并增加中断延迟。为了提高 Cortex-M 处理器的效率，引入了延迟入栈优化。

当发生中断时，如果延迟入栈功能（即默认值）被启用，处理器不会把 FPU 寄存器推送到栈中，只为它们保留空间，并设置延迟入栈挂起寄存器位。如果中断处理程序不使用浮点指令，在出栈期间不会恢复 FPU 寄存器。

如果中断处理程序使用 FPU，当检测到中断处理程序中的第一个浮点指令时，处理器的流水线就会停止，接着，处理器执行延迟入栈操作（即将 FPU 寄存器推送到栈中的保留空间），清除延迟入栈挂起寄存器，然后再恢复其操作。在中断处理程序结束时，在出栈时从栈中恢复 FPU 寄存器。

由于延迟入栈特性，支持 FPU 的 Cortex-M33 处理器的中断延迟相对较低（例如，如果需要保存附加的上下文，则需要 12 个或 21 个时钟周期）。

9.7 提示与技巧

如果你正在开发一个需要在各种 Cortex-M 处理器上运行的应用程序，那么需要注意以下几个方面：

- ❏ 系统控制空间（SCS）寄存器，包括 NVIC 和 SCB，在 Armv6-M 架构和 Armv8-M 基础版架构上只能按字进行访问，而在 Armv7-M 架构和 Armv8-M 主线版架构中，一些寄存器可以以字、半字或字节的形式来访问。不同架构间的中断优先级寄存器 NVIC->IPR 的定义是不同的。为了确保软件的可移植性，建议在处理中断配置时使用 CMSIS-CORE 函数。使用这些函数可以提高软件代码的可移植性。
- ❏ 在 Armv6-M 架构或 Armv8-M 基础版架构中没有软件触发中断寄存器（NVIC->STIR）。因此，若要设置中断的挂起状态，需要使用 NVIC_SetPendingIRQ() 函数或中断设置挂起寄存器（NVIC-> ISPR）。
- ❏ Cortex-M0 不支持向量表重定位功能。Cortex-M33、Cortex-M55、Cortex-M3、Cortex-M4 和 Cortex-M7 支持该功能，Cortex-M23 和 Cortex-M0+ 处理器是否支持该功能是可选的。
- ❏ Armv6-M 架构中没有中断活动状态寄存器，因此，NVIC->IABR 寄存器和相关的

CMSIS-CORE 函数 NVIC_GetActive 不适用于 Cortex-M0 和 Cortex-M0+ 处理器。

❑ Armv6-M 架构或 Armv8-M 基础版架构不支持优先级分组，所以 Cortex-M23、Cortex-M0 和 Cortex-M0+ 处理器不支持 CMSIS-CORE 函数 NVIC_EncodePriority 和 NVIC_DecodePriority。

❑ 在 Armv7-M 架构和 Armv8-M 架构中，在运行时可以动态更改中断的优先级。在 Armv6-M 架构中，中断的优先级只能在禁用时更改。

❑ 无论是在 Armv8-M 基础版架构上还是在 Armv6-M 架构上，都不支持 FAULTMASK 和 BASEPRI 特性。

表 9.25 给出了 Cortex-M 各种处理器中的 NVIC 特性比较。

表 9.25 不同 Cortex-M 处理器的 NVIC 特性差异汇总

支持项	Cortex-M0	Cortex-M0+	Cortex-M1	Cortex-M23	Cortex-M3、Cortex-M4、Cortex-M7	Cortex-M33、Ciortex-M55
中断数	1 ～ 32	1 ～ 32	1,8,16,32	1 ～ 240	1 ～ 240	1 ～ 480
NMI	是	是	是	是	是	是
优先级寄存器宽度	2	2	2	2	3 ～ 8	3 ～ 8
访问中断优先级寄存器	字	字	字	字	字，半字，字节	字，半字，字节
PRIMASK	是	是	是	是	是	是
FAULTMASK	否	否	否	否	是	是
BASEPRI	否	否	否	否	是	是
中断向量表偏移寄存器	否	是（可选）	否	是（可选）	是	是
软件触发中断寄存器	否	否	否	否	是	是
动态优先级变化	否	否	否	否	是	是
中断活动状态	否	否	否	是	是	是
故障处理	硬件故障	硬件故障	硬件故障	硬件故障	硬件故障 +3 个其他异常故障	硬件故障 +4 个其他异常故障
调试监控器异常	否	否	否	否	是	是

参考文献

[1] Armv8-M Architecture Reference Manual. https://developer.arm.com/documentation/ddi0553/am (Armv8.0-M only version). https://developer.arm.com/documentation/ddi0553/latest (latest version including Armv8.1-M). Note: M-profile architecture reference manuals for Armv6-M, Armv7-M, Armv8-M and Armv8.1-M can be found here: https://developer.arm.com/architectures/cpu-architecture/m-profile/docs.

[2] AMBA 5 Advanced High-performance Bus (AHB) Protocol Specification. https://developer.arm.com/documentation/ihi0033/b-b/.

第 10 章
低功耗及系统控制特性

10.1 低功耗需求

10.1.1 低功耗的重要性

许多嵌入式系统，特别是使用电池供电的便携式产品，需要低功耗微控制器。此外，低功耗对产品设计的好处有：

❑ 较小的电池尺寸可使产品尺寸更小、成本更低。

❑ 使产品电池具有更长的寿命。

❑ 降低电磁干扰（Electromagnetic Interference，EMI）并提高无线通信的质量。

❑ 简化电源设计，避免散热问题。

❑ 在某些情况下，低功耗嵌入式系统允许使用替代能源（例如太阳能电池板，从环境中收集的能量）为系统供电。

在以上这些好处中，对大多数产品最显著的好处是可以延长电池寿命。这对于可穿戴产品、传感器和医疗植入物等细分市场尤其重要。例如，许多烟雾探测器可以在很长一段时间内工作而不必更换电池。多年来，微控制器供应商已经利用基于 Arm Cortex -M 芯片的低功耗处理器，并将其低功耗技术运用到产品中，生产出具有超低功耗特性的产品。

10.1.2 低功耗的含义及测量方法

微控制器数据表通常引用各种状态和条件下微控制器的"有效电流"和"睡眠模式电流"。在某些情况下，某些数据表还引用产品的能量效率。可以按表 10.1 对这些数据进行分类。

表 10.1 微控制器的典型低功耗要求以及相关的设计注意事项

要求	典型的测量和设计注意事项
有效电流	通常以 μA/MHz 为测量单位。工作电流主要由内存、外设和处理器消耗的动态功耗组成。为了简化计算，通常假设微控制器的功耗与时钟频率成正比。虽然严格意义上此假设与实际情况有所偏差（但误差很小）。在某些情况下，工作电流值可能不准确，因为实际的工作电流值取决于程序代码的特性。例如具有大量数据存储器访问的应用程序会导致更高的功耗，尤其是在高功耗内存的情况下
睡眠模式电流	通常以 μA 为测量单位。在大多数情况下，当微控制器处于低功耗睡眠模式时，时钟信号就会停止工作。睡眠模式电流通常由晶体管的泄漏电流，以及一些模拟电路和 I/O 焊盘消耗的电流组成。通常在测量睡眠模式电流时，大多数外设都处于关闭状态。但是，在现实中由于应用程序的要求，某些外设（如实时时钟，掉电检测等）可能会保持在有效状态

（续）

要求	典型的测量和设计注意事项
能量效率	此测量通常基于如 Dhrystone（DMIPS / μW）或 CoreMark（CoreMark / μW）的流行基准。但是处理器在运行这些测试基准时的活动可能与实际应用程序的数据处理活动大不相同。可以通过选择不同的时钟配置和编译器特定选项组合对系统（如微控制器）进行调整以获得最佳的 DMIPS / μW 或 CoreMark /μW 读数
唤醒延迟	唤醒延迟通常指在某些休眠模式下唤醒处理器所花费的时间。通常以时钟周期数或 μs 为测量单位。该测量通常测量从硬件请求（如外围中断）发生的时间到处理器恢复程序执行所花费的时间。如果以 μs 为测量单位，时钟频率将直接影响测量结果。 应用程序开发人员通常需要在唤醒延迟和睡眠模式电流之间权衡。为了将睡眠模式下的功耗降至最低，必须关闭芯片内部的大多数电路组件。但是其中一些组件需要很长时间才能完成上电并准备就绪，因此低功耗的睡眠模式需要更长的时间才能唤醒。例如可以关闭诸如 PLL 之类的时钟电路降低睡眠电流，但如果将其关闭，则需要更长的时间来恢复正常时钟输出，因此产品设计师需要决定最适合其应用的睡眠模式

　　根据应用程序的性质，其中一些要求可能比其他要求更为重要。例如如果该设备长时间（即每次唤醒之间的小时数）处于睡眠模式，那么在选择微控制器时，低睡眠模式电流特性是最重要的因素。另外，如果设备大多数时间处于运行状态，那么微控制器的能效将更为重要。

　　为了协助系统设计人员了解并决定使用哪种最佳器件，嵌入式微控制器基准联盟（Embedded Microcontroller Benchmark Consortium，EEMBC）在过去几年中创建了一些检测标准来满足这些需求。此外，一些芯片供应商已经使用这些检测标准测试创建了软件项目，并将项目结果提供给产品设计师。这些可以作为实现产品标称低功耗指标的参考。详细描述如下：

- ❑ ULPMark-CP（Ultra Low Power Mark-Core Profile，超低功耗标记 – 内核特点分析）：工作负载包含简单的数据处理和睡眠操作，适用于基于 8 位、16 位和 32 位处理器系统的各种低功耗微控制器。
- ❑ ULPMark-PP（外设特点分析）：工作负载包含一系列外设操作。
- ❑ ULPMark-CoreMark：基于一致测试条件运行的 CoreMark 工作负载，标准化了功耗效率的报告方式。报告结果涵盖了固定电压、最佳电压和最优性能的情况。
- ❑ IoTMark-BLE：一种衡量 IoT 设备功耗效率的基准（在这种情况下设备基于 Bluetooth-LE 连接）。
- ❑ SecureMark-TLS：一种用于测量处理器系统正在运行传输层安全协议时的功耗效率的检测标准。

　　尽管这些基准测试对于指示设备的性能很有用，但运行实际应用程序并衡量结果仍然至关重要。这是因为基准测试环境不太可能完全符合实际应用程序的环境。

10.2　Cortex-M23/M33 的低功耗特性

10.2.1　低功耗特性

　　Arm Cortex-M 处理器在设计时考虑了低功耗要求。为了能够运用到各种低功耗应用中，这些处理器具有一系列低功耗特性：

❏ 面积小——许多 Cortex-M 处理器的芯片面积设计得非常小，这有助于减少静态和动态电流。例如 Cortex-M23 处理器专为一系列超低功耗应用而设计，并且它支持 TrustZone 安全扩展，包含高级安全特性。

❏ 低功耗优化——在处理器内部使用各种低功耗优化技术，例如支持门控时钟和多电源域。

❏ 系统级低功耗支持特性——多种低功耗特性（如睡眠模式和 WIC）可帮助芯片设计人员降低系统级功耗。

❏ 高性能——为了使产品具有一流的能效，Cortex-M 处理器旨在提供出色的性能。例如 Cortex-M33 处理器可达到 4 CoreMark / MHz 以上的性能水平。

❏ 高代码密度——使应用程序适用于程序空间小的设备，这也有助于降低整个系统的功耗。

❏ 可配置性——Cortex-M 处理器具有高度可配置性，这意味着芯片设计人员可以省略不需要的功能以减小功耗。

基于以上特性，Cortex-M 处理器被微控制器供应商广泛使用在各种低功耗微控制器和 SoC 产品中。

10.2.2　睡眠模式

睡眠模式通常用于微控制器应用中以降低功耗。在结构上，Cortex-M 处理器支持两种睡眠模式：睡眠和深度睡眠。系统设计人员可以使用其他功耗控制方法和系统级低功耗设置来进一步延长睡眠模式，例如，在处理器系统级可以创建如图 10.1 所示的几个功耗级别。

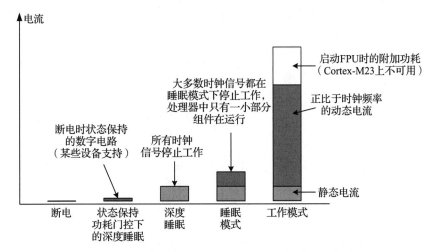

图 10.1　Cortex-M 处理器系统中可能具有的各种功耗水平

在系统级，可以基于其他组件的电源管理特性来安排其他睡眠模式。例如：

❏ 可以关闭某些内存（如闪存）。

❑ 可以设置 SRAM 为各种低功耗状态。

❑ 可以关闭一些外设。

❑ 当处理器不工作或工作频率降低时，可以降低电源电压。

由于 Cortex-M 处理器涵盖了广泛的应用范围，并且可以采用不同的半导体工艺节点来实现，因此 Cortex-M 处理器并未指定各种睡眠模式下处理器的行为。但这并不是问题，因为处理器接口提供了一系列支持睡眠模式的信号，芯片设计人员可以根据应用需求决定使用哪种功耗降低技术。

对于简单的设计，处理器内部的门控时钟在睡眠期间能够很好地降低功耗。对于更复杂的设计，芯片设计人员可以选择关闭整个处理器的电源或使用状态保持门控单元以便在处理器不工作时降低其功耗。

10.2.3　系统控制寄存器（SCB->SCR）

为了确定进入睡眠状态时使用睡眠模式还是深度睡眠模式，需要使用软件对称为 SLEEPDEEP 的位域之一进行编程。SLEEPDEEP 是系统控制寄存器（System Control Register，SCR）中的第 2 位。SCR 是位于地址 0xE000ED10 的内存映射寄存器（对于使用 CMSIS-CORE 头文件的项目，可以通过 SCB-> SCR 符号对 SCR 进行访问）。

表 10.2 中列出了有关 SCR 位域的信息，像系统控制块（SCB）中的大多数其他寄存器一样，只能在特权状态下访问 SCR。

表 10.2　系统控制寄存器（SCB-> SCR，0xE000ED10）

位	名称	类型	复位值	描述
4	SEVONPEND	读 / 写	0	发送挂起事件：当设置为 1 时，如果有新的中断挂起，无论该中断的优先级是否高于当前级别以及是否被使能，处理器将从 WFE 唤醒
3	SLEEPDEEPS	读 / 写	0	深度安全睡眠：如果被设置为 1，则无法从非安全环境访问 SLEEPDEEP 位（第 2 位），否则非安全特权软件可以访问 SLEEPDEEP。SLEEPDEEPS 位需要在安全特权状态下访问，如果没有 TrustZone，则其不存在
2	SLEEPDEEP	读 / 写	0	深度睡眠：当设置为 1 时，进入深度睡眠模式，否则进入睡眠模式。如果 SLEEPDEEPS 设置为 1，则该位变为零读取，并且忽略来自非安全区域的写入操作
1	SLEEPONEXIT	读 / 写	0	退出中断服务休眠功能：当设置为 1 时，将使能退出时睡眠功能，这使处理器在退出异常处理程序并返回线程模式时自动进入睡眠模式
0	保留	—	—	—

将 SLEEPDEEP 位（位 2）设置为 1 将使能深度睡眠模式。当实施 TrustZone 时，可以由安全特权软件通过 SLEEPDEEPS 位（位 3；Armv8-M 中引入的新位域）来控制对 SLEEPDEEP 位的访问。

实现 TrustZone 后，安全特权软件还可以使用 SCB_NS-> SCB（地址 0xE002ED10）访

问系统控制寄存器的非安全特权视图。

系统控制寄存器还控制其他低功耗功能，例如"退出时睡眠"（Sleep-On-Exit）和"发送挂起事件"（SEV-On-Pend）。10.2.5 节和 10.2.6 节中将介绍这些功能。

10.2.4　进入睡眠模式

Cortex-M 处理器提供了两种进入睡眠模式的指令，如表 10.3 所示。进入睡眠模式的第三种方法（不是指令）是使用 10.2.5 节中介绍的"退出时睡眠"功能。

表 10.3　进入睡眠模式的指令

指令	CMSIS-CORE 固有	描述
WFI	void_WFI (void);	等待中断 进入睡眠模式。可以通过中断请求、调试请求或复位来唤醒处理器
WFE	void_WFE (void);	等待事件 有条件地进入睡眠模式。如果内部事件寄存器已被清除，则处理器进入睡眠模式。如果没有，则将内部事件寄存器清除为 0，且处理器继续运行而不会进入睡眠模式。可以通过中断请求、事件、调试请求或复位来唤醒处理器

WFI 睡眠和 WFE 睡眠均可通过中断请求唤醒，具体取决于中断的优先级、当前优先级和中断屏蔽的设置（见 10.3.4 节）。

事件可以唤醒 WFE 睡眠。事件的来源包括：

❑ 异常进入和退出。

❑ SEVONPEND 事件：SEV-On-Pend 功能（系统控制寄存器的位 4）被使能的情况下，当中断挂起状态从 0 更改为 1 时，事件寄存器被设置。

❑ 外部事件信号声明（处理器上的 RXEV 输入），这表明发生了来自片上硬件的事件。事件信号可以是单个周期脉冲，且该信号的连接是与特定设备相关的。

❑ SEV（发送事件）指令的执行。

❑ 调试事件（如暂停请求）。

当前事件或过去事件均可将处理器从 WFE 睡眠中唤醒。如果设置了内部事件寄存器，则表明自上一次 WFE 执行或休眠以来已接收到一个事件。发生这种情况时，执行 WFE 不会进入睡眠状态（可能只是暂时使处理器进入睡眠模式，如果确实如此，则将立即唤醒）。在处理器内部，有一个单一的事件寄存器，用于指示事件先前是否已发生。该事件寄存器由上述事件源设置，并通过执行 WFE 指令清除。

与 WFE 睡眠类似，在 WFI 睡眠期间，如果中断的优先级高于处理器当前的优先级，则可以通过中断请求将处理器唤醒。处理器的当前优先级基于以下情况之一：

❑ 正在运行的异常服务的优先级。

❑ 有效中断屏蔽寄存器（例如 BASEPRI）被设置的优先级。

处理器的硬件将比较以上两个优先级，并将优先级较高的一个用作处理器的当前优先级，然后将所选优先级与新进入中断的优先级进行比较，如果中断请求的优先级更高，则唤醒处理器。

如果新进入的中断优先级与处理器当前的优先级相同或更低，并且 SEV-On-Pend 功能被启用，则将新中断视为事件并将处理器从 WFE 睡眠中唤醒。

10.2.5 "退出时睡眠"功能

"退出时睡眠"功能对于中断驱动的应用程序非常有用。在这些应用程序中，所有操作（除初始化操作外）都使用中断处理执行。这是一项可编程功能，可以使用系统控制寄存器（SCR）的第 1 位启用或禁用。启用后，Cortex-M 处理器从异常处理程序中退出时以及返回线程模式时（即没有其他异常请求正在等待处理时）自动进入睡眠模式（具有 WFI 行为）。

利用退出时睡眠功能的程序可能具有如图 10.2 所示的程序流程。

图 10.2 所示的运行程序的系统活动如图 10.3 所示。与正常的中断处理过程不同，退出时睡眠期间的入栈和出栈过程有所减少，以节省处理器及其内存的功耗。但是如图 10.3 所示，第一次中断的发生仍需要完整的栈操作。

请注意，图 10.2 中的"循环"是必需的，因为在连接调试器时，调试请求仍会唤醒处理器。

重要提示：初始化阶段结束之前，不应启用退出中断服务休眠功能，否则，如果在初始化阶段发生了中断事件，并且启用了退出中断服务休眠功能，则即使初始化尚未完成，处理器也将进入睡眠模式。

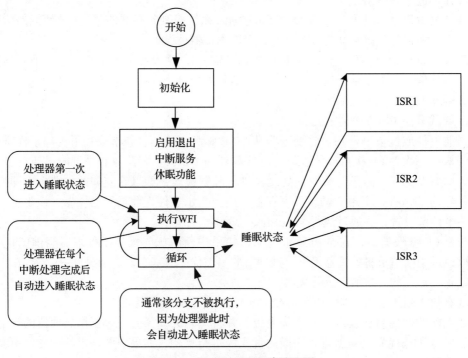

图 10.2 退出时睡眠程序流程图

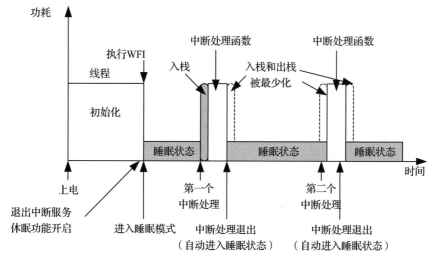

图 10.3　退出时睡眠操作

10.2.6　发送挂起事件唤醒

发送挂起事件唤醒（SEVONPEND）是系统控制寄存器中的可编程控制位之一。此功能与 WFE 睡眠操作一起使用。当该位被置为 1 时，任何设置挂起状态的新中断都将被视为唤醒事件，并将处理器从 WFE 睡眠模式唤醒，无论 NVIC 中是否启用了中断，以及新中断的优先级是否高于当前优先级。

如果在进入睡眠状态之前中断的挂起状态已设置为 1，则新的中断请求不会触发 SEV-On-Pend 事件，也不会唤醒处理器。

10.2.7　睡眠延长 / 唤醒延迟

通常如果 Cortex-M 处理器处于睡眠模式，中断事件被触发，则一旦处理器时钟信号恢复便开始对中断服务程序进行处理。在某些微控制器中，因为某些睡眠模式可能会通过如减小 SRAM 电源电压以及关闭闪存电源来极大地降低功耗，此时由于内存尚未准备好，因此无法尽快启动中断服务，唤醒过程可能会花费一些时间。

为了解决以上问题，大多数 Cortex-M 处理器（除 Cortex-M1 外）都支持一组握手信号，该信号允许在时钟运行时延迟中断服务，从而允许系统的其余部分准备就绪。此功能仅对芯片设计人员可见，并且对软件完全透明。但是使用此功能时，微控制器用户可能会观察到更长的中断等待时间。

10.2.8　唤醒中断控制器

在某些睡眠模式下，芯片设计人员可能希望停止处理器所有的时钟信号，甚至使处理器处于掉电状态。在这种情况下，处理器内部的 NVIC 不再能够检测传入的中断或将处理器从睡眠状态唤醒。为了解决这个问题，引入了唤醒中断控制器（WIC）。

WIC 是 Cortex-M 处理器外部一个可选的小型中断检测电路，它通过专用接口耦合到 Cortex-M 处理器中的 NVIC。WIC 通常位于始终开启的电源域中，因此即使在处理器掉电时，WIC 仍可运行。

WIC 不包含任何可编程寄存器，因此如果启用了 WIC，则要求硬件接口自动将中断屏蔽信息从 NVIC 传输到 WIC。该转移发生在处理器进入睡眠模式之前。处理器唤醒后，WIC 接口自动清除中断屏蔽信息。由于 WIC 操作是由硬件自动控制的，因此一旦启用 WIC，它对软件是透明的。

WIC 在以下处理器中可用：

❏ 选择深睡眠的 Armv8-M 主线版指令集架构处理器和 Armv7-M 处理器。
❏ 使用睡眠和深度睡眠模式的 Cortex-M23（Armv8-M 基础版指令集架构）、Cortex-M0 和 Cortex-M0+ 处理器（Armv6-M）。

如图 10.4 所示，当检测到中断时，WIC 输出 WAKEUP 信号到系统电源管理控制器以唤醒系统。除了处理中断信号之外，WIC 还可以检测接收事件（RXEV）信号（将处理器从 WFE 睡眠中唤醒）以及 Cortex-M33 处理器中称为 EDBGRQ 的外部调试请求信号（详见 16.2.5 节）。EDBGRQ 信号可用于触发调试监控器异常（debug monitor exception），因此 WIC 像中断信号一样对其进行处理。另外，由于调试监控器异常在 Cortex-M23 处理器中不可用，因此其 WIC 不支持 EDBGRQ 信号。

如图 10.5 所示，在睡眠模式期间，可以通过状态保持技术来大大减少处理器的功耗，并由 WIC 检测中断。当中断请求到达时，WIC 检测到该请求后通知系统电源管理控制器恢复时钟，以便唤醒处理器恢复操作并处理中断请求。

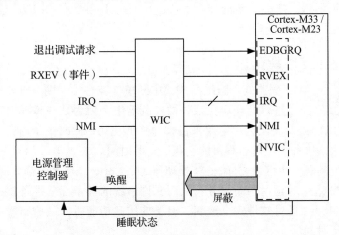

图 10.4　当处理器掉电或处理器所有时钟都停止时，WIC 检测中断

WIC 的中断检测逻辑可以由芯片设计人员定制，例如是否需要支持无时钟操作。

借助 WIC 功能，可以使用先进的节能技术（如状态保持门控单元（SRPG））来大幅减少芯片的泄漏电流。在 SRPG 设计中，寄存器（在 IC 设计术语中通常称为触发器）内部具有状态保持电路，该电路具有独立的电源（见图 10.6）。当系统断电时，可以关闭正常电源，仅使状态保持电路的电源处于供电状态。由于组合逻辑、时钟缓冲器和大部分寄存器部件被切断电源，因此可以大大减少设计的泄漏电流。

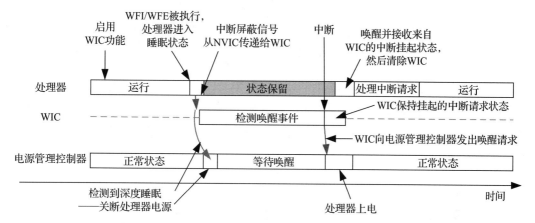

图 10.5　通过结合 WIC 和状态保留技术降低处理器睡眠功耗

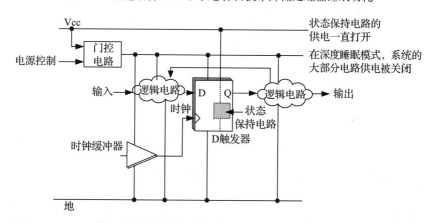

图 10.6　SRPG 技术允许关闭数字系统的大部分电源而不丢失寄存器的状态信息

　　当使用 SRPG 系统唤醒时，由于此时保留了处理器的各种状态，处理器可以从程序被挂起的点恢复操作，因此就像在正常的睡眠模式下一样，处理器几乎可以立即处理中断请求。实际中，上电过程需要一定时间才能完成，这会增加中断等待时间。确切的等待时间取决于所使用的半导体技术、存储器、时钟管理以及电源系统的设计（例如电源管理控制器的行为，即电源电压需要多长时间才能稳定）等。

　　请注意：

❏ 并非所有基于 Cortex-M 处理器的微控制器设备都具有 WIC 特性。

❏ 在某些睡眠模式下，当停止向处理器提供所有的时钟信号时，处理器内部的系统计时器也将停止，将无法生成 SysTick 异常，因此需要使用计时器唤醒的应用程序或操作系统将需要利用芯片中不受这些睡眠模式影响的其他外设计时器。

❏ 根据芯片系统级设计的不同，在使用某些睡眠模式之前，可能需要对一些寄存器进行编程以启用 WIC。

❑ 将调试器连接到处理器系统后，它可能会禁用处理器的某些低功耗功能。例如，可以将微控制器设计为当调试器连接到处理器系统时，禁用处理器的 SRPG 和门控时钟功能（即处理器的时钟在深度睡眠模式下也将继续运行）。通过这种安排，即使应用程序代码试图将处理器置于深度睡眠模式，调试器也可以检查系统状态。

10.2.9 事件通信接口

本章前面提到过 WFE 指令可以被来自 Cortex-M 处理器输入端的 RXEV（接收事件）信号唤醒，同时处理器还具有称为 TXEV（发送事件）的输出信号。执行 SEV（发送事件）指令时，TXEV 输出一个单周期脉冲。这些信号称为事件通信接口（见图 10.7）。

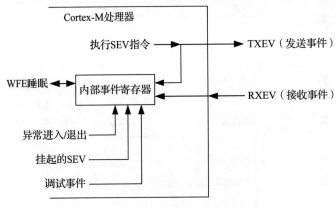

图 10.7 Cortex-M 处理器上的事件通信接口

事件通信接口允许处理器通过外部事件（例如另一个处理器）或通过外围硬件从 WFE 睡眠中唤醒。

该接口的主要用途之一是在处理多个处理器之间的信号量时降低功耗。在第 6 章中，讨论了 Armv8-M 处理器中的独占访问支持主题，并着重介绍了一种情况，即信号量操作需要轮询信号量数据但信号量已被另一个处理器锁定（见图 6.9）。在上述情况下，如果另一个处理器需要花费很长时间才能释放信号量，那么轮询信号量数据的处理器（称为自旋锁的过程）将在自旋锁期间浪费大量功耗。

要解决此问题，可以将 WFE 指令添加到轮询循环中以降低功耗。这样如果信号量已经被另一个处理器锁定，则该处理器进入睡眠模式。为了在释放信号量时唤醒处理器，需要一个事件交叉连接和一个 SEV 指令：释放信号量的处理器执行 SEV 指令，事件交叉连接将事件传递给 WFE 睡眠中（即等待信号量）的处理器。对于双核系统，所需的事件交叉连接如图 10.8 所示。

使用事件通信连接，图 6.9 所示的信号量操作可修改为包括 WFE。使用 WFE 将减少功耗的浪费。修改后的信号量操作如图 10.9 所示。

等待信号量的处理器可能会被其他事件唤醒。但这不是问题，因为信号量数据会被再次读取并检查。如果信号量仍被另一个处理器锁定，那么该处理器将再次进入睡眠模式。

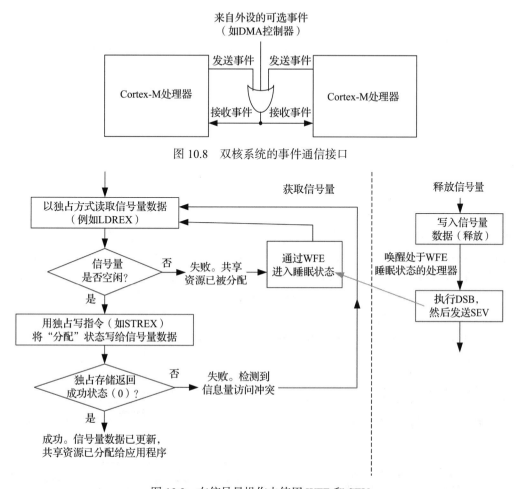

图 10.8　双核系统的事件通信接口

图 10.9　在信号量操作中使用 WFE 和 SEV

对信号量独占访问的使用程序示例将在 21.2 节介绍。请注意，实际应用中的实时操作系统信号量操作与图 10.9 所示的有所不同。当信号量已经被另一个处理器锁定时，实时操作系统会检查是否有其他任务 / 线程正在等待执行，而不是立即执行 WFE。如果有其他任务 / 线程正在等待执行，将首先执行其他任务 / 线程；如果没有，实时操作系统则执行 WFE 进入睡眠状态。

如图 10.8 所示，使用相同的事件交叉连接可以避免在使用轮询循环时浪费功耗，从而使两个处理器之间的操作同步（见图 10.10）。请注意，事件传递机制不能保证精确的时序。

事件通信接口的另一个用途是允许处理器在等待硬件事件发生的同时进入短时的睡眠状态。例如，如果 DMA 控制器能够在 DMA 完成操作时触发脉冲输出信号（在图 10.11 中显示为 DMA_DONE），则可以在 DMA 操作中使用事件通信接口。在这样的设置下，处理器在对 DMA 控制器进行编程以开始内存复制操作之后，不需要轮询 DMA 完成状态，处理器在循环中执行 WFE 指令来进入睡眠模式。当从 DMA 控制器收到事件后，处理器重新恢复操作。

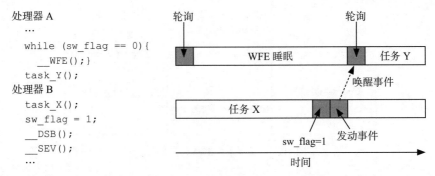

图 10.10 在任务同步中使用 WFE——处理器 A 中的任务 Y 仅在处理器 B 中的任务 X 完成后才需要执行

由于处理器可能会被其他事件唤醒，因此如图 10.11 所示，程序代码在从 WFE 睡眠中唤醒后需要再次检查 DMA 完成状态，从而确保 DMA 控制器已完成其操作。

除了生成事件，DMA 控制器还可以生成中断（即图 10.11 中的 DMA_Done 信号）。将图 10.11 所示的中断使用与事件通信信号（RXEV 输入）的使用相比较，事件通信方法的优点是避免了进入和退出事件时所需的时钟周期。当等待硬件事件的等待时间相对较短时适合使用事件通信接口。但是如果等待硬件事件的等待时间较长，那么处理器先处理其他任务，然后（在 DMA 操作完成后）通过中断机制切换回处理 DMA 的完成操作，这样效率会更高。

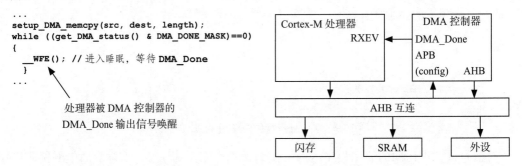

图 10.11 使用 WFE 指令和 RXEV 事件输入来处理较小的延迟

10.2.10 TrustZone 对睡眠模式的影响

在实现了 TrustZone 的 Cortex-M23 和 Cortex-M33 处理器中，与前几代 Cortex-M 处理器一样，非安全软件可以使用 WFI、WFE 或退出中断服务休眠进入睡眠或深度睡眠模式。但是安全软件可以通过设置 SCB-> SCR 的位 3 SLEEPDEEPS 来禁止非安全软件更改睡眠设置（即 SLEEPDEEP，SCB-> SCR 的位 2）。尽管当 SLEEPDEEPS 设置为 1 时，无法通过非安全软件更改 SLEEPDEEP，但可以通过安全固件提供的安全 API 更改 SLEEPDEEP。此机制允许非安全软件访问电源管理功能，从而更改 SLEEPDEEP。

在某些启用 TrustZone 的微控制器系统中，使用安全 API 访问电源管理功能至关重要。

这些系统可能具有附加的特定于设备的电源管理控制寄存器，但是错误地设置这些寄存器可能会影响系统安全的完整性。因此对这些寄存器的访问必须受到系统安全权限控制的保护。通过在安全固件中提供电源管理 API，不但使在非安全区域运行的应用程序软件利用系统的低功耗功能，还能够保护设备的安全性。

10.3　WFI、WFE、SEV 的更多指令介绍

10.3.1　在程序中使用 WFI、WFE、SEV 指令

在第 5 章中提到可以在 C/C++ 编程环境中使用以下内建函数访问 WFE、WFI 和 SEV 指令，这些内建函数在 CMSIS-CORE 头文件中定义，如表 10.4 所示。

就微控制器应用而言，仅使用这些指令不能充分利用设备的低功耗功能 / 优化功能。因此，研究微控制器供应商提供的文档和产品示例，了解什么软件能够充分利用低功耗功能变得很重要。许多微控制器供应商还提供了支持低功耗功能的设备驱动程序库，以简化软件开发人员的决策过程。但了解 WFI 和 WFE 指令之间的差异并正确使用这些指令仍然很重要。

表 10.4　CMSIS-CORE 用于访问 WFE、WFI、SEV 指令的内建函数

指令	CMSIS-CORE 定义的内建函数
WFE	_WFE ();
WFI	_WFI ();
SEV	_SEV ();

10.3.2　何时使用 WFI

WFI 指令无条件触发睡眠模式。通常在中断驱动的应用程序中使用。例如中断驱动的应用程序可能具有如下所示的程序流：

```
int main(void)
{
  // 初始化
  setup_IO();
  setup_peripherals();
  setup_NVIC();
  ...
  SCB->SCR |= 1<< 1; // 可选: 使能退出中断服务休眠
  while(1) {
    __WFI(); // 在没有为中断服务时保持睡眠模式
  }
}
```

WFI 睡眠可与退出中断服务休眠功能一起使用。通常执行 WFI 时处理器进入睡眠状态。但是在特殊情况下，当设置了 PRIMASK 时，并且有一个被 PRIMASK 阻止的未决中断时（即未决中断的优先级高于处理器当前优先级，但是由于设置了 PRIMASK，中断未被

处理），执行 WFI 不会导致处理器进入睡眠状态。

在某些应用场景中，应使用 WFI 还是 WFE 指令唤醒处理器取决于中断事件的预期时间。例如，以下代码对计时器进行编程，使其在 N 个时钟周期后（N 等于 1000）触发一个中断。在初始化计时器之后，处理器将通过执行 WFI 指令进入睡眠状态，并在计时器达到编程值时唤醒：

```
NVIC_EnableIRQ(Timer0_IRQn); // 使能 Timer0 中断

setup_timer0_trigger(N);// 设置一个计时器

                    // 在 N=1000 个周期后触发中断

__WFI(); // 进入睡眠并等待 Timer0 IRQ 事件

...      // 恢复操作并开始处理
```

使用上面提到的 N 等于 1000 的代码，控制功能将按预期工作。但是当使用相同的代码，但将计时器延迟缩短至 1（即 N=1）时，则可能在 WFI 执行之前触发 Timer0 中断，并且当 WFI 指令最终执行后，由于没有计时器中断来唤醒系统，系统将保持睡眠模式。

即使 N 为 1000，如果在设置 Timer0 之后不久发生了其他中断事件，也会出现上述类似的问题。在这种情况下，执行其他中断服务程序期间，Timer0 IRQ 已被触发并被执行。当 WFI 被执行后，由于 Timer0 中断已被触发并处理，处理器将停留在睡眠模式。

可以尝试修改前面提到的代码解决上述问题，以便有条件地执行 WFI。修改后的代码如下：

```
volatile int timer0_flag = 0;

// 在 Timer0 ISR 中，timer0_flag 被设置为非零值

...

NVIC_EnableIRQ(Timer0_IRQn); // 使能 Timer0 中断

setup_timer0_trigger(N);// 设置一个计时器

                // 在 N 个周期后触发中断

if (timer0_flag==0) { // 如果 Timer0 ISR 没有被执行

__WFI();} // 进入睡眠并等待 Timer0 IRQ 事件

...      // 恢复操作并开始处理
```

不过，这样修改后的代码并没有完全解决问题。如果将计时器延迟 N 设置为一个值使得软件检查了 timer0_flag 的值后立即触发 Timer0 中断，这样在 Timer0 中断事件后 WFI 指令仍将继续执行，处理器则仍旧停留在睡眠模式。

要解决此问题，应使用 WFE 指令（见 10.3.3 节）。

10.3.3　何时使用 WFE

WFE 指令通常用于空闲循环，包括上一节中详细介绍的计时器延迟示例。该指令也用

于 RTOS 设计中的空闲任务。执行 WFE 时：

- ❑ 如果内部事件寄存器为 0，则处理器进入睡眠状态。
- ❑ 如果内部事件寄存器为 1，处理器清空内部事件寄存器，继续执行下一条指令，不进入睡眠状态。

请注意，WFE 指令需要在循环中使用。因此不能通过简单地将 WFI 替换为 WFE 来修改一段代码。基于上一个进入睡眠然后使用计时器中断唤醒的示例，可以通过使用 WFE 指令并将 if 替换为 while 循环修改代码来获得所需的行为，如下所示：

```
volatile int timer0_flag=0;

...

NVIC_EnableIRQ(Timer0_IRQn); // 使能 Timer0 中断

timer0_flag = 0; // 清理标记

setup_timer0_trigger(N);// 设置一个计时器
                        // 在 N 个周期后触发中断

while (timer0_flag==0) {
    __WFE(); // 进入睡眠并等待计时器 0 号中断
    };
...          // 恢复操作并开始处理
```

以上的代码示例中更改了睡眠操作（即 WFE 指令），使其现在处于循环中。循环操作如下：

- ❑ 如果在第一次执行 WFE 指令时（如由于先前的中断事件）设置了内部事件寄存器，处理器的内部事件寄存器将清零，并继续运行而不进入睡眠。由于 WFE 指令被置于循环中，WFE 将再次执行，如果没有其他中断事件发生，处理器将进入睡眠状态。
- ❑ 如果处理器进入睡眠状态，它将被 Timer 0 中断唤醒并执行 Timer 0 中断处理程序。然后，Timer 0 中断处理程序将软件标志（timer0_flag）设置为非零值。当处理程序代码完成其任务后，处理器将返回到被中断的代码，检查被中断代码中的软件标志（timer0_flag）确定 Timer 0 中断已发生后退出循环。
- ❑ 如果在进入空闲循环并检查软件标志（timer0_flag）后中断被触发，内部事件寄存器将被中断事件设置，因此处理器在执行 WFE 指令时不会进入睡眠状态。由于处理器尚未进入睡眠状态，空闲循环将再次执行，并且由于设置了软件标志（timer0_flag），循环将结束。
- ❑ 如果 Timer 0 中断在进入空闲循环之前被触发，软件标志（timer0_flag）将被设置，循环将被跳过并且 WFE 指令不会执行（即处理器不进入睡眠）。

如上所见，WFE 指令的行为确保了上述事件序列的可靠运行，即处理器可以进入睡眠状态，软件可以在 Timer 0 中断后恢复运行。

请注意，内部事件寄存器的状态不能通过软件代码直接读取，但是可以通过执行 SEV 指令将内部事件寄存器设置为 1。如果需要清除事件寄存器，可以通过执行 SEV 和 WFE 来实现：

```
__SEV(); // 设置内部事件寄存器
__WFE(); // 由于事件寄存器已被设置，这次 WFE 不触发睡眠且仅清理事件寄存器
```

如果在执行 WFE 指令后立即发生中断事件，则事件寄存器将再次被设置。

由于单个 WFE 指令可能不会导致处理器进入睡眠状态，为了使用 WFE 使处理器进入睡眠状态，可以使用以下 WFE 指令序列：

```
__SEV(); // 设置内部事件寄存器
__WFE(); // 清理事件寄存器
__WFE(); // 进入睡眠
```

但是，此代码序列仅在没有其他中断事件发生时才有效。如果在第一条 WFE 指令执行后立即发生中断，则处理执行第二条 WFE 将不会进入睡眠状态，因为事件寄存器已被中断事件设置。

如果需要 SEVONPEND 功能，还应使用 WFE 指令。

10.3.4　唤醒条件

在大多数情况下，中断（包括 NMI 和系统计时器中断）可用于将基于 Cortex-M 的微控制器从睡眠模式中唤醒。但是某些睡眠模式可能会关闭 NVIC 或外设的时钟信号，因此会阻止其中一些中断唤醒处理器。因此，在开始项目之前，需要查看微控制器的参考手册，以了解哪种睡眠模式符合项目需求。

如果使用 WFI 或退出中断服务休眠功能进入睡眠模式，若要发生唤醒，则需要启用中断请求，且需要高于当前级别的优先级（见表 10.5）。例如，如果处理器在运行异常处理程序时进入睡眠模式，或者如果在进入睡眠模式之前设置了 BASEPRI 寄存器，则需要新入中断的优先级高于当前中断的优先级才能唤醒处理器。

表 10.5　WFI 或退出中断服务休眠的唤醒条件

IRQ 优先级条件	PRIMASK	唤醒	IRQ 执行
新入的 IRQ 高于当前优先级： （IRQ 优先级 > 当前优先级）且（IRQ 优先级 >BASEPRI）	0	是	是
新入的 IRQ 等于或低于当前优先级： （IRQ 优先级 =< 当前优先级）或（IRQ 优先级 =<BASEPRI）	0	否	否
新入的 IRQ 高于当前优先级： （IRQ 优先级 > 当前优先级）且（IRQ 优先级 >BASEPRI）	1	是	否
新入的 IRQ 等于或低于当前优先级： （IRQ 优先级 =< 当前优先级）或（IRQ 优先级 =<BASEPRI）	1	否	否

PRIMASK 唤醒条件是一项特殊功能，它可以在处理器唤醒后立即执行一段软件，以便在执行中断服务程序之前恢复某些系统资源。例如微控制器允许其锁相环（PLL 用于内部时钟生成）在睡眠模式期间关闭以降低功耗，因此需要在执行 ISR 之前恢复 PLL 的操作。实现此目的的操作如图 10.12 所示，所需步骤如下：

1）在进入睡眠模式之前，设置 PRIMASK，时钟源切换到晶振时钟，然后关闭 PLL。

2）关闭 PLL 降低功耗后，微控制器进入睡眠模式。

3）中断请求到达，唤醒微控制器，并从 WFI 指令后的"那个点"恢复程序的执行。

4）软件代码重新启用 PLL，切换回使用 PLL 时钟，然后在服务中断请求之前清除 PRIMASK。

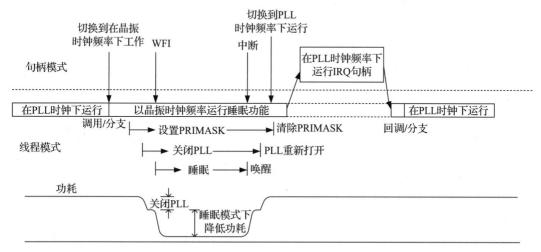

图 10.12　在执行 WFI 之前设置 PRIMASK，可以允许处理器在不执行 ISR 的情况下唤醒并恢复执行

如果中断在执行 WFI 之前到达，处理器不会进入睡眠状态，而是打开 PLL 时钟并清除 PRIMASK。到达此阶段时，将执行 ISR。

如果使用 WFE 指令进入睡眠模式，唤醒条件会略有不同（见表 10.6）。除了中断之外，WFE 还可以被其他事件唤醒（10.2.4 节中介绍了这一点）。唤醒事件之一是启用 SEVONPEND 功能（见 10.2.6 节）。启用此功能后，当中断请求到达时，即使中断被禁用或中断具有相同或低于处理器当前级别的优先级，也会设置挂起状态并生成唤醒事件。

请注意，只有当挂起状态从 0 切换到 1 时，SEVONPEND 功能才会生成唤醒事件。如果新入中断的挂起状态已经设置，则不会生成唤醒事件。

表 10.6　WFE 的唤醒条件

IRQ 优先级条件	PRIMASK	SEVONPEND	唤醒	IRQ 执行
新入的 IRQ 高于当前优先级： （IRQ 优先级 > 当前优先级）且（IRQ 优先级 >BASEPRI）	0	0	是	是
新入的 IRQ 等于或低于当前优先级： （IRQ 优先级 =< 当前优先级）或（IRQ 优先级 =<BASEPRI）	0	0	否	否
新入的 IRQ 高于当前优先级： （IRQ 优先级 > 当前优先级）且（IRQ 优先级 >BASEPRI）	1	0	否	否
新入的 IRQ 等于或低于当前优先级： （IRQ 优先级 =< 当前优先级）或（IRQ 优先级 =<BASEPRI）	1	0	否	否
新入的 IRQ 高于当前优先级： （IRQ 优先级 > 当前优先级）且（IRQ 优先级 >BASEPRI）	0	1	是	是

（续）

IRQ 优先级条件	PRIMASK	SEVONPEND	唤醒	IRQ 执行
新入的 IRQ 等于或低于当前优先级： （IRQ 优先级 =< 当前优先级）或（IRQ 优先级 =<BASEPRI）	0	1	是	否
新入的 IRQ 高于当前优先级： （IRQ 优先级 > 当前优先级）且（IRQ 优先级 >BASEPRI）	1	1	是	否
新入的 IRQ 等于或低于当前优先级： （IRQ 优先级 =< 当前优先级）或（IRQ 优先级 =<BASEPRI）	1	1	是	否

10.4　开发低功耗应用

10.4.1　入门

大多数 Cortex-M 微控制器都具有各种低功耗特性，以帮助产品设计人员降低产品的功耗。由于每个微控制器产品都不同，设计人员必须花时间了解所使用的微控制器的低功耗特性。微控制器供应商可以提供各种信息来源，包括：

❑ 示例或教程。

❑ 应用说明 / 技术指南。

由于不可能涵盖许多不同类型微控制器的所有低功耗设计方法，因此这里仅涵盖低功耗嵌入式系统设计时需要考虑的基本因素。

10.4.2　减小工作功耗

10.4.2.1　选择合适的微控制器设备

微控制器器件的选择在实现低功耗方面起着重要作用。除了考虑设备的电气特性外，还应该考虑项目所需的内存大小。例如，如果打算使用的微控制器具有比实际需求大得多的闪存或 SRAM，则会造成功耗浪费。

10.4.2.2　选择合适的时钟频率

大多数应用不需要过高的时钟频率，因此降低时钟频率可以潜在地降低系统的功耗。但是时钟频率降得太低会降低系统的响应速度，甚至有可能无法满足应用程序的时序要求。

在大多数情况下，微控制器应以合适的时钟速度运行，以确保系统正常响应，并在没有未完成的处理任务时进入睡眠模式。有时可能需要进行标准测试，以便决定系统是以更快的速度运行然后进入睡眠状态，还是运行得更慢以保持较低的工作电流。

10.4.2.3　选择合适的时钟源

有些微控制器提供不同频率和精度的多个时钟源。根据应用需求，一般最好使用内部时钟源来节省功耗，这是因为振荡器和外部晶体的综合功耗通常比内部时钟源高得多。也可以根据工作负载的要求在不同的时钟源之间进行切换。

10.4.2.4　关闭未使用的时钟信号

许多现代微控制器允许关闭未使用外设的时钟信号，以及在使用外设之前打开时钟信号。此外，某些设备还允许关闭一些未使用的外设以节省功耗。

10.4.2.5 利用时钟系统的特性

有些微控制器为系统的不同部分提供多种时钟分频器，用户可以选取合适的时钟频率降低外设、外设总线等的速度。

10.4.2.6 电源设计

良好的电源设计是实现高能效的另一个关键因素。例如，如果使用的电源电压高于标称电源要求，则需要降低电压节省功耗。

10.4.2.7 修改实时操作系统的空闲线程

在具有实时操作系统的应用程序中，自定义空闲线程以利用睡眠模式功能来降低功耗通常是有益的。空闲线程 / 任务是实时操作系统的一部分，在没有其他线程 / 任务要处理时执行。默认情况下，空闲线程使用 WFE 指令使处理器进入睡眠状态。用户可以使用微控制器供应商提供的示例自定义空闲线程代码，这样，当系统处于空闲状态（即空闲线程正在执行）时，可以进一步降低系统的功耗。

10.4.2.8 修改实时操作系统的时钟控制

许多为 Cortex-M 处理器设计的实时操作系统使用系统计时器进行计时。由于系统计时器在大多数基于 Cortex-M 的系统中可用，因此它允许实时操作系统"开箱即用"。但是可以通过切换实时操作系统的时钟控制代码，使其使用系统级时钟外设来降低功耗，因为某些系统级计时器具有比系统计时器更低的功耗要求，并且即使处理器的时钟已经停止（例如当处理器处于睡眠模式并状态保持时），其仍然可以运行。

10.4.2.9 从 SRAM 中运行程序

如果程序代码足够小，可以考虑完全从 SRAM 运行应用程序代码，并且关闭内部闪存的电源以节省功耗。为此需要微控制器从闪存中的程序代码启动，复位处理程序将程序镜像复制到 SRAM 并从那里执行，然后关闭闪存电源以节省功耗。

由于许多微控制器只有有限的 SRAM，因此通常无法将整个程序复制到其中。但是仍然可以通过将程序的常用部分复制到 SRAM 来降低系统的功耗。一旦完成，这些程序部分就会从 SRAM 中执行，而闪存仅在需要程序的其余部分时才打开。

10.4.2.10 选择合适的 I/O 端口配置

有些微控制器具有可编程的 I/O 端口选项，以控制驱动强度（即芯片上 I/O 引脚支持的电流）和偏置率。根据连接到 I/O 引脚的设备，可以通过较低的驱动强度或较慢的斜率配置来降低 I/O 接口逻辑的功耗。

10.4.3 减少活动周期

10.4.3.1 利用睡眠模式

降低功耗的方法之一是尽可能多地利用微控制器的睡眠模式功能。即使每个空闲时间段只持续很短的时间，在这些空闲时间段使用睡眠模式仍然会有所作为。此外，退出中断服务休眠等功能也有助于减少活动周期。

10.4.3.2 缩短运行时间

当 C 编译器配置为使用速度优化选项编译项目时，程序大小通常会因为使用的优化方法（例如循环展开）而增加。如果闪存中有可用的存储空间，则可以在项目编译选项中选择速度优化（至少对于频繁运行的代码而言）。这样做可以更快地完成任务，从而使系统可以更长时间地保持睡眠模式。

10.4.4　减小睡眠模式电流

10.4.4.1　使用合适的睡眠模式

有些微控制器提供各种睡眠模式，一些外设可以在其中一些睡眠模式下运行而无须唤醒处理器。通过为应用程序使用正确的睡眠模式，可以显著降低微控制器的功耗。但是，由于某些睡眠模式的唤醒延迟要长得多，因此需要仔细选择睡眠模式配置。对于需要快速响应的应用程序，那些具有较长唤醒延迟的睡眠模式是不可取的。

10.4.4.2　使用功耗控制特性

有些微控制器允许选择在不同模式下（如工作模式和睡眠模式）微调电源配置文件设置。例如对于每种模式，微控制器可以自动关闭 PLL 并选择外设。但是在某些情况下，这会影响系统的唤醒延迟。

在某些微控制器系统中，闪存可以在某些睡眠模式下自动关闭。这样做可以在睡眠模式显著降低电流。

10.5　系统控制块和系统控制特性

10.5.1　系统控制块中的寄存器

系统控制块（SCB）是 Cortex-M 处理器内部的一组硬件寄存器，用于完成处理器的控制功能，可由特权软件和调试器访问。

用于异常和中断管理的 SCB 寄存器已在第 9 章中介绍，在表 10.7 中也有详细说明。

如果实现了 TrustZone 安全扩展，则其中一些寄存器将存储在安全状态之间：

❑ 当处于安全状态时，对 SCB 数据结构的特权软件访问会看到 SCB 寄存器的安全视图。
❑ 当处于非安全状态时，对 SCB 数据结构的特权软件访问会看到 SCB 寄存器的非安全视图。
❑ 当处于安全状态时，特权软件可以使用非安全别名（SCB_NS）地址 0xE002EDxx（见图 10.13）查看 SCB 寄存器的非安全视图。

表 10.7　用于管理异常和中断的 SCB 寄存器

地址	寄存器	章节	CMSIS-CORE 符号	非安全别名
0xE000ED04	中断控制和状态寄存器	9.3.2	SCB->ICSR	SCB_NS->ICSR（0xE002ED04）
0xE000ED08	中断向量表偏移寄存器	9.5	SCB->VTOR	SCB_NS->VTOR
0xE000ED0C	应用程序中断 / 复位控制寄存器	9.3.4	SCB->AIRCR	SCB_NS->AIRCR（0xE002ED0C）
0xE000ED18 ～ 0xE000ED23	系统处理程序优先级寄存器	9.3.3	SCB->SHP[n]	SCB_NS->SHP[n]（0xE002ED18 ～ 0xE002ED23）
0xE000ED24	系统处理程序控制和状态寄存器	9.3.5	SCB->SHCSR	SCB_NS->SHCSR（0xE002ED24）

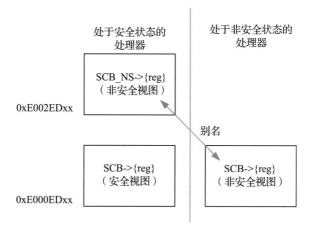

图 10.13　安全和非安全视图下的 SCB 寄存器

具有调试安全区域软件权限的调试器可以访问安全和非安全 SCB 数据结构。但是，安全软件允许访问 SCB 和 SCB_NS 视图寄存器的别名方法，不适用于上述调试器。由于地址 0xE000EDxx 处的 SCB 数据视图取决于处理器的安全状态，因此 SCB 视图经常变换（注意，当处理器运行时，它可以在安全和非安全状态之间频繁切换）。调试工具不使用与软件相同的别名方法，而是使用调试安全控制与状态寄存器（Debug Security Control and Status Register，DSCSR）中的安全组寄存器选择（Secure Bank Register Select，SBRSEL）和 SBRSELEN 控制位来决定使用哪个 SCB 视图。通过这种安排，即使处理器经常在安全和非安全状态之间切换，处理器的状态也不会影响调试器对 SCB 的访问，确保调试器始终能够访问到所需的 SCB 寄存器。

如果未实现 TrustZone 安全功能扩展，则仅存在 SCB 的非安全视图，因此不存在 SCB_NS 别名。

SCB 中还有许多其他寄存器。SCB 寄存器的完整列表如表 10.8 所示。

请注意，CMSIS-CORE 头文件包括多个媒体和 VFP 功能寄存器以及用于缓存维护支持的附加寄存器。在架构上，这些不是 SCB 的一部分，但为了方便起见，将它们包含在 SCB 数据结构中。

表 10.8　Armv8-M 中的 SCB 寄存器

地址	寄存器	CMSIS-CORE 符号	章节
0xE000ED00	CPU ID 基址寄存器	SCB->CPUID	10.5.2
0xE000ED04	中断控制和状态寄存器	SCB->ICSR	9.3.2
0xE000ED08	中断向量表偏移寄存器	SCB->VTOR	9.5
0xE000ED0C	应用程序中断 / 复位控制寄存器	SCB->AIRCR	9.3.4 和 10.5.3
0xE000ED10	系统控制寄存器	SCB->SCR	10.2.3
0xE000ED14	配置和控制寄存器	SCB->CCR	10.5.5
0xE000ED18 ～ 0xE000ED23	系统处理程序优先级寄存器	SCB->SHP[n]	9.3.3

（续）

地址	寄存器	CMSIS-CORE 符号	章节
0xE000ED24	系统处理程序控制与状态寄存器	SCB->SHCSR	9.3.5
0xE000ED28	可配置故障状态寄存器	SCB->CFSR	13.5
0xE000ED2C	硬故障状态寄存器	SCB->HFSR	13.5.6
0xE000ED30	调试故障状态寄存器	SCB->DFSR	13.5.7
0xE000ED34	内存管理故障状态寄存器	SCB->MMFAR	13.5.9
0xE000ED38	总线故障状态寄存器	SCB->BFAR	13.5.9
0xE000ED3C	辅助故障状态寄存器	SCB->AFSR	13.5.8
0xE000ED40 ～ 0xE000ED44	处理器功能寄存器 0 和 1	SCB->ID_PFR[n]	本书中不介绍
0xE000ED48	调试功能寄存器	SCB->ID_DFR	本书中不介绍
0xE000ED4C	辅助功能寄存器	SCB->ID_ADR	本书中不介绍
0xE000ED50 ～ 0xE000ED5C	内存模型功能寄存器 0 ～ 3	SCB->ID_MMFR[n]	本书中不介绍
0xE000ED60 ～ 0xE000ED74	指令集属性寄存器 0 ～ 5	SCB->ID_ISAR[n]	20.7
0xE000ED78	缓存级 ID 寄存器	SCB->CLIDR	在 Cortex-M23 或 Cortex-M33 处理器中不可用（因为这两个处理器没有内部缓存支持）
0xE000ED7C	缓存类型寄存器	SCB->CTR	
0xE000ED80	当前缓存大小 ID 寄存器	SCB->CCSIDR	
0xE000ED84	缓存大小选择寄存器	SCB->CSSELR	
0xE000ED88	协处理器访问控制寄存器	SCB->CPACR	如果实现了 FPU、协处理器或 Arm 自定义指令功能，则可在 Cortex-M33 中使用。有关 FPU 的信息，请参阅第 14 章，有关协处理器和 Arm 自定义指令支持的信息，请参阅第 15 章
0xE000ED8C	非安全访问控制寄存器	SCB->NSACR	

10.5.2　CPU ID 基址寄存器

在系统控制块内有一个称为 CPU ID 基址寄存器的寄存器（见表 10.9）。它是一个只读寄存器，包含处理器的 ID 值和修订号。该寄存器的地址为 0xE000ED00（仅限特权访问）。在 C 语言编程中，可以使用 SCB->CPUID 符号访问该寄存器。

软件和调试工具读取该寄存器以检测设备中的 Cortex-M 处理器。作为参考，之前的 Cortex-M 处理器的 CPU ID 值如表 10.10 所示。

如果处理器实现了 TrustZone 并且处于安全特权状态，则在处理器上运行的软件可以读取位于 0xE002ED00 的 CPU ID 基址寄存器的非安全别名（使用符号 SCB_NS->CPUID）。通过读取 SCB_NS->CPUID，特权软件可以检测它是在安全还是非安全状态下运行：如果处于安全状态，则读取值非零；如果处于非安全状态，则读取值为零，因为非安全软件看不到 SCB 的非安全别名地址。

表 10.9　CPU ID 基址寄存器（SCB->CPUID, 0xE000ED00）

处理器及其次版本	制造商 ID [31:24]	主版本号 [23:20]	架构版本号 [19:16]	产品代码 [15:4]	次版本号 [3:0]
Cortex-M23—r0p0	0x41	0x0	0xC	0xD20	0x0
Cortex-M23—r1p0	0x41	0x1	0xC	0xD20	0x0
Cortex-M33— r0p0 ～ r0p4	0x41	0x0	0xC	0xD21	0x0 ～ 0x4

表 10.10　Arm Cortex-M 处理器中 CPU ID 基址寄存器（SCB->CPUID, 0xE000ED00）

处理器及其次版本	制造商 ID [31:24]	主版本号 [23:20]	架构版本号 [19:16]	产品代码 [15:4]	次版本号 [3:0]
Cortex-M0—r0p0	0x41	0x0	0xC	0xC20	0x0
Cortex-M0+—r0p0/r0p1	0x41	0x0	0xC	0xC60	0x0/0x1
Cortex-M1—r0p0/r0p1	0x41	0x0	0xC	0xC21	0x0/0x1
Cortex-M1—r1p0	0x41	0x1	0xC	0xC21	0x0
Cortex-M3—r0p0	0x41	0x0	0xF	0xC23	0x0
Cortex-M3—r1p0/r1p1	0x41	0x0/0x1	0xF	0xC23	0x1
Cortex-M3—r2p0/r2p1	0x41	0x2	0xF	0xC23	0x0/0x1
Cortex-M4—r0p0/r0p1	0x41	0x0	0xF	0xC24	0x0/0x1
Cortex-M7—r0p2	0x41	0x0	0xF	0xC27	0x2
Cortex-M7—r1p0 ～ r1p2	0x41	0x1	0xF	0xC27	0x0 ～ 0x2

10.5.3　AIRCR——自复位生成（SYSRESETREQ）

应用程序中断 / 复位控制寄存器（SCB->AIRCR）的主要用途之一是允许软件或调试器触发系统复位。这在以下情况中需要：

- ❑ 系统中检测到错误（例如，触发了故障处理程序）并且软件决定使用自复位恢复系统。
- ❑ 在调试期间，软件开发人员通过调试器接口请求系统复位，或者由调试工具在建立调试连接时生成系统复位请求。

SYSRESETREQ 位（SCB->AIRCR 的第 2 位）用于生成系统复位请求。请求被接受必须满足几个条件：

- ❑ 写入数据的第 2 位（即 SYSRESETREQ）为 1。
- ❑ 写入数据的高 16 位为一对键 – 值（比如 0x05FA，如果写入的高 16 位与该值不一致，则写入被忽略）。
- ❑ 存在以下许可条件之一：
  - 写入从调试连接触发。
  - 写入由安全特权软件生成。
  - 该写入是由非安全特权软件生成的，并且安全软件未将 SYSRESETREQS（SCB-> AIRCR 的第 4 位）设置为 1。如果 Cortex-M23/M33 设备没有实现 TrustZone，那么特权软件总是能够生成一个系统重置请求。

要访问 AIRCR 寄存器（包括访问 SYSRESETREQ 功能），程序必须在特权状态下运行。访问 SYSRESETREQ 功能的最简单方法是使用 CMSIS-CORE 头文件中提供的名为 NVIC_SystemReset(void) 的函数。

除了使用 CMSIS-CORE，还可以通过以下代码直接访问 AIRCR 寄存器：

```
// 使用 DMB（数据内存屏障）指令
// 以使处理器等待，直到所有未完成的内存访问都结束
__DMB();
// 读回 PRIGROUP 并与 SYSRESETREQ 合并
SCB->AIRCR = 0x05FA0004 | (SCB->AIRCR & 0x700);
while(1); // 等待直到复位发生
```

在复位发生之前需要数据内存屏障（Data Memory Barrier，DMB）指令，以便完成先前的数据内存访问。写入 AIRCR 时，写入值的高 16 位应设置为 0x05FA：在架构中引入此键值，以防止意外生成自复位请求。

SCB->AIRCR 寄存器还有其他位域，为防止出现问题，建议使用读 – 修改 – 写的顺序请求复位。

根据微控制器中复位电路的设计，在向 SYSRESETREQ 写入 1 后，处理器在复位生效之前可能会继续执行几条指令。为了解决这个问题，建议在系统复位请求之后添加一个无限循环。

Armv8-M 中的自复位逻辑与 Armv7-M 有几处不同，包括：

❑ Armv7-M 处理器（例如 Cortex-M3/Cortex-M4）中可用的 VECTRESET 位已被删除。
❑ 添加了 SYSRESETREQS 位，它允许安全特权软件通过将 SYSRESETREQS 设置为 1 来阻止非安全软件生成自复位。

在某些情况下需要设置 PRIMASK 以便在开始自复位操作之前禁用中断处理，如果系统复位需要一些时间来触发，则可以确保延迟期间发生的中断不会导致中断处理程序执行。否则，系统复位可能发生在中断服务期间，这对于某些应用程序来说是不期望的。

10.5.4　AIRCR——清除所有中断状态（VECTCLRACTIVE）

在暂停模式调试期间，当处理器在异常服务例程中暂停（例如故障异常）时，软件开发人员可能希望强制处理器直接跳转到处理程序之外的一段代码。尽管更改 PC（程序计数器）并恢复程序的执行非常简单，但如果处理器仍处于异常服务模式继续运行，则可能会出现问题：如果代码是为线程模式编写的，但当处理器处于处理者模式时，则该代码可能无法工作（例如当处理器处于高中断优先级的处理者模式时，可能无法执行系统调用指令 SVC）。

为了解决以上调试问题，应用程序中断 / 复位控制寄存器（SCB->AIRCR，9.3.4 节）中的 VECTCLRACTIVE 位允许清除处理器中的中断状态。使用 VECTCLRACTIVE 功能时，写入 AIRCR 时必须将写入数据的高 16 位设置为 0x05FA（即与使用 AIRCR 中的 SYSRESETREQ 位时的要求相同）。

由于 VECTCLRACTIVE 功能不会重置系统的其余部分，因此通过 SYSRESETREQ 生成完整的系统复位通常是一个更好的选择。VECTCLRACTIVE 功能用于调试工具，不能被应用程序软件使用。

10.5.5　CCR——配置和控制寄存器（SCB->CCR, 0xE000ED14）

10.5.5.1　CCR 概述

CCR 是 SCB 中的一个寄存器，用于控制处理器的多个配置（见表 10.11）。该寄存器仅供特权访问。

表 10.11　配置和控制寄存器（SCB->CCR, 0xE000ED14）

位段	名称	类型	复位值	描述
31:19	保留	—	0	保留
18	保留—BP	—	0	使能分支预测（在 Cortex-M23 或 Cortex-M33 处理器中不可用）
17	保留—IC	—	0	使能 L1（1 级）指令缓存（在 Cortex-M23 或 Cortex-M33 处理器中不可用）
16	保留—DC	—	0	使能 L1（1 级）数据缓存（在 Cortex-M23 或 Cortex-M33 处理器中不可用）
15:11	保留	—	0	保留
10	STKOFHFNMIGN	读 / 写	0	当执行 HardFault 或 NMI 处理程序（即中断优先级小于 0 的所有异常）时，控制栈大小限制违例的行为 当为 0 时——不忽略栈大小限制错误 当为 1 时——栈大小限制错误被忽略 该位在 Cortex-M23（Armv8-M 基础版）中不可用
9	保留	—	1	保留——始终为 1 注意：在 Cortex-M3/Cortex-M4 中，这是 STKALIGN。它强制异常栈以双字对齐地址开始。在 Armv8-M 处理器中，异常栈帧总是双字对齐的
8	BFHFNMIGN	读 / 写	0	在执行 HardFault 和 NMI 处理程序期间忽略数据总线故障。该位在 Cortex-M23（Armv8-M 基础版）中不可用
7:5	保留	—	—	保留
4	DIV_0_TRP	读 / 写	0	除以 0 时的陷阱。该位在 Cortex-M23（Armv8-M 基础版）中不可用
3	UNALIGN_TRP	读 / 写	Cortex-M33 中为 0；Cortex-M23 中恒为 1	未对齐访问陷阱。该位在 Cortex-M23（Armv8-M 基础版）中不可用
2	保留	—	—	保留
1	USERSETMPEND	读 / 写	0	如果设置为 1，则允许非特权代码写入软件触发中断寄存器。该位在 Cortex-M23（Armv8-M 基础版）中不可用
0	保留	—	1	保留。 在 Armv7-M 中用作 NONBASETHRDENA（使能非基础线程）。如果设置为 1，则允许异常处理程序通过控制 EXC_RETURN 值返回到任何级别的线程状态

10.5.5.2 CCR——STKOFHFNMIGN 位

栈溢出 HardFault NMI 忽略（Stack Over-Flow HardFault NMI Ignore，STKOFHFNMIGN）允许 HardFault 和 NMI 处理程序绕过栈限制检查。在使用栈限制检查功能时，若希望在主栈末尾为 HardFault 和 NMI 处理程序保留一些内存空间，此位非常有用。

10.5.5.3 CCR——BFHFNMIGN 位

当设置该位时，优先级为 -1（例如 HardFault）或 -2（例如 NMI）的处理程序将忽略由加载和存储指令引起的数据总线故障。当可配置故障异常处理程序（即 BusFault、Usage Fault 或 MemManage 故障）在 FAULTMASK 位设置为 1 的情况下执行时，也可以使用此选项。

如果未设置该位，NMI 或 HardFault 处理程序中的数据总线故障将导致系统进入锁定状态（见 13.6 节）。

该位通常用于需要探测各种内存位置以检测与系统总线和内存控制器相关问题的故障处理程序。

10.5.5.4 CCR——DIV_0_TRP 位

当设置该位时，如果 SDIV（有符号除法）或 UDIV（无符号除法）指令中发生除零，会触发使用故障异常。如果未设置，则操作将以商为 0 完成。

如果未启用使用故障处理程序，则会触发 HardFault 异常（参阅 13.2.3 节和 13.2.5 节）。

10.5.5.5 CCR——UNALIGN_TRP 位

Cortex-M33 处理器支持未对齐数据的传输（参见 6.6 节）。但是由于每次未对齐数据的传输都需要多个时钟周期，因此其访问效率低于对齐数据访问效率。此外，在某些情况下，未对齐传输的发生表明可能使用了不正确的程序代码（例如使用了不正确的数据类型）。为了允许软件开发人员检测和删除不必要的未对齐传输，处理器采用陷阱异常机制检测是否存在未对齐传输。

如果 UNALIGN_TRP 位设置为 1，则在发生未对齐数据传输时触发使用故障异常。如果不是（即 UNALIGN_TRP 设置为默认值 0），则允许未对齐的传输，但仅适用于以下单个加载和存储指令：LDR、LDRT、LDRH、LDRSH、LDRHT、LDRSHT、LDA、LDAH STR、STRH、STRT、STRHT、STA、STAH。

如果地址未对齐，则无论 UNALIGN_TRP 为何值，LDM、STM、LDRD 和 STRD 等多条传输指令始终会触发故障。

10.5.5.6 CCR——USERSETMPEND 位

默认情况下，软件触发中断寄存器（NVIC->STIR）只能在特权状态下访问。如果 USERSETMPEND 设置为 1，则允许对该寄存器进行非特权访问。

请注意，设置 USERSETMPEND 不允许对其他 NVIC 和 SCB 寄存器进行非特权访问。

设置 USERSETMPEND 可能会导致以下情况：设置后，除系统异常外，非特权任务可以触发任何软件中断。因此，如果使用了 USERSETMPEND 并且系统包含不受信任的用户任务，则中断处理程序需要检查是否确实需要执行异常处理，因为它可能是由不受信任的程序触发的。

10.6　辅助控制寄存器

10.6.1　辅助控制寄存器概述

有些 Cortex-M 处理器提供了一个辅助控制寄存器来控制处理器的特定行为。该寄存器中的大多数控制位（除了 EXTEXCLALL，位 29）仅用于调试目的，而不用于正常的应用程序编程。

辅助控制寄存器的地址为 0xE000E008。使用符合 CMSIS-CORE 的驱动程序编程，当处理器处于特权状态时，可以使用 SCnSCB->ACTLR 符号访问辅助控制寄存器。对于实现 TrustZone 的 Cortex-M 处理器，安全软件可以使用 SCnSCB_NS->ACTLR 符号访问辅助控制寄存器的非安全视图（地址为 0xE002E008）。

10.6.2　Cortex-M23 处理器的辅助控制寄存器

Cortex-M23 处理器在其辅助控制寄存器中只使用一位（见表 10.12）。

无须使用 MPU 将内存地址范围标记为可共享，EXTEXCLALL 位允许使用系统级全局独占访问监视器。默认情况下大多数内存区域是不可共享的。尽管特权软件可以使用 MPU 将某些地址范围标记为可共享，但前提是处理器系统必须实现 MPU。在一些超低功耗设计中，可能由于功耗和芯片面积成本而无法使用 MPU。因此，EXTEXCLALL 位提供了一种能够使用系统级全局独占访问监视器的替代方式。

在以下情况下，应当将 EXTEXCLALL 位设置为 1：

❑ 系统内不止一个总线控制。

❑ 多个总线主控可能会尝试访问用于独占访问序列（例如信号量）的相同数据。

❑ 软件无法使用 MPU 为独占访问数据设置内存区域（例如当 MPU 不可用时）。

表 10.12　Cortex-M23 处理器的辅助控制寄存器（SCnSCB->ACTLR, 0xE000ED08）

位段	名称	类型	复位值	描述
31:30	保留	—	0	保留
29	EXTEXCLALL	读 / 写	0	当该位为 0 时（默认），只对可共享内存的独占访问使用独占访问边带信号（这允许使用全局独占访问监视器，请参阅 6.7 节）。当该位为 1 时（默认），所有独占访问都使用独占访问边带信号
28:0	保留	—	0	保留

10.6.3　Cortex-M33 处理器的辅助控制寄存器

除了具有 EXTEXCLALL 位外，Cortex-M33 处理器中的辅助控制寄存器还具有以下附加控制位（见表 10.13）。

除 EXTEXCLALL 外，表 10.13 中详述的控制位域仅用于调试。

表 10.13　Cortex-M33 处理器的辅助控制寄存器（SCnSCB->ACTLR, 0xE000ED08）

位段	名称	类型	复位值	描述
31:30	保留	—	0	保留
29	EXTEXCLALL	读 / 写	0	当该位为 0 时（默认），只对可共享内存的独占访问使用独占访问边带信号（这允许使用全局独占访问监视器，请参阅6.7 节）。当该位为 1 时（默认），所有独占访问都使用独占访问边带信号
28:13	保留	—	0	保留
12	DISITMATBFLUSH	读 / 写	0	当设置为 1 时，禁用 ITM 和 DWT 调试组件中的 ATB 刷新。当 ATB 刷新被禁用时，刷新请求信号（AFVALID）被忽略，刷新确认信号（AFREADY）保持高电平。这允许跟踪接口具有与先前不支持 ATB 刷新的 Cortex-M3/Cortex-M4 处理器相同的行为。仅当调试工具对 ATB 刷新支持有问题时才需要此功能
11	保留	—	0	保留
10	FPEXCODIS	读 / 写	0	当设置为 1 时，禁用 FPU 异常输出（参见 14.6 节）。该位仅在实现 FPU 时可用
9	DISOOFP	读 / 写	0	当设置为 1 时，交错浮点和非浮点指令按照指令序列中定义的顺序完成（乱序完成被禁用）。仅在实现 FPU 时可用
8:3	保留	—	0	保留
2	DISFOLD	读 / 写	0	当设置为 1 时，禁用双发射功能（这样做会降低处理器的性能）
1	保留	—	0	保留
0	DISMCYCINT	读 / 写	0	禁用多周期指令中断，例如 LDM、STM、64 位乘法和除法指令。由于 LDM 或 STM 指令必须在处理器入栈当前状态并进入中断处理程序之前完成，因此设置该位将增加处理器的中断延迟

10.7　系统控制块中的其他寄存器

系统控制块中还有其他几个寄存器。包括：

❏ 故障状态寄存器——在 13.5 节中介绍。

❏ 协处理器访问控制寄存器（CPACR 和 NSACR）——在 14.2.3 节和 14.2.4 节中介绍。

❏ 缓存管理寄存器——在 Cortex-M23 和 Cortex-M33 处理器中不可用。

❏ 一系列只读寄存器，允许软件和调试工具识别处理器的可用功能。

第 11 章
支持操作系统的特性

11.1 支持操作系统的特性概述

从架构设计的角度讲，ArmCortex-M 系列处理器支持运行嵌入式操作系统，并提供一系列功能以保证操作系统及其应用程序可以被高效安全地运行。许多针对 Cortex-M 处理器所设计的嵌入式操作系统被称为实时操作系统（Real-Time Operating System，RTOS），RTOS 提供了任务调度功能，可以针对任务提供确定性响应，即在特定硬件事件发生后，可在预设的时间窗口内执行相应的中断关键任务。

在设计上，Cortex-M 系列处理器有许多支持操作系统运行的功能。如果处理器不支持 TrustZone 安全功能扩展，则大多数的 Cortex-M 系列处理器（包括 Cortex-M23 和 Cortex-M33 处理器）都具有以下功能：

❑ 系统计时器：处理器内部的一个简单计时器，为操作系统运行提供周期性中断事件（即系统时钟）。现有的 Cortex-M 系列处理器均支持直接运行基于系统计时器的操作系统。如果操作系统未使用系统计时器（即系统为裸机系统，或操作系统使用其他特定外设计时器产生周期性时钟中断），软件开发者也可以将系统计时器用于其他计时目的。

❑ 多组栈指针：系统中存在多组栈指针，分为主栈指针（MSP）和进程栈指针（PSP）。
- 使用 MSP 管理系统启动、系统初始化和异常处理程序过程中栈的操作（包括操作系统内核）。
- 使用 PSP 管理应用程序任务的栈操作。

❑ 栈限制检查：检测栈溢出错误，这项功能是 Armv8-M 指令集架构中新引入的一项功能。（注意，如果配置的 Cortex-M23 处理器不支持 TrustZone 安全功能扩展，将不支持这项功能，在支持 TrustZone 安全功能扩展的处理器中只有安全栈指针支持栈限制检查功能）。

❑ SVC 和 PendSV 异常事件：SVC 指令触发的 SVCall 异常事件允许应用程序任务（通常作为非特权线程执行）访问操作系统服务（以特权访问权限执行）。PendSV 异常事件由系统控制块中的中断控制和状态寄存器触发（SCB->ICSR，详见 9.3.2 节），该异常事件可用于上下文切换操作（见 11.9 节）。

❑ 非特权执行级别和内存保护单元（MPU）：该功能使用一个基本的安全模型来限制非特权应用程序任务的访问权限。特权软件和非特权软件的相互隔离还可以与 MPU 结合使用，从而进一步增强嵌入式系统的健壮性。

❑ 独占访问：独占加载和存储指令对操作系统执行信号量和互斥量（MUTEX）操作具有非常重要的意义。

如果系统支持 TrustZone 安全功能扩展，上述所有支持操作系统的功能在安全状态和非安全状态各自存在独立的设置。下面是在支持 TrustZone 安全功能扩展的系统可用的附加功能：

❑ 多组栈指针——共有四个栈指针可用：MSP_S（安全 MSP）、PSP_S（安全 PSP）、MSP_NS（非安全 MSP）和 PSP_NS（非安全 PSP）。

❑ 在所有 Armv8-M 系列的处理器中，支持对安全栈指针的栈限制检查。

❑ 多组 MPU（安全和非安全）事件。

❑ 多组 SVCall 和 PendSV 异常事件。

❑ 安全系统计时器（在 Armv8-M 基础版指令集架构 /Cortex-M23 处理器上为可选配置）。

除上述功能外，处理器中的许多其他功能也间接地有利于将操作系统部署在 Cortex-M 处理器上。例如，Cortex-M33 处理器（以及所有 Armv7-M 指令集架构处理器）中的指令跟踪宏单元（ITM）可用于启用操作系统感知调试功能，并且 Cortex-M 处理器的低中断延迟特性也提高了上下文切换的性能。

11.2　系统计时器

11.2.1　系统计时器的用途

当运行嵌入式操作系统时，操作系统依靠计时器外设来触发操作系统异常，以便在多个应用程序任务之间进行上下文切换。在简单操作系统设计中，操作系统使用计时器外设产生周期性中断（有时称为系统时钟）。在计时器的中断处理程序中，软件将重新评估任务的优先级，有必要的情况下可以从当前任务切换到另一个任务。系统计时器的设计就是为了满足操作系统这一需求：由于在大多数使用 Cortex-M 系列处理器的设备中都存在系统计时器，因此嵌入式操作系统可以依赖系统计时器开展正常工作，可在 Cortex-M 系列处理器上直接运行操作系统而无须对系统进行任何自定义更改。

如果运行在处理器上的应用程序不包含 RTOS，或者如果配置 RTOS 使用其他外设计时器时，处理器中自带的系统计时器可用于其他计时目的：

❑ 用于产生控制目的的周期性中断。

❑ 时间测量任务。

❑ 用于产生延迟。

从 Armv8-M 基础版指令集架构角度允许芯片设计者（即 Cortex-M23 处理器）选配系统计时器。因此，SoC 设计者在基于 Cortex-M23 处理器设计 SoC 系统时可以选择省略系统计时器模块以减少芯片面积。但在大多数微控制器设备的应用中，需要加入系统计时器模块使得软件开发者能够快速启动并运行操作系统代码。

Armv8-M 主线版指令集架构的处理器则必须包含系统计时器，比如 Cortex-M33 处理器。

在支持 TrustZone 安全功能扩展的系统中，处理器中最多可以拥有两个系统计时器。表 11.1 中列出了可能的配置情况。

有关在支持 TrustZone 安全功能扩展的系统如何使用不同分组的系统计时器执行应用操作的更多说明，请阅读 11.2.4 节。

表 11.1 系统计时器的应用选项

是否支持 TrustZone	Cortex-M23 处理器	Cortex-M33
不支持 TrustZone 的系统	可选项： • 没有系统计时器 • 有一个系统计时器	包含一个系统计时器
支持 TrustZone 的系统	可选项： • 没有系统计时器 • 有一个系统计时器——可以设置为安全模式或非安全模式 • 两个系统计时器（安全模式和非安全模式）	包含两个系统计时器（安全模式和非安全模式）

11.2.2 系统计时器的操作

系统计时器是一个简单的 24 位计时器，包含 4 个寄存器（见图 11.1）。

计时器的工作模式为向下计数的计数器，当计数值减到 0 时触发 SysTick 异常事件（见图 11.2）。当计数值减到 0 后，在启动下次计时工作前会重新加载设置在寄存器中的初始计数值。计时器可以使用处理器的时钟频率进行工作，也可以使用参考时钟（如果可用）进行计数操作。参考时钟通常是具有固定时钟频率的片上时钟源。请注意，如果在某些休眠模式下处理器使用的时钟停止工作，系统计时器工作也会相应地停止。

为了更方便地访问系统计时器寄存器，在 CMSIS-CORE 函数库的头文件中定义了一种被称为 SysTick 的数据结构，以允许开发者更加容易地访问这些寄存器（见表 11.2）。关于这个数据结构有以下几点说明：

❑ 系统计时器寄存器只能在特权状态下访问。

❑ 对 SysTick 的非特权访问会触发错误响应。

❑ 应使用 32 位对齐传输访问寄存器。

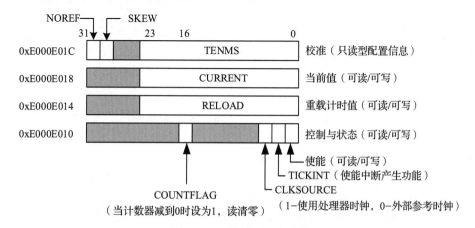

图 11.1 系统计时器寄存器

当启用 SysTick 模块（即 SysTick->CTRL 寄存器的第 0 位设为 1）时，向下计数的计数器寄存器（SysTick->VAL）按照处理器的时钟频率向下递减（SysTick->CTRL 的第 2 位设为 1），或者在参考时钟频率的上升沿递减（即 0 到 1 的翻转时刻)(SysTick->CTRL 的第 2 位设为 0）。参考时钟（如果系统中可使用）必须比处理器时钟频率慢一半才能正确同步。在某些设备中如果没有可用的参考时钟，在这种情况下，NOREF 位（SysTick->CALIB 的第 31 位）应被设置为 1，当该位被设置为 1 时，CLKSOURCE 位（确定 SysTick 递减的时间）被强制设置为 1。

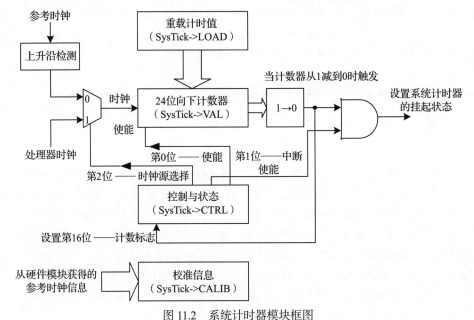

图 11.2　系统计时器模块框图

表 11.2　CMSIS-CORE 函数库中表示的系统计时器寄存器概要

地址	CMSIS-CORE 符号	寄存器
0xE000E010	SysTick->CTRL	系统计时器控制和状态寄存器
0xE000E014	SysTick->LOAD	系统计时器重载计时值寄存器
0xE000E018	SysTick->VAL	系统计时器当前值寄存器
0xE000E01C	SysTick->CALIB	系统计时器校准寄存器

当向下递减计数器（SysTick->VAL）递减到 0 时，硬件会自动将 COUNTLAG(SysTick->CTRL 的第 16 位）设置为 1。如果系统设置了该寄存器的 TICKINT 位，将触发 SysTick 异常挂起状态，处理器将在可能的情况下执行 SysTick 异常处理程序（异常类型 15）。随后将重载计时值寄存器（SysTick->LOAD）中的内容在 SysTick 进行下一次递减操作时加载到 SysTick 模块的当前值寄存器（SysTick->VAL）中。在此情况下，在对控制状态寄存器执行读操作时，或者当前计数器值被递减到 0 之前，SysTick 不会将 COUNTFLAG 标志位清除。

一个名为 SysTick 校准寄存器的附加寄存器用于允许片上硬件为软件提供校准信息。在 CMSIS-CORE 库中提供了一个名为 SystemCoreClock 的软件变量，因此通常不需要使用 SysTick 校准寄存器。该变量在处理器执行系统初始化函数 SystemInit() 时设置，并在每次系统时钟配置更改时更新。上述通过软件获得时钟校准信息的方法比使用 SysTick 校准寄存器的方法更加灵活（例如，可以更容易对 SystemCoreClock 变量进行更新）。

SysTick 寄存器的编程者模型如表 11.3 ～表 11.6 所示。

SysTick 校准值寄存器（SysTick->CALIB）为只读寄存器，用于提供定时校准信息。如果此信息有效，则 SysTick->CALIB 寄存器的低 24 位将提供 SysTick 计数间隔单位为 10ms 的计时器重加载值。但由于许多微控制器没有上述信息（对寄存器的 TENMS 域段执行读操作，通常读出值为 0），因此可以通过 SysTick 校准寄存器的第 31 位来判断参考时钟是否有效。

CMSIS-CORE 库中通过软件变量（即 SystemCoreClock）提供时钟频率信息的方法比使用 SysTick->CALIB 硬件寄存器的方式更加灵活，该方式得到了大多数微控制器供应商的支持。

在使用 CMSIS-CORE 头文件的软件工程中，SysTick 异常处理程序被称为 SysTick_Handler(void)。

表 11.3　SysTick 控制和状态寄存器（0xE000E010）

位置	名称	类型	复位值	说明
16	COUNTFLAG	只读	0	如果自上次读取该寄存器以来计时器计数一直为 0，则返回 1； 对该寄存器执行读操作或清除寄存器中当前计数器值时，该寄存器位域自动清零
2	CLKSOURCE	读 / 写	0	0 = 使用外部参考时钟（STCLK） 1 = 使用处理器时钟
1	TICKINT	读 / 写	0	1 = 当系统计时器递减至 0 时产生 SYSTICK 中断 0 = 不生成中断
0	ENABLE	读 / 写	0	系统计时器使能开关（1 = 启用，0 = 禁用）

表 11.4　SysTick 重加载值寄存器（0xE000E014）

位置	名称	类型	复位值	说明
23:0	RELOAD	读 / 写	—	当计时器递减至 0 时的计数重加载值

表 11.5　SysTick 当前值寄存器（0xE000E018）

位置	名称	类型	复位值	说明
23:0	CURRENT	读 / 写清零	—	读取计时器的当前值。 对计数器执行写清零操作。清除寄存器当前值也会清除 SYSTICK 控制和状态寄存器中的 COUNTLAGE 标志位

表 11.6　SysTick 校准值寄存器（0xE000E01C）

位置	名称	类型	复位值	说明
31	NOREF	读	—	1 = 无外部基准时钟 0 = 外部参考时钟可用
30	SKEW	读	—	1 = 按照 10ms 进行校准，存在不精准的情况 0 = 校准值精确
23:0	TENMS	读	—	以 10ms 为单位的校准值：芯片设计者可以通过处理器的硬件输入信号提供该值。如果该值读出为 0，则校准值无效

11.2.3　系统计时器应用

11.2.3.1　在 RTOS 中使用系统计时器

许多 RTOS 已经提供了对系统计时器的原生支持，因此除非开发者想使用指定外设计时器设备用于替代原有操作系统运行部分中系统计时器部分，否则不需要对 RTOS 中的相关部分进行更改。有关这方面的更多信息，请参阅相关的 RTOS 文档。

11.2.3.2　使用 CMSIS-CORE 函数库中的系统计时器

在 CMSIS-CORE 函数库头文件中提供了使用处理器时钟作为时钟源定期生成 SysTick 中断的函数：

```
uint32_t SysTick_Config(uint32_t ticks);
```

该函数的功能为，以形参 tick 所代表的值设置 SysTick 中断间隔；使用处理器时钟作为计数器的计数时钟源；设置 SysTick 异常事件的优先级为最低异常优先级。

例如，如果时钟频率为 30MHz，并且按照 1kHz 的频率触发 SysTick 异常，则可以调用以下函数实现：

```
SysTick_Config(SystemCoreClock / 1000);
```

示例中假设变量 SystemCoreClock 存放了当前的时钟频率值（30×10^6），但如果变量中未存放正确的时钟频率值，则可以通过以下方式获得当前的时钟频率：

```
SysTick_Config(30000); // 30MHz / 1000 = 30000
```

SysTick 模块设置完成后，SysTick_Handler() 以 1kHz 的时钟频率开始工作。

如果 SysTick_Config 函数的输入参数过大，无法被放入 24 位重加载值寄存器（即配置值大于 0xFFFFFF），SysTick_Config 函数将返回 1 以表示配置操作失败。如果配置操作成功，则函数返回 0。

11.2.3.3　在不执行 SysTick_Config 配置操作时使用系统计时器

如果要使用片外参考时钟作为系统计时器的工作时钟，或者不希望在系统计时器工作过程中触发 SysTick 异常事件，那么用户必须对系统计时器的启动过程进行手动设置。建议按以下序列进行启动配置：

1）对 SysTick 控制和状态寄存器 SysTick->CTRL 执行写 0 操作，关闭系统计时器（此步骤可选）。由于 SysTick 模块之前可能已被系统使能，建议使用可重用代码。

2）将新设置的重加载值写入 SysTick->LOAD 寄存器中。重加载值应设置为计时器计时间隔值减 1。

3）对 SysTick 的当前值寄存器 SysTick->VAL 写入任意值，将寄存器的值清零。

4）配置 SysTick 控制和状态寄存器 SysTick->CTRL，使能系统计时器。

由于系统计时器最终会递减至 0，因此计时器重加载值应设置为计时间隔的上限值减 1。例如，如果系统计时器计时间隔的上限值设置为 1000，则重加载值（SysTick->LOAD）应该设置为 999。

如果在轮询模式下使用系统计时器，则可以使用 SysTick 控制和状态寄存器 (SysTick->CTRL) 中的计数标志来检查计时器何时达到 0。例如，可以通过将系统计时器设置成某个特定值，等待计时器递减到 0，这段计时器计时的时间可用于创建系统中特定的定时延迟：

```
SysTick->CTRL = 0;       //关闭 SysTick
SysTick->LOAD = 0xFF;    //计时器从 255 递减至 0(256 个时钟周期)
SysTick->VAL  = 0;       //对当前值清零，同时清除计时标志
SysTick->CTRL = 5;       //基于处理器时钟启动系统计时器
while ((SysTick->CTRL & 0x00010000)==0);//等待计时标志被设置
SysTick->CTRL = 0;       //关闭 SysTick
```

如果要将 SysTick 中断设置成在特定时间触发的一次性操作，可以将重加载值减少 12 个周期的计数值以补偿中断延迟。例如，如果我们希望 SysTick 处理程序以 300 个时钟周期执行：

```
volatile int SysTickFired; //用于表示 SysTick 告警已经被执行的全局软件
                           //标志
...
SysTick->CTRL = 0;         //关闭 SysTick
SysTick->LOAD = (300-12);  //设置重加载值
                           //由于异常执行的延迟需要减去 12 个时钟周期
SysTick->VAL  = 0;         //对当前值寄存器进行清零
SysTickFired = 0;          //将软件标志设置为 0
SysTick->CTRL = 0x7;       //使用处理器时钟使能 SysTick，启用
                           //SysTick 中断使能
while (SysTickFired == 0); //等待 SysTick 处理函数设置 flag
```

在"一次性"SysTick 处理程序中，需要禁用 SysTick 以确保 SysTick 异常事件只被触发一次。由于启动所需的中断处理任务需要一些时间，在这段时间内中断挂起状态可能被再次设置，因此在进入中断处理程序前可能还需要清除 SysTick 挂起状态。"一次性"SysTick 处理程序的示例如下：

```
void SysTick_Handler(void) // SysTick 异常处理
{
SysTick->CTRL = 0x0;       // 关闭 SysTick
...;                       // 执行所需处理任务
SCB->ICSR |= 1<<25;        // 清除 SysTick 挂起状态，因为该挂起状态有可能被再次
                           // 设置
SysTickFired++;            // 更新软件标志，使得主程序能知道 SysTick 告警任务已经被执行
return;
}
```

值得注意的是，如果系统中同时正在发生另一个异常事件，则 SysTick 异常事件可能会延迟触发。

11.2.3.4　使用系统计时器进行时间测量

系统中可以使用系统计时器用于定时测量。例如可使用以下代码测量短函数的执行时间：

```
unsigned int start_time, stop_time, cycle_count;
SysTick->CTRL = 0;                    // 禁用 SysTick
SysTick->LOAD = 0xFFFFFFFF;           // 设置重加载值到最大允许值
SysTick->VAL  = 0;                    // 将当前值寄存器清零
SysTick->CTRL = 0x5;                  // 使用处理器时钟开始工作
while(SysTick->VAL != 0);             // 等待 SysTick 被重新加载
start_time = SysTick->VAL;            // 获得开始时间
function();                           // 执行需要被测量的函数
stop_time  = SysTick->VAL;            // 获得结束时间
cycle_count = start_time - stop_time; // 计算函数时间开销
```

由于系统计时器是一个递减计数器，计数器"开始时间"值大于"结束时间"值。如果被测函数的执行时间过长（即超过 2^{24} 个时钟周期），则计时器将向下溢出。因此，可能需要在定时测量结束时对 count_flag 进行检查。如果系统计时器设置了 count_flag，则函数测量的持续时间已经了超过 0xFFFFFF 的最大计时周期。在此情况下，则必须启用 SysTick 异常，并使用 SysTick 异常处理程序计算系统计数器向下溢出的次数。测得的时钟周期总数也将包括 SysTick 异常处理函数中得到的向下溢出的次数。

11.2.4 TrustZone 与系统计时器

如表 11.1 中所述，在支持 TrustZone 安全功能扩展的 Armv8-M 处理器中最多可以拥有两个系统计时器，即安全 SysTick 和非安全 SysTick。非安全软件只能看到非安全 SysTick，而安全软件则可以看到安全 SysTick 和非安全 SysTick（通过非安全 SysTick 别名地址），如图 11.3 所示。

在安全和非安全区域各自存在独立的 SysTick 异常事件。不同安全属性的 SysTick 异常事件各自链接到属于同一安全域的系统计时器，如下所述：

❑ 安全 SysTick 异常事件由安全系统计时器触发，该异常事件的入口来自安全中断向量表中的 SysTick 中断向量。安全中断向量表的基址由 VTOR_S 寄存器别名决定。

❑ 非安全 SysTick 异常事件由非安全系统计时器触发，该异常事件的入口来自非安全中断向量表中的 SysTick 中断向量。非安全中断向量表的基址由 VTOR_NS 寄存器别名所决定。

软件可以通过访问 SCB->ICSR（中断控制和状态寄存器，见 9.3.2 节）触发 SysTick 异常。使用 SCB->ICSR 触发 SysTick 异常的行为如表 11.7 所示。

表 11.7 不同备份 SysTick 挂起状态的行为

当处理器处于安全状态	当处理器处于非安全状态
通过设置 SCB->ICSR 寄存器的 PENDSTSET 位域设置安全 SysTick 的挂起状态	通过设置 SCB->ICSR 寄存器的 PENDSTSET 位域设置非安全 SysTick 的挂起状态
通过设置 SCB_NS->ICSR 寄存器的 PENDSTSET 位域设置非安全 SysTick 的挂起状态	

SysTick 在 Armv8-M 基础版指令集架构处理器中为可选配置。如果芯片设计者决定在

处理器配置版本中只实现一个系统计时器，那么安全特权软件可以通过修改 STTNS 寄存器位域的值（SysTick 目标为非安全，SCB->ICSR 寄存器的第 24 位）选择将系统中唯一系统计时器配置为：

❑ 安全 SysTick（SCB->ICSR 中的 STTNS 配置为 0 时，寄存器位域的默认值）。

❑ 非安全 SysTick（SCB->ICSR 中的 STTNS 配置为 1 时）。

以下情况下，寄存器中不存在 STTNS 控制位：

❑ 处理器中未配置系统计时器。

❑ 处理器具有两个系统计时器。

❑ 不支持 TrustZone 安全功能扩展。

寄存器的 STTNS 位域只能在应用处于安全特权状态时被访问。

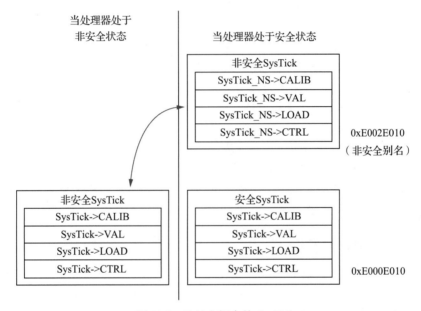

图 11.3　地址空间中的 SysTick

11.2.5　其他问题

使用系统计时器时需要注意以下几点：

1）系统计时器中的寄存器只能在处理器处于特权状态时，并且以 32 位对齐的方式才能访问。

2）某些微控制器设计中可能不能使用参考时钟作为系统计时器的时钟源。

3）在运行包含嵌入式操作系统部分的应用程序时，操作系统可能会使用系统计时器，因此非系统部分的应用程序任务不应使用系统计时器。

4）调试期间如果处理器停机，则系统计时器将停止计数。

5）系统计时器可能在某些睡眠模式下停止，该行为取决于微控制器的设计结构。

11.3 栈指针备份

11.3.1 对栈指针进行备份的优点

有关栈指针寄存器和栈操作的详细介绍参见 4.2.2 节和 4.3.4 节。Armv8-M 指令集架构的处理器可以拥有两个栈指针（不支持 TrustZone 安全功能扩展）或四个栈指针（支持实现 TrustZone 安全功能扩展）。在处理器系统中支持多个栈指针的基本原因如下：

□ **出于系统安全性和鲁棒性考虑**：使用多个栈指针可以将非特权应用程序线程的栈内存与特权代码（包括操作系统内核）的栈空间隔离。在支持 TrustZone 安全功能扩展的系统中，安全和非安全软件进程所使用的栈空间也需要隔离。

□ **出于在 RTOS 运行期间轻松高效地切换上下文的考虑**：当在 Cortex-M 系列处理器上运行 RTOS 时，PSP 可能被多个应用程序线程所使用，在每次进程上下文切换操作时需要对 PSP 进行重新改写。在每次上下文切换时，PSP 需要被更新并指向即将被执行的新线程的栈空间。当处理器在运行操作系统内核功能任务（例如，任务调度、上下文切换）时，操作系统代码使用自己的栈内存用于任务操作。因此，需要设立独立的栈指针（即 MSP），用于操作系统使管理栈数据不受 PSP 频繁切换的影响。通过使用独立的 MSP 和 PSP 可以使得操作系统在设计上更加简单高效。

□ **提高内存利用效率**：使用 PSP 管理应用线程的栈以及使用 MSP 管理异常处理程序的栈时，软件开发者在为应用程序线程分配栈空间时只需要考虑异常程序的第一级栈帧。这是由于只有主栈在分配栈空间时需要考虑支持多级嵌套异常 / 中断所需的所有栈空间，因此不需要在每个应用程序的线程栈空间分配过程中考虑为嵌套异常保留所有的栈空间，从来带来更高的内存利用效率。

11.3.2 备份栈指针的操作

如图 4.6 所示，基于 Armv8 -M 指令集架构的微处理器中最多可以拥有四种栈指针。分别是：

□ 安全主栈指针（MSP_S）。
□ 安全线程栈指针（PSP_S）。
□ 非安全主栈指针（MSP_NS）。
□ 非安全线程栈指针（PSP_NS）。

如何选择当前使用的栈指针取决于处理器当前的安全状态（安全或非安全）、处理器的模式（线程或处理程序）以及控制寄存器中的 SPSEL 设置。这部分内容在 4.2.2.3 节和 4.3.4 节进行了详细介绍。如果系统中未实现 TrustZone 安全功能扩展，则只能使用非安全栈指针。

从编程角度考虑，通常：

□ 所使用的 MSP 和 PSP 符号表示当前安全状态下所选择的栈指针类型：
  ● 当处理器处于安全状态时，当前的 MSP 符号表示 MSP_S 指针，PSP 符号表示 PSP_S 指针。

- 当处理器处于非安全状态时，当前的 MSP 符号表示 MSP_NS 指针，PSP 符号表示 PSP_NS 指针。

❑ 安全软件可以使用 MSR 和 MRS 指令访问 MSP 和 PSP。

默认情况下，Cortex-M 系列处理器使用 MSP 完成启动过程：

❑ 当系统支持 TrustZone 安全功能扩展时，处理器将在安全特权状态下启动，默认情况下选择 MSP_S（安全 MSP）作为当前栈指针。寄存器 CONTROL_S.SPSEL 位域（CONTROL_S 寄存器中的第 1 位）的默认值为 0，这表示处理器选择 MSP 作为当前栈指针。

❑ 当系统不支持 TrustZone 安全功能扩展时，处理器将在非安全特权状态下启动，默认情况下选择 MSP 作为当前栈指针。寄存器 CONTROL.SPSEL 位域（CONTROL 寄存器中的第 1 位）的默认值为 0，这表示处理器选择 MSP 作为当前栈指针。

在大多数未采用嵌入式操作系统或 RTOS 的应用程序中，可以使用 MSP 管理所有类型任务的栈操作，而忽略 PSP。

对于大多数不支持 TrustZone 安全功能扩展的并需要运行 RTOS 的微控制器系统，PSP 常被管理应用程序线程的栈操作。而 MSP 用于管理启动、初始化和异常处理程序（包括操作系统内核代码）过程中的栈操作。对于上述软件组件，栈操作指令（例如 PUSH、POP、VPUSH 和 VPOP）和大多数使用 SP 的指令（例如，使用 SP/R13 作为数据访问基地址的操作）将使用当前选择的栈指针用于栈管理。

每个应用程序任务 / 线程都具有自己的栈空间（见图 11.4。请注意，图示仅为其中一种栈空间的布局案例），操作系统中上下文切换代码需要在每次上下文切换时更新 PSP。

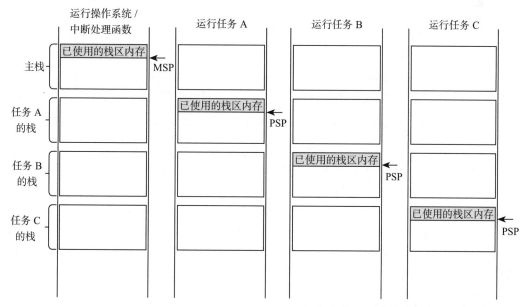

图 11.4　为每个任务 / 线程分配相互隔离的栈内存

在上下文切换操作中，操作系统代码使用 MRS 和 MSR 指令直接访问 PSP。访问 PSP 的操作包括：

❑ 保存被切换任务的 PSP 当前指针值。

❑ 将 PSP 设置为即将切换到任务在上一次 PSP 操作后的指针值。

通过对栈空间进行隔离，操作系统可以使用 MPU 或栈限制检查功能来限制每个任务 / 线程使用的最大栈内存空间量。除了限制栈所消耗的内存外，操作系统还可以利用 MPU 限制应用程序任务 / 线程能够访问的内存地址范围。有关这方面的更多内容，请阅读第 12 章相关部分。

支持 TrustZone 安全功能扩展的 Cortex-M 系列处理器系统具有四种栈指针。在具有安全软件解决方案（如 TF-M[1] 和安全库）的典型系统中，四种栈指针的使用方式如图 11.5 所示。

使用如图 11.5 所示的软件架构有以下两种：

❑ 在安全特权状态下执行的安全管理软件（如 TF-M 中的安全分区管理器）[1]。

❑ 在安全非特权状态下执行的安全库（如 IoT 云连接器 / 客户端）。

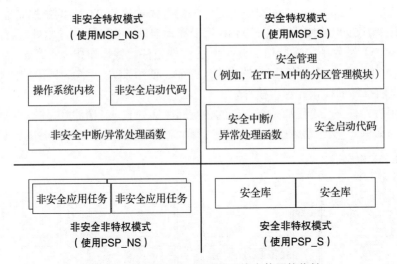

图 11.5　在支持 TrustZone 的系统中使用栈指针

通过以上方法，安全管理软件可以通过配置安全 MPU 隔离各种安全库，从而防止这些库访问 / 破坏安全管理软件正在使用的关键数据。使用 PSP_S 指针（安全进程栈指针）可以管理并隔离上述各种库的栈内容区域。

与运行在 RTOS 环境非安全空间中的多种任务类似，处理器可能需要在不同时间访问这些安全的非特权库。因此，在系统中需要使用安全管理软件来处理在这些库之间进行的上下文切换操作。切换过程涉及对 PSP_S 指针进行多次更新，以及在每次上下文切换处对安全 MPU 进行重新配置。

11.3.3　裸机系统中的备份栈指针

虽然备份栈指针的设计主要针对嵌入式 OS/RTOS 的应用场景，但也可以将备份栈指针用于裸机（即未使用的 OS）应用程序。这种用法的独到之处在于：

- ❑ 即使以线程模式运行的应用程序（正在使用 PSP）由于栈损坏而崩溃，故障异常处理程序（例如，HardFault_Handler）仍然可以正常执行。
- ❑ 在存在多片不连续 RAM 区域的设备中，可以将线程栈（使用 MSP）配置在块连续的 RAM 区域，将处理程序栈配置在另一个连续的 RAM 区域。

图 11.6 所示为裸机应用多个栈指针操作的简单示例：

1）在程序开始时，使用 MSP 管理初始栈（这是采用 Cortex-M 系列处理器项目的通常做法）。

2）为异常处理程序保留独立的栈空间。

3）在线程执行级别，将 MSP 的值复制到 PSP 寄存器中。

4）禁用中断时（例如，将 PRIMASK 设置为 1），切换栈指针，在线程模式下选择使用 PSP 进行栈管理，并将设置 MSP 指向处理程序栈顶部的地址。

5）清除 PRIMASK 重新使能中断功能。

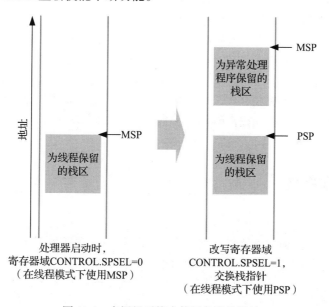

图 11.6　在裸机系统中使用备份栈指针

当使用汇编语言实现的启动代码时，可以在复位处理程序内按照以上步骤进行栈设置。或者也可以基于 C 编程环境执行相同的步骤，如下所示：

```
uint64_t MainStack[1024]; // 主栈空间
...
int main(void)
{
    ...
    // 将初始主栈值设置为新主栈顶部的地址
```

```
uint32_t new_msp_val = ((unsigned int) MainStack) + (sizeof (MainStack));
...

__set_PSP(__get_MSP());
__disable_irq(); // 设置 PRIMASK 关闭中断
__set_CONTROL(__get_CONTROL()|0x2); // 设置 SPSEL
__ISB(); // 从架构角度建议在更新 CONTROL 后执行 ISB 指令
__set_MSP(new_msp_val); // 将 MSP 指向主栈顶端
__enable_irq(); // 清除 PRIMASK 重新使能中断
...
```

在执行上述代码步骤初始化栈时，必须设置在使用 CONTROL 寄存器期间短时间内禁用中断。如果在此期间未禁用中断，当设置控制寄存器中的 SPSEL 位域后，中断恰好到达，可能发生以下非理想情况：

❏ 异常事件的入栈操作将使用 PSP 管理多个寄存器的入栈过程。

❏ 在执行 ISR 期间（使用 MSP，在入栈前该指针指向前一个 PSP），ISR 中的入栈操作可能会导致现有的栈内容被损坏。

❏ 当 ISR 过程执行完成后，返回执行 main() 线程时，由于 main() 线程所使用的栈中数据已被 ISR 过程所破坏，因此可能会导致软件行为出现错误。

上述软件设置栈步骤的 1～5 项仅针对裸机系统。对于基于 RTOS 软件的系统，多栈的切换处理操作通常已集成到 RTOS 内部操作过程中，而对普通软件开发者不可见。在软件项目中使用 RTOS 时，有关栈配置的更多信息，请参阅 RTOS 文档和 RTOS 供应商提供的代码示例。

11.4　栈限制检查

11.4.1　概述

栈溢出是一种常见的软件错误，该错误为应用程序或多任务系统中应用程序任务所消耗的栈空间多于分配的栈空间。这种现象可能会导致栈数据损坏，从而可能导致应用程序失败（例如，程序任务得到错误的结果或导致应用程序崩溃），甚至还可能对物联网应用程序的安全性产生负面影响。

在 Armv8-M 出现的指令集架构中，软件应用可以通过 MPU 管理栈内存空间分配过程从而检测栈溢出。而在一些 RTOS 产品中，支持在上下文切换期间使用软件步骤在应用程序线程中检测栈溢出。在 Armv8-M 指令集架构中，增加了专用的栈限制检查功能。通过栈限制寄存器（见图 11.7），特权软件能够定义分配给主栈和进程栈的最大栈大小。

栈限制寄存器的低 3 位寄存器值固定到 0，表明栈限制始终是以双字为单位进行对齐的。

如果栈指针指向的地址值低于栈限制，在此情况下使用栈指针进行与栈相关的操作，系统将会检测到栈操作冲突，并触发如下错误异常：

❏ 在 Armv8-M 基础版指令集架构下，将会触发硬故障异常（即安全硬故障，这是因为栈限制检查功能仅在安全状态下可用）。

❑ 在 Armv8-M 主线版指令集架构中，将会触发使用故障异常，使用故障状态寄存器中的 STKOF 故障状态位将被设置为 1 以表明该故障状况。使用故障异常的安全状态可以属于安全或非安全空间，具体取决于栈溢出冲突事件发生在安全栈还是非安全栈中。如果系统中未启用使用故障事件的响应使能，或者当前系统正在处理的事件异常优先级高于使用故障的优先级不足以触发，则故障事件将升级为硬故障事件。

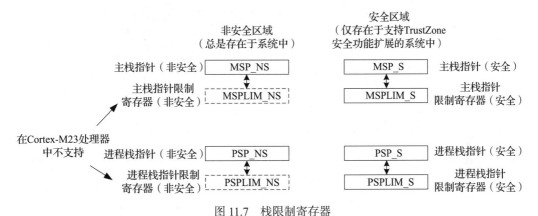

图 11.7　栈限制寄存器

　　栈溢出故障异常属于同步异常事件，意味着一旦系统检测到栈溢出事件故障，处理器接下来将无法继续执行当前上下文中的任何一条指令，除非此时处理器收到了更高优先级中断（如 NMI，在这种情况下，栈溢出故障异常事件将保持在挂起状态，并在更高优先级中断的 ISR 完成时后执行）。

　　可能触发栈溢出故障的栈相关操作包括：

❑ 出栈 / 入栈操作。
❑ 导致栈指针更新的内存访问指令（例如，由于基址寄存器更新而导致栈指针更新的加载 / 存储指令）。
❑ 导致栈指针更新的加法 / 减法 / 传送指令。
❑ 异常序列（例如，异常入口、从安全区域到非安全区域 ISR 过程的末尾连锁操作）。
❑ 调用非安全函数的安全代码（例如，某些安全状态值被压入当前使用的安全栈）。

　　请注意，使用 MSR 指令更改栈限制寄存器，或使用 MSR 指令更改安全栈指针，不会立即触发违反栈溢出检查规则的错误异常。系统在执行正式的栈相关操作发生之前不会触发故障异常，这使得开发者在设计操作系统上下文切换功能时更加容易。例如：

❑ 在非安全环境中运行的 RTOS 只需要更新 PSPLIM 寄存器并且在上下文切换过程中更新 PSP，即便更新后的 PSPLIM 寄存器值可能高于以前的 PSP（不需要将 PSPLIM 设置为 0 来禁用 PSP 更新期间的栈限制检查功能）。
❑ 安全特权软件可以以任何顺序更新 MSP_S/PSP_S 及其 MSPLIM_S/PSPLIM_S 寄存器。

11.4.2　访问栈限制寄存器

　　可以使用 MSR 和 MRS 指令访问栈限制寄存器。所使用的寄存器符号如表 11.8 所示。

为了便于开发者在开发应用时访问与栈操作相关的寄存器，在 CMSIS-CORE 函数库中提供了以下访问栈限制寄存器的功能（见表 11.9）。

由于在 Cortex-M23 处理器中不存在 MSPLIM_NS 和 PSPLIM_NS，当应用尝试读取 Cortex-M23 处理器中的这些栈限制寄存器（例如，使用表 11.9 中提到的 CMSIS-CORE 库函数）时，寄存器读操作将返回 0，而对这些寄存器的写操作将被忽略。

表 11.8　使用 MSR 和 MRS 指令访问栈限制寄存器时的寄存器符号

所执行的操作	处理器处于非安全状态时使用的栈限制寄存器符号	处理器处于安全状态时使用的栈限制寄存器符号
访问 MSPLIM_NS（非安全主栈指针限制寄存器）	MSPLIM	MSPLIM_NS
访问 PSPLIM_NS（非安全进程栈指针限制寄存器）	PSPLIM	PSPLIM_NS
访问 MSPLIM_S（安全主栈指针限制寄存器）	—（不允许）	MSPLIM
访问 PSPLIM_S（安全进程栈指针限制寄存器）	—（不允许）	PSPLIM

表 11.9　栈限制寄存器访问函数

函数	说明
`void __set_MSPLIM(uint32_t ProcStackPtrLimit)`	设置当前安全域的 PSPLIM 寄存器
`uint32_t __get_MSPLIM(void)`	返回当前安全域的 MSPLIM 寄存器
`void __set_PSPLIM(uint32_t ProcStackPtrLimit)`	设置当前安全域的 PSPLIM 寄存器
`uint32_t __get_PSPLIM(void)`	返回当前安全域的 PSPLIM 寄存器
`void __TZ_set_MSPLIM(uint32_t ProcStackPtrLimit)`	设置 PSPLIM_NS 寄存器（仅适用于安全软件）
`uint32_t __TZ_get_MSPLIM(void)`	返回 MSPLIM_NS 寄存器的值（仅适用于安全软件）
`void __TZ_set_PSPLIM(uint32_t ProcStackPtrLimit)`	设置当前安全域的 PSPLIM_NS 寄存器（仅适用于安全软件）
`uint32_t __TZ_get_PSPLIM(void)`	返回 PSPLIM_NS 寄存器（仅适用于安全软件）

11.4.3　保护主栈指针

在进程栈指针上应用栈限制检查功能的好处很容易理解（例如，在 RTOS 中使用 PSPLIM_NS 用于执行栈溢出保护，在安全库中使用 PSPLIM_S 用于栈保护）。上述安全措施在操作上易于实施，并易于推广到多种 RTOS 产品和其他安全软件（例如，TF-M）中。栈限制检查功能还用于保护主栈指针不受栈溢出的影响。由于栈溢出可能是由软件错误或系统嵌套的中断 / 异常数量高于预期导致的，因此对主栈指针的保护功能变得非常重要。

在主栈指针上使用栈限制检查时，需要确保故障处理程序可以执行（注意，故障处理程序也使用 MSP 管理栈）。有几种方法可以处理此问题：

1）在启动故障处理程序的 C/C++ 代码部分之前，通过硬故障和硬故障处理程序添加执行封装的汇编程序来更新 MSPLIM 指针

设置栈限制时，需要确保设置栈限制后为使用故障 / 硬故障处理程序预留足够的 RAM

空间。在使用故障 / 硬故障的处理程序中需要使用封装的汇编程序来更新 MSPLIM 指针，以便后续故障处理程序的 C/C++ 部分可以正常执行（见图 11.8）。

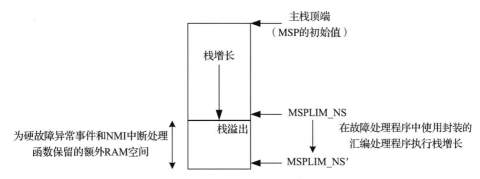

图 11.8 在 MSP 指针溢出处理过程中使用封装的汇编程序在运行时调整栈限制

该方法可用于所有 Armv8-M 指令集架构处理器。

2）使用安全硬故障处理程序处理 MSP_NS 指针（非安全 MSP）管理栈中的栈溢出

对于使用支持 TrustZone 安全功能扩展 Cortex-M 处理器的系统，在默认情况下，硬故障处理程序的执行目标针对安全区域状态——在执行故障处理程序期间使用 MSP_S 进行栈管理（见图 11.9）。因此，即使非安全主栈已被损坏，或者 MSP_NS 指向无效内存，故障处理程序仍然正常执行。

上述方法可用于 Armv8-M 主线版指令集架构的处理器，但不适用于 Armv8-M 基础版指令集架构的处理器，如 Cortex-M23，因为这种处理器没有针对非安全 MSP 的栈限制寄存器。

3）为故障处理程序和 NMI 保留栈空间，并在 SCB->CCR 寄存器中设置 STKOFHFNMIGN 位

当 STKOFHFNMIGN 位（SCB->CCR 的第 10 位，见 10.5.5 节）被设置为 1 时，在执行硬故障或 NMI 处理程序时，将忽略栈限制检查过程。通过这种操作，允许软件开发者为处理栈溢出的硬故障处理程序保留额外的栈空间（见图 11.10）。

STKOFHFNMIGN 位的复位值为 0，并在不同安全状态下存在备份。该寄存器仅在 Armv8-M 主线版指令集下可用。

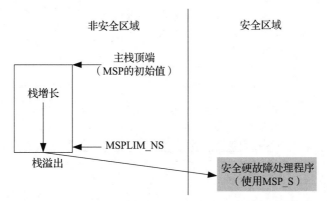

图 11.9 用使用 MSP_S 指针管理栈的处理程序执行 MSP_NS 指针栈溢出处理

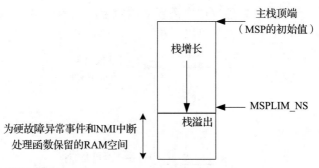

图 11.10 执行 MSP 栈溢出处理

11.5 SVCall 与 PendSV 异常

11.5.1 SVCall 与 PendSV 概述

SVCall（系统服务调用）与 PendSV（可挂起服务调用）异常事件是处理器中用于协助操作系统运行的重要功能。SVCall 的异常类型默认编号为 11，PendSV 的异常类型默认编号为 14。两种异常事件的异常响应优先级均可被编程。

表 11.10 归纳了这两种异常事件的关键方面。

表 11.10　SVCall 和 PendSV 异常事件的关键方面

特性	SVCall（异常编号 11）	PendSV（异常编号 14）
如何在操作系统环境中使用该功能	允许非特权线程（应用程序任务）访问特权操作系统服务	处理上下文切换
触发机制	执行 SVC 指令	通过执行 SCB->ICSR 寄存器写操作（中断控制和状态寄存器，参见 9.3.2 节）设置中断挂起状态
优先级	可编程	可编程。在操作系统环境中，该异常的优先级通常设置为最低优先级，以便在没有其他异常处理程序运行时才可执行上下文切换
在支持 TrustZone 安全功能扩展系统中所针对的目标安全状态	存在备份：SVCall 触发的异常事件与执行 SVC 指令时的应用具有相同的安全状态	存在备份：SCB->ICSR 中的 PendSV 挂起状态控制位在安全状态之间存在多个备份。PendSV 异常事件的安全状态取决于设置了哪个安全状态下的 PendSV 异常事件挂起状态
CMSIS-CORE 函数库中异常处理函数的名称	void SVC_Handler(void)	void PendSV_Handler(void)
异常特性	同步模式：在执行 SVC 指令之后，执行 SVC 处理程序之前，不允许处理器执行当前上下文中的后续指令	异步模式：设置 PendSV 状态位后，处理器能够在执行 PendSV 处理程序之前继续在当前上下文中执行其他指令

11.5.2 SVCall

为了使嵌入式系统具备更高的安全性和鲁棒性，应用程序线程 / 任务通常在非特权级别下执行。当使用特权级别分离并使用 MPU 控制访问权限时，非特权线程只能访问其权限范围内能访问的内存和资源。但由于应用程序线程 / 任务可能需要偶尔访问特权模式下的功能和资源，因此许多操作系统提供了一系列系统服务用于满足上述需求。SVC 指令和 SVCall 异常事件为某些非特权线程提供了访问处于特权级别下操作系统服务的网关（见图 11.11）。

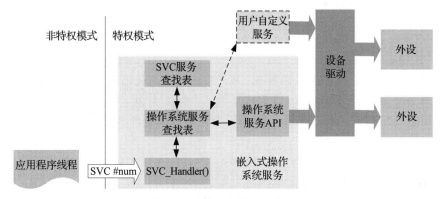

图 11.11　SVCall 作为操作系统服务的网关

在 SVC 处理程序中，处于特权状态的 SVC 服务提取从应用程序传递的参数，然后查找发出服务请求的应用程序（例如，通过从操作系统内核检查当前操作系统任务 ID），从而决定是否允许当前请求的服务。

SVC 指令具有一个 8 位整型参数。该参数不影响 SVCall 异常事件的异常事件入口执行序列。但在 SVCall 处理程序的执行过程中，软件可以从程序内存中提取该参数，并用于确定非特权应用程序正在请求哪个 SVC 服务。因此，操作系统可以为非特权应用程序提供一系列操作系统服务。在许多操作系统设计中，SVC 服务查找表可以进行扩展以提供自定义的特权服务。

在汇编程序中插入 SVC 指令，可以使用以下示例代码：

```
SVC #0x3 ; 调用 SVC 函数 3
```

立即数的取值范围为 0 ～ 255。

在使用 C 语言开发时，可以使用内联汇编生成 SVC 指令。要执行与上述 SVC 汇编指令相同的操作，我们可以使用：

```
__asm("SVC #0x3"); // 调用 SVC 函数 3
```

如果我们需要使 SVC 服务能够使用寄存器 r0 ～ r3 获取输入参数，并使用 r0 返回函数结果，则可以使用以下内联汇编代码：

```
// 此函数使用命名寄存器变量创建调用
// 系统调用的 4 个参数保存在 r0 ～ r3 中
// SVC 服务编号为 3，并且
// 函数返回结果放在 r0 中
int foo(register int d1, unsigned d2, int d3, unsigned d4) {
```

```
register int       r0 __asm("r0") = d1;
register unsigned r1 __asm("r1") = d2;
register int       r2 __asm("r2") = d3;
register unsigned r3 __asm("r3") = d4;
__asm("svc #3"
        : "+r" (r0)
        : "r"  (r1), "r" (r2), "r" (r3));
return r0;
}
```

注意：以上示例基于 Arm 编译器 6。有关在内联汇编代码中使用寄存器变量的更多信息，请参阅 Arm 编译器 Arm clang 参考指南 [2]。

在应用触发 SVC 指令后，需要一种 SVC 处理程序来处理 SVC 请求。在典型的 SVC 处理程序中：

❑ 需要从程序内存中提取 SVC 服务编号。为此，我们需要提取栈帧中的栈 PC，然后使用此值读取 SVC 编号。

❑ 根据所访问的 SVC 服务，可能需要从栈帧中提取形参（即参数）。

❑ 根据正在访问的 SVC 服务，可能需要通过栈帧来返回函数执行结果。

为了允许 SVC 服务直接操作栈内存，SVC 处理程序需要一个汇编代码的封装层。这种汇编代码封装层需要收集作为函数参数传递给 SVC 处理程序的两条信息（见图 11.12）。这两条信息为：

图 11.12   在 C 程序中使用封装的 SVC 汇编函数与 SVC 处理程序之间的交互过程

❑ EXC_RETURN 的值。

❑ 进入 SVC 处理程序时的 MSP 值——由于基于 C 代码的 SVC 处理程序的前序部分可以更新 MSP 值，因此该指针值对系统而言非常重要。开发者可以使用 CMSIS-CORE 库函数 _get_PSP() 访问得到 PSP 值。

SVC 处理程序使用的封装汇编代码的简单示例如下：

```
void __attribute__((naked)) SVC_Handler(void)
{
    __asm volatile ("mov r0, lr\n\t"
        "mov r1, sp\n\t"
        "B SVC_Handler_C\n\t"
    );
}
```

以下将要详细介绍的 SVC 处理程序代码示例是基于 C 语言编写的。要使其可用于操作系统服务，处理程序代码需要：

1）提取正确的栈指针（与 SVC 具有相同安全域的 MSP 或 PSP）。

2）计算栈帧地址。对于安全 SVC，处理程序代码需要从 EXC_RETURN 的 DCRS 位判断栈帧是否包含额外的状态上下文（R4 ～ R11 和完整性签名）（见图 8.18、图 8.21 和图 8.22），然后相应地调整栈帧地址计算。

3）从程序内存和栈帧中的函数参数中提取 SVC 编号。

上述 C 处理程序代码如下所示：

```
void SVC_Handler_C(uint32_t exc_return_code, uint32_t msp_val)
{
  uint32_t     stack_frame_addr;
  unsigned int *svc_args;
  uint8_t      svc_number;
  uint32_t     stacked_r0, stacked_r1, stacked_r2, stacked_r3;
  // 决定将使用哪一个栈指针
  if (exc_return_code & 0x4) stack_frame_addr = __get_PSP();
  else stack_frame_addr = msp_val;
  // 判断是否存在附加的状态上下文信息
  if (exc_return_code & 0x20) {
    svc_args = (unsigned *) stack_frame_addr;}
  else {// 存在附加的状态上下文信息 (仅用于安全 SVC)
    svc_args = (unsigned *) (stack_frame_addr+40);}
  // 提取 SVC 编号
  svc_number = ((char *) svc_args[6])[-2];// Memory[(stacked_pc)-2]
  stacked_r0 = svc_args[0];
  stacked_r1 = svc_args[1];
  stacked_r2 = svc_args[2];
  stacked_r3 = svc_args[3];
  ...
  // 返回结构 (即前两个参数的和)
  svc_args[0] = stgacked_r0 + stacked_r1;
  return;
}
```

与使用 NVIC 设置中断挂起寄存器所触发的异常事件不同，SVCall 异常事件为同步模式，即执行 SVC 指令后，处理器无法继续在当前上下文中执行任何其他指令。这种模式与软件通过对 NVIC->ICSR 寄存器执行写操作所触发的 IRQ 服务不同（处理器可以在执行 ISR 之前执行附加指令）。请注意，由于异常处理的执行模式，如果发生 SVCall 异常事件时有更高优先级的中断同时到达，则将首先执行高优先级中断 ISR，随后采用末尾连锁操作接着执行 SVC 处理程序。

从异常处理的性质和机制方面考虑，软件设计在使用 SVC 时需要考虑以下几个方面：

❑ 不应将 SVC 指令用于中断响应优先级与 SVCall 异常事件相同或更高的异常 / 中断服务例程中，或用于已通过设置中断屏蔽寄存器被屏蔽 SVCall 异常事件服务例程中。如果此时系统无法响应 SVCall 异常事件，则将触发硬故障异常事件。

❑ 当通过寄存器 R0 ～ R3 将参数传递给 SVC 服务时，SVC 服务需要从异常栈帧中提取这些参数，而不是从寄存器组中获取当前值。这是因为如果在 SVC 处理程序之前执行另一个中断服务，并随后执行末尾连锁操作连接到 SVC 服务中时，R0 ～ R3 和 R12 寄存器中的值可能已被先前的 ISR 所更改。

❑ 如果 SVC 服务需要将结果返回给调用的任务 / 线程，则应将返回值写入异常栈帧，以便在异常服务出栈间将其该值读入 R0 ～ R3 寄存器。

使用 SVC 服务的一个有趣的方面是：应用程序代码只需知道 SVC 编号和参数 / 返回结果（即函数原型），而不需要知道 SVC 服务的函数起始地址，因此可以独立链接应用程序代码和操作系统代码（即二者可以各自作为独立的工程被创建）。

11.5.3 PendSV

处理器中 PendSV 功能允许软件触发异常服务。与 IRQ 类似，PendSV 异常事件的响应方式为异步模式（即处理器可以延迟进入异常处理函数）。操作系统可以使用 PendSV 异常代替 IRQ 使得嵌入式 OS/RTOS 延迟进入异常处理任务。而与 IRQ 不同的是，IRQ 中的异常编号对应到每一个具体的外部设备，而所有 PendSV 的异常事件编号与所对应的控制寄存器位域均相同，因此 Arm Cortex-M 全系列的处理器都可以使用相同的 PendSV 控制代码。在此基础上，采用 PendSV 异常事件构建的嵌入式 OS/RTOS 能够保证在所有使用 Cortex-M 系列处理器的系统中直接使用，无须特殊定制。

在 RTOS 环境中，PendSV 异常事件的响应优先级通常被配置为最低响应优先级。当处理器在处理程序模式下以高优先级执行操作系统内核代码时，能够使用 PendSV 异常事件调度某些操作系统任务在随后执行。当处理器中没有运行其他异常处理程序时，通过 PendSV 异常事件，可以使处理器在最低的异常响应优先级上执行某些可以被延迟的操作系统任务，比如属于多任务系统的重要组成部分——操作系统上下文切换任务。

为了更好地理解上述问题，将首先介绍有关上下文切换的一些基本概念。在一个简单的操作系统设计中，执行时间被划分为若干个时间片。在具有两个任务的系统中，操作系统可能会交替执行这些任务，如图 11.13 所示。

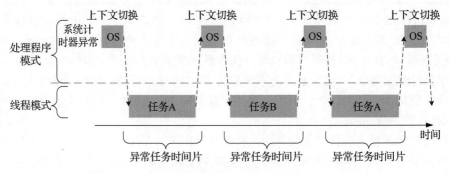

图 11.13 具有两个任务的多任务操作系统工作场景

在上述示例（见图 11.13）中，使用系统计时器生成周期性中断事件，从而触发系统上下文切换。值得注意的是，在实际的操作系统环境中，可能并不是所有的操作系统运行过程中都会发生上下文切换过程。除使用 SysTick 异常事件触发上下文切换操作之外，还可以在应用中通过 SVC 异常事件调用操作系统服务触发运行在异常状态下的操作系统内核代码。例如，当某个正在执行的线程处于事件等待状态并且无法继续执行时，它可以调用一个 OS 让步服务（yield 服务），使处理器就可以比预想情况更早地切换到其他任务中。

　　如果来自外设的中断请求响应优先级低于 SysTick 中断被触发前对 SysTick 模块设定的中断响应优先级，将出现中断嵌套情况（见图 11.14）。此时不适合进行上下文切换操作，会导致来自外设的中断 ISR 执行出现延迟。因此，在非常简单的操作系统设计中，如果处理器在执行 ISR 任务时触发了操作系统计时器中断，则上下文切换操作将延迟到下一个计时周期执行。

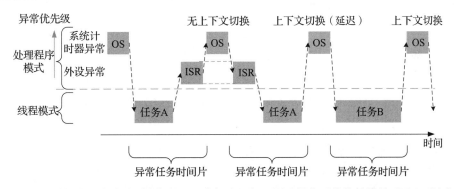

图 11.14　由于操作系统检测到中断处理程序仍在运行，因此操作系统软件代码延迟上下文切换

　　当前存在一种情况，即假设存在一种计时器外设，其中断频率接近 SysTick 中断频率，或者接近 SysTick 中断频率的整数倍。此时会遇到一个问题，即外设计时器的 IRQ 会在较长时间内阻止操作系统进行上下文切换操作。

　　通过将系统中系统计时器的中断响应优先级设置为最低级别[⊖]，可以避免这种潜在的问题。但如果系统中同时发生多个中断事件，则由于其他中断事件的 ISR 任务可能已填满当前执行事件片，SysTick 异常可能不会在当前的时间片中被执行。此时，操作系统的任务调度操作可能会出现延迟。

　　幸运的是，对于 Cortex-M 系列处理器而言，操作系统设计者能够通过将上下文切换操作放入独立的 PendSV 异常处理程序中，将其与 SysTick 异常处理程序分离，因此上述情况并不导致中断切换的问题。通过为上下文操作设置独立的 PendSV 异常事件：

- ❏ 处理任务调度评估的 SysTick 处理程序仍然可以以高优先级运行，如果系统中没有其他中断服务正在运行，则操作系统执行上下文切换操作。
- ❏ 由 OS 调度代码触发的 PendSV 异常可以以最低优先级运行，并在需要时延迟执行上下文切换。当 SysTick 处理程序中的操作系统代码需要执行上下文切换，但检测到此时处理器正在为另一个中断提供服务时，可以将上下文处理操作交给 PendSV 执行。

　　⊖　此处存在疑惑：为何设置 SysTick 到最低响应优先级会避免上下文切换不能执行的情况。——译者注

使用 PendSV 处理程序延迟执行上下文切换操作的概念如图 11.15 所示，并遵循以下步骤：

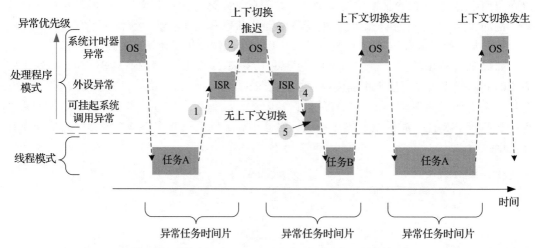

图 11.15　当前正在运行 ISR 时，将延迟进行 PendSV 处理程序的上下文切换

1）触发外设中断并进入外设的 ISR 处理流程。

2）在外设 ISR 的执行过程中，会触发 SysTick 异常事件，此时操作系统内核代码会启动任务调度评估，从而决定何时将上下文切换到任务 B。

3）由于操作系统内核检测到处理器此时正在执行中断处理服务，并且不会直接返回到原有线程（通过检查进入 SysTick 异常处理流程时生成的 EXC_RETURN 代码，或者通过检查 RETTOBASE 位（SCB->ICSR 寄存器的第 11 位，该功能仅在 Armv8-M 主线版指令架构中支持），操作系统将延迟上下文切换操作并将 PendSV 异常事件设置为挂起状态。

4）SysTick 处理程序完成后，处理器恢复执行外设 ISR 任务。

5）当执行完成外设 ISR 任务时，处理器通过末尾链接操作跳转到 PendSV 处理程序，该处理程序随后开始上下文切换操作。当 PendSV 处理程序通过异常返回而结束异常处理操作时，处理器将以线程模式返回任务 B。

如果 SysTick 异常事件没有抢占其他中断的处理器执行时间片，则操作系统可以在 SysTick 异常处理程序内执行上下文切换，或者设置 PendSV 挂起状态以在 SysTick 处理程序完成后触发上下文切换操作。

PendSV 异常事件的另一个用途是允许以较低的中断响应优先级执行与中断服务相关的部分处理序列。当需要将中断服务分为上下两部分时，这种机制非常有用：

❑ 中断服务的第一部分通常是一个持续时间短的关键定时程序，需要由具有高优先级的 ISR 进行处理。

❑ 中断服务的第二部分是所需时间较长的处理任务，但没有严格的定时要求，可以由低优先级的 ISR 处理。

在这种情况下，PendSV 异常事件的响应优先级被设置为低优先级，用于处理中断任务的第二部分（见图 11.16）。此时允许在执行中断服务第二部分期间响应其他中断请求。

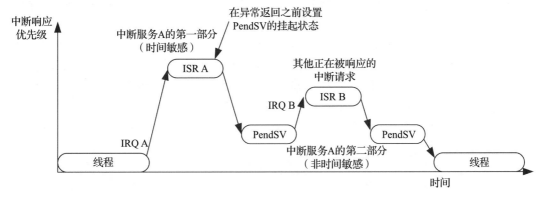

图 11.16 使用 PendSV 将中断服务划分为两个部分

如果在系统设备中处理器支持 TrustZone 安全功能扩展，则 PendSV 异常事件将在不同安全状态之间存在多个备份。设置 PendSV 挂起状态的访问权限如下所示，在表 11.11 中详细列出：

❑ 安全特权软件可以设置安全和非安全 PendSV 异常事件的挂起状态。

❑ 非安全特权软件只能设置非安全状态下 PendSV 异常事件的挂起状态。

表 11.11 不同备份挂起状态寄存器行为

当处理器处于安全状态	当处理器处于非安全状态
通过 SCB->ICSR 寄存器中的 PENDSVSET 位设置安全 PendSV 的挂起状态	通过 SCB->ICSR 寄存器中的 PENDSVSET 位设置非安全 PendSV 的挂起状态
通过 SCB_NS->ICSR 寄存器中的 PENDSVSET 位设置非安全 PendSV 的挂起状态	

11.6 非特权执行等级与内存保护单元

将特权和非特权执行等级分离是现代嵌入式处理器的一种通用功能，并且从一开始（即 Cortex-M3 处理器开发时）就已成为 Arm Cortex-M 系列处理器架构的组成部分。通过将特权和非特权执行等级分离以及使用内存保护单元（MPU）功能有助于开发者创建一个鲁棒性较强的操作系统。在此机制下，以非特权状态运行的恶意应用程序线程 / 任务：

❑ 无法访问 / 修改操作系统或其他应用程序任务 / 线程使用的内存地址。

❑ 不能影响关键操作（即不能更改中断处理设置和系统配置）。

通过以上设计，即使应用程序任务崩溃，或受到黑客攻击并受到安全威胁，操作系统和其他应用程序任务仍然能正常执行。尽管其他应用程序任务仍可能受到影响，但操作系统能够执行故障处理机制，如生成自复位（见 10.5.3 节），以恢复系统。

这种机制不仅有利于系统安全的设计（例如，从物联网应用的角度），而且有助于系统功能安全方面的设计（例如，对系统鲁棒性极度重视的汽车和工业应用中）。

为了满足安全和功能安全的要求，Cortex-M 系列处理器的设计具有以下特点：

❑ 对系统资源管理功能的访问限制——这些功能（例如，大多数特殊寄存器和关键硬件单元（如 NVIC、SCB、MPU 和 SysTick）中的寄存器）不可被非特权软件访问。

❑ 内存保护——特权软件，如操作系统，可以配置 MPU 以限制非特权线程的访问权限。在操作系统环境中，MPU 的配置需要在非特权线程的每个上下文切换处进行更改（注意，因为安全和非安全区域具有各自独立的 MPU，所以在安全和非安全状态之间进行上下文切换并不总是需要对 MPU 进行重新配置）。

❑ 对系统指令的限制——某些更改处理器设置的指令（例如，CPS 指令可用于禁用中断）不能在非特权状态下使用。

❑ 支持系统范围的安全设置——芯片设计者可以利用总线接口上处理器的安全信息来实现系统级安全管理控制功能，从而防止安全漏洞。总线接口上的安全信息包括特权级别以及总线事务的安全属性。

MPU 对于保护特权软件和关键软件组件使用的内存区域具有重要的意义。Cortex-M23 和 Cortex-M33 处理器都支持选配 MPU，与前几代 Cortex-M 系列处理器中使用的 MPU 相比，Cortex-M23 和 Cortex-M33 处理器中使用的 MPU 具有多方面的增强功能，包括：

❑ 与以前 MPU 设计中最多支持 8 个分区相比，Cortex-M23 和 Cortex-M33 处理器使用的 MPU 最多支持 16 个 MPU 安全分区。

❑ 引入新的编程者模型，使得在进行 MPU 内存区域设置时可以采用更加灵活的方法。

在 Cortex-M 系列处理器中，MPU 为可选配置。由于总线接口可以输出处理器特权级别信息，因此可以：

❑ 实现用于管理外围设备访问权限的系统级 MPU。

❑ 使用自定义总线互连代替 MPU 实现总线级安全管理控制硬件。这种设计结构通常应用在特殊定制的超低功耗 SoC 产品中。虽然该结构在操作方式上没有 MPU 那么灵活，但可以实现更小的硅片面积和更低的功耗。

有关 MPU 的更多详细信息，请参见第 12 章。

11.7 独占访问

5.7.11 节、5.7.12 节以及 6.7 节对独占访问指令进行了介绍，包括新加入的对内存变量进行加载 – 获取 / 存储 – 释放等内存数据屏障指令。与前几代 Cortex-M 系列处理器相比，Cortex-M23 和 Cortex-M33 处理器具有以下增强功能：

❑ 具有上述独占访问指令（在 Armv6-M 指令集架构中不支持这些指令）。

❑ 加载 – 获取 / 存储 – 释放指令使得操作系统信号量能够在不需要显式地使用内存屏障指令的情况下进行处理。这种增强功能可以有效缩短代码长度，并获得更好的代码执行性能。

❑ 支持 AMBA5 AHB 总线协议，该协议提供了标准化的系统级独占访问信令，并提高了设计的可重用性。

独占访问主要用于对信号量的操作。在多任务系统中，许多任务通常需要共享有限的资源。例如系统中可能存在一个控制台显示输出模块，需要被许多不同的任务共同使用。因此，几乎所有操作系统都具有一种内置机制，允许任务"锁定"资源，然后在任务不再需要该资源时"释放"资源。锁定机制通常基于软件变量实现。如果设置了锁变量，其他任务会看到该变量已被"锁定"，必须等待该锁变量被释放。这种锁变量通常被称为信号量。当应用场景中只有一个资源可用时，该变量也被称为互斥量。

有关互斥量的更多详细介绍，请阅读 6.7 节。

信号量还可以支持多个令牌。例如，某个通信协议栈最多可以支持 4 个通道，这意味着最多可以支持 4 个应用程序任务同时使用该通信协议栈。为了限制同时访问通信协议栈的应用程序任务（即不能大于 4）的数量，需要 4 个令牌的信号量操作。为了实现以上需求，可以使用初始值为 4 的信号量软件变量作为"令牌计数器"（见图 11.17）。当任务需要访问通道时，它使用独占指令访问该递减计数器。当计数器递减至 0 时，表示所有可用通道都已被使用，此时需要申请通信通道占用的任何任务都必须等待通信信道的释放。当获得访问权限的某个任务使用完通信信道并通过独占指令递增计数器释放令牌时，此时如果有任务仍在等待信号量令牌，则该等待任务可以立即使用独占访问指令获取通道的访问权限。

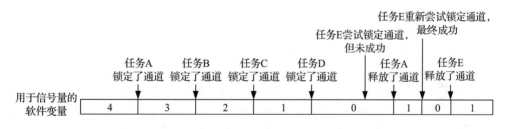

图 11.17 具有多个标记的信号量示例

如果处理器不能使用独占访问指令，只采用正常的内存访问指令（即，读 – 修改 – 写回指令）实现信号量，则对信号量访问不具有原子性。此时除非采用其他保护机制，否则可能导致下面这种资源冲突故障。例如，如果在某个正常存储器访问的读 – 修改 – 写操作中途发生 OS 上下文切换操作，则其他任务可以同时获得相同的信号量并引起资源冲突（见图 11.18）。

可以通过以下任一方法避免上述资源冲突问题：

❑ 在信号量读 – 修改 – 写操作期间禁用中断（这将影响中断响应延迟时间）。

❑ 使用操作系统服务（例如，通过 SVC 异常）来处理信号量（但这种方法的执行时间比独占访问时间要长得多）。

请注意，以上解决方案仅适用于单处理器系统。

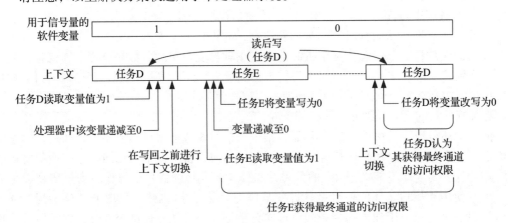

图 11.18　如果没有独占访问或其他保护机制，信号量机制可能会失效

虽然硬件信号量（使用专用内存映射的信号量寄存器）可以解决访问冲突问题，但由于不同的设备可能有不同的硬件信号量寄存器，因此基于硬件信号量实现的软件代码无法在不同的设备之间进行移植。

通过使用独占加载和独占存储指令来实现信号量读 – 修改 – 写序列，可以避免上述访问冲突问题。独占访问序列具有以下主要特性：

❏ 如果独占存储失败，则不会更新信号量数据。

❏ 软件可以读回独占存储操作的成功 / 失败状态标志。

如第 6 章图 6.9 中的流程图所示，如果应用程序线程看到对信号量的独占访问失败状态标志，则应重新启动读 – 修改 – 写操作序列，以进一步尝试对信号量的访问。然而需要注意的是，独占访问失败状态并不一定意味着信号量已被另一个线程声明占用。在 Cortex-M 系列处理器中，独占访问失败可能是以下原因导致的：

❏ 已执行 CLREX 指令，并将本地监视器切换到开放访问状态。

❏ 发生上下文切换（例如，发生中断）。

❏ 在独占存储指令之前未执行的独占加载指令（如 LDREX）。

❏ 外部硬件通过总线接口向处理器返回独占访问总线操作故障。

当对信号量的访问得到独占访问失败响应时，此时独占访问失败很可能是外设中断或上下文切换导致的。当获得独占访问失败响应，代码应当重新尝试使用读 – 修改 – 写序列执行信号量操作。

11.8　如何在支持 TrustZone 安全功能扩展的系统环境运行 RTOS

当仔细阅读 Armv8-M 指令集架构中所提供的各种操作系统支持功能时，许多经验丰富的软件开发者可能会注意到，指令集架构所提供的许多操作系统支持功能在不同安全状态之间都存在各自的备份，因此有多种方法可以在具有 TrustZone 安全扩展的 Armv8-M 指令集架构处理器上运行 RTOS。例如：

- □ 在安全状态下运行的 RTOS——应用程序线程 / 任务可以属于安全区域，也可以属于非安全区域。
- □ 在非安全状态下运行的 RTOS——其应用程序线程 / 任务只能属于非安全区域。

为了在整个 Arm 生态系统中实现更好的物联网安全功能，Arm 启动了平台安全架构 PSA[3] 计划，通过该计划，Arm 与业界各方一道，共同定义物联网平台安全的规范。此外，该计划还提供对物联网系统的设计建议，以及安全固件设计参考（例如，Cortex-M 系列处理器中使用的 TF-M）。在倡议期间，Arm 研究了一系列物联网应用程序的需求，通过以上手段，为 RTOS 等安全软件的设计提供指导。根据 PSA 的建议，确定了运行在 Armv8-M 指令集架构处理器中的 RTOS 应处于非安全状态。

通过在非安全状态下运行 RTOS：

- □ 即便在安全固件已被锁定的情况下，软件开发者也可以为其项目选择适合的 RTOS，并可以对该系统进行定制化修改。
- □ 可以通过标准固件更新的方式在其产品生命周期内非常容易地对 RTOS 进行更新。
- □ 即使 RTOS 代码中存在漏洞，物联网设备也不会完全受损。这种方式与物联网安全行业强烈推荐的"最低特权"方法一致。

当 RTOS 及其应用程序任务 / 线程运行在非安全环境中时，处理安全 API 的访问操作非常复杂。举一个简单的例子，在非安全区域有两个应用线程，每个线程都调用一个安全的 API。在这种情况下，同时需要在非安全区域和安全区域中进行上下文切换。

如图 11.19 所示，从应用程序 1 切换到应用程序 2 还需要切换线程使用的 PSP_S 指针，并且可能需要对安全 MPU 配置进行切换（如果 TF-M 中的安全分区管理器使用了 MPU）。为了支持这种协调切换，在 TF-M 中包含了与非安全 RTOS 进行交互的 OS 协助者 API，以便用于这种上下文切换操作场景。OS 协助者 API 以及 TF-M 源代码都是开源的。

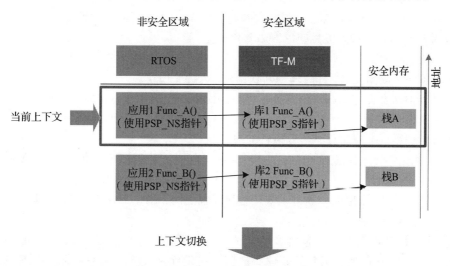

图 11.19　非安全 RTOS 线程中的上下文切换过程要求必须在安全区域进行操作

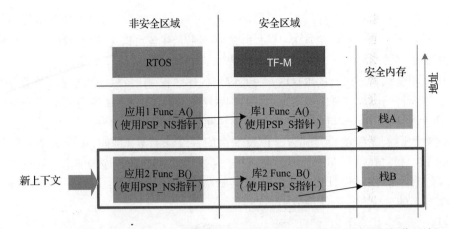

图 11.19 非安全 RTOS 线程中的上下文切换过程要求必须在安全区域进行操作（续）

有关上述主题的更多信息，请参阅 *Embedded World* 上发表的论文"How should an RTOS work in a TrustZone for Armv8-M environment"[4]（https://pages.arm.com/rtos-trustzone-armv8m）。有关 TF-M 的更多信息，包括如何访问 TF-M 源代码，请参考 https://www.trustedfirmware.org/[1]。

11.9 Cortex-M 系列处理器中的 RTOS 操作概念

11.9.1 启动一个简单的操作系统

本节将从操作系统如何启动开始介绍一些构建简单操作系统所需的软件模块。为了简化示例，本文假设系统未支持或未使用 TrustZone 安全功能扩展的相关功能（即一切操作都在非安全状态下执行）。考虑：

❑ 系统在特权状态（非安全）下启动并使用 MSP（MSP_NS）进行主栈管理。

❑ 第一个应用程序线程在非特权状态执行并使用 PSP 进行线程栈管理。

RTOS 的初始化过程可以按照以下步骤执行：

1）初始化将要使用的所有线程的栈帧。

2）为了使用周期性 OS 计时器中断初始化 SysTick 模块。

3）设置控制寄存器的第 0 位与第 1 位，以便将线程执行状态切换为非特权模式，并选择 PSP 作为当前栈指针。

4）跳转到第一个应用程序线程执行的起点。

但是，如果需要启用 MPU 对内存进行保护，由于以下要求相互冲突，上述操作系统初始化步骤将不再适用：

❑ 首先，基于安全原因，在进入应用程序线程之前，需要启用 MPU 模块并将处理器切换到非特权级别。

❑ 其次，用于启动第一个应用程序线程的操作系统代码不能在非特权级别执行。这是因为一旦 MPU 被启用并且处理器被切换到非特权状态，MPU 将阻止处理器执行操作系统代码（位于仅提供特权模式访问权限内存区域中）。

下面的示例程序流程演示了上述问题。启动代码执行 RTOS 初始化的顺序是：启用 MPU →设置控制寄存器→跳转到线程。

使用上述初始化序列，一旦将控制寄存器的值更新为 0x3，则将发生 MPU 设置冲突。为了克服这种冲突问题，大多数操作系统使用异常返回代替使用分支跳转操作启动系统运行的第一个线程。通过这种机制，OS 初始化代码通过使用 SVC 指令将自身切换到处理程序模式配置 MPU 和控制寄存器。由于此时处理器处于处理程序模式，操作系统代码不会被 MPU 阻止运行。当操作系统准备切换到第一个线程时，使用异常返回操作，允许同时修改处理器的特权级别和程序执行地址（见图 11.20）。

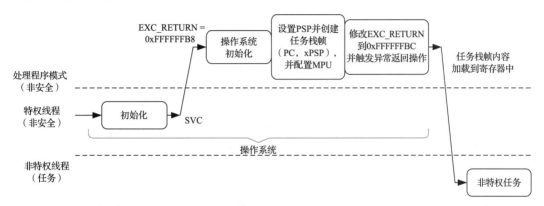

图 11.20　在简单操作系统中进入第一个线程（在非安全状态下运行）

11.9.2　上下文切换

一个简单的 RTOS 可以使用计时器外设为以下操作生成周期性的计时器中断：用于执行任务调度器评估任务优先级，然后决定是否需要进行上下文切换。

如果需要执行，则执行上下文切换代码，包括：

❑ 保存当前执行线程的数据，即寄存器组中的寄存器值、PSP、FPU 活动状态（如果系统中存在 FPU）。

　注意，要获得 FPU 活动状态，软件可以从 EXC_RETURN 值中提取任务的 CONTROL. FPCA 寄存器状态，或者只保存整个 EXC_RETURN 值，并在切换回原线程时重用该值。

❑ 重新配置 MPU，定义下一个线程的内存访问权限。

❑ 恢复下一个即将运行线程所需的上下文数据。

❑ 选择正确的 EXC_RETURN 以触发异常返回——将处理器切换到线程模式，并执行下一个线程任务。

如果此时没有其他活跃的 ISR 任务正在运行（即不是嵌套中断 / 异常），则上下文切换代码可以在计时器周期性异常处理程序内被执行。如 11.5.3 节（见图 11.21）所述，如果有其他活跃 ISR 正在运行，则使用 PendSV 异常处理执行上下文切换过程。

注意，操作系统可能只能使用 PendSV 来处理上下文切换操作。

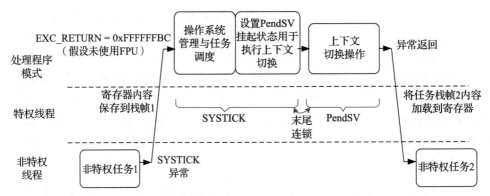

图 11.21　在简单操作系统中进入第一个线程（在非安全状态下运行）

在处理器支持上下文切换的功能中，PendSV 异常事件的异常响应优先级通常被设置为最低优先级。这是为了防止在中断处理程序中间发生上下文切换。11.5.3 节将对此进行详细介绍。

11.9.3　上下文切换的操作过程

本节创建了一个简单的任务调度器代码真实示例，用于演示上下文切换操作。该示例采用循环的方式在两个任务之间相互切换。详细内容将在本节后面部分进行介绍。在这个例子中，本书做了以下假设：

1）RTOS 运行在非安全区域—注意，这种设置具有一个额外的优势，即不需要关注栈帧中的额外状态上下文信息。

2）处理器为 Cortex-M33 处理器（可以选配 FPU 模块）。

3）在 PendSV 处理程序中执行上下文切换操作，并且 PendSV 处理程序不用作其他目的。

在处理程序模式下执行上下文切换操作期间，由异常入口序列创建的栈帧包含由调用方保存的寄存器 R0 ～ R3、R12、LR，如果系统中具有 FPU 并且在程序中启用了该单元，则栈帧保存的信息中还需要包含寄存器 S0 ～ S15 和 FPSCR 的上下文信息。除了调用方保存的寄存器外，上下文切换代码还需要保存其他由被调用方保存的寄存器和任何有助于上下文切换过程的数据。为了简化示例，本书展示的上下文切换代码示例将这些额外的由被调用方保存的寄存器压入进程栈，如图 11.22 所示。

一旦定义了栈帧中的数据布局，就可以编写用于处理上下文切换操作的代码。处理栈中的数据布局需要以下代码：

❑ 定义任务控制块（TCB）的操作系统内核代码。

❑ 执行上下文切换的 PendSV_Handler 处理程序代码。

对于以下只有两个任务的操作系统示例，需要为任务标识和任务控制块定义以下数据变量：

```
//用于 OS 的数据
uint32_t curr_task=0;    //当前任务
uint32_t next_task=0;    //下一个任务

struct task_control_block_elements {
```

```
    uint32_t psp_val;
    uint32_t psp_limit;
};
struct task_control_block_elements tcb_array[2];  // 仅有两个任务
```

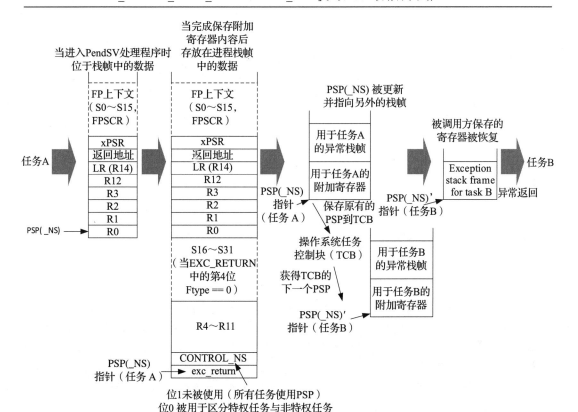

图 11.22　在上下文切换期间在进程栈中保存附加寄存器

PendSV 处理程序代码（上下文切换）示例如下：

```
// ------------------------------------
// 上下文切换代码
void __attribute__((naked)) PendSV_Handler(void)
{ // 上下文切换代码
    __asm(
    "mrs      r0, psp\n\t"             // 获得当前 PSP 值
    "tst      lr, #0x10\n\t"           // 测试 EXC_RETURN 的第 4 位是否为 0，如果为 0，需要保存
                                        // 寄存器 S16 ~ S31
    "it       eq\n\t"
    "vstmdbeq r0!,{s16-s31}\n\t"       // 保存 FPU 被调用方保存的寄存器
    "mov      r2, lr\n\t"              // 复制 EXC_RETURN
    "mrs      r3, CONTROL\n\t"         // 复制 CONTROL 寄存器
    "stmdb    r0!,{r2-r11}\n\t"        // 保存 EXC_RETURN、CONTROL 以及 R4 ~ R11 寄存器
```

```
    "bl      PSP_update\n\t"          // 将 PSP 保存到 TCB, 并在返回值中获得用于接下来任务
                                      // 的 PSP
    "ldmia   r0!,{r2-r11}\n\t"        // 从任务栈内容中加载 EXC_RETURN、CONTROL 与
                                      // R4 ~ R11 寄存器
    "mov     lr, r2\n\t"             // 设置 EXC_RETURN
    "msr     CONTROL, r3\n\t"        //设置 CONTROL 寄存器
    "isb     \n\t"                   //根据架构建议在 CONTROL 更新后执行一条 ISB 指令
    "tst     lr, #0x10\n\t"          // 测试 EXC_RETURN 的第 4 位是否为 0, 如果为 0, 需要对
                                      // FPU S16 ~ S31 寄存器执行出栈操作
    "it      eq\n\t"
    "vldmiaeq r0!,{s16-s31}\n\t"     // 加载 FPU 被调用方保存的寄存器
    "msr     psp, r0\n\t"            // 设置 PSP 用于接下来的任务
    "bx      lr\n\t"                 // 异常返回
    );
}

// 改变 PSP 值切换到新任务, 该过程在 PendSV_Handler 中执行
uint32_t PSP_update(uint32_t Old_PSP)
{
  tcb_array[curr_task].psp_val = Old_PSP; // 保存原有任务的 PSP 到 TCB
  curr_task = next_task; //更新任务 ID
  __set_PSPLIM(tcb_array[curr_task].psp_limit); // 为任务设置栈检查功能
  return (tcb_array[curr_task].psp_val); // 将新任务的 PSP 值返回给 PendSV
}
```

由于 RTOS 环境中运行有多个任务, 因此创建了一个函数用于简化栈帧以及各种任务的创建。此函数 (如下所示) 将初始化任务控制块中的数据, 也包括执行上下文切换操作任务使用的栈帧中的基本数据。

```
/* 用于字访问的宏 */
#define HW32_REG(ADDRESS) (*((volatile unsigned long *)(ADDRESS)))

// 为新任务创建栈帧
void create_task(uint32_t task_id, uint32_t stack_base, uint32_t stack_size, uint32_t
privilege, uint32_t task_addr)
{
  uint32_t stack_val; // 新栈帧的起始地址

  //具有栈帧 (8 字) + 附加寄存器 (10 字) 的初始栈结构
  stack_val = (stack_base + stack_size - (18*4));
  tcb_array[task_id].psp_val = stack_val;
  // 栈限制——由于程序使用任务的进程栈来存储额外的寄存器, 因此需要保留 26 个字 (或在
  //Cortex-M23/M33 处理器中使用 10 字, 不包括 FPU) 来保存额外的寄存器数据
  tcb_array[task_id].psp_limit = stack_base + (26*4);
  HW32_REG(stack_val ) = 0xFFFFFFBCUL;    //异常返回值: 处理程序 (NS) 到线程 (NS) 的转换,
                                           //使用 PSP, 此时 FPCA=0
  HW32_REG(stack_val+ 4) = privilege;     // 如果任务不属于特权模式, 则设置为 0
                                           // 如果任务不属于特权模式, 则设置为 1
```

```
HW32_REG(stack_val+64) = task_addr;    //返回地址
HW32_REG(stack_val+68) = 0x01000000UL; // xPSR
return;
}
```

需要一段独立的代码启动第一个线程。由于当前没有正在运行的线程可供切换，因此不能使用 PendSV 处理程序服务（即上下文切换代码）。如 9.1 节所述，可以使用 SVC 服务来启动系统中的第一个线程，因此需要将 PSP 指向异常栈帧的底部（不包括附加栈数据），以便系统能正确处理 SVC 处理程序的异常返回（见图 11.23）。

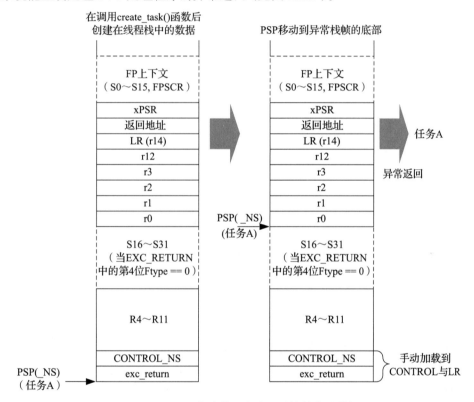

图 11.23　SVC 启动第一个线程时栈帧内的数据

除了使用 SVC 服务启动操作系统外，还需要创建以下代码：
❑ 用于任务调度的 SysTick 处理程序（在示例中以循环的方式在两个任务之间相互切换）。
❑ 两个示例任务线程的应用程序任务。
一旦创建了上述代码，就可以使用以下代码执行简单的上下文切换操作：

```
#include "stdio.h"
#include "IOTKit_CM33_FP.h"

/* 用于字、半字和字节访问的宏 */
#define HW32_REG(ADDRESS)  (*((volatile unsigned long *)(ADDRESS)))
```

```
#define TASK_UNPRIVILEGED   0x1
#define TASK_PRIVILEGED     0x0

// 函数原型
extern void UART_Config(void);

// 系统处理函数
void                        SysTick_Handler(void);
void __attribute__((naked)) PendSV_Handler(void);
void __attribute__((naked)) SVC_Handler(void);
uint32_t SVC_Handler_C(uint32_t exc_return_code, uint32_t msp_val);

void     os_start(void); // SVC  0
void     create_task(uint32_t task_id, uint32_t stack_base, uint32_t stack_size,
uint32_t privilege, uint32_t task_addr);
uint32_t PSP_update(uint32_t Old_PSP); // 将旧的 PSP 保存到 TCB，并且从 TCB 加载
                                       // 新的 PSP

// 线程
void task0(void);        // LED0 闪烁
void task1(void);        // LED1 闪烁

// 为每个任务创建栈（每个栈 8KB，即 1024×8B）
uint64_t task0_stack[1024], task1_stack[1024];

// 用于操作系统的数据
uint32_t  curr_task=0;      // 当前任务
uint32_t  next_task=0;      // 下一个任务

struct task_control_block_elements {
  uint32_t  psp_val;
  uint32_t  psp_limit;
};
struct task_control_block_elements tcb_array[2]; // 仅有两个任务

// LED I/O 函数
extern int32_t LED_On (uint32_t num);
extern int32_t LED_Off (uint32_t num);
void error_handler(void);

// ----------------------------------------------------------------
void __attribute__((noreturn)) task0(void) // LED  0 闪烁
{
    int32_t loop_count=0;
    while (1) {
      LED_On(0);
      for (loop_count=0;loop_count<50000; loop_count++) {
```

```
        __ISB();}
      LED_Off(0);
      for (loop_count=0;loop_count<50000; loop_count++) {
        __ISB();}
    }
}
// ----------------------------------------------------------------
void __attribute__((noreturn)) task1(void) // LED  1 闪烁
{
    int32_t loop_count=0;
      while (1) {
        LED_On(1);
        for (loop_count=0;loop_count<110000; loop_count++) {
          __ISB();}
        LED_Off(1);
        for (loop_count=0;loop_count<110000; loop_count++) {
          __ISB();}
      }
}
// ----------------------------------------------------------------
int main(void)
{
  UART_Config();
  printf("Non-secure Hello world\n");
  // 创建两个任务
  create_task(0, // 任务 ID
     (((unsigned) &task0_stack[0])), // 栈基地址
           (sizeof task0_stack), // 栈大小
     TASK_PRIVILEGED ,   // 特权 / 非特权等级
     ((uint32_t) task0));    // 线程起始地址
  create_task(1, // 任务 ID
     (((unsigned) &task1_stack[0])), // 栈基地址
           (sizeof task1_stack), // 栈大小
     TASK_PRIVILEGED ,        // 特权 / 非特权等级
     ((uint32_t) task1));   // 线程起始地址

  os_start(); // 启动操作系统
  while(1){
    error_handler(); // 程序流不应到达此处
  }
}
void error_handler(void)
{ // 程序流不应到达此处
    __BKPT(0); // 通过断点停止
}
// ----------------------------------------------------------------
void os_start(void) {
```

```
    __asm("svc #0");
    return;
}
// 汇编代码封装程序
void __attribute__((naked)) SVC_Handler(void)
{
    __asm volatile (
    "mov r0, lr\n\t" // 第一个参数, EXC_RETURN
    "mov r1, sp\n\t" // 第二个参数, MSP 值
    "BL SVC_Handler_C\n\t"
    "bx r0\n\t" // 使用返回值作为 EXC_RETURN 值
    );
}
// SVC 处理程序——C 语言部分
uint32_t SVC_Handler_C(uint32_t exc_return_code, uint32_t msp_val)
{
    uint32_t     stack_frame_addr;
    volatile unsigned int *svc_args;
    uint8_t      svc_number;               // 抽取 SVC 编号
    uint32_t     new_exc_return;

    // 决定哪种栈指针被使用
    if (exc_return_code & 0x4) stack_frame_addr = __get_PSP();
    else stack_frame_addr = msp_val;
    // 确定是否存在其他状态上下文
    if (exc_return_code & 0x20) {
      svc_args = (unsigned *) stack_frame_addr;}
    else {
      svc_args = (unsigned *) (stack_frame_addr+40);}
    // 从程序镜像中提取 SVC 编号
    svc_number = ((char *) svc_args[6])[-2]; // Memory[(stacked_pc)-2]
    // 默认情况下使用相同的 exc_return 返回值
    new_exc_return = exc_return_code;
    // SVC 服务
    switch (svc_number) {
      case 0: // 操作系统初始化
        // 注意: 需要在更新 PSP_NS 指针之前更新 PSPLIM_NS
        __set_PSPLIM(tcb_array[0].psp_limit); // 任务的栈限制
        __set_PSP(tcb_array[0].psp_val + 40); // 设置指针地址加 40 用于 R4 ～ R11 CONTROL_
        EXC_RETURN                            // NS 与 EXC_RETURN 寄存器
        new_exc_return = HW32_REG(tcb_array[0].psp_val); // 获取任务的 EXC_RETURN, 并在
                                   // 需要的情况下在返回到线程时将 PSP 设置到非特权模式
        __set_CONTROL(__get_CONTROL() | (HW32_REG((tcb_array[0].psp_val+4)) & 0x1));
        __ISB(); // 在更新 CONTROL 寄存器后执行 ISB 指令 (架构建议)
        NVIC_SetPriority(PendSV_IRQn, 0xFF); // 将 PendSV 设置为最低优先级
        if (SysTick_Config(SystemCoreClock/1000) != 0){ // 使能系统计时器
          error_handler();
```

```
    }
        break;
    default:
        break;
    }
    return new_exc_return;
}
// ----------------------------------------------------------------
// 为新任务创建栈帧
void create_task(uint32_t task_id, uint32_t stack_base, uint32_t stack_size,
uint32_t privilege, uint32_t task_addr)
{
    uint32_t stack_val; // 从新栈帧的起始地址开始具有栈帧 (8 字) + 附加寄存器 (10 字) 的初
                         // 始栈结构
    stack_val = (stack_base + stack_size - (18*4));
    tcb_array[task_id].psp_val = stack_val;
    // 栈限制——由于程序使用任务的进程栈来存储额外的寄存器, 因此需要保留 26 个字 (或在
    // Cortex-M23/M33 处理器中使用 10 个字, 不带 FPU) 来保存额外的寄存器数据
    tcb_array[task_id].psp_limit = stack_base + (26*4);
    HW32_REG(stack_val ) = 0xFFFFFFBCUL;    // 异常返回值: 处理程序 (NS) 到线程
                                            // (NS) 的转换, 使用 PSP, 此时 FPCA=0
    HW32_REG(stack_val+ 4) = privilege;     // 如果任务属于特权模式, 则设置为 0
                                            // 如果任务不属于特权模式, 则设置为 1
    HW32_REG(stack_val+64) = task_addr;     // 返回地址
    HW32_REG(stack_val+68) = 0x01000000UL;  // xPSR
    return;
}
// ----------------------------------------------------------------
// 上下文切换代码
void __attribute__((naked)) PendSV_Handler(void)
{ // 上下文切换代码
    __asm(
    "mrs    r0, psp\n\t"    // 获取当前 PSP 值
    "tst    lr, #0x10\n\t" // 测试 EXC_RETURN 的第 4 位是否为 0, 如果为 0, 需要保存寄存器 S16 ~ S31
    "it     eq\n\t"
    "vstmdbeq r0!,{s16-s31}\n\t" // 保存 FPU 被调用方保存的寄存器
    "mov    r2, lr\n\t"          // 复制 EXC_RETURN
    "mrs r3, CONTROL\n\t"        // 复制 CONTROL 寄存器
    "stmdb r0!,{r2-r11}\n\t"     // 保存 EXC_RETURN、CONTROL 以及 R4 ~ R11 寄存器
    "bl PSP_update\n\t"          // 将 PSP 保存到 TCB, 并在返回值中获得用于接下来任务的 PSP
    "ldmia r0!,{r2-r11}\n\t"     // 从任务栈内容中加载 EXC_RETURN、CONTROL 与 R4 ~ R11
    stack                        // 寄存器
    "mov lr, r2\n\t"             // 设置 EXC_RETURN
    "msr CONTROL, r3\n\t"        // 设置 CONTROL 寄存器
    "isb \n\t"                   // 根据架构建议在 CONTROL 更新后执行一条 ISB 指令
    "tst lr, #0x10\n\t"          // 测试 EXC_RETURN 的第 4 位是否为 0, 如果为 0, 则需要对 FPU
                                 // S16 ~ S31 寄存器执行出栈操作
```

```
    "it eq\n\t"
    "vldmiaeq r0!,{s16-s31}\n\t"  // 加载 FPU 被调用方保存的寄存器
    "msr psp, r0\n\t"            // 设置 PSP 用于接下来的任务
    "bx  lr\n\t"                 // 异常返回
  );
}
// 改变 PSP 值切换到新任务——该过程在 PendSV_Handler 中执行
uint32_t PSP_update(uint32_t Old_PSP)
{
    tcb_array[curr_task].psp_val = Old_PSP; // 保存原有任务的 PSP 到 TCB
    curr_task = next_task; // 更新任务 ID
    __set_PSPLIM(tcb_array[curr_task].psp_limit); // 为任务设置栈检查功能
    return (tcb_array[curr_task].psp_val); // 将新任务的 PSP 值返回给 PendSV
}
// -------------------------------------------------------------
// SysTick 处理程序
void SysTick_Handler(void)
{
    // 简单的任务调度器（轮询）
    switch(curr_task) {
      case(0): next_task=1; break;
      case(1): next_task=0; break;
      default: next_task=0;
      printf("ERROR:curr_task = %x\n", curr_task);
      error_handler();
      break; // 程序流不应到达此处
      }
    if (curr_task!=next_task){ // 上下文切换必须设置 PendSV 异常事件为挂起状态
      SCB->ICSR |= SCB_ICSR_PENDSVSET_Msk;
      }
    return;
}
```

将上述示例代码移植到 Cortex-M23 处理器时，需要进行以下更改：

❏ 如果需要在非安全区域使用该软件，则应该删除栈限制检查。这是因为 Cortex-M23 处理器的非安全区域没有栈限制检查功能。

❏ 简化上下文切换代码：由于 Cortex-M23 处理器中没有 FPU，因此 PendSV_Handler 函数中的上下文切换代码需要跳过对 FPU 寄存器的上下文保存和恢复过程。

❏ 修改 PendSV 处理程序：由于 Armv8-M 基础版指令集架构中的加载–存储多操作数指令（LDMDB 和 STMIA）不支持修改高位寄存器（R8 ～ R12），因此需要对 PendSV 处理程序进行修改，通过低位寄存器操作高位寄存器内容来保存和恢复这些高位寄存器。

如果需要在安全空间运行上述简单操作系统示例代码，则需要将 create_task() 中使用的 EXC_RETURN 初始固定值从 0xFFFFFFBC 更改为 0xFFFFFFFD。而之前为 Armv7-M 指

令集架构准备的操作系统代码，EXC_RETURN 初始固定值也可能会使用 0xFFFFFFFD 值。相应地，将这种简单操作系统代码部署到 Armv8-M 指令集架构的处理器上之前，也需要更新 create_task() 函数。

请注意，此示例未说明典型的 RTOS 中所需要包含的功能。

一个典型的实时操作系统：

❑ 具有更多任务调度功能，例如，可以将线程设置为非活跃状态，并可以根据任务所具有的优先级对系统中任务的执行顺序优先级排序。

❑ 具有额外的 SVC 服务，例如，用于激活 / 禁用任务和配置任务优先级。

❑ 具有额外的进程间通信，例如，事件处理、消息队列和信号量。

由于上述示例代码不是完整的操作系统实现，因此并没有展示与 TF-M 中操作系统协助者 API 相关的集成部分。有关这方面的更多信息，请参阅 *Embedded World* 上发表的论文 [4]，该论文中的详细示例可在可信固件网站上找到 [1]。

本章展示的简单代码示例没有涉及有关 MPU 操作的部分。这是因为本例中所使用代码的各个部分（包括应用程序任务）都合并到一个文件中。这种情况下很难为操作系统和应用程序代码 / 数据指定各自独立的内存区域段。如果需要使用 MPU，则每个应用程序任务通常位于独立的代码文件中。由此可以在链接阶段为每个任务分配各自的内存区段。

参考文献

[1] Trusted Firmware-M. https://www.trustedfirmware.org/.

[2] Arm Compiler armclang Reference Guide—inline assembly example. https://developer.arm.com/documentation/100067/0612/armclang-Inline-Assembler/Forcing-inline-assembly-operands-into-specific-registers.

[3] Platform Security Architecture. https://developer.arm.com/architectures/security-architectures/platform-security-architecture

[4] How should an RTOS work in a TrustZone for Armv8-M environment. https://pages.arm.com/rtos-trustzone-armv8m.

第 12 章
内存保护单元

12.1 内存保护单元概述

12.1.1 简介

内存保护单元（MPU）是 ArmCortex-M 处理器中的可选功能。它有两个主要作用：

☐ 定义应用程序或进程的访问权限。

- 在操作系统环境中，MPU 可用于进程隔离，这意味着在非特权状态下运行的应用程序任务只能访问分配给它们的内存空间。所以，如果应用程序任务崩溃或被黑客入侵，那么它无法破坏或访问操作系统和其他应用程序任务使用的内存，从而提高了系统的安全性和鲁棒性。

- MPU 可用于强制某些地址范围为只读。例如将程序镜像加载到 RAM 后，可以使用 MPU 强制 RAM 中的程序位置为只读，以防止意外更改内部程序镜像。

- MPU 可用于将某些数据地址范围（例如，栈、堆）标记为不可执行，从而有效防止黑客使用代码注入技术攻击系统：使用 MPU 将 SRAM 的一部分标记为不可执行可防止执行注入栈和堆的代码。

☐ 定义地址范围的内存属性。

- 对于带有缓存的系统（作为处理器的一部分内置或集成在系统级），MPU 可用于定义某些地址范围是否可缓存。如果它们是可缓存的，则 MPU 可用于定义缓存方案的类型（例如，回写、直写）和内存区域的可共享性属性。

- 虽然通常不推荐，但 MPU 可用于覆盖默认内存映射中的内存 / 设备类型定义（参见 6.3 节，以及表 6.4 关于默认内存映射中的内存属性）。注意，在普通应用中，软件开发人员应该避免将地址从"普通"切换到"设备"（反之亦然），因为调试器不知道内存映射中的默认内存 / 设备类型已被覆盖。上述操作使得系统的调试变得更加困难。这是因为调试器生成的总线传输会与内存属性不匹配，从而导致应用程序和调试视图不一致。

在一些为基于 Armv6-M 和 Armv7-M 的 Cortex-M 处理器设计的实时操作系统中，MPU 用于应用线程中的栈溢出检测。但是在 Armv8-M 处理器中，栈溢出检测可以由栈限制检查寄存器处理。具体来说：

☐ Cortex-M33：栈限制检查寄存器（参见 11.4 节）可用于安全和非安全软件。

❑ Cortex-M23：栈限制检查寄存器仅在安全区域中可用。因此在非安全区域中运行的实时操作系统仍使用 MPU 进行栈溢出检测。

当检测到 MPU 违规时，传输被阻塞并产生故障异常：

❑ 如果 MemManage 异常（异常类型 4）可用（在 Cortex-M23 处理器中不可用），其使能后且优先级高于当前级别，则立即触发 MemManage 异常。

❑ 如果不是上述情况（MemManage 异常不可用、被禁用或其优先级等于或低于当前优先级），则将触发 HardFault（异常类型 3）。

异常处理程序可以决定如何最好地处理错误，即系统是否应该重置；或者在操作系统环境的情况下，操作系统是否应该终止有问题的任务或重新启动整个系统。

MemManage 异常存储在安全状态之间：

❑ 如果发生安全 MPU 违规，则会触发安全 MemManage 异常。

❑ 如果发生非安全 MPU 违规，则会触发非安全 MemManage 异常。

当 MemManage 异常事件升级为 HardFault 异常时，目标安全状态取决于设备上是否实现了 TrustZone 以及 AIRCR.BFHFNMINS 位的配置（见表 9.18）。

与应用处理器（例如 Cortex-A 处理器）中的内存管理单元（Memory Management Unit，MMU）不同，MPU 不提供地址转换（即不支持虚拟内存）。Cortex-M 处理器不支持 MMU 功能是为了确保处理器系统可以处理实时要求：当 MMU 用于虚拟内存支持以及当存在映射查表缓冲区（Translation Lookup Buffer，TLB）未命中（即需要将逻辑地址转换为物理地址，但本地缓冲区中没有地址转换细节）时，MMU 需要进行页表遍历以获取地址转换信息。但是，由于在页表遍历操作期间处理器可能无法处理中断请求，因此 MMU 的使用对于实时系统来说并不理想。

12.1.2 MPU 运行理念

MPU 是一个由特权软件控制的可编程单元。默认情况下，MPU 处于禁用状态，这意味着：

❑ 系统内存映射中的内存访问权限基于默认的内存访问权限（见 6.4.4 节）。

❑ 系统内存映射中的内存属性基于默认内存映射（见 6.3.3 节）。

当未实现 MPU 时，默认内存访问权限和默认内存属性也适用。

MPU 通过定义 MPU 区域来运行。在 Armv8-M 中，每个 MPU 区域都有一个起始地址和一个结束地址，粒度为 32 字节。在启用 MPU 之前，特权软件需要对 MPU 进行编程，以便为特权和非特权软件定义 MPU 区域。每个区域的设置包括：

❑ MPU 区域的起始地址和结束地址。

❑ MPU 区域的访问权限（即该区域是仅特权访问还是完全访问）。

❑ MPU 区域的属性（即内存 / 设备类型、缓存属性等）。

对 MPU 区域进行编程后，即可启用 MPU。

在操作系统环境中，MPU 区域设置通常会在每次上下文切换时重新配置，以便每个非特权应用程序 / 线程都有自己可访问地址的范围。每个应用程序 / 线程使用多个 MPU 区域用于代码（包括用于共享库的区域）、数据（例如栈）和外设。操作系统代码也为特权代码

（例如中断处理程序）提供 MPU 区域。

为了简化 MPU 设置，Cortex-M 处理器的 MPU 还提供了可编程背景区功能。启用此功能后，除非设置被启用的 MPU 区域覆盖，否则特权软件能够查看默认内存映射的访问权限和内存属性。通过使用背景区功能，操作系统代码只需对非特权代码所需的 MPU 区域进行编程。

12.1.3　Arm Cortex-M23 和 Cortex-M33 处理器对 MPU 的支持

在 Cortex-M23 和 Cortex-M33 处理器中，MPU 功能是可选的。实施 MPU 时可以有 4/8/12/16 个 MPU 区域。如果实现 TrustZone 安全功能扩展，则最多可以有两个 MPU，一个用于安全区域，一个用于非安全区域。安全和非安全 MPU 的区域数量可以不同。

虽然 Cortex-M23 和 Cortex-M33 处理器没有内部一级高速缓存，但是 MPU 设置产生的高速缓存属性会输出到处理器的顶层，所以如果有系统级高速缓存可用，则可以利用其属性信息。

12.1.4　MPU 对系统架构的要求

MPU 的设计基于受保护内存系统架构（Protected Memory System Architecture，PMSA）。PMSAv8 是 Armv8-M 架构[1] 的一部分。配置 MPU 时：

❑ 在更改 MPU 配置之前，应执行 DMB 指令以确保先前的内存访问（如果其中一些仍然未完成）不受影响。

❑ 如果存在系统级高速缓存，并且 MPU 的配置将更改高速缓存方案，则需要在更新MPU 配置之前清理高速缓存。

❑ MPU 配置完成后，应先执行一条 DSB 指令，再执行一条 ISB 指令，以确保后续的程序操作都使用新的 MPU 配置。

12.2　MPU 寄存器

12.2.1　MPU 寄存器汇总

MPU 寄存器（见表 12.1）是内存映射的，并放置在系统控制空间（System Control Space，SCS）中。在 Armv8-M 架构中，应始终按 32 位大小访问 MPU 寄存器。

请注意，除了 MPU_TYPE、MPU_CTRL 和 MPU_RNR 寄存器之外，Armv8-M 架构 MPU的编程者模型与 Armv6-M 和 Armv7-M 架构中的 MPU 不同。

表 12.1　MPU 寄存器汇总（寄存器别名在 Cortex-M23 处理器中不可用）

地址	寄存器	CMSIS-CORE 符号	功能
0xE000ED90	MPU_TYPE	MPU->TYPE	MPU 类型寄存器
0xE000ED94	MPU_CTRL	MPU->CTRL	MPU 控制寄存器
0xE000ED98	MPU_RNR	MPU->RNR	MPU 区域编号寄存器

（续）

地址	寄存器	CMSIS-CORE 符号	功能
0xE000ED9C	MPU_RBAR	MPU->RBAR	MPU 区域基址寄存器
0xE000EDA0	MPU_RLAR	MPU->RLAR	MPU 区域限制地址寄存器
0xE000EDA4	MPU_RBAR_A1	MPU->RBAR_A1	MPU 区域基址寄存器别名 1
0xE000EDA8	MPU_RLAR_A1	MPU->RLAR_A1	MPU 区域限制地址寄存器别名 1
0xE000EDAC	MPU_RBAR_A2	MPU->RBAR_A2	MPU 区域基址寄存器别名 2
0xE000EDB0	MPU_RLAR_A2	MPU->RLAR_A2	MPU 区域限制地址寄存器别名 2
0xE000EDB4	MPU_RBAR_A3	MPU->RBAR_A3	MPU 区域基址寄存器别名 3
0xE000EDB8	MPU_RLAR_A3	MPU->RLAR_A3	MPU 区域限制地址寄存器别名 3
0xE000EDC0	MPU_MAIR0	MPU->MAIR0	MPU 内存属性间接寄存器 0
0xE000EDC4	MPU_MAIR1	MPU->MAIR1	MPU 内存属性间接寄存器 1

当实施 TrustZone 时：

❑ 如果处理器正在运行非安全特权软件，软件可以通过地址 0xE000ED90 到 0xE000EDC4 访问非安全 MPU 寄存器。

❑ 如果处理器运行安全特权软件，软件可以通过地址 0xE000ED90 到 0xE000EDC4 访问安全 MPU 寄存器。

❑ 如果处理器运行安全特权软件，软件可以通过地址 0xE002ED90 到 0xE002EDC4（即非安全 MPU 别名地址）访问非安全 MPU 寄存器。

当使用 CMSIS-CORE 头文件时，安全特权软件应使用 MPU_NS 数据结构而不是 MPU 数据结构来访问非安全 MPU 寄存器。

12.2.2　MPU 类型寄存器

MPU 类型寄存器（见图 12.1 和表 12.2）详细说明了在 MPU 中为所选安全状态实现的 MPU 区域数。如果 DREGION 位域为 0，则针对选定的安全状态 MPU 未被实现。MPU 类型寄存器是只读的。

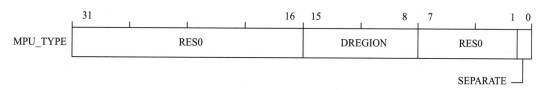

图 12.1　MPU 类型寄存器

表 12.2　MPU 类型寄存器（MPU->TYPE，0xE000ED90）

位段	名称	类型	复位值	描述
31:16	保留	只读	0	保留
15:8	DREGION	只读	设计规定	处于选定的安全状态的 MPU 支持的 MPU 区域数

（续）

位段	名称	类型	复位值	描述
7:1	保留	只读	0	保留
0	SEPARATE	只读	0	表示支持分离的指令和数据区域。由于 Armv8-M 仅支持统一的 MPU 区域，因此该位始终为 0

12.2.3　MPU 控制寄存器

MPU 控制寄存器（见图 12.2 和表 12.3）定义了 MPU 的功能使能控制。

MPU 控制寄存器中的 PRIVDEFENA 位用于启用背景区。通过使用 PRIVDEFENA，并且没有其他区域被启用，特权程序可以访问所有内存位置，而非特权程序生成的内存访问将被阻止。但是如果其他 MPU 区域被编程和启用，它们可以覆盖背景区。如图 12.3 所示，具有相似区域设置的两个系统，但只有右侧的一个将 PRIVDEFENA 位设置为 1，这意味着该系统允许对背景区进行特权访问。

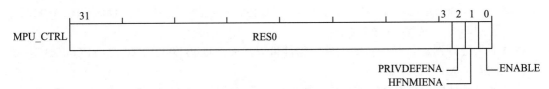

图 12.2　MPU 控制寄存器

表 12.3　MPU 控制寄存器（MPU->CTRL, 0xE000ED94）

位段	名称	类型	复位值	描述
31:3	保留	只读	0	保留
2	PRIVDEFENA	读/写	0	特权等级默认的内存映射使能。当设置为 1 且 MPU 使能时，未映射到任何 MPU 区域的特权访问使用默认内存映射（即它为特权代码提供了背景区）。如果该位未设置，背景区将被禁用，任何未被使能的 MPU 区域覆盖的访问都将引发错误
1	HFNMIENA	读/写	0	如果设置为 1，则在执行 HardFault 处理和 NMI 处理中使用 MPU；如果设置为 0，则在执行 HardFault 和 NMI 时处理绕过 MPU，当 FAULTMASK 设置为 1 时也绕过 MPU
0	ENABLE	读/写	0	设置为 1 时使能 MPU

HFNMIENA 位用于定义在执行 NMI、HardFault 处理期间，或在设置 FAULTMASK 时 MPU 的行为：默认情况下（即当 HFNMIENA 位为 0 时），以上条件中的一个或多个满足时，MPU 被绕过（禁用）。这样即使 MPU 设置不正确，也允许执行 HardFault 和 NMI 处理程序。

设置 MPU 控制寄存器中的使能位通常是 MPU 设置代码的最后一步。如果不是，则 MPU 可能会在区域配置完成之前意外生成错误。在许多情况下，尤其是具有动态 MPU 配置的嵌入式操作系统的情况下，应在 MPU 配置例程开始时禁用 MPU，以确保在 MPU 区域配置期间不会意外触发 MemManage 异常。

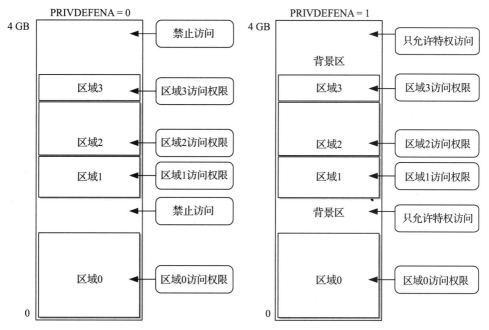

图 12.3　PRIVDEFENA 位的效果（使能背景区）

12.2.4　MPU 区域编号寄存器

理论上，一个 Armv8-M 处理器可以支持超过 16 个 MPU 区域。MPU 寄存器的访问由 MPU 区域编号寄存器进行索引和控制，而不是为 MPU 的所有区域寄存器分配单独的地址。因此，只需要少量的寄存器地址即可访问 MPU 的所有区域配置寄存器。

MPU 区域编号寄存器（见图 12.4 和表 12.4）为 8 位，因此理论上可以允许配置 256 个 MPU 区域。但是由于拥有 256 个 MPU 区域会显著增加芯片面积和功耗的成本，因此 Cortex-M23 和 Cortex-M33 处理器最多只能支持 16 个 MPU 区域。在设置 MPU 区域之前，软件需要写入该寄存器以选择要编程的区域。

注意，在 Armv7-M 中，可以通过将区域编号合并到 MPU 区域基地址寄存器的写入值来跳过 MPU_RNR 的编程，但是 Armv8-M 不支持此机制。

图 12.4　MPU 区域编号寄存器

表 12.4　MPU 区域编号寄存器（MPU->RNR, 0xE000ED98）

位段	名称	类型	复位值	描述
31:8	RES0[①]	只读	0	保留
7:0	REGION	读 / 写	—	选择待编程的区域

①原书中 Reserved 有误，应为 RES0。——译者注

12.2.5　MPU 区域基址寄存器

MPU 区域基址寄存器（见图 12.5 和表 12.5）定义了 MPU 区域的起始地址和该区域的访问权限。

虽然 Cortex-M23 和 Cortex-M33 处理器没有内置缓存，但它们支持外部缓存，包括级别 1（即使用内部缓存属性）和级别 2（即使用外部缓存属性）。来自 MPU 区域查找的可缓存性和可共享性属性与总线系统传送一起传输，以便缓存单元可以根据 MPU 中定义的内存属性正确处理传输。

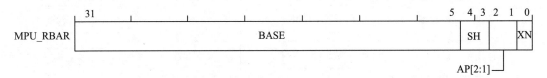

图 12.5　MPU 区域基址寄存器

表 12.5　MPU 区域基址寄存器（MPU->RBAR, 0xE000ED9C）

位段	名称	类型	复位值	描述
31:5	BASE	读/写	—	MPU 区域的基地址——包含 MPU 区域地址下限的第 31 位到第 5 位。地址值的最低 5 位（位 4 到位 0）用零填充以用于 MPU 区域检查
4:3	SH	读/写	—	可共享性——定义该区域对于普通内存的可共享性属性。如果此区域配置为 Device，则始终将其视为共享。 00 —— 不可共享 11 —— 内部可共享 10 —— 外部可共享
2:1	AP[2:1]	读/写	—	访问权限 00 —— 仅由特权代码读/写 01 —— 完全访问（任何权限级别的读/写） 10 —— 仅对特权代码只读 11 —— 对特权代码和非特权代码都是只读的
0	XN	读/写	—	永不执行——设置为 1 时，不允许从该 MPU 区域执行代码

在具有多个总线主控的系统中，总线主控被划分为共享性组（见图 12.6），总线事务的共享性属性用于决定是否需要缓存单元处理传输的一致性管理。

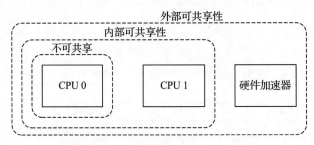

图 12.6　可共享性分组的简化视图

图 12.6 所示的一致性管理方案解释如下：

❑ 不可共享：CPU 1 对不可共享区域中的数据更新并不总是对系统中的任何其他总线主控可见，这有利于实现更高的性能。但如果在某个阶段，数据需要由其他总线主控访问，则需要软件操作，例如缓存清理。

❑ 内部可共享：CPU 1 对内部可共享区域中的数据更新只能被同一内部可共享组中的其他总线主控观察到，而不在同一组中的其他总线主控器可能无法看到 CPU 1 更新的数据。例如一些 Arm Cortex-A 处理器支持多个处理器内核之间的集群配置和缓存一致性。这使得处理器之间的数据共享更加容易。然而为了处理一致性，缓存硬件内的监听控制单元（Snoop Control Unit，SCU）可能会在某些总线事务中引入小的时延。

❑ 外部可共享：某些系统包含其他总线主控器，并且可能具有共享的二级缓存以允许处理器和其他总线主控器在某些内存区域中具有一致的视图。通过这种安排，上述处理器和总线主控器可以很容易地使用这些区域来共享数据。当一个内存区域被定义为外部可共享时，它也是内部可共享的。

12.2.6　MPU 区域限制地址寄存器

MPU 区域限制地址寄存器（见图 12.7 和表 12.6）定义了 MPU 区域的结束地址和区域的内存属性。它还包含 MPU 区域的使能控制位。在启用 MPU 之前，未使用的 MPU 区域应将其区域使能位设置为 0。MPU 使能由控制位 MPU_CTRL.ENABLE 控制（见表 12.3）。

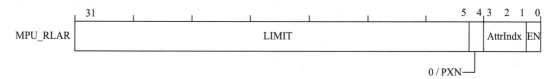

图 12.7　MPU 区域限制地址寄存器

表 12.6　MPU 区域限制地址寄存器（MPU->RLAR, 0xE000EDA0）

位段	名称	类型	复位值	描述
31:5	LIMIT	读 / 写	—	MPU 区域的上限地址——包含 MPU 区域地址上限的第 31 位至第 5 位。地址值的最低 5 位（位 4 到位 0）用 1 填充，以用于 MPU 区域检查
4	保留 /PXN	—/ 读 /写	—	在 Armv8.0-M 中保留。 永不特权执行（Privileged eXecute Never，PXN）属性在 Armv8.1-M（例如 Cortex-M55）中可用，在 Cortex-M23 和 Cortex-M33 处理器中不可用
3:1	AttrIndx	读 / 写	—	属性索引——从 MAIR0 和 MAIR1 中选择内存属性
0	EN	读 / 写	—	区域使能

MPU 区域大小通过 LIMIT 位段并用 1 来填充低 5 位生成。如果 MPU_RLAR 设置为 0x2000FFE7，则该设置的解释如下：

❑ LIMIT 提供地址大小限制的第 31 位到第 5 位，地址的第 4 位到第 0 位被替换为 1 之前，地址为 0x2000FFE0。将 LIMIT 地址的最低 5 位替换为 1 后，实际得到的地址大小限制值为 0x2000FFFF。

❑ 位 4（保留 /PXN 位）为 0——在 Cortex-M23 和 Cortex-M33 处理器中不可用。

❑ 最低 4 位的二进制值为 0111（即 7），映射到属性索引（即 AttrIndx）的值为 3，映射到 MPU 区域使能控制位（即 EN）的值为 1（即 MPU 区域使能）。

AttrIndx 是一个索引值，用于从 MAIR0 和 MAIR1 寄存器中获取正确的内存属性设置。通过使用索引方法，可以减少 MPU 区域的内存属性位总数。

PXN 属性位是在 Armv8.1-M 架构（例如 Cortex-M55 处理器）中引入的，在 Armv8.0-M 中不可用。它允许将包含非特权应用程序或二进制代码的 MPU 区域标记为非特权仅执行，以防止特权升级攻击。

12.2.7 MPU RBAR 和 RLAR 别名寄存器

MPU RBAR 和 RLAR 的别名寄存器仅在 Armv8-M 主线版指令集架构中可用，Cortex-M23 处理器不支持。上述寄存器的目的是加速 MPU 的编程。这是通过避免每次对区域进行编程时都需要对 MPU 区域编号寄存器（MPU_RNR）进行编程来实现的。要使用别名寄存器，将 MPU_RNR 编程为 N 值，其中 N 是 4 的倍数，然后使用 MPU RBAR 和 RLAR 别名寄存器访问 MPU 区域 N+1、N+2 和 N+3。MPU 区域寄存器的别名如表 12.7 所示。

MPU RBAR 和 RLAR 别名寄存器中的位域（即 MPU_RBAR_A1/2/3 和 MPU_RLAR_A1/2/3）与 MPU_RBAR 和 MPU_RLAR 寄存器中的位域完全相同，唯一的区别是访问的 MPU 区域的区域编号。

如果 MPU_RNR 未设置为 4 的倍数，则在访问 MPU RBAR 和 MPU RLAR 别名寄存器时忽略 MPU_RNR 的位 1 和位 0，即使用的区域编号为 (MPU_RNR[7:2]) <<2+ 别名编号。

表 12.7　使用 MPU RBAR 和 MPU RLAR 别名寄存器时访问的 MPU 区域

寄存器名称	MPU_RNR=0	MPU_RNR=1	MPU_RNR=2	MPU_RNR=3
MPU_RBAR	MPU_RBAR[0]	MPU_RBAR[4]	MPU_RBAR[8]	MPU_RBAR[12]
MPU_RLAR	MPU_RLAR[0]	MPU_RLAR[4]	MPU_RLAR[8]	MPU_RLAR[12]
MPU_RBAR_A1	MPU_RBAR[1]	MPU_RBAR[5]	MPU_RBAR[9]	MPU_RBAR[13]
MPU_RLAR_A1	MPU_RLAR[1]	MPU_RLAR[5]	MPU_RLAR[9]	MPU_RLAR[13]
MPU_RBAR_A2	MPU_RBAR[2]	MPU_RBAR[6]	MPU_RBAR[10]	MPU_RBAR[14]
MPU_RLAR_A2	MPU_RLAR[2]	MPU_RLAR[6]	MPU_RLAR[10]	MPU_RLAR[14]
MPU_RBAR_A3	MPU_RBAR[3]	MPU_RBAR[7]	MPU_RBAR[11]	MPU_RBAR[15]
MPU_RLAR_A3	MPU_RLAR[3]	MPU_RLAR[7]	MPU_RLAR[11]	MPU_RLAR[15]

12.2.8 MPU 属性间接寄存器 0 和 1

现代计算系统中的内存系统行为可能会非常复杂。对于要控制的内存访问行为，MPU 的内存属性中需要很多位来满足所需的控制需求。然而嵌入式系统可能只有几种类型的内存，因此 MPU 属性间接寄存器（见图 12.8）提供了一个最多 8 种内存属性类型的查找表，而不是在每个 MPU 区域中为内存属性设置多个控制位。每个 MPU 区域使用 MPU_RLAR 寄存器中的 AttrIndx 位域从这 8 种内存属性类型中选择内存属性。

有关内存和设备类型的更多信息,请参阅 6.3 节。

Armv8-M 中的 MPU 引入了一个新的内存属性,称为"即时性"。它的目的是向高速缓存单元提供一个提示,即 MPU 区域中的数据可能只需要在高速缓存中停留较短时间。此提示在高速缓存行替换期间很有用。在基于 Cortex-M23 和 Cortex-M33 处理器的系统中,不使用即时性信息,因为这些处理器没有内部高速缓存,而且 AMBA 5 AHB 总线协议 [2] 不提供用于传输即时性属性的信号。

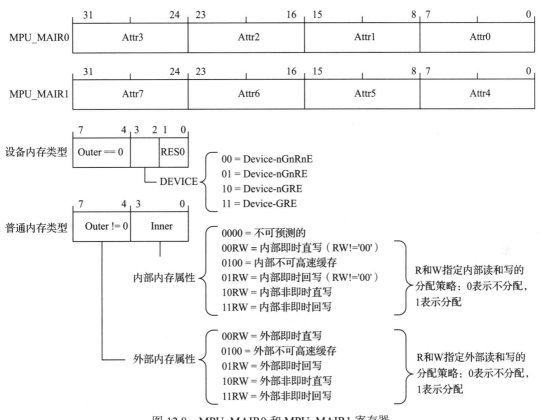

图 12.8 MPU_MAIR0 和 MPU_MAIR1 寄存器

12.3 MPU 配置

12.3.1 MPU 配置步骤概述

典型的 MPU 配置顺序如图 12.9 所示。

如果使用 Armv8-M 主线版指令集架构处理器,则可以通过使用 MPU RBAR 和 RLAR 别名寄存器来减少 MPU 配置循环中的迭代次数。

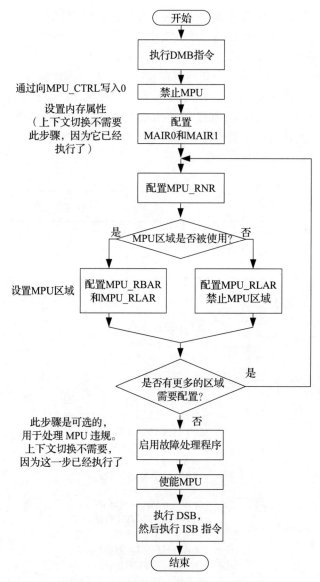

图 12.9　一个简单的 MPU 配置步骤示例

设置 MPU 时需要考虑的一些事项：

❏ 不必为处理器的内部内存映射组件设置 MPU 区域，例如系统控制空间（SCS）和私有外设总线（PPB，地址 0xE0000000 到 0xE00FFFFF）中的硬件寄存器。

❏ 异常向量获取始终使用默认内存映射，因此无须为向量表设置 MPU 区域。

❏ 使用背景区（即将 PRIVDEFENA 设置为 1）可以减少所需的 MPU 区域数量，因为 MPU 区域配置只需满足非特权软件的要求。

❏ 将 HFNMIENA 设置为 1 时，需要确保 MPU 区域设置涵盖执行 HardFault 和不可屏蔽中断（Non-Maskable Interrupt，NMI）处理程序所需的内存空间。或者可以通过将 PRIVDEFENA 设置为 1 来启用背景区，从而允许 HardFault 和 NMI 处理程序使用默认内存映射执行。如果 HFNMIENA 为 1 但没有将 PRIVDEFENA 设置为 1，则在这些处理程序执行时将使用 MPU（即所有访问都将受到 MPU 权限检查）。如果内存被这些处理程序之一访问并被 MPU 阻塞，将导致处理器进入 LOCKUP（参见 13.6 节）。

❏ 避免将普通内存覆盖到设备内存。如果软件确实覆盖了内存类型，调试器可能无法生成与内存属性匹配的调试访问，而且如果存在系统缓存，由于内存属性不匹配，调试器最终可能会看到不同于软件中看到的数据视图。

❏ 对于微控制器应用，通常 MPU 区域设置可以通过简化为使用单个 MPU 区域来覆盖所有程序闪存（或其他形式的非易失性存储器）。在许多微控制器应用程序中，即使使用 RTOS，为应用程序线程定义单独的 MPU 区域通常也是不必要且不切实际的。这是因为这些应用程序线程通常使用共享的 C 函数（如 C 运行库和特定操作系统的 API），因此很难将每个非特权软件线程的程序内存分离到单独的 MPU 区域中。另外，由于应用软件开发者通常对程序内存有完整的可见性，允许非特权软件线程读取整个程序不太可能引起安全问题。

12.3.2　为 MAIR0 和 MAIR1 定义内存属性

定义 MPU 配置时首先要考虑的事情之一是需要支持哪些内存类型，这也是配置 MAIR0 和 MAIR1 所需的。在基于微控制器的嵌入式系统中，通常只有几种存储器类型。表 12.8 给出了几个常见微控制器存储器类型的示例。

表 12.8　内存属性示例

内存 / 设备类型	描述	内存属性值示例（二进制）
程序内存，例如嵌入式闪存（可缓存）	内部和外部回写，非瞬态。读和写分配（尽管写入不太可能发生）	（8 位）11111111
片上快速 SRAM	与处理器紧密耦合的快速 SRAM，可以配置为不可缓存，以便对快速 SRAM 的访问不会替换其他缓存信息	（8 位）01000100
具有可共享二级缓存的慢速 RAM	具有长访问延迟的存储设备，如 DRAM。可在内部和外部缓存上缓存	（8 位）11111111
外设（可缓冲）	一般外设	（8 位）00000001
外设（不可缓冲）	通常用于专用硬件模块。例如用于系统控制的硬件寄存器。标记为不可缓冲，以便对寄存器更新的影响对后续代码几乎立即可见	（8 位）00000000

内部和外部属性可以由系统级缓存或内存接口控制器使用，如图 12.10 所示。

一旦定义了所需的属性，MPU 的其余编程序列就可以通过在 MPU_RLAR（区域限制地址寄存器）中指定 AttrIndx（属性索引）来引用内存属性。在操作系统的上下文切换期间，MAIR0 和 MAIR1 中的内存属性不需要更新（见图 12.11）。

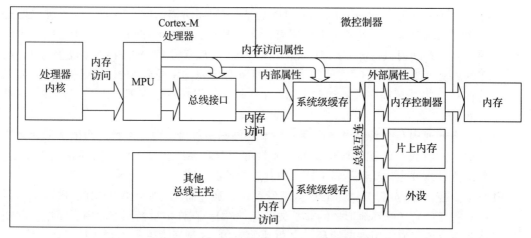

图 12.10 芯片中硬件单元对内存属性的使用

12.3.3 MPU 编程

12.3.3.1 概述

CMSIS-CORE（在头文件 include/mpu_v8.h 中）定义了一系列低层 MPU 配置函数。此外，另一个名为 CMSIS-Zone 的 CMSIS 工程提供了从工程设置生成 MPU 配置代码的实用程序（以 XML 文件格式形式）。

CMSIS-CORE 中定义的低层 MPU 控制函数如下。

12.3.3.2 禁止 MPU

禁用 MPU（更新 MPU 配置时可能需要这样做）使用以下函数：

```
void ARM_MPU_Disable(void);
```

如果实现了 TrustZone，以下函数允许安全软件禁用非安全 MPU：

```
void ARM_MPU_Disable_NS(void);
```

12.3.3.3 编程 MAIR0 和 MAIR1

初始化 MPU（见图 12.9）的关键步骤之一是对 MPU 属性间接寄存器（MAIR0 和 MAIR1）进行编程。CMSIS-CORE 中的头文件提供以下函数：

```
// 对于当前选择的 MPU
void ARM_MPU_SetMemAttr(uint8_t idx, int8_t attr);
```

实现 TrustZone 后，以下函数允许安全软件为被明确选择的 MPU 设置属性间接寄存器：

```
// 对于显式的 MPU 选择（对于当前选择的 MPU 使用 MPU,
// 而对于非安全 MPU 使用 MPU_NS)

void ARM_MPU_SetMemAttrEx(MPU_Type* mpu, uint8_t idx, int8_t attr);
```

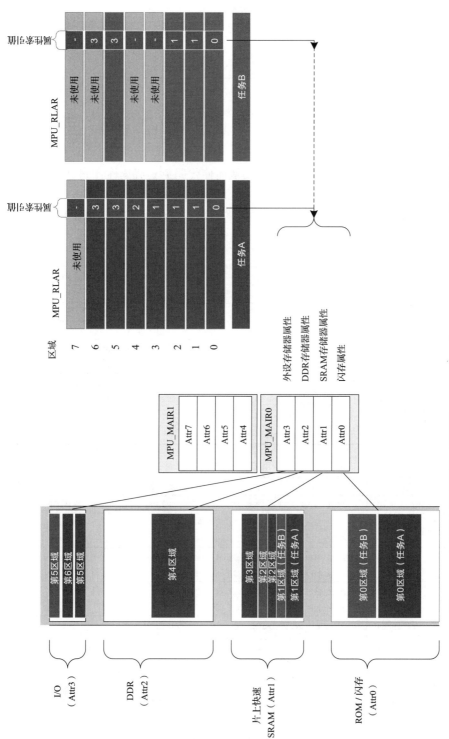

图 12.11 在上下文切换期间，仅更新 MPU_RBAR 和 MPU_RLAR，MAIRx 设置保持不变

设置非安全 MPU 的属性间接寄存器时要使用的另一个函数是：

```
// 对于 MPU_NS

void ARM_MPU_SetMemAttr_NS(uint8_t idx, int8_t attr);
```

其中函数中的参数意义如下：

❑ MPU 表示 MPU 或 MPU_NS。

❑ idx 代表索引值 0 ～ 7。

❑ attr 表示 8 位内存属性。

使用这些函数时，有许多 C 宏被定义，从而使代码更具可读性，同时为了能够使用这些函数，也定义了许多常量（见表 12.9）。

要从这些 C 宏创建适当的内存属性值，可以使用以下 C 宏代码（见表 12.10）。

表 12.9 支持创建内存属性的 C 宏

属性	宏	取值	描述
DEVICE	ARM_MPU_ATTR_DEVICE	0	设备属性的高 4 位
设备类型的第 3 位到第 2 位	ARM_MPU_ATTR_DEVICE_nGnRnE	0	不可缓冲
	ARM_MPU_ATTR_DEVICE_nGnRE	1	可缓冲
	ARM_MPU_ATTR_DEVICE_nGRE	2	允许读 / 写重排
	ARM_MPU_ATTR_DEVICE_GRE	3	允许读 / 写重排重组（如调整大小）
内存类型	ARM_MPU_ATTR(O, I)	—	合并外部和内部属性
	ARM_MPU_ATTR_NON_CACHEABLE	4	不可缓存普通内存
	ARM_MPU_ATTR_MEMORY_(NT, WB, RA, WA)	—	用于内部和外部高速缓存策略的 4 位可高速缓存内存属性

表 12.10 使用 C 宏生成内存属性的示例

设备和内存属性示例	C 宏示例
DEVICE-nGnRnE	(ARM_MPU_ATTR_DEVICE << 4) | (ARM_MPU_ATTR_DEVICE_nGnRnE<<2)
DEVICE-nGnRE	(ARM_MPU_ATTR_DEVICE << 4) | (ARM_MPU_ATTR_DEVICE_nGnRE<<2)
DEVICE-nGRE	(ARM_MPU_ATTR_DEVICE << 4) | (ARM_MPU_ATTR_DEVICE_nGRE<<2)
DEVICE-GRE	(ARM_MPU_ATTR_DEVICE << 4) | (ARM_MPU_ATTR_DEVICE_GRE<<2)
内部和外部不可高速缓存的普通内存	ARM_MPU_ATTR(ARM_MPU_ATTR_NON_CACHEABLE, ARM_MPU_ATTR_NON_CACHEABLE)
内部不可高速缓存，外部可高速缓存的普通内存	ARM_MPU_ATTR(ARM_MPU_ATTR_MEMORY_(NT,WB,RA,WA), ARM_MPU_ATTR_NON_CACHEABLE) 其中 NT（非即时）、WB（回写）、RA（读分配）和 WA（写分配）的值是 0 或 1
内部和外部可高速缓存普通内存	ARM_MPU_ATTR(ARM_MPU_ATTR_MEMORY_(NT,WB,RA,WA), ARM_MPU_ATTR_MEMORY_(NT,WB,RA,WA)) 其中 NT（非即时）、WB（回写）、RA（读分配）和 WA（写分配）的值是 0 或 1

12.3.3.4　区域基址和限制地址寄存器

当 MAIR0 和 MAIR1 被编程时，MPU 基址和限制地址寄存器（RBAR 和 RLAR）就可以同时被编程。CMSIS-CORE 中的头文件提供以下函数：

```
// 对于当前选择的 MPU
void ARM_MPU_SetRegion(uint32_t rnr, uint32_t rbar, uint32_t rlar);
```

实现 TrustZone 后，以下函数允许安全软件为明确选择的 MPU 设置 RBAR 和 RLAR：

```
// 对于显式的 MPU 选择（对于当前选择的 MPU 使用 MPU,
// 而对于非安全 MPU 使用 MPU_NS）
void ARM_MPU_SetRegionEx(MPU_type* mpu, uint32_t rnr, uint32_t rbar,
uint32_t rlar);
```

设置非安全 MPU 的 RBAR 和 RLAR 时使用的另一个函数是：

```
// 对于 MPU_NS
void ARM_MPU_SetRegion_NS(uint32_t rnr, uint32_t rbar, uint32_t rlar);
```

使用这些函数时，有许多被定义的 C 宏可用于创建 RBAR 和 RLAR 值，这使代码更具可读性（见表 12.11）。

如果没有使用 MPU 区域，可以使用以下函数清除 MPU 区域：

```
// 对于当前选择的 MPU
void ARM_MPU_ClrRegion(uint32_t rnr);
```

实现 TrustZone 后，以下函数允许安全软件为明确选择的 MPU 清除 MPU 区域：

```
// 对于显式的 MPU 选择（对于当前选择的 MPU 使用 MPU,
// 而对于非安全 MPU 使用 MPU_NS）
void ARM_MPU_ClrRegionEx(MPU_Type* mpu, uint32_t rnr);
```

清除非安全 MPU 的区域时要使用的另一个函数是：

```
// 对于 MPU_NS
void ARM_MPU_ClrRegion_NS(uint32_t rnr);
```

表 12.11　支持创建 RBAR 和 RLAR 值的 C 宏

属性	宏	取值	描述
RBAR	ARM_MPU_RBAR(BASE, SH, RO, NP, XN)	—	区域基址寄存器值 • BASE：基地址 • SH：可共享 • RO：只读（0 或 1——真） • NP：允许非特权（0 或 1——真） • XN：永不执行（0 或 1——真）

（续）

属性	宏	取值	描述
RLAR	`ARM_MPU_RBAR(LIMIT, IDX)` 或者 `ARM_MPU_RBAR_PXN(LIMIT, IDX, PXN)`，仅适用于 Armv8.1-M，不适用于 Cortex-M23/Cortex-M33	—	区域限制地址寄存器 • LIMIT：区域大小上限 • IDX：MAIR0 和 MAIR1 中 attr 的索引 • PXN：特权永不执行（0 或 1——真，只适用于 Armv8.1-M）
可共享性（MPU_RBAR 中的 SH）	`ARM_MPU_SH_NON`	0	MPU 区域不可共享
	`ARM_MPU_SH_OUTER`	2	MPU 区域外部可共享（隐含内部可共享）
	`ARM_MPU_SH_INNER`	3	MPU 区域内部可共享

12.3.3.5　MPU 使能

在配置了所有 MPU 区域并禁用所有未使用的区域后，可以启用 MPU。CMSIS-CORE 中的头文件提供以下函数：

```
// 对于当前选择的 MPU

void ARM_MPU_Enable(uint32_t MPU_Control);
```

在该函数中，MPU_Control 值的位 0 在写入 MPU_CTRL 之前设置为 1。如果实现了 TrustZone 时，还有另一个函数允许安全软件启用非安全 MPU：

```
// 对于 MPU_NS

void ARM_MPU_Enable_NS(uint32_t MPU_Control);
```

这两个函数包括执行所需的内存屏障指令（DSB 和 ISB）。在使能 MPU 之前，需要确保所有与故障异常处理相关的配置（例如使能 MemManage 异常并设置其优先级）都已完成。

12.4　TrustZone 和 MPU

如果在 Armv8-M 处理器中没有实现 TrustZone，则处理器中只能有一个 MPU。如果实现了 TrustZone，则处理器最多可以有两个 MPU，包括：

❑ 安全 MPU（MPU_S）：监视安全软件的操作（包括对非安全内存的访问）。

❑ 非安全 MPU（MPU_NS）：监控非安全软件的操作。

每个 MPU 可以有不同数量的 MPU 区域，并且可以相互独立运行。例如，可以使能一个，而禁用另一个。在典型的 TrustZone 使能环境中：

❑ 非安全 MPU 可用于处理非特权应用程序的进程隔离。

❑ 安全 MPU 可用于处理非特权安全库的进程隔离。

图 12.12 显示了如何使用 MPU。

在这样的环境中，如果使用安全 MPU，则安全 MPU 配置将基于从非安全区域调用的安全 API。当非安全区域发生上下文切换时，安全 MPU 配置也需要切换。如 11.8 节中所述，操作系统帮助程序 API 支持此要求。

可以使用两种方法来确保将安全 MPU 配置为正确的安全库上下文：

☐ 在非安全区域中的应用程序开始调用安全区域的库函数之前，先调用安全固件中的函数来请求访问库，以便安全分区管理器可以为此上下文设置安全 MPU。如果非安全软件需要调用另一个安全库中的函数，则需要调用一个安全函数来请求安全 MPU 的上下文切换。

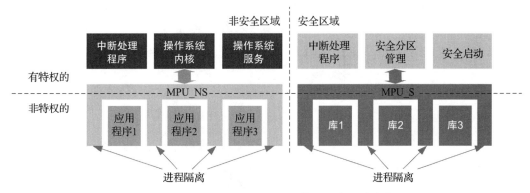

图 12.12　在启用 TrustZone 的系统中使用安全和非安全 MPU

☐ 对于 Armv8-M 主线版指令集架构，不用在安全区域中调用安全函数来请求访问安全库，而是直接可以调用库。安全 MemManage 故障处理程序检测对安全 MPU 进行上下文切换的需求并进行相应处理后恢复对安全 API 的调用。但此方法不适合 Armv8-M 基础版（即 Cortex-M23 处理器），因为其缺少安全 MemManage 故障以及基础版子配置文件中缺少故障状态寄存器。

安全分区管理器会跟踪每个非安全线程中正在使用哪个安全库，以便在每次上下文切换中相应地更新安全 MPU。

当使用图 12.12 所示的 MPU 设置时，安全和非安全 MPU 的 MPU 区域是不同的。为了允许安全 API 为非安全应用程序提供服务，安全软件需要设置安全 MPU，以便它可以访问非安全应用程序数据并代表非安全应用程序执行操作。例如，当应用程序调用安全 API 处理其数据时，它需要传递一个指针给安全 API，如图 12.13 所示。

在图 12.13 所示的示例中，如果安全库在非特权状态下执行，则它无法自行更新安全 MPU 设置。相反，安全库将指针传递给安全分区管理器并请求安全分区管理器访问数据。由于安全分区管理器知道库 1 是从应用程序 1 调用的，因此它可以通过检查应用程序 1 的访问权限来决定是否授予请求的访问权限。此权限检查通过检查非安全 MPU 配置来执行（使用 TT 指令），如下所示：

☐ 如果应用程序 1 对指针指向的地址具有访问权限，则安全分区管理器授予安全库 1 访问该指针引用的数据的权限。

☐ 如果应用程序 1 对指针指向的地址没有访问权限，则请求被拒绝，安全 API 向应用程序 1 返回错误状态。

通过这种设置，非安全应用程序无法使用安全 API 绕过非安全操作系统中的安全措施（即进程隔离）来攻击特权软件。

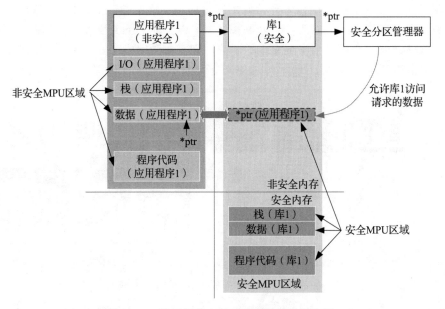

图 12.13　访问非安全应用程序数据的安全库

12.5　Armv8-M 架构与前几代架构关于 MPU 的主要区别

虽然 MPU 操作的概念与 Armv6-M 和 Armv7-M 中的相似，但 Armv8-M 架构中的 MPU 具有不同的编程者模型以及一系列其他差异，具体如下所示：

- 在 Armv8-M 架构中，MPU 区域的大小可以是 32 字节粒度内的任意大小。之前区域大小必须为 2^N 的限制已被删除。
- Armv8-M 架构中 MPU 区域的起始地址可以是 32 字节倍数的任何地址。这为 MPU 区域放置提供了更大的灵活性。
- 在 Armv8-M 的新编程者模型中，子区域禁用功能已被删除。由于 MPU 区域的大小不再限制为 2^N，因此很难将一个区域平均划分为 8 个子区域。
- 新设计不允许 MPU 区域重叠。使用新的编程者模型，MPU 区域定义更加灵活，因此不再需要重叠 MPU 区域（除了与背景区重叠）。
- 在 Armv7-M 和 Armv6-M MPU 中，可以将 MPU 区域声明为无访问权限，但这在 Armv8-M 中不是必需的。若地址未映射到 MPU 区域，将自动不可访问（除非地址映射到内部内存映射组件，如 NVIC、SysTick 等）。访问未映射的地址位置，当启用 MPU 时会触发 MemManage 故障（除非启用了背景区且软件在特权状态下执行）。

❑ 设备存储器有新的属性定义。

❑ Armv8-M 中使用用于内存属性生成的间接属性索引：在内存属性寄存器中使用索引值查找其属性。

TrustZone 技术的加入也会影响 MPU 程序代码。当实现可选的安全扩展（即 TrustZone）时，处理器可以具有：

❑ 一组用于安全状态的 MPU 配置寄存器和另一组用于非安全状态的 MPU 配置寄存器。

❑ 仅在其中一种安全状态下可用的 MPU 功能。

❑ 完全没有 MPU。

当 TrustZone 和非安全 MPU 实现时，安全软件可以通过别名地址（地址 0xE002ED90）访问非安全 MPU。

参考文献

[1] Armv8-M Architecture Reference Manual. https://developer.arm.com/documentation/ddi0553/am/ (Armv8.0-M only version). https://developer.arm.com/documentation/ddi0553/latest/ (latest version including Armv8.1-M). Note: M-profile architecture reference manuals for Armv6-M, Armv7-M, Armv8-M and Armv8.1-M can be found here: https://developer.arm.com/architectures/cpu–architecture/m–profile/docs.

[2] AMBA 5 Advanced High-performance Bus (AHB) Protocol Specification, https://developer.arm.com/documentation/ihi0033/latest/.

第 13 章
故障异常与故障处理

13.1 概述

　　故障异常是一种专门用于通知处理器执行错误处理的异常类型，属于 Armv8-M 指令集架构所定义的系统异常类型的一部分[1]。例如在上一章中所提到的可能会触发内存管理故障或硬故障 MPU 的违例异常就属于一类故障异常。除这种故障异常外，在 ArmCortex-M 系列处理器中还支持其他几种类型的故障异常及相关的异常管理硬件资源用于满足以下系统需求：

　　❑ 管理故障事件。

　　❑ 分析故障异常事件（仅在 Armv8-M 主线版指令集架构处理器中支持故障状态寄存器）。

　　表 13.1 简单描述了 Arm Cortex-M23 和 Cortex-M33 处理器中所支持的故障异常类型。

　　由于系统对内存管理故障、总线故障、使用故障以及安全故障等异常事件的响应可以通过软件使能 / 禁用，因此这些异常事件被统称为可配置故障异常，并且软件可以对这些类型异常事件的响应优先级进行设置。

　　第 4 章中简要介绍了系统中可使用的故障异常事件（见表 4.14）。当系统检测到故障事件发生时，将执行相应的故障异常处理程序。在 Armv8-M 基础版指令集架构（即 Cortex-M23 处理器）中，由于系统只支持一种类型的故障异常事件，因此在系统中所发生的所有类型的故障事件最终都会导致处理器触发硬故障处理程序。而在 Armv8-M 主线版指令集架构处理器（例如 Cortex-M33 处理器）中，则支持多种类型的故障异常事件及其故障处理，并且可通过软件对系统当前所支持的事件类型种类进行配置选择和使能。

　　系统中发生故障事件可根据以下几类触发条件进行分类：

　　❑ 硬件故障——比如由电源不稳定、各种形式的干扰、系统运行环境问题（如温度范围）等瞬态因素，以及硬件中所存在的缺陷所导致的系统故障。

　　❑ 软件问题——比如由软件错误、系统运行在不良条件下（例如，系统在高处理负载下崩溃）或软件漏洞导致的系统故障。

　　❑ 用户错误——例如错误的数据输入。

　　看门狗是一种包含计数器的硬件外设，通常在许多微控制器中用于检测处理器在执行任务时是否出现超时。看门狗被启用后，将无法被禁用或停止计数器工作。但可以通过软件定期重置计数器值，以防止计数器到达计数上限后溢出。如果计数器到达计数上限（即看门狗计数器到达计数上限前，软件未来得及对计数器值进行重置），看门狗计时器将自动发出复位信号对整个系统进行复位。

表 13.1　在 Armv8-M 指令集架构处理器中存在的故障异常类型

异常编号	异常名称	是否存在于 Cortex-M33 处理器中	是否存在于 Cortex-M23 处理器中	说明
3	硬故障	是	是	在中断向量获取过程中出现的故障或由其他故障升级导致的异常问题
4	内存管理故障	是	否——上升为硬故障	用于和 MPU 相关的故障或违反默认内存映射中访问权限规则相关的故障
5	总线故障	是	否——上升为硬故障	用于与总线访问错误响应相关的故障，或在非特权状态下访问私有外设总线寄存器而导致的故障
6	使用故障	是	否——上升为硬故障	与指令操作 / 执行相关的故障
7	安全故障	是	否——上升为硬故障	用于与 TrustZone 安全功能扩展相关的故障（属于在 Armv8-M 指令集架构中新引入的故障类型）

尽管看门狗计时器可以在处理器崩溃时重启系统，但在系统停止运行后到看门狗启动系统复位操作前这段过程中，可能存在系统无法容忍的延迟。在这种延迟期间会导致系统无法响应任何硬件异常事件，可能会导致额外的数据被损坏。

Cortex-M 系列处理器中的故障异常机制允许系统在检测到问题后尽可能快地采取补救措施。一旦系统开始执行故障异常处理程序，软件可以通过多种方式处理错误。如下：

❑ 让系统安全停机。

❑ 向用户或其他系统发出通知，告知当前系统遇到问题，请求用户干预。

❑ 执行自复位操作。

❑ 如果是多任务系统，将终止有问题的任务，然后重启任务。

❑ 执行其他补救措施以尝试解决问题，例如执行浮点运算指令时关闭浮点单元可能会导致错误，但该问题可以很容易通过重新打开 FPU 解决。

根据所检测到故障的类型，系统可以根据上述列表所列故障操作启动对应故障操作解决故障问题。

为了检测触发故障处理程序的错误类型，在 Cortex-M33 处理器中具有多个故障状态寄存器（FSR）。这些寄存器中状态位表示已检测到的故障类型。虽然这些状态位可能无法准确地指出问题发生的时间或位置，但借助这些附加信息，可以更容易地定位到故障发生的根本原因。此外，在某些情况下，也可以使用故障地址寄存器（FAR）捕获故障地址。有关 FSR 和 FAR 的更多内容，请参见 13.5 节。

在开发软件时，编程错误可能导致故障异常。为了修复这些错误，软件开发人员可以使用 FSR 和 FAR 寄存器所提供的信息来识别这些软件问题。为了简化软件问题的分析过程，软件开发人员可以利用一种称为指令跟踪的功能，通过使用处理器中的嵌入式跟踪宏单元（ETM）或微型跟踪缓冲（MTB）（见 16.3.6 节和 16.3.7 节）执行指令跟踪操作。软件开发人员可以通过指令跟踪功能提取故障异常发生之前的程序指令流。

故障异常机制还允许对应用程序执行安全调试。例如，在开发电动机控制系统时，可以在停止处理器执行调试操作之前在故障处理程序中关闭电动机，而不是立即停止处理器的工作并让电动机继续保持运行。

由于 Cortex-M23 处理器在设计上追求极小的硅实现面积与尽可能低的功耗，因此将不支持与 Cortex-M33 处理器相同级别的故障诊断功能。例如，在 Cortex-M23 处理器中不支持故障状态寄存器和多种故障异常处理程序等功能，但 Cortex-M23 处理器支持指令跟踪功能，从而便于对该处理器进行故障调试。

从上一段描述可知，在 Cortex-M23 处理器中所发生的故障事件不可以进行恢复处理，这是因为 Cortex-M23 处理器中不支持故障状态寄存器来帮助软件定位故障异常。此外，由于 Cortex-M23 处理器不支持多种故障处理程序，所有故障事件都将触发硬故障处理程序执行故障处理操作，因此，在 Cortex-M23 处理器中执行故障处理的唯一方法是停止系统，并对外报告错误信息（例如通过用户界面，可选）或执行自复位操作。

13.2　故障的产生原因

13.2.1　内存管理故障原因

内存管理（MemManage）故障可能由处理器地址访问操作违反配置定义在 MPU 中的访问规则引起，例如：

❑ 非特权任务尝试访问仅限特权访问的内存区域。

❑ 访问不属于任何 MPU 已定义地址区域的内存位置（除始终可通过特权代码访问的私有外设总线（PPB））。

❑ 对 MPU 定义为只读的内存位置进行写操作。

❑ 在标记为禁止执行程序（XN）的内存区域中执行程序。

导致触发故障异常的访问类型可以为程序执行期间的数据访问、指令预取或执行异常处理序列期间的栈操作。

当系统支持 TrustZone 安全功能扩展时，处理器中可以拥有两个 MPU，分属安全和非安全区域。

❑ 对于程序执行期间的数据访问：

● 处理器对于 MPU 的选择取决处理器当前的安全状态，即处理器处于安全或非安全状态。

❑ 对于指令获取：

● 对 MPU 的选择取决于程序所访问地址的安全属性。系统允许程序从位于其他安全状态地址的区域获取指令（调用位于其他安全域中的函数/子过程时需要执行该操作）。

● 对于指令获取操作触发内存管理故障的情况，该故障只有当有错误程序位置进入执行阶段时才会被触发。

□ 对于异常处理期间由栈操作触发的内存管理故障序列：
  ● MPU 的选择取决于被中断的后台代码所处的安全状态。
  ● 如果在异常处理程序进入序列的入栈过程中发生内存管理故障，则被称为入栈错误。
  ● 如果在异常处理程序退出序列中的出栈过程中发生内存管理故障，则被称为出栈错误。

当处理器尝试从禁止执行程序（XN）区域（例如外设区域、设备区域或系统区域）执行程序代码时，也会触发内存管理故障（见表 6.4）。即使当系统中的 Cortex-M23 和 Cortex-M33 处理器未选配 MPU 时，也会发生上述故障。

13.2.2　总线故障

在处理器通过总线访问内存时，如果处理器收到总线返回的错误响应则发生总线故障。例如：

□ 指令预取（读操作）——在传统 Arm 处理器中也称为预取中止。

□ 数据读取或数据写入——在传统的 Arm 处理器中也称为数据中止。

除了上述原因导致的内存访问故障外，总线故障也可能在异常处理程序序列的入栈和出栈期间基于以下原因被触发：

□ 在异常进入序列期间执行入栈操作发生的错误称为入栈错误。

□ 在异常退出序列期间执行出栈操作发生的错误称为出栈错误。

如果总线错误发生在指令预取期间，则仅当存在问题的程序位置进入执行阶段时才会触发总线错误。因此由于影子分支中操作的指令还没有进入实际执行阶段，即使这些指令访问总线会导致错误响应，也不会触发总线故障异常。（注意，影子分支包含处理器预取的指令，但由于这些指令依赖前序分支指令操作的结果，因此这些指令并未进入实际执行阶段。）

请注意，如果处理器在预取中断向量时返回总线错误，即使已经触发系统总线故障异常处理，也会同时触发硬故障异常事件处理流程。

内存系统可能返回错误响应的原因有多种，如下：

□ 处理器试图访问无效的内存位置：此时传输请求将被发送到总线系统中的默认从机模块。默认从机模块将返回错误响应并触发系统总线故障异常。

□ 设备未准备好接受传输请求：例如，当系统尝试在 DRAM 控制器未完成初始化的情况下访问 DRAM 时，则可能触发总线错误。上述情况针对特定的设备。

□ 接收到传输请求的总线从机设备返回错误响应：如果从机设备不支持该笔传输所请求的传输类型或大小，或者该笔传输请求属于由从机外设定义的非法操作，则从机将通过总线返回错误响应。

□ 非特权软件访问位于私有外设总线（PPB）上仅限特权模式访问的寄存器：该操作违反默认的存储器地址空间访问权限（见 6.4.4 节）。

□ 当系统级 TrustZone 访问权限控制组件（例如，内存保护控制器、外设保护控制器或其他类型的 TrustZone 访问过滤组件，见 7.5 节）检测到非法传输时，上述组件（可选）在阻止非法传输的同时也将返回总线错误响应。

总线故障可分为：

❑ 同步总线故障——在执行导致内存访问故障指令的同时立即触发故障异常事件，同时不允许处理器将发生故障指令执行完，处理器无法继续执行故障指令所在程序流的后续指令。在进入故障异常处理期间，异常栈帧中的返回地址指向故障指令（注意，在Arm Cortex-M 系列处理器文档的早期版本中，同步总线故障称为精确总线故障）。

❑ 异步总线故障——在执行导致内存访问故障指令后才触发故障异常事件，此时如果处理器没有立即接收到总线错误响应，则发生异步总线故障。(注意，在 Arm Cortex-M 系列处理器文档的早期版本中，异步总线故障被称为不精确总线故障。)

产生异步（不精确）总线故障的原因在于处理器总线接口中存在写入缓冲区或缓存。例如，当处理器将数据写入设备的 E 地址（即设备地址位置，允许处理器指令执行产生的总线传输仍在进行时对指令进行提交，参见表 6.3 和图 6.3）时，处理器可以完成写入指令并执行下一条指令。同时，写操作由总线接口上的写缓冲区处理。如果总线从机设备返回总线错误响应，则在处理器接收到总线错误时，处理器可能执行了导致故障的指令后若干条其他后续指令，因此，上述情况导致了异步总线故障（即，故障事件的发生时间与处理器流水线解耦）。类似地，数据缓存的存在也会让总线存在写传输延迟，从而导致异步总线故障。

写缓冲区和数据缓存有助于实现高性能的处理器系统。但由于异步总线故障异常被触发时，处理器可能已经执行了若干条后续指令，如果这些后续指令中存在一条分支指令，并且分支目标可以通过多个执行路径访问，则很难判断导致故障的内存访问指令的具体位置（除非可以访问指令跟踪信息（参见 16.3.6 节和 16.3.7 节））。上述缺点给调试工作带来非常大的困难。

在 Cortex-M23 和 Cortex-M33 处理器中没有内部缓存和内部写入缓冲区，因此在执行数据访问指令时，处理器总是同步接收到总线错误。如果存在系统级缓存模块，缓存单元通常以中断信号的形式将异步总线错误转发回处理器。

13.2.3 使用故障

出现使用故障异常的原因有如下多种：

❑ 执行未经定义的指令（包括在系统不支持浮点单元或禁用浮点单元时，执行浮点指令）。

❑ 执行协处理器指令或 Arm 自定义指令——尽管 Cortex-M33 处理器支持协处理器指令和 Arm 自定义指令，但要成功执行上述指令，处理器必须支持或启用指令相关的协处理器或硬件加速器模块，同时相关模块在执行指令对应操作时没有向处理器返回错误响应，否则将触发使用故障事件。而在 Cortex-M23 处理器中则不支持协处理器和 Arm 自定义指令功能。

❑ 尝试切换到 Arm 状态——例如 Arm7TDMI 这类经典 Arm 处理器同时支持 Arm 和Thumb 指令集，但 Cortex-M 系列处理器仅支持 Thumb 指令集。移植基于经典 Arm处理器开发的软件时，软件中可能存在将处理器切换到 Arm 状态的代码。这些代码需要经过专门修改后才能在 Cortex-M 系列处理器上运行。

❑ 异常返回序列期间出现的无效 EXC_RETURN 编码（有关 EXC_RETURN 编码的信息，参见 8.10 节）。例如，当栈帧中缓存的 IPSR 寄存器为非零值时（即，仍有其他异常处于活动状态），尝试返回到正常的应用程序线程。

❑ Cortex-M23 处理器中执行非对齐的内存访问，或在 Armv8-M 主线版指令集架构处理器（例如 Cortex-M33 处理器）中使用非对齐地址访问多条加载 / 存储指令（包括加载双精数据和存储双精数据，参见 6.6 节）。

❑ 异常返回过程中，执行出栈操作所恢复的 xPSR 寄存器内容带有中断连续指令（ICI）位，但异常返回后所执行的指令不是多笔加载 / 存储指令。

❑ 违反栈限制检查规则（参见 11.4 节）。该功能属于 Armv8-M 指令集架构中新引入的功能，在 Armv6-M 或 Armv7-M 指令集架构中则不支持。

在设置配置控制寄存器（CCR，参见 10.5.5.4 节和 10.5.5.5 节）时出现以下情况也可能导致使用故障：

❑ 除零操作。

❑ 所有非对齐内存访问。

请注意，要启用浮点单元或使用协处理器指令（如 MCR、MRC，参见 5.21 节），需要配置以下寄存器：

❑ 协处理器访问控制寄存器（CPACR，参见 14.2.3 节）。

❑ 如果系统支持 TrustZone 安全功能扩展，则需要配置非安全访问控制寄存器（NSACR，参见 14.2.4 节）。

如果未配置上述寄存器，则处理器在尝试访问 FPU 或协处理器时会产生使用故障。

13.2.4　安全故障

当系统操作违反 TrustZone 规定的安全规则时将触发安全故障异常事件，如果系统没有选配或不支持 TrustZone 安全功能扩展，则不支持安全故障异常事件，例如在 Armv6-M 或 Armv7-M 指令集架构中不支持安全故障异常事件。导致安全故障的非法操作有多种，部分如下：

❑ 违反安全访问权限的内存访问：

● 数据读 / 写。

● 异常处理期间的入栈、出栈。

❑ 安全域之间的非法转换。例如：

● 未使用有效入口点从非安全区域跳转到安全区域（注意，有效入口点需要标记为非安全可调用区域中的 SG 指令）。

● 未使用正确指令（如 BXNS、BLXNS）而从安全区域跳转到非安全区域。

❑ 在异常操作序列期间执行安全完整性检查失败。例如：

● 无效的 EXC_RETURN 编码。

● 异常栈帧中的完整性签名无效。当正在执行一段安全代码时触发非安全中断，需要将完整性签名插入安全异常栈帧中。当处理器从非安全中断处理程序返回并切换回安全软件时，完整性签名无效或丢失，则将触发安全故障。

请注意，在系统级层面，可以通过 TrustZone 安全组件（内存保护控制器、外设保护控制器等）过滤总线访问。这些组件可以使用总线错误响应触发总线故障，而不是触发安全故障。

13.2.5 硬故障

硬故障异常的触发方式通常有以下几种：

❏ 在中断向量预取过程中收到总线错误响应。

❏ 在中断向量预取时过程中出现安全或 MPU 违例。

❏ 执行 SVC 指令时，SVCall 异常的响应优先级与当前正在处理的异常事件的级别相同或更低。

❏ 禁用调试功能时，执行断点（BKPT）指令（即，没有建立调试连接，同时系统禁用调试监控器异常事件响应功能，或该异常事件的响应优先级低于当前正在处理事件的级别）。

以下情况，内存管理故障、总线故障、使用故障以及安全故障将升级为硬故障事件：

❏ 系统中不支持上述细分故障类型（例如，在 Cortex-M23 处理器和 Armv8-M 基础版指令集架构中，所有故障事件都按照硬故障事件进行处理）。

❏ 系统未启用上述细分故障类型对应的响应功能（系统对上述可配置异常故障的响应操作需要软件使能对应类型事件的响应功能才能生效）。

❏ 上述异常事件的响应优先级与当前正在处理的异常相比，优先级相同或更低。在这种情况下，上述可配置故障异常的优先级不足以触发处理器执行可配置故障异常处理程序，从而导致故障事件升级为硬故障异常事件（异步总线故障例外，由于总线故障异常事件可以被挂起，可在其他更高优先级的中断处理程序完成时再进行处理）。

13.2.6 由异常处理触发的故障

在异常进入和异常返回序列操作期间执行内存访问操作都可能触发内存管理故障、总线故障、使用故障（仅限由栈限制违例触发的故障）和安全故障。例如：

❏ 在入栈 / 出栈过程中，如果在执行正常的栈操作期间，发生栈溢出将会导致入栈错误。如果入栈操作正常，但在出栈操作期间发生错误，原因可能为：

● MPU 配置被意外修改。

● 修改 EXC_RETURN 值导致程序返回错误（例如，在出栈时使用了错误的栈指针）。

● 更改栈指针值导致错误。

❏ 在延迟入栈期间（仅限于选配了 FPU 并使能该单元的系统，有关延迟入栈的更多信息，请参见 14.4 节），通常情况下如果在异常事件的延迟入栈过程中出现故障，则很有可能在实际入栈阶段也会发生相同的故障（除非在入栈期间更改了 MPU 配置）。造成延迟入栈期间故障的原因可能为：延迟入栈过程中浮点上下文地址寄存器（FPCAR）中的内容被意外修改或损坏。

❏ 如果预取中断向量过程中发生故障，将直接触发硬故障事件，出现这种故障的原因如下：

● 中断向量表偏移寄存器（VTOR）配置不正确。

● SAU/IDAU 配置不正确，导致向量表地址的安全属性不正确。

❏ EXC_RETURN 完整性检查失败——在执行异常处理程序的过程中，EXC_RETURN

值被破坏是造成异常返回期间出现故障异常的另一种原因。Cortex-M 系列处理器的异常处理序列中包含多项完整性检查，任何一项完整性检查失败都可能导致故障异常。

如果在异常序列期间发生入栈或出栈错误，则执行该项栈错误处理的异常事件响应优先级与当前正在执行的中断过程 / 任务的优先级（级别 X）相同，如图 13.1 所示。

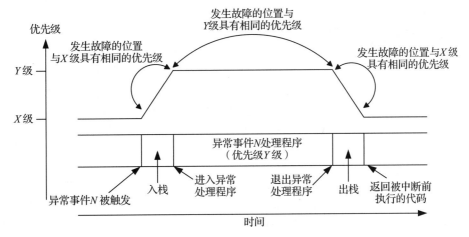

图 13.1　在异常事件 N 入栈与出栈序列操作过程中的故障异常处理优先级顺序

如图 13.1 所示，如果在执行异常处理程序期间发生故障事件，则可能发生以下情况：

❑ 入栈 / 出栈期间发生故障 1——如果系统中禁用了故障异常（即总线故障、内存管理故障、使用故障或安全故障）响应功能，或故障响应的优先级与当前正在执行的异常任务相同或更低，则当前发生的故障事件会立即升级为硬故障异常事件。

❑ 入栈 / 出栈期间发生故障 2——如果系统中已经启用上述故障异常的响应功能，且当前故障事件的响应优先级高于当前正在执行的异常任务和其他待执行异常任务，则应该首先执行当前发生故障异常事件的异常响应任务，并挂起异常 N。

❑ 入栈 / 出栈过程中发生故障 3——如果系统中已经启用上述故障异常的响应功能，且当前故障异常事件的响应优先级介于后台正在执行的异常任务和其他待执行异常任务 N 之间，则将首先执行异常事件 N 的异常处理程序，然后执行最近发生的故障处理程序。

❑ 如果系统中选配了 FPU 并且启用了该单元，同时也启用了延迟入栈功能（默认设置），假如异常处理程序 N 中也使用了 FPU，则执行异常处理程序 N 的同时，随后也将执行 FPU 寄存器的入栈操作。这种延迟入栈的功能有助于减少中断延迟，有关该功能的介绍，请参见 14.8 节。

在上文提到的延迟入栈场景中，如果延迟入栈期间执行的内存访问操作触发了某种故障错误，则故障处理方法参考普通入栈过程发生故障错误的处理方式。例如：

❑ 如果可配置故障异常响应功能被禁用，或所发生异常事件具有与优先级 X 相同或更低的优先级，则所发生的故障将升级为硬故障。

❑ 如果启用了可配置故障异常的异常响应功能，所发生异常事件的优先级高于级别 Y

（即异常处理程序 N 当前执行的级别），则可配置故障异常响应任务将被立即执行。

❑ 如果启用可配置故障异常的异常响应功能，其优先级与级别 Y 相同或更低（即异常处理程序 N 当前执行的优先级），则挂起最近发生的可配置故障异常事件，并在异常处理程序 N 完成时执行该故障的异常响应服务。

13.3　启用故障异常事件

由于 Cortex-M23 处理器（基于 Armv8-M 基础版指令集架构）仅支持对硬故障异常事件的响应功能，因此在使用该处理器的过程中，不需要通过软件配置其他故障异常事件的响应启用。Cortex-M23 处理器对硬故障的响应功能始终处于启用状态。在使用符合 CMSIS-CORE 标准的驱动程序进行应用开发时，硬故障处理程序在中断向量表 / 启动代码中的函数定义为：

```
void HardFault_Handler(void)
```

在使用 Cortex-M33 处理器（或其他基于 Armv8-M 主线版指令集构架的处理器）时，可以选择启用内存管理故障、总线故障、使用故障和安全故障等异常事件的响应功能（其中仅开发运行在安全区域的软件时可以启用安全故障异常响应功能）。系统在启用上述故障异常的响应功能时，应根据应用程序的要求设置异常响应优先级。以下是一种设置方法参考：

```
NVIC_SetPriority(MemoryManagement_IRQn, <priority>);
NVIC_SetPriority(BusFault_IRQn, <priority>);
NVIC_SetPriority(UsageFault_IRQn, <priority>);
NVIC_SetPriority(SecureFault_IRQn, <priority>);
```

在系统处理程序控制和状态寄存器（SCB->SHCSR）中具有上述故障处理程序的使能控制位。以下示例将不同故障异常事件的使能控制位设置为 1，将启用对应的故障异常响应功能：

```
SCB->SHCSR |= SCB_SHCSR_MEMFAULTENA_Msk; //将寄存器的第 16 位设置为 1
SCB->SHCSR |= SCB_SHCSR_BUSFAULTENA_Msk; //将寄存器的第 17 位设置为 1
SCB->SHCSR |= SCB_SHCSR_USGFAULTENA_Msk; //将寄存器的第 18 位设置为 1
SCB->SHCSR |= SCB_SHCSR_SECUREFAULTENA_Msk; //将寄存器的第 19 为设置为 1
```

使用符合 CMSIS-CORE 标准的驱动程序进行应用开发时，上述故障处理程序在中断向量表 / 启动代码中的函数定义为：

```
void MemManage_Handler(void)
void BusFault_Handler(void)
void UsageFault_Handler(void)
void SecureFault_Handler(void)
```

可以在启动代码文件中将这些异常处理程序定义为虚拟版本（即空函数）。这些异常处理程序的空函数通常使用 C 语言中"弱"函数定义，可以在添加自定义故障处理程序函数定义时被覆盖。

13.4　故障处理程序的设计考虑

13.4.1　栈指针有效性检查

在许多情况下，由于故障可能由栈问题（即指向无效地址空间的栈指针）导致，因此可能不太适合使用 C 语言编写故障处理程序。如果硬故障处理程序采用 C 语言编写，并且在触发硬故障时所使用的主栈指针（MSP）指向无效地址，则执行硬故障事件时可能会导致处理器发生死锁（参见 13.6 节）。

发生处理器死锁的原因是硬故障处理程序使用了主栈中的内存空间。例如，当硬故障处理程序采用标准 C 函数编写时，C 编译器可以在硬故障处理程序代码的开头插入压栈操作（作为 C 函数前序操作的一部分）。如以下代码示例所示：

```
HardFault_Handler
      PUSH  {R4-R7,LR}  ; <= 当主栈指针无效时触发处理器死锁
      ...
```

因此，对于某些应用程序，在调用基于 C 语言编写的故障处理程序之前，最好添加一个基于汇编语言编写的壳函数，以检查 MSP 的值是否处于有效范围内。在 Armv8-M 指令集架构中，可能还需要基于汇编语言编写的壳函数执行栈限制检查功能（如 11.4.3 节所述）。如果 MSP 处于无效范围内，则 MSP 应该在程序流跳转到 C 语言代码之前移动到有效范围（见图 13.2）。请注意，在这种情况下，软件工作将无法恢复，需要执行复位操作以恢复软件正常工作。在具有功能安全需求的系统中，使用汇编语言编写的壳函数以保障硬故障处理程序的正确运行将变得非常重要。

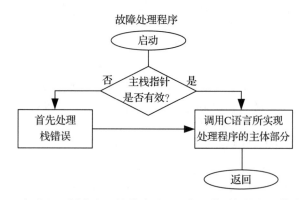

图 13.2　在进入 C 语言实现的故障处理程序之前增加栈指针值检查操作

13.4.2　确保 SVC 不会意外用于硬故障与不可屏蔽型中断处理程序

创建故障处理程序时的其他注意事项是避免在硬故障和 NMI 处理程序中意外使用 SVC 函数。在某些软件设计中，高级消息输出函数（例如，用于错误报告）可以重定向到操作系统函数，例如管理共享硬件资源的信号量调用。由于 SVC 异常事件的响应优先级始终低于硬故障处理程序，因此在硬故障处理程序中使用这些操作系统函数将导致处理器出现死锁。

类似地，由于 SVC 异常的响应优先级可能与其他故障异常处理程序的响应优先级相同或更低，因此在其他故障异常处理程序中使用操作系统函数也可能会出现类似的问题。综上所述，如果故障处理程序的优先级与 SVC 相同或更高，则必须注意确保故障处理程序中未使用 SVC 函数方法。

13.4.3　触发自复位或处理器停机

在许多应用场景中，在故障处理程序中触发系统自复位是恢复系统的一种好办法。但在应用程序开发过程中，触发系统自复位会使系统调试变得更加困难，因为复位后会立即丢失系统的当前状态。因此在开发和调试软件时，最好是在发生故障时让系统停止工作。

以下方法可以在故障异常处理程序开始时让系统停止工作：

❑ 通过调试器 /IDE 设置断点。
❑ 在故障处理程序的开头放置断点指令（BKPT）。
❑ 使用中断向量捕获功能（一种调试特性，在某些商业 IDE 中支持）。使用该功能后，处理器在进入故障处理程序时会自动停止。有关中断向量捕获特性的更多内容，请阅读本书 16.2.5 节部分介绍。

13.4.4　故障处理程序的划分

如果开发者在 Cortex-M33 或其他 Armv8-M 主线版指令集架构的处理器上开发应用，则根据故障的性质，系统有可能在发生故障异常后恢复正常并继续运行。在这种情况下，故障处理过程可分为两部分：

❑ 故障处理过程的第一部分由故障事件触发的异常处理程序处理，处理程序将立即采取补救措施来解决故障事件，并尝试恢复系统。
❑ 故障处理过程的其余部分（如错误报告）在单独的处理程序中执行，该处理程序运行在低异常响应优先级上（例如，使用 PendSV 异常）。

通过对故障处理过程进行分区，应用程序缩短了执行高优先级异常处理任务所需的时间。如果应用程序使用高优先级故障异常来处理整个异常处理过程，将影响系统的响应能力。

13.4.5　在可配置故障处理程序中使用故障屏蔽

如果开发者使用 Cortex-M33 或其他 Armv8-M 主线版指令集架构的处理器进行开发工作，在开发可配置故障事件的处理程序（即总线故障、内存管理故障、使用故障和安全故障处理程序）时可利用故障屏蔽功能（参见 4.2.2.3 节）执行以下操作：

❑ 绕过 MPU（使用 MPU 控制寄存器中的 HFNMIENA 位，参见 12.2.3 节）。
❑ 限制处理器执行栈限制检查（使用 10.5.5.2 节配置和控制寄存器中的 STKOFHFNMIGN 位）。
❑ 限制处理器响应总线故障（使用配置和控制寄存器中的 BFHFNMIGN 位，参见 10.5.5.3 节）。

设置故障屏蔽的同时也会在系统中禁用除不可屏蔽型中断（NMI）以外所有类型中断的响应功能（由于开发者不希望其他中断处理程序绕过安全检查机制，这项功能非常重要）。

开发者也可以在故障处理程序之外使用故障屏蔽功能。例如，如果需要使用软件检测处理器系统中的内存大小，可以在配置与控制寄存器中设置 FAULTMASK 和 BFHFNMIGN 位屏蔽总线故障，然后对内存执行读写测试，以检测内存大小，同时也避免在测试操作过程中触发总线故障异常。

13.5　故障状态与其他信息

13.5.1　故障状态寄存器与故障地址寄存器概述

Armv8-M 主线版指令集架构处理器所有新特性中，有一项是支持故障状态寄存器。这些寄存器有助于开发者对故障事件进行诊断。当发生故障异常时，调试器可以使用这些寄存器来辅助进行故障诊断。故障异常处理程序还可以使用这些寄存器进行故障处理（例如，在某些情况下，可以采取简单的补救措施使应用程序恢复操作）并报告错误。

由于 Cortex-M23 处理器的主要设计目标是追求尽可能小的芯片面积和尽可能低的功耗，因此处理器在设计中省略了大部分故障状态寄存器，仅保留调试故障状态寄存器（DFSR，地址 0xE000ED30）作为唯一的故障状态寄存器。但该寄存器不会被用于执行普通故障处理，而主要用于开发者使用调试器确定处理器在各种情况下的停机原因。

表 13.2 列出了所有故障状态和故障地址寄存器。这些寄存器只能当应用处于特权状态时才能进行访问。

表 13.2　故障状态寄存器与故障地址寄存器

地址	寄存器	CMSIS-Core 符号	功能
0xE000ED28	可配置故障状态寄存器	SCB->CFSR	可配置故障的状态信息
0xE000ED2C	硬故障状态寄存器	SCB->HFSR	硬故障的状态
0xE000ED30	调试故障状态寄存器	SCB->DFSR	调试故障的状态
0xE000ED34	内存管理故障地址寄存器	SCB->MMFAR	如果发生该故障，则表明触发内存管理故障时处理器所访问的地址
0xE000ED38	总线故障地址寄存器	SCB->BFAR	如果发生该故障，则表明触发总线故障时处理器所访问的地址
0xE000ED3C	辅助故障状态寄存器	SCB->AFSR	设备特定的故障状态——根据架构设定的可选配置，在 Cortex-M23 与 Cortex-M33 处理器中不支持
0xE000EDE4	安全故障状态寄存器	SAU->SFSR	安全故障的状态信息（仅当系统支持 TrustZone 安全功能扩展时提供支持）
0xE000EDE8	安全故障地址寄存器	SAU->SFAR	如果发生该故障，则显示触发安全故障时处理器所访问的地址

如果处理器处于安全状态下，安全特权软件可以使用非安全别名地址 0xE002EDxx 访问这些寄存器的非安全视图部分（SFSR 和 SFAR 除外）。

可配置故障状态寄存器（CFSR）可进一步分为三个部分（见表 13.3 和图 13.3）。

表 13.3　将可配置故障状态寄存器（SCB->CFSR）分为三部分

地址	寄存器	长度	功能
0xE000ED28	内存管理故障状态寄存器（MMFSR）	字节	内存管理故障的状态信息
0xE000ED29	总线故障状态寄存器（BFSR）	字节	总线故障的状态
0xE000ED2A	使用故障状态寄存器（UFSR）	半字	使用故障的状态

图 13.3　可配置故障状态寄存器的分区

CFSR 可以按照 32 位字传输作为整体进行访问，也可以使用字节和半字传输访问 CFSR 中的每个部分。但使用兼容 CMSIS-CORE 标准的软件驱动程序进行应用开发时，仅可使用 32 位的软件符号（SCB->CFSR 或 SCB_NS->CFSR）进行操作。而对于寄存器中的其余独立域段 MMSR（8 位）、BFSR（8 位）和 UFSR（16 位）等，则没有单独的 CMSIS-CORE 符号。

13.5.2　内存管理故障状态寄存器

内存管理故障状态寄存器（MMFSR）的编程者模型如表 13.4 所示。当系统支持 TrustZone 安全功能扩展时，此寄存器在不同的安全状态之间存在备份，并且 MMFSR 寄存器支持以下视图：

❏ MMFSR 的安全视图显示了安全 MPU 发生内存管理故障的原因。

❏ MMFSR 的非安全视图显示了非安全 MPU 发生内存管理故障的原因（安全特权软件可以使用非安全 SCB 别名访问 MMFSR 的非安全视图）。

在故障发生时可以设置寄存器中每个故障指示状态位（不包括 MMARVALID），并保持高位，直到应用将上述寄存器状态位执行写 1 清零操作。当以下事件发生时，将触发内存管理故障：

❏ 当处理器在执行数据访问指令期间发生 MPU 冲突，在寄存器故障状态位 DACCVIOL 中用于表明发生了这种故障。

❏ 当处理器执行指令预取时发生 MPU 冲突，包括处理器从标记为 XN 的内存区域执行代码，并且在已发生上述故障的情况下产生故障的指令到达处理器的指令执行阶段，此时寄存器的故障状态位 IACCVIOL 被设置为 1。

❏ 在入栈、出栈和延迟入栈（见 13.2.6 节）期间发生 MPU 违例，这些故障分别由寄存器故障状态位 MSTKERR、MUNSTKERR 和 MLSPERR 表示。

MMFSR 的第 7 位（MMARVALID 位）并非用来指示故障状态。在设置寄存器 MMARVALID 位时，可以使用内存管理故障地址寄存器（SCB->MMFAR）来确定导致故障的内存访问位置。

当 MMFSR 表明当前故障由数据访问冲突（寄存器 DACCVIOL 设置为 1）或指令访问冲突（寄存器 IACCVIOL 设置为 1）导致时，故障代码地址通常来自栈帧中入栈保存的程序计数器值（如果此时栈帧仍然有效）。

表 13.4　内存管理故障状态寄存器（SCB->CFSR 寄存器中的最低 8 位）

位	名称	类型	复位值	描述
7	MMARVALID	只读	0	表明 MMFAR 是有效的
6	—	—	—（读出值为 0）	保留
5	MLSPERR	读 / 写清零	0	浮点计算延迟入栈错误（仅在支持浮点运算单元的 Cortex-M33 处理器中支持）
4	MSTKERR	读 / 写清零	0	入栈错误
3	MUNSTKERR	读 / 写清零	0	出栈错误
2	—	—	—（读出值为 0）	保留
1	DACCVIOL	读 / 写清零	0	数据访问违例
0	IACCVIOL	读 / 写清零	0	指令访问违例

13.5.3　总线故障状态寄存器

总线故障状态寄存器（BFSR）的编程者模型如表 13.5 所示。当系统支持 TrustZone 安全功能扩展时，如果寄存器域 AIRCR.BFHFNMINS 为 0（默认）时，则无法从非安全区域访问此寄存器（即寄存器读出值为 0，忽略对该寄存器的写操作）。

发生故障时将设置寄存器中每个故障指示状态位（不包括 BFARVALID），并保持高位，直到对该寄存器执行写 1 清零操作。以下情况发生时，将触发总线故障：

❑ 在指令预取期间出现总线错误并且出错指令进入处理器流水线的执行阶段，该类型故障状态由寄存器的故障状态位 IBUSERR 表示。

❑ 在执行数据访问指令期间发生 MPU 冲突，这种故障由寄存器故障状态位 PRECISERR 或 IMPRECISERR 表示。PRECISERR 状态位表示同步（即精确）总线错误（见 13.2.2 节）。当状态位 PRECISERR 被设置时，可从栈帧中的栈程序计数器值获得故障指令的地址。尽管触发故障的数据访问地址也会写入总线故障地址寄存器（SCB->BFAR），但故障处理程序在读取 BFAR 后仍需要检查 BFARVALID 是否仍然为 1 以确保上述地址信息是否有效。当故障状态位 IMPRECISERR 被设置时（即总线故障为异步或不精确总线故障）时，栈中保存的程序计数器值将不能准确反映触发故障的指令地址。对于异步总线故障，触发故障的总线传输访问地址不会显示在 BFAR 寄存器中，因此寄存器的 BFARVALID 位为 0。

❑ 在入栈、出栈和延迟入栈（见 13.2.6 节）期间发生总线错误时，由寄存器中的故障状态位 STKERR、UNSTKERR 和 LSPERR 分别表示上述类型的故障错误。

当寄存器 BFARVALID 位被设置后，可以使用总线故障地址寄存器（SCB->BFAR）确定导致故障的内存访问位置。

当 BFSR 中内容表明当前发生总线故障为同步总线错误（PRECISERR 被设置为 1）或指令访问总线错误（IBUSERR 被设置为 1）时，故障代码地址通常来自栈帧中所保存的程序计数器（如果栈帧仍然有效）。

表 13.5　总线故障状态寄存器（SCB->CFSR 寄存器中的第 2 个字节）

CFSR 位	名称	类型	复位值	描述
15	BFARVALID	—	0	表明 BFAR 有效
14	—	—	—（读出值为 0）	保留
13	LSPERR	读 / 写清零	0	浮点运算延迟入栈错误（仅在支持浮点运算单元的 Cortex-M33 处理器中支持）
12	STKERR	读 / 写清零	0	栈错误
11	UNSTKERR	读 / 写清零	0	出栈错误
10	IMPRECISERR	读 / 写清零	0	不精确数据访问错误
9	PRECISERR	读 / 写清零	0	精确数据访问错误
8	IBUSERR	读 / 写清零	0	指令访问错误

13.5.4　使用故障状态寄存器

使用故障状态寄存器（UFSR）的编程者模型如表 13.6 所示。当系统支持 TrustZone 安全功能扩展时，此寄存器在不同的安全状态之间存在多个备份。安全特权软件可以使用非安全 SCB 别名访问 UFSR 的非安全视图。

在发生故障时将设置寄存器的每个故障指示状态位，并保持高位，直到对寄存器执行写 1 清零操作。

表 13.6　使用故障状态寄存器（SCB->CFSR 寄存器中的上半字）

CFSR 位	名称	类型	复位值	描述
25	DIVBYZERO	读 / 写清零	0	表示已发生除零操作（仅当设置了 DIV_0_TRP 后才能使用）
24	UNALIGNED	读 / 写清零	0	表示发生了非对齐的访问故障
23:21	—	—	—（读出值为 0）	保留
20	STKOF	读 / 写清零	0	栈溢出标志（栈限制检查违例）
19	NOCP	读 / 写清零	0	当某种协处理器 /Arm 用户自定义指令不存在 / 禁用 / 不可访问时，尝试执行上述协处理器指令或 Arm 自定义指令
18	INVPC	读 / 写清零	0	尝试使用 EXC_RETURN 值中的错误值执行异常返回操作
17	INVSTATE	读 / 写清零	0	试图切换到无效状态（例如，EPSR.T 被清除，表明 Arm 状态或 EPSR.IT 值与指令类型不匹配）
16	UNDEFINSTR	读 / 写清零	0	试图执行未定义的指令

13.5.5　安全故障状态寄存器

安全故障状态寄存器（SFSR）的编程者模型如表 13.7 所示。仅在系统支持 TrustZone

安全功能扩展时支持 SFSR 和安全故障地址寄存器（Secure Fault Address Register，SFAR）。当触发安全故障时，SFSR 寄存器中的某个故障状态位（不包括 SFARVALID 位）将被设置为 1，表明发生某种类型的故障错误。

在故障发生时将设置寄存器的每个故障指示状态位，并保持高位，直到对寄存器执行写 1 清零操作。

表 13.7　安全故障状态寄存器（SAU->SFSR）

SFSR 位	名称	类型	复位值	描述
7	LSERR	读 / 写清零	0	延迟入栈状态错误标志——在异常入口和异常返回期间执行安全完整性校验失败后，此标志位将被设置为 1。正常情况下，校验机制中允许的场景组合不应包含以下情况。 异常入口： • 寄存器域 CONTROL.FPCA 已经被设置（表明系统已使用 FPU），而延迟入栈挂起状态仍处于活跃状态 异常返回： • 寄存器域 CONTROL.FPCA 已经被设置，延迟入栈挂起状态的安全视图仍处于活跃状态 • EXC_RETURN.Ftype 为 0 且寄存器域 CONTROL.FPCA 已被设置时，处理器从安全异常返回
6	SFARVALID	只读	0	表明 SFAR 是有效的
5	LSPERR	—		延迟入栈状态保留错误——对浮点寄存器的执行延迟入栈操作期间发生 SAU/IDAU 冲突
4	INVTRAN	读 / 写清零	0	无效转换错误标志——表示未使用 BXNS/BLXNS 指令从安全状态跳转到非安全状态；或者指令操作数中访问地址（LSB）的目标状态未标记为非安全状态
3	AUVIOL	读 / 写清零	0	属性单元冲突——表示由软件操作产生的内存非安全访问（不包括延迟入栈，延迟入栈的故障状态由 LSPERR 寄存器域信息或中断向量预取时的相关操作信息表示）试图访问安全地址
2	INVER	读 / 写清零	0	异常返回标志无效。这可能是当处理器从非安全状态下异常返回时，将 EXC_RETURN.DCRS 设置为 0 导致的；或者当处理器从非安全状态的异常返回时，将 EXC_RETURN.ES 设置为 1 导致
1	INVIS	读 / 写清零	0	校验签名完整性时发现签名无效——当异常返回时将处理器从非安全状态切换到安全状态，此时执行出栈操作的安全栈没有有效的完整性签名
0	INVEP	读 / 写清零	0	无效异常入口地址——非安全代码尝试跳转到安全地址时，执行的第一条指令并非 SG 指令；或者跳转地址未被 SAU/IDAU 标记为非安全可调用属性

13.5.6　硬故障状态寄存器

硬故障状态寄存器（HFSR）的编程者模型如表 13.8 所示。当系统支持 TrustZone 安全功能扩展时，如果寄存器域 AIRCR.BFHFNMINS 为 0（默认），则从非安全区域无法访问该寄存器（即寄存器读出值为 0，且忽略对寄存器的写操作）。

表 13.8　硬故障状态寄存器（SCB->HFSR）

HFSR 位	名称	类型	复位值	描述
31	DEBUGEVT	读 / 写清零	0	表明调试事件已触发硬故障
30	FORCED	读 / 写清零	0	表明由于总线故障、内存管理故障或使用故障触发了硬故障
29:2	—	—	—（读出值为 0）	保留
1	VECTBL	读 / 写清零	0	表明向量预取失败已触发硬故障
0	—	读 / 写清零	—（读出值为 0）	保留

　　硬故障处理程序使用该寄存器用于确定硬故障是否由可配置故障所引起。如果寄存器的 FORCED 位被设置，则表示硬故障从某个可配置故障升级而来，此时故障处理程序应检查 CFSR 的值，以查看故障的具体原因。

　　与其他故障状态寄存器类似，在故障发生时将设置硬故障状态寄存器中每个状态位，同时保持高位，直到将寄存器执行写 1 清零操作。

13.5.7　调试故障状态寄存器

　　与其他故障状态寄存器不同，调试故障状态寄存器（DFSR）被用于设计调试工具。比如运行在调试主机（比如个人计算机）上的调试器软件，或运行在微控制器上的调试代理软件。该寄存器中的状态位表示所发生调试事件的具体类型。

　　调试故障状态寄存器的编程者模型如表 13.9 所示。该寄存器在不同安全状态不存在多个备份。

　　与其他故障状态寄存器类似，在故障发生时将设置寄存器的每个故障状态位，同时保持高位，直到将寄存器执行写 1 清零操作。

表 13.9　调试故障状态寄存器（SCB->DFSR）

位	名称	类型	复位值	描述
31:5	—	—	—	保留
4	EXTERNAL	读 / 写清零	0	表示调试事件由被称为 EDBGRQ 的外部调试事件信号所触发（见 16.2.5 节）。EDBGRQ 信号作为处理器的输入，通常用于多核处理器设计中，用于同步调试活动
3	VCATCH	读 / 写清零	0	表明调试事件是由中断向量捕捉所导致的。中断向量捕捉作为一种可编程功能，允许处理器在退出复位或进入某些类型的系统异常时自动停止运行
2	DWTTRAP	读 / 写清零	0	表明调试事件由监测点触发
1	BKPT	读 / 写清零	0	表明调试事件由断点触发
0	HALTED	读 / 写清零	0	表明处理器已被调试器请求暂停（包括单步调试）

13.5.8　辅助故障状态寄存器

从架构设计角度而言，Armv8-M 指令集架构处理器支持辅助故障状态寄存器（AFSR），以提供处理器运行时的特定状态信息或设备故障状态信息。但在 Cortex-M23 或 Cortex-M33 处理器中均不支持该寄存器。

AFSR 的编程者模型如表 13.10 所示。

表 13.10　辅助故障状态寄存器（SCB->AFSR）

位	名称	类型	复位值	描述
31:0	由具体实现所定义	读 / 写	0	由具体实现所定义的故障状态——Cortex-M23 或 Cortex-M33 处理器中不支持

与其他故障状态寄存器类似，在支持该寄存器的处理器中，在故障发生时将设置寄存器中每个故障指示状态位，并保持高位，直到对寄存器执行写 1 清零操作。

13.5.9　故障地址寄存器

除故障状态寄存器外，Armv8-M 主线版指令集架构处理器还提供了若干故障地址寄存器（BFAR、MMFAR 与 SFAR，见表 13.11）以允许故障处理程序确定触发故障的总线传输所访问的地址值。由于这些地址信息并非始终可用，因此需要通过对应故障状态寄存器中的有效位信息确定这些地址寄存器的内容是否有效。

上述故障地址寄存器的复位值并不固定。

Armv8-M 指令集架构允许这些故障地址寄存器复用物理寄存器资源，因此，一个有效异常事件的故障地址可以被另一个优先级更高的异常事件的故障地址所替换。当优先级较低的故障处理程序正在运行时，发生优先级更高的故障（即中断嵌套的情况，此时低优先级的故障处理器程序正执行到中途），将发生上述情况。在处理器设计中已经考虑上述情况，并确保共享故障地址寄存器的有效状态位要么使用独热码进行编码，要么设置为 0，以及不会在安全状态之间泄露信息。

表 13.11　故障状态和故障地址寄存器

地址	寄存器	CMSIS-CORE 符号	有效状态	说明
0xE000ED34	内存管理故障地址寄存器	SCB->MMFAR	MMARVALID（SCB->CFSR 的第 7 位）	当系统支持 TrustZone 安全功能扩展时，该寄存器在不同安全状态之间存在多个备份
0xE000ED38	总线故障地址寄存器	SCB->BFAR	BFARVALID（SCB->CFSR 的第 15 位）	当系统支持 TrustZone 安全功能扩展时，如果 AIRCR.BFHFNMINS 为 0 时，非安全软件不能访问该寄存器
0xE000EDE8	安全故障地址寄存器	SAU->SFAR	SFARVALID（SAU->SFSR 的第 6 位）	仅当系统支持 TrustZone 安全功能扩展时支持该寄存器，且仅支持在安全特权模式下访问

由于系统中可能发生故障异常中断嵌套，软件在读取故障地址寄存器时必须考虑到嵌

套的情况，对寄存器进行读取可按照以下方式处理：

1）软件读取故障地址寄存器（对 MMFAR、BFAR 或 SFAR 等寄存器的读取选择取决于正在运行的故障异常处理程序）。

2）软件需要读取相应的寄存器有效状态位，如果有效位为 0，则所读取的故障地址寄存器的内容无效。

如果由非对齐内存访问触发故障异常，则可能发生以下情况：内存访问操作可在总线接口层级被划分为多笔内存访问事务，如果发生故障，则放入故障地址寄存器的地址值可能属于被拆分出的某笔总线事务访问地址，而不是最初总线传输访问操作所请求的地址（即与程序代码执行中所使用的实际地址值不同）。

13.6　死锁

13.6.1　何为死锁

当系统出现错误时会触发系统执行某种故障处理程序。但如果在已开始执行的可配置故障处理程序中又触发其他故障，将导致：

❑ 触发并执行另一个可配置的故障处理程序（如果故障与已触发的故障不同，并且响应优先级高于当前级别的故障）。

❑ 将触发并执行硬故障处理程序。

但如果在执行硬故障处理程序期间发生另一个故障事件，读者可以思考一下此时系统将会发生什么情况（虽然在实际系统运行中这种情况的发生概率较低，但仍存在发生的可能性）。这种情况下，系统将出现处理器死锁的情况。

以下情况将导致处理器死锁：

❑ 在执行硬故障或不可屏蔽中断（NMI）异常处理程序期间发生故障。

❑ 在硬故障或 NMI 异常的中断向量预取过程中发生总线错误。

❑ 在硬故障或 NMI 异常处理程序中意外包含 SVC 指令。

❑ 在处理器启动代码序列期间预取中断向量。

在处理器死锁期间，处理器将停止执行程序，并拉高名为 LOCKUP 的输出信号。该信号在芯片内部的使用方式取决于芯片的系统设计。在某些情况下，该信号可用于自动生成系统复位信号。

如果处理器死锁是由优先级为 -1 的硬故障处理程序内部的故障事件（双重故障情况）所引起的，则处理器仍有可能响应 NMI 异常事件（优先级为 -2）并执行相应的 NMI 异常事件处理程序。但在 NMI 异常处理程序完成后，处理器仍将返回到死锁状态，异常响应优先级重新返回到 -1。如果当寄存器域 AIRCR.BFHFNMIS 被设置为 1（即安全硬故障的优先级为 -3）时，系统中会发生安全硬故障，或者处理器已经从 NMI 处理程序内部进入死锁状态（优先级为 -2），此时处理器将无法响应任何 NMI 异常事件。

以下多种方法可以让处理器退出死锁状态：

❑ 通过系统复位或上电复位。

❑ 如果在调试会话期间发生死锁，调试器可以停止处理器并清除错误状态（例如，使用复位或清除当前异常处理状态，或者修改程序计数器值到正常的地址起点等）。

由于可以确保外设和所有中断处理逻辑返回到复位状态，因此系统复位或上电复位通常是让处理器退出死锁状态的最佳方法。

读者可能想知道在发生处理器死锁时为何不建议让处理器自动复位。虽然自动复位操作可能有助于让系统立即恢复正常，但开发者在编写和调试软件时，如果系统出现死锁，能否找到出现死锁问题的原因解决死锁问题对于开发者非常重要。如果采用处理器自动复位设计，将导致出现问题的硬件现场状态发生改变，开发者将无法根据残留的现场信息定位和分析系统中的问题。

Cortex-M 系列处理器在设计上实现了当处理器发生死锁时将处理器当前状态输出到对应接口的功能，从而使芯片设计人员能够实现可编程处理器自动复位功能，当自动复位功能开启后，系统在发生处理器死锁是可以进行自动复位操作的。

注意，当进入硬故障或 NMI 处理程序时，在入栈或出栈期间发生的故障（如总线错误或 MPU 访问冲突，涉及中断向量预取的故障除外）不会导致处理器发生死锁（见图 13.4）。在入栈过程中发生总线错误所导致的总线故障异常将被挂起，直到系统完成硬故障处理程序后才能执行相应的故障处理程序。

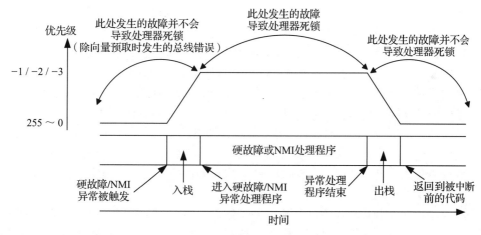

图 13.4　硬故障或 NMI 入栈、出栈期间发生的总线错误不会导致处理器死锁

13.6.2　避免死锁

在开发某些应用程序时需要极力避免发生处理器死锁的情况，比如在开发硬故障和 NMI 处理程序时需要格外小心。如 13.4.1 节所述，栈指针检查应在硬故障和 NMI 处理程序的开头进行，以确保主栈指针位于有效的内存地址范围内。

比较常用的一种开发硬故障和 NMI 处理程序的方法是对异常处理任务进行分区，以便硬故障和 NMI 处理程序只执行基本任务。其他任务（如硬故障异常的错误报告）可使用单独的异常处理器程序（如 PendSV）执行（参见 13.4.4 节和 11.5.3 节图 11.16）。分区设计有助于确保硬故障处理程序和 NMI 故障处理程序保持较小的代码规模（更容易检查和提高代码质量）与更高的代码鲁棒性。

此外，开发者需要确保在 NMI 和硬故障处理程序代码中不会意外调用 SVC 函数。有关这方面的更多信息，请参见 13.4.2 节。

13.7　故障事件分析

13.7.1　概述

在软件开发过程中，开发者经常会遇到故障异常。但值得庆幸的是，使用以下方法获得的信息可以确定发生故障问题的具体原因：

- □ 指令跟踪：如果所使用设备的处理器支持嵌入式跟踪宏单元（ETM）或微型跟踪缓冲（MTB），则可以利用 ETM 和 MTB 查看发生故障异常前处理器所执行的指令，了解故障发生的具体原因。开发者可以使用这些信息找出导致故障的处理器操作，也可以用于设置调试环境，以便在故障处理程序启动时自动停止处理器（参见 13.4.3 节）。Cortex-M23 和 Cortex-M33 处理器在设计上支持 ETM 和 MTB 单元，但请注意，芯片设计者在设计包含这些处理器的设备时可以根据开发设计选配或删减上述单元。使用 ETM 跟踪时，需要具有跟踪端口捕获功能的调试探针。而使用 MTB 的指令跟踪不需要跟踪端口捕获功能，但该单元只能捕获有限的历史记录，因此提供的调试信息相比 ETM 更少。有关 ETM 和 MTB 单元的更多信息，请参见第 16 章。

- □ 事件跟踪：某些情况下故障异常可能与异常处理程序有关（例如，异常处理程序意外更改了系统配置）。如果开发者面向的是 Cortex-M33 或其他 Armv8-M 主线版指令集架构的处理器，数据监测点和跟踪单元（Data Watch Point and Trace Unit，DWT）中的事件跟踪功能（有关 DWT 的更多信息，请参阅 16.3.4 节）不仅可以帮助开发者确定所发生异常事件的类型，还可以帮助开发者定位发生异常问题的具体原因。开发者可以使用支持单线输出（SWO）的低成本调试探针或支持跟踪端口的调试探针实现事件跟踪功能。

- □ 栈跟踪：即便开发者使用的低成本调试器没有跟踪捕获功能，但如果故障事件发生时栈指针仍然位于有效区间，则处理器在进入故障异常响应过程时也能够通过调试工具提取栈帧。假设开发者在故障处理程序开始时让处理器停机（请参阅 13.4.3 节中的中断向量捕获功能描述），那么开发者可以对处理器的当前状态和内存中的上下文内容进行检查。处理器进入故障异常处理过程时创建的栈帧也为调试提供了有用的信息，例如，入栈保存的程序计数器（PC）可以表明触发故障异常时程序当前的执行位置。开发者使用从栈帧收集到的信息和故障状态寄存器中的内容，可以确定故障问题的具体原因。

- □ 故障状态和故障地址寄存器：如果开发者面向的是 Cortex-M33 或其他 Armv8-M 主线版指令集架构处理器，则故障状态和故障地址寄存器中的信息可以为寻找发生故障的具体原因提供重要线索。某些调试工具内置了从上述寄存器获得的信息进行错

误分析的功能。开发者可以使用通信接口将上述寄存器中的内容输出到控制台以进
一步开展调试过程。13.9 节中提供了一个故障处理程序示例，在该故障处理程序中
可以输出栈中保存的 PC 指针和故障状态寄存器内容。

在某些调试工具和调试器软件中允许开发者较为容易地访问故障状态信息。例如，在
Keil MDK 中，开发者可以使用"故障报告"窗口访问故障状态寄存器，如图 13.5 所示。
可以从下拉菜单 Peripherals → Core Peripherals → Fault Reports 来启用上述功能。

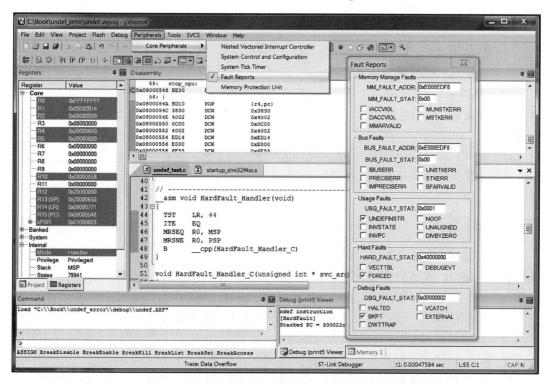

图 13.5　Keil MDK 中显示故障状态寄存器的故障报告窗口

13.7.2　Armv8-M 架构与前几代架构关于故障处理的主要区别

Armv8-M 指令集架构处理器与前几代 Cortex-M 系列处理器相比，在故障处理功能方
面有几个关键变化：

相比 Armv6-M 处理器，Cortex-M23 处理器（Armv8-M 基础版指令架构）的变化如下：

❑ 当系统支持 TrustZone 安全功能扩展且 AIRCR.BFHFNMINS 设置为 0（即默认值）
时，在安全状态执行硬故障处理。这意味着如果设备支持 TrustZone 安全功能扩展，
并且运行在安全区域，发生故障异常时将始终优先选择在安全区域中执行故障处理
程序。在安全硬故障处理程序中将执行必要的安全检查（如果故障原因与安全攻击
有关），同时在硬故障处理程序中可以执行以下操作（可选）：（a）利用通信接口通知
用户故障；（b）停止输入；（c）触发自复位。

❑ 如果安全区域被锁定，并且软件开发人员没有安全调试权限，则当在安全区域中发生硬故障异常时，处理器无法进入停机状态。如果安全硬故障处理程序不能使用通信接口对外报告故障原因，那么开发者很难在非安全模式下调试系统，因此必须启用在非安全软件应用中对非安全使用故障和非安全内存管理故障的响应功能，以方便开发者在非安全模式下对上述故障进行调试。有关在安全区域中处理故障的更多内容，参见第 18 章。

❑ 为安全栈指针添加栈限制检查。

❑ 扩展了 EXC_RETURN 的编码：由于 EXC_RETURN 编码被扩展，并且系统可能存在其他栈的指针，因此可能需要更新用于报告错误的异常处理程序。有关这方面的更多信息，请参见 13.9 节。

与 Armv7-M 指令集架构处理器相比，除包含上述提到的变化外（从 Armv6-M 到 Armv8-M 基础版指令集架构处理器的变化），Cortex-M33 处理器（Armv8-M 主线版指令集架构处理器）还包括：

❑ 为非安全栈指针添加栈限制检查（即安全和非安全栈指针都有栈限制检查）。

❑ 当系统支持 TrustZone 安全功能扩展时，支持对安全异常的响应和处理功能。

13.8　栈跟踪

当处理器进入故障异常处理时，处理器部分寄存器内容被保存到栈（即栈帧）中。如果此时栈指针仍指向有效的 RAM 位置，则可使用栈帧中的内容进行调试工作。对栈帧的分析通常被称为栈跟踪，可在调试工具或故障处理程序中执行栈跟踪操作。

栈跟踪操作的第一步是确定用于栈操作的栈指针信息（见图 13.6）。在 Cortex-M 系列处理器中，可以通过 EXC_RETURN 值以及 CONTROL_S 和 CONTROL_NS 寄存器来确定栈指针信息。请注意，如果系统支持 TrustZone 安全功能扩展，且没有安全调试访问权限，则开发者无法对安全故障事件（例如安全故障、安全内存管理故障等）以及在安全软件执行期间触发的故障展开调试分析。

第二步是确定栈帧中是否包含额外的上下文状态信息（见图 13.7）。如果要提取栈中的返回地址，则需要提取保存在栈帧中的额外上下文信息。如果系统支持 TrustZone 安全功能扩展，且没有安全调试访问权限，则开发者只能访问上下文中不具备附加状态的非安全栈帧。

注意，如果安全代码被非安全 IRQ 中断，并在非安全 ISR 内暂停，此时即使 EXC_RETURN. DCRS 为 1，对于具有安全调试权限的调试器，仍然可以访问安全栈帧中的附加状态上下文。

一旦识别了栈帧内容，就可以很容易地找到所保存的栈寄存器内容，例如入栈保存的程序返回地址和 xPSR 等内容。以下调试方法将重点使用上述入栈保存的内容：

❑ 入栈保存的返回地址：在许多情况下，入栈保存的程序返回地址在调试故障时提供了最重要的信息。通过在工具链中生成程序镜像的反汇编代码列表，可以很容易地定位故障发生的代码片段。利用入栈保存的寄存器值和故障状态寄存器提供的当前上下文附加信息，应该可以很容易地找到发生故障异常的原因。

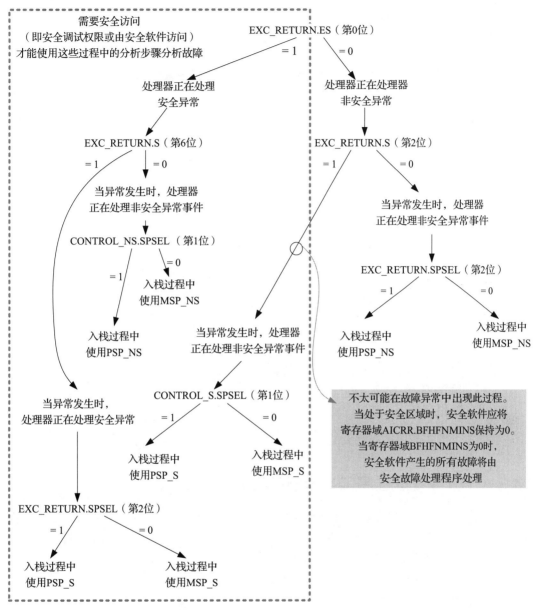

图 13.6 检查控制寄存器中的 EXC_RETURN 和 SPSEL 位，以确定使用了哪个栈指针

❑ 入栈保存的 xPSR：这可用于识别故障发生时处理器是否处于处理程序模式，以及是否有应用试图将处理器切换到 Arm 状态（如果 EPSR 中的 T 位被清除，则可以比较有把握地推测有应用试图将处理器切换到 Arm 状态）。

❑ 链接寄存器（LR）中的 EXC_RETURN 值：进入故障处理程序时，LR 中的 EXC_RETURN 值也可以提供有关故障原因的重要信息。如果故障是由异常返回期间的无效 EXC_RETURN 值所引起的，则故障事件将导致形成末尾连锁型中断。此时故障处理程序的 EXC_RETURN 值可以显示部分无效数据值（EXC_RETURN 中的某些位可能存在不同，因为当前故障处理程序可能与以往的故障异常处理程序分处不同的安全状态）。故障处理程序可以选择报告 LR 中的 EXC_RETURN 值，以便于软件开发者确定故障是否由异常处理程序中 EXC_RETURN 值被破坏所导致。

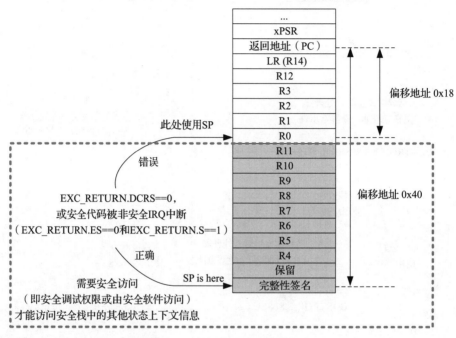

图 13.7　标识栈跟踪的栈帧格式

13.9　在故障处理程序中抽取栈帧并打印故障状态

明确了从栈帧中提取有效信息的方法之后，开发者可以创建一个错误处理程序来提取相关栈信息，并在控制台中显示所提取的内容（假设 printf 函数被重定向或已经准备好半主机接口）。为此开发者需要编写一个汇编程序：

❑ 提取栈指针值（因为 C 编译器在 C 函数前序过程中加入压栈操作，所以该操作将更改当前所选定的 SP 值）。

❑ 根据 11.5.2 节中 SVC 示例所提取的 EXC_RETURN 值，一个简单的汇编程序如下：

```
void __attribute__((naked)) HardFault_Handler(void)
{
    __asm volatile ("mov r0, lr\n\t"
            "mov r1, sp\n\t"
            "B HardFault_Handler_C\n\t"
    );
}
```

在基于 C 语言编写的处理程序中，我们需要：提取正确的栈指针，然后提取各种有用信息（例如，入栈保存的寄存器值）。

如果故障处理程序是面向非安全区域编写的，则故障处理程序代码应类似 SVC 的代码示例：

```
void HardFault_Handler_C(uint32_t exc_return_code, uint32_t msp_val)
{
  uint32_t stack_frame_r0_addr;
  unsigned int *stack_frame;
  uint32_t stacked_r0, stacked_r1, stacked_r2, stacked_r3;
  uint32_t stacked_r12, stacked_lr, stacked_pc, stacked_xPSR;
  // 检查源码中的错误
  if (exc_return_code & 0x40) { // EXC_RETURN.S 为 1- 错误
    printf ("ERROR: fault is from Secure world.\n");
    while(1); } // 深度循环

  // 确定使用哪个栈指针
  if (exc_return_code & 0x4) stack_frame_r0_addr = __get_PSP();
  else stack_frame_r0_addr = msp_val;

  // 提取栈帧
  stack_frame = (unsigned *) stack_frame_r0_addr;

  // 提取栈帧中的栈寄存器
  stacked_r0 = stack_frame[0];
  stacked_r1 = stack_frame[1];
  stacked_r2 = stack_frame[2];
  stacked_r3 = stack_frame[3];
  stacked_r12 = stack_frame[4];
  stacked_rlr = stack_frame[5];
  stacked_pc = stack_frame[6];
  stacked_xPSR = stack_frame[7];
  ...
  return;
}
```

如果故障处理程序是面向安全区域编写的，则需要执行其他步骤。例如，如果安全可配置故障处理程序的优先级低于非安全 IRQ 的优先级，则该程序可以查看栈帧中的上下文附加状态信息（栈帧中包含完整性签名和入栈保存 r4 ～ r11 的通用寄存器内容）。如果触发了安全可配置故障并开始入栈操作，则处理器将首先响应与安全故障异常同时到达且具有更高响应优先级的非安全 IRQ，此时需要将上下文附加状态信息保存到安全栈。当执行可配置故障处理程序时，上述状态信息将保留在栈帧上，在计算栈帧地址时需要考虑到上述问题（参考以下处理程序代码）：

```
void HardFault_Handler_C(uint32_t exc_return_code, uint32_t msp_val)
{
  uint32_t stack_frame_r0_addr; // r0 的地址
  uint32_t stack_frame_extra_addr;// 附加状态的地址
  unsigned int *stack_frame_r0;
  unsigned int *stack_frame_extra;
  uint32_t sp_value;

  uint32_t stacked_r0, stacked_r1, stacked_r2, stacked_r3;
  uint32_t stacked_r12, stacked_lr, stacked_pc, stacked_xPSR;
  uint32_t stacked_r4, stacked_r5, stacked_r6, stacked_r7;
  uint32_t stacked_r8, stacked_r9, stacked_r10, stacked_r11;

  // 检查源码中的错误
  if (exc_return_code & 0x40) { //EXC_RETURN.S 为 1——错误
    // 确定使用哪个栈指针
    if (exc_return_code & 0x4) sp_value = __get_PSP();
    else                       sp_value = msp_val;
    }
  else { // 非安全
    // 确定使用哪个栈指针
    if (__TZ_get_CONTROL_NS() & 0x2) sp_value = __TZ_get_PSP_NS();
    else                             sp_value = __TZ_get_MSP_NS();
    }

  if ((exc_return_code & 0x20)!=0) { // EXC_RETURN.DCRS
    //上下文中非附加状态的信息
    stack_frame_r0_addr    = sp_value;
    stack_frame_extra_addr = 0; // 假设 0 代表不支持
  }
  else {
    //上下文中存在附加状态信息
    stack_frame_r0_addr = sp_value+40;
    stack_frame_extra_addr = sp_value;
    // 在栈帧中提取上下文附加状态信息
    stack_frame_extra = (unsigned *) sp_value;
  }
  // 提取栈帧
  stack_frame_r0 = (unsigned *) stack_frame_r0_addr;

  // 提取栈帧
  stacked_r0 = stack_frame_r0[0];
  stacked_r1 = stack_frame_r0[1];
  stacked_r2 = stack_frame_r0[2];
  stacked_r3 = stack_frame_r0[3];
  stacked_r12 = stack_frame_r0[4];
  stacked_rlr = stack_frame_r0[5];
```

```
    stacked_pc = stack_frame_r0[6];
    stacked_xPSR = stack_frame_r0[7];
    if (stack_frame_extra_addr!=0){
      stacked_r4 = stack_frame_extra[2];
      stacked_r5 = stack_frame_extra[3];
      ...
      }
    ...
    return;
  }
```

由于在此场景中有多个栈指针供系统选择，相比第 11 章中所介绍的 SVC 代码示例，上述处理程序的操作过程要更加复杂。

提取栈帧后，可以使用 printf 语句打印栈帧内容。如果系统支持故障状态寄存器，则处理程序还可以打印包含故障事件信息的故障状态寄存器内容。

请注意，如果栈指针指向无效内存区域（例如，由于栈溢出），由于大多数 C 函数都需要栈内存，栈被破坏后将导致所有 C 代码无法正常工作，因此上述示例展示的处理程序也无法正常工作。

为了便于进行问题调试，开发者可以生成代码反汇编列表文件，通过错误报告从栈中提取到的程序计数器值找到发生故障的具体指令。

参考文献

[1] Armv8-M Architecture Reference Manual. https://developer.arm.com/documentation/ddi0553/am (Armv8.0-M only version). https://developer.arm.com/documentation/ddi0553/latest (latest version including Armv8.1-M). Note: M-profile architecture reference manuals for Armv6-M, Armv7-M, Armv8-M and Armv8.1-M can be found here: https://developer.arm.com/architectures/cpu-architecture/m-profile/docs.

第 14 章
Cortex-M33 处理器的浮点单元

14.1　浮点数

14.1.1　概述

在 C 程序中，数值可以定义为浮点数。例如，π 的值可以声明为单精度浮点数：

```
float   pi = 3.141592F;
```

或者双精度数：

```
double pi = 3.14159265358979323846426433832795;
```

浮点数允许处理器既可以处理更大的数据范围（与整数或定点数据相比），也可以处理非常小的值，还能够支持 16 位的半精度浮点数据格式。一些 C 编译器不支持半精度浮点格式。在 gcc 和 Arm C 编译器中，使用 _fp16 数据类型来声明半精度浮点数（注意：需要附加的命令选项如表 14.14 所示）。

14.1.2　单精度浮点数

单精度浮点数格式如图 14.1 所示。

单精度数值由图 14.2 所示的等式表示，在大多数情况下，指数值在 1 ～ 254 的范围内。要将一个数值转换为单精度浮点类型，需要在 1.0 ～ 2.0 的范围内对其进行规格化。示例如表 14.1 所示。

图 14.1　单精度浮点数格式

$$Value = (-1)^{Sign} \times 2^{(Exponent-127)} \times (1 + (\tfrac{1}{2} * Fracion[22]) + (\tfrac{1}{4} * Fraction[21]) + (1/8 * Fraction[20]) \cdots (1/(2^{23}) * Fraction[0]))$$

图 14.2　单精度格式的规格化数值

表 14.1　浮点数值的示例

浮点值	符号	指数	二进制形式的尾数	十六进制值
1.0	0	127（0x7F）	000_0000_0000_0000_0000_0000	0x3F800000
1.5	0	127（0x7F）	100_0000_0000_0000_0000_0000	0x3FC00000
1.75	0	127（0x7F）	110_0000_0000_0000_0000_0000	0x3FE00000
0.04 → 1.28*2^（−5）	0	127−5=122（0x7A）	010_0011_1101_0111_0000_1010	0x3D23D70A
−4.75 → −1.1875*2^2	1	127+2=129（0x81）	001_1000_0000_0000_0000_0000	0XC0980000

当指数位的值为 0 时，有几种可能的情况：

1）当尾数等于 0 且符号位也为 0 时，则它表示零（+0）值。

2）当尾数等于 0 且符号位为 1 时，则它表示零（−0）值。通常 +0 和 −0 在操作过程中的作用相同，但在少数情况下会有差异。例如，当发生除以零操作时，无穷大结果的符号将取决于除数是 +0 还是 −0。

3）当尾数不是 0 时，它是一个非规格化值，即一个介于 -2^{-126} 和 2^{-126} 之间的非常小的数值。

图 14.3 所示的等式表示了单精度非规格化值。当指数位的数值为 0xFF 时，也有几种情况：

1）当尾数为 0 且符号位也为 0 时，则为无穷大（+∞）值。

2）当尾数为 0 且符号位为 1 时，则为负无穷大（−∞）值。

3）当尾数不为 0 时，浮点数表示浮点值无效，它通常被称为无效数字（NaN，非数）。

$$Value = (-1)^{Sign} \times 2^{(-126)} \times ((\tfrac{1}{2} * Fracion[22]) + (\tfrac{1}{4} * Fraction[21]) + (1/8 * Fraction[20]) \cdots (1/(2^{23}) * Fraction[0]))$$

图 14.3　单精度格式的非规格化数

有两种无效数字类型：

❑ 若尾数部分第 22 位为 0，则它是一个信号无效数字。尾数中的其余位可以是除零以外的任何值。

❑ 若尾数部分第 22 位为 1 时，则它是一个静默无效数字。尾数中的其余位可以是任何值。

这两种类型的 NaN 会在几条浮点指令中引起不同的浮点异常行为，例如 VCMP 和 VCMPE。

在某些浮点运算中，如果结果无效，它将返回一个"默认 NaN"值。默认值为 0x7FC00000（符号位为 0，指数位为 0xFF，尾数部分第 22 位为 1，其余尾数位为 0）。

14.1.3　半精度浮点数

在许多情况下，半精度浮点格式和单精度类似，不同点在于在指数和尾数字段中使用了更少的位（见图 14.4）。

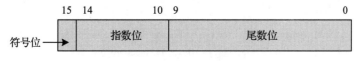

图 14.4　半精度浮点数格式

当 0 < 指数位 < 0x1F 时，该值是规格化数，半精度数值的值由图 14.5 中的等式表示。

$$Value = (-1)^{Sign} \times 2^{(Exponent-15)} \times (1 + (\frac{1}{2} * Fracion[9]) + (\frac{1}{4} * Fraction[8]) + (1/8 * Fraction[7]) \cdots (1/(2^{10}) * Fraction[0]))$$

图 14.5　半精度浮点格式的规格化数

当指数的数值为 0 时，有几种情况：

1）当尾数等于 0 并且符号位也为 0 时，则它为零（+0）值。

2）当尾数等于 0 并且符号位为 1 时，则它为零（−0）值。通常 +0 和 −0 在操作过程中表现出相同的行为。在少数情况下会有些差异，例如当发生被零除时，无穷大结果的符号将取决于除数是 +0 还是 −0。

3）当尾数不为 0 时，则为非规格化值，即一个在 -2^{-14} 和 2^{-14} 之间的非常小的值。

半精度非规格化值由图 14.6 中的等式表示。

$$Value = (-1)^{Sign} \times 2^{(-14)} \times ((\frac{1}{2} * Fracion[9]) + (\frac{1}{4} * Fraction[8]) + (1/8 * Fraction[7]) \cdots (1/(2^{10}) * Fraction[0]))$$

图 14.6　半精度格式的非规格化数 [1]

当指数为 0x1F 时，情况会更加复杂。Armv8-M 架构中的浮点特性（注意：与 Armv7-M[2] 架构中相同）支持半精度数据的两种操作模式：

❑ IEEE 半精度模式。

❑ 替代半精度模式。虽然不支持无穷大数或 NaN，但确实涵盖很大的数值范围，在某些情况下，甚至获得更高的性能。不过，如果应用程序需要符合 IEEE 754 [3] 标准，则不能使用该操作模式。

在 IEEE 半精度模式下，指数值等于 0x1F，有以下几种情况：

1）当尾数等于 0，符号位也为 0 时，则为无穷大（+∞）值。

2）当尾数等于 0，且符号位为 1 时，则为负无穷大（−∞）值。

3）当尾数不为 0 时，浮点数据表示浮点值无效。它通常被称为无效数字（NaN，非数）。

类似于单精度，NaN 分为信号无效数字或静默无效数字两种方式：

❑ 当尾数的第 9 位为 0 时，它是一个信号无效数字。尾数中其余位可以是零以外的任何值。

❑ 当尾数的第 9 位为 1 时，它是一个静默无效数字。尾数中其余位可以是任何值。

在某些浮点运算中，如果结果无效，将返回默认 NaN，其值为 0x7E00（符号位为 0，指数位为 0xlF，尾数的第 9 位为 1，其余尾数位为 0）。

在替代半精度模式下，当指数等于 0x1F 时，该值是一个由图 14.7 所示的等式表示的规格化数。

$$Value = (-1)^{Sign} \times 2^{16} \times (1 + (\frac{1}{2} * Fracion[9]) + (\frac{1}{4} * Fraction[8]) + (1/8 * Fraction[7]) \cdots (1/(2^{10}) * Fraction[0]))$$

图 14.7　半精度格式的备用规格化数

14.1.4　双精度浮点数

尽管 Arm Cortex -M33 处理器中的浮点单元不支持双精度浮点运算，但是应用程序中仍然可以使用双精度数据。在需要时，C 编译器和链接器将插入适合的运行库函数来处理所需的计算。

双精度浮点数格式如图 14.8 所示。

在小端内存系统中，最低有效字存储在 64 位地址位置的低位地址，最高有效字存储在高位地址。在大端内存系统中，情况正好相反。

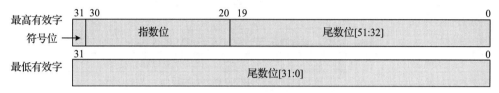

图 14.8　双精度浮点数格式

当 0 < 指数位 < 0x7FF 时，该数是规格化值，双精度数的值由图 14.9 中的等式表示。

$$Value = (-1)^{Sign} \times 2^{(Exponent-1023)} \times (1 + (\tfrac{1}{2} * Fracion[51]) + (\tfrac{1}{4} * Fraction[50]) + (1/8 * Fraction[49]) \cdots (1/(2^{52}) * Fraction[0]))$$

图 14.9　双精度浮点格式规格化数

当指数位值为 0 时，有几种情况：

1）当尾数等于 0，并且符号位也为 0 时，则它是零（+0）值。

2）当尾数等于 0，并且符号位为 1 时，则它是零（-0）值。通常 +0 和 -0 在操作过程中有相同的行为，但在少数情况下会有差异。例如，当发生被零除时，无穷大结果的符号取决于除数是 +0 还是 -0。

3）当尾数不为 0 时，则它是一个非规格化值，即是一个 -2^{-1022} 和 2^{-1022} 之间的非常小的值。

双精度非规格化数由图 14.10 中的等式表示。当指数值为 0x7FF 时，也有几种情况：

1）当尾数等于 0，且符号位也为 0 时，则为无穷大（+∞）值。

2）当尾数等于 0，且符号位为 1 时，则为负无穷大（-∞）值。

3）当尾数不为 0 时，则为无效数字。

$$Value = (-1)^{Sign} \times 2^{(-1022)} \times ((\tfrac{1}{2} * Fracion[51]) + (\tfrac{1}{4} * Fraction[50]) + (1/8 * Fraction[49]) \cdots (1/(2^{52}) * Fraction[0]))$$

图 14.10　双精度格式的非规格化数

NaN 数值有两种类型：

❑ 当尾数的第 51 位为 0 时，它是一个信号无效数字。尾数中其余位可以是除零以外的任何值。

❑ 当尾数的第 51 位为 1 时，它是一个静默无效数字。尾数中其余位可以是任何值。

14.1.5　Arm Cortex-M 处理器支持的浮点数

在一些 Cortex-M 处理器家族中，浮点单元是可选的（见表 14.2）。

Cortex-M33 处理器可以选择是否支持单精度浮点单元。如果选择支持浮点单元，则可以使用浮点单元来加速单精度浮点运算。但是，双精度计算仍需要由 C 运行库函数来处理。

即使支持浮点单元，同时操作也是单精度的，仍然需要运行库函数。例如，当处理像 sinf()、cosf() 等函数时，这些函数不能简单地通过一条或几条指令来实现，而是需要通过一系列的计算完成。

表 14.2　浮点单元可选的 Cortex-M 处理器

处理器	FPU 选项
Cortex-M4	可选是否支持单精度 FPU（FPv4）
Cortex-M7	可选是否支持单精度 FPU（FPv5） 或可选是否支持单精度或双精度 FPU（FPv5）
Cortex-M33，Cortex-M35P	可选是否支持单精度 FPU（FPv5）
Cortex-M55	可选是否支持半精度、单精度、双精度 FPU（FPv5），当支持 Helium 时可选择是否支持向量半精度和单精度

有些 Cortex-M 处理器不支持浮点单元，包括 Cortex-M0、Cortex-M0+、Cortex-M1（用于 FPGA）、Cortex-M3 和 Cortex-M23 处理器。

在使用这些处理器时，浮点计算必须使用运行库函数来实现。

即使你使用的是带浮点单元的微控制器，也可以不启用浮点单元，而是借助完善的工具链编译应用程序。这样做，编译后的代码也可以在另一个没有浮点单元的 Cortex-M 微控制器器件上运行。当然，这就意味着浮点数据处理会被作为软件运行库函数来执行，其执行速度会非常慢。

对于某些应用程序，软件开发人员可以使用定点数。从根本上说，定点运算就像整数运算一样，只是会增加额外的移位调整操作。定点处理比使用浮点运行库函数更快，但由于指数位是固定的，因此只能处理固定的数据范围。Arm 中有一个关于如何在 Arm 架构中创建定点算术运算的应用说明书[4]。

14.2　Cortex-M33 中的浮点运算单元

14.2.1　FPU 概述

在 Armv8-M 架构中，浮点数据和操作支持 IEEE 754—2008 标准。该标准是 IEEE 二进制浮点运算标准。Cortex-M33 处理器中的 FPU 用来实现浮点数据的高效处理。该功能 Cortex-M23 处理器不支持。

Cortex-M33 处理器是否支持 FPU 是可选的。FPU 支持单精度浮点计算，以及一些数据转换和内存访问功能。FPU 的设计符合 IEEE 754 标准，但不支持全部标准。例如，以下操作就无法由硬件完成：

❑ 双精度数据计算。

❑ 浮点余数（例如，$z = \text{fmod}(x, y)$）。

❑ 二进制到十进制和十进制到二进制的转换。

❑ 单精度数和双精度值的直接比较（被比较的两个数必须是相同的数据类型）。

这些不支持的操作需要由软件来处理。

Cortex-M33 处理器中的浮点运算单元是 Armv8-M 架构中称为 FPv5-SP-D16M（浮点版本 5——单精度）浮点运算单元的扩展。它只是 Armv8-M 架构 FPv5 扩展的子集，完整的 FPv5 还支持双精度浮点处理。FPU 架构扩展源自 Cortex-A 架构，支持向量浮点运算。在 Cortex-A 和 Cortex-M 架构中，许多浮点指令是通用的，由于它们最初是在向量浮点（VFP）扩展中引入的，因而浮点指令助记符以字母"V"开头。

浮点运算单元支持：

❑ 浮点寄存器组，包含 32 个 32 位寄存器。这些寄存器可以用作 32 个单精度数寄存器，也可以成对用作 16 个双精度数寄存器。

❑ 单精度浮点计算。

❑ 转换指令：

● 整型 ↔ 单精度浮点。

● 定点 ↔ 单精度浮点。

● 半精度 ↔ 单精度浮点。

❑ 浮点寄存器组和内存之间的单精度和双字数据传输。

❑ 浮点寄存器组和整数寄存器组之间的单精度数据传输。

❑ 延迟入栈操作。

以前，Arm 处理器将浮点运算单元视为协处理器。为了与其他 Arm 架构保持一致，在 CPACR、NSACR 和 CPPWR 编程模型中，Armv8-M 架构处理器中的浮点单元被定义为协处理器 10 和 11（参见 14.2.3 节、14.2.4 节和 15.6 节）。然而就浮点操作而言，它使用一组浮点指令来代替使用协处理器访问指令。

Cortex-M33 中的浮点运算单元支持延迟入栈操作，该操作可以减少中断延迟。因为浮点运算单元有自己的寄存器组，所以在以下状态下，浮点运算单元异常处理机制需要在异常程序执行期间保存和恢复浮点运算单元的附加寄存器：

（a）启用。

（b）被中断软件和异常处理程序使用。

但是，如果异常处理程序不需要使用浮点运算单元，那么延迟入栈特性避免了保存和恢复 FPU 数据的时序开销。有关延迟入栈的更多信息，请参见 14.4 节。

14.2.2　浮点寄存器概述

浮点运算单元在处理器中增加了一些寄存器：

❑ 系统控制块（SCB）的协处理器访问控制寄存器（CPACR）。

❑ SCB 的非安全访问控制寄存器（NSACR）。

❑ 浮点寄存器组（S0 ～ S31 或 D0 ～ D15）的寄存器。

❑ 浮点状态和控制寄存器（FPSCR），它是一个特殊寄存器。

❑ 协处理器功率控制寄存器（CPPWR，参见 15.6 节）。

❑ FPU 中用于浮点运算和控制的附加寄存器（见表 14.3）。

表 14.3　用于 FPU 控制的附加寄存器

地址	寄存器	CMSIS-CORE 标识	功能
0xE000EF34	浮点上下文控制寄存器	FPU->FPCCR	FPU 控制数据
0xE000EF38	浮点上下文地址寄存器	FPU->FPCAR	保存栈中未使用的浮点寄存器空间的地址
0xE000EF3C	浮点默认状态控制寄存器	FPU->FPDSCR	浮点状态和控制寄存器的默认值
0xE000EF40	媒体和 FP 特性寄存器 0	FPU->MVFR0	只读：实现 VFP 指令特性的详细信息
0xE000EF44	媒体和 FP 特性寄存器 1	FPU->MVFR1	只读：实现 VFP 指令特性的详细信息
0xE000EF48	媒体和 FP 特性寄存器 2	FPU->MVFR2	只读：实现 VFP 指令特性的详细信息

如果支持 TrustZone 安全功能扩展，安全软件可以通过非安全地址别名 0xE002Exxx 访问表 14.3 中列出的非安全区域的寄存器。

14.2.3　CPACR

CPACR 是 SCB 的一部分。它可以控制启用或禁用：

❑ FPU。

❑ 协处理器（如果支持）。

❑ Arm 自定义指令（Cortex-M33 版本 1 中提供的可选功能）。

CPACR 存放在地址 0xE000ED88 中，在 CMSIS-CORE 中用 SCB-> CPACR 访问。第 0 ～ 15 位留给协处理器和 Arm 自定义指令。第 16 ～ 19 位和第 24 ～ 31 位没有使用，留作保留位，（见图 14.11）。

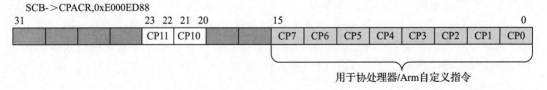

图 14.11　协处理器访问控制寄存器（SCB->CPACR，0xE000ED88）

该寄存器的编程者模型支持位域，能够启用 / 禁用多达 16 个协处理器。在 Cortex-M33 处理器中，FPU 被定义为协处理器 10（CP10）和 11（CP11）。当对该寄存器进行编程时，CP10 和 CP11 的设置必须相同。CPACR 寄存器中每个协处理器位域的设置如表 14.4 所示。

表 14.4　CPACR 中 CP0 ～ CP11 的设置位域

位	CPACR 中 CP0 ～ CP11 的设置
00	拒绝访问。任何访问都会产生使用故障（NOCP 类型——没有协处理器）

（续）

位	CPACR 中 CP0 ～ CP11 的设置
01	仅特权访问。非特权访问会触发使用故障
10	保留——结果不可预测
11	完全可访问

默认情况下，CPACR 中 CP10 和 CP11 复位后为 0。该设置禁用 FPU，功耗较低。在使用 FPU 之前，需要先对 CPACR 编程，启用 FPU。例如：

```
SCB->CPACR|= 0x00F00000; // 启用浮点单元进行完全访问
```

这个过程通常由设备专用软件包中的 SystemInit() 函数执行。SystemInit() 函数由复位程序调用。

如果支持 TrustZone 安全功能扩展，该寄存器在安全与非安全区域各保存一份，以便 FPU 可以在一个安全域中启用，而在另一个安全域中禁用。

14.2.4　NSACR

当支持 TrustZone 安全功能扩展时，每个协处理器都可以通过 SCB 中的非安全访问控制寄存器（NSACR）来定义是否可以从非安全区域访问它。这个寄存器只能从安全特权区域访问。如果不支持 TrustZone 安全功能，则该寄存器是只读的，所有可用的协处理器均可用于非安全区域。

NSACR 地址为 0xE000ED8C，在 CMSIS-CORE 中用 SCB->NSACR 访问。第 0 ～ 7 位保留用于协处理器和 Arm 自定义指令。第 8 ～ 9 位和第 12 ～ 31 位保留，没有配置（见图 14.12）。

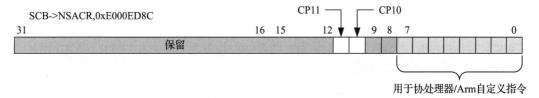

图 14.12　非安全访问控制寄存器（SCB->NSACR，0xE000ED8C）

该寄存器只能从安全特权区域访问。默认情况下，复位后 CP10 和 CP11 的访问控制位为零，这意味着 FPU 只能由安全区域访问。为了使非安全软件能够使用 FPU，安全软件需要将 CP10 和 CP11 都设置为 1。例如：

```
SCB->NSACR|= 0x00000C00; // 启用浮点运算单元供非安全软件使用
```

CP10 和 CP11 位的写入值必须相同，否则，结果在架构上将不可预测。

14.2.5　浮点寄存器组

浮点寄存器组包含 32 个 32 位寄存器，也可当作 16 个 64 位双字寄存器用于双精度浮点运算（见图 14.13）。

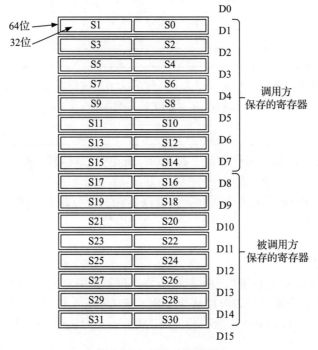

图 14.13　浮点寄存器组

S0 ～ S15 是调用方保存的寄存器：如果函数 A 调用函数 B，那么函数 A 必须在调用函数 B 之前先保存这些寄存器的内容（例如，保存在栈中），原因是这些寄存器可能被调用函数改变（例如返回结果）。

S16 ～ S31 是被调用方保存的寄存器：如果函数 A 调用函数 B，而函数 B 需要使用 16 个及以上的寄存器进行计算，那么它必须首先保存这些寄存器的内容（例如，保存在栈上），然后在返回函数 A 之前从栈中恢复这些寄存器。

这些寄存器的初始值没有被定义。

14.2.6　FPSCR

浮点状态和控制寄存器（FPSCR）是一个特殊寄存器，用于保存算术运算的结果标志和关联状态标志，也包含浮点单元行为的控制位域（见图 14.14 和表 14.5）。

N、Z、C 和 V 标志通过浮点比较操作更新（见表 14.6）。

图 14.14　FPSCR 中的位域

表 14.5　FPSCR 中的位域

位	说明
N	负标志位（由浮点比较操作更新）
Z	零标志位（由浮点比较操作更新）
C	进位 / 借位标志位（由浮点比较操作更新）
V	溢出标志位（由浮点比较操作更新）
保留 /QC	向量饱和的保留位 / 积累饱和位（仅适用于 Armv8.1-M/Cortex-M55），Cortex-M33 处理器中不支持
AHP	替代半精度模式控制位： 0——IEEE 半精度格式（默认） 1——替代半精度格式，见 14.1.3 节
DN	默认 NaN 模式控制位： 0——非数操作数会一直传送到浮点操作的输出（默认值） 1——任一操作数包含 1 个或多个 NaN，其结果为 NaN
FZ	单精度刷新到零模式控制位（尽管 Cortex-M33 的 FPU 不支持双精度，但该位在架构上也适用于双精度）：0—禁用刷新到零模式（默认值，符合 IEEE 754 标准） 1—启用刷新到零模式，将非规格数值刷新到 0（指数等于 0 的微小值）
RMode	舍入模式控制字段。几乎所有浮点指令都使用指定的舍入模式： 00——就近舍入（RN）模式（默认） 01——舍入到正无穷（RP）模式 10——舍入到负无穷（RM）模式 11——舍入到舍入零（RZ）模式
保留 /FZ16	保留 / 半精度数据刷新到零模式（仅适用于 Armv8.1-M/Cortex-M55），Cortex-M33 处理器不支持 0——禁用刷新到零模式（默认值，符合 IEEE 754 标准） 1——启用刷新到零的模式
保留 / LTPSIZE	保留 / 当对向量指令应用低开销循环尾部预测时，向量元素的大小（可在支持 Helium/MVE 的 Armv8.1-M 中使用）。Cortex-M33 处理器不支持
IDC	输入异常累积位。在发生浮点异常时设置为 1，通过该位写 0 来清除
IXC	不精确异常累积位。在发生浮点异常时设置为 1，通过该位写 0 来清除
UFC	下溢异常累积位。发生浮点异常时设置为 1，通过写 0 来清除
OFC	上溢异常累积位。发生浮点异常时设置为 1，通过写 0 来清除
DZC	除 0 异常累积位。发生浮点异常时设置为 1，通过向该位写 0 来清除
IOC	无效操作异常累积位。在发生浮点异常时设置为 1，通过写 0 来清除

表 14.6　FPSCR 中 N、Z、C 和 V 标志

比较结果	N	Z	C	V
等于	0	1	1	0
小于	1	0	0	0
大于	0	0	1	0
无序的	0	0	1	1

浮点比较的结果可以先复制标志位到 APSR，然后用于条件跳转 / 条件执行，如下所示：

```
VMRS     APSR_nzcv, FPSCR ; 从 FPSCR 中复制标志位到 APSR 的标志位上
```

位域 AHP、DN 和 FZ 是特殊操作模式的控制寄存器位。默认情况下，所有这些位默认值为 0，与 IEEE 754 单精度标准一致。在大多数应用程序中，不需要修改浮点运算控制的设置。尤其重要的是，应用程序如果要求符合 IEEE 754，那么这些位是不可更改的。

RMode 位域控制计算结果的舍入模式。IEEE 754 标准定义了几种舍入模式。表 14.7 中列出了这些位：

表 14.7　Cortex-M 处理器中 FPU 适用的舍入模式

舍入模式	说明
就近舍入	舍入到最接近的值，这是默认配置，IEEE 754 把这些模式划分为： • 舍入到最接近的值，固定为偶数：舍入到最低有效位（LSB）为偶数（0）的最接近数值。这是二进制浮点数的默认设置，也是推荐的十进制浮点数的默认设置 • 舍入到最接近的值，但远离零：向上舍入到最近值（正数）或向下舍入到最近值（负数）。这是十进制浮点数的一个选项 由于浮点单元只使用二进制浮点，"舍到最近值，远离零"模式不再适用
舍入到正无穷	向上舍入或上极限
舍入到负无穷	向下舍入或下极限
舍入到零	称为截断舍入

位 IDC、IXC、UFC、OFC、DZC、IOC 是关联状态标志，用于标识浮点运算过程中的各种异常（浮点异常）。在浮点运算发生后，软件可以选择检查这些标志，并通过向这些标志写入 0 来清除它们。关于浮点异常的更多信息，可以在 14.6 节中找到。

请注意，Armv8.1-M 架构在 FPSCR 中增加了许多新的位域（QC、FZ16、LTPSIZE）。它们在 Cortex-M33 处理器的 FPU 中不支持，因此这里不做介绍。

即使支持 TrustZone 安全功能，FPSCR 也不需要同时在安全区域与非安全区域保存。这是因为在异常处理期间，FPSCR 值会自动切换，如下所示：

❑ 在入栈期间（异常处理的一部分），FPSCR 会作为浮点寄存器扩展栈帧的一部分而被保存。

❑ 当进入异常处理程序时（即新程序段的开始），从浮点默认状态控制寄存器复制配置到 FPSCR（参见 14.2.9 节）。

❑ 在出栈过程中，再从扩展栈帧中恢复 FPSCR。

当存在跨安全区域的函数调用时，FPSCR 的更新由软件处理，所需的代码由 C 编译器自动生成。

14.2.7　浮点上下文控制寄存器（FPU → FPCCR）

浮点上下文控制寄存器（FPCCR，见图 14.15 和表 14.8）允许控制异常处理行为。该寄存器控制的行为和功能包括"延迟入栈"，如果支持 TrustZone 安全功能，还包括用于处理浮点上下文的安全设置。此外，该寄存器允许访问一些控制信息。

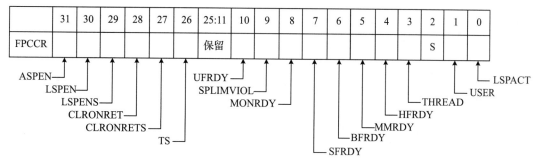

图 14.15　FPCCR 中的位域

表 14.8　浮点上下文控制寄存器（FPU->FPCCR，0xE000EF34）

位	名称	类型	复位值	说明
31	ASPEN	读/写	1	启用状态自动保存。启用/禁用 FPCA 的自动设置（CONTROL 寄存器的第 2 位）。当此位设置为 1（即默认值）时，它会在异常进入和异常退出时启用调用方保存的寄存器（S0～S15 和 FPSCR）的自动状态保存和恢复。当此位清除为 0 时，禁用 FPU 寄存器的自动保存。在这种情况下，使用 FPU 的程序需要手动管理数据保存 该位在安全与非安全区各保存一份
30	LSPEN	读/写	1	启用延迟入栈保护。启用/禁用 S0～S15 和 FPSCR 的延迟入栈（状态保存）。当将其置位为 1（即默认值）时，异常程序使用延迟入栈功能来实现较低的中断延迟
29	LSPENS	读/写	0	启用延迟入栈保护安全 此位确定非安全软件是否可以写入 LSPEN（位 30） • 如果为 0（默认），则安全区域和非安全区域均可以读取和写入 LSPEN • 如果为 1，LSPEN 可以向安全区域中写入，在非安全区域中只能读取 如果不支持 TrustZone 安全功能，则该位不可用 该位无法通过非安全软件/非安全调试来访问
28	CLRONRET	读/写	0	返回时清除。当设置为 1 时，异常返回时会清除浮点调用方保存寄存器（对于 Armv 8.1-M 架构，包括 S0～Sl5、FPSCR 和 VPR）
27	CLRONRETS	读/写	0	返回时清除，仅限安全模式 如果 CLRONRETS 是 0（即默认值），非安全特权代码可以写入 CLRONRETS。如果 CLRONRETS 是 1，那么 CLRONRETS 在非安全区域只能读取 如果不支持 TrustZone 安全功能，那么该位不可用。 该位无法通过非安全软件或非安全调试来访问
26	TS	读/写	0	安全处理。将浮点寄存器视为安全启用： • 为 0（即默认）时，即使是安全软件在使用 FPU，FPU 中的数据也被视为不安全。 • 为 1 时，在使用安全软件时，当前在 FPU 的所有数据都被视为安全 将此位设置为 1，在将 FPU 中的数据推送到栈时会有增加中断延迟的不利影响（栈帧中包含额外的 FPU 数据，见图 8.22） 如果不支持 TrustZone 安全功能，则该位不可用， 该位无法通过非安全软件或非安全调试访问
25:11	—	—	—	保留

（续）

位	名称	类型	复位值	说明
10	UFRDY	读	—	启用使用故障 指明在延迟入栈期间发生故障，是否允许该故障事件触发使用异常 0= 分配浮点栈帧时，要么禁用使用故障，要么使用故障优先级不允许使用故障处理程序进入挂起状态 1= 分配浮点栈帧时，启用使用故障，并且使用故障优先级允许使用故障处理程序进入挂起状态 该位在安全区域与非安全区域各保存一份
9	SPLIMVIOL	读	—	栈指针限制违例 如果延迟入栈触发栈指针限制违例，则设置为 1。注意，如果在处理非安全中断并且当 FPU 为安全数据时发生栈限制违例，FPU 寄存器中的数据在非安全 ISR 执行期间将仍然是 0 到 0，以防止发生数据泄露。在这种情况下，安全 FPU 数据被丢弃 该位在安全区域与非安全区域各保存一份
8	MONRDY	读	—	调试监控就绪 表示在延迟入栈期间发生调试事件，是否允许该调试事件触发调试监控异常 0= 分配浮点栈帧时，禁用调试监控器，或者调试监控器优先级不允许设置 MON_PEND 位（调试监控器的挂起状态） 1= 分配浮点栈帧时，启用调试监控器，调试监控器优先级允许设置 MON_PEND 位（调试监控器的挂起状态） 当支持 TrustZone 安全功能且启用调试监控器进行安全调试时，该位无法从非安全区域访问
7	SFRDY	读	—	安全故障就绪 表示在延迟入栈期间发生故障，是否允许该故障事件触发安全故障异常 0= 分配浮点栈帧时，禁用 SecureFault 或者 SecureFault 优先级不允许 SecureFault 处理程序进入挂起状态 1= 在分配浮点栈帧时，启用 SecureFault，并且 SecureFault 优先级允许 SecureFault 处理程序进入挂起状态 此位在安全区域与非安全区域各保存一份 如果不支持 TrustZone 安全功能，则该位不可用，该位无法通过非安全软件或非安全调试访问
6	BFRDY	读	—	BusFault 就绪 表示在延迟入栈期间发生故障，是否允许故障事件触发 BusFault 异常 0= 分配浮点栈帧时，禁用 BusFault 或 BusFault 优先级不允许 BusFault 处理程序进入挂起状态 1= 分配浮点栈帧时，启用 BusFault，BusFault 优先级允许 BusFault 处理程序进入挂起状态
5	MMRDY	读	—	MemManage 就绪 表示在延迟入栈期间发生故障，是否允许该故障事件触发 MemManage 异常 0= 在分配浮点栈帧时，禁用 MemManage 或者 MemManage 优先级级别不允许 MemManage 处理程序进入挂起状态 1= 分配浮点栈帧后，启用 MemManage 并且 MemManage 优先级允许 MemManage 处理程序进入挂起状态 当支持 TrustZone 安全功能时，该位在安全区域与非安全区域各保存一份

（续）

位	名称	类型	复位值	说明
4	HFRDY	读	—	HardFault 就绪 表示在延迟入栈期间发生故障，是否允许该故障事件触发 HardFault 异常的挂起状态 0= 当分配浮点栈帧时，处理器的优先级级别不允许 HardFault 处理程序进入挂起状态 1= 当分配浮点栈帧时，处理器的优先级级别允许 HardFault 处理程序进入挂起状态
3	THREAD	读	0	线程模式 表示在分配浮点栈帧时的处理器模式 0= 当分配浮点栈帧时，处理器处于处理程序模式 1= 当分配浮点栈帧时，处理器处于线程模式 当支持 TrustZone 安全功能时，该位在安全与非安全区域各保存一份
2	S	—	—	安全性 FPU 中数据（浮点上下文）的安全模式 0= 非安全区域程序数据 1= 安全区域程序数据 当不支持 TrustZone 安全功能时，此位不可用该位无法通过非安全软件或非安全调试访问
1	USER	读	0	用户权限 0= 当分配浮点栈时，处于处理程序模式 1= 当分配浮点栈时，处于线程模式 此位在安全区域与非安全区域各保存一份
0	LSPACT	读	0	延迟状态保存有效 0= 延迟状态保存没有激活 1= 延迟状态保存处于激活状态。浮点栈帧已分配，但状态尚未保存到栈中（即它被推迟延迟） 此位在安全区域与非安全区域各保存一份

在大多数应用中：

❑ 安全软件需要在 FPCCR 中配置 FPU 的安全设置。

❑ 非安全软件不需要更改 FPCCR 中的设置。

表 14.9 中列出了需要由安全特权软件配置的常用 FPU 安全设置。

表 14.9　FPCCR 的安全配置举例

典型用法	典型配置
如果安全软件不使用 FPU	安全特权软件可通过设置 SCB->NSACR 中的 CP11 和 CP10 位使得非安全软件能够访问 FPU
如果安全软件和非安全软件都使用 FPU	安全特权软件设置 FPCCR.TS、FPCCR.CLRONRET 和 FPCCR.CLRONRETS 位为 1，并通过设置 SCB->NSACR 中的 CP11 和 CP10 位，使非安全软件能够访问 FPU。它还要配置 CPPWR（见 15.6 节），以防止非安全区域修改 FPU 的电源控制设置
如果 FPU 只供安全使用	安全特权软件设置 FPCCR.TS 为 1，并配置 CPPWR（见 15.6 节），以防止非安全程序部分修改 FPU 的电源控制设置

该寄存器的另一个用途是配置延迟入栈机制。默认情况下，启用"自动 FPU 数据保存

和恢复"（由 FPCCR 中的 ASPEN 位控制）和"延迟入栈"（由 FPCCR 中的 LSPEN 位控制）来减少中断延迟。ASPEN 和 LSPEN 可以在以下配置中设置（见表 14.10）。

表 14.10 可用的数据保存配置

ASPEN	LSPEN	配置
1	1	启用自动状态保存，启用延迟入栈（默认） 当使用浮点单元时，CONTROL.FPCA 会自动设置为 1。在异常进入时，如果 CONTROL.FPCA 为 1，处理器在栈帧中保留空间，并将 LSPACT 设置为 1。但除非中断处理程序使用 FPU，否则不会实际建栈
1	0	禁用延迟入栈，启用自动状态保存 当使用 FPU 时，CONTROL.FPCA 将自动设置为 1。在异常进入时，如果 CONTROL.FPCA 为 1，浮点寄存器 S0 ~ S15 和 FPSCR 会被压入栈中
0	0	无自动状态保存。此设置用于如下场景： 1）在没有嵌入式操作系统或没有多任务调度程序的应用程序中，如果没有中断或异常处理程序，则使用 FPU 2）在只有一个异常处理程序时使用 FPU，同时线程不使用 FPU 的应用程序代码。如果多个中断处理程序使用 FPU，则不允许它们嵌套。这可以通过给所有处理程序设置相同的优先级来实现 3）在由软件手动处理保存 / 恢复 FPU 数据以避免冲突的应用程序中（例如，所有使用 FPU 的异常处理程序都需要手动保存和恢复所使用的 FPU 寄存器）
0	1	无效配置

14.2.8 浮点上下文地址寄存器（FPU->FPCAR）

在本章前面和 8.9.4 节中，简要介绍了延迟入栈特性。当异常发生时，如果当前数据是有效的浮点上下文（即已经使用了 FPU），那么异常栈帧将包含来自整数寄存器组（R0 ~ R3、R12、LR 返回地址和 xPSR）以及来自 FPU（S0 ~ S15、FPSCR，如果支持 TrustZone 安全功能且安全软件也使用了 FPU，那么还要包括 S16 ~ S31 寄存器）的寄存器。为了减小中断延迟，默认情况下启用延迟入栈，以确保栈机制为 FPU 寄存器保留栈空间，在此过程中，除非必要，否则不会将这些寄存器压入栈。

FPCAR 是延迟入栈机制的一部分（见图 14.16），用来保存栈帧中为 FPU 寄存器分配的空间地址，在需要时延迟入栈机制用它来确定将 FPU 寄存器压入什么位置。因为栈帧是双字对齐的，所以第 2 位到第 0 位没有被使用。

如果系统支持 TrustZone 安全功能扩展，则 FPCAR 在安全区域与非安全区域各保存一份。

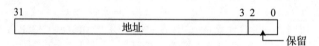

图 14.16 浮点上下文地址寄存器的位分配（FPU->FPCAR，地址 0xE000EF38）

在延迟入栈期间发生异常时，FPCAR 更新为栈帧中 FPU S0 寄存器的地址，如图 14.17 所示。

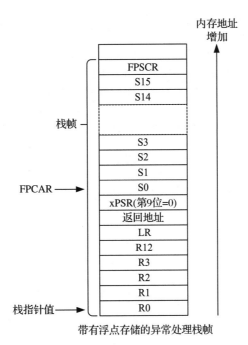

带有浮点存储的异常处理栈帧

图 14.17　在栈帧中 FPCAR 指向保留的 FPU 寄存器存储空间

14.2.9　浮点默认状态控制寄存器（FPU->FPDSCR）

FPDSCR 保存浮点状态控制数据的默认配置信息（即操作模式）。在异常处理的进入阶段，这些信息将被复制到 FPDSCR 中（见图 14.18）。在系统复位时，AHP、DN、FZ 和 RMode 被复位为 0。如果系统支持 TrustZone 安全功能扩展，则该寄存器在安全区域与非安全区域各保存一份。

在一个复杂的系统中，可能有不同类型的应用程序同时运行，每个应用程序都有不同的 FPU 配置（例如舍入模式）。为了应对这种情况，FPU 配置需要在异常进入和异常返回之间自动切换。FPDSCR 定义了异常处理程序启动时的 FPU 配置。由于操作系统大多数都工作在处理程序模式下，因此操作系统内核使用的 FPU 默认配置是由 FPDSCR 中的设置定义的。

使用 RTOS 时，如果不同应用程序任务需要不同的 FPU 设置，则每个任务在启动时都需要设置 FPDSCR。一旦任务设置了 FPDSCR，则在每次数据切换期间，其配置随着 FPDSCR 一起保存和恢复。

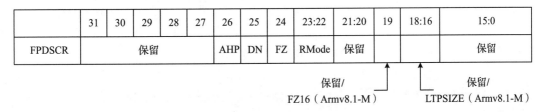

图 14.18　浮点默认状态控制寄存器（FPU-FPDSCR）的位域分配

14.2.10 媒体和 FP 特性寄存器（FPU->MVFR0 到 FPU->MVFR2）

在 Cortex-M33 处理器中，FPU 有三个只读寄存器，软件通过这三个寄存器来确定可以使用哪些功能。这三个寄存器是 MVFR0、MVFR1 和 MVFR2，其值由硬件编码确定（见表 14.11）。软件利用这些寄存器来明确可以使用哪些浮点功能（见图 14.19）。

表 14.11　媒体和 FP 特性寄存器

地址	名称	CMSIS-CORE 标志	配置 FPU 时 Cortex-M33 处理器的值
0xE000EF40	媒体和 FP 特性寄存器 0	FPU->MVFR0	0x10110021
0xE000EF44	媒体和 FP 特性寄存器 1	FPU->MVFR1	0x11000011
0xE000EF48	媒体和 FP 特性寄存器 2	FPU->MVFR2	0x00000040

当图 14.19 中的位域为 0 时，其对应的特性不被支持。当位域为 1 或 2 时，支持对应的特性。"单精度"字段设置为 2，表示除了处理正常的单精度计算之外，它还可以处理浮点除法和平方根函数。

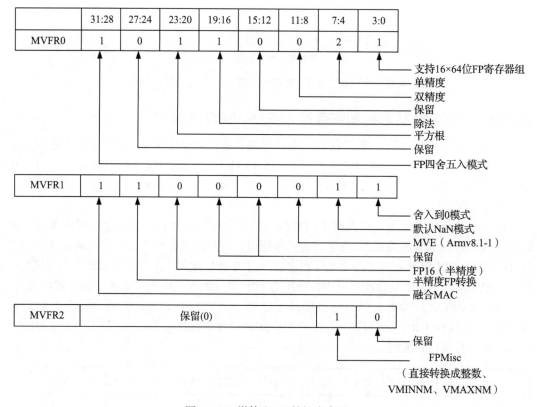

图 14.19　媒体和 FP 特性寄存器

14.3　Cortex-M33 FPU 和 Cortex-M4 FPU 的主要区别

与 Cortex-M4 中的 FPU 相比，Cortex-M33 的 FPU 做了一些改变，它们是：

- 指令集：Cortex-M4 中的 FPU 是基于 FPv4 版本的，而 Cortex-M33 中的 FPU 是基于 FPv5 版本的，支持附加的数据转化以及最大和最小比较指令。这大大提高了浮点性能。（作为参考，Cortex-M7 处理器中的 FPU 也是基于 FPv5 版本的。）
- TrustZone 安全功能支持：Armv8-M 架构对 TrustZone 安全功能的支持，意味着在处理 FPU 数据时，安全软件需要通过对 FPU 进行配置来决定是否需要采取安全措施。在程序初始化过程中，安全软件设置 FPU 配置。为了支持 TrustZone 安全功能扩展，FPU 寄存器中添加了一些新的配置位（例如，FPU->FPCCR、FPSCR）。其中一些配置寄存器在安全区域与非安全区域各保存一份。
- 栈限制检查：在 Armv8-M 架构中，延迟入栈机制接受栈限制检查，FPCCR 中添加了新的位域，用来处理 UsageFault 和栈限制违规。

14.4　延迟入栈详解

14.4.1　延迟入栈特性

延迟入栈是 Cortex-M33 处理器的一个重要特性。如果无此特性，那么当系统支持并使用 FPU 时，每个异常处理所需的时间将会增加。原因是除了要将一般寄存器组中的寄存器压入栈外，还需要将浮点寄存器组中的寄存器压入栈。

正如我们在图 8.20～图 8.22 的栈帧图中看到的，我们需要为每个异常处理保存所需的浮点寄存器，每发生一次异常，都需要增加额外的内存来压栈 FPU 寄存器。根据需要推入栈的 FPU 寄存器的数量，中断延迟会相应增加。

为了减少中断延迟，支持浮点单元的 Cortex-M 处理器有一个特性，叫作延迟入栈。控制寄存器第 2 位（称为浮点上下文有效（FPCA））指明浮点单元启用并使用，如果此时发生异常，则使用较长的栈帧格式。但是这些浮点寄存器的值实际上并不会写入栈帧。因此，延迟入栈机制只为 FPU 寄存器保留栈空间，并且只压栈 R0～R3、R12、LR、返回地址和 xPSR，如果需要，也可选择压栈附加数据。

当发生延迟入栈时，一个名为延迟入栈保存有效（LSPACT）的内部寄存器被置位，另一个名为浮点上下文地址寄存器（FPCAR）的 32 位寄存器会保存浮点寄存器的预留栈空间地址。

如果异常处理程序不需要进行浮点操作，浮点寄存器在整个异常服务期间将保持不变，并且不会在异常退出时恢复。如果异常处理程序需要浮点操作，处理器会检测到冲突，暂停处理器，将浮点寄存器压入预留的栈空间，并清除延迟入栈挂起状态。执行完这些操作后，异常处理程序将继续运行。这样，浮点寄存器就只在必要的时候压入栈。

如果当前执行程序（无论是线程或处理程序）在中断到达时未使用浮点单元，比如 FPCA（控制寄存器的第 2 位）的标识值为 0，则使用较短的栈帧格式。

因为具有延迟入栈特性，对于零等待状态内存系统，在不需要压入额外的状态数据时，其异常延迟仅需 12 个时钟周期——时钟周期数与之前的 Armv7-M Cortex-M 处理器相同。

默认情况下，延迟入栈功能是启用的（控制位 FPCCR.LSPEN 和 FPCCR.ASPEN 都被复位为 1，见 14.2.7 节），软件开发人员无须配置该寄存器即可充分利用此特性。另外，由于所需的全部操作均由硬件自动管理，因此在异常处理期间不需要设置任何寄存器。

延迟入栈机制中有几个关键要素：

控制寄存器中的 FPCA 位：CONTROL.FPCA 表示当前程序（例如，任务）是否有浮点运算。该位：

❑ 在处理器执行浮点指令时，设置为 1。

❑ 在异常处理程序开始时清零。

❑ 在异常返回时反向设置 EXC_RETURN 中的第 4 位。

❑ 复位后清零。

The EXC_RETURN：如果中断任务具有浮点上下文（即 FPCA 为 1），则 EXC_RETURN 的第 4 位在异常处理进入时被置为 0。当 EXC_RETURN 的第 4 位为 0 时，使用较长的栈帧（包含 R0 ~ R3、R12、LR、返回地址、xPSR、S0 ~ S15、FPSCR，如果 FPCCR.TS 置为 1，寄存器还要包括 S16 ~ S31）用于栈。如果该位在异常进入时置为 1，则表明栈帧使用较短的版本（包含 R0 ~ R3、R12、LR、返回地址、xPSR）。

FPCCR 中的 LSPACT 位：延迟入栈挂起与激活——当处理器进入异常处理程序时，如果延迟入栈被启用，同时中断任务有浮点数据（即 FPCA 为 1），那么栈使用较长的栈帧，LSPACT 设置为 1，表明浮点寄存器的栈已被推迟，并且正如 FPCAR 所示，栈帧中已经分配了空间。如果处理器在 LSPACT 为 1 时执行浮点指令，那么处理器将暂停流水线，开始压栈浮点寄存器，并在处理完成后恢复流水线。在此阶段，LSPACT 将被清零，表明未完成的延迟浮点寄存器无须入栈。如果 EXC_RETURN 值的第 4 位为 0，则该位会在异常返回时清零。

FPCAR：FPCAR 用于保存浮点寄存器 S0 ~ S15 和 FPSCR 被压入栈时使用的地址。该寄存器在进入异常时自动更新。

14.4.2 场景 1：中断任务中没有浮点上下文

当中断前没有浮点上下文，CONTROL.FPCA 为 0 并使用栈帧的短版本（见图 14.20）时，这种情况下适合选择禁用或不支持 FPU 的所有 Cortex-M 处理器。如果异常处理程序或 ISR 使用了 FPU，则 FPCA 位被设置为 1，在异常处理或者 ISR 返回时清零。

14.4.3 场景 2：中断任务中有浮点上下文，但 ISR 中没有

如果在中断到达之前正使用 FPU，这时中断任务就会有浮点上下文。在这种情况下，通过 CONTROL.FPCA 位设置为 1 表明浮点上下文存在，在压栈期间使用栈帧的长版本（见图 8.20 ~ 图 8.22）。与将所有寄存器推送到栈的普通压栈不同，栈帧开辟了 S0 ~ S15、FPSCR 以及可能包含 S16 ~ S31 的空间，不过这些寄存器的值不会被压入栈。相反，LSPACT 设置为 1 表示推迟浮点寄存器入栈（见图 14.21）。

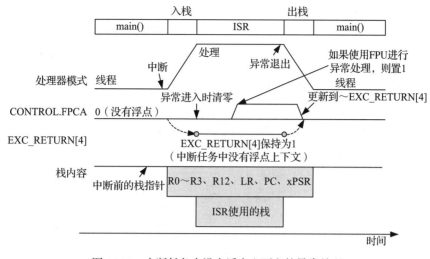

图 14.20　中断任务中没有浮点上下文的异常处理

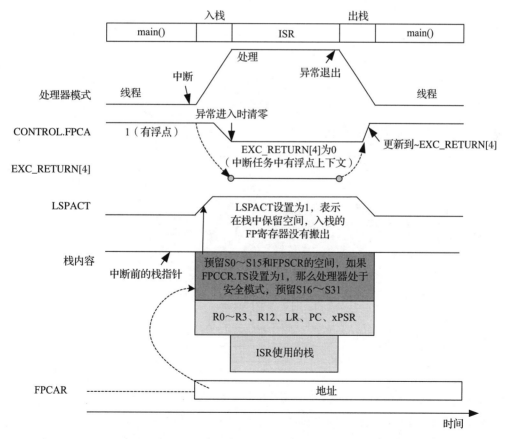

图 14.21　带浮点上下文的中断任务或者没有 FPU 操作的 ISR 异常处理

在图 14.21 中，当异常处理返回时，处理器看到虽然 EXC_RETURN[4] 为 0（即长栈帧），但 LSPACT 为 1，这表明浮点寄存器没有被压入栈，意味着不用执行 S0 ～ S15、FPSCR 和可能包含的 S16 ～ S31 的出栈操作，并且它们会保持不变。

14.4.4　场景 3：中断任务和 ISR 中都有浮点上下文

如果中断代码有浮点上下文，或者 ISR 内部有浮点操作，则必须执行延迟的延迟入栈过程。当 ISR 中的第一个浮点指令到达解码阶段时，处理器检测到存在浮点运算，则暂停处理器，然后将浮点寄存器 S0 ～ S15、FPSCR 以及可能存在的 S16 ～ S31 压入栈的预留空间。这个过程如图 14.22 所示。压栈完成后，ISR 恢复并继续执行浮点指令。

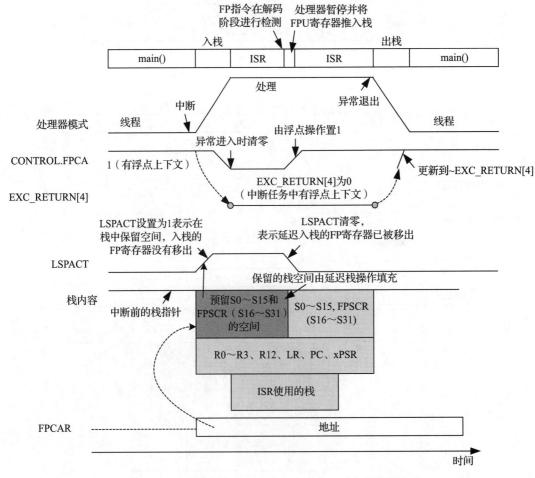

图 14.22　在中断任务和 ISR 中都有浮点上下文的异常处理

图 14.22 中，在 ISR 执行期间执行了一条浮点指令，并触发延迟入栈。在该操作期间，预留的栈空间地址保存在 FPCAR 中，该地址是延迟入栈时 FPU 寄存器的入栈地址。

在图 14.22 中，当异常返回时，如果处理器发现 EXC _RETURN[4] 为 0（即长栈帧）并且 LSPACT 也为 0 时，它继续从栈帧中弹出浮点寄存器。

14.4.5　场景 4：二级异常处理程序中有浮点上下文的中断嵌套

延迟入栈功能也适用于多层中断嵌套。例如，如果：

线程具有浮点上下文，同时

低优先级 ISR 没有，并且

更高优先级 ISR 有浮点上下文，被阻止的延迟入栈将把第一级中断程序的浮点寄存器压入 FPCAR 指向的栈中（见图 14.23）。

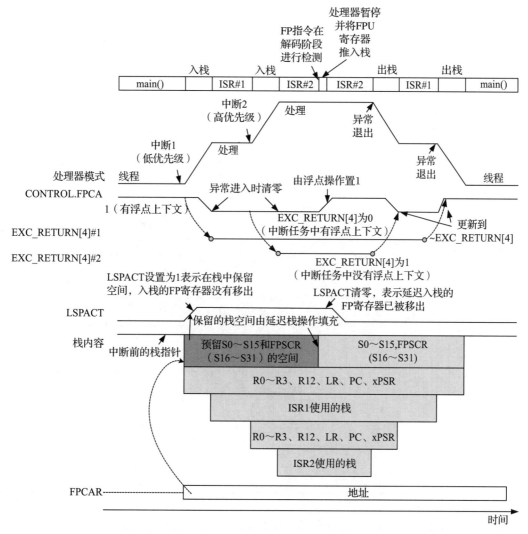

图 14.23　在中断任务和较高优先级 ISR 中都有浮点上下文的异常处理嵌套

14.4.6 场景 5：两个异常处理程序中都有浮点上下文的中断嵌套

延迟入栈机制也适用于低优先级和高优先级 ISR 中都具有 FP 数据的嵌套 ISR。在这种情况下，处理器需要多次为浮点寄存器保留栈空间（见图 14.24）。

在图 14.24 中，在每次异常返回时，当处理器看到 EXC _RETURN[4] 为 0（即长栈帧）并且 LSPACT 也为 0 时，两个处理程序都要从栈帧中弹出浮点寄存器。

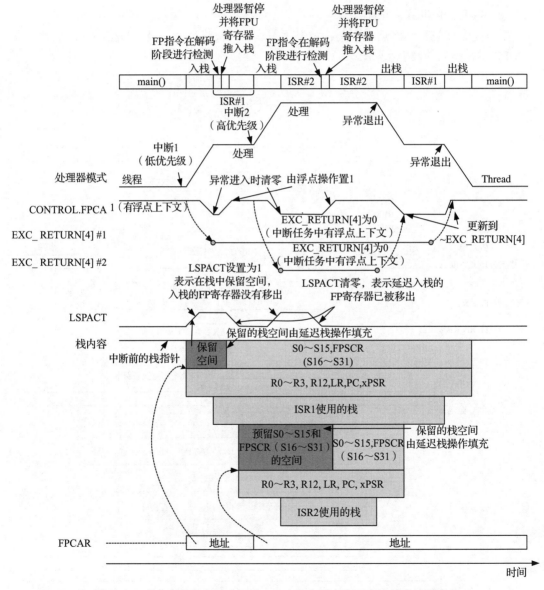

图 14.24　在中断任务和每一级的 ISR 中都有浮点上下文的异常处理嵌套

14.4.7　延迟入栈操作过程中发生中断

延迟的延迟入栈操作在其操作期间可能会被中断。当这种情况发生时，延迟入栈操作被挂起，并允许进入更高优先级的中断服务，而不需要更多等待（注意，正常的压栈过程仍然需要）。

因为触发延迟入栈的浮点指令仍处于解码阶段，还没有被执行，所以栈帧返回的 PC 将指向该浮点指令的地址。如果高优先级中断没有使用浮点操作，那么第一次触发延迟入栈的浮点指令将在高优先级中断返回后再次进入处理器流水线，并二次触发延迟入栈。

14.4.8　浮点指令中断

许多浮点指令需要多个时钟周期。

如果在 VPUSH、VPOP、VLDM 和 VSTM 指令期间发生中断（即多次内存传输），处理器将挂起当前指令，把指令状态保存在 EPSR 中的 ICI 位（关于 EPSR 的更多信息可查阅第 4 章）。然后，执行异常处理程序，并根据保存的 ICI 位，从挂起位置恢复指令。

如果中断发生在 VSQRT（浮点平方根）或 VDIV（浮点除法）指令期间，处理器将继续计算，同时并行处理栈操作。

14.5　使用 FPU

14.5.1　CMSIS-CORE 中的浮点支持

要使用浮点单元，首先需要启用它。FPU 的启用（使用 SCB->CPACR）通常由 SystemInit() 函数处理。FPU 启用的代码由 C 语言宏启用——CMSIS-CORE 中有三个与 FPU 配置相关的预处理指令 / 宏（见表 14.12）。

仅当 __FPU_PRESENT 宏设置为 1 时，FPU 的数据结构才可用。如果 __FPU_USED 设置为 1，则 SystemInit() 函数在执行复位程序时，通过写入 CPACR 来启用 FPU。

表 14.12　CMSIS-CORE 中 FPU 相关的预处理宏

预处理指令	说明
__FPU_PRESENT	表明 Cortex-M 处理器是否支持 FPU。如果支持，该宏会由设备特定头文件设为 1
__FPU_USED	表明是否正在使用 FPU。如果 __FPU_PRESENT 为 0，则必须置为 0。如果 __FPU_PRESENT 为 1，那么可以由编译工具设置（可能由项目设置控制）为 0 或 1
__FPU_DP	表明 FPU 是否支持双精度运算（在 Cortex-M33 中不可用）

14.5.2　用 C 语言进行浮点编程

对于大多数应用程序，单精度浮点计算的精度就足够了。但在某些应用中，需要使用双精度浮点计算来获得高精度。尽管在 Cortex-M33 处理器中可能使用双精度计算，但这样做会增加代码长度，并且需要花费更长时间才能完成计算。原因是 Cortex-M33 处理器中的 FPU 只支持单精度计算，因此，双精度计算必须由软件承担（使用开发工具链插入的运行库函数）。

大多数软件开发人员努力将代码中的浮点计算限制在单精度范围内。然而，软件开发人员在代码中使用双精度浮点运算的也并不少见。为了说明这一点，我们使用了 Whetstone 基准测试中的几行代码来示范（该代码是为支持双精度浮点运算的计算机设计的）。使用以下代码，即使我们试图通过将变量 X、Y、T 和 T2 定义为"浮点"（单精度）来将操作限制在单精度，C 编译器仍然会生成具有双精度操作的编译代码：

```
X=T*atan(T2*sin(X)*cos(X)/(cos(X+Y)+cos(X-Y)-1.0));
Y=T*atan(T2*sin(Y)*cos(Y)/(cos(X+Y)+cos(X-Y)-1.0));
```

这是因为使用的数学函数默认为双精度，此外，常数 1.0 也按照双精度处理。要生成上述代码的单精度计算版本，需要对代码进行如下修改：

```
X=T*atanf(T2*sinf(X)*cosf(X)/(cosf(X+Y)+cosf(X-Y)-1.0F));
Y=T*atanf(T2*sinf(Y)*cosf(Y)/(cosf(X+Y)+cosf(X-Y)-1.0F));
```

为了确认编译后的代码不会意外使用双精度计算，可以使用编译报告文件来检查编译后的代码中是否插入了双精度运行库函数。有些开发工具能够报告何时使用双精度操作，其中有些工具还允许把浮点操作强制转化为单精度。

14.5.3　编译器命令行选项

在大多数工具链中，通过在项目的集成开发环境（IDE）中选择 FPU 选项，利用 IDE 中的命令行选项启用设置就可以轻松地使用 FPU。例如，要在 Keil MDK 的 μVision IDE 中启用 FPU 功能，只需在项目选项中简单地选择 Single Precision（单精度）即可实现（见图 14.25）。

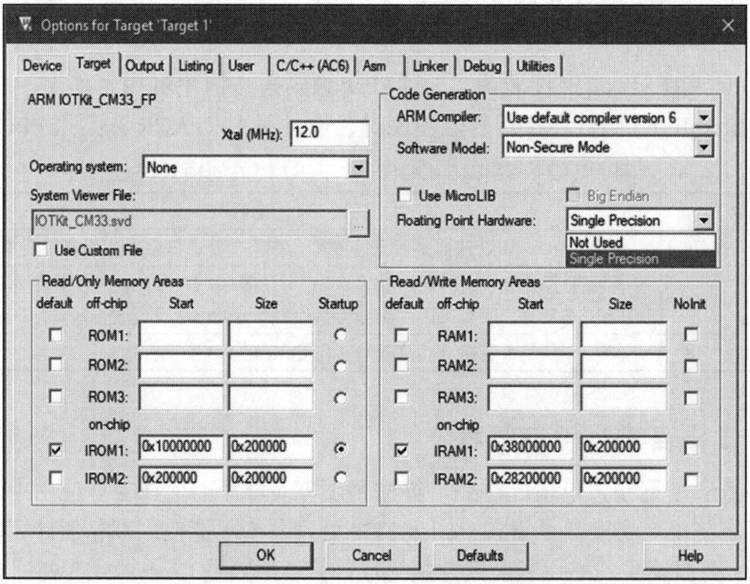

图 14.25　在 Keil MDK μVision IDE 中 Cortex-M33 处理器的 FPU 选项

通过在工程设置中选择要使用的 FPU，工具链就会自动设置包括下面 FPU 支持选项在内的编译器选项：

```
"-mcpu=cortex-m33 -mfpu=fpv5-sp-d16 -mfloat-abi=hard"
```

对于 Arm 编译器 6（随 Arm DS 或 DS-5 一起提供）的用户，在使用硬 abi 编译时，可以使用以下命令行选项来启用 FPU（在 14.5.4 节中介绍硬 / 软 abi 的主题）：

```
"armclang --target=arm-arm-none-eabi -mcpu=cortex-m33 -mfpu=fpv5-sp-d16 -
mfloat-abi=hard"
```

或者

```
"armclang --target=arm-arm-none-eabi -marmv8-m.main -mfpu=fpv5-sp-d16 -
mfloat-abi=hard"
```

对于 GNU C 编译器（gcc）用户，可以使用下面的命令行选项来设置 FPU：

```
"arm-none-eabi-gcc -mthumb -mcpu=cortex-m33 -mfpu=fpv5-sp-d16 -mfloat-abi=hard",
```

或者

```
"arm-none-eabi-gcc -mthumb -march=armv8-m.main -mfpu=fpv5-sp-d16 -
mfloat-abi=hard"
```

14.5.4　ABI 选项：hard-vfp 和 soft-vfp

在大多数 C 编译器中，可以使用不同的应用程序二进制接口（ABI）来约定指定参数和浮点计算结果在函数之间如何转换。比如，即便处理器支持 FPU，由于很多数学函数需要一系列的计算，你仍然需要使用许多 C 运行库函数。

ABI 选项影响：

❑ 是否使用浮点单元。

❑ 在调用方和被调用方函数之间，参数和结果如何传递。

对于大多数开发工具链[5]，有三种不同的 ABI 选项（见表 14.13）。

表 14.13 所列选项的操作差异详见图 14.26。

表 14.13　不同浮点 ABI 设置的命令行选项

Arm C Compiler 6 和 gcc 浮点 ABI 选项	说明
-mfloat-abi=soft	缺乏 FPU 硬件的软 ABI：所有浮点操作都由运行库函数处理。通过整数寄存器组传递值
-mfloat-abi=softfp	带有 FPU 硬件的软 ABI：允许编译的代码生成直接访问 FPU 的代码。但是，如果计算需要使用运行库函数，则使用软浮点数调用协议（即通过使用整数寄存器组）
-mfloat-abi=hard	硬 ABI：允许编译的代码生成直接访问 FPU 的代码，并在调用运行库函数时使用 FPU 特定的调用协议

当为多个基于 Cortex-M33 的产品（包括带和不带 FPU）编译软件库时，应使用软 ABI 选项。在应用程序的链接阶段，如果目标处理器支持 FPU，则链接器可以插入使用 FPU 的

运行库函数版本。尽管在编译程序时使用软 ABI 不会生成浮点指令，但由于链接器插入了库，应用程序在运行库函数时仍然可以使用 FPU 功能。

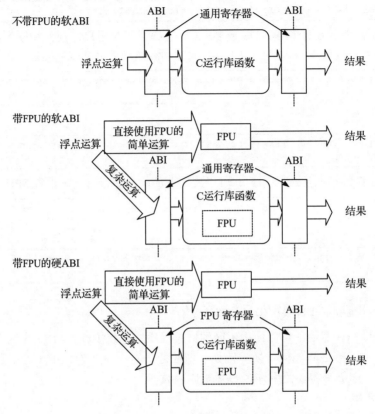

图 14.26 通用浮点数的 ABI 选项

为了提高软 ABI 的性能，如果所有浮点计算都是单精度的，则应该使用硬 ABI。由于使用硬 ABI 时，要处理的值通常使用浮点寄存器组传输，对于大多数需要双精度计算的应用，硬 ABI 的性能可能低于软 ABI 的性能。因为 Cortex-M33 处理器中的 FPU 不支持双精度浮点计算，所以必须通过软件将值复制到整数寄存器组。鉴于该过程会产生额外开销，使用带 FPU 硬件的软 ABI 会是更好的方法。

也就是说，对于大多数需要使用浮点运行函数的应用程序来说，无论是使用硬 ABI 还是软 ABI，性能都差不多。

14.5.5 特殊 FPU 模式

在默认情况下，Cortex-M33 处理器中的 FPU 是符合 IEEE 754 标准的。因此，在多数情况下，不需要更改 FPU 的模式设置，这一点将在后面详细说明。请注意，如果需要在应用程序中使用任何特殊的 FPU 模式，通常需要对 FPSCR 和 FPDSCR 进行编程。如果不这样做，由于异常处理程序使用默认的 IEEE 754 规范，而其余的应用程序使用其他特殊的

FPU 模式，它们之间不一致会导致后面浮点计算结果出错。

特殊的 FPU 模式是：

（1）刷新到零模式

刷新到零模式通过避免计算非规格化值范围（即指数 = 0）内的结果来加快浮点计算。当数值太小而无法用规格化值范围（即 0 < 指数 < 0xFF）表示时，该数值被替换为零。刷新至零模式通过设置 FPSCR 和 FPDSCR 中的 FZ 位启用。

（2）默认无效数字模式

在默认无效数字（NaN）模式下，如果计算的任何一个输入是 NaN，或者运算结果无效，则计算结果返回默认 NaN(即非信号 NaN，也称为静默 NaN)。这与默认配置略有不同。默认情况下，默认无效数字模式被禁用，并遵循以下 IEEE 754 标准行为：

❏ 导致浮点异常的无效操作会生成一个静默 NaN。

❏ 一个运算操作数为静默 NaN 操作数，不是信号 NaN 操作数，返回输入 NaN。

默认 NaN 模式可以通过设置 FPSCR 和 FPDSCR 中的 DN 位来启用。在某些情况下，使用默认 NaN 模式可以在进行计算时更快地检查 NaN 值。

（3）替代半精度模式

该模式仅影响具有半精度数据 __fp16 的应用程序（见 14.1.3 节）。在默认情况下，FPU 遵循 IEEE 754 标准。如果半精度浮点数的指数为 0x1F，则该值为无穷大或 NaN。在替代半精度模式下，该值是规格化值。替代半精度模式有更大的数值范围，但不支持无穷大或 NaN。

通过设置 FPSCR 和 FPDSCR 中的 AHP 位，可以启用替代半精度模式。要使用半精度数据，需要按照表 14.14 设置编译器命令行选项。

表 14.14　使用半精度数据的命令行选项（__fp16）

半精度数据类型	命令行选项
Arm 编译器 6 IEEE 半精度	`-mcpu=cortex-m33+fp16` `-march=armv8-m.main+fp16`
gcc IEEE 半精度	`-mfp16-format=ieee`
gcc 替代半精度	`-mfp16-format=alternative`

（4）舍入模式

FPU 支持 IEEE 754 标准定义的 4 种舍入模式。程序运行时可以修改舍入模式。在 C99（C 语言标准）中，fenv.h 定义了 4 种可用模式，如表 14.15 所示。

表 14.15　用于 C99 定义的浮点舍入模式

fenv.h 宏	说明
`FE_TONEAREST`	就近舍入（RN）模式（默认）
`FE_UPWARD`	舍入到正无穷（RP）模式
`FE_DOWNWARD`	舍入到负无穷（RM）模式
`FE_TOWARDZERO`	舍入到零（RZ）模式

这些定义可以与 fenv.h 中定义的 C99 函数一起使用：

❏ int fegetround (void)——返回当前选择的舍入模式，由定义的舍入模式宏中的某个值表示。

❑ int fesetround(int round)——修改当前选择的舍入模式，如果更改成功，那么函数 fesetround() 返回 0，否则返回非零。

在调整舍入模式时，需要使用 C 库函数，以确保 C 运行库函数的调整方式与它们在 FPU 中的调整方式一致。

14.5.6　关闭 FPU 电源

Cortex-M33 处理器在设计时对 FPU 规划了独立于处理器核心逻辑的电源域。通过这样的可配置处理，当不使用 FPU 时，就可以关闭 FPU 电源。并且，如果设计还支持状态保持功能，当处理器休眠或 FPU 被禁用时，FPU 就能自动进入状态保持模式。

如果基于 Cortex-M33 的设备有单独的 FPU 电源域，但不支持状态保持功能，那么软件可以通过以下步骤来关闭 FPU 的电源：

1）通过清除 CPACR 中的 CP10 和 CP11 位域来禁用 FPU。

2）设置 CPPWR 中的 SU10 和 SU11 位域（见 15.6 节）。

当使用上述方法关闭 FPU 时，FPU 寄存器中的数据会丢失。因此，如果后续操作需要使用 FPU 中的数据，则不能关闭 FPU 电源。但是，通过清除 CP10 和 CP11 位域来禁用 FPU，可以降低功耗。

如果支持 TrustZone 安全功能扩展，则安全软件需要阻止非安全软件访问 CPPWR 中的 SU10 和 SU11 位域，假如发生了这样的访问，有可能导致 FPU 中的安全数据丢失。设置 CPPWR 中的 SUS10 和 SUS11 位域可以阻止非安全软件访问 SU10 和 SU11 位域。

如果在 Cortex-M33 设备中的 FPU 拥有独立的电源域，同时支持状态保持功能，那么当处理器休眠或 FPU 被禁用时，FPU 可以通过清除 CPACR 中的 CP10 和 CP11 位域自动切换到状态保持模式。

如果设置了 CPPWR 中的 SU10 和 SU11 位，则无论 FPU 是否有自己独立的电源域，FPU 指令的执行都会导致使用故障。

14.6　浮点异常

在 14.2.6 节中，强调了几个浮点异常状态标志位。本节中的术语"异常"与 NVIC 中出现的术语"异常"或"中断"不同。浮点异常是指浮点处理过程中遇到的问题。表 14.16 列出了 IEEE 754 标准中定义的浮点异常。

表 14.16　IEEE 754 标准中定义的浮点异常

异常	FPSCR 位	举例
无效操作	IOC	负数的平方根（默认情况下返回一个静默无效数字）
除以 0	DZC	除以 0 或 log(0)（默认情况下返回正无穷或负无穷）
上溢	OFC	太大而无法正确表示的结果（默认情况下返回 +∞/−∞）
下溢	UFC	非常小的结果（默认情况下返回一个非规格化值）
不精确	IXC	结果被舍入（默认情况下返回一个舍入的结果）

除了表 14.16 中列出的 FPU 异常之外，Cortex-M33 中的 FPU 还支持"非规格化输入"的附加异常，如表 14.17 所示。

表 14.17　Cortex-M33 处理器中 FPU 支持的附加异常

异常	FPSCR 位	举例
非规格化输入	IDC	由于刷新到零模式，非规格化输入值在计算中被替换为零

FPSCR 提供 6 个关联比特，软件代码可以通过检查关联比特的值来确定计算是否成功。不过在多数情况下，软件会忽略这些标志（即关联比特）（编译器生成的代码不会检查这些值）。

如果你正在设计具有高安全要求的软件，可以在代码中添加对 FPSCR 的检查。但在某些情况下，并不是所有的浮点计算都是由 FPU 执行的。有一些浮点计算可能采用 C 运行库函数来实现。C99 定义了以下函数来检查和清除这些浮点异常状态：

```
#include <fenv.h>

// 检查浮点异常标志
int fegetexceptflag(fexcept_t *flagp, int excepts);

// 清除浮点异常标志
int feclearexcept(int excepts);
```

此外，检查和更改浮点运行库的配置可以使用以下方法：

```
int fegetenv(envp);
int fesetenv(envp);
```

有关这些功能的详细信息，请参考 C99 文档和工具链供应商提供的手册。

C99 作为 C 语言的替代方案，有些开发套件提供了访问 FPU 控件的附加功能。例如，在 Arm 编译器（包括 Keil MDK）中，使用 __ieee_status() 函数可轻松地配置 FPSCR。函数原型如下：

```
// 修改 FPSCR(旧版本的 __ieee_status() 是 __fp_status())
unsigned int __ieee_status(unsigned int mask, unsigned int flags);
```

使用 __ieee_status() 时，mask 参数定义了要修改的位，flags 参数代表修改后的新值，掩码给出了新值的比特位置。为了使这些函数用起来更简单，fenv.h 定义了以下宏：

```
#define FE_IEEE_FLUSHZERO          (0x01000000)
#define FE_IEEE_ROUND_TONEAREST    (0x00000000)
#define FE_IEEE_ROUND_UPWARD       (0x00400000)
#define FE_IEEE_ROUND_DOWNWARD     (0x00800000)
#define FE_IEEE_ROUND_TOWARDZERO   (0x00C00000)
#define FE_IEEE_ROUND_MASK         (0x00C00000)
#define FE_IEEE_MASK_INVALID       (0x00000100)
#define FE_IEEE_MASK_DIVBYZERO     (0x00000200)
#define FE_IEEE_MASK_OVERFLOW      (0x00000400)
#define FE_IEEE_MASK_UNDERFLOW     (0x00000800)
#define FE_IEEE_MASK_INEXACT       (0x00001000)
```

```
#define FE_IEEE_MASK_ALL_EXCEPT      (0x00001F00)
#define FE_IEEE_INVALID             (0x00000001)
#define FE_IEEE_DIVBYZERO           (0x00000002)
#define FE_IEEE_OVERFLOW            (0x00000004)
#define FE_IEEE_UNDERFLOW           (0x00000008)
#define FE_IEEE_INEXACT             (0x00000010)
#define FE_IEEE_ALL_EXCEPT          (0x0000001F)
```

例如，要清除下溢关联标志，可以使用：

```
__ieee_status(FE_IEEE_UNDERFLOW, 0);
```

在 Cortex-M33 处理器中，FPU 异常状态标志位会被导出到处理器的顶层。这些异常状态标志位用于触发 NVIC 异常。图 14.27 给出了一种使用 FPU 异常状态标志位触发中断的硬件信号连接方案。

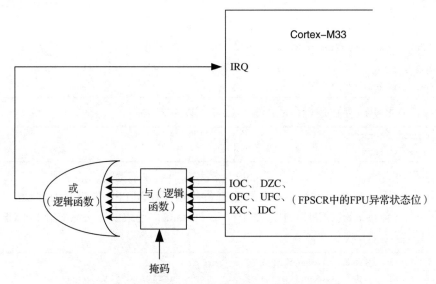

图 14.27　使用浮点异常状态标志位来产生硬件异常

正如图 14.27 所示，通过将 FPU 异常状态标志位连接到 NVIC，当发生诸如"除以 0"或"溢出"等错误情况时，系统几乎可以立即触发中断。

请注意，由于中断事件是不精确的，因此图 14.27 中所示生成的异常可能会延迟几个周期。即使该异常没有被其他异常阻塞，同样会产生延迟，从而无法确定是哪个浮点指令触发了异常。如果处理器正在执行一个更高优先级的中断处理程序，那么除非中断处理程序任务完成，浮点异常的中断处理程序不会启动。

当 FPU 异常状态触发 NVIC 异常时，在中断服务程序（即异常返回）结束之前，异常处理程序需要清除以下内容：

❑ FPSCR 中的异常状态标志位。

❑ 异常栈帧中保存的 FPSCR。

如果不进行清除，那么就会再次触发异常处理。

14.7　提示与技巧

14.7.1　微控制器运行库

一些开发套件提供了专门的运行库，这些库针对内存占用较小的微控制器进行了优化。例如，对于 Keil MDK、Arm DS 或 DS-5，你可以选择针对微控制器应用进行优化的数学函数库 MicroLIB（参见图 14.25，就是前面的 FPU 选项）。在大多数情况下，这些函数库会提供与标准 C 库相同的浮点功能。但是，可能对 IEEE 754 支持有一定限制。

就对 IEEE 754 浮点的支持而言，MicroLIB 有以下限制：

❑ 操作涉及无效数字、无穷数或产生不确定结果的输入非规格化数。例如，产生非常接近于零的结果时，操作返回结果为零。在 IEEE 754 中，这通常由一个非规格化值来表示。

❑ MicroLIB 无法标记 IEEE 异常，并且 MicroLIB 中没有 __ieee_status() 或 __fp_status() 寄存器函数。

❑ MicroLIB 不处理零的符号，从 MicroLIB 浮点运算输出的零，其符号位未知。

❑ 只支持默认舍入模式。

尽管存在上述限制，但值得指出的是：

（a）对于多数嵌入式应用程序来说，这样的限制并不会造成任何问题。

（b）MicroLIB 允许通过减少库的大小来将应用程序编译得更加短小。

14.7.2　调试操作

调试时，延迟入栈会增加复杂度。当异常处理程序暂停处理器时，栈帧中可能不包含浮点寄存器的内容。在处理器执行浮点指令时，如果延迟入栈被挂起，此时单步调试代码会发生入栈延迟。

参考文献

[1] Armv8-M Architecture Reference Manual. https://developer.arm.com/documentation/ddi0553/am/ (Armv8.0-M only version). https://developer.arm.com/documentation/ddi0553/latest/ (latest version including Armv8.1-M). Note: M-profile architecture reference manuals for Armv6-M, Armv7-M, Armv8-M and Armv8.1-M can be found here: https://developer.arm.com/architectures/cpu-architecture/m-profile/docs.

[2] Armv7-M Architecture Reference Manual. https://developer.arm.com/documentation/ddi0403/latest.

[3] IEEE 754 specifications, IEEE 754-1985: https://ieeexplore.ieee.org/document/30711. IEEE 754-2008: https://ieeexplore.ieee.org/document/4610935.

[4] AN33-Fixed-pointarithmetic on the Arm. https://developer.arm.com/documentation/dai0033/a/.

[5] Arm Compiler 6 ABI options. https://developer.arm.com/documentation/100748/0614/Using-Common-Compiler-Options/Selecting-floating-point-options. GCC ABI options. https://gcc.gnu.org/onlinedocs/gcc/ARM-Options.html.

第 15 章

协处理器接口与 Arm 自定义指令

15.1 概述

15.1.1 简介

Arm Cortex-M33 处理器在架构上允许芯片设计人员选配协处理器接口和 Arm 自定义指令功能。芯片设计者能够根据需求在系统中添加自定义的硬件加速器模块。

上述两种功能之间的关键区别从概念上讲在于处理器与硬件加速器的连接关系：硬件加速器位于处理器内部时，则相关指令功能称为自定义指令；硬件加速器位于处理器外部时，则相关功能称为协处理器接口。如图 15.1 所示为协处理器接口概念。

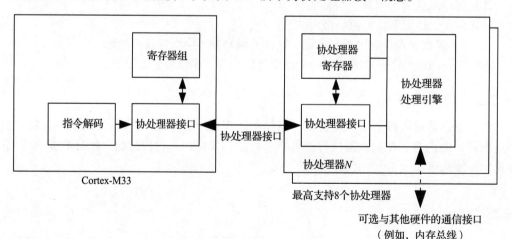

图 15.1 协处理器接口概念

协处理器接口具有以下特征：

❏ 协处理器硬件位于处理器外部。

❏ 协处理器硬件有自己的寄存器，自身也可以拥有与其他硬件的接口。例如，可以拥有自己的总线主机接口来访问内存系统。

Arm 自定义指令概念如图 15.2 所示。

Arm 自定义指令的概念如下：

❑ 自定义指令执行数据处理的数据通路位于处理器内部。

❑ Arm 自定义指令使用当前处理器寄存器组中的寄存器，并且自身没有与外部硬件的独立接口。

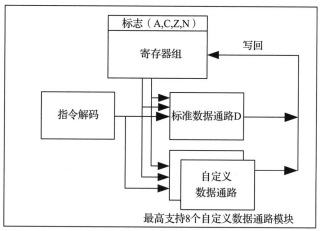

图 15.2　Arm 自定义指令概念

在 Armv8-M 指令集架构中定义了协处理器和 Arm 自定义指令对应的指令编码[1]。由于 Arm 自定义指令功能发布时间比较晚，因此在编写本书时所涉及相关指令的全部细节没有包含在《Armv8-M 架构参考手册》中。但本书涉及的部分目前已经可以在 Armv8-M 指令集架构的补充文档中查阅[2]。在 Armv8-M 指令集架构文档中，将 Arm 自定义指令也称为自定义数据通路扩展（Custom Datapath Extension，CDE）。这两种说法在 Arm 架构下的意义相同。"Arm 自定义指令"仅为 Arm 公司所持有的产品品牌，而自定义数据通路扩展（CDE）是一个业界通用的技术术语。

为了便于软件开发者在 C/C++ 编程环境中使用协处理器和 Arm 自定义指令功能，在 ACLE[3] 中定义了有关上述指令使用 C 语言开发的内建函数。软件开发者只需要将开发工具升级到新版本即可使用这些内建函数。由于在 Armv8-M 指令集架构和相关开发工具中已经预先定义了相关扩展指令编码和内建函数，尽管下游芯片厂商自行设计的协处理器与 Arm 自定义指令在硬件设计上有所不同，下游芯片厂商也无须定制支持相关扩展指令的编译工具链。

请注意，从版本 1.0 开始（于 2020 年中期左右发布），Cortex-M33 处理器就支持 Arm 自定义指令支持功能。而基于版本 1.0 之前的 Cortex-M33 处理器及其相关产品均不支持 Arm 自定义指令。

由于协处理器接口和 Arm 自定义指令功能属于选配功能，在部分使用 Cortex-M33 处理器的产品中可能不支持这些功能。

15.1.2　使用协处理器与 Arm 自定义指令的目的

通常下游芯片厂商可以使用协处理器和 Arm 自定义指令功能针对某些专用处理工作负

载做相应优化设计，同时也可以实现更好的产品差异化。在部分使用 Cortex-M33 处理器的微控制器产品中已经支持协处理器接口。这些产品的应用领域如下：

❑ 用于数学函数处理的加速（例如三角函数，如正弦和余弦）。

❑ 用于 DSP 功能的加速。

❑ 用于加密函数的加速。

由于协处理器硬件位于处理器外部，并且拥有自己的寄存器，因此处理器在启用协处理器后，可以继续执行其他指令。协处理器可以与 Cortex-M33 处理器并行工作。

由于协处理器指令可以在一个时钟周期内访问协处理器寄存器，因此在某些情况下，芯片设计者可以利用协处理器接口更快地访问部分外设寄存器。

Arm 自定义指令在设计上面向需要在单周期或数个周期内完成的专用数据加速场景。以下应用场景可以通过 Arm 自定义指令获得加速计算收益：

❑ 循环冗余位校验（Cyclic Redundancy Check，CRC）计算。

❑ 专用数据格式转换（例如 RGBA 颜色数据）。

由于 Arm 自定义指令在执行时需要直接访问处理器的寄存器组，因此处理器无法并行执行其他指令。如果预先知道采用自定义指令实现的硬件加速器操作需要较长时间（比如超过几个时钟周期），建议芯片设计人员最好采用协处理器接口实现硬件加速器功能，以避免使用 Arm 自定义指令导致执行流水线停滞，保证硬件加速器运行时，处理器可以执行其他指令。

15.1.3　协处理器接口与 Arm 自定义指令功能

Cortex-M33 上的协处理器接口支持以下特性：

❑ 最高支持 8 个协处理器。

❑ 每个协处理器最多支持 16 个寄存器。每个寄存器的数据位宽最大可以到 64 位。

❑ 支持 64 位宽度的数据接口，允许处理器在一个周期内使用 64 位或 32 位传输访问协处理器寄存器。

❑ 支持接口握手协议，该协议支持等待状态和错误响应。

❑ 支持最多两个运算操作数（op1 和 op2）：

　● op1 的数据位宽最多为 4 位，但某些指令仅支持数据宽度为 3 位的 op1 字段。

　● op2 的数据宽度最多为 3 位，并且仅有 MCR、MCR2、MRC、MRC2、CDP 和 CDP2 指令中支持 op2 操作数。

❑ 支持使用额外的指令字段表示指令的变体（如 MCR2、MRC2、MCRR2、MRRC2、CDP2）。

❑ 支持 TrustZone 安全功能扩展：

　● 使用 SCB->NSACR 寄存器可以为每个协处理器分别设定安全或非安全属性。

　● 协处理器接口支持安全属性边带信号，允许协处理器在更细的粒度上确定访问的安全权限（即可以根据使用的协处理器寄存器或根据 op1 和 op2 操作数访问地址的安全属性确定每笔操作的访问权限）。

❏ 支持功耗管理：

- Cortex-M33 处理器中提供了电源管理接口，允许每个协处理器单独上下电。
- 来自 Cortex-M33 处理器中协处理器电源控制寄存器（Coprocessor Power Control Register, CPPWR，参见 15.6 节）中的控制状态信号可以从处理器内核连接到协处理器。该控制状态信号用于确定是否允许单个协处理器进入不保留状态的低功耗状态（注意，当协处理器处于不保留状态的低功耗模式时将丢失协处理器内的数据）。如果系统支持 TrustZone 安全功能扩展，CPPWR 寄存器也将支持 TrustZone 安全扩展所要求的相关特性。

同样地，Arm 自定义指令支持以下功能：

❏ 最多支持 8 个自定义数据通路单元。

❏ 支持 TrustZone 安全功能扩展，允许使用 SCB->NSACR 寄存器分别将每个自定义数据通路单元定义为安全或非安全属性。

❏ 按照指令集架构中的定义，Arm 自定义指令最多支持 15 类数据处理指令（注意，Cortex-M33 处理器不支持其中某些指令）。这类指令具有以下特点：

- 支持 32 位和 64 位的多种数据类型，包括整型、浮点型和向量（主要针对 Armv8.1-M 指令集架构中 M-profile 向量扩展功能提供向量数据的支持）。
- 对于所支持的每一类数据类型，都有一系列相关指令可以提供支持 0、1、2、3 个操作数的运算操作。
- 对于操作整型数据的 Arm 自定义指令，可以选择更新目标寄存器或 APSR 中的标志位。
- 对于每一类 Arm 自定义指令，都有一个正常变量和一个累积变量。累积变量意味着目标寄存器中的内容可以作为指令执行所使用的其中一个操作数。
- 对于每一类 Arm 自定义指令，都拥有一个数据宽度为 3 ~ 13 位的立即数值，从而可以设计出多种互不相干的 Arm 自定义指令。

❏ Arm 自定义指令支持单周期与多周期的运算操作。

❏ Arm 自定义指令支持错误处理。如果处理器不支持当前的指令 / 操作，自定义数据通路将返回错误状态，同时触发使用故障（即未定义指令（Undef）和无协处理器（NoCP），见表 13.6）。

15.1.4 协处理器和 Arm 自定义指令与内存映射硬件加速器的对比

在 Cortex-M33 处理器问世以前，芯片设计者已经使用内存映射硬件的方式将硬件加速器集成到许多开发项目中（见图 15.3）。

上述方案在很多方面与采用协处理器接口的解决方案类似，但相比而言，协处理器接口方法具有以下多方面的优点：

❏ 处理器与协处理器硬件之间进行通信的协处理器接口宽度为 64 位，可进行 64 位和 32 位数据传输。但 Cortex-M33 处理器中的 AMBA AHB 总线接口仅为 32 位，因此利用协处理器接口进行数据传输使得处理器获得了更高的数据带宽。

❏ 当使用内存映射寄存器传输数据时，首先需要一条指令将地址值（或加速器的基址值）放入处理器的某个寄存器中，然后需要另一条指令用于执行实际的数据传输。与内存映射寄存器的方法不同，协处理器指令包含协处理器编号以及所属寄存器编号，因此不需要使用单独的指令来设置地址。

- ❑ 协处理器指令可以在处理器和协处理器寄存器之间传输数据，也可以同时传递控制信息（即自定义操作码）。而对于内存映射实现的硬件加速器，需要通过额外的内存访问来传输控制信息。
- ❑ 处理器和协处理器硬件之间的数据传输不受总线系统上其他活动的影响。例如不会因为其他总线传输带来延迟，并导致指令操作所需总线传输在多个时钟周期内处于等待状态（总线空泡）。

Arm 自定义指令也具有这些优点。

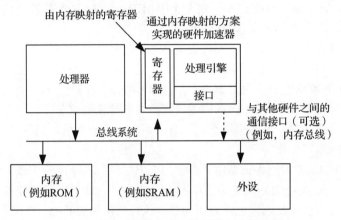

图 15.3　内存映射方案实现的硬件加速器的概念

15.1.5　协处理器的特征定义

历史上的 Arm 处理器家族，比如 Arm9 处理器，使用单独的硬件单元处理浮点计算。由于这些硬件单元自身具有独立的流水线结构，并通过复杂的接口耦合到主处理器流水线，因此这些硬件单元被称为协处理器。协处理器硬件需要具备与处理器之间的耦合接口，类似"流水线跟随器"来监控指令流。这些协处理器有自己的指令解码器来解码浮点指令（见图 15.4）。

随着当前应用中对浮点数据的应用越来越普遍，后续开发的 Arm 处理器将 FPU 整合到主处理器中变成了设计中考虑的重点。此外，随着处理器的流水线结构变得越来越复杂，设计出合适的流水线跟随器接口（处理器与处理器之间的接口不同）变得越来越困难。因此后续开发的 Arm 处理器（例如 Arm11 处理器）去掉了对协处理器接口的支持。但这些处理器中仍然存在协处理器的概念，在许多 Arm 处理器中仍然可以作为内部单元使用。例如在 Arm 处理器中保留了若干协处理器编号：

- ❑ 保留 CP15 用于各种系统控制功能（Cortex-A 和 Cortex-R 处理器支持，Cortex-M 处理器不支持）。

❏ 保留 CP14 用于调试功能（Cortex-A 和 Cortex-R 处理器支持，Cortex-M 处理器不支持）。

❏ 保留 CP10 和 CP11 用于浮点运算单元（在所有的 Cortex 处理器中均支持）。

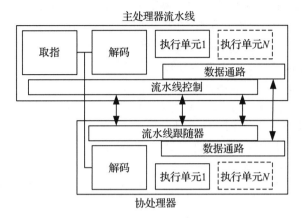

图 15.4　以往 Arm 处理器（如 Arm9）中的协处理器概念

　　Arm 公司对 Cortex-M33 处理器进行产品概念定义时，了解到芯片产商越来越期望自身产品与竞品之间具备差异化功能的情况。为了满足客户的期望，Arm 公司在产品中使用了一种新的设计概念重新引入了协处理器功能。这项功能提供了一个更简单的接口，避免客户设计需要复杂接口才能与主处理器流水线耦合的协处理器硬件。在新一代处理器产品设计中，协处理器指令的初始解码由主处理器中的指令解码器负责，处理器与协处理器之间的控制信息和数据传输采用简单的握手信号控制（见图 15.5）。

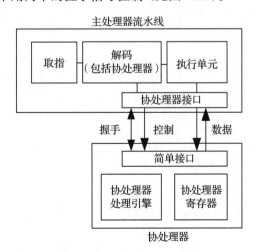

图 15.5　Cortex-M33 处理器中协处理器接口的概念，大大简化了协处理器的设计

　　除 Cortex-M33 处理器以外，Cortex-M35P 和 Cortex-M55 处理器现在也已经支持协处理器接口功能。

15.2 架构概述

协处理器接口和 Arm 自定义指令功能都使用了协处理器 ID 的概念。在 Arm 指令集架构中使用一个宽度为 4 位的字段表示处理器需要访问的具体协处理器编号，因此理论上一个处理器最多可以连接 16 个协处理器。但实际上给自定义指令 / 协处理器解决方案只分配了 0 ~ 7 的协处理器 ID，这 8 个协处理器 ID 单元可用于：

❑ 通过协处理器接口连接到主处理器的协处理器。

❑ 处理器内的自定义数据通路单元。

其他保留的协处理器编号用于 Arm 处理器内部单元使用（例如，FPU 和 Cortex-M55 处理器的 Helium 处理单元使用 CP10 和 CP11）。

请注意，软件无法更改每个协处理器 ID 的使用方式。

协处理器接口和 Arm 自定义指令之间共享 0 ~ 7 协处理器 ID。对于每个协处理器 ID，芯片设计者需要在芯片设计阶段确定指令的处理方式（即作为协处理器或作为自定义数据路径单元）。

协处理器接口操作的指令编码与 Arm 自定义指令重叠，因此，处理器内的指令解码逻辑需要考虑到芯片设计者所设置的协处理器硬件配置（见图 15.6）。

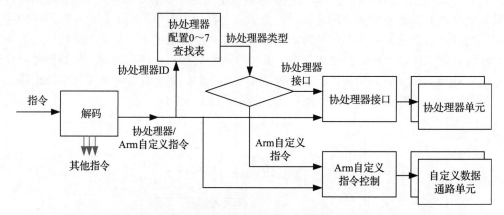

图 15.6　指令根据硬件配置可以被解码为协处理器接口或 Arm 自定义指令

由于指令编码存在重叠，芯片设计者可能需要向开发工具提供 Cortex-M33 处理器的硬件配置信息，以便该工具能够在调试期间正确地反汇编指令。

15.3 在 C 语言中通过内建函数访问协处理器指令

为了方便开发者在 C 语言开发环境中使用协处理器指令，在 ACLE 中定义了一系列访问协处理器指令的内建函数，如表 15.1 所示。

在使用这些内建函数前，代码必须引入 Arm ACLE 头文件：

```
#include <arm_acle.h>
```

当代码中定义了"__ARM_FEATURE_COPROC"功能宏时，可以使用头文件中的相关函数。
执行协处理器寄存器读操作的示例如下：

```
unsigned int val;
// CP[x],op1,CRn,CRm,op2
val = __arm_mrc(1, 0, 0, 0, 0);
// 协处理器 1, Opc1=0, CRn=c0, CRm=c0, Opc2=0
```

表 15.1　ACLE 为协处理器访问定义了内建函数

指令	ACLE 定义了用于协处理器访问的内建函数
MCR	void __arm_mcr(coproc, opc1, uint32_t value, CRn, CRm, opc2)
MCR2	void __arm_mcr2(coproc, opc1, uint32_t value, CRn, CRm, opc2)
MRC	uint32_t __arm_mrc(coproc, opc1, CRn, CRm, opc2)
MRC2	uint32_t __arm_mrc2(coproc, opc1, CRn, CRm, opc2)
MCRR	void __arm_mcrr(coproc, opc1, uint64_t value, CRm)
MCRR2	void __arm_mcrr2(coproc, opc1, uint64_t value, CRm)
MRRC	uint64_t __arm_mrrc(coproc, opc1, CRm)
MRRC2	uint64_t __arm_mrrc2(coproc, opc1, CRm)
CDP	void __arm_cdp(coproc, opc1, CRd, CRn, CRm, opc2)
CDP2	void __arm_cdp2(coproc, opc1, CRd, CRn, CRm, opc2)

执行协处理器寄存器写操作时：

```
unsigned int val;
// CP[x],op1, value,CRn,CRm,op2
__arm_mcr(1, 0, val, 0, 4, 0);
// 协处理器 1, Opc1=0, CRn=c0, CRm=c0, Opc2=0
```

ACLE 中还提供了一些附加的内建函数可用于支持其他数据类型的访问（见表 15.2）。

表 15.2　ACLE 定义的用于协处理器访问的附加内建函数

数据类型	ACLE 定义了用于协处理器访问的内建函数（RSR= 读取系统寄存器，WSR= 写入系统寄存器）
32-bit	uint32_t __arm_rsr(const char *special_register)
64-bit	uint64_t __arm_rsr64(const char *special_register)
float	float __arm_rsrf(const char *special_register)
double	float __arm_rsrd(const char *special_register)
pointer	void* __arm_rsrp(const char *special_register)
32-bit	void __arm_wsr(const char *special_register, uint32_t value)
64-bit	void __arm_wsr64(const char *special_register, uint64_t value)
float	void __arm_wsrf(const char *special_register, float value)
double	void __arm_wsrf64(const char *special_register, double value)
pointer	void __arm_wsrp(const char *special_register, const void *value)

当开发者使用表 15.2 中所列的内建函数时，常量字符串（即 *special_register）采用以下格式：

```
cp<coprocessor>:<opc1>:c<CRn>:c<CRm>:<op2>
```

还可以使用一种等效的替代语法，即：

```
p<coprocessor>:<opc1>:c<CRn>:c<CRm>:<op2>
```

以下代码展示了如何使用表 15.2 中所列的一个内建函数读取协处理器寄存器的内容：

```
unsigned int val;
val = __arm_rsr("cp1:0:c0:c0:0"); // 协处理器 1, op1=0, op2=0
```

当对协处理器寄存器执行写操作时，可以使用以下代码：

```
unsigned int val;
__arm_wsr("cp1:0:c0:c0:0", val); // 协处理器 1, op1=0, op2=0
```

开发者可以使用各种编程技术，例如使用 C 语言中的宏直接创建易于使用的外壳软件程序（宏函数），这些外壳软件程序基于上述内建函数进行二次封装，以增加软件代码的可读性。

请注意，由于操作数（opc1 和 opc2）和 value 参数（见表 15.1）在指令中进行编码，因此协处理器编号、寄存器标识符和操作数值必须为常量。如果开发者在调用内建函数时试图将变量传递到寄存器或操作数字段中，则编译过程中会报错。例如，下例中的符号 i 是一个变量，导致编译器报错：

```
test.c:234:12: error: argument to '__builtin_arm_mrc' must be a constant integer
  data = __arm_mrc(1, 0, i, 1, 0); // 读取结果
         ^                ~
.../linux-x86_64/bin/../include/arm_acle.h:639:49: note: expanded from macro
'__arm_mrc'
#define __arm_mrc(coproc, opc1, CRn, CRm, opc2) __builtin_arm_mrc(coproc, opc1,
CRn, CRm, opc2)
                                                ^                  ~~~
1 error generated.
```

ACLE 规范文档[4] 可以根据以下网址在 Arm 网站上查阅：https://developer.arm.com/architectures/system-architectures/software-standards/acle。

15.4　在 C 语言中通过内建函数使用 Arm 自定义指令

Cortex-M33 处理器的第 1 版于 2020 年中期发布，支持 Arm 自定义指令。在 ACLE 中定义了一系列内建函数以便于让软件开发者使用 Arm 自定义指令。但是在撰写本书时，上述规范[3] 仍处于测试状态，因此在本书出版后，内建函数的实现细节可能会存在一些变化。

要通过内建函数使用 Arm 自定义指令，代码必须引入 Arm ACLE 头文件：

```
#include <arm_cde.h>
```

当代码中定义了 __ARM_FEATURE_COE 功能宏时，可以使用头文件中的相关函数。

对于返回结果为 32 位或 64 位整型数结果的 Arm 自定义指令，可以使用以下内建函数

（见表 15.3）。

表 15.3　ACLE 为操作 32 位和 64 位标量数据类型的 Arm 自定义指令定义了内建函数

指令	ACLE 定义了使用 Arm 自定义指令的内建函数
CX1	uint32_t __arm_cx1(int coproc, uint32_t imm);
CX1A	uint32_t __arm_cx1a(int coproc, uint32_t acc, uint32_t imm);
CX2	uint32_t __arm_cx2(int coproc, uint32_t n, uint32_t imm);
CX2A	uint32_t __arm_cx2a(int coproc, uint32_t acc, uint32_t n, uint32_t imm);
CX3	uint32_t __arm_cx3(int coproc, uint32_t n, uint32_t m, uint32_t imm);
CX3A	uint32_t __arm_cx3a(int coproc, uint32_t acc, uint32_t n, uint32_t m, uint32_t imm);
CX1D	uint64_t __arm_cx1d(int coproc, uint32_t imm);
CX1DA	uint64_t __arm_cx1da(int coproc, uint64_t acc, uint32_t imm);
CX2D	uint64_t __arm_cx2d(int coproc, uint32_t n, uint32_t imm);
CX2DA	uint64_t __arm_cx2da(int coproc, uint64_t acc, uint32_t n, uint32_t imm);
CX3D	uint64_t __arm_cx3d(int coproc, uint32_t n, uint32_t m, uint32_t imm);
CX3DA	uint64_t __arm_cx3da(int coproc, uint64_t acc, uint32_t n, uint32_t m, uint32_t imm);

与协处理器内建函数类似，使用这些函数时所用的协处理器 ID 号（即 coproc）和立即数值（即 imm）在编译时必须为常量。

当处理器支持 FPU 和 Arm 自定义指令时，可以使用以下内建函数来操作 32 位浮点寄存器（见表 15.4）。

表 15.4　ACLE 为 Arm 自定义指令访问 32 位单精度寄存器的操作定义了内建函数

指令	ACLE 定义了用于 Arm 自定义指令访问的内建函数
VCX1	uint32_t __arm_vcx1_u32(int coproc, uint32_t imm);
VCX1A	uint32_t __arm_vcx1a_u32(int coproc, uint32_t acc, uint32_t imm);
VCX2	uint32_t __arm_vcx2_u32(int coproc, uint32_t n, uint32_t imm);
VCX2A	uint32_t __arm_vcx2a_u32(int coproc, uint32_t acc, uint32_t n, uint32_t imm);
VCX3	uint32_t __arm_vcx3_u32(int coproc, uint32_t n, uint32_t m, uint32_t imm);
VCX3A	uint32_t __arm_vcx3a_u32(int coproc, uint32_t acc, uint32_t n, uint32_t m, uint32_t imm);

Cortex-M33 处理器中并不支持在指令集架构中所定义的一些补充的内建函数，比如，在 Cortex-M33 处理器中不支持包括处理双 FPU 数据类型操作和处理 M-profile 向量扩展（即 Helium）中向量数据操作在内的内建函数。

在 Arm 编译器 6 和 GCC 中使用 Arm 自定义指令时，需要在编译器选项中添加额外的命令行选项。这些选项的名称并不能使用"Arm 自定义指令集"这种说法，而必须使用标准技术术语"自定义数据通路扩展"（CDE）。对于 Arm 编译器 6，可以使用以下编译选项指定程序编译时分配给 CDE 的协处理器编号：

- `"armclang __target=arm-arm-none-eabi -march=armv8-m.main+cdecpN"`

以上命令适用于带有主要扩展指令集的 Armv8-M 指令集架构微处理器，其中选项中 N 的范围为 0 ～ 7。

使用 CDE 指令时，Arm 编译器 6 工具链中 fromelf 的编译器选项命令行也需要修改，并指定 CDE 使用的协处理器编号，比如应添加 __coprocN=value 命令行选项，其中 N 是 0 ～ 7 范围内的协处理器 ID，value 为 cde 或 CDE。如果 CDE 未使用协处理器 ID，value 应为 generic。请注意，使用 __coprocN=value 命令时必须使用 __cpu 选项。

对于 GCC 工具链，在 GCC10 中支持 CDE 指令，以下命令行选项用于指定（以下命令中的 N）适用于整数、浮点数和向量 CDE 指令的协处理器 ID：

- `"-march=armv8-m.main+cdecpN -mthumb"`
- `"-march=armv8-m.main+fp+cdecpN -mthumb"`
- `"-march=armv8.1-m.main+mve+cdecpN -mthumb"`

15.5　启用协处理器和 Arm 自定义指令时要采取的软件步骤

默认情况下，处理器复位时将禁用所有协处理器，因此想要保证软件继续正常运行，需要采取以下步骤重新启用协处理器或 Arm 自定义指令：

1）配置每个协处理器 ID 的安全属性：由于每个协处理器都可以分别定义为安全或非安全属性，这意味着安全固件可以通过配置名为 NSACR（非安全访问控制寄存器，参见 14.2.4 节）的寄存器以定义非安全区域可以访问哪些协处理器，而 NSACR 寄存器仅允许在安全特权模式下访问。在协处理器接口中还包含一个安全属性信号，因此即使协处理器被定义在非安全区域，芯片设计者也可以在协处理器硬件上设计根据访问安全属性过滤相关操作请求的功能。这项功能表明协处理器中的某些操作 / 功能只能用于安全软件。由于协处理器电源控制管理操作属于 TrustZone 安全标准重点关注的项目，因此当系统支持 TrustZone 安全扩展时，在安全固件中还必须设置 CPPWR（参见 15.6 节）。

2）启用协处理器：复位后，默认情况下将禁用所有协处理器或对其断电以节省功耗。在使用协处理器指令或 Arm 自定义指令之前，需要通过修改 SCB->CPACR（参见 14.2.3 节）启用相应的协处理器（0 ～ 7）。

如果系统未实现或禁用了协处理器指令中所需的协处理器，将会触发使用故障。如果系统禁用或屏蔽使用故障的响应功能，则相关故障将直接升级为硬故障。

15.6　协处理器功耗控制

如果系统禁用了协处理器单元，可以将其断电以节省功耗。Cortex-M33 处理器内部的 CPPWR 用于管理协处理器电源（见图 15.7）。

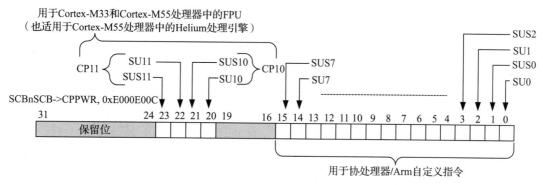

图 15.7 协处理器电源控制寄存器 (SCBnSCB->CPPWR, 0xE000E00C)

该寄存器只能在特权状态下访问，在不同安全状态之间没有多个备份。在 CPPWR 中，每个协处理器 ID（0 ~ 7）的编码只有两位，如下（作为参考，协处理器 ID 在以下示意图中表示为 <n>）：

❑ 如果设置状态未知位（State Unknown, SU<n>）为 1，当设置 SCB->CPACR 禁用协处理器时，系统允许协处理器完全断电（即状态变为未知）。如果 SU<n> 位设置为 0（即默认值），则系统不允许协处理器完全断电。如果协处理器 <n> 已启用，则不会被断电（系统断电的情况除外）。

❑ 状态未知安全位（State Unknown Secure, SUS）所对应的 SU<n> 位既可以设置为仅允许在安全模式下访问（当 SUS 设置为 1 时），也可以设置为允许从安全区域和非安全区域访问（当 SUS 设置为 0 时，为默认值）。

如果系统不支持 TrustZone 安全功能扩展，则不支持 SUS 位。

当系统支持 TrustZone 安全功能扩展时，安全特权软件可以通过非安全别名地址 0xE002E00C（SCBnSCB_NS->CPPWR）访问 CPPWR 的非安全视图。

CPPWR 中的 SUS11、SU11、SUS10 和 SU10 位被分配给 FPU（以及 Cortex-M55 处理器中的 Helium 处理单元）。在寄存器中对 CP10 和 CP11 的设置必须相同，即 SUS11==SUS10 和 SU11==SU10。

当禁用协处理器 <n> 且相应的 SU 位被设置为 1 时，芯片中的电源管理模块可能会关闭协处理器的电源，这将导致硬件逻辑中的上下文信息丢失。取决于芯片电源管理的具体设计方案，在协处理器硬件单元中可能使用状态保持单元取代支持直接掉电设置，因此即使功耗控制软件允许协处理器直接掉电，但协处理器单元的内部状态也可能继续保持。

尽管 Arm 自定义指令对应的自定义数据通路单元没有内部状态存储功能（即操作状态存储在处理器的寄存器组中），但当应用在使用 Arm 自定义指令之前，仍必须确保 CPPWR 中的 SU 位为 0。

15.7 提示与技巧

通常情况下，软件开发者不会直接使用 15.3 节和 15.4 节中所描述的内建函数开发应用程序代码，而普遍采用以下微控制器厂商提供的方法来保证芯片更加简便易用：

❑ 创建软件库——软件开发者开发应用程序时只需要访问库中的 API。

❑ 添加映射到内建函数的 C 语言宏函数——软件开发者可以通过上述 C 语言宏函数间接访问内建函数。这种方法与调用 C 语言 API 具有相似的操作接口和调用体验。

处理器使用协处理器接口连接协处理器单元时，如果多个应用程序任务试图访问同一个协处理器单元，则软件需要通过添加信号量或类似性质的机制来管理硬件资源以避免冲突（这种情况与使用内存映射方案实现的硬件加速器所面临的资源冲突相似）。而使用 Arm 自定义指令时，则不存在上述资源冲突问题，因为软件操作的所有状态都保存在处理器寄存器中，在上下文切换过程中，由嵌入式操作系统负责管理这些寄存器的内容。

请注意，由于协处理器寄存器位于处理器外部，调试器无法直接访问这些寄存器，因此许多芯片设计者增加了一组总线接口以确保通过内存映射可以访问到这些寄存器。采用这种方法，调试器可以按照访问外设寄存器的方式访问这些协处理器寄存器。

参考文献

[1] Armv8-M Architecture Reference Manual. https://developer.arm.com/documentation/ddi0553/am (Armv8.0-M only version). https://developer.arm.com/documentation/ddi0553/latest (latest version including Armv8.1-M). Note: M-profile architecture reference manuals for Armv6-M, Armv7-M, Armv8-M and Armv8.1-M can be found here: https://developer.arm.com/architectures/cpu-architecture/m-profile/docs.
[2] Arm Architecture Reference Manual Supplement, Custom Datapath Extension for Armv8-M Documentation. https://developer.arm.com/documentation/ddi0607/latest.
[3] ACLE Version Q2 2020—Custom Datapath Extension. https://developer.arm.com/documentation/101028/0011/Custom-Datapath-Extension.
[4] ACLE Specification. https://developer.arm.com/architectures/system-architectures/software-standards/acle.

第 16 章
调试和跟踪功能

16.1 概述

16.1.1 简介

处理器只有在进行编程后才能发挥其用处。要对基于处理器的系统（如微控制器）进行编程，需要一系列功能来进行代码开发和测试，这就是调试和跟踪功能的优势。而且许多嵌入式系统没有显示器或键盘（不像个人计算机），这使得这些功能变得更为重要。因此，调试和跟踪连接是关键的通信渠道，使软件开发人员不仅可以了解软件操作，还可以了解处理器系统的内部状态。

如第 2 章中图 2.1 和图 2.2 所示，许多开发板上都存在调试连接，其中一些带有内置的 USB 调试适配器（或调试探针）。如果电路板没有这么配备，将需要使用外部电路板。无论是内部还是外部，基本的调试连接有助于：

- 将编译后的程序镜像下载到开发板上，这可能涉及嵌入式闪存的编程。
- 处理调试操作（例如暂停、恢复、复位、单步执行等）。
- 访问设备中的内存，包括跟踪缓冲区（如果在设备上实现），这有助于在排除故障时提供关键信息。

在微控制器设备中，有两种常用的调试通信协议。它们可能共存于同一设备上，并且共存时共享连接引脚，但一次只能使用其中一个。这些协议是：

- 串行线调试（SWD）——只需要两个信号（SWDCLK 和 SWDIO），在基于 Arm 的微控制器中非常流行。
- JTAG——使用 4 个信号（TCK、TMS、TDI、TDO）或 5 个信号（额外的 nTRST 用于测试复位）。

为了减少调试引脚的使用，有些微控制器省略了 JTAG 调试协议功能，只支持串行线调试协议。但 Cortex-M 微控制器同时支持 SWD 和 JTAG 调试协议，并且还通过 TMS/SWDIO 引脚上的特殊位序列支持两种协议之间的动态切换。由于这两种协议可以共用引脚（见图 16.1），使用同一调试连

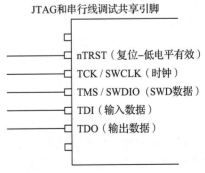

JTAG和串行线调试共享引脚

nTRST（复位–低电平有效）
TCK / SWCLK（时钟）
TMS / SWDIO（SWD数据）
TDI（输入数据）
TDO（输出数据）

图 16.1　JTAG 和串行线调试协议共享引脚

接支持两种协议，可通过在调试环境中调整项目的调试设置选择所需的调试协议。

有些调试适配器还提供实时跟踪连接。在协议级别，调试和跟踪连接是分开的，但它们仍然可以共存于同一个调试连接器和调试适配器上。通过实时跟踪，可以在处理器系统运行时收集有关软件执行的信息，包括：

❑ 指令执行信息（仅当实现了嵌入式跟踪宏单元（ETM），并且在设置中支持并行跟踪连接时）。

❑ 特点分析信息。

❑ 选择性数据跟踪。

❑ 软件生成的跟踪信息（例如可以将 printf 消息转移到跟踪连接）。

在许多 Cortex-M 设备上，有两种类型的跟踪协议：

❑ 称为 SWO 的单引脚跟踪输出——具有有限的跟踪数据带宽，在许多低成本调试适配器上使用。该信号可以与 TDO 共享，并在使用串行线调试协议时启用。

❑ 并行跟踪端口模式——通常有 5 个信号（4 个跟踪数据和 1 个跟踪时钟），具有更高的跟踪带宽（这在使用 ETM 跟踪时必不可少）。

有几种标准化的调试和跟踪连接器布局，通过这些调试连接器布局，单个连接可以提供 JTAG/ 串行线调试以及可选的跟踪连接，如图 16.2 所示。

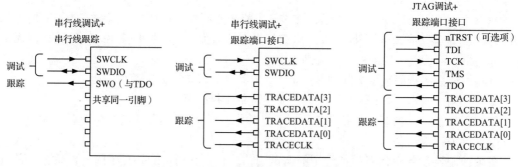

图 16.2 常见的调试和跟踪连接器布局

图 16.2 的左侧显示了一种常用于低成本调试适配器的设置。只需三个连接引脚，就能够执行调试操作，并访问基本的跟踪功能。虽然该方案无法支持使用 ETM 的实时指令跟踪（需要更高的跟踪带宽），但它支持许多其他跟踪功能。

许多基于 Cortex-M 的微控制器不提供跟踪连接，但是并非所有跟踪功能都需要专用跟踪连接。例如，如果微控制器设备支持通过微型跟踪缓冲区（MTB）进行指令跟踪，则可以为跟踪缓冲区分配一部分 SRAM，然后在处理器停止工作后，通过调试连接收集跟踪数据。

16.1.2 CoreSight 架构

Cortex 处理器中的调试和跟踪支持基于 CoreSight 架构。该架构涵盖了广泛的范围，包括调试接口协议、用于调试访问的片上总线、调试组件的控制、安全功能、跟踪数据接口等。

无须深入了解 CoreSight 技术即可开发软件。如果想要了解更多有关 CoreSight 技术的信息，建议阅读《CoreSight 技术系统设计指南》[1]，以熟悉其架构。如果想了解有关 CoreSight 调试架构和 Cortex-M 特定调试系统设计的更多信息，请查看以下文档：

❑ CoreSight 架构规范（2.0 版 Arm IHI 0029）[2]。

❑ Arm 调试接口 v5.0/5.1（例如 Arm IHI 0031）[3]：包含用于调试连接组件的编程者模型的详细信息（本章后面将介绍调试端口和访问端口），并涵盖串行线和 JTAG 通信。

❑ 嵌入式跟踪宏单元架构规范（Arm IHI 0014 和 Arm IHI 0064）：详细介绍了 ETM 跟踪数据包格式和编程者模型[4-5]。

❑《Armv8-M 架构参考手册》[6]：涵盖了 Cortex-M23 和 Cortex-M33 处理器上可用的调试支持。

此 CoreSight 调试架构具有高度可扩展性，并且：

❑ 支持单处理器系统和多处理器系统，甚至不是处理器的其他设计块（例如，Mali GPU）。

❑ 允许调试和跟踪接口协议的多个选项。

CoreSight 调试系统的一个特点是调试接口（串行线调试 /JTAG）和跟踪接口（例如，跟踪端口接口单元）与处理器内部的调试组件是分离的（见图 16.3）。这种设置使得单个调试和跟踪连接能够在使用可扩展调试总线和跟踪总线网络的多个处理器之间共享，并允许处理器在具有相同通用调试和跟踪总线接口的单处理器和多处理器系统中使用。

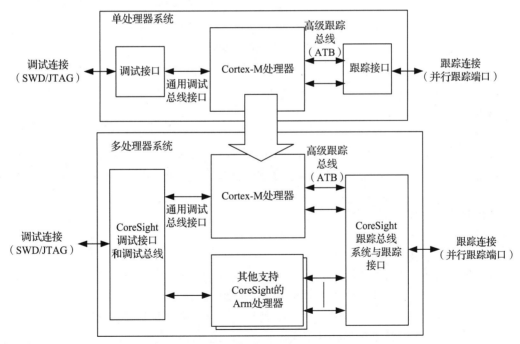

图 16.3　调试和跟踪接口模块与处理器分离

除了支持单处理器和多处理器，CoreSight 架构还支持 TrustZone 调试认证，允许调试工具基于查找表机制检测可用的调试和跟踪组件。

许多基于 Cortex-M 的微控制器中使用的调试和跟踪接口组件（例如，跟踪端口接口单元）旨在与 CoreSight 兼容。但是这些组件与高端片上系统设计中使用的组件不同，因为它们专为小面积和低功耗 Cortex-M 处理器系统芯片而设计。

16.1.3 调试和跟踪功能分类

CoreSight 调试和跟踪功能按图 16.4 分类。

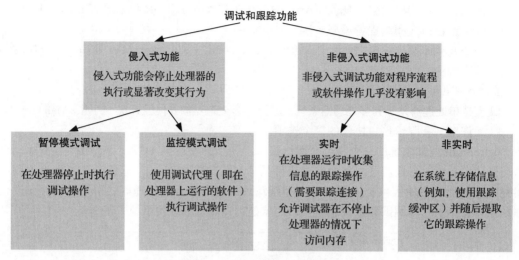

图 16.4 调试和跟踪功能分类

侵入式调试包含以下功能：

❏ 内核调试：程序暂停、单步执行、复位、恢复。

❏ 断点。

❏ 数据监测点。

❏ 通过调试连接直接访问处理器的内部寄存器（读或写：只能在处理器停止时执行）。

注意，当调试监控异常处理程序用于调试时，它会更改程序执行流程，因此被归类为侵入性。

非侵入式调试包括以下功能：

❏ 动态内存 / 外设访问。

❏ 指令跟踪（通过 ETM 或 MTB）。

❏ 数据跟踪（在 Armv8-M 主线版指令集架构处理器上可用。使用与用于数据监测点相同的比较器，但在本例中它们被配置为用于数据跟踪）。

❏ 软件生成的跟踪，也称为代码跟踪。使用此功能，需要添加软件代码并且必须在运行时执行。但是添加附加软件不太影响整个应用程序时序。

❏ 性能分析（使用分析计数器或 PC 采样功能）。

注意：这些功能对程序流程的影响很小或没有影响，因此被归类为非侵入性。

在 CoreSight 架构中，侵入式和非侵入式调试 / 跟踪操作的分离与 TrustZone 安全扩展中的调试认证支持密切相关。Cortex-M 处理器的调试认证设置是使用一个接口定义的，该接口使用单独的信号控制侵入式和非侵入式调试 / 跟踪权限。有关这方面的更多信息，参见 16.2.7 节。

16.1.4　调试和跟踪功能总结

表 16.1 中总结了可用的调试和跟踪功能。请注意，这些功能是可选的，因此芯片设计人员可根据需求决定是否采用。另外，诸如断点和监测点的硬件比较器的数量之类的选项可由芯片设计人员配置。

许多调试功能也可由芯片设计人员配置，例如基于 Cortex-M 处理器的超低功耗传感器设备可以减少断点和监测点比较器的数量，以降低功耗。此外，由于某些组件（例如 MTB 和 ETM）是可选的，因此某些 Cortex-M23 和 Cortex-M33 微控制器可能不支持指令跟踪。

DWT 和 ITM 提供的跟踪功能通常称为串行线查看器（SWV），它是 Cortex-M33 和 Armv7-M 处理器上可用的跟踪功能的集合。使用单引脚串行线协议，可以将数据跟踪、异常事件跟踪、性能分析跟踪和代码跟踪（即软件生成的跟踪）等广泛的信息实时传输到调试主机。这样做能够增强系统操作的可见性。

表 16.1　Cortex-M23 和 Cortex-M33 中的调试和跟踪功能

功能	Cortex-M23	Cortex-M33	备注
JTAG 或串行线调试协议	通常只实现一种协议以减小面积 / 功耗	通常两者都支持，并允许动态切换	调试接口在处理器外部，可以交换到不同的 CoreSight 调试访问端口模块
内核调试：程序暂停、单步执行、复位、恢复、寄存器访问	支持	支持	—
调试监控异常	不支持	支持	仅在 Armv-8 主线版产品中可用
动态内存和外设访问	支持	支持	—
硬件断点比较器	最多 4 个	最多 8 个	—
软件断点（断点指令）	不限制	不限制	参见 5.22 节
硬件监测点比较器	最多 4 个	最多 4 个	—
通过 ETM 进行指令跟踪	支持（ETMv3.5）	支持（ETMv4.2）	需要有跟踪连接
通过 MTB 进行指令跟踪	支持	支持	—
使用 DWT 进行选择性数据跟踪	不支持	支持	需要有跟踪连接
软件跟踪（代码跟踪）	不支持	支持	需要有跟踪连接
性能分析计数器	不支持	支持	需要有跟踪连接
PC 采样	只能通过调试器读取访问	通过调试器读取访问或者通过跟踪连接	使用 Cortex-M33，可以将周期性 PC 样本导出到跟踪输出端口
调试认证	支持	支持	如果实现了 TrustZone，需要 4 个控制信号，否则只需要 2 个信号
CoreSight 架构兼容性	支持	支持	允许为更大的多核 SoC 设计轻松集成调试系统

16.2 调试架构细节

16.2.1 调试连接

在 Arm 处理器系统内部，串行线 /JTAG 信号通过多个阶段连接到调试系统，如图 16.5 所示。处理 SWD 或 JTAG 接口协议的硬件模块称为调试访问端口（Debug Access Port，DAP）。

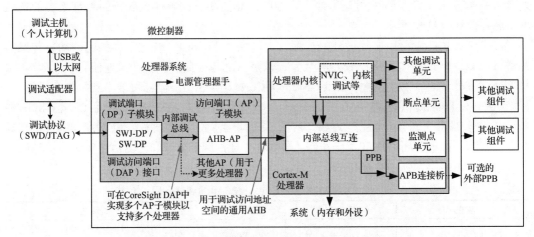

图 16.5　调试接口到处理器调试组件和内存系统的连接

DAP 提供了一个通用的 AMBA AHB 总线接口，它与处理器用来访问内存系统的总线协议相同 [7]。大多数基于 Cortex-M 的设备使用仅支持一个处理器连接的面积最优的 DAP。对于具有多个处理器的设备，通常使用来自 CoreSight SoC-400/SoC-600 的可配置 DAP，它可以配置为包括多个访问端口子模块以支持多个处理器系统。

调试连接的第一阶段由调试端口（Debug Port，DP）子模块处理，它使用 AMBA APB 协议将 SWD 或 JTAG 协议转换为通用读 / 写总线访问 [8]。通过使用通用总线协议来处理 DAP 模块中的调试传输，可以扩展 DAP 的结构以支持多个处理器。理论上，可以将数百个 Cortex-M 处理器的每个处理器通过访问端口（Access Port，AP）子模块连接到 DAP 内部的内部调试总线。DP 子模块还提供电源管理握手接口，以便在不使用调试系统时关闭片上系统设计中的调试子系统。当连接好调试器时，调试主机使用握手接口请求芯片的调试子系统上电，之后就可以进行调试操作了。

AP 子模块提供调试传输转换的第二阶段。虽然每个 AP 子模块在内部调试总线上只占用很小的地址空间，但 AP 子模块处理的调试传输转换允许对 Cortex-M 处理器的 4GB 地址范围进行"读 / 写"访问。AHB-AP 子模块提供了一个 AMBA AHB 接口，该接口连接到处理器的内部互连，并可以访问处理器内部的存储器、外设和调试组件。在 CoreSight SoC-400/SoC-600 中，还有其他类型的访问端口提供其他形式的总线接口，例如 APB 和 AXI。

在基于 TrustZone 的系统中，可以对 DAP 进行编程以将调试访问标记为安全或非安全。Armv8-M 处理器中提供了额外的调试认证控制功能（更多相关信息请参见 16.2.7 节）处理权限检查。如果 TrustZone 身份验证设置不允许调试访问，则会向 DAP 返回错误响应。

由于 DAP 与处理器分离并通过通用总线接口连接到处理器，因此 DAP 可以与 DAP 的不同版本 / 变体进行交换。Cortex-M23 和 Cortex-M33 处理器自带的 DAP 模块针对小芯片面积进行了优化，并基于 Arm 调试接口（Arm Debug Interface，ADI）规范 v5.0 ~ v5.2 [3]。但是如果芯片设计人员为 Cortex-M23/Cortex-M33 处理器设计带有 Arm CoreSight SoC-600 的调试系统，则 DAP 接口将基于 Arm ADIv6 [9]。尽管从调试工具的角度来看，ADIv5.x 和 ADIv6 之间存在差异，但这些差异由调试工具处理，因此不应影响应用软件的开发。软件开发人员在使用具有不同 DAP 模块版本的设备时不太可能注意到任何差异。

请注意，在 Cortex-M33 处理器上运行的软件能够访问其调试组件和调试寄存器。但是，对于 Cortex-M23 处理器，只有与处理器相连的调试主机才能访问调试组件，而处理器上运行的软件则不能。由于 Armv8-M 基础版指令集架构不支持调试监控功能，因此无须启用软件即可访问调试组件。这意味着可以简化处理器的内部总线系统，进而减少处理器的芯片面积和功耗。

16.2.2　跟踪连接——实时跟踪

跟踪连接提供了一种输出实时信息的处理器操作方法。Cortex-M 处理器中有各种类型的跟踪源，包括：

- 嵌入式跟踪宏单元（ETM）：提供指令跟踪。
- 数据监测点与跟踪（DWT）单元：Armv8-M 主线版指令集架构处理器中的 DWT 可用于生成选择性数据跟踪、性能分析跟踪和事件（即异常）跟踪。
- 指令跟踪宏单元（ITM）：该单元允许软件生成调试消息（例如，printf、可感知实时操作系统的调试支持）。

注意，与 ETM 不同，使用微型跟踪缓冲区（MTB）的指令跟踪不需要跟踪连接。

来自上述跟踪源的跟踪数据，根据 AMBA ATB（高级跟踪总线）协议 [10] 在内部跟踪总线网络传输。信息传输基于分组协议，每个数据包含一定数量的信息字节。每个跟踪源都有自己的数据包编码，调试主机在收到信息后需要对数据包进行解码。

来自各种跟踪源的跟踪数据使用 CoreSight 跟踪漏斗组件合并到单个 ATB 总线中，如图 16.6 所示。每个跟踪源都分配了一个 ID 值，该 ID 与 ATB 跟踪总线系统中的跟踪数据包一起传输。当跟踪数据到达跟踪端口接口单元（Trace Port Interface Unit，TPIU）时，跟踪 ID 值被封装在跟踪端口数据格式中，以便调试主机可以再次分离跟踪流。

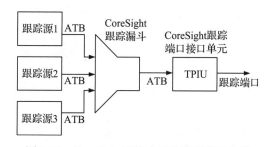

图 16.6　CoreSight 系统中的典型跟踪流合并

被调试器启用后，跟踪源独立运行。为了实现不同跟踪流之间的关联，提供了时间戳机制。在 Cortex-M23 和 Cortex-M33 处理器中，跟踪源组件（例如 ETM）支持在多个跟踪源之间共享 64 位时间戳输入值。

在 Cortex-M33（Armv8-M 主线版指令集架构）和 Armv7-M 处理器中，DWT 和 ITM 共享相同的跟踪数据 FIFO 和 ATB 接口（即它们被视为 ATB 总线中的单个跟踪源）。为了减少芯片面积，Cortex-M 中的 TPIU 功能结合了 TPIU 和跟踪合并功能（见图 16.7）。此外，TPIU还支持单引脚 SWO 输出，该输出本身支持与单引脚的低带宽跟踪连接，这在微控制器软件开发中非常流行。

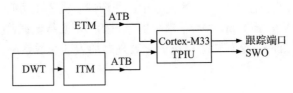

图 16.7   单个 Cortex-M 处理器系统中的跟踪源和跟踪连接

DWT 和 ITM 的跟踪数据包协议记录在《Armv8-M 架构参考手册》[6] 中。对于 Armv7-M处理器，请参考《Armv7-M 架构参考手册》[11]。有关 ETM 跟踪数据包格式的详细信息，请参阅 ETM 架构规范文档（Cortex-M23 ETM 的参考文献 [4] 和 Cortex-M33 ETM 的参考文献 [5]）。

16.2.3   跟踪缓冲区

除了使用 TPIU 输出跟踪数据外，还可以将跟踪信息定向到跟踪缓冲区中，然后由调试器使用调试连接进行收集。在 Cortex-M 处理器系统中，有两种跟踪缓冲区解决方案：

- ❑ 微型跟踪缓冲区（MTB）：使用系统 SRAM 的一小部分进行指令跟踪，包含跟踪生成单元、SRAM 接口和总线接口。当不使用 MTB 跟踪时，该单元作为一个普通的 AHB 到 SRAM 桥接设备工作。有关 MTB 的更多信息，请参见 16.3.7 节 [12]。
- ❑ CoreSight 嵌入式跟踪缓冲区（Embedded Trace Buffer, ETB）[13]：使用专用 SRAM来保存由各种跟踪源生成并由跟踪总线（AMBA ATB）[10] 传输的跟踪数据。

当基于 Cortex-M 的设备只有少量接口引脚，而应用程序已使用所有引脚时，将无法使用跟踪端口进行跟踪捕获。发生这种情况时，CoreSight ETB 可用于跟踪数据收集。为了使设计更加灵活，芯片中的跟踪总线系统可以包括一个跟踪复制器组件，该组件有选择地将跟踪数据引导到 ETB 以存储在 SRAM 中，或者当应用程序不需要所有引脚时，引导数据到跟踪连接（见图 16.8）。为了允许调试器使用正常内存访问从跟踪缓冲区收集跟踪数据，ETB 模块通过私有外设总线或系统总线访问。

潜在地，通过将来自跟踪漏斗的跟踪输出直接由 ETB 收集，可以移除 TPIU 和复制器。ETB 和 TPIU 各有其优势（见表 16.2）。

大多数 Cortex-M 微控制器使用 TPIU 解决方案，因为它不需要专用的 SRAM，这意味着更低的芯片成本。

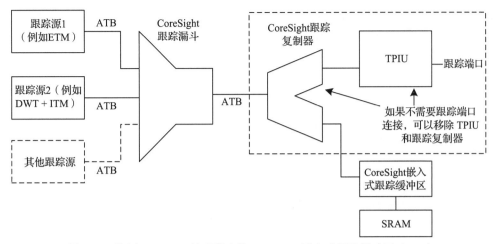

图 16.8 使用 Cortex-M 处理器中的 CoreSight 嵌入式跟踪缓冲区（ETB）

表 16.2 ETB 和 TPIU 跟踪捕获解决方案比较

ETB 跟踪解决方案的优势	TPIU 跟踪解决方案的优势
不需要跟踪连接，使用相同的 JTAG 或串行线调试连接来提取跟踪信息	由于跟踪数据实时传输到调试主机，因此跟踪历史记录可以不受限制
ETB 可以以高时钟速率运行并提供非常高的跟踪带宽。相比之下，TPIU 可用的跟踪带宽受跟踪引脚切换速度的限制	不需要专用的 SRAM

16.2.4 调试模式

在编写软件时，往往需要对软件操作进行分析，以了解系统如何运作，确定特定故障的原因，以及看一看是否有更好的方法优化软件。

为了实现以上目标，通常必须停止应用程序，检查和修改系统状态。有两种方法可以做到这一点：

1）暂停模式调试：当软件开发人员请求暂停软件或发生调试事件时，处理器进入暂停模式，这会阻止处理器执行任何进一步的指令。一旦处理器暂停，调试器就能够检查和修改处理器的内部状态（例如寄存器组中的寄存器）并决定是否恢复操作、是否单步执行，或者如果需要，是否重置系统。

2）监控模式调试：称为调试代理的软件可以集成到软件中或集成到预加载的固件中以支持调试操作。调试代理通过通信信道与调试器进行通信，以便可以通过软件执行调试操作（见图 16.9）。当调试事件发生时，处理器在调试代理中执行调试监控异常（类型 12），以便暂停正在运行的"应用程序"。调试代理可以由软件开发人员经由通信信道的"停止 / 暂停"请求触发，来代替通过调试事件触发调试代理。当调试代理运行时，可以检查挂起的应用程序的状态（保存在内存中），然后恢复其操作或单步执行。但是在执行调试操作的同时，较高优先级的中断仍然可以执行。

在 Cortex-M 处理器系统控制空间（SCS）内，有许多用于控制调试操作的调试控制寄存器，包括用于启用 / 禁用暂停模式或监控模式的调试寄存器。虽然暂停模式调试是目前最流行的调试方式，但值得指出的是 Arm 生态系统（比如 Segger，参见 https://www.segger.com/products/debug-probes/j-link/technology/monitor-mode-debugging/）也支持监控模式调试。

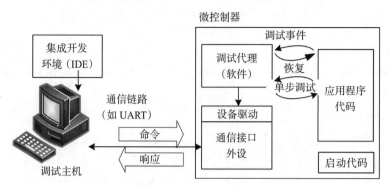

图 16.9　监控模式调试概念

暂停模式调试和监控模式调试的比较见表 16.3。

表 16.3　暂停模式调试和监控模式调试的比较

暂停模式调试	监控模式调试
所有的 Arm Cortex-M 处理器均支持	Armv7-M 和 Armv8-M 主线版指令集架构处理器支持。不适用于 Armv8-M 基础版指令集架构（如 Cortex-M23）或 Armv6-M 处理器
调试代理不需要内存	需要一些程序和 RAM 空间。由于调试代理需要程序和 RAM 空间，因此调试代理软件可以更改某些 RAM 位置
通过串行线调试或 JTAG 接口调试	通过通信信道（如 UART）进行调试
可以调试任何代码，包括 NMI 和硬件故障处理程序	可以调试优先级低于调试监控代码的异常，但不能调试 NMI、硬件故障或其他具有相同或更高优先级的异常处理程序。当调试监控被中断屏蔽寄存器阻塞时，调试也被禁止
适用于芯片启动（当芯片上没有预装软件时）	在调试其他软件组件时，可以允许某些软件继续执行
即使主栈处于无效状态（例如 MSP 指向无效地址），也可以执行调试操作	要求主栈和通信接口驱动程序（用于调试代理）处于操作状态
系统计时器在暂停模式下停止	系统计时器在调试期间继续运行
在单步执行过程中，可以挂起、调用或屏蔽中断	如果新到达的中断比调试监控优先级更高，则挂起并为其提供服务

　　在大多数微控制器开发项目中，暂停模式调试更受欢迎，因为它功能强大且易于使用。但是在某些情况下监控模式调试更适合。例如，如果微控制器用于控制发动机或电动机，停止微控制器进行暂停模式调试可能意味着失去对发动机或电动机的控制，这显然是不可取的，甚至是危险的。在某些情况下电动机控制电路的突然终止可能会对被测系统造成物理损坏。在这种情况下应使用监控模式调试。

　　在使用调试代理进行调试的系统中，调试代理在启动后便启动通信接口（与运行在调试主机上的调试器通信）。调试主机通过发出停止命令停止应用程序，通过这样做，执行将停留在调试代理内部。然后，软件开发人员可以通过调试代理内部的软件控制过程检查系统状态。类似地，如果在应用程序代码执行期间触发了调试事件，则由调试代理接管并且调试主机收到应用程序代码已停止的通知，使软件开发人员能够调试应用程序。

16.2.5　调试事件

在调试期间，处理器在以下情况下进入暂停模式或调试监控模式：

❑ 软件开发人员提出停止（暂停）请求。

❑ 单步执行指令执行后。

❑ 调试事件发生时。

在 Cortex-M 处理器中，调试事件可以被以下条件触发：

❑ 执行断点指令（BKPT）。

❑ 当程序执行遇到断点单元指示的断点时。

❑ 从数据监测点和跟踪（DWT）单元发出的事件，该事件可以由数据监测点、程序计数器匹配或周期计数器匹配触发。

❑ 通过外部调试请求：在处理器边界处有一个称为 EDBGRQ 的输入信号。此信号的连接是特定于设备的，它可以连接到低电平，连接到供应商特定的调试组件，或者可以用于支持多核同步调试。

❑ 通过中断向量捕获事件：这是一个可编程功能，启动后，在系统复位后或发生某些故障异常时立即停止处理器。它被一个称为调试异常与监控控制寄存器（DEMCR，地址为 0xE000EDFC）的寄存器控制。有关 DEMCR 的更多信息，请参见表 16.11。调试器通常使用向量捕获机制在调试会话开始时（闪存镜像更新后）或处理器复位后停止处理器。

当调试事件发生时，处理器可能会进入暂停模式，可能会进入调试监控异常或者根据一系列条件忽略请求（见图 16.10）。

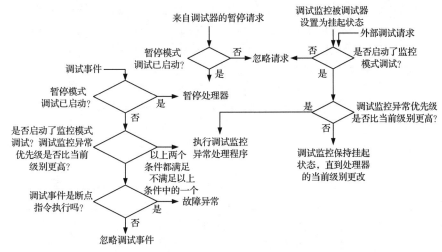

图 16.10　调试事件处理（不考虑 TrustZone 调试权限的简化视图）

监控模式调试的处理与暂停模式不同，因为调试监控异常是另一种类型的异常，会受到处理器当前优先级的影响。

调试操作之后：

❑ 如果使用暂停模式调试，则调试器通过写入处理器中的调试控制寄存器之一，清除暂停请求来恢复操作。

❑ 如果使用监控模式调试，则调试代理通过执行异常返回来恢复操作。

与异常类似，调试事件要么是同步的，要么是异步的。例如：

❑ 断点指令的执行、"向量捕获"或当程序执行遇到断点单元设置的断点时，都是同步的。当断点事件被接受时，处理器停止执行指令并进入暂停模式或调试监控模式。对调试器可见的程序计数器，或者在监控模式调试情况下的栈返回地址，与断点位置相同，或者是向量捕获事件的异常处理程序的第一条指令。

❑ 数据监测点事件（包括 PC 匹配和循环计数器匹配）和外部调试请求是异步的。这意味着处理器可能会在停止之前继续执行已经在流水线中的其他指令。

调试器在处理调试操作时必须考虑这些情况，例如要在暂停模式调试的断点后恢复操作，调试器需要：

1）禁用断点。

2）使用单步功能将程序计数器移动到下一条指令。

3）重新启动断点，以便处理器在随后执行到同一位置时可以再次暂停。

4）清除暂停请求以恢复操作。

如果不执行上述步骤，当软件开发者在程序被断点暂停后试图恢复程序执行时，处理器会立即命中相同的断点，因为像断点所指向的指令程序计数器没有被执行一样，程序计数器仍然设置在断点的位置（而不是断点后的地址）。

16.2.6 使用断点指令

编写软件时可以插入断点指令，在感兴趣的点停止程序执行。与硬件断点比较器不同，可以根据需要插入任意数量的软件断点（显然这取决于可用内存大小）。断点指令（BKPT #immed8）是 16 位 Thumb 指令，使用编码 0xBExx：处理器仅解码 0xBE 高 8 位。指令的低 8 位取决于指令后面给出的立即数。如果调试工具支持半主机，立即数可用于请求半主机服务。在这种情况下，调试器必须从程序内存或者来自编译的程序镜像（如果可用并且程序内存中的内容保证与芯片中的当前程序镜像相同）中提取立即数的值。对于 Arm 开发工具，半主机服务通常使用值 0xAB，即 BKPT 指令中的低 8 位。

在使用 CMSIS-CORE 驱动程序的 C 编程环境中，可以使用 CMSIS-CORE 定义的函数插入断点指令：

```
void __BKPT(uint8_t value);
```

例如可使用以下方法插入断点：

```
__BKPT(0x00);
```

大多数 C 编译器都有用于生成断点指令的固有函数。使用半主机功能（例如，将 printf 消息转向到半主机通信信道）时，开发工具链会自动插入断点指令和关联的半主机支持代码。请注意，在使用半主机和暂停模式调试时，处理器可能会频繁停止。这会显著降低处理器的性能，并且通常不适合实时应用程序。

在最终确定用于生产的软件时，删除为调试而插入代码中的断点指令非常重要。如果断点指令没有被移除并且在没有启动调试的情况下被执行（例如没有调试器连接），处理器将进入硬故障异常。硬故障状态寄存器（Hard Fault Status Register，HFSR）中的故障状态位 DEBUGEVT 和调试故障状态寄存器（Debug Fault Status Register，DFSR）中的 BKPT 位将指示此硬故障的原因。

16.2.7　调试认证和 TrustZone

调试认证机制允许系统定义调试和跟踪功能的权限级别。尽管在 Armv6-M 和 Armv7-M 架构中提供了基本的调试认证功能，但对于 Armv8-M 架构，这些功能得到了增强：支持 TrustZone。

为支持调试认证功能，处理器顶层（即处理器设计边界）有许多输入信号，如表 16.4 所示。

表 16.4　调试认证控制信号

信号	名称	描述
DBGEN	侵入式调试启动	如果信号为 1，则启动正常区域（即非安全区域）的侵入式调试功能
NIDEN	非侵入式调试启动	如果信号为 1，则启动正常区域（即非安全区域）的非侵入式调试功能（如跟踪功能）
SPIDEN	安全特权侵入式调试启动	如果信号为 1，则启动安全区域的侵入式调试功能。仅在实现 TrustZone 时可用
SPNIDEN	安全特权非侵入式调试启动	如果信号为 1，则启动安全区域的非侵入式调试功能（如跟踪）。仅在实现 TrustZone 时可用

并非所有这些信号的组合都是允许的。例如：

❑ 如果 SPIDEN 为高（即逻辑电平 1），则 DBGEN 也必须为高。
❑ 如果 SPNIDEN 为高，则 NIDEN 也必须为高。
❑ 如果在安全区域中允许侵入式调试，则也允许非侵入式调试。

常用的信号组合见表 16.5。

表 16.5　调试认证控制信号组合

DBGEN	NIDEN	SPIDEN	SPNIDEN	描述
0	0	0	0	禁用所有的调试和跟踪功能
0	1	0	0	只允许非安全区域的非侵入式调试（如跟踪）
1	1	0	0	只允许非安全区域的调试和跟踪功能
0	1	0	1	只允许安全和非安全区域的非侵入式调试（如跟踪）
1	1	0	1	允许安全区域的非侵入式调试（如跟踪）。允许非安全区域的侵入式和非侵入式调试
1	1	1	1	允许安全和非安全区域的所有调试和跟踪功能

这些调试认证信号由调试认证控制软件控制，要么在处理器上运行（见图 16.11），要么在另一个系统管理处理器上运行，例如安全隔区（secure enclave）。

如图 16.11 中的灰色矩形所示，调试认证过程使用加密函数来验证软件开发人员凭据中的信息，然后将其与芯片安全存储中保存的秘密信息进行比较。这确保只有授权的软件开发人员才能获得调试访问权限。由于调试认证配置取决于芯片的生命周期，因此需要一个非易失性存储器来保存生命周期状态。典型的设备生命周期状态包含几个重要的阶段，如设备制造完成后，安全固件加载后，非安全固件加载后，产品被部署处于正常工作状态，产品退役等。

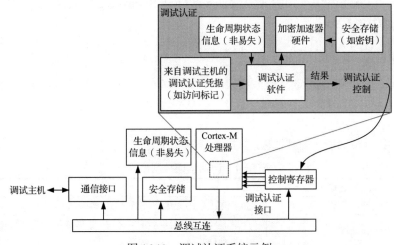

图 16.11　调试认证系统示例

安全特权软件可以通过对调试认证控制寄存器（DAUTHCTRL，地址 0xE000EE04）进行编程来覆盖 SPIDEN 和 SPNIDEN 的值。此功能的工作原理如下：

- 当 DAUTHCTRL.SPNIDENSEL（位 2）设置为 1 时，DAUTHCTRL.INTSPNIDEN（位 3）的值会覆盖 SPNIDEN 的值。
- 当 DAUTHCTRL.SPIDENSEL（位 0）设置为 1 时，DAUTHCTRL.INTSPIDEN（位 1）的值会覆盖 SPIDEN 的值。

当所有调试功能都被禁用时，仍然可以访问某些内存位置，例如 ID 寄存器和 ROM 表。这对调试器检测可用的调试资源和处理器类型来说是必需的。在某些情况下，SoC 产品设计人员可能希望禁用所有调试访问。为了实现这一点，DAP 模块上提供了一个额外的调试权限控制信号，以允许禁用所有调试访问。

使用 Armv8-M 架构，可以允许在非安全区域中进行调试，同时禁用对安全调试的访问。在这种情况下：

- 软件开发人员无法访问安全内存。尽管 DAP（参见 16.2.1 节）可以由调试器编程以生成安全或非安全传输，但当安全调试被禁止时，所有调试访问都被视为非安全的并被阻止访问安全地址。
- 处理器既不能停在安全 API 的中间，也不能单步进入它。

□ 复位向量捕获调试事件将被挂起，以便处理器在分支到非安全程序时立即停止。由安全异常引起的其他向量捕获事件将被忽略。

□ 当处理器处于安全状态时，跟踪源（例如 ETM、DWT）将停止生成指令 / 数据跟踪包。

□ 当处理器处于安全状态时，跟踪源（例如 ETM、DWT）仍将允许生成其他跟踪包，前提是不会导致安全信息的泄露。

□ 当处理器暂停在非安全地址时，如果调试器试图将程序计数器更改为安全程序地址，则在尝试单步执行或恢复操作时，处理器将进入安全故障或安全硬故障。

如果在安全 API 执行期间收到来自调试器或外部调试请求信号 EDBGRQ 的暂停请求，则暂停请求将被挂起，并仅在处理器返回到非安全状态时才被接受（见图 16.12）。

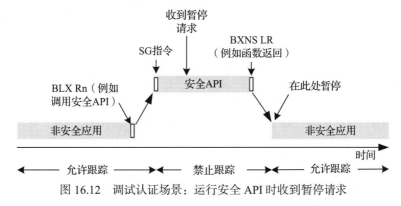

图 16.12　调试认证场景：运行安全 API 时收到暂停请求

在非安全应用程序单步执行期间，如果非安全代码调用安全 API，则处理器在安全 API 的第一条指令（即 SG 指令）处暂停。但是在下一步单步执行时，处理器不会停止，直到它返回到非安全区域（见图 16.13）。尽管处理器停在安全地址位置（即 SG 指令的地址），但这种行为不会导致安全信息的泄露，因为安全内存中的安全 API 代码和安全数据对软件开发人员不可见，并且此时安全 API 尚未执行任何处理。

请注意，暂停地址（即安全 API 的入口点）不被视为安全信息。非安全软件开发人员已经知道入口点的地址，因为他们需要这些信息以便可以在程序代码中调用安全 API。

调试认证设置定义调试监控异常目标是处于安全状态还是非安全状态。如果允许安全调试，则调试监控异常（类型 12）以安全状态为目标，如果不允许，则以非安全状态为目标。

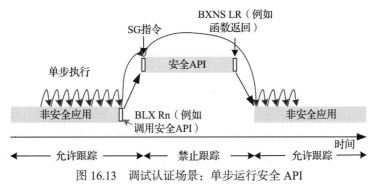

图 16.13　调试认证场景：单步运行安全 API

16.2.8　CoreSight 探索：调试组件识别

CoreSight 调试架构具有很强的可扩展性，可用于具有大量调试组件的复杂片上系统设计。为了支持广泛的系统配置，CoreSight 调试架构提供了一种机制，允许调试器自动识别系统中的调试组件。这涉及在每个调试组件和一个或多个查找 ROM 表中使用 ID 寄存器。

当调试器连接到基于 CoreSight 的调试系统时，将采取一系列步骤，详细说明如下：

1）调试器使用检测到的 ID 值（通过 JTAG 或串行线调试协议）检测其连接的调试端口组件的类型（见图 16.5 左侧）。

2）调试器通过调试连接向调试系统和系统逻辑（如果需要）发出加电请求。该唤醒请求由调试端口模块上的硬件接口处理。调试器使用握手机制以便判断何时准备好发出下一个命令。

3）上电请求握手完成后，调试器扫描 DAP 的内部调试总线，查看其连接的访问端口组件数量。基于 CoreSight 2.0 架构版本，内部调试总线最多可以有 256 个 AP 模块。但是对于大多数 Cortex-M 设备，只会显示一个处理器，并且只有一个 AP 模块连接到 DP 模块。

4）调试器能够通过读取其 ID 寄存器来检测连接的 AP 模块的类型。对于基于单核 Cortex-M 的设备，显示为 AHB-AP 模块（在图 16.5 中调试端口模块的右侧）。

5）在确认 AP 模块是 AHB-AP 后，调试器通过读取 AHB-AP 内部的寄存器之一（该寄存器包含基地址）来识别主 ROM 表的基地址，基地址是一个只读值。ROM 表用于检测调试组件，如步骤 6～8 所述。

6）使用步骤 5 中获得的 ROM 表基地址，调试器读取主 ROM 表的 ID 寄存器并确认它是一个 ROM 表。

7）调试器读取 ROM 表中的条目以收集调试组件的基地址，以及附加 ROM 表（如果存在）。ROM 表包含一个或多个调试组件条目。每个条目（entry）都有：

❑ 一个地址偏移值，指示组件的地址偏移（从 ROM 表的基地址）。由于总线从设备通常与 4KB 地址边界对齐，因此并非 32 位条目的所有位都用于地址。

❑ 一位（条目的最低位之一）用于指示组件是否已在该条目指向的地址处实现。

❑ 一位（条目的最低位之一）用于指示该条目是否当前 ROM 表中的最后一位。

8）之后调试器使用此信息来构建所有可用设备的树状数据库。

如果调试器在扫描过程中检测到附加 ROM 表，也会扫描附加 ROM 表中的条目。图 16.14 说明了上述的步骤 1～8。

调试组件识别过程继续进行，直到检测到所有 ROM 表中的所有条目。调试组件在其地址范围的末尾有许多 ID 寄存器，这些值可供调试工具供应商使用，以便调试工具可以设计为识别系统中存在哪些组件。

大多数基于 Cortex-M 的现代微控制器具有两级 ROM 表：系统级（主要）和处理器级（次要）。在这种情况下，主 ROM 表中的条目之一指向 Cortex-M 处理器内的辅助 ROM 表，然后辅助 ROM 表为处理器的调试组件（例如，断点单元、数据监测点和跟踪单元等）。所有调试组件和辅助 ROM 表都有一个 ID 值范围，允许调试器确定哪些组件可用。在某些情况下，存在多于两级的 ROM 表。在这种情况下，Cortex-M 处理器内的 ROM 表可以位于 ROM 表查找的更深层次（例如第三层次）。

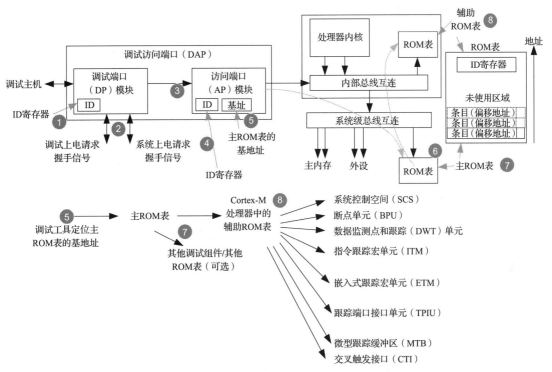

图 16.14　CoreSight 探索：使用 ROM 表和 ID 寄存器识别可用的调试组件

16.3　调试组件简介

16.3.1　概述

Cortex-M 处理器中有许多调试组件。Cortex-M23 和 Cortex-M33 处理器具有以下调试组件：

❑ 处理器内核中的调试控制块。

❑ 断点单元（BreakPoint Unit，BPU，由于历史原因也称为闪存补丁或 FPB）。

❑ 数据监测点和跟踪（DWT）单元（注意，在 Cortex-M23 上 DWT 没有跟踪功能）。

❑ 用于软件生成跟踪激励的指令跟踪宏单元（ITM），仅适用于 Armv8-M 主线版处理器。

❑ 用于实时指令跟踪的嵌入式跟踪宏单元（ETM）。

❑ 用于带缓冲区的指令跟踪的微型跟踪缓冲区（MTB）。

❑ 用于多核系统中调试同步的交叉触发接口（Cross Trigger Interface，CTI）。

❑ 用于输出跟踪数据的跟踪端口接口单元（TPIU）。

通常应用程序开发人员不需要详细了解调试组件。话虽如此，但是了解它们如何在高层次上工作会很有用。例如，当某些调试功能未按预期工作时，这有助于排除故障。对于芯片设计人员，了解调试系统的工作原理很重要，因为这有助于实现芯片的调试支持。

在大多数情况下，调试组件，例如 BPU、DWT 和 ETM，由调试工具管理，软件无法访问。在 Cortex-M23 处理器中，调试寄存器只能由调试器访问，在处理器上执行的软件不能访问调试组件。在 Cortex-M33 处理器中，允许在处理器上执行软件访问调试寄存器。这是支持使用调试监控功能的调试代理所必需的。

但是，在某些情况下软件开发人员希望直接访问其软件中的某些调试功能，包括：

❑ 在调试期间向代码添加软件断点时。

❑ 在调试控制块中使用 DAUTHCTRL 寄存器时，安全特权软件可以覆盖安全调试认证设置。

❑ 使用 ITM 在软件中生成跟踪激励时（在 Armv8-M 主线版指令集架构处理器中可用，但在 Armv8-M 基础版指令集架构中不可用）。

❑ 集成用于监控模式调试的调试代理时（在 Armv8-M 主线版指令集架构处理器中可用，但在 Armv8-M 基础版指令集架构中不可用）。

除非特别指定，Armv8.0-M 中只能在特权状态下访问调试组件的寄存器，并且只能使用 32 位传输访问。在 Armv8.1-M 架构中，允许非特权访问调试组件。然而，这超出了本书的讨论范围。

16.3.2 处理器内核中的调试支持寄存器

处理器内核有几个用于调试控制功能的寄存器，包括：

❑ 用于暂停模式调试的控制寄存器（DHCSR）。该寄存器处理暂停和单步执行。

❑ 用于监控模式调试的控制寄存器（DEMCR）。该寄存器使用调试监控处理调试监控异常和单步执行的管理。

❑ 一对寄存器（DCRSR 和 DCRDR），用于访问处理器内部的各种寄存器（例如，寄存器组中的寄存器、特殊寄存器）。

❑ 用于向量捕获调试事件处理的控制寄存器（DEMCR）。

❑ 用于管理调试认证的控制寄存器（DAUTHCTRL）。该寄存器是 Armv8-M 中的新寄存器。

调试寄存器不在安全状态之间存储，但是调试寄存器中的某些位段只能在安全状态下访问。在处理器的调试控制块中，有 6 个寄存器（见表 16.6）。

表 16.6 调试控制块寄存器

地址（NS 别名）	名称	类型	复位值
0xE000EDF0 (0xE002EDF0)	调试暂停控制状态寄存器（Debug Halting Control Status Register，DHCSR）	读 / 写	0x00000000
0xE000EDF4 (0xE002EDF4)	调试内核寄存器选择寄存器（Debug Core Register Selector Register，DCRSR）	写	—
0xE000EDF8 (0xE002EDF8)	调试内核寄存器数据寄存器（Debug Core Register Data Register，DCRDR）	读 / 写	—
0xE000EDFC (0xE002EDFC)	调试异常与监控控制寄存器（Debug Exception and Monitor Control Register，DEMCR）	读 / 写	0x00000000
0xE000EE04 (0xE002EE04)	调试认证控制寄存器（Debug Authentication Control Register，DAUTHCTRL），只能从安全特权软件访问，调试器无法访问	读 / 写	0x0
0xE000EE08 (0xE002EE08)	调试安全控制与状态寄存器 （Debug Security Control and Status Register，DSCSR）	读 / 写	0x00020000

此外,调试识别块和系统控制空间中还有调试功能所需的其他寄存器。表 16.7 中有详细说明。

表 16.7 处理器内核中其他调试相关寄存器

地址(NS 别名)	名称	类型	复位值
0xE000EFB8 (0xE002EFB8)	调试认证状态寄存器(Debug Authentication Status Register, DAUTHSTATUS)。这允许调试器 / 软件确定调试认证状态(这是 Armv8-M 中的新功能)	只读	根据实现而定
0xE000ED30 (0xE002ED30)	调试故障状态寄存器(Debug Fault Status Register, DFSR)。这允许调试器 / 软件确定哪个事件触发了暂停或调试监控异常(参见 13.5.7 节)	读写	0x00

在大多数情况下,应用软件不需要访问这些寄存器(除非正在创建用于监控模式调试的调试代理)。如果在某些情况下,软件修改了这些寄存器,则会导致调试工具出现问题。例如,DHCSR 由连接到设备的调试器使用,如果该寄存器被软件读取,则读取操作可能会更改其某些状态位,因此应用程序代码应避免访问 DHCSR,因为它可能会导致调试器工具出现问题。DHCSR 的信息如表 16.8 所示。

表 16.8 Armv8.0-M 架构中的调试暂停控制和状态寄存器(CoreDebug->DHCSR, 0xE000EDF0)

位段	名称	类型	复位值	描述
31:16	KEY	写	—	调试键,必须将 0xA05F 的值写入此字段,以便可以写入此寄存器,否则写入将被忽略
26	S_RESTART_ST	读	—	表示处理器执行被重启(未暂停);该位在读取时被清除
25	S_RESET_ST	读	—	处理器内核已被重置或正在被重置;该位在读取时被清除
24	S_RETIRE_ST	读	—	自上次读取后指令已完成;该位在读取时被清除
20	S_SDE	读	—	启动安全调试(如果为 1,则允许安全侵入式调试)。如果未实现 TrustZone,则此位始终为 0
19	S_LOCKUP	读	—	当该位为 1 时,内核处于锁定状态
18	S_SLEEP	读	—	当该位为 1 时,内核处于睡眠模式
17	S_HALT	读	—	当该位为 1 时,内核暂停运行
16	S_REGRDY	读	—	寄存器读 / 写操作已完成
15:6	保留	—	—	保留
5	C_SNAPSTALL	读 / 写	0[①]	用于打破停止的内存访问(仅适用于 Armv8-M 主线版指令集架构,在 Cortex-M23 中不可用)。如果处理器由于传输停止而卡住,则即使接收到暂停请求,它也无法进入暂停模式。C_SNAPSTALL 允许放弃传输并有助于强制处理器进入调试状态
4	保留	—	—	保留
3	C_MASKINTS	读 / 写	—	步进时屏蔽中断;只能在处理器暂停时修改
2	C_STEP	读 / 写	0[①]	处理器单步执行;仅当设置了 C_DEBUGEN 时才有效
1	C_HALT	读 / 写	0	暂停处理器内核,仅当设置了 C_DEBUGEN 时才有效
0	C_DEBUGEN	读 / 写	0[①]	启动暂停模式调试

①上电复位。

注意,对于 DHCSR,位 5、2 和 0 仅通过上电复位进行复位。位 1 可以通过上电复位(冷复位)和系统复位来复位。在 Armv8.1-M 架构中,额外的位段被添加到这个寄存器中,这里不做介绍。

要进入暂停模式，必须设置 DHCSR 中的 C_DEBUGEN 位。由于该位只能通过调试器连接（通过调试访问端口）进行编程，因此无法在没有调试器的情况下停止 Cortex-M 处理器。设置 C_DEBUGEN 后，可以通过设置 DHCSR 中的 C_HALT 位来暂停内核。C_HALT 位可以由调试器设置，或者在 Armv8-M 主线版处理器中由处理器上运行的软件设置。C_DEBUGEN 位则只能由调试器访问。

DHCSR 的位段定义在读和写操作之间是不同的。对于写操作，第 31 ～ 16 位必须使用调试键值。对于读操作，没有调试键，高半字的返回值包含状态位。

当处理器停止时（由 S_HALT 指示），调试器可以使用 DCRSR（见表 16.9）和 DCRDR（见表 16.10）访问处理器的寄存器组和特殊寄存器。

表 16.9　Armv8.0-M 架构中的调试内核寄存器选择寄存器（CoreDebug->DCRSR, 0xE000EDF4）

位段	名称	类型	复位值	描述
16	REGWnR	写	—	数据传输方向：写 =1，读 =0
15:7	保留	—	—	—
6:0	REGSEL	写	—	被访问的寄存器： 000 0000=R0 000 0001=R1 … 000 1111=R15（调试返回地址） 001 0000=xPSR/ 标志 001 0001=MSP（当前主栈指针） 001 0010=PSP（当前进程栈指针） 001 0100= 特殊寄存器： 　[31:24] 控制 　[23:16] FAULTMASK（对于 Armv8-M 基础版读取为 0） 　[15:8] BASEPRI（对于 Armv8-M 基础版读取为 0） 　[7:0] PRIMASK 0011000=MSP_NS（实现 TrustZone 时可用） 0011001=PSP_NS（实现 TrustZone 时可用） 0011010=MSP_S（实现 TrustZone 时可用） 0011011=PSP_S（实现 TrustZone 时可用） 0011100=MSPLIM_S（实现 TrustZone 时可用） 0011101=PSPLIM_S（实现 TrustZone 时可用） 0011110=MSPLIM_NS（适用于 Armv8-M 主线版） 0011111=PSPLIM_NS（适用于 Armv8-M 主线版） 0100001= 浮点状态和控制寄存器（FPSCR） 0100010= 安全专用寄存器： 　[31:24] CONTROL_S 　[23:16] FAULTMASK_S（对于 Armv8-M 基础版读取为 0） 　[15:8] BASEPRI_S（对于 Armv8-M 基础版读取为 0） 　[7:0] PRIMASK_S 0100011= 非安全专用寄存器： 　[31:24] CONTROL_NS

（续）

位段	名称	类型	复位值	描述
6:0	REGSEL	写	—	[23:16] FAULTMASK_NS（对于 Armv8-M 基础版读取为 0） [15:8] BASEPRI_NS（对于 Armv8-M 基础版读取为 0） [7:0] PRIMASK_NS 1000000= 浮点寄存器 S0 … 1011111= 浮点寄存器 S31 其余值保留

表 16.10　调试内核寄存器数据寄存器（CoreDebug->DCRDR, 0xE000EDF8）

位段	名称	类型	复位值	描述
31:0	Data	读 / 写	—	数据寄存器，用于保存寄存器读取的结果或数据写入选定寄存器的结果

要使用这些寄存器读取寄存器内容，必须遵循以下步骤：

❏ 确保处理器已停止。

❏ 将位 16 设置为 0，写入 DCRSR，表示这是一个读操作。

❏ 轮询直到 DHCSR（0xE000EDF0）中的 S_REGRDY 位为 1。

❏ 读取 DCRDR 以获取寄存器内容。

写入寄存器需要类似的操作：

❏ 确保处理器已停止。

❏ 将数据写入 DCRDR。

❏ 将位 16 设置为 1，写入 DCRSR，表示这是一个写操作。

❏ 轮询直到 DHCSR（0xE000EDF0）中的 S_REGRDY 位为 1。

DCRSR 和 DCRDR 寄存器只能在暂停模式调试期间传输寄存器值。为了使用调试监控处理程序进行调试，可以从栈内存访问某些寄存器的内容，其他的可以直接在监控异常处理程序中访问。

如果有合适的函数库和调试器支持，DCRDR 也可用于半主机（semihosting）。例如，当应用程序执行 printf 语句时，文本输出可能由多个 putc（put 字符）函数调用生成。putc 函数调用可以实现为：首先将输出字符和状态存储到 DCRDR，然后触发调试模式的函数。当处理器停止时，调试器检测到处理器停止并收集输出字符进行显示。但是此操作需要暂停处理器，而使用 ITM（参见 16.3.5 节）的 printf 解决方案没有此要求。

在监控模式下进行调试时，调试代理软件需要使用 DEMCR 中提供的功能。有关 DEMCR 的信息如表 16.11 所示。

表 16.11　Armv8.0-M 架构中的调试异常与监控控制寄存器（CoreDebug->DEMCR, 0xE000EDFC）

位段	名称	类型	复位值	描述
24	TRCENA	读 / 写	0[①]	跟踪系统启动；要使用 DWT、ETM、ITM 和 TPIU，该位必须设置为 1
23:21	保留	—	—	保留
20	SDME	只读	—	安全调试监控启动。该位的状态取决于调试认证设置。它确定调试监控异常是否应以安全（1）或非安全状态（0）为目标

（续）

位段	名称	类型	复位值	描述
19	MON_REQ	读 / 写	0	指示调试监控是由手动挂起请求而不是硬件调试事件引起的
18	MON_STEP	读 / 写	0	处理器单步执行。仅在设置 MON_EN 时有效
17	MON_PEND	读 / 写	0	挂起监控异常请求；当优先级允许时，内核将进入监控异常
16	MON_EN	读 / 写	0	启动调试监控异常
15:12	保留	—	—	保留
11	VC_SFERR	读 / 写	$0^①$	安全故障调试陷阱
10	VC_HARDERR	读 / 写	$0^①$	硬故障调试陷阱
9	VC_INTERR	读 / 写	$0^①$	中断 / 异常服务错误调试陷阱
8	VC_BUSERR	读 / 写	$0^①$	总线故障调试陷阱
7	VC_STATERR	读 / 写	$0^①$	使用故障状态错误调试陷阱
6	VC_CHKERR	读 / 写	$0^①$	使用故障检查错误调试陷阱。这将启动由未对齐检查或除零检查引起的使用故障调试陷阱
5	VC_NOCPERR	读 / 写	$0^①$	访问无效处理器（例如 NOCP 错误）引起的使用故障调试陷阱
4	VC_MMERR	读 / 写	$0^①$	内存管理故障调试陷阱
3:1	保留	—	—	保留
0	VC_CORERESET	读 / 写	$0^①$	内核复位调试陷阱

①由上电复位来复位。

请注意，对于 DEMCR：

❑ 第 16 ~ 19 位由系统复位或上电复位来复位。其他位仅能通过上电复位来复位。

❑ 第 4 ~ 9 位和第 11 位在 Armv8-M 基础版指令集架构中不可用。

❑ Armv8.1-M 架构中添加了额外的位段，此处不介绍。

DEMCR 用于控制向量捕获功能和调试监控异常，并启用跟踪子系统。在能够使用任何跟踪功能（例如，指令跟踪、数据跟踪）或能够访问任何跟踪组件（例如，DWT、ITM、ETM 和 TPIU）之前，TRCENA 位必须设置为 1。

在 Armv8-M 中，附加的 TrustZone 出于安全考虑，支持增加额外的调试管理。调试认证控制寄存器（CoreDebug->DAUTHCTRL）使安全特权软件能够覆盖 SPIDEN 和 SPNIDEN 输入信号的设置（见表 16.12）。

表 16.12　Armv8.0-M 架构中的调试认证控制寄存器（CoreDebug->DAUTHCTRL, 0xE000EE04）

位段	名称	类型	复位值	描述
31:4	保留	—	—	保留
3	INTSPNIDEN	读 / 写	0	当 SPNIDENSEL 设置为 1 时，INTSPNIDEN 会覆盖 SPNIDEN 的设置
2	SPNIDENSEL	读 / 写	0	
1	INTSPIDEN	读 / 写	0	当 SPIDENSEL 设置为 1 时，INTPSPNIDEN 会覆盖 SPIDEN 的设置
0	SPIDENSEL	读 / 写	0	

DAUTHCTRL 只能从安全特权软件访问。Armv8.1-M 架构中添加了额外的位到该寄存器中，此处不介绍。

调试器和软件可以使用调试认证状态寄存器（DAUTHSTATUS）（见表 16.13）来确定调

试认证状态。注意，Armv8.1-M 架构中添加了额外的位到该寄存器中，此处不介绍。

表 16.13　Armv8.0-M 架构中的调试认证状态寄存器（DAUTHSTATUS，0xE000EFB8）

位段	名称	类型	描述
31:8	保留	—	保留
7:6	SNID	只读	安全非侵入式调试 00：未实现 TrustZone 安全扩展 01：保留 10：禁止安全非侵入式调试（实现了 TrustZone） 11：允许安全非侵入式调试（实现了 TrustZone）
5:4	SID	只读	安全侵入式调试 00：未实现 TrustZone 安全扩展 01：保留 10：禁止安全侵入式调试（实现了 TrustZone） 11：允许安全侵入式调试（实现了 TrustZone）
3:2	NSNID	只读	非安全非侵入式调试 0×：保留 10：禁止非侵入式调试 11：允许非侵入式调试
1:0	NSID	只读	非安全侵入式调试 0×：保留 10：禁止侵入式调试 11：允许侵入式调试

　　实现 TrustZone 时，许多资源都存储在安全状态之间。在以系统控制空间地址范围为目标进行访问时，调试器生成的访问和软件生成的访问处理传输的方式是不同的。对于软件生成的访问，可以将相同的地址定向到安全或非安全资源，具体取决于当时处理器的安全状态。调试访问不能使用以上方法，因为在执行调试时，处理器可能正在运行，可能处于安全或非安全状态。为了解决这个问题，实现了调试安全控制与状态寄存器，它允许无论处理器的安全状态如何，调试器都可以控制调试访问视图（见表 16.14）。

表 16.14　调试安全控制与状态寄存器（DSCSR，0xE000EE08）

位段	名称	类型	描述
31:18	保留	—	保留
17	CDSKEY	写 / 读作 1	当前域安全（CDS）写使能键：更新 CDS 位（即位 16）时，该位应为 0。写入 DSCSR 时，如果 CDSKEY 为 1，则写入 CDS 将被忽略。这可以防止在处理器运行和写入 DSCSR 时意外更改 CDS 位
16	CDS	读 / 写	当前域安全：允许调试器检查 / 更改处理器的当前安全状态 0 表示不安全，1 表示安全。写入 CDS 时，如果 CDSKEY 为 1，则忽略写入 CDS
15:2	保留	—	保留
1	SBRSEL	读 / 写	安全组寄存器选择（仅当 DSCSR.SBRSELEN 设置为 1 时才使用该位） 0 表示非安全视图，1 表示安全视图
0	SBRSELEN	读 / 写	安全组寄存器选择使能。如果 DSCSR.SBRSELEN 位为 1，则 SBRSEL 决定调试访问应针对安全寄存器还是非安全寄存器。如果不是 1，则处理器当前的安全状态决定了调试访问看到的是安全视图还是非安全视图

DSCSR 还允许调试器更改处理器的安全状态。这必须小心执行，因为如果更改后程序地址的安全状态和安全属性不匹配，会触发故障异常。

如果未实现 TrustZone 安全扩展，则 DSCSR 不可用。

除了这些调试寄存器之外，处理器内核还有一些用于支持多核调试的调试功能：

❑ 外部调试请求信号 EDBGRQ（见 16.2.5 节）：处理器提供外部调试请求信号，允许 Cortex-M 处理器通过外部事件进入调试模式，例如多处理器系统中其他处理器的调试状态。此功能对于调试多处理器系统非常有用。在简单的微控制器中，这个信号很可能是低电平的。

❑ 调试重启接口：处理器提供硬件握手信号接口，允许处理器使用芯片上的其他硬件不暂停。此功能通常用于多处理器系统中的同步调试重启。在单处理器系统中，通常不使用握手接口。

这些功能在 Cortex-M23 和 Cortex-M33 处理器中都可用。

16.3.3　断点单元

Cortex-M23 和 Cortex-M33 处理器中的断点单元允许将断点设置为特定的程序地址，而无须在程序代码中手动添加断点指令。这样做不必修改程序代码，但是可以设置多少个硬件断点是有限制的：

❑ Cortex-M23 处理器最多支持 4 个硬件断点比较器。

❑ Cortex-M33 处理器最多支持 8 个硬件断点比较器。

断点功能相当容易理解。在调试过程中，可以为程序地址设置一个或多个断点。如果执行断点地址处的程序代码，则会触发断点调试事件并导致程序执行暂停（对于暂停模式调试）或触发调试监控异常（如果使用调试监控）。一旦发生这种情况，就可以检查寄存器的内容、内存和外设状态，并可以执行调试操作（例如使用单步执行）。

基于历史原因，断点单元被称为闪存补丁和断点（Flash Patch and Breakpoint，FPB）单元。在 Cortex-M3 和 Cortex-M4 处理器中，断点比较器还可用于重新映射传输以修补 ROM 镜像。由于与重新映射过程相关的 TrustZone 的复杂性，Armv8-M 不支持此功能。

断点单元中的关键寄存器列在表 16.15 中。

表 16.15　断点单元寄存器

地址（NS 别名）	名称	类型	复位值
0xE0002000 (0xE0022000)	闪存补丁控制寄存器（FP_CTRL）	读 / 写	0x00000000
0xE0002004 (0xE0022004)	保留：早期版本的 FPB 编程者模型中的 FP_REMAP 寄存器。在 Armv8-M 中未使用	—	—
0xE0002008 + n*4 (0xE0022008 + n*4)	闪存补丁比较寄存器（FB_COMPn）	读 / 写	—
0xE0002FBC (0xE0022FBC)	FPB 设备架构寄存器（FP_DEVARCH）。用于支持 CoreSight 调试组件的自动搜索	只读	0x47701A03 (Cortex-M33)/ 0x0 (Cortex-M23)
0xE0002FCC (0xE0022FCC)	FPB 设备类型寄存器（FP_DEVTYPE）	只读	0x00000000

（续）

地址（NS 别名）	名称	类型	复位值
0xE0002FD0—0xE0002FFC （0xE0022FD0—0xE0022FFC）	闪存补丁外设和组件 ID 寄存器。用于支持 CoreSight 调试组件的自动搜索	只读	

默认情况下，断点单元是被禁用的。要启用断点单元，调试工具需要设置闪存补丁控制寄存器（FP_CTRL）中的 ENABLE 位（见表 16.16）。

表 16.16　FP_CTRL 寄存器

位段	名称	类型	复位值	描述
31:28	REV	只读	0001	FPB 架构修订版，在 Cortex-M23 和 Cortex-M33 处理器中始终为 1
27:15	保留	—	—	保留
14:12	NUM_CODE [6:4]	只读	—	NUM_CODE 是断点单元中实现的代码比较器的数量。该位域（位 14～12，位宽为 3）仅提供 NUM_CODE 的位 6 到 4。因为 Cortex-M23 和 Cortex-M33 的代码比较器都少于 16 个，所以它始终为 0
11:8	NUM_LIT	只读	0	实现的数据比较器数量，在 Armv8-M 中始终为 0
7:4	NUM_CODE [3:0]	只读		实现的代码比较器数量，在 Cortex-M23 处理器中为 0～4、在 Cortex-M33 处理器中为 0、4、8。如果未实现调试功能，则为 0
3:2	保留	—	—	保留
1	键入	只写	—	写使能键。要写入 FP_CTRL 寄存器，该位必须设置为 1，否则写入将被忽略
0	ENABLE	读/写	0	启动。为 1 时断点单元启动

断点比较器寄存器从地址 0xE0002008（FP_COMP0）开始，并在后续地址中继续，即 0xE000200C（FP_COMP1）、0xE0002010（FP_COMP2）等。要配置硬件断点，调试工具需要配置这些断点比较器之一（见表 16.17）。

表 16.17　FP_COMPn 寄存器

位段	名称	类型	复位值	描述
31:1	BPADDR	读/写	—	断点地址 [31:1]
0	BE	读/写	0	断点启动。当设置为 1 时，断点比较器被启动

与 Cortex-M0/M0+/M1/M3/M4 处理器中的断点单元不同，使用 FPB 修订版 1 架构允许在任何可执行区域设置断点。而在以前的设计中，断点比较器仅在代码区（在前 512MB 内存中）工作。

16.3.4　数据监测点和跟踪单元

数据监测点和跟踪单元（DWT）包含一系列功能：

❑ DWT 比较器，可用于：

● 数据监测点事件生成（用于停止或调试监测异常）。

● ETM 触发器（如果实现了 ETM）。

● 数据跟踪生成（仅适用于 Armv8-M 主线版指令集架构，在 Cortex-M23 处理器中不可用）。

☐ 性能分析计数器（仅在 Armv8-M 主线版指令集架构中可用），可用于性能分析跟踪。

☐ 一个 32 位循环计数器（仅适用于 Armv8-M 主线版指令集架构），可用于：

- 程序执行时间测量。
- 为跟踪同步和程序计数器采样跟踪生成定期控制。

☐ PC 样本寄存器，用于执行代码的粗粒度性能分析。使用此功能时，调试器会通过调试连接定期对 PC 值进行采样（注意，在 Armv8-M 主线版指令集架构处理器中，PC 采样也可以通过跟踪进行）。

DWT 比较器的数量是可配置的，Cortex-M23 和 Cortex-M33 处理器均支持多达 4 个硬件 DWT 比较器。

在访问 DWT 寄存器之前，DEMCR（见表 16.11）中的 TRCENA 位必须设置为 1 以启用 DWT。如果使用 DWT 中的跟踪特征。ITM 跟踪控制寄存器（ITM_TCR）中的 TXENA 位（位 3）必须设置为 1，且需要初始化 TPIU 以启用跟踪输出。

DWT 包含以下关键寄存器（见表 16.18）。

表 16.18 数据监测点和跟踪单元寄存器

地址（NS 别名）	名称	类型
0xE0001000 (0xE0021000)	DWT 控制寄存器（DWT_CTRL）	读 / 写
0xE0001004 (0xE0021004)	DWT 循环计数寄存器（DWT_CYCCNT）（在 Cortex-M23 中不可用）	读 / 写
0xE0001008 (0xE0021008)	DWT CPI 计数寄存器（DWT_CPICNT）（用于分析跟踪，在 Cortex-M23 中不可用）	读 / 写
0xE000100C (0xE002100C)	DWT 异常开销计数寄存器（DWT_EXCCNT）（用于分析跟踪，在 Cortex-M23 中不可用）	读 / 写
0xE0001010 (0xE0021010)	DWT 睡眠计数寄存器（DWT_SLEEPCNT）（用于分析跟踪，在 Cortex-M23 中不可用）	读 / 写
0xE0001018 (0xE0021018)	DWT 折叠指令计数寄存器（DWT_FOLDCNT）（用于分析跟踪，在 Cortex-M23 中不可用）	读 / 写
0xE000101C (0xE002101C)	DWT 程序计数器采样寄存器	读 / 写
0xE0001020+16*n (0xE0021020+16*n)	DWT 比较器寄存器 n（DWT_COMP[n]）	读 / 写
0xE0001028+16*n (0xE0021028+16*n)	DWT 比较器功能寄存器 n（DWT_FUNCTION[n]）	读 / 写
0xE0001FBC (0xE0021FBC)	DWT 设备架构寄存器（FP_DEVARCH），用于支持 CoreSight 调试组件识别	只读
0xE0001FCC (0xE0021FCC)	DWT 设备类型寄存器（FP_DEVTYPE）	只读
0xE0001FD0 ～ 0xE0001FFC (0xE0021FD0 ～ 0xE0021FFC)	DWT 外设和组件 ID 寄存器，用于支持 CoreSight 调试组件识别	只读

DWT 控制寄存器包含许多功能：

☐ 允许软件 / 调试器确定硬件资源可用性的位域。

☐ 各种使能控制位。

DWT 控制寄存器的位域说明详见表 16.19。

DWT 循环计数寄存器（DWT_CYCCNT）仅在 Armv8-M 主线版中可用，用于：

❑ 测量处理器执行周期。

❑ 控制周期性 PC 采样跟踪包（该特性依赖于 DWT_CTRL.PCSAMPLENA 和 DWT_CTRL.CYCTAP 的设置）。

❑ 控制周期跟踪同步包（此功能依赖于 DWT_CTRL.SYNCTAP 的设置）。

❑ 控制周期循环计数跟踪包（此功能由 DWT_CTRL.CYCEVTENA 位控制）。

DWT 循环计数寄存器（见表 16.20）为 32 位宽。

实现 TrustZone 时，将 DWT_CTRL.CYCDISS 设置为 1 可防止 CYCCNT 在安全状态期间递增。DWT_CTRL.CYCDISS 无法从非安全区域访问。

在 Armv8-M 主线版中，DWT 包含许多分析计数器，用于计算不同类型活动（例如，睡眠、内存访问和中断处理开销）使用的周期数。这些计数器列在表 16.21～表 16.25 中。

这些分析计数器是 8 位的，在操作过程中很容易溢出。因此它们应该与跟踪连接一起使用，以便每次任何计数器溢出时，调试主机都会生成并记录相应的跟踪数据包。通过这样做，在分析操作停止时，调试主机通过将"跟踪数据包的数量 ×256"与计数器中的值合并来计算总数（注意，每个溢出数据包代表 256 个周期，因为计数器的位宽为 8）。举例来说，假设在调试会话期间调试主机收到 6 个睡眠事件计数器数据包，如果在会话结束时，SLEEPCNT 计数器的值为 9，则处理器将在该会话期间进入睡眠模式达 1545 个时钟周期（即 6×256+9=1545）。

表 16.19　DWT 控制寄存器（DWT_CTRL, 0xE0001000）

位段	名称	类型	复位值	描述
31:28	NUMCOMP	只读	—	实现的 DWT 比较器数量
27	NOTRCPKT	只读	—	无跟踪数据包。在 Cortex-M23 中始终为 1，表示不支持跟踪
26	NOEXTTRIG	只读	—	没有外部触发器，保留（读为零）
25	NOCYCCNT	只读	—	无循环计数寄存器。在 Cortex-M23 中始终为 1，表示未实现循环计数寄存器
24	NOPRFCNT	只读	—	无性能分析计数器。在 Cortex-M23 中始终为 1，表示未实现性能分析计数器
23	CYCDISS	读 / 写	0	禁用安全状态下循环计数——如果设置为 1，则阻止循环计数器在安全状态下递增。 在 Cortex-M23 处理器中，由于未实现循环计数器，因此该位始终为 0
22	CYCEVTENA	读 / 写	0	循环事件启动。如果设置为 1，则启动事件计数器数据包 POSTCNT 下溢的生成。POSTCNT 是一个 4 位计数器。如果 CYCCNT 计数器的调控位溢出，则递减（抽头位由 CYCTAP 控制，DWT_CTRL 的第 9 位）。 在 Cortex-M23 处理器中，由于未实现循环计数器，因此该位始终为 0
21	FOLDEVTENA	读 / 写	0	该位设置为 1 时，启动 DWT_FOLDCNT 数器。在 Cortex-M23 处理器中，由于未实现 FOLDCNT，因此该位始终为 0

（续）

位段	名称	类型	复位值	描述
20	LSUEVTENDA	读 / 写	0	该位设置为 1 时，启动 DWT_LSUCNT 计数器（LSU= 加载存储单元。启用时，LSUCNT 随着内存访问导致的每个流水线停顿周期而递增） 在 Cortex-M23 处理器中，由于未实现 LSUCNT，因此该位始终为 0
19	SLEEPEVTENA	读 / 写	0	该位设置为 1 时，启动 DWT_SLEEPCNT 计数器（当启动后，每个睡眠周期后 SLEEPCNT 都会递增）。 在 Cortex-M23 处理器中，由于未实现 SLEEPCNT，因此该位始终为 0
18	EXCEVTENA	读 / 写	0	该位设置为 1 时，启动 DWT_EXCCNT 计数器（启动后，EXCCNT 在中断进入 / 退出开销的每个周期内递增）。 在 Cortex-M23 处理器中，由于未实现 EXCCNT，因此该位始终为 0
17	CPIEVTENA	读 / 写	0	该位设置为 1 时，启动 DWT_CPICNT 计数器（启动时，除了 DWT_LSUCNT 记录的周期数，CPICNT 会增加执行指令所需的额外周期（第一个周期不计数））。 在 Cortex-M23 处理器中，由于未实现 CPICNT，因此该位始终为 0
16	EXCTRCENA	读 / 写	0	启动异常事件跟踪。 在 Cortex-M23 处理器中，由于未实现分析跟踪，因此该位始终为 0
15:13	保留	—	—	保留
12	PCSAMPLENA	读 / 写	0	启用 PC 采样跟踪。设置为 1 时，将 PC 值进行采样，并在所选的位（通过 POSTCNT）更改值时输出到跟踪。 在 Cortex-M23 处理器中，由于未实现 FOLDCNT，因此该位始终为 0
11:10	SYNCTAP	读 / 写	0	同步调控（tap），定义同步数据包的速率： 00——同步数据包被禁用 01——同步数据包在 CYCCNT 的第 24 位调控 10——同步数据包在 CYCCNT 的第 26 位调控 11——同步数据包在 CYCCNT 的第 28 位调控 在 Cortex-M23 处理器中，由于未实现 CYCCNT，因此该位始终为 0
9	CYCTAP	读 / 写	0	POSTCNT 计数器的循环计数调控： 0——POSTCNT 在 CYCCNT 的第 6 位调控 1——POSTCNT 在 CYCCNT 的第 10 位调控 POSTCNT 是一个递减计数器，当调控位（由 CYCTAP 选择）改变值时递减。 在 Cortex-M23 处理器中，由于未实现 CYCCNT，因此该位始终为 0
8:5	POSTINIT	读 / 写	—	POSTCNT 计数器的初始值。 在 Cortex-M23 处理器中，由于未实现 POSTCNT，因此该位始终为 0

（续）

位段	名称	类型	复位值	描述
4:1	POSTPRESET	读 / 写	—	POSTCNT PRESET：POSTCNT 计数器的重新加载值。 在 Cortex-M23 处理器中，由于未实现 POSTCNT，因此该位始终为 0
0	CYCCNTENA	读 / 写	0	CYCCNT 启动。当设置为 1 时，启动 CYCCNT 递增

表 16.20　DWT 循环计数寄存器（DWT_CYCCNT, 0xE0001004）

位段	名称	类型	复位值	描述
31:0	CYCCNT	读 / 写	—	循环计数器。当 DWT_CTRL.CYCCNTENA 为 1 且 DEMCR.TRCENA 为 1 时递增，当溢出时回零

表 16.21　DWT CPI 计数寄存器（DWT_CPICNT, 0xE0001008）

位段	名称	类型	复位值	描述
31:8	保留	—	—	保留
7:0	CPICNT	读 / 写	—	计算执行多周期指令所需的额外周期和指令提取中的停顿周期。LSUCNT 记录的第一个指令周期和延迟周期不包括在内。当计数器禁用 DWT_CTRL.CPIEVTENA 写入 1 时，初始化为 0

表 16.22　DWT 异常开销计数寄存器（DWT_EXCCNT，0xE000100C）

位段	名称	类型	复位值	描述
31:8	保留	—	—	保留
7:0	EXCCNT	读 / 写	—	计算异常处理所花费的总周期数。当计数器禁用且 DWT_CTRL.EXCEVTENA 写入 1 时，初始化为 0

表 16.23　DWT 睡眠计数寄存器（DWT_SLEEPCNT, 0xE0001010）

位段	名称	类型	复位值	描述
31:8	保留	—	—	保留
7:0	SLEEPCNT	读 / 写	—	计算处理器的总睡眠周期。当计数器禁用且 DWT_CTRL.SLEEPEVTENA 写入 1 时初始化为 0

表 16.24　DWT LSU 计数寄存器（DWT_LSUCNT，0xE0001014）

位段	名称	类型	复位值	描述
31:8	保留	—	—	保留
7:0	LSUCNT	读 / 写	—	计算执行加载或存储指令所需的额外周期（不计算加载和存储执行的第一个时钟周期）。当计数器禁用且 DWT_CTRL.LSUEVTENA 写入 1 时初始化为 0

表 16.25　DWT 折叠指令计数寄存器（DWT_FOLDCNT，0xE0001018）

位段	名称	类型	复位值	描述
31:8	保留	—	—	保留
7:0	FOLDCNT	读 / 写	—	对执行的附加指令（例如，双发射）进行计数。当计数器禁用且 DWT_CTRL.FOLDEVTENA 写入 1 时初始化为 0

通过组合总循环计数（通过读取 DWT_CYCCNT，或通过跟踪（启动 DWT_CTRL.CYCEVTENA）），可以测量在一段时间内已执行的指令总数，如下所示：

$$已执行的总指令数 = 总循环计数 -CPICNT-EXCCNT-SLEEPCNT$$
$$-LSUCNT+ FOLDCNT$$

通过关联程序跟踪信息（通过使用 ETM 指令跟踪或 PC 采样跟踪），可以识别一些性能问题。例如，图 16.15 显示了一个可能的分析场景，其中 DWT 跟踪显示了代码执行期间的一些有趣方面。

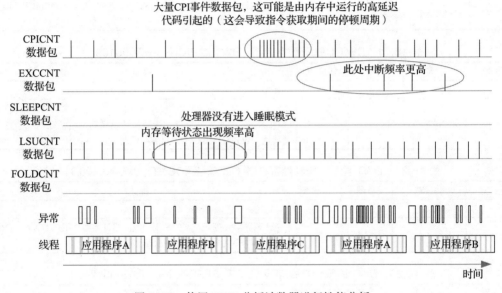

图 16.15　使用 DWT 分析计数器进行性能分析

尽管 EXCCNT 数据包提供异常开销信息，但它不提供发生的异常信息的详细说明。通过设置 DWT_CTRL.EXCTRCENA 启动异常跟踪，可以获取异常发生的详细信息。如果启动了时间戳进行跟踪，那么还可以显示异常处理程序的启动时间和结束时间。

实施了 TrustZone 且禁用安全跟踪（非侵入式调试）时，分析计数器将不会在安全软件活动期间增加。此外，当处理器停止时，分析计数器也将停止。

一些基本的分析也可以通过调试连接使用 PC 采样来执行，为此可以通过 DWT 程序计数器采样寄存器（见表 16.26）定期读取 PC 值，而无须跟踪连接。这在 Cortex-M23 和 Cortex-M33 处理器中均受支持。

表 16.26　DWT 程序计数器采样寄存器（DWT_PCSR，0xE000101C）

位段	名称	类型	复位值	描述
31:0	EIASAMPLE	只读	—	执行指令地址采样值

当 DWT PC 采样寄存器的读取值为 0xFFFFFFFF 时，表示以下条件之一为真：
❏ 处理器已停止。

❏ 实现了 TrustZone，处理器在安全状态下运行，但调试认证设置不允许安全调试。

❏ 调试认证设置不允许调试。

❏ 该 DWT 被禁用（DEMCR.TRCENA 设置为 0）。

❏ 最近执行的指令地址不可用（例如，在复位后不久）。

由于调试连接速度的限制，通过调试连接进行 PC 采样的采样率通常很低。因此，通过跟踪进行 PC 采样（如果可用）是更好的选择，或者采用 ETM 指令跟踪以提供更多的分析信息。

DWT 的数据监测点功能由 DWT_COMP[n] 和 DWT_FUNCTION[n] 寄存器处理，其中 n 的值在 Cortex-M23 和 Cortex-M33 处理器中为 0 ～ 3（注意，Cortex-M23/M33 中最多有 4 个 DWT 比较器，尽管在架构上可以有 4 个以上）。

DWT_COMP[n] 中值的定义取决于 DWT_FUNCTION[n] 中定义的功能（见表 16.27）。

表 16.27　DWT 比较器寄存器 [n]（DWT_COMP[n]，0xE0001020+16*n）

位段	名称	类型	复位值	描述
31:0	DWT_COMP[n]	读 / 写	—	该值取决于 DWT 比较器的功能： • CYCVALUE：当 DWT_FUNCTIONn.MATCH==0001（循环匹配）时 • PCVALUE：当 DWT_FUNCTIONn.MATCH==001x（PC 匹配：仅使用第 31 ～ 1 位，第 0 位应为 0）时 • DVALUE：当 DWT_FUNCTIONn.MATCH==10xx（数据值匹配，Armv8-M 基础版 /Cortex-M23 处理器不支持）时 • DADDR：当 DWT_FUNCTIONn.MATCH==x1xx（数据地址匹配）时

DWT_FUNCTION[n] 的位段说明在表 16.28 中列出。

表 16.28　DWT 比较器功能寄存器 [n]（DWT_FUNCTION[n], 0xE0001028+16*n）

位段	名称	类型	复位值	描述
31:27	ID	只读	—	识别比较器 n 的 MATCH 功能，请参见表 16.30
26:25	保留	—	—	保留
24	MATCHED	只读	—	比较器匹配状态（读取时清零）
23:12	保留	—	—	保留
11:10	DATAVSIZE	读 / 写	—	数据值大小：数据值和数据地址比较器正在监测的数据大小，00 = 字节，01= 半字，10= 字。请注意： • DATAVSIZE 在用作指令地址或指令地址大小比较器时必须设置为 10（0x2） • 如果此 DWT 比较器用于与另一个 DWT 比较器配对以进行数据地址范围检查，则 DATAVSIZE 应设置为 00
9:6	保留	—	—	保留
5:4	ACTION	读 / 写	—	匹配操作： • 00= 仅触发（用于触发数据包生成 /ETM 触发） • 01= 生成调试事件（用于暂停或调试监测） • 10= 生成数据跟踪匹配数据包或数据跟踪数据值数据包 • 11= 生成数据跟踪数据地址数据包，或数据跟踪 PC 值数据包，或同时生成数据跟踪 PC 值数据包和数据跟踪数据值数据包
3:0	MATCH	读 / 写	—	匹配类型，见表 16.29

可用的匹配类型（即 DWT_FUNCTION[n] 寄存器的最低 4 位）在表 16.29 中列出。

表 16.29 中描述的某些功能需要两个 DWT 比较器成对使用。如果实现了多个比较器，则至少有一个比较器支持链接。通常奇数比较器（例如 COMP1、COMP3 等）支持链接功能。由于没有比较器 −1，因此比较器 0 不支持链接。

表 16.29　DWT_FUNCTION[n].MATCH 描述

MATCH[3:0]	描述
0000	禁用
0001	循环计数器匹配：将 DWT_COMP[n] 的值与 DWT_CYCCNT 的值进行比较（在 Armv8-M 基础版指令集架构中不可用）
0010	指令地址：将 DWT_COMP[n] 的值与指令地址进行比较
0011	指令地址大小：当程序执行地址在指令地址下限（由比较器 [n-1] 指示）和指令地址上限（由比较器 [n] 指示）之间时触发匹配事件。两个地址都包含在内。 此功能需要一对 DWT 比较器。对于要成对使用的两个比较器，Comparator[n] 的 MATCH 字段应设置为 0011，Comparator[n-1] 的 MATCH 字段应设置为 0010（指令地址）或 0000（禁用）
0100	数据地址：DWT_COMP[n] 的值与未通过数据地址大小比较器链接时的数据地址进行比较。用于普通数据监测时，DATAVSIZE 应设置为观察数据的大小
0101	数据地址，类似于 0100，但仅用于监控写访问
0110	数据地址，类似于 0100，但仅用于监控读访问
0111	数据地址大小：当数据访问地址介于数据地址下限（由比较器 [n-1] 指示）和数据地址上限（由比较器 [n] 指示）之间时触发匹配事件，两个地址都包含在内。 此功能需要一对 DWT 比较器。如果两个比较器成对使用，则 Comparator[n] 的 MATCH 字段应设置为 0111，Comparator [n-1] 的 MATCH 字段应设置为 0100/0101/0110（数据地址）或 1100/1101/1110（数据地址及数据值）或 0000（禁用）
1000	数据值：将 DWT_COMP[n] 的值与数据值进行比较（仅适用于 Armv8-M 主线版）
1001	数据值，类似于 1000，但仅用于监控写访问
1010	数据值，类似于 1000，但仅用于监控读访问
1011	链接数据值。当数据地址与比较器 [n-1] 中的值匹配且数据值与比较器 [n] 中的值匹配时，触发匹配事件。比较器 [n-1] 必须设置为 0100/0101/0110（数据地址）或 1100/1101/1110（数据地址及数据值）或 0000（禁用）。比较器 [n-1] 和 [n] 成对使用，以允许为匹配定义地址和数据值条件
1100	带数据值的数据地址。与数据地址（0100）类似，只是跟踪数据值（仅适用于前 4 个比较器）
1101	仅用于写入的带数据值的数据地址。与写数据地址（0101）类似，但其只跟踪数据值（仅适用于前 4 个比较器）
1110	只读的具有数据值的数据地址。与读取的数据地址（0110）类似，但其只跟踪数据值（仅适用于前 4 个比较器）

调试工具可以通过读取 DWT_FUNCTION[n] 的 ID 位域来确定可用的 DWT 比较器功能。从 DWT_FUNCTION[n].ID 到可用特性的映射见表 16.30（注意，00000 为保留值）。

表 16.30　DWT_FUNCTION[n].ID 描述

可用功能	二进制形式的 DWT_FUNCTION[n].ID 值							
	01000	01001	01010	01011	11000	11010	11100	11110
数据地址	是	是	是	是	是	是	是	是
带值的数据地址（Cortex-M23 处理器中不可用）	是	是	是	是	是	是	是	是

（续）

可用功能	二进制形式的 DWT_FUNCTION[n].ID 值							
	01000	01001	01010	01011	11000	11010	11100	11110
数据地址限制					是	是	是	是
数据值							是	是
链接数据值							是	是
指令地址			是	是		是		是
指令地址限制						是		是
循环计数器（Cortex-M23 处理器中不可用）	是		是					

当循环计数器（DWT_CYCCNT）被实现时，DWT 比较器 0 必须支持循环计数器比较功能。

使用 DWT 比较器，通过将 DWT_FUNCTION.MATCH 设置为 1100/1101/1110（带数据值的数据地址），可以实现在处理器运行时跟踪选择的数据变量。例如，在 Keil MDK 中使用逻辑分析仪功能时，选择性数据跟踪功能允许可视化数据值的变化（见图 16.16）。

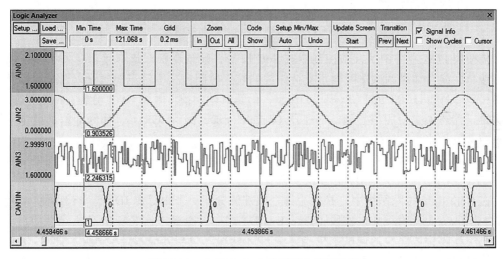

图 16.16　Keil MDK 中的逻辑分析仪功能

16.3.5　指令跟踪宏单元

16.3.5.1　概述

指令跟踪宏单元（ITM）在 Cortex-M33 处理器中可用，但在 Cortex-M23 处理器中不可用。它具有多种功能，包括：

❑ 软件生成的跟踪：软件能够直接将消息写入 ITM 激励端口寄存器以生成跟踪数据。通过这样做，ITM 可以将数据封装在跟踪数据包中并通过跟踪接口将数据输出。

❑ 时间戳数据包生成：可以对 ITM 进行编程，生成插入跟踪流的时间戳数据包，以帮助调试器重建事件的时序。

❑ 跟踪数据包合并：ITM 用作处理器内部的跟踪数据包合并设备，以合并来自 DWT 的跟踪数据包、合并来自激励端口寄存器的软件生成的跟踪数据包以及合并来自时间戳数据包生成器的时间戳数据包（见图 16.17）。

❑ FIFO：ITM 中有一个小的先进先出（FIFO）缓冲区，以减少跟踪溢出的可能。

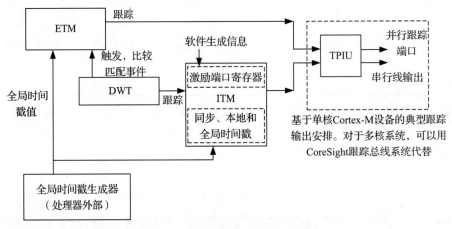

图 16.17　在 ITM 中合并跟踪数据包

要使用 ITM 进行调试，微控制器或 SoC 设备必须具有跟踪端口接口。如果设备没有跟踪接口，或者如果调试适配器不支持跟踪捕获，控制台文本消息仍然可以通过使用其他外设接口（例如 UART 或 LCD 模块）输出，但是其他功能（例如 DWT 分析）将不起作用。一些调试器还通过使用核心调试寄存器（例如 CoreDebug->DCRDR）作为通信通道来支持 printf（和其他半主机功能）。

在访问任何 ITM 寄存器或使用任何 ITM 功能之前，CoreDebug->DEMCR（见表 16.11）中的 TRCENA 位（跟踪启用）必须设置为 1。

在 CoreSight 跟踪系统中，必须为每个跟踪源分配一个跟踪源 ID 值。该 ID 值可编程，是 ITM 跟踪控制寄存器中的位段（TraceBusID）之一。通常，此跟踪 ID 值由调试器自动设置。为了让收到跟踪包的调试主机能够将 ITM 的跟踪包与其他跟踪包分开，此 ID 值必须与其他跟踪源的 ID 完全不同。

16.3.5.2　编程者模型

ITM 包含如表 16.31 所示的关键寄存器。

在使用 ITM 功能之前，需要首先写入 ITM 跟踪控制寄存器（ITM_TCR）以设置主使能位。ITM_TCR 的位段说明在表 16.32 中列出。

软件使用 ITM 激励端口寄存器为调试主机生成信息。通过使用多个激励端口寄存器，可以使用多个消息通道。当数据写入其中一个激励端口寄存器时，激励端口编号被封装在跟踪包中，以便调试主机可以识别数据属于哪个消息通道。在 Cortex-M33 和现有的 Armv7-M 处理器中，ITM 支持 32 个激励端口。激励端口（通常是激励端口 0）最常见的用途是处理 printf 消息，以便可以在调试主机上运行的控制台程序上显示该消息。

在 Keil MDK 使用 RTX RTOS 时，激励端口 31 用于操作系统感知的调试支持。操作系统输出有关其状态的信息，以便调试器可以知道何时发生了上下文切换，以及处理器正在运行的任务。

表 16.31　ITM 寄存器

地址（NS 别名）	名称	类型
0xE0000000+n*4 (0xE0020000+n*4)	ITM 激励端口寄存器 n（ITM_STIM[n]）	读 / 写
0xE0000E00+n*4 (0xE0020E00+n*4)	ITM 跟踪使能寄存器 n（ITM_TER[n]）	读 / 写
0xE0000E40 (0xE0020E40)	ITM 跟踪特权寄存器（ITM_TPR）	读 / 写
0xE0000E80 (0xE0000E80)	ITM 跟踪控制寄存器（ITM_TCR）	读 / 写
0xE0000FBC (0xE0020FBC)	ITM 设备架构寄存器（FP_DEVARCH）， 用于支持 CoreSight 调试组件的识别	只读
0xE0000FCC (0xE0020FCC)	ITM 设备类型寄存器（FP_DEVTYPE）	只读
0xE0000FD0 ～ 0xE0000FFC (0xE0020FD0 ～ 0xE0020FFC)	ITM 外设和组件 ID 寄存器， 用于支持 CoreSight 调试组件的识别	只读

表 16.32　ITM 跟踪控制寄存器（ITM_TCR, 0xE0000E80）

位段	名称	类型	复位值	描述
31:24	保留	—	—	保留
23	BUSY	只读	—	为 1 时，表示 ITM 当前正在生成跟踪数据包（通过软件、ITM 本身或通过处理来自 DWT 的数据包生成）
22:16	TraceBusID	读 / 写	—	ATB（高级跟踪总线）上的总线 ID。正常使用时设置为 0x01 ～ 0x6F
15:12	保留	—	—	保留
11:10	GTSFREQ	读 / 写	00	全局时间戳频率： 00——禁用全局时间戳 01——大约每 128 个周期生成一个全局时间戳 10——大约每 8192 个周期生成一个全局时间戳 11——当跟踪输出级中的 FIFO 为空时，在每个数据包之后生成一个全局时间戳
9:8	TSPrescale	读 / 写	00	本地时间戳的预分频器，它控制时间戳生成器的预分频器。此设置适用于通过 ITM 传输的跟踪数据包的时间戳： 00——无预分频（时间单位生成器以与处理器相同的速度运行） 01——除以 4（时间单位生成器以处理器速度的 1/4 运行） 10——除以 16（时间单位生成器以处理器速度的 1/16 运行） 11——除以 64（时间单位生成器以处理器速度的 1/64 运行）
7:6	保留	—	—	保留
5	STALLENA	读 / 写	—	停止使能：设置为 1 时，当 ITM FIFO 存满时处理器停止，以便跟踪系统可以及时传送跟踪数据包；设置为 0 时，当 FIFO 存满时 DWT 数据跟踪数据包将被丢弃，并使用溢出数据包来指示数据包已丢失。 在架构上，此功能是可选的，它包含在 Cortex-M33 的发布版本 r0p1 中

（续）

位段	名称	类型	复位值	描述
4	SWOENA	读 / 写	—	SWO 使能：使能本地时间戳计数器的异步时钟
3	TXENA	读 / 写	0	发送使能：当设置为 1 时，使能 DWT 数据包的转发
2	SYNCENA	读 / 写	0	同步使能：使能同步数据包生成
1	TSENA	读 / 写	0	局部时间戳使能：使能局部时间戳数据包生成
0	ITMENA	读 / 写	0	TIM 主机使能

在使用 ITM 激励端口之前：

❑ 需要使能 ITM（必须设置 DEMCR.TRCENA，然后必须设置 ITM_TCR.ITMENA）。

❑ ITM 跟踪使能寄存器（ITM_TER）必须配置使能需要使用的激励端口。

❑ 必须配置 ITM_TCR 中的 TraceBusID。

对于读操作，ITM_STIM[n] 具有表 16.33 所示的返回值。

如果激励端口未禁用（即 ITM_STIM[n].DISABLE 为 0），并且如果 FIFO 状态准备好（即 ITM_STIM[n].FIFOREADY 为 1），则软件可以通过写入操作将数据输出到 ITM 激励端口（见表 16.34）。

表 16.33　ITM_STIM[n] 寄存器读取值（ITM_STIM[n]，0xE0000000+4*n）

位段	名称	类型	复位值	描述
31:2	保留	—	—	保留
1	DISABLED	读	—	如果值为 1，则禁用激励端口
0	FIFOREADY	读	—	如果值为 1，则激励端口已经准备接受一条数据

表 16.34　ITM_STIM[n] 寄存器写入值（ITM_STIM[n]，0xE0000000+4*n）

位段	名称	类型	复位值	描述
31:0	STIMULUS	写	—	激励数据

对 ITM 激励端口寄存器的写入大小可以是字节、半字或字。写传输大小定义了要输出的跟踪数据大小。ITM 将数据大小封装在跟踪数据包协议中，以便 printf 的字符写入序列可以在调试主机上正确显示（即主机能够判断数据的正确大小是多少）。

例如，Keil MDK 开发工具中的 μVision IDE 可以在 ITM 查看器中收集并显示 printf 文本输出，如图 16.18 所示。

与基于 UART 的文本输出不同，使用 ITM 输出不会延迟应用程序太多。尽管在 ITM 内部使用了 FIFO 缓冲区，写入输出消息会被缓冲，但在写入之前仍然需要检查 FIFO 是否已满。

可以在跟踪端口接口或 TPIU 上的串行线输出（SWO）接口收集输出消息。从最终代码中删除生成调试消息的代码不是必需的，因为当没有连接调试器时，跟踪系统被禁用（TRCENA 控制位为低）并且对 ITM 的写入被简单地忽略。如果最终代码中提供文本消息生成函数，则可以在需要时在"实时"系统中打开输出消息。在这种情况下，可以通过控制跟踪使能寄存器来选择性地使能 ITM 激励端口，以便仅输出特定激励端口中的部分消息。

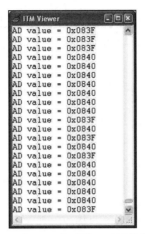

图 16.18　Keil MDK 中 ITM 查看器显示了软件生成的文本输出

为了协助软件开发，CMSIS-CORE 提供了一个函数，如下所述，用于使用 ITM 激励端口处理文本消息：

```
unit32_t ITM_SendChar (uint32_t ch)
```

此函数使用激励端口 0 并返回 ch 输入值。通常调试器会设置跟踪端口和 ITM，这意味着只需调用此函数即可输出要显示的每个字符。要使用此函数，必须设置调试器以使能跟踪捕获。例如如果使用 SWO 信号，那么调试器必须使用正确的传输速度捕获跟踪。通常调试器的图形用户界面（GUI）允许配置 TPIU 频率和串行线输出的速度（通过调整 TPIU 的 SWO 部分中的时钟分频比来处理）。此外，如果 SWO 与 TDO 引脚共享，则必须选择串行线调试通信协议。

虽然 ITM 只允许数据输出，但 CMSIS-CORE 头文件还包括一个函数，允许调试器向运行在微控制器上的应用程序输出字符。这个函数是：

```
int32_t ITM_ReceiveChar (void)
```

尽管该函数的名称中带有"ITM_"前缀，但从调试主机到运行在 Cortex-M 处理器上软件的字符传输实际上是由调试接口（即串行线调试或 JTAG 连接）处理的。要使用此函数，需要声明一个名为 ITM_RxBuffer 的变量，允许调试工具通过直接访问存储变量的内存更新此变量。如果没有要接收的数据，则 ITM_ReceiveChar() 函数返回 −1。如果数据可用，则返回接收到的字符。另一个可用于检查字符是否已收到的函数是：

```
int32_t ITM_CheckChar (void)
```

如果字符可用，则 ITM_CheckChar() 返回 1，否则返回 0。

激励端口需要先使能，然后才能使用。这由 ITM 跟踪使能寄存器（ITM_TER[n]）控制（见表 16.35）。在架构上，如果超过 32 个 ITM 激励端口寄存器，则可以有多个 ITM_TER。但是由于 Cortex-M33 处理器仅实现了 32 个 ITM 激励端口寄存器，因此只有一个 ITM_TER 寄存器可用，其中每一位代表一个激励端口的使能控制。

表 16.35 ITM 跟踪使能寄存器 *n*（ITM_TER[n], 0xE0000E00+4*n）

位段	名称	类型	复位值	描述
31:0	STIMENA	读 / 写	0	激励端口使能（设置为 1 时，激励端口使能） 对于 ITM_TER0： 位 [0]：激励端口 0 位 [1]：激励端口 1 … 位 [31]：激励端口 31

通过设置 ITM 激励端口，可以允许非特权应用程序使用它。这由 ITM 跟踪特权寄存器（ITM_TPR[n]）控制（见表 16.36）。与 ITM 跟踪使能寄存器（ITM_TER[n]）类似，如果 ITM 激励端口寄存器的数量超过 32 个，在架构上可以有多个 ITM_TPR[n]。但是在 Cortex-M33 处理器中，只有一个 ITM 跟踪特权寄存器，该寄存器的每一位代表对一个激励端口的特权级别控制。

表 16.36 ITM 跟踪特权寄存器 *n*（ITM_TPR[n], 0xE0000E40+4*n）

位段	名称	类型	复位值	描述
31:0	STIMENA	读 / 写	0	激励端口特权控制。当设置为 1 时，激励端口仅具有特权访问权限。如果不是，则非特权代码可以访问此激励端口。 对于 ITM_TER0： 位 [0]：激励端口 0 位 [1]：激励端口 1 … 位 [31]：激励端口 31

16.3.5.3 使用 ITM 和 DWT 进行硬件跟踪

ITM 处理来自 DWT 的数据包的合并。要使能 DWT 跟踪，需要设置 ITM 跟踪控制寄存器中的 TXENA 位，此外还需要配置 DWT 跟踪设置。通常跟踪功能（例如，数据跟踪、事件跟踪）是通过调试器的 GUI 配置的，当它们配置好时，调试器会自动配置跟踪设置。

16.3.5.4 ITM 时间戳

ITM 具有时间戳功能，通过在每次新的跟踪包进入 ITM 内的 FIFO 时将时间戳包插入跟踪数据中，允许跟踪捕获工具确定时序信息。当时间戳计数器溢出时，也会生成时间戳数据包。

在 Cortex-M33 处理器中，存在：

❑ 一种用于重构 ITM/DWT 数据包之间的时序关系的本地时间戳机制。

❑ 用于重建 ITM/DWT 跟踪和其他跟踪源（例如，ETM）之间的时序关系的全局时间戳机制。

本地时间戳数据包提供当前跟踪数据包和先前传输的数据包之间的时间差（增量）。使用增量时间戳数据包，跟踪捕获工具确定每个生成的数据包的时序，从而可以重建各种调试事件的时序。

全局时间戳机制允许在不同跟踪源之间（例如，ITM 和 ETM 之间，甚至多个处理器之间）关联跟踪信息。

结合 DWT 和 ITM 的跟踪功能，软件开发人员可以收集大量有用的信息。例如，Keil MDK 开发工具中的异常跟踪窗口（见图 16.19）能够显示已执行的异常以及在异常上花费的时间。

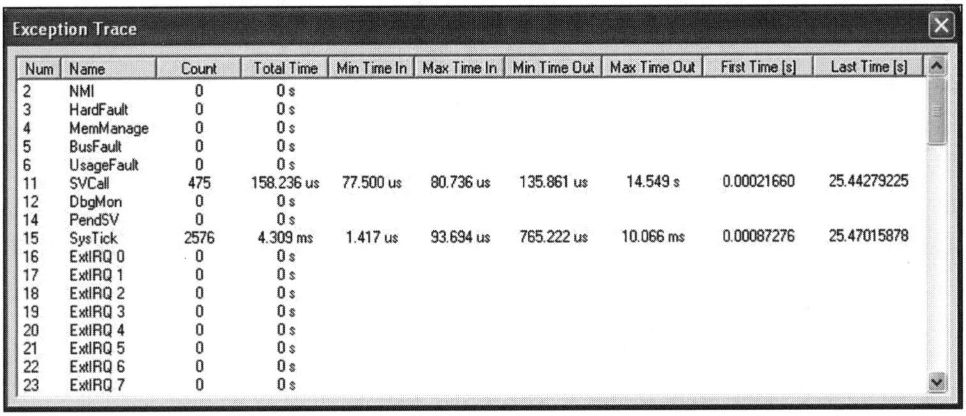

图 16.19　Keil MDK 调试器中的异常跟踪

16.3.6　嵌入式跟踪宏单元

嵌入式跟踪宏单元（ETM）用于提供指令跟踪。收集的信息可用于：

❑ 分析程序失败的原因。

❑ 检查代码覆盖率。

❑ 获取应用程序的详细分析。

ETM 是可选的，在某些基于 Cortex-M23 和 Cortex-M33 的产品上可能不可用。使能 ETM 后，程序流信息（即指令跟踪）实时生成，并由调试主机通过 TPIU（跟踪端口接口单元）上的并行跟踪端口收集。由于调试主机可能拥有程序镜像的副本，因此能够重建程序执行的历史记录。图 16.20 显示了 Keil MDK 中的指令跟踪显示。

ETM 跟踪协议旨在最小化传输跟踪数据所需的带宽。为了减少生成的数据量，ETM 不会为其执行的每条指令生成跟踪数据包。相反，它只输出有关程序流程的信息，并且只在需要时输出完整地址（例如，如果发生了间接分支）。也就是说，ETM 确实会生成相当多的数据，尤其是在分支频繁出现的情况下。为了能够捕获数据跟踪，ETM 中提供了一个 FIFO 缓冲区，以便

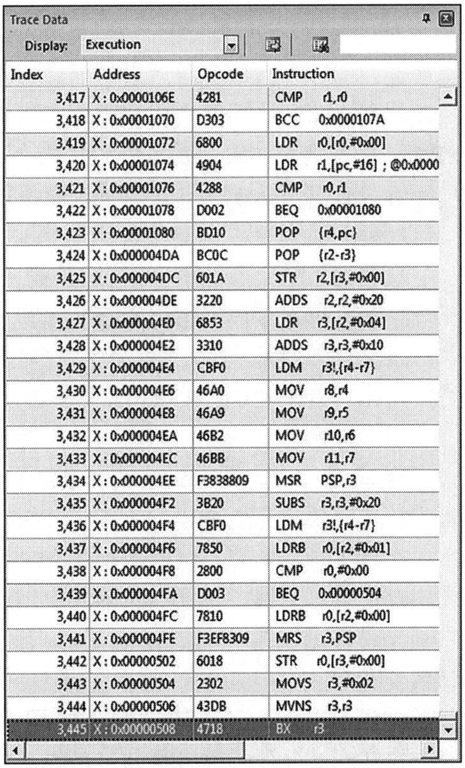

图 16.20　Keil MDK 调试器中的指令跟踪窗口

为跟踪端口接口单元（TPIU）提供足够的时间来处理和重新格式化跟踪数据。由于需要走线带宽，单引脚 SWO 走线输出模式不适合 ETM 走线。

尽管 ETM 协议允许跟踪数据，但用于 Cortex-M23 和 Cortex-M33 处理器的 ETM 不支持数据跟踪。相反，在捕获数据时可以使用 DWT 中的选择性数据跟踪功能。

与接下来要介绍的 MTB 相比，ETM 指令跟踪具有许多优点：

❑ 具有无限的跟踪历史。

❑ 通过时间戳数据包提供时序信息。

❑ 实时运行：由调试工具在处理器仍在运行时收集信息。

❑ 不占用系统 SRAM 中的任何空间。

ETM 还与其他调试组件交互，例如 DWT。DWT 中的比较器可用于生成触发事件或 ETM 中的跟踪使能 / 停止控制功能。由于 DWT 和 ETM 之间的交互，ETM 不需要专用的跟踪使能 / 停止控制硬件。

16.3.7　微型跟踪缓冲区

与 ETM 类似，微型跟踪缓冲区（MTB）也用于提供指令跟踪。然而，MTB 解决方案不是通过 TPIU 实时输出指令跟踪数据，而是使用片上 SRAM 的一部分来保存指令跟踪数据。MTB 是 Cortex-M0+、Cortex-M23 和 Cortex-M33 处理器中的可选组件。

在程序执行期间，程序流程变化信息被捕获并存储在 SRAM 中。当处理器停止时，跟踪缓冲中的程序流信息随后通过调试连接被检索并可供重建。

尽管 MTB 不提供实时指令跟踪，并且其跟踪历史是有限的（受分配给指令跟踪的 SRAM 区域大小的限制），但 MTB 指令跟踪解决方案确实具有以下优点：

❑ 软件开发人员可以使用低成本的调试探针来收集 MTB 跟踪结果。然而，对于 ETM 跟踪，需要一个支持并行跟踪端口捕获的调试探针，而且通常更昂贵。

❑ 使用 MTB，无须为并行跟踪输出使用额外的引脚。对于某些引脚数较少的设备，这是一个重要的考虑因素。

❑ MTB 的整体芯片面积小于 ETM 加上 TPIU 的面积（这意味着更低的芯片制造成本）。由于 MTB 可以使用系统 SRAM 的一部分作为跟踪缓冲，因此不需要专用的 SRAM 缓冲区。

MTB 是一个放置在 SRAM 和系统总线之间的小组件（见图 16.21）。在正常操作中，MTB 作为接口模块将片上 SRAM 连接到 AMBA AHB。

在调试操作期间，调试器配置 MTB，以便分配一小部分 SRAM 作为跟踪缓冲，用于存储跟踪信息。当然，必须注意确保应用程序和为跟踪操作分配的 SRAM 空间不同。

当程序分支发生时，或程序流程因中断而改变时，MTB 将源程序计数器和目标程序计数器存储在 SRAM 中。每个分支总共需要 8 字节的跟踪数据来存储每个程序流更改。例如，如果只分配 512 字节的 SRAM 用于指令跟踪，则最多可以存储 64 个最近的程序流更改。这在调试软件时很有帮助，例如确定导致 HardFault 的程序代码序列。

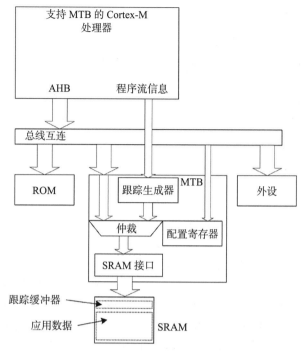

图 16.21 MTB 充当 AMBA AHB 互连和片上 SRAM 之间的桥梁

MTB 支持两种操作模式:

❑ **循环缓冲模式:** MTB 在循环缓冲模式下使用分配的 SRAM。MTB 跟踪连续运行,旧跟踪数据不断被新跟踪数据覆盖。如果 MTB 用于软件故障分析(例如 HardFault),那么调试器会使用中断向量捕捉功能(参见 16.2.5 节)设置处理器,以便在发生 HardFault 时它自动进入暂停状态。当处理器进入 HardFault 时,调试器会提取跟踪缓冲中的信息并重新创建跟踪历史记录。循环缓冲模式是 MTB 最常用的操作模式。

❑ **单次使用模式:** MTB 从分配的跟踪缓冲开始写入跟踪,并在跟踪写入指针到达特定的水印级别时自动停止跟踪。MTB 可以通过断言调试请求信号来停止处理器的执行。

MTB 操作对应用程序的影响可以忽略不计,因为当处理器执行分支时,它不会生成对 SRAM 的任何数据进行访问。然而另一个总线主机(如 DMA 控制器)可能会同时尝试访问 SRAM。为了管理这一点,MTB 有一个内部总线仲裁器来处理访问冲突。

MTB 解决方案首先在 Arm Cortex-M0+ 处理器中引入,并随后在 Cortex-M23 和 Cortex-M33 处理器中可用。在 Cortex-M33 处理器中,MTB 解决方案能够与 ETM 共存。在 Cortex-M23 处理器中,为了减少芯片面积,芯片设计者只能实现其中一种跟踪解决方案,即 ETM 或 MTB。

16.3.8　跟踪端口接口单元

跟踪端口接口单元（TPIU）模块用于将跟踪数据包输出到外部世界，以便跟踪数据可以被跟踪捕获设备捕获，例如 Keil ULINKPro。Cortex-M 设备中使用的 TPIU 模块通常是针对微控制器进行面积优化的 TPIU 版本。它支持两种输出模式：

❏ 并行跟踪端口模式（时钟模式）：提供最多 4 位并行数据输出和一个跟踪时钟输出。

❏ 串行线输出（SWO）模式：使用一位串行输出。SWO 可以有两种不同的输出模式，包括曼彻斯特编码和不归零码（Non-Return to Zero，NRZ）。

NRZ 用于大多数支持 SWO 的调试探针。

在时钟模式下，可以对跟踪接口上使用的实际跟踪数据位数进行编程以适应不同的大小（即跟踪数据可以是 1/2/4 位，加上跟踪时钟）。对于引脚数较少的设备，5 位的跟踪输出可能不可行，尤其是在应用程序已经使用大量 I/O 引脚的情况下。因此，非常希望能够使用较少数量的引脚。芯片设计人员可以使用配置输入端口限制最大端口大小，使设置从硬件寄存器可见，这意味着调试工具可以确定跟踪端口的最大允许宽度。

在 SWO 模式下，使用 1 位串行协议，不仅将输出信号的数量减少到 1，还降低了跟踪输出的最大带宽。除了上述情况之外，跟踪数据输出的速度可以使用预分频器进行编程。将 SWO 与串行线调试协议结合使用时，通常用于 JTAG 协议的测试数据输出（TDO）引脚可以与 SWO 共享（见图 16.22）。例如可以采用标准的 JTAG 调试连接器，使用 Keil ULINK2 调试探针收集 SWO 模式下的跟踪输出。

除了与 TDO 共享 SWO 之外，SWO 输出还可以与并行跟踪输出引脚共享一个引脚，然后可以通过外部跟踪端口分析器（例如 Arm D-Stream 或 Keil ULINKPro）收集跟踪数据（在时钟模式或 SWO 模式下）。

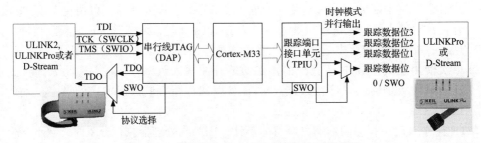

图 16.22　串行线输出上的跟踪连接和引脚共享

请注意，SWO 模式下跟踪数据带宽的限制意味着它不适合与 ETM 指令跟踪一起使用。但是，SWO 足以用于 printf 消息输出和基本事件 / 分析跟踪。潜在地，跟踪端口的时钟可以以更高的频率运行以提供更多带宽，但只能达到一定程度，因为 I/O 引脚的最大速度也受到限制。

在 TPIU 内部，从处理器连接到跟踪总线的跟踪总线接口（AMBA ATB）与跟踪端口接口的时钟异步运行（见图 16.23）。这允许跟踪端口以比处理器更高的时钟频率运行，并提供更高的跟踪带宽。这适用于并行跟踪端口模式，因为跟踪时钟也输出到跟踪捕获单元。

但是 SWO 跟踪没有参考时钟，因此需要在调试工具中配置项目设置，以便以正确的速度捕获 SWO 跟踪。

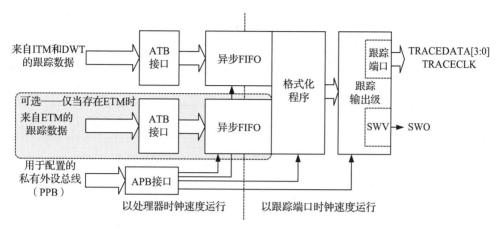

图 16.23 Cortex-M TPIU 框图

在调试会话开始时，可能需要调试初始化脚本配置跟踪时钟（在跟踪接口时钟设置由硬件寄存器控制的情况下）。

因为可以有多个跟踪源连接到 TPIU，所以 TPIU 包括一个格式化程序，它将跟踪总线 ID 值封装到跟踪数据中输出。这允许合并跟踪流，并通过调试主机分开。在没有 ETM 的情况下使用 SWO 模式进行跟踪时，只有一个有效的跟踪总线；在这种情况下，可以关闭格式化程序（即旁路模式）以实现更高的数据吞吐量。在旁路模式下，跟踪总线 ID 值不封装在跟踪数据中。

要使用 Cortex-M TPIU：

❏ DEMCR 中的 TRCENA 位必须设置为 1。

❏ 需要使能 TPIU 跟踪接口端口的时钟信号（这是特定于设备的）。在许多情况下，DEMCR 中的 TRCENA 位也用于使能 TPIU 跟踪接口端口的时钟信号。

❏ 协议（模式）选择寄存器和跟踪端口大小控制寄存器需要由跟踪捕获软件进行编程。

因为 TPIU 不在系统控制空间内，所以 TPIU 寄存器没有非安全别名地址。TPIU 包含以下关键寄存器，表 16.37 中列出了这些寄存器。

TPIU 支持的并行端口大小寄存器（TPIU_SPPSR）允许调试工具确定跟踪端口的最大宽度（见表 16.38）。

TPIU 当前并行端口大小寄存器（TPIU_CSPSR）允许调试工具设置跟踪端口的宽度（见表 16.39）。

表 16.37 Cortex-M TPIU 中的关键寄存器

地址	名称	类型
0xE0040000	TPIU 支持的并行端口大小寄存器 (TPIU_SPPSR)	只读
0xE0040004	TPIU 当前并行端口大小寄存器（TPIU_CSPSR）	读 / 写
0xE0040010	TPIU 异步时钟预分频寄存器（TPIU_ACPR）	读 / 写

（续）

地址	名称	类型
0xE00400F0	TPIU 选定引脚协议寄存器（TPIU SPPR）	读 / 写
0xE0040300	格式化程序和刷新状态寄存器（TPIU_FFSR）	只读
0xE0040304	格式化程序和刷新控制寄存器（TPIU_FFCR）	读 / 写
0xE0040308	周期性同步控制寄存器 (TPIU_PSCR)	读 / 写
0xE0040FA0	声明标签设置	读 / 写
0xE0040FA4	声明标签清除	读 / 写

表 16.38 支持的并行端口大小寄存器（TPIU_SPPSR, 0xE0040000）

位段	名称	类型	复位值	描述
31:0	SWIDTH	只读	—	跟踪端口的最大宽度 0x00000001——1 位宽度 0x00000003——2 位宽度 0x00000007——3 位宽度 0x0000000F——4 位宽度 …

表 16.39 当前并行端口大小寄存器（TPIU_CSPSR, 0xE0040004）

位段	名称	类型	复位值	描述
31:0	CWIDTH	只读	—	跟踪端口的当前宽度 0x00000001——1 位宽度 0x00000002——2 位宽度 0x00000004——3 位宽度 0x00000008——4 位宽度 …

异步时钟预分频寄存器（TPIU_ACPR）允许调试工具为异步 SWO 输出定义时钟预分频（见表 16.40）。

TPIU 选择引脚协议寄存器（TPIU_SPPR）选择输出模式（见表 16.41）。

表 16.40 异步时钟预分频寄存器（TPIU_ACPR, 0xE0040010）

位段	名称	类型	复位值	描述
31:12	保留	—	—	保留
11:0	PRESCALER	读写	0	跟踪时钟输入的除数为 PRESCALER+1。 注意，架构支持高达 16 位的预分频比，但在现有的 Cortex-M TPIU 中仅实现了 12 位

表 16.41 选定的引脚协议寄存器（TPIU_SPPR, 0xE00400F0）

位段	名称	类型	复位值	描述
31:2	保留	—	—	保留
1:0	TXMODE	读写	1	发送方式 00：并行跟踪端口模式 01：使用曼彻斯特编码的异步 SWO 10：使用 NRZ 编码的异步 SWO

格式化程序和刷新状态寄存器（TPIU_FFSR）显示格式化程序和刷新逻辑的状态（见表 16.42）。CoreSight 调试架构支持可选的跟踪总线刷新功能，该功能强制跟踪组件刷新内部跟踪缓冲中的剩余数据。在调试会话之后，调试器可选地向 TPIU 发出跟踪刷新命令。当这样做时，刷新命令通过跟踪总线上的信号传播到各种跟踪源。接收到刷新请求后，跟踪源会刷新内部 FIFO 缓冲区中剩余的跟踪数据，从而使调试主机能够收集数据。

格式化程序和刷新控制寄存器（TPIU_FFCR）允许调试工具启动跟踪总线上的跟踪数据刷新（见表 16.43）。

TPIU 周期性同步控制寄存器（TPIU_PSCR）决定了 TPIU 同步数据包的生成频率（见表 16.44）。

表 16.42　格式化程序和刷新状态寄存器（TPIU_FFSR，0xE0040300）

位段	名称	类型	复位值	描述
31:4	保留	—	—	保留
3	FtNonStop	只读	1	无法停止格式化程序
2	TCPresent	只读	0	该位始终为 0
1	FtStopped	只读	0	该位始终为 0
0	FlInProg	只读	0	正在刷新 • 0：刷新完成或没有刷新正在进行 • 1：发起刷新

表 16.43　格式化程序和刷新控制寄存器（TPIU_FFCR，0xE0040304）

位段	名称	类型	复位值	描述
31:9	保留	—	—	保留
8	TrigIn	只读	1	该位读为 1，表示当检测到触发事件时，将触发插入跟踪接口信令中。触发事件可以由 DWT 或 ETM 生成
7	保留	—	—	保留
6	FOnMan	读写	0	手动刷新。写入 1 会生成跟踪总线刷新。当刷新完成或 TPIU 已复位时，此值清零
5:2	保留	—	—	保留
1	EnFCont	读写	1	启用连续格式化。 • 0：禁用连续格式化（旁路模式） • 1：启用连续格式化
0	保留	—	—	保留

表 16.44　TPIU 周期性同步控制寄存器（TPIU_PSCR，0xE0040308）

位段	名称	类型	复位值	描述
31:5	保留	—	—	保留
4:0	PSCount	读写	0	定期同步计数。当设置为非零值时，它确定同步之间 TPIU 跟踪数据输出的近似字节数。 • 00000：同步禁用 • 00111：每 128 字节后的同步包 • 01000：每 256 字节后的同步包 • …… • 11111：每 2^{31} 字节后的同步包

TPIU 声明标记设置 / 清除寄存器（TPIU_CLAIMSET、TPIU_CLAIMCLR）允许调试代理软件组件决定哪个软件组件控制 TPIU，这类似于硬件信号量（见表 16.45 和表 16.46）。从架构上讲，此寄存器不是必需的，并且在现代调试工具中很少使用，但包含它是为了保持与先前 Cortex-M 处理器的 TPIU 的向上兼容性。

表 16.45　TPIU 声明标签集寄存器（TPIU_CLAIMSET，0xE0040FA0）

位段	名称	类型	复位值	描述
31:4	保留	—	—	保留
3:0	CLAIMSET	读写	0xF	读： • 如果为 0，则表示未实现声明标记位 • 如果为 1，则表示已实现声明标记位 写： 　• 写入 0 无效 　• 写入 1 设置声明标记位

表 16.46　TPIU 声明标记清除寄存器（TPIU_CLAIMCLR, 0xE0040FA4）

位段	名称	类型	复位值	描述
31:4	保留	—	—	保留
3:0	CLAIMCLR	读写	0	读： • 当前声明标签值 写： 　• 写入 0 无效 　• 写入 1 清除声明标记位

在具有多个处理器的片上系统中，所使用的 TPIU 将不同于单处理器微控制器中使用的 TPIU。在多处理器系统中，TPIU 可能是 CoreSight TPIU，它支持更宽的跟踪数据端口宽度（最多为 32 位）。在这样的系统中，需要额外的跟踪总线组件来合并从多个跟踪源接收的跟踪数据。由于 SWO 输出不太可能为多个跟踪源提供足够的跟踪数据带宽，因此 CoreSight TPIU 没有 SWO 输出。然而，它确实有一个类似于 Cortex-M 的 TPIU 中的编程者模型。

16.3.9　交叉触发接口

交叉触发接口（CTI）是辅助多处理器调试处理的可选组件。在多处理器系统中，每个处理器都有一个链接到它的 CTI 块，多个 CTI 使用由交叉触发矩阵（CTM）组件组成的调试事件传播网络链接在一起（见图 16.24）。

通过 CTI 和 CTM 组件，可以链接不同处理器之间的调试活动，例如：

❑ 当一个处理器由于调试事件而进入暂停状态时，它可以同时暂停系统中的其他处理器。

❑ 当多个处理器停止时，可以同时重新启动所有处理器。

❑ 跟踪触发事件可以发送到多个跟踪源，以便几乎同时从多个跟踪组件生成跟踪触发数据包，从而可以轻松地将多个处理器的活动与触发事件相关联。

❑ 来自一个处理器的调试事件可以触发另一个处理器的中断，例如，在控制大功率电动机的系统中，当一个处理器进入暂停状态时，它可以触发另一个处理器的中断并请求它管理可能仍在旋转的电动机。

❑ 来自一个处理器的调试事件可用于触发另一个处理器上的调试 / 跟踪操作。例如，一个处理器上的 DWT/ETM 事件可用于触发另一个处理器上 ETM 的跟踪启动 / 停止。

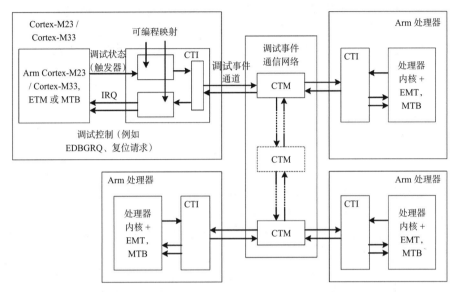

图 16.24　多处理器系统中的 CTI

调试触发事件和调试通道之间的映射是可编程的，通常由调试工具管理。在单处理器系统中，CTI 组件不太可能存在。在上一代 Arm 处理器中，CTI 组件在处理器之外，但现在作为可选组件集成在一起，以简化系统设计。

16.4　启动调试会话

当调试器连接到调试目标时，调试主机会执行许多步骤：

1）首先尝试检测 JTAG 或串行线调试接口（调试端口模块）中的 ID 寄存器值。

2）在调试端口发出调试上电请求并等待握手完成。这确保系统已准备好进行调试连接。

3）可以选择扫描调试访问端口（DAP）的内部调试总线，以检查可用的访问端口（AP）类型。对于 Cortex-M 系统，ID 寄存器值将表明它是一个 AHB-AP 模块。

4）调试器检查它是否可以访问内存映射。

5）可以选择从 AHB-AP 模块获取主 ROM 表的地址，并通过 ROM 表检测系统中的调试组件（如 16.2.8 节所述）。

6）可以选择性地根据项目的设置将程序镜像下载到设备。

7）可以选择性地启用复位向量捕获功能，并使用 SCB->AIRCR（SYSRESETREQ）复位系统。复位向量捕获功能在执行代码之前停止处理器。

如果执行步骤 7，则处理器在程序执行开始时暂停，并准备好让用户发出运行命令来执行软件。

通过跳过步骤 6 和步骤 7，可以在不停止和复位应用程序的情况下连接到正在运行的系统。

如果系统没有有效的程序镜像，那么处理器很可能在复位后不久就进入 HardFault。如果确实进入 HardFault，仍然可以连接到处理器，复位它并确保它在使用复位向量捕获功能之前停止执行任何操作。从该位置，软件开发人员可以将程序镜像下载到内存中并执行它。

16.5 闪存编程支持

尽管闪存编程不属于调试功能，但闪存编程操作通常依赖于 Cortex-M 处理器上的调试功能。闪存编程支持通常是工具链的一个集成部分，可以选择在调试会话开始时执行。

Cortex-M 微控制器的闪存编程可以通过调试器使用以下步骤进行：

1）通过使用调试连接并执行 16.4 节中详述的步骤 1 ~ 5。

2）通过启用复位向量捕获功能并使用 SCB->AIRCR（SYSRESETREQ）复位系统。

注意，此操作会停止处理器。

3）通过使用调试器下载一小段闪存编程代码，并将程序数据的第一页下载到 SRAM 中。

注意，为了使闪存编程能够停止和暂停处理器，应在代码末尾插入断点指令。

4）将程序计数器更改为 SRAM 中闪存编程代码的起点并停止处理器。

注意，这将启动闪存编程代码的执行。

5）通过检测闪存页面编程的完成，调试器用下一个要编程的数据块更新 SRAM，并重新启动闪存编程过程。

注意，在下载的闪存编程代码的末尾使用断点指令，在闪存编程代码执行后将处理器置于暂停状态。当调试器检测到暂停时，它会检查是否有错误，将程序镜像的下一页下载到 SRAM，将 PC 设置回闪存编程代码的开头并重新运行它。

6）重复编程步骤，直到所有闪存页面都已更新。

注意，在此阶段，调试器可以选择运行另一段代码，通过使用校验和算法来验证编程的闪存页面是否具有正确的内容。

7）通过使用 SCB->AIRCR（SYSRESETREQ）发出另一个系统复位，处理器停止并准备执行新的程序镜像。

注意，闪存程序代码可能会从硬件资源（例如时钟和电源管理）的初始化开始，以便以正确的速度和条件（例如电压设置）执行闪存编程；下载的闪存编程代码中的闪存编程过程取决于微控制器系统的性质，如下所示：

❑ 当 TrustZone 安全被实施并且安全固件被预加载，则下载的闪存编程代码调用安全固件中的安全固件更新函数来更新闪存。

❑ 如果未实施 TrustZone 安全，或者未预加载安全固件更新函数，则下载的闪存编程代码将需要包含闪存编程算法并执行闪存编程控制步骤。

16.6　软件设计注意事项

Cortex-M 处理器提供了广泛的调试功能，但是为了充分利用调试功能，软件开发人员应该注意以下几点：

- ❑ 根据芯片的设计，一些低功耗优化可能会被禁用，以允许调试器继续访问处理器的状态及其内存。这可能会导致应用程序在调试期间功耗较高。
- ❑ 某些 Cortex-M 设备中的某些低功耗模式可能会导致调试连接丢失，例如，当处理器断电时，调试器将无法访问处理器的状态。
- ❑ 在暂停期间，系统计时器停止工作，但是系统级（处理器外部）的外设可能仍在运行。
- ❑ 通常应用程序代码应避免修改调试寄存器，因为这会干扰调试操作。
- ❑ 要使用 DWT 数据跟踪，应将被跟踪的数据声明为全局的或静态的，以便它具有固定的地址位置。这是因为局部变量被动态分配在栈内存中，没有固定地址而无法跟踪。
- ❑ 许多设备都具有将调试信号与功能性 I/O 特性结合起来的 I/O 引脚。尽管这些 I/O 引脚在复位后立即被分配用于调试目的，但可以通过切换调试引脚的功能将设备锁定在进一步的调试活动中。然而，这种安排并不是防止调试连接或停止访问调试功能的安全方式。因此，芯片供应商通常会提供其他读出保护功能，以使产品设计人员能够阻止第三方读出他们的软件资产。
- ❑ 一些开发工具提供了一系列分析功能，以允许软件开发人员优化其应用程序。

参考文献

[1] CoreSight Technology System Design Guide. https://developer.arm.com/documentation/dgi0012/latest/.
[2] CoreSight Architecture Specification v2.0. https://static.docs.arm.com/ihi0029/d/IHI0029D_coresight_architecture_spec_v2_0.pdf.
[3] Arm Debug Interface Architecture Specification (ADIv5.0 to ADIv5.2). https://developer.arm.com/documentation/ihi0031/d.
[4] ETM Architecture Specification v1.0 to v3.5, Applicable to Arm Cortex-M23 Processor. https://developer.arm.com/documentation/ihi0014/latest/.
[5] ETM Architecture Specification v4.0 to v4.5, Applicable to Arm Cortex-M33 Processor. https://developer.arm.com/documentation/ihi0064/latest/.
[6] Armv8-M Architecture Reference Manual. https://developer.arm.com/documentation/ddi0553/am (Armv8.0-M only version). https://developer.arm.com/documentation/ddi0553/latest/ (latest version including Armv8.1-M). Note: M-profile architecture reference manuals for Armv6-M, Armv7-M, Armv8-M and Armv8.1-M can be found here: https://developer.arm.com/architectures/cpu-architecture/m-profile/docs.
[7] AMBA 5 Advanced High-performance Bus (AHB) Protocol Specification. https://developer.arm.com/documentation/ihi0033/latest/.
[8] AMBA 4 Advanced Peripheral Bus (APB) Protocol Specification. https://developer.arm.com/documentation/ihi0024/latest/.
[9] Arm Debug Interface Architecture Specification (ADIv6.0). https://developer.arm.com/documentation/ihi0074/latest/.
[10] AMBA 4 ATB Protocol Specification. https://developer.arm.com/documentation/ihi0032/latest/.
[11] Armv7-M Architecture Reference Manual. https://developer.arm.com/documentation/ddi0403/ed/.
[12] Arm CoreSight MTB-M33 Technical Reference Manual. https://developer.arm.com/documentation/100231/latest/.
[13] Embedded Trace Buffer in CoreSight SoC-400. https://developer.arm.com/documentation/100536/0302/embedded-trace-buffer.

第 17 章
软 件 开 发

17.1 概述

17.1.1 软件开发简介

2.4 节概要介绍了软件开发。当使用 Armv8-M 架构[1] 时，会出现各种软件开发场景。例如，设备可能支持 TrustZone 安全功能，也可能不支持。即使支持 TrustZone 安全功能，应用程序软件开发人员也并不需要了解任何关于它的信息（如 3.18 节所述）。

为了便于参考，图 17.1 中说明了各种软件开发场景。

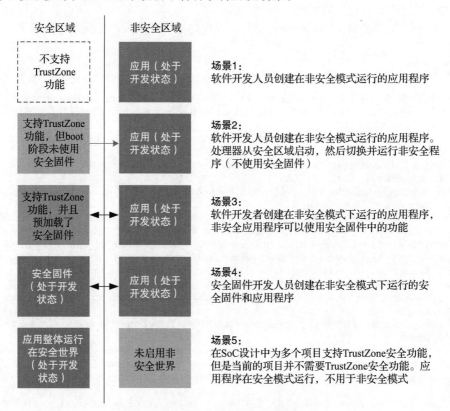

图 17.1 Armv8-M 处理器的软件开发环境

本章将重点讨论创建单个项目的场景（即图 17.1 中的场景 1、场景 2 和场景 5），并详细介绍典型软件项目设置的基本概念。第 18 章中将介绍有关安全模式项目的信息，这是场景 3 和场景 4 的内容。这两种场景会涉及安全项目和非安全项目之间的交互。

17.1.2　典型的 Cortex-M 软件项目

如 2.5.3 节所述，一个基于 CMSIS-CORE 兼容软件驱动程序库构建的基础软件项目通常会包括几个软件文件（见图 17.2）。

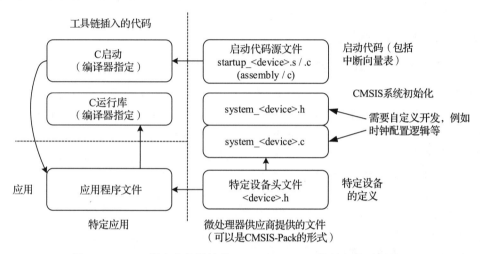

图 17.2　MCU 供应商提供的基于 CMSIS-CORE 软件包的示例项目

在后台，设备特定头文件会引入附加的 CMSIS-CORE 头文件，包括一些通用的 Arm CMSIS-CORE 文件（正如图 2.19 所示），用来访问一系列 CMSIS 功能，例如中断管理、系统计时器配置和特殊寄存器访问。

在使用典型的微控制器设备时，通常需要微控制器供应商提供的示例软件包，包括：

❑ Cortex-M 处理器的 CMSIS-CORE 头文件。

❑ 基于 CMSIS-CORE 的设备专用头文件。

❑ 设备特定的启动代码（可以是汇编语言或 C 语言）。不同的工具链可以有多个版本。

❑ 设备驱动程序文件。

❑ 示例应用程序。

❑ 项目配置文件。不同的工具链可以有多个版本。

为了帮助分发和集成这些基础文件，特定的设备文件会根据 CMSIS-Pack 标准打包到软件包中。在这些特定的软件包中，XML 文件用来指定和详述可用的软件组件。据此软件开发人员能够完成如下工作：

❑ 下载并集成基础文件和可选文件。

❑ 确保满足软件依赖性要求。

CMSIS-Pack 支持把实用程序作为微控制器工具链的一部分集成进来，在 Keil 微控制器开发工具包（Microcontrller Development Kit，MDK）中称为"软件安装程序"。

为了使第三方软件开发工具能够使用 CMSIS-Pack，Arm 还提供了 CMSIS-Pack Eclipse 插件（https://github.com/Arm-software/cmsis-pack-eclipse/releases）。利用 CMSIS-PACK，创建 Cortex-M 应用程序会变得相当简单。

不使用 CMSIS-Pack，手动向软件项目中添加各种文件也可以创建项目，只是手动添加需要耗费很大精力来确保全部文件都被包含。因此，创建一个新的项目，从微控制器供应商提供的示例着手，对它进行修改，或许比从零开始要容易。

17.2　Keil MDK 入门

17.2.1　Keil MDK 功能概述

针对 Armv8-M 设备开发软件时，需要一套支持 Armv8-M 处理器的软件开发工具链。本书中的大多数演示软件开发过程的示例都使用 KeilMDK 创建，也有很多其他工具链，包括同样支持 Armv8-M 架构的微控制器供应商提供的工具链。

Keil MDK 包含以下组件：

❑ μVision 集成开发环境（IDE）。

❑ Arm 编译工具，包括：

- C/C++ 编译器。
- 汇编程序。
- 链接器及其实用程序。

❑ 调试器——支持多种类型的调试探针，例如 Keil 调试探针（ULINK 2、ULINK Pro、ULINK Plus）、CMSIS-DAP-based 探针，以及一些第三方产品，例如 ST-LINK（来自 ST Microelectronics 的多个版本），来自 Silicon Lab 公司的 UDA 调试器和 NULink 调试器。

❑ 仿真器。

❑ RTX 实时操作系统内核。

❑ 支持 CMSIS-PACK——使软件开发人员能够访问超过 6000 个微控制器的参考软件包，这些软件包包括特定设备的头文件、程序示例、Flash 编程算法等。

❑ 在某些 Keil MDK 版本中，还可以选择使用 USB 协议栈、TCP/IP 协议栈等中间件。

Keil（www.keil.com）提供了各种版本的 Keil MDK，也有免费的 Keil MDK 版本支持特定微控制器供应商的微控制器设备。因此，在项目开发刚开始的时候，你只需要考虑电路板的成本，而不需要花太多钱，甚至很多开发板还内置了低成本的调试探针。

17.2.2　典型的程序编译流程

图 17.3 给出了一个使用 Keil MDK 环境创建的项目来展示典型的程序编译流程项目。创建项目后，编译流程将由 IDE 来处理，这意味着在采取几个简单的步骤后，就可以对微

控制器进行编程并测试应用程序。

请注意，Keil MDK 包含两种类型的 C 编译器。分别是：

❏ Arm 编译器 6——这是最新版本，支持 Armv8-M 架构。

❏ Arm 编译器 5——这是上一代的 C 编译器，不支持 Armv8-M 架构。

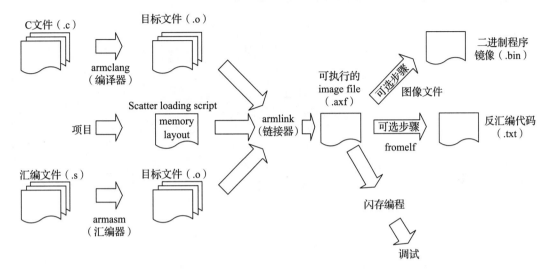

图 17.3 使用 Keil MDK 的编译流程示例

从 Arm 编译器 5 切换到采用不同编译器技术的 Arm 编译器 6 时，由于编译器的一些特定功能已经改变，因此在某些情况下，针对 Arm 编译器 5 创建的 C 代码（例如，函数属性、嵌入式汇编器的使用）可能需要修改。有关软件移植的详细信息请参考 Keil 应用程序说明，网址为 http://www.keil.com/appnotes/files/apnt_298.pdf[2]。

17.2.3 从零开始创建新项目

在开发新程序时，最简单的方法是复用来自 MCU 供应商提供的现有项目示例（文件名中带有 .uvproj 扩展名的项目文件）。不过，为了演示 MDK 开发工具的工作原理，后面的段落详细介绍了从零开始创建基于 Keil MDK 的新项目时需要采取的步骤。本练习选用的目标硬件是一块名为 MPS2+ 的 Arm FPGA 开发板。该开发板配置了一套名为 IoT Kit 的处理器系统，系统中包含一颗 Cortex-M33 处理器。该 FPGA 开发板的示例软件包（以 CMSIS-Pack 的形式）与标准微控制器设备有所不同，但其原理是一样的。

在 Keil MDK 中，IDE 被命名为 μVision。启动 μVision 后，会出现一个类似图 17.4 所示的项目窗口。在安装完 Keil MDK 后，第一次运行时，Pack Installer 会自动启动，如图 17.6 所示。

如果 IDE 打开时显示了前一个项目的详细信息，关闭旧项目可以通过使用下拉菜单 Select Project->Close project 实现。

在创建新项目之前，建议使用软件包安装程序将必要的软件包安装到 Keil MDK 中，并对可能过期的软件包进行更新。通过图 17.5 中所示的工具栏就可以访问安装程序包。

图 17.6 给出了软件包安装程序界面示例。

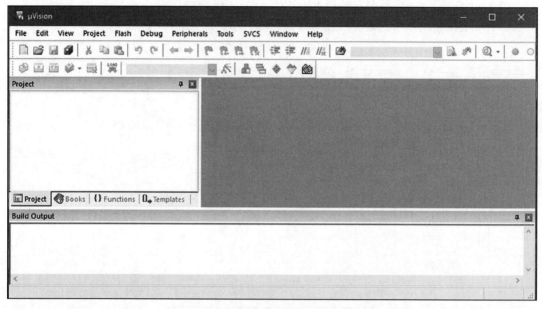

图 17.4　μVision IDE 的空白项目窗口

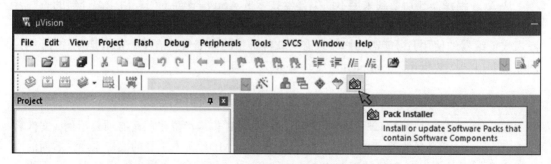

图 17.5　进入 Keil μVision IDE 的软件包安装程序

对于新安装的安装程序包，因为要下载最新的 CMSIS-Pack 索引并检查以前安装的软件包是否过期，所以需要等几分钟后才可以执行。使用安装程序包（见图 17.6）时，需要先选择左侧列出的 IOTKit_CM33_FP 硬件平台（或需要选择的硬件平台）以及其他支持的硬件平台，然后，单击支持的软件包列表右侧的 Install 按钮，安装所需的软件包。

如果软件组件旁边的按钮为 Update，例如图 17.6 中的 Keil::V2M-MPS2_IOTKit_BSP 和 ARM::CMSIS-Driver 所示，则需要单击该按钮升级软件包。

安装好所需的软件包后，就可以开始创建软件项目了。要开始新的项目，可以单击下拉菜单中的 New μVision Project 项（见图 17.7）。

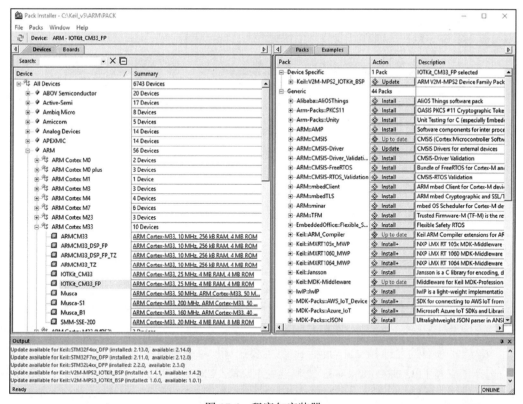

图 17.6 程序包安装器

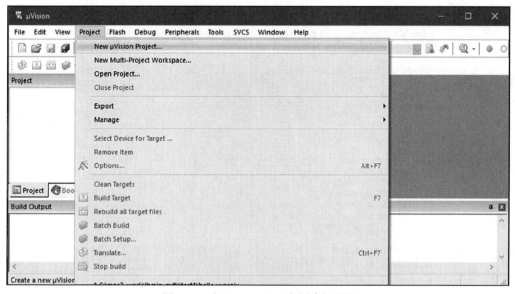

图 17.7 在 μVision IDE 中创建新项目

然后，IDE 会询问项目的位置和名称，如图 17.8 所示。

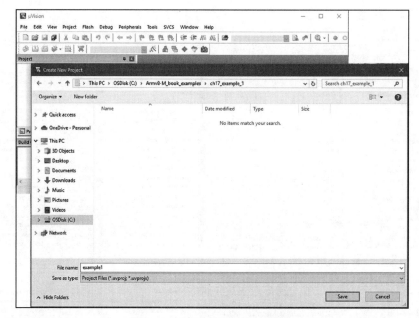

图 17.8　选择项目目录和项目名

当输入了项目的名称和位置后，下一步需要选择项目中所使用的微控制器。在这个例子中，选择了支持 FPU 的 Cortex-M33 处理器的 IOTKit_CM33_FP 硬件平台。在设备列表中找到：Arm → Arm Cortex-M33 → IOTKit_CM33_FP，如图 17.9 所示。由于 Select Device 对话框中列出的设备都已安装到 CMSIS 包中，因此如果要使用的设备不在该列表中，则意味着要使用的设备的 CMSIS-Pack 尚未安装，或者此设备没有 CMSIS-Pack。

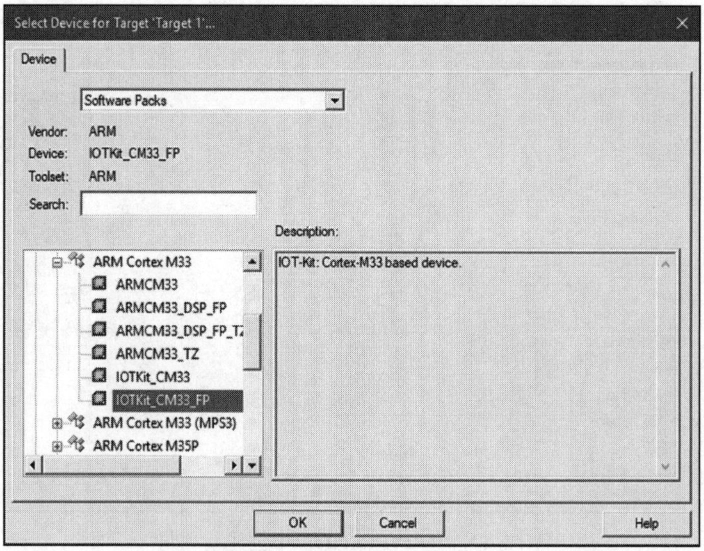

图 17.9　创建项目时选择设备

选择了所需的微控制器后，接着会显示 Manage Run-Time Environment（运行环境管理）窗口（见图 17.10）。在该窗口中允许选择一系列软件组件。

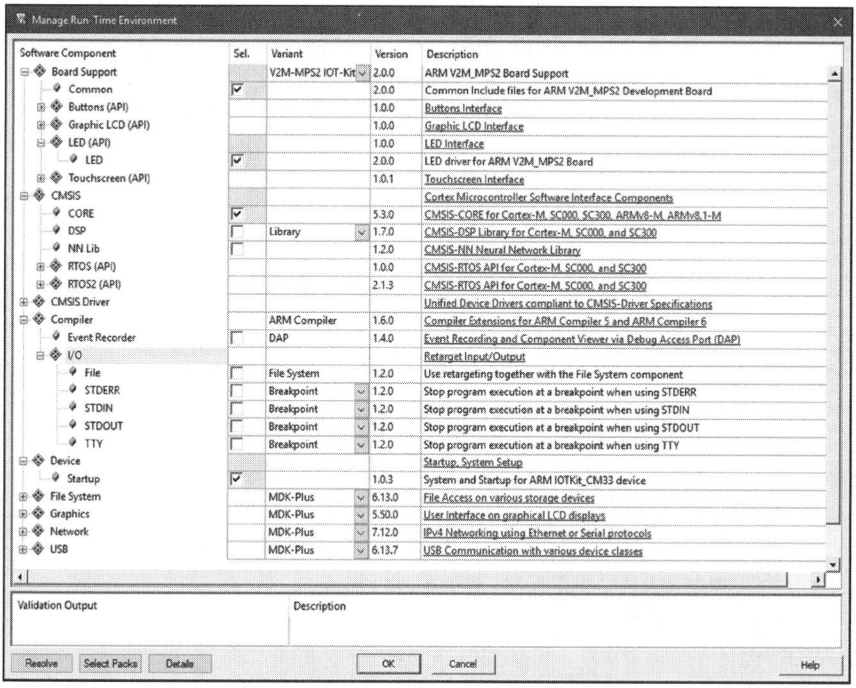

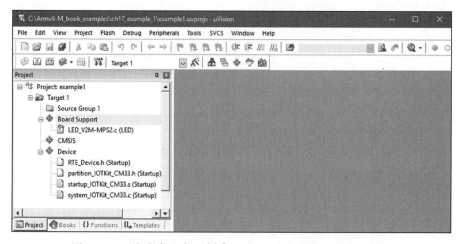

图 17.10 选择项目中需要的软件组件

默认情况下，Keil MDK 将指定的软件组件分组导入，如图 17.11 所示。

选择了所需的软件组件，创建了项目，下一步就是添加应用程序代码（即 C 程序）。为此，右击 Source Group 1，选择 Add New Item to Group 'Source Group 1'...，如图 17.12 所示。

图 17.11 选择软件组件后创建的项目示例，软件之间分组排列

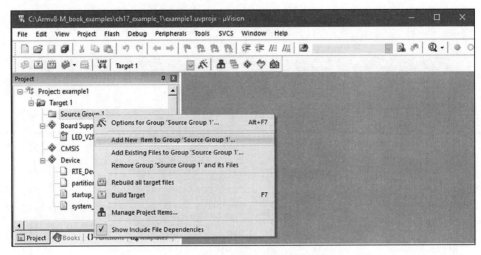

图 17.12 给项目添加新的程序代码

完成后，选择文件类型并输入文件名，如图 17.13 所示。

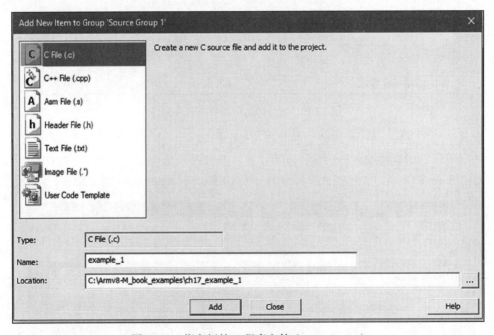

图 17.13 指定新的 C 程序文件（example_1.c）

接下来，将一段 LED 开关（即 LED 闪烁）的程序代码添加到 example_1.c（注意，这是输入的文件名，如图 17.13 所示）。程序代码如下：

```
// 设备特定的头文件
#include "IOTKit_CM33_FP.h" /* 设备头文件 */
#include "Board_LED.h"       /* 板上 LED 支持 */
```

```
int main(void)
{
  int i;
  LED_Initialize();
  while (1) {
    LED_On(0);
    for (i=0;i<100000;i++){
      __NOP();
      }
    LED_Off(0);
    for (i=0;i<100000;i++){
      __NOP();
      }
  }
}
```

准备好所有源文件后，就可以编译项目了。编译方式如下：

❑ 单击工具栏上的 Build Target 图标。

❑ 从下拉菜单中选择 Project → Build Target。

❑ 在项目浏览器中右击 Target 1，并选择 Build Target。

❑ 使用 F7 键。

项目编译完成后，编译输出如图 17.14 所示。

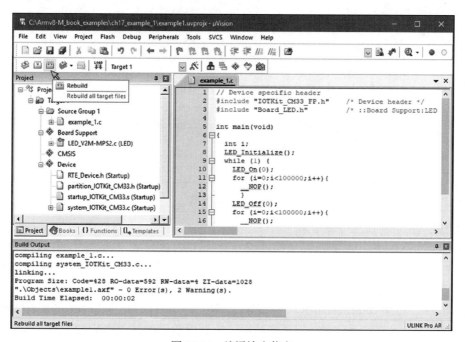

图 17.14　编译输出信息

程序编译过程中会生成一个名为 example1.axf 的可执行镜像文件。程序镜像文件生成后，还需要执行几个步骤才能将程序下载到开发板上进行测试。这些步骤包括：

❏ 检查是否需要安装调试探针的设备驱动程序。如果需要，则应安装所需的设备驱动程序。

❏ 更新调试设置，以便选择正确的调试探针，并按照所需的设置进行配置。

调试设置可以从项目选项菜单中访问。有以下几种访问方式：

❏ 右击项目浏览器上的 Target 1 并选择 Options for target 'Target 1'。

❏ 从下拉菜单中选择 Project → Options for target 'Target 1'。

❏ 使用快捷键 Alt-F7。

❏ 单击工具栏上的目标选项按钮。

当打开项目选项时，会出现如图 17.15 所示的项目选项窗口。

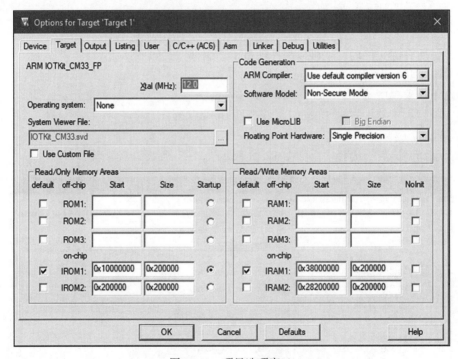

图 17.15　项目选项窗口

项目选项窗口的顶部包含很多选项卡。请注意：

❏ 根据 CMSIS-Pack 提供的信息正确配置内存映射设置、C 预处理宏和闪存编程选项。

❏ 某些项目选项（例如项目是否需要使用 FPU 和时钟速度设置）需要由软件开发人员配置。这些选项的定义取决于应用程序是否需要。

❏ 调试探针选项（在调试选项卡下）需要软件开发人员根据所使用的调试探针进行配置。

对于此处演示的示例项目，需要修改调试探针设置来测试编译后的项目。本例使用了 Keil 中的 ULINKPro（见图 17.16）。

为了能够测试项目，需要在调试选项中选择正确的调试探针（见图 17.17）。

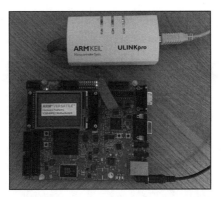

图 17.16 MPS2 FPGA 开发板和 ULINKPro 调试探针连接图

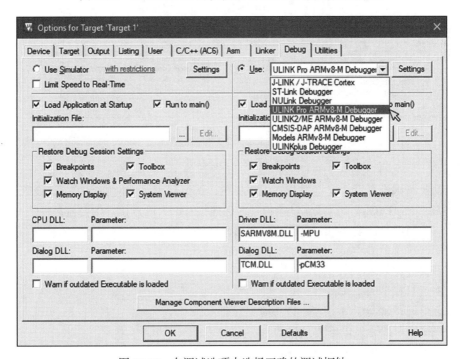

图 17.17 在调试选项中选择正确的调试探针

选择了正确的调试探针后，单击调试探针选项旁边的 Setting 按钮定义以下区域的调试设置（见图 17.18）。

❑ 设置 JTAG 或串行线调试连接协议和连接速率。

❑ 程序下载和复位设置。

❑ 跟踪设置（在 Tarce 选项卡下）。

❑ Flash 编程设置（在 Flash Download 选项卡下）。

❑ 调试设置程序（在 Pack 选项卡下，该选项是可选的，例如，可以用于设置调试认证控制程序）。

由于本例中使用的 FPGA 板上没有闪存，因此闪存编程选项已被移除，只保留了 Do not erase 选项可选。但通常，当使用标准微控制器时需要确定闪存编程方法。

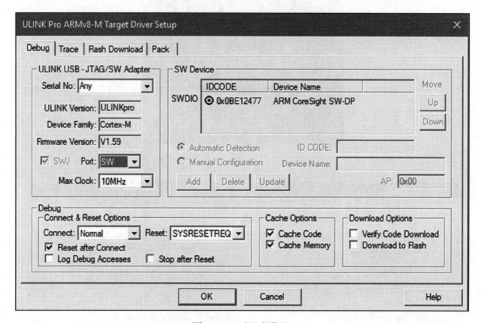

图 17.18　调试设置

正确设置调试设置后，连接好开发板并加电，调试器工具就能够通过调试设置窗口（见图 17.18）检测到 JTAG 或串行线调试接口是否已连接。如果已连接，则会显示一个 IDCODE。

至此，关闭项目选项窗口，启动调试会话，方法如下：

❑ 使用下拉菜单 Debug → Start/Stop Debug Session。

❑ 使用快捷键 Ctrl-F5。

❑ 单击工具栏上的⊛按钮。

这时会出现调试器窗口（见图 17.19）。

程序的执行可以通过以下方式启动：

❑ 选择下拉菜单中的 Debug → Run。

❑ 使用快捷键 F5。

❑ 单击工具栏上的运行按钮⊞。

如果所有设置都正确，电路板上的 LED 就会开始闪烁，如果闪烁，则表明 Cortex-M 项目运行正常。

示例启动并运行后，通过以下方式暂停调试会话：

❑ 使用下拉菜单 Debug → Start/Stop Debug Session。

❑ 使用快捷键 Ctrl-F5。

❑ 单击⊛按钮。

注意，这些步骤与启动调试会话的步骤几乎相同。

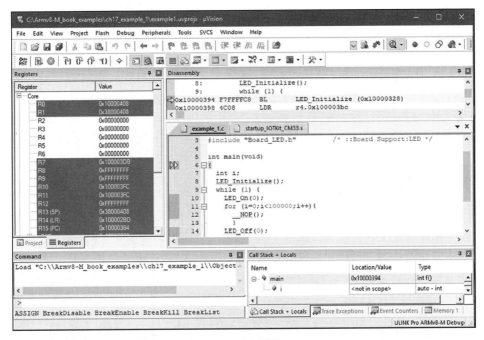

图 17.19 调试器窗口

17.2.4 了解项目选项

17.2.4.1 概述

如图 17.15 所示,在项目设置窗口的各个选项卡下有一系列项目选项,在图 17.20 中对这些选项做了更详细的说明。

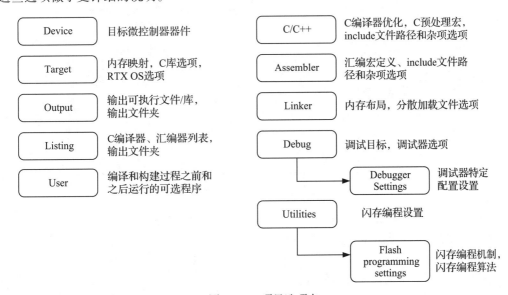

图 17.20 项目选项卡

在一个项目中，可以定义多组项目选项，各组选项可以在项目编译时切换。这样的考虑对软件项目是很有用的，因为调试软件时就可以：

□ 一组（或多组）项目选项用于软件调试。出于调试目的，项目选项可以设置在较低的优化级别（更易于调试），并且可以启用编译输出中的调试符号输出。

□ 用于发布的项目选项使用更高的优化级别，并且去掉调试标志。

使用 Keil MDK 时，每一组选项都可以称为一个目标。在图 17.11 所示的示例项目中，项目窗口有一个 Target 1，这个目标的名字可以自行定义（例如，使用 Development 或 Release 等名称可以直观地定义目标的目的）。如果想要添加目标，可以在目标名位置右击，选择 Manage Components，然后单击 New (Insert) 目标的按钮。当项目中有多个目标时，可以使用工具栏上的目标选择框在目标之间切换。

17.2.4.2　设备选项

此选项卡用于定义项目的硬件设备 / 平台。安装完设备特定的软件包（即 CMSIS-Pack）后，就可以从这个选项卡的选项中选择设备。当从这个对话框中选择设备时（见图 17.21），会为该设备配置编译器标志、内存映射和闪存算法。如果使用的设备不在列表中，仍然可以在 Arm 部分选择 Cortex-M23 或 Cortex-M33 处理器，然后手动定义配置选项。

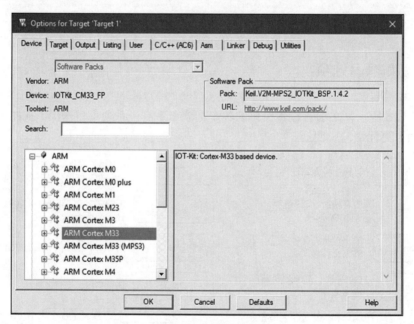

图 17.21　设备选项

17.2.4.3　目标选项

通过目标选项卡（见图 17.15）可以定义：

□ 设备的内存映射（请注意，项目的内存映射也可以使用分散文件定义，该文件通过链接器选项卡中的选项传递给链接器）。

□ 要使用的编译器的版本（对于 Armv8-M 架构设备，需要选择 Arm 编译器 6。对于

Armv6-M 或 Armv7-M 架构设备，可以选择 Arm 编译器 5 或 Arm 编译器 6）。

❑ 是否支持 FPU 功能。即使硬件平台支持 FPU，如果应用程序不需要浮点数据处理，移除或不启用 FPU 可以降低功耗。

❑ 项目是针对非安全模式还是安全模式编译的。如果选择了安全模式模型，则可以使用一系列 TrustZone 安全功能（例如，指针安全检查的内建函数）。在创建安全固件或安全库时需要这些功能。如图 17.1 所示，对于软件开发场景 2 和场景 3，应使用非安全的软件模型。

❑ 使用的 C 运行库类型——可以是标准的 C 运行库（功能齐全并针对速度进行了优化），也可以是 MicroLib（针对内存大小优化的 C 运行库）。

❑ 是否需要内建 RTX 操作系统。

❑ 晶体频率——该设置由指令集模拟器使用，也可能由闪存编程算法使用。通常定义外部器件的主晶体振荡器频率。

当选择不同的微控制器设备时，目标选项卡中的选项将自动更新。

17.2.4.4 输出选项

利用输出选项卡（见图 17.22）可以选择项目想要生成可执行镜像还是生成库，还可以指定后续建立文件的保存目录。例如，在项目目录中创建一个子目录，然后使用 Select Folder for Objects 对话框指定输出目录位置。这对保持项目主目录的简洁整齐非常有用。在项目编译过程中，可能会生成大量文件（例如 C 目标文件），如果输出目录与项目主目录不分离，则会导致项目目录混乱，造成项目文件维护（例如备份）困难。

在首次编译后，输出选项卡还可以生成批处理文件（Windows/DOS 命令提示符的脚本文件），该文件可以以批处理模式在回归测试中复用。该编译过程不使用 Keil μVision IDE。

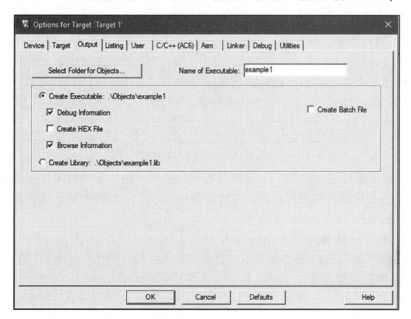

图 17.22 输出选项

17.2.4.5　列表选项

列表选项卡（见图 17.23）可以启用 / 禁用程序列表文件。默认情况下，C 编译器列表文件是关闭的。当调试软件时，打开 C 编译器列表的选项，对准确查看生成的汇编指令序列很有帮助。和输出选项类似，单击 Select Folder for Listings... 就可以定义输出列表文件的存储位置。另一种生成反汇编列表的方法是添加一条在链接之后执行的用户命令，这在 17.2.4.6 节中有介绍。

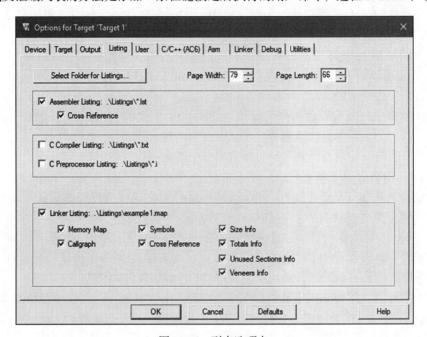

图 17.23　列表选项卡

17.2.4.6　用户选项

用户选项卡允许用户指定在软件编译的各个阶段需要执行的附加命令。例如，在图 17.24 中添加了一条用于生成完整程序镜像的反汇编列表命令，该命令会在编译阶段结束后执行。

在图 17.24 所示的用户选项中添加的完整命令为：

```
$K\Arm\Armclang\bin\fromelf -c -d -e -s #L --output list.txt -cpu=cortex-m33
```

这条命令生成一个名为 list.txt 的完整反汇编程序镜像文件。在上面显示的命令示例中，$K 是 Keil 开发工具的根文件夹，#L 是链接器输出文件。这些特殊的关键字称为关键字序列，用来将参数传递给外部用户程序。关键序列代码列表在 Keil 网站的链接为 http://www.keil.com/support/man/docs/uv4/uv4_ut_keysequence.htm。

17.2.4.7　C/C++ 选项

C/C++ 选项卡（见图 17.25）用于定义优化选项、C 预处理指令（定义）和 include-files 的搜索路径以及其他编译开关。请注意，默认情况下，Keil MDK 项目的文件搜索路径中会自动包含很多 include-file 目录（可以通过 C/C++ 选项卡底部列出的编译控制字符串来确定搜索路径中包含哪些目录）。例如，CMSIS-CORE include-files，有时还会自动包含设备特定的头文件。如果要使用特定版本的 CMSIS-CORE 文件，那么需要通过单击选项卡中的 No Auto Includes 复选框来禁用自动包含路径功能。

关于优化级别选项的更深入的描述，请参考 Keil 应用程序说明 AN298：http://www. keil.com/appnotes/files/apnt_298.pdf。

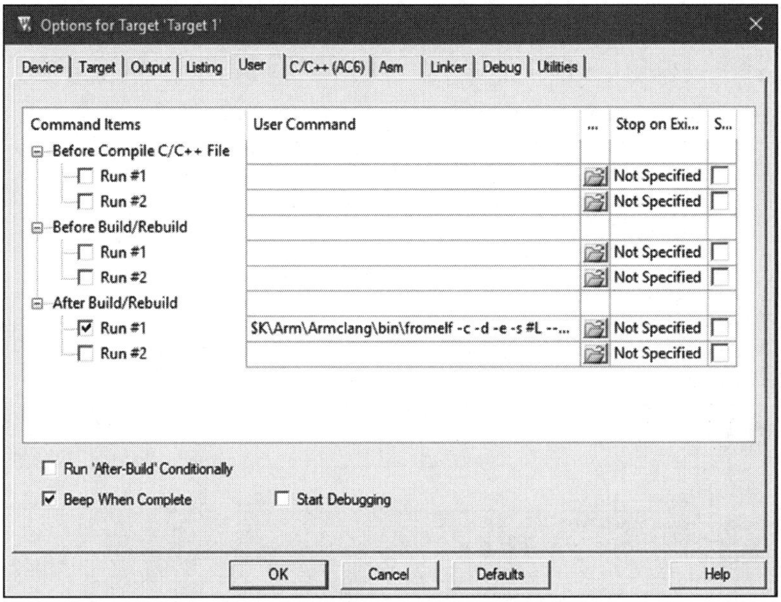

图 17.24　用户选项

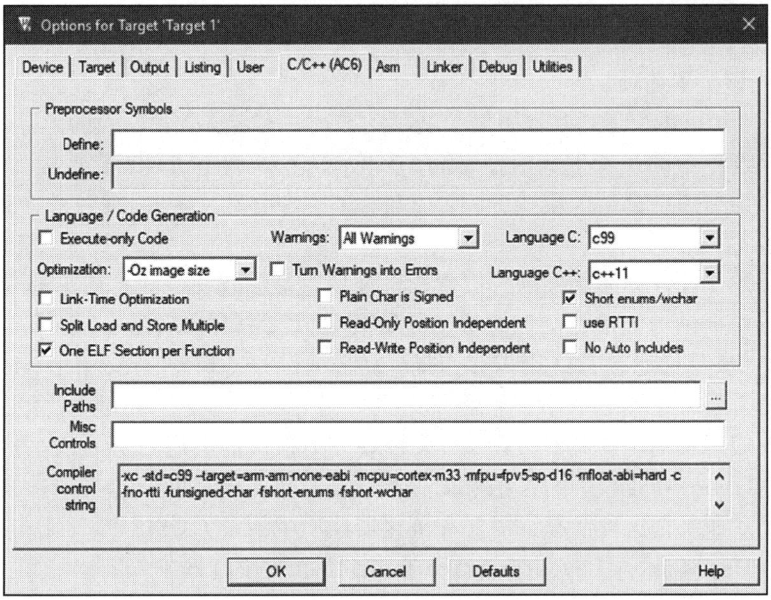

图 17.25　C/C++ 选项

17.2.4.8 汇编器选项

汇编器选项卡用于定义预处理指令 include-paths 以及附加的汇编程序命令开关（如果需要）。

汇编器选项如图 17.26 所示。

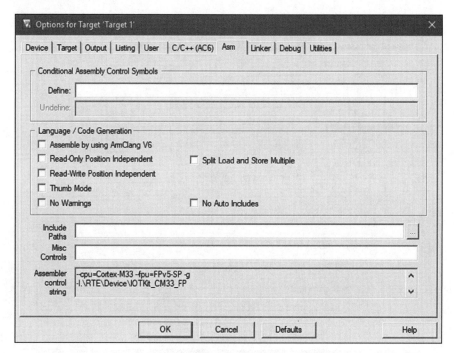

图 17.26 汇编器选项

17.2.4.9 链接器选项

在链接器选项卡中，通过在以下两个选项中二选一来定义软件项目的内存映射：

❑ 从目标选项中的设置生成内存布局（参见图 17.15 和 17.2.4.3 节）。该设置将根据内存布局详细信息自动生成一个配置文件（也称为分散文件），然后将此文件传递给链接器。

❑ 指定分散文件。分散文件既可以由软件开发人员创建（即自定义），也可以由微控制器供应商提供。如果使用该方法，就需要取消选中 Use Memory Layout from Target Dialog（从目标对话框使用内存布局）复选框，并且需要在 Scatter File（分散文件）选项框中添加分散文件的位置。

如果正在使用相对较新的 CMSIS-Pack 设备，则很可能会用 C 语言编写启动代码。在这种情况下，CMSIS-Pack 很可能会附带一个分散文件，这有助于定义向量表、栈和堆内存的内存布局。如果是这种情况，需要在链接器选项中指定 CMSIS-Pack 附带的分散文件，同时取消选中 Use Memory Layout from the Target Dialog 复选框。

链接器选项如图 17.27 所示。

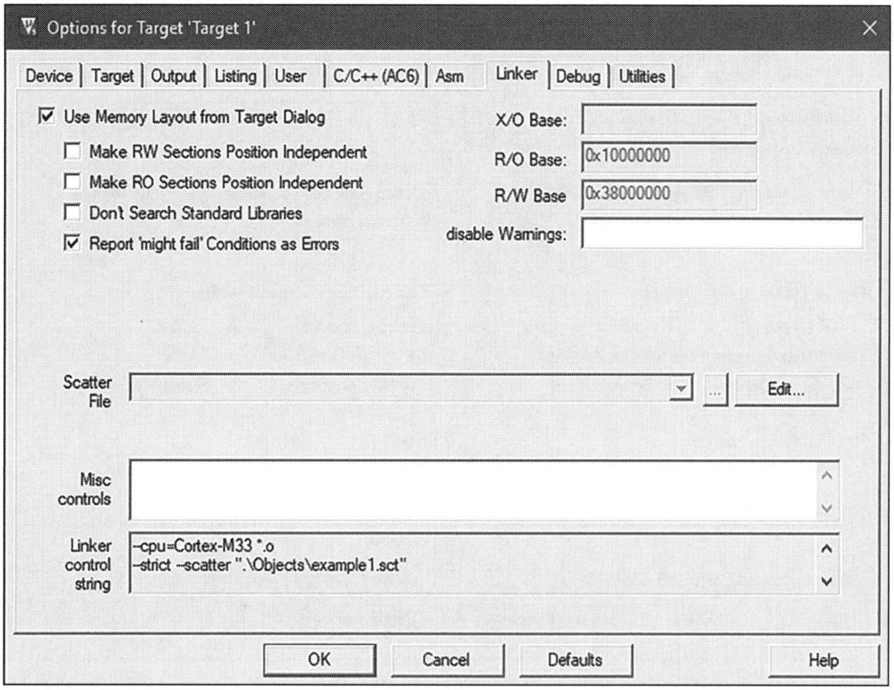

图 17.27　链接器选项

17.2.4.10　调试选项

17.2.3 节中已经介绍了调试选项卡中的一些调试选项。此外，通过调试选项卡，还可以选择在指令集模拟器中运行代码（图 17.28 的左侧）或使用带有调试适配器的实际设备（图 17.28 的右侧）。通过调试选项卡，还可以选择调试适配器的类型（见图 17.17），并且可以从子菜单中访问调试适配器特定选项。

在调试选项卡中，可以定义调试会话开始之前执行的附加脚本文件（即"初始化文件"）。

在调试适配器的子菜单中有几个不同的选项卡：

❏ Debug（调试，见图 17.28）。

❏ Trace（跟踪，见图 17.29）。

❏ Flash Download（闪存下载）。

如果你计划使用跟踪功能（例如，使用串行线查看器进行打印以显示信息，详见 17.2.8 节），那么需要在跟踪选项卡中设置诸如时钟频率等配置，如图 17.29 所示。

除了时钟频率和跟踪端口协议设置外，还可以选择启用 Trace Events 来获取其他分析信息。

17.2.4.11　实用工具选项

实用工具选项卡（见图 17.30）用来定义闪存编程的调试适配器。对于某些设备，需要先对硬件进行初始化，然后才能执行闪存编程。把硬件初始化脚本添加到实用工具选项卡中的 Init File 选项即可实现该需求。

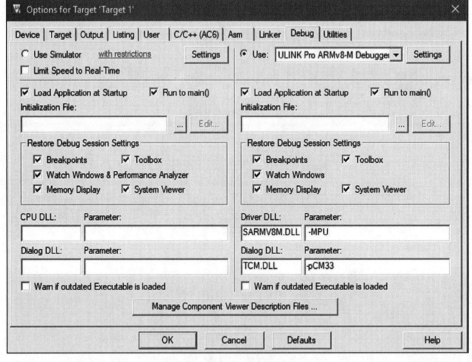

图 17.28 调试选项

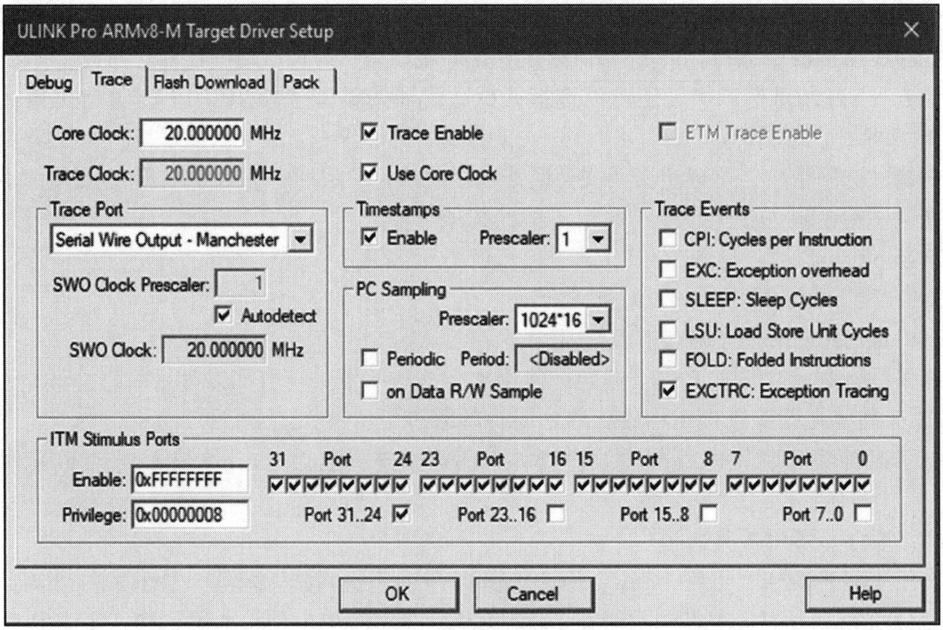

图 17.29 跟踪选项

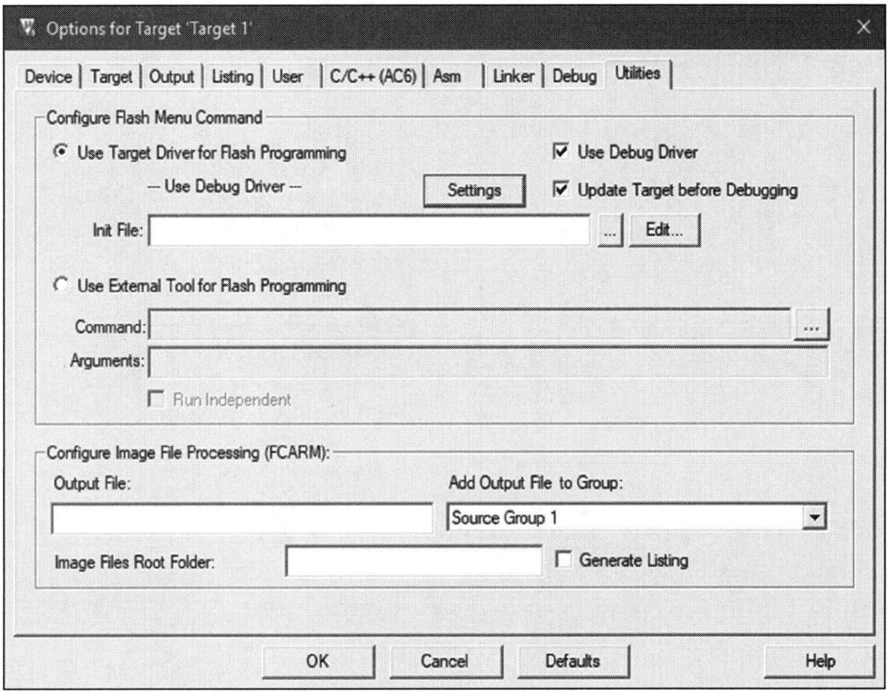

图 17.30　实用工具选项

17.2.5　在 Keil MDK 项目中定义栈和堆内存大小

17.2.5.1　确定所需栈和堆的大小

在实现嵌入式软件项目时，一个重要任务是确保有足够的内存分配给主栈和堆内存。当使用内存分配函数时，需要堆式内存，如 malloc()。对于某些工具链，当使用像 printf 等功能时，也需要使用堆内存。

如果你正在使用 Keil MDK，那么当软件编译结束时会在 Object 目录中看到一个 HTML 文件。该文件给出了函数调用树，并详细说明了每个函数和调用树本身的最大栈空间。在定义内存空间的分配时，需要考虑异常栈帧所需的额外内存空间和异常处理程序所需的栈空间需求。为演示这个需求，我们假设这样一个项目，它基于 Cortex-M33 系统并在非安全模式下裸机运行，该项目：

❑ 主线程需要多达 1000 字节的栈内存空间用于处理 FPU。

❑ 使用两级中断优先级：

● 第一级使用 200 字节的栈空间，用于处理 FPU。

● 第二级使用 300 字节的栈空间（不使用 FPU）。

❑ 有一个硬故障异常处理程序，最多需要使用 100 字节的栈空间。

在本例中，假设应用程序未使用不可屏蔽中断（NMI），则所需的最大栈内存空间计算如图 17.31 所示。

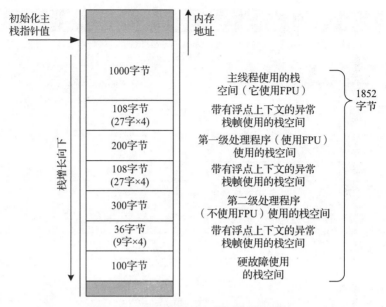

图 17.31　所需主栈最大数量的详细计算

除了最高优先级之外，在软件的每个执行级别上，都需要为异常栈帧开辟空间。栈帧所需的空间取决于代码中是否使用了 FPU。假设后台代码和处理程序代码都是非安全的，那么：

❑ 当不使用 FPU 时，栈帧的大小为 8 个字。

❑ 当使用 FPU 时，栈帧的大小为 26 个字。

在图 17.31 所示的计算中，异常栈帧的每一级都包含了一个 4 字节的填充空间。由于异常栈帧需要对齐到双字地址边界，因此填充空间是必要的；每当异常发生而 SP 值不是双字对齐时，就需要填充一个字来实现对齐。关于栈帧的更多信息，参见 8.9 节。

在应用程序中使用 RTOS 时，每个线程的栈使用量为：调用树中线程代码使用的最大栈大小 + 最大的栈帧大小。

如果 RTOS 将线程的栈用于其他数据存储，则在计算所需栈空间时可能还需要包含附加空间。

如果应用程序代码总是分配相同数量的堆空间，那么堆内存大小需求的确定相对容易。不幸的是，情况并不总是这样的，因此，有时需要反复试验的方法。如果想要检测内存分配是否成功，需要检查内存分配函数的返回状态信息。当使用操作系统提供的内存分配函数时，需要自定义操作系统的错误检测处理程序来帮助检测操作系统线程是否占用了太多内存。

17.2.5.2　带汇编启动代码的项目

在本章前面介绍的示例项目中，在汇编启动文件中定义了初始栈和堆内存大小，如图 17.32 所示。

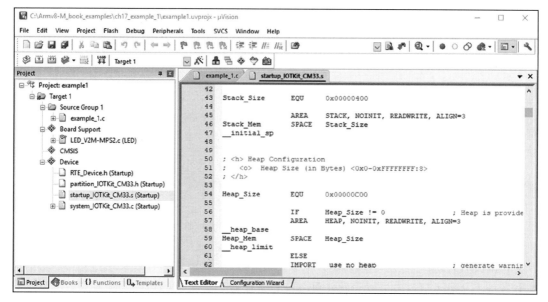

图 17.32 启动代码中初始栈和堆内存大小

启动代码包括几个元数据块。使用这些元数据，可以通过 Configuration Wizard 来配置启动代码。通过单击代码下面的 Configuration Wizard 选项卡，就可以在用户界面中轻松地编辑可配置设置（见图 17.33）。

单击用户界面底部的 Text Editor 选项卡，用户界面将返回到代码编辑器界面。

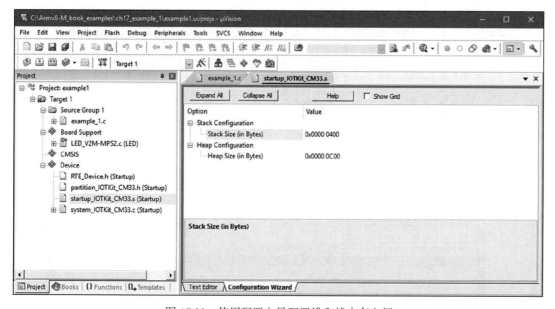

图 17.33 使用配置向导配置堆和栈内存空间

17.2.5.3　带 C 启动代码的项目

对于带 C 启动代码的项目，常常有一个分散文件来定义初始堆内存和栈大小。包含以下文本：

```
...
/* 栈 / 堆配置 */
#define __STACK_SIZE    0x00000400
#define __HEAP_SIZE     0x00000C00
...
```

根据项目需求，可以编辑这些值来定义栈和堆内存的大小。

17.2.6　使用 IDE 和调试器

Keil μVisionIDE 提供了许多通过工具栏轻松访问的功能。图 17.34 中给出了 IDE 中可以在代码编辑期间使用的各种工具图标。

当调试器启动时，IDE 显示器会发生变化（见图 17.19），并提供在调试过程中有用的信息和控件。从显示窗口中可以查看并更改核心寄存器（左侧），还可以看到源窗口和反汇编窗口。在这个过程中，工具栏上的图标也发生了变化（见图 17.35）。

调试操作可以在指令级别或源代码级别执行。如果源代码窗口突出显示，则调试操作过程（例如，单步、断点）是通过 C 或汇编代码的每一行来执行的。如果反汇编窗口高亮显示，则调试操作将基于指令级代码，这意味着每个汇编指令都可以单步执行，即使它是从 C 代码编译过来的。

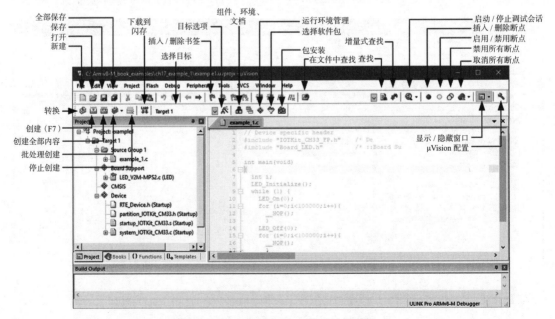

图 17.34　μVision IDE 中的工具栏图标

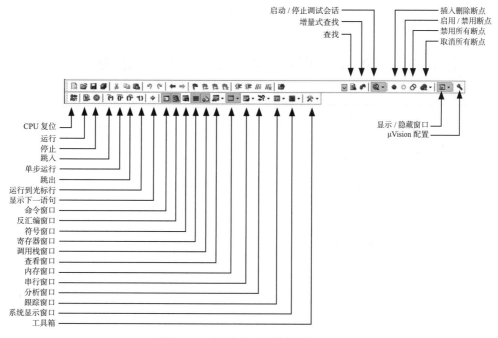

图 17.35 调试时工具栏的图标

使用源窗口或反汇编窗口时，可以使用工具栏中靠近 IDE 窗口右上角的图标插入或删除断点，也可以通过右击源代码或指令行并选择 Insert/Remove Breakpoint 来实现（见图 17.36）。

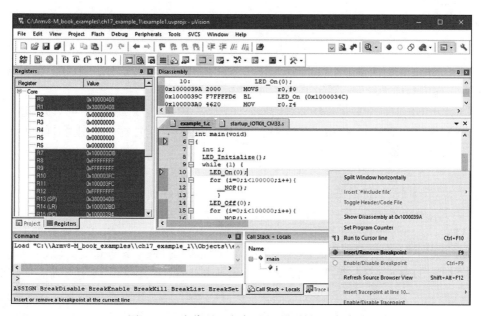

图 17.36 在代码上右击可以选择并插入断点

当程序执行到断点处停止时，它会高亮显示，并允许启动调试操作（见图 17.37）。例如可以通过单步执行来执行程序代码，并通过寄存器窗口检查结果。

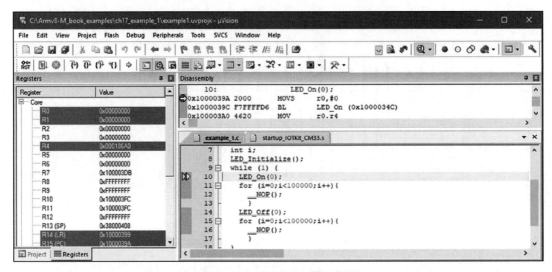

图 17.37　遇到断点后处理器暂停

Run to main() 调试选项在 main() 的开头设置了一个断点。当设置这个选项并启动调试器时，处理器从复位向量开始执行，并在达到 main() 时停止。

调试器中有许多可用的功能，此处无法全部介绍。在各种 Cortex-M 开发板中使用 Keil 调试器功能的更多相关信息，请查阅 http://www.keil.com/appnotes/list/arm.htm。

17.2.7　UART 打印

在开发软件时，通过 C/C++ 中的 printf 函数给出调试信息对调试很有用。常见的处理方式是把打印信息定向到 UART 接口，并在调试主机端显示。这样，就需要在调试主机（例如 PC）端安装终端软件（例如 Tera Term 或 Putty）。

在 Keil MDK 中，管理运行环境对话框允许安装一段程序代码来重定向打印消息。通过以下方式实现：Compiler → I/O → STDOUT（见图 17.38）。请注意，选定的 STDOUT 支持类型可以是以下类型之一：

❑ User——将打印输信息定向到外围接口。

❑ 断点——用于支持半主机调试工具，例如 Arm Development Studio。

❑ EVR（事件记录器）——一种软件方法，支持调试器通过调试连接访问事件信息。

❑ ITM——指令跟踪宏（仅支持 Armv8-M 主线版架构和 Armv7-M 架构处理器，不适用于 Cortex-M23 处理器）。把打印信息定向到跟踪接口（参见 17.2.8 节）。

在添加了 STDOUT 软件组件以后，名为 retarget_io.c 的附加文件就可以使用了，如图 17.39 所示。

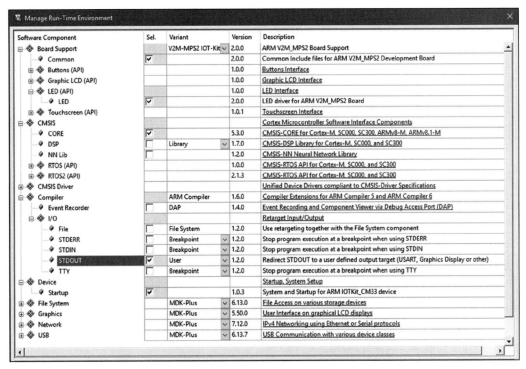

图 17.38　在 Keil MDK 项目中增加标准输出（STDOUT）功能

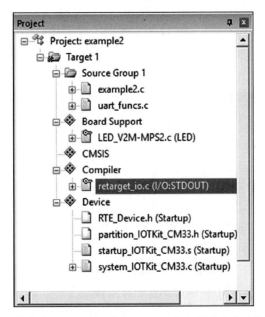

图 17.39　当选中标准输出（STDOUT）时 Keil MDK 会在项目中自动包含 retarget_io.c 文件

一旦把带有用户定义输出支持的 STDOUT 选项添加到项目中，就需要添加"用户定义"输出的程序代码。在下面的示例中，主程序中添加了几行代码（以粗体文本表示）：

```
// 设备特定头文件
#include "IOTKit_CM33_FP.h" /* 设备头文件 */
#include "Board_LED.h"       /* 板上 LED 支持 */
#include <stdio.h>
extern void UART_Config(void);
extern int UART_SendChar(int txchar);
// 重定位目标支持
int stdout_putchar (int ch);

int main(void)
{
  int i;
  LED_Initialize();
UART_Config();
printf ("Hello world\n");

  while (1) {
    LED_On(0);
    for (i=0;i<100000;i++){
      __NOP();
    }
    LED_Off(0);
    for (i=0;i<100000;i++){
      __NOP();
    }
  }
}
// 由 retarget_io.c 实现的函数
int stdout_putchar (int ch)
{
    return UART_SendChar(ch);
}
```

retarget_io.c 文件需要定义 stdout_putchar(int ch) 函数。在上面的示例中，这个函数调用了一个 UART 输出函数（UART_SendChar()），该函数传输一个字符，还需要添加一个用于初始化 UART 接口的函数，在本例中为 UART_Config()。本例中，UART_config() 和 UART_sendchar() 函数作为一个名为 uart funcs.c 的单独程序文件编写。UART_Config() 和 UART_SendChar() 的编码细节是设备特定的，本书中不涉及。

要在调试主机上收集 UART 传输的显示消息，需要 UART 转 USB 的适配器。一些开发板内置了该功能。如果适配器已经设置好了，那么当编译完并执行程序代码时，连接到电路板的终端软件就会显示 Hello world 信息。

17.2.8 ITM 打印

Armv8-M 主线版架构处理器（例如 Cortex-M33 处理器）和 Armv7-M 架构处理器均支持 ITM，允许调试工具通过跟踪连接收集调试消息。要使调试信息能够通过 ITM 输出，需要启用 STDOUT 选项，并指定 ITM 输出类型，如图 17.40 所示。

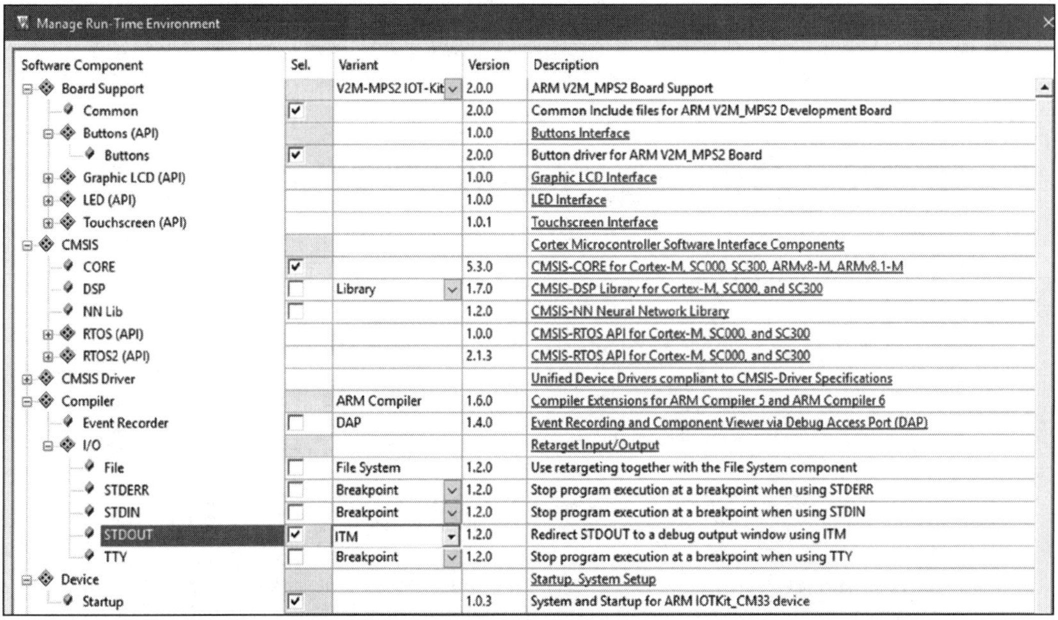

图 17.40　在 Keil MDK 项目中通过 ITM 添加标准输出（STDOUT）

在项目中添加 ITM 标准输出（STDOUT）功能比添加 UART STDOUT 功能更容易，所需要做的就是添加打印代码和 stdio.h 头文件，具体如下：

```
// 设备特定头文件
#include "IOTKit_CM33_FP.h" /* 设备头文件 */
#include "Board_LED.h"       /* 板上 LED 支持 */
#include <stdio.h>

int main(void)
{
  int i;
  LED_Initialize();
  printf ("Hello world\n");

  while (1) {
    LED_On(0);
    for (i=0;i<100000;i++){
      __NOP();
    }
    LED_Off(0);
```

```
    for (i=0;i<100000;i++){
      __NOP();
    }
  }
}
```

虽然在程序代码中启用 ITM 打印非常容易，但还需要额外的调试配置来启动和运行。假设想要使用一个通过 SWO 引脚来收集跟踪信息的低成本调试适配器（见 16.1.1 节和图 16.2 的左侧），那么我们需要确保在调试设置中使用的是串行线调试（SWD）协议（见图 17.41）。JTAG 的 TDO 引脚和 SWO 引脚是共用的，无法同时使用，因此 JTAG 协议是不适用的。

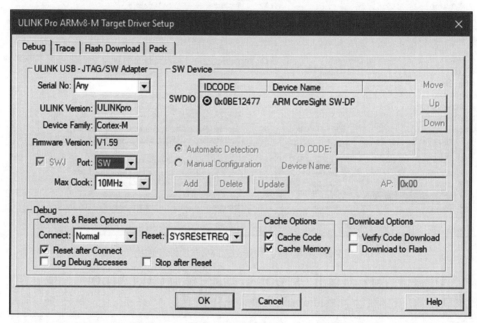

图 17.41　当使用 SWO 进行 ITM 打印时，为调试连接选择 SWD 协议

注意，如果使用并行跟踪端口模式，那么由于不会存在引脚分配冲突，因此使用 JTAG 协议是可行的。

作为配置调试功能设置，启用通过 SWO 引脚进行跟踪过程的一部分，我们还需要在调试设置中启用跟踪（见图 17.42），同时还需要确保：

❏ 跟踪时钟的频率设置与正在使用的硬件平台的设置相匹配。

❏ 使用不归零（NRZ）输出模式（适用于大多数调试适配器）。

❏ 启用激励端口 0。

设置跟踪功能配置后，可以编辑软件并启动调试会话。但在执行软件之前，需要从下拉菜单启用调试（打印）查看器，如图 17.43 所示。

在启用调试（打印）查看器，且应用程序启动后，将显示 Hello world 打印信息，如图 17.44 所示。

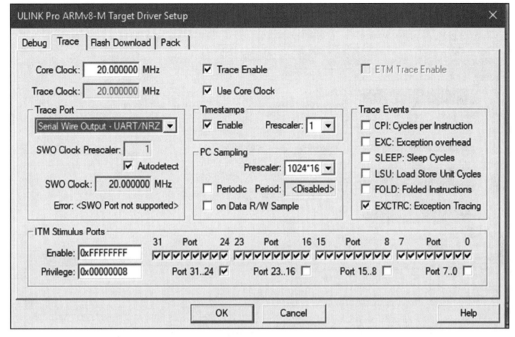

图 17.42　通过 SWO 为 ITM 跟踪进行跟踪设置

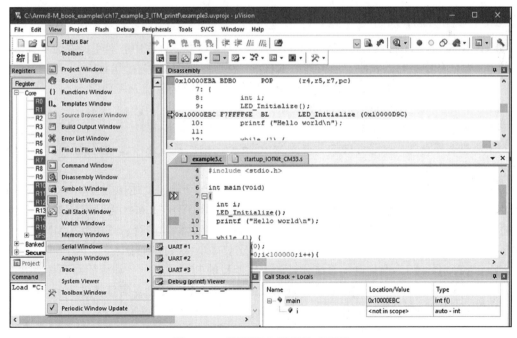

图 17.43　启用调试（打印）查看器

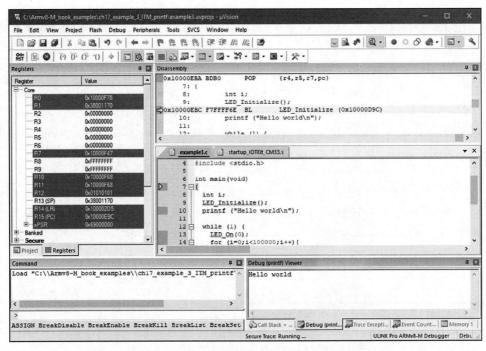

图 17.44　在调试（打印）查看器中显示 Hello world 打印消息

17.2.9　实时操作系统——RTX

Keil MDK 的一个特点是很容易将 RTX RTOS 集成到软件过程中。对于需要分块并分发到多个并发任务中执行的程序，通常需要 RTOS。在这些应用程序中，RTOS 用于：

- 任务调度——在大多数 RTOS 设计中，任务调度支持任务优先级功能。
- 任务间的事件和信息通信（例如邮箱）。
- 信号量（包括 MUTEX）。
- 处理进程隔离。这是可选的，需要 MPU 支持。操作系统还可以利用栈限制检查来检测栈溢出错误。

一些市场上提供的 RTOS 会包括通信栈和文件系统等功能。上述功能在 MDK 专业版和 MDK Plus 中都是可用的，但必须作为单独的软件组件添加。与 Linux 等全功能的操作系统不同，大多数 RTOS（如 RTX）不需要支持虚拟内存功能，例如内存管理单元（MMU）。因为这些 RTOS 的内存占用非常小，所以它们可以安装在小型微控制器设备中。

Keil RTX 是专门为微控制器系统设计的不收版税的 RTOS 之一。其特征如下：

- 开源的，并以许可的 Apache 2.0 证书发布在 GitHub 上（更多信息参见 https://github.com/ARM-software/CMSIS_5/tree/develop/CMSIS/RTOS2/RTX）。
- 具有商用价值，完全可配置，响应速度快。
- 基于开放的 CMSIS-RTOS2 API 的设计（更多信息参见 www.keil.com/pack/doc/CMSIS/RTOS2/html/mdex.html）。

❑ 兼容多个工具链（例如 Arm/Keil、IAR EW-ARM 和 GCC）。

请注意，CMSIS-RTOS API 已得到提升，现已推出第 2 版。为 Armv8-M 架构处理器开发的软件需要使用 CMSIS-RTOS 2 的 RTX 代码。Armv8-M 架构不支持 CMSIS-RTOS 版本 1 的 RTX 代码。

创建一个基于 RTX、单线程的 LED 开关应用程序，其步骤如下：

步骤 1：向 Keil MDK 项目中添加 RTX 操作系统。

要在 Keil MDK 项目中添加 RTX OS 内核，需要在 Manage Run-Time Environment 中选择添加 RTX 软件，如图 17.45 所示。请注意，在 Manage Run-Time Environment 中有许多 RTX 选项，选择正确类型的 RTX 组件非常重要。这些选项如下：

❑ 要集成的 RTX 是源代码还是库的形式。

❑ RTOS 是在安全模式还是在非安全模式运行（注意，由于安全和非安全异常处理的 EXC_RETURN 代码值不同，因此该选项需要与项目中的实际情况相匹配）。

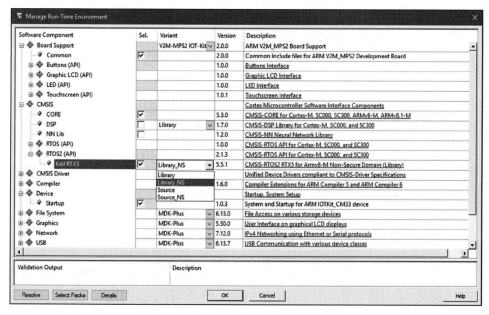

图 17.45　通过 Manage Run-Time Environment 向 Keil MDK 项目中添加 RTX RTOS

到此阶段，RTX 文件添加成功，在项目窗口中的显示如图 17.46 所示。

步骤 2：在程序代码中添加一个应用程序线程。

应用程序代码需要：

❑ 包含一个名为 cmsis_os2.h 的头文件，让程序代码可以访问操作系统函数。

❑ 添加操作系统函数，用于操作系统初始化（osKernelInitialize）、操作系统线程创建（osThreadNew）和操作系统启动（osKernelStart）。

❑ 包含开关 LED 的线程代码（thread_led）。

这些代码如图 17.46 所示。

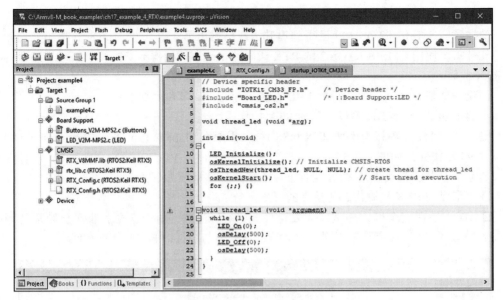

图 17.46　RTX 项目示例

步骤 3：自定义 RTX 配置。

在文件 RTX_Config.h 中，可以自定义一系列操作系统配置。为了方便配置，该文件包括了允许在编辑操作系统的配置时使用配置向导的元数据（见图 17.47）。

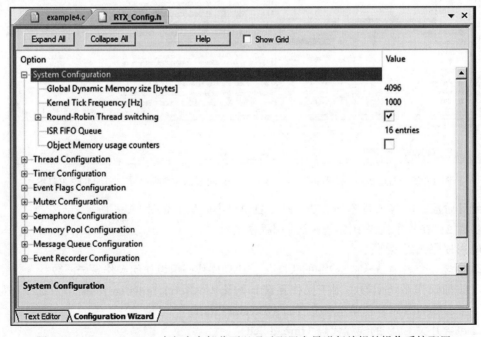

图 17.47　RTX_Config.h 中包含大部分可以通过配置向导进行编辑的操作系统配置

默认情况下，RTX RTOS 使用系统计时器来产生周期性的操作系统中断。使用 CMSIS-CORE 文件 system _<device>.c 中定义的 SystemCoreClock 变量和 RTX_Config.h 中定义的 OS_TICK_FREQ（内核频率），RTX 代码计算所需要的时钟分频比例。

项目编译完成后，就可以下载到开发板上进行测试了。

RTX RTOS 包含许多功能，本书中不可能涵盖它的所有方面。如果需要更多信息，请参阅 CMSIS-RTOS2 文档。也可以在以下网址查寻：https://arm-software.github.io/CMSIS_5/RTOS2/html/index.html。

17.2.10 内联汇编

内联汇编允许在 C 代码中嵌套汇编代码序列。在为 Cortex-M 处理器编写程序时，需要通过内联汇编来创建操作系统的上下文切换例程、操作系统的 SVCall 处理程序，以及某些情况下的故障处理程序（例如，用于从栈帧中提取栈寄存器）。

如果要使用内联汇编，汇编代码需要以特定工具链的代码语法进行编写。由于底层编译器技术的变化，当从 Arm 编译器 5 迁移到 Arm 编译器 6（基于 LLVM 编译器技术）时，内联汇编功能也会发生变化。幸运的是，LLVM 中的内联汇编与广泛采用的 GCC 编译器高度兼容。因此，在许多情况下，在 Arm 编译器 6 上能够复用 GCC 内联汇编程序集。

对于 GCC 和 Arm 编译器 6，带参数的内联汇编代码段通用语法如下：

```
__asm ("    inst1   op1, op2, ... \n"
       "    inst2   op1, op2, ... \n"

       ...

       "    instN   op1, op2, ... \n"
      : output_operands      /* 可选的 */
      : input_operands       /* 可选的 */
      : clobbered_operands   /* 可选的 */

      );
```

当汇编指令不需要参数时，语法可以简化如下：

```
void Sleep(void)
{ // 使用 WFI 指令进入休眠模式
  __asm (" WFI\n");
  return;
}
```

如果汇编代码需要输入和输出参数，或者需要通过内联汇编操作修改其他寄存器，则需要定义输入和输出操作数以及被修改的寄存器列表。例如，一个数值乘以 10 的内联汇编代码可编写如下：

```
int my_mul_10(int DataIn)
{
  int DataOut;
    __asm(" movs r3, #10\n"
```

```
            " mul r2, %[input], r3\n"
            " movs %[output], r2\n"
            :[output] "=r" (DataOut)
            :[input] "r" (DataIn)
            : "cc", "r2", "r3");
    return DataOut;
}
```

在上述代码中，__asm 表示开始内联汇编代码文本，在代码内部，使用了寄存器符号名（"输入"和"输出"）。随着 GCC 3.1 版本的发布以及最新版本的 LLVM 编译器发布，目前可以通过使用符号名帮助软件开发人员创建更直观的代码。

在上面的内联汇编代码示例中，在内联汇编代码文本之后有几行操作数。操作数顺序为：

❑ output_operands

❑ Input_operands

❑ clobbered_operands

由于汇编代码修改了寄存器 R2 和 R3 以及条件标志（cc）的值，因此需要将这些寄存器添加到已删改的操作数列表中。

在 C 文件中，也可以创建汇编函数。13.9 节中给出了如何在 C 代码中创建汇编函数的示例。当声明内联汇编函数时，为防止 C 编译器生成 C 函数序言和结尾（即函数体前后的附加指令序列），会使用"裸" C 函数属性。例如，上面的内联汇编示例可以重写为：

```
/* r0 被用作输入参数和返回结果 */
int __attribute__((naked)) my_mul_10(int DataIn)
{
    __asm(" movs r3, #10\n\t"
          " mul  r0, r0, r3\n\t"
          " bx   lr\n\t"
          );
}
```

对于这种类型的内联汇编函数，不需要提供操作数（输入操作数、输出操作数和删改操作数）。然而，在创建这种类型的函数时，必须充分考虑函数之间的交互，以及函数参数传递的标准惯例及其结果。对于 Arm 架构，这些信息可以在 AAPCS[3] 中查阅，如 17.3 节所述。

17.3 Arm 架构的过程调用标准

当使用汇编语言编写函数并需要与其他 C 代码交互时，需要遵循或满足一些要求，软件函数之间的接口才能正常工作。这些要求可以在 AAPCS 文档中查阅。该文档描述了在 Arm 处理器上运行程序时，多个软件程序是如何交互的。

通过遵循 AAPCS 文档中规定的编程约定，可以实现：

❑ 各种软件组件（包括由不同工具链生成的编译程序镜像）无缝交互。

❑ 软件代码可以在多个项目中重复使用。

❑ 避免将汇编代码与编译器生成的程序代码或第三方程序代码集成时出现的问题。

即使你正在创建的应用程序只包含汇编代码（这在现代编程环境中非常罕见），遵循 AAPCS 文档仍然很有用，因为调试工具可能会根据 AAPCS 文档中定义的惯例对汇编函数的操作做出假设。

AAPCS 文档所涵盖的主要领域如下：

❑ 函数调用中寄存器的使用——该文档详细说明了哪些寄存器由调用方保存，哪些由被调用方保存。例如，一个函数或一个子程序应该保留 R4 ～ R11 中的值。如果这些寄存器在函数或子程序中被修改，那么这些值应该保存在栈中，并在返回调用代码之前进行恢复。

❑ 将参数传递给函数——对于简单情况，可以使用 R0(第一参数)、R1(第二参数)、R2(第三参数) 和 R3 (第四参数) 将输入参数传递给函数。如果要使用 64 位的值作为输入参数，则使用一对 32 位的寄存器（例如 R0 ～ R1）。如果 4 个寄存器（R0 ～ R3）不足以传递所有参数（例如，必须将 4 个以上的参数传递给一个函数），则使用栈（详情见 AAPCS）。如果涉及浮点类型数据处理，并且编译过程指定了 Hard-ABI（参见 14.5.4 节），也可以使用浮点寄存器组中的寄存器。

❑ 将返回结果传递给调用方——通常，函数的返回值存储在 R0 中。如果返回结果为 64 位，则将同时使用 R1 和 R0。与参数传递类似，如果涉及浮点类型数据处理，并且编译过程指定了 Hard-ABI（参见 14.5.4 节），也可以使用浮点寄存器组中的寄存器。

❑ 栈对齐——如果汇编函数需要调用 C 函数，则应确保当前选定的栈指针指向双字对齐的地址位置（例如，0x20002000、0x20002008、0x20002010 等）。这是嵌入式 ABI（EABI）标准的要求 [4]：它要求 EABI 兼容的 C 编译器在生成程序代码时假定栈指针指向一个双字对齐的位置。如果汇编代码没有直接或间接地调用任何 C 函数，那么汇编代码就不需要将栈指针与函数边界处的双字地址对齐。

基于这些要求，对于简单的函数调用来说（假设它们不使用浮点寄存器进行数据传递，并且需要的寄存器少于 4 个），调用函数和被调用函数之间的数据传输将如表 17.1 所示。

除了参数和结果以外：

❑ 函数内部的代码必须确保退出函数时"被调用函数保存的寄存器"的值与进入函数时的值相同。

❑ 调用函数的代码必须确保如果稍后需要再次访问"调用函数保存的寄存器"中的数据，则在调用 C 函数之前将该数据保存到内存（例如栈）中。由于 C 函数会删改调用函数保存的寄存器中的数值，因此该操作非常有必要。

上述要求总结如表 17.2 所示。

请注意，需要十分小心双字栈对齐要求。当在 Arm 工具链中使用 Arm 汇编程序（armasm）时，汇编程序将提供：

❑ REQUIRE8 指令指示该函数是否需要双字栈对齐。

❑ PRESERVE8 指令指示函数是否保留了双字对齐。

表 17.1　函数调用中简单的参数传递和结果返回

寄存器	输入参数	返回值
R0	第 1 个输入参数	函数返回的值
R1	第 2 个输入参数	无，或者为函数返回值（返回结果位宽为 64 位时）
R2	第 3 个输入参数	无
R3	第 4 个输入参数	无

表 17.2　函数范围的调用函数和被调用函数寄存器保存要求

寄存器	函数调用行为
R0 ～ R3，R12，S0 ～ S15	调用函数保存的寄存器——这些寄存器的内容可以通过函数更改。如果后面的操作需要这些值，那么调用函数的汇编代码需要在寄存器中保存这些值
R4 ～ R11，S16 ～ S31	被调用函数保存的寄存器——这些寄存器中的内容必须被函数保留。如果函数需要使用这些寄存器进行处理，则需要先将它们保存到栈中，并且在函数返回之前恢复
R14（LR）	如果函数包含 BL 或 BLX 指令（即调用其他函数），链接寄存器中的值需要保存到栈中。这是因为当执行 BL 或 BLX 时，LR 的值会被覆盖
R13（SP），R15（PC）	正常处理过程中不使用

如果需要双字对齐栈帧的函数被另一个不保证双字栈对齐的函数调用，那么这些指令可以帮助汇编程序分析汇编代码并发出警告。根据应用程序的不同，有可能不需要这些指令，特别是对于完全使用汇编代码构建的项目。

17.4　软件场景

17.4.1　软件开发场景回顾

在本章开头，我们详细介绍了 5 种不同的软件开发场景。到目前为止，所介绍的软件开发示例主要集中在图 17.1 的场景 1；软件只在一个安全域（即非安全模式）中运行。场景 1 中同样的软件开发步骤也可以应用于场景 2、场景 3 和场景 5。本节将介绍场景 1、场景 2、场景 3 和场景 5 之间的差异。场景 4 将在第 18 章中介绍。

17.4.2　场景 1——不支持 TrustZone 安全功能的 Armv8-M 架构系统

软件开发过程与传统的 Armv6-M 架构和 Armv7-M 架构 Cortex-M 处理器几乎相同，不区分安全模式和非安全模式，并且通过调试连接，软件开发人员对系统完全可见。

然而，当将 Armv6-M/Armv7-M 架构的项目移植到基于 Armv8-M 架构的系统时，需要对软件代码进行修改。具体如下：

❏ MPU 配置代码更改——由于 MPU 中编程者模型的改变，因此使用 MPU 的代码需要更新。

❏ hOS 代码更改——由于 EXC_RETURN 代码值被更改，因此操作系统需要更改（见 8.10 节）。软件开发人员需要选择在非安全模式下运行的操作系统版本（见图 17.45）。而且，如果正在使用的处理器是 Cortex-M33 处理器（或其他 Armv8-M 主线版架构处理器），那么操作系统可以利用栈限制检查功能，使系统更加健壮。

❑ 删除了位带操作——位带操作是 Cortex-M3 和 Cortex-M4 处理器上的一个可选操作，在 Armv8-M 架构处理器中不支持。

❑ 向量表地址——与 Cortex-M0、Cortex-M0+、Cortex-M3 和 Cortex-M4 处理器不同，Armv8-M 处理器上的初始向量表地址可以不是 0。

对于大多数应用程序代码，只需要更改少量的软件代码。由于对调试组件（如断点单元、数据监测点单元、ETM）所做的各种更改，开发工具需要更新到支持 Armv8-M 架构的版本。

17.4.3 场景 2——不使用安全模式的非安全软件开发

在这个场景中，软件开发人员需要更新和场景 1 中相同的软件。另外，软件开发人员还要注意以下差异：

❑ 用于禁用安全固件的可配置 API——在非安全软件初始化开始时，非安全软件需要调用安全 API 来告知安全软件不会使用安全模式软件。这样安全模式会释放更多的硬件资源给非安全软件（例如 SRAM 和外设）。此外，该安全 API 通过在应用程序中断和复位控制寄存器中设置 BFHFNMINS 位，把 NMI、HardFault 和 BusFault 异常（AIRCR，参见 9.3.4 节）配置为目标非安全模式。注意，由于该安全 API 有可能是不可用的，因此这些方式是可选择的。

❑ 内存映射——包含安全程序和安全资源的内存空间是不可访问的。

除此之外，该系统上的软件开发与使用 Armv6-M 和 Armv7-M 架构处理器时非常相似。

17.4.4 场景 3——使用安全模式的非安全软件开发

在此场景中，软件开发人员需要更新和场景 1 相同的软件。此外，软件开发人员还要注意以下变化：

❑ 该应用程序可以通过可用的安全 API 使用各种功能。

❑ 需要使用带有信任固件支持的 RTOS——如果软件使用 RTOS，则该 RTOS 需要支持信任固件集成，或者如果芯片的安全模式使用另一个安全软件方案，则需要支持其他安全固件。本主题在 11.8 节介绍。

❑ 故障处理和故障分析——由于 NMI、HardFault 和 BusFault 异常都是针对安全模式的，因此非安全软件无法直接访问这些功能。当 HardFault 或 BusFault 异常发生时，为了让非安全软件开发人员觉察到软件发生故障，一些安全固件提供了错误报告机制。当 ETM/MTB 指令跟踪可用时，在指令跟踪中可以观察到在 HardFault/BusFault 之前执行的非安全操作。因此，软件开发人员能够使用 ETM/MTB 指令跟踪来分析故障事件。软件开发人员还可以在非安全模式中启用 MemManageFault 和 UsageFault，以便在非安全调试环境中判断触发这些故障异常的错误条件。若未启用非安全 MemManageFault 和 UsageFault，那么这些故障事件将升级为安全硬故障。

17.4.5　场景 4——不使用非安全模式的安全软件开发

在此场景中，软件开发人员需要更新和场景 1 中相同的软件。唯一的区别是，如果使用了 RTOS，则选择的 RTOS 变量（见图 17.45）需要支持安全区域，而不是非安全区域。

参考文献

[1] Armv8-M Architecture Reference Manual. https://developer.arm.com/docs/ddi0553/am (Armv8.0-M only version). https://developer.arm.com/documentation/ddi0553/latest/ (latest version including Armv8.1-M). Note: M-profile architecture reference manuals for Armv6-M, Armv7-M, Armv8-M and Armv8.1-M can be found here: https://developer.arm.com/architectures/cpu-architecture/m-profile/docs.
[2] Keil application note 298—Migrate Arm Compiler 5 to Arm Compiler 6. http://www.keil.com/appnotes/files/apnt_298.pdf.
[3] Procedure Call Standard for the Arm Architecture (AAPCS). https://developer.arm.com/documentation/ihi0042/latest.
[4] Arm Application Binary Interface. https://developer.arm.com/architectures/system-architectures/software-standards/abi.

第 18 章
安全软件开发

18.1 安全软件开发概述

18.1.1 简介

3.18 节中介绍了使用 Arm TrustZone 安全功能扩展的好处，并概述了 TrustZone 在物联网微控制器产品中的使用方式。大多数使用 IoT 微控制器的软件开发人员可能只在非安全区域创建应用程序。他们通过安全固件提供的应用程序接口（API）访问各种安全功能，可以在其项目中实现强大的安全性，而无须深入了解 TrustZone。

也就是说，由于许多软件开发人员从事安全软件项目，因此他们需要了解使用 TrustZone 进行编程的理由。本章面向这些开发人员，介绍如何开发安全软件，以及如何通过一系列指南使软件安全。

18.1.2 安全与非安全软件项目的分离

当使用 TrustZone 技术时，安全和非安全软件项目是分开编译和链接的。它们各自有自己的启动代码和 C 库，图 18.1 中对此进行了说明。

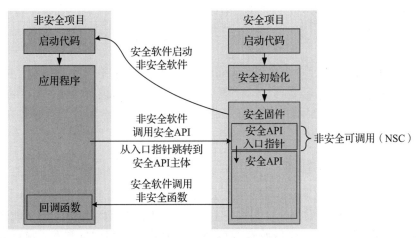

图 18.1 安全和非安全软件项目的分离

安全软件开发人员需要创建一个非安全项目，以便测试双方之间的交互，因此许多工具链支持称为多项目工作区的功能，允许同时开发和调试多个项目。18.4 节中显示了一个示例。

创建安全项目后，安全软件开发人员需要向非安全软件开发人员提供以下文件，以便非安全项目可以访问安全 API：

❑ 安全 API 的函数原型（即头文件）。

❑ 一个仅提供有关 API 地址信息的导出库（即链接器工具在链接非安全项目时需要的地址符号）。请注意，此库中省略了 API 的内部详细信息，例如指令代码。

使用这些文件中的信息，可以对包含安全 API 函数调用的非安全软件项目进行编译和链接。然后，非安全软件项目可以由创建安全项目的同一个人创建，或由仅创建非安全应用程序的第三方开发人员创建。

请注意：

❑ 可以通过不同的工具链创建安全和非安全项目。这是可以实现的，因为参数和结果的传递方法在 Arm 架构的过程调用标准 [1] 中进行了标准化。

❑ 必须在非安全项目编译和链接之前生成安全项目。因此，在非安全项目的链接阶段，安全项目在其链接阶段生成的导出库已准备好。

在安全代码必须调用非安全函数的地方，非安全代码首先需要通过安全 API 将非安全函数的指针传递给安全区域。当需要调用非安全函数时，安全 API 需要确认函数指针指向了非安全地址，然后在需要时执行指针指向的函数。

18.1.3　Cortex-M 安全扩展

为了协助开发安全软件，Arm 推出了一系列 C 编译器支持功能，称为 Cortex-M 安全扩展（CMSE）。这在文献 [2] 中有记录，并且是 ACLE⊖[3] 的一部分。

CMSE 功能在多个工具链中得到支持，包括 Arm 编译器 6、gcc、IAR 嵌入式平台等。因此，安全软件代码可以在不同工具链范围内移植。

18.1.4　TF-M

为了帮助电子行业应对安全挑战，Arm 在 2017 年宣布了平台安全架构（PSA）计划。作为该计划的一部分，Arm 启动了 TF-M 项目，该项目为在其设备中使用 Cortex-M 处理器的芯片供应商提供参考安全固件。TF-M 项目有许多不同的安全特性，这些将在第 22 章中介绍。

18.1.5　开发平台注意事项

值得注意的是，一些 Cortex-M23 和 Cortex-M33 设备没有实现 TrustZone 安全功能扩展。对于支持 TrustZone 的设备，这些设备上的安全区域可能会被锁定（即不能修改安全区域，并且调试功能仅限于非安全区域）。如果是这种情况，虽然软件开发人员可以创建访问

⊖　https://developer.arm.com/architectures/system-architectures/software-standards/acle

安全 API 以利用安全功能的应用程序，但无法创建在安全区域上运行的软件。

因此，想要创建安全软件解决方案的软件开发人员需要确保他们使用的硬件平台支持安全软件的开发。此外，可能需要确保硬件平台提供合适的调试认证功能。这将确保如果开发板随后被转移到第三方进行非安全软件开发，则开发的安全软件将受到保护。

最后一个重要的点是，TrustZone 只是硬件平台上可用的安全功能的一部分。考虑到这一点，如果微控制器或 SoC 提供一系列硬件安全功能，例如安全存储、真随机数发生器（TRNG）、密码引擎等，则可以进一步增强物联网应用的安全性。

需要注意的是，TrustZone 本身并不能保护系统免受各种形式的物理攻击。例如，如果黑客可以通过物理手段访问设备，他们可以发起物理攻击，例如电压毛刺、时钟毛刺或故障注入，或者使用旁道攻击从设备中提取机密。某些启用 TrustZone 的设备可能具有合理级别的物理保护，但为确保设备支持物理保护功能，软件开发人员应始终与设备制造商检查设备的安全功能。

18.2　TrustZone 技术细节

18.2.1　处理器状态

实现 TrustZone 后，处理器可以处于安全或非安全状态（见图 18.2）。

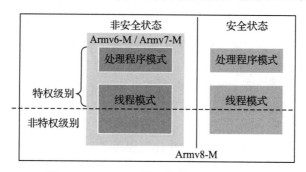

图 18.2　Armv8-M 处理器中的处理器状态

与之前的 Armv6-M 和 Armv7-M 架构类似，Armv8-M 处理器在执行异常处理程序时处于特权状态（Handler mode，处理程序模式）。当处理器在线程模式下（即不在处理程序模式下）执行时，处理器可以处于特权状态或非特权状态，这取决于 CONTROL 寄存器中 nPRIV 位的值（参见 4.2.2.3 节）。

简单地说，处理器在执行来自安全内存的代码时处于安全状态，在执行来自非安全内存的代码时处于非安全状态。

详细来说，以上简化的描述有一个例外。当非安全代码调用安全 API 时，会在从非安全状态转换到安全状态期间发生。18.2.4 节中介绍了此例外情况。

当处理器从复位启动时，处理器以安全特权线程模式执行。系统启动后，安全状态转换发生在：

❑ 安全代码分支到非安全应用程序代码以启动非安全区域。

❑ 非安全应用程序调用安全 API 并在 API 执行其任务时返回非安全区域。

❑ 安全函数调用非安全函数并在函数执行其任务时返回安全区域。

❑ 在非安全代码的执行期间发生安全中断 / 异常事件。异常进入和返回都会发生状态转换。

❑ 安全和非安全异常处理程序之间存在顺序纠缠（参见 8.10 节中的图 8.29 和图 8.30）。

❑ 在执行非安全代码期间发生复位。

理论上，在调试会话期间，当处理器停止时调试器可以改变处理器的安全状态。然而，为了防止在处理器恢复指令执行，或者调试器单步执行下一条指令时发生安全违例，程序计数器也需要更改，以便软件执行地址的安全属性与处理器的状态相匹配。

18.2.2　内存分离

将内存空间划分为安全和非安全范围由安全属性单元（Security Attribution Unit，SAU）和实现定义的属性单元（Implementation Defined Attribution Unit，IDAU）共同决定，这两者在 7.2 节中介绍过。SAU 是 Armv8-M 处理器内集成的一部分。IDAU 是特定设备的硬件单元，由芯片 / SoC 设计人员设计并与处理器紧密耦合。

SAU 和 IDAU 协同工作：对于每次地址查找，比较 SAU 和 IDAU 的结果，然后选择较高的安全级别属性；除非 IDAU 查找结果表明该地址免于安全检查（见图 7.1）。豁免地址范围通常由具有安全意识的调试组件使用（即它们确保安全数据和安全操作免受非安全访问），或用于非安全访问不会带来任何安全风险的地方（例如 CoreSight ROM 表）。

Cortex-M23 和 Cortex-M33 处理器中的 SAU 可配置为支持 0、4 或 8 个可编程 SAU 区域，而 IDAU 最多可支持 256 个区域。作为安全初始化过程的一部分，安全初始化过程（参见图 18.1 的右侧）包括对 SAU 进行编程和（如果设备供应商使 IDAU 的配置可编程）对 IDAU 进行编程。

IDAU 可编程的通常原因是，尽管它允许处理器包含很少或不包含 SAU 区域，但仍然允许通过软件设置安全区域的 NSC（非安全可调用）属性。举例来说，如图 18.3 所示，如果设备没有 SAU 区域，并且安全分区内存映射完全由 IDAU 处理，那么需要 IDAU 可编程以允许软件控制 NSC 区域的位置和大小。

在基于 TrustZone 的系统中配置内存分区的另一个方面是设置系统级安全管理硬件，例如内存保护控制器（MPC）和外设保护控制器（PPC）。尽管这些单元也用于资源分区，但与 SAU 和 IDAU 相比，它们的运行方式有所不同。区别在于：

❑ SAU 和 IDAU 定义了如何将 4GB 地址空间划分为安全和非安全内存区域。

❑ MPC 和 PPC 为每个内存页或每个外设定义了它们是否可以从安全或非安全地址别名访问。

MPC 和 PPC 的地址别名概念在 7.5 节（见图 7.11）中介绍。使用 MPC 和 PPC 方法，即使处理器被限制为 8 个 SAU 和 256 个 IDAU 区域，也可以管理大量内存页或外设资源的目标安全区域。这避免了在运行时动态更改地址分区（即重新编程 SAU 和 IDAU）而导致的软件复杂度和产生错误的可能性变高。例如，当地址分区改变时，从非安全软件传递到安全软件的指针可能会意外地从非安全状态切换到安全状态。

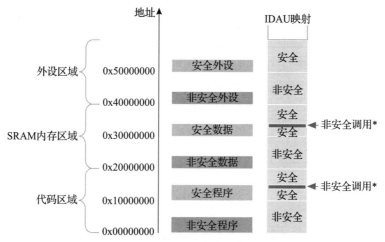

图 18.3　IDAU 内存映射示例

为了确保系统是安全的，安全软件开发人员必须确保安全软件使用的资源位于安全地址范围内，包括：

❑ 安全固件代码。

❑ 安全数据内存（包括栈和堆内存）。

❑ 安全向量表。

❑ 安全外设。

通过这样做，非安全软件无法直接访问以上安全资源。此外，为了使系统安全，软件开发人员在创建为非安全软件提供服务的安全 API 时必须非常小心。18.6 节涵盖了创建安全软件的一系列设计注意事项。

18.2.3　SAU 编程者模型

18.2.3.1　SAU 寄存器和概念总结

SAU 包含多个可编程寄存器。这些寄存器放置在 SCS 中，并且只能从安全特权状态访问。对 SAU 寄存器的访问大小始终为 32 位。表 18.1 详细介绍了 SAU 寄存器。

表 18.1　SAU 寄存器总结

地址	寄存器	CMSIS-CORE 符号	全名
0xE000EDD0	SAU_CTRL	SAU->CTRL	SAU 控制寄存器
0xE000EDD4	SAU_TYPE	SAU->TYPE	SAU 类型寄存器
0xE000EDD8	SAU_RNR	SAU->RNR	SAU 区域编号寄存器
0xE000EDDC	SAU_RBAR	SAU->RBAR	SAU 区域基地址寄存器

（续）

地址	寄存器	CMSIS-CORE 符号	全名
0xE000EDE0	SAU_RLAR	SAU->RLAR	SAU 区域限制地址寄存器
0xE000EDE4	SAU_SFSR	SAU->SFSR	SAU 安全故障状态寄存器
0xE000EDE8	SAU_SFAR	SAU->SFAR	SAU 安全故障地址寄存器

SAU 采用与 MPU 类似的方式设置工作，通过使用基（起始）地址和大小限制（结束）地址定义内存区域，粒度为 32 字节。Cortex-M23 和 Cortex-M33 处理器中的 SAU 可以有 0、4 或 8 个 SAU 区域。在支持 TrustZone 的 Armv8-M 处理器中，即使 SAU 配置为 0 个 SAU 区域，SAU 仍然可用。在这种情况下，内存分区将完全由 IDAU 处理。确切的内存分区将由设计 IDAU 的芯片设计人员定义。

图 18.4 总结了 SAU 地址查找功能。

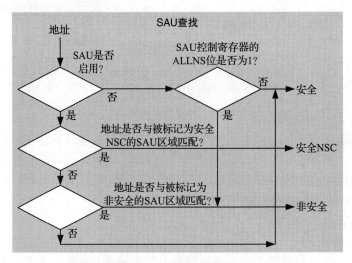

图 18.4   SAU 地址查找概要

如图 18.4 所示，SAU 地址查找行为的详细解释如下：

❑ 如果启用了 SAU，并且地址与 SAU 区域匹配，则结果将基于地址比较器上的设置，为非安全或安全非安全可调用（NSC）。

❑ 如果启用了 SAU，但地址与任何 SAU 区域都不匹配，则结果是安全的。

❑ 如果 SAU 被禁用，并且 SAU 控制寄存器中的 ALLNS（所有非安全）位被设置，则结果为非安全的（即内存映射完全由 IDAU 决定）。

❑ 如果 SAU 被禁用，并且 SAU 控制寄存器中的 ALLNS（所有非安全）位为零，则结果是安全的。这是复位后的默认设置。

在 TT（Test Target，测试目标）指令执行过程中，当一个 SAU 区域与 TT 检查输入的地址匹配时，该 SAU 区域的区域号作为 TT 指令执行结果的一部分上报（参见 7.4.2 节和图 7.6）。

在使用 SAU 查找地址的同时，IDAU 也同时进行地址查找，然后将 SAU 和 IDAU 查找的结果组合起来，如图 18.5 所示。

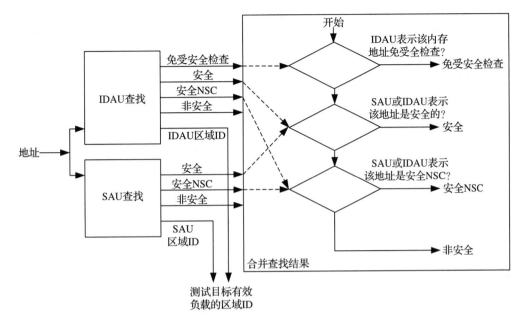

图 18.5　SAU 与 IDAU 地址查找相结合

专为超低功耗应用而设计、面积较小的芯片可以使用 IDAU 进行地址分区，并且可以使用不带区域比较器的 SAU。

在这种情况下，处理 TrustZone 初始化的安全软件只需要将 SAU 控制寄存器中的 ALLNS 位设置为 1，这样安全分区就只由 IDAU 配置。

18.2.3.2　SAU 控制寄存器

SAU 控制寄存器（见表 18.2）为 SAU 提供全局使能控制位。即使 SAU 配置为具有零 SAU 区域，SAU 控制寄存器仍然存在。默认情况下，SAU 被禁用，ALLNS 位被清除，这意味着整个内存映射在默认情况下是安全的。

请注意，在设置 SAU 控制寄存器中的使能位之前，初始化 SAU 的软件必须清除未使用的 SAU 区域的区域"使能"位。这是必需的，因为每个 SAU 区域的单独使能位在复位后未定义。

表 18.2　SAU 控制寄存器（SAU->CTRL, 0xE000EDD0）

位段	名称	类型	复位值	描述
31:2	保留	—	0	保留
1	ALLNS	读 / 写	0	全部非安全。设置为 1 时，SAU 查找结果始终是非安全的。否则，结果是安全的
0	ENABLE	读 / 写	0	当设置为 1 时，它使能 SAU。如果 SAU 为零区域，则该位置为 0

18.2.3.3　SAU 类型寄存器

SAU 类型寄存器（见表 18.3）详细说明了 SAU 实现的区域数量。

表 18.3　SAU 类型寄存器（SAU->TYPE, 0xE000EDD4）

位段	名称	类型	复位值	描述
31:8	保留	—	0	保留
7:0	SREGION	只读	0	实现的 SAU 区域数量（0、4 或 8）

18.2.3.4　SAU 区域编号寄存器

SAU 区域编号寄存器（见表 18.4）选择要配置的 SAU 区域。

表 18.4　SAU 区域编号寄存器（SAU->RNR, 0xE000EDD8）

位段	名称	类型	复位值	描述
31:8	保留	—	0	保留
7:0	REGION	读 / 写	0	选择 SAU_RBAR 和 SAU_RLAR 寄存器当前访问的区域

18.2.3.5　SAU 区域基地址寄存器

SAU 区域基地址寄存器（见表 18.5）详细说明了 SAU 区域编号寄存器当前选择的 SAU 区域的起始地址。

表 18.5　SAU 区域基地址寄存器（SAU->RBAR, 0xE000EDDC）

位段	名称	类型	复位值	描述
31:5	BADDR	读 / 写	—	区域基地址（起始地址）
4:0	保留	—	0	保留。读为 0，写忽略

18.2.3.6　SAU 区域限制地址寄存器

SAU 区域限制地址寄存器（见表 18.6）详细说明了 SAU 区域编号寄存器当前选择的 SAU 区域的大小限制地址（结束地址）。SAU 区域的结束地址包括在该寄存器中设置的限制地址，而 SAU 区域结束地址的最低 5 位自动填充值 0x1F。因此，即使 32 字节粒度的最后一个字节也包含在 SAU 区域中。

表 18.6　SAU 区域限制地址寄存器（SAU->RLAR, 0xE000EDE0）

位段	名称	类型	复位值	描述
31:5	LADDR	读 / 写	—	区域大小限制（结束）地址
4:2	保留	—	0	保留。读为 0，写忽略
1	NSC	读 / 写	—	非安全可调用。如果此位设置为 1，则 SAU 区域匹配将返回安全非安全可调用（NSC）内存类型。如果未设置为 1，则 SAU 区域匹配将返回非安全内存类型
0	ENABLE	读 / 写	—	如果设置为 1，则使能 SAU 区域。如果设置为 0，则区域被禁用

18.2.3.7　安全故障状态寄存器（SFSR）和安全故障地址寄存器（SFAR）

SFSR 和 SFAR 寄存器在 Armv8-M 主线版处理器（例如 Cortex-M33）中可用，但在 Armv8-M 基础版指令集架构处理器（即 Cortex-M23）中不可用。这些寄存器在第 13 章中介绍如下：

❑ 13.5.5 节介绍了有关 SFSR 的信息。

❑ 13.5.9 节介绍了有关 SFAR 的信息。

这些寄存器允许 SecureFault 异常处理程序报告有关故障异常的信息，并可能允许故障异常处理程序处理问题。获得的信息还可以在调试会话期间使用，以帮助软件开发人员了解软件操作期间出现的任何问题。

18.2.4　非安全软件调用安全 API

"Armv8-M 中的 TrustZone"的关键特性之一是它允许安全和非安全软件之间的直接函数调用。这允许安全固件提供一系列服务，例如用于加密操作、安全存储的 API，以及用于建立与云服务安全物联网连接的 API。

为确保设计安全，引入了一系列硬件功能以防止非法状态转换。在非安全软件调用安全 API/ 函数的情况下，只有满足以下两个条件（见图 18.6）才能进行函数调用：

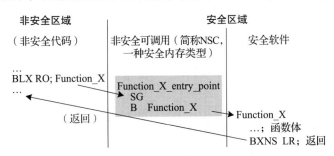

图 18.6　非安全代码调用一个安全 API

安全 API 中的第一条指令是 SG（Secure Gateway，安全网关）指令，并且 SG 指令位于标记为非安全可调用的内存区域中。

如果这两个条件都不满足，则会检测到安全违规并触发安全故障或硬故障异常来处理错误，因此不可能分支跳转到安全函数中并绕过安全检查。

当非安全代码调用安全 API 时，非安全代码分支到安全 API 的安全地址位置称为入口点。安全固件中入口点的数量没有限制：每个 NSC 区域可以有多个入口点，并且内存映射中可以有多个 NSC 区域。请注意，由于非安全软件调用安全 API 时使用的是普通的分支和链接指令（即 BL 或 BLX 指令），因此非安全软件项目不需要工具链的任何特殊编译来支持它与安全软件一起使用。

还请注意，在执行 SG 指令时，处理器仍处于非安全状态。只有在 SG 指令成功执行后，处理器才会处于安全状态。如果软件开发人员只有非安全调试访问权限，他们仍将在调试会话期间看到分支到入口点的执行。尽管安全入口点的地址对非安全软件开发人员可见，但这不是问题，因为除非授予安全调试权限，否则无法访问安全内存中的内存内容。非安全软件开发人员可以看到的唯一安全固件信息是入口点的地址，该地址在安全软件开发人员提供的导出库中提供。

之所以需要 NSC 内存属性，是为了防止安全软件中的二进制数据（该数据包含与 SG 指令操作码相匹配的模式）被分支跳转到其中的黑客所利用。通过确保只有入口点被放置在标记为 NSC 的内存中，可以消除由于疏忽而出现的入口点风险。

保护机制的另一部分是安全 API 末尾的函数返回。不应使用常规的 BX LR 指令返回调用代码，而应使用 BXNS LR 指令。Armv8-M 引入了 BXNS <reg> 和 BLXNS <reg> 指令，以便当地址寄存器的位 0（由 <reg> 指定）为 0 时处理器可以从安全状态切换到非安全状态。当 SG 指令被执行时，处理器自动执行以下操作：

❑ 如果处理器在执行 SG 指令之前处于非安全状态，则将链接寄存器（LR）的位 0 清零。
❑ 如果处理器在执行 SG 指令之前处于安全状态，则将 LR 的位 0 设置为 1。

当函数返回发生在一个安全 API 的末尾时，LR 的第 0 位为 0（它会在函数入口处被 SG 清除），处理器必须返回到非安全区域。在这种情况下，如果处理器返回到安全地址，则会触发故障异常。该机制检测并防止黑客使用指向安全程序位置的虚假返回地址调用安全 API。

如果同一个安全 API 被另一个安全函数调用，则在函数入口处执行 SG 指令会将 LR 的第 0 位设置为 1。在安全 API 末尾，第 0 位值为 1 的 LR 将用于函数返回。处理器利用 LR 的第 0 位返回到安全程序位置。这种安排允许非安全或安全代码使用安全 API。

为了帮助软件开发人员在 C/C++ 中创建安全 API，Cortex-M 安全扩展（CMSE）定义了一个名为 cmse_nonsecure_entry 的 C 函数属性，18.3.4 节介绍了使用 cmse_nonsecure_entry 的示例。

18.2.5 安全代码调用非安全函数

Armv8-M 的 TrustZone 允许安全软件调用非安全函数。该函数在以下情况下很有用：
❑ 安全区域中的中间件软件组件需要通过访问非安全区域中的外设驱动程序才能访问某个外设功能。
❑ 安全固件需要访问非安全区域中的错误处理函数（即回调函数）。回调机制允许安全软件在发生错误时通知非安全软件。例如，代表非安全软件组件处理后台内存复制服务的安全 API 可以使用安全 DMA 控制器执行操作。当发生 DMA 操作错误时，安全软件能够使用回调机制通知非安全软件。

当安全软件需要调用非安全函数时，应使用 BLXNS 指令（见图 18.7）。与使用 BXNS 指令类似，保存分支目标地址的寄存器的第 0 位用于指示被调用函数的安全状态。如果该位为 0，则处理器必须在此分支处切换到非安全状态。如果该位为 1，则分支的跳转目标是一个安全函数。

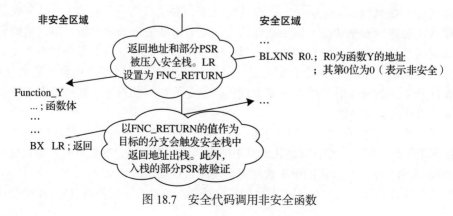

图 18.7　安全代码调用非安全函数

当分支到非安全函数时，BLXNS 指令将返回地址和部分 xPSR 保存到安全栈中，并将 LR 更新为一个特殊值，称为 FNC_RETURN（即函数返回）。PSR（程序状态寄存器）中的部分信息也保存在安全栈中，稍后在返回安全状态时使用。

FNC_RETURN（见表 18.7）的值是 0xFEFFFFFF 或 0xFEFFFFFE。

表 18.7　FNC_RETURN 代码

位段	描述
31:24	PERFIX：必须为 0xFE
23:1	保留：该位段必须为 1
0	S（安全）：表示调用代码的安全状态 0：从非安全状态调用函数 1：从安全状态调用函数 该位通常为 1，因为在安全代码调用非安全区域的函数时使用 FNC_RETURN 机制。但是在某些函数链接情况下，该位可能会被 SG 指令清零。为了解决这个问题，函数返回机制在处理到 FNC_RETURN 的分支时会忽略第 0 位

在非安全函数结束时，返回操作（例如 BX LR）将 FNC_RETURN 值加载到程序计数器中，触发从安全栈中返回地址的栈，并使用之前已压入安全栈的局部 PSR 执行完整性检查。

使用 FNC_RETURN 可以将安全程序的地址对非安全区域进行隐藏，从而避免泄露任何秘密信息，还阻止了非安全软件修改存储在安全栈中的安全返回地址。

如果处理器在调用非安全 API 时处于安全处理模式，程序状态寄存器的一部分（IPSR 的值）会保存到安全主栈中，并且将 IPSR 中的值切换为 1 以标记调用安全处理程序的身份。当非安全 API 完成并返回安全区域时，将执行完整性检查以确保处理器的模式未被更改。当调用非安全 API 时被更改为 1 的 IPSR 将被变为被修改前的值。

18.2.6　BXNS 和 BLXNS 指令的附加说明

BXNS 和 BLXNS 指令在实现 TrustZone 的 Armv8-M 处理器上可用，并且只能由安全软件使用。当处理器处于非安全状态时，任何执行这些指令的尝试都将被视为"未定义指令"错误，并将触发 HardFault 或 UsageFault 异常（见表 18.8）。

表 18.8　BXNS 和 BLXNS 指令行为

（指令）执行状态	条件	结论
安全状态（BX，BLX）	地址的最低位为 1	分支到处于安全状态的地址
安全状态（BX，BLX）	地址的最低位为 0	引起 HardFault 或 UsageFault 异常
安全状态（BXNS，BLXNS）	地址的最低位为 1	分支到处于安全状态的地址
安全状态（BXNS，BLXNS）	地址的最低位为 0	分支到处于非安全状态的地址
非安全状态（BX，BLX）	地址的最低位为 1	分支到处于安全或非安全状态的地址
非安全状态（BX，BLX）	地址的最低位为 0	引起 HardFault 或 UsageFault 异常
非安全状态（BXNS，BLXNS）	不支持 BXNS，BLXNS	引起 HardFault 或 UsageFault 异常

在 C/C++ 编程中，使用 CMSE 特性创建安全 API 或调用非安全函数时，无须使用内联汇编器手动插入这些指令。这是因为 BXNS 和 BLXNS 指令是由 C 编译器生成的。

18.2.7 安全状态转换：特权级别变化

由函数调用或函数返回引起的安全状态转换可能会导致处理器的特权级别发生变化。这是因为处理器的 CONTROL（控制）寄存器中的 nPRIV 位被存储在安全状态之间（见图 18.8）。

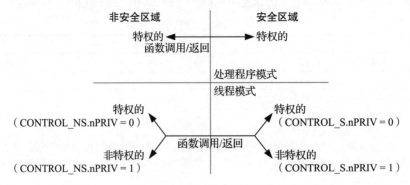

图 18.8 安全状态转化可以改变处理器的特权级别

由函数调用或函数返回引起的权限级别变化仅在处理器处于线程模式时发生。

如果处理器是在处理程序模式下，那么处理器在交叉域函数调用 / 返回时保持在特权级。这是因为：

1）中断程序状态寄存器（IPSR）（参见 4.2.2.3 节）在安全区域和非安全区域之间共享。

2）架构定义指定处理器在处理程序模式下必须处于特权状态。

由于 Armv8-M 架构的定义方式，安全软件库中的安全 API 在被非安全异常处理程序调用时以特权访问级别执行。如果需要将安全 API 访问权限限制为非特权级别，则安全 API 的入口点必须：

1）将函数调用重定向到检查特权级别的安全固件代码。

2）如果需要，将处理器切换到非特权状态。

3）执行安全 API 的函数主体。

通过在非特权状态下运行安全 API，可以使用安全内存保护单元将 API 的操作限制为选择的内存区域。

18.2.8 安全状态转换及其与异常优先级的关系

一些系统异常在两种安全区域中备份，例如 SysTick、SVC 和 PendSV 之类的异常。因此，对于这些异常，同时有安全和非安全异常优先级寄存器。当上述系统异常处理程序之一从相反的安全域调用函数时，使用第一个触发异常的异常优先级。在图 18.9 所示的示例中，非安全 SVC 调用安全 API，即使处理器处于安全状态，并且其 IPSR（中断程序状态寄存器）指示它正在运行 SVC 处理程序，则使用非安全 SVC 的级别作为异常优先级。

请注意，在某些特殊情况下，跨域函数调用 / 返回中的异常优先级会发生变化。

当通过设置 AIRCR 中的 PRIS（安全优先）位来优先处理安全异常时，采用函数调用 / 返回从一种安全状态切换到另一种安全状态将会影响处理器的当前异常优先级。例如，当执行图 18.9 中详述的相同代码示例时，如果 AIRCR. PRIS 设置为 1，那么非安全 SVC 处理程序执行期间的有效异常优先级将为 0xC0。但是在执行安全函数（即函数 A）期间，有效优先级将更改为 0x80（见图 18.10）。

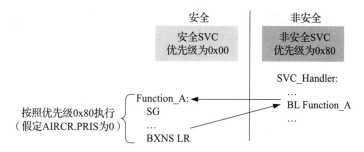

图 18.9　跨域函数调用时，被备份的系统异常的异常优先级

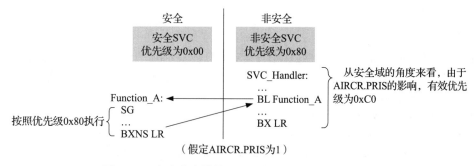

图 18.10　安全状态转换可以改变处理器的异常优先级

18.2.9　其他 TrustZone 指令

为了支持各种 TrustZone 操作，Armv8-M 中引入了几条指令，在表 18.9 中列出。

这些指令信息在 5.20 节中有介绍。

TT 指令通过内建函数访问，并在 18.3.6 节中介绍。

VLSTM 和 VLLDM 指令由 C/C++ 编译器生成，如下：

❑ 在进行非安全函数调用之前，安全软件会在栈上为 FPU 寄存器保留一小部分内存空间，然后执行 VLSTM 指令。这会标记 FPU 中的数据并告知系统该数据需要保护，免受非安全状态软件的影响，但此操作不会将 FPU 寄存器压入分配的栈空间中。

❑ 调用并执行非安全 C 函数。这意味着：

- 当非安全 C 函数执行 FPU 指令时，FPU 寄存器发生入栈操作并将 FPU 中的安全数据保存到安全栈。然后清除 FPU 寄存器以防止安全信息泄露。一旦寄存器数据的入栈和清除完成，非安全函数恢复并继续操作。

❑ 从非安全 API 返回后，处理器执行 VLLDM 指令。当这条指令被执行时：

- 如果执行的非安全函数不使用 FPU，则不会触及 FPU 寄存器，VLLDM 指令只会清除挂起的 FPU 栈请求。

- 如果执行的非安全函数确实使用了 FPU，则先前的安全 FPU 数据存储在安全栈中，VLLDM 指令将恢复安全 FPU 的上下文。

当 FPU 未实现或禁用时，VLSTM 和 VLLDM 指令作为 NOP（无操作）执行。

表 18.9　其他 TrustZone 支持的指令

指令	目的
测试目标（TT，TTA，TTT，TTAT）	这些指令用于指针检查（参见 5.20 节和 18.3.6 节）
VLSTM，VLLDM 注意：这些在 Armv8-M 主线版（例如 Cortex-M33 处理器）中可用，但在 Armv8-M 基础版（例如 Cortex-M23 处理器）中不可用	当安全代码需要调用非安全函数时，这些指令保存和恢复在 FPU 中的安全数据。通过再次利用延迟入栈支持硬件，如果非安全代码不使用 FPU，则调用非安全函数的延迟可以减少

18.3　安全软件开发流程

18.3.1　构建安全项目

构建一个安全项目，需要：

1）告诉 C/C++ 编译器正在构建一个安全项目。这是必需的，以便编译器生成的代码满足文献 [2] 中定义的要求。对于 Arm 编译器 6 和 GCC，-mcmse 选项可用于此目的。对于 IAR 编译器，等效的命令行选项是 --cmse。

2）使用以下代码行在 C/C++ 代码中包含一个头文件：

```
#include <arm_cmse.h>
```

如果使用 Keil 微控制器开发套件（MDK），可以在目标选项菜单中指定安全项目选项，如图 18.11 所示。

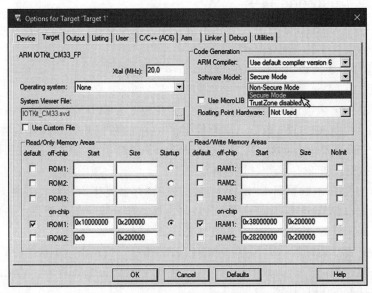

图 18.11　对于 Keil MDK，在 target 选项中选择 Secure Mode 编译安全软件

在编译安全软件时，C 编译器会生成一个名为 __ARM_FEATURE_CMSE（见表 18.10）的内置预处理宏，其值设置为 3。

表 18.10 __ARM_FEATURE_CMSE 宏的值及定义

__ARM_FEATURE_CMSE 的值	定义
0 或者未定义	TT 指令不可用
1	TT 指令支持可用。但是，该软件不是为安全模式编译的，因此 TT（TTA、TTAT）的 TrustZone 变体不可用
3	安全状态的编译目标 TrustZone 的 TT 支持是可用的

__ARM_FEATURE_CMSE 内置预处理宏使软件能够适应安全和非安全环境。例如，如果为安全状态编译，以下 C 代码将执行 function_1：

```
    ...
#if defined (__ARM_FEATURE_CMSE) && (__ARM_FEATURE_CMSE == 3U)
    function_1();
#endif
    ...
```

在 Armv8-M 软件项目中经常可以找到此函数的使用。例如，经常会发现 CMSIS-CORE 头文件和设备驱动程序库中使用了 __ARM_FEATURE_CMSE 预处理宏。

18.3.2 安全配置

在初始化安全软件时，通常需要设置设备的安全配置。基于 Cortex-M23/Cortex-M33 的系统安全配置的设置要考虑的方面如下：

❑ 配置内存映射。这包括对以下内容进行编程：
- 定义非安全和 NSC 区域的 SAU。
- IDAU（但仅当 IDAU 可编程时）。注意，系统可能包含控制 IDAU 配置的可编程寄存器。
- 系统级内存保护控制器（MPC）。
- 系统级外设保护控制器（PPC）。

❑ 配置异常安全域和其他异常相关设置。例如：
- 对于每个中断，通过中断目标非安全寄存器（NVIC->ITNS，参见 9.2.5 节）定义中断应该针对安全状态还是非安全状态。
- 对于 Cortex-M33 处理器，可选择性地启用 SecureFault 异常和其他可能的系统异常。
- 设置 AIRCR（参见 9.3.4 节）。该寄存器中与 TrustZone 相关的位域包括：
  - AIRCR.BFHFNMIHF：通常当使用 TrustZone 时，该位保持为 0（NMI、HardFault 和 BusFault 异常保持在安全状态）。
  - AIRCR.PRIS：可选择的，该位设置为优先处理安全异常。
  - AIRCR.SYSRESETREQS：可选择的，设置该位以决定非安全软件是否可以触发自复位。

❑ 定义可用于非安全软件的功能：对于 Cortex-M33 处理器，需要编程非安全访问控制寄存器（SCB->NSACR）以定义 FPU、协处理器和 Arm 自定义指令功能是否可从非安全状态访问（参见 14.2.4 节和 15.5 节）。此外，可能还需要配置 CPPWR（参见 15.6 节）以防止非安全软件访问 FPU 和自定义加速器的电源控制。

❑ 配置 FPU 设置（仅适用于带有 FPU 的 Armv8-M 处理器）：如果安全软件预期使用 FPU（或 Armv8.1-M 处理器中的 Helium 功能）处理敏感数据，则安全软件应在启动时，将 FPU 浮点上下文控制寄存器（FPU->FPCCR，参见 14.2.7 节）中的 TS、CLRONRET 和 CLRONRETS 控制位设置为 1，这些控制位不应更改且应该始终保持高电平。如果安全软件不将 FPU/Helium 寄存器用于敏感数据，则安全软件可以将 TS 和 CLRONRETS 控制位保留为 0；然后，非安全特权软件可以将 CLRONRET 控制位设置为 1，以防止 FPU 中的特权数据对非特权软件可见。

❑ 通过对系统控制寄存器（SCB->SCR）中的 SLEEPDEEPS 位进行编程，决定非安全软件是否可以控制 SLEEPDEEP 功能。

❑ 配置系统级 / 设备特定的安全管理功能：每个芯片设计可能有额外的安全功能，在使用之前可能需要配置或启用。

❑ 配置调试安全设置：安全软件在需要时可以覆盖安全调试认证设置（参见 16.2.7 节）。

对于具有 CMSIS-CORE 兼容驱动程序的 Armv8-M 设备，这些配置中的大部分在 TZ_SAU_Setup() 函数中执行。该函数及其参数放置在名为 partition_<device>.h 的文件中（注意，确切名称是特定于设备的，即用设备的名称替换 <device>）。TZ_SAU_Setup() 函数可以从 SystemInit() 函数访问，并在执行复位处理程序期间执行。

将 Keil MDK 用于安全软件项目时，可以使用配置向导轻松地编辑 partition_<device>.h 中的参数（见图 18.12）。

请注意：

❑ 调试认证覆盖不是 TZ_SAU_Setup() 的一部分。

❑ 除了处理器和内存映射的安全配置之外，可能还需要设置其他系统级安全配置。例如，电源管理和时钟控制系统可能包含也需要编程的安全管理控制寄存器。

用于设置内存保护控制器（MPC）和外设保护控制器（PPC）的配置代码通常可以在 CMSIS-CORE 文件 partition_<device>.h 或 CMSIS-CORE 文件 system_<device>.c 中找到。MPC 和 PPC 的编程者模型是特定于设备的。基于以下分区方法的 MPC 有两种类型（见图 18.13）：

❑ 基于内存块的设计：连接到 MPC 的内存块被分成几个内存页，每个内存页的目标安全状态由 MPC 硬件内部的一个小型可编程查找表（LUT）定义。LUT 的每一位代表页面的目标安全状态。

❑ 基于水印级别的设计：连接到 MPC 的内存块分为两部分，边界位置由可编程寄存器控制。

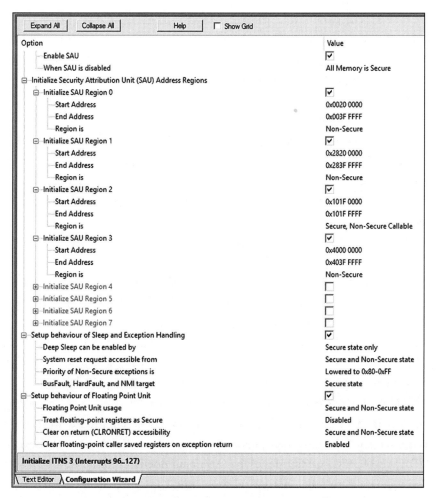

图 18.12 使用配置向导设置 partition_<device>.h

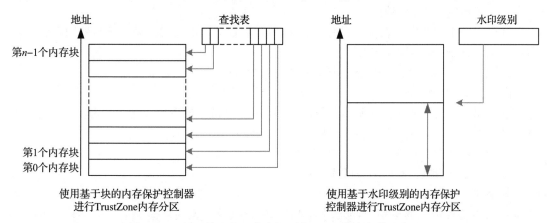

图 18.13 基于块和基于水印级别的 MPC 的内存分区方法

基于内存块的设计高度灵活，而基于水印级别的 MPC 可以设计得更小，因此非常适合一系列超低功耗系统。MPC 的编程者模型是特定于供应商／设备的。对于基于 Arm Corstone-200 基础 IP 的微控制器，MPC 设计是基于内存块的。可以使用以下链接找到该组件的程序员模型：https://developer.arm.com/documentation/ddi0571/e/programmers-model/ahb5-trustzone-memory-protection-controller[4]。

在 Arm Corstone-200 MPC 设计中：

❑ 查找表可通过 BLK_LUT[n] 寄存器访问。该寄存器中的每一位代表一个内存块的安全状态。因为可以有 32 个以上的内存块，因此可以有多个 BLK_LUT 寄存器。

❑ 名为 BLK_IDX 的读／写寄存器（即块索引寄存器）定义了索引 n 的值，用于选择应该访问哪个 BLK_LUT[n] 寄存器。在访问查找表之前，需要通过 BLK_IDX 设置 BLK_LUT[n] 的索引 n。

❑ 存在额外的只读寄存器，用于允许软件通过 BLK_CFG 寄存器确定内存块的大小，并通过 BLK_MAX 寄存器确定可用内存块的最大数量。

❑ 如果检测到安全异常，MPC 可选择性地向处理器发送中断。例如，当非安全程序尝试访问已通过非安全别名地址分配给安全区域的内存块时。为了辅助中断产生和中断处理的管理，MPC 具有中断控制和状态寄存器。

与 MPC 类似，PPC 也是特定于供应商／设备的。通常采用一个简单的可编程寄存器提供一个查找表，查找表的每一位代表对应的外设是安全的还是非安全的。一些 PPC 设计（包括 Arm Corstone-200 基础 IP 的设计）还允许在特权级或在特权和非特权级访问外设。可以使用以下链接找到 Arm Corstone-200 中 PPC 的编程者模型：

❑ AMBA AHB5 PPC: https://developer.arm.com/documentation/ddi0571/e/functional-description /ahb5-trustzone-peripheral-protection-controller/functional-description[5]

❑ AMBA APB4 PPC: https://developer.arm.com/documentation/ddi0571/e/functional-description/apb4-trustzone-peripheral-protection-controller/functional-description [6]

Arm Corstone-200 中 AHB5 PPC 和 APB4 PPC 的控制寄存器不包含在 PPC 组件中，因此是特定于供应商／设备的。

在进行安全和非安全软件项目时，TrustZone 内存分区的设置必须与项目的内存使用设置相匹配。TrustZone 内存分区设置包括：

❑ 配置 SAU 以及可选的 IDAU（如果它是可编程的）。

❑ 配置 MPC 和 PPC。

软件项目的内存使用量通常由项目的链接器设置（链接器脚本或命令行选项）定义。考虑到这一点，安全软件开发人员需要配置：

❑ 安全项目的内存映射，包括 NSC 区域应该放置的位置。

❑ 非安全项目的内存映射（可选的）。

如果 TrustZone 分区和软件项目设置之间存在不一致，则可能会危及设备的安全性。为了降低发生这种情况的概率，创建了 CMSIS-Zone 项目。该项目提供了一个工具，可以使用单一数据源自动生成各种设置代码和链接器脚本。使用基于 XML 的文件和 CMSIS-Zone

公用程序（一种软件工具）产生：

- □ 用于 SAU、IDAU、MPC 和 PPC 的设置代码。
- □ 链接器脚本。
- □（可选择的）可由 TF-M 和实时操作系统使用，用于进程隔离的 MPU 设置代码。

这种方法使得开发过程更容易，且更不容易出错。

18.3.3　初次切换至非安全区域

执行安全初始化过程后，在非安全区域中启动应用程序之前，需要执行以下操作：

- □ 根据应用程序的要求，初始化安全外设（例如，安全看门狗计时器）。
- □ 安全固件框架初始化。
- □ 为安全栈指针设置栈大小限制。

执行完以上操作后，可以进入非安全应用程序。非安全软件的起点（即非安全复位处理程序的起始地址）在非安全向量表中。安全固件读取起始地址分支到非安全区域并启动它。为确保非安全软件（如实时操作系统）正确运行，处理器在启动非安全软件时必须处于特权线程模式。

以下部分列出了可用于分支到非安全区域的示例代码。在此示例中，来自 Cortex-M 安全扩展（CMSE）的函数属性用于定义非安全函数指针。此操作使 C 编译器能够生成正确的 BLXNS 指令以分支到非安全区域。

```
// 非安全 int 函数类型定义为 cmse_nonsecure_call 属性
typedef int __attribute__((cmse_nonsecure_call)) nsfunc(void);
...
int nonsecure_init(void) {
  // Arm 网站的修正示例
  // https://community.arm.com/developer/ip-products/processors/trustzone-for-
armv8-m/b/blog/posts/a-few-intricacies-of-writing-armv8-m-secure-code

  // 如果需要，设置非安全 VTOR
  // 该示例基于 Cortex-M33 的 FPGA 平台创建
  // （例如在 MPS2 FPGA 板上运行的 IoT Kit 系统）
  // 非安全代码映射起始地址为 0x00200000
  SCB_NS->VTOR=0x00200000UL; // 对于大多数硬件平台是可选择的
  // 此处所用的 FPGA 平台中需要此选项
  // 以下行创建指向非安全向量表的指针
  uint32_t *vt_ns = (uint32_t *) SCB_NS->VTOR;

  // 设置非安全区域主栈指针 (MSP_NS)
  __TZ_set_MSP_NS(vt_ns[0]);
  // 设置指向非安全复位向量的函数指针
  nsfunc *ns_reset = (nsfunc*)(vt_ns[1]);
  // 分支到非安全复位处理程序
  ns_reset(); // 分支到非安全区域
#ifdef VERBOSE
  // 为调试显示错误
```

```
    printf("ERROR: should not be here\n");
#endif
    while(1);
}
```

18.3.4 创建一个简单的安全 API

在开发安全软件时，很容易创建一个简单的安全 API。在以下代码示例中，创建了一个简单的安全函数来返回 x^2 的值。

```
// 非安全 int 函数原型
int __attribute__((cmse_nonsecure_entry)) entry1(int x);
...
int __attribute__((cmse_nonsecure_entry)) entry1(int x)
{
    return (x * x);
}
```

由于 SG 指令（即入口点）由链接器生成，因此上面详述的"简单"代码就是创建安全 API 所需的全部内容。为了防止安全信息被泄露，C 编译器会生成一个代码序列，以确保寄存器组中的安全数据（返回结果除外）在返回到非安全区域之前被擦除。

在链接阶段（见图 18.14），链接器识别安全项目中的所有安全 API 并生成一个入口点表，该表放置在链接器设置配置中（例如链接描述文件）指定的位置。

链接器同时也会生成一个导出库。该文件包含入口点的符号和地址，非安全软件开发人员可以使用该文件来处理非安全项目的链接。注意，因为非安全项目可以包含对安全 API 的函数调用，所以链接器需要导出文件中的信息来执行链接过程。

在某些情况下，安全程序镜像可能是现有程序镜像的新修订版，并且可能必须添加其他的安全功能。为避免重新编译现有的非安全项目（这意味着需要更新已发布产品中的非安全程序），需要保留先前版本的安全程序镜像中存在的入口点地址在更新后保持不变。为了确保该情况，链接器必须导入旧版本的导出库，以便知道旧入口点的地址并且不会更改它们。

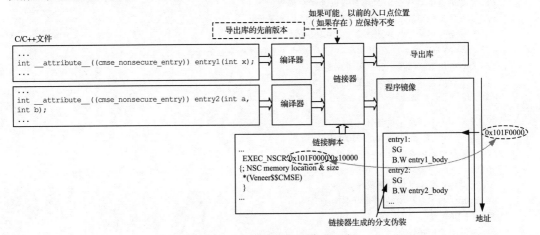

图 18.14 在链接阶段创建入口点

18.3.5　调用非安全函数

安全软件可以调用非安全函数，但是该过程并不像普通函数调用那样直接，因为要调用的非安全函数的地址位置在编译软件时通常不可用（这是因为非安全软件的编译发生在安全软件编译后）。解决此问题的最常见解决方案是使用安全 API 将函数指针从非安全软件传递到安全区域。在这种情况下，一旦安全软件接收到非安全函数指针，非安全函数就可以随后被安全软件调用。

以下示例演示了一个非安全函数指针被传递到安全区域，然后从安全区域调用非安全函数的过程。要开始该过程，需要创建一个安全 API，以便可以将来自非安全区域的函数指针传递到安全区域。调用的非安全函数有一个整数输入和一个整数返回值。

```
typedef int __attribute__((cmse_nonsecure_call)) tdef_nsfunc_o_int_i_int(int x);
int __attribute__((cmse_nonsecure_entry))
pass_nsfunc_ptr_o_int_i_int(tdef_nsfunc_o_int_i_int *callback);

void default_callback(void);

// 声明函数指针 *fp
// fp 可以指向安全或者非安全函数
// 初始化默认回调函数
tdef_nsfunc_o_int_i_int *fp = (tdef_nsfunc_o_int_i_int *) default_callback;

// 这是一个将函数指针作为输入参数的安全 API
int __attribute__((cmse_nonsecure_entry))
pass_nsfunc_ptr_o_int_i_int(tdef_nsfunc_o_int_i_int *callback) {
  // 结果用于函数指针
  cmse_address_info_t tt_payload;
    tt_payload = cmse_TTA_fptr(callback);
    if (tt_payload.flags.nonsecure_read_ok) {
      fp = cmse_nsfptr_create(callback); // 非安全函数指针
      return (0);
    } else {
      printf ("[pass_nsfunc_ptr_o_int_i_int] Error: input pointer is not NS\n");
      return (1); // 函数指针不能从非安全区域访问
    }
}

void default_callback(void) {
  __BKPT(0);
  while(1);
}
```

此安全 API（即 pass_nsfunc_ptr_o_int_i_int）使用以下两个 CMSE 定义的内建函数：

❏ **cmse_TTA_fptr**：此内建函数使用 TT 指令检查函数指针。它确保函数指针可以从非安全区域访问，且函数代码可读。此内建函数使用 cmse_address_info_t 数据结构（参见 7.4.2 节）返回 32 位结果，该结构在 CMSE 支持中定义。

❏ **cmse_nsfptr_create**：这个内建函数将普通函数指针转换为非安全函数指针（即将位

0 清零），以便 BLXNS 指令可以将其作为非安全函数调用处理。

在上述示例代码中，定义了默认回调函数（即 default_callback(void)），以防安全软件尝试在使用安全 API（即 pass_nsfunc_ptr_o_int_i_int）设置非安全函数之前调用非安全函数指针。

当用于接收函数指针的安全 API（即 pass_nsfunc_ptr_o_int_i_int）到位时，非安全软件就可以使用此安全 API 将函数指针传递给安全区域。这显示在以下代码中：

```
extern int __attribute__((cmse_nonsecure_entry)) pass_nsfunc_ptr_o_int_i_int(void
*callback);
  ...
  int status;
  ...

// 传递非安全函数指针到安全区域
status = pass_nsfunc_ptr_o_int_i_int(&my_func);
if (status==0) {
   // 调用安全函数
   printf ("Result = %d\n", entry1(10)); // 注意：此安全 API 调用 my_func
   } else {
   printf ("ERROR: pass_nsfunc_ptr_o_int_i_int() = %d\n", status);
}

int my_func(int data_in)
{
printf("[my_func]\n");
return (data_in * data_in);
}
```

一旦从非安全区接收到非安全函数指针，安全软件就可以使用以下代码调用非安全函数：

```
int call_callback(int data_in) {
  if (cmse_is_nsfptr(fp)){
   return fp(data_in);      // 非安全函数调用
  } else {
   ((void (*)(void)) fp)(); // 一般函数调用默认回调
   return (0);
  }
}
```

上述代码使用 CMSE 内建函数（即 cmse_is_nsfptr）检查第 0 位的值，以此检测函数指针是否为非安全的。如果是，则可以调用非安全函数；如果不是，则意味着未传输非安全函数指针，（在此示例中）将改为执行默认的回调函数。

C/C++ 编译器生成的安全代码确保在调用非安全函数时，除了函数参数外，寄存器组中不保留任何安全数据。因此，在执行 BLXNS 指令之前，需要将多个寄存器的内容保存到安全栈中。当从非安全调用返回后，寄存器组中先前保存的安全内容将从安全栈中恢复。

18.3.6 指针检查

因为安全 API 往往要代表非安全软件进行操作，所以非安全软件需要向安全软件传递数据指针，以指示数据源在哪里，操作结果放在哪里。

当安全 API 代表非安全软件处理数据时，存在以下安全风险：

❑ 传递给安全 API 的指针可以指向通常非安全软件不能访问的安全数据。如果指针指向安全地址位置但未执行指针检查，则安全 API 可能会读取或修改安全数据。这是一个严重的安全问题，必须避免。

❑ 非安全非特权软件向安全 API 传递一个指针，该指针指向仅具有特权访问权限的地址。在这个例子中，如果安全 API 不执行指针检查，那么非安全软件可以使用安全 API 绕过非安全区域中的安全机制（例如非安全 MPU）。

图 18.15 显示了这两种安全风险。

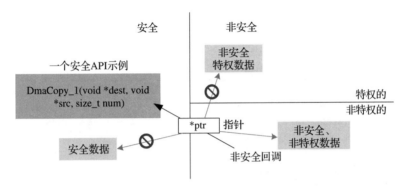

图 18.15　安全 API 需要检查来自非安全区域的数据指针

更复杂的情况是：当执行安全 API 时，处理器可以服务非安全中断，并且在这种情况下，指针指向的非安全数据可以被非安全中断处理程序访问和修改。因此，安全 API 的设计必须考虑正在处理的非安全数据可能会被意外更改的情况。有关此主题的更多信息，请参见 18.6.4 节。

TT 指令（参见 5.20 节和 7.4 节）旨在允许执行指针检查。为了在 C/C++ 编程环境中简化这些操作，ACLE 定义了一系列用于处理指针检查的内建函数。18.3.5 节中的示例展示了使用 cmse_TTA_fptr 函数检查函数指针是否指向非安全地址。

以下内建函数（见表 18.11）可用于非安全和安全软件，即使未实现 TrustZone 也可以使用。

表 18.11　用于检查单个指针的内建函数

内建函数	语义
cmse_address_info_t cmse_TT(void *p)	生成 TT 指令
cmse_address_info_t cmse_TT_fptr(p)	生成 TT 指令。参数 p 可以是任何函数指针类型
cmse_address_info_t cmse_TTT(void *p)	生成带有 T 标志的 TT 指令
cmse_address_info_t cmse_TTT_fptr(p)	生成带有 T 标志的 TT 指令。参数 p 可以是任何函数指针类型

表 18.11 中详述了一个返回 32 位结果（有效负载）的名为 cmse_address_info_t 的内建函数（图 7.6 为安全状态软件返回的结果，图 7.7 为非安全状态软件返回的结果）。在 C/C++ 编程中，当使用 Cortex-M 安全扩展（CMSE）功能时，cmse_address_info_t 在 CMSE

支持头文件中声明。对于非安全软件，typedef 的详细信息如下：

```
typedef union {
  struct cmse_address_info {
    unsigned mpu_region:8;
    unsigned :8;

    unsigned mpu_region_valid:1;
    unsigned :1;
    unsigned read_ok:1;
    unsigned readwrite_ok:1;
    unsigned :12;
  } flags;
  unsigned value;
} cmse_address_info_t;
```

对于安全软件，typedef 的详细信息如下：

```
typedef union {
  struct cmse_address_info {
    unsigned mpu_region:8;
    unsigned sau_region:8;
    unsigned mpu_region_valid:1;
    unsigned sau_region_valid:1;
    unsigned read_ok:1;
    unsigned readwrite_ok:1;
    unsigned nonsecure_read_ok:1;
    unsigned nonsecure_readwrite_ok:1;
    unsigned secure:1;
    unsigned idau_region_valid:1;
    unsigned idau_region:8;
  } flags;
  unsigned value;
} cmse_address_info_t;
```

安全软件的 cmse_address_info_t 定义提供了额外的位域，详细说明了非安全区域的访问权限和安全区域的属性。

为了让安全软件可以处理非安全软件上的指针检查，TTT 和 TTAT 指令可用，还提供了额外的内建函数（见表 18.12），以便安全软件可以访问这些指令。

表 18.12　用于检查单个指针的安全内建函数

内建函数	语义
cmse_address_info_t cmse_TTA(void *p)	生成带有 A 标志的 TT 指令
cmse_address_info_t cmse_TTA_fptr(p)	生成带有 A 标志的 TT 指令。参数 p 可以是任何函数指针类型
cmse_address_info_t cmse_TTAT(void *p)	生成带有 T 和 A 标志的 TT 指令
cmse_address_info_t cmse_TTAT_fptr(p)	生成带有 T 和 A 标志的 TT 指令。参数 p 可以是任何函数指针类型

如 7.4.3 节所述，区域 ID 是 TT 指令返回的位域之一，该值用于检测数据结构 / 数据数组是否完全放置在非安全区域中（见图 7.8）。CMSE 没有使用表 18.12 中的内建函数来手动检查上述数据结构 / 数据数组的安全属性，而是定义了额外的内建函数（见表 18.13）来检查数据对象和地址范围。

使用这些内建函数时，需要通过标志参数指定访问权限条件。标志值在 CMSE 中使用 C 宏定义（见表 18.14）。

可以组合这些标志以帮助安全 API 指定执行指针检查时所需的访问权限类型。常用的组合列于表 18.15 中。

表 18.13 用于检查地址范围和数据对象的安全内建函数

内建函数	语义
void *cmse_check_pointed_object (void *p, int flags)	检查指定的对象是否满足标志指示的访问权限。检查失败时返回 NULL，检查成功时返回 *p
void *cmse_check_address_range(void *p,size_t size, int flags)	检查指定的地址范围是否满足标志指示的访问权限。检查失败时返回 NULL，检查成功时返回 *p

表 18.14 CMSE 中定义的 C 宏，用于协助检查地址范围和数据对象

宏	取值	描述
（无标志）	0	不带任何标志的 TT 指令用于检索地址的权限。结果在 cmse_address_info_t 结构中返回
CMSE_MPU_UNPRIV	4	此宏设置用于检索地址权限的 TT 指令上的 T 标志；检索非特权模式的访问权限
CMSE_MPU_READWRITE	1	检查权限中是否设置了 readwrite_ok 字段
CMSE_MPU_READ	8	检查权限中是否设置了 read_ok 字段
CMSE_AU_NONSECURE	2	检查权限中是否未设置安全字段
CMSE_MPU_NONSECURE	16	设置用于检索地址权限的 TT 指令上的 A 标志
CMSE_NONSECURE	18	CMSE_AU_NONSECURE 和 CMSE_MPU_NONSECURE 的组合语义

表 18.15 标志的组合所开启的不同指针检查

#	与 CMSE 内建函数一起使用的 C 语言宏组合（用于指针检查）	用法（即通过该指针检查所需的访问权限）
1	CMSE_MPU_NONSECURE | CMSE_MPU_READWRITE	地址范围 / 对象可由非安全区域调用方读取和写入
2	CMSE_MPU_NONSECURE | CMSE_MPU_READ	地址范围 / 对象可由非安全区域调用方读取
3	CMSE_MPU_NONSECURE | CMSE_MPU_READWRITE | CMSE_MPU_UNPRIV	地址范围 / 对象可由非安全、非特权软件读取和写入
4	CMSE_MPU_NONSECURE | CMSE_MPU_READ | CMSE_MPU_UNPRIV	地址范围 / 对象可由非安全、非特权软件读取

当数据指针从调用方直接传递到安全 API 时，表 18.15 中列出的前两个组合（即 1 和 2）通常足以处理指针检查。后两个组合（即 3 和 4）与前两个组合（即 1 和 2）不同，因为它们包含 CMSE_MPU_UNPRIV 标志。当设置此标志时，执行的指针检查使用非特权软件的

访问权限设置。当软件服务请求和相应的数据指针源自非安全、非特权调用方时，以及当软件服务通过非安全特权软件（例如，运行在其上的操作系统服务）重定向到安全 API 时，需要这种安排，如图 18.16 所示。当设置 CMSE_MPU_UNPRIV 标志时，指针检查内建函数根据非安全、非特权调用方的访问权限提供结果，即使安全 API 是由非安全特权软件调用的。

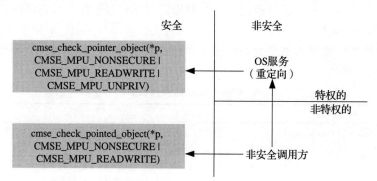

图 18.16　对象检查函数和地址范围检查的标志组合示例

如果检查失败，地址范围和对象检查函数将返回 NULL（0）。例如在以下代码中，如果指针检查失败，则调用中止函数 cmse_abort()。

```
int DmaCopy_1(void *dest, void *src, size_t, num){
void *dest_chk, *src_chk;
// 检查源指针。复制源指针只需要读权限
src_chk = cmse_check_address_range(*src, size, CMSE_MPU_NONSECURE | CMSE_MPU_READ);
if (src_chk==0) {
  cmse_abort();
  }
// 检查目标指针（读 / 写）
dest_chk = cmse_check_address_range(*dest, size, CMSE_MPU_NONSECURE |
CMSE_MPU_READWRITE);
if (dest_chk==0) {
  cmse_abort();
  }
...
```

以上代码中的 cmse_abort() 函数是 C 运行时库的一部分，在启用 CMSE 支持时可用。它有一个"弱"声明，因此它可以被自定义的应用程序特定的中止处理代码覆盖。默认情况下，C 库中的 cmse_abort() 函数调用 abort() 函数，并停留在 abort() 函数中，该函数是工具链提供的标准 C 函数。在实际应用中，当指针检查失败时，可以使用特定于应用程序的错误处理代码代替默认的 cmse_abort() 函数来处理软件错误。

18.3.7　其他 CMSE 功能

除了指针检查内建函数之外，C/C++ 编译器中的 CMSE 支持还提供了几个其他函数（见表 18.16）。

表 18.16 非指针检查内建函数的其他 CMSE 函数

组合	用法
cmse_nsfptr_create(p)	返回 p 的值并清除其第 0 位。参数 p 可以是任何函数指针类型
cmse_is_nsfptr(p)	如果 p 的位 0 未被设置（0），则返回非零，如果 p 的位 0 已被设置，则返回 0。参数 p 可以是任何函数指针类型
int cmse_nonsecure_caller (void)	在安全 API 中使用：如果从非安全状态调用入口函数，则返回非零，否则返回 0
cmse_abort()	默认的 CMSE 错误处理函数。默认情况下，此函数调用 abort()

表 18.16 中列出的大多数函数（cmse_nonsecure_caller() 除外）已在前面的示例中详细介绍，不再赘述。cmse_nonsecure_caller() 函数允许安全 API 确定它是由非安全软件还是安全软件调用的。例如，如果先前的 DmaCopy() 函数被安全或非安全软件组件调用，则此函数用于决定是否应执行指针检查。下面的代码说明了这一点：

```
int __attribute__((cmse_nonsecure_entry)) DmaCopy_1(void *dest, void *src, size_t,
num){
void *dest_chk, *src_chk;
if (cmse_nonsecure_caller()) {
  // 非安全调用。需要指针检查
  // 检查源指针。只需要数据的读权限
  // 源指针用于复制操作
  src_chk = cmse_check_address_range(*src, size, CMSE_MPU_NONSECURE |
    CMSE_MPU_READ);
  if (src_chk==0) {
  cmse_abort();
  }
  // 检查目标指针。需要读 / 写权限
  dest_chk = cmse_check_address_range(*dest, size, CMSE_MPU_NONSECURE |
    CMSE_MPU_READWRITE);
  if (dest_chk==0) {
  cmse_abort();
  }
}
...
```

18.3.8 跨安全域传递参数

即使在 C/C++ 编译器中包含并启用了 CMSE 支持，C 编译器也不一定支持在跨安全域 API 中使用栈传递参数。这是因为使用栈内存传递参数是基于 CMSE 规范的可选功能（非强制性），可参见文献 [2]。因此，如果创建安全 API 的软件开发人员不知道非安全软件开发人员将使用哪个 C/C++ 编译器，则必须确保所有安全 API 参数都可以仅使用寄存器（例如，R0 ~ R3)。

有关参数传递和结果的完整详细信息记录在 AAPCS[1] 中，在 17.3 节中进行了简要介绍。

18.3.9　不使用 TrustZone 时的软件环境

实现 TrustZone 时，不可屏蔽中断、HardFault 和 BusFault 异常基于安全原因，默认情况下以安全状态为目标。如果应用程序完全在非安全状态下运行且未使用 TrustZone，则通过设置 AIRCR 中的 BFHFNMINS 位，可以将上述异常的目标状态更改为非安全。但是，AIRCR.BFHFNMINS 位应该只在不使用安全区域时使用。在旨在支持 TrustZone 环境和非 TrustZone 环境的系统中，可以：

- 在安全启动后，使用禁用 TrustZone 功能的安全固件会设置 AIRCR.BFHFNMINS，然后分支到非安全区域。
- 使用安全固件启动系统并启用 TrustZone 支持。安全固件提供了一个安全 API，可禁用安全区域功能并禁用对所有安全 API 的进一步访问。非安全区域中的初始化软件使用安全 API 来设置 AIRCR.BFHFNMINS 位并禁用安全区域。

在这两种情况下，禁用安全区域功能需要：

- 删除所有非安全可调用（NSC）区域。这意味着非安全区域将无法再访问安全 API。
- 如果已初始化安全软件框架（例如 TF-M），则该安全软件框架提供的服务将被禁用。
- 禁用后台安全服务（例如安全计时器外设）。
- 禁用安全中断。

禁用安全区域功能的安全软件还可以选择擦除部分安全 SRAM 并将擦除的 SRAM 空间释放到非安全区域。请注意，安全硬故障处理程序仍然可能发生。如果发生，安全硬故障处理程序应该重置系统或关闭设备电源。如果使用关闭电源的方式，则处理器系统在退出掉电状态时必须复位。

18.3.10　故障处理程序

使用 TrustZone 安全功能时，应配置安全固件，以便 HardFault 和 BusFault 异常针对安全状态（即 AIRCR.BFHFNMINS 位保持为 0）。此外，建议在安全固件中设置故障异常，以便在安全区域中触发故障异常后，阻止可能触发故障安全上下文中操作的非安全代码的进一步执行（例如，非安全到安全函数的调用、异常返回等）。这是必要的，因为潜在地，在安全攻击期间，虽然安全区域中的故障异常（例如 MemManage 或 HardFault）将被触发，但故障安全上下文的安全栈可能会被损坏，因此安全上下文需要被阻止。同时还需要防止可能在故障安全上下文中触发进一步操作的非安全代码的执行。

如果被损坏的栈是安全进程栈（即使用了 PSP_S），并且可以终止与该栈关联的安全上下文（即软件线程），则可以安全地恢复正常执行。在这种情况下，安全软件可以选择包含回调 API 功能，以便在发生故障时通知非安全软件。如果损坏的栈是安全主栈或者如果故障安全上下文无法终止，则应重新启动系统（注意，如果安全主栈损坏，则没有安全的方法来恢复操作）。

为了进一步降低安全风险，通过将安全区域中故障异常的优先级设置为比非安全异常更高的异常优先级，安全软件可以防止非安全软件在安全区域发生故障事件后对安全软件发起攻击。有几种方法可以实现这一点：

- 将 AIRCR.PRIS 设置为 1，并确保安全区域的安全故障异常（BusFault、UsageFault、SecureFault 和 MemManage 故障）在异常优先级范围 0 ～ 0x7F 内。
- 不在安全区域中启用 BusFault、UsageFault、SecureFault 和 MemManage 故障，以便针对安全状态的故障事件升级到安全 HardFault。

由于 HardFault 和 BusFault 异常针对安全状态，因此非安全软件开发人员可能很难在调试期间找出软件出现故障的原因。这是因为无法从非安全区域访问这些故障异常的故障状态信息。为了能够轻松调试某些故障事件，使用 Cortex-M33 处理器的非安全软件开发人员应启用 UsageFault 和 MemManage 故障（参见 9.3.5 节和 13.3 节）并将这些故障异常的优先级设置为比其他中断更高的级别。这样做允许在非安全环境中调试这些故障事件。

为了帮助非安全软件开发人员调试软件，安全软件可以（可选地）利用通信接口向软件开发人员报告故障事件的发生。与调用非安全函数来处理错误消息不同，安全固件中的故障处理程序直接处理消息输出（例如通过使用 ITM 功能）更安全。如果没有通信接口，则可以在项目中声明一个非安全 RAM 缓冲区，然后安全固件可以输出缓冲区中的错误消息，以便非安全软件开发人员可以提取消息。

18.4　在 Keil MDK 中创建安全项目

18.4.1　创建安全项目

要开发一个安全项目，通常需要同时创建一个非安全项目，以便可以测试安全和非安全区域之间的接口。为此，使用支持多项目工作区的工具链（例如 Keil MDK）会有所帮助。创建安全项目的通常步骤是：

1）创建安全项目：使用安全软件环境的项目设置（例如，启用安全代码编译的编译器命令行选项，请参阅 18.3.1 节）。

2）创建非安全项目：使用非安全软件环境的项目设置。

3）创建一个多项目工作区并向其中添加安全和非安全项目。

创建此安全项目时，使用与第 17 章中详述示例项目相同的 FPGA 硬件平台（带有 Cortex-M33 处理器的 MPS2+）。按照 17.2.3 节（见图 17.4 ～ 图 17.13，将项目称为 example_s 而不是 example_1，表示这是一个安全项目）中详述的步骤创建了一个安全项目。与第 17 章中的示例不同，此处应选择目标选项卡中的"安全模式"（Secure Mode，见图 18.17）。

创建安全项目时，必须选择"安全模式"。为了简化示例，假设安全区域不使用 FPU。

下一个重要步骤是配置链接器设置。默认情况下，项目从目标对话框中获取内存映射设置（参见图 17.27 中的 Use Memory Layout from Target Dialog 选项）。对于安全项目，需要自定义 NSC 区域的布局，因此链接器使用的设置（见图 18.18）与默认设置不同。

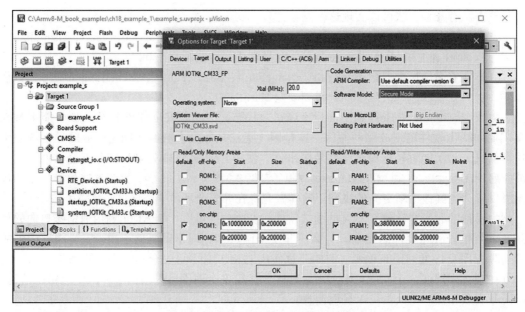

图 18.17　创建安全项目（使用安全模式）

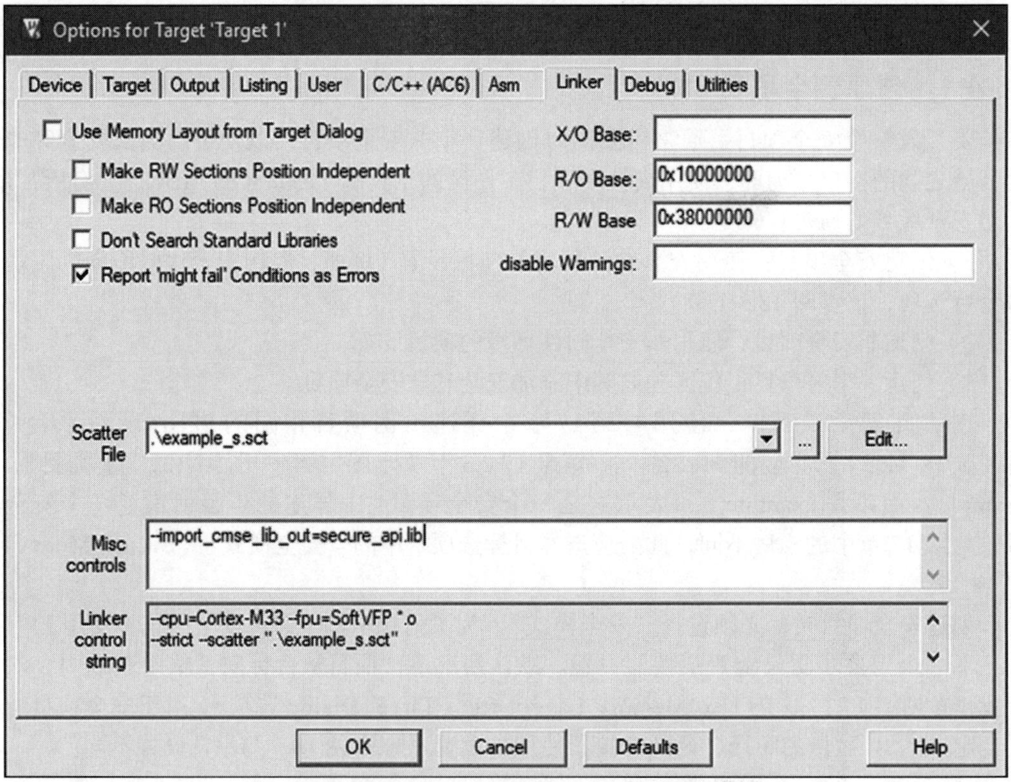

图 18.18　安全项目示例的链接器设置

链接器分散文件（example_s.sct）包含以下设置：

```
LR_IROM1 0x10000000 0x00200000 { ; 载入区域（区域大小为 0x00200000）
  ER_IROM1 0x10000000 0x00200000 { ; 载入地址 = 执行地址
   *.o (RESET, +First)
   *(InRoot$$Sections)
   .ANY (+RO)
   .ANY (+XO)
  }
  EXEC_NSCR 0x101F0000 0x10000 {
   *(Veneer$$CMSE)     ; 与 partition.h 进行检查
  }
  RW_IRAM1 0x38000000 0x00200000 { ; RW 数据
   .ANY (+RW +ZI)
  }
}
```

IDE 生成的默认分散文件与自定义版本之间的区别在于，后者对安全入口点使用的内存区域有不同的设置。此设置由分散文件中包含 Veneer$$CMSE 的部分指示。此地址范围需要与 CMSIS-CORE 文件 partition_<device>.h 中定义的非安全可调用区域设置相匹配。如果不是，则安全调用可能无法正常工作，或者不匹配可能导致安全漏洞。

设置安全项目的最后一步是添加以下命令以指示链接器生成导出库。它被插入链接器设置对话框的"其他控件"中。

命令链接器生成导出库的命令如下：

```
--import_cmse_lib_out=secure_api.lib
```

为了演示本章前面详述的一系列功能，示例程序代码包含以下操作（见图 18.19）：

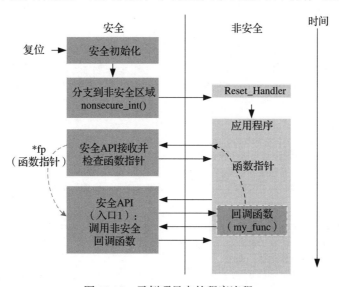

图 18.19　示例项目中的程序流程

❑ 进入非安全区域的初始切换（参见 18.3.3 节）。

❑ 调用安全 API 的非安全软件（参见 18.3.4 节）。

❑ 将回调函数指针从非安全区域传递到安全区域（参见 18.3.5 节）。

❑ 在非安全区域中调用回调函数的安全软件（参见 18.3.5 节）。

以下是图 18.19 所示示例的实际安全程序代码：

```
#include <arm_cmse.h>
#include "IOTKit_CM33_FP.h"
#include "stdio.h"

typedef int __attribute__((cmse_nonsecure_call)) tdef_nsfunc_o_int_i_void(void);
typedef int __attribute__((cmse_nonsecure_call)) tdef_nsfunc_o_int_i_int(int x);

int __attribute__((cmse_nonsecure_entry)) entry1(int x);
int __attribute__((cmse_nonsecure_entry)) pass_nsfunc_ptr_o_int_i_int
(tdef_nsfunc_o_int_i_int *callback);

int nonsecure_init(void);
void default_callback(void);
int call_callback(int data_in);

// 声明函数指针 *fp
// *fp 可以指向安全或非安全函数
// 初始化默认回调函数
tdef_nsfunc_o_int_i_int *fp = (tdef_nsfunc_o_int_i_int *) default_callback;

int main(void)
{
  printf("Secure Hello world\n");
  nonsecure_init();
  while(1);
}

int nonsecure_init(void) {
  // 来自以下网址的修正示例
  // https://www.community.arm.com/iot/embedded/b/blog/posts/a-few-intricacies-of-
  writing-armv8-m-secure-code

  // 如果需要，设置非安全VTOR
  // 在基于Cortex-M33的FPGA平台上创建该示例
  // （例如在MPS2 FPGA板上运行的系统IoT Kit）
  // 非安全代码镜像起始地址为0x00200000
  SCB_NS->VTOR=0x00200000UL;  // 对于大多数硬件平台，该项是可选择的，
                              // 但对于此处所用的FPGA平台，该项是必需的

  // 以下行创建指向非安全向量表的指针
  uint32_t *vt_ns = (uint32_t *) SCB_NS->VTOR;
  // 设置非安全主栈指针 (MSP_NS)
  __TZ_set_MSP_NS(vt_ns[0]);
  // 设置指向非安全复位向量的函数指针
```

```
tdef_nsfunc_o_int_i_void *ns_reset = (tdef_nsfunc_o_int_i_void*)(vt_ns[1]);
// 分支到非安全复位处理程序
ns_reset(); // 分支到非安全区域
// 如果复位处理程序执行返回操作, 则程序执行到此处
printf("ERROR: should not be here\n");
while(1);
}

// 这是一个安全 API
int __attribute__((cmse_nonsecure_entry)) entry1(int x)
{
  int result;
  result = call_callback(x);
  return (result);
}

// 此安全 API 将函数指针作为输入参数
int __attribute__((cmse_nonsecure_entry)) pass_nsfunc_ptr_o_int_i_int
(tdef_nsfunc_o_int_i_int *callback) {
  // 结果用于函数指针
  cmse_address_info_t tt_payload;
  tt_payload = cmse_TTA_fptr(callback);
  if (tt_payload.flags.nonsecure_read_ok) {
    fp = cmse_nsfptr_create(callback); // 非安全函数指针
    return (0);
  } else {
    printf ("[pass_nsfunc_ptr_o_int_i_int] Error: input pointer is not NS\n");
    return (1); // 函数指针不能从非安全区域访问
  }
}
// 回调非安全函数
int call_callback(int data_in) {
  if (cmse_is_nsfptr(fp)){
    return fp(data_in);  // 非安全函数调用
  } else {
    ((void (*)(void)) fp)(); // 按照一般函数调用来调用默认回调函数
    return (0);
  }
}
// 默认回调函数
void default_callback(void) {
  __BKPT(0);
  while(1);
}
```

除了创建示例安全程序代码之外, 还需要根据项目的要求更新地址分区设置 (例如 SAU、MPC 和 PPC)。在这个例子中, 使用了图 18.20 中详述的 SAU 设置, 而 MPC 和 PPC 的设置位于文件 system_<device>.c 中。

设置完成后，即可编译安全项目，并将生成非安全项目所需的导出库 secure_api.lib。在这个阶段，可以关闭安全项目，并可以为非安全区域打开一个新项目。

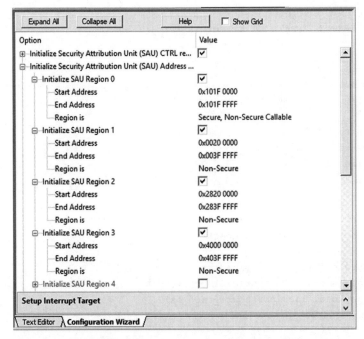

图 18.20　SAU 设置（例如 NSC 区域）需要匹配链接描述文件设置

18.4.2　创建非安全项目

创建非安全项目的步骤与创建安全项目的步骤几乎相同，不同之处在于：

1）项目设置为非安全模式。

2）内存映射是为非安全内存设置的。

3）项目目标对话框中的内存映射设置可用于创建链接器的设置。

4）需要添加安全项目生成到非安全项目的导出库。

非安全项目称为 example_ns。选择非安全内存并将 Startup 参数设置为非安全内存程序（见图 18.21）非常重要。

非安全项目的程序代码如下：

```
#include "IOTKit_CM33_FP.h"
#include "stdio.h"

extern int entry1(int x);
extern int pass_nsfunc_ptr_o_int_i_int(void *callback);

int my_func(int data_in); // 回调函数

int main(void)
{
```

```
  int status;
  printf("Non-secure Hello world\n");
  // 传递非安全函数指针到安全区域
  status = pass_nsfunc_ptr_o_int_i_int(& my_func);
  if (status==0) {
    // 调用安全函数
    printf ("Result = %d\n", entry1(10));
  } else {
    printf ("ERROR: pass_nsfunc_ptr_o_int_i_int() = %d\n", status);
  }
  // 通常情况下，非安全软件只传递非安全函数指针到安全区域
  // 在该示例中，为了说明安全 API 对函数指针的检查，试图传递带有安全地址的函数指针
  status = pass_nsfunc_ptr_o_int_i_int((void* )0x100000F1UL);
  if (status==0) {
    // 调用安全函数
    printf ("Result = %d\n", entry1(10));
  } else {
    printf ("Expected: pass_nsfunc_ptr_o_int_i_int() = %d\n", status);
  }
  printf("Test done\n");
  while(1);
}
int my_func(int data_in)
{
  printf("[my_func]\n");
  return (data_in * data_in);
}
```

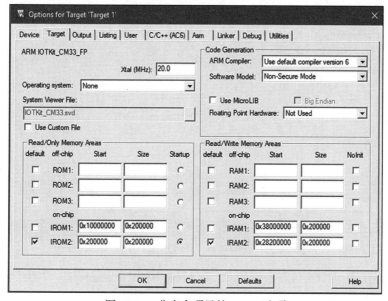

图 18.21　非安全项目的 Target 选项

除了创建非安全程序代码外，还需要将导出库 secure_api.lib 添加到项目中（见图 18.22）。

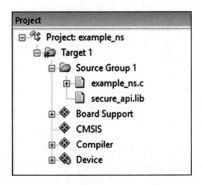

图 18.22　添加到非安全项目的导出库（secure_api.lib）

一旦达到这个阶段，非安全项目就可以编译了。关闭非安全项目并创建多项目工作区。在示例项目中，创建了一个名为 example 的多项目工作区，并向其中添加了 example_s（安全）和 example_ns（非安全）项目。

18.4.3　创建多项目工作区

要创建多项目工作区，选择下拉菜单 Project（项目）→ New Multi-Project Workspace（新的多项目工作区）。在 Create New Multi-Project Workspace（创建新的多项目工作区）对话框中，单击右上角的 New（Insert）（新建（插入））图标（见图 18.23）。

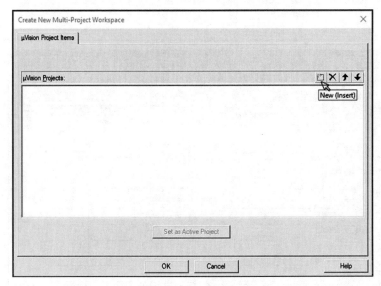

图 18.23　在多项目工作区增加一个新项目

单击该图标后，应单击该行右侧的"..."按钮以添加 example_s，并再次将 example_ns 添加到项目中（见图 18.24）。

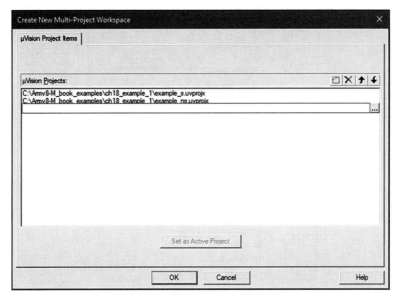

图 18.24　添加 example_s 和 example_ns 项目到多项目工作区

添加项目后，两个项目都会在项目窗口的工作区中列出（见图 18.25）。

使用多项目工作区时，需要选择其中一个项目作为"活动项目"。这允许用户定义将选择哪个项目进行编译、调试等。活动项目选择是通过在项目窗口中右击项目名称，然后选择 Set as Active Project（设置为活动项目）（见图 18.26）来实现的。

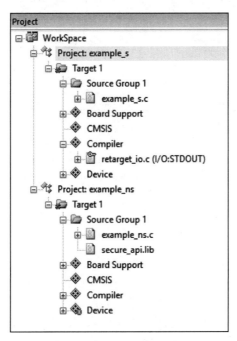

图 18.25　由安全和非安全项目创建的多项目工作区

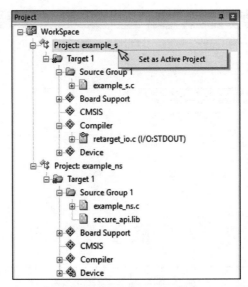

图 18.26　选择项目为活动项目

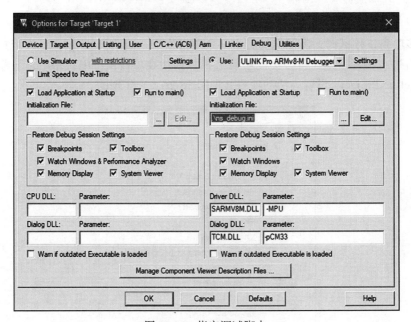

图 18.27　指定调试脚本

在硬件上运行示例程序之前的最后一步是设置调试选项。图 17.17、图 17.18 和图 17.29 中突出显示了一系列调试设置。此外，可能还需要设置调试选项，以便在调试会话开始时将两个图像同时加载到设备。这在使用带闪存的设备时是可选的，因为在编译每个程序镜像后可以单独下载程序镜像，然后将两个程序镜像都编程到闪存后测试软件。然而，如果不使用调试设置来确保安全和非安全程序镜像都被编程到闪存中，则软件测试和调试过程可能容易出错，因为很容易忘记对其中一个程序镜像进行编程。

通过使用调试脚本（见图 18.27），可以确保在调试会话开始时将两个编译的镜像加载到设备中。如果活动项目是非安全的，调试脚本也可用于配置调试会话，使其在安全启动开始时启动。

请注意，在图 18.27 中，Run to main() 选项已被禁用。如果该选项未被禁用，程序将一直运行到非安全 main() 函数的开头，这是调试安全初始化代码时不希望发生的情况。以下部分显示了非安全调试脚本 ns_debug.ini 的示例。除了加载程序镜像之外，该脚本还设置特定于所用硬件平台的调试控制参数，并将 SP 和 PC 值设置为安全软件的起始值。

```
FUNC void Setup (void) {
  _WDWORD(0x50021104, 0x00000010);        // 设置 RESET_MASK 寄存器的第 4 位
  // 设置用于安全软件 SP 和 PC 值
  SP = _RDWORD(0x10000000);               // 设置栈指针
  PC = _RDWORD(0x10000004);               // 设置程序计数器
}

LOAD "Objects\\example_s.axf" incremental
LOAD "Objects\\example_ns.axf" incremental

Setup();

RESET                                     // 复位目标处理器
```

对于安全项目，类似的调试脚本如下：

```
FUNC void Setup (void) {
  _WDWORD(0x50021104, 0x00000010);        // 设置 RESET_MASK 寄存器的第 4 位
}

LOAD "Objects\\example_s.axf" incremental
LOAD "Objects\\example_ns.axf" incremental

Setup();

RESET                                     // 复位目标处理器
```

安全调试脚本比非安全调试脚本简单，因为在默认情况下，调试会话已经为安全软件环境的调试进行了设置。

18.5　其他工具链中的 CMSE 支持

18.5.1　GNU C 编译器

当使用带有 Armv8-M 处理器的 Arm GNU C（GCC）编译器时，需要用 -mcmse 命令行选项来编译安全状态软件。

要使用 GCC 在安全软件中指定非安全可调用（NSC）区域的位置，可以使用：

❑ 命令行选项：--section-start=.gnu.sgstubs=<address>。

❑ 链接器脚本：为此需要创建具有指定运行时地址的 .gnu.sgstubs 的输出部分描述。

另外，还需要添加两个用于处理导出库的命令行选项，分别是 --out-implib=<import library> 和 --cmse-implib，并生成导入库。编译安全项目时创建导出库，编译非安全项目时导入导出库的示例如图 18.28 所示。

```
# Secure build command
arm-none-eabi-gcc -march=armv8-m.base -mthumb -mcmse -static --specs=nosys.specs \
-Wl,--section-start,.gnu.sgstubs=0x190000,--out-implib=sg_veneers.lib,--cmse-implib -Wl,\
-Tsecure.ld -I$MDK/CMSIS/Include  main_s.c Board_LED.c -I. \
$DEVICE_SRC $DEVICE_INC $OPTS \
-o secure_blinky_baseline.out

# Non-secure build command
arm-none-eabi-gcc -march=armv8-m.base -mthumb \
-static --specs=nosys.specs -Wl,-Tnonsecure.ld -I$MDK/CMSIS/Include \
main_ns.c Board_LED.c -I. sg_veneers.lib -ffunction-sections \
$DEVICE_SRC $DEVICE_INC $OPTS \
-o nonsecure_blinky_baseline.out
```

图 18.28　GCC 编译命令示例

18.5.2　IAR

自 7.70 版本发布以来，用于 Arm 的 IAR Embedded Workbench（EWARM）支持 Armv8-M 架构。当使用带有 Armv8-M 处理器的 IAR 编译器时，需要用 --cmse 命令行选项来启用安全状态软件的编译。要指定编译用于 Armv8-M 处理器，可以：

❑ 使用处理器选项，比如 --cpu=Cortex-M23 或者 --cpu=Cortex-M33。

❑ 使用架构选项，比如 --cpu=8-M.baseline 或者 --cpu=8-M.mainline。

对于链接器，命令行选项 --import_cmse_lib_out FILE/DIRECTORY 用于指定导出库，--import_cmse_lib_in FILE 用于指定导入库。

18.6　安全软件设计考虑

18.6.1　初次分支到非安全区域

在 18.3.3 节所示的示例中，非安全复位处理程序被声明为非安全函数指针，然后通过 BLXNS 指令调用以启动非安全区域。复位处理程序可能只包含一个返回值，如果确实如此，则意味着代码执行流将返回到安全区域。因此，处理切换的安全代码必须能够处理这种情况，例如通过在分支之后放置一个错误报告代码。

如果不使用 BLXNS 指令，则可以通过内联汇编代码使用 BXNS 指令分支到非安全区域。但是使用这种方法时，需要添加额外的步骤在分支之前手动清除寄存器组的内容（这是必需的，因为寄存器组可能包含安全信息）。此外，在执行 BXNS 指令之前，需要将两个额外的数据字压入安全栈（参见 18.6.6.4 节中的栈封闭说明）。如果使用这种方法，非安全代码不能返回到安全代码，因为链接寄存器（LR）中没有返回的地址或 FNC_RETURN，并且安全栈没有入栈的返回地址。

在进入非安全软件之前，需要设置安全栈指针的栈指针限制。

18.6.2　非安全可调用

18.6.2.1　非安全可调用区域定义匹配

由 SAU/IDAU 定义的非安全可调用（Non-Secure Callable，NSC）区域的位置和大小应仅覆盖链接描述文件中的 CMSE 伪装（Veneer$$CMSE）。（注意，Arm 链接器在检测到混合编程时，会自动插入一段伪装（veneer）代码，用来根据程序需要完成的 Arm-Thumb 状态切换）。如果 SAU/IDAU 中的 NSC 区域定义太大，它可能会覆盖其他程序的二进制数据，其中就有可能包含与 SG 指令匹配的二进制数据，从而导致意外的入口点。另外，如果 SAU/IDAU 中的 NSC 区域定义太小，一些有效的入口点将不会被 NSC 区域覆盖。理想情况下，SAU/IDAU 对 NSC 的定义应与链接描述文件中的定义相匹配。

注意，在定义 NSC 区域时，由于在产品的整个生命周期中经常需要更新安全固件，因此在 NSC 区域中保留额外的空间（即比现有入口点所需的空间更多）是有益的。当 NSC 内存空间大于入口点所需的空间时，CMSE 兼容工具链确保 NSC 中未使用的地址空间填充有预定义的数据值（例如在 Arm 工具链中使用 0）与 SG 指令匹配，并且不会导致非预期的入口点。

18.6.2.2　SRAM 中的 NSC 区域

由于 SRAM 上电时的内容是未知的，因此在初始化该区域之前，不应设置 SRAM 中某个区域的 NSC 属性。此安全措施可以防止由未知 SRAM 数据引起的无意入口点。

18.6.3　内存分区

18.6.3.1　MPC 和 PPC 行为

根据内存保护控制器（MPC）和外设保护控制器（PPC）的设计实现，针对非安全内存部分或外设的安全事务很可能会被阻止。例如，如果 MPC/PPC 将内存部分或外设定义为非安全的，但 SAU 尚未启用，则内存部分或外设可能无法访问。这是因为当 SAU 被禁用时（即 SAU_CTRL 等于 0），内存地址的属性被视为安全的（即为访问生成安全事务）。然而，因为 MPC 或 PPC 期望以非安全内存部分 / 外设为目标的传输是非安全的，所以传输会被阻止。

这种 MPC 和 PPC 的行为是为了确保使用正确的配置。如果安全软件错误地配置了 MPC/PPC，使得应该是安全的内存部分 / 外设被处理为非安全的，则其他非安全总线主控能够访问该内存部分 / 外设。如果安全软件随后将内存部分 / 外设视为安全的，并且允许处理器通过安全地址别名（使用安全事务）访问该内存部分 / 外设，则安全数据可能会泄露并导致安全漏洞。

18.6.3.2　SRAM 页面安全属性的动态切换

在运行时，如果需要更新内存分区，将安全软件使用过的内存页从安全的切换为非安全的，则安全软件必须执行以下步骤：

1）从 SRAM 页面清除安全信息。

2）如果实现了系统级缓存，则刷新该页面的缓存数据，以便主内存系统也被清除。

3）执行数据内存屏障以确保数据内存已更新（这通常是缓存维护例程的一部分）。

4）写入 SAU 或特定于设备的寄存器（例如 MPC）以更新内存页的安全属性。

另外，如果需要将 SRAM 中的非安全内存页面切换为安全页面，则需要执行以下步骤以降低代码注入攻击的风险。

1）如果存在系统级缓存，则需要禁用非安全中断（例如，使用 BASEPRI_S 和 AIRCR. PRIS 的组合）以防止非安全 ISR 在切换期间更新内存页面。

2）需要设置安全 MPU，以便将内存区域标记为 XN（eXecute Never）。

3）如果存在系统级缓存，则需要刷新该页面的缓存数据（如果要使用该内存页面中的数据）或使其无效（如果要丢弃该内存页面中的数据）。

4）需要执行数据内存屏障以确保更新数据内存（这通常是缓存维护例程的一部分）。

5）需要写入 SAU 或特定于设备的寄存器（例如 MPC）来更新内存页的安全属性。

6）如果非安全中断已被禁用，则现在应重新启用它们。

7）如果 SRAM 页中的数据可以丢弃，则应擦除该数据。

8）如果要使用 SRAM 页中的数据，则可能需要验证数据。

18.6.3.3　外设安全属性的动态切换

将外设从一个安全区域切换到另一个安全区域时，如果该外设产生中断，则应更新 NVIC 的中断目标为非安全状态寄存器（NVIC_ITNS[n]）。

将外设从安全区域切换到非安全区域时，应采取以下步骤：

1）确保禁用外设时外设中没有安全数据。

2）更新内存映射配置（例如 PPC 中的控制寄存器），将外设切换到非安全状态。

3）更新外设中断的目标状态。

也可以将非安全区域使用的外设切换为安全状态。将外设从非安全切换到安全时，应采取以下步骤：

1）应暂时禁用非安全中断生成（例如使用 BASEPRI_S 和 AIRCR.PRIS 的组合）。这可以防止非安全中断处理程序在切换过程中重新启用外设。

2）禁用外设。

3）更新内存映射配置（例如 PPC 中的控制寄存器）将外设切换到安全状态。

4）更新 NVIC_ITNS 寄存器将外设中断的目标状态设置为安全。

5）重新启用非安全中断。

临时禁用非安全中断可防止非安全异常处理程序在步骤 2 和步骤 3 之间重新启用外设，如果这样做，则意味着外设在转换到安全状态时已在非安全软件控制下启用。

18.6.4 输入数据和指针验证

18.6.4.1 验证非安全内存中的输入数据

当安全函数的输入数据通过指针传递时，需要将数据复制到安全内存中，然后才能验证其值。如果数据未复制到安全内存中，则可能会被非安全处理程序修改，导致安全漏洞。以下安全 API 代码说明了此问题：

```
// 错误代码示例
int __attribute__((cmse_nonsecure_entry)) entry2a(int *idx)
{
  const char textstr[] = "Hello world\n";
  if (cmse_check_pointed_object(idx, CMSE_NONSECURE|CMSE_MPU_READ) != NULL) {
    if ((*idx>=0) && (*idx < 12)) {
      return ((int) textstr[*idx]); // 使用非安全内存中的数据作为索引值
    } else {
      return(0);
    }
  } else
    return (-1);
}
```

虽然在上面的代码中进行了指针检查和数值范围检查，但使用的索引值（idx）是在非安全内存中的（见图 18.29）。如果在函数的执行过程中发生了非安全中断，那么索引值可能会发生变化，理论上黑客可以设置索引值来读取安全内存中的数据。

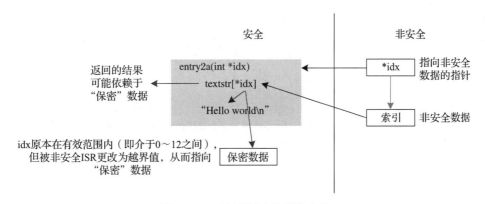

图 18.29 示例项目中的程序流程

要解决此问题，需要在验证数据值之前将数据复制到安全内存中。此过程显示在以下代码中：

```
// 正确代码示例
int __attribute__((cmse_nonsecure_entry)) entry2(int *idx)
{
  const char textstr[] = "Hello world\n";
```

```
    int idx_copy;
    if (cmse_check_pointed_object(idx, CMSE_NONSECURE|CMSE_MPU_READ) != NULL) {
      idx_copy = *idx;
      if ((idx_copy >=0)&&(idx_copy < 12)) { // 验证索引的安全副本
        return ((int) textstr[idx_copy]); // 使用索引的安全副本
      } else {
        return(0);
      }
    } else
      return (-1);
  }
```

类似的问题适用于存储在非安全内存中的任何数据，包括指针。例如，当使用双指针（即指针的指针）作为安全 API 的输入参数时，存在很大风险，即存储在非安全 SRAM 中的指针随时可能被非安全异常处理程序更改。下面的代码说明了这一点：

```
// 错误代码示例
int __attribute__((cmse_nonsecure_entry)) entry3a(int **idx)
{
  const char textstr[] = "Hello world\n";
  int *idx_ptr;
  int idx_copy;
  // 检查指针的指针是否在非安全区域
  if (cmse_check_pointed_object(*idx, CMSE_NONSECURE|CMSE_MPU_READ) != NULL) {
    // 指针的指针是非安全的
      idx_ptr = *idx;
    // 验证 idx 的位置是否是非安全的
      if (cmse_check_pointed_object(idx_ptr, CMSE_NONSECURE|CMSE_MPU_READ) != NULL)
{
    // 问题：idx 的指针在非安全区域，其值会被非安全 ISR 更改
      idx_copy = **idx; // 复制指向指针的指针
      if ((idx_copy>=0) && (idx_copy < 12)) { // 数值范围验证
        return ((int) textstr[idx_copy]); // 使用索引值的安全副本
      } else {
        return(0);
      }
    } else
        return (-1);
  } else {
    return (-1);
  }
}
```

在前面的示例代码中，虽然已经验证了指针的指针在非安全地址中，并且 idx 的指针在非安全地址中，也验证了 idx 的值，但仍然存在安全隐患。这是因为如果在指针检查之后发生非安全中断，则非安全区域中的索引指针可能会被改变并最终指向安全地址（见图 18.30）。

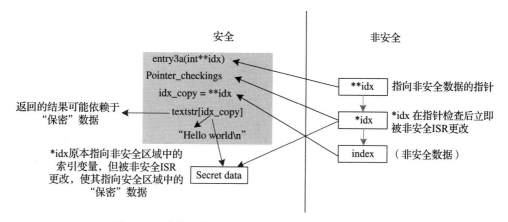

图 18.30 直接在非安全内存中使用指针会导致安全漏洞

为了解决这个问题，需要确保安全 API 制作了索引指针的安全副本，然后使用安全副本将索引变量复制到安全内存。代码如下：

```
// 正确代码示例
int __attribute__((cmse_nonsecure_entry)) entry3b(int **idx)
{
  const char textstr[] = "Hello world\n";
  int *idx_ptr;
  int idx_copy;
  // 检查指针的指针是否在非安全区域
  if (cmse_check_pointed_object(*idx, CMSE_NONSECURE|CMSE_MPU_READ) != NULL) {
    // 指针的指针为非安全的
    idx_ptr = *idx;
    // 验证索引 idx 的位置是非安全的
    if (cmse_check_pointed_object(idx_ptr, CMSE_NONSECURE|CMSE_MPU_READ) != NULL) {
      idx_copy = *idx_ptr; // 复制验证过的指针值
      if ((idx_copy>=0) &&(idx_copy < 12)) { // 验证副本范围
        return ((int) textstr[idx_copy]); // 使用 idx 的安全副本
      } else {
        return(0);
      }
    } else
      return (-1);
  } else {
    return (-1);
  }
}
```

请注意，在非安全区域中，双指针可以以指针的形式存在于数据结构中。

18.6.4.2 在使用指针之前总是检查它

在访问数据之前验证指针很重要。即使安全 API 只读取数据并在之后执行指针检查，但如果在使用指针之前没有验证指针，那么仍然会出现安全问题。下面的代码说明了这一点：

```
// 错误代码示例
int __attribute__((cmse_nonsecure_entry)) entry4a(char * src, char * dest)
{
#define MAX_LENGTH_ALLOWED 128
  int string_length;
  // 在验证之前使用指针
  string_length = strnlen(src, MAX_LENGTH_ALLOWED);
  if ((string_length == MAX_LENGTH_ALLOWED) && (src[string_length] != '\0')) {
    // 字符串太长
    return (-1); // 返回错误
  } else { // 源指针检查
    if (cmse_check_address_range ((void *)src, (size_t) string_length,
(CMSE_NONSECURE | CMSE_MPU_READ)) == NULL) {
       return (-1); // 返回错误
    }
    // 目标指针检查
    if (cmse_check_address_range ((void *)dest, (size_t) string_length,
(CMSE_NONSECURE | CMSE_MPU_READWRITE)) == NULL) {
       return (-1); // 返回错误
    }
    memcpy (dest, src, (size_t) string_length); // 内存复制操作
    return (0);
  }
}
```

尽管在内存复制操作（即 memcpy）之前执行了指针检查，但仍然可能存在安全问题。因为在验证指针之前，安全 API 指向的数据由 strnlen 函数读取。当 src 指针指向安全外设并且读取某些寄存器影响安全区域的操作时，这是一个问题。例如，如果 FIFO 数据寄存器位于外设中，则 FIFO 中的数据可能会因此丢失。

为了解决这个问题，需要将执行字符串长度函数的责任从安全区域移回非安全区域。这将导致字符串长度（即下一节代码中的 len 参数）成为安全 API 函数的附加参数。代码如下：

```
// 正确代码示例
int __attribute__((cmse_nonsecure_entry)) entry4b(char * src, char * dest,
  int32_t len) // 正确示例：字符串长度作为参数
{
#define MAX_LENGTH_ALLOWED 128
  if ((len < 0) || (len > MAX_LENGTH_ALLOWED)) return (-1);

  // 源指针检查
  if (cmse_check_address_range ((void *)src, (size_t) len, (CMSE_NONSECURE |
CMSE_MPU_READ)) == NULL) {
```

```
        return (-1); // 返回错误
    }
    // 目标指针检查
    if (cmse_check_address_range ((void *)dest, (size_t) len, (CMSE_NONSECURE |
CMSE_MPU_READWRITE)) == NULL) {
        return (-1); // 返回错误
    }
    memcpy (dest, src, (size_t) len);
    return (0);
}
```

18.6.4.3　安全 API 中 printf 的危险

虽然在安全软件开发人员调试应用程序时，printf 是一个方便好用的函数，但是需要非常小心地使用 printf 显示来自非安全区域的字符串消息。首先，当执行 printf 函数时，存储在非安全区域中的字符串消息可能会被非安全异常处理程序修改，这可能导致字符串不在非安全内存中终止。发生这种情况时，与非安全内存相邻的安全内存内容可能会被打印出来并导致安全信息泄露。

其次，如果显示的文本字符串包含 %s 格式说明符，则安全 API 中的 printf 函数假定安全栈中的特定内存位置包含要显示的字符串的地址。然而情况可能并非如此。如果非安全软件使用安全区域提供的 printf 函数打印带有 %s 格式说明符的消息，则可能在函数调用参数中没有有效的字符串指针。随后 printf 代码会错误地将安全栈中的数据用作字符串指针。这有可能被解释为安全地址位置，从而泄露安全信息。

与 printf 函数相关的另一个风险是使用特殊格式说明符 %n，它将字符输出的数量写入输入参数中指定的数据指针。此功能在使用 printf 向外设（例如 LCD 模块）发送消息时非常有用，因为它允许软件根据打印字符的数量控制光标位置。在 printf 中使用 %n 的示例如下：

```
int lcd_cursor_x_pos; // LCD 光标 x 的位置
int lcd_cursor_y_pos; // LCD 光标 y 位置
...
printf ("Speed: %d %n", currend_speed, &lcd_cursor_x_pos);
// 通过 printf 更新 LCD 光标信息
if (lcd_cursor_x_pos > 30){ // 将光标移至下一行
  lcd_cursor_x_pos= 0;
  lcd_cursor_y_pos++; // 下一行
  ...
```

不过，如果安全 API 允许非安全软件在安全区中使用 printf 函数，则此功能可能会导致安全问题：如果指针指向安全内存位置，则非安全函数可以制作特殊的字符串消息，引导安全 API 将值写入安全内存位置。这毫无疑问会导致严重的安全漏洞。

基于上述原因，我们应该避免在 API 中提供从非安全区域获取文本字符串的 printf 功能。如果需要 API 来显示消息，则应直接使用 puts 和 putchar/putc 等函数，并添加自定义来定义安全 API 处理整数和其他值的打印。

使用 puts 时,应在调用 puts 之前将字符串从非安全内存复制到安全内存,因为 puts 函数本身不提供最大字符数。由于非安全区域中的文本字符串可以由非安全异常处理程序更改,因此需要在调用 puts 之前将文本字符串复制到安全区域。示例代码如下:

```
int __attribute__((cmse_nonsecure_entry)) entry5(char * src, int32_t len)
{
  int string_length;
  char ch_buffer[128];
#define MAX_LENGTH_ALLOWED 128
  if ((len < 0) || (len > MAX_LENGTH_ALLOWED)) return (-1);

  if (cmse_check_address_range ((void *)src, (size_t) len, (CMSE_NONSECURE |
CMSE_MPU_READ)) == NULL) {
    return (-1); // 返回错误
    }
  // 复制到缓冲区。请注意文本可能会被非安全 ISR 更改
  memcpy (&ch_buffer[0], src, (size_t) len);
  string_length = strnlen(src, MAX_LENGTH_ALLOWED);
  if ((string_length == MAX_LENGTH_ALLOWED) && (src[string_length] != '\0')) {
    // 字符串过长
    return (-1); // 返回错误
  }
  puts (ch_buffer);
  return (0);
}
```

18.6.4.4 使用 CMSE 指针检查函数

如果安全 API 需要代表非安全软件处理数据,则安全 API 必须使用 CMSE 定义的指针检查函数来检测来自非安全调用方的数据的访问权限。原因已在 18.3.6 节中解释过。

为了防止非安全非特权软件(例如应用程序任务)攻击非安全特权软件(例如操作系统内核),指针检查将 MPU 权限级别考虑在内。因此,极少情况下仅检查来自 SAU 和 IDAU 的安全属性的标志 CMSE_AU_NONSECURE。在大多数情况下,标志 CMSE_NONSECURE 与 CMSE_MPU_READ 或 CMSE_MPU_READWRITE 一起使用,实际使用的标志取决于函数是否需要修改数据。

TTA 指令的执行会自动检测非安全软件的特权状态(基于 IPSR 和 CONTROL_NS.nPRIV),并根据该信息确定访问是否受到非安全 MPU 设置的限制。因为运行在非安全区域中的操作系统服务可以调用安全 API 来代表非特权软件任务请求服务(见图 18.16),所以在这种情况下,安全 API 应该根据非特权软件的访问许可进行指针检查。在这种情况下,指针检查代码将使用 CMSE_MPU_UNPRIV 标志,该标志强制指针检查函数使用 TTAT 指令。为了允许安全软件向非安全特权软件和非安全非特权软件(通过特权操作系统重定向机制)提供安全 API 服务,需要相同安全 API 服务的两个变体:

1）用于服务非安全特权软件（例如操作系统内核）和非安全非特权软件（非安全非特权软件直接访问安全 API）的安全 API。此变体使用 TTA 指令进行指针检查。

2）用于通过操作系统重定向机制为非安全非特权软件提供服务的安全 API。此变体使用 TTAT 指令进行指针检查（即使用 CMSE_MPU_UNPRIV 标志）。

与数据指针类似，从非安全区域传递的函数指针也需要检查以确保它们可以安全使用。函数指针应该是由 cmse_nsfptr_create 处理，清除地址的第 0 位，以表明它是非安全的，或由 TTA/TTAT 检查，例如，使用 cmse_TTA_fptr 来确保地址是非安全的。

第一种方法更快，因为它只需要清除地址值的第 0 位。虽然这是一个简单的操作，但它确保如果 BXNS/BLXNS 指令与指向安全地址的函数指针一起使用时触发安全违规异常。这是因为当目标地址的位 0 为 0 时，BXNS/BLXNS 指令会检查处理器是否正在分支到或正在调用非安全地址位置。

第二种方法的优点是它允许用于传输指针的安全 API 立即返回错误状态。

18.6.5　外设驱动

18.6.5.1　外设寄存器定义

当使用外设保护控制器（PPC）时，通过 PPC 连接的外设具有安全和非安全别名地址（该主题在 7.5 节中介绍）。在创建外设的定义时，应定义表示外设中寄存器的数据结构，然后定义单独的安全和非安全指针。例如：

```
/*------------             UART              -----------*/
typedef struct
{
  __IOM uint32_t DATA;      /* 偏移量：0x000（读／写）数据寄存器 */
  __IOM uint32_t STATE;     /* 偏移量：0x004（读／写）状态寄存器 */
  __IOM uint32_t CTRL;      /* 偏移量：0x008（读／写）控制寄存器 */
  union {
  __IM uint32_t INTSTATUS;  /* 偏移量：0x00C（读／）中断状态寄存器 */
  __OM uint32_t INTCLEAR;   /* 偏移量：0x00C（／写）中断清除寄存器 */
    };
  __IOM uint32_t BAUDDIV;   /* 偏移量：0x010（读／写）波特率分频寄存器 */
} IOTKIT_UART_TypeDef;
  ...
  // 安全基地址
#define IOTKIT_SECURE_UART0_BASE            (0x50200000UL)
#define IOTKIT_SECURE_UART1_BASE            (0x50201000UL)
  ...
  // 非安全基地址
#define IOTKIT_UART0_BASE            (0x40200000UL)
#define IOTKIT_UART1_BASE            (0x40201000UL)
  ...
  // 安全外设指针
```

```
#define IOTKIT_UART0                  ((IOTKIT_UART_TypeDef *) IOTKIT_UART0_BASE )
#define IOTKIT_UART1                  ((IOTKIT_UART_TypeDef *) IOTKIT_UART1_BASE )
...
 // 非安全外设指针
#define IOTKIT_SECURE_UART0  ((IOTKIT_UART_TypeDef *) IOTKIT_SECURE_UART0_BASE )
#define IOTKIT_SECURE_UART1  ((IOTKIT_UART_TypeDef *) IOTKIT_SECURE_UART1_BASE )
 ...
```

18.6.5.2 外设驱动代码

在创建驱动程序代码时，通常将外设指针作为驱动函数的参数传递，以便同一个函数可以用于外设的多个实例化（例如，当一个芯片有多个 UART 时，UART 初始化函数可以用于它们所有，因为它们的设计相同）。通过这样做，驱动程序函数的调用方可以决定是否应该使用外设指针的安全或非安全版本。示例代码是：

```
 // 驱动函数
int UART_init(IOTKIT_UART_TypeDef * UART_PTR, int baudrate ...) {
 {
 ...
 UART_PTR->CTRL |= IOTKIT_UART_CTRL_TXEN_Msk|IOTKIT_UART_CTRL_RXEN_Msk;
 ...
 }
 // UART 调用
 ...
 UART_init(IOTKIT_UART0, 9600, ...); // UART0 设置为非安全的
 ...
 UART_init(IOTKIT_SECURE_UART1, 9600, ...); // UART1 设置为安全的
 ...
```

在某些情况下，安全库函数可能需要访问外设（无论其配置为安全的还是非安全的），并对其进行操作。发生这种情况时，代码通过从 PPC 读回外设的安全设置来确定应使用哪个外设指针，然后库函数根据此信息定义外设指针。示例代码是：

```
 // 驱动函数
int UART_putc(int ch ...) {
 {
 IOTKIT_UART_TypeDef * UART_PTR;
 ...
 if (check_uart0_is_Secure()) { // 自动选择合适的指针
   UART_PTR = IOTKIT_SECURE_UART0;
 } else {
   UART_PTR = IOTKIT_UART0;
 }
 // 等待直至缓冲器满
 while (UART_PTR->STATE & IOTKIT_UART_STATE_TXBF_Msk);
 UART_PTR->DATA = (uint32_t) ch;
 ...
 }
```

除了选择外设指针外，外设驱动程序代码还可以选择性地利用 CMSE 预定义宏，来有条件地编译外设指针选择代码（即在需要时，它使用预处理方法插入代码以检测安全设定）。通过这样做，同一段代码可供安全和非安全软件开发人员使用。例如，前面部分中详细介绍的检测安全设置的代码可以更改如下：

```
  // 驱动函数
int UART_putc(int ch ...) {
  {
  IOTKIT_UART_TypeDef * UART_PTR;
  ...
#if defined (__ARM_FEATURE_CMSE) && (__ARM_FEATURE_CMSE == 3U)
  // 安全软件可能需要决定是否可以从安全或非安全别名访问外设
  if (check_uart0_is_Secure()) { // 自动选择合适的指针
    UART_PTR = IOTKIT_SECURE_UART0;
  } else {
    UART_PTR = IOTKIT_UART0;
  }
#else
  // 非安全软件仅使用非安全外设指针
  UART_PTR = IOTKIT_UART0;
#endif
  // 等待直至缓冲器满
  while (UART_PTR->STATE & IOTKIT_UART_STATE_TXBF_Msk);
  UART_PTR->DATA = (uint32_t) ch;
  ...
  }
```

18.6.5.3　外设中断

通常，系统不应该配置为允许非安全软件生成安全异常。这是为了避免安全攻击，例如拒绝服务或触发安全软件未预料到的安全中断事件。因此，当一个外设被配置为非安全时，它的中断也应该被配置为非安全的（通过使用 NVIC_ITNS 寄存器）。在少数情况下，非安全软件生成安全中断/异常是可以接受的。这些是：

❑ 故障异常，例如，当使用 TrustZone 时，由非安全操作触发的总线错误将导致针对安全状态的 HardFault/BusFault 异常。

❑ 处理器间通信（Interprocessor Communication，IPC），例如，在具有 IPC 邮箱的系统中，安全软件可能允许非安全软件为安全软件生成消息。注意，通常，当安全和非安全软件项目在同一处理器上运行时，安全 API 应该足以向安全软件发送消息。然而，即使安全和非安全软件项目在不同的处理器上运行，IPC 机制也能传递消息。

18.6.6　其他一般性建议

18.6.6.1　参数传递

基于 CMSE 规范，不强制 C 编译器支持使用栈进行跨安全域函数调用的参数传递。如果在创建安全 API，并且不知道非安全软件开发人员使用的工具链是否支持此功能时，则需要确保该函数的传递参数仅使用寄存器。使用寄存器传递参数会获得更好的性能，因为在使用栈传递参数时，需要执行更多的软件步骤。如果安全 API 的操作需要很多参数，那么可以定义一个数据结构来表示所有参数，而不是单独传递参数，然后将数据结构的指针作为单个参数传递给安全 API。

18.6.6.2　使用 XN 属性定义栈、堆和数据 RAM

使用 MPU 为安全 SRAM 中用于栈、堆和数据的区域设置 XN（eXecute Never，永不执行）属性通常是一种很好的做法。这是因为安全 SRAM 中的上述区域通常包含基于各种原因源自非安全区域的数据。其中一些原因如下：

❑ 在安全 API 的执行过程中，经常需要将数据从非安全区域复制到安全区域进行处理。
❑ 在安全 API 调用和安全异常期间，可以将寄存器中的非安全数据推送到安全栈。

通过利用安全 MPU 中的 XN 属性，降低了代码注入攻击的风险。

18.6.6.3　主栈中的栈大小限制

一般来说，软件开发人员应该利用栈大小限制检查功能来降低栈溢出的风险。但是，在设置栈大小限制之前，软件开发人员需要估计栈的空间大小，特别是处理主栈大小。因为主栈是系统异常（包括故障处理）使用的，如果主栈的大小限制太小，那么一些故障异常将无法发挥作用。

因此，软件开发人员应避免使用过多的异常优先级，以减少嵌套中断级别过多的概率，从而避免导致过多的主栈使用。

18.6.6.4　防止栈下溢攻击

在某些情况下，例如，当安全栈为空（创建新线程时会发生这种情况）时，黑客可能会使用伪造的 EXC_RETURN 或 FNC_RETURN 操作来触发栈下溢场景。由于栈内存上方的内容无法预测，因此栈区域上方的 32 位数据值可能会匹配栈帧完整性签名或匹配安全可执行地址值。如果发生这种情况，并且如果黑客使用虚假的 EXC_RETURN 或 FNC_RETURN 操作从非安全区域切换到安全区域，则可能无法检测到这种非法操作。

为确保检测并阻止上述攻击，安全软件开发人员可以保留两个字（8 字节）的栈内存，并在实际栈空间上方放置一个特殊值 0xFEF5EDA5（见图 18.31）。

保持栈的双字对齐需要两个字的栈空间。因为前面提到的特殊值 0xFEF5EDA5 永远不会匹配栈帧完整性签名并且不能用作程序地址，因为地址范围 0xE0000000 ～ 0xFFFFFFFF 是不可执行的，所以假的 EXC_RETURN 或 FNC_RETURN 操作总是会导致错误异常。

图 18.31　在栈中添加一个特殊值来检测栈下溢攻击

这种技术称为栈封闭。安全特权软件应在设置 CONTROL_S.SPSEL 位之前封闭安全进程栈,并在切换到线程级别时封闭安全主栈(参见 18.6.6.8 节)。通过应用此技术,将始终检测到虚假的 EXC_RETURN 或 FNC_RETURN 操作。

18.6.6.5 检查所有安全入口点以防止意外入口点

由于在项目之间复制和粘贴代码很常见,因此在一个项目中声明为安全入口点的函数在另一个项目中可能不是安全入口点。因此,检查函数原型声明以确保安全条目属性不会被错误地复制是很重要的。

18.6.6.6 将安全库限制为非特权执行级别

如果需要将安全软件库限制为非特权级别,则:

1)必须设置安全控制寄存器(CONTROL_S),以便安全线程没有特权,并且处理器在线程模式下使用 PSP_S 作为栈指针。

2)应设置安全 MPU,以便安全非特权软件无法访问特权内存。

3)如果使用的处理器是基于 Armv8.1-M(例如 Cortex-M55 处理器)的,则库代码的安全 MPU 区域应配置为 PXN MPU 属性,以确保该区域中的代码只能在非特权状态执行。在这种情况下,库代码区域可以有自己的 NSC 区域。或者,可以实施系统级保护措施以实现类似的结果。但是如果正在使用的处理器是 Armv8.0-M 处理器,并且没有部署系统级机制来防止库在特权状态下执行,则库代码内存区域不能配置 NSC 属性。

18.6.6.7 安全函数的重进入

某些安全 API 可能不支持重进入(reentrancy),如果是这种情况,则需要采取额外措施来防止这些安全 API 函数发生重进入。当发生以下序列时,会发生安全 API 的重进入:

1)非安全软件调用安全 API。

2)处理器接受一个非安全中断。

3)非安全软件调用相同的安全 API。

如果安全 API 需要在处理程序模式下执行,则应将其设计为支持重进入。

如果安全 API 无法处理重进入,则应使用线程模式在非特权状态下执行。在这种情况下,应使用以下安排来防止软件问题:

❑ 使用 Armv8.0-M 处理器时,在执行 API 功能代码之前,安全 API 应执行额外的软件步骤,以便检测先前的 API 调用是否仍在进行中。这样做的一种方法是在软件中实现一个简单的"API 繁忙"标志。但是此时必须注意确保检查、设置标志顺序是线程安全的。这个线程安全的步骤可以通过使用 LDREX/STREX 指令来实现。

❑ 使用 Armv8.1-M 处理器(例如 Cortex-M55)时,CCR_S.TRD 位应设置为 1,以便在发生可重入时检测到它,并触发故障异常。(注意,CCR_S.TRD 位仅用于保护线程模式 API。)

18.6.6.8 将异常处理程序切换到非特权执行时,安全处理程序必须封闭安全主栈

某些安全中断处理程序需要在非特权级别执行。如果是这种情况,安全中断应首先在安全固件中执行一个进程,将处理器切换到非特权级别,然后再执行安全中断处理程序。切换过程涉及使用 SVC 异常,即使用虚假栈帧将处理器切换到非特权状态的 SVC 异常返

回。除了在进程栈上创建假栈帧之外，SVC 处理程序还在执行启动非特权处理程序代码的异常返回之前封闭主栈（参见 18.6.6.4 节）。当安全特权软件使用异常返回创建新的非特权进程时，也需要封闭安全主栈。

18.6.6.9 未使用安全区域

当 AIRCR.BFHFNMINS 设置为 1 时，必须采取以下措施来防止非安全软件重新进入安全状态：

- ❑ 禁用所有 NSC 区域属性。
- ❑ 禁用安全中断。
- ❑ 安全栈被封闭（参见 18.6.6.4 节）。

18.6.6.10 PSA 认证

在安全固件开发方面以及审查代码确保代码质量时，应考虑 PSA 认证。PSA 认证是物联网时代的安全评估方案，提供全行业对安全产品的信任，是对物联网安全的更高质量定义。第 22 章对 PSA 进行了概述。有关 PSA 认证要求的信息超出了本书的范围，但可以在 www.psacertified.org 上找到有关该主题的更多信息。

参考文献

[1] Procedure Call Standard for the Arm Architecture (AAPCS). https://developer.arm.com/documentation/ihi0042/latest.

[2] Armv8-M Security Extension: Requirements on Development Tools. https://developer.arm.com/documentation/ecm0359818/latest.

[3] ACLE specification. https://developer.arm.com/architectures/system-architectures/software-standards/acle.

[4] Corstone-200/201 foundation IP: Memory Protection Controller. https://developer.arm.com/documentation/ddi0571/e/programmers-model/ahb5-trustzone-memory-protection-controller.

[5] Corstone-200/201 foundation IP: AMBA AHB5 Peripheral Protection Controller. https://developer.arm.com/documentation/ddi0571/e/functional-description/ahb5-trustzone-peripheral-protection-controller/functional-description.

[6] Corstone-200/201 foundation IP: AMBA APB4 Peripheral Protection Controller. https://developer.arm.com/documentation/ddi0571/e/functional-description/apb4-trustzone-peripheral-protection-controller/functional-description.

第 19 章

Cortex-M33 处理器中的数字信号处理

19.1 为何微控制器中需要 DSP

数字信号处理（Digital Signal Processing，DSP）是一系列涉及音频、视频、测量和工业控制方面应用技术的统称，包括了大量数值计算密集型算法。在许多微控制器产品定义中，支持数字信号处理功能成为越来越重要的设计需求。自 2010 年 ArmCortex-M4 处理器（包括 Armv7-M 指令集架构中的 DSP 功能扩展）推出以来，基于 Cortex-M 系列处理器的系统在信号处理应用中所占的比例有了显著增长。

许多数字信号处理应用都集中在音频处理领域，例如便携式音频播放器等。2019 年，亚马逊 Alexa 语音服务（Amazon Alexa Voice Service，AVS）[一] 使用了基于 Cortex-M4 处理器的硬件系统。除此之外，还可以看到 Arm Cortex-M 系列处理器在需要其他信号处理的领域被广泛应用，包括：

❑ 移动电话和可穿戴设备的传感器融合应用。
❑ 图像处理（例如，OpenMV 项目[二]使用包含 Cortex-M7 处理器的微控制器执行图像处理）。
❑ 声音检测和分析（如 ai3——运行在入门级的 Cortex-M0 处理器上的音频分析软件解决方案[三]）。
❑ 用于预测性维护的振动分析[四]。

Cortex-M 系列处理器中不同规格的处理器提供的信号处理能力存在差异（见表 19.1）。

⊖ AWS Press release: https://aws.amazon.com/about-aws/whats-new/2019/11/new-alexa-voice-integration-foraws-iot-core-cost-effectively-brings-alexa-voice-to-any-connected-device/

⊜ The OpenMV project: https://openmv.io/

⊜ Audio Analytic ai3TM running on a Cortex-M0 microcontroller: https://www.audioanalytic.com/the-cortexm0-challenge-part-one/

㊃ ST 微电子公司关于预测性维护的技术演示和幻灯片。

表 19.1　Cortex-M 处理器中的 DSP 处理功能

	乘积累加（Multiply-Accumulate, MAC），饱和调整	DSP 扩展（SIMD、单周期 MAC、饱和算术指令）	Helium （M- 型向量扩展）
Cortex-M0、 Cortex-M0+、 Cortex-M23	—	—	—
Cortex-M3	是	—	—
Cortex-M4、 Cortex-M7	是	是	—
Cortex-M33	是	可选	—
Cortex-M55	是	是	可选

Cortex-M33 处理器可选配的 DSP 功能中所使用的 DSP 指令集与 Cortex-M4/Cortex-M7 处理器中所支持的 DSP 功能相同。用户可以直接在 Cortex-M 系列处理器中使用这些 DSP 指令进行数值运算加速，从而替代外部的数字信号处理器执行实时信号处理运算。本章将从 DSP 指令扩展功能背后的设计初衷开始介绍，以点乘计算为例，简要介绍 DSP 指令扩展功能。

本章在介绍 DSP 扩展功能时将继续详细介绍 Cortex-M33 处理器所涉及的有关 DSP 的指令集部分，同时也会提供使用 Cortex-M33 处理器开发 DSP 代码的优化技巧。第 20 章将介绍 CMSIS-DSP 库——Arm 公司为 Cortex-M 系列处理器所提供的已进行过相关优化的 DSP 程序代码库。

19.2　使用 Cortex-M 系列处理器开发 DSP 应用的理由

在原生支持 DSP 功能的现代微控制器出现之前，开发者首选数字信号处理器（Digital Signal Processor，首字母缩略词与数字信号处理相同，也为 DSP）执行数字信号处理应用程序。DSP 处理器的微架构专门针对数字信号处理算法中的数值计算部分进行了特殊设计。但从某种意义来讲，专用 DSP 处理器只擅长执行某些特定领域的运算。其应用局限性很大，无法满足软件开发者在嵌入式应用开发中的其他需求。

而普通微控制器主要面向通用领域，支持多种外设通信接口（例如 ADC、DAC、SPI、I^2C/I^3C、USB 和以太网），主要专注于控制任务（与外设的通信、处理用户编程接口以及通用连接）。长久以来，微控制器主要用于便携式产品领域的开发（便携式产品领域更加关注系统是否具备低功耗以及优秀代码实现密度）。但由于许多传统的微控制器缺少执行数值密集型计算相关的寄存器和特殊指令集，在执行相关算法运算时的效率较低。

近年来随着互联网手持设备的蓬勃发展，催生出新的处理器功能需求。要求处理器同时兼备微控制器和 DSP 运算功能。通常，多媒体设备需要针对多媒体内容进行处理，需要同时具备外设通信和执行 DSP 处理的能力，对传统微处理器具备 DSP 运算功能的需求变得尤为明显。传统意义上的互联网手持设备的方案可能为：

- 两个独立的芯片——一个通用微控制器和一个数字信号处理器。
- 包含通用处理器和数字信号处理器的单一芯片。

包含 Cortex-M 系列处理器（尤其是支持 DSP 指令扩展功能的版本）的现代微控制器，可以在系统中运行一系列要求一定 DSP 处理能力的应用。采用这种单芯片方案具有以下优点：

- 不需要在电路设计上采用专用的 DSP 芯片，降低了产品和设计成本。
- 开发者可以使用单一工具链来开发嵌入式产品的应用程序。
- 可以在单处理器系统上运行所有软件任务来降低软件复杂性。
- 可使用 Cortex-M 系列处理器中所支持的物联网安全管理功能（如 TrustZone）处理一系列信号处理应用（如指纹等生物特征数据的处理）。
- 开发者可以在 Cortex-M 系列处理器所运行的 RTOS 系统上并行处理多个信号处理线程，同时多个任务线程之间进行上下文切换，开销保持在非常小的范围。相比而言，许多专用的数字信号处理器并不支持运行 RTOS。

某些微控制器包含多个 Cortex-M 系列处理器，可以将其中一个或多个 Cortex-M 系列处理器专门用于 DSP 任务的处理（这种方案非常适合 DSP 处理任务较重的场景）。而微控制器芯片中的其他处理器可以用于执行其他任务，例如运行通信协议栈、执行用户界面处理任务等。尽管这些设备属于多处理器系统，但软件开发者仍然能够使用单一工具链为这些设备开发软件应用。相比调试包含通用处理器和数字信号处理器的异构多核系统，使用 CoreSight 调试系统时在包含多个同类型 Cortex-M 系列处理器的微控制器上进行多核调试更加简便（调试异构多核系统需要建立多个调试连接）。

在 CMSIS-DSP 程序库的帮助下，普通开发者在包含 Cortex-M 系列处理器的系统上开发 DSP 应用程序变得非常容易。而开发者也不需要掌握针对专有 DSP 架构的开发经验（相比较而言，当前在市场中也很难找到对某些专有 DSP 架构具有丰富经验的软件开发者）。伴随着 Cortex-M 系列处理器的广泛使用，使用 Cortex-M 系列处理器的开发板成为数字信号处理教学 / 学习的理想入门工具。

尽管 Cortex-M33 处理器可以很好地运行某些需要数字信号处理能力的应用，但该处理器并没有针对高性能信号处理能力应用场景（类似许多专用数字信号处理器所能提供的能力）进行专门设计。于是在 2020 年，Arm 发布了 Cortex-M55 处理器，它可以提供与当前许多中端数字信号处理器相当的信号处理性能。Cortex-M55 处理器支持 Helium 技术（一种包括 150 多条新指令的扩展功能，包括许多特殊向量运算指令），可以实现较高的数字信号处理性能。由于 Cortex-M55 处理器和 Armv8.1-M 指令集架构的内容超出了本书的讨论范围，因此此处不详细讨论有关 Helium 扩展技术的部分。但由于 CMSIS-DSP 程序库面向所有的 Arm Cortex-M 系列处理器，因此使用 CMSIS-DSP 程序库开发的 Arm Cortex-M 系列处理器应用程序可以轻松运行在基于 Cortex-M55 处理器的设备上。

请注意，对 DSP 功能扩展的支持在 Cortex-M33 处理器中属于可选配置。如果芯片的目标应用场景不涉及信号处理，而主要针对超低功耗应用场景，那么芯片设计人员在生成处理器配置时可以去掉对 DSP 功能扩展的支持。即使处理器不支持 DSP 功能扩展（即不支持 SIMD 或饱和算术指令），仍然可以使用乘积累加指令和饱和调整指令的部分变体。

与 Cortex-M33 处理器不同，Cortex-M23 处理器不支持 DSP 功能扩展，也不具备同级别的数字信号处理能力。但 Cortex-M23 处理器也可以执行轻量级的信号处理任务，比如语音活动检测和采样率相对较低的信号分析（例如，机械振动检测）。

19.3　点乘案例

本节将讨论如何利用 DSP 功能提高系统的总体性能（DSP 功能扩展最重要的功能）。以下案例将涉及多种类型的数字信号处理算法。和低阶算法相关的案例将包含滤波函数、信号变换、矩阵和向量运算等操作。许多处理算法涉及一系列乘加运算（即乘积累加算法）。首先将介绍一些简单的乘积累加算法函数。

以点乘运算为例，该运算将两个向量相乘，按元素逐项累加乘积：

$$z = \sum_{k=0}^{N-1} x[k]y[k]$$

假设输入 $x[k]$ 和 $y[k]$ 是以 32 位数值为元素的向量数组，同时希望计算结果 z 以 64 位整型数表示。基于 C 语言的点乘算法如下：

```
int64_t dot_product (int32_t *x, int32_t *y, int32_t N) {
    int32_t xx, yy, k;
    int64_t sum = 0;
        for(k = 0; k < N; k++) {
                xx = *x++;
                yy = *y++;
                sum += xx * yy;
        }
    return sum;
    }
```

点乘运算由一系列乘法和加法组成。这种 MAC 操作是许多 DSP 函数的核心。

当前需要考虑上述算法在 Cortex-M33 处理器上的执行时间开销。从内存中读取数据并完成指针加法需要 1 个时钟周期。

```
xx = *x++; // 1 个时钟周期 (具有后增量寻址模式的 LDR)
```

同样，预取下一次计算所需数据也需要 1 个时钟周期：

```
yy = *y++; // 1 个时钟周期
```

与 Cortex-M4 处理器相比（Cortex-M4 处理器执行单次数据加载操作需要 2 个时钟周期），Cortex-M33 处理器具有更快的内存访问速度。

在 Cortex-M33 处理器中，可以使用一条指令完成形如 32 × 32+64 的乘积累加运算（乘法和加法）。因此在理想情况下，仅需要一个时钟周期就可以完成乘积累加运算，并且处理器也支持背靠背乘积累加运算。但如果在最后执行的指令中乘法运算所需的输入数据（不包括累加器需要的值）需要加载到寄存器组中，则可能带来 1 个时钟周期的 load-use 数据冒险惩罚。

如上述 C 代码所示，计算过程通常包括循环递减计数操作，并在递减操作之后跳转到循环的开头，这为计算带来了额外的开销。在 Cortex-M33 处理器中典型的循环开销为 2 ～ 3 个时钟周期。在 Cortex-M33 处理器中，由于执行时间取决于数据本身，因此点乘的内循环需要 8 个时钟周期的开销：

```
xx = *x++;        // 1 个时钟周期
yy = *y++;        // 1 个时钟周期
sum += xx * yy;   // 2 个时钟周期（由于 load-use 数据冒险惩罚导致了一个流水线周期的开销）
(loop overhead)   // 4 个时钟周期，包括循环计数器更新和比较的开销
```

使用汇编代码重写完整的点乘函数，如下所示：

```
int64_t __attribute__((naked)) dot_product (int32_t *x, int32_t *y, int32_t N)
{
    __asm(
    "    PUSH {R4-R5}\n\t"           /* 2 个时钟周期 */
    "    MOVS R4, #0\n\t"            /* 1 个时钟周期 */
    "    MOVS R5, #0\n\t"            /* 1 个时钟周期 */
    "loop: \n\t"
    "    LDR R3 , [R0], #4\n\t"      /* 1 个时钟周期 */
    "    LDR R12, [R1], #4\n\t"      /* 1 个时钟周期 */
    "    SMLAL R4, R5, R3, R12\n\t"  /* 2 个时钟周期 —— 流水线冒险 */
    "    SUBS R2, R2, #1\n\t"        /* 1 个时钟周期 */
    "    BNE loop\n\t"              /* 3 个时钟周期 */

    "    MOVS R0, R5\n\t"            /* 1 个时钟周期 */
    "    MOVS R1, R4\n\t"            /* 1 个时钟周期 */
    "    POP {R4-R5}\n\t"           /* 2 个时钟周期 */
    "    BX LR\n\t");                /* 3 个时钟周期 */
}
```

通过简单地重新调度指令，可以消除 SMLAL 指令执行过程中的流水线空泡，将内部循环减少到 7 个时钟周期：

```
int64_t __attribute__((naked)) dot_product (int32_t *x, int32_t *y, int32_t N)
{
    __asm(
    "    PUSH {R4-R5}\n\t"           /* 2 个时钟周期 */
    "    MOVS R4, #0\n\t"            /* 1 个时钟周期 */
    "    MOVS R5, #0\n\t"            /* 1 个时钟周期 */
    "loop: \n\t"
    "    LDR R3 , [R0], #4\n\t"      /* 1 个时钟周期 */
    "    LDR R12, [R1], #4\n\t"      /* 1 个时钟周期 */
    "    SUBS R2, R2, #1\n\t"        /* 1 个时钟周期 —— 位于 LDR 与 SMLAL 之间 */
    "    SMLAL R4, R5, R3, R12\n\t"  /* 1 个时钟周期 */
    "    BNE loop\n\t"              /* 3 个时钟周期 */
```

```
    "   MOVS R0, R4\n\t"              /* 1 个时钟周期 */
    "   MOVS R1, R5\n\t"              /* 1 个时钟周期 */
    "   POP {R4-R5}\n\t"             /* 2 个时钟周期 */
    "   BX LR\n\t");                 /* 3 个时钟周期 */
}
```

利用循环展开可以减少处理器执行循环的开销。例如，如果知道向量的长度为 4 次采样的倍数，则可以以 4 作为因子展开循环。处理器计算 4 次采样需要 15 个时钟周期。换句话说，点乘运算在 Cortex-M33 处理器上只需要 3.75 个时钟周期即可执行完成；而在 Cortex-M4 处理器上，每次采样需要 4.75 个时钟周期；在 Cortex-M3 处理器上，每次采样需要 7.75 ～ 11.75 个时钟周期。如下所示为将简单点乘循环展开的内联汇编代码。

```
int64_t __attribute__((naked)) dot_product (int32_t *x, int32_t *y, int32_t N)
{
  __asm(
    "   PUSH {R4-R11}\n\t"           /* 8 个时钟周期 */
    "   MOVS R3, #0\n\t"             /* 1 个时钟周期 */
    "   MOVS R4, #0\n\t"             /* 1 个时钟周期 */
  "loop: \n\t"
    "   LDMIA R0 , {R5-R8}\n\t"      /* 4 个时钟周期 */
    "   LDMIA R1 , {R9-R12}\n\t"     /* 4 个时钟周期 */
    "   SMLAL R3, R4, R5, R9\n\t"    /* 1 个时钟周期 */
    "   SMLAL R3, R4, R6, R10\n\t"   /* 1 个时钟周期 */
    "   SMLAL R3, R4, R7, R11\n\t"   /* 1 个时钟周期 */
    "   SMLAL R3, R4, R8, R12\n\t"   /* 1 个时钟周期 */
    "   SUBS R2, R2, #4\n\t"         /* 1 个时钟周期 */
    "   BNE loop\n\t"                /* 3 个时钟周期 */
    "   MOVS R0, R3\n\t"             /* 1 个时钟周期 */
    "   MOVS R1, R4\n\t"             /* 1 个时钟周期 */
    "   POP {R4-R11}\n\t"            /* 8 个时钟周期 */
    "   BX LR\n\t");                 /* 3 个时钟周期 */
}
```

请注意：

❑ 以上示例中的汇编代码是人工编写的，由 C 编译器生成的代码可能与上述代码完全不同。

❑ 处理器所需的时钟周期数取决于访问内存的延迟状态，在某些情况下，取决于内存中指令的对齐情况。

19.4 利用 SIMD 指令获得更高的性能

在 19.3 节的点乘示例中，使用了 SMLAL 指令（MAC 操作）。即使处理器不支持 DSP 功能扩展，也可以使用 SMLAL 指令。当处理器支持 DSP 功能扩展时，可以利用 SIMD 指令的特性对 16 位点乘运算进行加速。

　　例如，如果点乘运算使用 16 位数据而非 32 位数据，则可以使用 SMLALD（双 MAC 指令）。SMLALD 的操作过程如图 19.1 所示。

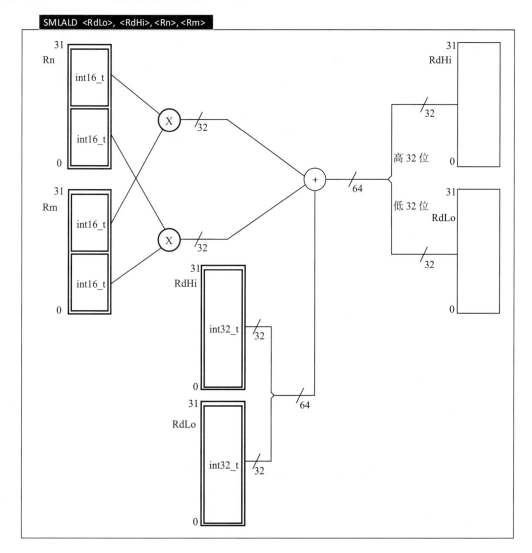

图 19.1　SMLALD 指令

　　在 19.3 节所展示的点乘案例中，输入数据数组 $x[]$ 和 $y[]$ 的元素均为 16 位整型数，可使用一次数据加载操作加载两个采样数据，从而将双 MAC 操作的计算开销（见图 19.2，不包括循环处理开销）进一步压缩到 3 个时钟周期，或将每次 MAC 计算压缩到 1.5 个时钟周期。

　　利用循环展开技术，如 19.3 节所示，可以降低平均循环开销。请注意，当使用双 MAC 指令处理两个数据采样时，循环计数器递减值从 −4 变为 −8。使用 SIMD 指令重写点乘算法的汇编代码如下：

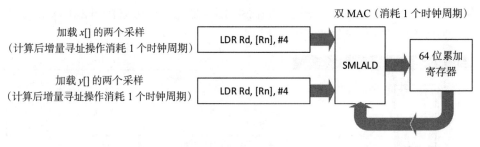

图 19.2 使用 SIMD 操作减少指令周期数

```
int64_t __attribute__((naked)) dot_product (int16_t *x, int16_t *y, int32_t N)
{
  __asm(
    " PUSH {R4-R11}\n\t"              /* 8 个时钟周期 */
    " MOVS R3, #0\n\t"               /* 1 个时钟周期 */
    " MOVS R4, #0\n\t"               /* 1 个时钟周期 */
   "loop: \n\t"
    " LDMIA R0 , {R5-R8}\n\t"        /* 4 个时钟周期 */
    " LDMIA R1 , {R9-R12}\n\t"       /* 4 个时钟周期 */
    " SMLALD R3, R4, R5, R9\n\t"     /* 1 个时钟周期 */
    " SMLALD R3, R4, R6, R10\n\t"    /* 1 个时钟周期 */
    " SMLALD R3, R4, R7, R11\n\t"    /* 1 个时钟周期 */
    " SMLALD R3, R4, R8, R12\n\t"    /* 1 个时钟周期 */
    " SUBS R2, R2, #8\n\t"           /* 1 个时钟周期 */
    " BNE loop\n\t"                  /* 3 个时钟周期 */
    " MOVS R0, R3\n\t"               /* 1 个时钟周期 */
    " MOVS R1, R4\n\t"               /* 1 个时钟周期 */
    " POP {R4-R11}\n\t"             /* 8 个时钟周期 */
    " BX LR\n\t");                   /* 3 个时钟周期 */
}
```

除了用于执行点乘计算外，SIMD 指令的双 MAC 操作还可以应用到其他多种 DSP 处理任务中，例如执行有限脉冲响应（Finite Impulse Response，FIR）滤波器的运算。如图 19.3 所示，FIR 滤波器中每个采样点的矩形计算可以使用双 MAC 指令进行。

19.5 处理溢出

在 19.3 节的点乘示例中，当输入数据宽度为 32 位，累加器宽度为 64 位时，如果 MAC 运算的输入值接近取值范围上限，同时数组中存在大量元素，那么由于存放乘法输出结果的寄存器宽度只有 64 位，通常很容易造成累加运算结果发生溢出。

为了解决结果溢出问题，许多传统 DSP 处理器使用了一个比结果宽度更大的专用累加器寄存器。例如，在一些传统 DSP 处理器（例如，Analog Devices 公司的 SHARC 处理器）中，可以使用宽度为 80 位的专用累加器寄存器，以避免出现溢出问题。

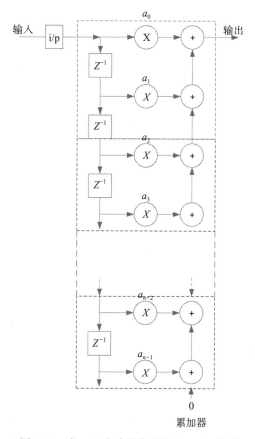

图 19.3　在 FIR 滤波器中进行双 MAC 操作

　　但在 Cortex-M33 处理器中并没有使用专用的累加器寄存器。为了避免溢出问题，开发者可以简单地通过限制输入数据值的范围来减少累加器溢出的可能。值得庆幸的是，在大多数信号处理应用中，源数据输入值（例如音频信号的数据值）的宽度通常只有 16 ～ 24 位。如果以定点格式进行数据处理，则可以相应地对输入数据值进行缩放，以减少溢出的可能。

　　但在某些情况下，很难对输入数据进行缩放以避免发生结果溢出。例如，如果开发者想最大化地利用 SIMD 指令的处理性能，则不能对输入数据进行缩放（因为输入数据值已限制为 16 位（−32 768 ～ +36 767，以整型数据表示））。为了解决这个问题，Cortex-M33 处理器所支持的 DSP 功能扩展支持饱和算法。饱和算术运算将运算结果限制为最大值（例如，宽度为 16 位的整型数，最大值为 +32 767）或最小值（例如，宽度为 16 位的整型数，最小值为 −32 768），从而避免根据溢出值对计算结果进行回卷（根据二进制补码的标准定义）。如图 19.4 中所示波形（在本例中，波形采样的数值为 16 位整型数，并限制在 −32 768 到 +32 767 的数值范围内），图 19.4a 展示了当超出允许的范围后理想情况下的波形结果，图 19.4b 表明了使用二进制补码中标准加法处理后的波形结果是如何被回卷的，图 19.4c 则展示了采用饱和运算处理后的结果（峰值信号被略微裁剪，但仍然可以识别为正弦波信号）。

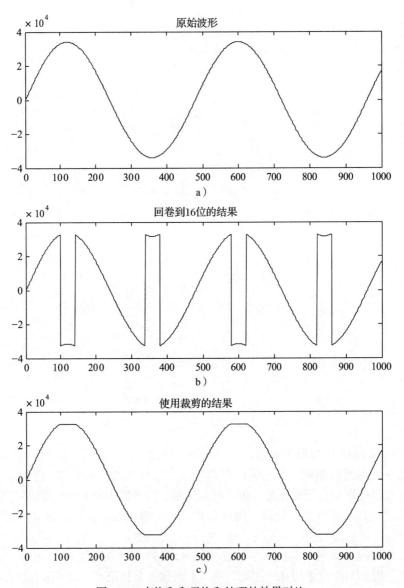

图 19.4 有饱和和无饱和处理的效果对比

Cortex-M33 处理器、其他基于 Armv8-M 主线版指令集架构的处理器、Cortex-M4/Cortex-M7 处理器中所支持的 DSP 功能扩展均支持基本的饱和算术运算。这些处理器支持饱和加 / 减法指令，但不支持饱和 MAC 指令。要执行饱和 MAC 指令，必须将两个数值分别相乘，然后执行饱和加法，由此会带来额外一个时钟周期的开销。

19.6　用于数字信号处理的数据类型

19.6.1　为什么需要定点数据格式

在讨论信号处理的细节之前，首先需要了解在嵌入式处理器系统中信号数值是如何表示的。可用于表示信号处理的数据类型如下：

❑ 各种大小的整型数。
❑ 浮点数（单精度、双精度等）。
❑ 各种大小的定点数。

在许多信号处理应用中，浮点数据格式提供了非常广泛的信号数值动态范围，使得信号处理算法实现起来更加容易。但许多传统的嵌入式处理器（包括一些传统的数字信号处理器）并不支持硬件浮点运算单元（FPU），而采用软件模拟的方法来进行浮点运算处理（软件模拟运算可能非常慢（速度为原速度的 1/10））。与此同时，许多信号处理应用中也存在需要表示分数数值的通用需求。虽然使用具有额外缩放比例的整数可以满足这项需求，但在不同数据类型之间进行转换时非常容易出现错误。

为了解决上述问题，系统中引入了定点数据格式，使分数值可以采用整数运算进行处理。许多信号处理算法也采用定点数据格式进行开发，从而可以使用整数处理指令来处理计算过程——在信号值的动态范围内有一定程度的折中。但与浮点计算相比，因为许多嵌入式处理器需要多个时钟周期来执行浮点计算指令，而整数处理指令通常只需要一个时钟周期即可完成运算，所以定点计算可能具有更高的执行性能。

19.6.2　分数运算

分数数据类型通常用于信号处理。许多软件程序员并不熟悉这种数据类型，因此本节将详细介绍分数数据类型的概念及优点。

定点数据操作使用普通的整型数据类型（8 位、16 位、32 位等），并划分成多个字段部分（见图 19.5）。通常情况下，这些数值是有符号数。大多数情况下符号位使用 MSB（最高有效位）表示。数值中的其余位分为整数部分和小数部分。区分整数部分和小数部分的位置称为基点。

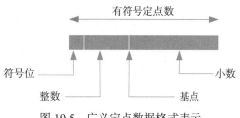

图 19.5　广义定点数据格式表示

基点的选择取决于应用程序，可以省略整数部分，只保留符号位和小数部分（见表 19.2）。在某些嵌入式应用程序中，这种数据类型的布局非常常见。

表 19.2　通用定点数据类型

通用定点数据类型	编程中的数据类型定义	符号位宽度	整数位宽度	小数位宽度
q0.7（通常称为 q7）	q7_t	1	0	7
q0.15（通常称为 q15）	q15_t	1	0	15
q0.31（通常称为 q31）	q31_t	1	0	31

也可以使用其他布局对整数位和小数位字段进行分区。例如，对于 8 位有符号数据，可以有采用表 19.3 所示的定点数据类型布局。

表 19.3　8 位定点数据类型

8 位定点数据类型	符号位宽度	整数位宽度	小数位宽度
q0.7	1	0	7
q1.6	1	1	6
q2.5	1	2	5
q3.4	1	3	4
q4.3	1	4	3
q5.5	1	5	2
q6.7	1	6	1
q7.0（与有符号整数数据相同）	1	7	0

使用二进制补码所表示的 N 位有符号整数表示 $[-2^{(N-1)}, 2^{(N-1)}-1]$ 范围内的值。N 位分数整型数隐含除以 $2^{(N-1)}$，表示 $[-1, 1-2^{-(N-1)}]$ 范围内的值。如果 I 是整数值，则 $F=\dfrac{I}{2^{(N-1)}}$ 表示相应的分数。使用 8 位分数表示的数值范围如下：$\left[\dfrac{-2^7}{2^7}, \dfrac{2^7-1}{2^7}\right]$ 或 $[-1, 1-2^{-7}]$。

二进制补码中的一些常用有符号数表示为

最大值	=	01111111	$= 1-2^{-7}$
最小正数	=	00000001	$= 2^{-7}$
0	=	00000000	$= 0$
最小负数	=	11111111	$= -2^{-7}$
最小值	=	10000000	$= -1$

类似地，16 位分数表示的范围如下：

$$[-1, 1-2^{-15}]$$

注意，8 位和 16 位分数所表示的值的范围几乎相同。因为不必记住特定的整数范围，只需要记住 $-1 \sim +1$，所以简化了数字计算算法中的缩放过程。

可能开发者想知道为什么 8 位的分数值被命名为 q7_t 而不是 q8_t，这是因为在数据格式表示中有一个隐含符号位，实际上只包含有 7 个小数位。分数数据每个位所表示的含义如下：

$$\left[S, \frac{1}{2}, \frac{1}{4}, \frac{1}{8}, \frac{1}{16}, \frac{1}{32}, \frac{1}{64}, \frac{1}{128}\right]$$

其中 S 表示符号位。简而言之，以整型数值形式表示的分数值包括整数位和分数位。q$m.n$ 指具有 1 个符号位、m 个整数位和 n 个分数位的分数整型。例如，q0.7 是上文所提到的 8 位数据类型（q7_t），具有 1 个符号位和 7 个分数位，无整数位。q8.7 是一个 16 位分数，包含 1 个符号位、8 个整数位和 7 个分数位。分数数据每个位所表示的含义如下：

$$\left[S, 128, 64, 32, 16, 8, 4, 2, 1, \frac{1}{2}, \frac{1}{4}, \frac{1}{8}, \frac{1}{16}, \frac{1}{32}, \frac{1}{64}, \frac{1}{128} \right]$$

整数位可用作信号处理算法中的保护位。分数位用于表示为整数，并存储在整型变量或寄存器中。分数值的加法与整数加法相同。但是，分数乘法与整数乘法完全不同。将两个 N 位整数相乘可产生 $2N$ 位结果。如果需要将结果截短为 N 位，则通常采用结果的低 N 位。

由于分数值在 [−1, +1] 范围内，因此将两个数值相乘的结果也将落在相同的范围内[⊖]。如果尝试将两个 N 位分数值相乘，比如：

$$\left[\frac{I_1}{2^{N-1}} \times \frac{I_2}{2^{(N-1)}} \right]$$

最终将得到一个 $2N$ 位的结果：

$$\frac{I_1 I_2}{2^{N-2}}$$

其中 $I_1 I_2$ 是标准整数乘法。由于结果的长度是 $2N$ 位，分母中有一个 2^{2N-2} 的因子，这表示一个 q1.$(2N−2)$ 形式的分数表示。例如，对于两个值为 0.5 的 8 位 q0.7 定点数据（即二进制 01000000），其整数乘法结果为 0x1000（即二进制 0001_0000_0000_0000）。由上可知，结果应该是 0.25，即 0x2000。要将其转换为 q0.$(2N−1)$ 形式的分数表示，需要将结果左移 1 位。也可以采用以下方式将结果转换为 q0.$(N−1)$ 形式的分数表示：

❑ 左移 1 位并取高 N 位。
❑ 右移 $N−1$ 位，取低 N 位。

上述操作描述了一个真正的分数乘法执行过程，最终计算结果将落在 [−1, +1] 范围内。

Cortex-M 系列处理器采用第一种方法执行分数乘法，但省略了 1 位的左移位。从概念上讲，最终结果按比例缩小成了原来的 1/2，位于 [−1/2, +1/2] 范围内。在开发算法时，开发者必须记住这一点，并且需要在某些时候合并省略的移位运算。

19.6.3　SIMD 数据

当 Cortex-M33 处理器的配置支持 DSP 功能扩展时，还支持对合并的 8 位或 16 位整数进行运算的 SIMD 指令。如图 19.6 所示，一个 32 位寄存器可以保存 1 个 32 位值，或 2 个 16 位值，或 4 个 8 位值。

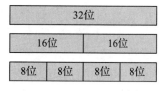

图 19.6　SIMD 数据

在执行不需要全部 32 位精度数据宽度的场景（例如视频或音频数据）中，软件开发者可以利用操作定点数据的 SIMD 指令操作 8 位或 16 位的数据以提高运算效率。在 CMSIS-DSP 程序库中，许多程序代码已经采用 SIMD 指令操作方式

⊖ 几乎对所有的情况都适用，唯一值得注意的情况是"（−1）×（−1）"得到 +1"的情况。理论上，计算结果超出了允许范围内的 LSB，需要将结果截断为允许的最大正值。

进行了优化。

如果开发者要在 C 语言代码中使用 SIMD 指令，请先将数值保存到 int32_t 类型的变量中，然后调用相应的 SIMD 内部指令进行操作。

19.7　Cortex-M33 DSP 指令

Cortex-M33 处理器所支持的 DSP 功能扩展指令与 Cortex-M4 和 Cortex-M7 处理器中的相关指令相同，可以操作普通寄存器组中的数据。在 Cortex-M 系列处理器中，包含一组拥有 16 个 32 位寄存器的核心寄存器组，其中低位的 13 个寄存器 R0 ～ R12 是通用寄存器，用于保存中间变量、指针、函数传参和返回结果。高位的三个寄存器被保留用于特殊用途。

```
R0 ~ R12 ── 通用寄存器
R13 ── 栈指针 [保留]
R14 ── 链接寄存器 [保留]
R15 ── 程序计数器 [保留]
```

在执行代码优化时，需要记住寄存器组只能容纳 13 个中间变量。如果需要保存的中间变量数量超过这一值，编译器需要将超出部分保存到栈上，从而导致应用程序性能下降。以 19.3 节展示的点乘 C 语言代码为例，需要保存的变量包括：

```
x ── 指针
y ── 指针
xx ── 32 位 整数
yy ── 32 位 整数
z ── 64 位 整数 [需要 2 个寄存器]
k ── 循环计数器
```

示例函数总共需要 7 个中间变量寄存器。可以看到，点乘函数作为非常基本的操作函数，已经使用了一半的通用寄存器。

Cortex-M33 处理器上所支持的浮点运算单元（FPU，可选）也拥有自己的一组独立寄存器。这种扩展寄存器文件包含 32 个标记为 S0 ～ S31 的单精度寄存器（每个 32 位）。执行浮点代码的一个明显优势是可以额外访问这组寄存器。同时，R0 ～ R12 仍然可以用来保存整数变量（指针、计数器等），因此总共有 45 个通用寄存器供 C 语言编译器使用。在稍后的例子中可以看到，虽然通常执行浮点运算比执行整数运算慢，但利用额外的寄存器可以生成更高效的代码，特别是针对复杂的函数，如快速傅里叶变换（Fast Fourier Transform，FFT）。高效的 C 语言编译器在执行整数运算时可以利用浮点寄存器保存中间结果，而不需要将变量保存到栈中，这是由于在处理器内部从寄存器到寄存器的传输只需要 1 个时钟周期，而从寄存器到内存的传输可能需要多个时钟周期（取决于内存访问是否存在等待状态）。

要使用 Cortex-M33 处理器中的 DSP 指令，需要首先将 CMSIS 程序库中的主要头文件 core_cm33.h（当引入设备头文件时，需要自动将其导入代码中）包含在开发代码中。在头文件中定义了各种类型的整型数据类型、浮点数据类型和小数数据类型，具体介绍如下。

　　❏ 有符号整数：

```
int8_t    8-bit
int16_t  16-bit
int32_t  32-bit
int64_t  64-bit
```

❏ 无符号整数:

```
uint8_t    8-bit
uint16_t  16-bit
uint32_t  32-bit
uint64_t  64-bit
```

❏ 浮点数:

```
float32_t 单精度 32-bit
float64_t 双精度 64-bit
```

❏ 分数:

```
q7_t    8-bit
q15_t   16-bit
q31_t   32-bit
q63_t   64-bit
```

19.7.1　加载和存储指令

加载和存储 32 位数据值可以通过标准 C 语言结构完成。在 Cortex-M33 处理器中,执行每条加载或存储指令需要 1 个时钟周期。但是指令读取的数据在流水线执行的第三个阶段才会被输入处理器中。如果后续指令在流水线的第二个阶段需要立即处理上一条指令所读取的数据,则处理器流水线必须暂停 1 个时钟周期。这种情况可以通过在数据加载和数据处理之间调度其他可以执行的指令来避免流水线暂停所带来的故障。

请注意,上述流水线特性不同于在 Cortex-M3/Cortex-M4 处理器中实现的结构,在 Cortex-M3/Cortex-M4 处理器中,单个数据加载指令的执行需要 2 个时钟周期,后续加载或存储操作需要 1 个时钟周期。因此使用上述处理器时,需要尽可能将加载和存储操作合并,以节省 1 个时钟周期的执行开销。

要加载或存储合并的 SIMD 数据,请先定义 int32_t 类型的变量用以存储数据。随后使用 CMSIS 程序库中所提供的 __SIMD32 宏函数执行加载和存储操作。例如,要在一条指令中加载 4 个 8 位变量,请参考以下代码:

```
q7_t *pSrc *pDst;
int32_t x;
x = *__SIMD32(pSrc)++;
```

上述函数对于 pSrc 指针还将额外增加一个完整的 32 位字的空间,以便指向下一组 4 个 8 位值。如需将数据写回内存,请使用:

```
*_SIMD32(pDst)++ = x;
```

该宏函数也适用于合并的 16 位数据：

```
q15_t *pSrc *pDst;
int32_t x;
x = *__SIMD32(pSrc)++;
*__SIMD32(pDst)++ = x;
```

19.7.2 算术指令

本小节将介绍 Cortex-M 系列处理器所支持的 DSP 算法中最常用的算术运算。这里所介绍的内容将聚焦于实际应用中最常用的指令，而不是涵盖每一条 Cortex-M 系列处理器算术指令。实际上这里介绍的内容只占常用指令的一小部分，主要包括：

有符号数	[忽略符号]
浮点数	
分数整数	[忽略标准整数算术]
精度足够	[32 位或 64 位累加器]

由于在应用中分数运算有关舍入、加减变量、进位以及基于 32 位寄存器中高 16 位或低 16 位的变量的使用频率较低，因此这里将忽略上述内容。一旦读者理解了本小节介绍的内容，可以很容易地将所介绍的方法应用到对其他类型变量的操作上。

上述指令的形式取决于 C 语言编译器调用指令的方式。在某些情况下，编译器根据标准 C 语言代码确定编译后端要使用的正确指令。例如，分数加法可以使用以下方法执行：

```
z = x + y;
```

在其他情况下，则必须使用 C 语言中的约定语法（如应用函子，这是一种预先定义的 C 代码片段）。编译器可以识别这些约定语法并将应用函子操作映射到相应的单个指令上。例如，要交换 32 位字的第 0 字节和第 1 字节，以及第 2 字节和第 3 字节，惯用写法如下：

```
(((x&0xff)<<8)|((x&0xff00)>>8)|((x&0xff000000)>>8)|((x&0x00ff0000)<<8));
```

如果编译器可以识别出上述写法，可以将其映射成单个 REV16 指令。

最后，在某些情况下，没有映射成底层指令的 C 语言结构只能通过内建函数调用相关指令。例如，要执行 32 位饱和加法，可以使用：

```
z = __QADD(x, y);
```

一般来说，最好使用 C 语言中的约定语法，因为这些约定语法属于标准 C 语言结构，具备跨处理器和编译器的可移植性。本章中描述的约定语法同样适用于 Keil 微控制器开发工具套件（MDK），可以精确映射到一条 Cortex-M 系列处理器所支持的指令。但是有些编译器不完全支持约定语法，可能将对应操作映射成多条指令。编译器的具体行为需要开发者根据相关文档，查看编译器所支持的约定语法格式，以及如何将这些操作映射到 Cortex-M 系列处理器指令。开发者也可以利用 CMSIS-CORE 程序库中提供的一系列可移植内建函数执行相关功能的操作。相关内容请参考 CMSIS 程序库网页：https://armsoftware. github.io/CMSIS_5/Core/html/group__intrinsic__SIMD__gr.html。

19.7.2.1　32 位整数指令

1. ADD——32 位加法

无饱和的标准 32 位加法可能导致溢出。该指令同时支持 int32_t 和 q31_t 数据类型。

处理器支持：所有 Cortex-M 系列处理器（需要 1 个时钟周期）。

C 代码示例：

```
q31_t x, y, z;
z = x + y;
```

2. SUB——32 位减法

无饱和的标准 32 位减法可能导致溢出。该指令同时支持 int32_t 和 q31_t 数据类型。

处理器支持：所有 Cortex-M 系列处理器（需要 1 个时钟周期）。

C 代码示例：

```
q31_t x, y, z;
z = x - y;
```

3. SMULL——有符号长整型乘法

将两个 32 位整型数相乘并返回 64 位结果。该指令可用于计算分数数据的乘积，并保持较高的计算精度。

处理器支持：Cortex-M3（需要 3 ～ 7 个时钟周期）和 Cortex-M4、Cortex-M7、Cortex-M33、Cortex-M55（需要 1 个时钟周期）。

C 代码示例：

```
int32_t x, y;
int64_t z;
z = (int64_t) x * y;
```

4. SMLAL——有符号长整型数乘积累加

将两个 32 位整数相乘，并将 64 位结果加载到 64 位累加器进行累加。该指令可用于分数数据的 MAC 计算，并保持较高的计算精度。

处理器支持：Cortex-M3（3 ～ 7 个时钟周期）和 Cortex-M4、Cortex-M7、Cortex-M33、Cortex-M55（需要 1 个时钟周期）。

C 代码示例：

```
int32_t x, y;
int64_t acc;
acc += (int64_t) x * y;
```

5. SSAT——有符号饱和运算

将有符号整数 x 饱和到指定的数值上 / 下限。将计算结果饱和到指定的数值范围上 / 下限：

$$-2^{B-1} \leqslant x \leqslant 2^{B-1}-1$$

其中，B=1, 2, $\cdots$, 32。该指令仅可通过 C 语言的内建函数执行：

```
int32_t __SSAT(int32_t x, uint32_t B)
```

处理器支持：所有 Armv7-M 和 Armv8-M 主线版指令集架构处理器（需要 1 个时钟周期）。
C 代码示例：

```
int32_t x, y;
y = __SSAT(x, 16); // 16 位精度的饱和运算
```

6. SMMUL——32 位乘法返回最高 32 位有效结果的指令

分数 q31_t 的乘法（如果结果需要左移 1 位）。将两个 32 位整数相乘，得出 64 位结果，然后返回结果的高 32 位。

处理器支持：Cortex-M4、Cortex-M7 和带有 DSP 功能扩展的 Armv8-M 主线版指令集架构处理器（需要 1 个时钟周期）。

该指令通过以下 C 代码约定语法执行：

```
(int32_t) (((int64_t) x * y) >> 32)
```

C 代码示例：

```
// 执行真正的分数乘法，但丢失结果的最低有效位
int32_t x, y, z;
z = (int32_t) (((int64_t) x * y) >> 32);
z <<= 1;
```

相关的指令是 SMULLR，它对 64 位乘法结果进行舍入，而不是简单地截断。舍入指令的精度略高。SMULLR 可以通过以下约定语法执行：

```
(int32_t) (((int64_t) x * y + 0x80000000LL) >> 32)
```

7. SMMLA——32 位乘法与输出最高 32 位有效结果的累加指令

分数 q31_t 乘积累加。将两个 32 位整数相乘，生成 64 位结果，并将结果的高位累加到 32 位累加器中。

处理器支持：Cortex-M4、Cortex-M7 和带有 DSP 功能扩展的 Armv8-M 主线版指令集架构处理器（需要 1 个时钟周期）。

该指令通过以下 C 代码约定语法执行：

```
(int32_t) (((int64_t) x * y + ((int64_t) acc << 32)) >> 32);
```

C 代码示例：

```
// 执行真正的分数 MAC
int32_t x, y, acc;

acc = (int32_t) (((int64_t) x * y + ((int64_t) acc << 32)) >> 32);
acc <<= 1;
```

相关指令包括 SMMLAR（包含舍入）和 SMMLS（执行减法而不是加法）。

8. QADD——32 位饱和加法

将两个有符号整数（或分数整数）相加并对结果执行饱和运算。饱和运算的正值上限为
0x7FFFFFFF，负值下限为 0x80000000，要避免结果发生补码卷回操作。

该指令仅可通过 C 语言的内建函数执行：

```
int32_t __QADD(int32_t x, uint32_t y)
```

处理器支持：Cortex-M4、Cortex-M7 和带有 DSP 功能扩展的 Armv8-M 主线版指令集
架构处理器（需要 1 个时钟周期）。

C 代码示例：

```
int32_t x, y, z;
z = __QADD(x, y);
```

相关指令包括 QSUB（32 位饱和减法）。

9. SDIV——32 位除法

将两个 32 位值相除并返回一个 32 位结果。

处理器支持：Armv7-M 和 Armv8-M 指令集架构处理器（需要 2 ~ 12 个时钟周期）。

C 代码示例：

```
int32_t x, y, z;
z = x / y;
```

19.7.2.2 16 位整数指令

1. SADD16——双 16 位加法

使用 SIMD 指令对两个 16 位值同时执行加法操作。如果发生溢出，则结果将发生补码
卷回。

处理器支持：Cortex-M4、Cortex-M7 和带有 DSP 功能扩展的 Armv8-M 主线版指令集
架构处理器（需要 1 个时钟周期）。

C 代码示例：

```
int32_t x, y, z;
z = __SADD16(x, y);
```

相关指令包括 SSUB16（双 16 位减法）。

2. QADD16——双 16 位饱和加法

使用 SIMD 将两个 16 位值同时执行加法操作。如果结果发生溢出，则对结果执行饱和
操作。饱和正值上限为 0x7FFF，饱和负值下限为 0x8000。

处理器支持：Cortex-M4、Cortex-M7 和带有 DSP 功能扩展的 Armv8-M 主线版指令集
架构处理器（需要 1 个时钟周期）。

C 代码示例：

```
int32_t x, y, z;
z = __QADD16(x, y);
```

相关指令包括

QSUB16（双 16 位饱和减法）。

3. SSAT16——双 16 位饱和

将两个有符号 16 位值饱和到指定的数值边界位置 B。饱和运算的范围为

$$-2^{B-1} \leqslant x \leqslant 2^{B-1}-1$$

其中 B=1, 2, …, 16。该指令仅可通过 C 语言的内建函数执行：

```
int32_t __ssat16(int32_t x, uint32_t B)
```

处理器支持：Cortex-M4、Cortex-M7 和带有 DSP 功能扩展的 Armv8-M 主线版指令集架构处理器（需要 1 个时钟周期）。

C 代码示例：

```
int32_t x, y;
y = __SSAT16(x, 12); // 饱和运算到 12 位
```

4. SMLABB——Q 设置 16 位有符号乘法并执行 32 位逐项累加操作

将两个寄存器的低 16 位相乘，并将计算结果累加到 32 位累加器。如果在加法过程中发生溢出，则结果将发生补码卷回。

处理器支持：Cortex-M4、Cortex-M7 和带有 DSP 功能扩展的 Armv8-M 主线版指令集架构处理器（需要 1 个时钟周期）。

该指令可以通过 C 语言的内建函数执行，并执行标准算术运算：

```
int16_t x, y;
int32_t acc1, acc2;
acc2 = acc1 + (x * y);
```

5. SMLAD——Q 设置带单个 32 位累加器的双 16 位有符号乘法

将两个有符号 16 位值分别相乘，并将两个结果累加到 32 位累加器：

$$（顶部 \times 顶部）+（底部 \times 底部）$$

如果在加法过程中发生溢出，则结果将发生补码卷回。

这是 SMLABB 指令的 SIMD 版本。

处理器支持：Cortex-M4、Cortex-M7 和带有 DSP 功能扩展的 Armv8-M 主线版指令集架构处理器（需要 1 个时钟周期）。

该指令可通过 C 语言的内建函数执行：

```
sum = __SMLAD(x, y, z)
```

从概念上讲，内建函数将执行以下操作：

```
sum = z + ((short)(x>>16) * (short)(y>>16)) + ((short)x * (short)y)
```

相关指令还包括 SMLADX（双 16 位有符号乘法加 32 位累加：（顶部 × 底部）+（底部 × 顶部））。

6. SMLALBB——16 位有符号乘法并执行 64 位逐项累加

将两个寄存器的低 16 位相乘，并将结果累加到 64 位累加器。

处理器支持：Cortex-M4、Cortex-M7 和带 DSP 功能扩展的 Armv8-M 主线版指令集架构处理器（需要 1 个时钟周期）。

该指令可以通过 C 语言的内建函数执行，并执行标准算术运算：

```
int16_t x, y;
int64_t acc1, acc2;
acc2 = acc1 + (x * y);
```

参见 SMLALBT、SMLALTB、SMLALTT。

7. SMLALD——双 16 位有符号乘法与单个 64 位累加操作

分别执行两次 16 位乘法运算，并将两个结果累加到 64 位累加器：

$$（顶部 \times 顶部）+（底部 \times 底部）$$

如果在累加期间结果发生溢出，则结果将发生补码卷回。

该指令仅可通过 C 语言的内建函数执行：

```
uint64_t __SMLALD(uint32_t val1, uint32_t val2, uint64_t val3)
```

C 代码示例：

```
// 每个输入参数包含两个合并的 16 位值
// x[31:16] x[15:0], y[31:15] y[15:0]
uint32_t x, y;

// 64 位累加器
uint64_t acc;

// 计算 acc += x[31:15]*y[31:15] + x[15:0]*y[15:0]
acc = __SMLALD(x, y, acc);
```

相关指令包括 SMLSLD（双 16 位有符号乘法与 64 位累减操作）和 SMLALDX（双 16 位有符号乘法并执行 64 位累加：（顶部 × 底部）+（底部 × 顶部））

19.7.2.3　8 位整数指令

1. SADD8 4 路 8 位加法

使用 SIMD 对 4 个 8 位值执行加法。如果发生溢出，则结果将发生补码卷回。

处理器支持：Cortex-M4、Cortex-M7 和带有 DSP 功能扩展的 Armv8-M 主线版指令集架构处理器（需要 1 个时钟周期）。

C 代码示例：

```
// 每个输入参数包含 4 个 8 位值
// x[31:24] x[23:16] x[15:8] x[7:0]
// y[31:24] y[23:16] y[15:8] y[7:0]
int32_t x, y;
```

```
// 结果也包含 4 个 8 位值
// z[31:24] z[23:16] z[15:8] z[7:0]
int32_t z;

// 不使用饱和计算
//    z[31:24] = x[31:24] + y[31:24]
//    z[25:16] = x[25:16] + y[25:16]
//     z[15:8] = x[15:8]  + y[15:8]
//      z[7:0] = x[7:0]   + y[7:0]

z = __SADD8(x, y);
```

相关指令包括 SSUB8（4 路 8 位减法）。

2. QADD8——4 路 8 位饱和加法

使用 SIMD 对 4 个 8 位值执行加法。如果发生溢出，则结果将执行饱和操作。饱和正值上限为 0x7F，饱和负值下限为 0x80。

处理器支持：Cortex-M4、Cortex-M7 和带有 DSP 功能扩展的 Armv8-M 主线版指令集架构处理器（需要 1 个时钟周期）。

C 代码示例：

```
// 每个输入参数包含 4 个 8 位值
// x[31:24] x[23:16] x[15:8] x[7:0]
// y[31:24] y[23:16] y[15:8] y[7:0]
int32_t x, y;

// 结果也包含 4 个 8 位值
// z[31:24] z[23:16] z[15:8] z[7:0]
int32_t z;

// 执行饱和计算
//    z[31:24] = x[31:24] + y[31:24]
//    z[25:16] = x[25:16] + y[25:16]
//     z[15:8] = x[15:8]  + y[15:8]
//      z[7:0] = x[7:0]   + y[7:0]

z = __QADD8(x, y);
```

相关指令包括 QSUB8（4 路 8 位饱和减法）。

19.7.2.4 浮点指令

Cortex-M33 处理器中支持非常简单的浮点运算指令，大多数指令都可以在 C 代码中直接使用。如果 Cortex-M33 处理器包含浮点运算单元，则可以通过浮点运算单元直接执行这些指令。如果下一条指令未使用浮点指令的计算结果，则大多数浮点运算指令仅需要 1 个时钟周期。处理器中所支持的所有浮点运算指令满足 IEEE 754 标准 [1]。

如果系统中不支持 FPU，则将通过软件模拟的方式执行浮点运算指令，相应地，浮点运算的速度会慢得多。在此只提供浮点运算指令的简单描述。

1. VABS.F32——浮点绝对值

计算浮点数的绝对值：

```
float x, y;
y = fabs(x);
```

2. VADD.F32——浮点加法

将两个浮点数相加：

```
float x, y, z;
z = x + y;
```

3. VDIV.F32——浮点除法

将两个浮点数相除（多周期）：

```
float x, y, z;
z = x / y;
```

4. VMUL.F32——浮点乘法

将两个浮点数相乘：

```
float x, y, z;
z = x * y;
```

5. VMLA.F32——浮点乘积累加

将两个浮点数相乘，并将结果累加到浮点累加器中⊖：

```
float x, y, z, acc;
acc = z + (x * y);
```

6. VFMA.F32——融合浮点乘积累加

将两个浮点数相乘，并将结果累加到浮点累加器中。VFMA 相比执行两次舍入操作的标准浮点乘积累加指令（VMLA）略有不同（VMLA 的舍入操作在乘法之后，VFMA 的舍入操作在加法之后）。融合乘积累加可以保持乘法结果的全部精度，并在加法后执行单次舍入操作。这种操作的计算结果相比 VMLA 而言精确度稍高，舍入误差约为 VMLA 操作的一半。融合 MAC 操作主要应用在执行除法或平方根之类的递归运算中：

```
float x, y, acc;
acc = 0;
__fmaf(x, y, acc);
```

7. VNEG.F32——浮点求反

将浮点数乘以 −1：

```
float x, y;
y = -x;
```

⊖ 本书建议使用单独的乘法和加法指令替代乘积累加指令，以节省 1 个时钟周期。更多相关信息，请参阅 19.7.3.4 节。

8. VSQRT.F32——浮点平方根

计算浮点数的平方根（多周期）：

```
float x, y;
y = __sqrtf(x);
```

9. VSUB.F32——浮点减法

把两个浮点数相减：

```
float x, y, z;
z = x - y;
```

19.7.3　Cortex-M33 通用优化策略

基于上一节所介绍的指令集，本节将介绍在 Cortex-M33 处理器上部署 DSP 算法的常见优化策略。

19.7.3.1　加载、存储指令的调度

Cortex-M33 处理器执行加载或存储指令需要 1 个时钟周期。由于处理器微架构设计上的特性，如果紧挨着的后续指令使用加载指令所搬运的数据，处理器流水线可能会暂停执行后续指令以等待加载指令将数据搬运到内部寄存器。为了最大限度地提高处理器的执行性能，可以尝试在加载指令和数据处理指令之间插入其他指令。例如在 19.3 节所展示的点乘算法代码中，更新循环计数器的操作可以放在加载和 MAC（SMLAL 指令）之间，以避免时钟周期被浪费。这种优化方法同样适用于整数和浮点运算。

19.7.3.2　检查中间汇编代码

虽然 DSP 算法的底层代码看似简单易懂，易于被优化，但给编译器设置优化策略指导编译器执行相应优化并不容易。需要仔细检查 C 编译器的中间输出结果，比如汇编代码，以确保编译器使用了正确的汇编指令执行相关优化。另外，检查编译器输出的中间结果也可以确保编译器正确使用寄存器，或者运算的中间结果保存到栈上。如果中间输出结果存在问题，请参考编译器文档仔细检查编译器设置。

如果开发者使用 Keil MDK 开发套件开发相关代码，可以通过如下操作调整项目的设置以开启将中间结果输出到外部文件的功能：转到目标选项窗口的 Listings（列表）选项卡，选中 Assembly Listing（部件列表）。随后重启项目窗口。

19.7.3.3　启用优化

在优化过程中有一个众所周知的情况仍然需要再次强调：在调试模式和优化模式下，由编译器分别生成的代码差别很大。在调试模式下生成的代码是为了方便调试，并不追求代码的执行效率。

当前编译器提供了各种级别的优化。表 19.4 所列为 Keil MDK 开发套件所使用的 Arm 编译器 6 中可以使用的代码优化选项。

表 19.4　Arm 编译器 6 中可以选择的优化级别

优化级别	描述
-O0	关闭大多数优化。在调试阶段选择这个优化级别会生成与源码一一对应的汇编代码，导致编译产生的程序镜像很大。在执行一般调试时不建议使用

（续）

优化级别	描述
-O1	受限优化。在调试阶段选择这个优化级别会在程序镜像大小、程序性能和代码调试的可见性之间做比较好的折中。建议在进行源码调试时选择这个级别
-O2	高速优化。编译器将启用循环展开和自动函数内联，所生成的目标代码长度将显著增加。这种方案生成的反汇编文件可见性不佳（目标代码到源码的映射关系不明确）
-O3	追求极高运行速度的优化。通常使用这种优化级别所生成的目标代码反汇编文件的调试可见性比较差
-Ofast	启用优化级别 -O3 中的所有优化措施，包括启用 fast math（-ffp mode=fast armclang 选项）优化。此级别还将执行某些可能会违反严格意义上语言标准的带来积极效果的优化手段
-Omax	面向性能最大化的优化。将启用 fast 级别包含的所有优化手段以及其他可能带来积极效果的优化手段。在此级别还将启用链接时间优化（LTO）。由于使用这种优化程度所生成的代码不能完全保证符合语言标准，因此 Keil MDK 项目选项中默认不启用该优化级别。如需启用，需要在 Misc control 字段中手动添加这种优化选项
-Os	执行优化以减少代码大小——在目标代码大小和性能之间取得平衡
-Oz	以生成最小目标程序镜像为目标的优化级别

通常开发者可以使用高优化级别获得最佳的代码性能，例如 -O3 或 -Ofast。但可以发现，当需要以某种指定的 C 语言写法来让调度指令精度更高时，使用 -O3 或更高优化级别的优化选项可能会导致指令重新排序，这显然不是开发者愿意见到的，因此需要开发者对优化级别选项进行尝试，以确定使特定算法达到最佳性能的编译优化选项。

19.7.3.4　MAC 指令中的性能注意事项

一般概念上的 MAC 指令首先需要执行乘法操作，随后对乘法结果执行加法计算。由于加法操作依赖乘法操作的结果，因此完成 MAC 指令可能需要多个时钟周期。但假如执行下一次 MAC 指令的乘法操作不依赖当前 MAC 指令的执行结果，那么处理器可以采用背靠背的方式执行整数 MAC 指令（用于保存累加器结果的寄存器仅在 MAC 指令加法阶段使用）。

MAC 指令执行浮点运算（VMLA.F32/VFMA.F32）时需要 3 个时钟周期。将 MAC 指令拆分为单独的乘法（VMUL.F32）和加法（VADD.F32）操作部分，并适当地进行指令调度（例如将两组 MAC 操作序列交错执行），可以在 2 个时钟周期完成浮点 MAC 指令操作。使用 Cortex-M33 处理器进行代码性能优化时，应该尽量使用单独的算术运算指令替代浮点MAC 指令。但代价是增加了目标代码的大小，且不能使用融合 MAC 指令所提供的较好的数值计算结果精度。通常这种代价所带来的目标代码大小的增加可以忽略不计，多数情况下不影响程序执行结果。

19.7.3.5　循环展开

Cortex-M33 处理器执行每次循环迭代的开销为 $2 \sim 3$ 个时钟周期（如果跳转目标是非对齐的 32 位指令，则需要 3 个时钟周期）。将循环展开 N 倍可以将每次循环迭代开销有效减少到 $2/N$ 或 $3/N$ 个时钟周期。这种手段具有非常积极的意义，特别是当内部循环只包含几个指令时所节省的开销比例很大。

开发者可以手动重复一组指令实现循环展开或让编译器协助展开循环。Keil MDK 开发套件中支持的编译器支持 pragma 功能，可用于指导编译器的操作。例如，要指导编译器展开循环，可进行如下操作：

```
#pragma unroll
for(i= 0; i < L; i++)
  {
    ...
  }
```

在 Arm 编译器 6 中，该编译器指令仅在为 -O2 或更高优化级别时有效。Arm 编译器 6（即 armclang）默认情况下可以完全展开循环，而在 Arm 编译器 5（即 armcc）中，循环展开因子为 4。该 pragma 可与 for、while 和 do-while 循环一起使用。使用 #pragma unroll(N) 指令指导编译器以 N 倍展开系数执行循环展开。

开发者必须检查编译器所生成的代码，以确保编译器有效执行了循环展开操作。在循环展开过程中，需要关注寄存器的使用。循环展开系数过大可能导致对寄存器的使用需求超过可用寄存器数量，导致计算中间结果只能存储在栈上，反而导致程序性能下降。

19.7.3.6　关注内部循环

许多 DSP 算法包含多个循环嵌套，而循环嵌套中的内循环部分的处理频次最高，是优化工作的主要方向。在优化内循环时所节省的运算开销相当于内循环节省开销乘以外循环计数。在执行优化工作时，只有当内循环开销处于较好区间时，才应考虑优化外循环开销。这也是许多工程师花了大量时间优化非关键代码，却没有带来多少性能增益的原因。

19.7.3.7　内联函数

调用每个函数都存在调用开销。如果函数很小并且经常被调用，请考虑将函数设置为内联函数，以消除函数调用开销。

19.7.3.8　计数寄存器

C 编译器使用寄存器来保存中间结果。如果在编译过程中编译器可用的通用寄存器耗尽，则需要将中间结果保存到栈上，而访问栈数据需要执行延迟较大的加载 / 存储指令。开发者在开发算法时，最好从伪代码规划开始计算所需的寄存器用量。统计寄存器用量应包括指针、中间数值和循环计数器等对寄存器的使用情况。通常意义上的最优代码实现需要的中间变量寄存器应当最少。

在定点算法中要特别注意寄存器的使用。Cortex-M33 处理器只有 13 个通用寄存器可用于保存整型变量。此外，由于可以使用浮点单元带来的额外 32 个浮点寄存器充当通用寄存器，在编译过程中对源码执行循环展开以及对加载 / 存储指令进行合并分组将变得更加容易。

19.7.3.9　使用正确的精度

Cortex-M33 处理器提供了多条乘积累加指令，可进行 32 位数值计算。除部分 MAC 指令提供 64 位输出结果（例如 SMLAL）外，其余指令只提供 32 位结果（例如 SMMUL）。虽然上述指令操作都是单指令操作，但 SMLAL 需要两个 32 位寄存器保存 64 位结果，执行速度也较慢（原因可能是处理器频繁地访问内存中的操作数，或者计算过程中寄存器耗尽）。通常情况下，为了获得更高的精度，数值计算优先使用 64 位输出结果的指令，但请开发者检查生成的代码以保证代码实现具有较高效率（避免寄存器耗尽导致数据被放入栈）。

19.7.4　指令限制

虽然 Cortex-M33 处理器支持的 DSP 指令集范围广泛，但相比一些全功能 DSP 处理器尚有如下差距：

- 饱和定点算法仅适用于加法和减法运算，不适用于 MAC 指令。如果程序出于程序性能的考虑经常使用定点 MAC 指令，则需要对中间操作结果执行缩放以避免出现结果溢出。
- 不支持在 8 位的数值计算中使用 SIMD MAC 指令，需要对 8 位数值改用 16 位数值的 SIMD MAC 指令。

19.8　针对 Cortex-M33 处理器编写优化的 DSP 代码

本节将介绍开发代码时如何利用优化原则和 DSP 指令来优化代码。以双二阶滤波器、FFT 蝶形滤波器和 FIR 滤波器为例，从每一个案例最普通的 C 代码实现开始，逐步讲解如何执行相应的优化策略，并将优化方法正确映射到 Cortex-M33 处理器的 DSP 指令上。

19.8.1　双二阶滤波器

双二阶（biquad）滤波器是一种两级递归或无限脉冲响应（IIR）滤波器，可用于处理整体音频任务，例如均衡、音调控制、响度补偿、图形均衡器、交叉等。高阶滤波器可以由多个两级双二阶部分级联构造。在许多应用中，双二阶滤波器是信号处理链中计算密度最高的部分。双二阶滤波器的结构也类似于控制系统中使用的 PID 控制器，本节中介绍的许多优化技术也可以直接应用于 PID 控制器。

双二阶滤波器是一个线性时不变系统。当滤波器的输入为正弦波时，输出频率相同但幅值和相位不同的正弦波。滤波器的输入 / 输出幅值和相位之间的关系称为 "频率响应"。有 5 个系数决定了双二阶滤波器的频率响应关系。通过改变系数，可以实现低通、高通、带通、托架和陷波滤波器。例如，图 19.7 展示了音频应用中 "峰值滤波器" 的幅度响应如何随系数的变化而变化。滤波器系数通常由传递函数⊖[2] 或 MATLAB 等工具生成。

图 19.8 展示了一种以直接形式 I 实现双二阶滤波器的结构。输入 $x[n]$ 后会经过两次采样级的延迟。图示为 z^{-1} 的框表示一次采样延迟。图示左侧为前馈处理，右侧为反馈处理。由于双二阶滤波器包含反馈，因此也称为递归滤波器。直接形式 I 双二阶滤波器有 5 个系数、4 个状态变量，每次输出采样总共需要经过 5 次 MAC 计算。

由于图 19.8 所示的滤波器系统是线性时不变的，因此可以交换前馈和反馈部分，如图 19.9 所示。通过这种交换，反馈和前馈部分的延迟都可以采用相同的输入组合成同样的滤波器系统。交换后的滤波器结构如图 19.10 所示，称为直接形式 II。直接形式 II 滤波器有 5 个系数、2 个状态变量，每个输出采样总共需要 5 次 MAC 计算。直接形式 I 和直接形式 II 滤波器系统在数学上是等价的。

⊖　Robert Bristow-Johnson 提供了计算多种类型双二阶滤波器系数的实用传递函数。参见 https://webaudio.github.io/Audio-EQ-Cookbook/audio-eq-cookbook.html。

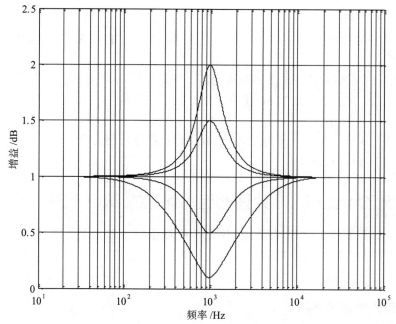

图 19.7 双二阶滤波器的典型幅度响应。这种类型的滤波器被称为"峰值滤波器",可将频率提高或降低约 1kHz。图中展示了几个中心增益为 0.1、0.5、1.0、1.5 和 2.0 的变量

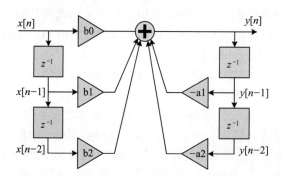

图 19.8 双二阶滤波器的直接形式 I。这实现了一个二阶滤波器,用于构建高阶滤波器

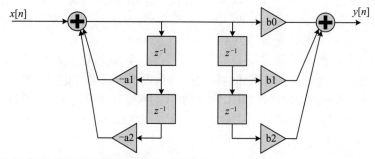

图 19.9 在该图中已经交换了滤波器的前馈和反馈部分。两个延迟链接收相同的输入,可按图 19.10 所示进行组合

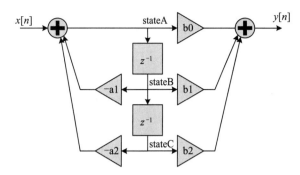

图 19.10　双二阶滤波器直接形式 II。该结构需要 5 个乘法器，但只需要两个延迟状态变量。建议在进行浮点处理时使用这种结构

与直接形式 I 相比，直接形式 II 滤波器的显著优势在于所需要的状态变量仅为直接形式 I 所需数量的一半。而两种结构在其他方面的优劣比较均在伯仲之间。如果读者对直接形式 I 滤波器有所研究，可以注意到输入状态变量保存了输入信息经过延迟后的状态。类似地，输出状态变量保存输出信息经过延迟后的内容。因此，如果滤波器的增益不超过 1.0，则直接形式 I 中的状态变量永远不会溢出[⊖]。另外，直接形式 II 滤波器中的状态变量与滤波器的输入或输出没有直接关系。实际上，直接形式 II 中的状态变量相比滤波器的输入和输出具有更高的动态范围。因此，即使滤波器的增益不超过 1.0，直接形式 II 中的状态变量增益也可能超过 1.0。因此如果滤波器算法基于定点运算实现（为了获得更好的数值精度），首选直接形式 I 结构，而基于浮点运算实现的滤波器（因为状态变量较少）首选直接形式 II 结构。

采用直接形式 II 结构实现的单级形式双二阶滤波器的标准 C 代码如下。该函数通过滤波器处理整个采样块数据。滤波器的输入来自缓存 inPtr[]，输出结果则写入 outPtr[]，滤波器计算采用浮点运算算法，如下所示。

```
// b0、b1、b2、a1 和 a2 是滤波器系数
// a1 和 a2 无效
// stateA、stateB 和 stateC 表示中间状态变量

for (sample = 0; sample < blockSize; sample++)
  {
   stateA = *inPtr++ + a1*stateB + a2*stateC;
   *outPtr++ = b0*stateA + b1*stateB + b2*stateC;
   stateC = stateB;
   stateB = stateA;
  }

// 为下一次调用保留状态变量
state[0] = stateB;
state[1] = stateC;
```

⊖　这种说法不是完全正确，在某些情况下，状态变量仍然可以发生溢出。尽管如此，这种经验法则在大多数情况下仍然有效。

中间状态变量 stateA、stateB 和 stateC 如图 19.10 所示。

接下来，检查函数的内循环，检查算法过程需要执行多少次循环。以下代码将操作逐条分解成单独的 Cortex-M33 处理器指令：

```
stateA = *inPtr++;        // 数据预取 [1 个时钟周期]
stateA += a1*stateB;      // 用于下一个指针的 MAC 计算结果 [3 个时钟周期]
stateA += a2*stateC;      // 用于下一个指针的 MAC 计算结果 [3 个时钟周期]
out = b0*stateA;          // 用于下一个指针的 MAC 计算结果 [2 个时钟周期]
out += b1*stateB;         // 用于下一个指针的 MAC 计算结果 [3 个时钟周期]
out += b2*stateC;         // 用于下一个指针的 MAC 计算结果 [3 个时钟周期]
*outPtr++ = out;          // 数据存储 [1 个时钟周期]
stateC = stateB;          // 寄存器移位 [1 个时钟周期]
stateB = stateA;          // 寄存器移位 [1 个时钟周期]
                          // 循环开销 [2 ~ 3 个时钟周期]
```

综上所述，示例代码的内循环执行每次采样计算共需要 20 ～ 21 个时钟周期。

执行函数过程优化的第一步是将 MAC 指令拆分为单独的乘法和加法，然后对计算进行重新排序，以便下一个循环的计算操作不依赖前次浮点运算的结果。在这里声明了一些附加变量用于保存中间结果。

```
stateA = *inPtr++        // 数据预取 [1 个时钟周期]
prod1 = a1*stateB;       // 乘法 [1 个时钟周期]
prod2 = a2*stateC;       // 乘法 [1 个时钟周期]
stateA += prod1;         // 加法 [1 个时钟周期]
prod4 = b1*stateB;       // 乘法 [1 个时钟周期]

stateA += prod2;         // 加法 [1 个时钟周期]
out = b2*stateC;         // 乘法 [1 个时钟周期]
prod3 = b0*stateA;       // 乘法 [1 个时钟周期]
out += prod4;            // 加法 [1 个时钟周期]
out += prod3;            // 加法 [1 个时钟周期]
stateC = stateB;         // 寄存器移位 [1 个时钟周期]
stateB = stateA;         // 寄存器移位 [1 个时钟周期]
*outPtr++ = out;         // 数据存储 [1 个时钟周期]
                         // 循环开销 [2 ~ 3 个时钟周期]
```

上述优化方案将双二阶滤波器组的内循环次数从 20 个时钟周期减少到 15 个时钟周期，优化方案朝着正确的方向迈出了第一步，但仍然有许多优化技术可应用于双二阶滤波器并取得进一步的改进效果。

1）复用中间变量以尽量消除寄存器移位操作。滤波器结构中自上而下的状态变量的初始情况为

```
stateA, stateB, stateC
```

计算第一个输出后，状态变量右移。为避免对中间变量进行实际的移位，采用以下变量顺序复用寄存器：

```
stateC, stateA, stateB
```

在下一轮迭代之后，对状态变量按照如下顺序重新排列：

```
stateB, stateC, stateA
```

最后在执行第 4 轮迭代后，变量顺序为：

```
stateA, stateB, stateC
```

然后重复以上循环。中间变量的排列变化以 3 次采样为固定的计算周期。如果状态变量按照以下顺序开始：

```
stateA, stateB, stateC
```

当完成 3 次采样计算输出后，重新得到的中间变量顺序为：

```
stateA, stateB, stateC
```

2）将程序内循环按 3 倍循环因子展开以减少循环开销。每次循环开销耗费的 2 ～ 3 个时钟周期可以在 3 次采样计算过程的总开销中平摊。

3）重新排布指令以避免流水线中的空泡（适用于 Cortex-M33 处理器）。如果在处理器流水线第三级中执行的某条指令（例如，内存加载或 MAC）所产生的结果，需要在位于流水线第二级的下一条指令中被立即使用，则可能产生流水线空泡。为避免空泡导致流水线暂停，开发者应安排其他指令在加载 /MAC 指令和使用上述指令结果的下一条指令之间执行，以消除流水线空泡。

4）分组加载和存储指令（仅适用于 Cortex-M3/M4 处理器）。在以上代码中，加载和存储指令的执行相互独立，每条指令执行需要 2 个时钟周期（对于 Cortex-M3/M4 处理器）。如果一次性加载和存储多个结果，则需要 1 个时钟周期完成后续对相同内存地址的访问。

循环展开后生成的代码要比原有代码更长一点：

```
in1 = *inPtr++;      // 数据预取 [1 个时钟周期 ]
in2 = *inPtr++;      // 数据预取 [1 个时钟周期 ]
in3 = *inPtr++;      // 数据预取 [1 个时钟周期 ]

prod1 = a1*stateB;   // 乘法 [1 个时钟周期 ]
prod2 = a2*stateC;   // 乘法 [1 个时钟周期 ]
stateA = in1+prod1;  // 加法 [1 个时钟周期 ]
prod4 = b1*stateB;   // 乘法 [1 个时钟周期 ]
stateA += prod2;     // 加法 [1 个时钟周期 ]
out1 = b2*stateC;    // 乘法 [1 个时钟周期 ]
prod3 = b0*stateA;   // 乘法 [1 个时钟周期 ]
out1 += prod4;       // 加法 [1 个时钟周期 ]
out1 += prod3;       // 加法 [1 个时钟周期 ]

prod1 = a1*stateA;   // 乘法 [1 个时钟周期 ]
prod2 = a2*stateB;   // 乘法 [1 个时钟周期 ]
stateC = in2+prod1;  // 加法 [1 个时钟周期 ]
prod4 = b1*stateA;   // 乘法 [1 个时钟周期 ]
stateC += prod2;     // 加法 [1 个时钟周期 ]
out2 = b2*stateB;    // 乘法 [1 个时钟周期 ]
prod3 = b0*stateC;   // 乘法 [1 个时钟周期 ]
```

```
out2 += prod4;          // 加法 [1 个时钟周期]
out2 += prod3;          // 加法 [1 个时钟周期]

prod1 = a1*stateC;      // 乘法 [1 个时钟周期]
prod2 = a2*stateA;      // 乘法 [1 个时钟周期]
stateB = in3+prod1;     // 加法 [1 个时钟周期]
prod4 = b1*stateC;      // 乘法 [1 个时钟周期]
stateB += prod2;        // 加法 [1 个时钟周期]
out3 = b2*stateA;       // 乘法 [1 个时钟周期]
prod3 = b0*stateB;      // 乘法 [1 个时钟周期]
out3 += prod4;          // 加法 [1 个时钟周期]
out3 += prod3;          // 加法 [1 个时钟周期]

outPtr++ = out1;        // 数据存储 [1 个时钟周期]
outPtr++ = out2;        // 数据存储 [1 个时钟周期]
outPtr++ = out3;        // 数据存储 [1 个时钟周期]
                        // 循环开销 [2 ～ 3 个时钟周期]
```

最终计算循环展开后的滤波器内循环操作步骤需要 35 ～ 36 个时钟周期（按照每次循环计算 3 次输出采样）。均摊到每次采样计算为 12 个时钟周期。在以上代码中所操作的向量长度为 3 的倍数。通常如果采样数据长度不是 3 的倍数，则在代码中需要一次额外的循环过程来处理剩余的 1 ～ 2 个采样数据（以上代码中未展示）。

对上述问题是否存在进一步的执行优化可能？对循环展开的优化方案还可以执行哪些优化方法？双二阶滤波器的核心算法运算包括 5 次乘法和 4 次加法。如果为了避免流水线暂停而对指令进行手动排序，那么一次采样计算需要的指令操作在 Cortex-M33 处理器上为 9 个时钟周期。每次从内存加载 / 存储数据最多消耗 1 个时钟周期。因此在双二阶滤波器算法中执行每次采样计算所必需的计算开销最少为 11 个时钟周期。以上结果建立在假设所有数据加载 / 存储操作都只消耗 1 个时钟周期，并且不计入循环开销的前提下。如果对内循环按照不同的循环展开因子展开，可以发现：

展开项	总循环数	平均每次采样周期数
3	36	12
6	71	11.833
9	104	11.55
12	137	11.41

当循环展开项增加到一定程度时，由于处理器没有足够的中间寄存器保存输入和输出变量，优化将不会得到进一步的增益。因此，循环展开因子位于 3 ～ 6 之间是一个比较合适的选择，而采用其他展开系数带来的收益微乎其微。

19.8.2 快速傅里叶变换

快速傅里叶变换（FFT）是一种重要的信号处理算法，用于频域处理、压缩和快速滤波算法。FFT 实际上是一种计算离散傅里叶变换（DFT）的快速算法。DFT 将 N 点时域信号

$x[n]$ 转换为 N 个独立的频率分量 $x[k]$，其中每个分量是包含幅度和相位信息的复数值。长度为 N 的有限长度 DFT 序列函数如下：

$$X[k] = \sum_{n=0}^{N-1} x[n] W_N^{kn}, \ k=0,\ 1,\ 2,\cdots,\ N-1$$

其中，W_N^k 表示序列的第 k 个单位根：

$$W_N^k = e^{-j2\pi k/N} = \cos(2\pi k / N) - j\sin(2\pi k / N)$$

从频域转换回时域的逆变换在数学形式与上述函数几乎相同：

$$x[n] = \frac{1}{N} \sum_{n=0}^{N-1} X[k] W_N^{-kn}, n = 0, 1, 2, \cdots, N-1$$

对上述公式直接实现所对应的算法（计算正变换或逆变换中所有 N 个采样）的复杂度为 $O(N^2)$。使用 FFT 算法可以将算法复杂度降到 $O(N\log_2 N)$。当 N 取值较大时，所节省的计算开销是相当可观的。Cooley 和 Tukey 在 1965 年首次发布了 FFT 算法[3]，这项技术使得许多新型信号处理算法具备了实用性。参考文献 [4] 对 FFT 算法做了非常全面的介绍。

当采样长度可以表示为多个较小素数的乘积时，执行 FFT 算法的工作性能最优：

$$N = N_1 \times N_2 \times N_3 \times \cdots \times N_m$$

当 N 为 2 的幂次时，算法最容易实现，此时算法被称为基数 −2 变换。FFT 遵循"分而治之"的思想，N 点 FFT 使用两个单独的 $N/2$ 点变换以及一些附加运算。FFT 有两大类运算操作：时间抽取和频率抽取。时间抽取算法通过结合偶数和奇数时域采样的 $N/2$ 点 FFT 来计算 N 点 FFT。而频率算法中的抽取方法与之类似，使用两个 $N/2$ 点 FFT 计算偶数和奇数频域采样。两种算法的数学运算量相似。在 CMSIS-DSP 库中所提供的 FFT 函数采用频率抽取算法，在本节中将重点介绍这类算法。

图 19.11 展示了八点采样采用基数 −2 FFT 执行频率抽取的第一阶段计算过程。使用两个单独的四点变换计算八点变换。

图 19.11 中出现了上文定义的乘法因子 W_N^k，也称为旋转因子。为了提高计算速度，旋转因子被预计算并存储在数组中，无须在 FFT 函数执行过程中进行实时计算。继续分解计算过程，两个四点 FFT 被分别分解为两个两点 FFT。最终需要计算四个两点 FFT。最终计算过程如图 19.12 所示。注意，处理过程中共需要 $\log_2 8=3$ 个阶段。

每个阶段包括四次蝶形运算，单次蝶形运算如图 19.13 所示。

每次蝶形运算都包括一次加法、减法和乘法。蝶形算法的一项重要特征是可以在内存中现场完成计算，也就是计算过程可以从内存中直接获取复数值 a 和 b。执行蝶形运算后，再将计算结果放回到内存中数组所在的原有位置。实际上，FFT 的整个过程都可以现场完成，输出结果与输入可以使用同一个缓冲区。

图 19.12 中是按照正常输入顺序排列采样点（从 $x[0]$ 到 $x[7]$ 依次进行）。可以看到，完成处理后的采样点输出顺序被打乱。被打乱后的顺序称为位反转排序。要理解位反转排序，可以将索引 0 ~ 7 转换为二进制后按照位进行反转操作，然后转换回十进制，如下：

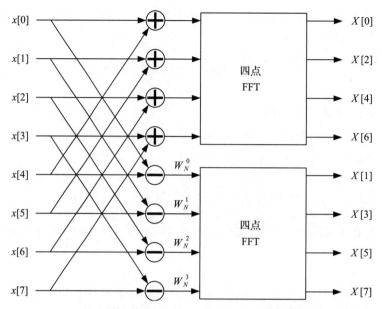

图 19.11　八点采样采用基数 -2 FFT 算法执行频率抽取的第一阶段

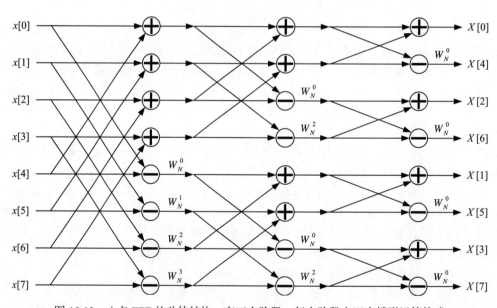

图 19.12　八点 FFT 的总体结构。有三个阶段，每个阶段由四次蝶形运算构成

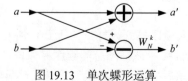

图 19.13　单次蝶形运算

```
0 ➔ 000 ➔ 000 ➔ 0
1 ➔ 001 ➔ 100 ➔ 4
2 ➔ 010 ➔ 010 ➔ 2
3 ➔ 011 ➔ 110 ➔ 6
4 ➔ 100 ➔ 001 ➔ 1
5 ➔ 101 ➔ 101 ➔ 5
6 ➔ 110 ➔ 011 ➔ 3
7 ➔ 111 ➔ 111 ➔ 7
```

位反转排序是 FFT 现场处理特性所带来的副作用。大多数 FFT 算法（包括 CMSIS-DSP 库中的算法）提供了将输出结果重新排列为正常顺序的选项。

蝶形运算是 FFT 算法的核心，在本节中将分析并优化单个蝶形运算过程。八点 FFT 需要进行 $3 \times 4 = 12$ 次蝶形运算。通常，长度为 N 的基数 -2 FFT 计算需要 $\log_2 N$ 级计算，每级需要进行 $N/2$ 次蝶形运算，总共有 $(N/2) \times \log_2 N$ 次蝶形运算。分解成蝶形运算后，得到 FFT 算法的计算复杂度为 $O(N\log_2 N)$。除了蝶形运算本身，FFT 还需要索引来跟踪算法每个阶段应该使用的值。在本节中将忽略索引开销，但最终在算法实现中必须考虑这些开销。

基于蝶形运算的浮点运算的 C 语言代码如下。变量 index1 和 index2 是蝶形运算的两个输入数组偏移量。数组 $x[]$ 则用于保存蝶形交织数据（如 real、imag、real、imag 等）。

```c
// 从内存中预取两个复数采样 [4 个时钟周期]
x1r = x[index1];
x1i = x[index1+1];

x2r = x[index2];
x2i = x[index2+1];

// 求和与求差 [4 个时钟周期]
sum_r = (x1r + x2r);
sum_i = (x1i + x2i);

diff_r = (x1r - x2r);
diff_i = (x1i - x2i);

// 将求和结果存储到内存 [2 个时钟周期]
x[index1] = sum_r;
x[index1+1] = sum_i;

// 获取复数旋转因子系数 [2 个时钟周期]
twiddle_r = *twiddle++;
twiddle_i = *twiddle++;

// 求差结果的复数乘法 [6 个时钟周期]
prod_r = diff_r * twiddle_r - diff_i * twiddle_i;
prod_i = diff_r * twiddle_i + diff_i * twiddle_r;

// 写回到内存 [2 个时钟周期]
x[index2] = prod_r;
x[index2+1] = prod_i;
```

在示例代码的注释中还标注了各种操作所需的时钟周期数，可以看到，在 Cortex-M33 处理器上执行单次蝶形运算需要 20 个时钟周期。进一步观察循环消耗的时钟周期数细节，可以看到内存访问消耗了 10 个时钟周期，算术运算消耗了 10 个时钟周期。为避免流水线空泡，需要按照本章前面描述的方法对指令进行重新排布（见 19.8.1 节）。即便如此，在 Cortex-M33 处理器上运行基数 −2 蝶形结构的开销也主要受内存访问方面的影响。对于 FFT 算法本身来讲，限制其性能的主要因素也与上文提到的情况类似。因此前文描述的优化方法几乎无法提高采用基数 −2 FFT 蝶形运算的算法的运算性能。为了提高性能，可以考虑采用更高基数的算法。

在基数 −2 算法中，一次对两个复数值进行运算，总共有 $\log_2 N$ 个处理阶段。在每个阶段，需要加载 N 个复数值，并对其进行操作，最后将其写回内存。在基数 −4 算法中，一次操作 4 个复数值，总共有 $\log_4 N$ 个阶段。因此将内存访问次数减少为原来的 1/2。只要中间寄存器没有耗尽，采用更高的基数可以有效减少内存开销。可以发现：使用定点方式计算的基数 −4 蝶形运算，以及使用浮点方式的计算基数 −8 蝶形运算在 Cortex-M33 处理器上的运行效率都可以更高。

基数 −4 算法限制了 FFT 序列的长度，其长度需要为 4 的幂次：{4, 16, 64, 256, 1024,···}，而基数 −8 算法的 FFT 序列长度被限制为 8 的幂次：{8, 64, 512, 4096,···}。为了保证任何以 2 为幂的长度都可以有效地进行 FFT 计算，可以使用混合基数算法。其核心策略是尽量多使用基数 −8 的算法（最有效），然后根据需要对单级计算采用基数 −2 或基数 −4 算法，从而满足所需长度的 FFT 计算。以下是各种 FFT 长度所对应的分解蝶形运算阶数：

长度	蝶形运算
16	2 × 8
32	4 × 8
64	8 × 8
128	2 × 8 × 8
256	4 × 8 × 8

CMSIS-DSP 程序库中的 FFT 函数将这种混合基数方法应用于浮点计算。而对于定点计算，则必须选择基数 −2 或基数 −4 算法。通常情况下，如果基数 −4 定点算法可以支持所需的计算长度，则首选基数 −4 定点算法。

在许多应用中还需要计算 FFT 的逆变换。对比正向和逆向 FFT 的函数表达式，可以看出，逆变换的比例因子为 1/N，旋转因子的指数为正向变换的倒数。因此实现逆向 FFT 算法可以采用以下两种办法：

1）像前文所述计算正向 FFT 的方法，使用新的旋转因子表。新表使用正指数而非负指数创建。这导致旋转因子可以简单地共轭，然后将 FFT 计算结果除以 N 得到逆变换结果。

2）保持与之前相同的旋转因子表，但在执行旋转因子乘法时，修改 FFT 代码对旋转因子表的虚部求反，然后将其 FFT 计算结果除以 N。

上述两种方法的问题均为执行效率偏低。方法 1 节省了代码空间，但旋转因子表的内存需求增加了一倍；方法 2 重用旋转因子表，但代码实现量更大。这里有一种方法采用以下数学表达式实现 FFT 逆变换：

$$\text{IFFT}(X) = \frac{1}{N}\ \text{conj}(\text{FFT}(\text{conj}(X)))$$

该方法需要将数据共轭两次。第一次（内部）共轭在开始时执行，第二次共轭（外部）可以与除以 N 的过程相结合。与方法 2 相比，该方法的实际开销大致上只需要计入内部共轭的开销，不会显著增加运算处理时间。

采用定点计算方式实现 FFT 时，正确理解整个算法中数值的缩放非常重要。在蝶形运算中主要执行加法和减法运算，而蝶形运算的输出值可能是输入值的 2 倍。在最坏的情况下，每个阶段的输出值都会加倍，输出是输入的 N 倍。直观地说，如果所有输入值都等于 1.0，则会出现最坏的情况。这意味着一个直流信号通过 FFT 计算的结果全部溢成 0（除非二进制 $k=0$ 包含一个为 N 的值）。为了避免定点计算发生溢出，每个蝶形运算必须包含一个 0.5 的缩放操作步骤作为蝶形运算加减法的一部分。CMSIS-DSP 程序库所提供的定点 FFT 函数实际上也采用了缩放操作，最终 FFT 运算的输出结果被缩小到实际结果的 $1/N$。

标准 FFT 算法处理复数数据，在处理实数部分会有变化。通常计算 N 点实数 FFT 可以采用 $N/2$ 点复数 FFT 算法并增加一些步骤来实现。在参考文献 [5] 中提供了一个很好的案例。

19.8.3　FIR 滤波器

第三种标准 DSP 算法是有限脉冲响应（Finite Impulse Response，FIR）滤波器。FIR 滤波器主要应用在一些音频、视频、控制算法中，执行数据分析。与 IIR 滤波器（如双二阶滤波器）相比，FIR 滤波器具有以下有用特性：

1）对于所有可能的系数，FIR 滤波器是自稳定的。

2）线性相位可以通过系数对称来实现。

3）传递函数在设计上比较简单。

4）即使采用定点计算方式实现 FIR 算法，其性能表现也非常不错。

设 $x[n]$ 为滤波器在时间 n 的输入，$y[n]$ 为输出。使用差分方程计算输出：

$$y[n] = \sum_{k=0}^{N-1} x[n-k]h[k]$$

其中 $h[n]$ 是滤波器系数。在上面的差分方程中，FIR 滤波器有 N 个系数

$$\{h[0], h[1], \cdots, h[N-1]\}$$

使用以下 N 个输入采样计算输出：

$$\{x[0], x[1], \cdots, x[n-(N-1)]\}$$

前级的输入采样称为状态变量。滤波器的每个输出都需要进行 N 次乘法和 $N-1$ 次加

法。现代 DSP 可以在约 N 个时钟周期内执行 N 点 FIR 滤波器计算。

在内存中组织状态数据最直接的方法是使用 FIFO，如图 19.14 所示。当采样 $x[n]$ 输入时，先前的采样 $x[n-1] \sim x[n-N]$ 移动到下一个位置，随后 $x[n]$ 被写入缓存。这样移动数据非常浪费处理器资源，每次输入采样需要进行 $N-1$ 次读内存操作和 $N-1$ 次写内存操作。

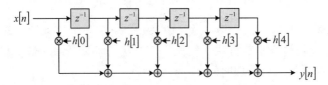

图 19.14　使用移位寄存器方式实现的 FIR 滤波器。由于每当新采样到达时状态变量必须右移，因此实际应用中很少使用图示结构

更好的组织数据的办法是使用循环缓存，如图 19.15 所示。循环状态索引指向缓存中最早的采样。当采样 $x[n]$ 到达时，将覆盖缓存中最早的采样，然后循环递增。也就是说以正常的方式递增，当到达缓存的末尾时，重新返回到开始位置。

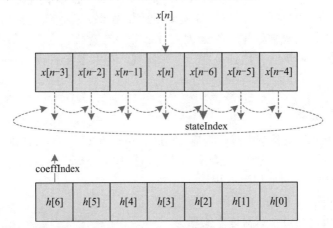

图 19.15　采用循环缓存存放采用状态变量方式实现的 FIR 滤波器（顶部），stateIndex 指针向右移动，然后在到达缓存末尾时回卷到缓存起始位置。系数按线性顺序访问

FIR 滤波器的标准 C 代码实现如下所示。在函数设计中对整个采样块进行运算并包含循环寻址操作。按照上述差分方程表示，外循环位于块中采样的上方，而内循环位于滤波器抽头上方。

```
// 基于块执行的 FIR 滤波器。N 是滤波器的长度（抽头数），
// blockSize 是要处理的采样数，
// state[] 是状态变量缓存，包含输入状态的前 N 个采样，
// state Index 指向状态缓存中最早的采样，并被最新的输入采样覆盖。
// coeffs[] 将 N 个系数的 inPtr 和 outPtr 分别保存到输入和输出缓存

for(sample=0;sample<blockSize;sample++)
{
```

```
// 将新采样复制到状态变量中
state[stateIndex++] = inPtr[sample]
if (stateIndex >= N)
  stateIndex = 0;

sum = 0.0f;
for(i=0;i<N;i++)
  {
    sum += state[stateIndex++] * coeffs[N-i];
    if (stateIndex >= N)
     stateIndex = 0;
  }
outPtr[sample] = sum;
}
```

为了计算每个输出采样，必须从内存中预取 N 个状态变量 $\{x[n], x[n-1], \cdots, x[n-(N-1)]\}$ 和 N 个系数 $\{h[0], h[1], \cdots, h[N-1]\}$。DSP 处理器已经针对 FIR 滤波器算法进行了优化计算，可以在执行 MAC 计算的同时并行预取状态和系数，同时对内存指针相应递增。DSP 处理器硬件上还支持循环寻址功能，可以在没有任何时间开销的情况下执行循环寻址。以上特性可以帮助现代 DSP 处理器在大约 N 个时钟周期内执行 N 点 FIR 滤波器算法。

由于 Cortex-M33 处理器本身不支持循环寻址的硬件模块，因此使用 Cortex-M33 处理器很难开发出高效的 FIR 滤波器代码，大部分时间将用于判断内循环中的 if 语句，因此更好的方法是使用 FIFO 作为状态缓存，并在输入数据块中移位。与每次采样移动 FIFO 数据不同，此处只需在每个块中移动 FIFO 数据一次。这种办法需要根据案例的采样 blockSize 增加状态缓存的长度。图 19.16 分别以 4 种采样块大小为例展示上述移位过程。输入数据在采样块的右侧移入，最旧的数据将展示在左侧。系数继续按照时间进行翻转，如图 19.15 所示。

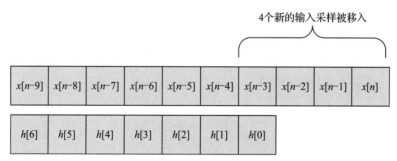

图 19.16　解决循环寻址问题。状态缓存的大小增加 blockSize-1 个采样，在本例中，采样个数为 3

图 19.16 中的系数 $h[0]$ 与 $x[n-3]$ 对齐。这是计算第一个输出 $[n-3]$ 所需的位置：

$$y[n-3] = \sum_{k=0}^{6} x[n-3-k]h[k]$$

为了计算下一次输出采样，系数理论上会移动一个单位长度。对所有输出采样重复上述操作（见图 19.17）。通过使用这种基于采样块并且带 FIFO 状态缓存的方法，可以从内循环中消除代价高昂的循环寻址开销。

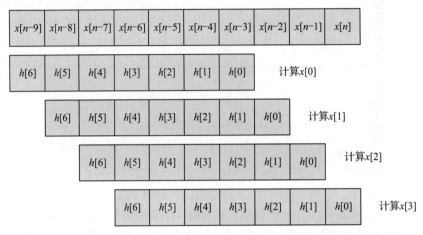

图 19.17　通过循环寻址，每次内循环计算都对连续数据进行操作

为了进一步优化 FIR 滤波器，还需要再次关注内存访问带来的运算开销。在标准 FIR 滤波器实现中，计算每次输出采样需要访问 N 个系数和 N 个状态变量。采取的优化方法是同时计算多个输出采样，并在寄存器中缓存中间状态变量。在以下示例中，同时计算 4 个输出采样[⊖]。在示例中加载单个系数并分别乘以 4 个状态变量，可以将内存访问量减少到原来的 1/4。考虑到代码简洁性，以下代码示例只支持以 4 为倍数的采样块大小。而 CMSIS-DSP 程序库是通用的，其中的 FIR 滤波器算法可以支持任意采样长度或采样块大小。虽然示例代码已经按照上述办法进行了简化操作，但算法的具体实现过程仍然相当复杂。

```
/*
** 基于块的 FIR 滤波器。参数：
**numTaps——滤波器的长度，必须是 4 的倍数
**pStateBase——指向状态变量数组的起始位置
**pCoeffs——指向系数数组的起始位置
**pSrc——指向输入数据数组的地址
**pDst——指向计算结果的写入位置
**blockSize——要处理的采样数，必须是 4 的倍数
*/

void arm_fir_f32(
    unsigned int numTaps,
    float *pStateBase,
    float *pCoeffs,
```

⊖ 同时计算的输出数量取决于可用的通用寄存器的数量。在 CMSIS-DSP 程序库中，Q31 FIR 滤波器算法可以同时计算 3 个采样。而在浮点版本的滤波器算法中，可以同时计算 8 个采样。

```
    float *pSrc,
    float *pDst,
    unsigned int blockSize)
{
    float *pState;
    float *pStateEnd;
    float *px, *pb;
    float acc0, acc1, acc2, acc3;
    float x0, x1, x2, x3, coeff;
    float p0, p1, p2, p3;
    unsigned int tapCnt, blkCnt;
/* 将 FIFO 中的数据下移，并将新的输入数据块存储在缓存的末尾 */
    /* 指向状态缓存的起始位置 */
    pState = pStateBase;

    /* 指针向前跳过一个采样块大小数据的存储区间 */
    pStateEnd = &pStateBase[blockSize];

    /* 按 4 倍展开提高速度 */
    tapCnt = numTaps >> 2u;
    while(tapCnt > 0u)
    {
            *pState++ = *pStateEnd++;
            *pState++ = *pStateEnd++;
            *pState++ = *pStateEnd++;
            *pState++ = *pStateEnd++;

            /* 递减循环计数器 */
            tapCnt-;
    }

    /* pStateEnd 指向应写入新输入数据的位置 */
    pStateEnd = &pStateBase[(numTaps - 1u)];
    pState = pStateBase;

    /* 应用循环展开并同时计算 4 个输出值。
    * 变量 acc0…acc3 保存正在计算的输出值:
    *
    *    acc0 = b[numTaps-1]*x[n-numTaps-1]+b[numTaps-2]*x[n-numTaps-2] +
    *           b[numTaps-3]*x[n-numTaps-3]+ … + b[0]*x[0]
    *    acc1 = b[numTaps-1]*x[n-numTaps]+b[numTaps-2]*x[n-numTaps-1] +
    *           b[numTaps-3]*x[n-numTaps-2] + … + b[0]*x[1]
    *    acc2 = b[numTaps-1]*x[n-numTaps+1]+b[numTaps-2]*x[n-numTaps] +
    *           b[numTaps-3]*x[n-numTaps-1] + … + b[0]*x[2]
    *    acc3 = b[numTaps-1]*x[n-numTaps+2] + b[numTaps-2]*x[n-numTaps+1] +
    *           b[numTaps-3]*x[n-numTaps] + … + b[0]*x[3]
    */

blkCnt = blockSize >> 2;
```

```
/* 使用循环展开进行处理, 一次计算 4 个输出 */
while(blkCnt > 0u)
{
        /* 将 4 个新输入采样复制到状态缓存中 */
        *pStateEnd++ = *pSrc++;
        *pStateEnd++ = *pSrc++;
        *pStateEnd++ = *pSrc++;
        *pStateEnd++ = *pSrc++;

        /* 将所有累加器设置为 0 */
acc0 = 0.0f;
acc1 = 0.0f;
acc2 = 0.0f;
acc3 = 0.0f;

/* 初始化状态指针 */
px = pState;

/* 初始化系数指针 */
pb = pCoeffs;

/* 从状态缓存读取前三个采样:
     x[n-numTaps], x[n-numTaps-1], x[n-numTaps-2] */
x0 = *px++;
x1 = *px++;
x2 = *px++;

/* 循环展开, 一次处理 4 个抽头 */
tapCnt = numTaps >> 2u;

/* 在抽头数上循环, 以 4 的倍数展开。
重复此步骤, 直到计算出 numTaps-4 系数 */
while(tapCnt > 0u)
{
    /* 读取 b[numTaps-1] 系数 */
    coeff = *(pb++);

    /* 读取 x[n-numTaps-3] 采样 */
    x3 = *(px++);

    /* p = b[numTaps-1] * x[n-numTaps] */
    p0 = x0 * coeff;

    /* p1 = b[numTaps-1] * x[n-numTaps-1] */
    p1 = x1 * coeff;

    /* p2 = b[numTaps-1] * x[n-numTaps-2] */
    p2 = x2 * coeff;

    /* p3 = b[numTaps-1] * x[n-numTaps-3] */
    p3 = x3 * coeff;
```

```
/* 累加 */
acc0 += p0;
acc1 += p1;
acc2 += p2;
acc3 += p3;

/* 读取 b[numTaps-2] 系数 */
coeff = *(pb++);
/* 读取 x[n-numTaps-4] 采样 */
x0 = *(px++);

/* 执行乘积累加运算 */
p0 = x1 * coeff;
p1 = x2 * coeff;
p2 = x3 * coeff;
p3 = x0 * coeff;
acc0 += p0;
acc1 += p1;
acc2 += p2;
acc3 += p3;

/* 读取 b[numTaps-3] 系数 */
coeff = *(pb++);

/* 读取 x[n-numTaps-5] 采样 */
x1 = *(px++);

/* 执行乘积累加 */
p0 = x2 * coeff;
p1 = x3 * coeff;
p2 = x0 * coeff;
p3 = x1 * coeff;
acc0 += p0;
acc1 += p1;
acc2 += p2;
acc3 += p3;

/* 读取 b[numTaps-4] 系数 */
coeff = *(pb++);

/* 读取 x[n-numTaps-6] 采样 */
x2 = *(px++);

/* 执行乘积累加 */
p0 = x3 * coeff;
p1 = x0 * coeff;
p2 = x1 * coeff;
p3 = x2 * coeff;
acc0 += p0;
```

```
            acc1 += p1;
            acc2 += p2;
            acc3 += p3;

            /* 读取 b[numTaps-5] 系数 */
            coeff = *(pb++);

            /* 读取 x[n-numTaps-7] 采样 */
            x3 = *(px++);

            tapCnt-;
        }

        /* 递增状态指针以处理下一组 4 个采样数据 */
        * group of 4 samples */
        pState = pState + 4;

        /* 将 4 个结果存储在目标缓存中 */
        *pDst++ = acc0;
        *pDst++ = acc1;
        *pDst++ = acc2;
        *pDst++ = acc3;

        blkCnt-;
    }
}
```

按照编译工具链和编译器优化选项设置，执行浮点运算 FIR 滤波器的内循环步骤（总共执行 16 次 MAC 计算）需要大约 43 个时钟周期。而 CMSIS-DSP 程序库所提供的算法实现进一步完成了 8 次中间和计算，可以进一步提高内循环的性能。

CMSIS-DSP 程序库提供的 q15 FIR 滤波器函数使用了与上文介绍的浮点函数案例相似的内存优化方案。q15 滤波器函数还利用 Cortex-M33 处理器对双 16 位 SIMD 指令的支持进一步优化了滤波器性能。以下是优化所使用的两种 q15 滤波器函数：

- ❑ arm_fir_q15()——使用 64 位中间累加器以及 SMLALD/SMLALDX 指令。
- ❑ arm_fir_fast_q15()——使用 32 位中间累加器以及 SMLAD/SMLADX 指令。

参考文献

[1] IEEE 754 specifications: IEEE 754–1985. https://ieeexplore.ieee.org/document/30711. IEEE 754–2008. https://ieeexplore.ieee.org/document/4610935.

[2] Cookbook formulae for audio equalizer biquad filter coefficients. https://www.w3.org/2011/audio/audio-eq-cookbook.html.

[3] J.W. Cooley, J.W. Tukey, An algorithm for the machine calculation of complex Fourier series, Math. Comput. 19 (90) (1965) 297–301.

[4] C.S. Burrus, T.W. Parks, DFT/FFT and Convolution Algorithms, Wiley, 1984.

[5] R. Matusiak, Implementing Fast Fourier Transform Algorithms of Real-Valued Sequences With the TMS320 DSP Platform, Texas Instruments Application Report SPRA291(August 2001).

第 20 章
使用 Arm CMSIS-DSP 库

20.1 库概述

CMSIS-DSP 库是一套常见信号处理和数学函数集，是专门为 Arm Cortex-M 和 Cortex-A 处理器编写的。它在 DSP 扩展的 Cortex-M 处理器和支持 Neon（高级 SIMD）扩展的 Cortex-A 处理器的基础上进行了优化。作为 Arm 发布的 CMSIS 发行版的一部分，该库可以免费获得，包括它的所有源代码。库中的函数可分为以下几类：

- ❑ 基本数学函数
- ❑ 快速数学函数
- ❑ 复杂数学函数
- ❑ 滤波器
- ❑ 矩阵函数
- ❑ 变换
- ❑ 电动机控制函数
- ❑ 统计函数
- ❑ 支持函数
- ❑ 插值函数

该库有独立函数，分别用于运算 8 位整数、16 位整数、32 位整数和 32 位浮点值。

该库在 Cortex-M 处理器的 DSP 扩展基础上进行了优化，包括使用 Helium 技术的 Armv8.1-M 架构处理器。虽然该库也可用于其他不支持 DSP 扩展的 Cortex-M 处理器，但是这些函数并没有针对这些处理器核做优化，因此，函数虽然可以正常运算，但是运行速度会更慢。

如果你正在使用 Keil 微控制器开发工具包（Keil MDK），那么可以轻松地把 CMSIS-DSP 库添加到项目当中。通过对管理运行环境进行设置，可以将 CMSIS-DSP 预先构建的库文件或源代码添加到项目当中（见图 20.1）。

当把 CMSIS-DSP 库集成到项目中时，可以选择预编译库或源代码。通常首选预编译库，因为预编译库在 Arm 工具链（例如 Keil MDK）中做了优化，能够提供更好的性能。

预构建库不仅在像 Keil MDK 这样的 Arm 工具链中可用，在 GCC 的预构建库和 Arm

的 IAR 嵌入式工具链中也是可用的。乘法库中有多个文件可用于不同 Cortex-M 处理器的多种 FPU 配置方法（例如由于有多种可用的 FPU 配置，Cortex-M7 处理器有多个版本的库），并且对于小端数据和大端数据的内存配置也有单独的库文件。当前，以下库文件（见表 20.1）可以在 Keil MDK 工具链中的 CMSIS 中安装。

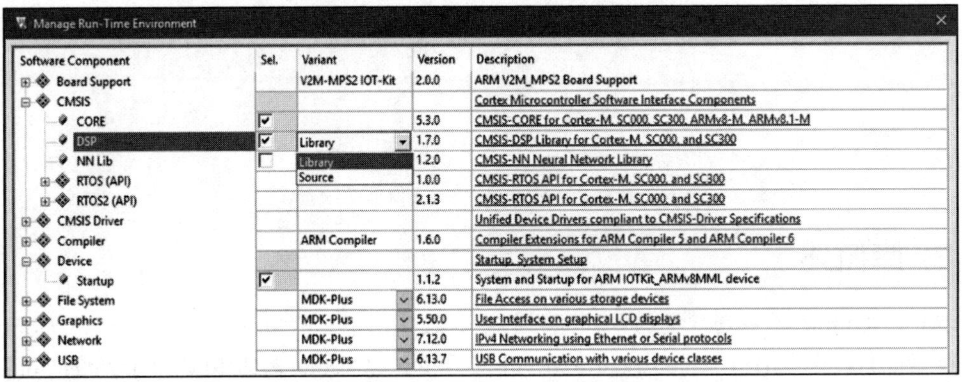

图 20.1　将 CMSIS-DSP 库添加到 Keil MDK 项目中

表 20.1　适用于 Arm 工具链的预编译 CMSIS-DSP 库文件

库名	处理器	字节序	使用 DSP 扩展	使用 FPU
arm_ARMv8MMLldfsp_math.lib	Cortex-M33/ Cortex-M35P	小	是	是
arm_ARMv8MMLld_math.lib		小	是	否
arm_ARMv8MMLlfsp_math.lib		小	否	是
arm_ARMv8MMLl_math.lib		小	否	否
arm_ARMv8MBLl_math.lib	Cortex-M23	小	否	否
arm_cortexM7lfdp_math.lib	Cortex-M7	小	是	是（单精度 + 双精度浮点）
arm_cortexM7bfdp_math.lib		大	是	是（单精度 + 和双精度浮点）
arm_cortexM7lfsp_math.lib		小	是	是（单精度浮点）
arm_cortexM7bfsp_math.lib		大	是	是（单精度浮点）
arm_cortexM7l_math.lib		小	是	否
arm_cortexM7b_math.lib		大	是	否
arm_cortexM4lf_math.lib	Cortex-M4	小	是	是
arm_cortexM4bf_math.lib		大	是	是
arm_cortexM4l_math.lib		小	是	否
arm_cortexM4b_math.lib		大	是	否
arm_cortexM3l_math.lib	Cortex-M3	小	否	否
arm_cortexM3b_math.lib		大	否	否
arm_cortexM0l_math.lib	Cortex-M0/ Cortex-M0+	小	否	否
arm_cortexM0b_math.lib		大	否	否

　　IAR 和 GCC 也有类似的预构建库，但文件名略有不同，GCC 的预编译库仅用于小端数

据。无论基于何种原因需要重新构建库，首先要读的都是 CMSIS-DSP 库的 HTML 文档。

20.2 函数命名约定

库中的函数遵循下面的命名约定：

```
arm_OP_DATATYPE
```

其中，OP 是所执行的操作，DATATYPE 描述了这些操作数：

❑ q7——8 位小数的整数部分。

❑ q15——16 位小数的整数部分。

❑ q31——32 位小数的整数部分。

❑ f32——32 位浮点数。

例如，一些库的函数名是：

❑ arm_dot_prod_q7 ——8 位小数的整数部分点乘。

❑ arm_mat_add_q15 ——16 位小数的整数部分矩阵加法。

❑ arm_fir_q31 ——带 32 位小数数据和系数的 FIR 滤波器。

❑ arm_cfft_f32 ——32 位浮点数的复数 FFT。

20.3 获取帮助

库文档采用 HTML 格式，存放在 CMSIS-PACK 中下面的文件夹中：

```
CMSIS\Documentation\DSP\html
```

文件 index.html 是整个帮助文档的开始位置。该文档也可以在 Arm 软件的 GitHub 网页上访问到 [1]。

20.4 示例 1——DTMF 演示

图 20.2 给出了一个 4 行 3 列的标准按键拨号盘。每行和每列都有相对应的正弦波。按下按钮后，拨号盘产生两个正弦信号：一个基于行索引，另一个基于列索引。例如，如果按下数字 4，则会产生一个 770Hz 的正弦信号（对应于行）和一个 1209Hz 的正弦信号（对应于列）。这种信令方式称为双音多频（Dual-Tone Multi-Frequency，DTMF）信令，是模拟电话线使用的标准信令方式。

在这个例子中，我们展示了检测 DTMF 信号音调的三种不方法。分别是：

❑ FIR 滤波器 [q15]。

❑ FFT[q31]。

❑ 双二阶滤波器 [float]。

接下来以频率为 697Hz 的译码为例重点讲述，其方法很容易推广到全部七个音调的译码。DTMF 译码的其他内容，比如设置阈值与决策，本书不做表述。在 20.4.5 节 DTMF 代码示例中给出了该示例用到的所有代码。

	1209 Hz	1336 Hz	1447 Hz
697 Hz	1	2	3
770 Hz	4	5	6
852 Hz	7	8	9
941 Hz	*	0	#

图 20.2 DTMF 信令方案中的小型键盘矩阵。每行和每列都有一个对应的正弦信号，该正弦信号会在按下按钮时产生

该示例的目的是展示如何使用各种 CMSIS-DSP 函数，以及如何处理不同的数据类型。事实证明，双二阶滤波器在计算上要比 FIR 滤波器更有效。其原因是单级双二阶滤波器比 202– 基点 FIR 滤波器更适用于检测正弦波。双二阶滤波器的效率大约是 FIR 的 40 倍。尤其对于一个完整的 DTMF 实现，FFT 需要检查 7 个频率，看起来似乎是更好的选择。但是，考虑到整体因素，双二阶滤波器在计算上要比 FFT 更有效，存储需求也更少。事实上，大多数 DTMF 接收器会使用 Goetzel 算法，这个算法与本例中使用的双二阶滤波器非常相似。

20.4.1 正弦信号生成

在典型的 DTMF 应用程序中，通常从 A/D 转换器得到输入数据。本例使用数学函数产生输入信号。在示例代码开始时，会产生一个 697Hz 或 770Hz 的正弦信号。首先使用浮点函数生成正弦信号，然后转换为 Q15 和 Q31 格式。所有的处理都是在 8kHz 的采样率下进行的，这是电话应用中使用的标准采样率。为了测试算法，我们生成了 512 个振幅为 0.5 的正弦信号样本。

20.4.2 FIR 滤波器译码

用来解调 DTMF 信号的第一种方法是使用 FIR 滤波器。FIR 滤波器有一个以 697Hz 为中心频率的通带，并且通带必须足够窄，以滤除接近的 770Hz 的频率。下面是滤波器的 MATLAB 代码设计。

```
SR = 8000;    % 采样率
FC = 697;     % 通带的中心频率，单位为 Hz

NPTS = 202;

h = fir1(NPTS-1, [0.98*FC 1.02*FC] / (SR/2), 'DC-0' );
```

为了确定正确的滤波器的长度，需要进行一些实验，以便在 770Hz 时有足够的衰减。我们发现滤波器长度为 201 点就足够了。由于 CMSIS 库要求 Q15 FIR 滤波器函数的长度为偶数，因此滤波器长度被舍入到 202 个点。该滤波器的脉冲响应如图 20.3 所示，频率响应如图 20.4 所示。

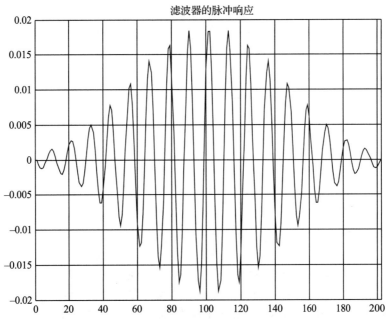

图 20.3　FIR 滤波器的脉冲响应。该滤波器在 697Hz 处有很强的正弦波分量，它是通带中心

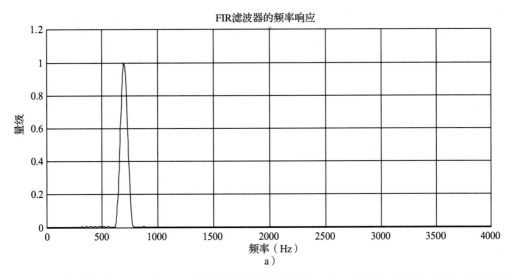

图 20.4　滤波器的频率响应。图 20.4a 显示了整个频带的频率响应。图 20.4b 显示了 697Hz 的通带频率附近的详情

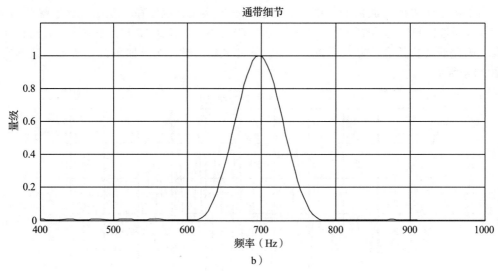

图 20.4　滤波器的频率响应。图 20.4a 显示了整个频带的频率响应。图 20.4b 显示了 697Hz 的通带频率附近的详情（续）

滤波器的通带增益为 1.0，所得到的滤波器最大系数约为 0.019。如果转换为 8 位格式（Q7），最大的系数仅约为 2 个 LSB，产生的滤波器会过度量化，因此不能使用 8 位数据格式，至少需要 16 位，本例使用 Q15 格式数。用 MATLAB 将滤波系数转换为 Q15 格式，并将其写入控制台窗口（参考下面代码），然后将系数复制到 Cortex-M33 项目中。

用于应用 FIR 滤波器的 CMSIS-DSP 代码很简单。首先，调用函数 arm_fir_init_ql5() 来初始化 FIR 滤波器结构。该函数仅用于确保滤波器长度为偶数且大于 4 个样本，然后设置一些结构元素。接下来，该函数一次处理一个块信号。块的尺寸（宏 BLOCKSIZE）定义为 32，在每次调用 arm_fir_ql5() 函数时要处理的样本数是相等的。每次调用都会生成 32 个新的输出样本，这些样本被写入输出缓冲区。

```
hq = round(h * 32768);          // 量化到 Q15

fprintf(1, 'hfir_coeffs_q15 = {\n');
for i=1:length(hq);
        fprintf(1, '%5d', hq(i));
        if (i == length(hq))
                fprintf(1, '};\n');
        else
                fprintf(1, ', ');
                if (rem(i, 8) == 0)
                        fprintf(1, '\n');
                end
        end
end
```

图 20.5 给出了输入频率为 697Hz 和 770Hz 时滤波器的输出。图 20.5a 为输入为 697Hz 时的输出。正弦信号位于频带中间，预期输出幅度为 0.5（谨记，输入正弦波的振幅为 0.5，

滤波器的频带中心增益为 1.0）。图 20.5b 为输入频率增加到 770 Hz 时的输出。正如预期的那样，输出大幅衰减。

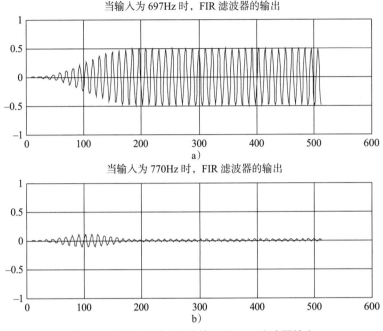

图 20.5　两个不同正弦波输入的 FIR 滤波器输出

20.4.3　FFT 译码

我们要讨论的下一种 DTMF 音调的译码方法是使用 FFT。使用 FFT 的优点是它提供了信号的完整频率表示，并支持全部 7 个 DTMF 正弦波同时译码。在本例中使用 Q31 FFT 和具有512 个采样点的缓冲器。由于输入数据是实数，因此将使用实数转换（即 real-FFT）。

FFT 可以对整个缓冲区的 512 个采样点进行操作。包括几个步骤：首先，对数据加窗来减少缓冲区边缘的瞬变。有几种不同类型的窗函数（即从较长的样本序列中提取信号样本的方法）：Hamming、Hanning、Blackman 等，可根据所需的频率分辨率和相邻频率之间的间隔进行选择。在我们的应用程序中使用了 Hanning 窗，即上升余弦窗。输入信号如图 20.6a 所示，加窗后的结果如图 20.6b 所示。能够看到加窗版本在边缘平滑地衰减为 0。所有数据均为 Q31 格式。

使用 Arm CMSIS-DSP 库函数 arm_rfft_init_q31 对数据进行处理。该函数产生复频域数据，然后使用 arm_cmplx_mag_q31 函数计算每个频率单元的量级。结果如图 20.7 所示。由于 FFT 是 512 点的，采样率为 8000Hz，因此每个 FFT 频点的频率间隔为

$$\frac{8000}{512} = 15.625（Hz）$$

最大幅度是在第 45 个频点，对应于最接近 697Hz 的 703Hz。

如果输入频率为 770Hz，那么 FFT 会产生如图 20.8 所示的幅度图。峰值发生在对应于

766Hz 的第 49 个频点。

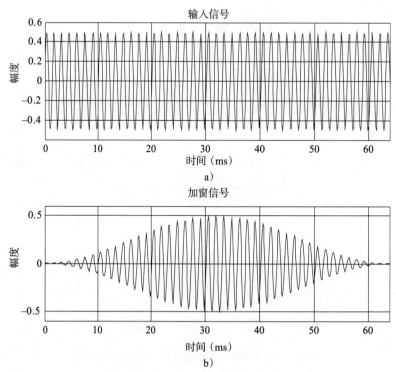

图 20.6　正弦波加 Hanning 窗前后的情况对比

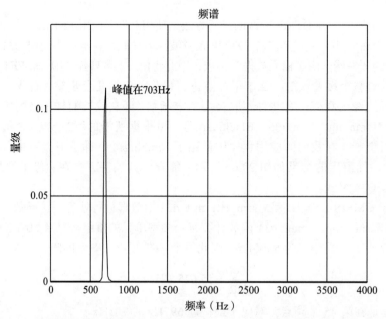

图 20.7　FFT 输出的量级。峰值频率分量出现在 703Hz 处，这是最接近 697Hz 的实际频点

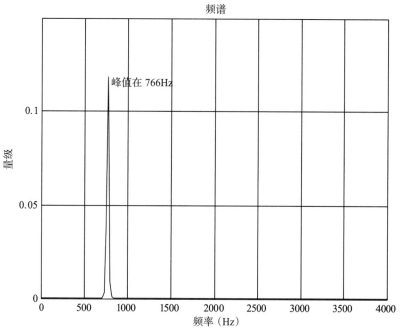

图 20.8　输入频率为 770Hz 时的 FFT 输出

20.4.4　双二阶滤波器译码

最后一种方法是使用二阶无限脉冲响应（IIR）滤波器来检测音调。该方法类似于大多数基于 DSP 译码器中使用的 Goertzel 算法。双二阶滤波器设计为在期望频率为 697Hz 的单位圆附近有一个极点，在直流（即 0Hz）和 Nyquist（即采样率的一半）采样的情况下为 0。这就产生了一个狭窄的带通形状。改变滤波器的增益使其在通带中的峰值增益为 1.0。通过移动极点使其更靠近单位圆就可以调整滤波器的锐度。我们把极点放在半径为 0.99 的位置，角度为

$$\omega = 2\pi\left(\frac{697}{8000}\right)$$

该极点形成了复共轭对的部分，在负频率上有一个匹配的极点。生成滤波器系数的MATLAB 代码如下，通过调整 K 的大小在通带中产生了 1.0 的峰值增益。

```
r = 0.99;

p1 = r * exp(sqrt(-1)*2*pi*FC/SR);    % 极点位置
p2 = conj(p1);                        % 共轭极点
P = [p1; p2];                         % 生成极点数组

Z = [1; -1];                          % 在直流和 Nyquist 采样的情况下为 0

K = 1 - r;                            % 单位增益因子
SOS = zp2sos(Z, P, K);                % 转换为双二阶滤波器系数
```

滤波器产生的频率响应如图 20.9 所示。该滤波器是陡峭的,可以通过的频率在非常窄的频带范围内。

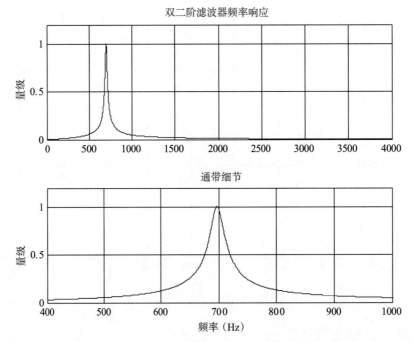

图 20.9 用于 DTMF 音调检测的 IIR 滤波器频率响应

CMSIS-DSP 库提供了两种版本的浮点双二阶滤波器:直接形式 I 和转置直接形式 II。对于使用浮点格式的双二阶滤波处理,采用的最佳版本是转置直接形式 II。因为它仅仅需要 2 个而不是 4 个状态变量。对于定点,应该始终使用直接形式 I,本例中转置直接形式 II 才是正确的版本选择。

处理双二阶滤波器的代码很简单。示例中使用了一个二阶双二阶滤波器,和单阶双二阶滤波器对应,该滤波器有两个关联的阵列:

❏ 系数——5 个值。

❏ 状态变量——2 个值。

这些数组在函数顶部定义,系数数组的设置采用 MATLAB 计算的值,其唯一的改变是,与标准的 MATLAB 表示相比,反馈系数是无效的。接下来,调用函数 arm_biquad_cascade_df2T_init_f32() 来初始化双二阶滤波器实例结构。滤波器的处理由 arm_biauad_cascade_df2T_f32() 函数执行,调用函数在程序循环中以块的形式处理输入数据。每次调用通过滤波器处理 32 个样本(即块大小),并将结果存储在输出数组中。

双二阶滤波器的输出如图 20.10 所示。图 20.10a 显示当输入为 697Hz 时的输出,图 20.10b 显示当输入为 770Hz 时的输出。当输入为 697Hz 时,输出逐渐增加到预期振幅的 0.5 倍。当输入为 770Hz 的正弦波时,输出中仍有信号残留,抑制程度不如图 20.5 所示的 FIR 结果。尽管如此,该滤波器仍然可以很好地识别各种信号成分。

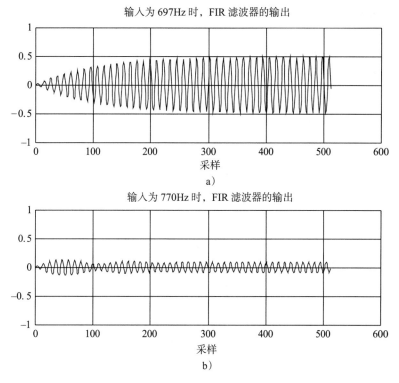

图 20.10　DTMF 音调检测的双二阶滤波器输出

20.4.5　DTMF 代码示例

下面的代码示范了使用 CMSIS-DSP 库函数的 3 种 DTMF 译码技术。

```
#include "IOTKit_CM33_FP.h"
#include <stdio.h>

#include "arm_math.h"

#define L 512
#define SR 8000
#define FREQ 697
// #define FREQ 770
#define BLOCKSIZE 8

q15_t inSignalQ15[L];
q31_t inSignalQ31[L];
float inSignalF32[L];

q15_t outSignalQ15[L];
float outSignalF32[L];

q31_t fftSignalQ31[2*L];
```

```
q31_t fftMagnitudeQ31[2];

#define NUM_FIR_TAPS 202
q15_t hfir_coeffs_q15[NUM_FIR_TAPS] = {
  -9  , -29, -40, -40, -28,  -7,   17,  38,
  49  ,  47,  29,   1, -30, -55,  -66, -58,
  -31 ,   9,  51,  82,  91,  72,   29, -28,
  -82 ,-117,-119, -84, -20,  57,  124, 160,
  149 ,  91,   0, -99,-176,-206, -175, -88,
  33  , 153, 235, 252, 193,  72,  -80,-217,
  -297,-293,-199, -40, 141, 289,  358, 323,
  189 ,  -9,-213,-364,-412,-339, -161,  73,
  294 , 436, 453, 336, 114,-149, -376,-499,
  -477,-312, -51, 233, 456, 548,  480, 269,
  -27 ,-320,-525,-579,-462,-207,  113, 404,
  580 , 587, 422, 131,-201,-477, -614,-572,
  -362, -45, 287, 534, 626, 534,  287, -45,
  -362,-572,-614,-477,-201, 131,  422, 587,
  580 , 404, 113,-207,-462,-579, -525,-320,
  -27 , 269, 480, 548, 456, 233,  -51,-312,
  -477,-499,-376,-149, 114, 336,  453, 436,
  294 ,  73,-161,-339,-412,-364, -213,  -9,
  189 , 323, 358, 289, 141, -40, -199,-293,
  -297,-217, -80,  72, 193, 252,  235, 153,
  33  , -88,-175,-206,-176, -99,    0,  91,
  149 , 160, 124,  57, -20, -84, -119,-117,
  -82 , -28,  29,  72,  91,  82,   51,   9,
  -31 , -58, -66, -55, -30,   1,   29,  47,
  49  ,  38,  17,  -7, -28, -40,  -40, -29,
  -9  ,   0};

q31_t hanning_window_q31[L];

q15_t hfir_state_q15[NUM_FIR_TAPS + BLOCKSIZE] = {0};

float biquad_coeffs_f32[5] = {0.01f, 0.0f, -0.01f, 1.690660431255413f, -0.9801f};
float biquad_state_f32[2] = {0};

/*———————————————————————————————————————————————
主程序
*————————————————————————————————————————————————*/

int main (void) {     /* 从这里开始执行 */
  int i, samp;
  arm_fir_instance_q15 DTMF_FIR;
  arm_rfft_instance_q31 DTMF_RFFT;
  arm_biquad_cascade_df2T_instance_f32 DTMF_BIQUAD;

  // 产生输入正弦波
```

```
// 该信号振幅为 0.5，频率为 FREQ Hz
// 创建浮点、Q31、Q7 格式数据

for(i=0; i<L; i++) {
    inSignalF32[i] = 0.5f * sinf(2.0f * PI * FREQ * i / SR);
    inSignalQ15[i] = (q15_t) (32768.0f * inSignalF32[i]);
    inSignalQ31[i] = (q31_t) ( 2147483647.0f * inSignalF32[i]);
}

/* ───────────────────────────────────────────────────────────
** FIR 滤波
** ───────────────────────────────────────────────────── */

if (arm_fir_init_q15(&DTMF_FIR, NUM_FIR_TAPS, &hfir_coeffs_q15[0],
                      &hfir_state_q15[0], BLOCKSIZE) != ARM_MATH_SUCCESS) {
    // 错误条件
    // exit(1);
}

for(samp = 0; samp < L; samp += BLOCKSIZE) {
    arm_fir_q15(&DTMF_FIR, inSignalQ15 + samp, outSignalQ15 + samp, BLOCKSIZE);
}

 /* ───────────────────────────────────────────────────────────
** 浮点双二阶滤波
** ───────────────────────────────────────────────────── */

 arm_biquad_cascade_df2T_init_f32(&DTMF_BIQUAD, 1, biquad_coeffs_f32,
                                   biquad_state_f32);

 for(samp = 0; samp < L; samp += BLOCKSIZE) {

     arm_biquad_cascade_df2T_f32(&DTMF_BIQUAD, inSignalF32 + samp,
                                  outSignalF32 + samp, BLOCKSIZE);

 }

 /* ───────────────────────────────────────────────────────────
** Q31 FFT 处理
** ───────────────────────────────────────────────────── */

// 创建 Hanning 窗，
// 通常在程序开始时执行一次

for(i=0; i<L; i++) {
    hanning_window_q31[i] =
            (q31_t) (0.5f * 2147483647.0f * (1.0f - cosf(2.0f*PI*i / L)));
}

// Hanning 窗数据写入缓冲区
arm_mult_q31(hanning_window_q31, inSignalQ31, inSignalQ31, L);
```

```
arm_rfft_init_q31(&DTMF_RFFT, 512, 0, 1);

// FFT 计算
arm_rfft_q31(&DTMF_RFFT, inSignalQ31, fftSignalQ31);

arm_cmplx_mag_q31(fftSignalQ31, fftMagnitudeQ31, L);
}
```

20.5 示例 2——通过最小二乘法实现运动跟踪

跟踪目标的运动是许多应用，例如导航系统、运动设备、视频游戏控制器和工厂自动化的共同需求。可以利用被跟踪目标以往的大致位置测量轨迹数据，用于估计目标将来的位置。解决这一挑战的一种方法是将多个大概的历史位置测量值组合起来估计潜在的轨迹（位置、速度和加速度），然后将其投射到未来。

假设目标在恒定加速度下运动。目标的运动是时间 t 的函数：

$$x(t) = x_0 + v_0 t + a t^2$$

式中，x_0 为初始位置，v_0 是初始速度，a 是加速度。

在这个例子中，我们假设加速度是恒定的，所使用的方法可以扩展到时变加速度场景。

假设我们测量了目标在 t_1, t_2, $\cdots$, t_N 的位置，同时假设位置测量值是有误差的，并且我们只知道一个大概的位置。将测量值和时间放入列向量中：

$$\boldsymbol{x} = \begin{bmatrix} x_1 \\ x_2 \\ \vdots \\ x_N \end{bmatrix} \quad \boldsymbol{t} = \begin{bmatrix} t_1 \\ t_2 \\ \vdots \\ t_N \end{bmatrix}$$

将测量值与未知的 x_0、v_0 和 a 相关联的整体方程为

$$\begin{bmatrix} x_1 \\ x_2 \\ \vdots \\ x_N \end{bmatrix} = x_0 + v_0 \begin{bmatrix} t_1 \\ t_2 \\ \vdots \\ t_N \end{bmatrix} + a \begin{bmatrix} t_1^2 \\ t_2^2 \\ \vdots \\ t_N^2 \end{bmatrix}$$

可以使用矩阵乘法计算该表达式：

$$\boldsymbol{x} = \boldsymbol{Ac}$$

此处

$$\boldsymbol{A} = \begin{bmatrix} 1 & t_1 & t_1^2 \\ 1 & t_2 & t_2^2 \\ \vdots & \vdots & \vdots \\ 1 & t_N & t_N^2 \end{bmatrix}$$

$$c = \begin{bmatrix} x_0 \\ v_0 \\ a \end{bmatrix}$$

由于有三个未知数，因此至少需要进行三次测量来计算结果向量 c。在大多数情况下，测量值要比未知数多得多，所以问题很容易确定。这个问题的一个标准解决方法是进行最小二乘拟合。解 $\hat{c}$ 可以最大限度地减小 N 个估计的位置和实际的 N 个测量位置之间的误差。通过求解矩阵方程，可以得到最小二乘解：

$$\hat{c} = (A^{T}A)^{-1}A^{T}x$$

这种类型的方程可以使用 CMSIS-DSP 库中的矩阵函数来求解。CMSIS-DSP 库中的矩阵可以用于表示这样的数据结构。对于浮点数，其结构为：

```
typedef struct
{
  uint16_t numRows; /**< 矩阵行数 */
  uint16_t numCols; /**< 矩阵列数 */
  float32_t *pData; /**< 矩阵数据指针 */
} arm_matrix_instance_f32;
```

本质上，矩阵结构和矩阵的大小（numRows、numCols）有关，并包含一个指向数据的指针（pData）。矩阵的元素（R、C）存储在数组中的下述位置处。也就是说数组包含第一行数据，然后是第二行数据，以此类推。你可以通过设置内部字段手动初始化矩阵实例结构，也可以使用函数 arm_mat_init_f32() 实现。实际上，手动初始化矩阵更容易。

```
pData[R*numRows + C]
```

计算最小二乘解的全部代码参见后文节。函数的最开始部分为矩阵使用的所有 pData 数组分配内存。向量 t 和 x 用实际数据初始化，而所有其他矩阵初始设置为 0。然后，初始化单个矩阵实例结构。注意，为了存储中间结果，需要定义多个矩阵。以下矩阵被定义：

❏ A——前面提到的矩阵 A。

❏ AT——A 的转置。

❏ ATA——$A^{T}A$。

❏ InvATA——$A^{T}A$ 的逆。

❏ B——$(A^{T}A)^{-1}A^{T}$ 的乘积。

❏ C——上面计算的最终结果。

在主函数的开头初始化矩阵 A 的值。然后，调用几个矩阵数学函数，最终得到结果向量 C。结果包含 3 个元素，可以通过检查调试器中的 cData 来查看它们。这样。就会看到：

$$x_0 = c[0] = 8.710\ 4$$
$$v_0 = c[1] = 38.874\ 8$$
$$a = c[2] = -9.792\ 3$$

原始输入数据和结果拟合如图 20.11 所示。细线是显示随机噪声的测量数据，粗线是由此得到的拟合数据。由图 20.11 可看到，最小二乘拟合相当准确，该拟合可用来推测未来的测量数据。

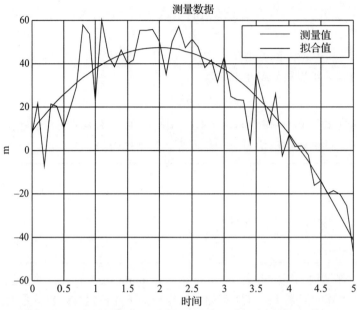

图 20.11　原始测量值（细线）和最小二乘拟合结果（粗线）

最小二乘代码示例

以下代码中给出了最小二乘代码的示例。

```
#include "arm_math.h"    /* 主函数包含的 CMSIS-DSP 文件 */

#define NUMSAMPLES 51    /* 测量次数 */
#define NUMUNKNOWNS 3    /* 多项式拟合的未知数 */

// 为矩阵数组分配内存，仅定义 t 和 x 的初始数据。

// 其中包括数据的采样时间矩阵。在本例中，数据是均匀间隔的，
// 对于最小二乘拟合不要求必须如此
float32_t tData[NUMSAMPLES] =
{
  0.0f, 0.1f, 0.2f, 0.3f, 0.4f, 0.5f, 0.6f, 0.7f,
  0.8f, 0.9f, 1.0f, 1.1f, 1.2f, 1.3f, 1.4f, 1.5f,
  1.6f, 1.7f, 1.8f, 1.9f, 2.0f, 2.1f, 2.2f, 2.3f,
  2.4f, 2.5f, 2.6f, 2.7f, 2.8f, 2.9f, 3.0f, 3.1f,
  3.2f, 3.3f, 3.4f, 3.5f, 3.6f, 3.7f, 3.8f, 3.9f,
  4.0f, 4.1f, 4.2f, 4.3f, 4.4f, 4.5f, 4.6f, 4.7f,
  4.8f, 4.9f, 5.0f
};
```

```c
// 噪声位置测量矩阵
float32_t xData[NUMSAMPLES] =
{
  7.4213f, 21.7231f, -7.2828f, 21.2254f, 20.2221f, 10.3585f, 20.3033f, 29.2690f,
  57.7152f, 53.6075f, 22.8209f, 59.8714f, 43.1712f, 38.4436f, 46.0499f, 39.8803f,
  41.5188f, 55.2256f, 55.1803f, 55.6495f, 49.8920f, 34.8721f, 50.0859f, 57.0099f,
  47.3032f, 50.8975f, 47.4671f, 38.0605f, 41.4790f, 31.2737f, 42.9272f, 24.6954f,
  23.1770f, 22.9120f, 3.2977f, 35.6270f, 23.7935f, 12.0286f, 25.7104f, -2.4601f,
  6.7021f, 1.6804f, 2.0617f, -2.2891f, -16.2070f, -14.2204f, -20.1870f, -18.9303f,
  -20.4859f, -25.8338f, -47.2892f
};

float32_t AData[NUMSAMPLES * NUMUNKNOWNS];
float32_t ATData[NUMSAMPLES *NUMUNKNOWNS];
float32_t ATAData[NUMUNKNOWNS * NUMUNKNOWNS];
float32_t invATAData[NUMUNKNOWNS * NUMUNKNOWNS];
float32_t BData[NUMUNKNOWNS * NUMSAMPLES];
float32_t cData[NUMUNKNOWNS];

// 初始化数组实例结构。对于每个实例，其构成为:
//      MAT = {numRows, numCols, pData};

// 列向量 t
arm_matrix_instance_f32 t = {NUMSAMPLES, 1, tData};

// 列向量 x
arm_matrix_instance_f32 x = {NUMSAMPLES, 1, xData};

// 矩阵 A
arm_matrix_instance_f32 A = {NUMSAMPLES, NUMUNKNOWNS, AData};

// 矩阵 A 的转置
arm_matrix_instance_f32 AT = {NUMUNKNOWNS, NUMSAMPLES, ATData};

// 矩阵乘积 AT * A
arm_matrix_instance_f32 ATA = {NUMUNKNOWNS, NUMUNKNOWNS, ATAData};

// 矩阵求逆 inv(AT*A)
arm_matrix_instance_f32 invATA = {NUMUNKNOWNS, NUMUNKNOWNS, invATAData};

// 中间结果 invATA * AT
arm_matrix_instance_f32 B = {NUMUNKNOWNS, NUMSAMPLES, BData};
// Solution
arm_matrix_instance_f32 c = {NUMUNKNOWNS, 1, cData};

/*───────────────────────────────────────────────────────────
** 主程序
**───────────────────────────────────────────────────────────*/

int main (void) {
```

```
int i;
float y;

y = sqrtf(xData[0]);
cData[0] = y;

// 向矩阵 A 写入数值，每行值为:
// [1.0f t t*t]
for(i=0; i<NUMSAMPLES; i++) {
  AData[i*NUMUNKNOWNS + 0] = 1.0f;
  AData[i*NUMUNKNOWNS + 1] = tData[i];
  AData[i*NUMUNKNOWNS + 2] = tData[i] * tData[i];
}

// 转置
arm_mat_trans_f32(&A, &AT);

// 矩阵乘积 AT * A
arm_mat_mult_f32(&AT, &A, &ATA);

// 矩阵求逆 inv(ATA)
arm_mat_inverse_f32(&ATA, &invATA);

// 矩阵乘积 invATA * X;
arm_mat_mult_f32(&invATA, &AT, &B);

// 最终结果
arm_mat_mult_f32(&B, &x, &c);

// 检查调试器中的 cData 查看最终结果
}
```

20.6　示例 3——实时滤波器设计

20.6.1　滤波器设计概述

滤波是实时嵌入式系统中最常用的信号处理任务之一。在 20.4 节中，我们展示了如何对输入信号序列进行滤波。然而在许多应用中，输入信号始终处于活动状态，因此需要连续滤波。本节将研究如何使用 CMSIS-DSP 库创建实时滤波器。

滤波器设计的第一步是定义滤波器的规格。需要定义的一些内容包括：

❑ 滤波器类型。

❑ 数字滤波器使用的数据类型。

❑ 采样频率。

❑ 频率响应。

滤波器的频率响应可由多个方面来表征。例如，图 20.12 显示了其中的一些特性。

在设计滤波器时，需要考虑很多因素。除了频率响应外（例如抑制比），相位响应在某些应用中也很重要。在某些情况下，做出设计决策时，可能还需要考虑滤波器响应的延迟。虽然本书没有详细介绍滤波器设计技术，不过有关滤波器设计的资料有广泛的渠道可以获取（例如，来自 Advanced Solution Nederland 的 IIR 滤波器设计指南提供了一个很好的概述）。也有很多滤波器设计工具使得设计更容易。

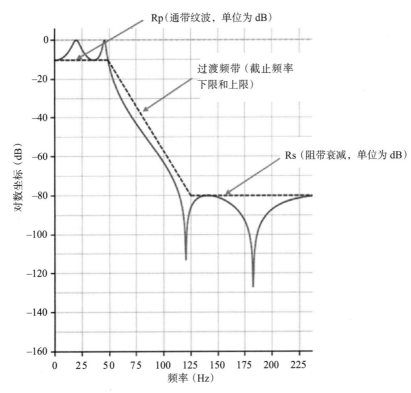

图 20.12　滤波器设计中要考虑的滤波器特性

20.4 节中简要介绍了 MATLAB 在滤波器设计中的应用。MATLAB 是市面上最受欢迎的数学工具之一，它支持滤波器设计函数。市面上也有其他滤波器设计软件工具，包括以开源项目的形式提供的工具。

许多商业滤波器设计软件工具是专为滤波器设计任务而研发的，能够更方便地分析滤波器的特性。对于不熟悉滤波器设计的软件开发人员来说，这些工具能够提供极大的帮助。在下面的示例中，滤波器是使用"ASN 滤波器设计专家"专业版（ASN Filter Designer Professional，版本 4.33）创建的，该工具由 Advanced Solution Nederland（http://www.advsolned.com）开发。

"ASN 滤波器设计专家"支持多种滤波器类型：它支持通过交互式用户界面设计滤波器，通过调整各种参数，可以立即查看设计输出。它还支持对滤波器响应的仿真，通过检查仿真输出来确定该滤波器是否满足应用程序的要求。对于针对 Cortex-M 处理器设计软件的开发人员来说，一个额外的好处是它能够生成直接调用 CMSIS-DSP 库函数的 C 代码（设计的滤波器也可以导出到 C/C++、Python、MATLAB 等）。

当 "ASN 滤波器设计专家" 启动时，如果已经取得了授权，就会出现如图 20.13 所示的默认启动界面。

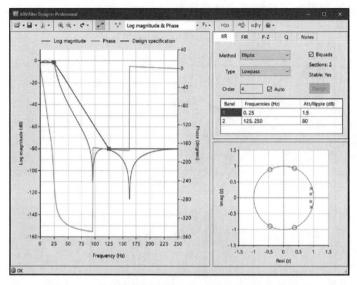

图 20.13　"ASN 滤波器设计专家"的默认启动界面

在本例中，我们将为一个具有 48kHz 采样率、单精度浮点数据类型的系统设计一个低通双二阶滤波器。开始基础滤波器设计的第一步是确定采样率。它可以通过单击工具栏上的 Fs 图标以及在采样频率对话框中输入采样率（见图 20.14）来实现。

下一步是定义滤波器类型。默认情况下，滤波器类型是 "椭圆 IIR" 滤波器；通过选择滤波器 Method（见图 20.15），可以将其更改为一个简单的 Butterworth 双二阶滤波器。

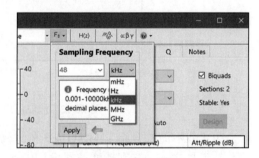

图 20.14　设置采样率

再下一步是定义数据类型和数据结构。可以通过单击用户界面右上方的 Q 选项卡找到该设置，如图 20.16 所示。对于支持 FPU 的 Cortex-M33 处理器，由于 FPU 支持单精度浮点单元，因此本例选择了这个选项。当然，如果需要，也可以选择定点数据格式，按照应用需求，可以选择合适的定点数据格式（选择字长和数据中小数部分的位数）。

当进行到这个阶段，接下来就该定义滤波器的特性了（见图 20.17）。为此，需要再次单击 IIR 选项卡，显示其中所需的双二阶块数和滤波规则。通过调整左侧图中的正方形光标，可以控制滤波器的频率响应。调整滤波器响应后，单击 IIR 滤波器选项卡（右侧）中的 Design 按钮，即可更新滤波器设计。

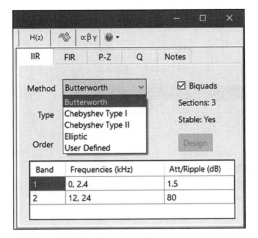

图 20.15　定义滤波器类型

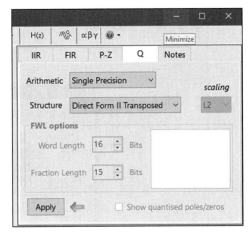

图 20.16　定义滤波器的数据类型和结构

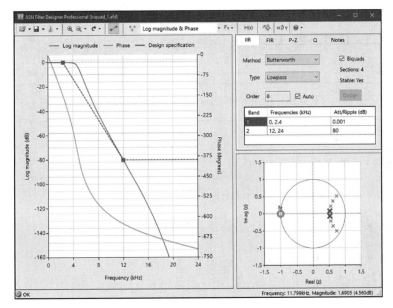

图 20.17　定义滤波器的频率响应

　　一旦完成滤波器定义，就可以导出设计的 C 代码（使用 Arm CMSIS-DSP 选项）。C 代码包含生成的滤波器系数和访问所需的 CMSIS-DSP 库函数的函数调用。通过单击工具栏上的 H(z) 按钮，就可以导出 C 代码（见图 20.18）。

　　生成的双二阶滤波器代码如下所示：

```
// ASN 滤波器设计专家 v4.3.3
// Sat, 08 Feb 2020 11:50:38 GMT

// ** 主滤波器 (H1)**
```

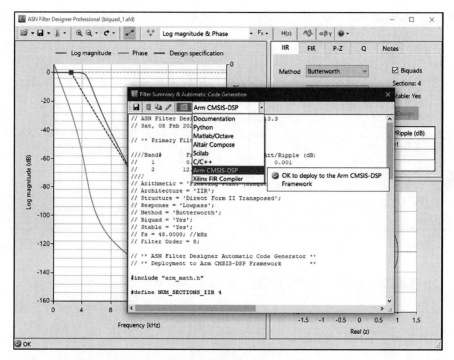

图 20.18　使用 CMS1S-DSP 库导出滤波器 C 代码

```
////频段        频率 (kHz)              Att/ 纹波 (dB)
//   1      0.000,   2.400            0.001
//   2     12.000,  24.000           80.000
////
// Arithmetic = 'Floating Point (Single Precision)';
// Architecture = 'IIR';
// Structure = 'Direct Form II Transposed';
// Response = 'Lowpass';
// Method = 'Butterworth';
// Biquad = 'Yes';
// Stable = 'Yes';
// Fs = 48.0000; //kHz
// Filter Order = 8;

// ** ASN 滤波器设计代码自动生成器 **
// ** 使用 Arm CMSIS-DSP 架构 **

#include "arm_math.h"

#define NUM_SECTIONS_IIR 4

// ** IIR 滤波器直接 II 型转置双二阶滤波器实现 **
// y[n] = b0 * x[n] + w1
// w1 = b1 * x[n] + a1 * y[n] + w2
```

```
// w2 = b2 * x[n] + a2 * y[n]

// IIR 滤波器系数
float32_t iirCoeffsf32[NUM_SECTIONS_IIR*5] =
          {// b0, b1, b2, a1, a2
              0.0582619, 0.1165237, 0.0582619, 1.0463270, -0.2788444,
              0.0615639, 0.1231277, 0.0615639, 1.1071010, -0.3531238,
              0.0688354, 0.1376707, 0.0688354, 1.2402050, -0.5158056,
              0.0815540, 0.1631081, 0.0815540, 1.4713260, -0.7982877
          };

// ************************************************************
// 循环测试代码 (按鼠标右键→显示循环测试代码)
// ************************************************************

#define ARM_MATH_CM4 // Cortex-M4 (默认). 如果使用 CMSIS-DSP
v1.7.0 及以上版本, 则可以省略该定义

#define TEST_LENGTH_SAMPLES 128
#define BLOCKSIZE 32
#define NUMBLOCKS (TEST_LENGTH_SAMPLES/BLOCKSIZE)

float32_t iirStatesf32[NUM_SECTIONS_IIR*5];

float32_t OutputValues[TEST_LENGTH_SAMPLES];
float32_t InputValues[TEST_LENGTH_SAMPLES];

float32_t *InputValuesf32_ptr = &InputValues[0]; // 输入指针声明
float32_t *OutputValuesf32_ptr = &OutputValues[0]; // 输出指针声明

arm_biquad_cascade_df2T_instance_f32 S;

int32_t main(void)
{

  uint32_t n,k;
  // 产生测试用正弦输入信号
  for (n=0; n<TEST_LENGTH_SAMPLES; n++)
      InputValues[n]= arm_sin_f32(2*PI*4.8*n/48.0);

  // 双二阶滤波器初始化
  arm_biquad_cascade_df2T_init_f32 (&S, NUM_SECTIONS_IIR, &(iirCoeffsf32[0]), &
  (iirStatesf32[0]));

  // 执行 IIR 滤波
  for (k=0; k < NUMBLOCKS; k++)
      arm_biquad_cascade_df2T_f32 (&S, InputValuesf32_ptr + (k*BLOCKSIZE),
  OutputValuesf32_ptr + (k*BLOCKSIZE), BLOCKSIZE); // 滤波

  while (1);
}
```

如果 CMSIS-DSP 库不支持所选的滤波器设计，则可以将滤波器设计导出为 C/C++ 代码。

默认情况下，生成的 C 代码假定正在使用的是 Cortex-M4 处理器。因为所有 Cortex-M 处理器的 CMSIS-DSP API 都是相同的，所以该代码也可以在 Cortex-M33 处理器上使用。通过使用一组预先计算的输入值（存储在数据数组中），生成的代码演示了滤波器设计的过程。当处理完输入数据阵列中的所有数据后，程序结束。如果想要把代码转换为连续处理输入数据的实时滤波器，则需要修改代码。

20.6.2 创建实时滤波器：一个裸机项目案例

为使滤波器计算效率更高，CMSIS-DSP 库中的滤波器只在采集到一个完整的样本块后才执行。块的大小取决于滤波器的设计，在我们重点强调的双二阶滤波器示例中，块的大小是 32，这意味着每次采集 32 个样本后执行滤波器函数。为了支持这种行为，需要定义输入和输出缓冲区（见图 20.19）。

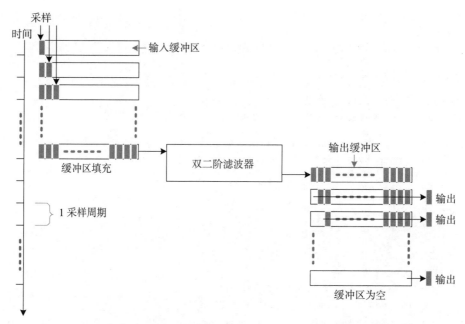

图 20.19　CMSIS-DSP 滤波器函数对样本按块操作，因而需要输入和输出缓冲区

如果滤波器处理功能在一个采样周期内完成，则在进行双二阶滤波器计算后，同一组的输入和输出缓冲区可以立即重复用于下一个样本块。然而滤波器功能执行所需的处理时间往往超过一个样本的时间间隔。因此，只有一组输入和输出缓冲区是不够的。为了解决这个问题，通常需要两组输入和输出数据缓冲区。当其中一对输入和输出缓冲区用于滤波器处理时，另一对用于数据样本的输入和先前执行的处理结果的输出。这通常称为乒乓缓冲操作（见图 20.20）。

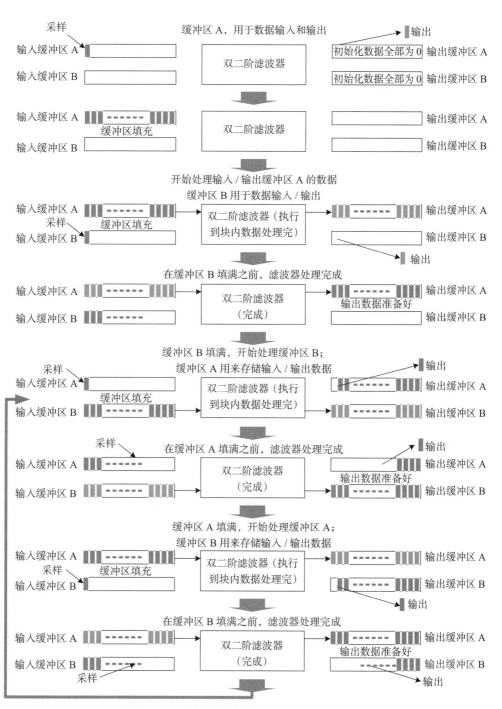

图 20.20　支持乒乓缓冲的 CMSIS-DSP 滤波器

为演示使用乒乓缓冲操作的实时滤波器，我们设计了音频滤波器的示例代码。在该例中，输入和输出由音频接口中断处理程序处理。这会触发采样率（在本设计的设置中是48kHz）采样，并以线程模式运行双二阶滤波器函数（这可以被音频接口中断函数中断）。为了在缓冲区填满后启动处理，需要用到以下数据变量：

❑ 样本数量变量 Sample_Counter，用于计算输入缓冲区中采集到的样本数量。

❑ 变量 PingPongState，指示乒乓状态。

❑ 变量 processing_trigger，当音频中断处理程序在收集到足够多的样本时触发滤波器开始处理。

❑ 两对输入/输出缓冲区 InputValues_A/B 和 OutputValues_A/B。

在程序开始时，缓冲区和上述变量、双二阶滤波器数据结构和音频接口硬件（包括NVIC 的中断配置）都需要初始化。由于"ASN 滤波器设计专家"生成的滤波器代码默认是针对 Cortex-M4 处理器的，因此该代码包含 C 宏 ARM_MATH_CM4。这个 C 宏在最新版本的 CMSIS-DSP 库中没有使用，可以忽略。

完成上述所有修改后，就可以测试设计的实时音频滤波器了。具体程序代码如下所示：

```
// ASN 滤波器设计专家 v4.3.3
// Fri, 07 Feb 2020 18:41:12 GMT

// ** 主滤波器 (H1)**

////频段 #        频率 (kHz)                Att/纹波 (dB)
//   1          0.000,   2.400            0.001
//   2         12.000,  24.000           80.000
////
// Arithmetic = 'Floating Point (Single Precision)';
// Architecture = 'IIR';
// Structure = 'Direct Form II Transposed';
// Response = 'Lowpass';
// Method = 'Butterworth';
// Biquad = 'Yes';
// Stable = 'Yes';
// Fs = 48.0000; //kHz
// Filter Order = 8;

// ** ASN 滤波器设计代码自动生成器 **
// ** 使用 Arm CMSIS-DSP 架构 **

// 包含的头文件
#include "IOTKit_CM33_FP.h"
#include "arm_math.h" // CMSIS-DSP 库头文件

extern uint8_t audio_init(void); // 音频硬件初始化
extern void read_sample(int16_t *left, int16_t *right);
extern void play_sample(int16_t *left, int16_t *right);
void I2S_Handler(void);

#define BLOCKSIZE 32
```

```
#define NUM_SECTIONS_IIR 4

// ** IIR 滤波器直接 II 型转置双二阶滤波器实现 **
// y[n] = b0 * x[n] + w1
// w1 = b1 * x[n] + a1 * y[n] + w2
// w2 = b2 * x[n] + a2 * y[n]

// IIR 系数

float32_t const static iirCoeffsf32[NUM_SECTIONS_IIR*5] =
          {// b0, b1, b2, a1, a2
            0.0582619f, 0.1165237f, 0.0582619f, 1.0463270f, -0.2788444f,
            0.0615639f, 0.1231277f, 0.0615639f, 1.1071010f, -0.3531238f,
            0.0688354f, 0.1376707f, 0.0688354f, 1.2402050f, -0.5158056f,
            0.0815540f, 0.1631081f, 0.0815540f, 1.4713260f, -0.7982877f
          };

float32_t static iirStatesf32[NUM_SECTIONS_IIR*5];

static arm_biquad_cascade_df2T_instance_f32 S;

// 乒乓缓冲
float32_t static InputValues_A[BLOCKSIZE];
float32_t static OutputValues_A[BLOCKSIZE];
float32_t static InputValues_B[BLOCKSIZE];
float32_t static OutputValues_B[BLOCKSIZE];
volatile int static PingPongState=0; // 为 0 时计算 A, I/O = B
                                     // 为 1 时计算 B, I/O = A
volatile int static Sample_Counter=0; // 采样计数从 0 计到 BLOCKSIZE-1,
   // 然后触发处理并返回 0
volatile int static processing_trigger=0;
   // 当被设置为 1 时, 开始处理
   // 在处理期间设置为 2, 在处理完成时返回 0

// 2 个音频通道采样
int16_t static left_channel_in;
int16_t static right_channel_in;
int16_t static left_channel_out;
int16_t static right_channel_out;

int main(void) {
  int i;

  // 乒乓缓冲数据初始化
  for (i=0;i<BLOCKSIZE;i++) {
    OutputValues_A[i] = 0.0f;
    OutputValues_B[i] = 0.0f;
    }

  // 双二阶滤波器初始化
```

```
    arm_biquad_cascade_df2T_init_f32 (&S, NUM_SECTIONS_IIR, &(iirCoeffsf32[0]), &
(iirStatesf32[0]));

  audio_init();                   // 音频接口初始化

  // 等待 I²S IRQ 中断发生，并执行中断服务
  // WFE 休眠用来实现节能
  while(1){
    if (processing_trigger>0) {
    // 当一个数据块采样时，通过 I2S_Handler 把 processing_trigger 置 1
      processing_trigger=2; // 指明双二阶滤波器正在运行
      if (PingPongState==0) {
        arm_biquad_cascade_df2T_f32 (&S, &InputValues_A[0], &OutputValues_A[0],
BLOCKSIZE); // 滤波
      } else {
        arm_biquad_cascade_df2T_f32 (&S, &InputValues_B[0], &OutputValues_B[0],
BLOCKSIZE); // 滤波
      } // endif-if (PingPongState==0)
      processing_trigger=0; // 返回状态 0
    } // end-if (processing_trigger!=0)
    __WFE(); // 处理完成后进入睡眠状态
  }

}
/***********************************************************************/
/* I²S 音频 IRQ 中断处理，48kHz 时触发                    */
/***********************************************************************/
void I2S_Handler(void) {
  int local_Sample_Counter;

  // Sample_Counter 从 0 计到 BLOCKSIZE-1
  local_Sample_Counter = Sample_Counter;

  // 从 ADC 读取采样值
  read_sample(&left_channel_in, &right_channel_in);

  if (PingPongState==0) {
  InputValues_B[local_Sample_Counter] = (float) left_channel_in;
    left_channel_out=(int16_t) OutputValues_B[local_Sample_Counter];
  } else {
    InputValues_A[local_Sample_Counter] = (float) left_channel_in;
    left_channel_out=(int16_t) OutputValues_A[local_Sample_Counter];
  }
  right_channel_out = right_channel_in; // 仅处理左通道

  // DAC 写入采样值
  play_sample(&left_channel_out, &right_channel_out);

  local_Sample_Counter++;
```

```
  if (local_Sample_Counter>=BLOCKSIZE) {
    // 切换乒乓缓冲
    local_Sample_Counter = 0;
    PingPongState = (PingPongState+1) & 0x1; // 切换乒乓状态
    if (processing_trigger==2) {
      // Biquad 仍在运行——发生超时错误
      __BKPT(1); // 出错
    } else {
      processing_trigger = 1; // 开启新的双二阶滤波器
    }
  }
  Sample_Counter = local_Sample_Counter; // 保存新的 Sample_Counter

  return;
}
```

在实际应用中，设备可能有多个中断源。在处理器短时间内接收到大量中断请求这种不太常见的场景中，滤波器函数可能无法在接收到下一个样本块之前完成处理。为了检测何时发生这种情况，在 I²S 处理程序内部执行检查。如果接收到一个样本块时，processing_trigger 的值仍为 2，则将其标记为错误，因为这意味着以线程模式运行的滤波器处理函数仍在运行中。

20.6.3 低优先级滤波处理

为了减少处理器无法及时完成下一个数据块的滤波处理的可能性，滤波处理函数可以作为一个低优先级（即比音频接口中断的优先级低）的中断处理程序运行。这种安排还允许我们在线程级别运行一些慢处理函数（非实时）。通过把滤波器作为中断处理程序运行，可以以线程级后台操作的形式把用于测量滤波器的处理持续时间和显示结果的代码（使用 printf 语句）添加到项目中。这样就避免了滤波器处理的延迟。

在下面的示例中，使用的滤波器算法与前一个示例中所使用的相同，但滤波器数是在 PendSV 异常处理程序内部执行的。

```
// ASN 滤波设计专家 v4.3.3
// Fri, 07 Feb 2020 18:41:12 GMT

// ** 主滤波器 (H1)**
////频段 #    频率 (kHz)            Att/ 纹波 (dB)
//    1    0.000,    2.400        0.001
//    2   12.000,   24.000       80.000
////
// Arithmetic = 'Floating Point (Single Precision)';
// Architecture = 'IIR';
// Structure = 'Direct Form II Transposed';
// Response = 'Lowpass';
// Method = 'Butterworth';
```

```c
// Biquad = 'Yes';
// Stable = 'Yes';
// Fs = 48.0000; //kHz
// Filter Order = 8;

// ** ASN 滤波器设计代码自动生成器 **
// ** 使用 Arm CMSIS-DSP 架构 **

// 调用的头文件
#include "IOTKit_CM33_FP.h"
#include "arm_math.h" // CMSIS-DSP 库头文件
#include "stdio.h"

extern uint8_t audio_init(void); // 音频硬件初始化
extern void read_sample(int16_t *left, int16_t *right);
extern void play_sample(int16_t *left, int16_t *right);
void I2S_Handler(void);
void PendSV_Handler(void);

#define BLOCKSIZE 32

#define NUM_SECTIONS_IIR 4

// ** IIR 直接 II 型转置双二阶滤波器实现 **
// y[n] = b0 * x[n] + w1
// w1 = b1 * x[n] + a1 * y[n] + w2
// w2 = b2 * x[n] + a2 * y[n]

// IIR 系数

float32_t const static iirCoeffsf32[NUM_SECTIONS_IIR*5] =
        {// b0, b1, b2, a1, a2
          0.0582619f, 0.1165237f, 0.0582619f, 1.0463270f, -0.2788444f,
          0.0615639f, 0.1231277f, 0.0615639f, 1.1071010f, -0.3531238f,
          0.0688354f, 0.1376707f, 0.0688354f, 1.2402050f, -0.5158056f,
          0.0815540f, 0.1631081f, 0.0815540f, 1.4713260f, -0.7982877f
        };
float32_t static iirStatesf32[NUM_SECTIONS_IIR*5];

static arm_biquad_cascade_df2T_instance_f32 S;

// 乒乓缓冲
float32_t static InputValues_A[BLOCKSIZE];
float32_t static OutputValues_A[BLOCKSIZE];
float32_t static InputValues_B[BLOCKSIZE];
float32_t static OutputValues_B[BLOCKSIZE];
volatile int static PingPongState=0; // 为 0 时处理 A, I/O =B
                                     // 为 1 时处理 B, I/O = A
volatile int static Sample_Counter=0; // 采样计数：从 0 计到 BLOCKSIZE-1,
 // 触发处理, 并返回 0
```

```
volatile int static processing_trigger=0;
// 当被设置为 1 时开始处理
// 在处理期间设置为 2, 在处理完成时返回 0

// 两个音频通道采样
int16_t static left_channel_in;
int16_t static right_channel_in;
int16_t static left_channel_out;
int16_t static right_channel_out;

// 每块样本的周期数
#define CPUCYCLE_MAX ((20000000/48000)*BLOCKSIZE)
static volatile uint32_t cycle_cntr=0;

int main(void) {
  int i;

// 乒乓缓冲数据初始化
for (i=0;i<BLOCKSIZE;i++) {
   OutputValues_A[i] = 0.0f;
   OutputValues_B[i] = 0.0f;
   }

// 双二阶滤波器初始化
arm_biquad_cascade_df2T_init_f32 (&S, NUM_SECTIONS_IIR, &(iirCoeffsf32[0]), &
(iirStatesf32[0]));

NVIC_SetPriority(PendSV_IRQn, 7); // PendSV 设置为低优先级

audio_init();        // 音频接口初始化

// 等待 I²S IRQ 发生, 并处理中断
while(1){
   printf ("cpu load=%d percent\n", (100*cycle_cntr/CPUCYCLE_MAX));
}

}
/*****************************************************************************/
/* PendSV 处理程序, 在 48KHz/BLOCKSIZE 触发               */
/*****************************************************************************/
void PendSV_Handler(void)
{
     processing_trigger=2; // 指明双二阶滤波器正在运行
     SysTick->LOAD=0x00FFFFFFUL;
     SysTick->VAL=0;
     SysTick->CTRL=SysTick_CTRL_CLKSOURCE_Msk|SysTick_CTRL_ENABLE_Msk;

     if (PingPongState==0) {
          arm_biquad_cascade_df2T_f32 (&S, &InputValues_A[0], &OutputValues_A[0],
BLOCKSIZE); // 滤波
```

```
        } else {
            arm_biquad_cascade_df2T_f32 (&S, &InputValues_B[0], &OutputValues_B[0],
BLOCKSIZE); // 滤波
        } // endif-if (PingPongState==0)
        processing_trigger=0; // 返回状态 0
        cycle_cntr = 0x00FFFFFFUL - SysTick->VAL;
        SysTick->CTRL=0;
        return;
}
/*************************************************************************/
/*  I2S 音频中断处理，在 48kHz 触发                                        */
/*************************************************************************/
void I2S_Handler(void) {
 int local_Sample_Counter;

 // Sample_Counter 从 0 到 BLOCKSIZE-1 计数
 local_Sample_Counter = Sample_Counter;

 // 从 ADC 读取采样值
 read_sample(&left_channel_in, &right_channel_in);

 if (PingPongState==0) {
 InputValues_B[local_Sample_Counter] = (float) left_channel_in;
    left_channel_out=(int16_t) OutputValues_B[local_Sample_Counter];
 } else {
    InputValues_A[local_Sample_Counter] = (float) left_channel_in;
    left_channel_out=(int16_t) OutputValues_A[local_Sample_Counter];
 }
right_channel_out = right_channel_in; // 仅处理左通道

// 向 DAC 写入采样数据
play_sample(&left_channel_out, &right_channel_out);

local_Sample_Counter++;
if (local_Sample_Counter>=BLOCKSIZE) {
    // 触发乒乓缓冲
    local_Sample_Counter = 0;
 PingPongState = (PingPongState+1) & 0x1; // 乒乓状态翻转
 if (processing_trigger==2) {
    // 双二阶滤波器仍在运行——发生超时错误
    __BKPT(1); // 出错
    } else {
    processing_trigger = 1; // 启用新的双二阶滤波器
    SCB->ICSR |= SCB_ICSR_PENDSVSET_Msk; // 触发 PendSV
  }
 }
Sample_Counter = local_Sample_Counter; // 保存新的 Sample_Counter
```

```
    return;
  }
```

我正使用的 FPGA 平台包含一个运行频率为 20MHz 的 Cortex-M33 处理器，实测的处理负载约为 22%。请注意，实测的处理器利用率超过了滤波器处理时间，因为它还包括处理音频接口中断服务所需的时钟周期。

20.6.4　使用 RTOS 进行滤波处理

在许多应用程序中，RTOS 用于管理大量处理任务。使用现代 RTOS 的任务优先级功能，我们可以将滤波处理优先于其他对时间性要求不高的处理任务，从而达到与使用低优先级异常处理程序运行滤波器处理功能相同的效果。

在下面的示例中，使用 RTX RTOS 来演示如何把滤波器处理任务作为 RTOS 环境中的应用程序线程之一来执行。为了能够执行音频接口中断触发的滤波器处理任务，使用了操作系统事件、滤波处理任务（即以下代码中的 biquad_processing()）等操作系统事件，并在接收到来自音频接口中断处理程序，即 I2S_Handler() 的操作系统事件时继续执行。

```
// ASN 滤波器设计专家 v4.3.3
// Fri, 07 Feb 2020 18:41:12 GMT

// ** 主滤波器 (H1)**

////频段 #        频率 (kHz)              Att/ 纹波 (dB)
//   1       0.000,    2.400          0.001
//   2      12.000,   24.000         80.000
////
// Arithmetic = 'Floating Point (Single Precision)';
// Architecture = 'IIR';
// Structure = 'Direct Form II Transposed';
// Response = 'Lowpass';
// Method = 'Butterworth';
// Biquad = 'Yes';
// Stable = 'Yes';
// Fs = 48.0000; //kHz
// Filter Order = 8;

// ** ASN 滤波器设计代码自动生成器 **
// ** 使用Arm CMSIS-DSP 架构 **

// 调用的头文件
//#include "IOTKit_CM33_FP.h"
#include "SMM_MPS2.h"

#include "arm_math.h" // CMSIS-DSP 库头文件
#include "stdio.h"
#include "cmsis_os2.h"
```

```
extern uint8_t audio_init(void); // 音频硬件初始化
extern void read_sample(int16_t *left, int16_t *right);
extern void play_sample(int16_t *left, int16_t *right);
void        biquad_processing (void *arg);
void        report_utilization (void *arg);

void I2S_Handler(void);

osEventFlagsId_t evt_id;   // 消息事件 id
osThreadId_t      biquad_tread_id;
osThreadId_t      report_tread_id;
#define FLAGS_MSK1 0x00000001ul
const osThreadAttr_t report_thread1_attr = {
.stack_size = 1024      // 创建线程栈, 大小为 1024 字节
};

#define BLOCKSIZE 32

#define NUM_SECTIONS_IIR 4

// ** IIR 直接 II 型双二阶滤波器实现 **
// y[n] = b0 * x[n] + w1
// w1 = b1 * x[n] + a1 * y[n] + w2
// w2 = b2 * x[n] + a2 * y[n]

// IIR 系数

float32_t const static iirCoeffsf32[NUM_SECTIONS_IIR*5] =
        {// b0, b1, b2, a1, a2
            0.0582619f, 0.1165237f, 0.0582619f, 1.0463270f, -0.2788444f,
            0.0615639f, 0.1231277f, 0.0615639f, 1.1071010f, -0.3531238f,
            0.0688354f, 0.1376707f, 0.0688354f, 1.2402050f, -0.5158056f,
            0.0815540f, 0.1631081f, 0.0815540f, 1.4713260f, -0.7982877f
        };

float32_t static iirStatesf32[NUM_SECTIONS_IIR*5];

static arm_biquad_cascade_df2T_instance_f32 S;

// 乒乓缓冲
float32_t static InputValues_A[BLOCKSIZE];
float32_t static OutputValues_A[BLOCKSIZE];
float32_t static InputValues_B[BLOCKSIZE];
float32_t static OutputValues_B[BLOCKSIZE];
volatile int static PingPongState=0;  // 为 0 时处理 A, I/O = B
                                  // 为 1 时处理 B, I/O = A
volatile int static Sample_Counter=0; // 采样计数, 从 0 计到 BLOCKSIZE-1 触发处理
                                   并返回 0
volatile int static processing_trigger=0;
```

```
  // 当被设置为 1 时，开始处理
  // 在处理期间设置为 2，在处理完成时返回 0

// 2 个音频通道采样
int16_t static left_channel_in;
int16_t static right_channel_in;
int16_t static left_channel_out;
int16_t static right_channel_out;
  // 每个采样块的周期数
  #define CPUCYCLE_MAX ((20000000/48000)*BLOCKSIZE)
  static volatile uint32_t cycle_cntr=0;

  int main(void) {
    int i;
    osStatus_t status;

    // 乒乓缓冲数据初始化
    for (i=0;i<BLOCKSIZE;i++) {
      OutputValues_A[i] = 0.0f;
      OutputValues_B[i] = 0.0f;
      }

    // 双二阶滤波器初始化
    arm_biquad_cascade_df2T_init_f32 (&S, NUM_SECTIONS_IIR, &(iirCoeffsf32[0]), &
(iirStatesf32[0]));

    osKernelInitialize(); // CMSIS-RTOS 初始化
    // 创建 biquad_processing 线程
    biquad_tread_id=osThreadNew(biquad_processing, NULL, NULL);
    // 设置线程优先级
    status = osThreadSetPriority (biquad_tread_id, osPriorityRealtime);
    if (status == osOK) {
      // 线程优先级修改成功
    }
    else {
      // 优先级设置失败
      __BKPT(0);
    }

    // 创建一个线程来报告处理器的利用率
    report_tread_id=osThreadNew(report_utilization, NULL, &report_thread1_attr);
    // 设置线程优先级
    status = osThreadSetPriority (report_tread_id, osPriorityNormal);
    if (status == osOK) {
      // 线程优先级修改成功
    }
    else {
      // 优先级设置失败
```

```
    __BKPT(0);
  }

  evt_id = osEventFlagsNew(NULL); // 创建一个事件对象
  audio_init();          // 音频接口初始化

  osKernelStart();      // 启动线程
  while(1);

}
/*************************************************************************/
/* 双二阶滤波器线程，48kHz/BLOCKSIZE 下触发                              */
/*************************************************************************/
void biquad_processing (void *arg)
{
  uint32_t flags;
  while (1) {
    flags = osEventFlagsWait (evt_id,FLAGS_MSK1,osFlagsWaitAny, osWaitForever);
    processing_trigger=2; // 指明双二阶滤波器正在运行
    MPS2_SECURE_FPGAIO->COUNTER=0;

    if (PingPongState==0) {
      arm_biquad_cascade_df2T_f32 (&S, &InputValues_A[0], &OutputValues_A[0],
BLOCKSIZE); // 滤波
    } else {
      arm_biquad_cascade_df2T_f32 (&S, &InputValues_B[0], &OutputValues_B[0],
BLOCKSIZE); // 滤波
    } // endif-if (PingPongState==0)
    processing_trigger=0; // 返回 0
    cycle_cntr = MPS2_FPGAIO->COUNTER;
  }
  return;
}
/*************************************************************************/
/* 处理器负载报告线程                                                    */
/*************************************************************************/
void report_utilization (void *arg)
{
  while (1) {
    osDelay(1000);
    printf ("cpu load=%d percent\n", (100*cycle_cntr/CPUCYCLE_MAX));
  }
}

/*************************************************************************/
/* I²S 音频 IRQ 处理器，48kHz 下触发                                     */
/*************************************************************************/
void I2S_Handler(void) {
  int local_Sample_Counter;
```

```
  // Sample_Counter 从 0 计到 BLOCKSIZE-1
  local_Sample_Counter = Sample_Counter;

  // 从 ADC 读取采样值
  read_sample(&left_channel_in, &right_channel_in);

  if (PingPongState==0) {
  InputValues_B[local_Sample_Counter] = (float) left_channel_in;
    left_channel_out=(int16_t) OutputValues_B[local_Sample_Counter];
  } else {
    InputValues_A[local_Sample_Counter] = (float) left_channel_in;
    left_channel_out=(int16_t) OutputValues_A[local_Sample_Counter];
  }
  right_channel_out = right_channel_in; // 只处理左通道

  // 采样值写入 DAC
  play_sample(&left_channel_out, &right_channel_out);

  local_Sample_Counter++;
  if (local_Sample_Counter>=BLOCKSIZE) {
    // 触发乒乓缓冲
    local_Sample_Counter = 0;
    PingPongState = (PingPongState+1) & 0x1; // 触发乒乓状态
    if (processing_trigger==2) {
      // 双二阶滤波器仍在运行——发生超时错误
      __BKPT(1); // Error
    } else {
      processing_trigger = 1; // 启用新的双二阶滤波器
      osEventFlagsSet(evt_id, FLAGS_MSK1);
    }
  }
  Sample_Counter = local_Sample_Counter; // 保存新的 Sample_Counter

  return;
}
```

当在 RTOS 中运行滤波处理任务时，你可能会发现与 20.6.3 节中提到的示例中的处理时间相比，其完成滤波处理任务所需的处理时间会增加。这是因为测量的处理时间要包括以下执行任务：

- 音频中断服务。
- 音频滤波处理。
- 操作系统滴答异常处理程序。
- 其他实时线程。

20.6.5 立体声音频双二阶滤波器

在许多音频应用程序中，滤波处理任务需要处理立体声音频数据。处理这个任务的一个简单方法是运行两次过滤算法：一次用于左通道，一次用于右通道。为了提高处理效率，CMSIS-DSP 库还提供了处理立体数据的双二阶滤波器函数。

当处理立体声数据时，左右通道的值是交错的。由于合并了左右通道，输入和输出缓冲区是原来大小的两倍。因为两个通道都应用了相同的滤波，所以两个通道之间的滤波系数是共享的。立体声滤波器代码如下所示：

```
// ASN 滤波器设计专家 v4.3.3
// Fri, 07 Feb 2020 18:41:12 GMT

// ** 主滤波器 (H1)**

////频段 #      频率 (kHz)       Att/ 纹波 (dB)
//    1       0.000,    2.400    0.001
//    2      12.000,   24.000   80.000
////
// 运算 = ' 浮点 (单精度)';
// 架构 = 'IIR';
// 结构 = ' 直接 II 型转置结构;
// 响应 = ' 低通 ';
// 方法 = ' 巴特沃斯法 ';
// Biquad = ' 是 ';
// 稳定性 = ' 是 ';
// Fs = 48.0000; //kHz
// 滤波器阶数 = 8;

// ** ASN 滤波器设计代码自动生成器 **
// ** 使用 Arm CMSIS-DSP 架构 **

// 调用的头文件
#include "IOTKit_CM33_FP.h"
#include "arm_math.h" // CMSIS-DSP 库头文件

extern uint8_t audio_init(void); // 音频硬件初始化
extern void read_sample(int16_t *left, int16_t *right);
extern void play_sample(int16_t *left, int16_t *right);
void I2S_Handler(void);
#define BLOCKSIZE 32

#define NUM_SECTIONS_IIR 4

// ** IIR 直通 II 型转置双二阶滤波器实现 **
// y[n] = b0 * x[n] + w1
// w1 = b1 * x[n] + a1 * y[n] + w2
// w2 = b2 * x[n] + a2 * y[n]

// IIR 系数
float32_t const static iirCoeffsf32[NUM_SECTIONS_IIR*5] =
```

```
            {// b0, b1, b2, a1, a2
                0.0582619f, 0.1165237f, 0.0582619f, 1.0463270f, -0.2788444f,
                0.0615639f, 0.1231277f, 0.0615639f, 1.1071010f, -0.3531238f,
                0.0688354f, 0.1376707f, 0.0688354f, 1.2402050f, -0.5158056f,
                0.0815540f, 0.1631081f, 0.0815540f, 1.4713260f, -0.7982877f
            };

float32_t static iirStatesf32[NUM_SECTIONS_IIR*5];

static arm_biquad_cascade_stereo_df2T_instance_f32 S;

// 乒乓缓冲
float32_t static InputValues_A[BLOCKSIZE*2];
float32_t static OutputValues_A[BLOCKSIZE*2];
float32_t static InputValues_B[BLOCKSIZE*2];
float32_t static OutputValues_B[BLOCKSIZE*2];
volatile int static PingPongState=0; // 为 0 时处理 A, I/O = B
                                     // 为 1 时处理 B, I/O = A
volatile int static Sample_Counter=0; // 采样计数；从 0 计到 BLOCKSIZE-1
  // 触发处理，并返回 0
volatile int static processing_trigger=0;
  // 当被设置为 1 时，开始处理
  // 在处理期间设置为 2，在处理完成时返回 0

// 两个音频通道采样
int16_t static left_channel_in;
int16_t static right_channel_in;
int16_t static left_channel_out;
int16_t static right_channel_out;

int main(void) {
  int i;

  // 乒乓缓冲数据初始化

  for (i=0;i<BLOCKSIZE*2;i++) {
    OutputValues_A[i] = 0.0f;
    OutputValues_B[i] = 0.0f;
    }

  // 双二阶滤波器初始化
  arm_biquad_cascade_stereo_df2T_init_f32 (&S, NUM_SECTIONS_IIR, &(iirCoeffsf32[0]),
&(iirStatesf32[0]));

  audio_init();      // 音频接口初始化

  // 等待 I²S IRQ 中断发生，并处理中断
  // WFE 休眠用来实现节能
  while(1){
    if (processing_trigger>0) {
```

```
     // 当一个数据块采样时, 通过 I2S_Handler 把 processing_trigger 置为 1
       processing_trigger=2; // 指明双二阶滤波器正在运行
       if (PingPongState==0) {
         arm_biquad_cascade_stereo_df2T_f32 (&S, &InputValues_A[0], &OutputValues_A[0],
BLOCKSIZE); //滤波
       } else {
         arm_biquad_cascade_stereo_df2T_f32 (&S, &InputValues_B[0], &OutputValues_B[0],
BLOCKSIZE); //滤波
       } // endif-if (PingPongState==0)
       processing_trigger=0; // 返回状态 0
     } // end-if (processing_trigger!=0)
     __WFE(); // 处理完成后进入睡眠状态

  }

}
/*************************************************************************/
/* I2S 音频 IRQ 中断处理, 48kHz 下触发                 */
/*************************************************************************/
void I2S_Handler(void) {
  int local_Sample_Counter;

  // Sample_Counter 从 0 计到 BLOCKSIZE-1
  local_Sample_Counter = Sample_Counter*2;

  // 从 ADC 读取采样值
  read_sample(&left_channel_in, &right_channel_in);

  if (PingPongState==0) {
    InputValues_B[local_Sample_Counter ] = (float) left_channel_in;
    InputValues_B[local_Sample_Counter+1] = (float) right_channel_in;
    left_channel_out =(int16_t) OutputValues_B[local_Sample_Counter];
    right_channel_out=(int16_t) OutputValues_B[local_Sample_Counter+1];
  } else {
    InputValues_A[local_Sample_Counter] = (float) left_channel_in;
    InputValues_A[local_Sample_Counter+1] = (float) right_channel_in;
    left_channel_out =(int16_t) OutputValues_A[local_Sample_Counter];
    right_channel_out=(int16_t) OutputValues_A[local_Sample_Counter+1];
  }

  // 向 DAC 写入采样值
  play_sample(&left_channel_out, &right_channel_out);

  local_Sample_Counter=local_Sample_Counter+2;
  if (local_Sample_Counter>=(2*BLOCKSIZE)) {
    // 切换乒乓缓冲器
    local_Sample_Counter = 0;
    PingPongState = (PingPongState+1) & 0x1; // 切换乒乓状态
    if (processing_trigger==2) {
```

```
      // Biquad 仍在运行——发生超时错误
      __BKPT(1); // 出错
    } else {
      processing_trigger = 1; // 启动新的双二阶滤波器
    }
  }
  Sample_Counter = local_Sample_Counter>>1; // 保存新的 Sample_Counter

  return;
}
```

20.6.6　备选缓冲区设计

到目前为止，详细的实时滤波示例使用了两对输入和输出缓冲区，即总共有四个缓冲区空间块。在具有少量 SRAM 空间的微控制器系统中，通常希望减少 SRAM 的使用。为此需要使用另一种缓冲区设计，如图 20.21 所示，在这种迭代式缓冲区设计中：

❑ 使用了 3 个缓冲区。
❑ 每个缓冲区同时用于输入和输出。
❑ 缓冲系统有 3 种状态（不同于之前使用的两种乒乓状态的例子）。

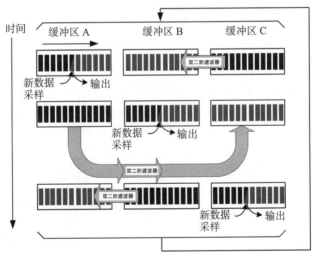

图 20.21　实时滤波器的另一种缓冲区设计

虽然这种设计可以减少内存使用量，但因为每个缓冲区都用于输入和输出，所以软件调试起来会比较困难。

20.7　如何确定基于 Cortex-M33 的系统所支持的指令集特性

由于 FPU 和 DSP 扩展在 Cortex-M33 处理器中是可选的，因此基于 Cortex-M33 的设备可能并不支持这些扩展。通常，从设备的规格 / 数据手册中可以找到支持功能的信息，但在某些情况下，你可能需要通过调试连接或在系统上执行软件来确定在芯片中是否支持该功能。

Cortex-M33 处理器包括许多只读寄存器，软件或调试器可以通过这些寄存器来确定处理器支持哪些指令集特性（见表 20.2）。

除了直接读取表 20.2 中列出的寄存器外，CMSIS-CORE 中还有一个函数，可用于确定支持的 FPU 类型。该函数为：

```
uint32_t SCB_GetFPUTyper(void);
```

它返回以下值：

❑ 0——不支持 FPU。

❑ 1——支持单精度的 FPU。

❑ 2——支持双精度和单精度 FPU。

表 20.2   Cortex-M33 处理器中用来确定所支持指令集的寄存器

寄存器	地址（非安全别名）	CMSIS–CORE 符号	描述
ID_ISAR1	0xE000ED64 (0xE002ED64)	SCB-> ID_ISAR[1] SCB_NS-> ID_ISAR[1]	指令集属性寄存器 1 • 若不支持 DSP 扩展，则该寄存器读取为 0X02211000 • 若支持 DSP 扩展，则该寄存器读取为 0x02212000
ID_ISAR2	0xE000ED68 (0xE002ED68)	SCB-> ID_ISAR[2] SCB_NS-> ID_ISAR[2]	指令集属性寄存器 2 • 位 [11:8] 带掩码，如果不支持 DSP 扩展，该寄存器读取为 0x20112032 • 位 [11:8] 带掩码，当支持 DSP 扩展时，该寄存器读取为 0x20232032
ID_ISAR3	0xE000ED6C (0xE002ED6C)	SCB-> ID_ISAR[3] SCB_NS-> ID_ISAR[3]	指令集属性寄存器 3 • 若不支持 DSP 扩展，则该寄存器读取为 0X01111110 • 若支持 DSP 扩展，则该寄存器读取为 0x01111131
MVFR0	0xE000EF40 (0xE002EF40)	FPU->MVFR0 FPU_NS-> MVFR0	媒体和 VFP 特性寄存器 0 • 如果不支持浮点扩展，该寄存器读取为 0x00000000 • 当只支持单精度浮点单元时，该寄存器读为 0x10110021 • 当支持单精度和双精度浮点单元时，该寄存器读取为 0x10110221（Cortex-M33 处理器不支持此配置）
MVFR1	0xE000EF44 (0xE002EF44)	FPU->MVFR1 FPU_NS-> MVFR1	媒体和 VFP 特性寄存器 1 • 如果不支持浮点扩展，该寄存器读取为 0x00000000。当只支持单精度浮点单元时，该寄存器读取为 0x11000011 • 当支持单精度和双精度浮点时，该寄存器读取为 0x12000011（Cortex-M33 处理器不支持此配置）
MVFR2	0xE000EF48 (0xE002EF48)	FPU->MVFR2 FPU_NS-> MVFR2	媒体和 VFP 特性寄存器 2 • 如果不支持浮点扩展，则该寄存器读取为 0x00000000 • 当支持浮点单元，这个寄存器读取为 0x00000040

参考文献

[1] CMSIS-DSP library documentation. https://arm-software.github.io/CMSIS_5/DSP/html/index.html.

[2] The Advanced Solution Nederland web site has a good article on filter design. Classical IIR filter design: a practical guide. http://www.advsolned.com/iir-filters-a-practical-guide/.

第 21 章

进 阶 主 题

21.1 关于栈内存保护的更多信息

21.1.1 确定栈内存的使用情况

栈溢出是常见的软件问题，会导致软件故障和安全漏洞。在 Armv8-M 架构中，引入了栈限制检查功能来增强嵌入式应用程序的安全性。有关此特性以及主栈保护的信息，请参考 11.4 节。尽管栈检查特性非常有效，然而，为了避免潜在的栈问题，最好还是确保为栈预留出足够的内存空间。因此，我们应该预估应用程序所需的栈数量，以便能够正确配置栈内存空间。

目前已经开发了几种预估栈大小的方法。传统上，软件开发人员通常使用预定义方式（例如，0xDEADBEEF）填充 SRAM，接着在程序执行一小段时间后暂停处理器，然后，检查栈内容，从而确定使用了多少栈空间。在一定程度上，该方法是可行的，只是由于可能并没有触发最大栈使用条件，该方法不是很准确。

在某些工具链中，可以利用项目编译完成后的报告来估算所需的栈大小。例如，如果你正在使用：

1）Keil MDK：编译完成后，项目目录下的 HTML 文件能够给出函数将使用的最大栈大小。

2）IAR 嵌入式工作台：启用两个项目选项后（链接器 list 选项卡中的 Generate linker map file 选项和链接器 Advanced 选项卡中的 Enable stack usage analysis 选项）再编译，然后在 Debug/List 子目录中的链接器报告（.map）中可以看到 Stack Usage 段落。

还有一些软件分析工具能够提供栈使用情况的报告，并另外提供详细信息来帮助你提高程序代码的质量。

虽然编译工具可以报告函数的栈使用情况，包括函数调用链中的整体栈使用情况，但该分析不包括异常处理所需要的额外栈空间。软件开发人员必须通过以下方法自行估算：

步骤 1：根据异常优先级级别配置来查看中断 / 异常嵌套的最大级数。

步骤 2：估算并把异常处理程序的栈和栈帧的大小相加，估算异常处理在最坏情况下的栈需求。

但是，如果存在栈问题，比如软件栈泄露，编译报告文件和其他栈分析方法都将无济于事。因此，在某些应用程序中，仍旧需要更进一步的机制来检测栈溢出错误。

21.1.2 栈溢出检查

虽然 Armv8-M 架构引入了栈限制检查功能，但该功能不适用于 Cortex-M23 处理器中的非安全区域。幸运的是，还有其他几种方法可以检查栈溢出。

方法之一是使用 MPU 检查栈溢出，即使用 MPU 为栈应用定义一个 MPU 区域，或者使用 MPU 在栈空间末尾定义一个只读内存区域，该区域留给硬故障异常处理程序。通过将 MPU_CTRL.HFNMIENA（第 12 章中的表 12.3）设置为 0，即使发生了栈溢出，硬故障异常仍然会绕过 MPU，通过使用保留的 SRAM 正确执行。

另一种方法是将线程栈（使用进程栈指针）和处理程序栈（使用主栈指针）分离，并将线程栈放置在靠近 SRAM 底部的空间位置，该方法仅适用于裸机应用程序。当栈在压栈操作期间发生溢出时，由于数据传输不再位于有效的内存区域中，因此处理器会接收到一个总线错误响应，并执行故障处理程序。在这种情况下，由于故障处理程序使用的是处理程序栈，因此其仍然能够正确运行。有关分离线程栈和处理程序栈的更多信息可参见 11.3.3 节。

在软件开发过程中，还可以在栈内存限制位置设置数据监测点（一种调试特性），通过监测点来检查非安全区域中的栈溢出。如果压栈操作达到限制，数据监测点事件会停止处理器的运行，以便软件开发人员分析该问题。由于 Cortex-M23 处理器不支持调试监控器异常，因此，该方法只能在暂停模式调试时使用。安全区域或 Cortex-M33 处理器可以使用栈限制检查功能，无须这样做。

对于具有操作系统的应用程序，操作系统会在每次上下文切换时检查进程栈指针（PSP）的值，从而确保应用程序任务只使用分配的栈空间。虽然这不如使用 MPU 可靠，但在设计 RTOS 时仍是一个易于实现的有效方法。

如果你正在结合 Keil MDK 工具链使用 RTX（Arm/Keil 的 RTOS），则可以通过在 RTX 配置文件（即 RTX_Config.h）中启用栈，使用水印特性来分析每个线程的栈使用情况。一旦启用了该特性并编译项目，就可以从 Keil MDK 调试器的 RTX RTOS 查看器窗口获取栈使用信息（通过下拉菜单 View → Watch Windows → RTX RTOS 实现）。

21.2 信号量、加载获取和存储释放指令

在 5.7.12 节中，我们引入了加载获取和存储释放指令。然后，在 11.7 节中，介绍了独占访问操作和信号量之间的关系。本节将介绍如何在信号量 / 互斥量中使用加载获取和存储释放指令。

互斥量是一种特殊形式的信号量，它只有一个可用令牌，管理对共享资源的访问。当使用互斥锁时，只有一个软件进程在授予令牌后可以访问共享资源。

信号量 / 互斥量操作分为两部分——获取信号量 / 互斥量和释放信号量 / 互斥量。使用

传统的独占访问指令，最简单的互斥量获取代码如下：

```
// 使用互斥锁 MUTEX（互斥）锁定共享资源的函数
void acquire_mutex(volatile int * Lock_Variable)
{ // 注意：__LDREXW 和 __STREXW 是 CMSIS-CORE 库中的函数
  int status;
  do {
    while ( __LDREXW(Lock_Variable) != 0);
        // 轮询：等待锁变量释放
    status = __STREXW(1, Lock_Variable);
        // 使用 STREX 指令将 Lock_Variable 设置为 1
  } while (status != 0);
        // 重复"读-修改-写"操作，直到锁定成功
  __DMB(); // 数据存储屏蔽
  return;
}
```

一旦不再需要共享资源，释放信号量的代码如下：

```
// 使用互斥锁 MUTEX（互斥）释放共享资源的函数
void release_mutex(volatile int * Lock_Variable)
{
  __DMB();             // 数据存储屏蔽
  Lock_Variable = 0; // 清除锁变量释放信号量
  return;
}
```

为了防止给内存访问重新排序导致应用程序功能出错，这两个函数都需要一条数据内存屏障（DMB）指令。Armv8-M 架构中允许对内存访问重新排序，这是一种在高端处理器中用来提升性能的常用优化技术。尽管 Cortex-M23 和 Cortex-M33 处理器不支持对内存访问重新排序，但通过向上述互斥函数（acquire_mutex() 和 release_mutex()）中添加 DMB（或 DSB）内存屏障指令，可以确保程序代码在高端 Arm 处理器上重用。本质上，DMB（或 DSB）指令通过以下方式保护互斥量 / 信号量操作：

❑ 在 acquire_mutex() 函数中，DMB 阻止处理器在获取互斥量之前对关键区域（由互斥量保护的代码序列）进行数据内存访问。
❑ 在 release_mutex() 函数中，DMB 确保在释放互斥锁之前，关键区域中的所有数据内存访问都已经完成。

这两个互斥函数的阻挡行为仅仅在一个方向上操作。然而，使用 DMB 指令确实会导

致 DMB 前后的内存访问的分离（一种屏障，将数据访问分为两个方向）。对于高端处理器，这可能会导致性能损失。例如在 acquire_mutex() 函数中，DMB 指令的执行会导致处理器的写缓冲区（如果实现了）被不必要地耗尽。

为解决这个问题，加载获取和存储释放指令包括了不需要使用 DMB 指令就能够使信号量代码安全运行的独占访问变体。使用这些指令，acquire_mutex() 函数可以被修改为：

```
// 使用互斥锁 MUTEX（互斥）锁定共享资源的函数
void acquire_mutex(volatile int * Lock_Variable)
{ // 注意：__LDAEX 和 __STREXW 是 CMSIS-CORE 库中的函数
 int status;
 do {
   while ( __LDAEX(Lock_Variable) != 0);
        // 轮询：等待锁变量释放
        // 注意：LDAEX 具有排序语义特性
   status = __STREXW(1, Lock_Variable);
        // 使用 STREX 指令将 Lock_Variable 设置为 1
 } while (status != 0);
        // 重复"读 – 修改 – 写"操作，直到锁定成功
 return;
 }
```

release_mutex() 函数可以被修改为：

```
// 使用互斥锁 MUTEX 释放共享资源的函数
void release_mutex(volatile int * Lock_Variable)
{
   __STL(0, Lock_Variable);
   // 清除锁变量释放信号量
   // 注意：STL 具有排序语义特性
   return;
 }
```

为进一步改进设计，可以修改 acquire_mutex() 中的轮询循环来防止浪费处理带宽和能量。当 Lock_Variable 非零时，表明互斥量已被另一个软件进程锁定，这时处理器可以进行以下处理：

❑ 如果 RTOS 正在运行，同时其他软件进程已准备好执行，则执行它们。

❑ 进入睡眠模式。

为了实现这一点，下面的示例给出了更新后的 acquire_mutex() 函数：

```
// 使用互斥锁 MUTEX 锁定共享资源的函数
void acquire_mutex(volatile int * Lock_Variable)
{ // 注意: __LDAEX 和 __STREXW 是 CMSIS-CORE 库中的函数
  int status;
  do {
    while ( __LDAEX(Lock_Variable) != 0){//等待锁变量释放
      osThreadYield(); //CMSIS-RTOS2 函数: 将控制权传递给下一个等待执行的线程
                      // 如果所有线程都处于等待状态 ( 即没有准备好执行 ),
                      // 那么处理器使用 WFE 指令进入睡眠

    }
    status = __STREXW(1, Lock_Variable);
        // 使用 STREX 指令将 Lock_Variable 设置为 1
  } while (status != 0);
        // 重复 "读 - 修改 - 写" 操作, 直到锁定成功
  return;
}
```

release_mutex() 函数修改如下:

```
// 使用互斥锁 MUTEX   释放共享资源的函数
void release_mutex(volatile int * Lock_Variable)
{
  __STL(0, Lock_Variable);
   // 清除锁变量, 释放信号量
   // 注意: STL 具有排序语义特性
  __DSB(); // 确保在执行 SEV 指令之前完成对 Lock_Variable 的写入

  __SEV(); // 发送事件
  return;
}
```

为了防止 SEV 指令产生的事件脉冲在写入 Lock_Variable 完成之前到达另一个处理器,需要一条数据同步屏障 (DSB) 指令。

通过这样处理, 互斥量 / 信号量可以跨越多个处理器工作。图 21.1 中给出了运行在两个独立处理器上的两个互斥操作的交互作用。

21.3 非特权中断处理程序

在 Cortex-M 处理器中, 异常处理程序默认在特权级别执行。这样能够以较低延迟来处理异常请求, 因此是必要的。如果没有这种特性, 则在处理异常请求之前, 必须对内存保护单元中的设置进行重新编程。这会产生延迟并增加软件开销。

然而在某些情况下, 基于安全原因, 在异常处理程序中执行非特权级别的某些函数是有好处的。例如, 处理程序可能需要在不受信任的第三方软件库中执行函数。在 Armv8-M

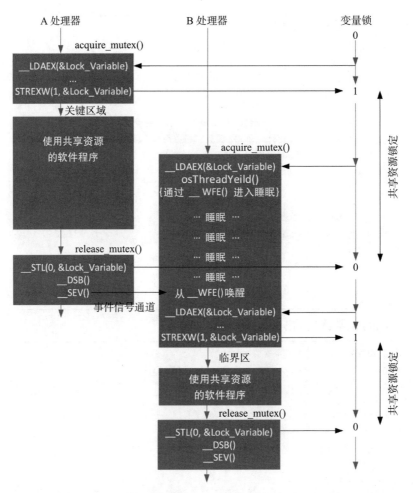

图 21.1　两个处理器之间的互斥量 / 信号量操作，处理器通过 SEV 指令释放信号量将另一个处理器从 WFE 休眠中唤醒

和 Armv7-M 架构处理器中，可以通过使用一个先前称为"启用非基本线程"的特性来实现。在 Armv7-M 架构中，可以通过设置配置和控制寄存器（SCB->CCR）的第 0 位来手动启用该功能。在 Armv8-M 架构处理器中，该功能总是作为异常处理架构的一部分被启用，并且不再使用"启用非基本线程"这个术语。

请谨慎使用该功能

由于需要调整栈指针并手动操作栈内存中的数据，软件开发人员在创建此类代码时必须仔细测试其操作。

要将处理程序的执行变更为非特权的，在结束中断处理程序之前，需要一个额外的异常处理（通常是 SV Call）来协助切换，将其恢复为特权的（见图 21.2）。

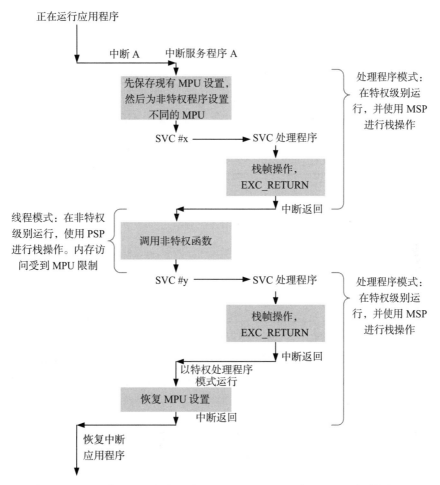

图 21.2　使用 SVC 服务将处理程序代码执行切换到非特权级别，然后再将其恢复到特权级别

在基于 TrustZone 的安全功能系统中，当将异常处理程序切换到非特权函数时，需要更新安全和非安全 MPU 设置。在创建处理 MPU 设置的代码时，可以采取两种不同的方法：

❑ 如果允许非特权函数调用替代安全区域中的函数，则替代安全状态的 MPU 设置也必须更新，以便跨越安全区域函数调用以正确的内存权限执行。

❑ 如果非特权函数不需要调用替代安全区域中的函数，则处理器的 MPU 可以设置为阻止代码在替代安全状态下执行。该设置可通过以下方式实现：

● 设置替代域的 MPU 只用于特权应用。

● 这是通过使用 MPU 的 MPU_CTRL.PRIVDEFENA 的控制位，并禁用所有 MPU 区域实现的。

● 通过设置替代域的 CONTROL.nPRIV 位为 1（即线程模式非特权）将替代域的线程模式配置为非特权的。

如果使用了第二种方法，并且非特权函数在替代安全状态下调用一个函数，则会发生

MPU 冲突，故障处理程序将执行一次完整的 MPU 重新配置，以便恢复非特权函数调用。

为了创建代码来演示异常处理程序如何在非特权状态下执行函数调用，我们首先需要创建一个包含 SVC 调用和对非特权代码调用的异常处理程序。在本例中使用了 SysTick 异常处理程序（请参阅下一节中的代码）。为了简化，示例中没有包括 MPU 设置。请注意，该函数的一部分会在非特权状态下执行，因此当在实际应用程序中为该函数定义 MPU 区域时，函数的程序代码（在特权状态和非特权状态之间切换处理器）应该放在非特权代码可访问的 MPU 区域中。

调用 SVC 服务和非特权处理程序的 SysTick 处理程序代码示例如下：

```c
void SysTick_Handler(void)
{
  // 注意：本例中跳过 MPU 配置代码
  __ASM("svc #0\n\t");
  unprivileged_handler(); // 调用非特权函数
  __ASM("svc #1\n\t");
  // 注意：本例中跳过了 MPU 设置的恢复
  return;
}
```

下一步是创建 SVC 处理程序。该处理程序基于第 11 章所示的 SVC 示例，它被分为一个在输入中断服务例程（ISR）时提取 EXC_RETURN 值和 MSP 值的汇编程序包，和用 C 语言编写的用于完成剩余操作的处理程序。C 处理程序返回一个值给汇编程序包，汇编程序包收到 EXC_RETURN 值后退出异常处理程序。SVC 处理程序的汇编程序包和 C 代码如下所示：

```c
#define PROCESS_STACK_SIZE 512
#define MEM32(ADDRESS) (*((unsigned long *)(ADDRESS)))
static uint32_t saved_exc_return;
static uint32_t saved_old_psp;
static uint32_t saved_old_psplim;
static uint32_t saved_control;
static uint64_t process_stack[PROCESS_STACK_SIZE/8];
void __attribute__((naked)) SVC_Handler(void)
{
  __asm volatile (
    "mov r0, lr\n\t"
    "mov r1, sp\n\t"
    "bl SVC_Handler_C\n\t"
    "bx r0\n\t"
    ); /* 在 C 语言中，SVC 处理程序使用 EXC_RETURN 作为返回值 */
}
uint32_t SVC_Handler_C(uint32_t exc_return_code, uint32_t msp_val)
{
  uint32_t new_exc_return;
  uint32_t stack_frame_addr;
```

```
uint8_t svc_number;
unsigned int *svc_args;
uint32_t temp, i;
new_exc_return = exc_return_code; // 默认返回值
// ———————————————————————————————————
// 提取 SVC 数
// 确定使用了哪个指针
if (exc_return_code & 0x4) stack_frame_addr = __get_PSP();
else stack_frame_addr = msp_val;
// 确定是否存在其他状态的上下文
if (exc_return_code & 0x20) {// 不存在其他状态的上下文
    svc_args = (unsigned *) stack_frame_addr;}
else {// 提供其他状态的上下文 (仅安全 SVC 模式 )
    svc_args = (unsigned *) (stack_frame_addr+40);}
// 提取 SVC 数
svc_number = ((char *) svc_args[6])[-2]; // 保存 [(stacked_pc)-2]
if (svc_number == 0) {
  // ———————————————————————————————————
  // SVC 服务处理程序从特权状态切换到非特权状态,
  // 并在异常返回时使用 PSP 设置 EXC_RETURN

  saved_exc_return = exc_return_code; // 保存以供以后使用
  saved_old_psp = __get_PSP(); // 保存以供以后使用
  saved_old_psplim = __get_PSPLIM(); // 保存以供以后使用
  saved_control = __get_CONTROL(); // 保存以供以后使用
  // 将 PSP 设置到保留进程栈空间的顶部, 栈帧大小为 32
  temp = ((uint32_t)(&process_stack[0])) + sizeof(process_stack) - 32;
  __set_PSP(temp);
  __set_PSPLIM(((uint32_t)(&process_stack[0])));
  for (i=0;i<7;i++){ // Copies stack frame to the stack pointed to by the PSP
    MEM32((temp + (i*4))) = svc_args[i];
    }
  // 清除 xPSR 栈中的 IPSR 和栈对齐位
  MEM32((temp+0x1C)) = (svc_args[7]) & (~0x3FFUL);
  // 设置 CONTROL[0], 使得线程运行在非特权状态
  __set_CONTROL(__get_CONTROL()|0x1);
  // 返回线程, 更新 EXC_RETURN 以及 PSP, DCRS=1 和 Ftype=1
  new_exc_return = new_exc_return|(1<<5)|(1<<4)|(1<<3)|(1<<2);
} else if (svc_number == 1) {
  // ———————————————————————————————————
  // 将处理程序从非特权状态切换到特权 SVC 服务状态
  // privileged
  new_exc_return = saved_exc_return;
  __set_PSP(saved_old_psp);
  __set_PSPLIM(saved_old_psplim);
  __set_CONTROL(saved_control);
```

```
    } else {
      printf ("ERROR: Unknown SVC service number %d\n", svc_number);
    }
    return (new_exc_return);
  }
```

在硬件初始化时，还需要定义异常的优先级。因为 SVC 服务是在 SysTick 处理程序内调用的，所以 SysTick 异常的优先级必须低于 SVC 异常。例如：

```
    ...
    NVIC_SetPriority(SysTick_IRQn , 7); // 低优先级
    NVIC_SetPriority(SVCall_IRQn , 4);  // 中等优先级
    ...
```

当然，我们还需要创建自定义的非特权函数（unprivileged_handler()），该函数在处理器处于非特权状态时执行。

因为不能通过直接写入中断程序状态寄存器（IPSR）修改状态，因此需要使用 SVC 服务。更改 IPSR 的唯一方法是进入或返回异常。也可以使用其他异常，如软件触发的中断，但不建议使用，因为它们不明确，有可能被屏蔽，从而可能导致栈复制和切换操作无法执行。

启用异常处理程序调用非特权状态的函数，包括所需的 SVC 服务，整个事件序列如图 21.3 所示。

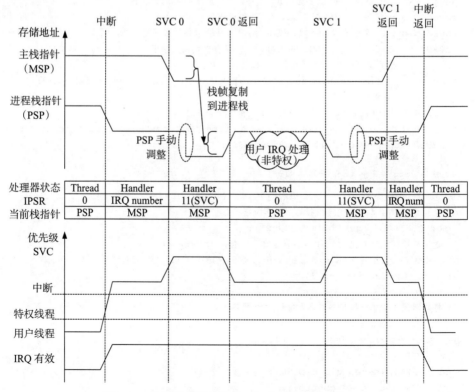

图 21.3　使异常处理程序的一部分以非特权状态运行

在图 21.3 中，虚线圆圈圈出的是 SVC 服务内的 PSP 的手动调整。

21.4 中断处理程序重入

将 Cortex-M 处理器的架构与其他处理器架构进行比较，其区别之一是 Cortex-M 处理器不支持异常处理重入。在 Cortex-M 处理器中，当收到异常处理和异常服务结束时，处理器的优先级会自动更新。在异常处理服务（包括中断）期间，如果触发了相同或较低优先级的异常，那么它们不会被处理，而是处于挂起状态，并等正在运行的处理程序处理完成后才会执行。

对于系统的可靠性而言，阻塞具有相同或较低优先级别的异常处理是有益的，因为过多级别的可重入中断 / 异常处理可能会导致软件中的栈溢出和死锁。然而，这种阻塞行为可能对于需要移植以前遗留的软件的程序开发人员来说是个问题，因为一些老软件是依赖可重入异常处理机制来运行的。

幸运的是，有一个软件可以解决这个问题。通过为中断处理程序创建一个封套，使其切换到线程模式，以便在需要时再次被相同的中断打断。封套代码包含两部分：第一部分是将自身切换回线程状态并执行 ISR 任务的中断处理程序；第二部分是恢复处理器异常状态并恢复原始线程的 SVC 异常处理程序。

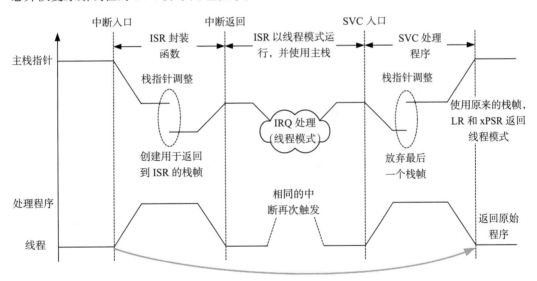

图 21.4 通过代码封套以线程模式运行 ISR 实现中断重入

请谨慎使用这个方法

一般情况下，应避免使用可重入中断处理。可重入中断处理允许很多层的中断嵌套，从而有可能导致栈溢出。下面，我们给出了一个可重入中断处理示例，该示例要求的中断优先级是系统中最低的异常优先级级别。如果不是这种情况，那么对于可重入异常处理抢占了另一个较低优先级异常处理的情况，该应变方法是无效的。

可重入中断处理代码运行的概念如图 21.4 所示。

下面的代码显示了图 21.4 所示的操作：

```c
#include "IOTKit_CM33_FP.h"
#include "stdio.h"
// 函数说明
void Reentrant_SysTick_Handler(void);
        // 该 C 处理程序用来演示可重入异常
void __attribute__((naked)) SysTick_Handler(void); // 处理程序打包
void __attribute__((naked)) SVC_Handler(void);
                                // 使用 SVC #0 恢复栈状态
uint32_t Get_SVC_num(uint32_t exc_return_code, uint32_t msp_val);
uint32_t Get_SVC_stackframe_top(uint32_t exc_return_code, uint32_t msp_val);
// 变量声明
int static SysTick_Nest_Level=0;
int main(void)
{
  printf("Reentrant handler demo\n");
  NVIC_SetPriority(SysTick_IRQn , 7); // 设置为低优先级
  SCB->ICSR |= SCB_ICSR_PENDSTSET_Msk; // 设置 SysTick 挂起状态
  __DSB();
  __ISB();
  printf("Test ended\n");
  while(1);
}
void Reentrant_SysTick_Handler(void)
{
  printf ("[SysTick]\n");
  if (SysTick_Nest_Level < 3){
    SysTick_Nest_Level++;
    SCB->ICSR |= SCB_ICSR_PENDSTSET_Msk; // 设置 SysTick 挂起状态
    __DSB();
    __ISB();
    SysTick_Nest_Level-;
  } else {
    printf ("SysTick_Nest_Level = 3\n");
  }
  printf ("leaving [SysTick]\n");
  return;
}
// 处理程序打包代码
void __attribute__((naked)) SysTick_Handler(void)
{
/* 当前，处于处理程序模式，选择 MSP 并且双字对齐 */
  __asm volatile (
#if (__CORTEX_M >= 0x04)
#if (__FPU_USED == 1)
```

```
        /* 下面 3 行代码仅适用于带有 FPU 的 Cortex-M 处理器 */
        "tst lr, #0x10\n\t"  /* 测试位 4, 如果为 0, 触发栈 */
        "it eq\n\t"
        "vmoveq.f32 s0, s0\n\t"  /* 出发延迟栈 */
#endif
#endif
        "mrs r0, CONTROL\n\t"
        "push {r0, lr}\n\t"       /* CONTROL 和 LR 入栈保存 */
        "bics r0, r0, #1\n\t"     /* 把线程设置为特权线程 */
        "msr CONTROL, r0\n\t"     /* 更新 CONTROL */
        "sub sp, sp, #0x20\n\t"   /* 为执行异常返回的伪栈帧保留 8 个字 */
                                  /* carrying out an exception return */
        "ldr r0,=SysTick_Handler_thread_pt\n\t"  /* 获取返回地址 */
        "str r0,[sp, #24]\n\t"    /* 把返回地址存入栈中 */
        "ldr r0,=0x01000000\n\t"  /* 创建伪栈帧默认 APSR */
        "str r0,[sp, #28]\n\t"    /* 把 xPSR 保存在栈中 */
        "mov r0, lr\n\t"          /* 获取 EXC_RETURN */
        "ubfx r1, r0, #0, #1\n\t" /* 复制 EXC_RETURN.ES 到 EXC_RETURN.S 以便 */
        "bfi r0, r1, #6, #1\n\t"  /* 返回到相同的安全域 */
        "orr r0, r0, #0x38\n\t"   /* 设置 DCRS - std, FType - no FP, Mode - thread */
        "bics r0, r0, #0x4\n\t"   /* 把 MSP 用于线程处理程序 */
        "mov lr, r0\n\t"
        "bx lr\n\t"    /* 执行异常返回 */
    "SysTick_Handler_thread_pt:\n\t"
        "bl Reentrant_SysTick_Handler\n\t"
        /* 在 SVC 触发之间, 阻止 SysTick 触发 */
        "ldr r0,=0xe000ed23\n\t"  /* 加载 SysTick 优先级寄存器地址 */
        "ldr r0,[r0] \n\t"
        "msr basepri, r0\n\t"     /* 阻止触发 SysTick */
        "isb\n\t"                 /* 指令同步屏障 */
        "mrs r0, CONTROL\n\t"
        "bics r0, r0, #0x4\n\t"   /* 清除 CONTROL.FPCA 简化栈帧 */
        "msr CONTROL, r0\n\t"     /* 更新 CONTROL */
        "svc #0\n\t"              /* 使用 SVC 切换回特权模式 */
        "b  .\n\t"                /* 程序执行不应该到达这里 */
        );
}
void __attribute__((naked)) SVC_Handler(void)
{
    __asm volatile (
        "movs r0, #0\n\t" /* 清除 BASEPRI, 允许使用 SysTick */
        "msr basepri, r0\n\t"
#if (__CORTEX_M >= 0x04)
#if (__FPU_USED == 1)
        /* 以下 3 行仅适用于带有 FPU 的 Cortex-M 处理器 */
        "tst lr, #0x10\n\t"       /* 测试位 4, 如果为 0, 触发栈 */
```

```
        "it eq\n\t"
        "vmoveq.f32 s0, s0\n\t" /* 触发延迟栈   */
#endif
#endif
        "mov r0, lr\n\t"
        "mov r1, sp\n\t"
        "push {r0, r3}\n\t" /* 不需要 r3，因此把 r3 出栈以保持 SP 64 位对齐  */
        "bl Get_SVC_num\n\t" /* 函数 Get_SVC_num 将 SVC 编号写入 r0  */
        "pop {r2, r3}\n\t"  /* EXC_RETURN 保存在 r2 中   */
        "cmp r0, #0\n\t"
        "bne Unknown_SVC_Request\n\t"
        "mov r0, r2\n\t" /* EXC_RETURN 作为第一个参数被设置   */
        "mov r1, sp\n\t"   /* MSP 作为第二个参数被设置   */
        "bl Get_SVC_stackframe_top\n\t" /* 在 SVC 栈帧的顶端写入 r0   */
        "mov sp, r0\n\t"
        "pop {r0, lr}\n\t" /* 获取原始的 CONTROL 和 EXC_RETURN  */
        "msr CONTROL, r0\n\t"
        "bx lr\n\t"            /* 返回到原来被中断的程序中   */
    "Unknown_SVC_Request: \n\t" /* 出错条件——未知的 SVC 编号（非 0） */
        "bkpt 0\n\t"           /* 触发断点，停止处理器  */
        "b .\n\t"              /* 程序执行不应该到达这里  */
  );
}
// ─────────────────────────────────────────
uint32_t Get_SVC_num(uint32_t exc_return_code, uint32_t msp_val)
{ /* 提取 SVC 编号 */
  uint32_t stack_frame_addr;
  uint8_t  svc_number;
  unsigned int *svc_args;
  // ─────────────────────────────────────────
  // 确定使用的栈指针
  if (exc_return_code & 0x4) stack_frame_addr = __get_PSP();
  else stack_frame_addr = msp_val;
  // 确定是否有额外的状态上下文
  if (exc_return_code & 0x20) {
     svc_args = (unsigned *) stack_frame_addr;}
  else {// 提供额外的状态上下文，仅用于安全 SVC
     svc_args = (unsigned *) (stack_frame_addr+40);}
  // 提取 SVC 编号
  svc_number = ((char *) svc_args[6])[-2];
         // 保存 [(stacked_pc)-2]
  return (svc_number);
}
// ─────────────────────────────────────────
uint32_t Get_SVC_stackframe_top(uint32_t exc_return_code, uint32_t msp_val)
{ // 返回栈帧顶。 假设为：
  // — 在 SVC #0 前清除了 CONTROL.FPCA，则 FPU 中没有 FP 上下文
```

```
// ―― 由于调用 SVC #0，栈为双字对齐，在计算时无须填充字
uint32_t stack_frame_addr;
// ――――――――――――――――――――――――――――
// 确定使用的栈指针
if (exc_return_code & 0x4) stack_frame_addr = __get_PSP();
else stack_frame_addr = msp_val;
// 确定是否有额外的状态上下文
if ((exc_return_code & 0x20)==0)
  {// 额外的状态上下文只存在于安全 SVC 中
  stack_frame_addr = stack_frame_addr+40;
stack_frame_addr = stack_frame_addr+0x20;
       // 调整 8 个字，回到栈帧顶
return (stack_frame_addr);
}
```

注意：

- 与其他中断和异常处理相比，中断重入处理程序的优先级需要设置为最低级别。
- 必须在触发 SVC 之前设置 BASEPRI，用以防止在 SVC 之前触发异常重入（即本例中的 SySTick），避免导致从中断重入处理到 SVC 的尾链跳变。如果发生尾链跳变，SVC 处理程序会由于 SP 值被重入的异常更改而无法正确地重新调整栈指针。
- 处理程序强制延迟入栈，以确保在执行 FPU 操作时将 FPU 上下文保存在嵌套的 ISR 中。

21.5　软件优化主题

21.5.1　复杂的决策树和条件分支

在创建程序代码时，通常需要创建基于一组复杂条件的条件分支。例如，条件分支可能取决于整型变量的值。如果变量范围很小，例如 0 ～ 31，那么可以采用一些方法简化程序代码，使程序内部的决策过程更有效。

假设我们想检测在 0 ～ 31 范围内的一个整数的值是否为质数，那么可用的最简单的代码为：

```
int is_a_prime_number(unsigned int i)
{
 if ((i==2) || (i==3) || (i==5) || (i==7) ||
   (i==11) || (i==13) || (i==17) || (i==19) ||
   (i==23) || (i==29) || (i==31)) {
   return 1;
 } else {
   return 0;
 }
}
```

然而，编译该代码会生成一个非常长的分支树。可以采用二进制模式进行条件编码，

并将该条件编码用于下面的条件分支操作来防止长分支树的产生：

```
int is_a_prime_number(unsigned int i)
{
  /* 位图为31:0 - 1010 0000 1000 1010 0010 1000 1010 1100 = 0xA08A28AC */
  if ((1<<i) & (0xA08A28ACUL)) {
    return (1);
  } else {
    return (0);
  }
}
```

上述示例极大地简化了条件检查代码，使得程序运行速度更快，代码规模更小。值得注意的是，一些现代 C 编译器能够替你处理代码转换。

下面有几种方法可以在汇编程序级别上优化该代码。第一种方法如图 21.5 所示，步骤如下：

1）移位。本例中使用 LSLS 指令，将值 1 左移 N 位（其中 N 表示条件输入）。

2）通过对移位结果和条件图形执行 ANDS 操作（即图 21.5 中底部的位模式），这会使得 Z 标志被 ANDS 操作更新。

3）使用判断 Z 标志的条件分支。

第二种方法需要 $N>0$（其中 N 表示条件输入），如图 21.6 所示。

1）通过将条件图形右移 N 位（$N>0$），使所需的条件位移到进位标志中。

2）使用基于进位标志状态决策的条件分支。

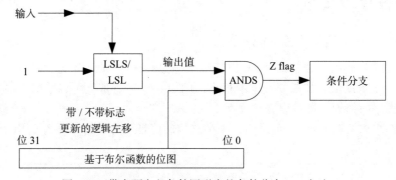

图 21.5　带有预定义条件图形表的条件分支——方法 1

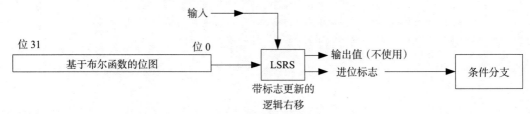

图 21.6　带有预定义条件图形表的条件分支——方法 2

如果输入值（即条件输入的二进制表示）总大于 0，那么第二种方法可能比第一种方法快一个时钟周期。如果不满足该要求，就需要使用额外的 ADD 指令来调整输入，导致这两种方法的运行需要近似相等的时钟周期数。

当条件分支的判断取决于几个二进制输入时，可以使用该条件查找方法的修改版本。例如，在基于软件的有限状态机设计中，你可能需要根据几个二进制输入来确定下一个状态。下面的代码将 4 个二进制输入合并为一个整数，并将其用于条件分支：

```c
int branch_decision(unsigned int i0, unsigned int i1, unsigned int i2,
unsigned int i3,unsigned int i4,unsigned int i)
{
  unsigned int tmp;
  tmp = i0<<0;
  tmp |= i1<<1;
  tmp |= i2<<2;
  tmp |= i3<<3;
  tmp |= i4<<4;
  if ((1<<tmp) & (0xA08A28AC)) { // 条件值（也就是查找表）
    return(1);
  } else {
    return(0);
  }
}
```

如果潜在的条件数量超过 32 个，则需要多个条件查找图形字（每个字为 32 位）。例如，要确定一个值为 0 ~ 127 的输入数字是否为质数，可以使用以下代码：

```c
int is_a_prime_number(unsigned int i)
{
/* 位图为:
 31:0  - 1010 0000 1000 1010 0010 1000 1010 1100 = 0xA08A28AC
 63:32 - 0010 1000 0010 0000 1000 1010 0010 0000 = 0x28208A20
 95:64 - 0000 0010 0000 1000 1000 0010 1000 1000 = 0x02088288
127:96 - 1000 0000 0000 0010 0010 1000 1010 0010 = 0x800228A2
 */
  const uint32_t bit_pattern[4] = {0xA08A28AC,
             0x28208A20, 0x02088288, 0x800228A2};
  uint32_t i1, i2;
  i1 = i & 0x1F;        // 位的位置
  i2 = (i & 0x60) >> 5; // 屏蔽索引
  if ((1<<i1) & (bit_pattern[i2])) {
    return(1);
  } else {
    return(0);
  }
}
```

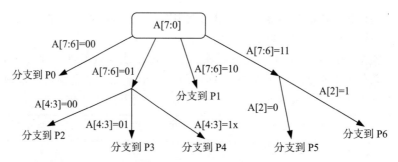

图 21.7 一个位域解码器示例，演示如何使用 UBFX 和 TBB 指令

21.5.2 复杂决策树

在许多情况下，条件分支决策树可以有许多不同的目的路径（即结果不是二进制的）。在 Armv8-M 主线版架构和 Armv7-M 域架构处理器中，用于处理这些分支操作的两个重要指令是表分支指令 TBB 和 TBH。有关表分支指令的信息可参见 5.14.7 节。5.12 节中则介绍了位域提取指令 UBFX 和 SBFX。在本节中，我们将解释如何通过结合位域提取指令和表分支指令来有效地处理复杂的决策树。

在许多应用程序中，例如通信协议处理、通信包头的解析或其他形式的二进制信息，可能会占用大量的处理时间。在这种类型的处理中，数据可以打包成各种类型的数据包格式，数据头中的特定位域用于选择用来解析数据的包格式类型。这样的解码操作可以用决策树的形式表示。例如，图 21.7 中显示了一个解析 8 位值（输入 A）的决策树。

前面提到的决策树可以拆解为几个更小的表分支，示例的汇编代码如下：

```
DecodeA
    LDR    R0,=A            ; 从内存中获取 A 的值
    LDR    R0,[R0]
    UBFX   R1, R0, #6, #2 ; 提取位 [7:6] 装入 R1
    TBB    [PC, R1]
BrTable1
    DCB    ((P0      -BrTable1)/2) ; 如果 A[7:6] = 00，则跳到分支 P0
    DCB    ((DecodeA1-BrTable1)/2) ; 如果 A[7:6] = 01，则跳到分支 DecodeA1
    DCB    ((P1      -BrTable1)/2) ; 如果 A[7:6] = 10，则跳到分支 P1
    DCB    ((DecodeA2-BrTable1)/2) ; 如果 A[7:6] = 11，则跳到分支 DecodeA2
DecodeA1
    UBFX   R1, R0, #3, #2 ; 提取位 [4:3] 写入 R1
    TBB    [PC, R1]
BrTable2
    DCB ((P2 -BrTable2)/2) ; 如果 A[4:3] = 00，则跳到分支 P2
    DCB ((P3 -BrTable2)/2) ; 如果 A[4:3] = 01，则跳到分支 P3
    DCB ((P4 -BrTable2)/2) ; 如果 A[4:3] = 10，则跳到分支 P4
    DCB ((P4 -BrTable2)/2) ; 如果 A[4:3] = 11，则跳到分支 P4
DecodeA2
    TST R0, #4 ; 因为仅测试 1 位，所以不需要使用 UBFX
```

```
        BEQ P5
        B    P6
P0 ... ; Process 0
P1 ... ; Process 1
P2 ... ; Process 2
P3 ... ; Process 3
P4 ... ; Process 4
P5 ... ; Process 5
P6 ... ; Process 6
```

该示例代码通过一个简短的汇编程序代码序列完成决策树。如果分支目标地址的偏移量对于 TBB 指令来说太大，则可以使用 TBH 指令来实现一些表分支操作。

当然，对于多数应用程序开发人员来说，在现代项目中很少会使用汇编语言。幸运的是，使用 C/C++ 编程语言就可以有效处理位域——该主题会在 21.5.3 节中介绍。

21.5.3　C/C++ 中的位数据处理

在 C 或 C++ 中可以定义位域，并且通过正确使用该特性，在位数据和位域处理领域生成更有效的代码。例如在处理 I/O 端口控制任务时，C 语言支持定义位数据结构和联合，这使得编码更容易：

```
typedef struct /* 32 位结构定义 */
{
 uint32_t bit0:1;
 uint32_t bit1:1;
 uint32_t bit2:1;
 uint32_t bit3:1;
 uint32_t bit4:1;
 uint32_t bit5:1;
 uint32_t bit6:1;
 uint32_t bit7:1;
 uint32_t bit8:1;
 uint32_t bit9:1;
 uint32_t bit10:1;
 uint32_t bit11:1;
 uint32_t bit12:1;
 uint32_t bit13:1;
 uint32_t bit14:1;
 uint32_t bit15:1;
 uint32_t bit16:1;
 uint32_t bit17:1;
 uint32_t bit18:1;
 uint32_t bit19:1;
 uint32_t bit20:1;
 uint32_t bit21:1;
 uint32_t bit22:1;
```

```
    uint32_t bit23:1;
    uint32_t bit24:1;
    uint32_t bit25:1;
    uint32_t bit26:1;
    uint32_t bit27:1;
    uint32_t bit28:1;
    uint32_t bit29:1;
    uint32_t bit30:1;
    uint32_t bit31:1;
} ubit32_t;          /*!< 用于位访问的结构 */
typedef union
{
  ubit32_t ub; /*!< 用于无符号位访问的类型 */
  uint32_t uw; /*!< 用于无符号字访问的类型 */
} bit32_Type;
```

使用这种新创建的数据类型，就可以声明变量并简化位域访问。例如：

```
bit32_Type foo;
foo.uw = GPIOD->IDR; // .uw 按字访问
if (foo.ub.bit14) {  // .ub 按位访问
  GPIOD->BSRRH = (1<<14); // 清除位 14
  } else {
  GPIOD->BSRRL = (1<<14); // 设置位 14
  }
```

在前面讨论的示例中，编译器生成一个 UBFX 指令来提取所需位的值。如果位域定义为有符号整数，则需要使用 SBFX 指令。

位域类型定义有多种使用方式，例如，可以用来声明指向寄存器的指针，如下：

```
volatile bit32_Type * LED;
LED = (bit32_Type *) (&GPIOD->IDR);
if (LED->ub.bit12) { // 提取的位用来控制条件分支
  GPIOD->BSRRH = (1<<12); // 清除位 12
  } else {
  GPIOD->BSRRL = (1<<12); // 设置位 12
  }
```

请注意，使用这种代码写入位或位域可能导致 C 编译器生成一个软件读 – 修改 – 写序列。对于 I/O 控制，这是不可取的，因为如果中断处理程序在读写操作之间更改了另一个位，那么中断处理程序所运行的位更改可能会在中断返回后被重写。

一个位域可以有多个位。例如 21.5.2 节中描述的复杂决策树可以用 C 语言编写，如下所示：

```
typedef struct
{
uint32_t bit1to0:2;
uint32_t bit2 :1;
```

```
uint32_t bit4to3:2;
uint32_t bit5 :1;
uint32_t bit7to6:2;
} A_bitfields_t;
typedef union
{
  A_bitfields_t ub; /*!< 按位访问的类型 */
  uint32_t      uw; /*!< 按字访问的类型 */
} A_Type;
void decision(uint32_t din)
{
  A_Type A;
  A.uw = din;
  switch (A.ub.bit7to6) {
  case 0:
      P0();
      break;
 case 1:
    switch (A.ub.bit4to3) {
       case 0:
          P2();
          break;
       case 1:
          P3();
          break;
       default:
          P4();
          break;
    };
    break;
  case 2:
    P1();
    break;
  default:
    if (A.ub.bit2) P6();
    else P5();
    break;
  }
  return;
}
```

21.5.4 其他性能考虑

一般来说，市场上现有的基于 Cortex-M 的微控制器和 SoC 产品已经得到了很好的性能优化。在微控制器或 SoC 的设计阶段，芯片设计人员通常会：

❏ 确保内存访问路径至少有 32 位宽。

❑ 当使用 Cortex-M33 处理器时，优化内存系统的设计，尽可能允许指令和数据访问同时进行。

对于软件开发人员来说，为了最大限度地提高系统的性能和效率，需要考虑很多事情：

1）通过以最优时钟速度运行 Cortex-M 设备来避免内存等待状态：大多数微控制器设备使用闪存来存储程序。如果处理器系统以比嵌入式闪存更快的时钟速度运行，则在程序取指期间引入等待状态，产生停顿周期，从而降低系统的能源效率。因此，通过以较慢的时钟速度运行系统能够避免由于闪存引起的等待状态，实现更好的能源效率。而对于具有系统级缓存的 Cortex-M 系统，则对闪存等待状态的影响微不足道，因为只有在缓存缺失时才会访问闪存——这种情况相对较少发生。

2）内存布局规划提升程序性能：如果处理器是基于哈佛总线架构（如 Cortex-M33 处理器）的，软件项目中使用的内存配置应该尽可能利用其特性。比如，项目的内存映射可以规划为：程序从 CODE 区域执行；大多数数据访问（除程序代码中的文字数据外）通过系统总线执行。这样数据访问和指令获取就可以同时执行。

3）利用哈佛总线架构来减少中断延迟：当使用哈佛总线架构的处理器时，需要设计项目的内存布局，以便能够并行执行入栈操作（即 RAM 访问），以及访问中断向量表和指令（程序访问）。如此，可以减少中断延迟。这可以通过将包含向量表的程序代码放在 CODE 区域和将栈内存放入 SRAM 区域来实现。

4）请尽可能避免在软件中使用未对齐的数据传输：因为未对齐的数据传输需要两个或更多的总线事务才能完成，这会降低性能。虽然大多数 C 程序的编译不会生成未对齐的数据，但在包含直接指针操作和打包结构（__pack）的程序代码中，对未对齐的数据访问是有可能发生的。如果仔细规划数据结构分布，通常可以避免打包结构。在汇编语言编程中，可以用 ALIGN 指令来确保数据位置是对齐的。

5）避免基于栈的参数传递：尽可能将函数调用的输入参数限制在 4 个或更少，以便只使用寄存器传递参数。当有更多的输入参数时，其余的参数需要通过栈内存进行传输，这需要更长的时间来设置和访问。如果需要传输大量信息，最好将数据分组到一个数据结构中，并传递一个指向该数据结构的指针，从而减少所需的参数数量。

与 Cortex-M3 和 Cortex-M4 架构的处理器不同，Cortex-M33 架构的处理器性能并不会因为从系统总线运行程序代码而降低。假设基于 Cortex-M33 架构的系统具有零等待状态的内存，则下列场景（a）和（b）的性能相同：

（a）运行 CODE 区域的程序，而数据保存在 SRAM 中。

（b）运行 SRAM 区域的程序，而数据保存在 CODE 中。

然而，在大多数情况下，对基于 Cortex-M33 架构的处理器设备而言，内存系统针对场景 a 进行了优化，把外设放置在外设区域的系统总线上，因此，场景 a 可以并行进行外设访问和指令访问。

21.5.5 汇编语言级优化

大多数软件开发人员使用 C/C++ 语言进行嵌入式编程，但对于那些使用汇编语言的开发人员来说，可以使用一些技巧来加速部分程序。

注意，在下面的代码示例中，我们使用 NVIC 优先级配置展示了几种优化技术。不过，在实际应用程序中，由于 CMSIS-CORE API 的可移植性更高，因此通常更多使用它们来配置 NVIC 优先级。

1）使用带偏移寻址的内存访问指令：当要访问一个小区域中的多个内存位置时，不要写成如下代码：

```
LDR R0, =0xE000E400 ; 设置 3,2,1,0 中断优先级配置的地址
LDR R1, =0xE0C02000 ; 中断优先级等级 (3,2,1,0)
STR R1,[R0]
LDR R0, =0xE000E404 ; 设置 7,6,5,4 中断优先级配置的地址
LDR R1, =0xE0E0E0E0 ; 中断优先级等级 (7,6,5,4)
STR R1,[R0]
```

程序代码简化如下：

```
LDR R0, =0xE000E400 ; 设置 3,2,1,0 中断优先级配置的地址
LDR R1, =0xE0C02000 ; 中断优先级等级 (3,2,1,0)
STR R1,[R0]
LDR R1, =0xE0E0E0E0 ; 中断优先级等级 (7,6,5,4)
STR R1,[R0,#4] ;
```

第二个存储指令（即 STR 指令）使用来自第一个地址的偏移量，并因此会减少指令数量。

2）将多个内存访问指令合并为一条多次加载 / 多次存储指令（LDM/STM）——可以使用 STM 指令进一步减少指令数量，如下所示。

```
LDR R0,=0xE000E400 ; 设置中断优先级基准
LDR R1,=0xE0C02000 ; 中断优先级等级 (3,2,1,0)
LDR R2,=0xE0E0E0E0 ; 中断优先级等级 (7,6,5,4)
STMIA R0, {R1, R2}
```

3）利用内存寻址模式：通过使用可用的寻址方式特性以提高性能。例如在读取查找表时，不要使用 LSL(shift) 和 ADD 操作计算读取地址：

```
Read_Table
 ; Input R0 = index
 LDR R1,=Look_up_table ; 查找表地址
 LDR R1, [R1]           ; 获取查找表基地址
 LSL R2, R0, #2         ; 索引乘以 4
                        ; (表中每一项为 4 字节)
 ADD R2, R1             ; 计算实际地址（基址 + 偏移量）
 LDR R0, [R2]           ; 读取表
 BX  LR                 ; 函数返回
 ALIGN 4
 Look_up_table
 DCD 0x12345678
 DCD 0x23456789
 ...
```

在 Cortex-M33 架构处理器中，可以通过采用寄存器相对寻址方式的移位操作来显著减少代码行数，代码如下：

```
Read_Table
 ; 输入 R0 = index
 LDR R1,=Look_up_table ; 查找表地址
 LDR R1, [R1]   ; 获取查找表基地址
 LDR R0, [R1, R0, LSL #2] ; 通过 "基址 + 索引左移 2" 地址来读取表
 BX  LR   ; 函数返回
 ALIGN 4
Look_up_table
 DCD 0x12345678
 DCD 0x23456789
 ...
```

4）用 IT（IF-THEN）指令块替换一个小分支：因为 Cortex-M33 架构是一个流水线处理器架构，当发生分支操作时，就会产生分支惩罚。用 IT 指令块替换一些条件分支可以避免分支惩罚问题，并可能获得更好的性能。具体情况如下所示：

使用条件分支

```
 CMP R0, R1 ; 1 个时钟周期
 BNE Label1 ; 2 个或者 1 个时钟周期
 ADDS ...   ; 1 个时钟周期
 B    Label2 ; 2 个时钟周期
Label1
 MOVS ...   ; 1 个时钟周期
Label2
```

注意：条件 "不相等" 花费 4 个周期，条件 "相等" 花费 5 个周期。

使用 IT 指令块替换条件分支

```
 CMP R0, R1  ; 1 个时钟周期
 ITTTT EQ    ; 1 个时钟周期
 ADDEEQ ...  ; 1 个时钟周期
 MOVNE ...   ; 1 个时钟周期
```

注意：假如 IT 折叠不发生，那么 2 个执行路径都需要 4 个周期。

（如果条件是 "相等"，则节省 1 个时钟周期）。

但是，时钟周期节省情况需要根据具体情况检查。例如，在下面的示例代码中，你将无法通过使用 IT 指令节省任何时钟周期：

使用条件分支

```
 CMP R0, R1 ; 1 个时钟周期
 BNE Label ; 2 个或者 1 个时钟周期
 MOVS ...   ; 1 个时钟周期
 MOVS ...   ; 1 个时钟周期
 MOVS ...   ; 1 个时钟周期
 MOVS ...   ; 1 个时钟周期
 Label
```

注意：条件 "不相等" 花费 3 个时钟周期，而条件 "相等" 需要花费 6 个时钟周期。

使用 IT

```
 CMP R0, R1  ; 1 个时钟周期
 ITTTT EQ    ; 1 个时钟周期
 MOVEQ ...   ; 1 个时钟周期
 MOVEQ ...   ; 1 个时钟周期
 MOVEQ ...   ; 1 个时钟周期
 MOVEQ ...   ; 1 个时钟周期
```

注意：假如 IT 折叠不发生，2 个执行路径都需要 6 个时钟周期。与条件分支方法相比，性能较差。

5）减少指令计数：在 Cortex-M23 架构和 Cortex-M33 架构处理器中，如果一个操作可

以通过两条 Thumb 指令或一条 Thumb-2 指令执行，则应使用 Thumb-2 指令。因为即使内存大小相同，Thumb-2 指令也可能会提供更短的执行时间。

6）将 32 位分支目标指令按照 32 位对齐地址放置：如果分支的目标指令是 32 位的，并且没有与 32 位地址对齐，那么该分支指令需要进行两次总线传输才能获取完整的指令，其执行需要多花费一个时钟周期。确保 32 位分支目标指令对齐，可以避免这种性能损失。要启用对齐，需要将前面的 16 位 Thumb 指令替换为 32 位版本。

7）基于处理器的流水线行为来优化指令序列：如果你正在使用 Cortex-M33 架构处理器，一条数据读取指令后面跟着一条处理读数据的数据处理指令，则可能导致一个停顿周期。通过在读取指令和数据处理指令之间安排其他指令，可以避免由停顿周期引起的性能降低。

参考文献

[1] Armv8-M Architecture Reference Manual. https://developer.arm.com/documentation/ddi0553/am/ (Armv8.0-M only version). https://developer.arm.com/documentation/ddi0553/latest/ (latest version including Armv8.1-M). Note: M-profile architecture reference manuals for Armv6-M, Armv7-M, Armv8-M and Armv8.1-M can be found here: https://developer.arm.com/architectures/cpu-architecture/m-profile/docs.

第 22 章
IoT 安全和 PSA Certified 框架简介

22.1 从处理器架构到 IoT 安全

前面的章节内容侧重于底层处理器操作 / 行为及其架构。许多应用程序开发人员很少需要深入了解底层细节，因为他们处理的系统或软件项目的安全功能通常由产品级的安全功能定义。这些功能包括：

❑ 通信数据加密。
❑ 认证。
❑ 安全启动。
❑ 安全固件升级。
……

尽管 Armv8-M 处理器的 Arm TrustZone 技术安全功能似乎与上述应用级安全功能有很大不同，但事实是 TrustZone 支持提供了构建和保护上述功能所需的基本硬件。

也就是说，需要弥合应用级要求和处理器安全能力之间的差距。这并非易事，因为涉及安全需求的多个方面，即使在最基本的 IoT 应用程序中也是如此。为了创建安全的物联网产品解决方案，这些安全方面的问题需要由具有专业知识和经验的软件 / 硬件开发人员解决。

过去，嵌入式软件生态系统提供了一系列安全软件解决方案，但这些解决方案大多只解决了物联网安全需求的几个方面，因此需要做出更多努力来整合满足所有安全要求的多种解决方案。如果这些软件解决方案的集成没有正确进行，或者如果解决方案中缺少安全方面之一，则集成解决方案很可能仍然存在安全漏洞。

即使软件解决方案完成后，由于芯片产品安全功能设计中的潜在缺陷，安全问题仍然可能出现。因此需要定义硬件系统设计的基本安全要求。

很明显，物联网行业需要为实现成本可接受且可扩展的物联网产品安全方案建立"黄金标准"。这是一项重大的任务，尽管 Arm 是处理器和系统组件设计的领先供应商，并且在各种开源项目上投入了大量资金，但与其独自应对这一挑战，电子行业内公司之间的合作才是前进的方向。为此，Arm 与芯片合作伙伴、各种生态系统合作伙伴以及与物联网行业合作的其他公司建立了工作关系。

2017 年 10 月，Arm 宣布了平台安全架构[⊖]（Platform Security Architecture，PSA）[1]，这是一个定义物联网设备安全要求的框架；2019 年扩大为 PSA Certified[2]。这是一个持续的过程，旨在推动连接设备的安全标准，并使安全物联网产品的开发更容易。

在推出时，PSA Certified 得到了技术生态系统的广泛认可，其中包括：

❏ 广泛的世界领先的芯片合作伙伴。

❏ 实时操作系统供应商。

❏ 原始设备制造商（OEM）。

❏ 安全软件解决方案供应商。

❏ 系统解决方案供应商。

❏ 云服务提供商。

越来越多的政府监管机构意识到围绕物联网产品的安全问题，并致力于立法以确保物联网产品具有良好的物联网安全能力。因此，现在产品开发人员更需要确保设计的安全性。

除了让产品更安全之外，PSA Certified 还旨在让软件开发人员的工作更轻松。PSA 功能 API（TF-M 的一部分实现）为应用程序和固件开发提供了可移植的软件接口。有关这方面的更多信息，请参见 22.3.3 节。

22.2　PSA Certified 简介

22.2.1　安全原则概述

物联网安全涵盖很多方面。传统上，当谈到安全性时，人们首先想到的可能是物联网设备和云服务之间数据传输的安全性。通常利用加密技术来确保信息不被泄露。但是，在进入安全传输上述数据的阶段之前，就需要进行安全性管理。例如：

❏ 在设备可以连接到 IoT 服务之前，需要某种形式的身份认证。这通常由芯片内部的设备身份确认机制来认证（该过程可能隐藏在产品激活中）。

❏ 由于设备上的软件可能存在漏洞，因此需要将密钥等秘密信息存储在安全存储区（在一般软件执行过程中无法访问该存储区）。

❏ 随着时间的推移，可能会出现软件错误，并且可能需要更新设备的软件以允许添加 / 更新其他功能。为此，需要一种安全的固件更新机制。

❏ 如果能够复制或修改产生"小"数据的数百万个物联网设备，那么大数据（由来自潜在的数百万个物联网设备的"小"数据组成）可能会被恶意操纵，所以需要这些设备支持安全启动和唯一 ID 功能。

那么如何定义安全要求？这是一个具有挑战性的问题：在许多方面，安全要求取决于应用程序，这些应用程序可能会受到许多安全威胁。适用于应用程序威胁的识别和对策的定义通常被称为"威胁模型"。一旦定义了威胁模型，就可以定义解决威胁所需的方法，并找出应对这些威胁所需的解决方案。

⊖　https://www.arm.com/company/news/2017/10/a-common-industry-framework

图 22.1　PSA Certified 定义了 10 个安全目标来满足最佳安全实践

在对许多物联网应用程序及其威胁模型进行深入分析后，PSA Certified 确定了 10 个安全目标（见图 22.1）[3]，这些目标对大多数物联网系统来说都是通用的，也是满足安全要求需要实现的。

定义安全目标可以定义产品的安全要求，但由于每个应用程序都有特定的安全需求，因此需要特定于产品的进一步定义。

物联网产品要实现其安全目标，就必须满足关键锚点之一被称为"信任根"的要求。图 22.2 显示了 PSA 认证的关键元素，它们构成了信任根。

PSA 信任根（PSA Root of Trust，PSA-RoT）是机密性（保留诸如加密密钥之类的秘密）和完整性（系统不会改变其预期状态）的来源。为帮助软件开发人员访问信任根，PSA Certified 定义了一组 PSA 功能 API[⊖]。这些简单易用的 API 涵盖安全存储、加密和认证操作。由于安全启动（如图 22.2 所示的可信任启动）在设备

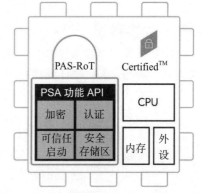

图 22.2　PSA 信任根定义了机密性和完整性来源的四大关键要求

启动时使用，一旦系统运行就不再使用，因此不需要安全启动 API。

22.2.2　如何实现

22.2.2.1　PSA Certified 的四大支柱

为了满足安全需求，PSA Certified 定义了 4 个关键阶段来应对安全挑战，如图 22.3 所示。

　⊖　https://www.psacertified.org/functional-api-certification/psa-developer-apis/.

注意，以下章节中提到的文档可以通过 Arm 网页链接 [4] 下载，网址为 https://developer. arm.com/architectures/securityarchitectures/platform-security-architecture/documentation。

图 22.3　通过 PSA Certified 安全需求的 4 个阶段

22.2.2.2　第一阶段——分析

要满足产品安全要求，第一阶段是分析安全风险是什么，然后确定所需的关键安全措施。PSA Certified 免费提供了几个适用于最常见物联网应用的威胁模型和安全分析（Threat Model and Security Analysis，TMSA）的示例。在撰写本书时，使用了以下 TMSA 文档：

❑ 资产跟踪器 TMSA。

❑ 智能水表 TMSA。

❑ 网络摄像机 TMSA。

这些文档使用符合行业标准（例如通用标准）的术语编写。使用 TMSA 作为起点，可以定义安全目标和详细的安全功能要求（SFR）。

尽管所提供的 TMSA 文档并未涵盖所有 IoT 应用程序，但对于想要为自己的 IoT 项目创建 TMSA 的系统设计人员而言，这是一个非常有价值的参考设计原点。

22.2.2.3　第二阶段——架构

架构阶段定义了涵盖第一阶段中确定的安全要求所需的架构。有一系列规范，涵盖各种主题，包括：

❑ 安全模型（PSA-SM）：详细说明所有产品安全设计的顶级要求。本文档概述了设计具有已知安全属性的产品的主要目标。此外，它还提供了 PSA Certified 的重要术语和方法。

❑ Armv6-M、Armv7-M 和 Armv8-M 的 PSA 可信基础系统架构（TBSA-M）[5]：基于 Arm Cortex-M 处理器的微控制器和 SoC 硬件设计的规范文档。

❑ 可信启动和固件更新（PSA-TBFU）：涵盖固件启动和更新的系统和固件要求规范。

❑ PSA 固件框架 M（PSA-FF-M）：标准编程环境的规范和基于 Cortex-M 产品上的安全应用程序的信任根（Root of Trust，RoT）。

❑ PSA 固件框架 A（PSA-FF-A）：标准编程环境的规范和基于 Cortex-A 产品上安全应用程序的信任根。

对于旨在通过 PSA 功能 API 认证的产品，所使用的软件框架需要遵循 PSA-FF-M/A 中定义的要求。22.2.4 节介绍了有关 PSA 功能 API 认证的其他信息。

22.2.2.4 第三阶段——实现

实现安全系统的第三阶段是实现本身。实现安全软件需要大量知识。除了了解处理器的安全特性外，软件开发人员还需要了解密码学和其他专业知识，例如各种形式的软件攻击以及如何防止攻击发生。

基于 PSA 功能 API，安全固件为底层信任根硬件和安全功能提供了一致的接口。API 被分为 3 个区域：

❑ 面向实时操作系统和软件开发人员的 PSA 功能 API。

❑ 面向安全专家的 PSA 固件框架 API。

❑ 面向芯片制造商的 TBSA API。

由于大多数固件框架在连接的设备之间是通用的，因此 Arm 提供了 PSA 固件框架的参考开源实现，即 TF-M。它提供了 PSA 固件框架 API 和 PSA 功能 API 的源代码。注意，TF-M 提供了硬件抽象层（HAL）API，虽然它们与 TBSA API 不同，但涵盖了 TBSA 规范要求的功能。

TF-M 参考实现专为 Arm Cortex-M 处理器而设计。它可以与带有 TrustZone 的 Armv8-M 处理器一起使用以实现安全隔离，或者在具有多个 Cortex-M 处理器的系统上使用：通过处理器之间的隔离提供安全功能的机制。

为了帮助安全软件开发人员测试已移植到其设计中的 TF-M 软件，TF-M 附带了一个 API 测试套件。总体而言，TF-M 有助于提升整个物联网生态系统的安全性，并为安全认证开辟了道路。有关 PSA Certified 的更多信息，请参见 22.2.2.5 节。

22.2.2.5 第四阶段——认证

认证阶段将安全能力定义为产品能力的有形衡量标准。PSA Certified 的认证阶段是由七位创始人（https://www.psacertified.org/what-is-psa-certified/founding-members/）开发和维护的独立评估和认证方案。通过 PSA 认证计划：

❑ 物联网行业有一个共同的定义可以用来展示物联网产品的安全能力。以前，公司通过突出显示个别功能来描述其产品的安全功能，但这不能提供整体情况，可能会产生误导。PSA 认证方案通过针对更广泛的安全目标评估安全能力解决了这个问题（见图 22.1）。

❑ 购买联网电子产品的消费者可以轻松识别安全产品。由于 PSA Certified 已被电子行业多方采用并得到支持，因此未来 PSA Certified 可能成为购买电子产品的组织的产品要求。

❑ 可以推动监管和安全标准的一致性。至今已有多个区域指南（例如，欧洲的 ETSI 303645、NIST 8259 和美国的 SB-327）。PSA Certified 正在积极将认证与这些计划保持一致，以减少碎片化。

PSA Certified 计划包含以下关键领域：

❑ PSA 功能 API 认证：通过 API 测试套件检查该软件是否正确实现了 PSA 软件接口。

❑ PSA Certified 包括三个渐进式级别的保障和稳健性测试，使设备制造商能够选择适合其应用的第三方解决方案和认证级别。

认证过程由独立的测试实验室处理，以下网页中列出了参与的测试实验室 https://www.psacertified.org/getting-certified/evaluation-labs/。

独立的认证机构确保基于测试实验室的评估质量。

以下网页列出了 PSA Certified 的产品：https://www.psacertified.org/certified-products/。

22.2.3　PSA Certified 安全评估级别

22.2.3.1　概述

如果不对设备或系统的安全功能进行正式评估，应用程序的某些安全需求可能会被忽视。许多记录在案的案例中，白帽黑客和安全研究人员从道德层面展示了入侵设备的方式，以展示它们的漏洞是什么，以及鼓励安全改进。但也有许多案例表明，黑客出于恶意对联网产品发动了犯罪攻击。

为了减少发生恶意攻击的机会，必须提高物联网设备的安全标准。这就是 PSA Certified 的用武之地：通过解决这个问题，创建适合物联网市场的安全评估方案，并与业内众多合作伙伴合作，确保安全评估公平、独立地进行，并满足物联网行业的需求。

不同连接的产品有不同的安全需求。例如，连接到电网基础设施的智能电表，与芯片内包含有限数据量的低成本电子玩具具有完全不同的安全需求。为确保满足无数产品的安全要求，PSA Certified 定义了 3 个安全级别。这些级别的定义基于系统的安全功能以及部署的软件架构。

注意，并非所有 PSA Certified 的安全评估级别都与每个 IoT 解决方案相关。表 22.1 显示了一系列 IoT 解决方案的适用级别。

表 22.1　一系列 IoT 产品的 PSA 认证级别

IoT 解决方案	适用级别	含义
芯片设备	1、2 和 3	当与 PSA-RoT 标准相匹配时，芯片供应商能够展示其设备的安全级别及其功能。拥有 PSA 认证级别 1 ～ 3 评估的硅产品意味着产品的安全性已经过独立评估，OEM 可以依赖测试结果，从而减少测试
实时操作系统（RTOS）	1	适用于集成 PSA 功能 API 的 RTOS。营销上述 RTOS 的 RTOS 供应商完成了 PSA 认证级别 1 的调查问卷，表明它们遵守了 10 个安全目标（见图 22.1）和行业最佳实践
产品 / 设备	1	开发连接产品 / 设备的产品制造商完成 PSA 认证级别 1 的"文档和声明"问卷，然后由测试实验室检查以确认它们已遵循安全模型目标和行业最佳实践

一旦测试实验室确认芯片、操作系统或设备通过测试评估，就会提供数字证书以及唯一的数字证书编号（使用国际商品编号 EAN-13）。根据 PSA Certified 的建议，EAN-13 参考在芯片的认证令牌中用作"硬件版本声明"，使第三方（例如服务提供商）能够识别 PSA-RoT，然后将芯片或设备与 PSA-RoT 的认证级别联系起来。

2020 年年初，PSA 认证级别 2 在市场推出，PSA 认证级别 3 于 2020 年推出。

22.2.3.2　PSA 认证级别 1

PSA 认证级别 1 是 PSA 安全认证的最低级别。在 PSA 认证级别 1 的系统中，硬件必须支持：

❑ PSA-RoT，如图 22.2 所示。

❑ 隔离安全域资源以防止它们被一般应用程序访问。例如当使用 Cortex-M23 或 Cortex-M33 处理器时，系统设计可以基于 Armv6-M、Armv7-M 和 Armv8-M 的可信基础系统架构（TBSA- M)[5]。这些 TBSA-M 建议指定了实现隔离和其他安全措施所需的硬件要求。

软件架构利用硬件隔离功能来保护安全软件免受在非安全区域中运行的一般应用程序的影响。例如，当使用基于 Cortex-M23 或 Cortex-M33 的微控制器时，TrustZone 安全功能扩展可用于提供 PSA-RoT 完整性所需的保护（隔离类型 1，见图 22.4）。或者，设备还可以选择安全区域内的其他隔离，例如隔离类型 2 或更高级别（见图 22.6 和图 22.8）。

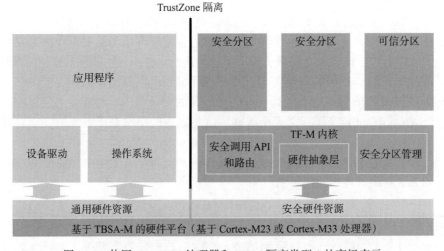

图 22.4　使用 Armv8-M 处理器和 TF-M 隔离类型 1 的高级表示

PSA 认证级别 1 为物联网产品（例如微控制器、实时操作系统和物联网产品）提供安全最佳实践的独立保证。为了获得产品 PSA 认证级别 1，供应商通过完成包含一组关键安全问题的问卷进行自我评估。随后进行实验室审查，这两项措施均确保产品的开发采用基于安全的设计。

通过 PSA 认证级别 1 的产品获得如图 22.5 所示的一个质量标志，表明它具有基本的安全功能，包括 PSA-RoT。因此，产品开发人员在正确执行产品设计的前提下，可以依靠这些安全功能来构建满足常见物联网安全要求的连接设备。

图 22.5　PSA 认证级别 1 质量标志

22.2.3.3　PSA 认证级别 2

PSA 认证级别 2 针对芯片设备，其目的是增加额外的安全健壮性，以便更好地保护设备免受可扩展的远程软件攻击。与级别 1 相比，达到 PSA 认证级别 2 的附加要求如下：

❑ PSA-RoT 中每个设备的唯一加密密钥。

❑ 安全固件中的其他安全功能：PSA-RoT 可防止应用程序信任根访问。例如，通过 PSA 认证级别 2，TF-M 使用安全 MPU 来隔离安全非特权分区，并阻止它们访问安全特权代码。这称为隔离类型 2，如图 22.6 所示。

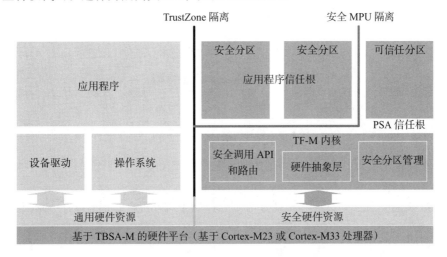

图 22.6　使用 Armv8-M 处理器和 TF-M 隔离类型 2 的高级表示

要获得 PSA 认证级别 2 的状态，芯片必须通过安全实验室的一系列渗透测试。这需要不到一个月的时间。该评估还涵盖安全功能要求，如 PSA 认证级别 2 的 PSA-RoT 保护配置文件（可使用链接 https://www.psacertified.org/development-resources/ 下载）中所述。

在某些情况下，硬件平台开发人员可能需要在使用现场可编程门阵列或测试芯片时证明其解决方案的安全能力。在这种情况下，不应使用 PSA 认证级别 2 计划，而应使用 PSA 认证级别 2 预备计划进行预认证评估。这个特殊的方案展示了硬件原型的安全能力，并为随后的全面 PSA 认证评估铺平了道路。PSA 认证级别 2 和 PSA 认证级别 2 预备方案的质量标志如图 22.7 所示。

图 22.7　PSA 认证级别 2 和 PSA 认证级别 2 预备方案的质量标志

或者，还可以将设备设计为在安全区域中的额外隔离，例如，在安全软件中设置隔离类型 3（见图 22.8）。请注意，截至 2020 年 5 月，对隔离类型 3 的 TF-M 支持不可用。

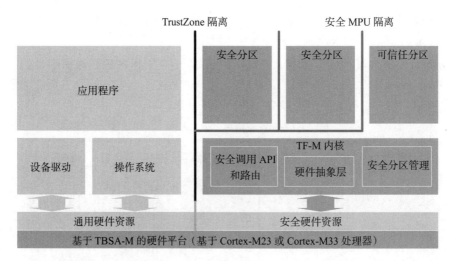

图 22.8　使用 Armv8-M 处理器和 TF-M 隔离类型 3 的高级表示

22.2.3.4　PSA 认证级别 3

与 PSA 认证级别 2 类似，PSA 认证级别 3 适用于芯片设备，而且除了 PSA 认证级别 2 所需的安全要求之外，针对 PSA 认证级别 3 的设备还需要具有一系列针对物理攻击的保护（即防篡改功能）。在编写本书时，PSA 认证级别 3 仍在开发中，因此不在此处介绍。

22.2.4　PSA 功能 API 认证

除了 PSA 认证的安全级别之外，物联网解决方案供应商还可以通过 PSA 功能 API 认证来认证它们的产品。PSA 功能 API 认证的质量标志如图 22.9 所示。

PSA 功能 API 为软件开发人员提供了访问安全函数的权限。通过获得 PSA 功能 API 认证，可证明软件与 PSA 功能 API 规范兼容（见图 22.10）。要获得此认证，软件解决方案必须通过一组软件测试，以检查

图 22.9　PSA 功能 API 认证质量标志

所用软件的正确性。可用测试套件测试此过程。有关测试套件的更多信息，请访问 https://www.psacertified.org/getting-certified/functional-api-certification/。

请注意，PSA 功能 API 认证并不意味着系统 / 设备具有安全能力或稳健性。只有 PSA 认证级别 1 ～ 3 才能做到这一点。

22.2.5　PSA 为何重要

PSA 为安全需求、线程模型和安全功能定义了一种通用语言。PSA 具有以下特点：

❑ 一种全面的安全方法，具有多个配置文件来满足不同应用程序的要求。

❑ 与处理器架构无关：这意味着 PSA 活动（例如 PSA 认证）和 PSA 功能 API 的设计不限于 Arm 产品。

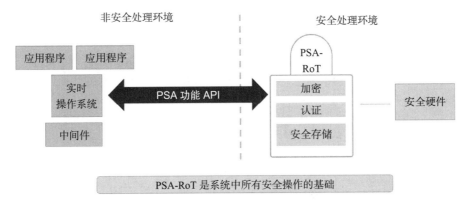

图 22.10　PSA 功能 API

❑ 独立：PSA 认证评估由独立的安全实验室进行。
❑ 开放：规范可以免费下载，参考实现（例如 TF-M）是开源项目。PSA 认证由七位创始人管理，规范由具有安全专业知识的生态系统合作伙伴创建。
❑ 灵活：PSA 方法允许系统设计人员根据特定的应用要求定义威胁模型和安全分析（TMSA）文档，从而可以选择适合其目标市场的 PSA 安全级别。
❑ 解决信任根挑战的标准：当设备连接到服务（例如云服务）时，服务提供商通过实体证明令牌在连接的设备上获得"信任证据"（一个内置的"报告卡"，为设备提出一组经过加密签名的声明）。

基于各种 PSA 活动以及 Arm 与其安全合作伙伴之间的共同努力，物联网行业现在更容易在其产品和解决方案中实现更好的安全性。除了参考固件和架构规范之外，PSA 资源（如 TMSA 和安全模型文档）使产品设计人员能够了解如何最好地满足物联网设备的安全要求。

通过 PSA 认证，现在拥有一个独立的"安全标准"来量化物联网安全。尽管解决物联网安全问题具有挑战性和复杂性，但 PSA 项目取得了良好的进展。许多现代物联网微控制器产品和 RTOS 已获得 PSA 认证级别 1，许多芯片合作伙伴已获得 PSA 认证级别 2。

OEM 等产品制造商可以通过芯片的 PSA 认证级别来决定使用哪种芯片产品。选择 PSA 认证的芯片产品，产品制造商不仅可以降低使用有安全漏洞的芯片的风险，也遵守了其安全承诺。

22.3　TF-M 项目

22.3.1　关于 TF-M 项目

TF-M 是由各方安全专家开发，涵盖 PSA 实现阶段的一个开源项目，旨在满足常见的安全需求，并在基于 Cortex-M 的微控制器设备上运行。TF-M 项目代码的开发和测试达到生产质量水平。使用已开发的代码，物联网行业可以快速使用 PSA 原则并更快上市。

TF-M 由开源治理社区项目托管，包含 Cortex-M 和 Cortex-A 可信任固件。TF-M 项目的链接是 https://www.trustedfirmware.org。TF-M 的技术方向由技术指导委员会监督。除了

Armv8-M 处理器，TF-M 还可以与 Armv6-M 和 Armv7-M 处理器一起使用。但是当使用这些处理器时，系统必须包含多个处理器，以便安全和非安全处理环境是分开的。

任何人都可以加入 TF-M 项目并为其做出贡献。要参与，请访问 TF-M 网站并订阅邮件列表：https://lists.trustedfirmware.org/mailman/listinfo/tf-m。TF-M 项目的源代码托管在 Trusted Firmware Git 存储库中：https://git.trustedfirmware.org/trusted-firmware-m.git/。

22.3.2　使用 TF-M 的软件执行环境

TF-M 专为具有 PSA 信任根（PSA-RoT）功能的 Cortex-M 处理器系统而设计。TF-M 可用于：

❑ 实现了 TrustZone 的 Armv8-M 处理器。

❑ 一个多处理器 Cortex-M 系统，它使用处理器的分离作为软件隔离的基础。

本章的其余部分将描述如何在基于 TrustZone 的 Armv8-M 处理器系统上部署 TF-M。

在具有 TF-M 的基于 TrustZone 的系统中，软件执行环境分为安全处理环境和非安全处理环境（见图 22.11）。

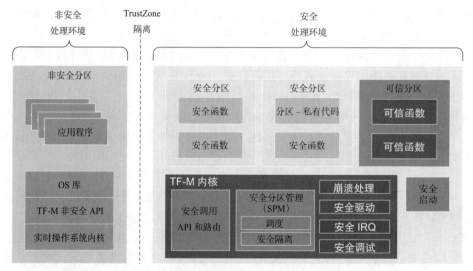

图 22.11　具有 TF-M 的软件系统中的安全处理环境和非安全处理环境

安全启动、TF-M 内核以及一系列安全分区在安全区域中执行。如 11.8 节所述，应用程序和 RTOS 在一般应用程序环境（即非安全区域）中运行，同时需要实时操作系统和安全软件之间的交互以促进上下文切换。此功能已集成到 TF-M 中，并得到许多支持 Armv8-M 架构的 RTOS 的支持。

TF-M 分为 TF-M 内核和多个分区。这种安排允许安全 MPU 将安全分区（非特权）与 TF-M 内核（特权）隔离。因为有多个安全分区，所以需要管理安全 MPU 的配置，这由安全分区管理器（SPM）承担：它处理 MPU 设置（安全隔离）和调度（即安全库的上下文切换）。

PSA 功能 API（包括用于加密、认证等 API）位于可信任分区中。也有面向外部 API 的安全分区，例如用于受保护存储和其他适用第三方 API 的分区。TF-M 中的这种软件分区安排可确保保护关键数据和代码。

TF-M 的整体软件架构如图 22.12 所示。

TF-M 还包括一个硬件抽象层（HAL），以便于移植到新的硬件平台。但是由于非安全应用程序无法访问此特定 HAL，因此它不是 PSA 功能 API 的一部分。

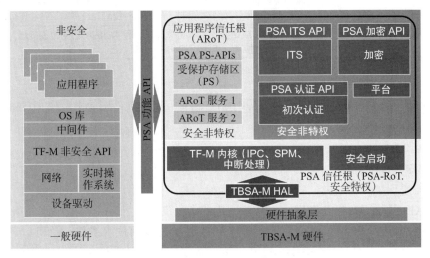

图 22.12　TF-M 软件架构：PSA 功能 API

为达到 PSA 认证级别 2 的要求，TF-M 旨在支持一系列安全功能。这些功能（见表 22.2）在 PSA 认证级别 2 保护配置文件 [6] 中指定，可在以下链接中找到：https://www.psacertified.org/app/uploads/2019/12/JSADEN002-PSA_Certified_Level_2_PP-1.1.pdf。

保护配置文件中的大部分功能要求都与既定的安全标准（如"通用标准"）保持一致。此特性使采用其他安全标准的组织能够轻松使用 PSA 认证级别 2 保护配置文件。

表 22.2　PSA 认证级别 2 保护配置文件规范中的安全要求

安全函数	为满足安全功能要求而采用的措施
F.INITIALIZATION	系统从一个安全的初始化过程开始，该过程确认固件的授权和完整性
F.SOFTWARE_ISOLATION	系统提供非安全处理环境（NSPE）和安全处理环境（SPE）之间的隔离，以及在安全处理环境中的 PSA 信任根和其他可执行代码（例如应用信任根）之间的隔离
F.SECURE_STORAGE	该系统保护安全存储中资产的机密性和完整性。安全存储与平台绑定，只有受信任的安全固件才能从这个安全存储中检索和修改资产
F.FIRMWARE_UPDATE	系统在执行更新之前验证系统更新的完整性和可靠性，并且拒绝固件降级尝试
F.SECURE_STATE	该系统确保其安全功能正常运行。特别是该系统： • 保护自身免受由程序员错误引起的异常情况或（来自 SPE 或 NSPE）在系统外执行的代码违反良好实践的情况 • 控制应用程序对其服务的访问，并检查应用程序请求的任何操作参数的有效性 • 在平台初始化错误或软件故障检测时进入安全状态，不暴露任何敏感数据
F.CRYPTO	该系统采用最先进的加密算法和密钥大小来保护系统的安全资产。可能来自国家安全机构（例如美国的 NIST、德国的 BSI、英国的 CESG、法国的 ANSSI）或学术界的加密建议。弱密码算法或密钥大小可能适用于特定用途并有特定指导，但不应降低所提供的最先进密码术的安全性

（续）

安全函数	为满足安全功能要求而采用的措施
F.ATTESTATION	该系统提供认证服务，该服务报告设备的身份、固件测量值和运行时状态。该认证应由远程实体进行验证
F.AUDIT	系统维护所有重要安全事件的日志，并只允许授权用户（例如系统管理员）访问和分析这些日志
F.DEBUG	该系统通过停用或访问控制机制来限制对调试功能的访问，该机制与在该系统中实现的其他安全功能具有相同级别的安全保证

22.3.3　PSA 功能 API

TF-M 项目目前支持一系列 PSA 功能 API，包括：

❏ PSA 加密 API。

❏ PSA 认证 API。

❏ PSA 内部可信存储 API。

❏ PSA 受保护存储 API。

这些 API 的主要目标是提供一组易于使用的 API 来简化非安全区域中的应用程序开发。通过使用这些 API，软件开发人员无须完全了解底层复杂的技术操作，就可以利用微控制器提供的安全功能。拥有这些 API 的另一个优势是它们在各种硬件平台上都是标准化的，这意味着应用程序可以在另一个硬件平台上重复使用。

TF-M 代码库采用模块化设计，安全软件开发人员可以选择所需的隔离级别。API 的完整详细信息记录在表 22.3 中。

这些 API 的规范文档可从以下 Arm 开发人员网站位置 [4] 获得：https://developer.arm.com/architectures/security-architectures/platform-security-architecture/documentation。

表 22.3　PSA API 规范

规范
PSA 固件框架 - M（PSA-FF-M）
PSA 加密 API
PSA 存储 API（这包括 PSA 内部可信存储 API 和 PSA 受保护存储 API）
PSA 认证 API

这些文档包含大量与上述 API 相关的信息，仅供参考。以下示例详细说明了如何使用 PSA API 进行安全存储。在 IoT 应用程序中，应用程序可能具有需要安全存储的加密密钥。使用 TF-M，通过使用 PSA 加密 API 和 PSA 存储 API 库中提供的一系列功能来处理安全存储。虽然底层操作相当复杂，但运行在非安全端的应用程序只需要调用图 22.13 所示的高级函数来处理安全密钥存储。应用程序调用 psa_crypto_init 函数初始化加密库，当需要保存加密密钥时，调用 psa_import_key 函数，然后使用 PSA ITS API psa_its_set 将密钥存储在 ITS 中。

如果操作成功，API 函数会向应用程序返回更新的 key_handle，然后可以将其用于进一步的操作。例如：

❏ psa_cipher_encrypt：用于对称加密。

❏ psa_cipher_decrypt：用于对称解密。

❏ psa_asymmetric_encrypt：用于非对称加密。

❏ psa_asymmetric_decrypt：用于非对称解密。

❑ psa_destroy_key：销毁密钥。

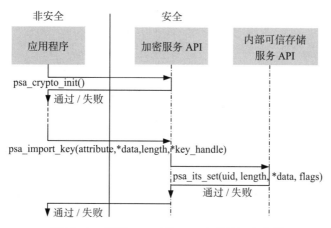

图 22.13　使用 PSA 功能 API 来存储加密密钥

再举一个例子，应用程序可能需要将数据保存在数据存储设备中，例如外部串行闪存。由于这些数据可能很敏感，因此需要对其进行加密以防止在同一微控制器上运行的其他应用程序读取它。在此示例中，PSA 受保护存储 API 可按如下方式使用（见图 22.14）：

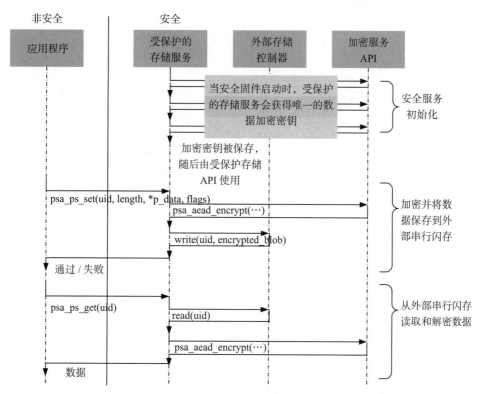

图 22.14　使用 PSA 功能 API 访问带有外部加密存储器的受保护数据存储

当安全固件启动时，TF-M 会执行一系列步骤来生成唯一的加密密钥，供受保护的存储硬件使用。然后保存密钥以供受保护存储 API 将来使用。当应用程序需要安全地将数据保存在外部串行闪存中时，只需使用受保护存储 API psa_ps_set() 来加密和保存数据，并使用 psa_ps_get() 来检索它。

为了使上述示例中的受保护存储 API 正常工作，为该硬件平台创建安全固件的软件开发人员需要开发设备的"平台"代码。这将包括硬件抽象层（HAL）代码，它是 TF-M 和硬件驱动程序之间的软件接口。硬件平台的"平台"代码包括特定于设备的外部存储控制器（即外部串行闪存）的 HAL。

22.3.4　PSA 进程间通信

除了加密、存储和认证 API，TF-M 还支持进程间通信（Inter-Process Communication，IPC）API，允许非安全客户端库与安全分区进行通信。图 22.15 显示了 IPC 在 TF-M 中的使用。

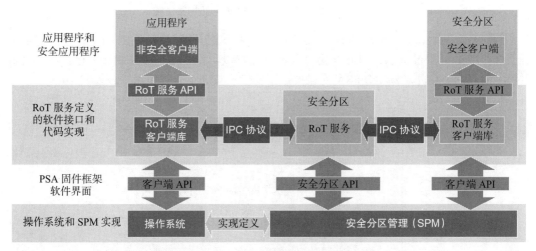

图 22.15　TF-M 中信任根服务的 IPC 使用示例

IPC API 的规范在 PSA 固件框架中有详细说明。

使用附加 RoT 服务的应用程序代码通常预期使用 RoT 服务客户端库，该库在非安全区域运行，而不是通过 IPC 接口直接连接。

对于开发信任根客户端库的开发人员来说，用 IPC 协议支持来创建 RoT 服务包装是非常重要的。

22.4　附加信息

22.4.1　入门

对于使用支持 TF-M 的微控制器的应用程序开发人员，最好在开始项目时研究微控制器供应商提供的示例。除了 TF-M 支持之外，在微控制器产品级别还有许多其他安全功能，使用这些功能便于产品设计人员构建安全的物联网产品。因此，产品设计人员应该花时间熟悉将要使用的产品的相关信息，了解其功能，然后确保正确使用这些功能。

22.4.2　设计要素

尽管 TF-M 和 PSA 加密 API 支持多种加密方法，但芯片供应商能够决定支持哪些加密功能。因此，有必要充分阅读并理解来自微控制器供应商的文档，以明确哪些已经实现，哪些尚未实现。

请注意，PSA 功能 API 认证仅测试 API 的兼容性和功能正确性，并不提供设备安全能力的任何指示。因此，在为安全应用选择微控制器或 SoC 产品时，应该同时考虑其 PSA 认证级别及其 PSA 功能 API 认证。

参考文献

[1] Platform Security Architecture (PSA). https://developer.arm.com/architectures/security-architectures/platform-security-architecture.
[2] PSA Certified. https://www.psacertified.org/.
[3] PSA Certified Security Goals. https://www.psacertified.org/psa-certified-10-security-goals-explained/.
[4] Platform Security Architecture Documentation. https://developer.arm.com/architectures/security-architectures/platform-security-architecture/documentation.
[5] Trusted Base System Architecture for Armv6-M, Armv7-M, and Armv8-M (TBSA-M). https://developer.arm.com/architectures/security-architectures/platform-security-architecture/documentation.
[6] PSA Certified Level 2 Protection Profile. https://www.psacertified.org/app/uploads/2019/12/JSADEN002-PSA_Certified_Level_2_PP-1.1.pdf.

推荐阅读

基于ARM的嵌入式系统和物联网开发

作者：[英] 佩里·肖（Perry Xiao）著 译者：陈文智 乔丽清 ISBN：978-7-111-64323-4 定价：79.00元

本书重点介绍利用Arm® Mpea平台开发嵌入式系统和物联网，其中NXP LPC1768和K64 F具有快速微控制器、各种数字和模拟I/O、各种串行通信接口和易于使用的基于网络的编译器等强大特性，是嵌入开发工程师最受欢迎的工具之一。包含大量的原创开发技术和案例，是开发项目的实用指南。